代数符号

Notations	Definition	Examples	Explanation
$\equiv$	$\mathrm{A} \equiv \mathrm{B}$, indicates that A is defined by B	$f(x) \equiv x^2$	$f(x)$ is defined by x^2.
$:=$	$\mathrm{A} := \mathrm{B}$, indicates that A is defined by B	$f(x) := x^3$	$f(x)$ is defined by x^3.
∞	infinity	$\operatorname*{im}_{n\to\infty} n^2 = \infty$	When n approaches infinity, n^2 also approaches infinity.
$\lfloor x \rfloor$	$\lfloor x \rfloor$ is the greatest integer that is less than or equal to x	$\lfloor 2.3 \rfloor = 2$, $\lfloor -2.3 \rfloor = -3$	2 is the greatest integer that is less than 2.3. -3 is the greatest integer that is less than $-$ 2.3.
$[x]$	$[x]$ is the greatest integer that is less than or equal to x	$[2.3] = 2$, $[-2.3] = -3$	2 is the greatest integer that is less than 2.3. -3 is the greatest integer that is less than $-$ 2.3.
$\sum$	Summation(Sigma)	$\sum_{n=1}^{10} n = 55$	$1 + 2 + \cdots + 10 = 55$
$\prod$	continued multiplication (Pi)	$\prod_{n=1}^{5} n = 120$	$1 \times 2 \ldots \times 5 = 120$
e	$e := \sum_{n=0}^{\infty} \frac{1}{n!}$, (Euler′s number)	$e^2 \cdot e^3 = e^5$	Based on Exponential Law, $e^2 \cdot e^3 = e^5$.
π	$\pi = 3.1415926 \ldots$ (Pi, Ratio of the circumference of a circle to its diameter)	$\sin\frac{\pi}{2} = 1$	When the angle of θ equals $\frac{\pi}{2}$, $\sin\theta$ equals 1

排列组合符号

Notations	Definition	Examples	Explanation
!	$n! = 1 \times 2 \times \ldots . \times n$	3!	$3! = 1 \times 2 \times 3 = 6$
P_k^n	$P_k^n = \frac{n!}{(n-k)!}$	$P_2^5 = \frac{5!}{3!}$	$P_2^5 = \frac{5!}{3!} = 5 \times 4 = 20$
C_k^n	$C_k^n = \frac{n!}{k!\,(n-k)!}$	$C_2^5 = \frac{5!}{3!\,2!}$	$C_2^5 = \frac{5!}{3!\,2!} = 10$

集合符号

Notations	Definition	Examples	Explanation
{ }	set	{1,2,3,5}	The set consist of these elements 1,2,3,5.
∪	union	$\{1,3\} \cup \{2,5\} = \{1,2,3,5\}$	Union of {1,3} and {2,5} is equal to {1,2,3,5}.
∩	intersect	$\{1,3,5\} \cap \{1,2,5,7\} = \{1,5\}$	Intersection of {1,3,5} and {1,2,5,7} is equal to {1,5}.
⊂	subset	$\{1,5\} \subset \{1,3,5\}$	{1,5} is the subset of {1,3,5}.
⊄	not a subset	$\{1,3,5\} \not\subset \{1,5\}$	Because $3 \notin \{1,5\}$, {1,3,5} is not the subset of {1,5}.
⊆	subset or equal	$\{1,5\} \subseteq \{1,3,5\}$, $\{1,5\} \subseteq \{1,5\}$, $\{1,3,5\} \nsubseteq \{1,5\}$	{1,5} is the subset of {1,3,5}. Because {1,5} = {1,5}, $\{1,5\} \subseteq \{1,5\}$. {1,3,5} is not the subset of {1,5}.
A^c	A's complement set	$\sqrt{3} \in Q^c$	$\sqrt{3}$ can't be written in a fraction. Hence, it's an irrational number.
$A \backslash B$	A set, excluding $A \cap B$ elements	$\{1,3,5\} \backslash \{5,7\} = \{1,3\}$	The intersection for the two sets is {5}, so taking away {5} from {1,3,5} equals {1,3}.
∈	belong to	$a \in \{a, b, c\}$	a belongs to the set $\{a, b, c\}$.
∉	does not	$d \notin \{a, b, c\}$	d doesn't belong to the set

	belong to		$\{a, b, c\}$.
N	positive integers	$\mathrm{N} = \{1,2,3,\ldots\}$, $3 \in \mathrm{N}$	By definition, the set of positive integers is equal to $\{1,2,3,\ldots\}$. 3 belong to the set of positive integers.
Z	integers	$\mathrm{Z} = \{\ldots,-2,-1,0,1,2,\ldots\}$, $-2 \in \mathrm{Z}$	By definition, we have $\mathrm{Z} = \{\ldots,-2,-1,0,1,2,\ldots\}$. -2 belongs to the set of integers.
Q	rational numbers	$Q = \left\{\frac{m}{n} : m \in \mathrm{Z}, n \in \mathrm{Z}\backslash\{0\}\right\}$, $-\frac{4}{3} \in \mathrm{Q}$	Rational numbers set includes all numbers with a fraction format. $-\frac{4}{3}$ is a rational number.
$\mathrm{Q^c}$	irrational numbers	$\sqrt{3} \in \mathrm{Q^c}$	$\sqrt{3}$ can't be written in a fraction. Hence, it's an irrational number.
R	real numbers	$\mathrm{R} = \mathrm{Q} \cup \mathrm{Q^c}$, $-\frac{4}{3} \in \mathrm{R}, \sqrt{3} \in \mathrm{R}$	Real numbers are the union of irrational numbers and rational numbers. $-\frac{4}{3}$ is a real number, $\sqrt{3}$ is a real number

逻辑符号

Notations	Definition	Examples	Explanation
$\vee$	or	$x \in \mathrm{A} \vee x \in \mathrm{B} \Rightarrow x \in \mathrm{A} \cup \mathrm{B}$	If x belongs to A or B then x belongs to $\mathrm{A} \cup \mathrm{B}$.
$\wedge$	and	$x < 1 \wedge x > 0 \Rightarrow 0 < x < 1$	If $x < 1$ and $x > 0$ then $0 < x < 1$.
$\Rightarrow$	implies	$x < 1 \Rightarrow x < 2$	$x < 1$ implies $x < 2$.
$\Leftrightarrow$	if and only if	$\lvert x \rvert < 1 \Leftrightarrow -1 < x < 1$	If $\lvert x \rvert < 1$ then $-1 < x < 1$. Conversely, if $-1 < x < 1$

			then $|x| < 1$.
$\because$	because	$\because x < 1 \quad \therefore x < 2$	Because $x < 1, x < 2$.
$\therefore$	so	$\because x < 1 \quad \therefore x < 2$	$x < 1$, so $x < 2$.
$\forall$	for each	$\forall x \in Q, \exists m \in Z, n \in Z\backslash\{0\}$ s.t. $x = \frac{m}{n}$	By definition of ration numbers, for each rational number x, there extis $m \in Z, n \in Z\backslash\{0\}$ such that $x = \frac{m}{n}$.
$\exists$	There exists	$\forall x \in Q, \exists m \in Z, n \in Z\backslash\{0\}$ s.t. $x = \frac{m}{n}$	By definition of ration numbers, for each rational number x, there extis $m \in Z, n \in Z\backslash\{0\}$ such that $x = \frac{m}{n}$.

微积分符号

Notations	Definition	Examples	Explanation
$\lim_{x\to c} f(x) = L$	$\forall \varepsilon > 0, \exists \delta > 0$ such that $0 < |x-c| < \delta \Rightarrow |f(x) - L| < \varepsilon$	$\lim_{x\to 2} x^2 = 4$	When x approaches 2, the limit of x^2 is 4
ε	epsilon	$\forall \varepsilon > 0$	for each $\varepsilon > 0$
δ	delta	$\forall \varepsilon > 0$, $\exists \delta > 0\ s.t. ..$	for each $\varepsilon > 0$, there exist $\delta > 0$ such that ....
e	$e := \sum_{n=0}^{\infty} \frac{1}{n!}$, (Euler's number)	$\lim_{x\to\infty} \left(1 + \frac{1}{x}\right)^x = e$	It can be proven with L'Hôpital's rule.
$f'(x)$	derivative	$(x^2)' = 2x$	x^2 has derivative $(x^2)' = 2x$.
$\frac{\partial f(x,y)}{\partial x}$	partial derivative	$\frac{\partial}{\partial x}(x^2 y) = 2xy$	$x^2 y$ has the partial derivative

			$\frac{\partial}{\partial x}(x^2y) = 2xy.$
$\int$	integral	$\int 2x\,dx = x^2$	$2x$ has indefinite integral x^2.
$\iint$	double integral	Find $\iint_R ye^{xy}dA$ =?	Find the double integral of ye^{xy} in the range R.
$\iiint$	triple integral	Find $\iiint_V x^2dV$ =?	Find the triple integral of x^2 in the range V
$\oint$	closed contour / line integral	Find $\oint y^3dx + x^3\,dy$ =?, $C: x^2 + y^2 = r^2$	Find the closed line integral $\oint y^3dx + x^3\,dy$ =?, where $C: x^2 + y^2 = r^2$.
$\oiint$	closed surface integral	Find $\oiint_S \vec{F} \cdot \vec{n}dA$ =?, where $\vec{F} = (x, y, z)$	Find the closed surface integral $\oiint_S \vec{F} \cdot \vec{n}dA$ =?, $\vec{F} = (x, y, z)$.

第七章 多变量函数的微分与应用

首先将介绍多变量函数极限存在的定义，判断函数于原点的极限是否存在时，令$y=mx$，接着观察$\lim\limits_{(x,y)\to(0,0)} f(x,mx)$ 是否与m值有关，若有关则找确切两个相异m值说明极限不存在；若$\lim\limits_{(x,y)\to(0,0)} f(x,mx)$ 与m值无关，有可能藉由曲线的方式逼近(0,0)使得极限不存在，如果藉由曲线逼近(0,0)的极限值仍与m值无关,则有很大可能$f(x,y)$于(0,0)极限值存在，此时则使用ε,δ说明极限存在；接着介绍多变量函数连续的定义，判断多变量函数是否连续的流程与说明多变量函数极限是否存在的流程是类似的，观察$\lim\limits_{(x,y)\to(0,0)} f(x,mx)$ 是否与m值有关，若有关则找确切两个相异m值说明极限不存在使得$f(x,y)$于(0,0)不连续，若$\lim\limits_{(x,y)\to(0,0)} f(x,mx)$ 与m值无关，有可能藉由曲线的方式逼近(0,0)使得极限不存在,藉此说明$f(x,y)$于(0,0)不连续，如果藉由曲线逼近(0,0)的极限值仍与m值无关且等于$f(0,0)$,则有很大可能$f(x,y)$于(0,0)连续，此时则使用ε,δ说明$f(x,y)$于(0,0)连续。

接着讨论多变量函数的偏导数，多变量函数的可微分性与多变量函数的 Chain Rule,判断多变量函数是否可微分的计算过程会需要计算多变量函数的偏导数，因此有效率且精确算出多变量函数的偏导数是重要的；从双变量函数可微分的定义,能观察出如果$f(x,y)$于(0,0)可微分,则藉由(h,k)从任意方向逼近(0,0)的极限值必须等于0,因此,令$h=mk$,当$f(x,y)$于(0,0)可微分,则

$$\lim_{h\to0,k\to0}\left|\frac{f(mk,k)-f(0,0)-\frac{\partial f}{\partial x}(0,0)mk-\frac{\partial f}{\partial y}(0,0)k}{\sqrt{(mk)^2+k^2}}\right|=0$$

并且此极限值与m值无关，此外，偏导数存在也是双变数函数可微分的必要条件；与m值有关时，则试着找出$m\in R$ 使得此极限值不等于零來说明 $f(x,y)$于(0,0)不可微分；如果与m值无关则令$\varepsilon>0$，取出明确δ的值，使得$h^2+k^2<\delta$

$$\Rightarrow\left|\frac{f(h,k)-f(0,0)-\frac{\partial f}{\partial x}(0,0)h-\frac{\partial f}{\partial y}(0,0)k}{\sqrt{h^2+k^2}}\right|<\varepsilon$$

此外，多变量函数的 Chain Rule 可以看成是多变量合成函数的微分

接着讨论求多变量函数的极值问题，从宏观的角度来看，最重要的两个定理分别为双变量函数求极值的二阶导数检定法与 Lagrange multiplier；无限制条件的双变量函数求极值问题使用二阶导数检定法，其证明过程用到多变量函数的 Taylor's Formula，此外，多变量函数 Taylor's Formula 的证明过程用到了单变量函数 Taylor's Formula；因此，在无限制条件下，用来求双变量函数极值的二阶导数检定法，用到了单变量函数的 Taylor's Formula；在有限制条件求极值问题的 Lagrange multiplier，其证明过程用到多变量函数的隐函数定理(Implicit Function Theorem)，多变量函数的隐函数定理在证明过程中引用了多变量函数的反函数定理而多变量函数的反函数定理证明用到了单变量函数的反函数定理，换句话说， Lagrange multiplier 的证明最终用到了单变量函数的反函数定理

最后说明如何使用上述两个定理求多变量函数的极值，这类问题可分为无限制式条件与有限制式条件；无限制式求双变量函数极值的问题，通常使用求极值的二阶导数检定法求解；有限制式条件通常是等式或不等式，如果是等式的情况则直接使用 Lagrange multiplier 求解；如果是不等式的情况(如封闭区域)则将封闭区域拆解为在封闭区域内与封闭区域边界(有等式)的两个问题，在封闭区域内求极值问题时，则藉由双变量函数求极值的二阶导数检定法找出极值点，再判断极值点是否落在封闭区域内，另一方面，在封闭区域边界求极值问题则用 Lagrange multiplier 求解，最后比较封闭区域内与封闭区域边界的极值点，假设两者于各自限制式皆为相对最大值，则取出较大者当作于此不等式的绝对最大值，绝对最小值也是类似的作法；此外，也可能给数个点求这些点所围区域内的极值点，这时候需多花一道工将封闭区域的方程式求出

7.1求多变量函数的极限

【定义】双变量函数的极限定义

$f(x,y)$于(x_0,y_0)的极限值存在且等于L $\Leftrightarrow \lim\limits_{(x,y)\to(x_0,y_0)} f(x,y)=L$

$\Leftrightarrow \forall\varepsilon>0, \exists\delta>0,$ such that $\sqrt{(x-x_0)^2+(y-y_0)^2}<\delta \Rightarrow |f(x,y)-L|<\varepsilon$

【定义】多变量函数的极限定义

$f(x_1,\ldots,x_n)$于$(c_1,\ldots,c_n)$的极限值存在且等于L $\Leftrightarrow \lim\limits_{(x_1,\ldots,x_n)\to(c_1,\ldots,c_n)} f(x_1,\ldots,x_n)=L$

$\Leftrightarrow \forall\varepsilon > 0, \exists\delta > 0$, such that $\sqrt{(x_1-c_1)^2+\cdots+(x_n-c_n)^2} < \delta \Rightarrow |f(x_1,\ldots,x_n)-L| < \varepsilon$

判断双变数函数$f(x,y)$于(x_0,y_0)的极限是否存在的的解法流程：从双变量函数的极限定义，能观察出如果$f(x,y)$于(x_0,y_0)的极限值存在，则从任意方向逼近(x_0,y_0)的极限值必须相等，一般的手法为，令$y-y_0=m(x-x_0)$为过(x_0,y_0)的直线， 当$f(x,y)$于(x_0,y_0)极限值存在,则

$$\lim_{(x,y)\to(x_0,y_0)} f(x,y) = \lim_{(x,y)\to(x_0,y_0)} f(x,m(x-x_0)+y_0)$$

且

$$\lim_{(x,y)\to(x_0,y_0)} f(x,m(x-x_0)+y_0) \quad \text{与 } m \text{值无关}$$

值得注意的是 $\lim_{(x,y)\to(x_0,y_0)} f(x,m(x-x_0)+y_0)$ 与m值无关是$f(x,y)$于(x_0,y_0)极限值存在的必要条件并非充分条件,底下展示一双变数函数$f(x,y)$于$(0,0)$的极限值与m值无关但$f(x,y)$于$(0,0)$的极限值不存在

<u>范例说明:</u>

Determine whether $f(x,y)=\dfrac{xy^2}{x^2+y^4}$ has a limit as $(x,y)\to(0,0)$.

令 $y=mx$ 则 $f(x,y)=\dfrac{xy^2}{x^2+y^4}=\dfrac{m^2x^3}{x^2+m^4x^4}$

$\therefore \lim_{(x,y)\to(0,0)} f(x,mx)$ 与 m值无关 且 $\lim_{(x,y)\to(0,0)} f(x,mx)=0$

令 $x=y^2$ 则 $f(x,y)=\dfrac{y^4}{y^4+y^4}=\dfrac{1}{2}$ 且 $\lim_{(x,y)\to(0,0)} f(y^2,y)=\dfrac{1}{2}$

$\because$ 若$f(x,y)$于$(0,0)$的极限值存在，则从任意方向逼近$(0,0)$的极限值必须相等

$\therefore$ $f(x,y)$于$(0,0)$极限值不存在

常见的考试类型为$(x_0,y_0)=(0,0)$,假设$(x_0,y_0)=(0,0)$且$f(x,y)$于$(0,0)$极限值存在,

令$y=mx$，则 $\lim_{(x,y)\to(0,0)} f(x,y)=\lim_{(x,y)\to(0,0)} f(x,mx)$ 且 $\lim_{(x,y)\to(0,0)} f(x,mx)$ 与m值无关,

因此, $\lim_{(x,y)\to(0,0)} f(x,mx)$ 与 m值无关是 $f(x,y)$于$(0,0)$ 极限值存在的必要条件

此外，假设 $\exists\, m_1 \neq m_2 \in R$ 使得 $\lim\limits_{(x,y)\to(0,0)} f(x, m_1 x) \neq \lim\limits_{(x,y)\to(0,0)} f(x, m_2 x)$

则 $f(x,y)$ 于 $(0,0)$ 极限值不存在,也就是,令 $y = mx$，当 $\lim\limits_{(x,y)\to(0,0)} f(x, mx)$ 与 m 值有关时，

则找出 $m_1 \neq m_2 \in R$ 使得 $\lim\limits_{(x,y)\to(0,0)} f(x, m_1 x) \neq \lim\limits_{(x,y)\to(0,0)} f(x, m_2 x)$ 来证明 $f(x,y)$ 于 $(0,0)$ 极限值不存在，在求多变量函数极限的考试类型当中，以求双变量函数极限的题型最常出现，读者若能熟悉双变量题型，求三变量函数的题型都能够掌握；总结上述几点，底下介绍双变量函数于原点 $(0,0)$ 的极限是否存在的考试类型与解题流程

考试类型:
Type 1.

求双变数函数 $f(x,y)$ 于 $(0,0)$ 的极限，$\lim\limits_{(x,y)\to(0,0)} f(x,y) = ?$，其中函数 $f(x,y)$ 满足:

$$\text{令}\, y = mx,\ \text{当} \lim_{(x,y)\to(0,0)} f(x, mx) = L\ \text{与}\, m\, \text{值无关}$$

解题流程:
令 $\varepsilon > 0$，取 δ 或明确找出 δ 的值，使得 $x^2 + y^2 < \delta \Rightarrow |f(x,y) - L| < \varepsilon$

<u>補充说明:</u>
证明过程常藉由不等式 $x^2 + y^2 \geq 2|xy|$，推导出 $|f(x,y) - L| < g(x^2 + y^2) < g(\delta) < \varepsilon$，并且能得知 g 明确的样貌，最后一个不等式的 $g(\delta) < \varepsilon$ 能帮助明确定义 δ。值得注意的是推论过程中，当 $\lim\limits_{(x,y)\to(0,0)} f(x, mx) = L$ 与 m 值无关时,只能说当下这个函数有可能于 $(0,0)$ 的极限值存在,也有可能藉由曲线的方式逼近 $(0,0)$ 使得极限不存在，如果藉由曲线逼近 $(0,0)$ 的极限值仍为 L,则有很大机率极限值存在,此时则走上述的流程令 $\varepsilon > 0$，明确取出 δ 的值，使得 $x^2 + y^2 < \delta \Rightarrow |f(x,y) - L| < \varepsilon$

<u>范例说明:</u>

(I) 求 $\lim\limits_{(x,y)\to(0,0)} \dfrac{3x^2 y}{x^2 + y^2} = ?$

令 $y = mx$ 则 $\lim\limits_{(x,y)\to(0,0)} \dfrac{3x^2(mx)}{x^2 + (mx)^2} = \lim\limits_{(x,y)\to(0,0)} \dfrac{3mx}{1 + m^2} = 0$ 与 m 值无关

$\because x^2+y^2 \geq 2|xy| \quad \therefore \frac{1}{x^2+y^2} \leq \frac{1}{2|xy|} \Rightarrow \left|\frac{3x^2y}{x^2+y^2}\right| \leq \left|\frac{3x^2y}{2xy}\right| = \left|\frac{3x}{2}\right|$

Claim: $\lim_{(x,y)\to(0,0)} \frac{3x^2y}{x^2+y^2} = 0$

令 $\epsilon > 0$ 取 $\delta < (\frac{2\varepsilon}{3})^2$

则 $x^2+y^2 < \delta \Rightarrow \left|\frac{3x^2y}{x^2+y^2}\right| \leq \left|\frac{3x^2y}{2xy}\right| = \left|\frac{3x}{2}\right| < \left|\frac{3\sqrt{x^2+y^2}}{2}\right| < \frac{3\sqrt{\delta}}{2} < \frac{3}{2}\cdot\frac{2\varepsilon}{3} = \epsilon$

$\therefore \lim_{(x,y)\to(0,0)} \frac{3x^2y}{x^2+y^2} = 0$

(II)求 $\lim_{(x,y)\to(0,0)} \frac{x^4+y^4}{x^2+y^2} =?$

令 $y = mx$ 则 $\lim_{(x,y)\to(0,0)} \frac{x^4+y^4}{x^2+y^2} = \lim_{(x,y)\to(0,0)} \frac{x^2+m^4x^2}{1+m^2} = 0$ 与m值无关

$\because x^4+y^4 = (x^2+y^2)^2 - 2x^2y^2$

$\therefore \lim_{(x,y)\to(0,0)} \frac{x^4+y^4}{x^2+y^2} = \lim_{(x,y)\to(0,0)} \frac{(x^2+y^2)^2-2x^2y^2}{x^2+y^2}$

$= \lim_{(x,y)\to(0,0)} x^2+y^2 - \lim_{(x,y)\to(0,0)} \frac{2x^2y^2}{x^2+y^2} = -\lim_{(x,y)\to(0,0)} \frac{2x^2y^2}{x^2+y^2}$

Claim: $\lim_{(x,y)\to(0,0)} \frac{2x^2y^2}{x^2+y^2} = 0$

$\because x^2+y^2 \geq 2|xy| \quad \therefore \frac{1}{x^2+y^2} \leq \frac{1}{2|xy|} \Rightarrow \left|\frac{2x^2y^2}{x^2+y^2}\right| \leq \left|\frac{2x^2y^2}{2xy}\right| = |xy|$

令 $\epsilon > 0$ 取 $\frac{\delta}{2} < \varepsilon$

则 $x^2+y^2 < \delta \Rightarrow \left|\frac{2x^2y^2}{x^2+y^2}\right| \leq \left|\frac{2x^2y^2}{2xy}\right| = |xy| < \left|\frac{x^2+y^2}{2}\right| < \frac{\delta}{2} < \epsilon$

$\therefore \lim_{(x,y)\to(0,0)} \frac{2x^2y^2}{x^2+y^2} = 0 \Rightarrow \lim_{(x,y)\to(0,0)} \frac{x^4+y^4}{x^2+y^2} = 0$

Type 2.

求双变数函数$f(x,y)$于$(0,0)$的极限，$\lim\limits_{(x,y)\to(0,0)} f(x,y)=?$，其中函数$f(x,y)$满足：

$$\text{令}\, y=mx，\text{当} \lim_{(x,y)\to(0,0)} f(x,mx) \text{ 与} m \text{值有关时}$$

解题流程：

取两个相异m值，m_1、m_2，计算两者的极限值，使得

$\lim\limits_{(x,y)\to(0,0)} f(x,m_1x) \neq \lim\limits_{(x,y)\to(0,0)} f(x,m_2x) \quad \therefore \lim\limits_{(x,y)\to(0,0)} f(x,y)$ 不存在

<u>范例说明：</u>

(I)求 $\lim\limits_{(x,y)\to(0,0)} \dfrac{x^2-2y^2}{x^2+y^2}=?$

令 $y=mx$ 则 $\lim\limits_{(x,y)\to(0,0)} \dfrac{x^2-2y^2}{x^2+y^2}=\lim\limits_{(x,y)\to(0,0)} \dfrac{1-2m^2}{1+m^2}$ 与 m 值有关

取 $m=1$ 则 $\lim\limits_{(x,y)\to(0,0)} \dfrac{x^2-2y^2}{x^2+y^2}=\lim\limits_{(x,y)\to(0,0)} \dfrac{1-2m^2}{1+m^2}=-\dfrac{1}{2}$

取 $m=\sqrt{2}$ 则 $\lim\limits_{(x,y)\to(0,0)} \dfrac{x^2-2y^2}{x^2+y^2}=\lim\limits_{(x,y)\to(0,0)} \dfrac{1-2m^2}{1+m^2}=-1$

$\therefore \lim\limits_{(x,y)\to(0,0)} \dfrac{x^2-2y^2}{x^2+y^2}$ 不存在

(II)求 $\lim\limits_{(x,y)\to(0,0)} \dfrac{x^3y}{x^6+2y^2}=?$

令 $y=mx$ 则 $\lim\limits_{(x,y)\to(0,0)} \dfrac{x^3y}{x^6+2y^2}=\lim\limits_{(x,y)\to(0,0)} \dfrac{m}{1+2m^2}$ 与m值有关

取 $m=-1$ 则 $\lim\limits_{(x,y)\to(0,0)} \dfrac{x^3y}{x^6+2y^2}=\lim\limits_{(x,y)\to(0,0)} \dfrac{m}{1+2m^2}=-\dfrac{1}{3}$

取 $m=1$ 则 $\lim\limits_{(x,y)\to(0,0)} \dfrac{x^3y}{x^6+2y^2}=\lim\limits_{(x,y)\to(0,0)} \dfrac{m}{1+2m^2}=\dfrac{1}{3}$

$\therefore \lim\limits_{(x,y)\to(0,0)} \dfrac{x^3y}{x^6+2y^2}$ 不存在

Type 3.

求三变数函数$f(x,y,z)$于$(0,0,0)$的极限，$\lim_{(x,y,z)\to(0,0,0)} f(x,y,z)=?$，其中函数$f(x,y,z)$满足:

$$令y=z=mx，当\lim_{(x,y,z)\to(0,0,0)} f(x,mx,mx)=L\ 与\ m\ 无关时$$

解题流程:

令$\varepsilon>0$，取δ或明确找出δ的值，使得$x^2+y^2+z^2<\delta\Rightarrow|f(x,y,z)-L|<\varepsilon$

<u>范例说明:</u>

(I)求 $\lim_{(x,y,z)\to(0,0,0)} \frac{x^2y}{x^2+y^4+z^6}=?$

令 $y=z=mx$ 则 $\frac{x^2y}{x^2+y^4+z^6}=\frac{mx^3}{x^2+m^4x^4+m^6x^6}=\frac{mx}{1+m^4x^2+m^6x^4}$

$\therefore \lim_{(x,y,z)\to(0,0,0)} f(x,mx,mx)=0$ 与m无关

$\because x^2+y^4+z^6\geq x^2 \quad \therefore \left|\frac{x^2y}{x^2+y^4+z^6}\right|\leq\left|\frac{x^2y}{x^2}\right|=|y|$

令 $\epsilon>0$ 取 $\delta^{\frac{1}{2}}<\varepsilon$

则 $x^2+y^2+z^2<\delta\Rightarrow\left|\frac{x^2y}{x^2+y^4+z^6}\right|<|y|<(x^2+y^2+z^2)^{\frac{1}{2}}<\delta^{\frac{1}{2}}<\epsilon$

$\therefore \lim_{(x,y,z)\to(0,0,0)} \frac{x^2y}{x^2+y^4+z^6}=0$

值得注意的是$\lim_{(x,y,z)\to(0,0,0)} f(x,mx,mx)=0$ 与m无关是$f(x,y,z)$于$(0,0,0)$的极限值存在的必要条件并非充分条件,也就是推论的过程中，如果出现

"因为$\lim_{(x,y,z)\to(0,0,0)} f(x,mx,mx)=0$ 与m无关，所以$f(x,y,z)$于$(0,0,0)$的极限存在"

为错誤的论述，底下展示一多变数函数做说明

<u>范例说明:</u>

Determine whether $f(x,y,z)=\frac{xyz}{x^2+y^4+z^4}$ has a limit as $(x,y,z)\to(0,0,0)$

令 $y=z=mx$ 则 $f(x,y,z)=\frac{xyz}{x^2+y^4+z^4}=\frac{m^3x^3}{x^2+m^4x^4+m^4x^4}=\frac{m^3x}{1+m^4x^2+m^4x^2}$

$\therefore \lim_{(x,y,z)\to(0,0,0)} f(x,mx,mx) = 0$ 与m无关且 $\lim_{(x,y,z)\to(0,0,0)} f(x,mx,mx) = 0$，然而

令 $x = mt^2$，$y = z = t$ 则 $f(x,y,z) = \dfrac{mt^4}{(m^2+2)t^4} = \dfrac{m}{m^2+2}$

取 $m = -1$ 则 $\lim_{(x,y,z)\to(0,0,0)} \dfrac{xyz}{x^2+y^4+z^4} = \lim_{(x,y,z)\to(0,0,0)} \dfrac{m}{m^2+2} = -\dfrac{1}{3}$

取 $m = 1$ 则 $\lim_{(x,y,z)\to(0,0,0)} \dfrac{xyz}{x^2+y^4+z^4} = \lim_{(x,y,z)\to(0,0,0)} \dfrac{m}{m^2+2} = \dfrac{1}{3}$

$\therefore \lim_{(x,y,z)\to(0,0,0)} \dfrac{xyz}{x^2+y^4+z^4}$ 不存在

Type 4.

求三变数函数$f(x,y,z)$于$(0,0,0)$的极限，$\lim_{(x,y,z)\to(0,0,0)} f(x,y,z) = ?$，其中函数$f(x,y,z)$满足:

$$\text{令}\ y = z = mx,\ \text{当}\ \lim_{(x,y,z)\to(0,0,0)} f(x,mx,mx)\ \text{与}m\text{有关时}$$

解题流程:

取两个相异值 m_1 、m_2 使得

$\lim_{(x,y,z)\to(0,0,0)} f(x,m_1x,m_1x) \neq \lim_{(x,y,z)\to(0,0,0)} f(x,m_2x,m_2x)$ $\therefore \lim_{(x,y,z)\to(0,0,0)} f(x,y,z)$ 不存在

<u>范例说明:</u>

(I) 求 $\lim_{(x,y,z)\to(0,0,0)} \dfrac{3xy}{x^2+y^2+z^2} = ?$

令 $y = z = mx$ 则 $\dfrac{3xy}{x^2+y^2+z^2} = \dfrac{3mx^2}{x^2+m^2x^2+m^2x^2} = \dfrac{3m}{2m^2+1}$

取 $m = -1$ 则 $\lim_{(x,y,z)\to(0,0,0)} \dfrac{3xy}{x^2+y^2+z^2} = \lim_{(x,y,z)\to(0,0,0)} \dfrac{3m}{2m^2+1} = -1$

取 $m = 1$ 则 $\lim_{(x,y,z)\to(0,0,0)} \dfrac{3xy}{x^2+y^2+z^2} = \lim_{(x,y,z)\to(0,0,0)} \dfrac{3m}{2m^2+1} = 1$

因此 $\lim_{(x,y,z)\to(0,0,0)} \dfrac{3xy}{x^2+y^2+z^2}$ 不存在

Example 1.

求 $\lim\limits_{(x,y)\to(0,0)} \dfrac{x^2-2y^2}{x^2+y^2}=?$

【解】

令 $y=mx$ 则 $\dfrac{x^2-2y^2}{x^2+y^2}=\dfrac{x^2-2m^2x^2}{x^2+m^2x^2}=\dfrac{x^2(1-2m^2)}{x^2(1+m^2)}=\dfrac{1-2m^2}{1+m^2}$

$\therefore \lim\limits_{(x,y)\to(0,0)} \dfrac{x^2-2y^2}{x^2+y^2}=\lim\limits_{(x,y)\to(0,0)} \dfrac{1-2m^2}{1+m^2}$

取 $m=1$ 则 $\lim\limits_{(x,y)\to(0,0)} \dfrac{x^2-2y^2}{x^2+y^2}=\lim\limits_{(x,y)\to(0,0)} \dfrac{1-2m^2}{1+m^2}=-\dfrac{1}{2}$

取 $m=\sqrt{2}$ 则 $\lim\limits_{(x,y)\to(0,0)} \dfrac{x^2-2y^2}{x^2+y^2}=\lim\limits_{(x,y)\to(0,0)} \dfrac{1-2m^2}{1+m^2}=-1$

$\therefore \lim\limits_{(x,y)\to(0,0)} \dfrac{x^2-2y^2}{x^2+y^2}$ 不存在

Example 2.

求 $\lim\limits_{(x,y)\to(0,0)} \left(\dfrac{x^2-y^2}{x^2+2y^2}\right)^2=?$

【解】

令 $y=mx$ 则 $\left(\dfrac{x^2-y^2}{x^2+2y^2}\right)^2=\left(\dfrac{x^2-m^2x^2}{x^2+2m^2x^2}\right)^2=\left(\dfrac{x^2(1-m^2)}{x^2(1+2m^2)}\right)^2=\dfrac{(1-m^2)^2}{(1+2m^2)^2}$

$\therefore \lim\limits_{(x,y)\to(0,0)} \left(\dfrac{x^2-y^2}{x^2+2y^2}\right)^2=\lim\limits_{(x,y)\to(0,0)} \dfrac{(1-m^2)^2}{(1+2m^2)^2}$

取 $m=1$ 则 $\lim\limits_{(x,y)\to(0,0)} \left(\dfrac{x^2-y^2}{x^2+2y^2}\right)^2=\lim\limits_{(x,y)\to(0,0)} \dfrac{(1-m^2)^2}{(1+2m^2)^2}=0$

取 $m=\sqrt{2}$ 则 $\lim\limits_{(x,y)\to(0,0)} \left(\dfrac{x^2-y^2}{x^2+2y^2}\right)^2=\lim\limits_{(x,y)\to(0,0)} \dfrac{(1-m^2)^2}{(1+2m^2)^2}=\dfrac{1}{25}$

$\therefore \lim\limits_{(x,y)\to(0,0)} \left(\dfrac{x^2-y^2}{x^2+2y^2}\right)^2$ 不存在

Example 3.

求 $\lim\limits_{(x,y)\to(0,0)} \frac{x^2+y^2}{|x|+|y|}=?$

【解】

$\because (|x|+|y|)^2 = |x|^2+|y|^2+2|xy| \geq x^2+y^2 \quad \therefore |x|+|y| \geq \sqrt{x^2+y^2}$

$\therefore \frac{x^2+y^2}{|x|+|y|} \leq \frac{x^2+y^2}{\sqrt{x^2+y^2}} = \sqrt{x^2+y^2}$

Claim: $\lim\limits_{(x,y)\to(0,0)} \frac{x^2+y^2}{|x|+|y|} = 0$

令 $\epsilon > 0$ 取 $\delta^{\frac{1}{2}} < \varepsilon$ 则 $x^2+y^2 < \delta \Rightarrow \frac{x^2+y^2}{|x|+|y|} \leq \frac{x^2+y^2}{\sqrt{x^2+y^2}} = \sqrt{x^2+y^2} < \delta^{\frac{1}{2}} < \epsilon$

因此 $\lim\limits_{(x,y)\to(0,0)} \frac{x^2+y^2}{|x|+|y|} = 0$

Example 4.

求 $\lim\limits_{(x,y)\to(0,0)} \frac{xy\cos(x^2+y^2)}{\sqrt{x^2+y^2}}=?$

【解】

$\because x^2+y^2 \geq 2|xy| \quad \therefore \frac{1}{\sqrt{x^2+y^2}} \leq \frac{1}{\sqrt{2|xy|}} \Rightarrow \left|\frac{xy\cos(x^2+y^2)}{\sqrt{x^2+y^2}}\right| \leq \left|\frac{xy}{\sqrt{2|xy|}}\right| < |xy|^{\frac{1}{2}}$

Claim: $\lim\limits_{(x,y)\to(0,0)} \frac{xy\cos x^2+y^2}{\sqrt{x^2+y^2}} = 0$

令 $\epsilon > 0$ 取 $\delta^{\frac{1}{2}} < \varepsilon$

则$x^2+y^2 < \delta \Rightarrow \left|\frac{xy\cos(x^2+y^2)}{\sqrt{x^2+y^2}}\right| \leq \left|\frac{xy}{\sqrt{2|xy|}}\right| < |xy|^{\frac{1}{2}} < (x^2+y^2)^{\frac{1}{2}} < \delta^{\frac{1}{2}} < \epsilon$

因此 $\lim\limits_{(x,y)\to(0,0)} \frac{xy\cos x^2+y^2}{\sqrt{x^2+y^2}} = 0$

Example 5.

求 $\lim\limits_{(x,y,z)\to(0,0,0)} \frac{\sin(x^2+y^2+z^2)}{\sqrt{x^2+y^2+z^2}}=?$

【解】

令 $t=x^2+y^2+z^2$ 则 $\dfrac{\sin(x^2+y^2+z^2)}{\sqrt{x^2+y^2+z^2}}=\dfrac{\sin t}{\sqrt{t}}=\dfrac{\sqrt{t}\sin t}{t}$

$$\lim_{(x,y,z)\to(0,0,0)}\frac{\sin(x^2+y^2+z^2)}{\sqrt{x^2+y^2+z^2}}=\lim_{t\to 0}\frac{\sqrt{t}\sin t}{t}$$

藉由罗比达法则 $\lim\limits_{t\to 0}\dfrac{\sin t}{t}=\lim\limits_{t\to 0}\dfrac{\cos t}{1}=1\Rightarrow\lim\limits_{t\to 0}\dfrac{\sqrt{t}\sin t}{t}=0$

$$\therefore\lim_{(x,y,z)\to(0,0,0)}\frac{\sin x^2+y^2+z^2}{\sqrt{x^2+y^2+z^2}}=0$$

Example 6.

求 $\lim\limits_{(x,y)\to(0,0)}\dfrac{3x^2y}{x^2+y^2}=?$

【解】

$\because x^2+y^2\geq 2|xy|\quad\therefore\dfrac{1}{x^2+y^2}\leq\dfrac{1}{2|xy|}\Rightarrow\left|\dfrac{3x^2y}{x^2+y^2}\right|\leq\left|\dfrac{3x^2y}{2xy}\right|=\left|\dfrac{3x}{2}\right|$

Claim: $\lim\limits_{(x,y)\to(0,0)}\dfrac{3x^2y}{x^2+y^2}=0$

令 $\epsilon>0$ 取 $\delta<(\dfrac{2\varepsilon}{3})^2$

则 $x^2+y^2<\ \delta\Rightarrow\left|\dfrac{3x^2y}{x^2+y^2}\right|\leq\left|\dfrac{3x^2y}{2xy}\right|=\left|\dfrac{3x}{2}\right|<\left|\dfrac{3\sqrt{x^2+y^2}}{2}\right|<\dfrac{3\sqrt{\delta}}{2}<\dfrac{3}{2}\cdot\dfrac{2\varepsilon}{3}=\epsilon$

$$\therefore\lim_{(x,y)\to(0,0)}\frac{3x^2y}{x^2+y^2}=0$$

Example 7.

求 $\lim\limits_{(x,y)\to(0,0)}\dfrac{2xy^2}{x^2+y^2}=?$

【解】

$\because x^2+y^2\geq 2|xy|\quad\therefore\dfrac{1}{x^2+y^2}\leq\dfrac{1}{2|xy|}\Rightarrow\left|\dfrac{2xy^2}{x^2+y^2}\right|\leq\left|\dfrac{2xy^2}{2xy}\right|=|y|$

Claim: $\lim\limits_{(x,y)\to(0,0)} \frac{2xy^2}{x^2+y^2} = 0$

令 $\epsilon > 0$ 取 $\delta < \varepsilon$ 则 $x^2+y^2 < \delta \Rightarrow \left|\frac{2xy^2}{x^2+y^2}\right| \le \left|\frac{2xy^2}{2xy}\right| = |\mathrm{y}| < \left|\sqrt{x^2+y^2}\right| < \delta < \epsilon$

$\therefore \lim\limits_{(x,y)\to(0,0)} \frac{2xy^2}{x^2+y^2} = 0$

Example 8.

求 $\lim\limits_{(x,y,z)\to(0,0,0)} \frac{xyz}{x^2+y^4+z^4} =?$

【解】

令 $x = mt^2$，$y = z = t$ 则 $\frac{mt^4}{(m^2+2)t^4} = \frac{m}{m^2+2}$

取 $m = -1$ 则 $\lim\limits_{(x,y,z)\to(0,0,0)} \frac{xyz}{x^2+y^4+z^4} = \lim\limits_{(x,y,z)\to(0,0,0)} \frac{m}{m^2+2} = -\frac{1}{3}$

取 $m = 1$ 则 $\lim\limits_{(x,y,z)\to(0,0,0)} \frac{xyz}{x^2+y^4+z^4} = \lim\limits_{(x,y,z)\to(0,0,0)} \frac{m}{m^2+2} = \frac{1}{3}$

因此 $\lim\limits_{(x,y,z)\to(0,0,0)} \frac{xyz}{x^2+y^4+z^4}$ 不存在

Example 9.

求 $\lim\limits_{(x,y,z)\to(0,0,0)} \frac{x^2y}{x^2+y^4+z^6} =?$

【解】

$\because x^2+y^4+z^6 \ge x^2 \quad \therefore \left|\frac{x^2y}{x^2+y^4+z^6}\right| \le \left|\frac{x^2y}{x^2}\right| = |y|$

令 $\epsilon > 0$ 取 $\delta^{\frac{1}{2}} < \varepsilon$

则 $x^2+y^2+z^2 < \delta \Rightarrow \left|\frac{x^2y}{x^2+y^4+z^6}\right| < |y| < (x^2+y^2+z^2)^{\frac{1}{2}} < \delta^{\frac{1}{2}} < \epsilon$

因此 $\lim\limits_{(x,y,z)\to(0,0,0)} \frac{x^2y}{x^2+y^4+z^6} = 0$

Example 10.

$$求\lim_{(x,y)\to(0,0)}\frac{x^4+y^4}{x^2+y^2}=?$$

【解】

$\because x^4+y^4=(x^2+y^2)^2-2x^2y^2$

$$\therefore \lim_{(x,y)\to(0,0)}\frac{x^4+y^4}{x^2+y^2}=\lim_{(x,y)\to(0,0)}\frac{(x^2+y^2)^2-2x^2y^2}{x^2+y^2}$$

$$=\lim_{(x,y)\to(0,0)}x^2+y^2-\lim_{(x,y)\to(0,0)}\frac{2x^2y^2}{x^2+y^2}=-\lim_{(x,y)\to(0,0)}\frac{2x^2y^2}{x^2+y^2}$$

Claim: $\lim_{(x,y)\to(0,0)}\frac{2x^2y^2}{x^2+y^2}=0$

$$\because x^2+y^2\geq 2|xy| \quad \therefore \frac{1}{x^2+y^2}\leq\frac{1}{2|xy|}\Rightarrow\left|\frac{2x^2y^2}{x^2+y^2}\right|\leq\left|\frac{2x^2y^2}{2xy}\right|=|xy|$$

令 $\epsilon>0$ 取 $\frac{\delta}{2}<\varepsilon$

$$则\ x^2+y^2<\delta\Rightarrow\left|\frac{2x^2y^2}{x^2+y^2}\right|\leq\left|\frac{2x^2y^2}{2xy}\right|=|xy|<\left|\frac{x^2+y^2}{2}\right|<\frac{\delta}{2}<\epsilon$$

$$因此\lim_{(x,y)\to(0,0)}\frac{2x^2y^2}{x^2+y^2}=0\Rightarrow\lim_{(x,y)\to(0,0)}\frac{x^4+y^4}{x^2+y^2}=0$$

Example 11.

$$求\lim_{(x,y)\to(0,0)}\frac{x^3y}{x^6+2y^2}=?$$

【解】

$$令\ y=mx^3\ 则\ \frac{x^3y}{x^6+2y^2}=\frac{x^3(mx^3)}{x^6+2m^2x^6}=\frac{m}{1+2m^2}$$

$$取\ m=-1\ 则\lim_{(x,y)\to(0,0)}\frac{x^3y}{x^6+2y^2}=\lim_{(x,y)\to(0,0)}\frac{m}{1+2m^2}=-\frac{1}{3}$$

$$取\ m=1\ 则\lim_{(x,y)\to(0,0)}\frac{x^3y}{x^6+2y^2}=\lim_{(x,y)\to(0,0)}\frac{m}{1+2m^2}=\frac{1}{3}$$

因此 $\lim_{(x,y)\to(0,0)}\frac{x^3y}{x^6+2y^2}$ 不存在

Example 12.

求 $\lim\limits_{(x,y)\to(0,0)}\dfrac{x-y^2}{x+2y^2}=?$

【解】

令 $y=m\sqrt{x}$ 则 $\dfrac{x-y^2}{x+2y^2}=\dfrac{x-m^2x}{x+2m^2x}=\dfrac{1-m^2}{1+2m^2}$

取 $m=\sqrt{2}$ 则 $\lim\limits_{(x,y)\to(0,0)}\dfrac{x-y^2}{x+2y^2}=\lim\limits_{(x,y)\to(0,0)}\dfrac{1-m^2}{1+2m^2}=\dfrac{-1}{5}$

取 $m=1$ 则 $\lim\limits_{(x,y)\to(0,0)}\dfrac{x-y^2}{x+2y^2}=\lim\limits_{(x,y)\to(0,0)}\dfrac{1-m^2}{1+2m^2}=0$

因此 $\lim\limits_{(x,y)\to(0,0)}\dfrac{x-y^2}{x+2y^2}$ 不存在

Example 13.

求 $\lim\limits_{(x,y)\to(0,0)}\dfrac{xy^5}{x^2+y^{10}}=?$

【解】

令 $y=(mx)^{\frac{1}{5}}$ 则 $\dfrac{xy^5}{x^2+y^{10}}=\dfrac{mx^2}{(1+m^2)x^2}=\dfrac{m}{1+m^2}$

取 $m=-1$ 则 $\lim\limits_{(x,y)\to(0,0)}\dfrac{xy^5}{x^2+y^{10}}=\lim\limits_{(x,y)\to(0,0)}\dfrac{m}{1+m^2}=-\dfrac{1}{2}$

取 $m=1$ 则 $\lim\limits_{(x,y)\to(0,0)}\dfrac{xy^5}{x^2+y^{10}}=\lim\limits_{(x,y)\to(0,0)}\dfrac{m}{1+m^2}=\dfrac{1}{2}$

因此 $\lim\limits_{(x,y)\to(0,0)}\dfrac{xy^5}{x^2+y^{10}}$ 不存在

Example 14.

求 $\lim\limits_{(x,y)\to(0,0)}\dfrac{x^2y^2}{\sqrt{x^2+y^2}}=?$

【解】

$\because x^2+y^2 \ge 2|xy| \quad \therefore \dfrac{1}{\sqrt{x^2+y^2}} \le \dfrac{1}{\sqrt{2|xy|}} \Rightarrow \left|\dfrac{x^2y^2}{\sqrt{x^2+y^2}}\right| \le \left|\dfrac{x^2y^2}{\sqrt{2|xy|}}\right| = |xy|^{\frac{3}{2}}$

Claim: $\lim\limits_{(x,y)\to(0,0)} \dfrac{x^2y^2}{\sqrt{x^2+y^2}} = 0$

令 $\epsilon > 0$ 取 $\delta^{\frac{3}{2}} < \varepsilon$ 则 $x^2+y^2 < \delta$

$\Rightarrow \left|\dfrac{x^2y^2}{\sqrt{x^2+y^2}}\right| \le \left|\dfrac{x^2y^2}{\sqrt{2|xy|}}\right| = |xy|^{\frac{3}{2}} < (x^2+y^2)^{\frac{3}{2}} < \delta^{\frac{3}{2}} < \epsilon$

因此 $\lim\limits_{(x,y)\to(0,0)} \dfrac{x^2y^2}{\sqrt{x^2+y^2}} = 0$

Example 15.

求 $\lim\limits_{(x,y)\to(0,0)} \dfrac{(xy)^p}{\sqrt{x^2+y^2}} =?$，$\forall p > \dfrac{1}{2}$

【解】

令 $p > \dfrac{1}{2}$

$\because x^2+y^2 \ge 2|xy| \quad \therefore \dfrac{1}{\sqrt{x^2+y^2}} \le \dfrac{1}{\sqrt{2|xy|}} \Rightarrow \left|\dfrac{(xy)^p}{\sqrt{x^2+y^2}}\right| \le \left|\dfrac{(xy)^p}{\sqrt{2|xy|}}\right| < |xy|^{p-\frac{1}{2}}$

Claim: $\lim\limits_{(x,y)\to(0,0)} \dfrac{(xy)^p}{\sqrt{x^2+y^2}} = 0$

令 $\epsilon > 0$ 取 $\delta^{p-\frac{1}{2}} < \varepsilon$

则 $x^2+y^2 < \delta \Rightarrow \left|\dfrac{(xy)^p}{\sqrt{x^2+y^2}}\right| \le \left|\dfrac{(xy)^p}{\sqrt{2|xy|}}\right| < |xy|^{p-\frac{1}{2}} < (x^2+y^2)^{p-\frac{1}{2}} < \delta^{p-\frac{1}{2}} < \epsilon$

因此 $\lim\limits_{(x,y)\to(0,0)} \dfrac{(xy)^p}{\sqrt{x^2+y^2}} = 0$

Example 16.

假设 $f(x,y) = (x+y)\sin\dfrac{1}{x}\sin\dfrac{1}{y}$ 则 $\lim\limits_{x\to 0}\left(\lim\limits_{y\to 0} f(x,y)\right) =?$

【解】

Claim: $\lim\limits_{y\to 0} f(x,y)$ 不存在

令 $y_{1,n}=\dfrac{1}{2n\pi+\frac{\pi}{2}}$ 且 $y_{2,n}=\dfrac{1}{2n\pi+\frac{3\pi}{2}}$ 则 $\lim\limits_{n\to\infty} y_{1,n}=0$ 且 $\lim\limits_{n\to\infty} y_{2,n}=0$

$$\text{则}\lim_{n\to\infty} f(x,y_{1,n})=\lim_{n\to\infty}\left(x+\frac{1}{2n\pi+\frac{\pi}{2}}\right)\sin\frac{1}{x}\sin\left(2n\pi+\frac{\pi}{2}\right)=\sin\frac{1}{x}$$

$$\lim_{n\to\infty} f(x,y_{2,n})=\lim_{n\to\infty}\left(x+\frac{1}{2n\pi+\frac{3\pi}{2}}\right)+\sin\frac{1}{x}\sin\left(2n\pi+\frac{3\pi}{2}\right)=-\sin\frac{1}{x}$$

令 $x_m=\dfrac{1}{2m\pi+\frac{\pi}{2}}$ 则 $\lim\limits_{m\to\infty} x_m=0$

$$\lim_{m\to\infty}\left(\lim_{n\to\infty} f(x_m,y_{1,n})\right)=\lim_{m\to\infty}\sin\left(2m\pi+\frac{\pi}{2}\right)=1$$

$$\lim_{m\to\infty}\left(\lim_{n\to\infty} f(x_m,y_{2,n})\right)=-\lim_{m\to\infty}\sin\left(2m\pi+\frac{\pi}{2}\right)=-1$$

因此 $\lim\limits_{x\to 0}\left(\lim\limits_{y\to 0} f(x,y)\right)$ 不存在

Example 17.

求 $\lim\limits_{y\to 0}\left(\lim\limits_{x\to 0}\dfrac{\cos x\tan y}{x-y}\right)=?$

【解】

$$\because \lim_{x\to 0}\frac{\cos x\tan y}{x-y}=\frac{\cos 0\tan y}{-y}=\frac{\tan y}{-y}$$

$$\therefore \lim_{y\to 0}\left(\lim_{x\to 0}\frac{\cos x\tan y}{x-y}\right)=\lim_{y\to 0}\left(\frac{\tan y}{-y}\right)=-\lim_{y\to 0}\left(\frac{\tan y}{y}\right)=-1$$

Example 18.

求 $\lim\limits_{(x,y,z)\to(0,0,0)}\dfrac{4xy+xz+z^2}{x^2+2y^2}=?$

【解】

令 $z = y = mx$ 则 $\dfrac{4mx^2 + mx^2 + m^2x^2}{(1+2m^2)x^2} = \dfrac{5m + m^2}{1 + 2m^2}$

取 $m = -1$ 则 $\lim\limits_{(x,y,z)\to(0,0,0)} \dfrac{4xy + xz + z^2}{x^2 + 2y^2} = \lim\limits_{(x,y,z)\to(0,0,0)} \dfrac{5m + m^2}{1 + 2m^2} = -\dfrac{4}{3}$

取 $m = 1$ 则 $\lim\limits_{(x,y,z)\to(0,0,0)} \dfrac{4xy + xz + z^2}{x^2 + 2y^2} = \lim\limits_{(x,y,z)\to(0,0,0)} \dfrac{5m + m^2}{1 + 2m^2} = \dfrac{6}{3} = 2$

因此 $\lim\limits_{(x,y,z)\to(0,0,0)} \dfrac{4xy + xz + z^2}{x^2 + 2y^2}$ 不存在

Example 19.

求 $\lim\limits_{(x,y,z)\to(0,0,0)} \dfrac{3xy}{x^2 + y^2 + z^2} =?$

【解】

令 $y = mx$ 且 $z = mx$ 则 $\dfrac{3xy}{x^2 + y^2 + z^2} = \dfrac{3mx^2}{x^2 + m^2x^2 + m^2x^2} = \dfrac{3m}{2m^2 + 1}$

取 $m = -1$ 则 $\lim\limits_{(x,y,z)\to(0,0,0)} \dfrac{3xy}{x^2 + y^2 + z^2} = \lim\limits_{(x,y,z)\to(0,0,0)} \dfrac{3m}{2m^2 + 1} = -1$

取 $m = 1$ 则 $\lim\limits_{(x,y,z)\to(0,0,0)} \dfrac{3xy}{x^2 + y^2 + z^2} = \lim\limits_{(x,y,z)\to(0,0,0)} \dfrac{3m}{2m^2 + 1} = 1$

因此 $\lim\limits_{(x,y,z)\to(0,0,0)} \dfrac{3xy}{x^2 + y^2 + z^2}$ 不存在

Example 20.

求 $\lim\limits_{(x,y,z)\to(0,0,0)} \dfrac{x^4 + y^4}{x^2 + y^2 + z^4} =?$

【解】

$\because x^2 + y^2 + z^2 \ge x^2 + y^2 \quad \therefore \left|\dfrac{x^4 + y^4}{x^2 + y^2 + z^4}\right| \le \left|\dfrac{x^4 + y^4}{x^2 + y^2}\right|$

Claim: $\lim\limits_{(x,y)\to(0,0)} \dfrac{x^4 + y^4}{x^2 + y^2} = 0$

$\because x^4 + y^4 = (x^2 + y^2)^2 - 2x^2y^2$

$$\therefore \lim_{(x,y)\to(0,0)} \frac{x^4+y^4}{x^2+y^2} = \lim_{(x,y)\to(0,0)} \frac{(x^2+y^2)^2-2x^2y^2}{x^2+y^2}$$

$$= \lim_{(x,y)\to(0,0)} x^2+y^2 - \lim_{(x,y)\to(0,0)} \frac{2x^2y^2}{x^2+y^2} = -\lim_{(x,y)\to(0,0)} \frac{2x^2y^2}{x^2+y^2}$$

Claim: $\lim_{(x,y)\to(0,0)} \frac{2x^2y^2}{x^2+y^2} = 0$

$\because x^2+y^2 \geq 2|xy| \quad \therefore \frac{1}{x^2+y^2} \leq \frac{1}{2|xy|} \Rightarrow \left|\frac{2x^2y^2}{x^2+y^2}\right| \leq \left|\frac{2x^2y^2}{2xy}\right| = |xy|$

令 $\epsilon > 0$ 取 $\frac{\delta}{2} < \varepsilon$ 则 $x^2+y^2 < \delta \Rightarrow \left|\frac{2x^2y^2}{x^2+y^2}\right| \leq \left|\frac{2x^2y^2}{2xy}\right| = |xy| < \left|\frac{x^2+y^2}{2}\right| < \frac{\delta}{2} < \epsilon$

因此 $\lim_{(x,y)\to(0,0)} \frac{2x^2y^2}{x^2+y^2} = 0 \Rightarrow \lim_{(x,y)\to(0,0)} \frac{x^4+y^4}{x^2+y^2} = 0$

$\Rightarrow \lim_{(x,y,z)\to(0,0,0)} \frac{x^4+y^4}{x^2+y^2+z^4} = 0$

7.2 判断多变量函数是否连续

【定义】双变量函数连续的定义

$f(x,y)$于(x_0,y_0)连续 $\Leftrightarrow \lim_{(x,y)\to(x_0,y_0)} f(x,y) = f(x_0,y_0)$

$\Leftrightarrow \forall\varepsilon > 0$, $\exists\delta > 0$, such that $\sqrt{(x-x_0)^2+(y-y_0)^2} < \delta \Rightarrow |f(x,y)-f(x_0,y_0)| < \varepsilon$

【定义】多变量函数连续的定义

$f(x_1,\dots,x_n)$于$(c_1,\dots,c_n)$连续 $\Leftrightarrow \lim_{(x_1,\dots,x_n)\to(c_1,\dots,c_n)} f(x_1,\dots,x_n) = f(c_1,\dots,c_n)$

$\Leftrightarrow \forall\varepsilon > 0$, $\exists\delta > 0$, such that

$\sqrt{(x_1-c_1)^2+\cdots+(x_n-c_n)^2} < \delta \Rightarrow |f(x_1,\dots,x_n)-f(c_1,\dots,c_n)| < \varepsilon$

从双变量函数的连续定义，能观察出如果$f(x,y)$于(x_0,y_0)连续，则从任意方向逼近(x_0,y_0)的极限值必须等于$f(x_0,y_0)$，因此，令$y-y_0=m(x-x_0)$为过(x_0,y_0)的直线，若$f(x,y)$于(x_0,y_0)连续，则

$$\lim_{(x,y)\to(x_0,y_0)} f(x, m(x-x_0)+y_0) = f(x_0, y_0)$$

且

$$\lim_{(x,y)\to(x_0,y_0)} f(x, m(x-x_0)+y_0) \text{ 与}m\text{值无关}$$

常见的考试题型为$(x_0, y_0) = (0,0)$, 假设 $f(x,y)$于$(0,0)$连续，令$y = mx$ 则 $\lim\limits_{(x,y)\to(0,0)} f(x,mx) = f(0,0)$ 且 $\lim\limits_{(x,y)\to(0,0)} f(x,mx)$ 与 m值无关，因此，$\lim\limits_{(x,y)\to(0,0)} f(x,mx)$ 与m值无关是 $f(x,y)$ 于$(0,0)$ 连续的必要条件, 值得注意的是，$\lim\limits_{(x,y)\to(x_0,y_0)} f(x,mx)$ 与 m值无关是 $f(x,y)$于$(0,0)$连续的必要条件并非充分条件, 底下展示一双变数函数$f(x,y)$作说明

<u>范例说明:</u>

假设$f(x,y) = \begin{cases} \dfrac{xy^2}{x^2+y^4}, & (x,y) \neq 0 \\ 0, & (x,y) = 0 \end{cases}$，判断 $f(x,y)$ 在$(0,0)$是否连续?

令 $y = mx$ 则 $f(x,y) = \dfrac{xy^2}{x^2+y^4} = \dfrac{m^2x^3}{x^2+m^4x^4}$

$\therefore \lim\limits_{(x,y)\to(0,0)} f(x,mx)$ 与 m值无关且 $\lim\limits_{(x,y)\to(0,0)} f(x,mx) = 0$,

令 $x = y^2$ 则 $f(x,y) = \dfrac{y^4}{y^4+y^4} = \dfrac{1}{2}$ 且 $\lim\limits_{(x,y)\to(0,0)} f(y^2,y) = \dfrac{1}{2} \neq f(0,0) = 0$

$\therefore$ $f(x,y)$于$(0,0)$不连续

此外, 如果 $\exists\, m \in R$ s.t. $\lim\limits_{(x,y)\to(0,0)} f(x,mx) \neq f(0,0)$ 则 $f(x,y)$ 于 $(0,0)$不连续，因此，

令$y = mx$, 当 $\lim\limits_{(x,y)\to(0,0)} f(x,mx)$ 与m值有关, 则取$m \in R$使得 $\lim\limits_{(x,y)\to(0,0)} f(x,mx) \neq f(0,0)$

以说明 $f(x,y)$于$(0,0)$不连续, 判断多变量函数是否连续的考试类型当中，以双变量函数的题型最常出现，读者若能熟悉双变量题型，其它类型都能够掌握。总结上述两点，底下说明双变量函数$f(x,y)$于原点$(0,0)$是否连续的考试类型与解题流程

考试类型:

Type 1.

給定双变数函数$f(x,y)$，判断$f(x,y)$于$(0,0)$是否连续，其中$f(x,y)$满足:

$$\text{令}y = mx,\ \text{当}\lim_{(x,y)\to(0,0)} f(x,mx) = f(0,0)\ \text{与}m\text{值无关时}$$

解题流程:

令$\varepsilon > 0$，取δ或明确找出δ的值，使得$x^2 + y^2 < \delta \Rightarrow |f(x,y) - f(0,0)| < \varepsilon$

<u>補充说明:</u>

常籍由 $x^2 + y^2 \geq 2|xy|$，推导出$|f(x,y) - f(0,0)| < g(x^2 + y^2) < g(\delta) < \varepsilon$，并且能得知$g$明确的样貌，最后一个不等式的$g(\delta) < \varepsilon$能帮助明确定义$\delta$

<u>范例说明:</u>

令$y = mx$

(I)设$f(x,y) = \begin{cases} \dfrac{3x^2y}{x^2+y^2}, & (x,y) \neq 0 \\ 0, & (x,y) = 0 \end{cases}$，则 $f(x,y)$ 在$(0,0)$ 是否连续?

令 $y = mx$ 则 $\lim_{(x,y)\to(0,0)} \dfrac{3x^2(mx)}{x^2 + (mx)^2} = \lim_{(x,y)\to(0,0)} \dfrac{3mx}{1+m^2} = 0$ 与m值无关

Claim: $\left|\dfrac{3x^2y}{x^2+y^2}\right| \leq \left|\dfrac{3\sqrt{x^2+y^2}}{2}\right|$

$$\because x^2 + y^2 \geq 2|xy| \quad \therefore \frac{1}{x^2+y^2} \leq \frac{1}{2|xy|} \Rightarrow \left|\frac{3x^2y}{x^2+y^2}\right| \leq \left|\frac{3x^2y}{2xy}\right| = \left|\frac{3x}{2}\right| \leq \left|\frac{3\sqrt{x^2+y^2}}{2}\right|$$

$$\text{令}\ \epsilon > 0\ \text{取}\ \delta < \left(\frac{2\varepsilon}{3}\right)^2\ \text{则}\ x^2 + y^2 < \delta \Rightarrow \left|\frac{3x^2y}{x^2+y^2}\right| \leq \left|\frac{3\sqrt{x^2+y^2}}{2}\right| < \frac{3\sqrt{\delta}}{2} < \frac{3}{2}\cdot\frac{2\varepsilon}{3} = \epsilon$$

因此 $f(x,y)$ 在$(0,0)$连续

(II)若$f(x,y) = \begin{cases} \dfrac{x^3-y^3}{x^2+y^2}, & (x,y) \neq 0 \\ 0, & (x,y) = 0 \end{cases}$，则 $f(x,y)$ 在$(0,0)$ 是否连续?

令 $y = mx$ 则 $\lim_{(x,y)\to(0,0)} \dfrac{x^3 - y^3}{x^2 + y^2} = \lim_{(x,y)\to(0,0)} \dfrac{x - m^3x}{1+m^2} = 0$ 与m值无关

$\because x^3 - y^3 = (x-y)(x^2+xy+y^2)$ 且 $x^2+y^2 \geq 2|xy|$

$\therefore |x^3 - y^3| \leq |x-y||x^2+|xy|+y^2| \leq |x-y|\left|x^2+\frac{x^2+y^2}{2}+y^2\right|$

$\therefore |x^3-y^3| \leq \frac{3}{2}|x-y||x^2+y^2| \Rightarrow \left|\frac{x^3-y^3}{x^2+y^2}\right| \leq \frac{3}{2}|x-y|$

$\because |x-y| = \sqrt{|x-y|^2} \leq \sqrt{x^2+y^2+|2xy|} \leq \sqrt{2(x^2+y^2)}$

令 $\epsilon > 0$ 取 $3\sqrt{\frac{\delta}{2}} < \epsilon$ 则 $x^2+y^2 < \delta \Rightarrow \left|\frac{x^3-y^3}{x^2+y^2}\right| \leq \frac{3}{2}|x-y| \leq \frac{3}{2}\sqrt{2(x^2+y^2)} < 3\sqrt{\frac{\delta}{2}} < \epsilon$

因此 $f(x,y)$ 在(0,0)连续

Type 2.

给定双变数函数$f(x,y)$, 判断$f(x,y)$于(0,0)是否连续，其中$f(x,y)$满足:

$$令y = mx，当\lim_{(x,y)\to(0,0)} f(x,mx) 与m值有关时$$

解题流程:

取m 值且计算极限值使得 $\lim_{(x,y)\to(0,0)} f(x,mx) \neq f(0,0)$ $\quad\therefore f(x,y)$于(0,0)不连续

<u>范例说明:</u>

令$y = mx$

(I)设$f(x,y) = \begin{cases} \frac{x^2-y^2}{x^2+y^2}, & (x,y) \neq 0 \\ 0, & (x,y) = 0 \end{cases}$，则 $f(x,y)$ 在(0,0) 是否连续?

令$y = mx$ 则 $\lim_{(x,y)\to(0,0)} \frac{x^2-y^2}{x^2+y^2} = \lim_{(x,y)\to(0,0)} \frac{1-m^2}{1+m^2}$ 与m值有关

取 $m = \sqrt{2}$ 则 $\lim_{(x,y)\to(0,0)} f(x,y) = \lim_{(x,y)\to(0,0)} \frac{1-m^2}{1+m^2} = -\frac{1}{3} \neq f(0,0) = 0$

因此 $f(x,y)$ 在(0,0) 不连续

(II)设$f(x,y) = \begin{cases} \frac{x^2y}{x^3+y^3}, & (x,y) \neq 0 \\ 0, & (x,y) = 0 \end{cases}$，则 $f(x,y)$ 在(0,0) 是否连续?

令$y = mx$ 则 $\lim_{(x,y)\to(0,0)} \frac{x^2y}{x^3+y^3} = \lim_{(x,y)\to(0,0)} \frac{m}{1+m^3}$ 与m值有关

取$m=1$则 $\lim\limits_{(x,y)\to(0,0)} f(x,y)=\lim\limits_{(x,y)\to(0,0)}\frac{m}{1+m^3}=\frac{1}{2}\neq f(0,0)$

因此 $f(x,y)$ 在$(0,0)$ 不连续

Type 3.

给定三变数函数$f(x,y,z)$，判断$f(x,y,z)$于$(0,0,0)$是否连续，其中$f(x,y,z)$满足:

$$\text{令}y=z=mx,\ \text{当}\lim_{(x,y,z)\to(0,0,0)} f(x,mx,mx)=L\ \text{与}\ m\ \text{无关时}$$

解题流程:

令$\varepsilon>0$，取δ或明确找出δ的值，使得$x^2+y^2+z^2<\delta\Rightarrow|f(x,y,z)-f(0,0,0)|<\varepsilon$

<u>范例说明:</u>

(I)设$f(x,y,z)=\begin{cases}\frac{x^2y}{x^2+y^4+z^6}, & (x,y,z)\neq 0\\ 0, & (x,y,z)=0\end{cases}$，则 $f(x,y,z)$ 在$(0,0,0)$ 是否连续?

令 $y=z=mx$ 则 $\frac{x^2y}{x^2+y^4+z^6}=\frac{mx^3}{x^2+m^4x^4+m^6x^6}=\frac{mx}{1+m^4x^2+m^6x^4}$

$\therefore \lim\limits_{(x,y,z)\to(0,0,0)} f(x,mx,mx)=0$ 与m无关

$\because x^2+y^4+z^6\geq x^2 \qquad \therefore \left|\frac{x^2y}{x^2+y^4+z^6}\right|\leq\left|\frac{x^2y}{x^2}\right|=|y|$

令 $\epsilon>0$ 取 $\delta^{\frac{1}{2}}<\varepsilon$

则 $x^2+y^2+z^2<\delta\Rightarrow\left|\frac{x^2y}{x^2+y^4+z^6}\right|<|y|<(x^2+y^2+z^2)^{\frac{1}{2}}<\delta^{\frac{1}{2}}<\epsilon$

$\therefore\ f(x,y,z)$ 在$(0,0,0)$ 是否连续

值得注意的是 $\lim\limits_{(x,y,z)\to(0,0,0)} f(x,mx,mx)=0$ 与m无关是$f(x,y,z)$于$(0,0,0)$连续的必要条件

并非充分条件,也就是推论的过程中，如果出现

"因为 $\lim\limits_{(x,y,z)\to(0,0,0)} f(x,mx,mx)=0$ 与m无关，所以$f(x,y,z)$于$(0,0,0)$连续"

为错誤的论述，底下展示一多变数函数做说明

范例说明:

假设$f(x,y,z)=\begin{cases}\dfrac{xyz}{x^2+y^4+z^4}, & (x,y,z)\neq 0\\ 0, & (x,y,z)=0\end{cases}$，判断 $f(x,y,z)$ 在$(0,0,0)$ 是否连续

令 $y=z=mx$ 则 $f(x,y,z)=\dfrac{xyz}{x^2+y^4+z^4}=\dfrac{m^3x^3}{x^2+m^4x^4+m^4x^4}=\dfrac{m^3x}{1+m^4x^2+m^4x^2}$

$\therefore \lim\limits_{(x,y,z)\to(0,0,0)} f(x,mx,mx)=0$ 与m无关且 $\lim\limits_{(x,y,z)\to(0,0,0)} f(x,mx,mx)=0$，然而

令 $x=mt^2$，$y=z=t$ 则 $f(x,y,z)=\dfrac{mt^4}{(m^2+2)t^4}=\dfrac{m}{m^2+2}$

取 $m=-1$ 则 $\lim\limits_{(x,y,z)\to(0,0,0)} \dfrac{xyz}{x^2+y^4+z^4}=\lim\limits_{(x,y,z)\to(0,0,0)} \dfrac{m}{m^2+2}=-\dfrac{1}{3}$

取 $m=1$ 则 $\lim\limits_{(x,y,z)\to(0,0,0)} \dfrac{xyz}{x^2+y^4+z^4}=\lim\limits_{(x,y,z)\to(0,0,0)} \dfrac{m}{m^2+2}=\dfrac{1}{3}$

$\therefore \lim\limits_{(x,y,z)\to(0,0,0)} \dfrac{xyz}{x^2+y^4+z^4}$ 不存在 $\therefore f(x,y,z)$ 在$(0,0,0)$不连续

Type 4.

给定三变数函数$f(x,y,z)$，判断$f(x,y,z)$于$(0,0,0)$是否连续，其中$f(x,y,z)$满足:

令$y=z=mx$，当 $\lim\limits_{(x,y,z)\to(0,0,0)} f(x,mx,mx)$ 与m有关时

解题流程:

取两个相异m_1 、m_2 使得

$\lim\limits_{(x,y,z)\to(0,0,0)} f(x,m_1x,m_1x) \neq \lim\limits_{(x,y,z)\to(0,0,0)} f(x,m_2x,m_2x)$ $\therefore \lim\limits_{(x,y,z)\to(0,0,0)} f(x,y,z)$ 不连续

范例说明:

(I) 设$f(x,y,z)=\begin{cases}\dfrac{3xy}{x^2+y^2+z^2}, & (x,y,z)\neq 0\\ 0, & (x,y,z)=0\end{cases}$，则 $f(x,y,z)$ 在$(0,0,0)$ 是否连续?

令 $y=z=mx$ 则 $\dfrac{3xy}{x^2+y^2+z^2}=\dfrac{3mx^2}{x^2+m^2x^2+m^2x^2}=\dfrac{3m}{2m^2+1}$

取 $m=-1$ 则 $\lim\limits_{(x,y,z)\to(0,0,0)} \dfrac{3xy}{x^2+y^2+z^2}=\lim\limits_{(x,y,z)\to(0,0,0)} \dfrac{3m}{2m^2+1}=-1$

取 $m=1$ 则 $\lim\limits_{(x,y,z)\to(0,0,0)}\dfrac{3xy}{x^2+y^2+z^2}=\lim\limits_{(x,y,z)\to(0,0,0)}\dfrac{3m}{2m^2+1}=1$

$\therefore \lim\limits_{(x,y,z)\to(0,0,0)}\dfrac{3xy}{x^2+y^2+z^2}$ 不存在 $\quad\therefore f(x,y,z)$ 在$(0,0,0)$不连续

Example 1.

设$f(x,y)=\begin{cases}(x+y)\sin\dfrac{1}{x}\sin\dfrac{1}{y}, & (x,y)\neq(0,0)\\ 0, & (x,y)=(0,0)\end{cases}$，则 $f(x,y)$ 在$(0,0)$是否连续?

【解】

$\because (x+y)^2=x^2+y^2+2xy\leq(|x|+|y|)^2=x^2+y^2+2|xy|$ 且 $x^2+y^2\geq 2|xy|$

$\therefore (x+y)^2\leq 2(x^2+y^2)$

令 $\epsilon>0$ 取 $\sqrt{2\delta}<\epsilon$

则 $x^2+y^2<\delta\Rightarrow\left|(x+y)\sin\dfrac{1}{x}\sin\dfrac{1}{y}\right|\leq|x+y|<\sqrt{2(x^2+y^2)}<\sqrt{2\delta}<\epsilon$

$\therefore \lim\limits_{(x,y)\to(0,0)}f(x,y)=0=f(0,0),$ 因此 $f(x,y)$ 在$(0,0)$连续

Example 2.

设$f(x,y)=\begin{cases}\dfrac{x^2-y^2}{x^2+y^2}, & (x,y)\neq 0\\ 0, & (x,y)=0\end{cases}$，则 $f(x,y)$ 在$(0,0)$ 是否连续?

【解】

令 $y=mx$ 则 $\dfrac{x^2-y^2}{x^2+y^2}=\dfrac{x^2-m^2x^2}{x^2+m^2x^2}=\dfrac{x^2(1-m^2)}{x^2(1+m^2)}=\dfrac{1-m^2}{1+m^2}$

$\therefore \lim\limits_{(x,y)\to(0,0)}\dfrac{x^2-y^2}{x^2+y^2}=\lim\limits_{(x,y)\to(0,0)}\dfrac{1-m^2}{1+m^2}$

取 $m=\sqrt{2}$ 则 $\lim\limits_{(x,y)\to(0,0)}f(x,y)=\lim\limits_{(x,y)\to(0,0)}\dfrac{x^2-y^2}{x^2+y^2}=\lim\limits_{(x,y)\to(0,0)}\dfrac{1-m^2}{1+m^2}=-\dfrac{1}{3}\neq f(0,0)=0$

因此 $f(x,y)$ 在$(0,0)$ 不连续

Example 3.

$$设f(x,y)=\begin{cases}\dfrac{x^2y}{x^4+y^2}, & (x,y)\neq 0\\ 0, & (x,y)=0\end{cases}，则 f(x,y) 在(0,0) 是否连续?$$

【解】

令 $y=mx^2$ 则 $\dfrac{x^2y}{x^4+y^2}=\dfrac{x^2(m^2x^2)}{x^4+m^4x^4}=\dfrac{m^2}{1+m^4}$ $\therefore \lim\limits_{(x,y)\to(0,0)}\dfrac{x^2y}{x^4+y^2}=\lim\limits_{(x,y)\to(0,0)}\dfrac{m^2}{1+m^4}$

取$m=1$ 则 $\lim\limits_{(x,y)\to(0,0)}f(x,y)=\lim\limits_{(x,y)\to(0,0)}\dfrac{x^2y}{x^4+y^2}=\lim\limits_{(x,y)\to(0,0)}\dfrac{m^2}{1+m^4}=\dfrac{1}{2}\neq f(0,0)$

因此 $f(x,y)$ 在(0,0) 不连续

Example 4.

$$设f(x,y)=\begin{cases}\dfrac{x^2y}{x^3+y^3}, & (x,y)\neq 0\\ 0, & (x,y)=0\end{cases}，则 f(x,y) 在(0,0) 是否连续?$$

【解】

令 $y=mx$ 则 $\dfrac{x^2y}{x^3+y^3}=\dfrac{mx^3}{x^3+m^3x^3}=\dfrac{m}{1+m^3}$

$\therefore \lim\limits_{(x,y)\to(0,0)}\dfrac{x^2y}{x^3+y^3}=\lim\limits_{(x,y)\to(0,0)}\dfrac{m}{1+m^3}$

取$m=1$ 则 $\lim\limits_{(x,y)\to(0,0)}f(x,y)=\lim\limits_{(x,y)\to(0,0)}\dfrac{x^2y}{x^3+y^3}=\lim\limits_{(x,y)\to(0,0)}\dfrac{m}{1+m^3}=\dfrac{1}{2}\neq f(0,0)$

因此 $f(x,y)$ 在(0,0) 不连续

Example 5.

$$设f(x,y)=\begin{cases}\dfrac{x^3-y^3}{x^2+y^2}, & (x,y)\neq 0\\ 0, & (x,y)=0\end{cases}，则 f(x,y) 在(0,0) 是否连续?$$

【解】

$\because x^3-y^3=(x-y)(x^2+xy+y^2)$ 且 $x^2+y^2\geq 2|xy|$

$\therefore |x^3-y^3|\leq |x-y||x^2+|xy|+y^2|\leq |x-y|\left|x^2+\dfrac{x^2+y^2}{2}+y^2\right|$

$\therefore |x^3-y^3|\leq \dfrac{3}{2}|x-y||x^2+y^2|\Rightarrow \left|\dfrac{x^3-y^3}{x^2+y^2}\right|\leq \dfrac{3}{2}|x-y|$

$\because |x-y| = \sqrt{|x-y|^2} \le \sqrt{x^2+y^2+|2xy|} \le \sqrt{2(x^2+y^2)}$

令 $\epsilon > 0$ 取 $3\sqrt{\frac{\delta}{2}} < \epsilon$ 则 $x^2+y^2 < \delta \Rightarrow \left|\frac{x^3-y^3}{x^2+y^2}\right| \le \frac{3}{2}|x-y| \le \frac{3}{2}\sqrt{2(x^2+y^2)} < 3\sqrt{\frac{\delta}{2}} < \epsilon$

因此 $f(x,y)$ 在(0,0)连续

Example 6.

$$设f(x,y) = \begin{cases} \frac{3x^2y}{x^2+y^2}, & (x,y) \neq 0 \\ 0, & (x,y) = 0 \end{cases}，则 f(x,y) 在(0,0)是否连续?$$

【解】

Claim: $\left|\frac{3x^2y}{x^2+y^2}\right| \le \left|\frac{3\sqrt{x^2+y^2}}{2}\right|$

$\because x^2+y^2 \ge 2|xy| \quad \therefore \frac{1}{x^2+y^2} \le \frac{1}{2|xy|} \Rightarrow \left|\frac{3x^2y}{x^2+y^2}\right| \le \left|\frac{3x^2y}{2xy}\right| = \left|\frac{3x}{2}\right| \le \left|\frac{3\sqrt{x^2+y^2}}{2}\right|$

令 $\epsilon > 0$ 取 $\delta < (\frac{2\varepsilon}{3})^2$ 则 $x^2+y^2 < \delta \Rightarrow \left|\frac{3x^2y}{x^2+y^2}\right| \le \left|\frac{3\sqrt{x^2+y^2}}{2}\right| < \frac{3\sqrt{\delta}}{2} < \frac{3}{2}\cdot\frac{2\varepsilon}{3} = \epsilon$

因此$f(x,y)$ 在(0,0)连续

Example 7.

$$设f(x,y) = \begin{cases} \frac{2xy^2}{x^2+y^2}, & (x,y) \neq 0 \\ 0, & (x,y) = 0 \end{cases}，则 f(x,y) 在(0,0)是否连续?$$

【解】

Claim: $\left|\frac{2xy^2}{x^2+y^2}\right| \le \left|\sqrt{x^2+y^2}\right|$

$\because x^2+y^2 \ge 2|xy| \quad \therefore \frac{1}{x^2+y^2} \le \frac{1}{2|xy|} \Rightarrow \left|\frac{2xy^2}{x^2+y^2}\right| \le \left|\frac{2xy^2}{2xy}\right| = |y| < \left|\sqrt{x^2+y^2}\right|$

令 $\epsilon > 0$ 取 $\sqrt{\delta} < \varepsilon$

则 $x^2+y^2<\delta \Rightarrow \left|\frac{2xy^2}{x^2+y^2}\right| \le \left|\sqrt{x^2+y^2}\right| < \sqrt{\delta} < \epsilon \Rightarrow f(x,y)$ 在(0,0)连续

Example 8.

$$设f(x,y)=\begin{cases}\frac{x^4+y^4}{x^2+y^2}, & (x,y)\neq 0\\ 0, & (x,y)=0\end{cases}，则 f(x,y) 在(0,0) 是否连续?$$

【解】

Claim: $\left|\frac{x^4+y^4}{x^2+y^2}\right| \le \frac{3}{2}|x^2+y^2|$

$\because x^4+y^4=(x^2+y^2)^2-2x^2y^2 \quad \therefore \frac{x^4+y^4}{x^2+y^2}=\frac{(x^2+y^2)^2-2x^2y^2}{x^2+y^2}=x^2+y^2-\frac{2x^2y^2}{x^2+y^2}$

$\because x^2+y^2\ge 2|xy| \quad \therefore \frac{1}{x^2+y^2}\le\frac{1}{2|xy|} \Rightarrow \left|\frac{2x^2y^2}{x^2+y^2}\right| \le \left|\frac{2x^2y^2}{2xy}\right| = |xy| \le \left|\frac{x^2+y^2}{2}\right|$

$\therefore \left|\frac{x^4+y^4}{x^2+y^2}\right| = \left|x^2+y^2-\frac{2x^2y^2}{x^2+y^2}\right| \le |x^2+y^2| + \left|\frac{2x^2y^2}{x^2+y^2}\right| \le \frac{3}{2}|x^2+y^2|$

令 $\epsilon>0$ 取 $\frac{3\delta}{2}<\varepsilon$

则 $x^2+y^2<\delta \Rightarrow \left|\frac{x^4+y^4}{x^2+y^2}\right| \le \frac{3}{2}|x^2+y^2| < \frac{3\delta}{2} < \epsilon \Rightarrow f(x,y)$ 在(0,0)连续

Example 9.

$$设f(x,y)=\begin{cases}\frac{xy^4}{x^2+y^8}, & (x,y)\neq 0\\ 0, & (x,y)=0\end{cases}，则 f(x,y) 在(0,0) 是否连续?$$

【解】

令 $y=(mx)^{\frac{1}{4}}$ 则 $\frac{xy^4}{x^2+y^8}=\frac{mx^2}{(1+m^2)x^2}=\frac{m}{1+m^2}$

取 $m=-1$ 则 $\lim\limits_{(x,y)\to(0,0)}\frac{xy^4}{x^2+y^8}=\lim\limits_{(x,y)\to(0,0)}\frac{m}{1+m^2}=-\frac{1}{2}\neq 0=f(0,0)$

因此 $f(x,y)$ 在(0,0)不连续

Example 10.

$$设f(x,y)=\begin{cases}\dfrac{x^2y^2}{\sqrt{x^2+y^2}}, & (x,y)\neq 0\\ 0, & (x,y)=0\end{cases}，则 f(x,y) 在(0,0) 是否连续?$$

【解】

$$\because x^2+y^2\geq 2|xy| \quad \therefore \frac{1}{\sqrt{x^2+y^2}}\leq\frac{1}{\sqrt{2|xy|}}\Rightarrow\left|\frac{x^2y^2}{\sqrt{x^2+y^2}}\right|\leq\left|\frac{x^2y^2}{\sqrt{2|xy|}}\right|<|xy|^{\frac{3}{2}}$$

Claim: $\lim\limits_{(x,y)\to(0,0)}\dfrac{x^2y^2}{\sqrt{x^2+y^2}}=0$

令 $\epsilon>0$ 取 $\delta^{\frac{3}{2}}<\varepsilon$ 则 $x^2+y^2<\delta\Rightarrow\left|\dfrac{x^2y^2}{\sqrt{x^2+y^2}}\right|\leq\left|\dfrac{x^2y^2}{\sqrt{2|xy|}}\right|<|xy|^{\frac{3}{2}}<(x^2+y^2)^{\frac{3}{2}}<\delta^{\frac{3}{2}}<\epsilon$

$\therefore \lim\limits_{(x,y)\to(0,0)}\dfrac{x^2y^2}{\sqrt{x^2+y^2}}=0\Rightarrow f(x,y)$ 在(0,0)连续

Example 11.

$$设f(x,y)=\begin{cases}\dfrac{(xy)^p}{\sqrt{x^2+y^2}}, & (x,y)\neq 0\\ 0, & (x,y)=0\end{cases}，则 f(x,y) 在(0,0)是否连续?，\forall p>\frac{1}{2}$$

【解】

令 $p>\dfrac{1}{2}$

$$\because x^2+y^2\geq 2|xy| \quad \therefore \frac{1}{\sqrt{x^2+y^2}}\leq\frac{1}{\sqrt{2|xy|}}\Rightarrow\left|\frac{(xy)^p}{\sqrt{x^2+y^2}}\right|\leq\left|\frac{(xy)^p}{\sqrt{2|xy|}}\right|<|xy|^{p-\frac{1}{2}}$$

Claim: $\lim\limits_{(x,y)\to(0,0)}\dfrac{(xy)^p}{\sqrt{x^2+y^2}}=0$

令 $\epsilon>0$ 取 $\delta^{p-\frac{1}{2}}<\varepsilon$

则$x^2+y^2<\delta\Rightarrow\left|\dfrac{(xy)^p}{\sqrt{x^2+y^2}}\right|\leq\left|\dfrac{(xy)^p}{\sqrt{2|xy|}}\right|<|xy|^{p-\frac{1}{2}}<(x^2+y^2)^{p-\frac{1}{2}}<\delta^{p-\frac{1}{2}}<\epsilon$

因此 $\lim\limits_{(x,y)\to(0,0)}\dfrac{(xy)^p}{\sqrt{x^2+y^2}}=0\Rightarrow f(x,y)$ 在(0,0)连续

Example 12.

$$设f(x,y)=\begin{cases}\dfrac{x^2+y^2}{|x|+|y|}, & (x,y)\neq 0\\ 0, & (x,y)=0\end{cases}，则 f(x,y) 在(0,0) 是否连续?$$

【解】

$\because (|x|+|y|)^2=|x|^2+|y|^2+2|xy|\geq x^2+y^2 \quad \therefore |x|+|y|\geq\sqrt{x^2+y^2}$

$\therefore \dfrac{x^2+y^2}{|x|+|y|}\leq\dfrac{x^2+y^2}{\sqrt{x^2+y^2}}=\sqrt{x^2+y^2}$

Claim: $\lim\limits_{(x,y)\to(0,0)}\dfrac{x^2+y^2}{|x|+|y|}=0$

令 $\epsilon>0$ 取 $\delta^{\frac{1}{2}}<\varepsilon$ 则$x^2+y^2<\delta\Rightarrow\dfrac{x^2+y^2}{|x|+|y|}\leq\dfrac{x^2+y^2}{\sqrt{x^2+y^2}}=\sqrt{x^2+y^2}<\delta^{\frac{1}{2}}<\epsilon$

$\therefore \lim\limits_{(x,y)\to(0,0)}\dfrac{x^2+y^2}{|x|+|y|}=0 \quad \Rightarrow f(x,y)$ 在(0,0)连续

Example 13.

$$设f(x,y)=\begin{cases}\dfrac{xy\cos(x^2+y^2)}{\sqrt{x^2+y^2}}, & (x,y)\neq 0\\ 0, & (x,y)=0\end{cases}，则 f(x,y) 在(0,0) 是否连续?$$

【解】

$\because x^2+y^2\geq 2|xy| \quad \therefore \dfrac{1}{\sqrt{x^2+y^2}}\leq\dfrac{1}{\sqrt{2|xy|}}\Rightarrow\left|\dfrac{xy\cos x^2+y^2}{\sqrt{x^2+y^2}}\right|\leq\left|\dfrac{xy}{\sqrt{2|xy|}}\right|<|xy|^{\frac{1}{2}}$

Claim: $\lim\limits_{(x,y)\to(0,0)}\dfrac{xy\cos(x^2+y^2)}{\sqrt{x^2+y^2}}=0$

令 $\epsilon>0$ 取 $\delta^{\frac{1}{2}}<\varepsilon$

则$x^2+y^2<\delta\Rightarrow\left|\dfrac{xy\cos(x^2+y^2)}{\sqrt{x^2+y^2}}\right|\leq\left|\dfrac{xy}{\sqrt{2|xy|}}\right|<|xy|^{\frac{1}{2}}<(x^2+y^2)^{\frac{1}{2}}<\delta^{\frac{1}{2}}<\epsilon$

$\therefore \lim\limits_{(x,y)\to(0,0)}\dfrac{xy\cos(x^2+y^2)}{\sqrt{x^2+y^2}}=0\Rightarrow f(x,y)$ 在(0,0)连续

Example 14.

$$设f(x,y,z)=\begin{cases}\dfrac{\sin(x^2+y^2+z^2)}{\sqrt{x^2+y^2+z^2}}, & (x,y,z)\neq 0\\ 0, & (x,y,z)=0\end{cases},$$

则$f(x,y,z)$在$(0,0,0)$是否连续?

【解】

令 $t=x^2+y^2+z^2$ 则 $\dfrac{\sin(x^2+y^2+z^2)}{\sqrt{x^2+y^2+z^2}}=\dfrac{\sin t}{\sqrt{t}}=\dfrac{\sqrt{t}\sin t}{t}$

$$\lim_{(x,y,z)\to(0,0,0)}\frac{\sin(x^2+y^2+z^2)}{\sqrt{x^2+y^2+z^2}}=\lim_{t\to 0}\frac{\sqrt{t}\sin t}{t}$$

藉由罗比达法则 $\displaystyle\lim_{t\to 0}\frac{\sin t}{t}=\lim_{t\to 0}\frac{\cos t}{1}=1\Rightarrow\lim_{t\to 0}\frac{\sqrt{t}\sin t}{t}=0$

$\therefore \displaystyle\lim_{(x,y,z)\to(0,0,0)}\frac{\sin(x^2+y^2+z^2)}{\sqrt{x^2+y^2+z^2}}=0\Rightarrow f(x,y,z)$ 在$(0,0,0)$连续

Example 15.

设$f(x,y,z)=\begin{cases}\dfrac{xyz}{x^2+y^4+z^4} & (x,y,z)\neq 0\\ 0, & (x,y,z)=0\end{cases}$，则$f(x,y,z)$在$(0,0,0)$是否连续?

【解】

令 $x=mt^2$，$y=z=t$ 则 $\dfrac{mt^4}{(m^2+2)t^4}=\dfrac{m}{m^2+2}$

取$m=1$ 则 $\displaystyle\lim_{(x,y,z)\to(0,0,0)}\frac{xyz}{x^2+y^4+z^4}=\lim_{(x,y,z)\to(0,0,0)}\frac{m}{m^2+2}=\frac{1}{3}\neq 0=f(0,0,0)$

因此 $f(x,y,z)$ 在$(0,0,0)$不连续

Example 16.

设$f(x,y,z)=\begin{cases}\dfrac{x^2y}{x^2+y^4+z^4} & (x,y,z)\neq 0\\ 0, & (x,y,z)=0\end{cases}$，则$f(x,y,z)$在$(0,0,0)$是否连续?

【解】

$\because x^2+y^4+z^4\geq x^2 \quad \therefore \left|\dfrac{x^2y}{x^2+y^4+z^4}\right|\leq\left|\dfrac{x^2y}{x^2}\right|=|y|$

令 $\epsilon>0$ 取 $\delta^{\frac{1}{4}}<\varepsilon$

则$x^2+y^4+z^4<\delta\Rightarrow\left|\dfrac{x^2y}{x^2+y^4+z^4}\right|<|y|<(x^2+y^4+z^4)^{\frac{1}{4}}<\delta^{\frac{1}{4}}<\epsilon$

因此 $\lim\limits_{(x,y,z)\to(0,0,0)} \dfrac{x^2y}{x^2+y^4+z^4} = 0 \Rightarrow f(x,y,z)$ 在(0,0,0)连续

Example 17.

$$\text{设} f(x,y,z) = \begin{cases} \dfrac{3xy+xz+z^2}{x^2+2y^2}, (x,y,z) \neq 0 \\ 0, \qquad (x,y,z) = 0 \end{cases} \text{，则} f(x,y,z) \text{在}(0,0,0)\text{是否连续?}$$

【解】

令 $z = y = mx$ 则 $\dfrac{3mx^2+mx^2+m^2x^2}{(1+2m^2)x^2} = \dfrac{4m+m^2}{1+2m^2}$

取 $m = 1$ 则 $\lim\limits_{(x,y,z)\to(0,0,0)} \dfrac{3xy+xz+z^2}{x^2+2y^2} = \lim\limits_{(x,y,z)\to(0,0,0)} \dfrac{4m+m^2}{1+2m^2} = \dfrac{5}{3} \neq f(0,0,0) = 0$

因此 $f(x,y,z)$ 在(0,0,0)不连续

7.3 求多变量函数的偏导数

此节介绍如何求多变量函数的偏导数，值得注意的是，在下一节判断多变量函数是否可微分的过程中需要求得偏导数的值，因此读者需多加练习偏导数的例题，以利在判断多变量函数是否可微分时能更加迅速

【定义】双变量函数偏导数的定义

(i) $f(x,y)$ 对于 x 在 (x_0,y_0) 可偏微分 $\Leftrightarrow \lim\limits_{h\to0} \dfrac{f(h+x_0,y_0)-f(x_0,y_0)}{h}$ 存在

如果上述极限存在时则用 $\dfrac{\partial f}{\partial x}(x_0,y_0)$ 表示或用 $f_x(x_0,y_0)$ 表示

(ii) $f(x,y)$ 对于 y 在 (x_0,y_0) 可偏微分 $\Leftrightarrow \lim\limits_{h\to0} \dfrac{f(x_0,y_0+h)-f(x_0,y_0)}{h}$ 存在

如果上述极限存在时则用 $\dfrac{\partial f}{\partial y}(x_0,y_0)$ 表示或用 $f_y(x_0,y_0)$ 表示

【定义】多变量函数偏导数的定义

$f(x_1,\ldots,x_n)$ 对于 x_j 在 $(c_1,\ldots,c_n)$ 可偏微分

$$\Leftrightarrow \lim_{h\to 0}\frac{f(c_1,c_2,\dots,h+c_j,\dots,c_n)-f(c_1,c_2,\dots,c_j,\dots,c_n)}{h}$$ 存在，$1\le j\le n$

此外，如果上述极限存在时，则用 $\dfrac{\partial f}{\partial x_j}(c_1,\dots,c_n)$表示或用 $f_{x_j}(c_1,\dots,c_n)$表示

多变量函数偏导数的考试类型当中，以双变量函数的题型最常出现，读者若能熟悉双变量题型，其余类型都能够掌握。

考试类型:

Type 1.

给定双变数函数 $f(x,y)$，求 $\dfrac{\partial f}{\partial x}(x_0,y_0)=?$，$\dfrac{\partial f}{\partial y}(x_0,y_0)=?$

解题流程:

Step1.

使用定义求 $\lim_{h\to 0}\dfrac{f(h+x_0,y_0)-f(x_0,y_0)}{h}=?$ 以及 $\lim_{h\to 0}\dfrac{f(x_0,y_0+h)-f(x_0,y_0)}{h}=?$

Step2.

如果 $\lim_{h\to 0}\dfrac{f(h+x_0,y_0)-f(x_0,y_0)}{h}$ 存在则 $\dfrac{\partial f}{\partial x}(x_0,y_0)=\lim_{h\to 0}\dfrac{f(h+x_0,y_0)-f(x_0,y_0)}{h}$

如果 $\lim_{h\to 0}\dfrac{f(x_0,y_0+h)-f(x_0,y_0)}{h}$ 存在则 $\dfrac{\partial f}{\partial y}(x_0,y_0)=\lim_{h\to 0}\dfrac{f(x_0,y_0+h)-f(x_0,y_0)}{h}$

如果 $\lim_{h\to 0}\dfrac{f(h+x_0,y_0)-f(x_0,y_0)}{h}$ 不存在则 $\dfrac{\partial f}{\partial x}(x_0,y_0)$不存在(偏导数不存在)

如果 $\lim_{h\to 0}\dfrac{f(x_0,y_0+h)-f(x_0,y_0)}{h}$ 不存在则 $\dfrac{\partial f}{\partial y}(x_0,y_0)$不存在(偏导数不存在)

Type 2.

给定双变数函数$f(x,y)$，求 $f_{xx}(x_0,y_0)=?$，$f_{xy}(x_0,y_0)=?$，$f_{yx}(x_0,y_0)=?$，$f_{yy}(x_0,y_0)=?$

底下说明求$f_{yx}(x_0,y_0)$的方法，其它三者方法类似

解题流程:

Step1.

$$f_{yx}(0,0)\coloneqq\lim_{h\to 0}\frac{f_y(h,0)-f_y(0,0)}{h}$$

Step2.

求 $f_y(h,0)=?$ 且 $f_y(0,0)=?$

$$f_y(h,0)=\lim_{t\to 0}\frac{f(h,0+t)-f(h,0)}{t} \quad 且 \quad f_y(0,0)=\lim_{t\to 0}\frac{f(0,0+t)-f(0,0)}{t}$$

Step3.

把$f_y(h,0)$、$f_y(0,0)$带入 Step1. 求 $\lim_{h\to 0}\frac{f_y(h,0)-f_y(0,0)}{h}=?$

Example 1.

(1)设$f(x,y)=3x-x^2y^2+2x^3y+y$，求$\frac{\partial f}{\partial x}(x,y)$，$\frac{\partial f}{\partial y}(x,y)=?$

(2)设$f(x,y)=(x^2y+xy+x)^2$，求 $\frac{\partial f}{\partial x}(x,y)=?$

【解】

(1)

$$\frac{\partial f}{\partial x}=3-2xy^2+6x^2y,\quad \frac{\partial f}{\partial y}=-2x^2y+2x^3+1$$

(2)

$$\frac{\partial f}{\partial x}=2(x^2y+xy+x)(2xy+y+1)$$

Example 2.

设$f(x,y)=\tan^{-1}\frac{y}{x}$，求 $\frac{\partial f}{\partial x}(3,1)$，$\frac{\partial f}{\partial y}(2,2)=?$

【解】

$$\frac{\partial f}{\partial x}(3,1)=\lim_{h\to 0}\frac{f(h+3,1)-f(3,1)}{h}=\lim_{h\to 0}\frac{\tan^{-1}\frac{1}{3+h}-\tan^{-1}\frac{1}{3}}{h}=\lim_{h\to 0}\frac{-(3+h)^{-2}}{1+\left(\frac{1}{3+h}\right)^2}=\frac{-1}{10}$$

$$\frac{\partial f}{\partial y}(2,2)=\lim_{h\to 0}\frac{f(2,2+h)-f(2,2)}{h}=\lim_{h\to 0}\frac{\tan^{-1}\frac{2+h}{2}-\tan^{-1}1}{h}$$

$$=\lim_{h\to 0}\frac{\frac{1}{2}}{1+\left(\frac{2+h}{2}\right)^2}=\frac{1}{4}$$

Example 3.

$$\text{设} f(x,y)=\int_x^{y^3}\cos t dt\text{，求 }\frac{\partial f}{\partial x}(x,y)-\frac{\partial f}{\partial y}(x,y)=?$$

【解】

$$\frac{\partial f}{\partial x}-\frac{\partial f}{\partial y}=-\cos x-3y^2\cos y^3$$

Example 4.

$$\text{设} f(x,y)=\sin(x^4+x^2y^2)+\cos(xy+y^3)\text{，求 } f_x=?$$

【解】

$$f_x=\cos(x^3+x^2y)\,(4x^3+2xy^2)-y\sin(xy+y^3)$$

Example 5.

$$\text{设 } f(x,y,z)=x^{y^z}(x>0,y>0,z>0)\text{，求} f_x=?\text{，} f_y=?\text{，} f_z=?$$

【解】

$$\because f(x,y,z)=x^{y^z}=\mathrm{e}^{y^z\ln x}\quad \therefore f_x(x,y,z)=x^{y^z-1}\cdot y^z$$
$$\therefore f_y(x,y,z)=\mathrm{e}^{y^z\ln x}(z\,y^{z-1}\ln x)=x^{y^z}(z\,y^{z-1}\ln x)$$
$$\therefore f_z(x,y,z)=\mathrm{e}^{y^z\ln x}(y^z\ln x\ln y)$$

Example 6.

$$\text{设} f(x,y)=x^3y+e^{xy^2}\text{，求} f_x=?\text{，} f_y=?\text{，} f_{xy}=?\text{，} f_{yx}=?$$

【解】

$$f_x(x,y)=3x^2y+y^2e^{xy^2}\text{，} f_y(x,y)=x^3+2xye^{xy^2}$$
$$f_{xy}(x,y)=3x^2+2ye^{xy^2}+2xy^3e^{xy^2}\text{，} f_{yx}(x,y)=3x^2+2ye^{xy^2}+2xy^3e^{xy^2}$$

Example 7.

$$\text{设} f(x,y)=x^2\tan^{-1}\frac{y}{x}\text{，求}\frac{\partial^2 f}{\partial x\partial y}(1,0)=?$$

【解】

$$\because \frac{\partial f}{\partial y}(x,y)=\frac{x}{1+\left(\frac{y}{x}\right)^2}=\frac{x^3}{x^2+y^2}\text{，}\frac{\partial^2 f}{\partial x\partial y}(x,y)=\frac{3x^2(x^2+y^2)-x^3(2x)}{(x^2+y^2)^2}=\frac{x^4+3x^2y^2}{(x^2+y^2)^2}$$

$\therefore\ \dfrac{\partial^2 f}{\partial x \partial y}(1,0) = 1$

Example 8.

设$f(x,y) = x^2 - 2x + y^2 + 2y + 3$，求$\dfrac{\partial f}{\partial x}(x,y) =?$，$\dfrac{\partial f}{\partial y}(x,y) =?$

【解】

$\dfrac{\partial f}{\partial x}(x,y) = 2x - 2$，$\dfrac{\partial f}{\partial y}(x,y) = 2y + 2$

Example 9.

设$f(x,y) = x^2 e^{2y} - \cos\dfrac{x}{y} + x^2 y^3$，求$f_{xy}(x,y) =?$，$f_{yy}(x,y) =?$

【解】

$\dfrac{\partial f}{\partial x}(x,y) = 2xe^{2y} + \dfrac{1}{y}\sin\dfrac{x}{y} + 2xy^3$，$\dfrac{\partial f}{\partial y}(x,y) = 2x^2 e^{2y} + \left(\dfrac{-x}{y^2}\right)\sin\dfrac{x}{y} + 3x^2 y^2$

$$f_{xy}(x,y) = \frac{\partial}{\partial y}\left(\frac{\partial f(x,y)}{\partial x}\right) = \frac{\partial}{\partial y}\left(2xe^{2y} + \frac{1}{y}\sin\frac{x}{y} + 2xy^3\right)$$

$$= 4xe^{2y} - \frac{1}{y^2}\sin\frac{x}{y} - \frac{x}{y^3}\cos\frac{x}{y} + 6xy^2$$

$$f_{yy}(x,y) = \frac{\partial}{\partial y}\left(\frac{\partial f(x,y)}{\partial y}\right) = \frac{\partial}{\partial y}\left(2x^2 e^{2y} + \left(\frac{-x}{y^2}\right)\sin\frac{x}{y} + 3x^2 y^2\right)$$

$$= 4x^2 e^{2y} + (2xy^3)\sin\frac{x}{y} + \left(\frac{x^2}{y^4}\right)\cos\frac{x}{y} + 6x^2 y$$

Example 10.

设$f(x,y) = \sin x^2 + y^2$，求$f_{xx}(x,y) =?$，$f_{yx}(x,y) =?$，$f_{yy}(x,y) =?$

【解】

$f_x(x,y) = 2x\cos(x^2 + y^2)$，$f_y(x,y) = 2y\cos(x^2 + y^2)$

$$f_{xx}(x,y) = \frac{\partial}{\partial x}\left(\frac{\partial f(x,y)}{\partial x}\right) = \frac{\partial}{\partial x}(2x\cos(x^2 + y^2)) = 2\cos(x^2 + y^2) - 4x^2\sin(x^2 + y^2)$$

$$f_{yx}(x,y) = \frac{\partial}{\partial x}\left(\frac{\partial f(x,y)}{\partial y}\right) = \frac{\partial}{\partial x}(2y\cos(x^2 + y^2)) = -4xy\sin(x^2 + y^2)$$

$$f_{yy}(x,y)=\frac{\partial}{\partial y}\left(\frac{\partial f(x,y)}{\partial y}\right)=\frac{\partial}{\partial y}(2y\cos(x^2+y^2))=2\cos(x^2+y^2)-4y^2\sin(x^2+y^2)$$

Example 11.

设$f(x,y)=e^{ny}\sin nx$，求 $f_{xx}+f_{yy}=?$ 且试证 $f_{xy}=f_{yx}$

【解】

Claim: $f_{xx}+f_{yy}=0$

$\because f_x=ne^{ny}\cos nx$ 且 $f_y=ne^{ny}\sin nx$

$\therefore f_{xx}=\dfrac{\partial f_x}{\partial x}=-n^2e^{ny}\sin nx$ 且 $f_{yy}=\dfrac{\partial f_y}{\partial y}=n^2e^{ny}\sin nx \Rightarrow f_{xx}+f_{yy}=0$

Claim: $f_{xy}=f_{yx}$

$\because f_{xy}=\dfrac{\partial f_x}{\partial y}=n^2e^{ny}\cos nx$ 且 $f_{yx}=\dfrac{\partial f_y}{\partial x}=n^2e^{ny}\cos nx \quad \therefore f_{xy}=f_{yx}$

Example 12.

设$f(x,y)=\dfrac{x}{x^2+y^2}$，求$\dfrac{\partial^2 f}{\partial x^2}(x,y)+\dfrac{\partial^2 f}{\partial y^2}(x,y)=?$

【解】

$$\frac{\partial f}{\partial x}(x,y)=\frac{\partial}{\partial x}(x(x^2+y^2)^{-1})=(x^2+y^2)^{-1}-2x^2(x^2+y^2)^{-2}$$

$$\frac{\partial f}{\partial y}(x,y)=\frac{\partial}{\partial y}(x(x^2+y^2)^{-1})=-2xy(x^2+y^2)^{-2}$$

$$\frac{\partial^2 f}{\partial x^2}(x,y)=\frac{\partial}{\partial x}\left(\frac{\partial f}{\partial x}(x,y)\right)=-2x(x^2+y^2)^{-2}-4x(x^2+y^2)^{-2}+8x^3(x^2+y^2)^{-3}$$

$$\frac{\partial^2 f}{\partial y^2}(x,y)=\frac{\partial}{\partial y}\left(\frac{\partial f}{\partial y}(x,y)\right)=-2x(x^2+y^2)^{-2}+8xy^2(x^2+y^2)^{-3}$$

$\because 8x^3(x^2+y^2)^{-3}+8xy^2(x^2+y^2)^{-3}=8x(x^2+y^2)^{-2} \quad \therefore \dfrac{\partial^2 f(x,y)}{\partial x^2}+\dfrac{\partial^2 f(x,y)}{\partial y^2}=0$

Example 13.

$$设f(x,y)=\frac{e^{-\sqrt{x^2+y^2}}}{\sqrt{x^2+y^2}}，求\frac{\partial f}{\partial x}(x,y)=?$$

【解】

令 $r=\sqrt{x^2+y^2}$ 则 $f(r)=\frac{e^{-r}}{r}$

$$\frac{\partial f}{\partial x}(x,y)=\frac{\partial f(r)}{\partial r}\cdot\frac{\partial r}{\partial x}，\frac{\partial f(r)}{\partial r}=-\frac{e^{-r}}{r}-\frac{e^{-r}}{r^2}，\frac{\partial r}{\partial x}=x(x^2+y^2)^{-\frac{1}{2}}=\frac{x}{r}$$

$$\frac{\partial f}{\partial x}(x,y)=\frac{\partial f(r)}{\partial r}\cdot\frac{\partial r}{\partial x}=-\frac{xe^{-\sqrt{x^2+y^2}}}{x^2+y^2}-\frac{xe^{-\sqrt{x^2+y^2}}}{(x^2+y^2)^{\frac{3}{2}}}$$

Example 14.

$$设f(x,y,z)=(x^2+y^2+z^2)^{-\frac{1}{2}}，试证\ \frac{\partial^2 f}{\partial x^2}+\frac{\partial^2 f}{\partial y^2}+\frac{\partial^2 f}{\partial z^2}=0$$

【解】

$$\because\ \frac{\partial f}{\partial x}=-\frac{2x}{2}(x^2+y^2+z^2)^{-\frac{3}{2}}=-x(x^2+y^2+z^2)^{-\frac{3}{2}}$$

$$\frac{\partial f}{\partial y}=-y(x^2+y^2+z^2)^{-\frac{3}{2}}\ 且\ \frac{\partial f}{\partial z}=-z(x^2+y^2+z^2)^{-\frac{3}{2}}$$

$$\therefore\frac{\partial^2 f}{\partial x^2}=-(x^2+y^2+z^2)^{-\frac{3}{2}}+\frac{3x}{2}(x^2+y^2+z^2)^{-\frac{5}{2}}(2x)$$

$$=-(x^2+y^2+z^2)^{-\frac{3}{2}}+3x^2(x^2+y^2+z^2)^{-\frac{5}{2}}$$

$$\frac{\partial^2 f}{\partial y^2}=-(x^2+y^2+z^2)^{-\frac{3}{2}}+\frac{3y}{2}(x^2+y^2+z^2)^{-\frac{5}{2}}(2y)$$

$$=-(x^2+y^2+z^2)^{-\frac{3}{2}}+3y^2(x^2+y^2+z^2)^{-\frac{5}{2}}$$

$$\frac{\partial^2 f}{\partial z^2}=-(x^2+y^2+z^2)^{-\frac{3}{2}}+\frac{3z}{2}(x^2+y^2+z^2)^{-\frac{5}{2}}(2z)$$

$$=-(x^2+y^2+z^2)^{-\frac{3}{2}}+3z^2(x^2+y^2+z^2)^{-\frac{5}{2}}$$

$$\therefore\ \frac{\partial^2 f}{\partial x^2}+\frac{\partial^2 f}{\partial y^2}+\frac{\partial^2 f}{\partial z^2}$$

$$= -3(x^2+y^2+z^2)^{-\frac{3}{2}} + 3x^2(x^2+y^2+z^2)^{-\frac{5}{2}} + 3y^2(x^2+y^2+z^2)^{-\frac{5}{2}}$$

$$+3z^2(x^2+y^2+z^2)^{-\frac{5}{2}}$$

$$= -3(x^2+y^2+z^2)^{-\frac{3}{2}} + 3(x^2+y^2+z^2)^{-\frac{5}{2}}(x^2+y^2+z^2)$$

$$= -3(x^2+y^2+z^2)^{-\frac{3}{2}} + 3(x^2+y^2+z^2)^{-\frac{3}{2}} = 0$$

Example 15.

(1)设$f(x,y) = (x^4+y^4)^{\frac{1}{4}}$，求 $\frac{\partial f}{\partial x}(0,0)$，$\frac{\partial f}{\partial y}(0,0) =?$

(2)设$f(x,y) = \begin{cases} \dfrac{\tan(2x+y)}{2x+y}, & (x,y) \neq (0,0) \\ 0, & (x,y) = (0,0) \end{cases}$，则 $\frac{\partial f}{\partial x}(0,0) =?$，$\frac{\partial f}{\partial y}(0,0) =?$

【解】

(1)

$$\because \frac{\partial f}{\partial x}(0,0) = \lim_{h\to 0}\frac{f(h+0,0)-f(0,0)}{h} = \lim_{h\to 0}\frac{(h^4+0^4)^{\frac{1}{4}}-0}{h} = \lim_{h\to 0}\frac{|h|}{h} = \pm 1$$

$$\frac{\partial f}{\partial y}(0,0) = \lim_{h\to 0}\frac{f(0,h+0)-f(0,0)}{h} = \lim_{h\to 0}\frac{(h^4+0^4)^{\frac{1}{4}}-0}{h} = \lim_{h\to 0}\frac{|h|}{h} = \pm 1$$

$\therefore \frac{\partial f}{\partial x}(0,0)$，$\frac{\partial f}{\partial y}(0,0)$ 两者皆不存在

(2)

$$\because \frac{\partial f}{\partial x}(0,0) = \lim_{h\to 0}\frac{f(h+0,0)-f(0,0)}{h} = \lim_{h\to 0}\frac{\frac{\tan 2h}{2h}-0}{h} = \lim_{h\to 0}\frac{1-0}{h} = \pm\infty$$

$$\frac{\partial f}{\partial y}(0,0) = \lim_{h\to 0}\frac{f(0,h+0)-f(0,0)}{h} = \lim_{h\to 0}\frac{\frac{\tan h}{h}-0}{h} = \lim_{h\to 0}\frac{1-0}{h} = \pm\infty$$

$\therefore \frac{\partial f}{\partial x}(0,0)$，$\frac{\partial f}{\partial y}(0,0)$ 两者皆不存在

Example 16.

$$设\frac{\partial f}{\partial x}=x^2+y^2,\ \frac{\partial f}{\partial y}=2xy\ 及\ f(0,1)=5,\ 求\ f(x,y)=?$$

【解】

$$\because \frac{\partial f}{\partial x}=x^2+y^2 \quad \therefore f(x,y)=\frac{x^3}{3}+xy^2+c$$

$$\because \frac{\partial f}{\partial y}=2xy \quad \therefore f(x,y)=xy^2+c \quad \therefore f(x,y)=\frac{x^3}{3}+xy^2+c$$

$$\because f(0,1)=5 \quad \therefore c=5 \quad \therefore f(x,y)=\frac{x^3}{3}+xy^2+5$$

Example 17.

$$设f(x,y)=\begin{cases}\sqrt{xy}, & (x,y)\neq 0\\ 0, & (x,y)=0\end{cases},\ 则\ \frac{\partial f}{\partial x}(0,0)=?,\ \frac{\partial f}{\partial y}(0,0)=?$$

【解】

$$f_x(0,0)=\lim_{h\to 0}\frac{f(h+0,0)-f(0,0)}{h}=\lim_{h\to 0}\frac{\sqrt{h\cdot 0}\ -0}{h}=0$$

$$f_y(0,0)=\lim_{h\to 0}\frac{f(0,h+0)-f(0,0)}{h}=\lim_{h\to 0}\frac{\sqrt{h\cdot 0}\ -0}{h}=0$$

Example 18.

$$设f(x,y)=\begin{cases}\dfrac{x^2-y^2}{\sqrt{x^2+y^2}}, & (x,y)\neq 0\\ 0, & (x,y)=0\end{cases},\ 则\ \frac{\partial f}{\partial x}(0,0)=?,\ \frac{\partial f}{\partial y}(0,0)=?$$

【解】

$$f_x(0,0)=\lim_{h\to 0}\frac{f(h+0,0)-f(0,0)}{h}=\lim_{h\to 0}\frac{\frac{h^2}{h}-0}{h}=1$$

$$f_y(0,0)=\lim_{h\to 0}\frac{f(0,h+0)-f(0,0)}{h}=\lim_{h\to 0}\frac{\frac{-h^2}{h}-0}{h}=-1$$

Example 19.

$$\text{设} f(x,y)=\begin{cases}\dfrac{x^3-y^3}{x^2+y^2}, & (x,y)\neq 0\\ 0, & (x,y)=0\end{cases}\text{，则 } \frac{\partial f}{\partial x}(0,0)=?,\ \frac{\partial f}{\partial y}(0,0)=?$$

【解】

$$f_x(0,0)=\lim_{h\to 0}\frac{f(h+0,0)-f(0,0)}{h}=\lim_{h\to 0}\frac{\frac{h^3}{h^2}-0}{h}=1$$

$$f_y(0,0)=\lim_{h\to 0}\frac{f(0,h+0)-f(0,0)}{h}=\lim_{h\to 0}\frac{\frac{-h^3}{h^2}-0}{h}=-1$$

Example 20.

$$(1)\text{设} f(x,y)=\begin{cases}\dfrac{2x^2y}{x^5+y^2}, & (x,y)\neq 0\\ 0, & (x,y)=0\end{cases}\text{，则 } \frac{\partial f}{\partial x}(0,0)=?,\ \frac{\partial f}{\partial y}(0,0)=?$$

$$(2)\text{设} f(x,y)=\begin{cases}\dfrac{3x^2y}{x^4+y^3}, & (x,y)\neq 0\\ 0, & (x,y)=0\end{cases}\text{，则 } \frac{\partial f}{\partial x}(0,0)=?,\ \frac{\partial f}{\partial y}(0,0)=?$$

【解】

(1)

$$\because \frac{\partial f}{\partial x}(0,0)=\lim_{h\to 0}\frac{f(h+0,0)-f(0,0)}{h}=\lim_{h\to 0}\frac{\frac{2h^2\cdot 0}{h^5+0^2}-0}{h}=\lim_{h\to 0}\frac{0}{h^6}=0$$

$$\frac{\partial f}{\partial y}(0,0)=\lim_{h\to 0}\frac{f(0,h+0)-f(0,0)}{h}=\lim_{h\to 0}\frac{\frac{2\cdot 0^2\cdot h}{0^5+h^2}-0}{h}=\lim_{h\to 0}\frac{0}{h^3}=0$$

$$\therefore\ \frac{\partial f}{\partial x}(0,0)=0,\ \ \frac{\partial f}{\partial y}(0,0)=0$$

(2)

$$\because \frac{\partial f}{\partial x}(0,0)=\lim_{h\to 0}\frac{f(h+0,0)-f(0,0)}{h}=\lim_{h\to 0}\frac{\frac{3\cdot h^2\cdot 0}{h^4+0^3}-0}{h}=\lim_{h\to 0}\frac{0}{h^3}=0$$

$$\frac{\partial f}{\partial y}(0,0)=\lim_{h\to 0}\frac{f(0,h+0)-f(0,0)}{h}=\lim_{h\to 0}\frac{\frac{3\cdot 0^2\cdot h}{0^4+h^3}-0}{h}=\lim_{h\to 0}\frac{0}{h^4}=0$$

$\therefore \frac{\partial f}{\partial x}(0,0)=0,\ \frac{\partial f}{\partial y}(0,0)=0$

Example 21.

(1)设$f(x,y)=\begin{cases}\frac{x^5-y^5}{x^5+y^5}, & (x,y)\neq 0\\ 0, & (x,y)=0\end{cases}$，则 $\frac{\partial f}{\partial x}(0,0)=?$，$\frac{\partial f}{\partial y}(0,0)=?$

(2)设$f(x,y)=\begin{cases}\frac{5x^4-2y^3}{x^2+3y^2}, & (x,y)\neq 0\\ 0, & (x,y)=0\end{cases}$，则 $\frac{\partial f}{\partial x}(0,0)=?$，$\frac{\partial f}{\partial y}(0,0)=?$

【解】

(1)

$$\because \frac{\partial f}{\partial x}(0,0)=\lim_{h\to 0}\frac{f(h+0,0)-f(0,0)}{h}=\lim_{h\to 0}\frac{\frac{h^5-0^5}{h^5+0^5}-0}{h}=\lim_{h\to 0}\frac{1}{h}=\pm\infty$$

$$\frac{\partial f}{\partial y}(0,0)=\lim_{h\to 0}\frac{f(0,h+0)-f(0,0)}{h}=\lim_{h\to 0}\frac{\frac{0^5-h^5}{0^5+h^5}-0-0}{h}=\lim_{h\to 0}\frac{-1}{h}=\pm\infty$$

$\therefore \frac{\partial f}{\partial x}(0,0)$，$\frac{\partial f}{\partial y}(0,0)$两者皆不存在

(2)

$$\because \frac{\partial f}{\partial x}(0,0)=\lim_{h\to 0}\frac{f(h+0,0)-f(0,0)}{h}=\lim_{h\to 0}\frac{\frac{5h^4-2\cdot 0^3}{h^2+3\cdot 0^2}-0}{h}=\lim_{h\to 0}\frac{5h^2}{h}=0$$

$$\frac{\partial f}{\partial y}(0,0)=\lim_{h\to 0}\frac{f(0,h+0)-f(0,0)}{h}=\lim_{h\to 0}\frac{\frac{5\cdot 0^4-2\cdot h^3}{0^2+3\cdot h^2}-0}{h}=\lim_{h\to 0}\frac{-2h}{3h}=\frac{-2}{3}$$

$\therefore \frac{\partial f}{\partial x}(0,0)=0,\ \frac{\partial f}{\partial y}(0,0)=\frac{-2}{3}$

Example 22.

$$设f(x,y)=\begin{cases} xy\left(\dfrac{x^2-y^2}{x^2+y^2}\right), & (x,y)\neq 0 \\ 0, & (x,y)=0 \end{cases},\quad 求$$

(1) $f_x(0,0)$ (2) $f_y(0,0)$ (3)$f_{xx}(0,0)$ (4) $f_{yx}(0,0)$ (5) $f_{xy}(0,0)$ (6) $f_{yy}(0,0)$

【解】

$$(1)\ f_x(0,0)=\lim_{h\to 0}\frac{f(h+0,0)-f(0,0)}{h}=\lim_{h\to 0}\frac{0-0}{h}=0$$

$$(2)\ f_y(0,0)=\lim_{h\to 0}\frac{f(0,h)-f(0,0)}{h}=\lim_{h\to 0}\frac{0-0}{h}=0$$

$$(3)\ f_{xx}(0,0)=\lim_{h\to 0}\frac{f_x(h,0)-f_x(0,0)}{h}$$

$$\because f_x(h,0)=\lim_{k\to 0}\frac{f(h+k,0)-f(h,0)}{k}=\lim_{h\to 0}\frac{0-0}{h}=0$$

$$\therefore f_{xx}(0,0)=\lim_{h\to 0}\frac{f_x(h,0)-f_x(0,0)}{h}=\lim_{h\to 0}\frac{0-0}{h}=0$$

$$(4)\ f_{yx}(0,0)=\lim_{h\to 0}\frac{f_y(h,0)-f_y(0,0)}{h}$$

$$\because f_y(h,0)=\lim_{k\to 0}\frac{f(h,k)-f(h,0)}{k}=\lim_{k\to 0}\frac{hk\left(\dfrac{h^2-k^2}{h^2+k^2}\right)-0}{k}=h$$

$$\therefore f_{yx}(0,0)=\lim_{h\to 0}\frac{f_y(h,0)-f_y(0,0)}{h}=\lim_{h\to 0}\frac{h-0}{h}=1$$

$$(5)\ f_{xy}(0,0)=\lim_{h\to 0}\frac{f_x(0,h)-f_x(0,0)}{h}$$

$$\because f_x(0,h)=\lim_{k\to 0}\frac{f(k,h)-f(0,h)}{k}=\lim_{k\to 0}\frac{hk\left(\dfrac{k^2-h^2}{h^2+k^2}\right)}{k}=-h$$

$$\therefore f_{xy}(0,0)=\lim_{h\to 0}\frac{f_x(0,h)-f_x(0,0)}{h}=\lim_{h\to 0}\frac{-h-0}{h}=-1$$

$$(6)\ f_{yy}(0,0)=\lim_{h\to 0}\frac{f_y(0,h)-f_y(0,0)}{h}$$

$$\because f_y(0,h)=\lim_{k\to 0}\frac{f(0,h+k)-f(0,h)}{k}=\lim_{h\to 0}\frac{0-0}{h}=0$$

$$\therefore f_{yy}(0,0)=\lim_{h\to 0}\frac{f_y(0,h)-f_y(0,0)}{h}=\lim_{h\to 0}\frac{0-0}{h}=0$$

Example 23.

$$设 f(x,y)=\begin{cases}(x^2+y^2)\sin\left(\frac{1}{x^2+y^2}\right), & (x,y)\neq 0\\ 0, & (x,y)=0\end{cases},$$

$$则\ \frac{\partial f}{\partial x}(0,0)=?,\ \ \frac{\partial f}{\partial y}(0,0)=?$$

【解】

$$f_x(0,0)=\lim_{h\to 0}\frac{f(h+0,0)-f(0,0)}{h}=\lim_{h\to 0}\frac{h^2\sin(\frac{1}{h^2})-0}{h}=0$$

$$f_y(0,0)=\lim_{h\to 0}\frac{f(0,0+h)-f(0,0)}{h}=\lim_{h\to 0}\frac{h^2\sin(\frac{1}{h^2})-0}{h}=0$$

Example 24.

$$设 f(x,y)=\begin{cases}(x^2+y^2)^p\sin\left(\frac{1}{x^2+y^2}\right), & (x,y)\neq 0\\ 0, & (x,y)=0\end{cases},\ \ \forall p>\frac{1}{2}$$

$$则\ \frac{\partial f}{\partial x}(0,0)=?,\ \ \frac{\partial f}{\partial y}(0,0)=?$$

【解】

$$令\ p>\frac{1}{2},\ f_x(0,0)=\lim_{h\to 0}\frac{f(h+0,0)-f(0,0)}{h}=\lim_{h\to 0}\frac{h^{2p}\sin(\frac{1}{h^2})-0}{h}=\lim_{h\to 0}h^{2p-1}\sin(\frac{1}{h^2})$$

$$\because p>\frac{1}{2}\quad \therefore \lim_{h\to 0}h^{2p-1}\sin(\frac{1}{h^2})=0\Rightarrow f_x(0,0)=0$$

$$f_y(0,0)=\lim_{h\to 0}\frac{f(0,0+h)-f(0,0)}{h}=\lim_{h\to 0}\frac{h^{2p}\sin(\frac{1}{h^2})-0}{h}=\lim_{h\to 0}h^{2p-1}\sin(\frac{1}{h^2})$$

$$\because p>\frac{1}{2}\quad \therefore \lim_{h\to 0}h^{2p-1}\sin(\frac{1}{h^2})=0\Rightarrow \frac{\partial f}{\partial y}(0,0)=0$$

Example 25.

$$设f(x,y)=\begin{cases}x|y|, & (x,y)\neq 0\\ 0, & (x,y)=0\end{cases}，则\ \frac{\partial f}{\partial x}(0,0)=?,\ \frac{\partial f}{\partial y}(0,0)=?$$

【解】

$$f_x(0,0)=\lim_{h\to 0}\frac{f(h+0,0)-f(0,0)}{h}=\lim_{h\to 0}\frac{0-0}{h}=0$$

$$f_y(0,0)=\lim_{h\to 0}\frac{f(0,0+h)-f(0,0)}{h}=\lim_{h\to 0}\frac{0-0}{h}=0$$

Example 26.

$$设f(x,y)=\begin{cases}x^p|y|, & (x,y)\neq 0\\ 0, & (x,y)=0\end{cases}，\ \forall p>0,\ 则\ \frac{\partial f}{\partial x}(0,0)=?,\ \frac{\partial f}{\partial y}(0,0)=?$$

【解】

$$f_x(0,0)=\lim_{h\to 0}\frac{f(h+0,0)-f(0,0)}{h}=\lim_{h\to 0}\frac{0-0}{h}=0$$

$$f_y(0,0)=\lim_{h\to 0}\frac{f(0,0+h)-f(0,0)}{h}=\lim_{h\to 0}\frac{0-0}{h}=0$$

Example 27.

$$设f(x,y)=\begin{cases}(xy)^p\dfrac{x^2-y^2}{x^2+y^2}, & (x,y)\neq 0\\ 0, & (x,y)=0\end{cases},\ \forall p>0\ 则\ \frac{\partial f}{\partial x}(0,0)=?,\ \frac{\partial f}{\partial y}(0,0)=?$$

【解】

$$\frac{\partial f}{\partial x}(0,0)=\lim_{h\to 0}\frac{f(h+0,0)-f(0,0)}{h}=\lim_{h\to 0}\frac{0-0}{h}=0$$

$$\frac{\partial f}{\partial y}(0,0)=\lim_{h\to 0}\frac{f(0,h+0)-f(0,0)}{h}=\lim_{h\to 0}\frac{0-0}{h}=0$$

Example 28.

$$设f(x,y)=\begin{cases}\dfrac{x^2y}{x^2+y^2}, & (x,y)\neq 0\\ 0, & (x,y)=0\end{cases},\ 则\ \frac{\partial f}{\partial x}(0,0)=?,\ \frac{\partial f}{\partial y}(0,0)=?$$

【解】

$$\frac{\partial f}{\partial x}(0,0)=\lim_{h\to 0}\frac{f(h+0,0)-f(0,0)}{h}=\lim_{h\to 0}\frac{0-0}{h}=0$$

$$\frac{\partial f}{\partial y}(0,0)=\lim_{h\to 0}\frac{f(0,h+0)-f(0,0)}{h}=\lim_{h\to 0}\frac{0-0}{h}=0$$

Example 29.

设$f(x,y)=\sin(x-ay)$，试证 $\dfrac{\partial^2 f}{\partial y^2}(x,y)-a^2\dfrac{\partial^2 f}{\partial x^2}(x,y)=0$

【解】

$$\frac{\partial f}{\partial x}(x,y)=\cos(x-ay),\ \frac{\partial f}{\partial y}(x,y)=-a\cos(x-ay)$$

$$\frac{\partial^2 f}{\partial x^2}(x,y)=\frac{\partial}{\partial x}\left(\frac{\partial f}{\partial x}(x,y)\right)=-\sin(x-ay)$$

$$\frac{\partial^2 f}{\partial y^2}(x,y)=\frac{\partial}{\partial y}\left(\frac{\partial f}{\partial y}(x,y)\right)=-a^2\sin(x-ay)$$

$$\therefore \frac{\partial^2 f}{\partial y^2}(x,y)-a^2\frac{\partial^2 f}{\partial x^2}(x,y)=0$$

7.4 判断多变量函数是否可微分与 Chain Rule

【定义】双变量函数的可微分定义

$f(x,y)$于(x_0,y_0)可微分 $\Leftrightarrow$

(i) $\dfrac{\partial f}{\partial x}(x_0,y_0)$ 且 $\dfrac{\partial f}{\partial y}(x_0,y_0)$ 皆存在

(ii) $$\lim_{h\to 0,k\to 0}\left|\frac{f(h+x_0,k+y_0)-f(x_0,y_0)-\frac{\partial f}{\partial x}(x_0,y_0)h-\frac{\partial f}{\partial y}(x_0,y_0)k}{\sqrt{h^2+k^2}}\right|=0$$

【定义】多变量函数的可微分定义

$f(x_1,\dots,x_n)$于$(c_1,\dots,c_n)$可微分 $\Leftrightarrow$

(i) $\dfrac{\partial f}{\partial x_j}(c_1,\dots,c_n)$ 皆存在，$\forall 1\le j\le n$

(ii) $$\lim_{(h_1,\dots,h_n)\to(0,\dots,0)}\left|\frac{f(h_1+c_1,\dots,h_n+c_n)-f(c_1,\dots,c_n)-\sum_{j=1}^{n}\frac{\partial f}{\partial x_j}(c_1,\dots,c_n)h_j}{\sqrt{h_1^2+\cdots+h_n^2}}\right|=0$$

从双变量函数可微分的定义，能观察出如果$f(x,y)$于(x_0,y_0)可微分，则藉由(h,k)从任意方向逼近(x_0,y_0)的极限值必须等于0，因此，令$h=mk$，若$f(x,y)$于(x_0,y_0)可微分，则

$$\lim_{h\to 0,k\to 0}\left|\frac{f(mk+x_0,k+y_0)-f(x_0,y_0)-\frac{\partial f}{\partial x}(x_0,y_0)mk-\frac{\partial f}{\partial y}(x_0,y_0)k}{\sqrt{(mk)^2+k^2}}\right|=0$$

并且此极限值与m值无关。此外，偏导数存在也是双变数函数可微分的必要条件但不是充分条件，底下展示一双变数函数$f(x,y)$做说明

<u>范例说明:</u>

(I)假设 $f(x,y)=\begin{cases}\dfrac{x^2y}{x^2+y^2}, & (x,y)\ne(0,0)\\ 0, & (x,y)=(0,0)\end{cases}$，判断$f(x,y)$于$(0,0)$是否可微分

$$\frac{\partial f}{\partial x}(0,0)=\lim_{h\to 0}\frac{f(h+0,0)-f(0,0)}{h}=\lim_{h\to 0}\frac{0-0}{h}=0$$

$$\frac{\partial f}{\partial y}(0,0)=\lim_{h\to 0}\frac{f(0,h+0)-f(0,0)}{h}=\lim_{h\to 0}\frac{0-0}{h}=0$$

令 $h=mk$ 则 $$\lim_{h\to 0,k\to 0}\left|\frac{f(mk,k)-f(0,0)-\frac{\partial f}{\partial x}(0,0)mk-\frac{\partial f}{\partial y}(0,0)k}{\sqrt{(mk)^2+k^2}}\right|$$

$$=\lim_{h\to 0,k\to 0}\left|\frac{\frac{(mk)^2k}{(mk)^2+k^2}}{\sqrt{(mk)^2+k^2}}\right|=\lim_{h\to 0,k\to 0}\left|\frac{\frac{m^2}{m^2+1}}{\sqrt{m^2+1}}\right|$$ 与m值有关

取 $h=k$, 即 $m=1$，则

$$\lim_{h\to0,k\to0}\left|\frac{f(h+0,k+0)-f(0,0)-\frac{\partial f}{\partial x}(0,0)h-\frac{\partial f}{\partial y}(0,0)k}{\sqrt{h^2+k^2}}\right|=\lim_{h\to0,k\to0}\left|\frac{\frac{m^2}{m^2+1}}{\sqrt{m^2+1}}\right|=\frac{1}{2\sqrt{2}}\neq0$$

$\therefore f(x,y)$在$(0,0)$的偏导数存在且在$(0,0)$不可微分

假设 $f(x,y)$于$(0,0)$可微分，令 $y=mx$，则

$$\lim_{h\to0,k\to0}\left|\frac{f(mk,k)-f(0,0)-\frac{\partial f}{\partial x}(0,0)mk-\frac{\partial f}{\partial y}(0,0)k}{\sqrt{(mk)^2+k^2}}\right|=0$$

且此极限值与 m 值无关，因此，极限值与m 值无关是$f(x,y)$于$(0,0)$ 可微分的必要条件

此外，

假设$\exists\ m\in R$ 使得 $\lim_{h\to0,k\to0}\left|\frac{f(mk,k)-f(0,0)-\frac{\partial f}{\partial x}(0,0)mk-\frac{\partial f}{\partial y}(0,0)k}{\sqrt{(mk)^2+k^2}}\right|\neq0$

则 $f(x,y)$于$(0,0)$不可微分，换句話说，令 $y=mx$，

当 $\lim_{h\to0,k\to0}\left|\frac{f(mk,k)-f(0,0)-\frac{\partial f}{\partial x}(0,0)mk-\frac{\partial f}{\partial y}(0,0)k}{\sqrt{(mk)^2+k^2}}\right|$ 与m值有关时，

则试着找出 $m\in R$ 使得此极限值 $\neq0$ 來说明 $f(x,y)$于$(0,0)$不可微分

接下来介绍 Chain Rule，可以看成是多变量合成函数的微分

【定理】Chain Rule

(i)假设多变数函数 f 于开集合 A为连续可微

(ii)$\vec{r}=\vec{r}(t)$为可微分曲线且曲线包含在开集合 A之內

$\Rightarrow f(\vec{r}(t))$ 可微分 且 $\dfrac{d}{dt}f(\vec{r}(t))=\nabla f(\vec{r}(t))\cdot\vec{r}'(t)$

<u>Proof:</u>

Claim: $\displaystyle\lim_{h\to0}\frac{f\big(\vec{r}(t+h)\big)-f\big(\vec{r}(t)\big)}{h}=\nabla f(\vec{r}(t))\cdot\vec{r}'(t)$

$\because A$ is an open set and $\vec{r}(t)$ is continuous

Choose $h>0$ s.t. the line segment joining $\vec{r}(t)$ to $\vec{r}(t+h)$ lies entirely in A

$\because$ By mean-value theorem, $\exists$ a point $\vec{c}(h)$ between $\vec{r}(t)$ and $\vec{r}(t+h)$ such that

$f\big(\vec{r}(t+h)\big)-f\big(\vec{r}(t)\big)=\nabla f\big(\vec{c}(h)\big)\cdot\big(\vec{r}(t+h)-\vec{r}(t)\big)$

$$\Rightarrow \frac{f\left(\vec{r}(t+h)\right)-f\left(\vec{r}(t)\right)}{h}=\nabla f\left(\vec{c}(h)\right)\cdot\left(\frac{\vec{r}(t+h)-\vec{r}(t)}{h}\right)$$

Let $h\to 0$, $\vec{c}(h)\to\vec{r}(\mathrm{t})$, $\because \nabla f$ is continuous $\therefore \nabla f\left(\vec{c}(h)\right)\to\nabla f(\vec{r}(t))$

$$\because \frac{\vec{r}(t+h)-\vec{r}(t)}{h}\to\vec{r}'(\mathrm{t}) \quad \therefore \lim_{h\to 0}\frac{f\left(\vec{r}(t+h)\right)-f\left(\vec{r}(t)\right)}{h}=\nabla f(\vec{r}(t))\cdot\vec{r}'(t)$$

考试类型:

Type 1.

给定双变数函数$f(x,y)$, 判断$f(x,y)$于$(0,0)$是否可微分, 其中$f(x,y)$满足此条件:

令 $h=mk$, 当 $\lim\limits_{h\to 0,k\to 0}\left|\dfrac{f(mk,k)-f(0,0)-\frac{\partial f}{\partial x}(0,0)mk-\frac{\partial f}{\partial y}(0,0)k}{\sqrt{(mk)^2+k^2}}\right|$ 与m值无关时

解题流程:

令$\varepsilon>0$, 取出明确δ的值, 使得$h^2+k^2<\delta$

$$\Rightarrow\left|\frac{f(h,k)-f(0,0)-\frac{\partial f}{\partial x}(0,0)h-\frac{\partial f}{\partial y}(0,0)k}{\sqrt{h^2+k^2}}\right|<\varepsilon$$

补充说明:

过程中, 常藉由此不等式$x^2+y^2\geq 2|xy|$, 推导出

$$\left|\frac{f(h,k)-f(0,0)-\frac{\partial f}{\partial x}(0,0)h-\frac{\partial f}{\partial y}(0,0)k}{\sqrt{h^2+k^2}}\right|<g(h^2+k^2)<g(\delta)<\varepsilon$$

并且能得知函数g明确的样貌, 最后的不等式 $g(\delta)<\varepsilon$ 能帮助明确定义δ

范例说明:

(I)假设 $f(x,y)=\begin{cases} xy\left(\dfrac{x^2-y^2}{x^2+y^2}\right), & (x,y)\neq(0,0) \\ 0, & (x,y)=(0,0)\end{cases}$

判断$f(x,y)$于$(0,0)$是否可微分

$$\frac{\partial f}{\partial x}(0,0)=\lim_{h\to 0}\frac{f(h+0,0)-f(0,0)}{h}=\lim_{h\to 0}\frac{0-0}{h}=0$$

$$\frac{\partial f}{\partial y}(0,0)=\lim_{h\to 0}\frac{f(0,h+0)-f(0,0)}{h}=\lim_{h\to 0}\frac{0-0}{h}=0$$

令 $h = mk$ 则 $\lim_{h\to 0,k\to 0}\left|\dfrac{f(mk,k)-f(0,0)-\dfrac{\partial f}{\partial x}(0,0)mk-\dfrac{\partial f}{\partial y}(0,0)k}{\sqrt{(mk)^2+k^2}}\right|$

$= \lim_{h\to 0,k\to 0}\left|\dfrac{mk^2\left(\dfrac{(mk)^2-k^2}{(mk)^2+k^2}\right)}{\sqrt{(mk)^2+k^2}}\right| = 0$ 与m值无关

Claim: $\lim_{h\to 0,k\to 0}\left|\dfrac{f(h+0,k+0)-f(0,0)-\dfrac{\partial f}{\partial x}(0,0)h-\dfrac{\partial f}{\partial y}(0,0)k}{\sqrt{h^2+k^2}}\right| = 0$

$$\frac{\partial f}{\partial x}(0,0) = \lim_{h\to 0}\frac{f(h+0,0)-f(0,0)}{h} = \lim_{h\to 0}\frac{0-0}{h} = 0$$

$$\frac{\partial f}{\partial y}(0,0) = \lim_{h\to 0}\frac{f(0,h+0)-f(0,0)}{h} = \lim_{h\to 0}\frac{0-0}{h} = 0$$

$$\because \left|\frac{f(h+0,k+0)-f(0,0)-\frac{\partial f}{\partial x}(0,0)h-\frac{\partial f}{\partial y}(0,0)k}{\sqrt{h^2+k^2}}\right| = \left|\frac{hk\left(\frac{h^2-k^2}{h^2+k^2}\right)}{\sqrt{h^2+k^2}}\right|$$

$$\le \left|\frac{hk\left(\frac{h^2+k^2}{h^2+k^2}\right)}{\sqrt{h^2+k^2}}\right| = \left|\frac{hk}{\sqrt{h^2+k^2}}\right| \le \left|\frac{hk}{\sqrt{2hk}}\right| \le \left|\frac{\sqrt{hk}}{\sqrt{2}}\right| \le \sqrt{\frac{h^2+k^2}{4}}$$

且 $\lim_{h\to 0,k\to 0}\sqrt{\dfrac{h^2+k^2}{4}} = 0$

$$\therefore \lim_{h\to 0,k\to 0}\left|\frac{f(h+0,k+0)-f(0,0)-\frac{\partial f}{\partial x}(0,0)h-\frac{\partial f}{\partial y}(0,0)k}{\sqrt{h^2+k^2}}\right| = 0$$

$\therefore f(x,y)$在$(0,0)$可微分

Type 2.

給定双变数函数$f(x,y)$，判断$f(x,y)$于$(0,0)$是否可微分，其中$f(x,y)$满足此条件:

令 $h = mk$，当 $\lim_{h\to 0,k\to 0}\left|\frac{f(mk,k) - f(0,0) - \frac{\partial f}{\partial x}(0,0)mk - \frac{\partial f}{\partial y}(0,0)k}{\sqrt{(mk)^2 + k^2}}\right|$ 与m值有关时

解题流程:

Step1.

取m 值且使得 $\lim_{h\to 0,k\to 0}\left|\frac{f(mk,k) - f(0,0) - \frac{\partial f}{\partial x}(0,0)mk - \frac{\partial f}{\partial y}(0,0)k}{\sqrt{(mk)^2 + k^2}}\right| \neq 0$

说明 $f(x,y)$于$(0,0)$不可微分

<u>范例说明:</u>

(I)假设 $f(x,y) = \begin{cases} \frac{x^3 - y^3}{x^2 + y^2}, & (x,y) \neq (0,0) \\ 0, & (x,y) = (0,0) \end{cases}$，判断$f(x,y)$于$(0,0)$是否可微分

$$f_x(0,0) = \lim_{h\to 0}\frac{f(h+0,0) - f(0,0)}{h} = \lim_{h\to 0}\frac{\frac{h^3}{h^2} - 0}{h} = 1$$

$$f_y(0,0) = \lim_{h\to 0}\frac{f(0,h+0) - f(0,0)}{h} = \lim_{h\to 0}\frac{\frac{-h^3}{h^2} - 0}{h} = -1$$

令 $h = mk$ 则 $\lim_{h\to 0,k\to 0}\left|\frac{f(mk,k) - f(0,0) - \frac{\partial f}{\partial x}(0,0)mk - \frac{\partial f}{\partial y}(0,0)k}{\sqrt{(mk)^2 + k^2}}\right|$

$= \lim_{h\to 0,k\to 0}\left|\frac{\frac{(mk)^3 - k^3}{(mk)^2 + k^2} - mk + k}{\sqrt{(mk)^2 + k^2}}\right| = \lim_{h\to 0,k\to 0}\left|\frac{\frac{m^3 - 1}{m^2 + 1} - m + 1}{\sqrt{m^2 + 1}}\right|$ 与m值有关

取 $h = 2k$, 即 $m = 2$,

$$\lim_{h\to 0,k\to 0}\left|\frac{f(h+0,k+0) - f(0,0) - \frac{\partial f}{\partial x}(0,0)h - \frac{\partial f}{\partial y}(0,0)k}{\sqrt{h^2 + k^2}}\right| = \left|\frac{\frac{7}{5} - 1}{\sqrt{5}}\right| \neq 0$$

$\therefore f(x,y)$在$(0,0)$不可微分

(II)假设 $f(x,y)=\begin{cases}\dfrac{x^2y}{x^2+y^2}, & (x,y)\neq(0,0)\\ 0, & (x,y)=(0,0)\end{cases}$，判断$f(x,y)$于$(0,0)$是否可微分

$$\frac{\partial f}{\partial x}(0,0)=\lim_{h\to 0}\frac{f(h+0,0)-f(0,0)}{h}=\lim_{h\to 0}\frac{0-0}{h}=0$$

$$\frac{\partial f}{\partial y}(0,0)=\lim_{h\to 0}\frac{f(0,h+0)-f(0,0)}{h}=\lim_{h\to 0}\frac{0-0}{h}=0$$

令 $h=mk$ 则 $\displaystyle\lim_{h\to 0,k\to 0}\left|\frac{f(mk,k)-f(0,0)-\frac{\partial f}{\partial x}(0,0)mk-\frac{\partial f}{\partial y}(0,0)k}{\sqrt{(mk)^2+k^2}}\right|$

$=\displaystyle\lim_{h\to 0,k\to 0}\left|\frac{\frac{(mk)^2k}{(mk)^2+k^2}}{\sqrt{(mk)^2+k^2}}\right|=\lim_{h\to 0,k\to 0}\left|\frac{\frac{m^2}{m^2+1}}{\sqrt{m^2+1}}\right|$ 与m值有关

取 $h=k$, 即 $m=1$,

$$\lim_{h\to 0,k\to 0}\left|\frac{f(h+0,k+0)-f(0,0)-\frac{\partial f}{\partial x}(0,0)h-\frac{\partial f}{\partial y}(0,0)k}{\sqrt{h^2+k^2}}\right|=\lim_{h\to 0,k\to 0}\left|\frac{\frac{m^2}{m^2+1}}{\sqrt{m^2+1}}\right|$$

$$=\frac{1}{2\sqrt{2}}\neq 0$$

$\therefore f(x,y)$在$(0,0)$不可微分

Type 3.

给定多变数函数 $f(x,y,z)$, $\vec{r}(t)=\big(x(t),y(t),z(t)\big)$, 求$\dfrac{df}{dt}\big(\vec{r}(t)\big)=?$

解题流程:

Step1.

$\nabla f=\left(\dfrac{\partial f}{\partial x},\dfrac{\partial f}{\partial y},\dfrac{\partial f}{\partial z}\right)$ 且 $\vec{r}'(t)=\left(\dfrac{dx}{dt},\dfrac{dy}{dt},\dfrac{dz}{dt}\right)$

Step2.

$$\therefore \frac{df}{dt}(\vec{r}(t))=\nabla f(\vec{r}(t))\cdot\vec{r}'(t)=\frac{\partial f}{\partial x}\left(\frac{dx}{dt}\right)+\frac{\partial f}{\partial y}\left(\frac{dy}{dt}\right)+\frac{\partial f}{\partial z}\left(\frac{dz}{dt}\right)$$

<u>范例说明:</u>

(I) $f(x,y)=\dfrac{x^4+y^4}{4}$, $r(t)=(a\cos t, b\sin t)$, 求 $\dfrac{df}{dt}(\vec{r}(t))=?$

$\because \nabla f=(x^3,y^3)\quad \therefore \nabla f(\vec{r}(t))=(a^3\cos^3 t, b^3\sin^3 t)$

$\because \vec{r}'(t)=(-a\sin t, b\cos t)$

$\therefore \dfrac{df}{dt}(\vec{r}(t))=\nabla f(\vec{r}(t))\cdot\vec{r}'(t)=(a^3\cos^3 t, b^3\sin^3 t)\cdot(-a\sin t, b\cos t)$

$=\sin t\cos t\,(b^4\sin^2 t-a^4\cos^2 t)$

(II) $f(x,y,z)=x^2y+z\cos x$, $r(t)=(t,t^2,t^3)$, 求 $\dfrac{df}{dt}(\vec{r}(t))=?$

$\because \nabla f=(2xy-z\sin x, x^2,\cos x)\quad \therefore \nabla f(\vec{r}(t))=(2t^3-t^3\sin t, t^2,\cos t)$

$\because \vec{r}'(t)=(1,2t,3t^2)$

$\therefore \dfrac{df}{dt}(\vec{r}(t))=\nabla f(\vec{r}(t))\cdot\vec{r}'(t)=(2t^3-t^3\sin t, t^2,\cos t)\cdot(1,2t,3t^2)$

$=4t^3-t^3\sin t+3t^2\cos t$

Type 4.

給定多变数函数 $f(x,y,z)$, $x=x(t,s), y=y(t,s), z=z(t,s)$, 求 $\dfrac{\partial f}{\partial t}=?$ 且 $\dfrac{\partial f}{\partial s}=?$

解题流程:

Step1.

$$\because \nabla f=\left(\frac{\partial f}{\partial x},\frac{\partial f}{\partial y},\frac{\partial f}{\partial z}\right),\quad \frac{\partial\vec{r}}{\partial t}=\left(\frac{\partial x}{\partial t},\frac{\partial y}{\partial t},\frac{\partial z}{\partial t}\right)\ \text{且}\ \frac{\partial\vec{r}}{\partial s}=\left(\frac{\partial x}{\partial s},\frac{\partial y}{\partial s},\frac{\partial z}{\partial s}\right)$$

Step2.

$$\therefore \frac{\partial f}{\partial t}=\frac{\partial f}{\partial x}\left(\frac{\partial x}{\partial t}\right)+\frac{\partial f}{\partial y}\left(\frac{\partial y}{\partial t}\right)+\frac{\partial f}{\partial z}\left(\frac{\partial z}{\partial t}\right)$$

$$\therefore \frac{\partial f}{\partial s}=\frac{\partial f}{\partial x}\left(\frac{\partial x}{\partial s}\right)+\frac{\partial f}{\partial y}\left(\frac{\partial y}{\partial s}\right)+\frac{\partial f}{\partial z}\left(\frac{\partial z}{\partial s}\right)$$

范例说明:

(I) $f(x,y)=x^2-2xy+y^3, x=s^2\ln t, y=2st^3$, 求 $\dfrac{\partial f}{\partial t}=?$ 且 $\dfrac{\partial f}{\partial s}=?$

$$\because \frac{\partial f}{\partial x}=2x-2y,\quad \frac{\partial f}{\partial y}=-2x+6y^2,\quad \frac{\partial x}{\partial t}=\frac{s^2}{t},\quad \frac{\partial x}{\partial s}=2s\ln t,\quad \frac{\partial y}{\partial t}=6st^2,\quad \frac{\partial y}{\partial s}=2t^3$$

$$\therefore \frac{\partial f}{\partial t}=\frac{\partial f}{\partial x}\left(\frac{\partial x}{\partial t}\right)+\frac{\partial f}{\partial y}\left(\frac{\partial y}{\partial t}\right)=(2x-2y)\frac{s^2}{t}+(-2x+6y^2)6st^2$$

$\therefore \dfrac{\partial f}{\partial s}=\dfrac{\partial f}{\partial x}\left(\dfrac{\partial x}{\partial s}\right)+\dfrac{\partial f}{\partial y}\left(\dfrac{\partial y}{\partial s}\right)=(2x-2y)2s\ln t+(-2x+6y^2)2t^3$

(II)$f(x,y,z)=x^2y^3e^{xz}$，$x=t^2+s^2$，$y=2st$，$z=s\ln t$，求 $\dfrac{\partial f}{\partial s}=?$

$\because \dfrac{\partial f}{\partial s}=\dfrac{\partial f}{\partial x}\left(\dfrac{\partial x}{\partial s}\right)+\dfrac{\partial f}{\partial y}\left(\dfrac{\partial y}{\partial s}\right)+\dfrac{\partial f}{\partial z}\left(\dfrac{\partial z}{\partial s}\right)$

$\because \dfrac{\partial f}{\partial x}=2xy^3e^{xz}+zx^2y^3e^{xz}$，$\dfrac{\partial f}{\partial y}=3x^2y^2e^{xz}$，$\dfrac{\partial f}{\partial z}=x^3y^3e^{xz}$，

$\because \dfrac{\partial x}{\partial s}=2s$，$\dfrac{\partial y}{\partial s}=2t$，$\dfrac{\partial z}{\partial s}=\ln t$

$\therefore \dfrac{\partial f}{\partial s}=\dfrac{\partial f}{\partial x}\left(\dfrac{\partial x}{\partial s}\right)+\dfrac{\partial f}{\partial y}\left(\dfrac{\partial y}{\partial s}\right)+\dfrac{\partial f}{\partial z}\left(\dfrac{\partial z}{\partial s}\right)$

$=(2xy^3e^{xz}+zx^2y^3e^{xz})2s+(3x^2y^2e^{xz})2t+(x^3y^3e^{xz})\ln t$

Example 1.

(1)设$f(x,y)=\sqrt[3]{xy}$，试证 $f_x(0,0)$ 与 $f_y(0,0)$都存在而在$(0,0)$不可微分

(2)设$f(x,y)=\begin{cases}\dfrac{x^4-y^4}{x^3+y^3}, & (x,y)\neq(0,0)\\ 0, & (x,y)=(0,0)\end{cases}$，试证$f(x,y)$在$(0,0)$不可微分

【解】

(1)

Claim: $f_x(0,0)$ 与 $f_y(0,0)$都存在

$$f_x(0,0)=\lim_{h\to 0}\frac{f(h+0,0)-f(0,0)}{h}=\lim_{h\to 0}\frac{\sqrt[3]{h\cdot 0}-0}{h}=0$$

$$f_y(0,0)=\lim_{h\to 0}\frac{f(0,h+0)-f(0,0)}{h}=\lim_{h\to 0}\frac{\sqrt[3]{0\cdot h}-0}{h}=0$$

Claim: $\lim\limits_{h\to 0,k\to 0}\left|\dfrac{f(h+0,k+0)-f(0,0)-\dfrac{\partial f}{\partial x}(0,0)h-\dfrac{\partial f}{\partial y}(0,0)k}{\sqrt{h^2+k^2}}\right|\neq 0$

$$\because \left|\frac{f(h+0,k+0)-f(0,0)-\frac{\partial f}{\partial x}(0,0)h-\frac{\partial f}{\partial y}(0,0)k}{\sqrt{h^2+k^2}}\right| = \left|\frac{\sqrt[3]{hk}}{\sqrt{h^2+k^2}}\right|$$

取 $h=k^2$ 则 $\lim\limits_{h\to 0,k\to 0}\left|\frac{f(h+0,k+0)-f(0,0)-\frac{\partial f}{\partial x}(0,0)h-\frac{\partial f}{\partial y}(0,0)k}{\sqrt{h^2+k^2}}\right|$

$$=\lim_{h\to 0,k\to 0}\left|\frac{\sqrt[3]{hk}}{\sqrt{h^2+k^2}}\right| = \lim_{h\to 0,k\to 0}\left|\frac{\sqrt[3]{k^3}}{\sqrt{k^4+k^2}}\right| = \lim_{k\to 0}\left|\frac{1}{\sqrt{k^2+1}}\right| = 1 \neq 0$$

$\therefore f(x,y)$在$(0,0)$不可微分

(2)

Claim: $f_x(0,0)$ 与 $f_y(0,0)$都存在

$$f_x(0,0)=\lim_{h\to 0}\frac{f(h+0,0)-f(0,0)}{h}=\lim_{h\to 0}\frac{\frac{h^4}{h^3}-0}{h}=1$$

$$f_y(0,0)=\lim_{h\to 0}\frac{f(0,h+0)-f(0,0)}{h}=\lim_{h\to 0}\frac{\frac{-h^4}{h^3}-0}{h}=-1$$

Claim: $\lim\limits_{h\to 0,k\to 0}\left|\frac{f(h+0,k+0)-f(0,0)-\frac{\partial f}{\partial x}(0,0)h-\frac{\partial f}{\partial y}(0,0)k}{\sqrt{h^2+k^2}}\right| \neq 0$

$$\because \left|\frac{f(h+0,k+0)-f(0,0)-\frac{\partial f}{\partial x}(0,0)h-\frac{\partial f}{\partial y}(0,0)k}{\sqrt{h^2+k^2}}\right| = \left|\frac{\frac{h^4-k^4}{h^3+k^3}-h+k}{\sqrt{h^2+k^2}}\right|$$

取 $h=2k$则

$$\lim_{h\to 0,k\to 0}\left|\frac{f(h+0,k+0)-f(0,0)-\frac{\partial f}{\partial x}(0,0)h-\frac{\partial f}{\partial y}(0,0)k}{\sqrt{h^2+k^2}}\right| = \lim_{h\to 0,k\to 0}\left|\frac{\frac{2}{3}k}{\sqrt{5}k}\right| = \frac{2}{3\sqrt{5}} \neq 0$$

$\therefore f(x,y)$在$(0,0)$不可微分

Example 2.

$$设f(x,y)=\begin{cases}(x^2+y^2)\sin\left(\frac{1}{x^2+y^2}\right), & (x,y)\neq(0,0)\\ 0, & (x,y)=(0,0)\end{cases},$$

(1)试证 $f_x(x,y)$ 与 $f_y(x,y)$ 皆存在但在(0,0)不连续 (2) 试证 $f(x,y)$ 在(0,0)可微分

【解】

(1)

$$f_x(x,y) = 2x\sin\left(\frac{1}{x^2+y^2}\right) + (x^2+y^2)\cos\left(\frac{1}{x^2+y^2}\right)\frac{-2x}{(x^2+y^2)^{-2}}$$

$$= 2x\sin\left(\frac{1}{x^2+y^2}\right) + \cos\left(\frac{1}{x^2+y^2}\right)\frac{-2x}{x^2+y^2}$$

$$f_y(x,y) = 2y\sin\left(\frac{1}{x^2+y^2}\right) + (x^2+y^2)\cos\left(\frac{1}{x^2+y^2}\right)\frac{-2y}{(x^2+y^2)^{-2}}$$

$$= 2y\sin\left(\frac{1}{x^2+y^2}\right) + \cos\left(\frac{1}{x^2+y^2}\right)\frac{-2y}{x^2+y^2}$$

Claim: $\lim_{x\to 0, y\to 0} f_x(x,y) \neq f_x(0,0)$ 且 $\lim_{x\to 0, y\to 0} f_y(x,y) \neq f_y(0,0)$

$$f_x(0,0) = \lim_{h\to 0}\frac{f(h+0,0)-f(0,0)}{h} = \lim_{h\to 0}\frac{h^2\sin(\frac{1}{h^2}) - 0}{h} = 0$$

$$f_y(0,0) = \lim_{h\to 0}\frac{f(0,0+h)-f(0,0)}{h} = \lim_{h\to 0}\frac{h^2\sin(\frac{1}{h^2}) - 0}{h} = 0$$

取 $x_n = y_n = \frac{1}{\sqrt{n\pi}}$

$$\lim_{n\to\infty} f_x(x_n,y_n) = \lim_{n\to\infty}\cos\left(\frac{1}{{x_n}^2+{y_n}^2}\right)\frac{-2x_n}{({x_n}^2+{y_n}^2)} = \lim_{n\to\infty}\cos(2n\pi)\frac{-4n\pi}{\sqrt{n\pi}} = -\infty$$

$$\lim_{n\to\infty} f_y(x_n,y_n) = \lim_{n\to\infty}\cos\left(\frac{1}{{x_n}^2+{y_n}^2}\right)\frac{-2y_n}{({x_n}^2+{y_n}^2)} = \lim_{n\to\infty}\cos(2n\pi)\frac{-4n\pi}{\sqrt{n\pi}} = -\infty$$

因此 $\lim_{x\to 0, y\to 0} f_x(x,y) \neq f_x(0,0)$ 且 $\lim_{x\to 0, y\to 0} f_y(x,y) \neq f_y(0,0)$

∴ $f_x(x,y)$ 与 $f_y(x,y)$ 在(0,0)不连续

(2)

$$\text{Claim: } \lim_{h\to 0, k\to 0}\left|\frac{f(h+0,k+0)-f(0,0)-\frac{\partial f}{\partial x}(0,0)h-\frac{\partial f}{\partial y}(0,0)k}{\sqrt{h^2+k^2}}\right| = 0$$

$$\because \left|\frac{f(h+0,k+0)-f(0,0)-\frac{\partial f}{\partial x}(0,0)h-\frac{\partial f}{\partial y}(0,0)k}{\sqrt{h^2+k^2}}\right| = \left|\frac{(h^2+k^2)\sin\left(\frac{1}{h^2+k^2}\right)}{\sqrt{h^2+k^2}}\right|$$

$$= \left|(\sqrt{h^2+k^2})\sin\left(\frac{1}{h^2+k^2}\right)\right| \le \sqrt{h^2+k^2}$$

$$\because \lim_{h\to 0,k\to 0}\left|\sqrt{h^2+k^2}\right| = 0 \therefore \lim_{h\to 0,k\to 0}\left|\frac{f(h+0,k+0)-f(0,0)-\frac{\partial f}{\partial x}(0,0)h-\frac{\partial f}{\partial y}(0,0)k}{\sqrt{h^2+k^2}}\right| = 0$$

$\therefore f(x,y)$在$(0,0)$可微分

Example 3.

设$f(x,y)=|x|y$ 试证 (1) $f_x(x,y)$与 $f_y(x,y)$ 皆连续 (2) $f(x,y)$在$(0,0)$可微分

【解】

(1)

As $x>0$, $f_x(x,y)=y$ 且 $f_y(x,y)=x$

As $x<0$, $f_x(x,y)=-y$ 且 $f_y(x,y)=-x$

Claim: $\lim\limits_{x\to 0,y\to 0} f_x(x,y)=f_x(0,0)$ 且 $\lim\limits_{x\to 0,y\to 0} f_y(x,y)=f_y(0,0)$

$$\because f_x(0,0)=\lim_{h\to 0}\frac{f(h+0,0)-f(0,0)}{h}=\lim_{h\to 0}\frac{0-0}{h}=0$$

$$f_y(0,0)=\lim_{h\to 0}\frac{f(0,0+h)-f(0,0)}{h}=\lim_{h\to 0}\frac{0-0}{h}=0$$

$$\lim_{x\to 0,y\to 0} f_x(x,y)=\lim_{x\to 0,y\to 0} y=\lim_{x\to 0,y\to 0} -y=0$$

$$\lim_{x\to 0,y\to 0} f_y(x,y)=\lim_{x\to 0,y\to 0} x=\lim_{x\to 0,y\to 0} -x=0$$

$\therefore \lim\limits_{x\to 0,y\to 0} f_x(x,y)=f_x(0,0)$ 且 $\lim\limits_{x\to 0,y\to 0} f_y(x,y)=f_y(0,0)$

$\therefore f_x(x,y)$ 与 $f_y(x,y)$ 皆连续

(2)

$$\text{Claim: } \lim_{h\to 0,k\to 0}\left|\frac{f(h+0,k+0)-f(0,0)-\frac{\partial f}{\partial x}(0,0)h-\frac{\partial f}{\partial y}(0,0)k}{\sqrt{h^2+k^2}}\right| = 0$$

$$\because \left|\frac{f(h+0,k+0)-f(0,0)-\frac{\partial f}{\partial x}(0,0)h-\frac{\partial f}{\partial y}(0,0)k}{\sqrt{h^2+k^2}}\right|$$

$$=\left|\frac{|h|k-f(0,0)-\frac{\partial f}{\partial x}(0,0)h-\frac{\partial f}{\partial y}(0,0)k}{\sqrt{h^2+k^2}}\right|=\left|\frac{|h|k}{\sqrt{h^2+k^2}}\right|\le\left|\frac{hk}{\sqrt{2hk}}\right|=\left|\frac{\sqrt{hk}}{\sqrt{2}}\right|$$

$$\because \lim_{h\to 0,k\to 0}\left|\frac{\sqrt{hk}}{\sqrt{2}}\right|=0$$

$$\therefore \lim_{h\to 0,k\to 0}\left|\frac{f(h+0,k+0)-f(0,0)-\frac{\partial f}{\partial x}(0,0)h-\frac{\partial f}{\partial y}(0,0)k}{\sqrt{h^2+k^2}}\right|=0$$ $\therefore f(x,y)$在$(0,0)$可微分

Example 4.

设$f(x,y)=\begin{cases}(xy)^p\left(\frac{x^2-y^2}{x^2+y^2}\right), & (x,y)\neq(0,0)\\ 0, & (x,y)=(0,0)\end{cases}$，试证$f(x,y)$在$(0,0)$可微分，$p>\frac{1}{2}$

【解】

Claim: $\lim_{h\to 0,k\to 0}\left|\frac{f(h+0,k+0)-f(0,0)-\frac{\partial f}{\partial x}(0,0)h-\frac{\partial f}{\partial y}(0,0)k}{\sqrt{h^2+k^2}}\right|=0$

$$\frac{\partial f}{\partial x}(0,0)=\lim_{h\to 0}\frac{f(h+0,0)-f(0,0)}{h}=\lim_{h\to 0}\frac{0-0}{h}=0$$

$$\frac{\partial f}{\partial y}(0,0)=\lim_{h\to 0}\frac{f(0,h+0)-f(0,0)}{h}=\lim_{h\to 0}\frac{0-0}{h}=0$$

令$p>\frac{1}{2}$

$$\because \left|\frac{f(h+0,k+0)-f(0,0)-\frac{\partial f}{\partial x}(0,0)h-\frac{\partial f}{\partial y}(0,0)k}{\sqrt{h^2+k^2}}\right|=\left|\frac{(hk)^p(\frac{h^2-k^2}{h^2+k^2})}{\sqrt{h^2+k^2}}\right|$$

$$\le\left|\frac{(hk)^p\left(\frac{h^2+k^2}{h^2+k^2}\right)}{\sqrt{h^2+k^2}}\right|=\left|\frac{(hk)^p}{\sqrt{h^2+k^2}}\right|=\left|\frac{(hk)^p}{\sqrt{2hk}}\right|\le\left|\frac{(hk)^{p-\frac{1}{2}}}{\sqrt{2}}\right|$$

且 $\lim_{h\to 0,k\to 0}(hk)^{p-\frac{1}{2}}=0$，$\forall p>\frac{1}{2}$

$$\therefore \lim_{h\to 0,k\to 0}\left|\frac{f(h+0,k+0)-f(0,0)-\frac{\partial f}{\partial x}(0,0)h-\frac{\partial f}{\partial y}(0,0)k}{\sqrt{h^2+k^2}}\right|=0$$

$\therefore f(x,y)$在$(0,0)$可微分，$\forall p>\frac{1}{2}$

Example 5.

设$f(x,y)=\begin{cases}\frac{xy}{\sqrt{x^2+y^2}}, & (x,y)\neq(0,0)\\ 0, & (x,y)=(0,0)\end{cases}$，试证$f(x,y)$在$(0,0)$不可微分

【解】

Claim: $\lim_{h\to 0,k\to 0}\left|\frac{f(h+0,k+0)-f(0,0)-\frac{\partial f}{\partial x}(0,0)h-\frac{\partial f}{\partial y}(0,0)k}{\sqrt{h^2+k^2}}\right|\neq 0$

$$\frac{\partial f}{\partial x}(0,0)=\lim_{h\to 0}\frac{f(h+0,0)-f(0,0)}{h}=\lim_{h\to 0}\frac{0-0}{h}=0$$

$$\frac{\partial f}{\partial y}(0,0)=\lim_{h\to 0}\frac{f(0,h+0)-f(0,0)}{h}=\lim_{h\to 0}\frac{0-0}{h}=0$$

$$\because \left|\frac{f(h+0,k+0)-f(0,0)-\frac{\partial f}{\partial x}(0,0)h-\frac{\partial f}{\partial y}(0,0)k}{\sqrt{h^2+k^2}}\right|=\left|\frac{\frac{hk}{\sqrt{h^2+k^2}}}{\sqrt{h^2+k^2}}\right|$$

取 $h=k$

$$\lim_{h\to 0,k\to 0}\left|\frac{f(h+0,k+0)-f(0,0)-\frac{\partial f}{\partial x}(0,0)h-\frac{\partial f}{\partial y}(0,0)k}{\sqrt{h^2+k^2}}\right|$$

$$=\lim_{h\to 0,k\to 0}\left|\frac{\frac{hk}{\sqrt{h^2+k^2}}}{\sqrt{h^2+k^2}}\right|=\lim_{h\to 0,k\to 0}\left|\frac{h^2}{2h^2}\right|=\frac{1}{2}\neq 0$$

$\therefore f(x,y)$在$(0,0)$不可微分

Example 6.

$$设f(x,y)=\begin{cases}\dfrac{2x\sqrt{y}}{\sqrt{x^4+y^2}}, & (x,y)\neq(0,0)\\ 0, & (x,y)=(0,0)\end{cases}，试证 f(x,y)于(0,0)不可微分$$

【解】

Claim: $\lim\limits_{h\to 0,k\to 0}\left|\dfrac{f(h+0,k+0)-f(0,0)-\frac{\partial f}{\partial x}(0,0)h-\frac{\partial f}{\partial y}(0,0)k}{\sqrt{h^2+k^2}}\right|\neq 0$

$$\frac{\partial f}{\partial x}(0,0)=\lim_{h\to 0}\frac{f(h+0,0)-f(0,0)}{h}=\lim_{h\to 0}\frac{\frac{2h\cdot 0}{\sqrt{h^4+0^2}}-0}{h}=\lim_{h\to 0}\frac{0}{h^2}=0$$

$$\frac{\partial f}{\partial y}(0,0)=\lim_{h\to 0}\frac{f(0,h+0)-f(0,0)}{h}=\lim_{h\to 0}\frac{\frac{2\cdot 0\cdot\sqrt{h}}{\sqrt{0^4+h^2}}-0}{h}=\lim_{h\to 0}\frac{0}{h^{\frac{3}{2}}}=0$$

$\therefore\ \dfrac{\partial f}{\partial x}(0,0)=0,\ \dfrac{\partial f}{\partial y}(0,0)=0$

$$\because\left|\frac{f(h+0,k+0)-f(0,0)-\frac{\partial f}{\partial x}(0,0)h-\frac{\partial f}{\partial y}(0,0)k}{\sqrt{h^2+k^2}}\right|=\left|\frac{\frac{2h\sqrt{k}}{\sqrt{h^4+k^2}}}{\sqrt{h^2+k^2}}\right|$$

取$k=h^2$

$$\lim_{h\to 0,k\to 0}\left|\frac{f(h+0,k+0)-f(0,0)-\frac{\partial f}{\partial x}(0,0)h-\frac{\partial f}{\partial y}(0,0)k}{\sqrt{h^2+k^2}}\right|$$

$$=\lim_{h\to 0,k\to 0}\left|\frac{\frac{2h\sqrt{k}}{\sqrt{h^4+k^2}}}{\sqrt{h^2+k^2}}\right|=\lim_{h\to 0,k\to 0}\left|\frac{\frac{2h^2}{\sqrt{2}h^2}}{\sqrt{h^2+h^4}}\right|=\infty\neq 0$$

$\therefore f(x,y)$于$(0,0)$不可微分

Example 7.

$$设 f(x,y)=\begin{cases} xy\left(\dfrac{x^2-y^2}{x^2+y^2}\right), & (x,y)\neq(0,0) \\ 0, & (x,y)=(0,0) \end{cases}$$

试证 (1) $f(x,y)$ 在 $(x,y)=(0,0)$ 连续 (2) $f(x,y)$ 在 $(0,0)$ 可微分

【解】

(1)

$$\because x^2+y^2\geq 2|xy| \qquad \therefore \frac{1}{x^2+y^2}\leq\frac{1}{2|xy|}$$

$$\therefore \left|xy\left(\frac{x^2-y^2}{x^2+y^2}\right)\right|\leq\left|xy\left(\frac{x^2-y^2}{2xy}\right)\right|\leq\frac{x^2+y^2}{2}$$

Claim: $\lim\limits_{x\to0,y\to0} f(x,y)=f(0,0)$

$$\because \lim_{x\to0,y\to0}\frac{x^2+y^2}{2}=0 \qquad \therefore \lim_{x\to0,y\to0}\left|xy\left(\frac{x^2-y^2}{x^2+y^2}\right)\right|=0$$

$\therefore f(x,y)$ 在 $(x,y)=(0,0)$ 连续

(2)

Claim: $$\lim_{h\to0,k\to0}\left|\frac{f(h+0,k+0)-f(0,0)-\frac{\partial f}{\partial x}(0,0)h-\frac{\partial f}{\partial y}(0,0)k}{\sqrt{h^2+k^2}}\right|=0$$

$$\frac{\partial f}{\partial x}(0,0)=\lim_{h\to0}\frac{f(h+0,0)-f(0,0)}{h}=\lim_{h\to0}\frac{0-0}{h}=0$$

$$\frac{\partial f}{\partial y}(0,0)=\lim_{h\to0}\frac{f(0,h+0)-f(0,0)}{h}=\lim_{h\to0}\frac{0-0}{h}=0$$

$$\because \left|\frac{f(h+0,k+0)-f(0,0)-\frac{\partial f}{\partial x}(0,0)h-\frac{\partial f}{\partial y}(0,0)k}{\sqrt{h^2+k^2}}\right|=\left|\frac{hk\left(\frac{h^2-k^2}{h^2+k^2}\right)}{\sqrt{h^2+k^2}}\right|$$

$$\leq\left|\frac{hk\left(\frac{h^2+k^2}{h^2+k^2}\right)}{\sqrt{h^2+k^2}}\right|=\left|\frac{hk}{\sqrt{h^2+k^2}}\right|\leq\left|\frac{hk}{\sqrt{2hk}}\right|\leq\left|\frac{\sqrt{hk}}{\sqrt{2}}\right|\leq\sqrt{\frac{h^2+k^2}{4}}$$

$$且 \lim_{h\to0,k\to0}\sqrt{\frac{h^2+k^2}{4}}=0$$

$$\therefore \lim_{h\to0,k\to0}\left|\frac{f(h+0,k+0)-f(0,0)-\frac{\partial f}{\partial x}(0,0)h-\frac{\partial f}{\partial y}(0,0)k}{\sqrt{h^2+k^2}}\right|=0$$

$\therefore f(x,y)$在$(0,0)$可微分

Example 8.

$$设f(x,y)=\begin{cases}\dfrac{x^2y}{x^2+y^2}, & (x,y)\neq(0,0)\\ 0, & (x,y)=(0,0)\end{cases}$$

试证(1) $f(x,y)$在$(x,y)=(0,0)$连续 (2)$f(x,y)$在$(0,0)$不可微分

【解】

(1)

$$\because x^2+y^2\geq 2|xy| \quad \therefore \frac{1}{x^2+y^2}\leq\frac{1}{2|xy|}\Rightarrow\left|\frac{x^2y}{x^2+y^2}\right|\leq\left|\frac{x^2y}{2xy}\right|\leq\left|\frac{x}{2}\right|$$

Claim: $\lim_{x\to0,y\to0}f(x,y)=f(0,0)$

$$\because \lim_{x\to0,y\to0}\left|\frac{x}{2}\right|=0 \quad \therefore \lim_{x\to0,y\to0}\left|\frac{x^2y}{x^2+y^2}\right|=0 \quad \therefore f(x,y)在(x,y)=(0,0)连续$$

(2)

$$\text{Claim: } \lim_{h\to0,k\to0}\left|\frac{f(h+0,k+0)-f(0,0)-\frac{\partial f}{\partial x}(0,0)h-\frac{\partial f}{\partial y}(0,0)k}{\sqrt{h^2+k^2}}\right|\neq0$$

$$\frac{\partial f}{\partial x}(0,0)=\lim_{h\to0}\frac{f(h+0,0)-f(0,0)}{h}=\lim_{h\to0}\frac{0-0}{h}=0$$

$$\frac{\partial f}{\partial y}(0,0)=\lim_{h\to0}\frac{f(0,h+0)-f(0,0)}{h}=\lim_{h\to0}\frac{0-0}{h}=0$$

$$\because \left|\frac{f(h+0,k+0)-f(0,0)-\frac{\partial f}{\partial x}(0,0)h-\frac{\partial f}{\partial y}(0,0)k}{\sqrt{h^2+k^2}}\right|=\left|\frac{\frac{h^2k}{h^2+k^2}}{\sqrt{h^2+k^2}}\right|$$

取 $h=k$

$$\lim_{h\to0,k\to0}\left|\frac{f(h+0,k+0)-f(0,0)-\frac{\partial f}{\partial x}(0,0)h-\frac{\partial f}{\partial y}(0,0)k}{\sqrt{h^2+k^2}}\right|$$

$$= \lim_{h\to0,k\to0}\left|\frac{\frac{h^2k}{h^2+k^2}}{\sqrt{h^2+k^2}}\right| = \lim_{h\to0,k\to0}\left|\frac{\frac{h^3}{2h^2}}{\sqrt{2h^2}}\right| = \frac{1}{2\sqrt{2}} \neq 0$$

$\therefore f(x,y)$在$(0,0)$不可微分

Example 9.

$$设f(x,y)=\begin{cases}\frac{2x^2y}{x^4+y^2}, & (x,y)\neq(0,0)\\ 0, & (x,y)=(0,0)\end{cases}$$，试证 $f(x,y)$ 于 $(0,0)$不可微分

【解】

Claim: $\lim_{h\to0,k\to0}\left|\frac{f(h+0,k+0)-f(0,0)-\frac{\partial f}{\partial x}(0,0)h-\frac{\partial f}{\partial y}(0,0)k}{\sqrt{h^2+k^2}}\right|\neq0$

$$\frac{\partial f}{\partial x}(0,0)=\lim_{h\to0}\frac{f(h+0,0)-f(0,0)}{h}=\lim_{h\to0}\frac{\frac{2h^2\cdot0}{h^4+0^2}-0}{h}=\lim_{h\to0}\frac{0}{h^5}=0$$

$$\frac{\partial f}{\partial y}(0,0)=\lim_{h\to0}\frac{f(0,h+0)-f(0,0)}{h}=\lim_{h\to0}\frac{\frac{2\cdot0^2\cdot h}{0^4+h^2}-0}{h}=\lim_{h\to0}\frac{0}{h^3}=0$$

$\therefore \frac{\partial f}{\partial x}(0,0)=0,\ \frac{\partial f}{\partial y}(0,0)=0$

$$\because \left|\frac{f(h+0,k+0)-f(0,0)-\frac{\partial f}{\partial x}(0,0)h-\frac{\partial f}{\partial y}(0,0)k}{\sqrt{h^2+k^2}}\right| = \left|\frac{\frac{2h^2k}{h^4+k^2}}{\sqrt{h^2+k^2}}\right|$$

取$k=h^2$

$$\lim_{h\to0,k\to0}\left|\frac{f(h+0,k+0)-f(0,0)-\frac{\partial f}{\partial x}(0,0)h-\frac{\partial f}{\partial y}(0,0)k}{\sqrt{h^2+k^2}}\right|$$

$$= \lim_{h\to0,k\to0}\left|\frac{\frac{2h^2k}{h^4+k^2}}{\sqrt{h^2+k^2}}\right| = \lim_{h\to0,k\to0}\left|\frac{\frac{2h^4}{2h^4}}{\sqrt{h^2+h^4}}\right| = \infty \neq 0$$

$\therefore f(x,y)$于$(0,0)$不可微分

Example 10.

$$设f(x,y)=\begin{cases}\dfrac{3x^2y}{x^3+y^3}, & (x,y)\neq(0,0)\\ 0, & (x,y)=(0,0)\end{cases}，试证f(x,y)于(0,0)不可微分$$

【解】

Claim: $\lim\limits_{h\to0,k\to0}\left|\dfrac{f(h+0,k+0)-f(0,0)-\frac{\partial f}{\partial x}(0,0)h-\frac{\partial f}{\partial y}(0,0)k}{\sqrt{h^2+k^2}}\right|\neq0$

$$\frac{\partial f}{\partial x}(0,0)=\lim_{h\to0}\frac{f(h+0,0)-f(0,0)}{h}=\lim_{h\to0}\frac{\frac{3\cdot h^2\cdot 0}{h^3+0^3}-0}{h}=\lim_{h\to0}\frac{0}{h^4}=0$$

$$\frac{\partial f}{\partial y}(0,0)=\lim_{h\to0}\frac{f(0,h+0)-f(0,0)}{h}=\lim_{h\to0}\frac{\frac{3\cdot 0^2\cdot h}{0^3+h^3}-0}{h}=\lim_{h\to0}\frac{0}{h^4}=0$$

因此 $\dfrac{\partial f}{\partial x}(0,0)=0,\ \dfrac{\partial f}{\partial y}(0,0)=0$

$$\because\left|\frac{f(h+0,k+0)-f(0,0)-\frac{\partial f}{\partial x}(0,0)h-\frac{\partial f}{\partial y}(0,0)k}{\sqrt{h^2+k^2}}\right|=\left|\frac{\frac{3h^2k}{h^3+k^3}}{\sqrt{h^2+k^2}}\right|$$

取$k=h$

$$\lim_{h\to0,k\to0}\left|\frac{f(h+0,k+0)-f(0,0)-\frac{\partial f}{\partial x}(0,0)h-\frac{\partial f}{\partial y}(0,0)k}{\sqrt{h^2+k^2}}\right|$$

$$=\lim_{h\to0,k\to0}\left|\frac{\frac{3h^2k}{h^3+k^3}}{\sqrt{h^2+k^2}}\right|=\lim_{h\to0,k\to0}\left|\frac{\frac{3h^3}{2h^3}}{\sqrt{h^2+h^2}}\right|=\infty\neq0$$

$\therefore f(x,y)$于$(0,0)$不可微分

Example 11.

(1)$f(x,y)=\dfrac{x^2}{x^2+y^2}$，且 $x=3\cos t$，$y=5\sin t$，求 $\dfrac{df}{dt}=?$

(2)设$f(x,y)=\sin^{-1}(5x+2y)$，且 $x=r^2e^s$，$y=\sin(rs)$，求 $\dfrac{\partial f}{\partial r}\ \dfrac{\partial f}{\partial s}=?$

【解】

(1)

$$\because \frac{df}{dt}=\frac{\partial f}{\partial x}\frac{\partial x}{\partial t}+\frac{\partial f}{\partial y}\frac{\partial y}{\partial t}$$

$$\frac{\partial f}{\partial x}=\frac{2x(x^2+y^2)-x^2(2x)}{(x^2+y^2)^2}=\frac{2xy^2}{(x^2+y^2)^2},\quad \frac{\partial f}{\partial y}=\frac{-x^2(2y)}{(x^2+y^2)^2}=\frac{-2yx^2}{(x^2+y^2)^2}$$

$$\frac{\partial x}{\partial t}=-3\sin t,\quad \frac{\partial y}{\partial t}=5\cos t$$

$$\therefore \frac{df}{dt}=\frac{\partial f}{\partial x}\frac{\partial x}{\partial t}+\frac{\partial f}{\partial y}\frac{\partial y}{\partial t}=\frac{2xy^2}{(x^2+y^2)^2}(-3\sin t)+\frac{-2yx^2}{(x^2+y^2)^2}(5\cos t)$$

(2)

$$\because \frac{\partial f}{\partial r}=\frac{\partial f}{\partial x}\frac{\partial x}{\partial r}+\frac{\partial f}{\partial y}\frac{\partial y}{\partial r} \quad 且 \quad \frac{\partial f}{\partial s}=\frac{\partial f}{\partial x}\frac{\partial x}{\partial s}+\frac{\partial f}{\partial y}\frac{\partial y}{\partial s}$$

$$\frac{\partial f}{\partial x}=\frac{5}{\sqrt{1-(5x+2y)^2}},\quad \frac{\partial f}{\partial y}=\frac{2}{\sqrt{1-(5x+2y)^2}}$$

$$\frac{\partial x}{\partial r}=2re^s,\quad \frac{\partial y}{\partial r}=s\cos(rs),\quad \frac{\partial x}{\partial s}=r^2e^s,\quad \frac{\partial y}{\partial s}=r\cos(rs)$$

$$\therefore \frac{\partial f}{\partial r}=\frac{\partial f}{\partial x}\frac{\partial x}{\partial r}+\frac{\partial f}{\partial y}\frac{\partial y}{\partial r}=\frac{10re^s+2s\cos(rs)}{\sqrt{1-(5x+2y)^2}}$$

$$且\ \frac{\partial f}{\partial s}=\frac{\partial f}{\partial x}\frac{\partial x}{\partial s}+\frac{\partial f}{\partial y}\frac{\partial y}{\partial s}=\frac{5r^2e^s+2r\cos(rs)}{\sqrt{1-(5x+2y)^2}}$$

Example 12.

设$F(x,y)=x^2y^2+x+y+2,\ x(t)=t^4-1, y(t)=t^2-t^3$

$G(t)=F\big(x(t),y(t)\big)$，求 $G'(t)=?$

【解】

$$\because G'(t)=\frac{\partial G}{\partial x}\frac{\partial x}{\partial t}+\frac{\partial G}{\partial y}\frac{\partial y}{\partial t}$$

$$\frac{\partial G}{\partial x}=2xy^2+1,\quad \frac{\partial G}{\partial y}=2yx^2+1,\quad \frac{\partial x}{\partial t}=4t^3,\quad \frac{\partial y}{\partial t}=2t-3t^2$$

$$\therefore G'(t)=4t^3(2xy^2+1)+(2t-3t^2)(2yx^2+1)$$

Example 13.

设$z = g(x^2 - y^2)$，试证 $y\dfrac{\partial z}{\partial x} + x\dfrac{\partial z}{\partial y} = 0$

【解】

$\because \dfrac{\partial z}{\partial x} = g'(x^2 - y^2)(2x)$，$\dfrac{\partial z}{\partial y} = g'(x^2 - y^2)(-2y)$

$\therefore y\dfrac{\partial z}{\partial x} + x\dfrac{\partial z}{\partial y} = yg'(x^2 - y^2)(2x) + xg'(x^2 - y^2)(-2y) = 0$

Example 14.

设$z = x^2 + g(xy)$，试证 $x\dfrac{\partial z}{\partial x} - y\dfrac{\partial z}{\partial y} = 2x^2$

【解】

$\because \dfrac{\partial z}{\partial x} = 2x + g'(xy)y$，$\dfrac{\partial z}{\partial y} = g'(xy)x$

$\therefore x\dfrac{\partial z}{\partial x} - y\dfrac{\partial z}{\partial y} = x(2x + g'(xy)y) - y(g'(xy)x) = 2x^2$

Example 15.

设$f(x, y, z) = \dfrac{1}{\sqrt{x^2 + y^2 + z^2}}$，试证 $f_{xx} + f_{yy} + f_{zz} = 0$

【解】

$\because f_x = -\dfrac{1}{2}(x^2 + y^2 + z^2)^{-\frac{3}{2}}(2x) = -x(x^2 + y^2 + z^2)^{-\frac{3}{2}}$

$f_y = -\dfrac{1}{2}(x^2 + y^2 + z^2)^{-\frac{3}{2}}(2y) = -y(x^2 + y^2 + z^2)^{-\frac{3}{2}}$

$f_z = -\dfrac{1}{2}(x^2 + y^2 + z^2)^{-\frac{3}{2}}(2z) = -z(x^2 + y^2 + z^2)^{-\frac{3}{2}}$

$f_{xx} = -(x^2 + y^2 + z^2)^{-\frac{3}{2}} + 3x^2(x^2 + y^2 + z^2)^{-\frac{5}{2}}$

$= (x^2 + y^2 + z^2)^{-\frac{5}{2}}\left(3x^2 - (x^2 + y^2 + z^2)\right) = (x^2 + y^2 + z^2)^{-\frac{5}{2}}(2x^2 - y^2 - z^2)$

$f_{yy} = (x^2 + y^2 + z^2)^{-\frac{5}{2}}(2y^2 - x^2 - z^2)$

$f_{zz} = (x^2+y^2+z^2)^{-\frac{5}{2}}(2z^2-x^2-y^2)$

$\therefore f_{xx}+f_{yy}+f_{zz}=0$

Example 16.

设$f(x,y,z)=\left(\frac{x-y+z}{x+y-z}\right)^n$，试证 $xf_x+yf_y+zf_z=0$

【解】

$$f_x(x,y,z)=n\left(\frac{x-y+z}{x+y-z}\right)^{n-1}\frac{(x+y-z)-(x-y+z)}{(x+y-z)^2}=2n\left(\frac{x-y+z}{x+y-z}\right)^{n-1}\frac{y-z}{(x+y-z)^2}$$

$$f_y(x,y,z)=-2n\left(\frac{x-y+z}{x+y-z}\right)^{n-1}\frac{x-z}{(x+y-z)^2}$$

$$f_z(x,y,z)=2n\left(\frac{x-y+z}{x+y-z}\right)^{n-1}\frac{x-y}{(x+y-z)^2}$$

$$\therefore xf_x+yf_y+zf_z=2n\left(\frac{x-y+z}{x+y-z}\right)^{n-1}(x(y-z)-y(x-z)+z(x-y))=0$$

Example 17.

设 $g(x,y)=f(xy^2)$，试证 $4x^2g_{xx}-y^2g_{yy}+yg_y=0$

【解】

$\because g_x=f'(xy^2)y^2$，$g_y=f'(xy^2)2xy$

$\therefore g_{xx}=f''(xy^2)y^4$，$g_{yy}=f''(xy^2)4x^2y^2+2xf'(xy^2)$

$\therefore 4x^2g_{xx}-y^2g_{yy}+yg_y$

$=4x^2f''(xy^2)y^4-y^2\left(f''(xy^2)4x^2y^2+2xf'(xy^2)\right)+yf'(xy^2)2xy=0$

Example 18.

设 $w=f(u),u=\frac{xy}{x^2+y^2}$，试证 $x\frac{\partial w}{\partial x}+y\frac{\partial w}{\partial y}=0$

【解】

$$\frac{\partial w}{\partial x}=f'(u)\frac{y(x^2+y^2)-xy(2x)}{(x^2+y^2)^2}=f'(u)\frac{y^3-x^2y}{(x^2+y^2)^2}$$

$$\frac{\partial w}{\partial y}=f'(u)\frac{x^3-y^2x}{(x^2+y^2)^2}$$

$$x\frac{\partial w}{\partial x}+y\frac{\partial w}{\partial y}=x\left(f'(u)\frac{y^3-x^2y}{(x^2+y^2)^2}\right)+y\left(f'(u)\frac{x^3-y^2x}{(x^2+y^2)^2}\right)=0$$

Example 19.

设 $w=f(x-y,y-x)$，试证 $\frac{\partial w}{\partial x}+\frac{\partial w}{\partial y}=0$

【解】

令 $u=x-y$，$v=y-x$

$$\because\frac{\partial w}{\partial x}=f_u(u,v)\frac{\partial u}{\partial x}+f_v(u,v)\frac{\partial v}{\partial x}=f_u(u,v)-f_v(u,v)$$

$$\frac{\partial w}{\partial y}=f_u(u,v)\frac{\partial u}{\partial y}+f_v(u,v)\frac{\partial v}{\partial y}=-f_u(u,v)+f_v(u,v)$$

$$\therefore\frac{\partial w}{\partial x}+\frac{\partial w}{\partial y}=0$$

Example 20.

设 $u=f(x,y),x=r\cos\theta\,,y=r\sin\theta$，试证 $\frac{\partial^2u}{\partial x^2}+\frac{\partial^2u}{\partial y^2}=\frac{\partial^2u}{\partial r^2}+\frac{1}{r^2}\frac{\partial^2u}{\partial\theta^2}+\frac{1}{r}\frac{\partial u}{\partial r}$

【解】

$$\because\frac{\partial u}{\partial r}=\frac{\partial u}{\partial x}\cdot\frac{\partial x}{\partial r}+\frac{\partial u}{\partial y}\cdot\frac{\partial y}{\partial r}=\frac{\partial u}{\partial x}\cdot\cos\theta+\frac{\partial u}{\partial y}\cdot\sin\theta$$

$$\frac{\partial u}{\partial\theta}=\frac{\partial u}{\partial x}\cdot\frac{\partial x}{\partial\theta}+\frac{\partial u}{\partial y}\cdot\frac{\partial y}{\partial\theta}=-\frac{\partial u}{\partial x}\cdot r\sin\theta+\frac{\partial u}{\partial y}\cdot r\cos\theta$$

$$\frac{\partial^2u}{\partial r^2}=\frac{\partial}{\partial r}\left(\frac{\partial u}{\partial r}\right)=\frac{\partial}{\partial r}\left(\frac{\partial u}{\partial x}\cdot\cos\theta+\frac{\partial u}{\partial y}\cdot\sin\theta\right)=\frac{\partial^2u}{\partial x^2}\cdot\cos^2\theta+\frac{\partial^2u}{\partial y^2}\cdot\sin^2\theta$$

$$\frac{\partial^2u}{\partial\theta^2}=\frac{\partial}{\partial\theta}\left(\frac{\partial u}{\partial\theta}\right)=\frac{\partial}{\partial\theta}\left(-\frac{\partial u}{\partial x}\cdot r\sin\theta+\frac{\partial u}{\partial y}\cdot r\cos\theta\right)$$

$$=\frac{\partial^2u}{\partial x^2}r^2\sin^2\theta+\frac{\partial^2u}{\partial y^2}\cdot r^2\cos^2\theta-\frac{\partial u}{\partial x}\cdot r\cos\theta-\frac{\partial u}{\partial y}\cdot r\sin\theta$$

$$\therefore\frac{\partial^2u}{\partial r^2}+\frac{1}{r^2}\frac{\partial^2u}{\partial\theta^2}+\frac{1}{r}\frac{\partial u}{\partial r}=\frac{\partial^2u}{\partial x^2}+\frac{\partial^2u}{\partial y^2}$$

Example 21.

设 $f(x,y,z)=g(x-y,y-z,z-x)$，试证 $\frac{\partial f}{\partial x}+\frac{\partial f}{\partial y}+\frac{\partial f}{\partial z}=0$

【解】

令 $t_1=x-y$，$t_2=y-z$，$t_3=z-x$

$\because \frac{\partial f}{\partial x}=\frac{\partial g}{\partial t_1}\frac{\partial t_1}{\partial x}+\frac{\partial g}{\partial t_2}\frac{\partial t_2}{\partial x}+\frac{\partial g}{\partial t_3}\frac{\partial t_3}{\partial x}$, $\frac{\partial f}{\partial y}=\frac{\partial g}{\partial t_1}\frac{\partial t_1}{\partial y}+\frac{\partial g}{\partial t_2}\frac{\partial t_2}{\partial y}+\frac{\partial g}{\partial t_3}\frac{\partial t_3}{\partial y}$

$\frac{\partial f}{\partial z}=\frac{\partial g}{\partial t_1}\frac{\partial t_1}{\partial z}+\frac{\partial g}{\partial t_2}\frac{\partial t_2}{\partial z}+\frac{\partial g}{\partial t_3}\frac{\partial t_3}{\partial z}$ 且 $\left(\frac{\partial t_1}{\partial x},\frac{\partial t_2}{\partial x},\frac{\partial t_3}{\partial x}\right)=(1,0,-1)$,

$\left(\frac{\partial t_1}{\partial y},\frac{\partial t_2}{\partial y},\frac{\partial t_3}{\partial y}\right)=(-1,1,0)$，$\left(\frac{\partial t_1}{\partial z},\frac{\partial t_2}{\partial z},\frac{\partial t_3}{\partial z}\right)=(0,-1,1)$

$\therefore \frac{\partial f}{\partial x}+\frac{\partial f}{\partial y}+\frac{\partial f}{\partial z}=\frac{\partial g}{\partial t_1}-\frac{\partial g}{\partial t_3}-\frac{\partial g}{\partial t_1}+\frac{\partial g}{\partial t_2}-\frac{\partial g}{\partial t_2}+\frac{\partial g}{\partial t_3}=0$

Example 22.

设 $f(x,y)=g(x^2-y^2,y^2-x^2)$，试证 $y\frac{\partial f}{\partial x}+x\frac{\partial f}{\partial y}=0$

【解】

令 $t_1=x^2-y^2$，$t_2=y^2-x^2$

$\because \frac{\partial f}{\partial x}=\frac{\partial g}{\partial t_1}\frac{\partial t_1}{\partial x}+\frac{\partial g}{\partial t_2}\frac{\partial t_2}{\partial x}$, $\frac{\partial f}{\partial y}=\frac{\partial g}{\partial t_1}\frac{\partial t_1}{\partial y}+\frac{\partial g}{\partial t_2}\frac{\partial t_2}{\partial y}$

且 $\left(\frac{\partial t_1}{\partial x},\frac{\partial t_2}{\partial x}\right)=(2x,-2x)$，$\left(\frac{\partial t_1}{\partial y},\frac{\partial t_2}{\partial y}\right)=(-2y,2y)$

$\therefore y\frac{\partial f}{\partial x}+x\frac{\partial f}{\partial y}=y\left(\frac{\partial g}{\partial t_1}(2x)+\frac{\partial g}{\partial t_2}(-2x)\right)+x\left(\frac{\partial g}{\partial t_1}(-2y)+\frac{\partial g}{\partial t_2}(2y)\right)=0$

Example 23.

设 $f(u,v)=g\big(x(u,v),y(u,v)\big)$ 且 $g(x,y)=\frac{1}{(x^2y^2-4x+3y+1)^p}$ $(p>0)$

其中 $\begin{cases}x(u,v)=u^2-3uv+2v^2\\y(u,v)=u^4+3uv^3-4v^4\end{cases}$，求 $\frac{\partial f}{\partial u}(1,1)=?$

【解】

令 $p>0$

$$\because \frac{\partial f}{\partial u}=\frac{\partial g}{\partial x}\frac{\partial x}{\partial u}+\frac{\partial g}{\partial y}\frac{\partial y}{\partial u},\ \ \frac{\partial g}{\partial x}=-\frac{p(2xy^2-4)}{(x^2y^2-4x+3y+1)^{2p}}$$

$$\frac{\partial g}{\partial y}=-\frac{p(2yx^2+3)}{(x^2y^2-4x+3y+1)^{2p}},\ \ \frac{\partial x}{\partial u}=2u-3v,\ \ \frac{\partial y}{\partial u}=4u^3+3v^3$$

$\because (u,v)=(1,1) \quad \therefore (x,y)=(0,0)$

$$\therefore \frac{\partial f}{\partial u}(1,1)=\frac{\partial g}{\partial x}(0,0)\frac{\partial x}{\partial u}(1,1)+\frac{\partial g}{\partial y}(0,0)\frac{\partial y}{\partial u}(1,1)=4p(-1)+(-3p)7=-25p$$

Example 24.

设$f(x,y)=\dfrac{x^2y}{1+x^2+y^2}$，$x,y\in R$ 且 $g(u,v)=f(uv,u^2+2v^3)$，$u,v\in R$

求 $\dfrac{\partial g}{\partial v}(\sqrt{2},-1)=?$

【解】

令$x=uv$，$y=u^2+2v^3$ 则 $\dfrac{\partial g}{\partial v}=\dfrac{\partial f}{\partial x}\dfrac{\partial x}{\partial v}+\dfrac{\partial f}{\partial y}\dfrac{\partial y}{\partial v}$

$$\because \frac{\partial f}{\partial x}=\frac{2xy(1+x^2+y^2)-x^2y(2x)}{(1+x^2+y^2)^2}=\frac{2xy(1+y^2)}{(1+x^2+y^2)^2}$$

$$\frac{\partial f}{\partial y}=\frac{x^2(1+x^2+y^2)-x^2y(2y)}{(1+x^2+y^2)^2}=\frac{x^2+x^4-x^2y^2}{(1+x^2+y^2)^2}$$

且 $\dfrac{\partial x}{\partial v}=u$，$\dfrac{\partial y}{\partial v}=6v^2$

令 $(u,v)=\left(\sqrt{2},-1\right)$ 则 $(x,y)=(-\sqrt{2},0)$

$$\therefore \frac{\partial g}{\partial v}(-1,-1)=\frac{\partial f}{\partial x}(-\sqrt{2},0)\frac{\partial x}{\partial v}\left(\sqrt{2},-1\right)+\frac{\partial f}{\partial y}(-\sqrt{2},0)\frac{\partial y}{\partial v}\left(\sqrt{2},-1\right)$$

$$=(0)\left(\sqrt{2}\right)+\frac{6}{9}(6)=4$$

Example 25.

设$f(x,y)=\begin{cases}\dfrac{x^2-y^2}{\sqrt{x^2+y^2}}, & (x,y)\neq(0,0)\\ 0, & (x,y)=(0,0)\end{cases}$，试证$f(x,y)$在$(0,0)$不可微分

【解】

$$f_x(0,0)=\lim_{h\to 0}\frac{f(h+0,0)-f(0,0)}{h}=\lim_{h\to 0}\frac{\frac{h^2}{h}-0}{h}=1$$

$$f_y(0,0)=\lim_{h\to 0}\frac{f(0,h+0)-f(0,0)}{h}=\lim_{h\to 0}\frac{\frac{-h^2}{h}-0}{h}=-1$$

Claim: $\lim\limits_{h\to 0,k\to 0}\left|\frac{f(h+0,k+0)-f(0,0)-\frac{\partial f}{\partial x}(0,0)h-\frac{\partial f}{\partial y}(0,0)k}{\sqrt{h^2+k^2}}\right|\neq 0$

$$\because\left|\frac{f(h+0,k+0)-f(0,0)-\frac{\partial f}{\partial x}(0,0)h-\frac{\partial f}{\partial y}(0,0)k}{\sqrt{h^2+k^2}}\right|=\left|\frac{\frac{h^2-k^2}{\sqrt{h^2+k^2}}-h+k}{\sqrt{h^2+k^2}}\right|$$

$$=\left|\frac{\frac{(h^2-k^2)-(h-k)(\sqrt{h^2+k^2})}{\sqrt{h^2+k^2}}}{\sqrt{h^2+k^2}}\right|$$

取 $h=2k$则 $\left|\frac{\frac{(h^2-k^2)-(h-k)(\sqrt{h^2+k^2})}{\sqrt{h^2+k^2}}}{\sqrt{h^2+k^2}}\right|=\left|\frac{3k^2-\sqrt{5}k^2}{5k^2}\right|$

$$\therefore\lim_{h\to 0,k\to 0}\left|\frac{f(h+0,k+0)-f(0,0)-\frac{\partial f}{\partial x}(0,0)h-\frac{\partial f}{\partial y}(0,0)k}{\sqrt{h^2+k^2}}\right|$$

$$=\lim_{h\to 0,k\to 0}\left|\frac{3k^2-\sqrt{5}k^2}{5k^2}\right|=\frac{3-\sqrt{5}}{5}\neq 0$$

$\therefore f(x,y)$在$(0,0)$不可微分

Example 26.

设 $f(x,y)=\begin{cases}(x^2+y^2)^p\sin\left(\frac{1}{x^2+y^2}\right), & (x,y)\neq(0,0)\\ 0, & (x,y)=(0,0)\end{cases}$, $p>\frac{1}{2}$

试证 $f(x,y)$在 $(0,0)$可微分

【解】

令 $p>\dfrac{1}{2}$

$$f_x(0,0)=\lim_{h\to 0}\frac{f(h+0,0)-f(0,0)}{h}=\lim_{h\to 0}\frac{h^{2p}\sin(\frac{1}{h^2})\ -0}{h}=\lim_{h\to 0}h^{2p-1}\sin(\frac{1}{h^2})$$

$$\because p>\frac{1}{2}\quad\therefore\ \lim_{h\to 0}h^{2p-1}\sin(\frac{1}{h^2})=0\Rightarrow\ f_x(0,0)=0$$

$$f_y(0,0)=\lim_{h\to 0}\frac{f(0,0+h)-f(0,0)}{h}=\lim_{h\to 0}\frac{h^{2p}\sin(\frac{1}{h^2})\ -0}{h}=\lim_{h\to 0}h^{2p-1}\sin(\frac{1}{h^2})$$

$$\because p>\frac{1}{2}\quad\therefore\ \lim_{h\to 0}h^{2p-1}\sin(\frac{1}{h^2})=0\Rightarrow\ f_y(0,0)=0$$

Claim: $\displaystyle\lim_{h\to 0,k\to 0}\left|\frac{f(h+0,k+0)-f(0,0)-\frac{\partial f}{\partial x}(0,0)h-\frac{\partial f}{\partial y}(0,0)k}{\sqrt{h^2+k^2}}\right|=0$

$$\because\left|\frac{f(h+0,k+0)-f(0,0)-\frac{\partial f}{\partial x}(0,0)h-\frac{\partial f}{\partial y}(0,0)k}{\sqrt{h^2+k^2}}\right|=\left|\frac{(h^2+k^2)^p\sin\frac{1}{h^2+k^2}}{\sqrt{h^2+k^2}}\right|$$

$$=\left|(h^2+k^2)^{p-\frac{1}{2}}\sin\frac{1}{h^2+k^2}\right|\leq(h^2+k^2)^{p-\frac{1}{2}}$$

$$\because\ \lim_{h\to 0,k\to 0}(h^2+k^2)^{p-\frac{1}{2}}=0$$

$$\therefore\ \lim_{h\to 0,k\to 0}\left|\frac{f(h+0,k+0)-f(0,0)-\frac{\partial f}{\partial x}(0,0)h-\frac{\partial f}{\partial y}(0,0)k}{\sqrt{h^2+k^2}}\right|=0$$

$\therefore f(x,y)$在$(0,0)$可微分

Example 27.

设$f(x,y)=(x|y|)^p$，$p>\dfrac{1}{2}$，试证 $f(x,y)$在$(0,0)$可微分

【解】

令 $p > \frac{1}{2}$

$$f_x(0,0) = \lim_{h\to 0}\frac{f(h+0,0)-f(0,0)}{h} = \lim_{h\to 0}\frac{0-0}{h} = 0$$

$$f_y(0,0) = \lim_{h\to 0}\frac{f(0,0+h)-f(0,0)}{h} = \lim_{h\to 0}\frac{0-0}{h} = 0$$

Claim: $\lim\limits_{h\to 0,k\to 0}\left|\dfrac{f(h+0,k+0)-f(0,0)-\frac{\partial f}{\partial x}(0,0)h-\frac{\partial f}{\partial y}(0,0)k}{\sqrt{h^2+k^2}}\right| = 0$

$$\because \left|\frac{f(h+0,k+0)-f(0,0)-\frac{\partial f}{\partial x}(0,0)h-\frac{\partial f}{\partial y}(0,0)k}{\sqrt{h^2+k^2}}\right|$$

$$= \left|\frac{h|k|-f(0,0)-\frac{\partial f}{\partial x}(0,0)h-\frac{\partial f}{\partial y}(0,0)k}{\sqrt{h^2+k^2}}\right| = \left|\frac{(h|k|)^p}{\sqrt{h^2+k^2}}\right| \le \left|\frac{(h|k|)^p}{\sqrt{2|hk|}}\right| < |hk|^{p-\frac{1}{2}}$$

$$\because \lim_{h\to 0,k\to 0}|hk|^{p-\frac{1}{2}} = 0$$

$$\therefore \lim_{h\to 0,k\to 0}\left|\frac{f(h+0,k+0)-f(0,0)-\frac{\partial f}{\partial x}(0,0)h-\frac{\partial f}{\partial y}(0,0)k}{\sqrt{h^2+k^2}}\right| = 0$$

$\therefore f(x,y)$在$(0,0)$可微分

Example 28.

设$f(x,y) = \begin{cases} \dfrac{3x\sqrt{y}}{\sqrt{x^3+y^3}}, & (x,y)\neq(0,0) \\ 0, & (x,y)=(0,0) \end{cases}$，试证$f(x,y)$于$(0,0)$不可微分

【解】

Claim: $\lim\limits_{h\to 0,k\to 0}\left|\dfrac{f(h+0,k+0)-f(0,0)-\frac{\partial f}{\partial x}(0,0)h-\frac{\partial f}{\partial y}(0,0)k}{\sqrt{h^2+k^2}}\right| \neq 0$

$$\frac{\partial f}{\partial x}(0,0) = \lim_{h\to 0}\frac{f(h+0,0)-f(0,0)}{h} = \lim_{h\to 0}\frac{\frac{3\cdot h^2\cdot 0}{\sqrt{h^3+0^3}}-0}{h} = \lim_{h\to 0}\frac{0}{h^{\frac{1}{2}}} = 0$$

$$\frac{\partial f}{\partial y}(0,0)=\lim_{h\to 0}\frac{f(0,h+0)-f(0,0)}{h}=\lim_{h\to 0}\frac{\dfrac{3\cdot 0^2\cdot\sqrt{h}}{\sqrt{0^3+h^3}}-0}{h}=\lim_{h\to 0}\frac{0}{h^2}=0$$

因此 $\dfrac{\partial f}{\partial x}(0,0)=0,\ \dfrac{\partial f}{\partial y}(0,0)=0$

$$\because\left|\frac{f(h+0,k+0)-f(0,0)-\frac{\partial f}{\partial x}(0,0)h-\frac{\partial f}{\partial y}(0,0)k}{\sqrt{h^2+k^2}}\right|=\left|\frac{\dfrac{3h\sqrt{k}}{\sqrt{h^3+k^3}}}{\sqrt{h^2+k^2}}\right|$$

取$k=h$

$$\lim_{h\to 0,k\to 0}\left|\frac{f(h+0,k+0)-f(0,0)-\frac{\partial f}{\partial x}(0,0)h-\frac{\partial f}{\partial y}(0,0)k}{\sqrt{h^2+k^2}}\right|$$

$$=\lim_{h\to 0,k\to 0}\left|\frac{\dfrac{3h\sqrt{k}}{\sqrt{h^3+k^3}}}{\sqrt{h^2+k^2}}\right|=\lim_{h\to 0,k\to 0}\left|\frac{\dfrac{3h^{\frac{3}{2}}}{\sqrt{2}h^{\frac{3}{2}}}}{\sqrt{h^2+h^2}}\right|=\infty\neq 0$$

$\therefore f(x,y)$于$(0,0)$不可微分

Example 29.

设$f:R\to R$且为可微函数，$f(0)=0$，$f'(0)=2$ 且 $F(x)=\int_0^x t^2 f(x^3-t^3)\,dt$,

求 $\lim_{x\to 0}\dfrac{F(x)}{x^6}=?$

【解】

藉由罗比达法则 $\lim_{x\to 0}\dfrac{F(x)}{x^6}=\lim_{x\to 0}\dfrac{F'(x)}{6x^5}$

藉由 Leibniz 微分公式 $F'(x)=3x^2\int_0^x t^2 f'(x^3-t^3)\,dt$

$$\therefore\lim_{x\to 0}\frac{F'(x)}{6x^5}=\lim_{x\to 0}\frac{3x^2\int_0^x t^2 f'(x^3-t^3)\,dt}{6x^5}=\lim_{x\to 0}\frac{\int_0^x t^2 f'(x^3-t^3)\,dt}{2x^3}$$

$$=\lim_{x\to 0}\frac{3x^2\int_0^x t^2 f''(x^3-t^3)\,dt+x^2 f'(x^3-x^3)}{6x^2}=\lim_{x\to 0}\frac{x^2 f'(x^3-x^3)}{6x^2}=\frac{f'(0)}{6}=\frac{1}{3}$$

7.5 求方向导数

【定义】双变量函数方向导数的定义

(i)給定双变数函数$f(x,y)$，假设$\vec{u}=(u_1,u_2)$为单位向量，$(x_0,y_0)\in R^2$

(ii)若 $\lim\limits_{h\to 0}\dfrac{f(x_0+hu_1,y_0+hu_2)-f(x_0,y_0)}{h}$ 存在，则

称$f(x,y)$在(x_0,y_0)沿$\vec{u}=(u_1,u_2)$的方向导数存在且用$D_{\vec{u}}f(x_0,y_0)$表示

【定义】多变量函数方向导数的定义

(i)給定多变数函数$f(x_1,\dots,x_n)$，假设$\vec{u}=(u_1,\dots,u_n)$为单位向量，$(c_1,\dots,c_n)\in R^n$

(ii)若 $\lim\limits_{h\to 0}\dfrac{f(c_1+hu_1,..,c_n+hu_n)-f(c_1,\dots,c_n)}{h}$ 存在,则

称$f(x_1,\dots,x_n)$在$(c_1,\dots,c_n)$沿$\vec{u}=(u_1,\dots,u_n)$的方向导数存在且用$D_{\vec{u}}f(c_1,\dots,c_n)$表示

考试类型:

Type 1.

给定双变数函数$f(x,y)$,求在(x_0,y_0)沿着向量$\vec{u}=(u_1,u_2)$的方向导数，$D_{\vec{u}}f(x_0,y_0)=?$

解题流程:

使用定义求方向导数

如果 $\lim\limits_{h\to 0}\dfrac{f(x_0+hu_1,y_0+hu_2)-f(x_0,y_0)}{h}$ 存在

则函数$f(x,y)$在(x_0,y_0)沿向量(u_1,u_2)的方向导数$=\lim\limits_{h\to 0}\dfrac{f(x_0+hu_1,y_0+hu_2)-f(x_0,y_0)}{h}$,

即

$$D_{\vec{u}}f(x_0,y_0)=\lim_{h\to 0}\frac{f(x_0+hu_1,y_0+hu_2)-f(x_0,y_0)}{h}$$

此外，常见的题型为求在$(0,0)$沿向量(u_1,u_2)的方向导数,即

$$求\ \lim_{h\to 0}\frac{f(hu_1,hu_2)-f(0,0)}{h}=?$$

Type 2.

给定三变数函数 $f(x,y,z)$ 求在 (x_0,y_0,z_0) 沿着向量 $\vec{u}=(u_1,u_2,u_3)$ 的方向导数

解题流程:

使用定义求方向导数

如果 $\lim\limits_{h\to 0}\dfrac{f(x_0+hu_1,y_0+hu_2,z_0+hu_3)-f(x_0,y_0,z_0)}{h}$ 存在

则函数 $f(x,y,z)$ 在 (x_0,y_0,z_0) 沿向量 (u_1,u_2,u_3) 的方向导数

$=\lim\limits_{h\to 0}\dfrac{f(x_0+hu_1,y_0+hu_2,z_0+hu_3)-f(x_0,y_0,z_0)}{h}$

即

$$D_{\vec{u}}f(x_0,y_0,z_0)=\lim_{h\to 0}\frac{f(x_0+hu_1,y_0+hu_2,z_0+hu_3)-f(x_0,y_0,z_0)}{h}$$

此外，常见的题型为求在 $(0,0,0)$ 沿向量 $\vec{u}=(u_1,u_2,u_3)$ 的方向导数,即

$$\text{求 }\lim_{h\to 0}\frac{f(hu_1,hu_2,hu_3)-f(0,0,0)}{h}=?$$

Example 1.

$$\text{设} f(x,y)=\begin{cases}\dfrac{x^2y}{x^2+y^2}, & (x,y)\neq 0\\ 0, & (x,y)=0\end{cases}$$

求 $f(x,y)$ 在 $(0,0)$ 沿单位向量 $\vec{u}=(u_1,u_2)$ 的方向导数

【解】

$\because D_{\vec{u}}f(x,y)=\lim\limits_{h\to 0}\dfrac{f(x+hu_1,y+hu_2)-f(x,y)}{h},\ \ \vec{u}=(u_1,u_2)$

$\therefore D_{\vec{u}}f(0,0)=\lim\limits_{h\to 0}\dfrac{f(hu_1,hu_2)-f(0,0)}{h}=\lim\limits_{h\to 0}\dfrac{\dfrac{(hu_1)^2hu_2}{(hu_1)^2+(hu_2)^2}}{h}=\lim\limits_{h\to 0}\dfrac{{u_1}^2u_2}{{u_1}^2+{u_2}^2}$

$=\dfrac{{u_1}^2u_2}{{u_1}^2+{u_2}^2}$

Example 2.

$$\text{设} f(x,y)=\begin{cases}\dfrac{xy^3}{x^3+y^6}, & (x,y)\neq 0\\ 0, & (x,y)=0\end{cases}$$

求$f(x,y)$在$(0,0)$沿单位向量$\vec{u}=(s,t)$的方向导数

【解】

$$\because D_{\vec{u}}f(x,y)=\lim_{h\to 0}\frac{f(x+hs,y+ht)-f(x,y)}{h},\ \vec{u}=(s,t)$$

$$\therefore D_{\vec{u}}f(0,0)=\lim_{h\to 0}\frac{f(hs,ht)-f(0,0)}{h}=\lim_{h\to 0}\frac{\frac{hs(ht)^3}{(hs)^3+(ht)^6}}{h}=\lim_{h\to 0}\frac{h^4st^3}{h^4s^3+h^7t^6}$$

$$=\lim_{h\to 0}\frac{st^3}{s^3+h^3t^6}=\frac{t^3}{s^2}$$

Example 3.

设$f(x,y,z)=x^2+3y^2+4z^2$, 求$f(x,y,z)$在$(2,0,1)$沿向量$(2,-1,0)$的方向导数

【解】

$$\because D_{\vec{u}}f(x,y,z)=\lim_{h\to 0}\frac{f(x+hu_1,y+hu_2,z+hu_3)-f(x,y,z)}{h},$$

$\vec{u}=(u_1,u_2,u_3)=\left(\frac{2}{\sqrt{5}},\frac{-1}{\sqrt{5}},\frac{0}{\sqrt{5}}\right)$，藉由罗比达法则

$$D_{\vec{u}}f(2,0,1)=\lim_{h\to 0}\frac{f(2+hu_1,hu_2,1+hu_3)-f(2,0,1)}{h}$$

$$=\lim_{h\to 0}\frac{(2+hu_1)^2+3(hu_2)^2+4(1+hu_3)^2-8}{h}$$

$$=\lim_{h\to 0}2u_1(2+hu_1)+8u_3(1+hu_3)=4\,u_1+8u_3=\frac{8}{\sqrt{5}}$$

Example 4.

$$设f(x,y)=\begin{cases}\sqrt{xy}\left(\frac{x^2-y^2}{x^2+y^2}\right), & (x,y)\neq 0\\ 0, & (x,y)=0\end{cases}$$

求$f(x,y)$在$(x,y)=(0,0)$沿单位向量$\vec{u}=(s,t)$的方向导数

【解】

$$\because D_{\vec{u}}f(x,y)=\lim_{h\to 0}\frac{f(x+hs,y+ht)-f(x,y)}{h},\ \vec{u}=(s,t)$$

$$\therefore D_{\vec{u}}f(0,0)=\lim_{h\to 0}\frac{f(hs,ht)-f(0,0)}{h}=\lim_{h\to 0}\frac{\sqrt{h^2st}\left(\frac{(hs)^2-(ht)^2}{(hs)^2+(ht)^2}\right)}{h}=\lim_{h\to 0}\frac{\sqrt{st}(s^2-t^2)}{s^2+t^2}$$

$$=\frac{\sqrt{st}(s^2-t^2)}{s^2+t^2}$$

Example 5.

$$设f(x,y)=\begin{cases}\dfrac{x^3-y^3}{x^2+y^3}, & (x,y)\neq 0\\ 0, & (x,y)=0\end{cases}$$

求$f(x,y)$在$(x,y)=(0,0)$ 沿单位向量$\vec{u}=(s,t)$的方向导数

【解】

$$\because D_{\vec{u}}f(x,y)=\lim_{h\to 0}\frac{f(x+hs,y+ht)-f(x,y)}{h},\quad \vec{u}=(s,t)$$

$$\therefore D_{\vec{u}}f(0,0)=\lim_{h\to 0}\frac{f(hs,ht)-f(0,0)}{h}=\lim_{h\to 0}\frac{\frac{(hs)^3-(ht)^3}{(hs)^2+(ht)^3}}{h}=\lim_{h\to 0}\frac{s^3-t^3}{s^2}=\frac{s^3-t^3}{s^2}$$

Example 6.

$$设f(x,y)=\begin{cases}\dfrac{x^2-y^2}{\sqrt{x^2+y^3}}, & (x,y)\neq 0\\ 0, & (x,y)=0\end{cases}$$

求$f(x,y)$在$(x,y)=(0,0)$ 沿单位向量$\vec{u}=(s,t)$的方向导数

【解】

$$\because D_{\vec{u}}f(x,y)=\lim_{h\to 0}\frac{f(x+hs,y+ht)-f(x,y)}{h},\quad \vec{u}=(s,t)$$

$$\therefore D_{\vec{u}}f(0,0)=\lim_{h\to 0}\frac{f(hs,ht)-f(0,0)}{h}=\lim_{h\to 0}\frac{\frac{(hs)^2-(ht)^2}{\sqrt{(hs)^2+(ht)^3}}}{h}=\lim_{h\to 0}\frac{s^2-t^2}{s}=\frac{s^2-t^2}{s}$$

Example 7.

$$设f(x,y)=\begin{cases}\dfrac{\sin(x^2-y^2)}{x+y}, & (x,y)\neq 0\\ 0, & (x,y)=0\end{cases}$$

求$f(x,y)$在$(x,y)=(0,0)$沿单位向量$\vec{u}=(s,t)$的方向导数

【解】

$$\because D_{\vec{u}}f(x,y)=\lim_{h\to0}\frac{f(x+hs,y+ht)-f(x,y)}{h},\ \vec{u}=(s,t)$$

$$\therefore D_{\vec{u}}f(0,0)=\lim_{h\to0}\frac{f(hs,ht)-f(0,0)}{h}=\lim_{h\to0}\frac{\frac{\sin((hs)^2-(ht)^2)}{hs+ht}}{h}$$

$$=\lim_{h\to0}\frac{(hs-ht)\cdot\frac{\sin((hs)^2-(ht)^2)}{(hs)^2-(ht)^2}}{h}$$

$$\because \lim_{h\to0}\frac{\sin((hs)^2-(ht)^2)}{(hs)^2-(ht)^2}=1 \quad \therefore D_{\vec{u}}f(0,0)=\lim_{h\to0}\frac{(hs-ht)\left(\frac{\sin(hs)^2-(ht)^2}{(hs)^2-(ht)^2}\right)}{h}=s-t$$

Example 8.

设$f(x,y)=xe^y-ye^x$，求$f(x,y)$在$(1,0)$沿单位向量$\left(\frac{3}{5},\frac{4}{5}\right)$的方向导数

【解】

$$\because D_{\vec{u}}f(x,y)=\lim_{h\to0}\frac{f(x+hu_1,y+hu_2)-f(x,y)}{h},\ \vec{u}=\left(\frac{3}{5},\frac{4}{5}\right)=(u_1,u_2)$$

藉由罗比达法则

$$D_{\vec{u}}f(0,0)=\lim_{h\to0}\frac{f(1+u_1h,u_2h)-f(1,0)}{h}=\lim_{h\to0}\frac{(1+u_1h)e^{u_2h}-u_2he^{1+u_1h}-1}{h}$$

$$=\lim_{h\to0}u_1e^{u_2h}+u_2(1+u_1h)e^{u_2h}-u_2e^{1+u_1h}-u_1u_2he^{1+u_1h}=\frac{7}{5}-\frac{4e}{5}$$

Example 9.

设$f(x,y,z)=xy^2+yz^3$，求$f(x,y,z)$在$(2,-1,1)$沿单位向量(u_1,u_2,u_3)的方向导数

【解】

$$\because D_{\vec{u}}f(x,y,z)=\lim_{h\to0}\frac{f(x+hu_1,y+hu_2,z+hu_3)-f(x,y,z)}{h}$$

$\vec{u}=(u_1,u_2,u_3)$，藉由罗比达法则

$$D_{\vec{u}}f(2,-1,1)=\lim_{h\to0}\frac{f(2+hu_1,-1+hu_2,1+hu_3)-f(2,-1,1)}{h}$$

$$= \lim_{h\to 0} \frac{(2+hu_1)(-1+hu_2)^2 + (-1+hu_2)(1+hu_3)^3 - 1}{h}$$

$$= \lim_{h\to 0} u_1(-1+hu_2)^2 + (2+hu_1)2u_2(-1+hu_2) + u_2(1+hu_3)^3$$

$$+(-1+hu_2)3u_3(1+hu_3)^2$$
$$= u_1 - 4u_2 + u_2 - 3u_3 = u_1 - 3u_2 - 3u_3$$

Example 10.

$$设f(x,y) = \begin{cases} \sqrt{xy}\sin\frac{x^2-y^2}{x^2+y^2}, & (x,y) \neq 0 \\ 0, & (x,y) = 0 \end{cases}$$

求$f(x,y)$在$(x,y) = (0,0)$ 沿单位向量$\vec{u} = (s,t)$的方向导数

【解】

$$\because D_{\vec{u}}f(x,y) = \lim_{h\to 0} \frac{f(x+hs, y+ht) - f(x,y)}{h}, \quad \vec{u} = (s,t)$$

$$\therefore D_{\vec{u}}f(0,0) = \lim_{h\to 0} \frac{f(hs,ht) - f(0,0)}{h} = \lim_{h\to 0} \frac{\sqrt{h^2st}\frac{\sin((hs)^2-(ht)^2)}{(hs)^2+(ht)^2}}{h}$$

$$= \lim_{h\to 0} \frac{\sqrt{h^2st}((hs)^2-(ht)^2)\frac{\sin((hs)^2-(ht)^2)}{((hs)^2+(ht)^2)((hs)^2-(ht)^2)}}{h}$$

$$\because \lim_{h\to 0} \frac{\sin((hs)^2-(ht)^2)}{(hs)^2-(ht)^2} = 1$$

$$\therefore D_{\vec{u}}f(0,0) = \lim_{h\to 0} \frac{\sqrt{h^2st}((hs)^2-(ht)^2)\frac{\sin(hs)^2-(ht)^2}{((hs)^2+(ht)^2)((hs)^2-(ht)^2)}}{h}$$

$$= \lim_{h\to 0} \frac{\frac{\sqrt{h^2st}((hs)^2-(ht)^2)}{((hs)^2+(ht)^2)}}{h} = \frac{\sqrt{st}(s^2-t^2)}{s^2+t^2}$$

Example 11.

设$f(x,y,z) = xyz$

(1) 求在$(x,y,z) = (1,3,2)$沿单位向量(u_1,u_2,u_3)的方向导数

(2) 求在$(x,y,z)=(1,3,2)$的最大方向导数为何?

【解】

(1)

$\because D_{\vec{u}}f(x,y,z)=\lim\limits_{h\to 0}\dfrac{f(x+hu_1,y+hu_2,z+hu_3)-f(x,y,z)}{h}$, $\vec{u}=(u_1,u_2,u_3)$,

藉由罗比达法则

$$D_{\vec{u}}f(1,3,2)=\lim_{h\to 0}\frac{f(1+hu_1,3+hu_2,2+hu_3)-f(1,3,2)}{h}$$

$$=\lim_{h\to 0}\frac{(1+hu_1)(3+hu_2)(2+hu_3)-6}{h}$$

$$=\lim_{h\to 0}u_1(3+hu_2)(2+hu_3)+u_2(1+hu_1)(2+hu_3)+u_3(1+hu_1)(3+hu_2)$$

$$=6u_1+2u_2+3u_3$$

(2)

已知 $D_{\vec{u}}f(1,3,2)=6u_1+2u_2+3u_3$

藉由 Cauchy inequality, $6u_1+2u_2+3u_3\le\sqrt{(6^2+2^2+3^2)(u_1^2+u_2^2+u_3^2)}$

$\because u_1^2+u_2^2+u_3^2=1$ 且等号成立于$\dfrac{u_1}{6}=\dfrac{u_2}{2}=\dfrac{u_3}{3}$

因此沿向量$\left(\dfrac{6}{7},\dfrac{2}{7},\dfrac{3}{7}\right)$有最大方向导数 7

Example 12.

设$f(x,y,z)=xy+yz+xz$

(1)在$(x,y,z)=(1,1,1)$ 沿单位向量(u_1,u_2,u_3)的方向导数

(2)在$(x,y,z)=(1,1,1)$ 的最大方向导数为何?

【解】

(1)

$\because D_{\vec{u}}f(x,y,z)=\lim\limits_{h\to 0}\dfrac{f(x+hu_1,y+hu_2,z+hu_3)-f(x,y,z)}{h}$, $\vec{u}=(u_1,u_2,u_3)$,

藉由罗比达法则

$$D_{\vec{u}}f(1,1,1)=\lim_{h\to 0}\frac{f(1+hu_1,1+hu_2,1+hu_3)-f(1,1,1)}{h}$$

$$= \lim_{h\to 0}\frac{(1+hu_1)(1+hu_2)+(1+hu_2)(1+hu_3)+(1+hu_1)(1+hu_3)-3}{h}$$

$$= \lim_{h\to 0}(u_1+u_2+2hu_1u_2)+(u_2+u_3+2hu_3u_2)+(u_1+u_3+2hu_1u_3) = 2(u_1+u_2+u_3)$$

(2)

已知 $D_{\vec{u}}f(1,1,1) = 2(u_1+u_2+u_3)$

藉由 Cauchy inequality，$2u_1+2u_2+2u_3 \le \sqrt{(2^2+2^2+2^2)(u_1^2+u_2^2+u_3^2)}$

$\because u_1^2+u_2^2+u_3^2 = 1$ 且等号成立于 $\frac{u_1}{2}=\frac{u_2}{2}=\frac{u_3}{2}$

因此沿向量 $\left(\frac{1}{\sqrt{3}},\frac{1}{\sqrt{3}},\frac{1}{\sqrt{3}}\right)$ 有最大方向导数 $\sqrt{12}$

Example 13.

设 $f(x,y) = \begin{cases} \dfrac{\sin(x^3-y^3)}{x^2+xy+y^2}, & (x,y)\ne 0 \\ 0, & (x,y)=0 \end{cases}$

求 $f(x,y)$ 在 $(x,y)=(0,0)$ 沿单位向量 $\vec{u}=(s,t)$ 的方向导数

【解】

$$\because D_{\vec{u}}f(x,y) = \lim_{h\to 0}\frac{f(x+hs,y+ht)-f(x,y)}{h},\quad \vec{u}=(s,t)$$

$$\therefore D_{\vec{u}}f(0,0) = \lim_{h\to 0}\frac{f(hs,ht)-f(0,0)}{h} = \lim_{h\to 0}\frac{\dfrac{\sin((hs)^3-(ht)^3)}{(hs)^2+h^2st+(ht)^2}}{h}$$

$$= \lim_{h\to 0}\frac{(hs-ht)\dfrac{\sin((hs)^3-(ht)^3)}{(hs)^3-(ht)^3}}{h}$$

$$\because \lim_{h\to 0}\frac{\sin((hs)^3-(ht)^3)}{(hs)^3-(ht)^3} = 1 \qquad \therefore D_{\vec{u}}f(0,0) = \lim_{h\to 0}\frac{(hs-ht)\dfrac{\sin((hs)^3-(ht)^3)}{(hs)^3-(ht)^3}}{h} = s-t$$

7.6 求曲面的法线与切线方程式

考试类型:

Type 1.

给定曲面$f(x,y,z)=0$，求曲面于(x_0,y_0,z_0)的单位法向量、切平面与法线方程式

解题流程:

Step1.

求 $\nabla f(x,y,z)=?$，假设 $\nabla f(x,y,z)=(f_x(x,y,z),f_y(x,y,z),f_z(x,y,z))$

Step2.

因此于(x_0,y_0,z_0)的法向量 $=\nabla f(x_0,y_0,z_0)=(f_x(x_0,y_0,z_0),f_y(x_0,y_0,z_0),f_z(x_0,y_0,z_0))$

Step3.

因此于(x_0,y_0,z_0)的单位法向量 $=\left(\dfrac{f_x(x_0,y_0,z_0)}{\sqrt{f_x^2+f_y^2+f_z^2}},\dfrac{f_y(x_0,y_0,z_0)}{\sqrt{f_x^2+f_y^2+f_z^2}},\dfrac{f_z(x_0,y_0,z_0)}{\sqrt{f_x^2+f_y^2+f_z^2}}\right)$

Step4.

于(x_0,y_0,z_0)的切平面:

$f_x(x_0,y_0,z_0)(x-x_0)+f_y(x_0,y_0,z_0)(y-y_0)+f_z(x_0,y_0,z_0)(z-z_0)=0$

Step5.

于(x_0,y_0,z_0)的法线方程式: $\dfrac{x-x_0}{f_x(x_0,y_0,z_0)}=\dfrac{y-y_0}{f_y(x_0,y_0,z_0)}=\dfrac{z-z_0}{f_z(x_0,y_0,z_0)}$

Type 2.

给定两曲面 $f_1(x,y,z)=0$, $f_2(x,y,z)=0$，求两曲面相交曲线上于(x_0,y_0,z_0)的单位切向量

解题流程:

Step1.

求$\nabla f_1(x,y,z)=?$，$\nabla f_2(x,y,z)=?$，假设$\nabla f_1(x_0,y_0,z_0)=(a,b,c)$，$\nabla f_2(x_0,y_0,z_0)=(d,e,f)$

Step2.

$\because$ 相交曲线的单位切向量垂直于两曲面的单位法向量

$\therefore$ 切向量 $=(a,b,c)\times(d,e,f)=\begin{vmatrix}\vec{i} & \vec{j} & \vec{k}\\ a & b & c\\ d & e & f\end{vmatrix}$

Step3.

单位切向量 = 上述切向量除以它的长度

Example 1.

求曲面 $2x^2+4yz-5z^2=-1$ 于 Q(0,1,1)的单位法向量

【解】

令$f(x,y,z)=2x^2+4yz-5z^2+1$ 则 $\nabla f(x,y,z)=(4x,4z,4y-10z)$

因此于(0,1,1)的法向量$=\nabla f(0,1,1)=(0,4,-6)$

$\therefore$ 过(0,1,1)单位法向量 $=\left(0,\frac{2}{\sqrt{13}},\frac{-3}{\sqrt{13}}\right)$

Example 2.

求曲面 $z=x^3y^3+x+3$ 于 Q(1,1,5)的单位法向量

【解】

令$f(x,y,z)=x^3y^3+x+3-z$ 则 $\nabla f(x,y,z)=(3x^2y^3+1,3y^2x^3,-1)$

因此于(1,1,5)的法向量$=\nabla f(1,1,5)=(4,3,-1)$

$\therefore$ 过(1,1,5)单位法向量 $=\left(\frac{4}{\sqrt{26}},\frac{3}{\sqrt{26}},\frac{-1}{\sqrt{26}}\right)$

Example 3.

求曲面 $2xz^2-3yx-4x=5$ 于 Q(−1,1,1)的切平面与法线方程式

【解】

令$f(x,y,z)=2xz^2-3yx-4x$ 则 $\nabla f(x,y,z)=(2z^2-3y-4,-3x,4xz)$

因此于(−1,1,1)的法向量$=\nabla f(-1,1,1)=(-5,3,-4)$

$\therefore$ 于(−1,1,1)切平面: $-5(x+1)+3(y-1)-4(z-1)=0$

$\therefore$ 于(−1,1,1)法线方程式: $\frac{x+1}{-5}=\frac{y-1}{3}=\frac{z-1}{-4}$

Example 4.

求曲面 $x^2+2y^2+z^2=4$ 于 Q(1,1,1)的切平面与法线方程式

【解】

令$f(x,y,z)=x^2+2y^2+z^2$ 则 $\nabla f(x,y,z)=(2x,4y,2z)$

因此于(1,1,1)的法向量$=\nabla f(1,1,1)=(2,4,2)$

$\therefore$ 于(1,1,1)切平面: $1(x-1)+2(y-1)+1(z-1)=0$

$\therefore$ 于(1,1,1)法线方程式: $\dfrac{x-1}{1}=\dfrac{y-1}{2}=\dfrac{z-1}{1}$

Example 5.

求曲面 $x^3+2y^3+3z^3-2xyz=3$ 与 $x^2+y^2+z^2=2$, 相交的曲线上于(1,1,0)上的单位切向量 =?

【解】

令$f_1(x,y,z)=x^3+2y^3+3z^3-2xyz$ 则 $\nabla f_1(x,y,z)=(3x^2-2yz,6y^2-2xz,9z^2-2xy)$

令$f_2(x,y,z)=x^2+y^2+z^2$ 则 $\nabla f_2(x,y,z)=(2x,2y,2z)$

$\therefore \nabla f_1(1,1,0)=(3,6,-2),\ \nabla f_2(1,1,0)=(2,2,0)$

$\because$ 相交曲线的单位切向量垂直于两曲面的单位法向量

且 $(3,6,-2)\times(2,2,0)=\begin{vmatrix} i & j & k \\ 3 & 6 & -2 \\ 2 & 2 & 0 \end{vmatrix}=(4,-4,-6)$

$\therefore$ 单位法向量 $=\left(\dfrac{2}{\sqrt{17}},\dfrac{-2}{\sqrt{17}},\dfrac{-3}{\sqrt{17}}\right)$

Example 6.

求曲面 $\dfrac{x^2}{9}+y^2+\dfrac{z^2}{4}=1$ 与曲面 $x^3=9yz+4$ 相交的曲线上于点 $\left(2,\dfrac{1}{3},\dfrac{4}{3}\right)$ 的单位切向量 =?

【解】

令$f_1(x,y,z)=\dfrac{x^2}{9}+y^2+\dfrac{z^2}{4}$ 则 $\nabla f_1(x,y,z)=\left(\dfrac{2x}{9},2y,\dfrac{z}{2}\right)$

令$f_2(x,y,z)=x^3-9yz-4$ 则 $\nabla f_2(x,y,z)=(3x^2,-9z,-9y)$

$\therefore \nabla f_1\left(2,\dfrac{1}{3},\dfrac{4}{3}\right)=\left(\dfrac{4}{9},\dfrac{2}{3},\dfrac{2}{3}\right),\ \nabla f_2\left(2,\dfrac{1}{3},\dfrac{4}{3}\right)=(12,-12,-3)$

$\because$ 相交曲线的单位切向量垂直于两曲面的单位法向量

且 $(2,3,3)\times(4,-4,-1)=\begin{vmatrix} i & j & k \\ 2 & 3 & 3 \\ 4 & -4 & -1 \end{vmatrix}=(9,14,-20)$

$\therefore$ 单位法向量 $=\left(\dfrac{9}{\sqrt{677}},\dfrac{14}{\sqrt{677}},\dfrac{-20}{\sqrt{677}}\right)$

Example 7.

假设曲面 $z^2+xy-2x-y^2=3$, 试求曲面上哪些点的切平面与 $z=3$ 平行

【解】

令 $f(x,y,z)=z^2+xy-2x-y^2-3$ 则 $\nabla f(x,y,z)=(y-2,x-2y,2z)$

令切平面过(x_0,y_0,z_0) 则其法向量为$(y_0-2,x_0-2y_0,2z_0)$

$\because$ 切平面与 $z=3$ 平行 $\therefore (y_0-2,x_0-2y_0)=(0,0)\Rightarrow y_0=2,x_0=4,$

$\because$ 曲面 $z^2+xy-2x-y^2=3$ 过切点$(4,2,z_0)$

$\therefore\ {z_0}^2+8-8-4=3\Rightarrow z_0=\pm\sqrt{7}$ $\therefore$ 过 $\left(4,2,\pm\sqrt{7}\right)$的切平面与 $z=3$ 平行

Example 8.

假设曲面 $x^2-4xy-2y^2+12x-12y-z-3=0$, 试求曲面上哪些点的切平面与 $z=2$ 平行

【解】

令 $f(x,y,z)=x^2-4xy-2y^2+12x-12y-z-3$

则 $\nabla f(x,y,z)=(2x-4y+12,-4x-4y-12,-1)$

令切平面过(x_0,y_0,z_0) 则其法向量为$(2x_0-4y_0+12,-4x_0-4y_0-12,-1)$

$\because$ 切平面与 $z=2$ 平行

$\therefore (2x_0-4y_0+12,-4x_0-4y_0-12)=(0,0)\Rightarrow y_0=1,x_0=-4,$

$\because$ 曲面 $x^2-4xy-2y^2+12x-12y-z-3=0$ 过切点$(-4,1,z_0)$

$\therefore 4^2-4(-4)-2+12(-4)-12-z_0-3=0\Rightarrow z_0=-33$

$\therefore$过$(-4,1,-33)$的切平面与 $z=2$ 平行

Example 9.

求曲面 $x^2yz+3y^2=2xz^2-8z$ 于 $Q(1,2,-1)$的切平面与法线方程式

【解】

令 $f(x,y,z)=x^2yz+3y^2-2xz^2+8z$

则 $\nabla f(x,y,z)=(2xyz-2z^2,x^2z+6y,x^2y-4xz+8)$

因此于$(1,2,-1)$的法向量$=\nabla f(1,2,-1)=(-6,11,14)$

$\therefore$ 于$(1,2,-1)$切平面: $-6(x-1)+11(y-2)+14(z+1)=0$

$\therefore$ 于$(1,2,-1)$法线方程式: $\dfrac{x-1}{-6}=\dfrac{y-2}{11}=\dfrac{z+1}{14}$

7.7 求多变量函数的极值

求多变量函数极值的考试类型包含:使用算术平均大于等于几何平均求极值、使用 Cauchy Inequality 找极值、无限制条件的多变量函数求极值、限制条件为等式的多变量函数求极值、限制条件为不等式的多变量函数求极值、多变量函数于有界且封闭的定义域求极值。无限制条件的多变量函数求极值的问题主要用到多变量函数求极值的二阶导数检定法，限制条件为等式的多变量函数求极值主要用到 Lagrange multiplier，限制条件为不等式的多变量函数求极值相当于是同时处理前面这两个问题，因此这两个方法皆会用到；多变量函数于有界且封闭的定义域求极值相当于要先写下明确的不等式限制条件，再求极值。

为了方便起见，先介绍底下的符号,如果实数值函数$f: R^n \to R$于$\boldsymbol{c} \in R^n$的所有一阶偏导数皆存在则

$$f^{(1)}(\boldsymbol{c}: \boldsymbol{s}) := \sum_{i=1}^{n} D_i f(\boldsymbol{c}) s_i, \quad \forall \boldsymbol{s} \in R^n$$

如果实数值函数$f: R^n \to R$于$\boldsymbol{c} \in R^n$的所有二阶偏导数皆存在则

$$f^{(2)}(\boldsymbol{c}: \boldsymbol{s}) := \sum_{i=1}^{n} \sum_{j=1}^{n} D_{i,j} f(\boldsymbol{c}) s_i s_j, \quad \forall \boldsymbol{s} \in R^n$$

如果实数值函数$f: R^n \to R$于$\boldsymbol{c} \in R^n$的所有三阶偏导数皆存在则

$$f^{(3)}(\boldsymbol{c}: \boldsymbol{s}) := \sum_{i=1}^{n} \sum_{j=1}^{n} \sum_{k=1}^{n} D_{i,j,k} f(\boldsymbol{c}) s_i s_j s_k, \quad \forall \boldsymbol{s} \in R^n$$

其余依此类推

为了说明多变量函数求极值的二阶导数检定法，首先介绍多变量函数的 Taylor’s Formula, 而多变量函数的 Taylor’s Formula 推论过程则是用到了单变量函数的 Taylor’s Formula

【**定理**】多变量函数的 Taylor’s Formula

(i)給定一实数值函数$f: R^n \to R$,假设小于等于 $m-1$ 阶的偏导数于开集合B皆可微分

(ii)若 $\boldsymbol{x}, \boldsymbol{y} \in B$ 且 $L(\boldsymbol{x}, \boldsymbol{y}) \subseteq B$ 则

$$\exists \boldsymbol{z} \in L(\boldsymbol{x}, \boldsymbol{y}) \text{ s.t. } f(\boldsymbol{y}) = f(\boldsymbol{x}) + \sum_{k=1}^{m-1} \frac{f^{(k)}(\boldsymbol{x}: \boldsymbol{y}-\boldsymbol{x})}{k!} + \frac{f^{(m)}(\boldsymbol{z}: \boldsymbol{y}-\boldsymbol{x})}{m!}$$

Proof:

Let $\boldsymbol{x}, \boldsymbol{y} \in B$. $\because B$ is open $\therefore \exists\delta > 0$ s.t. $\boldsymbol{x} + s(\boldsymbol{y} - \boldsymbol{x}) \in B,\ \forall s \in (-\delta, 1 + \delta)$

Let $h(t) = f(\boldsymbol{x} + s(\boldsymbol{y} - \boldsymbol{x})),\ \forall s \in (-\delta, 1 + \delta)$, then $f(\boldsymbol{y}) - f(\boldsymbol{x}) = h(1) - h(0)$

By one-dimension Taylor formula, we have

$$h(1) - h(0) = \sum_{k=1}^{m-1} \frac{h^{(k)}(0)}{k!} + \frac{h^{(m)}(s')}{m!},\ \text{ where } 0 < s' < 1.$$

Let $\boldsymbol{q}(s) = \boldsymbol{x} + s(\boldsymbol{y} - \boldsymbol{x})$, then $h(s) = f(\boldsymbol{q}(s))$ and $q_k'(s) = y_k - x_k$.

By using Chain Rule, we have $h'(\text{s}) = \sum_{j=1}^{n} D_j f(\boldsymbol{q}(s))(y_j - x_j) = f'(\boldsymbol{q}(s)\text{:}\, \boldsymbol{y} - \boldsymbol{x})$

Applying Chain Rule to $h'(\text{s})$, we have

$$h''(\text{s}) = \sum_{i=1}^{n}\sum_{j=1}^{n} D_{i,j} f(\boldsymbol{q}(s))(y_j - x_j)(y_i - x_i) = f''(\boldsymbol{q}(s)\text{:}\, \boldsymbol{y} - \boldsymbol{x})$$

$\therefore h^{(m)}(\text{s}) = f^{(m)}(\boldsymbol{q}(s)\text{:}\, \boldsymbol{y} - \boldsymbol{x})$

Let $\boldsymbol{z} = \boldsymbol{x} + s'(\boldsymbol{y} - \boldsymbol{x}) \in L(\boldsymbol{x}, \boldsymbol{y})$ then

$$f(\boldsymbol{y}) - f(\boldsymbol{x}) = h(1) - h(0) = \sum_{k=0}^{m-1} \frac{h^{(k)}(0)}{k!} + \frac{h^{(m)}(s')}{m!} = \sum_{k=0}^{m-1} \frac{f^{(k)}(\boldsymbol{x}\text{:}\, \boldsymbol{y} - \boldsymbol{x})}{k!} + \frac{f^{(m)}(\boldsymbol{z}\text{:}\, \boldsymbol{y} - \boldsymbol{x})}{m!}$$

【定义】平稳点(stationary point)与鞍点(saddle point)

(i)如果函数f于$\boldsymbol{c}$可微分且$\nabla f(\boldsymbol{c}) = 0$ 则点$\boldsymbol{c}$称为函数f的平稳点(stationary point)

(ii)如果以平稳点$\boldsymbol{c}$为中心的任意开球$B_\delta(\boldsymbol{c}), \exists \boldsymbol{x_0}, \boldsymbol{x_1} \in B_\delta(\boldsymbol{c})$s. t. $f(\boldsymbol{x_0}) > f(\boldsymbol{c})$
且 $f(\boldsymbol{x_1}) < f(\boldsymbol{c})$则$\boldsymbol{c}$称为鞍点(saddle point)

值得讨论的是，上述定理如果考虑$m = 2$以及$\boldsymbol{c}$是平稳点(stationary point)的情形，则

$$f(\boldsymbol{c} + \boldsymbol{s}) - f(\boldsymbol{c}) = \nabla f(\boldsymbol{c}) \cdot \boldsymbol{s} + \frac{1}{2} f''(\boldsymbol{z}\text{:}\, \boldsymbol{s}) \quad \text{其中 } \boldsymbol{z} \in L(\boldsymbol{c}, \boldsymbol{c} + \boldsymbol{s})$$

$\because \boldsymbol{c}$ 是 stationary point $\therefore \nabla f(\boldsymbol{c}) = 0$，上式可改写为

$$f(\boldsymbol{c} + \boldsymbol{s}) - f(\boldsymbol{c}) = \frac{1}{2} f''(\boldsymbol{z}\text{:}\, \boldsymbol{s}) = \frac{1}{2} f''(\boldsymbol{c}\text{:}\, \boldsymbol{s}) + \left(\frac{1}{2} f''(\boldsymbol{z}\text{:}\, \boldsymbol{s}) - \frac{1}{2} f''(\boldsymbol{c}\text{:}\, \boldsymbol{s})\right)$$

$$\because \frac{1}{2}\big(f''(\boldsymbol{z}:\boldsymbol{s}) - f''(\boldsymbol{c}:\boldsymbol{s})\big) \le \frac{1}{2}\sum_{i=1}^{n}\sum_{j=1}^{n}\left|D_{i,j}f(\boldsymbol{z}) - D_{i,j}f(\boldsymbol{c})\right| \|\boldsymbol{s}\|^2$$

如果函数f的所有二阶偏导数在$\boldsymbol{c}$连续则

$$\lim_{s\to\boldsymbol{0}}\frac{1}{2}\big(f''(\boldsymbol{z}:\boldsymbol{s}) - f''(\boldsymbol{c}:\boldsymbol{s})\big) = 0$$

接下来藉由这项观察推导多变数函数求极值的方法

【**定理**】多变量函数求极值的二阶导数检定法

給定一实数值函数$f: R^n \to R$, 假设$\exists\delta > 0$ 使得函数f的所有二阶偏导数于$B_\delta(\boldsymbol{c})$内皆存在且在平稳点$\boldsymbol{c}$连续,

$$P(\boldsymbol{s}) \coloneqq \frac{1}{2}f''(\boldsymbol{c}:\boldsymbol{s}) = \frac{1}{2}\sum_{i=1}^{n}\sum_{j=1}^{n}D_{i,j}f(\boldsymbol{c})s_i s_j.$$

则

(i)若 $P(\boldsymbol{s}) < 0,\ \forall \boldsymbol{s} \neq \boldsymbol{0}$, 则 f 于 $\boldsymbol{c}$ 有相对极大值

(ii)若 $P(\boldsymbol{s}) > 0,\ \forall \boldsymbol{s} \neq \boldsymbol{0}$, 则 f 于 $\boldsymbol{c}$ 有相对极小值

(iii)若$\exists\ \boldsymbol{s_1}, \boldsymbol{s_2} \neq \boldsymbol{0}$ 使得 $P(\boldsymbol{s_1}) < 0$ 且 $P(\boldsymbol{s_2}) > 0$, 则 $\boldsymbol{c}$ 为f的鞍点

<u>Proof:</u>

(i)Assume $P(\boldsymbol{s}) < 0,\ \forall \boldsymbol{s} \neq \vec{0}$. Let $B = \{\boldsymbol{s}: \|\boldsymbol{s}\| = 1\}$, then $P(\boldsymbol{s}) < 0,\ \forall \boldsymbol{s} \in B$

$\because P(\boldsymbol{s})$ is continuous on B and B is a compact set.

$\therefore P(\boldsymbol{s})$ has a maximum M on B and $M < 0$.

$\because P(\alpha\boldsymbol{s}) = \alpha^2 P(\boldsymbol{s}),\ \forall \alpha \in R$ and choose $\alpha = \frac{1}{\|\boldsymbol{s}\|}$, then $\alpha\boldsymbol{s} \in B$

$\therefore \alpha^2 P(\boldsymbol{s}) = P(\alpha\boldsymbol{s}) \le M \Rightarrow P(\boldsymbol{s}) \le M\|\boldsymbol{s}\|^2$

$\because f(\boldsymbol{c}+\boldsymbol{s}) - f(\boldsymbol{c}) = P(\boldsymbol{s}) + R(\boldsymbol{s}) \le M\|\boldsymbol{s}\|^2 + |R(\boldsymbol{s})|$

where $R(\boldsymbol{s}) = \frac{1}{2}f''(\boldsymbol{z}:\boldsymbol{s}) - \frac{1}{2}f''(\boldsymbol{c}:\boldsymbol{s})$

$\because |R(\boldsymbol{s})| \le \frac{1}{2}\sum_{i=1}^{n}\sum_{j=1}^{n}\left|D_{i,j}f(\boldsymbol{z}) - D_{i,j}f(\boldsymbol{c})\right| \|\boldsymbol{s}\|^2$ and f is continuous at $\boldsymbol{c}$

Choose $\delta_1 > 0$ s.t. $|R(\boldsymbol{s})| < \frac{-M\|\boldsymbol{s}\|^2}{2},\ \forall 0 < \|\boldsymbol{s}\| < \delta_1$

Then $f(\boldsymbol{c}+\boldsymbol{s})-f(\boldsymbol{c})\le M\|\boldsymbol{s}\|^2+|R(\boldsymbol{s})|\le\dfrac{M\|\boldsymbol{s}\|^2}{2}<0,\ \forall 0<\|\boldsymbol{s}\|<\delta_1$

$\Rightarrow$ f has a relative maximum at $\boldsymbol{c}$

(ii)To prove (ii), we apply part (i) to $-f$

(iii)$\forall\alpha>0$, we have $f(\boldsymbol{c}+\alpha\boldsymbol{s})-f(\boldsymbol{c})=\alpha^2P(\boldsymbol{s})+R(\alpha\boldsymbol{s})$

$\because \lim\limits_{\boldsymbol{t}\to\boldsymbol{0}}R(\boldsymbol{t})=0$, choose $\delta_2>0$ s.t. $0<|R(\alpha\boldsymbol{s})|<\dfrac{\alpha^2|P(\boldsymbol{s})|}{2}$, $\forall 0<\alpha<\delta_2$

$\therefore f(\boldsymbol{c}+\alpha\boldsymbol{s})-f(\boldsymbol{c})$ and $P(\boldsymbol{s})$ has the same sign

$\therefore$ if $\exists\boldsymbol{s_1},\boldsymbol{s_2}\ne\boldsymbol{0}$ s.t. $P(\boldsymbol{s_1})<0$ and $P(\boldsymbol{s_2})>0$ then f has a saddle point at $\boldsymbol{c}$.

多变量函数求极值的考试题型当中以双变量函数求极值最为常见

【定理】双变量函数求极值的二阶导数检定法

给定实数值函数$f(x,y): R^2\to R$,假设$\exists\delta>0$ 使得函数f的所有二阶偏导数于$B_\delta(\boldsymbol{c})$内皆存在且在平稳点c连续,

$$\Delta(\boldsymbol{c}):=\det\begin{bmatrix} f_{xx}(\boldsymbol{c}) & f_{xy}(\boldsymbol{c}) \\ f_{xy}(\boldsymbol{c}) & f_{yy}(\boldsymbol{c})\end{bmatrix}=f_{xx}(\boldsymbol{c})f_{yy}(\boldsymbol{c})-\left(f_{xy}(\boldsymbol{c})\right)^2$$

Then

(i) 若 $\Delta(\boldsymbol{c})>0$ 且 $f_{xx}(\boldsymbol{c})>0$, 则 f 于$\boldsymbol{c}$ 有相对极小值.

(ii)若 $\Delta(\boldsymbol{c})>0$ 且 $f_{xx}(\boldsymbol{c})<0$, 则 f 于$\boldsymbol{c}$ 有相对极大值

(iii)若 $\Delta(\boldsymbol{c})<0$, 则 $\boldsymbol{c}$ 为f的鞍点

<u>Proof:</u>

$\because n=2 \qquad \therefore P(x,y)=\dfrac{\alpha x^2+2\beta xy+\gamma y^2}{2}$, where $\alpha=f_{xx}(\boldsymbol{c})$, $\beta=f_{xy}(\boldsymbol{c})$, $\gamma=f_{yy}(\boldsymbol{c})$

Let $\alpha\ne 0$, then

$$P(x,y)=\frac{\alpha x^2+2\beta xy+\gamma y^2}{2}=\frac{\alpha^2x^2+2\beta\alpha xy+\alpha\gamma y^2}{2\alpha}$$

$$=\frac{(\alpha x+\beta y)^2+(2\beta\alpha xy+\alpha\gamma y^2-2\alpha x\beta y-\beta^2y^2)}{2\alpha}=\frac{(\alpha x+\beta y)^2+\Delta(\boldsymbol{c})\cdot y^2}{2\alpha}$$

$\therefore$ If $\Delta(\boldsymbol{c})>0$ and $\alpha>0$, then $P(x,y)>0,\forall(x,y)\ne(0,0)\Rightarrow f$ has a relative minimum at $\boldsymbol{c}$.

$\therefore$ If $\Delta(\boldsymbol{c})>0$ and $\alpha<0$, then $P(x,y)<0,\forall(x,y)\ne(0,0)\Rightarrow f$ has a relative maximum at $\boldsymbol{c}$.

Assume $\Delta(\boldsymbol{c})<0$, then $\exists$ two line s.t. $P(x,y)=0$

$\because P(x,y)$ is continuous at $\boldsymbol{c}$

$\therefore\forall r>0,\exists(x_0,y_0),(x_1,y_1)\in B_r(\boldsymbol{c})$ s.t. $P(x_0,y_0)<0$ and $P(x_1,y_1)>0$

$\therefore f$ has a saddle point at $\boldsymbol{c}$

上述介绍的方法主要用于无限制条件求多变量函数极值的问题，底下的 Lagrange multiplier 主要用于有限制条件的情形

【定理】Lagrange multiplier

Assume $f: R^n \to R$, $\boldsymbol{x_0}$ is a local extreme point of f subject to $g_1(\boldsymbol{x}) = \cdots = g_m(\boldsymbol{x}) = 0$ and

$$\begin{vmatrix} \frac{\partial g_1(\boldsymbol{x_0})}{\partial x_{r_1}} & \frac{\partial g_1(\boldsymbol{x_0})}{\partial x_{r_2}} & \cdots & \frac{\partial g_1(\boldsymbol{x_0})}{\partial x_{r_m}} \\ \frac{\partial g_2(\boldsymbol{x_0})}{\partial x_{r_1}} & \frac{\partial g_2(\boldsymbol{x_0})}{\partial x_{r_2}} & \cdots & \frac{\partial g_2(\boldsymbol{x_0})}{\partial x_{r_m}} \\ \vdots & \vdots & \ddots & \vdots \\ \frac{\partial g_m(\boldsymbol{x_0})}{\partial x_{r_1}} & \frac{\partial g_m(\boldsymbol{x_0})}{\partial x_{r_2}} & \cdots & \frac{\partial g_m(\boldsymbol{x_0})}{\partial x_{r_m}} \end{vmatrix} \neq 0, \quad \text{(Eq1)}$$

for at leats one choice of $r_1 < r_2 < \cdots < r_m$ in $\{1,2,\ldots,n\}$ where $m < n$. Then there exist constants $\lambda_1, \lambda_2, \ldots, \lambda_m$ such that

$$\frac{\partial f(\boldsymbol{x_0})}{\partial x_i} - \sum_{j=1}^{m} \lambda_j \frac{\partial g_j(\boldsymbol{x_0})}{\partial x_i} = 0, \quad \forall 1 \le i \le n.$$

<u>Proof:</u>

Let $r_p = p, 1 \le p \le m$ and $A = \begin{bmatrix} \frac{\partial g_1(\boldsymbol{x_0})}{\partial x_1} & \frac{\partial g_1(\boldsymbol{x_0})}{\partial x_2} & \cdots & \frac{\partial g_1(\boldsymbol{x_0})}{\partial x_m} \\ \frac{\partial g_2(\boldsymbol{x_0})}{\partial x_1} & \frac{\partial g_2(\boldsymbol{x_0})}{\partial x_2} & \cdots & \frac{\partial g_2(\boldsymbol{x_0})}{\partial x_m} \\ \vdots & \vdots & \ddots & \vdots \\ \frac{\partial g_m(\boldsymbol{x_0})}{\partial x_1} & \frac{\partial g_m(\boldsymbol{x_0})}{\partial x_2} & \cdots & \frac{\partial g_m(\boldsymbol{x_0})}{\partial x_m} \end{bmatrix}$

then (Eq1) becomes

$$\det(A) \neq 0 \quad \text{(Eq2)}.$$

Let $\boldsymbol{x_0} = (\boldsymbol{x_0'}; \boldsymbol{t_0}), \boldsymbol{x_0'} = (x_{0,1}, x_{0,2}, .., x_{0,m})$ and $\boldsymbol{t_0} = (x_{0,m+1}, x_{0,m+2}, .., x_{0,n})$. Apply the Implicit Function Theorem to (Eq2) then there exist continuously differentiable functions $h_p = h_p(\mathbf{t}), 1 \le p \le m$, defined on a neighborhood $B_\delta(\boldsymbol{t_0})$ s. t.

$(h_1(\mathbf{t}), h_2(\mathbf{t}), \ldots, h_m(\mathbf{t}), \mathbf{t}) \in D, \ \forall\, \mathbf{t} \in B_\delta(\boldsymbol{t_0}), \ (h_1(\boldsymbol{t_0}), h_2(\boldsymbol{t_0}), \ldots, h_m(\boldsymbol{t_0}), \boldsymbol{t_0}) = \boldsymbol{x_0}$ (Eq3)

and

$$g_p(h_1(\mathbf{t}), h_2(\mathbf{t}), \ldots, h_m(\mathbf{t}), \mathbf{t}) = 0, \ \forall\, \mathbf{t} \in B_\delta(\boldsymbol{t_0}), \ 1 \le p \le m \quad \text{(Eq4)}.$$

Let $A^T\begin{bmatrix}\lambda_1\\ \lambda_2\\ \vdots\\ \lambda_m\end{bmatrix}=\begin{bmatrix}f_{x_1}(\boldsymbol{x_0})\\ f_{x_2}(\boldsymbol{x_0})\\ \vdots\\ f_{x_m}(\boldsymbol{x_0})\end{bmatrix}$ with (Eq1), then $\frac{\partial f(\boldsymbol{x_0})}{\partial x_i}-\sum_{j=1}^{m}\lambda_j\frac{\partial g_j(\boldsymbol{x_0})}{\partial x_i}=0,\ \forall 1\le i\le m.$

For $m+1\le i\le n$, differentiating (Eq4) with respect to x_i and using (Eq3) yields

$$\frac{\partial g_p(\boldsymbol{x_0})}{\partial x_i}+\sum_{j=1}^{m}\frac{\partial g_p(\boldsymbol{x_0})}{\partial x_j}\frac{\partial h_j(\boldsymbol{x_0})}{\partial x_j}=0,\ \forall 1\le p\le m.$$

$\because$ $\boldsymbol{x_0}$ is a local extreme point of f subject to $g_1(\boldsymbol{x})=g_1(\boldsymbol{x})=\cdots=g_m(\boldsymbol{x})=0$

$\therefore$ $\boldsymbol{t_0}$ is an unconstrained local extreme point of $f(h_1(\mathbf{t}),h_2(\mathbf{t}),\dots,h_m(\mathbf{t}),\mathbf{t})$

$$\therefore \frac{\partial f(\boldsymbol{x_0})}{\partial x_i}+\sum_{j=1}^{m}\frac{\partial f(\boldsymbol{x_0})}{\partial x_j}\frac{\partial h_j(\boldsymbol{x_0})}{\partial x_i}=0$$

$\therefore$ $\exists$ nontrivial solution $\left(1,\frac{\partial h_1(\boldsymbol{x_0})}{\partial x_1},\frac{\partial h_2(\boldsymbol{x_0})}{\partial x_2},\dots,\frac{\partial h_m(\boldsymbol{x_0})}{\partial x_m}\right)$ such that

Let $B=\begin{bmatrix}\frac{\partial f(\boldsymbol{x_0})}{\partial x_i} & \frac{\partial g_1(\boldsymbol{x_0})}{\partial x_i} & \frac{\partial g_2(\boldsymbol{x_0})}{\partial x_i} & \cdots & \frac{\partial g_m(\boldsymbol{x_0})}{\partial x_i}\\ \frac{\partial f(\boldsymbol{x_0})}{\partial x_1} & \frac{\partial g_1(\boldsymbol{x_0})}{\partial x_1} & \frac{\partial g_2(\boldsymbol{x_0})}{\partial x_1} & \cdots & \frac{\partial g_m(\boldsymbol{x_0})}{\partial x_1}\\ \frac{\partial f(\boldsymbol{x_0})}{\partial x_2} & \frac{\partial g_1(\boldsymbol{x_0})}{\partial x_2} & \frac{\partial g_2(\boldsymbol{x_0})}{\partial x_2} & \cdots & \frac{\partial g_m(\boldsymbol{x_0})}{\partial x_2}\\ \vdots & \vdots & \vdots & \ddots & \vdots\\ \frac{\partial f(\boldsymbol{x_0})}{\partial x_m} & \frac{\partial g_1(\boldsymbol{x_0})}{\partial x_m} & \frac{\partial g_2(\boldsymbol{x_0})}{\partial x_m} & \cdots & \frac{\partial g_m(\boldsymbol{x_0})}{\partial x_m}\end{bmatrix}$ then $B^T\begin{bmatrix}1\\ \frac{\partial h_1(\boldsymbol{x_0})}{\partial x_1}\\ \frac{\partial h_2(\boldsymbol{x_0})}{\partial x_2}\\ \vdots\\ \frac{\partial h_m(\boldsymbol{x_0})}{\partial x_m}\end{bmatrix}=0$

$\therefore \det(B^T)=0\Rightarrow\det(B)=0$

$\therefore$ $\exists$ not all zero constants $\mathrm{c}=(c_0,c_1,c_2,\dots,c_m)$ such that $Bc=0$

If $c_0=0$ then using (Eq2) implies $c_1=c_2=\cdots=c_m=0$, a contradition. $\therefore c_0\ne 0$

$$\therefore B\begin{bmatrix}c_0\\ c_1\\ c_2\\ \vdots\\ c_m\end{bmatrix}=0\Rightarrow B\begin{bmatrix}1\\ c_1'\\ c_2'\\ \vdots\\ c_m'\end{bmatrix}=0\Rightarrow A^T\begin{bmatrix}-c_1'\\ -c_2'\\ \vdots\\ -c_m'\end{bmatrix}=\begin{bmatrix}\frac{\partial f(\boldsymbol{x_0})}{\partial x_1}\\ \frac{\partial f(\boldsymbol{x_0})}{\partial x_2}\\ \vdots\\ \frac{\partial f(\boldsymbol{x_0})}{\partial x_m}\end{bmatrix},\ \text{where } c_j'=\frac{c_j}{c_0}$$

By (Eq2) and $\dfrac{\partial f(\boldsymbol{x_0})}{\partial x_i} - \sum_{j=1}^{m} \lambda_j \dfrac{\partial g_j(\boldsymbol{x_0})}{\partial x_i} = 0,\ \forall 1 \le i \le m$, we have $c_j' = -\lambda_j,\ \forall 1 \le j \le m$

$\Rightarrow B \begin{bmatrix} 1 \\ -\lambda_1 \\ -\lambda_2 \\ \vdots \\ -\lambda_m \end{bmatrix} = 0.$ Computing the top row of vector on the left, we have

$$\frac{\partial f(\boldsymbol{x_0})}{\partial x_i} - \sum_{j=1}^{m} \lambda_j \frac{\partial g_j(\boldsymbol{x_0})}{\partial x_i} = 0,\ \ \forall m+1 \le i \le n$$

7.7.1 使用算术平均大于等于几何平均求极值

考试类型:

Type 1.

假设 $x+y+z=r$, $x>0$、$y>0$、$z>0$, 求 $x^a y^b z^c$的最大值, $\forall a$、b、$c \in N$

解题流程:

Step1.

$$\because x+y+z = \sum_{i=1}^{a} \frac{x}{a} + \sum_{i=1}^{b} \frac{y}{b} + \sum_{i=1}^{c} \frac{z}{c} \quad 且 \quad \frac{\sum_{i=1}^{n} x_i}{n} \ge \sqrt[n]{\prod_{i=1}^{n} x_i}$$

Step2.

$$\therefore \frac{\sum_{i=1}^{a} \frac{x}{a} + \sum_{i=1}^{b} \frac{y}{b} + \sum_{i=1}^{c} \frac{z}{c}}{a+b+c} \ge \sqrt[a+b+c]{\left(\frac{x}{a}\right)^a \left(\frac{y}{b}\right)^b \left(\frac{z}{c}\right)^c}$$

Step3.

$$\therefore \left(\frac{r}{a+b+c}\right)^{a+b+c} \ge \left(\frac{x}{a}\right)^a \left(\frac{y}{b}\right)^b \left(\frac{z}{c}\right)^c \Rightarrow \left(\frac{r}{a+b+c}\right)^{a+b+c} a^a b^b c^c \ge x^a y^b z^c$$

Step4.

当 $\dfrac{x}{a} = \dfrac{y}{b} = \dfrac{z}{c}$ 时, 上述不等式的等号成立, $x^a y^b z^c$最大值 $= \left(\dfrac{r}{a+b+c}\right)^{a+b+c} a^a b^b c^c$

Example 1.

假设 $x+y+z=9$，$x>0$、$y>0$、$z>0$ 求 xyz 的最大值 =?

【解】

$$\because \frac{\sum_{i=1}^{n} x_i}{n} \geq \sqrt[n]{\prod_{i=1}^{n} x_i}, \ \forall n \in N \quad \therefore \frac{x+y+z}{3} \geq \sqrt[3]{xyz} \Rightarrow \frac{9}{3} \geq \sqrt[3]{xyz} \Rightarrow 3^3 \geq xyz$$

$\because$ 等号成立于 $x=y=z$ 且 $x+y+z=9$ $\quad\therefore x=y=z=3$ $\quad\therefore xyz$的最大值 $=27$

Example 2.

假设 $x+y+z=1$，$x>0$、$y>0$、$z>0$，求 xy^2z^3的最大值 =?

【解】

$$\because \frac{\sum_{i=1}^{n} x_i}{n} \geq \sqrt[n]{\prod_{i=1}^{n} x_i}, \ \forall n \in N$$

$$\therefore x+y+z=\frac{6x+3y+3y+2z+2z+2z}{6} \geq \sqrt[6]{6x(3y)^2(2z)^3}$$

$\because$ 等号成立于 $6x=3y=2z$ 且 $x+y+z=1$ $\quad\therefore x=\frac{1}{6}, y=\frac{1}{3}, z=\frac{1}{2}$

$\therefore xy^2z^3$的最大值 $=\frac{1}{432}$

Example 3.

假设 $x+y+z=6$，$x>0$、$y>0$、$z>0$，求 xy^2z^3的极值 =?

【解】

$$\because \frac{\sum_{i=1}^{n} x_i}{n} \geq \sqrt[n]{\prod_{i=1}^{n} x_i}, \quad \forall n \in N$$

$$\therefore x+y+z=\frac{6x+3y+3y+2z+2z+2z}{6} \geq \sqrt[6]{6x(3y)^2(2z)^3}$$

$\because$ 等号成立于 $6x=3y=2z$ 且 $x+y+z=6$ $\quad \therefore x=1, y=2, z=3$

$\therefore xy^2z^3$的最大值 $=108$

7.7.2 使用 Cauchy Inequality 找极值

考试类型:

Type 1.

假设 $f(x,y,z)=ax+by+cz$ 且 $x^2+y^2+z^2=\alpha^2$, $\alpha>0$, 求f的极值

解题流程:

Step1.

藉由 Cauchy Inequality

$(ax+by+cz)^2 \leq (a^2+b^2+c^2)(x^2+y^2+z^2)=\alpha^2(a^2+b^2+c^2)$

Step2.

$f(x,y,z)$ 最大值 $=\alpha\sqrt{(a^2+b^2+c^2)}$, $f(x,y)$ 最小值 $=-\alpha\sqrt{(a^2+b^2+c^2)}$

Example 1.

假设 $f(x,y,z)=x+2y+3z$ 且 $x^2+y^2+z^2=1$, 求f的极值

【解】

藉由 Cauchy inequality 得 $\quad (x+2y+3z)^2 \leq (1^2+2^2+3^2)(x^2+y^2+z^2)$

$\Rightarrow |x+2y+3z| \leq \sqrt{14}$ $\quad \therefore f(x,y)$ 最大值 $=\sqrt{14}$, $f(x,y)$ 最小值 $=-\sqrt{14}$

Example 2.

假设 $f(x,y,z)=3x+2y+1z$ 且 $x^2+y^2+z^2=2$, 求f的极值

【解】

藉由 Cauchy inequality 得 $\quad (3x+2y+1z)^2 \leq (3^2+2^2+1^2)(x^2+y^2+z^2)$

$\Rightarrow |3x+2y+z| \leq \sqrt{28}$
$\therefore f(x,y)$ 最大值 $=\sqrt{28}$, $f(x,y)$ 最小值 $=-\sqrt{28}$

Example 3.

假设 $f(x,y,z)=x+3y+2z$ 且 $x^2+y^2+z^2=3$, 求f的极值

【解】

藉由 Cauchy inequality 得 $(1x+3y+2z)^2 \leq (1^2+3^2+2^2)(x^2+y^2+z^2)$
$\Rightarrow |x+3y+2z| \leq \sqrt{42}$ $\therefore f(x,y)$ 最大值 $=\sqrt{42}$, $f(x,y)$ 最小值 $=-\sqrt{42}$

7.7.3 无限制条件的双变量函数求极值

首先, 回顾之前介绍无限制条件的双变量函数求极值定理

【定理】 双变量函数求极值的二阶导数检定法

给定实数值函数$f(x,y): R^2 \to R$, 假设$\exists\delta>0$ 使得函数f的所有二阶偏导数于$B_\delta(\boldsymbol{c})$内皆存在且在平稳点c连续,

$$\Delta(\boldsymbol{c}):=\det\begin{bmatrix} f_{xx}(\boldsymbol{c}) & f_{xy}(\boldsymbol{c}) \\ f_{xy}(\boldsymbol{c}) & f_{yy}(\boldsymbol{c}) \end{bmatrix}=f_{xx}(\boldsymbol{c})f_{yy}(\boldsymbol{c})-\left(f_{xy}(\boldsymbol{c})\right)^2$$

Then

(i) 若 $\Delta(\boldsymbol{c})>0$ 且 $f_{xx}(\boldsymbol{c})>0$, 则 f 于$\boldsymbol{c}$ 有相对极小值.

(ii)若 $\Delta(\boldsymbol{c})>0$ 且 $f_{xx}(\boldsymbol{c})<0$, 则 f 于$\boldsymbol{c}$ 有相对极大值

(iii)若 $\Delta(\boldsymbol{c})<0$, 则 $\boldsymbol{c}$ 为f的鞍点

考试类型:

Type 1.

给定双变数函数$f(x,y)$, 求$f(x,y)$的极小值与极大值

解题流程:

Step1.

令$\nabla f(x_0,y_0)=(0,0)$, 找 (x_0,y_0) s.t. $\nabla f(x_0,y_0)=(0,0)$

Step2.

求 $\Delta(x_0,y_0)=?$ 且 $f_{xx}(x_0,y_0)=?$

Step3.

如果 $\Delta(x_0,y_0)>0$ 且 $f_{xx}(x_0,y_0)>0$ 则 f于 (x_0,y_0)有相对极小值

如果 $\Delta(x_0, y_0) > 0$ 且 $f_{xx}(x_0, y_0) < 0$ 则 f 于 (x_0, y_0) 有相对极大值

Example 1.

假设 $f(x,y) = 3x^2 - 2xy + y^2 - 8y + 4$，求 f 的相对极值

【解】

$\because \nabla f(x,y) = \left(\frac{\partial f}{\partial x}, \frac{\partial f}{\partial y}\right) = (6x - 2y, -2x + 2y - 8)$

令 $\nabla f(x,y) = (0,0)$ 则 $(x,y) = (2,6)$

$\because \ \Delta(x,y) = \begin{vmatrix} f_{xx} & f_{xy} \\ f_{yx} & f_{yy} \end{vmatrix} = \begin{vmatrix} 6 & -2 \\ -2 & 2 \end{vmatrix} = 8 > 0$ 且 $f_{xx}(2,6) = 6 > 0$

$\therefore f(x,y)$ 在 $(2,6)$ 有相对极小值 $f(2,6) = -20$

Example 2.

假设 $f(x,y) = 4xy - x^4 - y^4 + 1$，求 f 的相对极值与鞍点

【解】

$\because \nabla f(x,y) = \left(\frac{\partial f}{\partial x}, \frac{\partial f}{\partial y}\right) = (4y - 4x^3, 4x - 4y^3)$

令 $\nabla f(x,y) = (0,0)$ 则 $(x,y) = (0,0), (1,1), (-1,-1)$

$\because \Delta(x,y) = \begin{vmatrix} f_{xx} & f_{xy} \\ f_{yx} & f_{yy} \end{vmatrix} = \begin{vmatrix} -12x^2 & 4 \\ 4 & -12y^2 \end{vmatrix} = 144x^2y^2 - 16$

$\therefore \Delta(0,0) = -16$，$\Delta(1,1) = \Delta(-1,-1) = 128 > 0$

且 $f_{xx}(1,1) = f_{xx}(-1,-1) = -12 < 0$

$\therefore f(x,y)$ 在 $(1,1)(-1,-1)$ 有相对极大值 $f(1,1) = f(-1,-1) = 3$

Example 3.

假设 $f(x,y) = x^2 + y^2 + xy - 3x - 3y + 2$，求 f 的相对极值与鞍点

【解】

$\because \nabla f(x,y) = \left(\frac{\partial f}{\partial x}, \frac{\partial f}{\partial y}\right) = (2x + y - 3, 2y + x - 3)$

令 $\nabla f(x,y) = (0,0)$ 则 $(x,y) = (1,1)$

$\because \Delta(x,y) = \begin{vmatrix} f_{xx} & f_{xy} \\ f_{yx} & f_{yy} \end{vmatrix} = \begin{vmatrix} 2 & 1 \\ 1 & 2 \end{vmatrix} = 3 > 0 \quad \therefore \Delta(1,1) = 3 > 0$ 且 $f_{xx}(1,1) = 2 > 0$

$\therefore f(x,y)$ 在$(1,1)$有相对极小值$f(1,1)=-1$

Example 4.

假设 $f(x,y)=x^3+y^3-3x-12y+22$，求f的相对极值与鞍点

【解】

$\because \nabla f(x,y)=\left(\frac{\partial f}{\partial x},\frac{\partial f}{\partial y}\right)=(3x^2-3,3y^2-12)$

令$\nabla f(x,y)=(0,0)$ 则 $(x,y)=(1,2),(1,-2),(-1,2),(-1,-2)$

$\because \Delta(x,y)=\begin{vmatrix} f_{xx} & f_{xy} \\ f_{yx} & f_{yy} \end{vmatrix}=\begin{vmatrix} 6x & 0 \\ 0 & 6y \end{vmatrix}=36xy$

$\therefore \Delta(1,2)=\Delta(-1,-2)=72$，$\Delta(1,-2)=\Delta(-1,2)=-72$

且$f_{xx}(-1,-2)=-6<0$，$f_{xx}(1,2)=6>0$

$\therefore f(x,y)$在$(-1,-2)$有相对极大值 $f(-1,-2)=40, f(x,y)$在$(1,2)$有相对极小值 $f(1,2)=4$

Example 5.

假设 $f(x,y)=x^3+y^2+2xy-4x-3y+6$，求$f$的相对极值与鞍点

【解】

$\because \nabla f(x,y)=\left(\frac{\partial f}{\partial x},\frac{\partial f}{\partial y}\right)=(3x^2+2y-4,2y+2x-3)$

令$\nabla f(x,y)=(0,0)$ 则 $(x,y)=\left(-\frac{1}{3},\frac{11}{6}\right),(1,\frac{1}{2})$

$\because \Delta(x,y)=\begin{vmatrix} f_{xx} & f_{xy} \\ f_{yx} & f_{yy} \end{vmatrix}=\begin{vmatrix} 6x & 2 \\ 2 & 2 \end{vmatrix}=12x-4>0$

$\therefore \Delta\left(1,\frac{1}{2}\right)=8>0$，$\Delta\left(-\frac{1}{3},\frac{11}{6}\right)=-8<0$ 且 $f_{xx}\left(1,\frac{1}{2}\right)=6>0$

$\therefore f(x,y)$ 在$\left(1,\frac{1}{2}\right)$有相对极小值$f\left(1,\frac{1}{2}\right)=\frac{11}{4}$

Example 6.

假设 $f(x,y)=x^3+y^3-3xy-1$, 求f的相对极值与鞍点

【解】

$\because \nabla f(x,y)=\left(\frac{\partial f}{\partial x},\frac{\partial f}{\partial y}\right)=(3x^2-3y,3y^2-3x)$

令$\nabla f(x,y)=(0,0)$ 则 $(x,y)=(1,1),(0,0)$

$\because \Delta(x,y)=\begin{vmatrix} f_{xx} & f_{xy} \\ f_{yx} & f_{yy} \end{vmatrix}=\begin{vmatrix} 6x & -3 \\ -3 & 6y \end{vmatrix}=36xy-9$

$\therefore \Delta(1,1)=27>0,\ \Delta(0,0)=-9<0$ 且 $f_{xx}(1,1)=6>0$

$\therefore f(x,y)$ 在$(1,1)$有相对极小值$f(1,1)=-2$

Example 7.

假设 $f(x,y)=e^{-(x^2+y^2+2x)}$，求f的相对极值与鞍点

【解】

$\because \nabla f(x,y)=\left(\frac{\partial f}{\partial x},\frac{\partial f}{\partial y}\right)=(e^{-(x^2+y^2+2x)}(-2x-2),e^{-(x^2+y^2+2x)}(-2y))$

令 $\nabla f(x,y)=(0,0)$ 则 $(x,y)=(-1,0)$

$\because \Delta(x,y)=\begin{vmatrix} f_{xx} & f_{xy} \\ f_{yx} & f_{yy} \end{vmatrix}$

$=\begin{vmatrix} e^{-(x^2+y^2+2x)}((-2x-2)^2-2) & (e^{-(x^2+y^2+2x)}(-2x-2)(-2y) \\ e^{-(x^2+y^2+2x)}(-2y)(-2x-2) & e^{-(x^2+y^2+2x)}((-2y)^2-2) \end{vmatrix}$

$\therefore \Delta(-1,0)=4e>0$ 且 $f_{xx}(-1,0)=-2e<0$

$\therefore f(x,y)$ 在$(-1,0)$有相对极大值 e

Example 8.

假设 $f(x,y)=\sin x+\sin y+e,\ 0<x,y<\pi$，求$f$的相对极值

【解】

$\because \nabla f(x,y)=\left(\frac{\partial f}{\partial x},\frac{\partial f}{\partial y}\right)=(\cos x,\cos y)$

令$\nabla f(x,y)=(0,0)$ 则 $(x,y)=\left(\frac{\pi}{2},\frac{\pi}{2}\right)$

$\because \Delta(x,y)=\begin{vmatrix} f_{xx} & f_{xy} \\ f_{yx} & f_{yy} \end{vmatrix}=\begin{vmatrix} -\sin x & 0 \\ 0 & -\sin y \end{vmatrix}=\sin x\sin y$

$\therefore \Delta\left(\frac{\pi}{2},\frac{\pi}{2}\right)=1>0$ 且 $f_{xx}\left(\frac{\pi}{2},\frac{\pi}{2}\right)=-1<0$

$\therefore f(x,y)$ 在$\left(\frac{\pi}{2},\frac{\pi}{2}\right)$有相对极大值$f\left(\frac{\pi}{2},\frac{\pi}{2}\right)=2+\mathrm{e}$

Example 9.

假设 $f(x,y)=\sin x+\sin y+\sin(x+y)+1, 0<x,y<\pi$，求$f$的相对极值

【解】

$\because \nabla f(x,y)=\left(\frac{\partial f}{\partial x},\frac{\partial f}{\partial y}\right)=(\cos x+\cos(x+y),\cos y+\cos(x+y))$

$=\left(2\cos\left(x+\frac{y}{2}\right)\cos\frac{y}{2},2\cos\left(y+\frac{x}{2}\right)\cos\frac{x}{2}\right)$

令$\nabla f(x,y)=(0,0)$ 则 $(x,y)=\left(\frac{\pi}{3},\frac{\pi}{3}\right)$

$\because \Delta(x,y)=\begin{vmatrix}-\sin x-\sin(x+y) & -\sin(x+y)\\ -\sin(x+y) & -\sin y-\sin(x+y)\end{vmatrix}$

$=\sin(x+y)(\sin x+\sin y)+\sin x\sin y$

$\therefore \Delta\left(\frac{\pi}{3},\frac{\pi}{3}\right)=\frac{\sqrt{3}}{2}\cdot\sqrt{3}+\frac{3}{4}=\frac{9}{4}>0$ 且 $f_{xx}\left(\frac{\pi}{3},\frac{\pi}{3}\right)=-\sqrt{3}<0$

$\therefore f(x,y)$ 在 $\left(\frac{\pi}{3},\frac{\pi}{3}\right)$ 有相对极大值$f\left(\frac{\pi}{3},\frac{\pi}{3}\right)=\frac{3\sqrt{3}}{2}+1$

7.7.4 限制条件为等式的多变量函数求极值

回顾之前所介绍限制条件为等式的多变量函数求极值的方法

【定理】Lagrange multiplier

Assume $f: R^n\to R$, $\boldsymbol{x_0}$ is a local extreme point of f subject to $g_1(\boldsymbol{x})=\cdots=g_m(\boldsymbol{x})=0$ and

$$\begin{vmatrix}\frac{\partial g_1(\boldsymbol{x_0})}{\partial x_{r_1}} & \frac{\partial g_1(\boldsymbol{x_0})}{\partial x_{r_2}} & \cdots & \frac{\partial g_1(\boldsymbol{x_0})}{\partial x_{r_m}}\\ \frac{\partial g_2(\boldsymbol{x_0})}{\partial x_{r_1}} & \frac{\partial g_2(\boldsymbol{x_0})}{\partial x_{r_2}} & \cdots & \frac{\partial g_2(\boldsymbol{x_0})}{\partial x_{r_m}}\\ \vdots & \vdots & \ddots & \vdots\\ \frac{\partial g_m(\boldsymbol{x_0})}{\partial x_{r_1}} & \frac{\partial g_m(\boldsymbol{x_0})}{\partial x_{r_2}} & \cdots & \frac{\partial g_m(\boldsymbol{x_0})}{\partial x_{r_m}}\end{vmatrix}\neq 0,\ \text{(Eq1)}$$

for at leats one choice of $r_1<r_2<\cdots<r_m$ in $\{1,2,\dots,n\}$ where $m<n$. Then there exist constants $\lambda_1,\lambda_2,\dots,\lambda_m$ such that

$$\frac{\partial f(\boldsymbol{x_0})}{\partial x_i}-\sum_{j=1}^{m}\lambda_j\frac{\partial g_j(\boldsymbol{x_0})}{\partial x_i}=0,\ \forall 1\le i\le n.$$

考试类型:

Type 1.

给定双变数函数$f(x,y)$,假设$C_1(x,y)=0$为限制式，使用 Lagrange multiplier 求函数f于此限制式的极值

解题流程:

Step1.

令$L(x,y,\lambda)=f(x,y)+\lambda C_1(x,y)$，若$L(x,y,\lambda)$极值存在 则$\begin{cases}\dfrac{\partial L}{\partial x}(x,y)=0\\ \dfrac{\partial L}{\partial y}(x,y)=0\\ C_1(x,y)=0\end{cases}$

Step2.

找(x_0,y_0)满足$\begin{cases}\dfrac{\partial L}{\partial x}(x,y)=0\\ \dfrac{\partial L}{\partial y}(x,y)=0\\ C_1(x,y)=0\end{cases}$

Step3.

找到的(x_0,y_0)可能不只一个，比较每个$f(x_0,y_0)$的大小求得$f(x,y)$的相对极大值与相对极小值

Type 2.

给定曲线$C_1(x,y)=0$,求曲线上离原点最近与最远的点坐标

解题流程:

Step1.

曲线至点的距离$=d=\sqrt{x^2+y^2}$，令$L(x,y,\lambda)=x^2+y^2+\lambda C_1(x,y)$

若$L(x,y,\lambda)$极值存在 则$\begin{cases}\dfrac{\partial L}{\partial x}(x,y)=0\\ \dfrac{\partial L}{\partial y}(x,y)=0\\ C_1(x,y)=0\end{cases}$

Step2.

找(x_0, y_0)满足$\begin{cases} \dfrac{\partial L}{\partial x}(x,y)=0 \\ \dfrac{\partial L}{\partial y}(x,y)=0 \\ C_1(x,y)=0 \end{cases}$

Step3.

找到的(x_0, y_0)可能不只一个，使用$\sqrt{x_0^2+y_0^2}$比较大小求得极值

Type 3.

给定曲面$C_1(x,y,z)=0$，求曲面距离平面$ax+by+cz=0$最近的坐标

解题流程:

Step1.

曲面至平面的距离$=\dfrac{|ax+by+cz|}{\sqrt{a^2+b^2+c^2}}$，令$L(x,y,z,\lambda)=ax+by+cz+\lambda C_1(x,y,z)$

若$L(x,y,z,\lambda)$极值存在 则$\begin{cases} \dfrac{\partial L}{\partial x}(x,y,z)=0 \\ \dfrac{\partial L}{\partial y}(x,y,z)=0 \\ \dfrac{\partial L}{\partial z}(x,y,z)=0 \\ C_1(x,y,z)=0 \end{cases}$

Step2.

找(x_0, y_0, z_0)满足$\begin{cases} \dfrac{\partial L}{\partial x}(x,y,z)=0 \\ \dfrac{\partial L}{\partial y}(x,y,z)=0 \\ \dfrac{\partial L}{\partial z}(x,y,z)=0 \\ C_1(x,y,z)=0 \end{cases}$

Step3.

找到的(x_0, y_0, z_0)可能不只一个，使用$|ax_0+by_0+cz_0|$比较大小求得极值

Type 4.

给定两曲面$C_1(x,y,z)=0$与$C_2(x,y,z)=0$,求位于两曲面C_1与C_2交线上,高度最高与

最低点分别为何?

解题流程:

Step1.

令$L(x,y,z,\lambda_1,\lambda_2)=z+\lambda_1 C_1(x,y,z)+\lambda_2 C_2(x,y,z)$

若$L(x,y,z,\lambda_1,\lambda_2)$极值存在 则$\begin{cases}\dfrac{\partial L}{\partial x}(x,y,z,\lambda_1,\lambda_2)=0\\ \dfrac{\partial L}{\partial y}(x,y,z,\lambda_1,\lambda_2)=0\\ \dfrac{\partial L}{\partial z}(x,y,z,\lambda_1,\lambda_2)=0\\ C_1(x,y,z)=0\\ C_2(x,y,z)=0\end{cases}$

Step2.

找(x_0,y_0,z_0)满足$\begin{cases}\dfrac{\partial L}{\partial x}(x,y,z,\lambda_1,\lambda_2)=0\\ \dfrac{\partial L}{\partial y}(x,y,z,\lambda_1,\lambda_2)=0\\ \dfrac{\partial L}{\partial z}(x,y,z,\lambda_1,\lambda_2)=0\\ C_1(x,y,z)=0\\ C_2(x,y,z)=0\end{cases}$

Step3.

找到的(x_0,y_0,z_0)可能不只一个，使用z_0比较大小求得极值

Type 5.

给定两曲面$C_1(x,y,z)=0$ 与 $C_2(x,y,z)=0$, 求原点$(0,0,0)$至两曲面交线的最短距离

解题流程:

Step1.

原点至交线的距离 $=d=\sqrt{x^2+y^2+z^2}$

令$L(x,y,z,\lambda_1,\lambda_2)=x^2+y^2+z^2+\lambda_1 C_1(x,y,z)+\lambda_2 C_2(x,y,z)$

若$L(x,y,z,\lambda_1,\lambda_2)$极值存在 则$\begin{cases}\dfrac{\partial L}{\partial x}(x,y,z,\lambda_1,\lambda_2)=0\\ \dfrac{\partial L}{\partial y}(x,y,z,\lambda_1,\lambda_2)=0\\ \dfrac{\partial L}{\partial z}(x,y,z,\lambda_1,\lambda_2)=0\\ C_1(x,y,z)=0\\ C_2(x,y,z)=0\end{cases}$

Step2.

找(x_0,y_0,z_0)满足$\begin{cases}\dfrac{\partial L}{\partial x}(x,y,z,\lambda_1,\lambda_2)=0\\ \dfrac{\partial L}{\partial y}(x,y,z,\lambda_1,\lambda_2)=0\\ \dfrac{\partial L}{\partial z}(x,y,z,\lambda_1,\lambda_2)=0\\ C_1(x,y,z)=0\\ C_2(x,y,z)=0\end{cases}$

Step3.

找到的(x_0,y_0,z_0)可能不只一个，使用$\sqrt{x_0^2+y_0^2+z_0^2}$比较大小求最短距离

Example 1.

假设 $x^2+y^2=1$，求xy 的极值

【解】

令$L(x,y,\lambda)=xy+\lambda(x^2+y^2-1)$

$L(x,y,\lambda)$极值存在$\Rightarrow\begin{cases}\dfrac{\partial L}{\partial x}=y+2\lambda x=0\\ \dfrac{\partial L}{\partial y}=x+2\lambda y=0\\ x^2+y^2=1\end{cases}\Rightarrow y^2=x^2\quad\therefore x^2+y^2=1$ 且 $y^2=x^2$

$\therefore(x,y)=\left(\dfrac{1}{\sqrt{2}},\dfrac{1}{\sqrt{2}}\right),\left(\dfrac{-1}{\sqrt{2}},\dfrac{1}{\sqrt{2}}\right),\left(\dfrac{1}{\sqrt{2}},\dfrac{-1}{\sqrt{2}}\right),\left(\dfrac{-1}{\sqrt{2}},\dfrac{-1}{\sqrt{2}}\right)\Rightarrow xy$ 有极大值$\dfrac{1}{2}$，极小值$\dfrac{-1}{2}$

Example 2.

假设$f(x,y,z)=xyz$，其中 $2xz+2yz+xy=12$，试求f的极大值

【解】

令$L(x,y,\lambda)=xyz+\lambda(2xz+2yz+xy-12)$

$$L(x,y,z,\lambda)\text{极值存在}\Rightarrow\begin{cases}\dfrac{\partial L}{\partial x}=yz+\lambda(2z+y)=0 & (1)\\ \dfrac{\partial L}{\partial y}=xz+\lambda(2z+x)=0 & (2)\\ \dfrac{\partial L}{\partial z}=xy+\lambda(2x+2y)=0 & (3)\\ 2xz+2yz+xy=12 & (4)\end{cases}$$

By (1)(2)得 $z(x-y)+\lambda(x-y)=0$

By (2)(3)得 $x(y-2z)+\lambda(2y-4z)=0$

By (1)(3)得 $y(x-2z)+\lambda(2x-4z)=0$

$\therefore \lambda=-\dfrac{x}{2}=-\dfrac{y}{2}=-z\Rightarrow x=y=-2\lambda,z=-\lambda$

$\therefore 2xz+2yz+xy=12\Rightarrow 4\lambda^2+4\lambda^2+4\lambda^2=12\Rightarrow\lambda=\pm1$

$\therefore (x,y,z)=(-2,-2,-1),(2,2,1)$ $\quad\therefore f$的极大值 $=4$

Example 3.

假设$f(x,y)=xy^3$，其中$x^2+3y^2=16$，试求f的极大值

【解】

令$L(x,y,\lambda)=xy^3+\lambda(x^2+3y^2-16)$

$$L(x,y,\lambda)\text{极值存在}\Rightarrow\begin{cases}\dfrac{\partial L}{\partial x}=y^3+2x\lambda=0 & (1)\\ \dfrac{\partial L}{\partial y}=3xy^2+6y\lambda=0 & (2)\\ x^2+3y^2-16=0 & (3)\end{cases}$$

By (1)(2)得 $\lambda=-\dfrac{y^3}{2x}=-\dfrac{xy}{2}\Rightarrow x^2=y^2$

$\because x^2+3y^2=16 \quad \therefore 4x^2=16\Rightarrow(x,y)=(2,2),(-2,2),(2,-2),(-2,-2)$

$\therefore f$极大值 $=16$

Example 4.

假设$f(x,y)=4xy$，其中 $\dfrac{x^2}{9}+\dfrac{y^2}{25}=1$，试求$f$的极值

【解】

令$L(x,y,\lambda)=4xy+\lambda\left(\frac{x^2}{9}+\frac{y^2}{25}-1\right)$

$L(x,y,\lambda)$极值存在 $\Rightarrow\begin{cases}\frac{\partial L}{\partial x}=4y+\frac{2x\lambda}{9}=0 & (1)\\ \frac{\partial L}{\partial y}=4x+\frac{2y\lambda}{25}=0 & (2)\\ \frac{x^2}{9}+\frac{y^2}{25}-1=0 & (3)\end{cases}$

By (1)(2)得 $\lambda=\frac{-18y}{x}=\frac{-50x}{y}\Rightarrow 9y^2=25x^2$

$\because \frac{x^2}{9}+\frac{y^2}{25}-1=0 \qquad \therefore \frac{25x^2+9y^2}{225}=1$

$\Rightarrow (x,y)=\left(\frac{3}{\sqrt{2}},\frac{5}{\sqrt{2}}\right),\left(\frac{3}{\sqrt{2}},-\frac{5}{\sqrt{2}}\right),\left(-\frac{3}{\sqrt{2}},\frac{5}{\sqrt{2}}\right),\left(-\frac{3}{\sqrt{2}},-\frac{5}{\sqrt{2}}\right)$

$\therefore f$极大值 $=30$，极小值 $=-30$

Example 5.

求点(1,2,0)至曲面$z^2=x^2+y^2$的最短距离

【解】

曲面至点的距离 $=d=\sqrt{(x-1)^2+(y-2)^2+z^2}$

令$L(x,y,\lambda)=(x-1)^2+(y-2)^2+z^2+\lambda(x^2+y^2-z^2)$

$L(x,y,z,\lambda)$极值存在 $\Rightarrow\begin{cases}\frac{\partial L}{\partial x}=2(x-1)+2\lambda x=0 & (1)\\ \frac{\partial L}{\partial y}=2(y-2)+2\lambda y=0 & (2)\\ \frac{\partial L}{\partial z}=2z-2\lambda z=0 & (3)\\ z^2-x^2+y^2=0 & (4)\end{cases}$

藉由(3)得 $\lambda=1$ 或 $z=0$

As $\lambda=1$，$2(x-1)+2\lambda x=0$，$2(y-2)+2\lambda y=0$ 且 $z^2=x^2+y^2$

$\therefore 4x-2=0$ 且 $4y-4=0\Rightarrow(x,y,z)=\left(\frac{1}{2},1,\pm\frac{\sqrt{5}}{2}\right)$

As $z=0$, $2(x-1)+2\lambda x=0$, $2(y-2)+2\lambda y=0$ 且 $0=x^2+y^2 \Rightarrow (x,y,z)=(0,0,0)$

当$(x,y,z)=(0,0,0)$, $d=\sqrt{(x-1)^2+(y-2)^2+z^2}=\sqrt{5}$

当$(x,y,z)=\left(\frac{1}{2},1,\pm\frac{\sqrt{5}}{2}\right)$, $d=\sqrt{(x-1)^2+(y-2)^2+z^2}=\frac{\sqrt{10}}{2}$ 为最短距离

Example 6.

求原点(0,0,0)至曲面$z^2+2=(x-y)^2$的最短距离

【解】

曲面至原点(0,0,0)的距离 $=d=\sqrt{x^2+y^2+z^2}$

令$L(x,y,z,\lambda)=x^2+y^2+z^2+\lambda((x-y)^2-z^2-2)$

$$L(x,y,z,\lambda)\text{极值存在} \Rightarrow \begin{cases} \frac{\partial L}{\partial x}=2x+2\lambda(x-y)=0 & (1) \\ \frac{\partial L}{\partial y}=2y-2\lambda(x-y)=0 & (2) \\ \frac{\partial L}{\partial z}=2z-2\lambda z=0 & (3) \\ z^2+2-(x-y)^2=0 & (4) \end{cases}$$

藉由(3)得 $\lambda=1$ 或 $z=0$

As $\lambda=1$, $4x-2y=0$, $4y-2x=0$ 且 $z^2+2=(x-y)^2 \Rightarrow (x,y,z)$不存在

As $z=0$, $x+y=0$ 且 $2=(x-y)^2$

$\Rightarrow (x,y,z)=\left(\frac{1}{\sqrt{2}},\frac{-1}{\sqrt{2}},0\right),\left(\frac{-1}{\sqrt{2}},\frac{1}{\sqrt{2}},0\right)$

$d=\sqrt{x^2+y^2+z^2}=\sqrt{\frac{1}{2}+\frac{1}{2}+z^2}=1$ 为最短距离

Example 7.

(i)假设 $f(x,y,z)=xyz$, 其中$x^2+\frac{y^2}{4}+\frac{z^2}{9}=r^2,(r>0)$ 试求f的极值

(ii)假设 $f(x,y,z)=xyz$, 其中$x^3+y^3+z^3=24$, 试求f的极值

【解】

(i)

令$r>0$，$L(x,y,z,\lambda)=xyz+\lambda\left(x^2+\frac{y^2}{4}+\frac{z^2}{9}-r^2\right)$

$$L(x,y,z,\lambda)\text{极值存在}\Rightarrow\begin{cases}\frac{\partial L}{\partial x}=yz+2\lambda x=0 & (1)\\ \frac{\partial L}{\partial y}=xz+\lambda\frac{y}{2}=0 & (2)\\ \frac{\partial L}{\partial z}=xy+\lambda\frac{2z}{9}=0 & (3)\\ x^2+\frac{y^2}{4}+\frac{z^2}{9}-r^2=0 & (4)\end{cases}$$

By (1)(2)(3)得 $\lambda=-\frac{yz}{2x}=-\frac{2xz}{y}=-\frac{9xy}{2z}$

带入(4)得$x^2+\frac{4x^2}{4}+\frac{9x^2}{9}=r^2$ $\quad\therefore(x,y,z)=\left(\pm\frac{r}{\sqrt{3}},\pm\frac{2r}{\sqrt{3}},\pm\frac{3r}{\sqrt{3}}\right)$

$\because f\left(\frac{r}{\sqrt{3}},\frac{2r}{\sqrt{3}},\frac{3r}{\sqrt{3}}\right)=\frac{2r^3}{\sqrt{3}}$

$f\left(-\frac{r}{\sqrt{3}},\frac{2r}{\sqrt{3}},\frac{3r}{\sqrt{3}}\right)=f\left(\frac{r}{\sqrt{3}},-\frac{2r}{\sqrt{3}},\frac{3r}{\sqrt{3}}\right)=f\left(\frac{r}{\sqrt{3}},\frac{2r}{\sqrt{3}},-\frac{3r}{\sqrt{3}}\right)=-\frac{2r^3}{\sqrt{3}}$

$f\left(-\frac{r}{\sqrt{3}},-\frac{2r}{\sqrt{3}},\frac{3r}{\sqrt{3}}\right)=f\left(\frac{r}{\sqrt{3}},-\frac{2r}{\sqrt{3}},-\frac{3r}{\sqrt{3}}\right)=f\left(-\frac{r}{\sqrt{3}},\frac{2r}{\sqrt{3}},-\frac{3r}{\sqrt{3}}\right)=\frac{2r^3}{\sqrt{3}}$

$f\left(-\frac{r}{\sqrt{3}},-\frac{2r}{\sqrt{3}},-\frac{3r}{\sqrt{3}}\right)=-\frac{2r^3}{\sqrt{3}}$

$\therefore f$有极大值$\frac{2r^3}{\sqrt{3}}$，极小值$-\frac{2r^3}{\sqrt{3}}$

(ii)

令$L(x,y,z,\lambda)=xyz+\lambda(x^3+y^3+z^3-24)$

$$L(x,y,z,\lambda)\text{极值存在}\Rightarrow\begin{cases}\frac{\partial L}{\partial x}=yz+3\lambda x^2=0 & (1)\\ \frac{\partial L}{\partial y}=xz+3\lambda y^2=0 & (2)\\ \frac{\partial L}{\partial z}=xy+3\lambda z^2=0 & (3)\\ x^3+y^3+z^3=24 & (4)\end{cases}$$

By (1)(2)(3)得 $\lambda=-\frac{yz}{3x^2}=-\frac{xz}{3y^2}=-\frac{xy}{3z^2}$

带入(4)得$x^3+x^3+x^3=24$　$\therefore (x,y,z)=(2,2,2)$，因此$f$有极大值 8

Example 8.

(i)求曲线 $17x^2+12xy+8y^2=400$ 上离原点最近与最远的点坐标

(ii)求曲线 $7x^2-6\sqrt{3}xy+13y^2=64$ 上离远点最近与最远的点坐标

【解】

(i)

曲线至点的距离 $=d=\sqrt{x^2+y^2}$

令$L(x,y,\lambda)=x^2+y^2+\lambda(17x^2+12xy+8y^2-400)$

$$L(x,y,\lambda)\text{极值存在}\Rightarrow\begin{cases}\dfrac{\partial L}{\partial x}=2x+\lambda(34x+12y)=0 & (1)\\ \dfrac{\partial L}{\partial y}=2y+\lambda(12x+16y)=0 & (2)\\ 17x^2+12xy+8y^2-400=0 & (3)\end{cases}$$

By (1)(2)得 $\lambda=\dfrac{x}{17x+6y}=\dfrac{y}{6x+8y}\Rightarrow x(6x+8y)=y(17x+6y)$

$\therefore (x-2y)(2x+y)=0$

(a) As $x-2y=0$

将其带入(3)得$(x,y)=(4,2),(-4,-2)$ 且 $d=\sqrt{4^2+2^2}=2\sqrt{5}$

(b) As $2x+y=0$

将其带入(3)得$(x,y)=(4,-8),(-4,8)$ 且 $d=\sqrt{4^2+8^2}=\sqrt{80}=4\sqrt{5}$

因此在$(4,2),(-4,-2)$有最近距离，在$(4,-8),(-4,8)$有最远距离

(ii)

曲线至点的距离 $=d=\sqrt{x^2+y^2}$

令$L(x,y,\lambda)=x^2+y^2+\lambda(7x^2-6\sqrt{3}xy+13y^2-64)$

$$L(x,y,\lambda)\text{极值存在}\Rightarrow\begin{cases}\dfrac{\partial L}{\partial x}=2x+\lambda\left(14x-6\sqrt{3}y\right)=0 & (1)\\ \dfrac{\partial L}{\partial y}=2y+\lambda\left(-6\sqrt{3}x+26y\right)=0 & (2)\\ 7x^2-6\sqrt{3}xy+13y^2-64=0 & (3)\end{cases}$$

By (1)(2)得 $\lambda=\dfrac{-x}{7x-3\sqrt{3}y}=\dfrac{-y}{-3\sqrt{3}x+13y}$

$\Rightarrow x(-3\sqrt{3}x+13y)=y(7x-3\sqrt{3}y) \quad \therefore (7x-3\sqrt{3}y)(-3\sqrt{3}x+13y)=0$

(a) As $7x-3\sqrt{3}y=0$

$\because 7x^2-6\sqrt{3}xy+13y^2-64=0$

$$\therefore 7\left(\frac{3\sqrt{3}}{7}y\right)^2-6\sqrt{3}\left(\frac{3\sqrt{3}}{7}y\right)y+13y^2-64=0 \quad \therefore y=\pm\sqrt{7}$$

$$\therefore (x,y)=\left(\frac{3\sqrt{21}}{7},\sqrt{7}\right),\left(-\frac{3\sqrt{21}}{7},-\sqrt{7}\right) \text{ 且 } d=\sqrt{\left(\frac{3\sqrt{21}}{7}\right)^2+(\sqrt{7})^2}=2\sqrt{19}$$

(b) As $-3\sqrt{3}x+13y=0$

$\because 7x^2-6\sqrt{3}xy+13y^2-64=0$

$$\therefore 7\left(\frac{13}{3\sqrt{3}}y\right)^2-6\sqrt{3}\left(\frac{13}{3\sqrt{3}}y\right)y+13y^2-64=0 \quad \therefore y=\pm\sqrt{\frac{27}{13}}$$

$$\therefore (x,y)=\left(\sqrt{13},\sqrt{\frac{27}{13}}\right),\left(-\sqrt{13},-\sqrt{\frac{27}{13}}\right) \text{ 且 } d=\sqrt{\left(\sqrt{13}\right)^2+\left(\sqrt{\frac{27}{13}}\right)^2}=2\sqrt{6}$$

因此在$\left(\sqrt{13},\sqrt{\frac{27}{13}}\right),\left(-\sqrt{13},-\sqrt{\frac{27}{13}}\right)$有最近距离

在$\left(\frac{3\sqrt{21}}{7},\sqrt{7}\right),\left(-\frac{3\sqrt{21}}{7},-\sqrt{7}\right)$ 最远距离

Example 9.

求锥面$x^2+y^2=z^2$与平面$x+14z=10$ 交线上的最高点

【解】

令$L(x,y,z,\lambda_1,\lambda_2)=z+\lambda_1(x^2+y^2-z^2)+\lambda_2(x+14z-10)$

$$L(x,y,z,\lambda_1,\lambda_2)\text{极值存在} \Rightarrow \begin{cases} \dfrac{\partial L}{\partial x} = 2x\lambda_1 + \lambda_2 = 0 & (1) \\ \dfrac{\partial L}{\partial y} = 2y\lambda_1 = 0 & (2) \\ \dfrac{\partial L}{\partial z} = 1 - 2z\lambda_1 + 14\lambda_2 = 0 & (3) \\ x^2 + y^2 - z^2 = 0 & (4) \\ x + 14z - 10 = 0 & (5) \end{cases}$$

By (1)(2)得 $\lambda_1 \neq 0, y = 0$

By (4) $x = \pm z, \quad \because x + 14z - 10 = 0, (x,z) = \left(\frac{2}{3},\frac{2}{3}\right),\left(\frac{-10}{13},\frac{10}{13}\right)$

$\Rightarrow (x,y,z) = \left(\frac{2}{3},0,\frac{2}{3}\right),\left(\frac{-10}{13},0,\frac{10}{13}\right) \quad \therefore$ 高度最高点 $= \frac{10}{13}$

Example 10.

求曲面 $x^2 + y^2 + 5 = z$ 上，与平面$x + 2y - z = 0$距离最近点坐标

【解】

曲面至平面的距离 $= d = \dfrac{|x + 2y - z|}{\sqrt{6}}$

令$L(x,y,\lambda) = x + 2y - z + \lambda(x^2 + y^2 + 5 - z)$

$$L(x,y,z,\lambda)\text{极值存在} \Rightarrow \begin{cases} \dfrac{\partial L}{\partial x} = 1 + 2x\lambda = 0 & (1) \\ \dfrac{\partial L}{\partial y} = 2 + 2y\lambda = 0 & (2) \\ \dfrac{\partial L}{\partial z} = -1 - \lambda = 0 & (3) \\ x^2 + y^2 + 5 - z = 0 & (4) \end{cases}$$

By (1)(2)(3)得 $\lambda = -1, x = \frac{1}{2}, y = 1$ 带入(4)得 $z = \frac{25}{4} \Rightarrow$ 曲面于 $\left(\frac{1}{2},1,\frac{25}{4}\right)$ 离平面最近

Example 11.

求曲面 $x^2 + y^2 + z - 5 = 0$ 上，与平面$x + 2y + 3z = 0$距离最近坐标

【解】

曲面至平面的距离 $= d = \dfrac{|x + 2y + 3z|}{\sqrt{14}}$

令$L(x,y,\lambda)=x+2y+3z+\lambda(x^2+y^2+z-5)$

$$L(x,y,z,\lambda)\text{极值存在}\Rightarrow\begin{cases}\dfrac{\partial L}{\partial x}=1+2x\lambda=0 & (1)\\ \dfrac{\partial L}{\partial y}=2+2y\lambda=0 & (2)\\ \dfrac{\partial L}{\partial z}=3+\lambda=0 & (3)\\ x^2+y^2+z-5=0 & (4)\end{cases}$$

By (1)(2)(3)得 $\lambda=-3, x=\dfrac{1}{6}, y=\dfrac{1}{3}$ 带入(4)得 $z=\dfrac{175}{36}$

$\Rightarrow$ 曲面于$\left(\dfrac{1}{6},\dfrac{1}{3},\dfrac{175}{36}\right)$离平面最近

Example 12.

求原点(0,0,0)至两平面 $x+y+z=2$ 与$x-y-z=2$ 交线的最短距离

【解】

原点至交线的距离 $=d=\sqrt{x^2+y^2+z^2}$

令 $L(x,y,z,\lambda_1,\lambda_2)=x^2+y^2+z^2+\lambda_1(x+y+z-2)+\lambda_2(x-y-z-2)$

$$L(x,y,z,\lambda_1,\lambda_2)\text{极值存在}\Rightarrow\begin{cases}\dfrac{\partial L}{\partial x}=2x+\lambda_1+\lambda_2=0 & (1)\\ \dfrac{\partial L}{\partial y}=2y+\lambda_1-\lambda_2=0 & (2)\\ \dfrac{\partial L}{\partial z}=2z+\lambda_1-\lambda_2=0 & (3)\\ x+y+z-2=0 & (4)\\ x-y-z-2=0 & (5)\end{cases}$$

By (2)(3)得 $y=z$ 带入(4)(5) 得 $(x,y,z)=(2,0,0)$, 因此最短距离 $d=\sqrt{2^2+0^2+0^2}=2$

Example 13.

(i)位于锥面$x^2+y^2=z^2$与平面$x+y+2z=2$ 的交线上, 高度最高与最低点分别为?

(ii)位于锥面$x^2+y^2=z^2$与平面 $4x-3y-z=5$ 的交线上, 高度最高与最低点=?

【解】

(i)

令 $L(x,y,z,\lambda_1,\lambda_2)=z+\lambda_1(x^2+y^2-z^2)+\lambda_2(x+y+2z-2)$

$$L(x,y,z,\lambda_1,\lambda_2)\text{极值存在} \Rightarrow \begin{cases} \dfrac{\partial L}{\partial x} = 2x\lambda_1 + \lambda_2 = 0 & (1) \\ \dfrac{\partial L}{\partial y} = 2y\lambda_1 + \lambda_2 = 0 & (2) \\ \dfrac{\partial L}{\partial z} = 1 - 2z\lambda_1 + 2\lambda_2 = 0 & (3) \\ x^2 + y^2 - z^2 = 0 & (4) \\ x + y + 2z - 2 = 0 & (5) \end{cases}$$

By (1)(2)得 $(\lambda_1,\lambda_2) = (0,0)$ 或 $x = y$

As $(\lambda_1,\lambda_2) = (0,0)$ 与 (3)矛盾 因此解不存在

As $x = y$ 带入 (4)(5)

得$(x,y,z) = \left(-1-\sqrt{2},-1-\sqrt{2},2+\sqrt{2}\right),(\sqrt{2}-1,\sqrt{2}-1,2-\sqrt{2})$

因此于$\left(-1-\sqrt{2},-1-\sqrt{2},2+\sqrt{2}\right)$高度最高,于$\left(\sqrt{2}-1,\sqrt{2}-1,2-\sqrt{2}\right)$高度最低

(ii)

令 $L(x,y,z,\lambda_1,\lambda_2) = z + \lambda_1(x^2+y^2-z^2) + \lambda_2(4x-3y-z-5)$

$$L(x,y,z,\lambda_1,\lambda_2)\text{极值存在} \Rightarrow \begin{cases} \dfrac{\partial L}{\partial x} = 2x\lambda_1 + 4\lambda_2 = 0 & (1) \\ \dfrac{\partial L}{\partial y} = 2y\lambda_1 - 3\lambda_2 = 0 & (2) \\ \dfrac{\partial L}{\partial z} = 1 - 2z\lambda_1 - \lambda_2 = 0 & (3) \\ x^2 + y^2 - z^2 = 0 & (4) \\ 4x - 3y - z - 5 = 0 & (5) \end{cases}$$

By (1)(2)得 $(\lambda_1,\lambda_2) = (0,0)$ 或 $y = \dfrac{-3x}{4}$

As$(\lambda_1,\lambda_2) = (0,0)$,其与 (3)矛盾 因此解不存在

As $y = \dfrac{-3x}{4}$ 带入 (4)(5)得$(x,y,z) = \left(1,-\dfrac{3}{4},\dfrac{5}{4}\right),(\dfrac{2}{3},-\dfrac{1}{2},-\dfrac{5}{6})$

因此于 $\left(1,-\dfrac{3}{4},\dfrac{5}{4}\right)$ 高度最高,于 $\left(\dfrac{2}{3},-\dfrac{1}{2},-\dfrac{5}{6}\right)$ 高度最低

Example 14.

假设$f(x,y) = x^2 + xy + 2y^2$,其中$x^2 + y^2 = 1$,试求f的极大值

【解】

令$L(x,y,\lambda) = x^2 + xy + 2y^2 + \lambda(x^2 + y^2 - 1)$

$$L(x,y,\lambda)\text{极值存在} \Rightarrow \begin{cases} \dfrac{\partial L}{\partial x} = 2x + y + 2x\lambda = 0 & (1) \\ \dfrac{\partial L}{\partial y} = x + 4y + 2y\lambda = 0 & (2) \\ x^2 + y^2 - 1 = 0 & (3) \end{cases}$$

By (1)(2)得 $\lambda = -\dfrac{2x+y}{2x} = -\dfrac{x+4y}{2y} \Rightarrow 1 + \dfrac{y}{2x} = \dfrac{x}{2y} + 2$

令 $t = \dfrac{y}{x} \Rightarrow t^2 - 2t - 1 = 0 \Rightarrow t = 1 \pm \sqrt{2}$

(i) 当 $\dfrac{y}{x} = 1 + \sqrt{2}$

$\because \dfrac{y}{x} = 1 + \sqrt{2} \quad \therefore y = (1+\sqrt{2})x \Rightarrow xy = (1+\sqrt{2})x^2$ 且 $y^2 = (1+\sqrt{2})xy$

$\because x^2 + y^2 - 1 = 0 \quad \therefore x^2 + (3 + 2\sqrt{2})x^2 = 1 \Rightarrow x^2 = \dfrac{2-\sqrt{2}}{4}, y^2 = \dfrac{2+\sqrt{2}}{4}$

$\because y^2 = (1+\sqrt{2})xy \quad \therefore xy = \dfrac{\frac{2+\sqrt{2}}{4}}{1+\sqrt{2}} = \dfrac{\sqrt{2}}{4}$

$\therefore f(x,y) = x^2 + xy + 2y^2 = 1 + y^2 + xy = \dfrac{3+\sqrt{2}}{2}$

(ii) 当 $\dfrac{y}{x} = 1 - \sqrt{2}$

$\because \dfrac{y}{x} = 1 - \sqrt{2} \quad \therefore y = (1-\sqrt{2})x \Rightarrow xy = (1-\sqrt{2})x^2$ 且 $y^2 = (1-\sqrt{2})xy$

$\because x^2 + y^2 - 1 = 0 \quad \therefore x^2 + (3 - 2\sqrt{2})x^2 = 1 \Rightarrow x^2 = \dfrac{2+\sqrt{2}}{4}, y^2 = \dfrac{2-\sqrt{2}}{4}$

$\because y^2 = (1-\sqrt{2})xy \quad \therefore xy = \dfrac{\frac{2-\sqrt{2}}{4}}{1-\sqrt{2}} = -\dfrac{\sqrt{2}}{4}$

$\therefore f(x,y) = x^2 + xy + 2y^2 = 1 + y^2 + xy = 1 + \dfrac{2-\sqrt{2}}{4} - \dfrac{\sqrt{2}}{4} = \dfrac{3-\sqrt{2}}{2}$

By(1)(2) f的极大值 $= \dfrac{3+\sqrt{2}}{2}$

7.7.5 限制条件为不等式的多变量函数求极值

如果求极值的限制条件为不等式的时候(即$C_1(x,y) \leq 0$), 则将其拆解为$C_1(x,y)0$与等式限制式$C_1(x,y)=0$求极值; 接着使用双变量函数求极值的二阶导数检定法在$C_1(x,y)<0$找极值以及使用Lagrang Multiplier于等式限制式$C_1(x,y)=0$求函数的极值

考试类型:
Type 1.
給定双变数函数$f(x,y)$, 假设限制条件为不等式$C_1(x,y) \leq 0$, 求$f(x,y)$于此限制式的极值
解题流程:
Step1.
将其拆解为$C_1(x,y)<0$与等式限制式$C_1(x,y)=0$, 分别于两个限制式求极值
Step2.
在$C_1(x,y)<0$求极值与无条件限制式求极值类似, 只是算出极值点(x_0,y_0)之后得确认其是否落在$C_1(x,y)<0$范围内:
令$\nabla f(x_0,y_0)=(0,0)$找(x_0,y_0), 求$\Delta(x_0,y_0)=?$且$f_{xx}(x_0,y_0)=?$
如果$\Delta(x_0,y_0)>0$且$f_{xx}(x_0,y_0)>0$则f于(x_0,y_0)有相对极小值
如果$\Delta(x_0,y_0)>0$且$f_{xx}(x_0,y_0)<0$则f于(x_0,y_0)有相对极大值
确認是否$C_1(x_0,y_0)<0$
Step3.
接着使用 Lagrang Multiplier 于等式限制式$C_1(x,y)=0$找极值(x_0,y_0):

令$L(x,y,\lambda)=f(x,y)+\lambda C_1(x,y)$, 若$L(x,y,\lambda)$极值存在 则 $\begin{cases} \dfrac{\partial L}{\partial x}(x,y)=0 \\ \dfrac{\partial L}{\partial y}(x,y)=0 \\ C_1(x,y)=0 \end{cases}$

找(x_0,y_0)满足$\begin{cases}\dfrac{\partial L}{\partial x}(x,y)=0\\ \dfrac{\partial L}{\partial y}(x,y)=0\\ C_1(x,y)=0\end{cases}$，找到的$(x_0,y_0)$可能不只一个,使用$f(x_0,y_0)$比较大小,求得$f(x,y)$的相对极大值与相对极小值

Step4.

最后比较 Step2 与 Step3 的极值点，假设两者于各自限制式皆为相对极大值，则取出较大者当作$C_1(x,y)\le 0$范围内的绝对极大值，绝对极小值也是类似的作法

Type 2.

給定双变数函数$f(x,y)$，假设限制条件为不等式$C_1(x,y)\le 0$、$C_2(x,y)\le 0$，求$f(x,y)$于限制条件下的极值

解题流程:

Step1.

将其拆解为在$C_1(x,y)<0$、$C_2(x,y)<0$与等式限制式$C_1(x,y)=0$、$C_2(x,y)=0$,求极值

Step2.

在$C_1(x,y)<0$、$C_2(x,y)<0$求极值与无条件限制式求极值类似，只是算出极值点(x_0,y_0)之后得确认其是否落在$C_1(x,y)<0, C_2(x,y)<0$范围内:

令$\nabla f(x_0,y_0)=(0,0)$找(x_0,y_0)，求$\Delta(x_0,y_0)=?$且$f_{xx}(x_0,y_0)=?$

如果$\Delta(x_0,y_0)>0$且$f_{xx}(x_0,y_0)>0$则 f于(x_0,y_0)有相对极小值

如果$\Delta(x_0,y_0)>0$且$f_{xx}(x_0,y_0)<0$则 f于(x_0,y_0)有相对极大值

确認是否 $C_1(x_0,y_0)<0$、$C_2(x_0,y_0)<0$

Step3.

接着使用 Lagrang Multiplier 于等式限制式$C_1(x,y)=0$、$C_2(x,y)=0$找极值(x_0,y_0):

令$L(x,y,\lambda_1,\lambda_2)=f(x,y)+\lambda C_1(x,y)+\lambda C_2(x,y)$

若$L(x,y,\lambda_1,\lambda_2)$极值存在 则$\begin{cases}\dfrac{\partial L}{\partial x}(x,y,\lambda_1,\lambda_2)=0\\ \dfrac{\partial L}{\partial y}(x,y,\lambda_1,\lambda_2)=0\\ C_1(x,y)=0\\ C_2(x,y)=0\end{cases}$

$$找(x_0,y_0)满足\begin{cases}\dfrac{\partial L}{\partial x}(x,y,\lambda_1,\lambda_2)=0\\ \dfrac{\partial L}{\partial y}(x,y,\lambda_1,\lambda_2)=0\\ \quad C_1(x,y)=0\\ \quad C_2(x,y)=0\end{cases}$$

找到的(x_0,y_0)可能不只一个,使用$f(x_0,y_0)$比较大小求得 $f(x,y)$的相对极大值与相对极小值

Step4.

最后比较 Step2 与 Step3 的极值点，假设两者于各自限制式皆为相对极大值，则取出较大者当作于$C_1(x,y)\le 0$、$C_2(x,y)\le 0$范围内的绝对极大值,绝对极小值也是类似的作法

Example 1.

假设 $f(x,y)=x^2+y^2-3xy+1$ 且 $x^2+y^2-6\le 0$，试求f的极值

【解】

(1)

As $x^2+y^2-6<0$

令$f_x=f_y=0$ 则 $\begin{cases}f_x=2x-3y=0\\ f_y=2y-3x=0\end{cases}\Rightarrow (x,y)=(0,0)$为临界点且$f(0,0)=1$

$\because \Delta(0,0)=\begin{vmatrix}f_{xx}(0,0) & f_{xy}(0,0)\\ f_{yx}(0,0) & f_{yy}(0,0)\end{vmatrix}=\begin{vmatrix}2 & -3\\ -3 & 2\end{vmatrix}<0 \quad \therefore (0,0)$非极值点

(2)

As $x^2+y^2-6=0$

令 $L(x,y,\lambda)=x^2+y^2-3xy+1+\lambda(x^2+y^2-6)$

$$L(x,y,\lambda)极值存在\Rightarrow\begin{cases}\dfrac{\partial L}{\partial x}=2x-3y+2\lambda x=0\\ \dfrac{\partial L}{\partial y}=2y-3x+2\lambda y=0\\ \quad x^2+y^2-6=0\end{cases}\Rightarrow x^2-y^2=0$$

$\because x^2-y^2=0$ 且 $x^2+y^2-6=0$

$\therefore (x,y)=(\sqrt{3},\sqrt{3}),(-\sqrt{3},\sqrt{3}),(\sqrt{3},-\sqrt{3}),(-\sqrt{3},-\sqrt{3})$

$\Rightarrow f(\sqrt{3},\sqrt{3})=-2, f(-\sqrt{3},-\sqrt{3})=-2, f(-\sqrt{3},\sqrt{3})=16, f(\sqrt{3},-\sqrt{3})=16$

$\therefore f$有最小值 -2、有最大值 16

Example 2.

假设 $f(x,y)=x^2+3y^2+y+1$，$x^2+y^2\le 1$，试求f的极值

【解】

(1)

As $x^2+y^2-1<0$

令$f_x=f_y=0$ 则 $\begin{cases} f_x=2x=0 \\ f_y=6y+1=0 \end{cases} \Rightarrow (x,y)=\left(0,-\dfrac{1}{6}\right)$ 为临界点 且 $f\left(0,-\dfrac{1}{6}\right)=\dfrac{11}{12}$

$\because \Delta\left(0,-\dfrac{1}{6}\right)=\begin{vmatrix} f_{xx}\left(0,-\dfrac{1}{6}\right) & f_{xy}\left(0,-\dfrac{1}{6}\right) \\ f_{yx}\left(0,-\dfrac{1}{6}\right) & f_{yy}\left(0,-\dfrac{1}{6}\right) \end{vmatrix}=\begin{vmatrix} 2 & 0 \\ 0 & 6 \end{vmatrix}=12>0$ 且 $f_{xx}=2>0$

$\therefore f$于$\left(0,-\dfrac{1}{6}\right)$有相对极小值$\dfrac{11}{12}$

(2)

As $x^2+y^2-1=0$，令 $L(x,y,\lambda)=x^2+3y^2+y+1+\lambda(x^2+y^2-1)$

$L(x,y,\lambda)$极值存在 $\Rightarrow \begin{cases} \dfrac{\partial L}{\partial x}=2x+2\lambda x=0 \\ \dfrac{\partial L}{\partial y}=6y+1+2\lambda y=0 \\ x^2+y^2-1=0 \end{cases} \Rightarrow 4xy+x=0$

$\because 4xy+x=0$ 且 $x^2+y^2-1=0 \quad \therefore (x,y)=\left(\pm\dfrac{\sqrt{15}}{4},-\dfrac{1}{4}\right),(0,1),(0,-1)$

$\Rightarrow f\left(\pm\dfrac{\sqrt{15}}{4},-\dfrac{1}{4}\right)=\dfrac{15}{8}$，$f(0,1)=5$，$f(0,-1)=3$

因此 f 于$(0,1)$有相对极大值 5

Example 3.

假设$f(x,y)=x^2-y^2+3$，$x^2+\dfrac{y^2}{4}\le 1$ 试求f的极值

【解】

(1)

As $x^2+\dfrac{y^2}{4}-1<0$

令$f_x = f_y = 0$ 则 $\begin{cases} f_x = 2x = 0 \\ f_y = -2y = 0 \end{cases} \Rightarrow (x,y) = (0,0)$为临界点 且 $f(0,0) = 3$

$\because \Delta(0,0) = \begin{vmatrix} f_{xx}(0,0) & f_{xy}(0,0) \\ f_{yx}(0,0) & f_{yy}(0,0) \end{vmatrix} = \begin{vmatrix} 2 & 0 \\ 0 & -2 \end{vmatrix} = -4 < 0 \quad \therefore (0,0)$非极值点

(2)

As $x^2 + \dfrac{y^2}{4} - 1 = 0$, 令 $L(x,y,\lambda) = x^2 - y^2 + 3 + \lambda(x^2 + \dfrac{y^2}{4} - 1)$

$$L(x,y,\lambda)\text{极值存在} \Rightarrow \begin{cases} \dfrac{\partial L}{\partial x} = 2x + 2\lambda x = 0 \\ \dfrac{\partial L}{\partial y} = -2y + \dfrac{\lambda y}{2} = 0 \Rightarrow xy = 0 \\ x^2 + \dfrac{y^2}{4} - 1 = 0 \end{cases}$$

$\because xy = 0$ 且 $x^2 + \dfrac{y^2}{4} - 1 = 0 \quad \therefore (x,y) = (0,\pm 2), (\pm 1,0)$

$\Rightarrow f(0,\pm 2) = -1, f(\pm 1,0) = 4$

因此f于$(\pm 1,0)$有相对极大值 4, f于$(0,\pm 2)$有相对极小值 -1

Example 4.

假设 $f(x,y) = x^2 + 2y^2 - x + 1$ 且 $x^2 + y^2 - 4 \le 0$, 试求f的极值

【解】

(1)

As $x^2 + y^2 - 4 < 0$

令$f_x = f_y = 0$ 则 $\begin{cases} f_x = 2x - 1 = 0 \\ f_y = 4y = 0 \end{cases} \Rightarrow (x,y) = \left(\dfrac{1}{2}, 0\right)$ 为临界点且$f\left(\dfrac{1}{2}, 0\right) = \dfrac{3}{4}$

$\because \Delta\left(\dfrac{1}{2}, 0\right) = \begin{vmatrix} f_{xx}\left(\dfrac{1}{2}, 0\right) & f_{xy}\left(\dfrac{1}{2}, 0\right) \\ f_{yx}\left(\dfrac{1}{2}, 0\right) & f_{yy}\left(\dfrac{1}{2}, 0\right) \end{vmatrix} = \begin{vmatrix} 2 & 0 \\ 0 & 4 \end{vmatrix} > 0$ 且 $f_{xx}\left(\dfrac{1}{2}, 0\right) = 2 > 0$

$\therefore$ As $x^2 + y^2 - 4 < 0$, f 于 $\left(\dfrac{1}{2}, 0\right)$有相对极小值$\dfrac{3}{4}$

(2)

As $x^2 + y^2 - 4 = 0$, 令$L(x,y,\lambda) = x^2 + 2y^2 - x + 1 + \lambda(x^2 + y^2 - 4)$

$$L(x,y,\lambda)\text{极值存在} \Rightarrow \begin{cases} \dfrac{\partial L}{\partial x} = 2x - 1 + 2\lambda x = 0 \\ \dfrac{\partial L}{\partial y} = 4y + 2\lambda y = 0 \\ x^2 + y^2 - 4 = 0 \end{cases} \Rightarrow 2xy + y = 0$$

$$\because 2xy + y = 0 \quad \text{且} \quad x^2 + y^2 - 4 = 0 \quad \therefore (x,y) = \left(-\frac{1}{2}, \pm\frac{\sqrt{15}}{2}\right), (\pm 2, 0)$$

$$\Rightarrow f\left(-\frac{1}{2}, \pm\frac{\sqrt{15}}{2}\right) = \frac{37}{4},\ f(2,0) = 3,\ f(-2,0) = 7$$

$$\therefore f\text{于}\left(\frac{1}{2}, 0\right)\text{有相对极小值}\frac{3}{4}\text{、于}\left(-\frac{1}{2}, \pm\frac{\sqrt{15}}{2}\right)\text{有相对极大值}\frac{37}{4}$$

Example 5.

假设 $f(x,y) = 4x^2 + 4x - 2y^2 + 6$ 且 $x^2 + y^2 - 3 \leq 0$，试求f的极值

【解】

(1)

As $x^2 + y^2 - 3 < 0$，令$f_x = f_y = 0$ 则 $\begin{cases} f_x = 8x + 4 = 0 \\ f_y = -4y = 0 \end{cases}$

$$\Rightarrow (x,y) = \left(-\frac{1}{2}, 0\right)\text{为临界点且}f\left(-\frac{1}{2}, 0\right) = 5$$

$$\because \Delta\left(-\frac{1}{2}, 0\right) = \begin{vmatrix} f_{xx}\left(-\frac{1}{2}, 0\right) & f_{xy}\left(-\frac{1}{2}, 0\right) \\ f_{yx}\left(-\frac{1}{2}, 0\right) & f_{yy}\left(-\frac{1}{2}, 0\right) \end{vmatrix} = \begin{vmatrix} 8 & 0 \\ 0 & -4 \end{vmatrix} < 0 \quad \therefore \left(-\frac{1}{2}, 0\right)\text{非极值点}$$

(2)

As $x^2 + y^2 - 3 = 0$，令$L(x,y,\lambda) = 4x^2 + 4x - 2y^2 + 6 + \lambda(x^2 + y^2 - 3)$

$$L(x,y,\lambda)\text{极值存在} \Rightarrow \begin{cases} \dfrac{\partial L}{\partial x} = 8x + 4 + 2\lambda x = 0 \\ \dfrac{\partial L}{\partial y} = -4y + 2\lambda y = 0 \\ x^2 + y^2 - 3 = 0 \end{cases} \Rightarrow 3xy + y = 0$$

$$\because 3xy + y = 0 \quad \text{且} \quad x^2 + y^2 - 3 = 0 \quad \therefore (x,y) = \left(-\frac{1}{3}, \pm\frac{\sqrt{26}}{3}\right), (\pm\sqrt{3}, 0)$$

$\Rightarrow f\left(-\frac{1}{3}, \pm\frac{\sqrt{26}}{3}\right) = -\frac{2}{3}$, $f(\sqrt{3}, 0) = 18 + 4\sqrt{3}$, $f(-\sqrt{3}, 0) = 18 - 4\sqrt{3}$

因此f有相对极小值$-\frac{2}{3}$、有相对极大值 $18 + 4\sqrt{3}$

Example 6.

假设 $f(x, y) = x^2 + y^2 - 2x - 2y + 2$, 且 $2x + y - 4 \geq 0$, $x + 2y - 4 \geq 0$, 试求f的极小值

【解】

(1)

As $2x + y - 4 > 0$ 且 $x + 2y - 4 > 0$

令$f_x = f_y = 0$ 则 $\begin{cases} f_x = 2x - 2 = 0 \\ f_y = 2y - 2 = 0 \end{cases} \Rightarrow (x, y) = (1,1)$为临界点且$f(1,1) = 0$

$\therefore (1,1)$不屬于 $2x + y - 4 > 0$ 且 $x + 2y - 4 > 0$

(2)

As $2x + y - 4 = 0$ 且 $x + 2y - 4 = 0$

令 $L(x, y, \lambda_1, \lambda_2) = x^2 + y^2 - 2x - 2y + 2 + \lambda_1(2x + y - 4) + \lambda_2(x + 2y - 4)$

$$L(x, y, \lambda_1, \lambda_2)\text{极值存在} \Rightarrow \begin{cases} \frac{\partial L}{\partial x} = 2x - 2 + 2\lambda_1 + \lambda_2 = 0 \\ \frac{\partial L}{\partial y} = 2y - 2 + \lambda_1 + 2\lambda_2 = 0 \\ 2x + y - 4 = 0 \\ x + 2y - 4 = 0 \end{cases}$$

$\because 2x + y - 4 = 0$ 且$x + 2y - 4 = 0$ $\therefore (x, y) = \left(\frac{4}{3}, \frac{4}{3}\right)$

$\Rightarrow 2\lambda_1 + \lambda_2 = \frac{2}{3}$ $\lambda_1 + 2\lambda_2 = \frac{2}{3}$ $\therefore (\lambda_1, \lambda_2) = \left(\frac{2}{9}, \frac{2}{9}\right)$ $\therefore f\left(\frac{4}{3}, \frac{4}{3}\right) = \frac{2}{9}$ 为相对极小值

Example 7.

假设 $f(x, y) = 2x^2 + y^2 - 2y + 3$ 且 $x^2 + y^2 \leq 4$, 试求f的极值

【解】

(1)

As $x^2 + y^2 - 4 < 0$

令$f_x = f_y = 0$ 则 $\begin{cases} f_x = 4x = 0 \\ f_y = 2y - 2 = 0 \end{cases} \Rightarrow (x,y) = (0,1)$为临界点 且 $f(0,1) = 0$

$\because \Delta(0,1) = \begin{vmatrix} f_{xx}(0,1) & f_{xy}(0,1) \\ f_{yx}(0,1) & f_{yy}(0,1) \end{vmatrix} = \begin{vmatrix} 4 & 0 \\ 0 & 2 \end{vmatrix} = 8 > 0$ 且 $f_{xx}(0,1) = 4 > 0$

$\therefore f$于$(0,1)$有相对极小值 2

(2)

As $x^2 + y^2 - 4 = 0$，令 $L(x,y,\lambda) = 2x^2 + y^2 - 2y + 3 + \lambda(x^2 + y^2 - 4)$

$$L(x,y,\lambda)\text{极值存在} \Rightarrow \begin{cases} \dfrac{\partial L}{\partial x} = 4x + 2\lambda x = 0 \\ \dfrac{\partial L}{\partial y} = 2y - 2 + 2\lambda y = 0 \\ x^2 + y^2 - 4 = 0 \end{cases} \Rightarrow 2xy + 2x = 0$$

$\because 2xy + 2x = 0$ 且 $x^2 + y^2 - 4 = 0$ $\quad \therefore (x,y) = \left(\pm\sqrt{3}, -1\right) \Rightarrow f\left(\pm\sqrt{3}, -1\right) = 12$

因此f于$\left(\pm\sqrt{3}, -1\right)$有相对极大值 12

Example 8.

假设$f(x,y) = e^{x^2 y}$，$x^2 + y^2 \le 1$，试求f的极值

【解】

(1)

As $x^2 + y^2 - 1 < 0$

令$f_x = f_y = 0$ 则 $\begin{cases} f_x = e^{x^2 y} 2xy = 0 \\ f_y = e^{x^2 y} x^2 = 0 \end{cases} \Rightarrow (x,y) = (0,y)$为临界点且$f(0,y) = 1$

$\because \Delta(x,y) = \begin{vmatrix} f_{xx} & f_{xy} \\ f_{yx} & f_{yy} \end{vmatrix} = e^{2x^2 y} \begin{vmatrix} (2xy)^2 + 2y & 2x^3 y + 2x \\ 2x^3 y + 2x & x^4 \end{vmatrix} = 12 > 0$

$\because \Delta(0,y) = 0 \qquad \therefore (0,y)$非极值点

(2)

As $x^2 + y^2 - 1 = 0$，令 $L(x,y,\lambda) = e^{x^2 y} + \lambda(x^2 + y^2 - 1)$

$$L(x,y,\lambda)\text{极值存在} \Rightarrow \begin{cases} \dfrac{\partial L}{\partial x} = e^{x^2 y} 2xy + 2\lambda x = 0 \\ \dfrac{\partial L}{\partial y} = e^{x^2 y} x^2 + 2\lambda y = 0 \\ x^2 + y^2 - 1 = 0 \end{cases} \Rightarrow x(2y^2 - x^2) = 0$$

$\because x(2y^2-x^2)$ 且 $x^2+y^2-1=0 \quad \therefore (x,y)=\left(\pm\sqrt{\frac{2}{3}},\pm\sqrt{\frac{1}{3}}\right),(0,\pm1)$

$\Rightarrow f\left(\pm\sqrt{\frac{2}{3}},\sqrt{\frac{1}{3}}\right)=e^{\frac{2}{3\sqrt{3}}},\ f\left(\pm\sqrt{\frac{2}{3}},-\sqrt{\frac{1}{3}}\right)=e^{\frac{-2}{3\sqrt{3}}},\ f(0,\pm1)=e^0=1$

因此f 于$\left(\pm\sqrt{\frac{2}{3}},\sqrt{\frac{1}{3}}\right)$有相对极大值 $e^{\frac{2}{3\sqrt{3}}}$ $\therefore f$ 于$\left(\pm\sqrt{\frac{2}{3}},-\sqrt{\frac{1}{3}}\right)$有相对极小值 $e^{\frac{-2}{3\sqrt{3}}}$

Example 9.

假设 $f(x,y)=6x^2-8x+2y^2-4,\ x^2+y^2\le 1$ 试求f的极值

【解】

(1)

As $x^2+y^2-1<0$，令$f_x=f_y=0$ 则 $\begin{cases} f_x=12x-8=0 \\ f_y=4y=0 \end{cases}$

$\Rightarrow (x,y)=\left(\frac{2}{3},0\right)$ 为临界点 且 $f\left(\frac{2}{3},0\right)=-\frac{20}{3}$

$\because \Delta\left(\frac{2}{3},0\right)=\begin{vmatrix} f_{xx}\left(\frac{2}{3},0\right) & f_{xy}\left(\frac{2}{3},0\right) \\ f_{yx}\left(\frac{2}{3},0\right) & f_{yy}\left(\frac{2}{3},0\right) \end{vmatrix}=\begin{vmatrix} 12 & 0 \\ 0 & 4 \end{vmatrix}=48>0$ 且 $f_{xx}\left(\frac{2}{3},0\right)=12$

$\therefore f$ 于 $\left(\frac{2}{3},0\right)$ 有相对极小值 $-\frac{20}{3}$

(2)

As $x^2+y^2-1=0$，令 $L(x,y,\lambda)=6x^2-8x+2y^2-4+\lambda(x^2+y^2-1)$

$L(x,y,\lambda)$极值存在 $\Rightarrow \begin{cases} \frac{\partial L}{\partial x}=12x-8+2\lambda x=0 \\ \frac{\partial L}{\partial y}=4y+2\lambda y=0 \end{cases} \Rightarrow 8xy-8y=0$

$\because xy-y=0$ 且 $x^2+y^2-1=0 \quad \therefore (x,y)=(\pm1,0)$

$\Rightarrow f(-1,0)=10, f(1,0)=-6$，因此 f于$(-1,0)$有相对极大值 10

7.7.6 多变量函数于有界且封闭的定义域求极值

如果求极值的限制条件为封闭区域时，需先求出明确的不等式限制条件（即$C_1(x,y) \le 0$），接着将其拆解为$C_1(x,y) < 0$ 与等式限制式 $C_1(x,y) = 0$ 求极值

考试类型：
Type 1.
給定双变数函数 $f(x,y)$
(1)求$f(x,y)$在三顶点$(0,0)$、$(a,0)$、$(0,b)$所围封闭区域中的极值
(2)求$f(x,y)$在$\{(x,y): 0 \le x \le a, 0 \le y \le b\}$所围封闭区域中的极值
(3)求$f(x,y)$在$\{(x,y): 0 \le x \le a, 0 \le y \le b, y + mx \le c\}$所围封闭区域中的极值
解题流程：
找$C_1(x,y)$使得原先问题转换成限制条件为不等式$C_1(x,y) \le 0$的多变量函数求极值问题

Example 1.
假设 $f(x,y) = 3xy - 6x - 3y + 8$，在三顶点为$(0,0),(3,0),(0,5)$ 的封闭区域中，试求f的极值

【解】

三顶点围成的封闭区域 $= \{(x,y): x \ge 0, y \ge 0, y \le -\frac{5}{3}(x-3)\}$

(1)

As $x > 0, y > 0$ 且 $y < -\frac{5}{3}(x-3)$

令 $f_x = f_y = 0$ 则 $\begin{cases} f_x = 3y - 6 = 0 \\ f_y = 3x - 3 = 0 \end{cases} \Rightarrow (x,y) = (1,2)$为临界点

且 $(1,2) \in \left\{(x,y): x > 0, y > 0, y < -\frac{5}{3}(x-3)\right\}$，$f(1,2) = 2$

$\because \Delta(1,2) = \begin{vmatrix} f_{xx}(1,2) & f_{xy}(1,2) \\ f_{yx}(1,2) & f_{yy}(1,2) \end{vmatrix} = \begin{vmatrix} 0 & 3 \\ 3 & 0 \end{vmatrix} < 0 \Rightarrow (1,2)$非极值点

(2)

As $(x,y) \in \{(x,0): 0 \le x \le 3\} \cup \{(0,y): 0 \le y \le 5\}$

$$\cup \{(x,y): y = -\frac{5(x-3)}{3}, 0 \le y \le 5, 0 \le x \le 3\}$$

(a)

若$(x,y)\in\{(x,0):0\le x\le 3\}$则$f(x,y)=-6x+8$，$f(0,0)=8$，$f(3,0)=-10$

(b)

若$(x,y)\in\{(0,y):0\le y\le 5\}$则$f(x,y)=-3y+8$，$f(0,0)=8$，$f(0,5)=-7$

(c)

若$(x,y)\in\left\{(x,y):y=-\frac{5}{3}(x-3),0\le y\le 5,0\le x\le 3\right\}$

则$f(x,y)=3x\left(-\frac{5}{3}(x-3)\right)-6x-3\left(-\frac{5}{3}(x-3)\right)+8=-5x^2+14x-7$

$=-5\left(x-\frac{7}{5}\right)^2+\frac{14}{5}$

$\therefore f(x,y)$ 在$\left(\frac{7}{5},\frac{8}{3}\right)$有相对极大值$\frac{14}{5}\Rightarrow f(x,y)$在$(0,0)$有最大值 8，在$(3,0)$有最小值$-10$

Example 2.

假设$f(x,y)=x^2-2xy+2y$，求在$\{(x,y):0\le x\le 3,0\le y\le 2\}$的极值

【解】

(1)

As $0<x<3$，$0<y<2$

令$f_x=f_y=0$ 则$\begin{cases}f_x=2x-2y=0\\ f_y=-2x+2=0\end{cases}\Rightarrow(x,y)=(1,1)$

$\because \Delta(1,1)=\begin{vmatrix}f_{xx}(1,1) & f_{xy}(1,1)\\ f_{yx}(1,1) & f_{yy}(1,1)\end{vmatrix}=\begin{vmatrix}2 & -2\\ -2 & 0\end{vmatrix}=-4<0$ $\therefore (1,1)$为鞍点

(2)

As $(x,y)\in\{(x,y):0\le x\le 3,y=0\vee 2\}\cup\{(x,y):x=0\vee 3,0\le y\le 2\}$

(a)

若$(x,y)\in\{(x,0):0\le x\le 3\}$则$f(x,0)=x^2$

$\therefore f(0,0)=0$ 有相对极小值，$f(3,0)=9$ 有相对极大值

(b)

若$(x,y)\in\{(x,2):0\le x\le 3\}$则$f(x,2)=x^2-4x+4$

令$\frac{\partial f(x,2)}{\partial x}=0$ 则 $2x-4=0\Rightarrow x=2$

$\therefore f(2,2)=0$ 有相对极小值，$f(0,2)=4$ 有相对极大值

(c)

若$(x,y)\in\{(0,y):,0\le y\le 2\}$ 则 $f(0,y)=2y$

$\therefore f(0,0)=0$ 有相对极小值，$f(0,2)=4$ 有相对极大值

(d)

若$(x,y)\in\{(3,y):,0\le y\le 2\}$ 则 $f(3,y)=9-4y$

$\therefore f(3,2)=1$ 有相对极小值，$f(3,0)=9$ 有相对极大值

因此 $f(3,0)=9$ 有绝对极大值

Example 3.

假设 $f(x,y)=x+y^2-xy$, 求在$\{(x,y):0\le x\le 1,0\le y\le 2,2x+y\le 2\}$ 的极值

【解】

(1)

As $(x,y)\in\{(x,y):0<x<1,0<y<2,2x+y<2\}$

令$f_x=f_y=0$ 则 $\begin{cases} f_x=1-y=0 \\ f_y=2y-x=0 \end{cases} \Rightarrow (x,y)=(2,1)$

$\because \Delta(2,1)=\begin{vmatrix} f_{xx}(2,1) & f_{xy}(2,1) \\ f_{yx}(2,1) & f_{yy}(2,1) \end{vmatrix}=\begin{vmatrix} 0 & -1 \\ -1 & 2 \end{vmatrix}=-1<0 \Rightarrow (2,1)$为鞍点

(2)

As $(x,y)\in\{(x,0):0\le x\le 1\}\cup\{(0,y):0\le y\le 2\}\cup\{(x,y):2x+y=2\}$

(a)

若$(x,y)\in\{(x,0):0\le x\le 1\}$ 则 $f(x,0)=x$

$\therefore f(0,0)=0$ 有相对极小值, $f(1,0)=1$ 有相对极大值

(b)

若$(x,y)\in\{(0,y):0\le y\le 2\}$ 则 $f(0,y)=y^2$

$\therefore f(0,0)=0$ 有相对极小值，$f(0,2)=4$ 有相对极大值

(c)

若$(x,y)\in\{(x,y):2x+y=2,0\le x\le 1,0\le y\le 2\}$

则 $f(x,2-2x)=x+(2-2x)^2-x(2-2x)$

令 $\dfrac{\partial f(x,y)}{\partial x}=0$ 则 $1-2(4-4x)-2+4x=0\Rightarrow x=\dfrac{3}{4},y=\dfrac{1}{2}$

$\therefore f\left(\dfrac{3}{4},\dfrac{1}{2}\right)=\dfrac{5}{8}$ 有相对极小值，$f(0,2)=4$ 有相对极大值

因此 $f(0,2)=4$ 有绝对极大值，$f(0,0)=0$ 有绝对极小值

Example 4.

假设 $f(x,y)=4xy^2-x^2y^2-xy^3$，在三顶点为 $(0,0),(0,6),(6,0)$ 的封闭区域中，试求f的极值

【解】

三顶点围成的封闭区域 $=\{(x,y): x\geq 0, y\geq 0, y\leq -(x-6)\}$

(1)

As $x>0, y>0$ 且 $y<-(x-6)$

令$f_x=f_y=0$ 则 $\begin{cases} f_x=4y^2-2xy^2-y^3=0 \\ f_y=8xy-2x^2y-3xy^2=0 \end{cases}$

$\Rightarrow \begin{cases} f_x=y^2(4-2x-y)=0 \\ f_y=xy(8-2x-3y)=0 \end{cases} \Rightarrow \begin{cases} f_x=4-2x-y=0 \\ f_y=8-2x-3y=0 \end{cases} \Rightarrow (x,y)=(1,2)$

$\because \Delta(x,y)=\begin{vmatrix} f_{xx} & f_{xy} \\ f_{yx} & f_{yy} \end{vmatrix}=\begin{vmatrix} -2y^2 & 8y-4xy-3y^2 \\ 8x-4xy-3y^2 & 8x-2x^2-6xy \end{vmatrix}$

且 $\Delta(1,2)>0$ 且 $f_{xx}(1,2)<0$

$\therefore f(1,2)=4$ 有相对极大值

(2)

As $(x,y)\in\{(x,0): 0\leq x\leq 6\}\cup\{(0,y): 0\leq y\leq 6\}$
$\cup\{(x,y): y=-(x-6), 0\leq y\leq 6, 0\leq x\leq 6\}$

(a)

若$(x,y)\in\{(x,0): 0\leq x\leq 6\}$ 则 $f(x,y)=0$

(b)

若$(x,y)\in\{(0,y): 0\leq y\leq 6\}$ 则 $f(x,y)=0$

(c)

若$(x,y)\in\{(x,y): y=-(x-6), 0\leq y\leq 6, 0\leq x\leq 6\}$

则$f(x,y)=4x(6-x)^2-x^2(6-x)^2-x(6-x)^3=-2x^3+24x^2-72x$

令 $\dfrac{\partial f(x,y)}{\partial x}=0$ 则 $-6x^2+48x-72=0\Rightarrow x=2$ 或 $6\Rightarrow (x,y)=(2,4)(6,0)$

$\because f(2,4)=-64$ 且 $f(6,0)=0$

因此 $f(1,2)=4$ 有绝对极大值，$f(2,4)=-64$ 有绝对极小值

Example 5.

假设$f(x,y)=x^4+y^4-4xy+3$，求在$\{(x,y):0\le x\le 3,0\le y\le 2\}$的极值

【解】

(1)

As $0<x<3,0<y<2$，令$f_x=f_y=0$ 则 $\begin{cases} f_x=4x^3-4y=0 \\ f_y=4y^3-4x=0 \end{cases}$

$\Rightarrow (x,y)=(1,1),(-1,-1),(0,0)$ 且 $(-1,-1)\notin\{(x,y):0<x<3,0<y<2\}$

$\because \Delta(x,y)=\begin{vmatrix} f_{xx} & f_{xy} \\ f_{yx} & f_{yy} \end{vmatrix}=\begin{vmatrix} 12x^2 & -4 \\ -4 & 12y^2 \end{vmatrix}=144x^2y^2-16$

且 $\Delta(1,1)=128>0$，$f_{xx}(1,1)=12>0$

$\therefore f(1,1)=1$ 有相对极小值

(2)

As $(x,y)\in\{(x,y):0\le x\le 3,y=0\vee 2\}\cup\{(x,y):x=0\vee 3,0\le y\le 2\}$

(a)

若$(x,y)\in\{(x,0):0\le x\le 3\}$:

则$f(x,0)=x^4+3\Rightarrow f(0,0)=3$ 有相对极小值，$f(3,0)=84$ 有相对极大值

(b)

若$(x,y)\in\{(x,2):0\le x\le 3\}$ 则 $f(x,2)=x^4-8x+19$

令$\dfrac{\partial f(x,2)}{\partial x}=0$ 则 $4x^3-8=0\Rightarrow x=2^{\frac{1}{3}}$

$\therefore f\left(2^{\frac{1}{3}},2\right)=2^{\frac{4}{3}}+19-8\cdot 2^{\frac{1}{3}}$有相对极小值，$f(3,2)=76$ 有相对极大值

(c)

若$(x,y)\in\{(0,y):,0\le y\le 2\}$ 则 $f(0,y)=y^4+3$

$\Rightarrow f(0,0)=3$ 有相对极小值，$f(0,2)=19$ 有相对极大值

(d)

若$(x,y)\in\{(3,y):,0\le y\le 2\}$ 则 $f(3,y)=y^4-12y+84$

令$\dfrac{\partial f(x,y)}{\partial y}=0$ 则 $4y^3-12=0\Rightarrow y=3^{\frac{1}{3}}$

$\therefore f\left(3,3^{\frac{1}{3}}\right)=84+3^{\frac{4}{3}}-12\cdot 3^{\frac{1}{3}}$有相对极小值，$f(3,2)=76$ 有相对极大值

因此 $f(3,0)=84$ 有绝对极大值，$f(1,1)=1$ 有绝对极小值

Example 6.

假设 $f(x,y)=4xy-y^2-x^2-6x+1$，在三顶点为 $(0,0),(2,0),(2,6)$ 的封闭区域中，试求 f 的极值

【解】

三顶点围成的封闭区域 $=\{(x,y):0\le x\le 2,0\le y\le 6,y\ge 3x\}$

$(1)(x,y)\in\{(x,y):0<x<2,0<y<6,y>3x\}$

令 $f_x=f_y=0$ 则 $\begin{cases} f_x=4y-2x-6=0 \\ f_y=4x-2y=0 \end{cases}\Rightarrow (x,y)=(1,2)$

$\because\ \Delta(1,2)=\begin{vmatrix} f_{xx}(1,2) & f_{xy}(1,2) \\ f_{yx}(1,2) & f_{yy}(1,2) \end{vmatrix}=\begin{vmatrix} -2 & 4 \\ 4 & -2 \end{vmatrix}=-20<0\ \Rightarrow (1,2)$ 为鞍点

(2) $(x,y)\in\{(x,0):0\le x\le 2\}\cup\{(2,y):0\le y\le 6\}\cup\{(x,y):y=3x,0\le y\le 6,0\le x\le 2\}$

(a)

若 $(x,y)\in\{(x,0):0\le x\le 2\}$ 则 $f(x,0)=-x^2-6x+1$

令 $\dfrac{\partial f(x,0)}{\partial x}=0$ 则 $-2x-6=0\quad \therefore x=-3\notin(0,2)$

$\therefore f(0,0)=1$ 有相对极大值，$f(2,0)=-15$ 有相对极小值

(b)

若 $(x,y)\in\{(2,y):0\le y\le 6\}$ 则 $f(2,y)=8y-y^2-15$

令 $\dfrac{\partial f(2,y)}{\partial y}=0$ 则 $8-2y=0\quad \therefore y=4$

$\therefore f(2,0)=-15$ 有相对极小值，$f(2,4)=1$ 有相对极大值

(c)

若 $(x,y)\in\{(x,y):y=3x,0\le y\le 6,0\le x\le 2\}$

则 $f(x,y)=4x\cdot 3x-9x^2-x^2-6x+1=2x^2-6x+1$

令 $\dfrac{\partial f(x,y)}{\partial x}=0$ 则 $4x-6=0\Rightarrow x=\dfrac{3}{2},y=\dfrac{9}{2}$

$\therefore f\left(\dfrac{3}{2},\dfrac{9}{2}\right)=-\dfrac{7}{2}$ 有相对极小值，$f(0,0)=1$ 有相对极大值

因此 $f(2,0)=-15$ 有绝对极小值，$f(0,0)=1$ 有绝对极大值

第八章　重积分

本章依序介绍迭代积分、多重积分定义、Fubini's Theorem 以及多重积分的考试类型；求迭代积分可以看成是求数次的单变量定积分，在多重积分的部分，首先说明多变量的实值函数为黎曼可积分的定义，其定义与单变量实值函数为黎曼可积分类似，接着说明黎曼可积分的充要条件：$f(\boldsymbol{x})$于I黎曼可积分 $\Leftrightarrow$ 函数 $f(\boldsymbol{x})$于I满足黎曼条件 $\Leftrightarrow f(\boldsymbol{x})$于$I$的上黎曼积分 $= f(\boldsymbol{x})$于下的上黎曼积分，然而，这些充要条件在使用上并不太容易，事实上，任意定义于紧致集(compact set)的多变量实值连续函数皆为黎曼可积分函数，因此，在第七章所介绍的判断多变量函数是否连续则变得相当重要，简单来说，于 7.2 节当中的多变量实数值函数只要定义在紧致集为连续函数则必为黎曼可积分函数；此外，求多变量实值函数的重积分时，主要是藉由 Fubini's Theorem，将问题转为计算数次的单变量定积分，值得注意的是，使用 Fubini's Theorem 的先决条件是多变量实值函数需为黎曼可积分函数

常考的积分类型为二重积分与三重积分，无论是二重积分或三重积分皆是以 Fubini's Theorem 当作基础，将计算重积分的问题转成计算多次单变量定积分的问题，因此，求解过程中可能会运用求定积分的方法，例如：变数变换法、分部积分法..等

双重积分的考试题型分为：不需调换积分顺序即可求值、需调换积分顺序才能求值、需藉由极坐标转换才能求值、需藉由广义坐标转换才能求值；需熟悉各种考试题型，当推估无法直接求重积分需藉由调换积分顺序时，是否有把握找出调换积分顺序后的积分上下界；此外，使用极坐标转换或广义坐标转换之后，是否也能迅速并精确找出新变量的积分上下界，如果可以做到这些并且有把握算出各种定积分题型，则处理双重积分的各种题型便能游刃有余。三重积分的考试题型分为：不需调换顺序可直接转换成双重积分再转成迭代积分、转成双重积分后出现x^2+y^2，再使用极坐标转换、使用球坐标转换求三重积分

接下来讨论重积分与向量微积分的关联性，向量微积分重点章节包含：线积分、曲面积分、Green's Theorem、Stokes' Theorem 与 The Divergence Theorem；线积分可分为纯量函数于曲线 C 的线积分以及向量函数于曲线 C 的线积分，两者线积分最终皆是转换为单变量定积分的类型作计算；接着介绍 Green's Theorem，当被积分函数的一阶偏导数存在且连续时，Green's Theorem 是计算二维封闭曲线积分与双重积分的重要工具，此定理将一个沿着简单封闭平面曲线 C 的线积分与其所包围平面区域 R 的双重积分链接起来，可以帮助将线积分与双重积分做双向的转换，如果线积分的计算是困难时可藉由此定理转成双重

积分，反之，当计算双重积分是困难时，藉由此定理可转成线积分做计算

曲面积分可分为给空间曲面求封闭区域的表面积，给纯量函数求曲面 S 的质量以及给向量函数求曲面的通量，这三者最终皆是转换为双重积分的类型作计算，因此，熟悉双重积分的计算是相当重要；Stokes' Theorem 不仅是微积分基本定理在更高维度的推广，同时也是 Green's Theorem 的高维推广，Green's Theorem 是将平面区域的双重积分与平面上二维封闭曲线之线积分做转换，Stokes' Theorem 则是将三维空间封闭曲线的线积分与非封闭曲面 S 上之曲面积分作转换，当藉由 Stokes' Theorem 将三维空间封闭曲线的线积分问题转换为非封闭曲面 S 的曲面积分的问题时，又得藉由投影的方法转换为双重积分做计算，再一次说明求双重积分的能力是重要的；此外, The Divergence Theorem 可以将向量场$\vec{F}$穿越封闭曲面 S 的通量(曲面积分)转换为$\vec{F}$的散度在封闭体积 V 的三重积分，因此求三重积分的能力也是重要的

整体来说，未来会藉由上述这些定理将线积分与曲面积分的问题分别转为二重积分与三重积分的问题，因此需培养扎实求解重积分的能力

8.1 迭代积分

考试类型:

Type 1.

给定 $f(x,y), g_1(x), g_2(x)$，求 $\int_a^b \int_{g_1(x)}^{g_2(x)} f(x,y)dydx = ?$

解题流程:

Step1.

把 $f(x,y)$ 当中的 x 当成常数，求 $\int_{g_1(x)}^{g_2(x)} f(x,y)dy = ?$

Step2.

求 $\int_a^b h(x)dx = ?$，其中 $h(x) = \int_{g_1(x)}^{g_2(x)} f(x,y)dy$

Type 2.

给定 $f(x,y), g_1(y), g_2(y)$，求 $\int_a^b \int_{g_1(y)}^{g_2(y)} f(x,y)dxdy = ?$

解题流程:

Step1.

把 $f(x,y)$ 当中的y当成常数，求 $\int_{g_1(y)}^{g_2(y)} f(x,y)dx = ?$

Step2.

求 $\int_a^b h(y)dy = ?$，其中 $h(y) = \int_{g_1(y)}^{g_2(y)} f(x,y)dx$

Example 1.

求 $\int_0^1 \int_0^x e^{x^2} dydx = ?$

【解】

$$\int_0^1 \int_0^x e^{x^2} dydx = \int_0^1 xe^{x^2}\, dx = \frac{1}{2} e^{x^2}\Big|_0^1 = \frac{e-1}{2}$$

Example 2.

(1)求 $\int_0^{\frac{\pi}{2}} \int_0^x \frac{\sin x}{x} dydx = ?$ (2)求 $\int_0^{\frac{\pi}{4}} \int_0^x \frac{\sec^2 x}{x} dydx = ?$

【解】

(1)

$$\int_0^{\frac{\pi}{2}} \int_0^x \frac{\sin x}{x} dydx = \int_0^{\frac{\pi}{2}} \left(\frac{\sin x}{x}\right) y\Big|_{y=0}^{y=x} dx = \int_0^{\frac{\pi}{2}} \left(\frac{\sin x}{x}\right) xdx = \int_0^{\frac{\pi}{2}} \sin x\, dx = -\cos x\Big|_{x=0}^{x=\frac{\pi}{2}} = 1$$

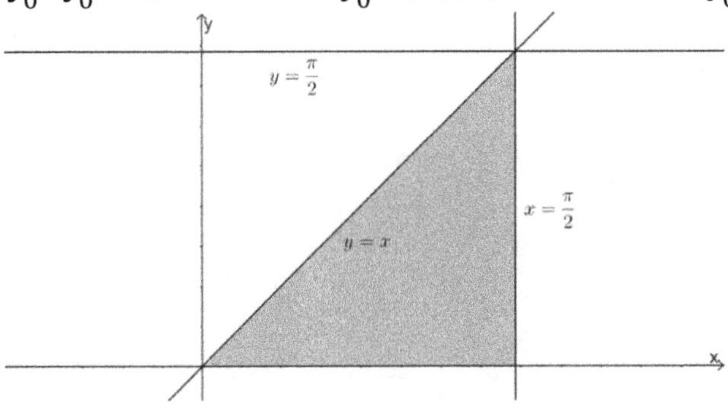

(2)

$$\int_0^{\frac{\pi}{4}} \int_0^x \frac{\sec^2 x}{x} dydx = \int_0^{\frac{\pi}{4}} \left(\frac{\sec^2 x}{x}\right) y\Big|_{y=0}^{y=x} dx = \int_0^{\frac{\pi}{4}} \left(\frac{\sec^2 x}{x}\right) xdx = \int_0^{\frac{\pi}{4}} \sec^2 x\, dx = \tan x\Big|_{x=0}^{x=\frac{\pi}{4}}$$

$= 1$

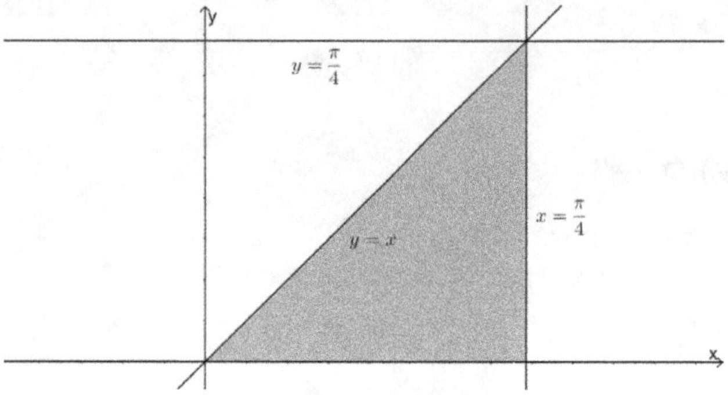

Example 3.

$$求 \int_0^1 \int_0^x \frac{1}{1+x^4} dydx = ?$$

【解】

$$\int_0^1 \int_0^x \frac{1}{1+x^4} dydx = \int_0^1 \frac{x}{1+x^4} dx = \frac{\tan^{-1} x^2}{2}\bigg|_0^1 = \frac{\pi}{8}$$

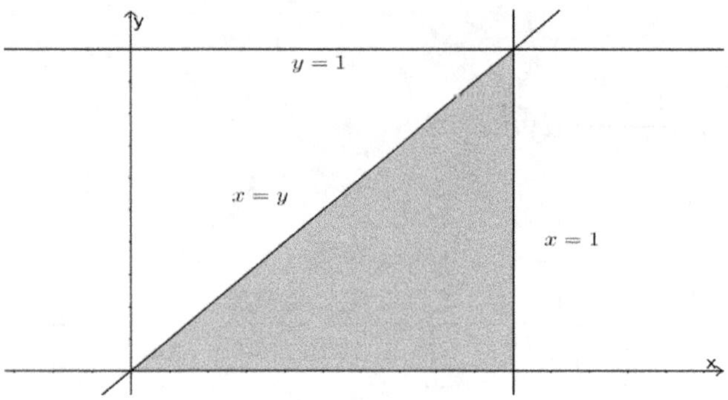

Example 4.

$$求 \int_0^2 \int_0^{2y} e^{y^2} dxdy = ?$$

【解】

$$\int_0^2 \int_0^{2y} e^{y^2} dxdy = \int_0^2 2ye^{y^2} dy = e^{y^2}\Big|_0^2 = e^4 - 1$$

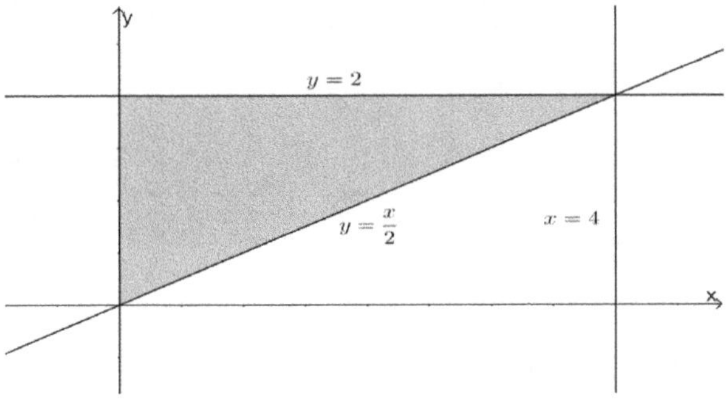

Example 5.

$$求\ \int_0^1\int_0^x e^{\frac{y}{x}}dydx=?$$

【解】

$$\int_0^1\int_0^x e^{\frac{y}{x}}dydx=\int_0^1 xe^{\frac{y}{x}}\Big|_{y=0}^{y=x}dx=(e-1)\int_0^1 x\,dx=\frac{e-1}{2}$$

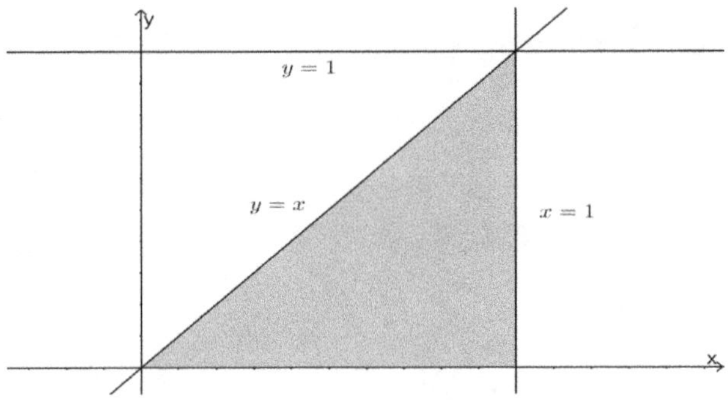

Example 6.

$$求\ \int_0^2\int_0^x x\sqrt{x^3+1}dydx=?$$

【解】

$$\int_0^2\int_0^x x\sqrt{x^3+1}dydx=\int_0^2 x^2\sqrt{x^3+1}\,dx=\frac{2(x^3+1)^{\frac{3}{2}}}{9}\Bigg|_{x=0}^{x=2}=\frac{2(9)^{\frac{3}{2}}}{9}-\frac{2}{9}=\frac{52}{9}$$

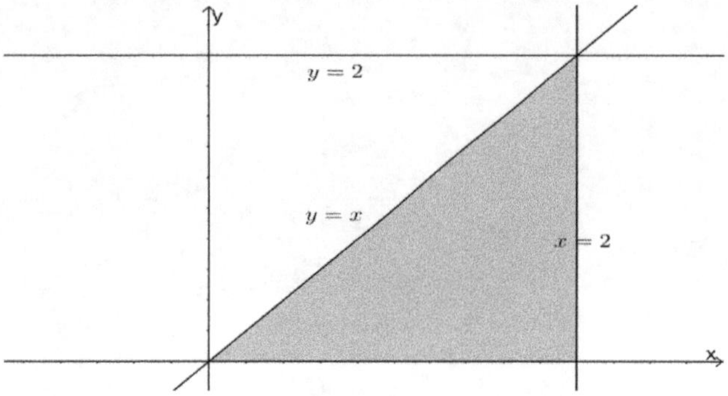

Example 7.

求 $\int_0^{\pi}\int_0^{y}\frac{\sin y}{y}\cos\frac{x}{y}\,dxdy = ?$

【解】

$$\int_0^{\pi}\int_0^{y}\frac{\sin y}{y}\cos\frac{x}{y}\,dxdy = \int_0^{\pi}\left(\sin y\sin\frac{x}{y}\right)\Big|_{x=0}^{x=y}dy = \int_0^{\pi}\sin y\,(\sin 1)\,dy = \sin 1\,(-\cos y)|_0^{\pi}$$

$= 2\sin 1$

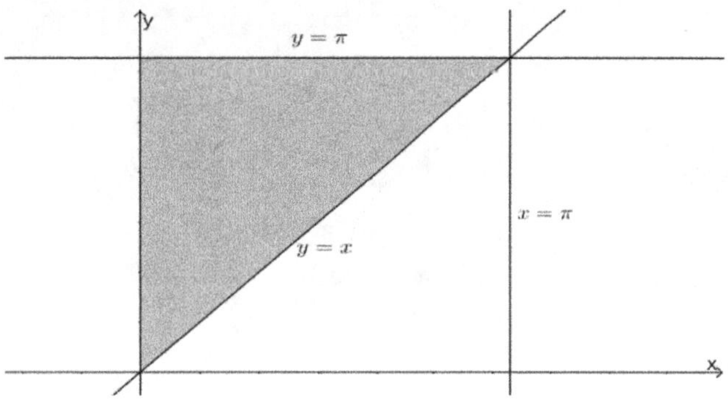

Example 8.

求 $\int_0^{\frac{\pi}{2}}\int_0^{y}\frac{\cos y}{y}\sin\frac{x}{y}\,dxdy = ?$

【解】

$$\int_0^{\frac{\pi}{2}}\int_0^{y}\frac{\cos y}{y}\sin\frac{x}{y}\,dxdy = \int_0^{\frac{\pi}{2}}\left(-\cos y\cos\frac{x}{y}\right)\Big|_{x=0}^{x=y}dy = \int_0^{\frac{\pi}{2}}\cos y\,(1-\cos 1)\,dy$$

$$= (1-\cos 1)\sin y|_0^{\frac{\pi}{2}} = 1-\cos 1$$

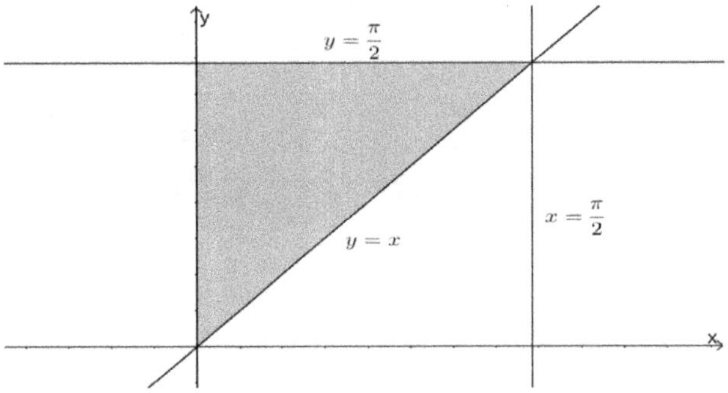

Example 9.

$$\text{求}\int_0^2\int_0^y \sin y^2\,dxdy=?$$

【解】

$$\int_0^2\int_0^y \sin y^2\,dxdy=\int_0^2 y\sin y^2\,dy=-\frac{\cos y^2}{2}\bigg|_0^2=\frac{1}{2}(1-\cos 4)$$

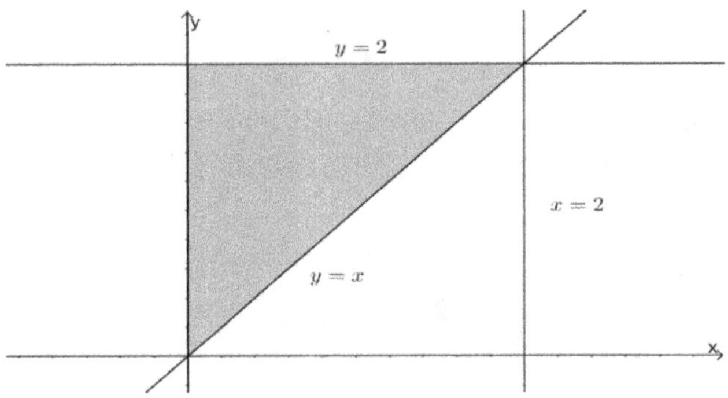

Example 10.

$$\text{求}\int_0^{\sqrt{3}}\int_0^x \cos\frac{\pi x^2}{2}dydx=?$$

【解】

$$\int_0^{\sqrt{3}}\int_0^x \cos\frac{\pi x^2}{2}dydx=\int_0^{\sqrt{3}} x\cos\frac{\pi x^2}{2}dx=\frac{1}{\pi}\sin\frac{\pi x^2}{2}\bigg|_0^{\sqrt{3}}=-\frac{1}{\pi}$$

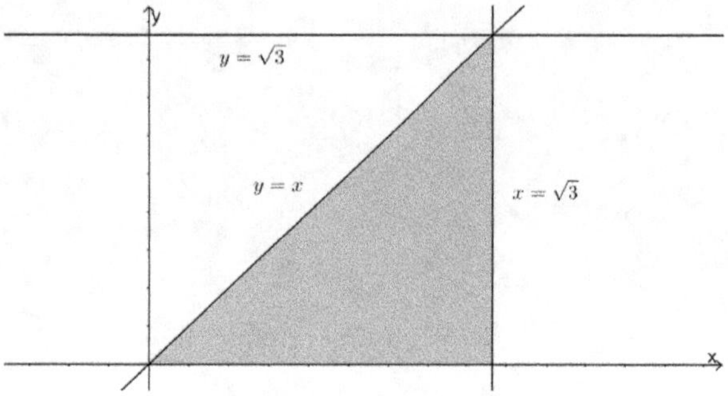

Example 11.

$$求 \int_0^{\sqrt{3}}\int_0^x \sin\frac{\pi x^2}{2}\,dydx = ?$$

【解】

$$\int_0^{\sqrt{3}}\int_0^x \sin\frac{\pi x^2}{2}\,dydx = \int_0^{\sqrt{3}} x\sin\frac{\pi x^2}{2}\,dx = \frac{-1}{\pi}\cos\frac{\pi x^2}{2}\Big|_0^{\sqrt{3}} = \frac{1}{\pi}$$

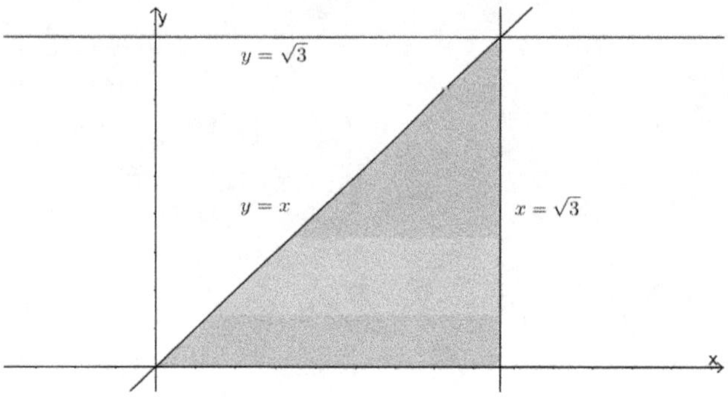

Example 12.

$$求 \int_0^2\int_0^y \cos y^2\,dxdy =?$$

【解】

$$\int_0^2\int_0^y \cos y^2\,dxdy = \int_0^2 y\cos y^2\,dy = \frac{\sin y^2}{2}\Big|_0^2 = \frac{\sin 4}{2}$$

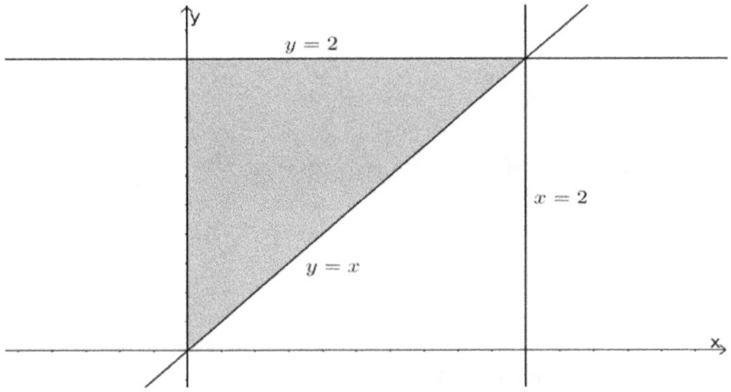

Example 13.

$$\text{求} \int_0^1 \int_0^x e^{-x^2} dydx = ?$$

【解】

$$\int_0^1 \int_0^x e^{-x^2} dydx = \int_0^1 xe^{-x^2}\, dx = -\frac{e^{-x^2}}{2}\Bigg|_0^1 = \frac{1}{2}(1 - e^{-1})$$

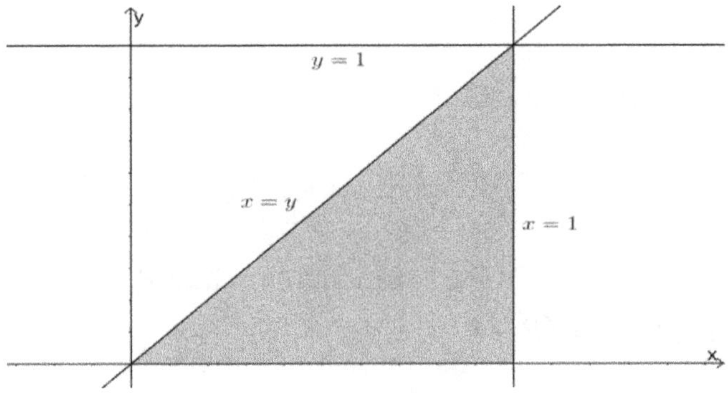

8.2 多重积分与 Fubini's Theorem

【定义】n维区间

假设 I_j为一维空间的 interval, $\forall j = 1, .., n$ 则

$$I = I_1 \times \cdots \times I_n = \{(x_1, \ldots, x_n): x_j \in I_j, \forall j = 1, .., n\}\text{ 称为}n\text{维区间,}$$

其中I_j 并没有限定是否为开集合或闭集合或是否有界

【定义】n维 measure

假设 $I = I_1 \times \cdots \times I_n$ 且 I_j 有界，$\forall j = 1,..,n$ 则

$$\mu(I) \coloneqq \mu(I_1) \cdot \mu(I_2) \cdots \mu(I_n) \text{称为区间} I \text{的} n \text{维 measure}$$

其中$\mu(I_j)$ 为一维区间 I_j 的长度，$\forall j = 1,..,n$

【定义】在R^n空间的紧致集分割

(i)假设 $I = I_1 \times \cdots \times I_n$ 为 R^n的 compact set, 如果 P_k是I_k的分割, 则 cartesian product $P = P_1 \times \cdots \times P_n$ 则是 I的分割, 其中如果P_k 将 I_k分割为n_k个一维的子区间则 P 将 I分割为$n_1 \cdots n_k$个 n维区间的聯集

(ii)如果 $P \subseteq P'$则称 I 集合的分割 P'比分割 P 更精細

【定义】黎曼和

假设 f定义在紧致区间(compact interval)$I \subseteq \mathrm{R}^n$，分割P将I分割为k个子区间 $I_1, \dots, I_k$, 则

$$R(P,f) = \sum_{j=1}^{k} f(s_j)\mu(I_j) \text{ 称为黎曼和(Riemann sum)}$$

其中 $s_j \in I_j$

【定义】黎曼可积分

(i)函数$f(x)$于$I \subseteq \mathrm{R}^n$黎曼可积分(Riemann Integrable)

$\Leftrightarrow \exists A \in R$ 满足下列条件: $\forall \varepsilon > 0, \exists$ Partition P_ε of I s. t. $\forall$ Partition P finer than P_ε, we have $|R(P,f) - A| < \varepsilon$, for all Riemann sums $R(P,f)$.

(ii)此外，当 A存在时，则用$\int_I f(\boldsymbol{x})d\boldsymbol{x}$ 表示黎曼积分的值, 即$\int_I f(\boldsymbol{x})d\boldsymbol{x} = \mathrm{A}$

【定义】上黎曼和

假设 P为集合 $I \subseteq \mathrm{R}^n$ 的分割, 函数$f(\boldsymbol{x})$的上黎曼和定义为 $U(P,f) = \sum_{i=1}^{n} \mu(I_k) \sup_{x \in I_k} f(\boldsymbol{x})$

【定义】下黎曼和

假设 P为集合 $I \subseteq \mathrm{R}^n$ 的分割, 函数$f(\boldsymbol{x})$的下黎曼和定义为 $L(P,f) = \sum_{i=1}^{n} \mu(I_k) \inf_{x \in I_k} f(\boldsymbol{x})$

为了说明黎曼可积分的充要条件，先介绍黎曼条件、上黎曼积分以及下黎曼积分

【定义】黎曼条件

函数$f(\boldsymbol{x})$于I满足黎曼条件

$\Leftrightarrow \forall \varepsilon > 0, \exists$ partition P_ε of I such that if P is finer than P_ε then $0 \le U(P,f) - L(P,f) < \varepsilon$

【定义】上黎曼积分

$$(U)\int_I f(\boldsymbol{x})d\boldsymbol{x} = \inf\{U(P,f):\ \forall \text{ partition } P \in P(I)\}$$

【定义】下黎曼积分

$$(L)\int_I f(\boldsymbol{x})d\boldsymbol{x} = \sup\{L(P,f): \forall \text{ partition } P \in P(I)\}$$

函数于R^n空间黎曼可积分之充要条件的证明与R^1空间类似，读者请自行练习

【定理】黎曼可积分的充要条件

假设$f: I \subseteq R^n \to R$则

$$f(\boldsymbol{x})\text{于}I\text{黎曼可积分} \Leftrightarrow \text{函数 } f(\boldsymbol{x})\text{于}I\text{满足黎曼条件} \Leftrightarrow (U)\int_I f(\boldsymbol{x})d\boldsymbol{x} = (L)\int_I f(\boldsymbol{x})d\boldsymbol{x}$$

目前为止，主要说明函数$f: R^n \to R$满足什麼条件时为黎曼可积分函数，接下来把目光聚焦在如何计算二维空间的重积分

【定理】Fubini 定理

假设f为定义在$K = [a,b] \times [c,d]$上的黎曼可积分函数，$\int_a^b f(x,y)dx$ 存在，$\forall y \in [c,d]$ 且 $\int_c^d f(x,y)dy$ 存在，$\forall x \in [a,b]$ 则

(i) $\int_a^b \int_c^d f(x,y)dydx$ 且 $\int_c^d \int_a^b f(x,y)dxdy$ 两者皆存在

(ii) $\iint_K f(x,y)dxdy = \int_a^b \int_c^d f(x,y)dydx = \int_c^d \int_a^b f(x,y)dxdy$

<u>Proof:</u>

Let $\varphi(x) = \int_c^d f(x,y)dy$,

Claim: $\varphi(x)$ is integrable on $[a,b]$ and $\iint_K f(x,y)dxdy = \int_a^b \int_c^d f(x,y)dydx$

Let P_x, P_y be the two partition of $[a,b]$ and $[c,d]$ where $P_x = \{a = x_0 < x_1 < \cdots x_n = b\}$, $P_y = \{c = y_0 < y_1 < \cdots y_n = d\}$. Then $P = P_x \times P_y$ is a partition of K.

Let $m_{ij} = \inf_{K_{ij}} f(x,y)$ and $M_{ij} = \sup_{K_{ij}} f(x,y)$.

Let $m_j(x) = \inf_{y_{j-1}<y<y_j} f(x,y)$ and $M_j(x) = \sup_{y_{j-1}<y<y_j} f(x,y)$, $\forall x \in [x_{i-1}, x_i]$.

Then $m_{ij} \le m_j(x) \le M_j(x) \le M_{ij}$.

$$\therefore \sum_j^n m_{ij}\Delta y_j \le \sum_j^n m_j(x)\Delta y_j \le \sum_j^n M_j(x)\Delta y_j \le \sum_j^n M_{ij}\Delta y_j$$

$$\because \sum_j^n m_j(x)\Delta y_j \le \varphi(x) = \int_c^d f(x,y)dy \le \sum_j^n M_j(x)\Delta y_j$$

$$\therefore \sum_j^n m_{ij}(x)\Delta y_j \le \varphi(x) \le \sum_j^n M_{ij}(x)\Delta y_j, \quad \forall\, x \in [a,b]$$

$$\therefore \sum_j^n m_{ij}(x)\Delta y_j \le \inf_{x\in[x_{i-1},x_i]} \varphi(x) \le \sup_{x\in[x_{i-1},x_i]} \varphi(x) \le \sum_j^n M_{ij}(x)\Delta y_j, \forall x \in [x_{i-1}, x_i],$$

$i = 1,2..,n$

$$\therefore \sum_i^n \left(\sum_j^n m_{ij}(x)\Delta y_j\right)\Delta x_i \le \sum_i^n \left(\inf_{x\in[x_{i-1},x_i]} \varphi(x)\right)\Delta x_i \le \sum_i^n \left(\sup_{x\in[x_{i-1},x_i]} \varphi(x)\right)\Delta x_i$$

$$\le \sum_i^n \left(\sum_j^n M_{ij}(x)\Delta y_j\right)\Delta x_i$$

$\therefore L(P,f) \le L(P_x,f) \le U(P_x,f) \le U(P,f)$

$\because L(P_x,f) \le (L)\int_a^b \varphi(x)dx \le (U)\int_a^b \varphi(x)dx \le U(P_x,f)$

$\therefore L(P,f) \le (L)\int_a^b \varphi(x)dx \le (U)\int_a^b \varphi(x)dx \le U(P,f)$, $\forall$ partition P

$\therefore (L)\iint_K f(x,y)dxdy \le (L)\int_a^b \varphi(x)dx \le (U)\int_a^b \varphi(x)dx \le (U)\iint_K f(x,y)dxdy$

$\because f$为在$K=[a,b]\times[c,d]$上的黎曼可积分函数

$\therefore (L)\iint_K f(x,y)dxdy = (U)\iint_K f(x,y)dxdy = \iint_K f(x,y)dxdy$

$\therefore (L)\int_a^b \varphi(x)dx = (U)\int_a^b \varphi(x)dx = \iint_K f(x,y)dxdy \Rightarrow \int_a^b \varphi(x)dx = \iint_K f(x,y)dxdy$

By the same way, $\iint_K f(x,y)dxdy = \int_c^d \int_a^b f(x,y)dxdy$

对于 Fubini 定理而言，f在$K=[a,b]\times[c,d]$上为黎曼可积分函数是重要不可缺少的条件，接下来展示一个双变数函数$f(x,y)$满足条件:

$$\int_a^b f(x,y)dx \text{ 存在，} \forall y\in[c,d] \text{ 且} \int_c^d f(x,y)dy \text{ 存在，} \forall x\in[a,b],$$

然而

$$\iint_K f(x,y)dxdy \ne \int_a^b \int_c^d f(x,y)dydx \ne \int_c^d \int_a^b f(x,y)dxdy$$

<u>范例说明:</u>

$f(x,y)=\begin{cases} -\dfrac{1}{x^2}, 0<y\le x\le 1 \\ \dfrac{1}{y^2}, 0<x\le y\le 1 \end{cases}$ 则 f在$K=[0,1]\times[0,1]$上为黎曼不可积分函数

$\because \int_0^1 f(x,y)dx = \int_0^y \frac{1}{y^2}dx + \int_y^1 -\frac{1}{x^2}dx = 1$ 且

$\int_0^1 f(x,y)dx = \int_0^x -\frac{1}{x^2}dy + \int_x^1 \frac{1}{y^2}dy = -1$

如果f为在$K=[0,1]\times[0,1]$上的黎曼可积分函数 则

$\iint_K f(x,y)dxdy = \int_a^b \int_c^d f(x,y)dydx = \int_c^d \int_a^b f(x,y)dxdy$, a contradiction

$\therefore f$为定义在$K=[0,1]\times[0,1]$上的黎曼不可积分函数

目前为止，Fubini's Theorem 可以帮助将计算双重积分的问题转为迭代积分的问题，其中f为在$K=[a,b]\times[c,d]$上的黎曼可积分函数为重要不可缺少的条件，紧接着证明如果

$f(x,y)$于$K=[a,b]\times[c,d]$为连续函数则f在$K=[a,b]\times[c,d]$上为黎曼可积分函数且

$$\iint_K f(x,y)dA=\int_a^b\int_c^d f(x,y)dydx=\int_c^d\int_a^b f(x,y)dxdy$$

【定理】

假设双变数函数$f(x,y)$于$R=[a,b]\times[c,d]$为连续函数

则$\iint_R f(x,y)dA=\int_a^b\int_c^d f(x,y)dydx=\int_c^d\int_a^b f(x,y)dxdy$

<u>Proof:</u>

Let P be the partition of $[a,b]\times[c,d]$

Let $R_{ij}=[x_{i-1},x_i]\times[y_{j-1},y_j],\ \forall\, 0\le i\le m, 0\le j\le n$

Then $[a,b]\times[c,d]=\bigcup_{i=0}^{m}\bigcup_{j=0}^{n}[x_{i-1},x_i]\times[y_{j-1},y_j]=\bigcup_{i=0}^{m}\bigcup_{j=0}^{n}R_{ij}$

Let $m_{ij}=\inf_{R_{ij}} f(x,y)$ and $M_{ij}=\sup_{R_{ij}} f(x,y)$

$\because m_{ij}\le f(x,y)\le M_{ij},\forall(x,y)\in R_{ij},\ \forall\, 0\le i\le m, 0\le j\le n$

$\therefore m_{ij}\Delta y_j\le\int_{y_{j-1}}^{y_j} f(x,y)dy\le M_{ij}\Delta y_j,\ \forall x\in[x_{i-1},x_i],\forall\, 0\le i\le m, 0\le j\le n$

$\therefore \sum_{j=0}^{n} m_{ij}\Delta y_j\le\int_c^d f(x,y)dy\le\sum_{j=0}^{n} M_{ij}\Delta y_j,\forall x\in[x_{i-1},x_i],\forall\, 0\le i\le m, 0\le j\le n$

$\therefore \sum_{j=0}^{n} m_{ij}\Delta x_i\,\Delta y_j\le\int_{x_{i-1}}^{x_i}\int_c^d f(x,y)dydx\le\sum_{j=0}^{n} M_{ij}\Delta x_i\,\Delta y_j$

$\therefore \sum_{i=0}^{m}\sum_{j=0}^{n} m_{ij}\Delta x_i\,\Delta y_j\le\int_a^b\int_c^d f(x,y)dydx\le\sum_{i=0}^{m}\sum_{j=0}^{n} M_{ij}\Delta x_i\,\Delta y_j$

$\Rightarrow L(f,P)\le\int_a^b\int_c^d f(x,y)dydx\le U(f,P),\ \forall$ partition P

$\because L(f,P)\le\iint_R f(x,y)dA\le U(f,P),\ \forall$ partition P

$$\therefore \iint_R f(x,y)dA = \int_a^b \int_c^d f(x,y)dydx = \int_c^d \int_a^b f(x,y)dxdy$$

【性质】重积分的性质

假设 $f,g: I \subseteq R^n \to R$ 且两者为黎曼可积分

(i) $\int_I \alpha f(\boldsymbol{x}) \pm \beta f(\boldsymbol{x}) d\boldsymbol{x} = \alpha \int_I f(\boldsymbol{x})\, d\boldsymbol{x} \pm \beta \int_I f(\boldsymbol{x})\, d\boldsymbol{x},\ \forall\, \alpha, \beta \in R$

(ii) $\int_I f(\boldsymbol{x})\, d\boldsymbol{x} \geq 0$ if $f(\boldsymbol{x}) \geq 0, \forall \boldsymbol{x} \in R^n$

(iii) $\int_I f(\boldsymbol{x})\, d\boldsymbol{x} \geq \int_I g(\boldsymbol{x})\, d\boldsymbol{x}$ if $f(\boldsymbol{x}) \geq g(\boldsymbol{x}),\ \forall \boldsymbol{x} \in R^n$

8.3 双重积分的考试类型

双重积分的考试类型包含把双重积分转成迭代积分再计算迭代积分的值、无法直接转定积分,需藉由调换积分顺序、使用极坐标转换求双重积分的值、使用广义坐标转换求双重积分的值

8.3.1 把双重积分转成迭代积分再计算迭代积分的值

考试类型:

Type 1.

藉由 Fubinis Theorem 把双重积分 $\iint_R f(x,y)dA$ 转成迭代积分之后可以直接求值,其中

$R = \{(x,y): a \leq x \leq b, c \leq y \leq d\}$

解题流程:

Step1.

藉由 Fubinis Theorem, $\iint_R f(x,y)dA = \int_a^b \int_c^d f(x,y)dydx = \int_c^d \int_a^b f(x,y)dxdy$

Step2.

求 $\int_a^b \int_c^d f(x,y)dydx = ?$ 或 $\int_c^d \int_a^b f(x,y)dxdy = ?$

Type 2.

藉由 Fubinis Theorem 把双重积分转成迭代积分之后，再搭配分部积分求积分值，其中 $R=\{(x,y): a\le x\le b, g_1(x)\le y\le g_2(x)\}$

解题流程:

Step1.

藉由 Fubinis Theorem, $\iint_R f(x,y)dA=\int_a^b\int_{g_1(x)}^{g_2(x)} f(x,y)dydx$

Step2.

假设 $\int_a^b\int_{g_1(x)}^{g_2(x)} f(x,y)dydx=\int_a^b u(x)\,v'(x)dx$，藉由 integration by parts,

$\int_a^b u(x)v'(x)dx=u(x)v(x)|_{x=a}^{x=b}-\int_a^b u'(x)v(x)dx.$

Step3.

求 $u(x)v(x)|_{x=a}^{x=b}-\int_a^b u'(x)v(x)dx=?$

范例说明:

(I) 求 $\int_0^2\int_0^{x^2} e^{\frac{y}{x}}\,dydx=?$

$\int_0^2\int_0^{x^2} e^{\frac{y}{x}}\,dydx=\int_0^2 xe^{\frac{y}{x}}\Big|_{y=0}^{y=x^2}\,dx=\int_0^2 x(e^x-1)dx=\int_0^2 xe^x dx-\int_0^2 xdx$

令 $u=x$，$dv=e^x dx$ 则 $du=dx$，$v=e^x$，藉由 integration by parts,

$\int_0^2 xe^x dx=e^2+1$ 且 $\int_0^2 xdx=2$

(II) 求 $\int_0^1\int_x^1 \frac{1}{1+y^2}\,dydx=?$

$\int_0^1\int_x^1 \frac{1}{1+y^2}\,dydx=\int_0^1 \tan^{-1}y|_x^1\,dx=\int_0^1 \frac{\pi}{4}-\tan^{-1}x\ dx$

令 $u=\tan^{-1}x$，$dv=dx$ 则 $du=\frac{dx}{1+x^2}$，$v=x$，藉由 integration by parts,

$\int_0^1 \tan^{-1}x\ dx=\frac{\pi}{4}-\frac{\ln 2}{2}$

Example 1.

$$求\iint_R 4-x-ydA=?,\ R=\{(x,y):0\le x\le 2,0\le y\le 2\}$$

【解】

$\because f(x,y)=4-x-y$ 在 R 区域为连续函数，藉由 Fubinis Theorem

$$\iint_R 4-x-ydA=\int_0^2\int_0^2 4-x-ydydx=\int_0^2 4y-xy-\frac{y^2}{2}\bigg|_{y=0}^{y=2}dx=\int_0^2 8-2x-2dx$$

$$=(6x-x^2)|_{x=0}^{x=2}=12-4=8$$

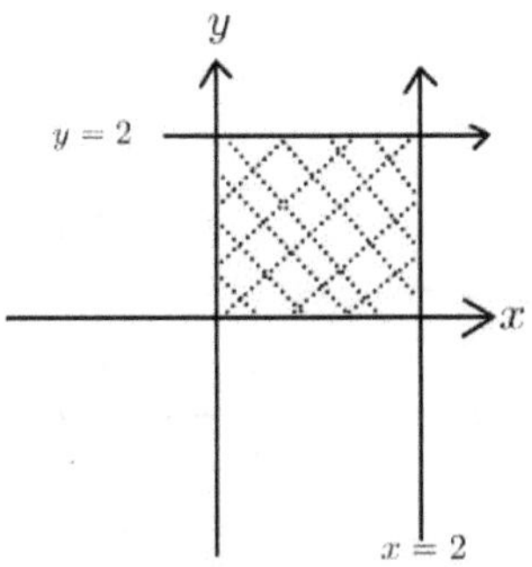

Example 2.

$$求\iint_R (1+8xy)dA=?,\ R=\{(x,y):1\le x\le 2,0\le y\le 2\}$$

【解】

$\because f(x,y)=1+8xy$ 在 R 区域为连续函数，藉由 Fubinis Theorem

$$\iint_R (1+8xy)dA=\int_0^2\int_1^2(1+8xy)dxdy=\int_0^2(x+4x^2y)|_{x=1}^{x=2}\ dy=\int_0^2 1+12y\ dy$$

$$=(y+6y^2)|_{y=0}^{y=2}=2+6\cdot 4=26$$

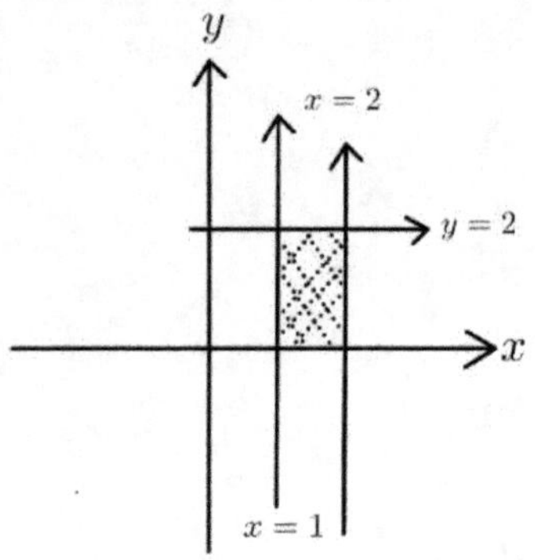

Example 3.

求 $\iint_R \frac{1}{(x+y)^2} dxdy = ?$，$R = \{(x,y): 1 \le x \le 3, 0 \le y \le 2\}$

【解】

$\because f(x,y) = \frac{1}{(x+y)^2}$ 在 R 区域为连续函数，藉由 Fubinis Theorem

则 $\iint_R \frac{1}{(x+y)^2} dxdy = \int_1^3 \int_0^2 \frac{1}{(x+y)^2} dydx = \int_1^3 \frac{-1}{(x+y)}\Big|_{y=0}^{y=2} dx = -\int_1^3 \frac{1}{x+2} - \frac{1}{x} dx$

$= -(\ln(x+2) - \ln x)|_{x=1}^{x=3} = -(\ln 5 - \ln 3 - \ln 3) = 2\ln 3 - \ln 5$

Example 4.

求 $\iint_R xydA = ?$，$R = \{(x,y): 0 \le x \le 2, 2x-4 \le y \le 0\}$

【解】

$\because f(x,y) = xy$ 在 R 区域为连续函数，藉由 Fubinis Theorem

$$\iint_R xydA = \int_0^2 \int_{2x-4}^0 xy\, dydx = \int_0^2 \frac{xy^2}{2}\Big|_{y=2x-4}^{y=0} dx = -\int_0^2 \frac{x(2x-4)^2}{2} dx$$

$$= -2\int_0^2 x(x-2)^2 dx = -2\int_0^2 x^3 - 4x^2 + 4xdx = -2\left(\frac{x^4}{4} - \frac{4x^3}{3} + 2x^2\right)\Big|_{x=0}^{x=2}$$

$$= -2\left(4 - \frac{32}{3} + 8\right) = \frac{-8}{3}$$

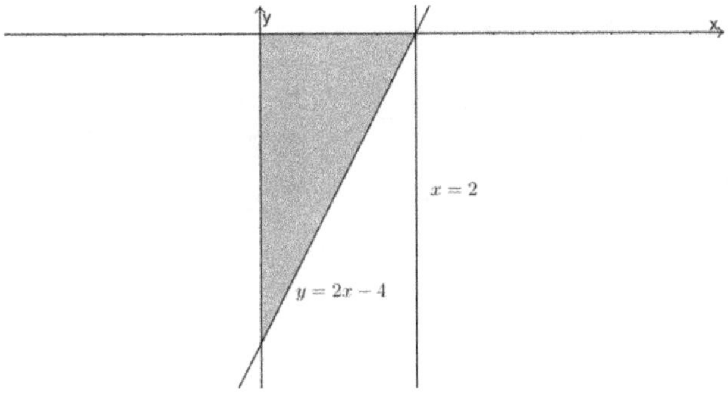

Example 5.

求 $\iint_R e^{\frac{y}{x}} dA = ?$，$R = \{(x,y): 0 \le x \le 2, 0 \le y \le x^2\}$

【解】

$\because f(x,y) = e^{\frac{y}{x}}$ 在 R 区域为连续函数，藉由 Fubinis Theorem

$$\iint_R e^{\frac{y}{x}} dA = ?\int_0^2 \int_0^{x^2} e^{\frac{y}{x}}\ dydx = \int_0^2 xe^{\frac{y}{x}}\Big|_{y=0}^{y=x^2} dx = \int_0^2 x(e^x - 1)dx = \int_0^2 xe^x dx - \int_0^2 xdx$$

令$u = x$，$dv = e^x dx$ 则 $du = dx$，$v = e^x$，藉由 Integration By Parts

则$\int_0^2 xe^x dx = xe^x|_{x=0}^{x=2} - \int_0^2 e^x dx = 2e^2 - (e^2 - 1) = e^2 + 1$

$\because \int_0^2 xdx = 2 \quad \therefore \int_0^2 \int_0^{x^2} e^{\frac{y}{x}} dydx = \int_0^2 xe^x dx - \int_0^2 xdx = e^2 + 1 - 2 = e^2 - 1$

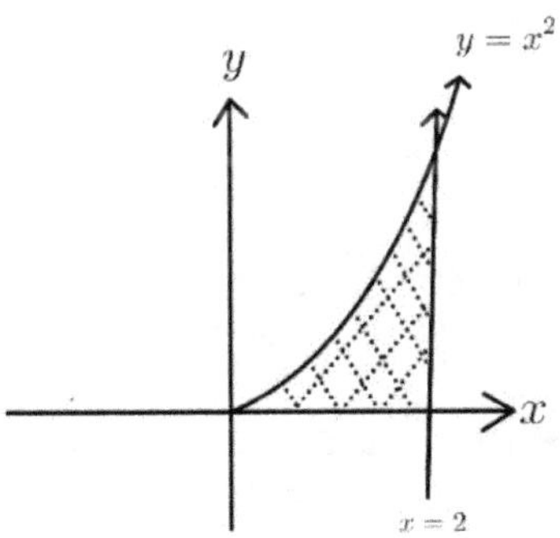

Example 6.

求 $\iint_R e^{y^2} dA = ?$，$R = \{(x,y): x - y \le 0, y \le 3, x + 3y \ge 0\}$

【解】

$\because f(x,y)=e^{y^2}$ 在 R 区域为连续函数，藉由 Fubinis Theorem

$$\iint_R e^{y^2}dA=\int_0^3\int_{-3y}^{y} e^{y^2}\,dxdy=\int_0^3 4ye^{y^2}dy=2e^{y^2}\Big|_{y=0}^{y=3}=2(e^9-1)$$

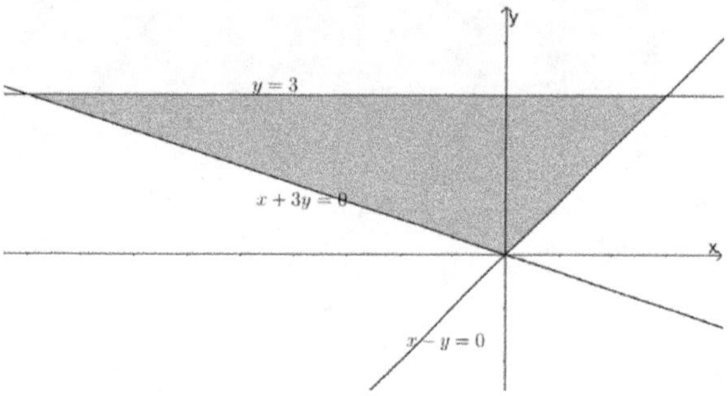

Example 7.

求 $\iint_R ye^{xy}dA=?$，$R=\{(x,y):0\le x\le 1,0\le y\le 3\}$

【解】

$\because f(x,y)=ye^{xy}$ 在 R 区域为连续函数，藉由 Fubinis Theorem

则 $\iint_R ye^{xy}dA=\int_0^3\int_0^1 ye^{xy}\,dxdy=\int_0^3 e^{xy}|_{x=0}^{x=1}dy\;=\int_0^3 e^y-1dy=\;(e^3-1)-3$

$=e^3-4$

Example 8.

求 $\iint_R \frac{1}{1+y^2}dA=?$，$R=\{(x,y):0\le x\le 1,x\le y\le 1\}$

【解】

$\because f(x,y)=\frac{1}{1+y^2}$ 在 R 区域为连续函数，藉由 Fubinis Theorem

$$\iint_R \frac{1}{1+y^2}dA=\int_0^1\int_x^1\frac{1}{1+y^2}\,dydx=\int_0^1\tan^{-1}y|_x^1\,dx=\int_0^1\frac{\pi}{4}-\tan^{-1}x\ dx$$

令$u=\tan^{-1}x$，$dv=dx$ 则 $du=\frac{dx}{1+x^2}$，$v=x$，藉由 integration by parts

$$\int_0^1\tan^{-1}x\ dx=x\tan^{-1}x|_0^1-\int_0^1\frac{xdx}{1+x^2}=\frac{\pi}{4}-\frac{1}{2}\ln(1+x^2)\Big|_0^1=\frac{\pi}{4}-\frac{\ln 2}{2}$$

$$\therefore\int_0^1\frac{\pi}{4}-\tan^{-1}x\ dx=\frac{\pi}{4}-\left(\frac{\pi}{4}-\frac{\ln 2}{2}\right)=\frac{\ln 2}{2}$$

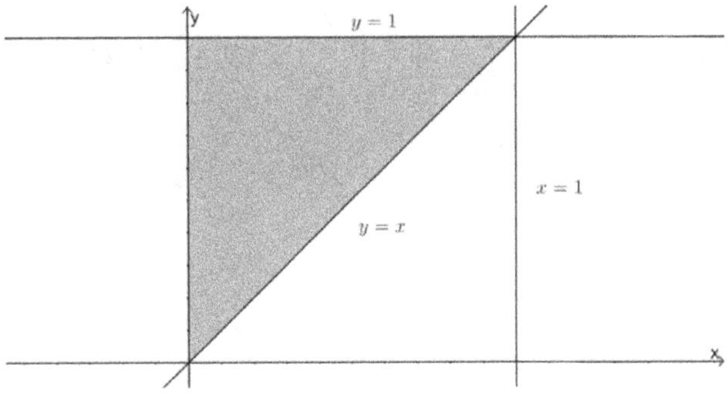

Example 9.

$$求 \iint_R 2x - y^2 dA = ?,\ R = \{(x,y): x - y + 1 \le 0, y \le 2, x + y - 1 \ge 0\}$$

【解】

$\because f(x,y) = 2x - y^2$ 在 R 区域为连续函数，藉由 Fubinis Theorem

则 $\iint_R 2x - y^2 dA = \int_1^2 \int_{1-y}^{y-1} 2x - y^2 dxdy = \int_1^2 x^2 - y^2 x\Big|_{x=1-y}^{x=y-1} dy$

$= \int_1^2 (y-1)^2 - y^2(y-1) - ((1-y)^2 - y^2(1-y))\, dy = \int_1^2 -2y^3 + 2y^2\, dy$

$= \frac{-y^4}{2}\Big|_{y=1}^{y=2} + \frac{2y^3}{3}\Big|_{y=1}^{y=2} = \frac{-17}{6}$

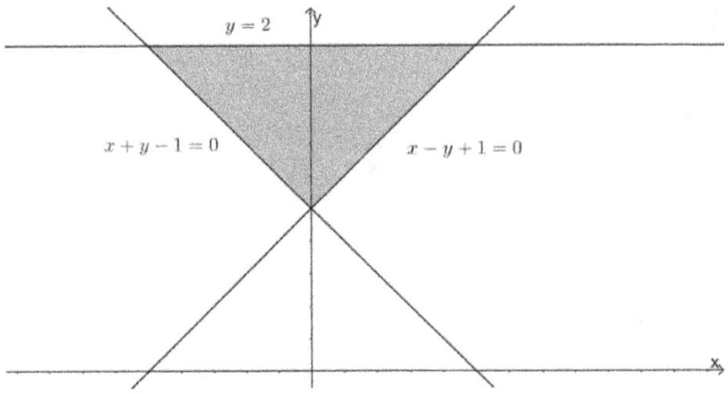

8.3.2 无法直接求迭代积分，需先调换迭代积分顺序

考试类型:

Type 1.

假设 $R=\{(x,y): a\le x\le b, f_1(x)\le y\le f_2(x)\}$，无法直接计算 $\int_a^b\int_{f_1(x)}^{f_2(x)} f(x,y)dydx=?$

解题流程:

Step1.

找 c,d,f_3,f_4 使得 $R=\{(x,y): f_3(y)\le x\le f_4(y), c\le y\le d\}$

Step2.

因此 $\int_a^b\int_{f_1(x)}^{f_2(x)} f(x,y)dydx=\int_c^d\int_{f_3(y)}^{f_4(y)} f(x,y)dxdy$

Step3.

计算此积分 $\int_c^d\int_{f_3(y)}^{f_4(y)} f(x,y)dxdy=?$

Step4.

如果无法计算 $\int_c^d\int_{f_3(y)}^{f_4(y)} f(x,y)dxdy=?$，通常会搭配使用变数变换、分部积分求积分值

Type 2.

假设 $R=\{(x,y): f_1(y)\le x\le f_2(y), c\le y\le d\}$，无法直接计算 $\int_c^d\int_{f_1(y)}^{f_2(y)} f(x,y)dxdy$ 时

解题流程:

Step1.

找 a,b,f_3,f_4 使得 $R=\{(x,y): a\le x\le b, f_3(x)\le y\le f_4(x)\}$

因此 $\int_c^d\int_{f_1(y)}^{f_2(y)} f(x,y)dxdy=\int_a^b\int_{f_3(x)}^{f_4(x)} f(x,y)dydx$

Step2.

计算此积分 $\int_a^b\int_{f_3(x)}^{f_4(x)} f(x,y)dydx=?$

Step3.

如果无法计算 $\int_a^b\int_{f_3(x)}^{f_4(x)} f(x,y)dydx=?$，通常会搭配使用变数变换 、分部积分求积分值

Example 1.

求 $\int_0^1\int_y^1 e^{x^2}\,dxdy=?$

【解】

$\because \{(x,y): y \le x \le 1, 0 \le y \le 1\} = \{(x,y): 0 \le x \le 1, 0 \le y \le x\}$

$\therefore \int_0^1 \int_y^1 e^{x^2}\, dxdy = \int_0^1 \int_0^x e^{x^2} dydx = \int_0^1 xe^{x^2}\, dx = \frac{1}{2} e^{x^2}\Big|_0^1 = \frac{e-1}{2}$

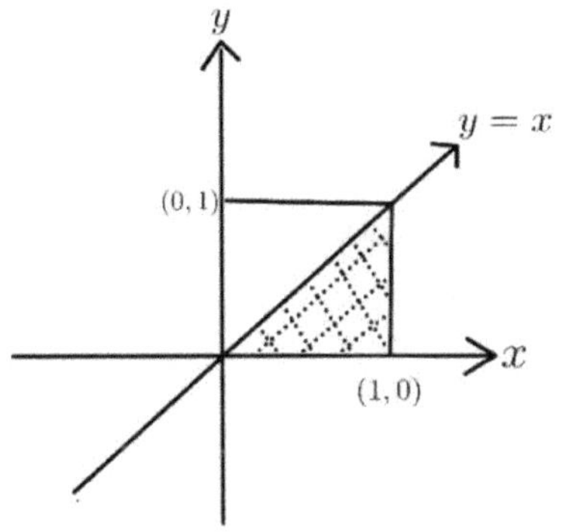

Example 2.

求 $\int_0^2 \int_{\sqrt{x}}^2 e^{y^3} dydx = ?$

【解】

$\because \{(x,y): 0 \le x \le 2, \sqrt{x} \le y \le 2\} = \{(x,y): 0 \le x \le y^2, 0 \le y \le 2\}$

$\therefore \int_0^2 \int_{\sqrt{x}}^2 e^{y^3} dydx = \int_0^2 \int_0^{y^2} e^{y^3} dxdy = \int_0^2 y^2 e^{y^3} dy = \frac{e^{y^3}}{3}\Bigg|_{y=0}^{y=2} = \frac{1}{3}(e^8 - 1)$

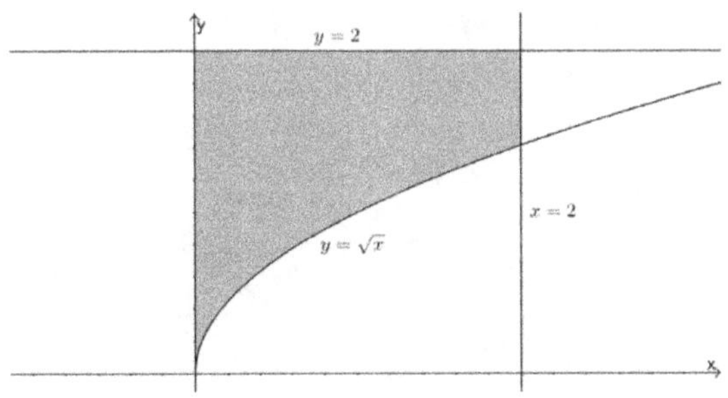

Example 3.

求 $\int_0^4 \int_{\sqrt{y}}^2 \sqrt{x^3+1}\, dxdy = ?$

【解】

$\because \{(x,y): \sqrt{y} \le x \le 2, 0 \le y \le 4\} = \{(x,y): 0 \le x \le 2, 0 \le y \le x^2\}$

$$\therefore \int_0^4\int_{\sqrt{y}}^2\sqrt{x^3+1}dxdy=\int_0^2\int_0^{x^2}\sqrt{x^3+1}dydx=\int_0^2 x^2\sqrt{x^3+1}\,dx=\frac{2(x^3+1)^{\frac{3}{2}}}{9}\Bigg|_0^2=\frac{54-2}{9}$$

$$=\frac{52}{9}$$

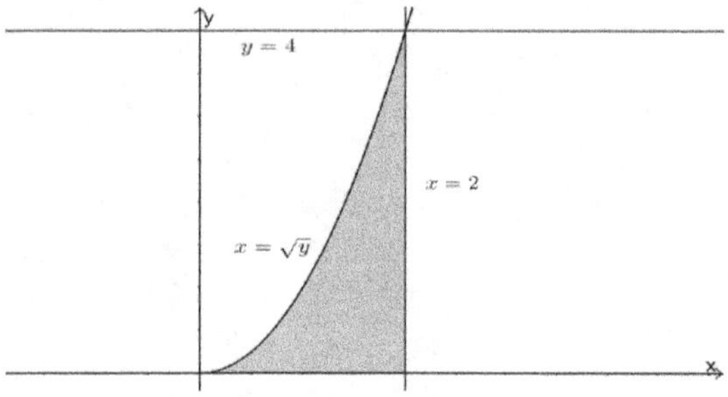

Example 4.

$$\text{求}\int_0^4\int_{\sqrt{y}}^2\frac{y\sqrt{x^2+1}}{x^3}dxdy=?$$

【解】

$\because \{(x,y):\sqrt{y}\le x\le 2, 0\le y\le 4\}=\{(x,y):0\le x\le 2, 0\le y\le x^2\}$

$$\therefore \int_0^4\int_{\sqrt{y}}^2\frac{y\sqrt{x^2+1}}{x^3}dxdy=\int_0^2\int_0^{x^2}\frac{y\sqrt{x^2+1}}{x^3}dydx=\int_0^2\frac{x^4\sqrt{x^2+1}}{2x^3}dx=\int_0^2\frac{x\sqrt{x^2+1}}{2}dx$$

$$=\frac{(x^2+1)^{\frac{3}{2}}}{6}\Bigg|_0^2=\frac{5\sqrt{5}-1}{6}$$

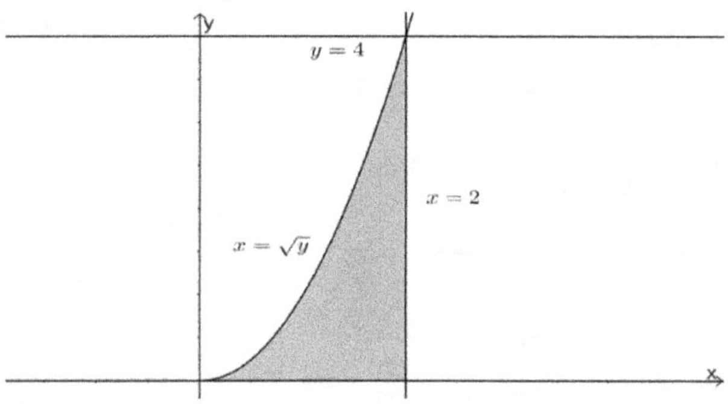

Example 5.

(1)求 $\int_0^{\frac{\pi}{2}}\int_y^{\frac{\pi}{2}}\frac{\sin x}{x}dxdy=?$ (2)求 $\int_0^{\frac{\pi}{4}}\int_y^{\frac{\pi}{4}}\frac{\sec^2 x}{x}dxdy=?$

【解】

(1)

$\because \{(x,y): y\le x\le \frac{\pi}{2}, 0\le y\le \frac{\pi}{2}\}=\{(x,y): 0\le x\le \frac{\pi}{2}, 0\le y\le x\}$

$\therefore \int_0^{\frac{\pi}{2}}\int_y^{\frac{\pi}{2}}\frac{\sin x}{x}dxdy=\int_0^{\frac{\pi}{2}}\int_0^{x}\frac{\sin x}{x}dydx=\int_0^{\frac{\pi}{2}}\left(\frac{\sin x}{x}\right)y|_{y=0}^{y=x}dx=\int_0^{\frac{\pi}{2}}\left(\frac{\sin x}{x}\right)xdx$

$=\int_0^{\frac{\pi}{2}}\sin x\,dx=-\cos x|_{x=0}^{x=\frac{\pi}{2}}=1$

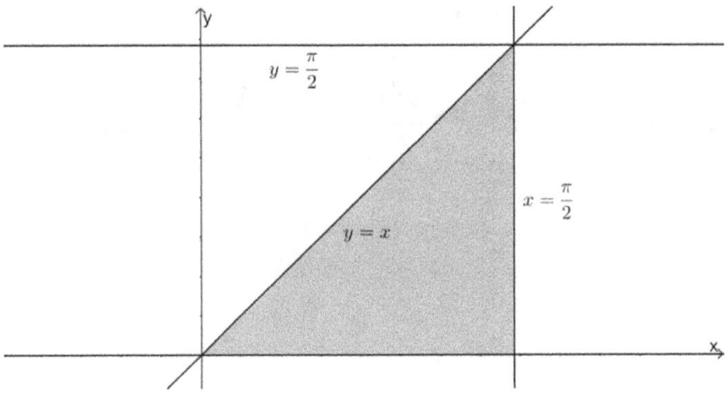

(2)

$\because \{(x,y): y\le x\le \frac{\pi}{4}, 0\le y\le \frac{\pi}{4}\}=\{(x,y): 0\le x\le \frac{\pi}{4}, 0\le y\le x\}$

$\therefore \int_0^{\frac{\pi}{4}}\int_y^{\frac{\pi}{4}}\frac{\sec^2 x}{x}dxdy=\int_0^{\frac{\pi}{4}}\int_0^{x}\frac{\sec^2 x}{x}dydx=\int_0^{\frac{\pi}{4}}\left(\frac{\sec^2 x}{x}\right)y|_{y=0}^{y=x}dx=\int_0^{\frac{\pi}{4}}\left(\frac{\sec^2 x}{x}\right)xdx$

$=\int_0^{\frac{\pi}{4}}\sec^2 x\,dx=\tan x|_{x=0}^{x=\frac{\pi}{4}}=1$

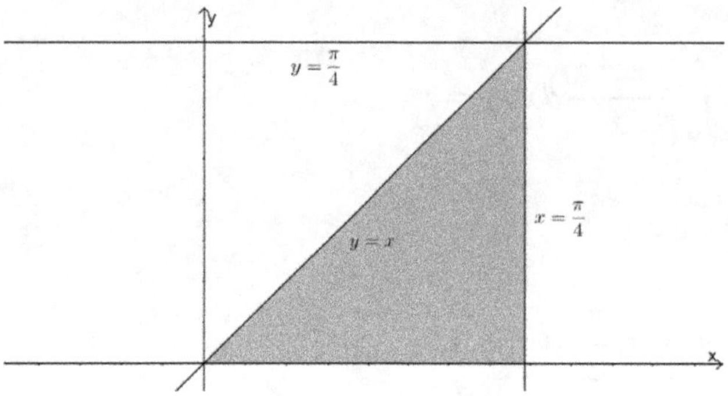

Example 6.

$$求 \int_0^9 \int_{\sqrt{y}}^3 y\cos x^5\,dxdy = ?$$

【解】

$\because \{(x,y): \sqrt{y} \le x \le 3, 0 \le y \le 9\} = \{(x,y): 0 \le x \le 3, 0 \le y \le x^2\}$

$$\therefore \int_0^9 \int_{\sqrt{y}}^3 y\cos x^5\,dxdy = \int_0^3 \int_0^{x^2} y\cos x^5\,dydx = \int_0^3 (\cos x^5)\left.\frac{y^2}{2}\right|_0^{x^2} dx = \frac{1}{2}\int_0^3 (\cos x^5)x^4\,dx$$

$$= \frac{1}{10}\sin x^5|_0^3 = \frac{\sin 243}{10}$$

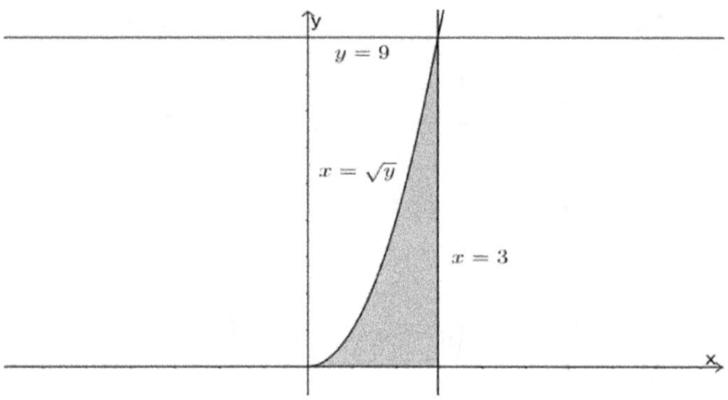

Example 7.

$$求 \int_0^1 \int_y^1 \frac{1}{1+x^4}\,dxdy = ?$$

【解】

$\because \{(x,y): y \le x \le 1, 0 \le y \le 1\} = \{(x,y): 0 \le x \le 1, 0 \le y \le x\}$

$$\therefore \int_0^1 \int_y^1 \frac{1}{1+x^4}dxdy = \int_0^1 \int_0^x \frac{1}{1+x^4}dydx = \int_0^1 \frac{x}{1+x^4}dx = \left.\frac{\tan^{-1}x^2}{2}\right|_0^1 = \frac{\pi}{8}$$

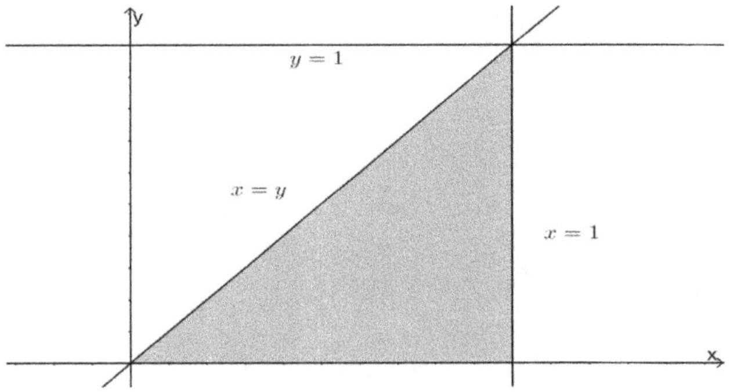

Example 8.

$$求 \int_0^4 \int_{\frac{x}{2}}^2 e^{y^2}dydx = ?$$

【解】

$$\because \{(x,y): 0 \le x \le 4, \frac{x}{2} \le y \le 2\} = \{(x,y): 0 \le x \le 2y, 0 \le y \le 2\}$$

$$\therefore \int_0^4 \int_{\frac{x}{2}}^2 e^{y^2}dydx = \int_0^2 \int_0^{2y} e^{y^2}dxdy = \int_0^2 2ye^{y^2}dy = \left.e^{y^2}\right|_0^2 = e^4 - 1$$

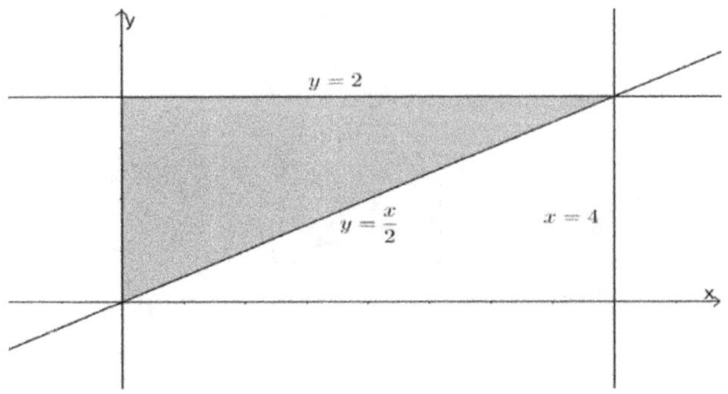

Example 9.

$$求 \int_0^1 \int_y^1 e^{\frac{y}{x}}dxdy = ?$$

【解】

$$\because \{(x,y): y \le x \le 1, 0 \le y \le 1\} = \{(x,y): 0 \le x \le 1, 0 \le y \le x\}$$

$$\therefore \int_0^1 \int_y^1 e^{\frac{y}{x}} dxdy = \int_0^1 \int_0^x e^{\frac{y}{x}} dydx = \int_0^1 x e^{\frac{y}{x}} \bigg|_{y=0}^{y=x} dx = (e-1) \int_0^1 x\, dx = \frac{e-1}{2}$$

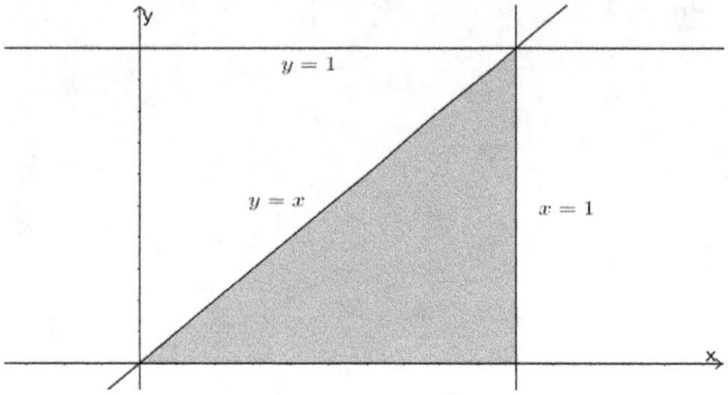

Example 10.

求 $\int_0^{\ln 10} \int_{e^x}^{10} \frac{1}{\ln y} dydx = ?$

【解】

$\because \{(x,y): 0 \le x \le \ln 10\,, e^x \le y \le 10\,\} = \{(x,y): 0 \le x \le \ln y\,, 1 \le y \le 10\,\}$

$$\therefore \int_0^{\ln 10} \int_{e^x}^{10} \frac{1}{\ln y} dydx = \int_1^{10} \int_0^{\ln y} \frac{1}{\ln y} dxdy = \int_1^{10} dy = 9$$

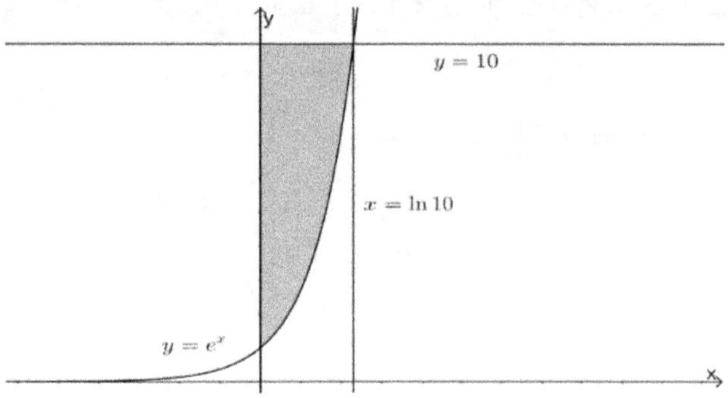

Example 11.

求 $\int_0^2 \int_y^2 x\sqrt{x^3+1} dxdy = ?$

【解】

$\because \{(x,y): y \le x \le 2, 0 \le y \le 2\,\} = \{(x,y): 0 \le x \le 2, 0 \le y \le x\,\}$

$$\therefore \int_0^2 \int_y^2 x\sqrt{x^3+1} dxdy = \int_0^2 \int_0^x x\sqrt{x^3+1} dydx = \int_0^2 x^2\sqrt{x^3+1}\, dx = \frac{2(x^3+1)^{\frac{3}{2}}}{9} \Bigg|_{x=0}^{x=2}$$

$$= \frac{2(9)^{\frac{3}{2}}}{9} - \frac{2}{9} = \frac{52}{9}$$

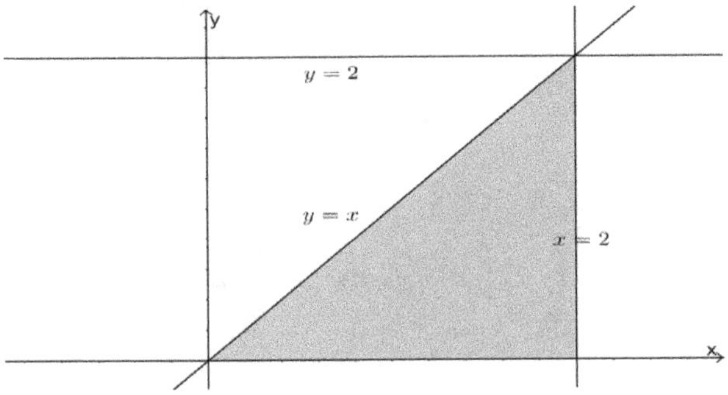

Example 12.

(1)求 $\int_0^2 \int_y^2 e^{\max(x^2,y^2)} dxdy = ?$ (2)求 $\int_0^2 \int_0^2 e^{\max(x^2,y^2)} dxdy = ?$

【解】

(1)

$\because \{(x,y): y \le x \le 2, 0 \le y \le 2\} = \{(x,y): 0 \le x \le 2, 0 \le y \le x\}$

$$\therefore \int_0^2 \int_y^2 e^{\max(x^2,y^2)} dxdy = \int_0^2 \int_0^x e^{\max(x^2,y^2)} dydx = \int_0^2 \int_0^x e^{x^2} dydx = \int_0^2 e^{x^2} x\, dx$$

$$= \left.\frac{e^{x^2}}{2}\right|_{x=0}^{x=2} = \frac{e^4 - 1}{2}$$

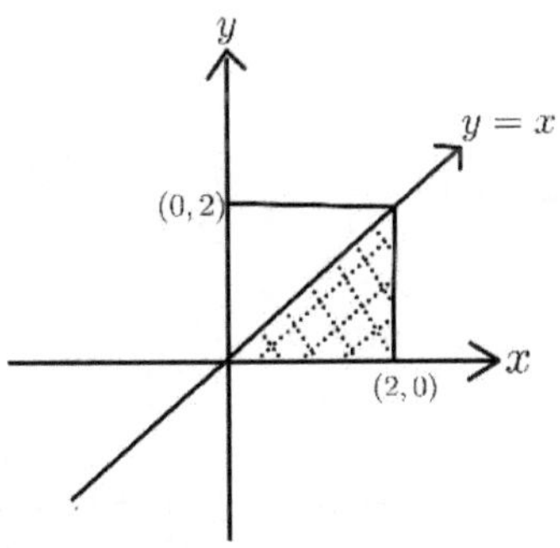

(2)

$$\because \int_0^2 e^{\max(x^2,y^2)} dx = \int_0^y e^{\max(x^2,y^2)} dx + \int_y^2 e^{\max(x^2,y^2)} dx, \ \forall 0 < y < 2$$

$$\therefore \int_0^2 \int_0^2 e^{\max(x^2,y^2)} dxdy = \int_0^2 \left(\int_0^y e^{\max(x^2,y^2)} dx + \int_y^2 e^{\max(x^2,y^2)} dx \right) dy$$

$$\because \int_0^2 \int_0^y e^{\max(x^2,y^2)} dx\, dy = \int_0^2 \left(\int_0^y e^{y^2} dx \right) dy = \int_0^2 y e^{y^2} dy = \frac{e^{y^2}}{2} \bigg|_0^2 = \frac{e^4 - 1}{2}$$

$$\because \{(x,y): y \le x \le 2, 0 \le y \le 2\} = \{(x,y): 0 \le x \le 2, 0 \le y \le x\}$$

$$\therefore \int_0^2 \left(\int_y^2 e^{\max(x^2,y^2)} dx \right) dy = \int_0^2 \int_0^x e^{\max(x^2,y^2)} dydx = \int_0^2 \int_0^x e^{x^2} dydx = \int_0^2 e^{x^2} x\, dx$$

$$= \frac{e^{x^2}}{2} \bigg|_{x=0}^{x=2} = \frac{e^4 - 1}{2}$$

$$\therefore \int_0^1 \int_0^1 e^{\max(x^2,y^2)} dxdy = e^4 - 1$$

Example 13.

(1)求 $\int_0^1 \int_0^1 |x - y| dxdy = ?$ (2)求 $\int_0^2 \int_0^1 \sqrt{|y - x^2|}\, dxdy = ?$

【解】

(1)

$$\because \int_0^1 |x - y| dx = \int_0^y |x - y| dx + \int_y^1 |x - y| dx = \int_0^y y - x\, dx + \int_y^1 x - y dx, \ \forall 0 < y < 1$$

$$\therefore \int_0^1 \int_0^1 |x - y| dxdy = \int_0^1 \int_0^y y - x\, dxdy + \int_0^1 \int_y^1 x - y dxdy$$

$$\because \int_0^1 \int_0^y y - x\, dxdy = \int_0^1 \left(yx - \frac{x^2}{2} \right) \bigg|_{x=0}^{x=y} dy = \int_0^1 \frac{y^2}{2} dy = \frac{y^3}{6} \bigg|_{y=0}^{y=1} = \frac{1}{6}$$

$$\because \{(x,y): y \le x \le 1, 0 \le y \le 1\} = \{(x,y): 0 \le x \le 1, 0 \le y \le x\}$$

$$\therefore \int_0^1 \int_y^1 x - y dxdy = \int_0^1 \int_0^x x - y dydx = \int_0^1 \left(yx - \frac{y^2}{2} \right) \bigg|_{y=0}^{y=x} dx = \int_0^1 \frac{x^2}{2} dx = \frac{x^3}{6} \bigg|_{x=0}^{x=1} = \frac{1}{6}$$

因此 $\int_0^1 \int_0^1 |x - y| dxdy = \frac{1}{3}$

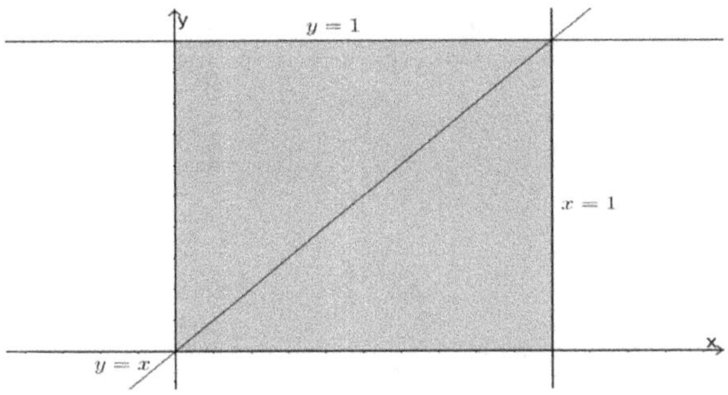

(2)

$\because f(x,y)=\sqrt{|y-x^2|}$ 在 $[0,1]\times[0,2]$为连续函数，藉由 Fubinis Theorem

则 $\int_0^2\int_0^1\sqrt{|y-x^2|}\,dxdy=\int_0^1\int_0^2\sqrt{|y-x^2|}\,dydx$

$\because \int_0^1\int_0^2\sqrt{|y-x^2|}\,dydx=\int_0^1\int_0^{x^2}\sqrt{|y-x^2|}\,dydx+\int_0^1\int_{x^2}^2\sqrt{|y-x^2|}\,dydx$

$\because \int_0^1\int_0^{x^2}\sqrt{|y-x^2|}\,dydx=\int_0^1\int_0^{x^2}\sqrt{x^2-y}\,dydx=\int_0^1\frac{(-2)(x^2-y)^{\frac{3}{2}}}{3}\Bigg|_{y=0}^{y=x^2}dx=\int_0^1\frac{2x^3}{3}dx$

$=\frac{2x^4}{12}\Bigg|_{x=0}^{x=1}=\frac{1}{6}$

$\because \int_0^1\int_{x^2}^2\sqrt{|y-x^2|}\,dydx=\int_0^1\int_{x^2}^2\sqrt{y-x^2}\,dydx=\int_0^1\frac{2(y-x^2)^{\frac{3}{2}}}{3}\Bigg|_{y=x^2}^{y=2}dx$

$=\int_0^1\frac{2(2-x^2)^{\frac{3}{2}}}{3}dx$

令 $x=\sqrt{2}\sin\theta$ 则 $dx=\sqrt{2}\cos\theta d\theta$

$\therefore \int_0^1\frac{2(2-x^2)^{\frac{3}{2}}}{3}dx=\int_0^{\frac{\pi}{4}}\frac{2(2-2\sin^2\theta)^{\frac{3}{2}}\sqrt{2}\cos\theta}{3}d\theta=\int_0^{\frac{\pi}{4}}\frac{2\cdot2\sqrt{2}(1-\sin^2\theta)^{\frac{3}{2}}\sqrt{2}\cos\theta}{3}d\theta$

$=\int_0^{\frac{\pi}{4}}\frac{2\cdot2\sqrt{2}(\cos^2\theta)^{\frac{3}{2}}\sqrt{2}\cos\theta}{3}d\theta=\int_0^{\frac{\pi}{4}}\frac{8\cos^4\theta}{3}d\theta=\frac{8}{3}\int_0^{\frac{\pi}{4}}\left(\frac{1+\cos2\theta}{2}\right)^2d\theta$

$$=\frac{8}{3}\int_0^{\frac{\pi}{4}}\frac{1+2\cos 2\theta+\cos^2 2\theta}{4}d\theta=\frac{8}{3}\int_0^{\frac{\pi}{4}}\frac{1+2\cos 2\theta}{4}+\frac{1+\cos 4\theta}{8}d\theta=\frac{\pi}{4}+\frac{2}{3}$$

$$\therefore \int_0^1\int_0^2\sqrt{|y-x^2|}\,dydx=\frac{1}{6}+\frac{\pi}{4}+\frac{2}{3}=\frac{\pi}{4}+\frac{5}{6}$$

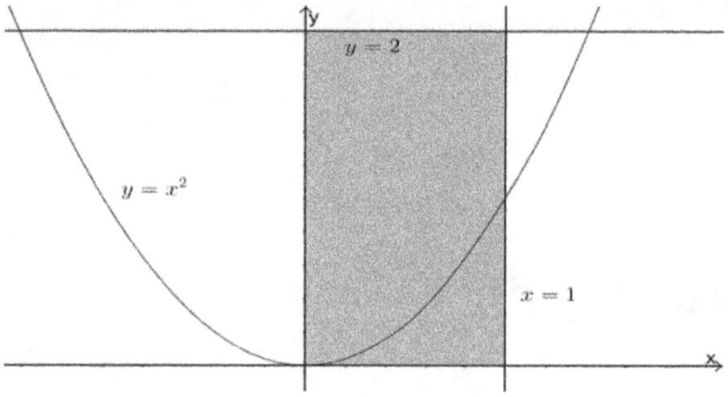

Example 14.

$$求\int_0^{\pi}\int_x^{\pi}\frac{\sin y}{y}\cos\frac{x}{y}\,dydx=?$$

【解】

$$\because \{(x,y):0\le x\le \pi, x\le y\le \pi\}=\{(x,y):0\le x\le y, 0\le y\le \pi\}$$

$$\therefore \int_0^{\pi}\int_x^{\pi}\frac{\sin y}{y}\cos\frac{x}{y}\,dydx=\int_0^{\pi}\int_0^{y}\frac{\sin y}{y}\cos\frac{x}{y}\,dxdy=\int_0^{\pi}\left(\sin y\sin\frac{x}{y}\right)\Big|_{x=0}^{x=y}dy$$

$$=\int_0^{\pi}\sin y\,(\sin 1)\,dy=\sin 1\,(-\cos y)|_0^{\pi}=2\sin 1$$

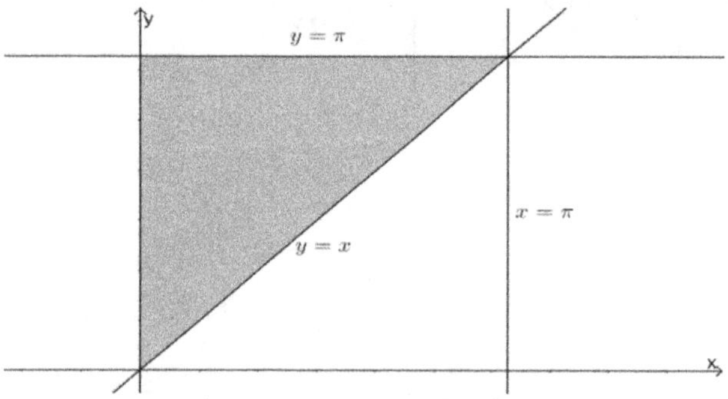

Example 15.

$$求\int_0^{\frac{\pi}{2}}\int_x^{\frac{\pi}{2}}\frac{\cos y}{y}\sin\frac{x}{y}\,dydx=?$$

【解】

$\because \{(x,y): 0 \le x \le \frac{\pi}{2}, x \le y \le \frac{\pi}{2}\} = \{(x,y): 0 \le x \le y, 0 \le y \le \frac{\pi}{2}\}$

$\therefore \int_0^{\frac{\pi}{2}} \int_x^{\frac{\pi}{2}} \frac{\cos y}{y} \sin\frac{x}{y}\, dydx = \int_0^{\frac{\pi}{2}} \int_0^{y} \frac{\cos y}{y} \sin\frac{x}{y}\, dxdy = \int_0^{\frac{\pi}{2}} \left(-\cos y \cos\frac{x}{y}\right)\Big|_{x=0}^{x=y} dy$

$= \int_0^{\frac{\pi}{2}} \cos y\,(1-\cos 1)\, dy = (1-\cos 1)\sin y|_0^{\frac{\pi}{2}} = 1-\cos 1$

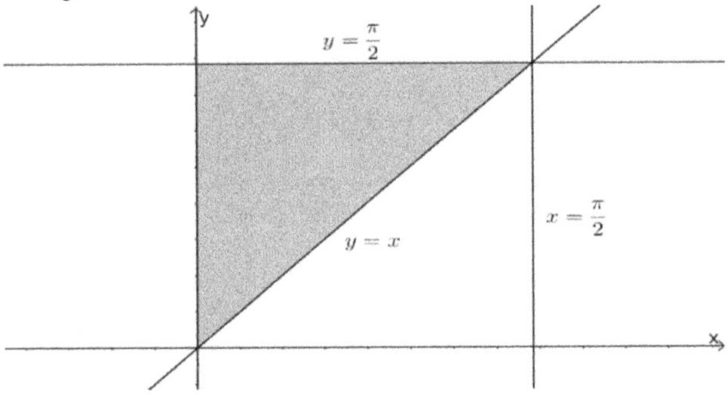

Example 16.

求 $\int_0^2 \int_x^2 \sin y^2\, dydx = ?$

【解】

$\because \{(x,y): 0 \le x \le 2, x \le y \le 2\} = \{(x,y): 0 \le x \le y, 0 \le y \le 2\}$

$\therefore \int_0^2 \int_x^2 \sin y^2\, dydx = \int_0^2 \int_0^y \sin y^2\, dxdy = \int_0^2 y \sin y^2\, dy = -\frac{\cos y^2}{2}\Big|_0^2 = \frac{1}{2}(1-\cos 4)$

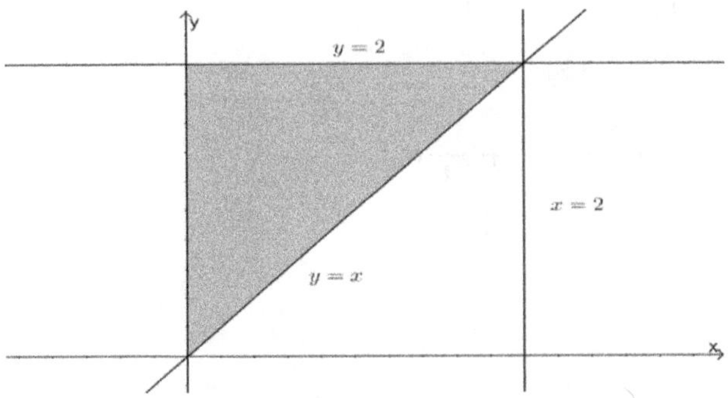

Example 17.

求 $\iint_R 1dA = ?$，$R = \{(x,y): -3x - y + 6 \le 0, 4x - x^2 - y \ge 0, y \ge 0\}$

【解】

$$\iint_R 1dA = \int_1^2 4x - x^2 - (6-3x)\,dx + \int_2^4 4x - x^2\,dx$$

$$= \left(\frac{7x^2}{2} - \frac{x^3}{3} - 6x\right)\Big|_1^2 + \left(2x^2 - \frac{x^3}{3}\right)\Big|_2^4 = \frac{21}{2} - \frac{7}{3} - 6 + 2\cdot 12 - \frac{56}{3} = \frac{15}{2}$$

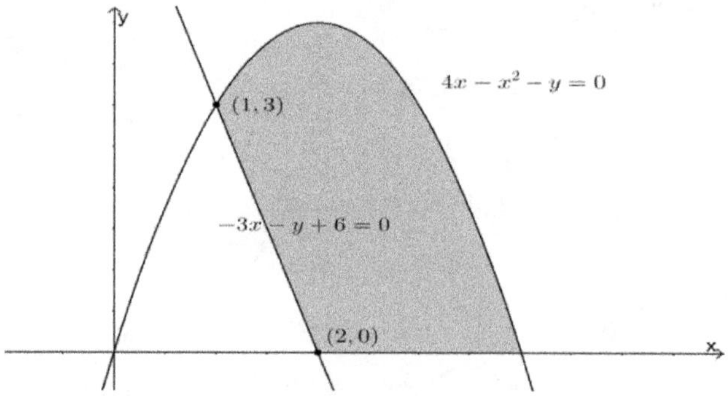

Example 18.

求 $\iint_R \sqrt{x} - y^2\,dxdy = ?$， $R = \{(x,y): y \geq x^2, y \leq x^{\frac{1}{4}}\}$

【解】

令$y = x^2 = x^{\frac{1}{4}}$ 则 $x = 0$ 或 $1 \Rightarrow 0 \leq x \leq 1 \Rightarrow R = \{(x,y): 0 \leq x \leq 1, y \geq x^2, y \leq x^{\frac{1}{4}}\}$

$\because f(x,y) = \sqrt{x} - y^2$ 在 R 区域为连续函数，藉由 Fubinis Theorem

则 $\iint_R \sqrt{x} - y^2\,dxdy = \int_0^1 \int_{x^2}^{x^{\frac{1}{4}}} \sqrt{x} - y^2\,dydx = \int_0^1 \sqrt{x}y - \frac{y^3}{3}\Big|_{y=x^2}^{y=x^{\frac{1}{4}}} dx$

$$= \int_0^1 \sqrt{x}(x^{\frac{1}{4}}) - \frac{x^{\frac{3}{4}}}{3} - \left(\sqrt{x}(x^2) - \frac{x^6}{3}\right) dx = \int_0^1 x^{\frac{3}{4}} - \frac{x^{\frac{3}{4}}}{3} - x^{\frac{5}{2}} + \frac{x^6}{3} dx$$

$$= \left(\frac{4x^{\frac{7}{4}}}{7} - \frac{4x^{\frac{7}{4}}}{21} - \frac{2x^{\frac{7}{2}}}{7} + \frac{x^7}{21}\right)\Bigg|_{x=0}^{x=1} = \frac{2}{7} - \frac{3}{21} = \frac{1}{7}$$

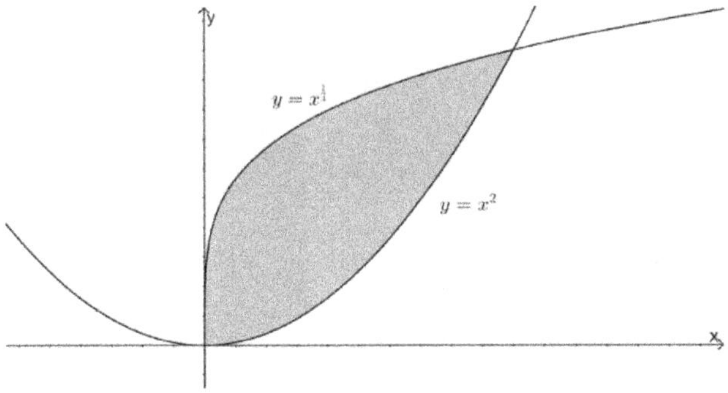

Example 19.

$$求 \int_0^{\sqrt{3}}\int_y^{\sqrt{3}} \cos\frac{\pi x^2}{2}\,dxdy = ?$$

【解】

$\because \{(x,y): y \le x \le \sqrt{3}, 0 \le y \le \sqrt{3}\} = \{(x,y): 0 \le x \le \sqrt{3}, 0 \le y \le x\}$

$$\therefore \int_0^{\sqrt{3}}\int_y^{\sqrt{3}} \cos\frac{\pi x^2}{2}\,dxdy = \int_0^{\sqrt{3}}\int_0^{x} \cos\frac{\pi x^2}{2}\,dydx = \int_0^{\sqrt{3}} x\cos\frac{\pi x^2}{2}\,dx = \frac{1}{\pi}\sin\frac{\pi x^2}{2}\bigg|_0^{\sqrt{3}} = -\frac{1}{\pi}$$

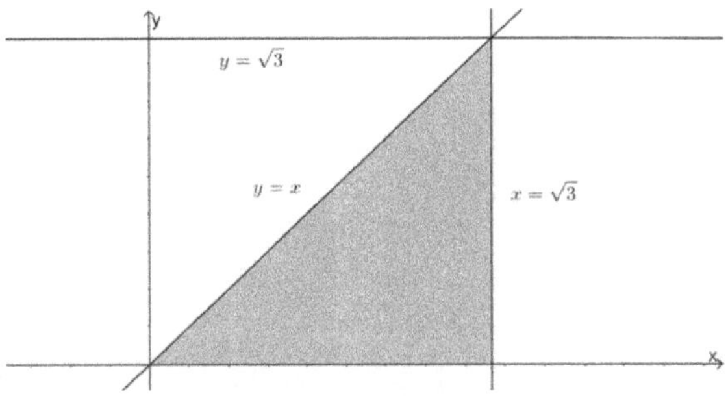

Example 20.

$$求 \int_0^{\sqrt{3}}\int_y^{\sqrt{3}} \sin\frac{\pi x^2}{2}\,dxdy = ?$$

【解】

$\because \{(x,y): y \le x \le \sqrt{3}, 0 \le y \le \sqrt{3}\} = \{(x,y): 0 \le x \le \sqrt{3}, 0 \le y \le x\}$

$$\therefore \int_0^{\sqrt{3}}\int_y^{\sqrt{3}} \sin\frac{\pi x^2}{2}\,dxdy = \int_0^{\sqrt{3}}\int_0^{x} \sin\frac{\pi x^2}{2}\,dydx = \int_0^{\sqrt{3}} x\sin\frac{\pi x^2}{2}\,dx = \frac{-1}{\pi}\cos\frac{\pi x^2}{2}\bigg|_0^{\sqrt{3}} = \frac{1}{\pi}$$

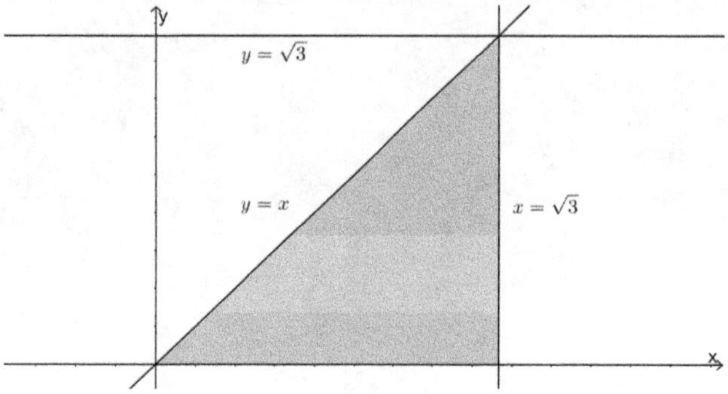

Example 21.

$$\text{求} \int_0^2 \int_x^2 \cos y^2 \, dydx = ?$$

【解】

$\because \{(x,y): 0 \le x \le 2, x \le y \le 2\} = \{(x,y): 0 \le x \le y, 0 \le y \le 2\}$

$$\therefore \int_0^2 \int_x^2 \cos y^2 \, dydx = \int_0^2 \int_0^y \cos y^2 \, dxdy = \int_0^2 y \cos y^2 \, dy = \frac{\sin y^2}{2}\bigg|_0^2 = \frac{\sin 4}{2}$$

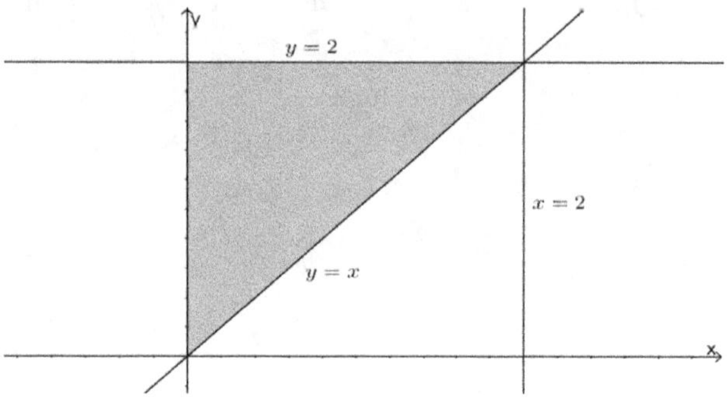

Example 22.

$$\text{求} \int_0^1 \int_{\sqrt{x}}^1 \sqrt{1+y^3} dydx = ?$$

【解】

$\because \{(x,y): 0 \le x \le 1, \sqrt{x} \le y \le 1\} = \{(x,y): 0 \le x \le y^2, 0 \le y \le 1\}$

$$\therefore \int_0^1 \int_{\sqrt{x}}^1 \sqrt{1+y^3} dydx = \int_0^1 \int_0^{y^2} \sqrt{1+y^3} dxdy = \int_0^1 y^2 \sqrt{1+y^3} dy = \frac{2}{9}(1+y^3)^{\frac{3}{2}}\bigg|_0^1$$

$$= \frac{2}{9}(2\sqrt{2}-1)$$

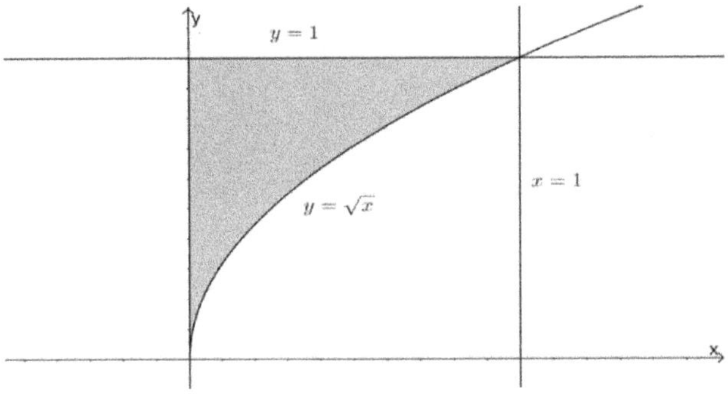

Example 23.

求 $\int_0^1 \int_{2y}^2 \cos x^2 \, dxdy = ?$

【解】

$\because \{(x,y): 2y \le x \le 2, 0 \le y \le 1\} = \{(x,y): 0 \le x \le 2, 0 \le y \le \frac{x}{2}\}$

$\therefore \int_0^1 \int_{2y}^2 \cos x^2 \, dxdy = \int_0^2 \int_0^{\frac{x}{2}} \cos x^2 \, dydx = \int_0^2 \frac{x}{2} \cos x^2 \, dx = \frac{\sin x^2}{4}\Big|_0^2 = \frac{\sin 4}{4}$

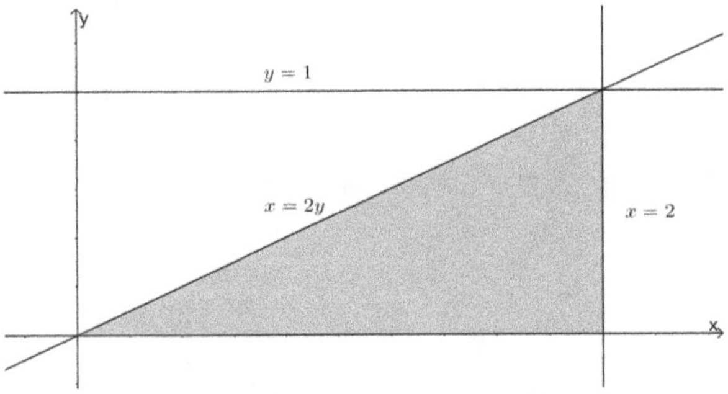

Example 24.

求 $\int_0^1 \int_{2y}^1 \sec^2 x^2 \, dxdy = ?$

【解】

$\because \{(x,y): 2y \le x \le 1, 0 \le y \le 1\} = \{(x,y): 0 \le x \le 1, 0 \le y \le \frac{x}{2}\}$

$\therefore \int_0^1 \int_{2y}^1 \sec^2 x^2 \, dxdy = \int_0^1 \int_0^{\frac{x}{2}} \sec^2 x^2 \, dydx = \int_0^1 \frac{x}{2} \sec^2 x^2 \, dx = \frac{\tan x^2}{4}\Big|_0^1 = \frac{\tan 1}{4}$

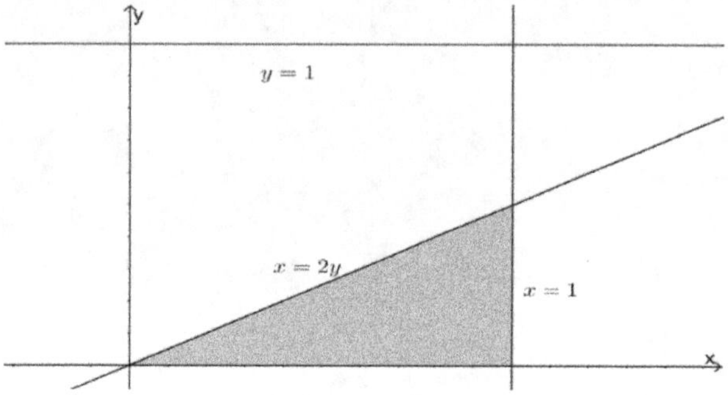

Example 25.

$$求 \int_0^1 \int_y^1 e^{-x^2} dxdy = ?$$

【解】

$\because \{(x,y): y \le x \le 1, 0 \le y \le 1\} = \{(x,y): 0 \le x \le 1, 0 \le y \le x\}$

$$\therefore \int_0^1 \int_y^1 e^{-x^2} dxdy = \int_0^1 \int_0^x e^{-x^2} dydx = \int_0^1 xe^{-x^2} dx = -\left.\frac{e^{-x^2}}{2}\right|_0^1 = \frac{1}{2}(1 - e^{-1})$$

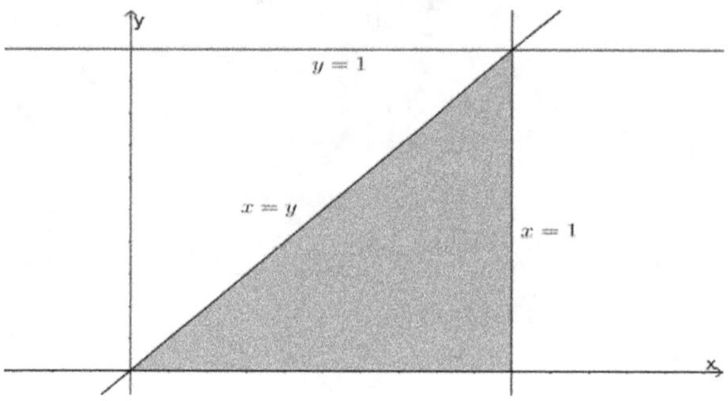

Example 26.

$$求 \int_0^1 \int_{x^2}^1 x^3 \sin y^3 \, dydx = ?$$

【解】

$\because \{(x,y): 0 \le x \le 1, x^2 \le y \le 1\} = \{(x,y): 0 \le x \le \sqrt{y}, 0 \le y \le 1\}$

$$\therefore \int_0^1 \int_{x^2}^1 x^3 \sin y^3 \, dydx = \int_0^1 \int_0^{\sqrt{y}} x^3 \sin y^3 \, dxdy = \int_0^1 \frac{y^2 \sin y^3}{4} dy = -\left.\frac{\cos y^3}{12}\right|_0^1 = \frac{1 - \cos 1}{12}$$

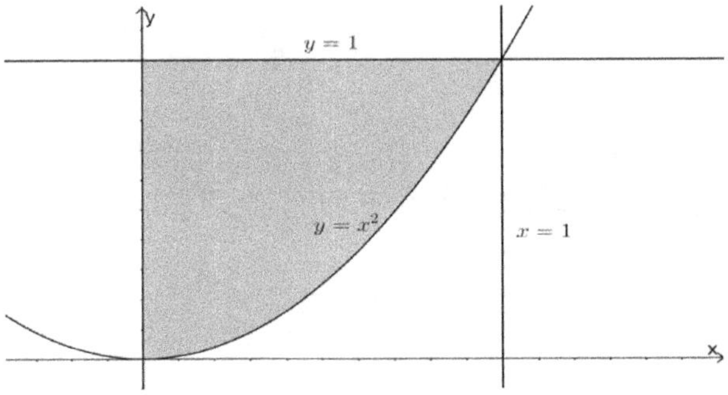

Example 27.

$$求 \int_0^1 \int_{\sin^{-1} y}^{\frac{\pi}{2}} \cos x \sqrt{\cos^2 x + 1} dxdy = ?$$

【解】

$$\because \{(x, y): \sin^{-1} y \le x \le \frac{\pi}{2}, 0 \le y \le 1\} = \{(x, y): 0 \le x \le \frac{\pi}{2}, 0 \le y \le \sin x\}$$

$$\therefore \int_0^1 \int_{\sin^{-1} y}^{\frac{\pi}{2}} \cos x \sqrt{\cos^2 x + 1} dxdy = \int_0^{\frac{\pi}{2}} \int_0^{\sin x} \cos x \sqrt{\cos^2 x + 1} dydx$$

$$= \int_0^{\frac{\pi}{2}} \sin x \cos x \sqrt{\cos^2 x + 1}\, dx = \int_0^{\frac{\pi}{2}} \frac{\sin 2x \sqrt{\frac{\cos 2x + 3}{2}}}{2} dx = -\left.\frac{\left(\frac{\cos 2x + 3}{2}\right)^{\frac{3}{2}}}{3}\right|_0^{\frac{\pi}{2}}$$

$$= \frac{2\sqrt{2} - 1}{3}$$

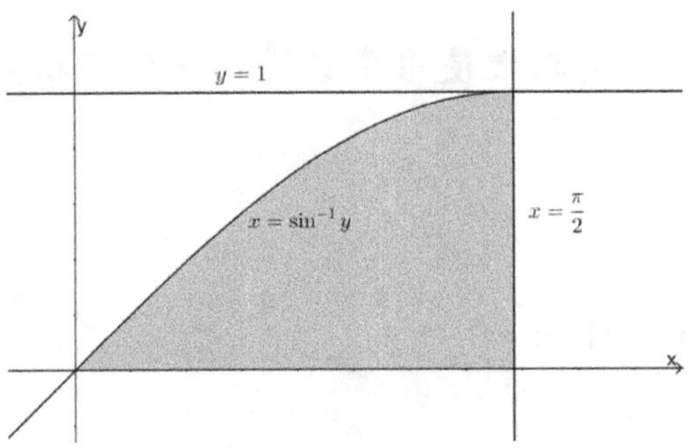

8.3.3 使用极坐标转换求双重积分的值

当双重积分的积分区域出现 x^2+y^2 或者被积函数出现 x^2+y^2,可视为使用极坐标转换的时机

考试类型:

Type 1.

假设 $R=\{(x,y):0\le x^2+y^2\le a^2\}$, $a>0$, 求 $\iint_R f(x,y)dA=?$

解题流程:

Step1.

令 $x=r\cos\theta, y=r\sin\theta$

则$R=\{(x,y):0\le x^2+y^2\le a^2\}=\{(r,\theta):0\le r\le a, 0\le\theta\le 2\pi\}$

$$dxdy=\left\|\begin{matrix}\frac{\partial x}{\partial r} & \frac{\partial x}{\partial \theta}\\ \frac{\partial y}{\partial r} & \frac{\partial y}{\partial \theta}\end{matrix}\right\|drd\theta=\left\|\begin{matrix}\cos\theta & -r\sin\theta\\ \sin\theta & r\cos\theta\end{matrix}\right\|drd\theta=rdrd\theta$$

Step2.

$$\therefore \iint_R f(x,y)dA=\int_0^{2\pi}\int_0^a f(r\cos\theta, r\sin\theta)rdrd\theta$$

Step3.

计算此积分 $\int_0^{2\pi}\int_0^a f(r\cos\theta, r\sin\theta)rdrd\theta=?$

Step4.

如果无法计算 $\int_0^{2\pi}\int_0^a f(r\cos\theta, r\sin\theta)rdrd\theta=?$,通常会再搭配使用变数变换、分部积分

<u>范例说明:</u>

假设 $R=\{(x,y):0\le x^2+y^2\le a^2\}$, $a>0$, 求 $\iint_R f(x,y)dA=?$

(I)若$f(x,y)=e^{x^2+y^2}$ 则 $\iint_R f(x,y)dA=\int_0^{2\pi}\int_0^a e^{r^2}rdrd\theta$

(II)若$f(x,y)=\ln(x^2+y^2)$ 则 $\iint_R f(x,y)dA=\int_0^{2\pi}\int_0^a \ln(r^2)\,rdrd\theta$

(III)若$f(x,y)=\sin(x^2+y^2)$ 则 $\iint_R f(x,y)dA=\int_0^{2\pi}\int_0^a \sin(r^2)\,rdrd\theta$

(IV)若$f(x,y)=\dfrac{1}{\sqrt{x^2+y^2}}$ 则 $\iint_R f(x,y)dA=\int_0^{2\pi}\int_0^a drd\theta$

(V)若$f(x,y)=\dfrac{1}{\sqrt{1+x^2+y^2}}$ 则 $\iint_R f(x,y)dA=\int_0^{2\pi}\int_0^a \dfrac{r}{\sqrt{1+r^2}}drd\theta$

(VI)若$f(x,y)=e^{-(x^2+y^2)}\cos(x^2+y^2)$ 则 $\iint_R f(x,y)dA=\int_0^{2\pi}\int_0^a e^{-r^2}\cos(r^2)\,rdrd\theta$

(VII)若$f(x,y)=\sin^{-1}\dfrac{y}{\sqrt{x^2+y^2}}$ 则 $\iint_R f(x,y)dA=\int_0^{2\pi}\int_0^a \sin^{-1}\left(\dfrac{r\sin\theta}{r}\right)rdrd\theta$

(VIII)若$f(x,y)=\sec^2(x^2+y^2)$ 则 $\iint_R f(x,y)dA=\int_0^{2\pi}\int_0^a \sec^2(r^2)\,rdrd\theta$

Example 1.

求 $\int_0^2\int_0^{\sqrt{4-y^2}} e^{x^2+y^2}\,dxdy=?$

【解】

令$x=r\cos\theta,\ y=r\sin\theta$

则$\left\{(x,y):0\le x\le\sqrt{4-y^2},0\le y\le 2\right\}=\{(r,\theta):0\le r\le 2,0\le\theta\le\frac{\pi}{2}\}$

且 $dxdy=\left|\begin{vmatrix}\dfrac{\partial x}{\partial r} & \dfrac{\partial x}{\partial\theta}\\ \dfrac{\partial y}{\partial r} & \dfrac{\partial y}{\partial\theta}\end{vmatrix}\right|drd\theta=\left|\begin{vmatrix}\cos\theta & -r\sin\theta\\ \sin\theta & r\cos\theta\end{vmatrix}\right|drd\theta=rdrd\theta$

$\therefore\int_0^2\int_0^{\sqrt{4-y^2}} e^{x^2+y^2}\,dxdy=\int_0^{\frac{\pi}{2}}\int_0^2 e^{r^2}\,rdrd\theta=\int_0^{\frac{\pi}{2}}\dfrac{e^{r^2}}{2}\bigg|_{r=0}^{r=2}d\theta=\int_0^{\frac{\pi}{2}}\dfrac{e^4-1}{2}d\theta$

$$= \left(\frac{e^4 - 1}{4}\right)\pi$$

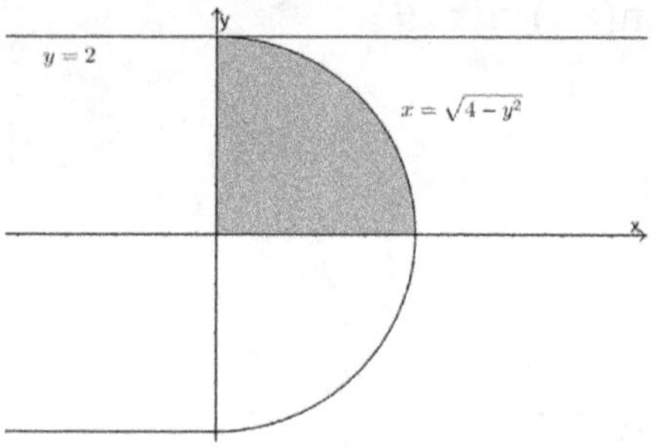

Example 2.

$$求 \iint_R \ln(x^2 + y^2)\, dA = ?,\ R = \{(x, y): x \geq 0, y \geq 0, 0 \leq x^2 + y^2 \leq 16\}$$

【解】

令$x = r\cos\theta,\ y = r\sin\theta$

则$\{(x, y): x \geq 0, y \geq 0, 0 \leq x^2 + y^2 \leq 16\} = \{(r, \theta): 0 \leq r \leq 4, 0 \leq \theta \leq \frac{\pi}{2}\}$

$$且\ dxdy = \left\|\begin{matrix} \frac{\partial x}{\partial r} & \frac{\partial x}{\partial \theta} \\ \frac{\partial y}{\partial r} & \frac{\partial y}{\partial \theta} \end{matrix}\right\| drd\theta = \left\|\begin{matrix} \cos\theta & -r\sin\theta \\ \sin\theta & r\cos\theta \end{matrix}\right\| drd\theta = rdrd\theta$$

$$\therefore \iint_R \ln(x^2 + y^2)\, dA = \int_0^{\frac{\pi}{2}}\int_0^4 (\ln r^2) rdrd\theta = 2\int_0^{\frac{\pi}{2}}\int_0^4 (\ln r) rdrd\theta$$

藉由 integration by parts

$$则 \int_0^4 (\ln r) rdr = \ln r\left(\frac{r^2}{2}\right)\Bigg|_{r=0}^{r=4} - \int_0^4 \frac{r}{2} dr = \ln r\left(\frac{r^2}{2}\right)\Bigg|_{r=0}^{r=4} - \frac{r^2}{4}\Bigg|_{r=0}^{r=4} = 16\ln 2 - 4$$

$$\because\ 2\int_0^{\frac{\pi}{2}} d\theta = \pi \quad \therefore \iint_R \ln(x^2 + y^2)\, dA = \pi(16\ln 2 - 4)$$

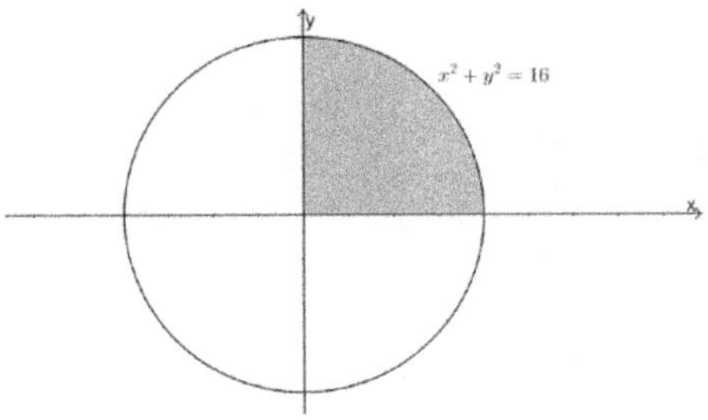

Example 3.

$$求\iint_R x^2y\,dxdy=?,\ R=\{(x,y):y\ge 0,\ \ x^2+y^2\le 4\}$$

【解】

令$x=r\cos\theta$, $y=r\sin\theta$

则 $\{(x,y):y\ge 0,x^2+y^2\le 4\}=\{(r,\theta):0\le r\le 2,0\le\theta\le\pi\}$

$$且\ dxdy=\left|\begin{vmatrix}\dfrac{\partial x}{\partial r} & \dfrac{\partial x}{\partial\theta}\\ \dfrac{\partial y}{\partial r} & \dfrac{\partial y}{\partial\theta}\end{vmatrix}\right|drd\theta=\left|\begin{vmatrix}\cos\theta & -r\sin\theta\\ \sin\theta & r\cos\theta\end{vmatrix}\right|drd\theta=rdrd\theta$$

$$\therefore\iint_R x^2y\,dxdy=\int_0^\pi\int_0^2(r\cos\theta)^2(r\sin\theta)rdrd\theta=\int_0^\pi\sin\theta\cos^2\theta\,d\theta\int_0^2 r^4dr$$

$$=\frac{(-1)\cos^3\theta}{3}\bigg|_0^\pi\cdot\frac{r^5}{5}\bigg|_0^2=\frac{2}{3}\cdot\frac{32}{5}=\frac{64}{15}$$

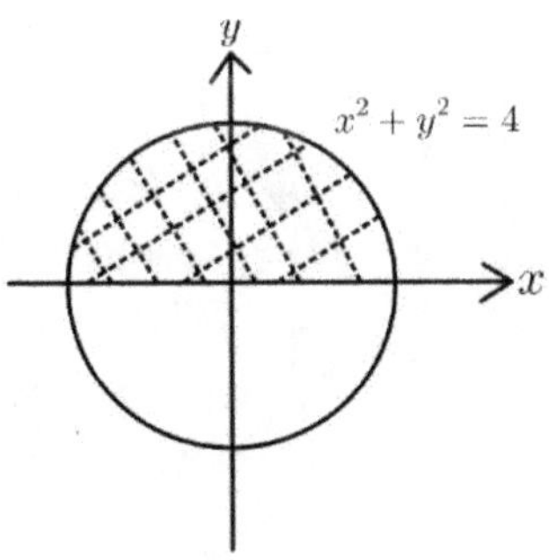

Example 4.

$$求\iint_R\sqrt{x^2+y^2}dA=?,\ R=\{(x,y):x^2+y^2\le 3x\}$$

【解】

令$x = r\cos\theta$，$y = r\sin\theta$

则 $\{(x,y): x^2+y^2 \le 3x\} = \{(r,\theta): 0 \le r \le 3\cos\theta, -\frac{\pi}{2} \le \theta \le \frac{\pi}{2}\}$

且 $dxdy = \left|\begin{vmatrix} \frac{\partial x}{\partial r} & \frac{\partial x}{\partial \theta} \\ \frac{\partial y}{\partial r} & \frac{\partial y}{\partial \theta} \end{vmatrix}\right| drd\theta = \left|\begin{vmatrix} \cos\theta & -r\sin\theta \\ \sin\theta & r\cos\theta \end{vmatrix}\right| drd\theta = rdrd\theta$

$$\therefore \iint_R \sqrt{x^2+y^2}dA = \int_{-\frac{\pi}{2}}^{\frac{\pi}{2}}\int_0^{3\cos\theta} r^2 drd\theta = \int_{-\frac{\pi}{2}}^{\frac{\pi}{2}} \frac{r^3}{3}\Big|_0^{3\cos\theta} d\theta = \int_{-\frac{\pi}{2}}^{\frac{\pi}{2}} 9\cos^3\theta\, d\theta$$

$$= 9\int_{-\frac{\pi}{2}}^{\frac{\pi}{2}} \cos\theta(1-\sin^2\theta)\, d\theta = 9(\sin\theta - \frac{\sin^3\theta}{3})\Big|_{-\frac{\pi}{2}}^{\frac{\pi}{2}} = 12$$

Example 5.

求 $\iint_R \frac{1}{\sqrt{x^2+y^2}} dA =?$，$R = \{(x,y): y \ge 0, 0 \le x^2+y^2 \le 1\}$

【解】

令$x = r\cos\theta$，$y = r\sin\theta$

则$\{(x,y): y \ge 0, 0 \le x^2+y^2 \le 1\} = \{(r,\theta): 0 \le r \le 1, 0 \le \theta \le \pi\}$

且 $dxdy = \left|\begin{vmatrix} \frac{\partial x}{\partial r} & \frac{\partial x}{\partial \theta} \\ \frac{\partial y}{\partial r} & \frac{\partial y}{\partial \theta} \end{vmatrix}\right| drd\theta = \left|\begin{vmatrix} \cos\theta & -r\sin\theta \\ \sin\theta & r\cos\theta \end{vmatrix}\right| drd\theta = rdrd\theta$

$$\therefore \iint_R \frac{1}{\sqrt{x^2+y^2}} dA = \int_0^{\pi}\int_0^1 \frac{r}{\sqrt{r^2}} drd\theta = \pi$$

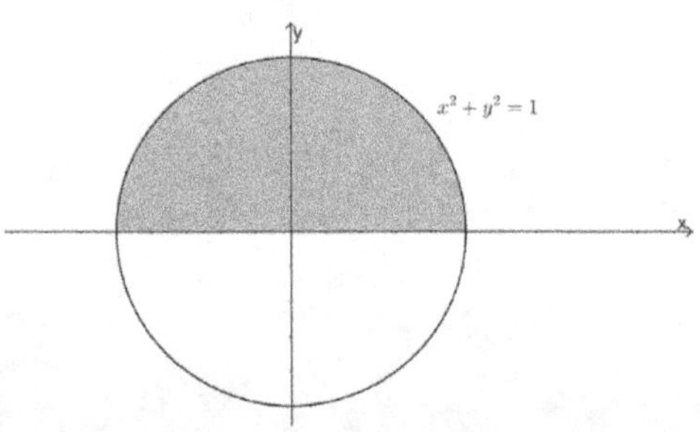

Example 6.

$$求 \int_0^{\infty} e^{-x^2} dx = ?$$

【解】

$$\because \int_0^{\infty} e^{-x^2} dx \int_0^{\infty} e^{-y^2} dy = \int_0^{\infty} \int_0^{\infty} e^{-(x^2+y^2)} dy\, dx$$

令$x = r\cos\theta$，$y = r\sin\theta$

则$\{(x,y): y \geq 0, 0 \leq x^2 + y^2 \leq \infty\} = \{(r,\theta): 0 \leq r \leq \infty, 0 \leq \theta \leq \frac{\pi}{2}\}$

$$且\ dxdy = \left\| \begin{matrix} \frac{\partial x}{\partial r} & \frac{\partial x}{\partial \theta} \\ \frac{\partial y}{\partial r} & \frac{\partial y}{\partial \theta} \end{matrix} \right\| drd\theta = \left\| \begin{matrix} \cos\theta & -r\sin\theta \\ \sin\theta & r\cos\theta \end{matrix} \right\| drd\theta = rdrd\theta$$

$$\therefore \int_0^{\infty} \int_0^{\infty} e^{-(x^2+y^2)} dy\, dx = \int_0^{\frac{\pi}{2}} \int_0^{\infty} e^{-r^2} rdrd\theta = \int_0^{\frac{\pi}{2}} d\theta \int_0^{\infty} e^{-r^2} rdr$$

$$= \frac{\pi}{2} \cdot \frac{-e^{-r^2}}{2} \Bigg|_{r=0}^{r=\infty} = \frac{\pi}{4} \Rightarrow \int_0^{\infty} e^{-x^2} dx = \sqrt{\frac{\pi}{4}}$$

Example 7.

$$求 \int_0^{\infty} \int_0^{\infty} e^{-(x^2+y^2)} \cos(x^2+y^2) dxdy = ?$$

【解】

令$x = r\cos\theta$，$y = r\sin\theta$

则$\{(x,y): y \geq 0, 0 \leq x^2 + y^2 \leq \infty\} = \{(r,\theta): 0 \leq r \leq \infty, 0 \leq \theta \leq \frac{\pi}{2}\}$

$$且\ dxdy = \left\| \begin{matrix} \frac{\partial x}{\partial r} & \frac{\partial x}{\partial \theta} \\ \frac{\partial y}{\partial r} & \frac{\partial y}{\partial \theta} \end{matrix} \right\| drd\theta = \left\| \begin{matrix} \cos\theta & -r\sin\theta \\ \sin\theta & r\cos\theta \end{matrix} \right\| drd\theta = rdrd\theta$$

$$\therefore \int_0^\infty \int_0^\infty e^{-(x^2+y^2)} \cos(x^2+y^2) dxdy = \int_0^{\frac{\pi}{2}} \int_0^\infty e^{-r^2} \cos(r^2) r dr d\theta$$

$$= \int_0^{\frac{\pi}{2}} d\theta \int_0^\infty e^{-r^2} \cos(r^2) r dr = \frac{\pi}{2} \int_0^\infty e^{-r^2} \cos(r^2) r dr$$

令$u = r^2$ 则 $du = 2rdr$ $\therefore \int_0^\infty e^{-r^2} \cos(r^2) r dr = \frac{1}{2} \int_0^\infty e^{-u} \cos u du$

藉由 integration by parts

则$\int_0^\infty e^{-u} \cos u du = e^{-u} \sin u |_{u=0}^{u=\infty} + \int_0^\infty e^{-u} \sin u du = \int_0^\infty e^{-u} \sin u du$

$$= -e^{-u} \cos u |_{u=0}^{u=\infty} - \int_0^\infty e^{-u} \cos u du$$

$$\therefore \int_0^\infty e^{-u} \cos u du = \frac{1}{2} \Rightarrow \int_0^\infty e^{-r^2} \cos(r^2) r dr = \frac{1}{4}$$

$$\Rightarrow \int_0^\infty \int_0^\infty e^{-(x^2+y^2)} \cos(x^2+y^2) dxdy = \frac{\pi}{8}$$

Example 8.

求 $\iint_R \tan^{-1}\frac{y}{x} dA = ?$, $R = \{(x,y): x \ge 0, y \ge 0, 0 \le x^2+y^2 \le a^2\}$

【解】

令$x = r\cos\theta$, $y = r\sin\theta$

则$\{(x,y): x \ge 0, y \ge 0, 0 \le x^2+y^2 \le a^2\} = \{(r,\theta): 0 \le r \le a, 0 \le \theta \le \frac{\pi}{2}\}$

且 $dxdy = \left\| \begin{matrix} \frac{\partial x}{\partial r} & \frac{\partial x}{\partial \theta} \\ \frac{\partial y}{\partial r} & \frac{\partial y}{\partial \theta} \end{matrix} \right\| drd\theta = \left\| \begin{matrix} \cos\theta & -r\sin\theta \\ \sin\theta & r\cos\theta \end{matrix} \right\| drd\theta = rdrd\theta$

$$\therefore \iint_R \tan^{-1}\frac{y}{x} dA = \int_0^{\frac{\pi}{2}} \int_0^a \tan^{-1}\left(\frac{r\sin\theta}{r\cos\theta}\right) r dr d\theta = \int_0^{\frac{\pi}{2}} \int_0^a \tan^{-1}(\tan\theta) r dr d\theta$$

$$= \frac{\theta^2}{2}\Big|_0^{\frac{\pi}{2}} \cdot \frac{r^2}{2}\Big|_0^a = \frac{(\pi a)^2}{16}$$

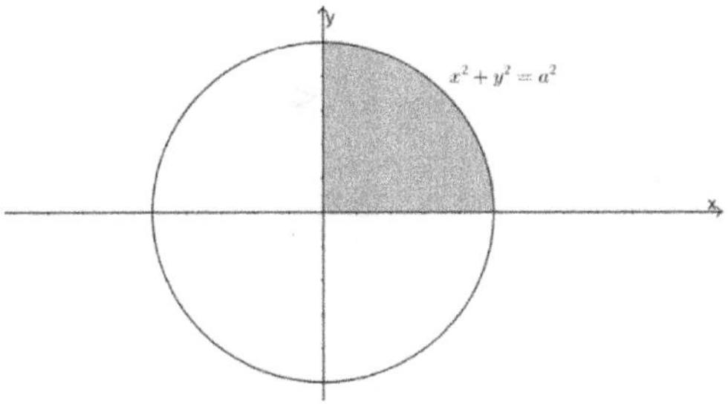

Example 9.

$$求 \iint_R \sin^{-1}\frac{y}{\sqrt{x^2+y^2}}dA=?,\ R=\{(x,y):x\geq 0,y\geq 0,0\leq x^2+y^2\leq a^2\}$$

【解】

令$x=r\cos\theta$, $y=r\sin\theta$

则$\{(x,y):x\geq 0,y\geq 0,0\leq x^2+y^2\leq a^2\}=\{(r,\theta):0\leq r\leq a,0\leq\theta\leq\frac{\pi}{2}\}$

$$且\ dxdy=\left\|\begin{vmatrix}\frac{\partial x}{\partial r} & \frac{\partial x}{\partial\theta}\\ \frac{\partial y}{\partial r} & \frac{\partial y}{\partial\theta}\end{vmatrix}\right\|drd\theta=\left\|\begin{vmatrix}\cos\theta & -r\sin\theta\\ \sin\theta & r\cos\theta\end{vmatrix}\right\|drd\theta=rdrd\theta$$

$$\therefore \iint_R \sin^{-1}\left(\frac{y}{\sqrt{x^2+y^2}}\right)dA=\int_0^{\frac{\pi}{2}}\int_0^a \sin^{-1}\left(\frac{r\sin\theta}{r}\right)rdrd\theta=\int_0^{\frac{\pi}{2}}\int_0^a \sin^{-1}(\sin\theta)\,rdrd\theta$$

$$=\frac{\theta^2}{2}\Big|_0^{\frac{\pi}{2}}\cdot\frac{r^2}{2}\Big|_0^a=\frac{(\pi a)^2}{16}$$

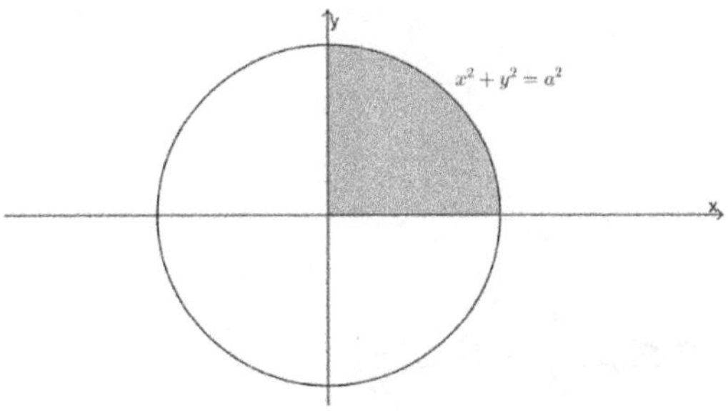

Example 10.

求 $\iint_R \cos^{-1}\frac{x}{\sqrt{x^2+y^2}}dA=?$, $R=\{(x,y):x\geq 0,y\geq 0,0\leq x^2+y^2\leq a^2\}$

【解】

令$x=r\cos\theta$, $y=r\sin\theta$

则$\{(x,y):x\geq 0,y\geq 0,0\leq x^2+y^2\leq a^2\}=\{(r,\theta):0\leq r\leq a,0\leq\theta\leq\frac{\pi}{2}\}$

且 $dxdy=\left|\begin{vmatrix}\frac{\partial x}{\partial r} & \frac{\partial x}{\partial\theta}\\ \frac{\partial y}{\partial r} & \frac{\partial y}{\partial\theta}\end{vmatrix}\right|drd\theta=\left|\begin{vmatrix}\cos\theta & -r\sin\theta\\ \sin\theta & r\cos\theta\end{vmatrix}\right|drd\theta=rdrd\theta$

$$\therefore\iint_R \cos^{-1}\frac{x}{\sqrt{x^2+y^2}}dA=\int_0^{\frac{\pi}{2}}\int_0^a\cos^{-1}\left(\frac{r\cos\theta}{r}\right)rdrd\theta=\int_0^{\frac{\pi}{2}}\int_0^a\cos^{-1}(\cos\theta)\,rdrd\theta$$

$$=\frac{\theta^2}{2}\bigg|_0^{\frac{\pi}{2}}\cdot\frac{r^2}{2}\bigg|_0^a=\frac{(\pi a)^2}{16}$$

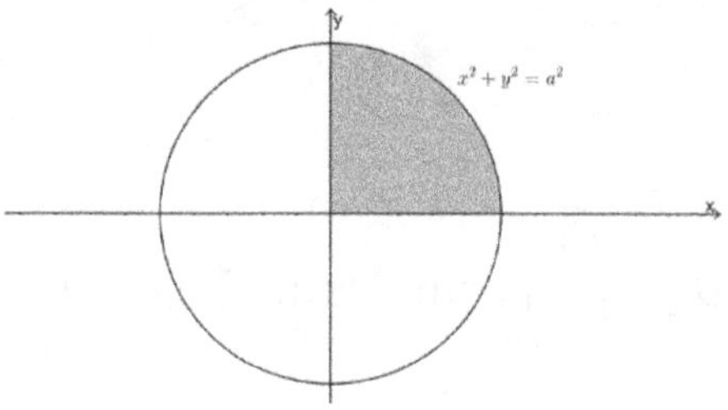

Example 11.

求 $\int_0^{\frac{1}{2}}\int_{\sqrt{3}x}^{\sqrt{1-x^2}}e^{-x^2-y^2}\,dydx=?$

【解】

令$x=r\cos\theta$, $y=r\sin\theta$ 则

$\{(x,y):0\leq x\leq\frac{1}{2},\sqrt{3}x\leq y\leq\sqrt{1-x^2}\}=\{(r,\theta):0\leq r\leq 1,\frac{\pi}{3}\leq\theta\leq\frac{\pi}{2}\}$

且 $dxdy = \left|\begin{vmatrix} \frac{\partial x}{\partial r} & \frac{\partial x}{\partial \theta} \\ \frac{\partial y}{\partial r} & \frac{\partial y}{\partial \theta} \end{vmatrix}\right| drd\theta = \left|\begin{vmatrix} \cos\theta & -r\sin\theta \\ \sin\theta & r\cos\theta \end{vmatrix}\right| drd\theta = rdrd\theta$

$\therefore \int_0^{\frac{1}{2}}\int_{\sqrt{3}x}^{\sqrt{1-x^2}} e^{-x^2-y^2}\,dydx = \int_{\frac{\pi}{3}}^{\frac{\pi}{2}}\int_0^1 e^{-r^2}rdrd\theta = \int_0^1 e^{-r^2}rdr\int_{\frac{\pi}{3}}^{\frac{\pi}{2}}d\theta = -\frac{e^{-r^2}}{2}\Big|_0^1 \cdot \frac{\pi}{6}$

$= \frac{\pi}{12}(1-e^{-1})$

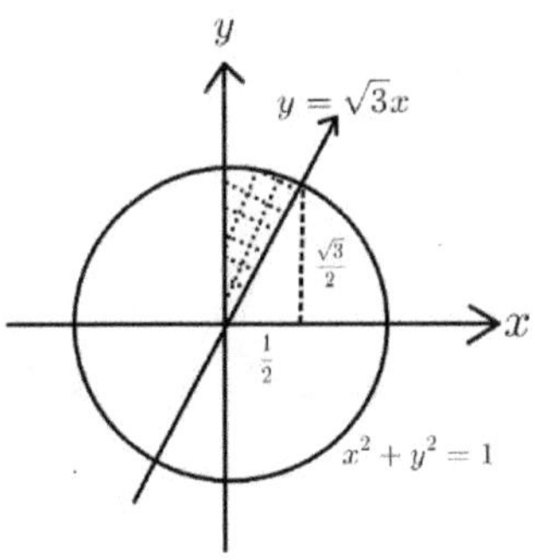

Example 12.

求 $\int_1^2\int_0^{\sqrt{2x-x^2}} (x^2+y^2)^{-\frac{1}{2}}\,dydx = ?$

【解】

令$x = r\cos\theta$，$y = r\sin\theta$ 则

$\left\{(x,y): 1 \le x \le 2, 0 \le y \le \sqrt{2x-x^2}\right\} = \{(r,\theta): \sec\theta \le r \le 2\cos\theta, 0 \le \theta \le \frac{\pi}{4}\}$

且 $dxdy = \left|\begin{vmatrix} \frac{\partial x}{\partial r} & \frac{\partial x}{\partial \theta} \\ \frac{\partial y}{\partial r} & \frac{\partial y}{\partial \theta} \end{vmatrix}\right| drd\theta = \left|\begin{vmatrix} \cos\theta & -r\sin\theta \\ \sin\theta & r\cos\theta \end{vmatrix}\right| drd\theta = rdrd\theta$

$\therefore \int_1^2\int_0^{\sqrt{2x-x^2}} (x^2+y^2)^{-\frac{1}{2}}\,dydx = \int_0^{\frac{\pi}{4}}\int_{\sec\theta}^{2\cos\theta} (r^2)^{-\frac{1}{2}}rdrd\theta = \int_0^{\frac{\pi}{4}}\int_{\sec\theta}^{2\cos\theta} drd\theta$

$= \int_0^{\frac{\pi}{4}} 2\cos\theta - \sec\theta\,d\theta = (2\sin\theta - \ln|\sec\theta + \tan\theta|)|_0^{\frac{\pi}{4}} = \sqrt{2} - \ln(1+\sqrt{2})$

Example 13.

$$求\iint_R \frac{x^2}{(x^2+y^2)^2}dxdy=?,\ R=\{(x,y): a^2\le x^2+y^2\le b^2, 0<a<b\}$$

【解】

令$x=r\cos\theta$，$y=r\sin\theta$ 则

$R=\{(x,y): a^2\le x^2+y^2\le b^2, 0<a<b\}=\{(r,\theta): a\le r\le b, 0\le\theta\le 2\pi\}$

$$且\ dxdy=\left|\begin{vmatrix}\frac{\partial x}{\partial r} & \frac{\partial x}{\partial\theta}\\ \frac{\partial y}{\partial r} & \frac{\partial y}{\partial\theta}\end{vmatrix}\right|drd\theta=\left|\begin{vmatrix}\cos\theta & -r\sin\theta\\ \sin\theta & r\cos\theta\end{vmatrix}\right|drd\theta=rdrd\theta$$

$$\therefore \iint_R \frac{x^2}{(x^2+y^2)^2}dxdy=\int_0^{2\pi}\int_a^b\left(\frac{r^2\cos^2\theta}{r^4}\right)rdrd\theta=\int_0^{2\pi}\int_a^b\frac{\cos^2\theta}{r}drd\theta$$

$$=\int_0^{2\pi}\cos^2\theta\,d\theta\int_a^b\frac{1}{r}dr=\int_0^{2\pi}\frac{1+\cos 2\theta}{2}d\theta\int_a^b\frac{1}{r}dr=\pi\ln\frac{b}{a}$$

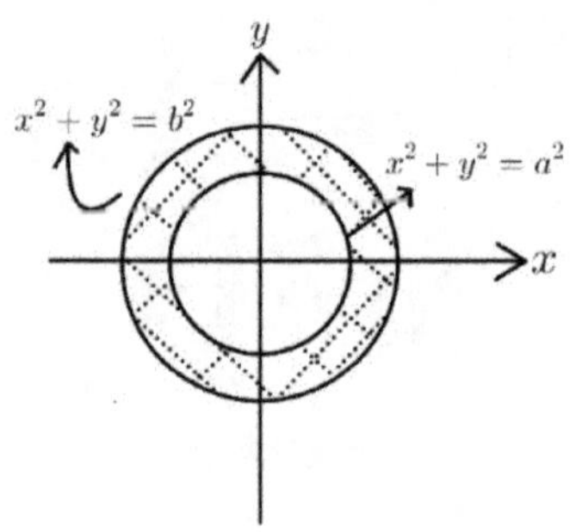

Example 14.

$$求\int_0^1\int_{x^2}^{x}(x^2+y^2)^{-\frac{1}{2}}dydx=?$$

【解】

令$x=r\cos\theta$，$y=r\sin\theta$ 则

$$R=\{(x,y): 0\le x\le 1, x^2<y<x\}=\{(r,\theta): 0\le r\le\frac{\sin\theta}{\cos^2\theta}, 0\le\theta\le\frac{\pi}{4}\}$$

$$且\ dxdy=\left|\begin{vmatrix}\frac{\partial x}{\partial r} & \frac{\partial x}{\partial\theta}\\ \frac{\partial y}{\partial r} & \frac{\partial y}{\partial\theta}\end{vmatrix}\right|drd\theta=\left|\begin{vmatrix}\cos\theta & -r\sin\theta\\ \sin\theta & r\cos\theta\end{vmatrix}\right|drd\theta=rdrd\theta$$

$$\therefore \int_0^1 \int_{x^2}^{x} (x^2+y^2)^{-\frac{1}{2}} dydx = \int_0^{\frac{\pi}{4}} \int_0^{\frac{\sin\theta}{\cos^2\theta}} \frac{1}{r} \cdot rdrd\theta = \int_0^{\frac{\pi}{4}} \frac{\sin\theta}{\cos^2\theta} d\theta = \frac{1}{\cos\theta}\bigg|_0^{\frac{\pi}{4}} = \sqrt{2}-1$$

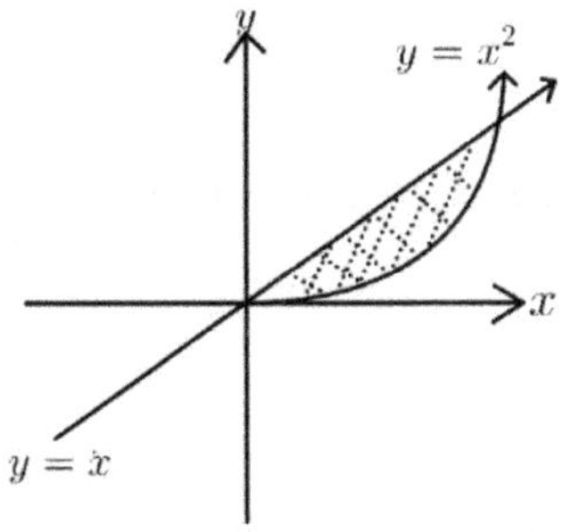

Example 15.

$$求 \int_{-3}^{3} \int_{-\sqrt{9-x^2}}^{\sqrt{9-x^2}} (9-x^2-y^2)^{\frac{1}{2}} dydx = ?$$

【解】

令$x = r\cos\theta$，$y = r\sin\theta$ 则

$$\left\{(x,y): -3 \le x \le 3, -\sqrt{9-x^2} < y < \sqrt{9-x^2}\right\} = \{(r,\theta): 0 \le r \le 3, 0 \le \theta \le 2\pi\}$$

$$且\ dxdy = \left\| \begin{vmatrix} \frac{\partial x}{\partial r} & \frac{\partial x}{\partial \theta} \\ \frac{\partial y}{\partial r} & \frac{\partial y}{\partial \theta} \end{vmatrix} \right\| drd\theta = \left\| \begin{vmatrix} \cos\theta & -r\sin\theta \\ \sin\theta & r\cos\theta \end{vmatrix} \right\| drd\theta = rdrd\theta$$

$$\therefore \int_{-3}^{3} \int_{-\sqrt{9-x^2}}^{\sqrt{9-x^2}} (9-x^2-y^2)^{\frac{1}{2}} dydx = \int_0^{2\pi} \int_0^3 (9-r^2)^{\frac{1}{2}} \cdot rdrd\theta = 2\pi \cdot \frac{-(9-r^2)^{\frac{3}{2}}}{3}\Bigg|_0^3 = 18\pi$$

Example 16.

$$求 \iint_R \frac{1}{\sqrt{1+x^2+y^2}} dA = ?,\ R = \{(x,y): x^2+y^2 \le 4\}$$

【解】

令$x = r\cos\theta$，$y = r\sin\theta$ 则 $\{(x,y): x^2+y^2 \le 4\} = \{(r,\theta): 0 \le r \le 2, 0 \le \theta \le 2\pi\}$

$$\text{且 } dxdy = \left\| \begin{vmatrix} \frac{\partial x}{\partial r} & \frac{\partial x}{\partial \theta} \\ \frac{\partial y}{\partial r} & \frac{\partial y}{\partial \theta} \end{vmatrix} \right\| drd\theta = \left\| \begin{vmatrix} \cos\theta & -r\sin\theta \\ \sin\theta & r\cos\theta \end{vmatrix} \right\| drd\theta = rdrd\theta$$

$$\therefore \iint_R \frac{1}{\sqrt{1+x^2+y^2}} dA = \int_0^{2\pi} \int_0^2 \frac{1}{\sqrt{1+r^2}} rdrd\theta = \int_0^{2\pi} d\theta \int_0^2 \frac{rdr}{\sqrt{1+r^2}} = 2\pi \cdot (1+r^2)^{\frac{1}{2}} \Big|_{r=0}^{r=2}$$

$$= 2\pi(\sqrt{5}-1)$$

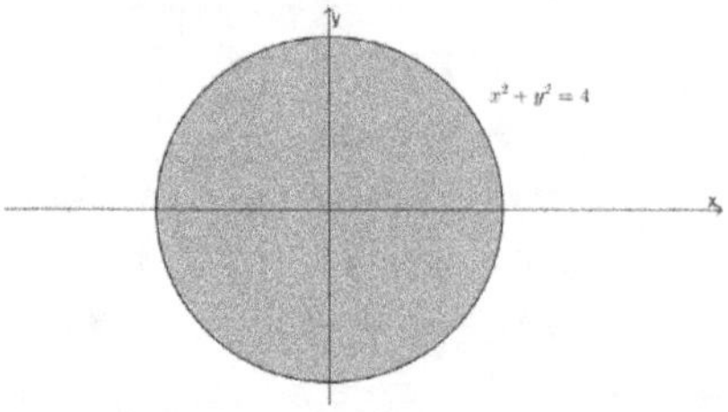

Example 17.

$$\text{求 } \iint_R \frac{x^2}{\sqrt{1+(x^2+y^2)^2}} dA = ?,\ R = \{(x,y): x^2+y^2 \le 1, y > 0\}$$

【解】

令$x = r\cos\theta$，$y = r\sin\theta$ 则 $\{(x,y): x^2+y^2 \le 1\} = \{(r,\theta): 0 \le r \le 1, 0 \le \theta \le \pi\}$

$$\text{且 } dxdy = \left\| \begin{vmatrix} \frac{\partial x}{\partial r} & \frac{\partial x}{\partial \theta} \\ \frac{\partial y}{\partial r} & \frac{\partial y}{\partial \theta} \end{vmatrix} \right\| drd\theta = \left\| \begin{vmatrix} \cos\theta & -r\sin\theta \\ \sin\theta & r\cos\theta \end{vmatrix} \right\| drd\theta = rdrd\theta$$

$$\therefore \iint_R \frac{x^2}{\sqrt{1+(x^2+y^2)^2}} dA = \int_0^{\pi} \int_0^1 \frac{r^2\sin^2\theta}{\sqrt{1+r^4}} rdrd\theta = \int_0^{\pi} \sin^2\theta\, d\theta \int_0^1 \frac{r^3dr}{\sqrt{1+r^4}}$$

$$= \int_0^{\pi} \frac{1-\cos 2\theta}{2} d\theta \int_0^1 \frac{r^3dr}{\sqrt{1+r^4}} = \frac{\pi}{2} \cdot \frac{1}{2}(1+r^4)^{\frac{1}{2}} \Big|_{r=0}^{r=1} = \frac{\pi}{4}(\sqrt{2}-1)$$

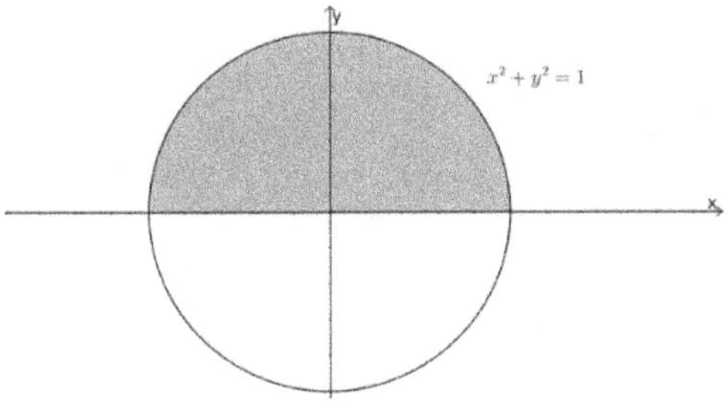

Example 18.

$$求\iint_R e^{x^2+y^2}dxdy=?,\ R=\{(x,y):0\le y\le x,x^2+y^2\le 4\}$$

【解】

令$x=r\cos\theta$，$y=r\sin\theta$

则$\{(x,y):0\le y\le x,x^2+y^2\le 4\}=\{(r,\theta):0\le r\le 2,0\le\theta\le\frac{\pi}{4}\}$

$$且\ dxdy=\left|\begin{vmatrix}\frac{\partial x}{\partial r} & \frac{\partial x}{\partial\theta}\\ \frac{\partial y}{\partial r} & \frac{\partial y}{\partial\theta}\end{vmatrix}\right|drd\theta=\left|\begin{vmatrix}\cos\theta & -r\sin\theta\\ \sin\theta & r\cos\theta\end{vmatrix}\right|drd\theta=rdrd\theta$$

$$\therefore\iint_R e^{x^2+y^2}dxdy=\int_0^{\frac{\pi}{4}}\int_0^2 e^{r^2}\,rdrd\theta=\int_0^{\frac{\pi}{4}}\frac{e^{r^2}}{2}\bigg|_{r=0}^{r=2}d\theta=\int_0^{\frac{\pi}{4}}\frac{e^4-1}{2}d\theta=\left(\frac{e^4-1}{8}\right)\pi$$

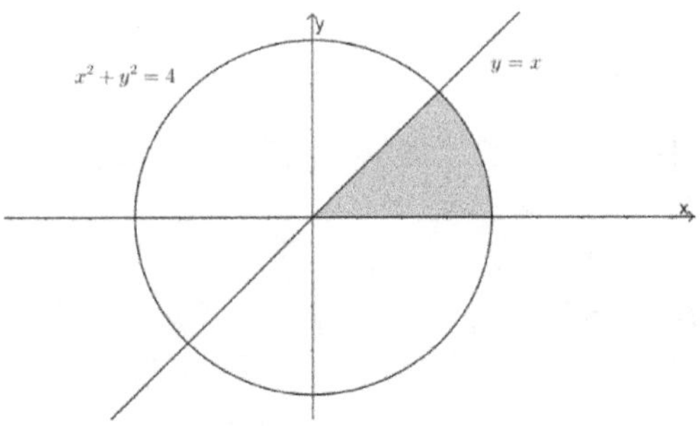

Example 19.

$$求\iint_R (x^2+y^2)e^{(x^2+y^2)^2}dxdy=?,\ R=\{(x,y):0\le y\le x,x^2+y^2\le 4\}$$

【解】

令$x = r\cos\theta$，$y = r\sin\theta$

则$\{(x,y): 0 \le y \le x, x^2+y^2 \le 4\} = \{(r,\theta): 0 \le r \le 2, 0 \le \theta \le \frac{\pi}{4}\}$

且 $dxdy = \left|\begin{vmatrix} \frac{\partial x}{\partial r} & \frac{\partial x}{\partial \theta} \\ \frac{\partial y}{\partial r} & \frac{\partial y}{\partial \theta} \end{vmatrix}\right| drd\theta = \left|\begin{vmatrix} \cos\theta & -r\sin\theta \\ \sin\theta & r\cos\theta \end{vmatrix}\right| drd\theta = rdrd\theta$

$$\therefore \iint_R (x^2+y^2)e^{(x^2+y^2)^2}dxdy = \int_0^{\frac{\pi}{4}}\int_0^2 e^{r^4} r^3 drd\theta = \int_0^{\frac{\pi}{4}} \frac{e^{r^4}}{4}\bigg|_{r=0}^{r=2} d\theta = \int_0^{\frac{\pi}{4}} \frac{e^{16}-1}{4} d\theta$$

$$= \left(\frac{e^{16}-1}{16}\right)\pi$$

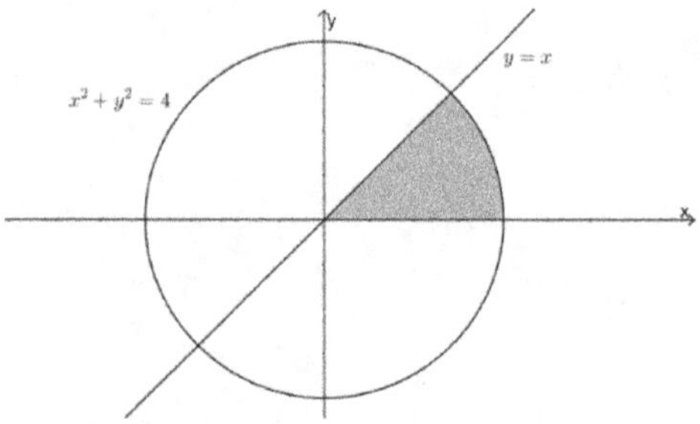

Example 20.

求 $\iint_R \sqrt{a^2-x^2-y^2}dA = ?, R = \{(x,y): x^2+y^2 \le a^2\}$

【解】

令$x = r\cos\theta$，$y = r\sin\theta$ 则 $\{(x,y): x^2+y^2 \le a^2\} = \{(r,\theta): 0 \le r \le a, 0 \le \theta \le 2\pi\}$

且 $dxdy = \left|\begin{vmatrix} \frac{\partial x}{\partial r} & \frac{\partial x}{\partial \theta} \\ \frac{\partial y}{\partial r} & \frac{\partial y}{\partial \theta} \end{vmatrix}\right| drd\theta = \left|\begin{vmatrix} \cos\theta & -r\sin\theta \\ \sin\theta & r\cos\theta \end{vmatrix}\right| drd\theta = rdrd\theta$

$$\therefore \iint_R \sqrt{a^2-x^2-y^2}dA = \int_0^{2\pi}\int_0^a \sqrt{a^2-r^2}rdrd\theta = \int_0^{2\pi} d\theta \int_0^a r\sqrt{a^2-r^2}dr$$

$$= 2\pi \cdot \frac{(-1)(a^2-r^2)^{\frac{3}{2}}}{3}\Bigg|_{r=0}^{r=a} = \frac{2\pi a^3}{3}$$

Example 21.

$$求\iint_R e^{\sqrt{x^2+y^2}}dxdy=?，R=\{(x,y):x^2+y^2\le 4,0\le y\le x\}$$

【解】

令$x=r\cos\theta$，$y=r\sin\theta$ 则 $\{(x,y):x^2+y^2\le 4\}=\{(r,\theta):0\le r\le 2,0\le\theta\le\frac{\pi}{4}\}$

且 $dxdy=\left\|\begin{vmatrix}\frac{\partial x}{\partial r} & \frac{\partial x}{\partial\theta}\\ \frac{\partial y}{\partial r} & \frac{\partial y}{\partial\theta}\end{vmatrix}\right\|drd\theta=\left\|\begin{vmatrix}\cos\theta & -r\sin\theta\\ \sin\theta & r\cos\theta\end{vmatrix}\right\|drd\theta=rdrd\theta$

$\therefore\iint_R e^{\sqrt{x^2+y^2}}dxdy=\int_0^{\frac{\pi}{4}}\int_0^2 e^r rdrd\theta=\int_0^{\frac{\pi}{4}}d\theta\int_0^2 e^r rdr$

藉由 integration by parts 则 $\int_0^2 e^r rdr=2e^2-(e^2-1)=e^2+1$

$\therefore\iint_R e^{\sqrt{x^2+y^2}}dxdy=\frac{\pi}{4}(e^2+1)$

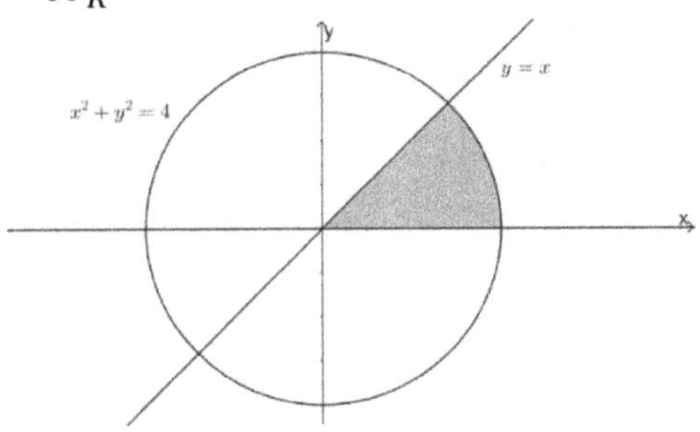

Example 22.

(1)求 $\iint_R\sin(x^2+y^2)dA=?,R=\{(x,y):\pi^2\le x^2+y^2\le 9\pi^2\}$

(2)求 $\iint_R\sec^2(x^2+y^2)dA=?,R=\{(x,y):0\le x^2+y^2\le\frac{\pi}{4}\}$

【解】

(1)

令$x=r\cos\theta$，$y=r\sin\theta$

则$\{(x,y):\pi^2\le x^2+y^2\le 9\pi^2\}=\{(r,\theta):\pi\le r\le 3\pi,0\le\theta\le 2\pi\}$

$$且\ dxdy = \left\| \begin{vmatrix} \frac{\partial x}{\partial r} & \frac{\partial x}{\partial \theta} \\ \frac{\partial y}{\partial r} & \frac{\partial y}{\partial \theta} \end{vmatrix} \right\| drd\theta = \left\| \begin{vmatrix} \cos\theta & -r\sin\theta \\ \sin\theta & r\cos\theta \end{vmatrix} \right\| drd\theta = rdrd\theta$$

$$\therefore \iint_R \sin(x^2+y^2)\,dA = \int_0^{2\pi}\int_\pi^{3\pi} \sin(r^2)\,rdrd\theta = \int_0^{2\pi} d\theta \int_\pi^{3\pi} \sin(r^2)\,rdr$$

$$= 2\pi \cdot \frac{(-1)\cos r^2}{2}\Big|_\pi^{3\pi} = (-\pi)(\cos 9\pi^2 - \cos\pi^2)$$

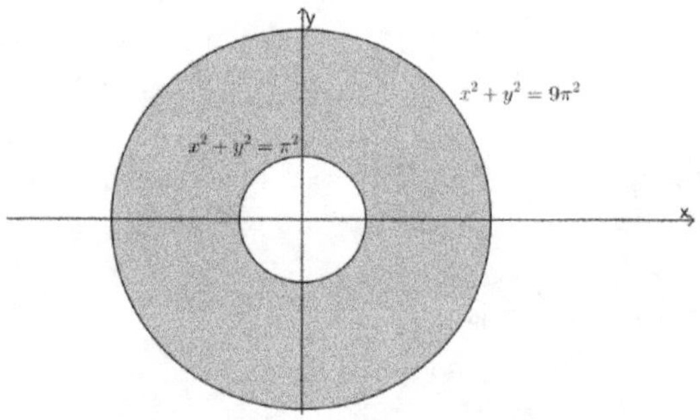

(2)

令$x = r\cos\theta$，$y = r\sin\theta$

则$\left\{(x,y): 0 \le x^2+y^2 \le \frac{\pi}{4}\right\} = \{(r,\theta): 0 \le r \le \frac{\sqrt{\pi}}{2}, 0 \le \theta \le 2\pi\}$

$$且\ dxdy = \left\| \begin{vmatrix} \frac{\partial x}{\partial r} & \frac{\partial x}{\partial \theta} \\ \frac{\partial y}{\partial r} & \frac{\partial y}{\partial \theta} \end{vmatrix} \right\| drd\theta = \left\| \begin{vmatrix} \cos\theta & -r\sin\theta \\ \sin\theta & r\cos\theta \end{vmatrix} \right\| drd\theta = rdrd\theta$$

$$\therefore \iint_R \sec^2(x^2+y^2)\,dA = \int_0^{2\pi}\int_0^{\frac{\sqrt{\pi}}{2}} \sec^2(r^2)\,rdrd\theta = \int_0^{2\pi} d\theta \int_0^{\frac{\sqrt{\pi}}{2}} \sec^2(r^2)\,rdr$$

$$= 2\pi \cdot \frac{\tan r^2}{2}\Big|_0^{\frac{\sqrt{\pi}}{2}} = \pi$$

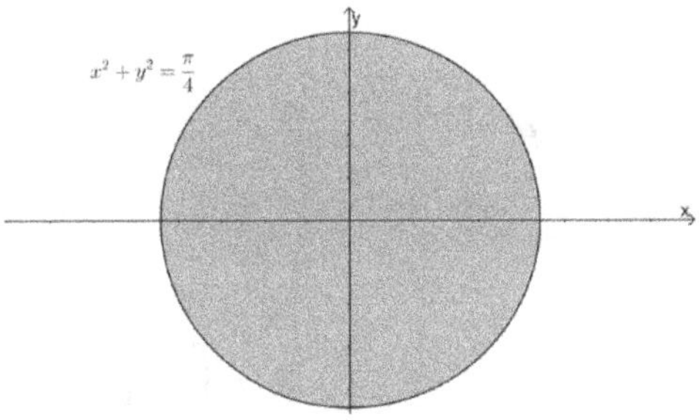

Example 23.

$$求\int_0^a\int_0^{\sqrt{a^2-x^2}}\frac{1}{(1+x^2+y^2)^{\frac{3}{2}}}dydx=?$$

【解】

令$x=r\cos\theta$，$y=r\sin\theta$ 则

$$\left\{(x,y):0\le x\le a,0<y<\sqrt{a^2-x^2}\right\}=\{(r,\theta):0\le r\le a,0\le\theta\le\frac{\pi}{2}\}$$

$$且\ dxdy=\left|\begin{vmatrix}\frac{\partial x}{\partial r}&\frac{\partial x}{\partial\theta}\\\frac{\partial y}{\partial r}&\frac{\partial y}{\partial\theta}\end{vmatrix}\right|drd\theta=\left|\begin{vmatrix}\cos\theta&-r\sin\theta\\\sin\theta&r\cos\theta\end{vmatrix}\right|drd\theta=rdrd\theta$$

$$\therefore\int_0^a\int_0^{\sqrt{a^2-x^2}}\frac{1}{(1+x^2+y^2)^{\frac{3}{2}}}dydx=\int_0^{\frac{\pi}{2}}\int_0^a\frac{1}{(1+r^2)^{\frac{3}{2}}}\cdot rdrd\theta=-(1+r^2)^{-\frac{1}{2}}\Big|_0^a\cdot\frac{\pi}{2}$$

$$=\frac{\pi}{2}\left(1-(1+a^2)^{-\frac{1}{2}}\right)$$

Example 24.

$$(1)求\int_0^{4a}\int_0^{\sqrt{4ax-x^2}}x^2+y^2\,dydx=?\quad(2)求\int_0^{2a}\int_{-\sqrt{2ay-y^2}}^{\sqrt{2ay-y^2}}\sqrt{x^2+y^2}\,dxdy=?$$

【解】

(1)

令$x=r\cos\theta$，$y=r\sin\theta$

$$则\ \{(x,y):0\le x\le 4a,0\le y\le\sqrt{4ax-x^2}\}=\{(r,\theta):0\le r\le 4a\cos\theta,0\le\theta\le\frac{\pi}{2}\}$$

$$且\ dxdy = \left\| \begin{vmatrix} \frac{\partial x}{\partial r} & \frac{\partial x}{\partial \theta} \\ \frac{\partial y}{\partial r} & \frac{\partial y}{\partial \theta} \end{vmatrix} \right\| drd\theta = \left\| \begin{vmatrix} \cos\theta & -r\sin\theta \\ \sin\theta & r\cos\theta \end{vmatrix} \right\| drd\theta = rdrd\theta$$

$$\therefore \int_0^{4a} \int_0^{\sqrt{4ax-x^2}} x^2 + y^2\, dydx = \int_0^{\frac{\pi}{2}} \int_0^{4a\cos\theta} r^3 drd\theta = \int_0^{\frac{\pi}{2}} \frac{r^4}{4} \bigg|_0^{4a\cos\theta} d\theta = 64a^4 \int_0^{\frac{\pi}{2}} \cos^4\theta\, d\theta$$

$$\because \cos^4\theta = \left(\frac{1+\cos 2\theta}{2}\right)^2 = \frac{1 + 2\cos 2\theta + \cos^2 2\theta}{4} = \frac{1+2\cos 2\theta}{4} + \frac{1+\cos 4\theta}{8}$$

$$\therefore \int_0^{\frac{\pi}{2}} \cos^4\theta\, d\theta = \int_0^{\frac{\pi}{2}} \frac{3}{8} + \frac{\cos 2\theta}{2} + \frac{\cos 4\theta}{8} d\theta = \frac{3\pi}{16}$$

$$\therefore \int_0^{4a} \int_0^{\sqrt{4ax-x^2}} x^2 + y^2\, dydx = 12\pi a^4$$

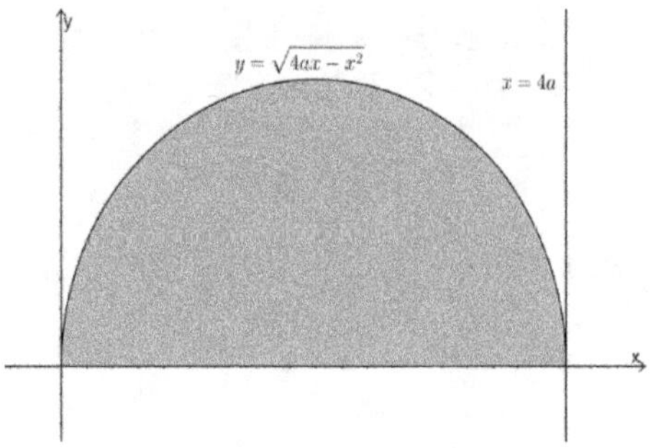

(2)

令$x = r\cos\theta$，$y = r\sin\theta$

则 $\{(x,y): -\sqrt{2ay - y^2} \le x \le \sqrt{2ay - y^2}, 0 \le y \le 2a\}$

$= \{(r,\theta): 0 \le r \le 2a\sin\theta, 0 \le \theta \le \pi\}$

$$且\ dxdy = \left\| \begin{vmatrix} \frac{\partial x}{\partial r} & \frac{\partial x}{\partial \theta} \\ \frac{\partial y}{\partial r} & \frac{\partial y}{\partial \theta} \end{vmatrix} \right\| drd\theta = \left\| \begin{vmatrix} \cos\theta & -r\sin\theta \\ \sin\theta & r\cos\theta \end{vmatrix} \right\| drd\theta = rdrd\theta$$

$$\therefore \int_0^{2a} \int_{-\sqrt{2ay-y^2}}^{\sqrt{2ay-y^2}} \sqrt{x^2+y^2}\, dxdy = \int_0^{\pi} \int_0^{2a\sin\theta} r^2 drd\theta = \int_0^{\pi} \frac{r^3}{3} \bigg|_0^{2a\sin\theta} d\theta$$

$$=\frac{8a^3}{3}\int_0^{\pi}\sin^3\theta\,d\theta=\frac{8a^3}{3}\int_0^{\pi}\sin\theta(1-\cos^2\theta)\,d\theta=\frac{8a^3}{3}(-\cos\theta+\frac{\cos^3\theta}{3})\Big|_0^{\pi}=\frac{32a^3}{9}$$

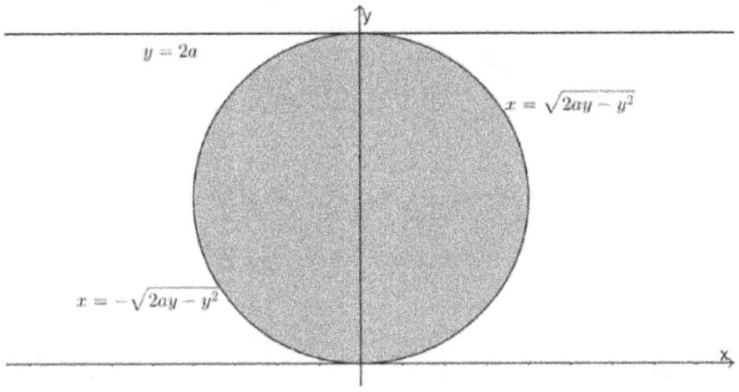

8.3.4 使用广义坐标转换求双重积分的值

当积分区域R为下列这几种情形时,可视为使用广义坐标转换的时机

(i)积分区域R出现 $ax+by$, $cx+dy$ 且 $ad-bc\neq 0$

(ii)积分区域R或被积分函数出现 $ax^2+bxy+cy^2$, 其中 $4ac-b^2>0,a>0,b>0$

(iii)积分区域R为 $y=ax$, $y=bx$, $xy=c$, $xy=d$ 所围区域,其中 $abcd\neq 0$

考试类型:

Type 1.

假设$R=\{(x,y):0\leq ax+by\leq s,0\leq cx+dy\leq t\}$, $a,b,c,d\in R,s,t>0$

其中 $ad-bc\neq 0$

求 $\iint_R f(ax+by,cx+dy)dA=?$

解题流程:

Step1.

令 $u=ax+by$, $v=cx+dy$ 则 $x=\dfrac{du-bv}{ad-bc}$ 且 $y=\dfrac{av-cu}{ad-bc}$

$$\because dxdy=\left\|\begin{vmatrix}\frac{\partial x}{\partial u} & \frac{\partial x}{\partial v}\\ \frac{\partial y}{\partial u} & \frac{\partial y}{\partial v}\end{vmatrix}\right\|dudv=\frac{1}{|ad-bc|^2}\left\|\begin{vmatrix}d & -b\\ -c & a\end{vmatrix}\right\|dudv=\frac{1}{|ad-bc|}dudv$$

Step2.

$$\therefore\iint_R f(ax+by,cx+dy)dA=\frac{1}{|ad-bc|}\int_0^t\int_0^s f(u,v)dudv$$

Step3.

计算此积分$\frac{1}{|ad-bc|}\int_0^t\int_0^s f(u,v)dudv=?$

<u>范例说明:</u>

求$\iint_R f(ax+by,cx+dy)dA=?, R=\{(x,y): 0\le ax+by\le s, 0\le cx+dy\le t\}$,
$a,b,c,d\in R, s,t>0$

令$u=ax+by,\ \ v=cx+dy$则$x=\frac{du-bv}{ad-bc}$且$y=\frac{av-cu}{ad-bc}$

$$\because dxdy=\left\|\begin{matrix}\frac{\partial x}{\partial u} & \frac{\partial x}{\partial v}\\ \frac{\partial y}{\partial u} & \frac{\partial y}{\partial v}\end{matrix}\right\|dudv=\frac{1}{|ad-bc|^2}\left\|\begin{matrix}d & -b\\ -c & a\end{matrix}\right\|dudv=\frac{1}{|ad-bc|}dudv$$

$$\therefore \iint_R f(ax+by,cx+dy)dA=\frac{1}{|ad-bc|}\int_0^t\int_0^s f(u,v)dudv$$

(I)若$f(ax+by,cx+dy)=(ax+by)(cx+dy)$

则$\iint_R f(ax+by,cx+dy)dA=\frac{1}{|ad-bc|}\int_0^t\int_0^s uvdudv=?$

(II)若$f(ax+by,cx+dy)=e^{\frac{cx+dy}{ax+by}}$

则$\iint_R f(ax+by,cx+dy)dA=\frac{1}{|ad-bc|}\int_0^t\int_0^s e^{\frac{v}{u}}dudv=?$

(III)若$f(ax+by,cx+dy)=(ax+by)^2+(cx+dy)^2$

则$\iint_R f(ax+by,cx+dy)dA=\frac{1}{|ad-bc|}\int_0^t\int_0^s u^2+v^2dudv=?$

Type 2.

假设$R=\{(x,y): ax^2+bxy+cy^2\le d^2\},\ \ 4ac-b^2>0, a>0, b>0$

求$\iint_R f(ax^2+bxy+cy^2)dA=?$

解题流程:

Step1.

$\because ax^2+bxy+cy^2=a(x+\frac{by}{2a})^2+\frac{4ac-b^2}{4a}y^2$

令$\sqrt{a}\left(x+\frac{by}{2a}\right)=u,\ \sqrt{\frac{4ac-b^2}{4a}}y=v$

$$\because dxdy=\left|\begin{vmatrix}\frac{\partial x}{\partial u} & \frac{\partial x}{\partial v}\\ \frac{\partial y}{\partial u} & \frac{\partial y}{\partial v}\end{vmatrix}\right|dudv=\left|\begin{vmatrix}\frac{1}{\sqrt{a}} & 0\\ \frac{2\sqrt{a}}{b} & \sqrt{\frac{4a}{4ac-b^2}}\end{vmatrix}\right|dudv=\frac{2}{\sqrt{4ac-b^2}}dudv$$

Step2.

$$\therefore \iint_R f(ax^2+bxy+cy^2)dA=\iint_{u^2+v^2\le d^2} f(u^2+v^2)\frac{2}{\sqrt{4ac-b^2}}dudv$$

Step3.

令$u=r\cos\theta, v=r\sin\theta$ 则$\{(u,v): u^2+v^2\le d^2\}=\{(r,\theta): 0\le r\le d, 0\le\theta\le 2\pi\}$

Step4.

$$\because dudv=\left|\begin{vmatrix}\frac{\partial u}{\partial r} & \frac{\partial u}{\partial \theta}\\ \frac{\partial v}{\partial r} & \frac{\partial v}{\partial \theta}\end{vmatrix}\right|drd\theta=\left|\begin{vmatrix}\cos\theta & -r\sin\theta\\ \sin\theta & r\cos\theta\end{vmatrix}\right|drd\theta=rdrd\theta$$

$$\therefore \iint_{u^2+v^2\le d^2} f(u^2+v^2)\frac{2}{\sqrt{4ac-b^2}}dudv=\int_0^{2\pi}\int_0^d \frac{2f(r^2)}{\sqrt{4ac-b^2}}rdrd\theta$$

$$=\frac{2}{\sqrt{4ac-b^2}}\int_0^{2\pi}d\theta\int_0^d f(r^2)rdr$$

Step5.

求$\frac{2}{\sqrt{4ac-b^2}}\int_0^{2\pi}d\theta\int_0^d f(r^2)rdr=?$

<u>范例说明:</u>

求$\iint_R f(ax^2+bxy+cy^2)dA=?, R=\{(x,y): ax^2+bxy+cy^2\le d^2\}$, 其中

$4ac-b^2>0, a>0, b>0$

$$\iint_R f(ax^2+bxy+cy^2)dA = \iint_{u^2+v^2\le d^2} f(u^2+v^2)\frac{2}{\sqrt{4ac-b^2}}dudv$$

$$=\frac{2}{\sqrt{4ac-b^2}}\int_0^{2\pi}d\theta\int_0^d f(r^2)rdr$$

(I)若$f(t)=t$ 则 $\iint_R f(ax^2+bxy+cy^2)dA=\frac{2}{\sqrt{4ac-b^2}}\int_0^{2\pi}d\theta\int_0^d r^3dr$

(II)若$f(t)= e^{-t}$则 $\iint_R f(ax^2+bxy+cy^2)dA=\frac{2}{\sqrt{4ac-b^2}}\int_0^{2\pi}d\theta\int_0^d e^{-r^2}rdr$

(III)若$f(t)=e^t$ 则 $\iint_R f(ax^2+bxy+cy^2)dA=\frac{2}{\sqrt{4ac-b^2}}\int_0^{2\pi}d\theta\int_0^d e^{r^2}rdr$

(IV)若$f(t)=\ln(t)$ 则 $\iint_R f(ax^2+bxy+cy^2)dA=\frac{2}{\sqrt{4ac-b^2}}\int_0^{2\pi}d\theta\int_0^d \ln(r^2)\,rdr$

(V)若$f(t)=\sin(t)$ 则 $\iint_R f(ax^2+bxy+cy^2)dA=\frac{2}{\sqrt{4ac-b^2}}\int_0^{2\pi}d\theta\int_0^d \sin(r^2)\,rdr$

Type 3.

假设 R 为$y=x^\alpha$, $y=\beta x^\alpha$, $x=y^\alpha$, $x=\gamma y^\alpha$ 所围面积,其中$\alpha>1,\beta>1,\gamma>1$

求$\iint_R f\left(\frac{y}{x^\alpha},\frac{x}{y^\alpha}\right)dA=?$

解题流程:

Step1.

令 $u=\frac{y}{x^\alpha}$, $v=\frac{x}{y^\alpha}$ 则 $x=u^{\frac{\alpha}{1-\alpha^2}}v^{\frac{1}{1-\alpha^2}}$, $y=u^{\frac{1}{1-\alpha^2}}v^{\frac{\alpha}{1-\alpha^2}}$

$$\text{且 } dxdy=\left\|\begin{vmatrix}\frac{\partial x}{\partial u} & \frac{\partial x}{\partial v}\\ \frac{\partial y}{\partial u} & \frac{\partial y}{\partial v}\end{vmatrix}\right\|dudv=\left\|\begin{vmatrix}\frac{\alpha u^{\left(\frac{\alpha}{1-\alpha^2}-1\right)}v^{\frac{1}{1-\alpha^2}}}{1-\alpha^2} & \frac{u^{\frac{\alpha}{1-\alpha^2}}v^{\left(\frac{1}{1-\alpha^2}-1\right)}}{1-\alpha^2}\\ \frac{u^{\left(\frac{1}{1-\alpha^2}-1\right)}v^{\frac{\alpha}{1-\alpha^2}}}{1-\alpha^2} & \frac{\alpha u^{\frac{1}{1-\alpha^2}}v^{\left(\frac{\alpha}{1-\alpha^2}-1\right)}}{1-\alpha^2}\end{vmatrix}\right\|dudv$$

$$=\frac{\alpha^2u^{\frac{\alpha-1+\alpha^2+1}{1-\alpha^2}}v^{\frac{1+\alpha-1+\alpha^2}{1-\alpha^2}}-u^{\frac{\alpha-1+\alpha^2+1}{1-\alpha^2}}v^{\frac{1+\alpha-1+\alpha^2}{1-\alpha^2}}}{(1-\alpha^2)^2}dudv=\frac{\alpha^2u^{\frac{\alpha}{1-\alpha}}v^{\frac{\alpha}{1-\alpha}}-u^{\frac{\alpha}{1-\alpha}}v^{\frac{\alpha}{1-\alpha}}}{(1-\alpha^2)^2}dudv$$

$$=\frac{u^{\frac{\alpha}{1-\alpha}}v^{\frac{\alpha}{1-\alpha}}}{\alpha^2-1}dudv$$

Step2.

令$R=\left\{(x,y):1\le \frac{y}{x^{\alpha}}\le\beta,1\le\frac{x}{y^{\alpha}}\le\gamma\right\}$则 $R=\{(u,v):1\le u\le\beta,1\le v\le\gamma\}$

Step3.

$$\therefore\iint_R f\left(\frac{y}{x^{\alpha}},\frac{x}{y^{\alpha}}\right)dA=\int_1^{\beta}\int_1^{\gamma}f(u,v)\frac{u^{\frac{\alpha}{1-\alpha}}v^{\frac{\alpha}{1-\alpha}}}{\alpha^2-1}dvdu$$

Type 4.

求$\iint_R f\left(\frac{y}{x},xy\right)dxdy=?$,其中 R为 $y=ax$, $y=bx$, $xy=c$, $xy=d$ 所围区域, $a<b,c<d$

解题流程:

Step1.

令 $\frac{y}{x}=u$, $xy=v$ 则 $x=\sqrt{\frac{v}{u}}$, $y=\sqrt{uv}$

$$且\ dxdy=\left|\begin{vmatrix}\frac{\partial x}{\partial u} & \frac{\partial x}{\partial v}\\ \frac{\partial y}{\partial u} & \frac{\partial y}{\partial v}\end{vmatrix}\right|dudv=\left|\begin{vmatrix}\frac{1}{2}\left(\frac{v}{u}\right)^{-\frac{1}{2}}\left(-\frac{v}{u^2}\right) & \frac{1}{2}\left(\frac{v}{u}\right)^{-\frac{1}{2}}\left(\frac{1}{u}\right)\\ \frac{1}{2}(uv)^{-\frac{1}{2}}v & \frac{1}{2}(uv)^{-\frac{1}{2}}u\end{vmatrix}\right|dudv=\frac{1}{2u}dudv$$

Step2.

令 $R=\left\{(x,y):a\le\frac{y}{x}\le b,c\le\ xy\le d\right\}$则 $R=\{(u,v):a\le u\le b,c\le v\le d\}$

Step3.

$$求\iint_R f\left(\frac{y}{x},xy\right)dxdy=\int_a^b\int_c^d\frac{f(u,v)}{2u}dvdu$$

<u>范例说明:</u>

求$\iint_R f\left(\frac{y}{x},xy\right)dxdy=?$,其中 R为 $y=ax$, $y=bx$, $xy=c$, $xy=d$ 所围区域,$a<b$, $c<d$

(I)如果$f\left(\frac{y}{x},xy\right)=e^{-\frac{y}{x}\cdot xy}$

则 $\iint_R f\left(\frac{y}{x}, xy\right) dxdy = \int_a^b \int_c^d \frac{f(u,v)}{2u} dvdu = \int_a^b \int_c^d \frac{e^{-uv}}{2u} dvdu$

(II)如果$f\left(\frac{y}{x}, xy\right) = \left(\frac{y}{x}\right)^2 + (xy)^2$

则 $\iint_R f\left(\frac{y}{x}, xy\right) dxdy = \int_a^b \int_c^d \frac{f(u,v)}{2u} dvdu = \int_a^b \int_c^d \frac{u^2+v^2}{2u} dvdu$

Example 1.

求 $\iint_R x^2 + y^2 dA = ?$, $R = \{(x,y): \frac{x^2}{a^2} + \frac{y^2}{b^2} \le 4\}$

【解】

令$x = ar\cos\theta$, $y = br\sin\theta$ 则$\left\{(x,y): \frac{x^2}{a^2} + \frac{y^2}{b^2} \le 4\right\} = \{(r,\theta): 0 \le r \le 2, 0 \le \theta \le 2\pi\}$

且 $dxdy = \left\| \begin{matrix} \frac{\partial x}{\partial r} & \frac{\partial x}{\partial \theta} \\ \frac{\partial y}{\partial r} & \frac{\partial y}{\partial \theta} \end{matrix} \right\| drd\theta = \left\| \begin{matrix} a\cos\theta & -ra\sin\theta \\ b\sin\theta & rb\cos\theta \end{matrix} \right\| drd\theta - abrdrd\theta$

$\therefore \iint_R x^2 + y^2 dA = \int_0^{2\pi} \int_0^2 ((ar)^2\cos^2\theta + (br)^2\sin^2\theta) abr\, drd\theta$

$= a^3b \int_0^{2\pi} \cos^2\theta\, d\theta \int_0^2 r^3 dr + ab^3 \int_0^{2\pi} \sin^2\theta\, d\theta \int_0^2 r^3 dr$

$\because \int_0^{2\pi} \cos^2\theta\, d\theta = \int_0^{2\pi} \frac{1+\cos 2\theta}{2} d\theta = \pi,$

$\int_0^{2\pi} \sin^2\theta\, d\theta = \int_0^{2\pi} \frac{1-\cos 2\theta}{2} d\theta = \pi$ 且 $\int_0^2 r^3 dr = \frac{16}{4} = 4$

$\therefore \iint_R x^2 + y^2 dA = a^3b(4\pi) + ab^3(4\pi) = 4ab\pi(a^2 + b^2)$

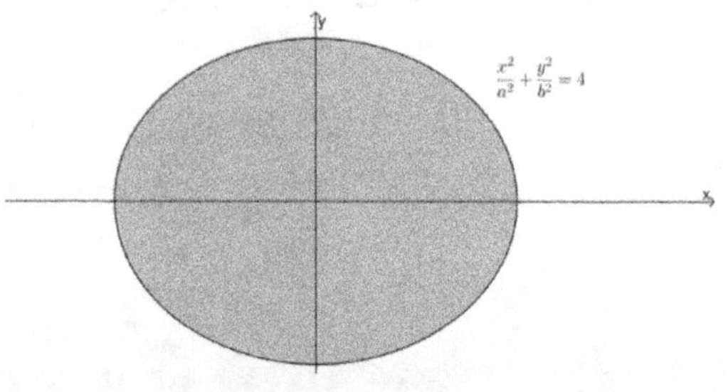

Example 2.

$$求 \iint_R e^{x+y} dA = ?,\ R = \{(x,y): |x| + |y| \le 2\}$$

【解】

令$x + y = u$，$x - y = v$ 则 $\{(x,y): |x| + |y| \le 2\} = \{(u,v): -2 \le u \le 2, -2 \le v \le 2\}$

$$且\ x = \frac{u+v}{2},\ \ y = \frac{u-v}{2},\ \ dxdy = \left|\begin{vmatrix} \frac{\partial x}{\partial u} & \frac{\partial x}{\partial v} \\ \frac{\partial y}{\partial u} & \frac{\partial y}{\partial v} \end{vmatrix}\right| dudv = \left|\begin{vmatrix} \frac{1}{2} & \frac{1}{2} \\ \frac{1}{2} & \frac{-1}{2} \end{vmatrix}\right| dudv = |\frac{-1}{2}| dudv$$

$$\therefore \iint_R e^{x+y} dA = \int_{-2}^{2}\int_{-2}^{2} \frac{e^u}{2} dudv = \frac{1}{2}\int_{-2}^{2} dv \int_{-2}^{2} e^u\, du = 2(e^2 - e^{-2})$$

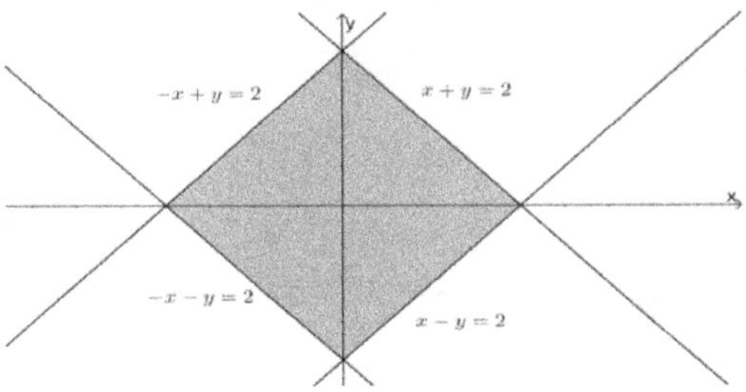

Example 3.

$$求 \iint_R x^2 y\, dA = ?,\ R = \{(x,y): y \ge 0,\ \ (x-1)^2 + y^2 \le 1\}$$

【解】

令$x = r\cos\theta + 1$，$y = r\sin\theta$

则$\{(x,y): (x-1)^2 + y^2 \le 1, y \ge 0\} = \{(r,\theta): 0 \le r \le 1, 0 \le \theta \le \pi\}$

$$且\ dxdy = \left|\begin{vmatrix} \frac{\partial x}{\partial r} & \frac{\partial x}{\partial \theta} \\ \frac{\partial y}{\partial r} & \frac{\partial y}{\partial \theta} \end{vmatrix}\right| drd\theta = \left|\begin{vmatrix} \cos\theta & -r\sin\theta \\ \sin\theta & r\cos\theta \end{vmatrix}\right| drd\theta = rdrd\theta$$

$$\therefore \iint_R x^2 y\, dA = \int_0^{\pi}\int_0^{1} (r\cos\theta + 1)^2 r\sin\theta\, rdrd\theta$$

$$= \int_0^{\pi}\int_0^{1} (r^2\cos^2\theta + 2r\cos\theta + 1) r\sin\theta\, rdrd\theta$$

$$= \int_0^{\pi} \cos^2\theta \sin\theta\, d\theta \int_0^1 r^4 dr + \int_0^{\pi} 2\cos\theta\sin\theta\, d\theta \int_0^1 r^3 dr + \int_0^{\pi} \sin\theta\, d\theta \int_0^1 r^2 dr$$

$$= (-1)\frac{\cos^3\theta}{3}\Big|_0^{\pi} \cdot \frac{r^5}{5}\Big|_0^1 - \frac{\cos 2\theta}{2}\Big|_0^{\pi} \cdot \frac{r^4}{4}\Big|_0^1 - \cos\theta|_0^{\pi} \cdot \frac{r^3}{3}\Big|_0^1 = \frac{4}{5}$$

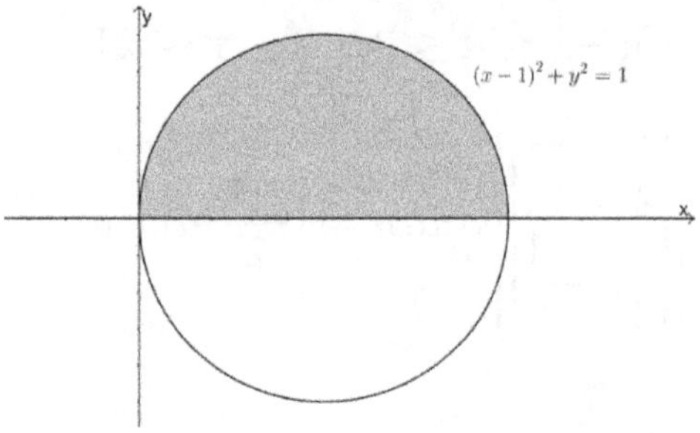

Example 4.

求 $\iint_R e^{\frac{y-x}{x+y}} dxdy = ?$, $R = \{(x,y): x \ge 0, y \ge 0, x+y \le 3\}$

【解】

令$x+y=u$, $y-x=v$

则 $\{(x,y): x \ge 0, y \ge 0, x+y \le 3\} = \{(u,v): 0 \le u \le 3, -u \le v \le u\}$

且 $x = \frac{u-v}{2}$，$y = \frac{u+v}{2}$，$dxdy = \left\| \begin{matrix} \frac{\partial x}{\partial u} & \frac{\partial x}{\partial v} \\ \frac{\partial y}{\partial u} & \frac{\partial y}{\partial v} \end{matrix} \right\| dudv = \left\| \begin{matrix} \frac{1}{2} & \frac{-1}{2} \\ \frac{1}{2} & \frac{1}{2} \end{matrix} \right\| dudv = |\frac{-1}{2}| dudv$

$$\therefore \iint_R e^{\frac{y-x}{x+y}} dxdy = \int_0^3 \int_{-u}^{u} e^{\frac{v}{u}} \cdot \frac{1}{2} dvdu = \frac{1}{2}\int_0^3 u\, e^{\frac{v}{u}}\Big|_{v=-u}^{v=u} du = \frac{1}{2}\int_0^3 u(e-e^{-1})du$$

$$= \frac{1}{4}(e-e^{-1})u^2|_{u=0}^{u=3} = \frac{9}{4}(e-e^{-1})$$

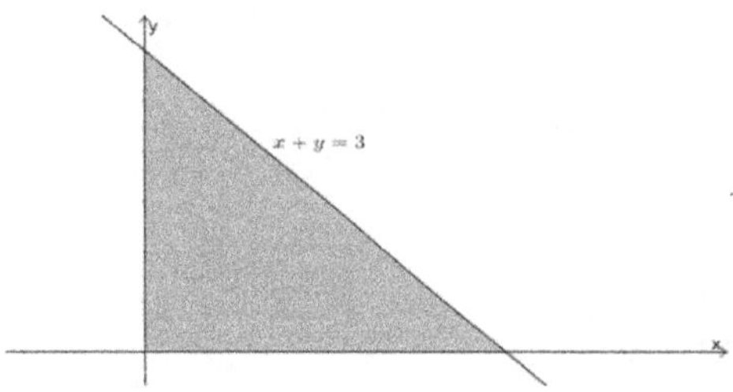

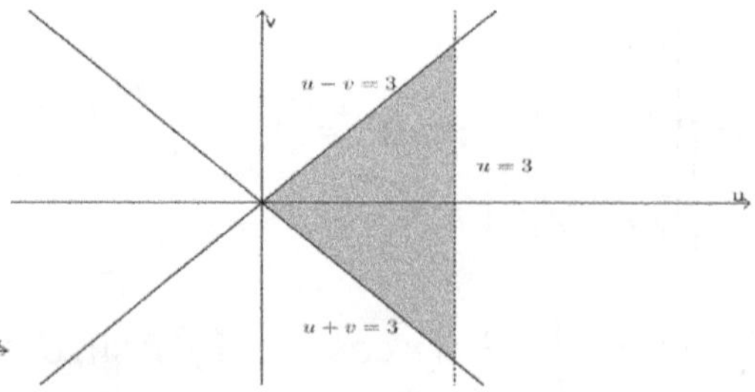

Example 5.

$$\text{试证}\int_{-\infty}^{\infty}\int_{-\infty}^{\infty} e^{-(x^2+2xy+10y^2)}dxdy=\frac{\pi}{3}$$

【解】

$\because x^2+2xy+10y^2=(x+y)^2+9y^2$，令$(x+y)=u$，$3y=v$

$$\text{则}dxdy=\left\|\begin{vmatrix}\frac{\partial x}{\partial u} & \frac{\partial x}{\partial v}\\ \frac{\partial y}{\partial u} & \frac{\partial y}{\partial v}\end{vmatrix}\right\|dudv=\left\|\begin{vmatrix}1 & 0\\ 1 & \frac{1}{3}\end{vmatrix}\right\|dudv=\frac{1}{3}dudv$$

$$\therefore \int_{-\infty}^{\infty}\int_{-\infty}^{\infty} e^{-(x^2+2xy+10y^2)}dxdy=\int_{-\infty}^{\infty}\int_{-\infty}^{\infty} e^{-(u^2+v^2)}\frac{1}{3}dudv$$

令$u=r\cos\theta$，$v=r\sin\theta$

则$\{(u,v):-\infty\le u\le\infty,-\infty\le v\le\infty\}=\{(r,\theta):0\le r\le\infty,0\le\theta\le 2\pi\}$

$$\text{且 } dudv=\left\|\begin{vmatrix}\frac{\partial u}{\partial r} & \frac{\partial u}{\partial \theta}\\ \frac{\partial v}{\partial r} & \frac{\partial v}{\partial \theta}\end{vmatrix}\right\|drd\theta=\left\|\begin{vmatrix}\cos\theta & -r\sin\theta\\ \sin\theta & r\cos\theta\end{vmatrix}\right\|drd\theta=rdrd\theta$$

$$\therefore \int_{-\infty}^{\infty}\int_{-\infty}^{\infty} e^{-(u^2+v^2)}du\,dv=\int_{0}^{2\pi}\int_{0}^{\infty} e^{-r^2}rdrd\theta=\int_0^{2\pi}d\theta\int_0^{\infty}e^{-r^2}rdr=2\pi\cdot\left.\frac{-e^{-r^2}}{2}\right|_{r=0}^{r=\infty}=\pi$$

$$\therefore \int_{-\infty}^{\infty}\int_{-\infty}^{\infty} e^{-(x^2+2xy+10y^2)}dxdy=\frac{\pi}{3}$$

Example 6.

(1)假设$a>0$，$b>0$ 且 $b^2<4ac$，试证 $\displaystyle\int_{-\infty}^{\infty}\int_{-\infty}^{\infty} e^{-(ax^2+bxy+cy^2)}dxdy=\frac{2\pi}{\sqrt{4ac-b^2}}$

(2)假设$R=\{(x,y):x^2+2xy+3y^2\le t^2\}$，$I(t)=\displaystyle\iint_R e^{-(x^2+2xy+3y^2)}dA,$

(a) 求 $I(1)=?$ (b) $\lim\limits_{t\to\infty}I(t)=?$

【解】

(1)

$$\because ax^2+bxy+cy^2=a(x+\frac{by}{2a})^2+\left(\frac{4ac-b^2}{4a}\right)y^2$$

令$\sqrt{a}(x+\frac{by}{2a})=u$, $\sqrt{\frac{4ac-b^2}{4a}}y=v$

则$dxdy=\left|\begin{vmatrix}\frac{\partial x}{\partial u} & \frac{\partial x}{\partial v}\\ \frac{\partial y}{\partial u} & \frac{\partial y}{\partial v}\end{vmatrix}\right|dudv=\left|\begin{vmatrix}\frac{1}{\sqrt{a}} & 0\\ \frac{2\sqrt{a}}{b} & \sqrt{\frac{4a}{4ac-b^2}}\end{vmatrix}\right|dudv=\frac{2}{\sqrt{4ac-b^2}}dudv$

$\therefore\int_{-\infty}^{\infty}\int_{-\infty}^{\infty}e^{-(ax^2+bxy+cy^2)}dxdy=\int_{-\infty}^{\infty}\int_{-\infty}^{\infty}e^{-(u^2+v^2)}\frac{2}{\sqrt{4ac-b^2}}dudv$

令$u=r\cos\theta$, $v=r\sin\theta$

则$\{(u,v):-\infty\le u\le\infty,-\infty\le v\le\infty\}=\{(r,\theta):0\le r\le\infty,0\le\theta\le 2\pi\}$

且 $dudv=\left|\begin{vmatrix}\frac{\partial u}{\partial r} & \frac{\partial u}{\partial\theta}\\ \frac{\partial v}{\partial r} & \frac{\partial v}{\partial\theta}\end{vmatrix}\right|drd\theta=\left|\begin{vmatrix}\cos\theta & -r\sin\theta\\ \sin\theta & r\cos\theta\end{vmatrix}\right|drd\theta=rdrd\theta$

$\therefore\int_{-\infty}^{\infty}\int_{-\infty}^{\infty}e^{-(u^2+v^2)}du\,dv=\int_{0}^{2\pi}\int_{0}^{\infty}e^{-r^2}rdrd\theta=\int_{0}^{2\pi}d\theta\int_{0}^{\infty}e^{-r^2}rdr=2\pi\cdot\frac{-e^{-r^2}}{2}\bigg|_{r=0}^{r=\infty}=\pi$

$\therefore\int_{-\infty}^{\infty}\int_{-\infty}^{\infty}e^{-(u^2+v^2)}\frac{2}{\sqrt{4ac-b^2}}dudv=\frac{2\pi}{\sqrt{4ac-b^2}}$

(2)

$(a)\because x^2+2xy+3y^2=(x+y)^2+2y^2$

令$(x+y)=u$, $\sqrt{2}y=v$ 则 $x=u-\frac{v}{\sqrt{2}}$, $y=\frac{v}{\sqrt{2}}$

且 $dxdy=\left|\begin{vmatrix}\frac{\partial x}{\partial u} & \frac{\partial x}{\partial v}\\ \frac{\partial y}{\partial u} & \frac{\partial y}{\partial v}\end{vmatrix}\right|dudv=\left|\begin{vmatrix}1 & \frac{-1}{\sqrt{2}}\\ 0 & \sqrt{\frac{1}{2}}\end{vmatrix}\right|dudv=\sqrt{\frac{1}{2}}dudv$

$\therefore\iint_R e^{-(x^2+2xy+3y^2)}dxdy=\iint_{u^2+v^2\le 1}e^{-(u^2+v^2)}\sqrt{\frac{1}{2}}dudv$

令$u=r\cos\theta$，$v=r\sin\theta$ 则$\{(u,v):u^2+v^2\le 1\}=\{(r,\theta):0\le r\le 1,0\le\theta\le 2\pi\}$

且 $dudv=\left|\begin{vmatrix}\frac{\partial u}{\partial r} & \frac{\partial u}{\partial \theta}\\ \frac{\partial v}{\partial r} & \frac{\partial v}{\partial \theta}\end{vmatrix}\right|drd\theta=\left|\begin{vmatrix}\cos\theta & -r\sin\theta\\ \sin\theta & r\cos\theta\end{vmatrix}\right|drd\theta=rdrd\theta$

$\therefore \iint_{u^2+v^2\le 1} e^{-(u^2+v^2)}\sqrt{\frac{1}{2}}dudv=\sqrt{\frac{1}{2}}\int_0^{2\pi}\int_0^1 e^{-r^2}rdrd\theta=\sqrt{\frac{1}{2}}\int_0^{2\pi}d\theta\int_0^1 e^{-r^2}rdr$

$=\sqrt{\frac{1}{2}}\cdot 2\pi\cdot\frac{-e^{-r^2}}{2}\Big|_{r=0}^{r=1}=\frac{\pi}{\sqrt{2}}(1-e^{-1})$

(b)

$\because I(t)=\sqrt{\frac{1}{2}}\int_0^{2\pi}d\theta\int_0^t e^{-r^2}rdr=\sqrt{\frac{1}{2}}\cdot 2\pi\cdot\frac{-e^{-r^2}}{2}\Big|_{r=0}^{r=t}=\frac{\pi}{\sqrt{2}}(1-e^{-t})$

$\therefore \lim_{t\to\infty} I(t)=\lim_{t\to\infty}\frac{\pi}{\sqrt{2}}(1-e^{-t})=\frac{\pi}{\sqrt{2}}$

Example 7.

求 $\iint_R e^{-(x^2+xy+y^2)}dxdy=?$, $R=\{(x,y):x^2+xy+y^2\le 4\}$

【解】

$\because x^2+xy+y^2=\left(x+\frac{y}{2}\right)^2+\frac{3}{4}y^2$，令$x+\frac{y}{2}=u$，$\sqrt{\frac{3}{4}}y=v$

则 $dxdy=\left|\begin{vmatrix}\frac{\partial x}{\partial u} & \frac{\partial x}{\partial v}\\ \frac{\partial y}{\partial u} & \frac{\partial y}{\partial v}\end{vmatrix}\right|dudv=\left|\begin{vmatrix}1 & 0\\ 2 & \sqrt{\frac{4}{3}}\end{vmatrix}\right|dudv=\frac{2}{\sqrt{3}}dudv$

$\therefore \iint_R e^{-(x^2+xy+y^2)}dxdy=\iint_{u^2+v^2\le 4} e^{-(u^2+v^2)}\frac{2}{\sqrt{3}}dudv$

令$u=r\cos\theta$，$v=r\sin\theta$

则$\{(u,v):u^2+v^2\le 4\}=\{(r,\theta):0\le r\le 2,0\le\theta\le 2\pi\}$

且 $dudv = \left\| \begin{vmatrix} \frac{\partial u}{\partial r} & \frac{\partial u}{\partial \theta} \\ \frac{\partial v}{\partial r} & \frac{\partial v}{\partial \theta} \end{vmatrix} \right\| drd\theta = \left\| \begin{vmatrix} \cos\theta & -r\sin\theta \\ \sin\theta & r\cos\theta \end{vmatrix} \right\| drd\theta = rdrd\theta$

$$\therefore \iint_{u^2+v^2\le 4} e^{-(u^2+v^2)}dudv = \int_0^{2\pi}\int_0^2 e^{-r^2}rdrd\theta = \int_0^{2\pi}d\theta\int_0^2 e^{-r^2}rdr = 2\pi\cdot\left.\frac{-e^{-r^2}}{2}\right|_{r=0}^{r=2}$$

$= \pi(1-e^{-4})$

$$\therefore \iint_R e^{-(x^2+xy+y^2)}dxdy = \frac{2\pi(1-e^{-4})}{\sqrt{3}}$$

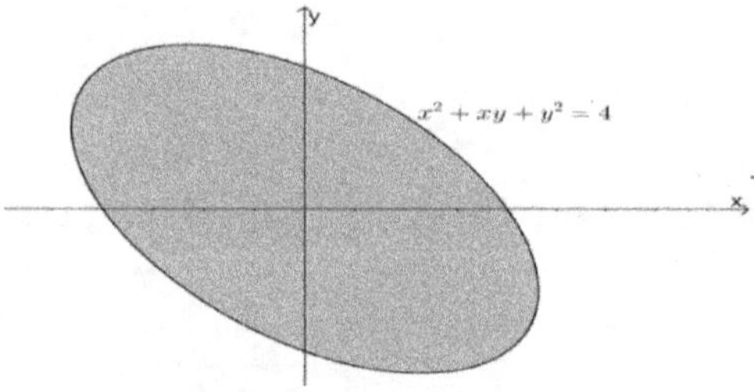

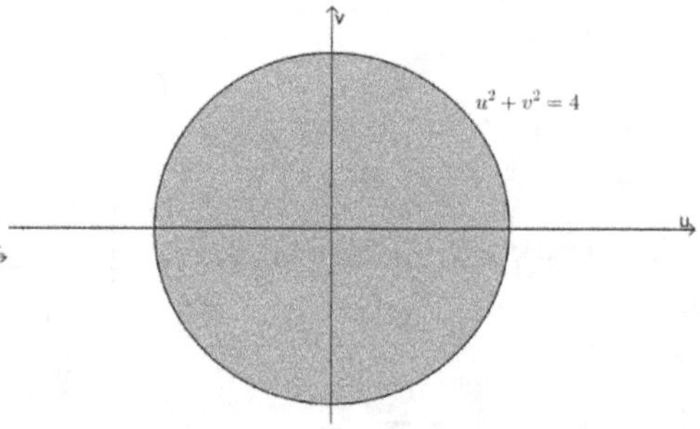

Example 8.

求 $\iint_R dA = ?,\ R = \{(x,y): ax^2+bxy+cy^2 \le \alpha^2\}$

【解】

$$\because ax^2+bxy+cy^2 = a\left(x+\frac{by}{2a}\right)^2 + \frac{4ac-b^2}{4a}y^2$$

令 $\sqrt{a}\left(x+\frac{by}{2a}\right) = u,\ \sqrt{\frac{4ac-b^2}{4a}}y = v$

则$dxdy = \left\| \begin{vmatrix} \frac{\partial x}{\partial u} & \frac{\partial x}{\partial v} \\ \frac{\partial y}{\partial u} & \frac{\partial y}{\partial v} \end{vmatrix} \right\| dudv = \left\| \begin{vmatrix} \frac{1}{\sqrt{a}} & 0 \\ \frac{2\sqrt{a}}{b} & \sqrt{\frac{4a}{4ac-b^2}} \end{vmatrix} \right\| dudv = \frac{2}{\sqrt{4ac-b^2}}dudv$

$$\therefore \iint_R dA = \iint_{u^2+v^2\le\alpha^2} \frac{2}{\sqrt{4ac-b^2}}dudv$$

令$u = r\cos\theta, v = r\sin\theta$ 则$\{(u,v): u^2 + v^2 \le \alpha^2\} = \{(r,\theta): 0 \le r \le \alpha, 0 \le \theta \le 2\pi\}$

且 $dudv = \left|\begin{vmatrix} \dfrac{\partial u}{\partial r} & \dfrac{\partial u}{\partial \theta} \\ \dfrac{\partial v}{\partial r} & \dfrac{\partial v}{\partial \theta} \end{vmatrix}\right| drd\theta = \left|\begin{vmatrix} \cos\theta & -r\sin\theta \\ \sin\theta & r\cos\theta \end{vmatrix}\right| drd\theta = rdrd\theta$

$\therefore \iint_{u^2+v^2\le\alpha^2} \dfrac{2}{\sqrt{4ac-b^2}} dudv = \int_0^{2\pi}\int_0^{\alpha} \dfrac{2}{\sqrt{4ac-b^2}} rdrd\theta = \dfrac{2}{\sqrt{4ac-b^2}}\int_0^{2\pi} d\theta \int_0^{\alpha} rdr$

$= \dfrac{2\pi\alpha^2}{\sqrt{4ac-b^2}}$

Example 9.

求 $\iint_R \dfrac{x^2 - xy + y^2}{2} dA =?$，$R = \{(x,y): x^2 - xy + y^2 \le 2\}$

【解】

$\because \dfrac{x^2 - xy + y^2}{2} = \dfrac{1}{2}\left(x - \dfrac{y}{2}\right)^2 + \dfrac{3}{8}y^2$，令 $\sqrt{\dfrac{1}{2}}\left(x - \dfrac{y}{2}\right) = u$，$\sqrt{\dfrac{3}{8}}y = v$

则 $dxdy = \left|\begin{vmatrix} \dfrac{\partial x}{\partial u} & \dfrac{\partial x}{\partial v} \\ \dfrac{\partial y}{\partial u} & \dfrac{\partial y}{\partial v} \end{vmatrix}\right| dudv = \left|\begin{vmatrix} \sqrt{2} & 0 \\ -2\sqrt{2} & \sqrt{\dfrac{8}{3}} \end{vmatrix}\right| dudv = \dfrac{4}{\sqrt{3}} dudv$

$\therefore \iint_R \dfrac{x^2 - xy + y^2}{2} dA = \iint_{u^2+v^2\le 1} (u^2 + v^2)\dfrac{4}{\sqrt{3}} dudv$

令$u = r\cos\theta$，$v = r\sin\theta$ 则$\{(u,v): u^2 + v^2 \le 1\} = \{(r,\theta): 0 \le r \le 1, 0 \le \theta \le 2\pi\}$

且 $dudv = \left|\begin{vmatrix} \dfrac{\partial u}{\partial r} & \dfrac{\partial u}{\partial \theta} \\ \dfrac{\partial v}{\partial r} & \dfrac{\partial v}{\partial \theta} \end{vmatrix}\right| drd\theta = \left|\begin{vmatrix} \cos\theta & -r\sin\theta \\ \sin\theta & r\cos\theta \end{vmatrix}\right| drd\theta = rdrd\theta$

$\therefore \iint_{u^2+v^2\le 1} (u^2 + v^2)\dfrac{4}{\sqrt{3}} dudv = \dfrac{4}{\sqrt{3}}\int_0^{2\pi}\int_0^1 r^2 \cdot rdrd\theta = \dfrac{4}{\sqrt{3}}\int_0^{2\pi} d\theta \int_0^1 r^3 dr$

$= \dfrac{4}{\sqrt{3}} \cdot 2\pi \cdot \left.\dfrac{r^4}{4}\right|_{r=0}^{r=1} = \dfrac{2\pi}{\sqrt{3}}$

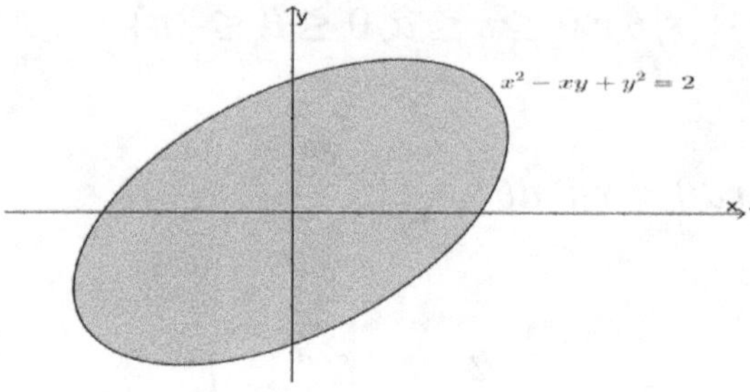

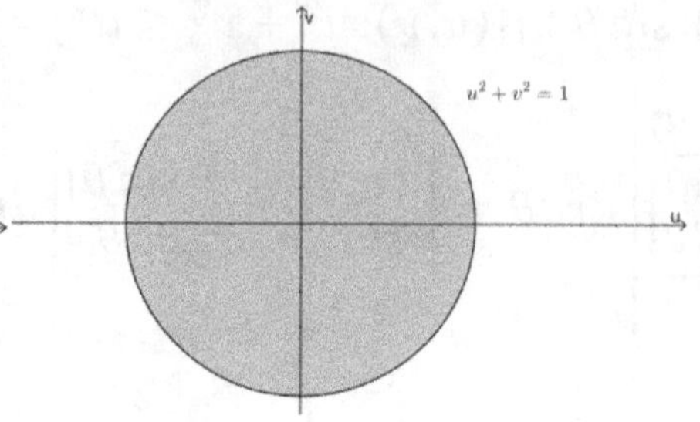

Example 10.

(1) 求由 $x-2y=-4$，$x-2y=1$，$2x-y=0, 2x-y=3$ 所围面积

(2) 求由 $x-my=0$，$x-my=1$，$nx-y=0$，$nx-y=1$ 所围面积，$(m>n>1)$

(3) 求 $\iint_R \dfrac{x-2y}{3x-y}dxdy=?$，$R$为四条直线包围区域: $x-2y=0, x-2y=4,$ $3x-y=1, 3x-y=7$

【解】

(1)

令$x-2y=u$，$2x-y=v$ 则 $x=-\dfrac{u}{3}+\dfrac{2v}{3}$，$y=-\dfrac{2u}{3}+\dfrac{v}{3}$

且 $dxdy=\left\|\begin{vmatrix}\dfrac{\partial x}{\partial u} & \dfrac{\partial x}{\partial v}\\ \dfrac{\partial y}{\partial u} & \dfrac{\partial y}{\partial v}\end{vmatrix}\right\|dudv=\left\|\begin{vmatrix}\dfrac{-1}{3} & \dfrac{2}{3}\\ \dfrac{-2}{3} & \dfrac{1}{3}\end{vmatrix}\right\|dudv=\dfrac{1}{3}dudv$

令$R=\{(x,y):-4\le x-2y\le 1, 0\le 2x-y\le 3\}$ 则 $R=\{(u,v):-4\le u\le 1, 0\le v\le 3\}$

$\therefore$ 面积 $=\iint_R 1dA=\int_{-4}^{1}\int_0^3 \dfrac{1}{3}dvdu=5$

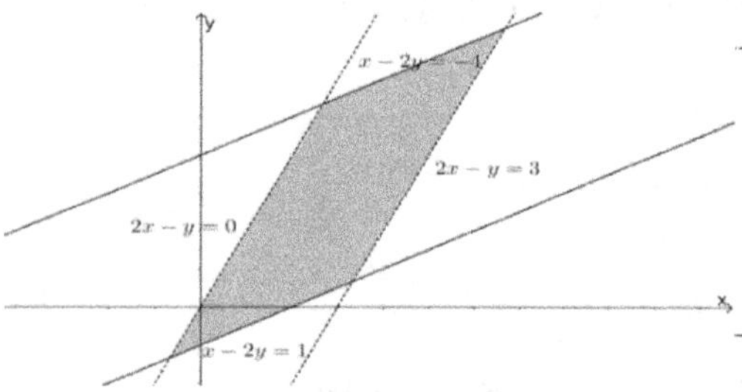

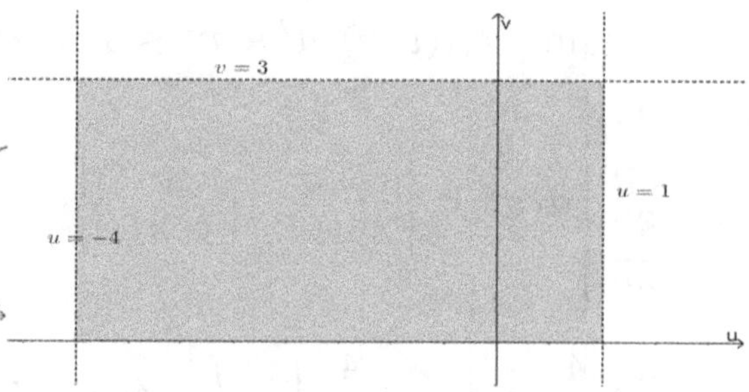

(2)

令$x-my=u$，$nx-y=v$ 则 $x=\dfrac{mv-u}{mn-1}$，$y=\dfrac{v-nu}{mn-1}$

$$且\ dxdy=\left|\begin{vmatrix}\frac{\partial x}{\partial u}&\frac{\partial x}{\partial v}\\\frac{\partial y}{\partial u}&\frac{\partial y}{\partial v}\end{vmatrix}\right|dudv=\left|\begin{vmatrix}\frac{-1}{mn-1}&\frac{m}{mn-1}\\\frac{-n}{mn-1}&\frac{1}{mn-1}\end{vmatrix}\right|dudv=\frac{1}{mn-1}dudv$$

令$R=\{(x,y):0\le x-my\le 1,0\le nx-y\le 1\}$ 则 $R=\{(u,v):0\le u\le 1,0\le v\le 1\}$

$$\therefore 面积=\iint_R 1dA=\int_0^1\int_0^1\frac{1}{mn-1}dudv=\frac{1}{mn-1}$$

(3)

令 $x-2y=u$，$3x-y=v$ 则 $x=\dfrac{-u+2v}{5}$，$y=\dfrac{-3u+v}{5}$

$$且\ dxdy=\left|\begin{vmatrix}\frac{\partial x}{\partial u}&\frac{\partial x}{\partial v}\\\frac{\partial y}{\partial u}&\frac{\partial y}{\partial v}\end{vmatrix}\right|dudv=\left|\begin{vmatrix}\frac{-1}{5}&\frac{2}{5}\\\frac{-3}{5}&\frac{1}{5}\end{vmatrix}\right|dudv=\frac{1}{5}dudv$$

令$R=\{(x,y):0\le x-2y\le 4,1\le 3x-y\le 7\}$ 则 $R=\{(u,v):0\le u\le 4,1\le v\le 7\}$

$$\therefore \iint_R\frac{x-2y}{3x-y}dxdy=\frac{1}{5}\int_1^7\int_0^4\frac{u}{v}dudv=\frac{8}{5}\int_1^7\frac{1}{v}dv=\frac{8\ln 7}{5}$$

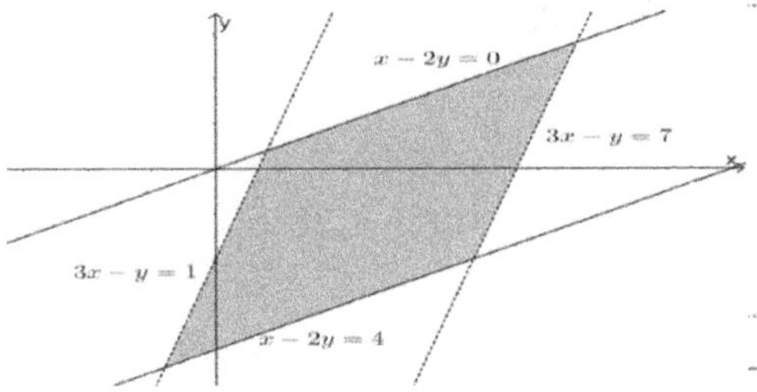

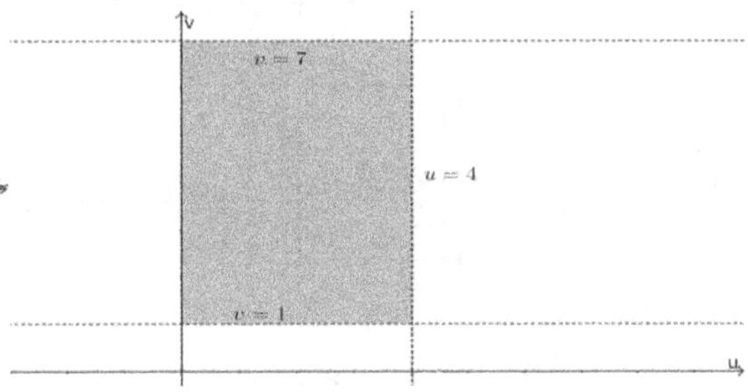

Example 11.

求由$y=x^2$，$y=3x^2$，$x=y^2$，$x=4y^2$ 所围面积

【解】

令$u=\dfrac{y}{x^2}$，$v=\dfrac{x}{y^2}$ 则 $x=u^{-\frac{2}{3}}v^{-\frac{1}{3}}$，$y=u^{-\frac{1}{3}}v^{-\frac{2}{3}}$

$$且\ dxdy=\left|\begin{vmatrix}\frac{\partial x}{\partial u}&\frac{\partial x}{\partial v}\\\frac{\partial y}{\partial u}&\frac{\partial y}{\partial v}\end{vmatrix}\right|dudv=\left|\begin{vmatrix}\frac{-2u^{-\frac{5}{3}}v^{-\frac{1}{3}}}{3}&\frac{-u^{-\frac{2}{3}}v^{-\frac{4}{3}}}{3}\\\frac{-u^{-\frac{4}{3}}v^{-\frac{2}{3}}}{3}&\frac{-2u^{-\frac{1}{3}}v^{-\frac{5}{3}}}{3}\end{vmatrix}\right|dudv=\frac{u^{-2}v^{-2}}{3}dudv$$

令 $R=\left\{(x,y):1\le\dfrac{y}{x^2}\le 3,1\le\dfrac{x}{y^2}\le 4\right\}$ 则 $R=\{(u,v):1\le u\le 3,1\le v\le 4\}$

$\therefore$ 面积 $=\displaystyle\iint_R 1dA=\int_1^3\int_1^4\frac{u^{-2}v^{-2}}{3}dvdu=\frac{1}{6}$

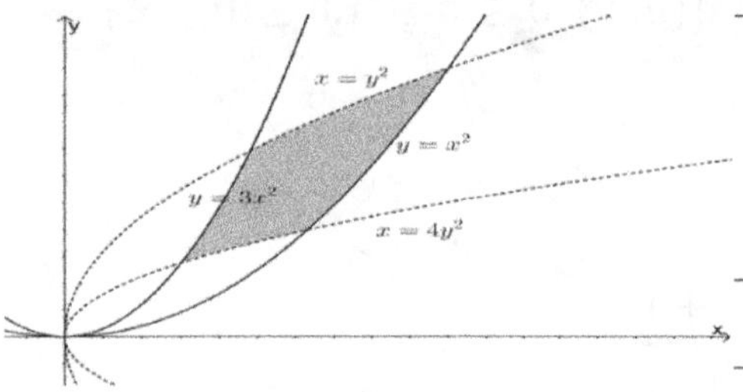

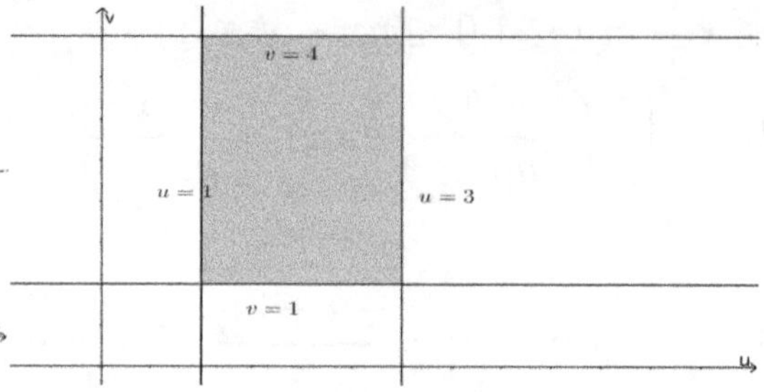

Example 12.

求由$x^2-4xy+4y^2-2x-y-1=0$ 与 $y=\dfrac{2}{5}$ 所围面积

【解】

$\because x^2-4xy+4y^2-2x-y-1=(x-2y)^2-(2x+y)-1=0$

令 $u=x-2y$ 且 $v=2x+y$ 则 $x=\dfrac{u}{5}+\dfrac{2v}{5}$，$y=-\dfrac{2u}{5}+\dfrac{v}{5}$

且 $dxdy=\left\|\begin{vmatrix}\dfrac{\partial x}{\partial u} & \dfrac{\partial x}{\partial v}\\ \dfrac{\partial y}{\partial u} & \dfrac{\partial y}{\partial v}\end{vmatrix}\right\|dudv=\left\|\begin{vmatrix}\dfrac{1}{5} & \dfrac{2}{5}\\ \dfrac{-2}{5} & \dfrac{1}{5}\end{vmatrix}\right\|dudv=\dfrac{1}{5}dudv$

令 $R=\{(u,v):-1\le u\le 3,u^2-1\le v\le 2u+2\}$

$\therefore$ 面积 $=\displaystyle\iint_R 1dA=\int_{-1}^3\int_{u^2-1}^{2u+2}\frac{1}{5}dvdu=\frac{32}{15}$

Example 13.

求 $\displaystyle\iint_R (x-y)^2\sin^2(x+y)\,dxdy=?$，$R$为$(\pi,0)$，$(2\pi,\pi)$，$(\pi,2\pi)$，$(0,\pi)$所围区域

【解】

令$x+y=u$，$x-y=v$ 则 $x=\dfrac{u+v}{2}$，$y=\dfrac{u-v}{2}$

$$且\ dxdy = \left\| \begin{vmatrix} \frac{\partial x}{\partial u} & \frac{\partial x}{\partial v} \\ \frac{\partial y}{\partial u} & \frac{\partial y}{\partial v} \end{vmatrix} \right\| dudv = \left\| \begin{vmatrix} \frac{1}{2} & \frac{1}{2} \\ \frac{1}{2} & \frac{-1}{2} \end{vmatrix} \right\| dudv = \frac{1}{2} dudv$$

$\because\ R = \{(x,y): \pi \le x+y \le 3\pi, -\pi \le x-y \le \pi\}\ \ \therefore R = \{(u,v): \pi \le u \le 3\pi, -\pi \le v \le \pi\}$

$$\therefore \iint_R (x-y)^2 \sin^2(x+y)\, dxdy = \frac{1}{2}\int_{-\pi}^{\pi}\int_{\pi}^{3\pi} v^2 \sin^2 u\, dudv = \frac{1}{2}\int_{\pi}^{3\pi} \sin^2 u du \int_{-\pi}^{\pi} v^2\, dv$$

$$= \frac{1}{2}\int_{\pi}^{3\pi} \frac{1-\cos 2u}{2} du \int_{-\pi}^{\pi} v^2\, dv = \frac{1}{2}\left(\frac{u}{2} - \frac{\sin 2u}{4}\right)\Bigg|_{\pi}^{3\pi} \cdot \frac{v^3}{3}\Bigg|_{-\pi}^{\pi} = \frac{\pi^4}{3}$$

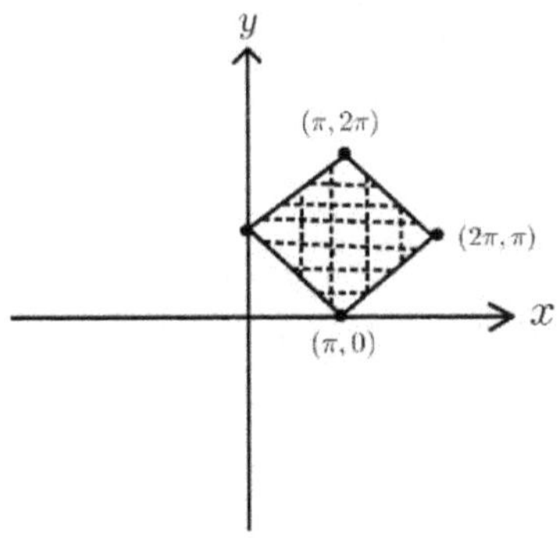

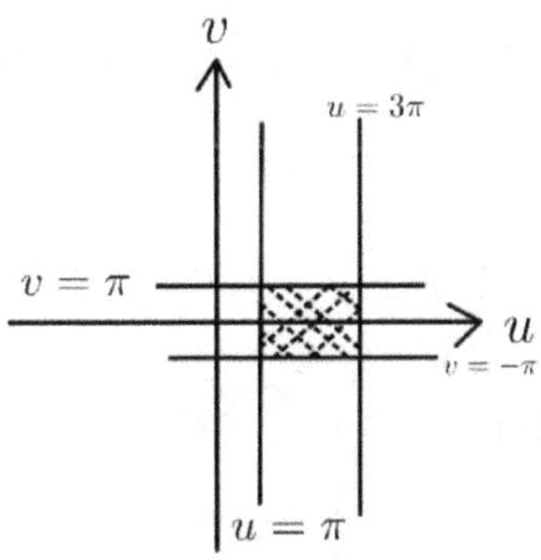

Example 14.

$$求 \iint_R \sqrt{\frac{y-x}{x+y}} dxdy =?，其中R为x=0，y=x，x+y=1，x+y=2\ 所围区域$$

【解】

令$y-x=u$，$x+y=v$ 则 $x=\frac{v-u}{2}$，$y=\frac{u+v}{2}$

$$且\ dxdy = \left\| \begin{vmatrix} \frac{\partial x}{\partial u} & \frac{\partial x}{\partial v} \\ \frac{\partial y}{\partial u} & \frac{\partial y}{\partial v} \end{vmatrix} \right\| dudv = \left\| \begin{vmatrix} \frac{-1}{2} & \frac{1}{2} \\ \frac{1}{2} & \frac{1}{2} \end{vmatrix} \right\| dudv = \frac{1}{2} dudv$$

$\because\ R = \{(x,y): y \ge x, x \ge 0, 1 \le x+y \le 2\}\ \ \therefore R = \{(x,y): 0 \le u \le v, 1 \le v \le 2\}$

$$\therefore \iint_R \sqrt{\frac{y-x}{x+y}} dxdy = \frac{1}{2}\int_1^2\int_0^v \sqrt{\frac{u}{v}} dudv = \frac{1}{2}\int_1^2 \sqrt{\frac{1}{v}} \cdot \frac{2u^{\frac{3}{2}}}{3}\Bigg|_0^v dv = \frac{1}{3}\int_1^2 v\, dv = \frac{1}{2}$$

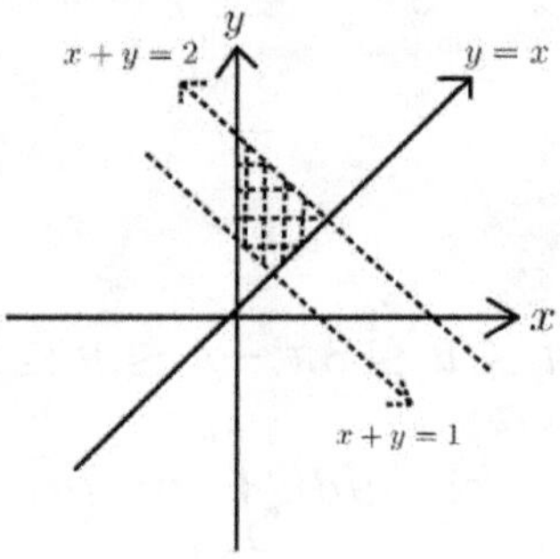

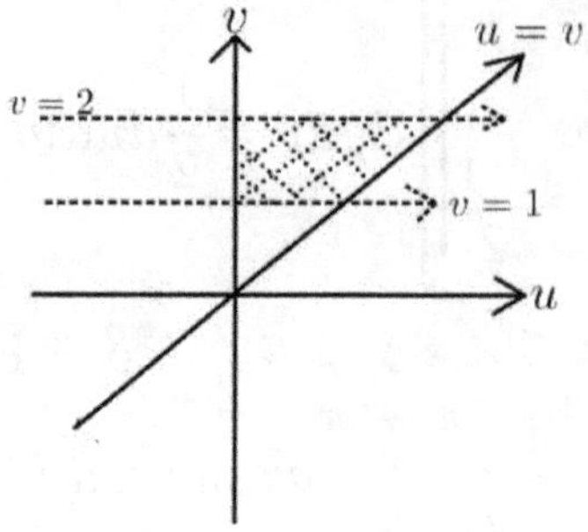

Example 15.

求 $\iint_R (x+y)^4\,dxdy = ?$，$R$为$(1,0),(1,3),(2,2),(0,1)$所围区域

【解】

令$x+y=u$，$2x-y=v$ 则 $x=\dfrac{u+v}{3}$，$y=\dfrac{2u-v}{3}$

且 $dxdy = \left\|\begin{vmatrix}\dfrac{\partial x}{\partial u} & \dfrac{\partial x}{\partial v}\\ \dfrac{\partial y}{\partial u} & \dfrac{\partial y}{\partial v}\end{vmatrix}\right\| dudv = \left\|\begin{vmatrix}\dfrac{1}{3} & \dfrac{1}{3}\\ \dfrac{2}{3} & \dfrac{-1}{3}\end{vmatrix}\right\| dudv = \dfrac{1}{3}dudv$

$\because\ R=\{(x,y): 1\le x+y\le 4, -1\le 2x-y\le 2\}$ $\therefore R=\{(u,v): 1\le u\le 4, -1\le v\le 2\}$

$\therefore \iint_R (x+y)^4\,dxdy = \dfrac{1}{3}\int_{-1}^{2}\int_{1}^{4} u^4\,dudv = \left.\dfrac{u^5}{5}\right|_1^4 = \dfrac{1023}{5}$

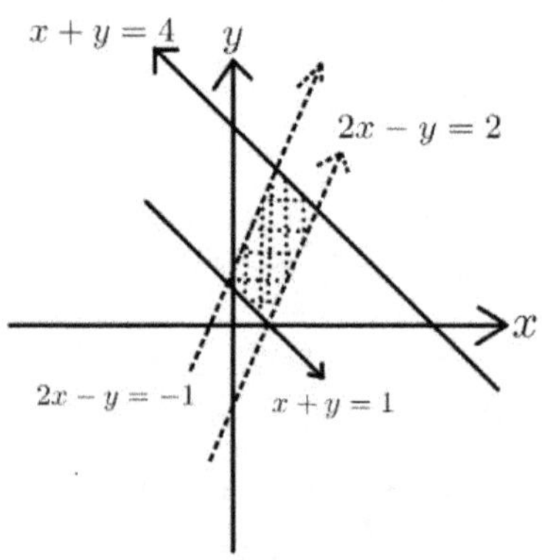

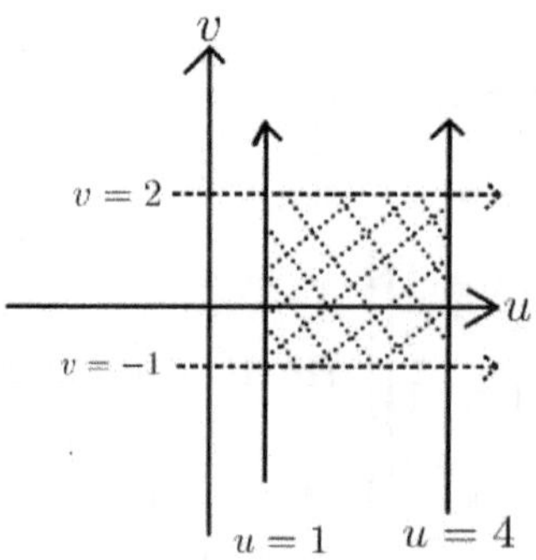

Example 16.

求 $\iint_R (\sqrt{x}+\sqrt{y})\,dxdy = ?$，$R$ 为 $\sqrt{x}+\sqrt{y}=1$，$x=0$，$y=0$ 所围区域

【解】

令$x = r\cos^4\theta$，$y = r\sin^4\theta$

则 $dxdy = \left|\begin{vmatrix} \frac{\partial x}{\partial r} & \frac{\partial x}{\partial \theta} \\ \frac{\partial y}{\partial r} & \frac{\partial y}{\partial \theta} \end{vmatrix}\right| drd\theta = \left|\begin{vmatrix} \cos^4\theta & -4r\cos^3\theta\sin\theta \\ \sin^4\theta & 4r\sin^3\theta\cos\theta \end{vmatrix}\right| drd\theta = 4r\sin^3\theta\cos^3\theta\,drd\theta$

$\because\ R = \{(x,y): x \geq 0,\ y \geq 0, \sqrt{x}+\sqrt{y} \leq 1\} = \{(r,\theta): 0 \leq r \leq 1, 0 \leq \theta \leq \frac{\pi}{2}\}$

$\therefore \iint_R (\sqrt{x}+\sqrt{y})\,dxdy = \int_0^{\frac{\pi}{2}}\int_0^1 \sqrt{r}(4r\sin^3\theta\cos^3\theta)\,drd\theta = \int_0^1 4r^{\frac{3}{2}}\,dr\int_0^{\frac{\pi}{2}}\sin^3\theta\cos^3\theta\,d\theta$

$= \int_0^1 4r^{\frac{3}{2}}\,dr\int_0^{\frac{\pi}{2}}\left(\frac{\sin 2\theta}{2}\right)^3 d\theta = \frac{2}{15}$

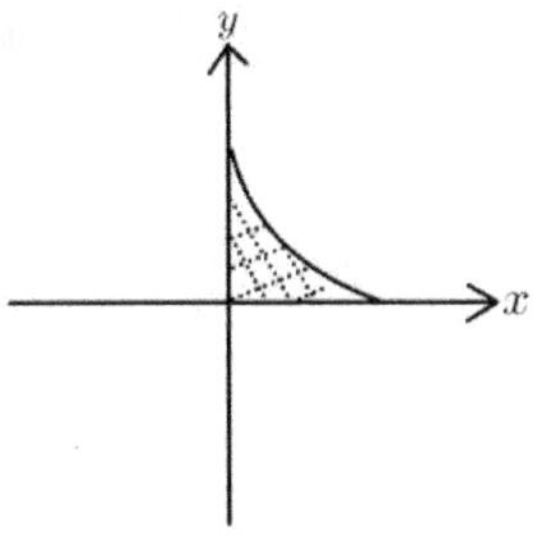

Example 17.

求 $\iint_R x^2+y^2\,dxdy = ?$，其中$R$为$x^2-y^2=1$，$x^2-y^2=9$，$xy=2$，$xy=4$ 所围区域

【解】

令$x^2-y^2=u$，$2xy=v$

则 $dudv = \left|\begin{vmatrix} \frac{\partial u}{\partial x} & \frac{\partial u}{\partial y} \\ \frac{\partial v}{\partial x} & \frac{\partial v}{\partial y} \end{vmatrix}\right| dxdy = \left|\begin{vmatrix} 2x & -2y \\ 2y & 2x \end{vmatrix}\right| dxdy = 4(x^2+y^2)dxdy$

$\because (x^2+y^2)^2 = (x^2-y^2)^2 + (2xy)^2 = u^2+v^2 \quad \therefore x^2+y^2 = (u^2+v^2)^{\frac{1}{2}}$

$$\therefore dxdy = \frac{dudv}{4(u^2+v^2)^{\frac{1}{2}}}$$

$\because\ R = \{(x,y): 1 \le x^2 - y^2 \le 9, 4 \le 2xy \le 8\}$ $\therefore R = \{(u,v): 1 \le u \le 9, 4 \le v \le 8\}$

$$\therefore \iint_R x^2 + y^2\, dxdy = \int_4^8 \int_1^9 \frac{(u^2+v^2)^{\frac{1}{2}}}{4(u^2+v^2)^{\frac{1}{2}}} dudv = 8$$

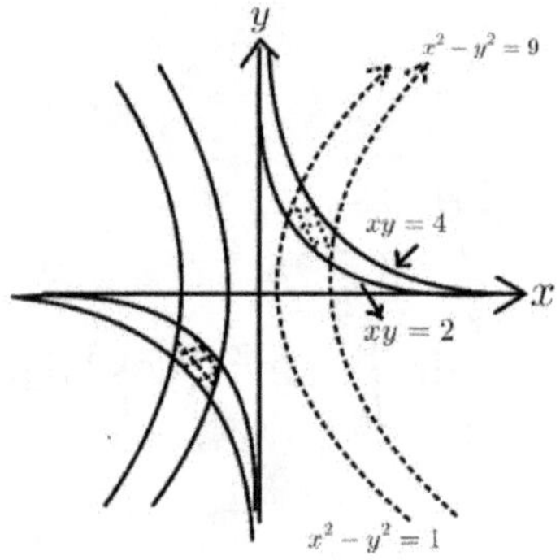

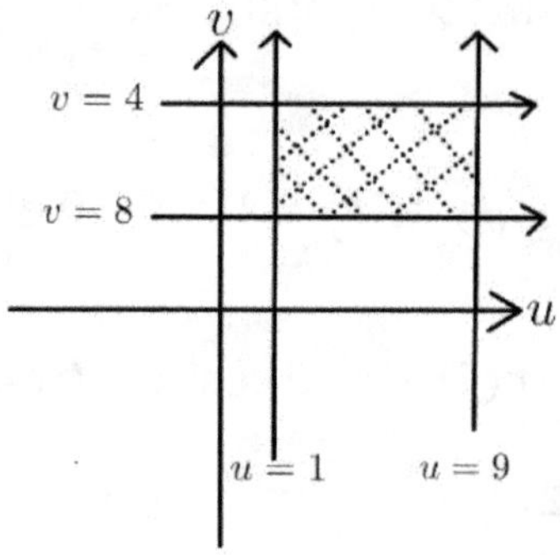

Example 18.

(1)求 $\iint_R x^2 + y^2 dA =?$, R为四条直线包围区域: $-x = y$, $y = -x + 3$, $x - 3 = y$, $y = x$

(2)求 $\iint_R xydA =?$, R为四条曲线包围于第一象限区域: $x^2 + y^2 = a$, $x^2 + y^2 = b$, $x^2 - y^2 = c$, $x^2 - y^2 = d$, $(b > a > 0, d > c > 0)$

【解】

(1)

令 $x + y = u$, $x - y = v$ 则 $x = \frac{u+v}{2}$, $y = \frac{u-v}{2}$

$$\text{且 } dxdy = \left\| \begin{matrix} \frac{\partial x}{\partial u} & \frac{\partial x}{\partial v} \\ \frac{\partial y}{\partial u} & \frac{\partial y}{\partial v} \end{matrix} \right\| dudv = \left\| \begin{matrix} \frac{1}{2} & \frac{1}{2} \\ \frac{1}{2} & \frac{-1}{2} \end{matrix} \right\| dudv = \frac{1}{2} dudv$$

$\because\ R = \{(x,y): 0 \le x + y \le 3, 0 \le x - y \le 3\}$ $\therefore R = \{(u,v): 0 \le u \le 3, 0 \le v \le 3\}$

$$\therefore \iint_R x^2 + y^2 dA = \int_0^3 \int_0^3 \left(\left(\frac{u+v}{2}\right)^2 + \left(\frac{u-v}{2}\right)^2 \right) \frac{1}{2} dudv = \frac{1}{4} \int_0^3 \int_0^3 u^2 + v^2 dudv = \frac{27}{2}$$

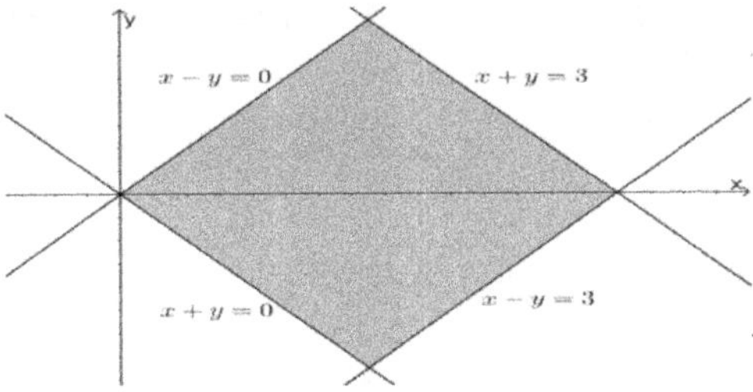

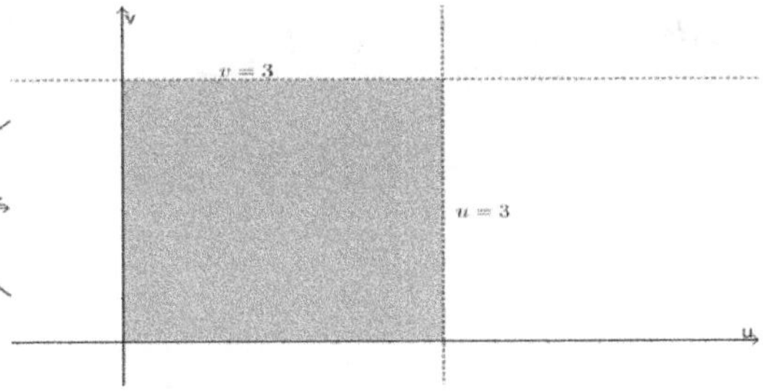

(2)

令 $x^2+y^2=u$，$x^2-y^2=v$ 则 $x=\dfrac{(u+v)^{\frac{1}{2}}}{\sqrt{2}}$，$y=\dfrac{(u-v)^{\frac{1}{2}}}{\sqrt{2}}$

且 $dxdy=\left|\begin{vmatrix}\dfrac{\partial x}{\partial u} & \dfrac{\partial x}{\partial v}\\ \dfrac{\partial y}{\partial u} & \dfrac{\partial y}{\partial v}\end{vmatrix}\right|dudv=\left|\begin{vmatrix}\dfrac{(u+v)^{-\frac{1}{2}}}{2\sqrt{2}} & \dfrac{(u+v)^{-\frac{1}{2}}}{2\sqrt{2}}\\ \dfrac{(u-v)^{-\frac{1}{2}}}{2\sqrt{2}} & \dfrac{(u-v)^{-\frac{1}{2}}}{2\sqrt{2}}\end{vmatrix}\right|dudv=\dfrac{(u^2-v^2)^{-\frac{1}{2}}}{4}dudv$

$\because\ R=\{(x,y):a\le x^2+y^2\le b,c\le x^2-y^2\le d\}\quad \therefore R=\{(u,v):a\le u\le b,c\le v\le d\}$

$\therefore \iint_R\ xydA=\int_c^d\int_a^b\dfrac{(u^2-v^2)^{\frac{1}{2}}}{2}\cdot\dfrac{(u^2-v^2)^{-\frac{1}{2}}}{4}dudv=\dfrac{(b-a)(c-d)}{8}$

Example 19.

求 $\displaystyle\int_0^{\frac{1}{2}}\int_0^{1-2y}e^{\frac{x}{x+2y}}dxdy=?$

【解】

令 $x=u$，$x+2y=v$ 则 $x=u$，$y=\dfrac{-u+v}{2}$

$dxdy=\left|\begin{vmatrix}\dfrac{\partial x}{\partial u} & \dfrac{\partial x}{\partial v}\\ \dfrac{\partial y}{\partial u} & \dfrac{\partial y}{\partial v}\end{vmatrix}\right|dudv=\left|\begin{vmatrix}1 & 0\\ \dfrac{-1}{2} & \dfrac{1}{2}\end{vmatrix}\right|dudv=\dfrac{1}{2}dudv$

令 $R=\left\{(x,y):0\le x\le 1-2y,0\le y\le\dfrac{1}{2}\right\}$ 则 $R=\{(u,v):0\le u\le v,0\le v\le 1\}$

$$\therefore \int_0^{\frac{1}{2}}\int_0^{1-2y} e^{\frac{x}{x+2y}}\,dxdy = \frac{1}{2}\int_0^1\int_0^v e^{\frac{u}{v}}\,dudv = \frac{1}{2}\int_0^1 ve^{\frac{u}{v}}\Big|_{u=0}^{u=v}\,dv = \frac{1}{2}\int_0^1 v(e-1)\,dv = \frac{e-1}{4}$$

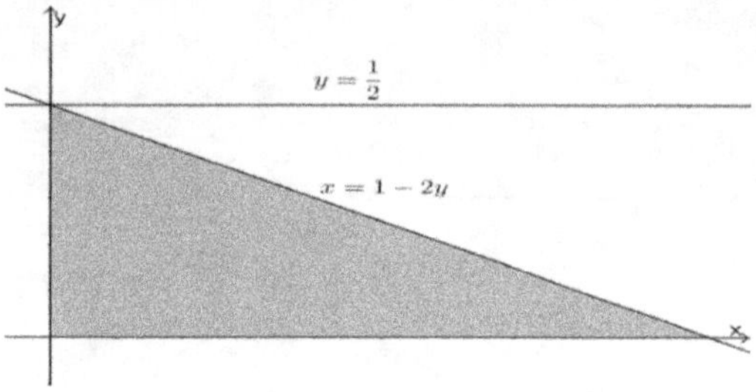

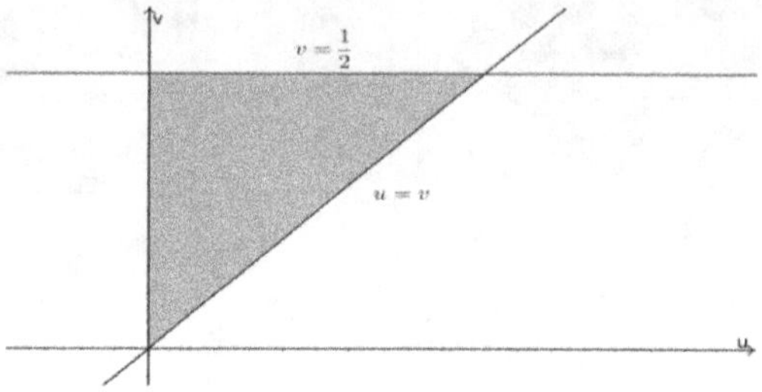

Example 20.

求 $\iint_R 3xydA = ?$, R为四条直线包围区域: $x-2y=0$, $x-2y=-4, x+y=4$, $x+y=1$

【解】

令 $x-2y=u$, $x+y=v$ 则 $x=\dfrac{u+2v}{3}$, $y=\dfrac{-u+v}{3}$

$$且\ dxdy = \left\|\begin{matrix}\frac{\partial x}{\partial u} & \frac{\partial x}{\partial v}\\ \frac{\partial y}{\partial u} & \frac{\partial y}{\partial v}\end{matrix}\right\| dudv = \left\|\begin{matrix}\frac{1}{3} & \frac{2}{3}\\ \frac{-1}{3} & \frac{1}{3}\end{matrix}\right\| dudv = \frac{1}{3}dudv$$

$\because\ R=\{(x,y): -4\le x-2y\le 0, 1\le\ x+y\le 4\}$ $\ \therefore R=\{(u,v): -4\le u\le 0, 1\le v\le 4\}$

$$\therefore \iint_R 3xydxdy = \int_1^4\int_{-4}^0\left(\frac{u+2v}{3}\right)\left(\frac{-u+v}{3}\right)dudv = \frac{164}{9}$$

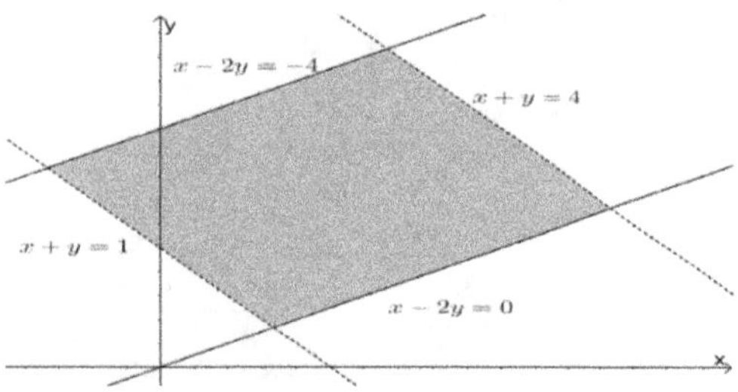

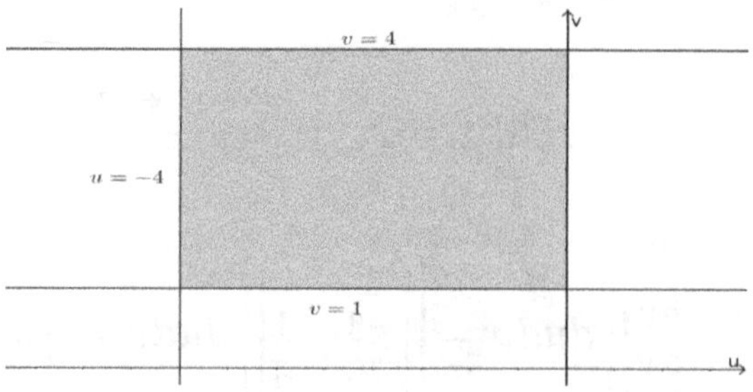

Example 21.

求 $\iint_R (2x+y)dxdy=?$, R为曲线: $x^2-2xy+y^2+x+y=0$ 与 $x+y+4=0$ 包围区域

【解】

$\because x^2-2xy+y^2+x+y=0 \Leftrightarrow (x-y)^2=-(x+y)$

令 $x+y=u$, $x-y=v$ 则 $x=\dfrac{u+v}{2}$, $y=\dfrac{u-v}{2}$

且 $dxdy=\left\|\begin{vmatrix}\dfrac{\partial x}{\partial u} & \dfrac{\partial x}{\partial v}\\ \dfrac{\partial y}{\partial u} & \dfrac{\partial y}{\partial v}\end{vmatrix}\right\|dudv=\left\|\begin{vmatrix}\dfrac{1}{2} & \dfrac{1}{2}\\ \dfrac{1}{2} & \dfrac{1}{2}\end{vmatrix}\right\|dudv=\dfrac{1}{2}dudv$

$\because\ R=\{(u,v):-v^2\le u\le 0,-2\le v\le 2\}$

$\therefore \iint_R (2x+y)dxdy \ =\int_{-2}^{2}\int_{-v^2}^{0}3u+v\,dudv=-\dfrac{96}{5}$

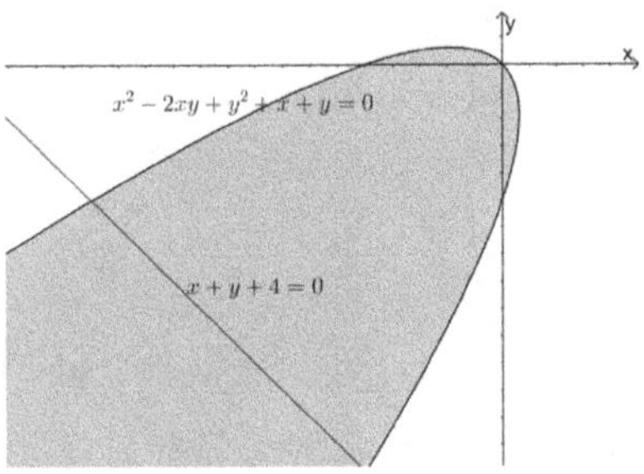

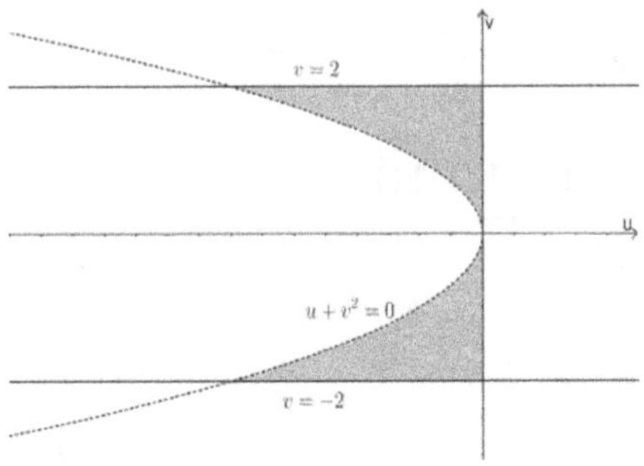

Example 22.

(1)求 $\iint_R \cos\dfrac{y-x}{x+y}dxdy=?$, R为(1,0), (3,0), (0,1), (0,3)所围区域:

(2)求 $\iint_R \sec^2\dfrac{y-x}{x+y}dxdy=?$, R为(1,0), (3,0), (0,1), (0,3)所围区域

【解】

(1)

令 $y-x=u$, $x+y=v$ 则 $x=\dfrac{-u+v}{2}$, $y=\dfrac{u+v}{2}$

且 $dxdy=\left|\begin{vmatrix}\frac{\partial x}{\partial u} & \frac{\partial x}{\partial v}\\ \frac{\partial y}{\partial u} & \frac{\partial y}{\partial v}\end{vmatrix}\right|dudv=\left|\begin{vmatrix}\frac{-1}{2} & \frac{1}{2}\\ \frac{1}{2} & \frac{1}{2}\end{vmatrix}\right|dudv=\frac{1}{2}dudv$

$\because\ R=\{(x,y):x\geq 0,y\geq 0,1\leq x+y\leq 3\}\ \therefore\ R=\{(u,v):-v\leq u\leq v,1\leq v\leq 3\}$

$\therefore\iint_R\ \cos\frac{y-x}{x+y}dxdy=\frac{1}{2}\int_1^3\int_{-v}^{v}\cos\frac{u}{v}dudv=\frac{1}{2}\int_1^3 v\sin\frac{u}{v}\Big|_{u=-v}^{u=v}dv=\sin 1\int_1^3 v\,dv$
$=4\sin 1$

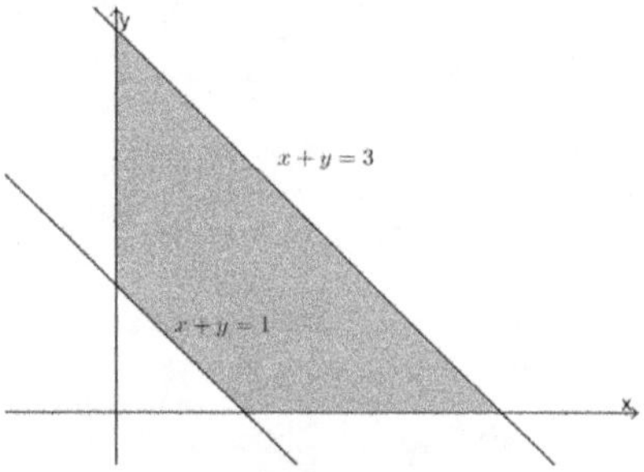

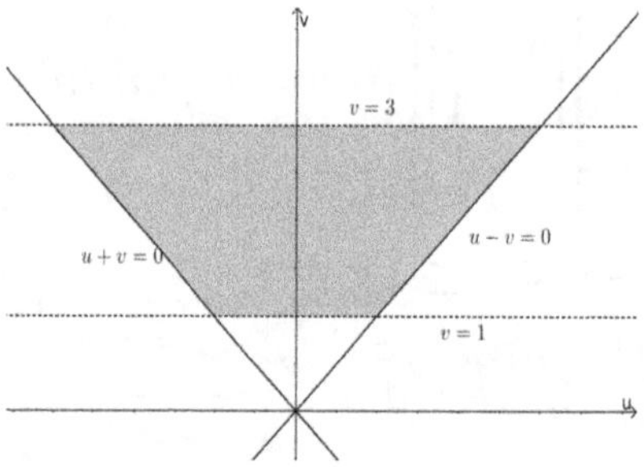

(2)

令 $y-x=u,\ x+y=v$ 则 $x=\frac{-u+v}{2},\ y=\frac{u+v}{2}$

且 $dxdy=\left|\begin{vmatrix}\frac{\partial x}{\partial u} & \frac{\partial x}{\partial v}\\ \frac{\partial y}{\partial u} & \frac{\partial y}{\partial v}\end{vmatrix}\right|dudv=\left|\begin{vmatrix}\frac{-1}{2} & \frac{1}{2}\\ \frac{1}{2} & \frac{1}{2}\end{vmatrix}\right|dudv=\frac{1}{2}dudv$

$\because\ R=\{(x,y):x\geq 0,y\geq 0,1\leq x+y\leq 3\}\ \therefore R=\{(u,v):-v\leq u\leq v,1\leq v\leq 3\}$

$\therefore\iint_R\ \sec^2\frac{y-x}{x+y}dxdy=\frac{1}{2}\int_1^3\int_{-v}^{v}\sec^2\frac{u}{v}dudv=\frac{1}{2}\int_1^3 v\tan\frac{u}{v}\Big|_{u=-v}^{u=v}dv=\tan 1\int_1^3 v\,dv$
$=4\tan 1$

Example 23.

(1)求 $\iint_R\ \left(1-\frac{x^2}{25}-\frac{y^2}{4}\right)^{\frac{3}{2}}dxdy=?$, $R=\{(x,y):\frac{x^2}{25}+\frac{y^2}{4}\leq 1,y\geq 0\}$

(2)求 $\iint_R\ \cos(25x^2+4y^2)\,dxdy=?$, $R=\{(x,y):\frac{x^2}{4}+\frac{y^2}{25}\leq 1\}$

【解】

(1)

令$x = 5r\cos\theta$，$y = 2r\sin\theta$ 则 $R = \{(r,\theta): 0 \le r \le 1, 0 \le \theta \le \pi\}$

$$且\ dxdy = \left\|\begin{vmatrix}\dfrac{\partial x}{\partial r} & \dfrac{\partial x}{\partial \theta} \\ \dfrac{\partial y}{\partial r} & \dfrac{\partial y}{\partial \theta}\end{vmatrix}\right\| drd\theta = \left\|\begin{vmatrix}5\cos\theta & -5r\sin\theta \\ 2\sin\theta & 2r\cos\theta\end{vmatrix}\right\| drd\theta = 10rdrd\theta$$

$$\therefore \iint_R \left(1-\frac{x^2}{25}-\frac{y^2}{4}\right)^{\frac{3}{2}} dxdy = \int_0^{\pi}\int_0^1 (1-r^2)^{\frac{3}{2}}10rdrd\theta = 10\int_0^{\pi} d\theta \int_0^1 (1-r^2)^{\frac{3}{2}} rdr$$

$$= 10\pi \cdot \left.\frac{-(1-r^2)^{\frac{5}{2}}}{5}\right|_0^1 = 2\pi$$

(2)

令$x = 2r\cos\theta, y = 5r\sin\theta$ 则 $R = \{(r,\theta): 0 \le r \le 1, 0 \le \theta \le 2\pi\}$

$$且\ dxdy = \left\|\begin{vmatrix}\dfrac{\partial x}{\partial r} & \dfrac{\partial x}{\partial \theta} \\ \dfrac{\partial y}{\partial r} & \dfrac{\partial y}{\partial \theta}\end{vmatrix}\right\| drd\theta = \left\|\begin{vmatrix}2\cos\theta & -2r\sin\theta \\ 5\sin\theta & 5r\cos\theta\end{vmatrix}\right\| drd\theta = 10rdrd\theta$$

$$\therefore \iint_R \cos(25x^2+4y^2)\, dxdy = 10\int_0^{2\pi}\int_0^1 \cos(100r^2)\, rdrd\theta$$

$$= 10\int_0^{2\pi} d\theta \int_0^1 \cos(100r^2)\, rdr = 10(2\pi)\cdot \left.\frac{\sin(100r^2)}{200}\right|_0^1 = \frac{\pi\sin 100}{10}$$

Example 24.

$$求 \int_1^2\int_0^x \frac{1}{\sqrt{x^2+y^2}} dydx = ?$$

【解】

令$x = r\cos\theta$，$y = r\sin\theta$

则$\{(x,y): 1 \le x \le 2, 0 \le y \le x\} = \{(r,\theta): \frac{1}{\cos\theta} \le r \le \frac{2}{\cos\theta}, 0 \le \theta \le \frac{\pi}{4}\}$

$$且\ dxdy = \left\|\begin{vmatrix}\dfrac{\partial x}{\partial r} & \dfrac{\partial x}{\partial \theta} \\ \dfrac{\partial y}{\partial r} & \dfrac{\partial y}{\partial \theta}\end{vmatrix}\right\| drd\theta = \left\|\begin{vmatrix}\cos\theta & -r\sin\theta \\ \sin\theta & r\cos\theta\end{vmatrix}\right\| drd\theta = rdrd\theta$$

$$\therefore \int_1^2\int_0^x \frac{1}{\sqrt{x^2+y^2}}dydx = \int_0^{\frac{\pi}{4}}\int_{\frac{1}{\cos\theta}}^{\frac{2}{\cos\theta}} \frac{r}{\sqrt{r^2}}drd\theta = \int_0^{\frac{\pi}{4}} \frac{1}{\cos\theta}d\theta = \ln(\sec\theta+\tan\theta)|_0^{\frac{\pi}{4}}$$

$$= \ln(\sqrt{2}+1)$$

Example 25.

求 $\iint_R e^{-xy}dxdy = ?$, R为: $y = x,\ y = 2x,\ xy = 1,\ xy = 4$ 所围区域

【解】

令 $\frac{y}{x} = u,\ xy = v$ 则 $x = \sqrt{\frac{v}{u}},\ y = \sqrt{uv}$

$$且\ dxdy = \left\|\begin{vmatrix}\frac{\partial x}{\partial u} & \frac{\partial x}{\partial v}\\ \frac{\partial y}{\partial u} & \frac{\partial y}{\partial v}\end{vmatrix}\right\| dudv = \left\|\begin{vmatrix}\frac{1}{2}\left(\frac{v}{u}\right)^{-\frac{1}{2}}\left(-\frac{v}{u^2}\right) & \frac{1}{2}\left(\frac{v}{u}\right)^{-\frac{1}{2}}\left(\frac{1}{u}\right)\\ \frac{1}{2}(uv)^{-\frac{1}{2}}v & \frac{1}{2}(uv)^{-\frac{1}{2}}u\end{vmatrix}\right\| dudv = \frac{1}{2u}dudv$$

$$\because\ R = \left\{(x,y): 1 \le \frac{y}{x} \le 2, 1 \le xy \le 4\right\} \qquad \therefore R = \{(u,v): 1 \le u \le 2, 1 \le v \le 4\}$$

$$\therefore \iint_R e^{-xy}dxdy = 2\int_1^4\int_1^2 \frac{e^{-v}}{2u}dudv = \int_1^4 e^{-v}dv\int_1^2 \frac{1}{u}du = \left(\frac{1}{e}-\frac{1}{e^4}\right)\ln 2$$

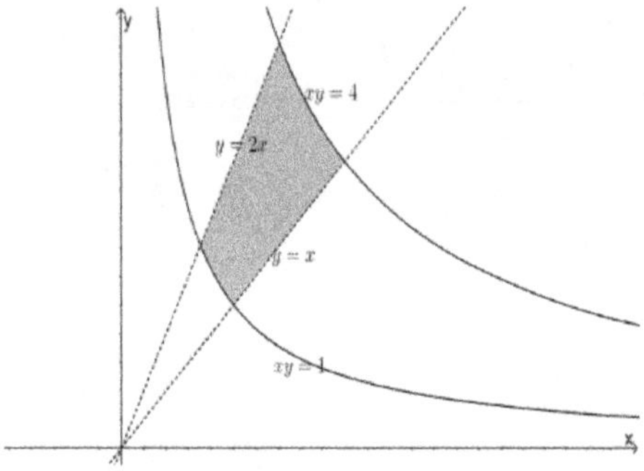

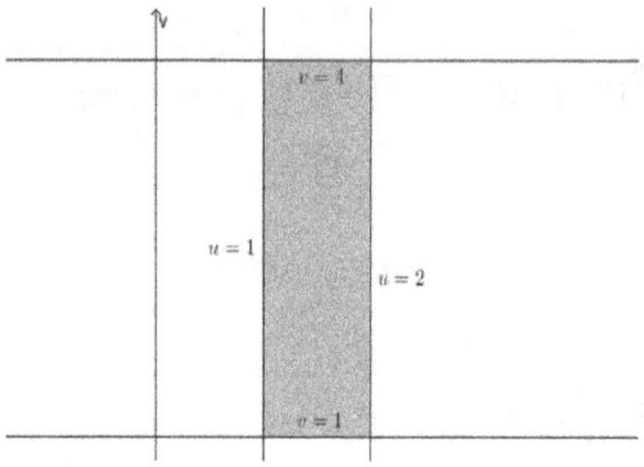

Example 26.

求 $\iint_R x^2 + y^2dxdy = ?$, $R = \{(x,y), 1 \le xy \le 4, 1 \le \frac{y}{x} \le 4\}$

【解】

令 $\frac{y}{x} = u,\ xy = v$ 则 $x = \sqrt{\frac{v}{u}},\ y = \sqrt{uv}$

$$且\ dxdy=\left\|\begin{vmatrix}\frac{\partial x}{\partial u} & \frac{\partial x}{\partial v}\\ \frac{\partial y}{\partial u} & \frac{\partial y}{\partial v}\end{vmatrix}\right\|dudv=\left\|\begin{vmatrix}\frac{1}{2}\left(\frac{v}{u}\right)^{-\frac{1}{2}}\left(-\frac{v}{u^2}\right) & \frac{1}{2}\left(\frac{v}{u}\right)^{-\frac{1}{2}}\left(\frac{1}{u}\right)\\ \frac{1}{2}(uv)^{-\frac{1}{2}}v & \frac{1}{2}(uv)^{-\frac{1}{2}}u\end{vmatrix}\right\|dudv=\frac{1}{2u}dudv$$

$$\because\ R=\left\{(x,y):1\le\frac{y}{x}\le 4,1\le\ xy\le 4\right\}\qquad\therefore R=\{(u,v):1\le u\le 4,1\le v\le 4\}$$

$$\iint_R\ x^2+y^2dxdy\ =2\int_1^4\int_1^4\left(\frac{v}{u^2}+v\right)\frac{1}{2}dudv=\int_1^4\int_1^4\left(\frac{v}{u^2}+v\right)dudv=\int_1^4\frac{15v}{4}dv=\frac{225}{8}$$

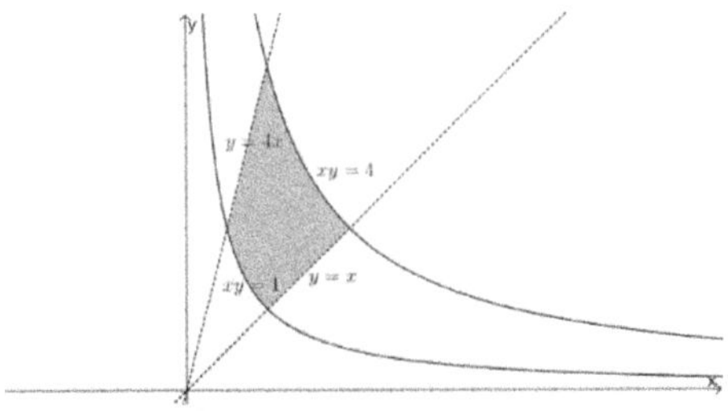

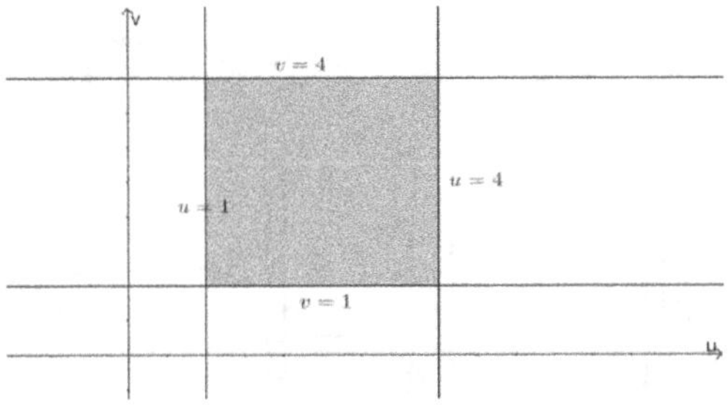

Example 27.

$$求\ \int_{\frac{1}{2}}^{1}\int_{1-x}^{x}\frac{1}{\sqrt{x^2+y^2}}dydx=?$$

【解】

令$x=r\cos\theta$，$y=r\sin\theta$

$$则\left\{(x,y):1-x\le y\le x,\frac{1}{2}\le x\le 1\right\}=\{(r,\theta):\frac{1}{\cos\theta+\sin\theta}\le r\le\frac{1}{\cos\theta},0\le\theta\le\frac{\pi}{4}\}$$

$$且\ dxdy=\left\|\begin{vmatrix}\frac{\partial x}{\partial r} & \frac{\partial x}{\partial \theta}\\ \frac{\partial y}{\partial r} & \frac{\partial y}{\partial \theta}\end{vmatrix}\right\|drd\theta=\left\|\begin{matrix}\cos\theta & -r\sin\theta\\ \sin\theta & r\cos\theta\end{matrix}\right\|drd\theta=rdrd\theta$$

$$\therefore\int_{\frac{1}{2}}^{1}\int_{1-x}^{x}\frac{1}{\sqrt{x^2+y^2}}dydx=\int_0^{\frac{\pi}{4}}\int_{\frac{1}{\cos\theta+\sin\theta}}^{\frac{1}{\cos\theta}}\frac{r}{\sqrt{r^2}}drd\theta=\int_0^{\frac{\pi}{4}}\frac{1}{\cos\theta}-\frac{1}{\cos\theta+\sin\theta}d\theta$$

$$=\int_0^{\frac{\pi}{4}}\frac{1}{\cos\theta}-\frac{1}{\sqrt{2}\sin(\theta+\frac{\pi}{4})}d\theta$$

$$=\ln(\sec\theta+\tan\theta)|_0^{\frac{\pi}{4}}+\frac{1}{\sqrt{2}}\ln\left(\left|\csc\left(\theta+\frac{\pi}{4}\right)+\cot\left(\theta+\frac{\pi}{4}\right)\right|\right)\Big|_0^{\frac{\pi}{4}}=(1-\frac{1}{\sqrt{2}})\ln(1+\sqrt{2})$$

Example 28.

求 $\iint_R (x+y)^2\,dxdy=?$,

其中R为 $x+y=0$，$x+y=1$，$2x-y=0$，$2x-y=3$ 所围区域

【解】

令$x+y=u$，$2x-y=v$ 则 $x=\dfrac{u+v}{3}$，$y=\dfrac{2u-v}{3}$

$$\text{且 } dxdy=\left\|\begin{matrix}\frac{\partial x}{\partial u} & \frac{\partial x}{\partial v}\\ \frac{\partial y}{\partial u} & \frac{\partial y}{\partial v}\end{matrix}\right\|dudv=\left\|\begin{matrix}\frac{1}{3} & \frac{1}{3}\\ \frac{2}{3} & \frac{-1}{3}\end{matrix}\right\|dudv=\frac{1}{3}dudv$$

$\because\ R=\{(x,y):0\le x+y\le 1,0\le 2x-y\le 3\}$ $\therefore\ R=\{(u,v):0\le u\le 1,0\le v\le 3\}$

$$\therefore \iint_R (x+y)^2\,dxdy=\frac{1}{3}\int_0^3\int_0^1 u^2\,dudv=\frac{u^3}{3}\Big|_0^1=\frac{1}{3}$$

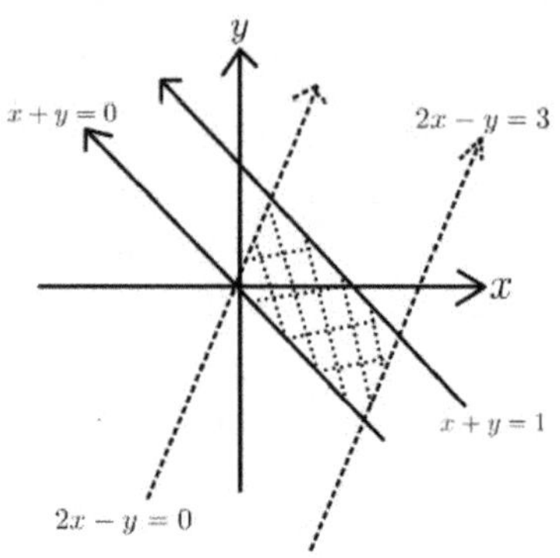

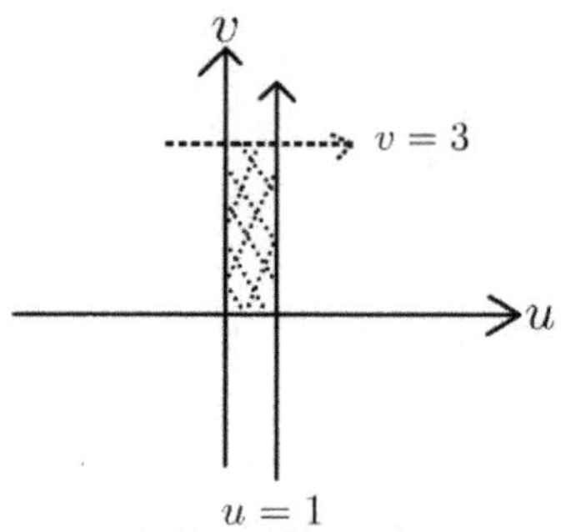

8.4 三重积分的考试类型

三重积分的考试类型包含不需调换顺序可直接转换成双重积分再转成定积分、转成双重积分后出现 x^2+y^2, 再使用极坐标转换、使用球坐标转换求三重积分

8.4.1 不需调换顺序可直接求迭代积分

考试类型:

Type 1.

给定$f_1(x), f_2(x)$ 以及 $g_1(x,y), g_2(x,y)$, 假设 $R=\{(x,y): a\leq x\leq b, f_1(x)\leq y\leq f_2(x)\}$

且 $g_1(x,y)\leq z\leq g_2(x,y)$, 求 $\iint_R \int_{g_1(x,y)}^{g_2(x,y)} f(x,y)dzdA=?$

解题流程:

Step1.

将三重积分换成双重积分, $\iint_R \int_{g_1(x,y)}^{g_2(x,y)} f(x,y)dzdA=\iint_R f(x,y)\big(g_2(x,y)-g_1(x,y)\big)dA$

Step2.

使用Fubini's Theorem 则

$$\iint_R f(x,y)\big(g_2(x,y)-g_1(x,y)\big)dA=\int_a^b\int_{f_1(x)}^{f_2(x)} f(x,y)\big(g_2(x,y)-g_1(x,y)\big)dydx$$

Step3.

求 $\int_{f_1(x)}^{f_2(x)} f(x,y)\big(g_2(x,y)-g_1(x,y)\big)dy=?$

假设计算后 $h(x)=\int_{f_1(x)}^{f_2(x)} f(x,y)\big(g_2(x,y)-g_1(x,y)\big)dy$

则 $\int_a^b\int_{f_1(x)}^{f_2(x)} f(x,y)\big(g_2(x,y)-g_1(x,y)\big)dydx=\int_a^b h(x)\,dx$, 求 $\int_a^b h(x)\,dx=?$

Type 2.

给定$f_1(x), f_2(x)$, 以及$g_1(x,y), g_2(x,y)$, 假设 $R=\{(x,y): c\leq y\leq d, f_1(y)\leq x\leq f_2(y)\}$

且 $g_1(x,y)\leq z\leq g_2(x,y)$, 求 $\iint_R \int_{g_1(x,y)}^{g_2(x,y)} f(x,y,z)dzdA=?$

解题流程:

Step1.

将三重积分换成双重积分

则 $\iint_R \int_{g_1(x,y)}^{g_2(x,y)} f(x,y,z)dzdA=\iint_R f(x,y)\big(g_2(x,y)-g_1(x,y)\big)dA$

Step2.

使用Fubini's Theorem 则

$$\iint_R f(x,y)\big(g_2(x,y)-g_1(x,y)\big)dA=\int_c^d\int_{f_1(y)}^{f_2(y)}f(x,y)\big(g_2(x,y)-g_1(x,y)\big)dxdy$$

Step3.

求 $\int_{f_1(y)}^{f_2(y)}f(x,y)\big(g_2(x,y)-g_1(x,y)\big)dx=?$

假设计算后 $h(y)=\int_{f_1(y)}^{f_2(y)}f(x,y)\big(g_2(x,y)-g_1(x,y)\big)dx$

则 $\int_c^d\int_{f_1(y)}^{f_2(y)}f(x,y)\big(g_2(x,y)-g_1(x,y)\big)dxdy=\int_c^d h(y)\,dy$，求 $\int_c^d h(y)\,dy=?$

Example 1.

(1)求在xy平面上至曲面 $z=x^3+2y$ 之间且位于 $y=2x$，$y=x^2$ 内的区域体积

(2)假设 V 为$z>0$，$z=x^3+2y$，$y=2x$，$y=x^2$所围区域,求 $\iiint_V xdV=?$

【解】

(1)

令 $R=\{(x,y):0\le x\le 2,x^2\le y\le 2x\}$

则 体积 $=\iint_R\int_0^{x^3+2y}dzdA=\int_0^2\int_{x^2}^{2x}x^3+2ydydx=\int_0^2 x^3y+y^2\big|_{y=x^2}^{y=2x}dx$

$=\int_0^2 2x^4-x^5+4x^2-x^4dx=\frac{32}{5}$

(2)

令 $R=\{(x,y):0\le x\le 2,x^2\le y\le 2x\}$

则 $\iiint_V xdV=\iint_R\int_0^{x^3+2y}xdzdA=\int_0^2\int_{x^2}^{2x}x(x^3+2y)dydx=\int_0^2 x\left(x^3y+y^2\big|_{y=x^2}^{y=2x}\right)dx$

$=\int_0^2 2x^5-x^6+4x^3-x^5dx=\frac{x^6}{6}-\frac{x^7}{7}+x^4\Big|_0^2=\frac{224-384+336}{21}=\frac{176}{21}$

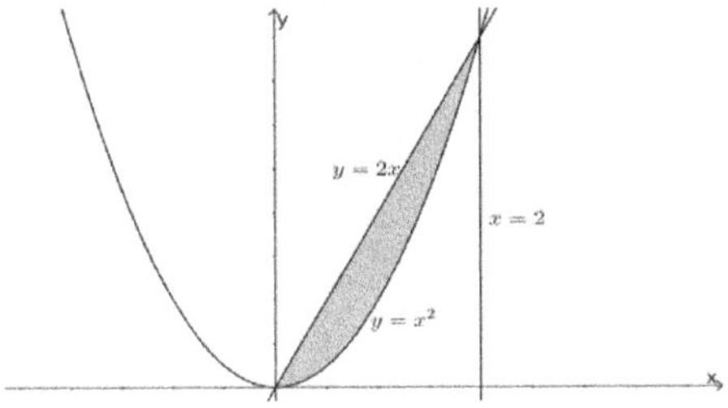

Example 2.

$$求\int_0^{\frac{\pi}{2}}\int_{\sin 2z}^{0}\int_0^{2yz}\sin\frac{x}{y}dxdydz = ?$$

【解】

$$\int_0^{\frac{\pi}{2}}\int_{\sin 2z}^{0}\int_0^{2yz}\sin\frac{x}{y}dxdydz = \int_0^{\frac{\pi}{2}}\int_{\sin 2z}^{0}-y\cos\frac{x}{y}\bigg|_{x=0}^{x=2yz}dydz = \int_0^{\frac{\pi}{2}}\int_{\sin 2z}^{0}y - y\cos 2z\,dydz$$

$$= \int_0^{\frac{\pi}{2}}\left(\frac{y^2}{2}-\frac{y^2\cos 2z}{2}\right)\bigg|_{y=\sin 2z}^{y=0}dz = \int_0^{\frac{\pi}{2}}-\frac{\sin^2 2z}{2}+\frac{\sin^2 2z\cos 2z}{2}dz$$

$$= \int_0^{\frac{\pi}{2}}-\frac{1-\cos 4z}{4}+\frac{\sin^2 2z\cos 2z}{2}dz = -\frac{\pi}{8}$$

Example 3.

$$求\int_0^1\int_0^{\sqrt{\ln 2}}\int_0^1\frac{xyze^{x^2}}{1+y^2}dydxdz = ?$$

【解】

$$\int_0^1\int_0^{\sqrt{\ln 2}}\int_0^1\frac{xyze^{x^2}}{1+y^2}dydxdz = \int_0^1\frac{y}{1+y^2}dy\int_0^{\sqrt{\ln 2}}xe^{x^2}dx\int_0^1 zdz$$

$$= \frac{\ln(1+y^2)}{2}\bigg|_0^1\cdot\frac{e^{x^2}}{2}\bigg|_0^{\sqrt{\ln 2}}\cdot\frac{z^2}{2}\bigg|_0^1 = \frac{\ln 2}{8}$$

Example 4.

(1)求在xy平面上至平面$x+2y+z=2$之间且位于$2y=x$，$x=0$内的区域体积

(2)假设 V 为$z>0$，$x+2y+z=2$，$2y=x$，$x=0$ 所围区域，求 $\iiint_V xdV=?$

【解】

(1)

令$R=\left\{(x,y):0\le x\le 1,\frac{x}{2}\le y\le 1-\frac{x}{2}\right\}$

则体积 $=\iint_R\int_0^{2-x-2y}dzdA=\int_0^1\int_{\frac{x}{2}}^{1-\frac{x}{2}}2-x-2ydydx=\int_0^1 2y-xy-y^2|_{y=\frac{x}{2}}^{y=1-\frac{x}{2}}dx$

$=\int_0^1 1-2x+x^2dx=\frac{1}{3}$

(2)

令$R=\{(x,y):0\le x\le 1,\frac{x}{2}\le y\le 1-\frac{x}{2}\}$

则 $\iiint_V xdV=\iint_R\int_0^{2-x-2y}xdzdA=\int_0^1\int_{\frac{x}{2}}^{1-\frac{x}{2}}x(2-x-2y)dydx$

$=\int_0^1 x\left(2y-xy-y^2|_{y=\frac{x}{2}}^{y=1-\frac{x}{2}}\right)dx=\int_0^1 x-2x^2+x^3dx=\frac{x^2}{2}-\frac{2x^3}{3}+\frac{x^4}{4}\Big|_0^1=\frac{1}{12}$

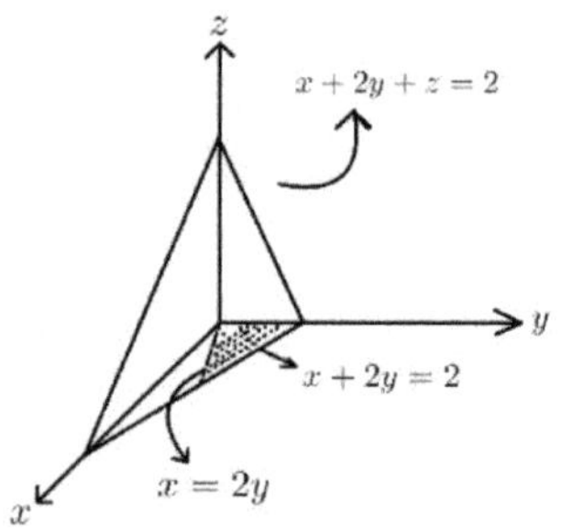

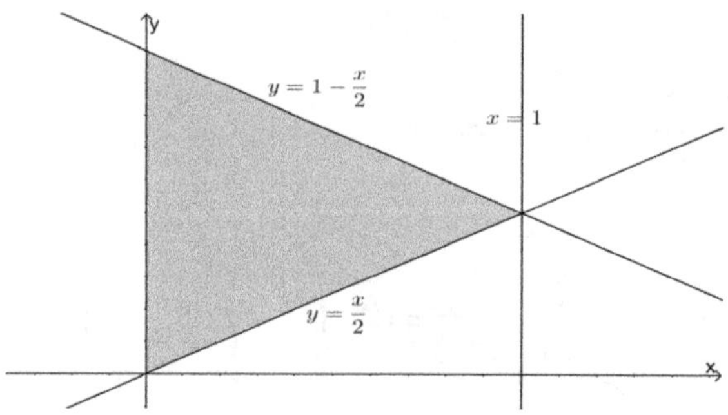

Example 5.

求$y=x,y=0,z=0,6x+2y+3z=6$ 所围的体积

【解】

令$R=\{(x,y):0\le x\le 1,0\le y\le x\}$

则 $V=\iint_R \dfrac{6-6x-2y}{3}dydx=\int_0^1\int_0^x 2-2x-\dfrac{2y}{3}dydx=\int_0^1 (2-2x)y-\dfrac{y^2}{3}\Big|_{y=0}^{y=x} dx$

$=\int_0^1 2x-\dfrac{7x^2}{3}dx=x^2-\dfrac{7x^3}{9}\Big|_0^1=\dfrac{2}{9}$

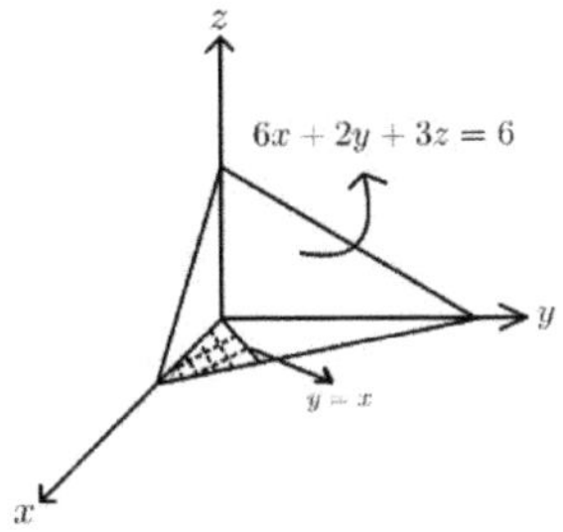

Example 6.

求 $\int_0^{\frac{\pi}{2}}\int_0^z\int_0^y \sin(x+y+z)dxdydz=?$

【解】

$\int_0^{\frac{\pi}{2}}\int_0^z\int_0^y \sin(x+y+z)dxdydz=\int_0^{\frac{\pi}{2}}\int_0^z -\cos(x+y+z)|_0^y\, dydz$

$=\int_0^{\frac{\pi}{2}}\int_0^z \cos(y+z)-\cos(2y+z)\, dydz=\int_0^{\frac{\pi}{2}}\left(\sin(y+z)-\dfrac{\sin(2y+z)}{2}\right)\Big|_{y=0}^{y=z} dz$

$=\int_0^{\frac{\pi}{2}} \sin(2z)-\dfrac{\sin z}{2}-\dfrac{\sin(3z)}{2}dz=-\dfrac{\cos 2z}{2}+\dfrac{\cos z}{2}+\dfrac{\cos(3z)}{6}\Big|_0^{\frac{\pi}{2}}=\dfrac{1}{3}$

Example 7.

求 $\int_0^5\int_{-2}^4\int_1^2 6xy^2z^3dxdydz=?$

【解】

$\int_0^5\int_{-2}^4\int_1^2 6xy^2z^3dxdydz=\int_0^5\int_{-2}^4 3x^2y^2z^3|_{x=1}^{x=2}dydz=\int_0^5\int_{-2}^4 9y^2z^3dydz$

$=\int_0^5 3y^3z^3|_{y=-2}^{y=4}\, dz=216\int_0^5 z^3\, dz=33750$

Example 8.

(1)求由$x=0,z=0,y=x^2$ 与 $y+z=9$ 所围的体积

(2)假设 V 为$x=0,z=0$, $y=x^2$ 与 $y+z=9$ 所围的区域, 求 $\iiint_V xdV=?$

【解】

(1)

令$R=\{(x,y): 0\le x\le 3, x^2\le y\le 9\}$

$$\text{则 体积}=\iint_R \int_0^{9-y} dzdA=\int_0^3\int_{x^2}^9 9-ydydx=\int_0^3 9y-\frac{y^2}{2}\Big|_{y=x^2}^{y=9} dx$$

$$=\int_0^3 9(9-x^2)-\frac{81-x^4}{2}dx=\int_0^3\frac{81}{2}-9x^2+\frac{x^4}{2}dx=\left(\frac{81x}{2}-3x^3+\frac{x^5}{10}\right)\Big|_0^3=\frac{324}{5}$$

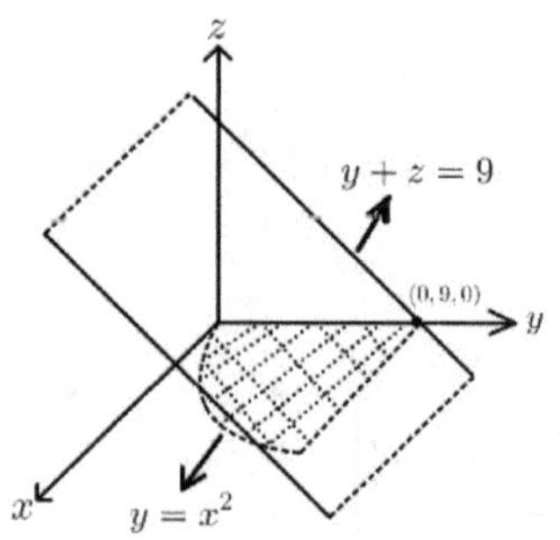

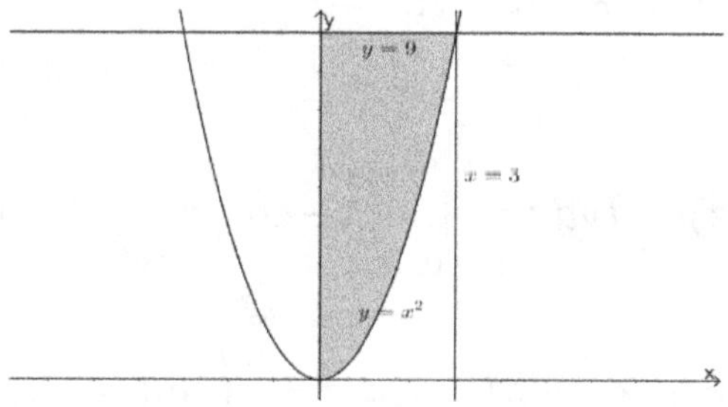

(2)

令$R=\{(x,y): 0\le x\le 3, x^2\le y\le 9\}$

$$\text{则}\iiint_V xdV=\iint_R \int_0^{9-y} xdzdA=\int_0^3\int_{x^2}^9 x(9-y)dydx=\int_0^3 x\left(9y-\frac{y^2}{2}\Big|_{y=x^2}^{y=9}\right)dx$$

$$=\int_0^3 x\left(9(9-x^2)-\frac{81-x^4}{2}\right)dx=\int_0^3\frac{81x}{2}-9x^3+\frac{x^5}{2}dx=\left(\frac{81x^2}{4}-\frac{9x^4}{4}+\frac{x^6}{12}\right)\Big|_0^3$$

$$=\frac{81}{4}\cdot 9-\frac{9}{4}\cdot 81+\frac{9^3}{12}=\frac{243}{4}$$

Example 9.

(1)求由 $3x+2y+z=6$，$x=0$，$y=0$ 与 $z=0$ 所围的体积

(2)假设 V 为 $3x+2y+z=6$，$x=0$，$y=0$ 与 $z=0$ 所围的区域，求 $\iiint_V xdV=?$

【解】

(1)

令$R=\{(x,y):0\le x\le 2,0\le y\le 3-\frac{3x}{2}\}$

$$\text{所围体积}=\iint_R\int_0^{6-3x-2y}dzdA=\int_0^2\int_0^{3-\frac{3x}{2}}6-3x-2ydydx$$

$$=\int_0^2(6y-3xy-y^2)\Big|_{y=0}^{y=3-\frac{3x}{2}}dx=\int_0^2 9-9x+\frac{9x^2}{4}dx=\left(9x-\frac{9}{2}x^2+\frac{3x^3}{4}\right)\Bigg|_0^2=6$$

(2)

令$R=\{(x,y):0\le x\le 2,0\le y\le 3-\frac{3x}{2}\}$

$$\text{则}\iiint_V xdV=\iint_R\int_0^{6-3x-2y}xdzdA=\int_0^2\int_0^{3-\frac{3x}{2}}x(6-3x-2y)dydx$$

$$=\int_0^2 x\left((6y-3xy-y^2)\Big|_{y=0}^{y=3-\frac{3x}{2}}\right)dx=\int_0^2 9x-9x^2+\frac{9x^3}{4}dx=\left(\frac{9x^2}{2}-3x^3+\frac{9x^4}{16}\right)\Bigg|_0^2=3$$

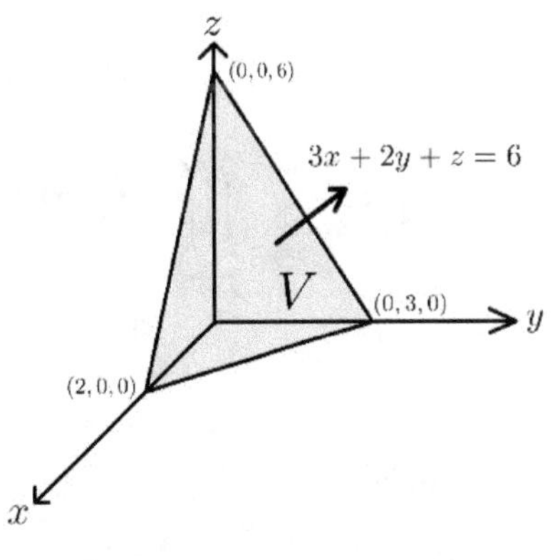

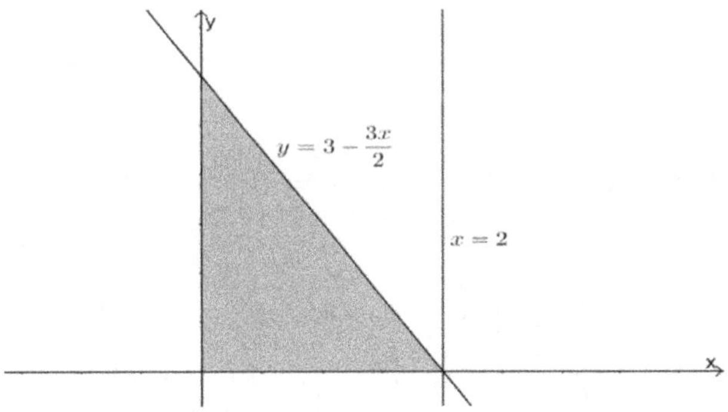

Example 10.

假设 V 为 $x+y+z=1$，$x=0$，$y=0$ 与 $z=0$ 所围的四面体，求

$$\iiint_V \frac{24}{(1+x+y+z)^4} dV = ?$$

【解】

令$R = \{(x,y): 0 \le x \le 1, 0 \le y \le 1-x\}$

则$\iiint_V \frac{24}{(1+x+y+z)^4} dV = \iint_R \int_0^{1-x-y} \frac{24}{(1+x+y+z)^4} dzdA$

$= \int_0^1 \int_0^{1-x} -8(1+x+y+z)^{-3}|_{z=0}^{z=1-x-y} dydx = \int_0^1 \int_0^{1-x} -1 + 8(1+x+y)^{-3} dydx$

$= \int_0^1 (-y - 4(1+x+y)^{-2})|_{y=0}^{y=1-x} dx = \int_0^1 4(1+x)^{-2} + x - 2dx$

$= (-4)(1+x)^{-1} + \frac{x^2}{2} - 2x\Big|_0^1 = \frac{1}{2}$

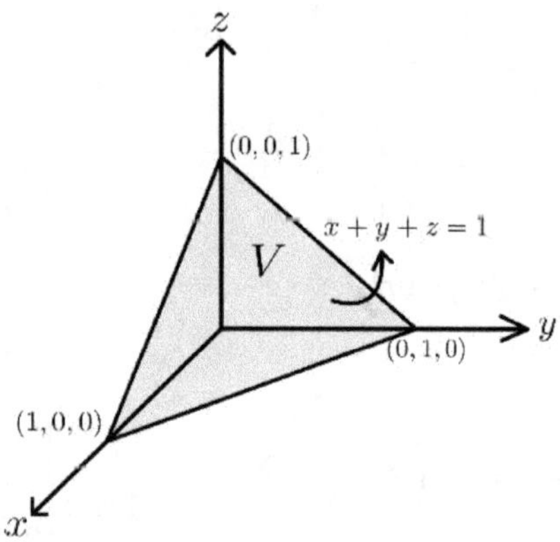

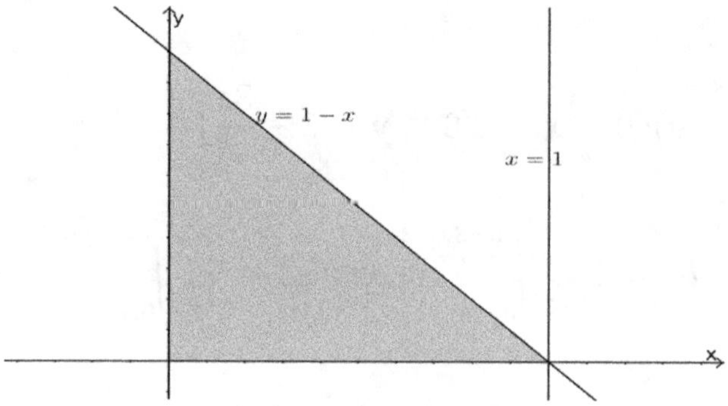

Example 11.

假设 V 为 $4x+4y+z=4$，$x=0$，$y=0$ 与 $z=0$ 所围的四面体，求 $\iiint_V 2xdV = ?$

【解】

令$R = \{(x,y): 0 \le x \le 1, 0 \le y \le 1-x\}$

则$\iiint_V 2xdV = \iint_R \int_0^{4-4x-4y} 2xdzdA = \int_0^1 \int_0^{1-x} 2xz|_{z=0}^{z=4-4x-4y} dydx$

$= \int_0^1 \int_0^{1-x} 8x - 8x^2 - 8xydydx = \int_0^1 (8xy - 8x^2y - 4xy^2)|_{y=0}^{y=1-x} dx$

$$= \int_0^1 8x(1-x) - 8x^2(1-x) - 4x(1-x)^2\,dx = 2\left(x^2 - \frac{4x^3}{3} + \frac{x^4}{2}\right)\Bigg|_0^1 = \frac{1}{3}$$

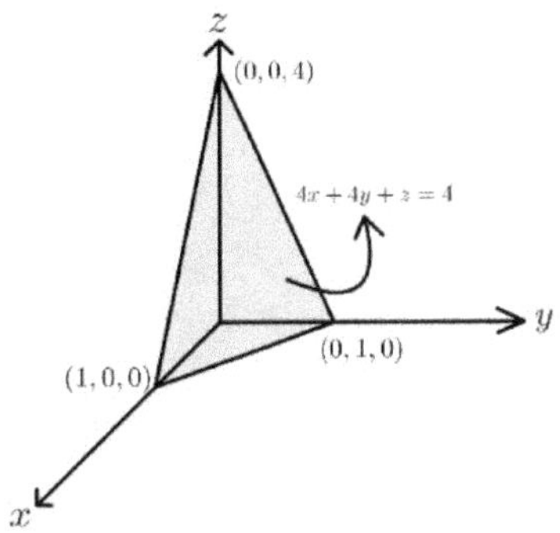

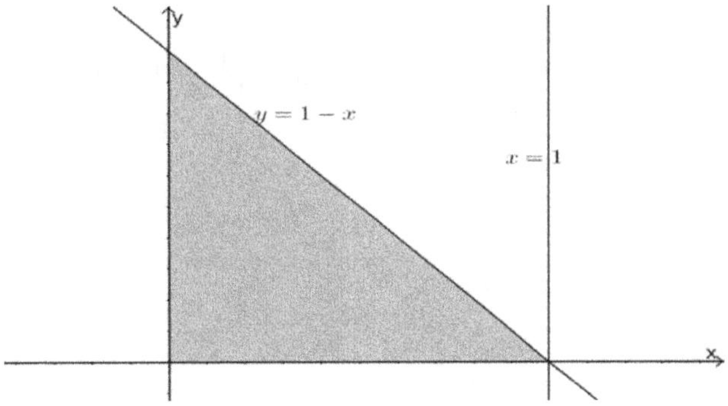

Example 12.

(1)求由$z=0$，$z=1-x-y$，$x=0$ 与 $y=0$ 所围的体积

(2)假设 V 为$z=0$，$z=1-x-y$，$x=0$ 与 $y=0$ 所围的体积，求 $\iiint_V xdV=?$

【解】

(1)

令$R=\{(x,y): 0\le x\le \frac{1}{2}, 0\le y\le \frac{1}{2}-x\}$

$$\text{则体积} = \iint_R \int_0^{1-x-y} dzdA = \int_0^{\frac{1}{2}}\int_0^{\frac{1}{2}-x} 1-x-y\,dydx = \int_0^{\frac{1}{2}}\left(y-xy-\frac{y^2}{2}\right)\Bigg|_0^{\frac{1}{2}-x} dx$$

$$= \int_0^{\frac{1}{2}}\left(\frac{1}{2}-x\right) - x\left(\frac{1}{2}-x\right) - \frac{(\frac{1}{2}-x)^2}{2}dx = \int_0^{\frac{1}{2}}\frac{x^2}{2} - x + \frac{3}{8}dx = \left(\frac{3x}{8} - \frac{x^2}{2} + \frac{x^3}{6}\right)\Bigg|_0^{\frac{1}{2}} = \frac{1}{12}$$

(2)

令$R=\{(x,y): 0\le x\le \frac{1}{2}, 0\le y\le \frac{1}{2}-x\}$

$$\text{则} \iiint_V xdV = \iint_R \int_0^{1-x-y} xdzdA = \int_0^{\frac{1}{2}}\int_0^{\frac{1}{2}-x} x(1-x-y)dydx$$

$$= \int_0^{\frac{1}{2}} x\left((y - xy - \frac{y^2}{2})\Big|_0^{\frac{1}{2}-x} \right) dx = \int_0^{\frac{1}{2}} x\left(\left(\frac{1}{2} - x\right) - x\left(\frac{1}{2} - x\right) - \frac{(\frac{1}{2} - x)^2}{2} \right) dx$$

$$= \int_0^{\frac{1}{2}} \frac{x^3}{2} - x^2 + \frac{3x}{8} dx = \left(\frac{x^4}{8} - \frac{x^3}{3} + \frac{3x^2}{16}\right)\Big|_0^{\frac{1}{2}} = \frac{1}{8}\left(\frac{1}{16} - \frac{1}{3} + \frac{3}{8}\right) = \frac{5}{384}$$

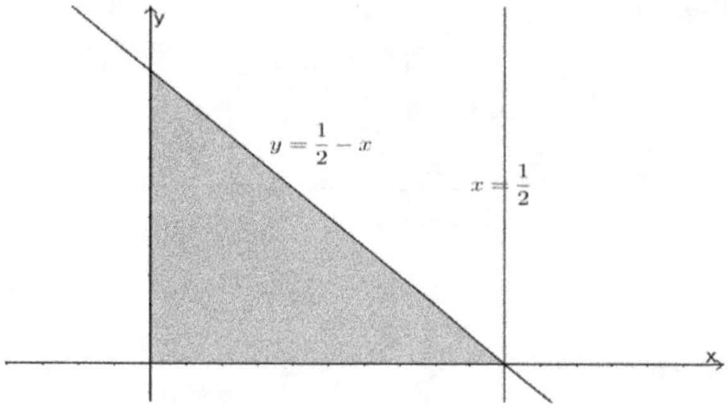

Example 13.

(1)求由$y + 2z = 2$，$z = x^2$与 $y = 0$ 所围的体积

(2)假设 V 为$y + 2z = 2$，$z = x^2$与 $y = 0$ 所围的区域，求 $\iiint_V x^2 dV =?$

【解】

(1)

令$R = \{(x, z): -1 \le x \le 1, x^2 \le z \le 1\}$

$$\text{则 体积} = \iint_R \int_0^{2-2z} dydA = 2\int_{-1}^{1}\int_{x^2}^{1} 1 - zdzdx = 2\int_{-1}^{1} (z - \frac{z^2}{2})\Big|_{x^2}^{1} dx$$

$$= 2\int_{-1}^{1} \left(\frac{1}{2} - x^2 + \frac{x^4}{2}\right) dx = \frac{16}{15}$$

(2)

令$R = \{(x, z): -1 \le x \le 1, x^2 \le z \le 1\}$

$$\text{则 } \iiint_V x^2 dV = \iint_R \int_0^{2-2z} x^2 dydA = 2\int_{-1}^{1}\int_{x^2}^{1} x^2(1 - z)dzdx = 2\int_{-1}^{1} x^2 \left(\left(z - \frac{z^2}{2}\right)\Big|_{x^2}^{1} \right) dx$$

$$= 2\int_{-1}^{1} \left(\frac{x^2}{2} - x^4 + \frac{x^6}{2}\right) dx = 2\left(\frac{x^3}{6} - \frac{x^5}{5} + \frac{x^7}{14}\right)\Big|_{-1}^{1} = \frac{16}{105}$$

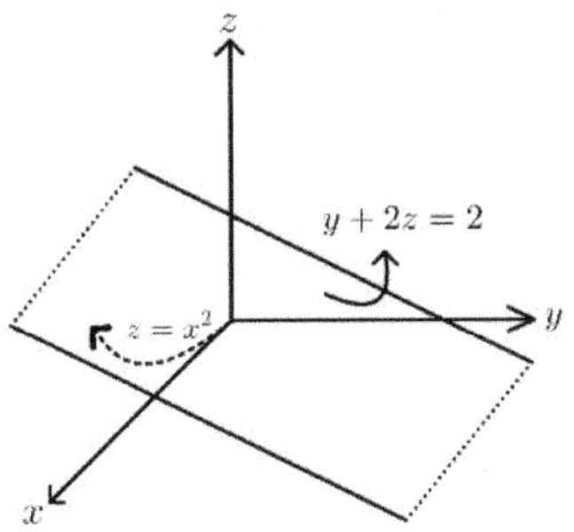

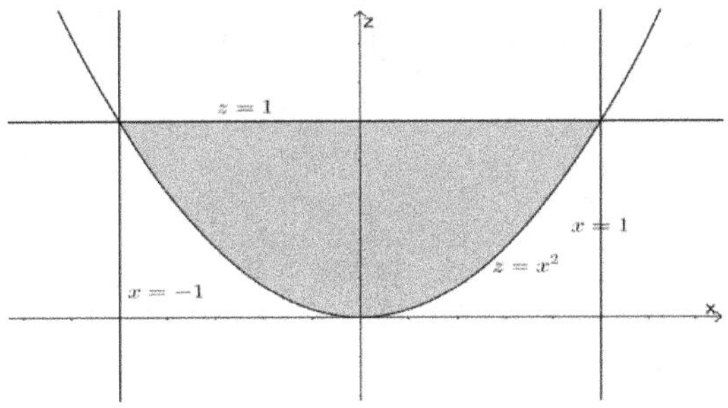

Example 14.

假设 V 为 $x+y+z=d(d>0)$，$x=0$，$y=0$ 与 $z=0$ 所围的四面体,

求 $\iiint_V \dfrac{24}{(d+x+y+z)^4}dV=?$

【解】

令 $R=\{(x,y): 0\le x\le d, 0\le y\le d-x\}$

则 $\iiint_V \dfrac{24}{(d+x+y+z)^4}dV=\iint_R \int_0^{d-x-y}\dfrac{24}{(d+x+y+z)^4}dzdA$

$=\int_0^d\int_0^{d-x}-8(d+x+y+z)^{-3}\Big|_{z=0}^{z=d-x-y}dydx=\int_0^d\int_0^{d-x}-d^{-3}+8(d+x+y)^{-3}dydx$

$=\int_0^d(-d^{-3}y-4(d+x+y)^{-2})\Big|_{y=0}^{y=d-x}dx=\int_0^d 4(d+x)^{-2}+d^{-3}x-2d^{-2}dx$

$=-4(d+x)^{-1}+d^{-3}\cdot\dfrac{x^2}{2}-2d^{-2}x\Big|_0^d=\dfrac{1}{2d}$

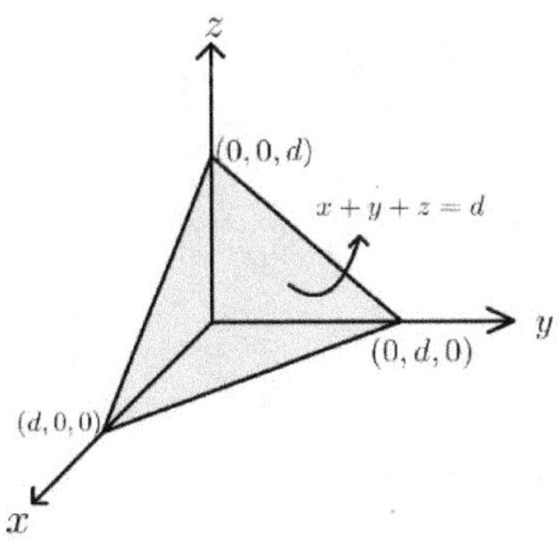

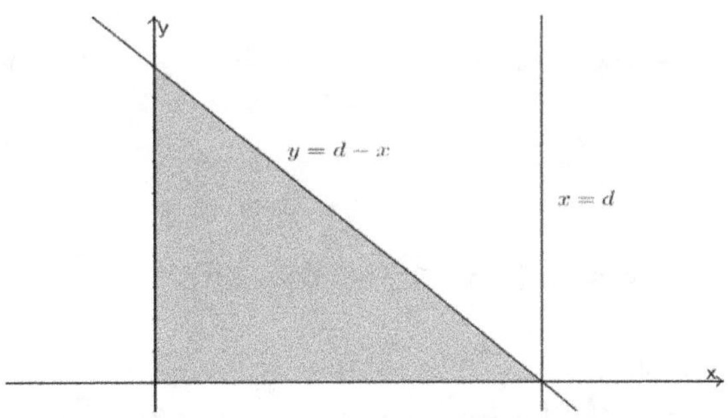

Example 15.

假设 V 为 $dx+dy+z=d(d>0)$，$x=0$，$y=0$ 与 $z=0$ 所围的四面体，

求 $\iiint_V 2xdV=?$

【解】

令$R=\{(x,y):0\le x\le 1,0\le y\le 1-x\}$

则 $\iiint_V 2xdV=\iint_R\int_0^{d-dx-dy}2xdzdA=\int_0^1\int_0^{1-x}2xz|_{z=0}^{z=d-dx-dy}dydx$

$=\int_0^1\int_0^{1-x}2d(x-x^2-xy)dydx=2d\int_0^1(xy-x^2y-\frac{xy^2}{2})\Big|_{y=0}^{y=1-x}dx$

$=2d\int_0^1 x(1-x)-x^2(1-x)-\frac{x(1-x)^2}{2}dx=d\left(\frac{x^2}{2}-\frac{2x^3}{3}+\frac{x^4}{4}\right)\Big|_0^1=\frac{d}{12}$

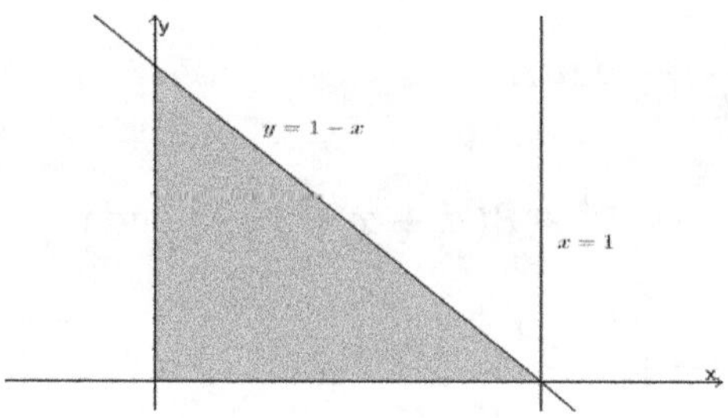

Example 16.

(1)求由 $z=3x^2$，$z=4-x^2$，$y+2z=12$ 与 $y=0$ 所围的体积

(2)假设V为$z=3x^2$，$z=4-x^2$，$y+2z=12$ 与$y=0$ 所围的区域，求 $\iiint_V x^2dV=?$

【解】

(1)

令$R=\{(x,z):-1\le x\le 1,3x^2\le z\le 4-x^2\}$

则体积 $=\iint_R\int_0^{12-2z}dydA=2\int_{-1}^1\int_{3x^2}^{4-x^2}6-zdzdx=2\int_{-1}^1(6z-\frac{z^2}{2})\Big|_{3x^2}^{4-x^2}dx$

$=8\int_{-1}^1 x^4-5x^2+4dx=\frac{608}{15}$

(2)

令$R=\{(x,z):-1\le x\le 1,3x^2\le z\le 4-x^2\}$

则 $\iiint_V x^2dV=\iint_R \int_0^{12-2z} x^2dydA=2\int_{-1}^{1}\int_{3x^2}^{4-x^2} x^2(6-z)dzdx$

$=2\int_{-1}^{1}x^2\left((6z-\frac{z^2}{2})\Big|_{3x^2}^{4-x^2}\right)dx=8\int_{-1}^{1}x^6-5x^4+4x^2dx=8\left(\frac{x^7}{7}-x^5+\frac{4x^3}{3}\right)\Big|_{-1}^{1}$

$=8\left(\frac{2}{7}-2+\frac{8}{3}\right)=\frac{160}{21}$

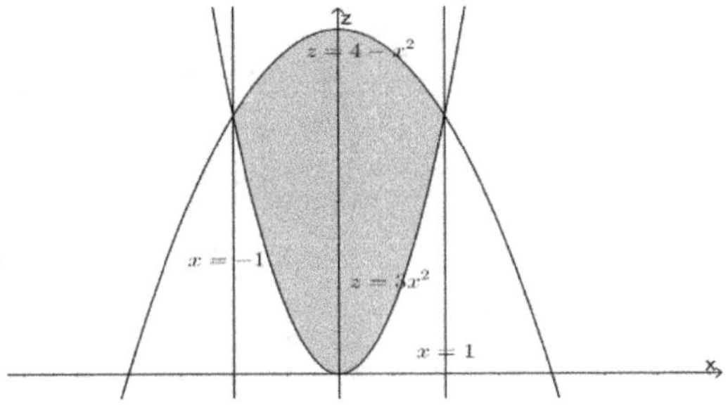

Example 17.

(1)求由 $z=x^2$, $z=1-y$, $x=0$ 与 $y=0$ 所围的体积

(2)假设 V 为 $z=x^2$, $z=1-y$, $x=0$ 与 $y=0$ 所围的区域, 求 $\iiint_V xdV=?$

【解】

(1)

令$R=\{(x,y):0\le x\le 1,0\le y\le 1-x^2\}$

则体积 $=\iint_R \int_{x^2}^{1-y} dzdA=\int_0^1\int_0^{1-x^2}1-y-x^2dydx=\int_0^1\left(y-\frac{y^2}{2}-x^2y\right)\Big|_0^{1-x^2}dx$

$=\int_0^1\frac{x^4}{2}-x^2+\frac{1}{2}dx=\frac{4}{15}$

(2)

令$R=\{(x,y):0\le x\le 1,0\le y\le 1-x^2\}$

则 $\iiint_V xdV=\iint_R \int_{x^2}^{1-y} xdzdA=\int_0^1\int_0^{1-x^2}x(1-y-x^2)dydx$

$=\int_0^1 x\left((y-\frac{y^2}{2}-x^2y)\Big|_0^{1-x^2}\right)dx=\int_0^1\frac{x^5}{2}-x^3+\frac{x}{2}dx=\frac{x^6}{12}-\frac{x^4}{4}+\frac{x^2}{4}\Big|_0^1=\frac{1}{12}$

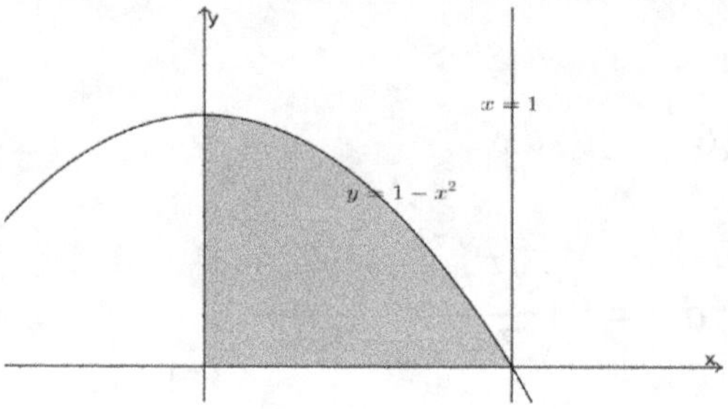

Example 18.

假设 V 为 $2x+3y+z=6, x=0, y=0$ 与 $z=0$ 所围四面体，求 $\iiint_V y^2dxdydz=?$

【解】

令$R=\{(x,y): 0\le x\le 3, 0\le y\le 2-\dfrac{2x}{3}\}$

则 $\iiint_V y^2dxdydz=\iint_R\int_0^{6-2x-3y}y^2dzdA=\int_0^3\int_0^{2-\frac{2x}{3}}y^2z|_{z=0}^{z=6-2x-3y}dydx$

$=\int_0^3\int_0^{2-\frac{2x}{3}}y^2(6-2x-3y)dydx=\int_0^3\left(\dfrac{y^3(6-2x)}{3}-\dfrac{3y^4}{4}\right)\Bigg|_{y=0}^{y=2-\frac{2x}{3}}dx$

$=\dfrac{1}{4}\int_0^3(2-\dfrac{2x}{3})^4dx=\dfrac{1}{20}\left(-\dfrac{3}{2}\right)(2-\dfrac{2x}{3})^5\Big|_0^3=\dfrac{12}{5}$

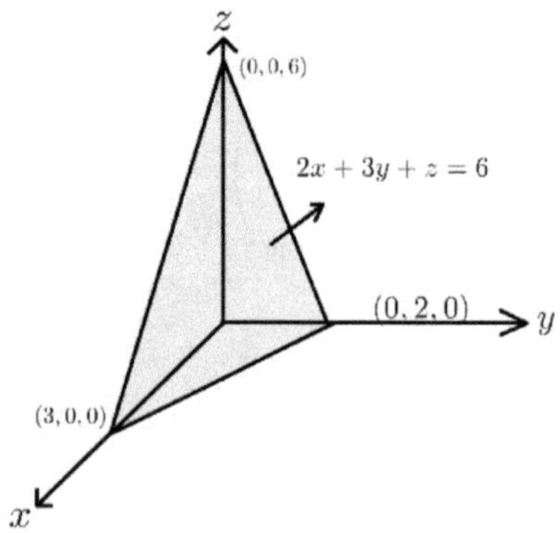

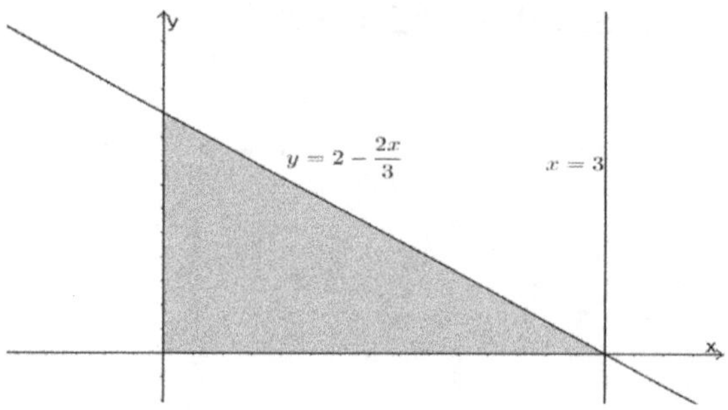

Example 19.

假设 V 为 $x+y+z=1$，$x=0$，$y=0$ 与 $z=0$ 所围的四面体，求 $\iiint_V zdV=?$

【解】

令$R=\{(x,y): 0\leq x\leq 1, 0\leq y\leq 1-x\}$

则 $\iiint_V zdV=\iint_R \int_0^{1-x-y} zdzdA=\int_0^1\int_0^{1-x}\left.\frac{z^2}{2}\right|_{z=0}^{z=1-x-y} dydx$

$=\int_0^1\int_0^{1-x}\frac{(1-x-y)^2}{2}dydx=\frac{-1}{2}\int_0^1\left.\frac{(1-x-y)^3}{3}\right|_{y=0}^{y=1-x} dx=\frac{1}{6}\int_0^1(1-x)^3\,dx$

$=\frac{-1}{6}\left.\left(\frac{(1-x)^4}{4}\right)\right|_0^1=\frac{1}{24}$

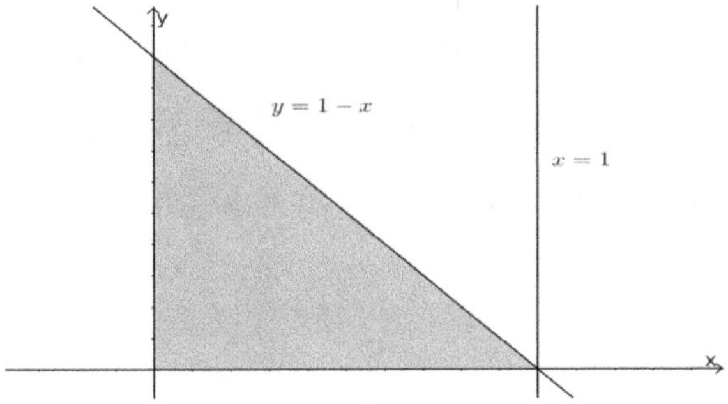

Example 20.

假设 V 为 $x+y+z=d(d>0)$，$x=0$，$y=0$ 与 $z=0$ 所围四面体，求 $\iiint_V zdV=?$

【解】

令$R=\{(x,y): 0\leq x\leq d, 0\leq y\leq d-x\}$

则 $\iiint_V zdV=\iint_R \int_0^{d-x-y} zdzdA=\int_0^d\int_0^{d-x}\left.\frac{z^2}{2}\right|_{z=0}^{z=d-x-y} dydx$

$=\int_0^d\int_0^{d-x}\frac{(d-x-y)^2}{2}dydx=\frac{-1}{2}\int_0^d\left.\frac{(d-x-y)^3}{3}\right|_{y=0}^{y=d-x} dx=\frac{1}{6}\int_0^d(d-x)^3\,dx$

$$= \frac{-1}{6}\left(\frac{(d-x)^4}{4}\right)\Bigg|_0^d = \frac{d^4}{24}$$

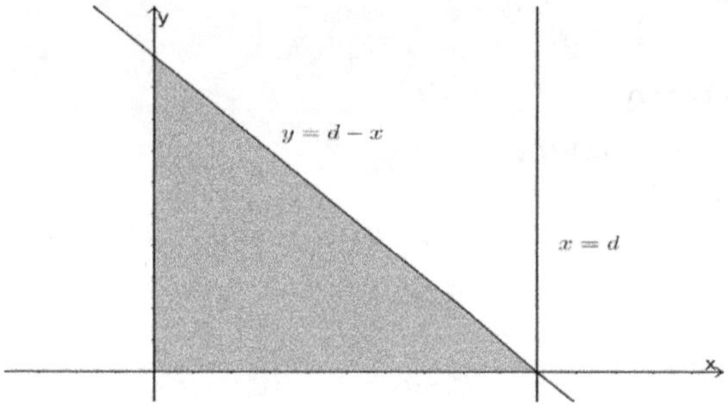

8.4.2 转成双重积分后出现 $x^{\wedge 2}+y^{\wedge 2}$，再使用极坐标转换

考试类型:

Type 1.

给定 $f_1(x,y)$，$f_2(x,y)$，假设 $R=\{(x,y): x^2+y^2\le a\}$，$a>0$ 且 $f_1(x,y)\le z\le f_2(x,y)$

求 $\mathrm{V}=\iint_R \int_{f_2(x,y)}^{f_1(x,y)} f(x,y)dzdA=?$

解题流程:

Step1.

$$\mathrm{V}=\iint_R \int_{f_2(x,y)}^{f_1(x,y)} f(x,y)dzdA = \iint_R f(x,y)\big(f_1(x,y)-f_2(x,y)\big)dxdy$$

Step2.

令 $x=r\cos\theta$, $y=r\sin\theta$ 则 $R=\{(x,y): x^2+y^2\le a\}=\{(r,\theta): 0\le r\le a, 0\le\theta\le 2\pi\}$

$$\text{且 } dxdy=\left\|\begin{matrix}\frac{\partial x}{\partial r} & \frac{\partial x}{\partial\theta}\\ \frac{\partial y}{\partial r} & \frac{\partial y}{\partial\theta}\end{matrix}\right\| drd\theta = \left\|\begin{matrix}\cos\theta & -r\sin\theta\\ \sin\theta & r\cos\theta\end{matrix}\right\| drd\theta = rdrd\theta$$

Step3.

$$\mathrm{V}=\iint_R f(x,y)\big(f_1(x,y)-f_2(x,y)\big)dxdy$$

$$=\int_0^{2\pi}\int_0^a f(r\cos\theta, r\sin\theta)\big(f_1(r\cos\theta, r\sin\theta)-f_2(r\cos\theta, r\sin\theta)\big)rdrd\theta$$

Step4.

求$\int_0^{2\pi}\int_0^a f(r\cos\theta, r\sin\theta)\big(f_1(r\cos\theta, r\sin\theta) - f_2(r\cos\theta, r\sin\theta)\big) r dr d\theta$

可能会再搭配使用变量变换、分部积分求积分值

Type 2.

空间中許多的二次曲面，两两交集所围封闭区域于xy平面的投影常出现$\frac{x^2}{a^2}+\frac{y^2}{b^2}\leq 1$,

得藉由上述方法求值，底下整理有哪些曲面能围出$\frac{x^2}{a^2}+\frac{y^2}{b^2}\leq 1$,

首先,复习常见的二次曲面:

圆柱: $x^2+y^2=a^2$, $f_1(x,y)\leq z\leq f_2(x,y)$

椭球面: $\frac{x^2}{a^2}+\frac{y^2}{b^2}+\frac{z^2}{c^2}=1$

椭圆抛物面: $\frac{x^2}{a^2}+\frac{y^2}{b^2}=\frac{z}{c}$

椭圆椎: $\frac{x^2}{a^2}+\frac{y^2}{b^2}=\frac{z^2}{c^2}$

双曲面: $\frac{x^2}{a^2}+\frac{y^2}{b^2}-\frac{z^2}{c^2}=1$

考试类型:

求圆柱: $x^2+y^2=a^2$, $f_1(x,y)\leq z\leq f_2(x,y)$所围封闭区域

求椭圆抛物面: $\frac{x^2}{a^2}+\frac{y^2}{b^2}=\frac{z}{c}$ 与 $z=f_1(x,y)$所围封闭区域

求两个椭圆抛物面所围封闭区域

求椭圆抛物面与椭圆椎所围封闭区域

求椭球面: $\frac{x^2}{a^2}+\frac{y^2}{b^2}+\frac{z^2}{c^2}=1$ 与平面 $z=f_1(x,y)$所围封闭区域

求椭球面: $\frac{x^2}{a^2}+\frac{y^2}{b^2}+\frac{z^2}{c^2}=1$ 与椭圆抛物面所围封闭区域

求椭球面: $\frac{x^2}{a^2}+\frac{y^2}{b^2}+\frac{z^2}{c^2}=1$ 与圆柱$x^2+y^2=r^2$所围封闭区域

解题流程:

Step1.

找 α，$f_1(x,y)$，$f_2(x,y)$ 使得 $V=\iint_R\int_{f_2(x,y)}^{f_1(x,y)}dzdA=\iint_R f_1(x,y)-f_2(x,y)dxdy$

其中 $R=\{(x,y):x^2+y^2\le\alpha^2\}$，$\alpha>0$

Step2.

使用上述极坐标转换的解法求 $\iint_R f_1(x,y)-f_2(x,y)dxdy=?$

令$x=r\cos\theta, y=r\sin\theta$ 则 $R=\{(x,y):x^2+y^2\le\alpha\}=\{(r,\theta):0\le r\le\alpha,0\le\theta\le 2\pi\}$

$$且\ dxdy=\left|\begin{vmatrix}\frac{\partial x}{\partial r} & \frac{\partial x}{\partial \theta}\\ \frac{\partial y}{\partial r} & \frac{\partial y}{\partial \theta}\end{vmatrix}\right|drd\theta=\left|\begin{vmatrix}\cos\theta & -r\sin\theta\\ \sin\theta & r\cos\theta\end{vmatrix}\right|drd\theta=rdrd\theta$$

$$\iint_R f_1(x,y)-f_2(x,y)dxdy=\int_0^{2\pi}\int_0^{\alpha}\big(f_1(r\cos\theta,r\sin\theta)-f_2(r\cos\theta,r\sin\theta)\big)rdrd\theta$$

Example 1.

(1)求在xy平面上至抛物面$z=x^2+y^2$之间且位于圆柱 $x^2+y^2=a^2$ 区域内的体积

(2)求圆柱 $x^2+y^2=9$ 在平面 $2x+z=8$ 与 $z=0$ 的区域内体积

【解】

(1)

令$R=\{(x,y):x^2+y^2\le a^2\}$ 则 $V=\iint_R\int_0^{x^2+y^2}dzdA=\iint_{x^2+y^2\le a^2}x^2+y^2dxdy$

令$x=r\cos\theta$，$y=r\sin\theta$ 则 $\{(x,y):x^2+y^2\le a^2\}=\{(r,\theta):0\le r\le a,0\le\theta\le 2\pi\}$

$$且\ dxdy=\left|\begin{vmatrix}\frac{\partial x}{\partial r} & \frac{\partial x}{\partial \theta}\\ \frac{\partial y}{\partial r} & \frac{\partial y}{\partial \theta}\end{vmatrix}\right|drd\theta=\left|\begin{vmatrix}\cos\theta & -r\sin\theta\\ \sin\theta & r\cos\theta\end{vmatrix}\right|drd\theta=rdrd\theta$$

$$\therefore\iint_{x^2+y^2\le a^2}x^2+y^2dxdy=\int_0^{2\pi}\int_0^a r^3drd\theta=\int_0^{2\pi}d\theta\int_0^a r^3dr=\frac{\pi a^4}{2}$$

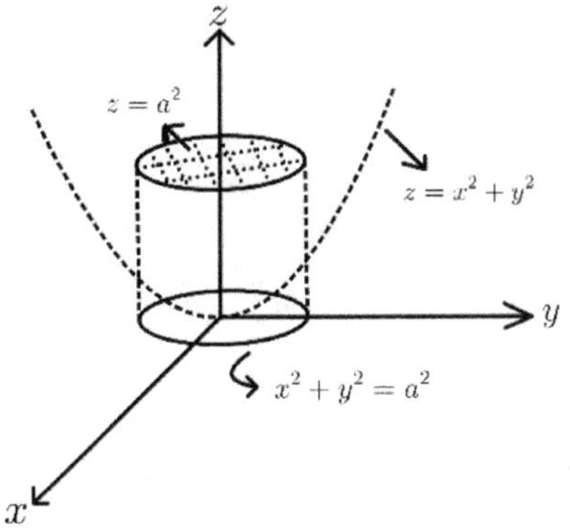

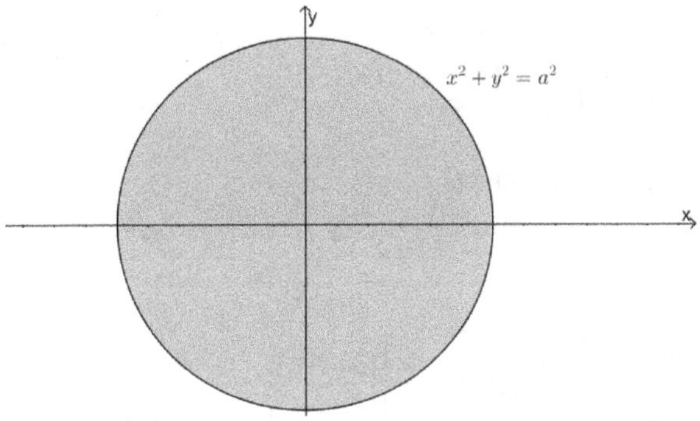

(2)

令$R = \{(x,y): x^2 + y^2 \leq 9\}$则 $V = \iint_R \int_0^{8-2x} dz dA = 2\iint_{x^2+y^2\leq 9} 4 - x dxdy$

令$x = r\cos\theta$，$y = r\sin\theta$ 则 $\{(x,y): x^2 + y^2 \leq 9\} = \{(r,\theta): 0 \leq r \leq 3, 0 \leq \theta \leq 2\pi\}$

且 $dxdy = \left\| \begin{matrix} \frac{\partial x}{\partial r} & \frac{\partial x}{\partial \theta} \\ \frac{\partial y}{\partial r} & \frac{\partial y}{\partial \theta} \end{matrix} \right\| drd\theta = \left\| \begin{matrix} \cos\theta & -r\sin\theta \\ \sin\theta & r\cos\theta \end{matrix} \right\| drd\theta = rdrd\theta$

$\therefore 2\iint_{x^2+y^2\leq 9} 4 - x dxdy = 2\int_0^{2\pi}\int_0^3 (4 - r\cos\theta) r\, drd\theta = 2\int_0^{2\pi} 2r^2|_0^3 - \frac{r^3\cos\theta}{3}\Big|_0^3 d\theta$

$= 72\pi$

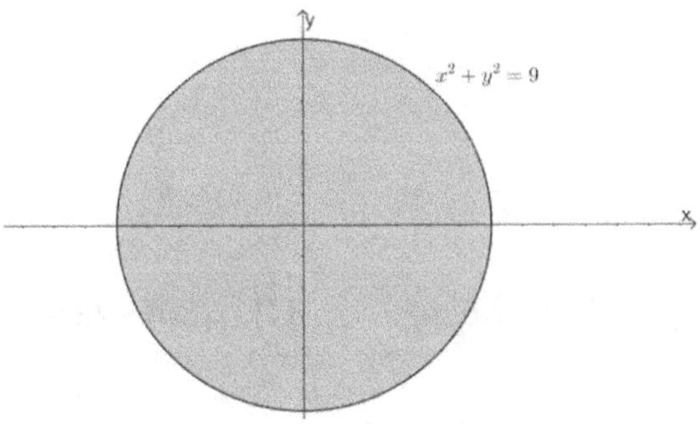

Example 2.

假设 V 为曲面 $x^2 + y^2 = 4z$，$x^2 + y^2 = 8y$，$z = 0$ 所围区域，求 $\iiint_V dxdydz = ?$

【解】

令$R = \{(x,y): x^2 + (y-4)^2 \leq 16\}$

则 $\iiint_V dxdydz = \iint_R \int_0^{\frac{x^2+y^2}{4}} dzdA = \iint_{x^2+(y-4)^2\le 16} \frac{x^2+y^2}{4} dxdy$

令$x = 4r\cos\theta\,, y = 4r\sin\theta$

则 $\{(x,y): x^2+(y-4)^2 \le 16, y \ge 0\} = \{(r,\theta): 0 \le r \le 2\sin\theta\,, 0 \le \theta \le \pi\}$

且 $dxdy = \left|\begin{vmatrix} \frac{\partial x}{\partial r} & \frac{\partial x}{\partial \theta} \\ \frac{\partial y}{\partial r} & \frac{\partial y}{\partial \theta} \end{vmatrix}\right| drd\theta = \left|\begin{vmatrix} 4\cos\theta & -4r\sin\theta \\ 4\sin\theta & 4r\cos\theta \end{vmatrix}\right| drd\theta = 16rdrd\theta$

$\therefore \iint_{x^2+(y-4)^2\le 16} \frac{x^2+y^2}{4} dxdy = \int_0^\pi \int_0^{2\sin\theta} 4r^2 \cdot 16rdrd\theta = 64\int_0^\pi \frac{r^4}{4}\Big|_0^{2\sin\theta} d\theta$

$= 256\int_0^\pi \sin^4\theta\, d\theta = 256 \cdot \frac{3}{4}\int_0^\pi \sin^2\theta\, d\theta = 256 \cdot \frac{3}{4} \cdot \frac{\pi}{2} = 96\pi$

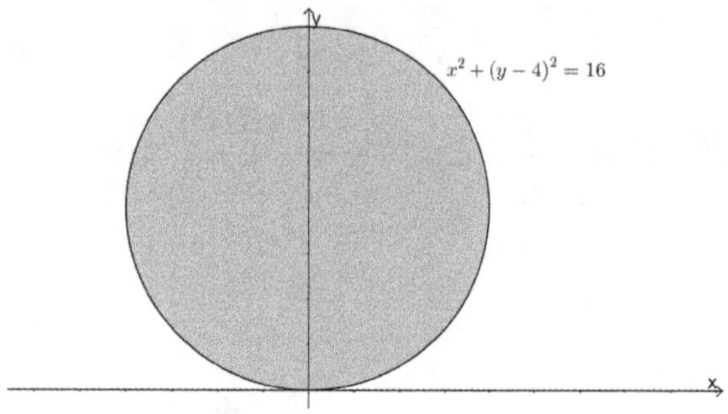

Example 3.

假设 V 为曲面 $x^2+y^2=4$, $2(x^2+y^2)=z$, xy平面所围区域, 求 $\iiint_V dxdydz = ?$

【解】

令$R = \{(x,y): x^2+y^2 \le 4\}$

则 $\iiint_V dxdydz = \iint_R \int_0^{2(x^2+y^2)} dzdA = \iint_{x^2+y^2\le 4} 2(x^2+y^2)dxdy$

令$x = r\cos\theta\,, y = r\sin\theta$ 则 $\{(x,y): x^2+y^2 \le 4\} = \{(r,\theta): 0 \le r \le 2, 0 \le \theta \le 2\pi\}$

且 $dxdy = \left\|\begin{vmatrix} \frac{\partial x}{\partial r} & \frac{\partial x}{\partial \theta} \\ \frac{\partial y}{\partial r} & \frac{\partial y}{\partial \theta} \end{vmatrix}\right\| drd\theta = \left\|\begin{vmatrix} \cos\theta & -r\sin\theta \\ \sin\theta & r\cos\theta \end{vmatrix}\right\| drd\theta = rdrd\theta$

$\therefore \iint_{x^2+y^2\leq 4} 2(x^2+y^2)dxdy = \int_0^{2\pi}\int_0^2 2r^3 drd\theta = 16\pi$

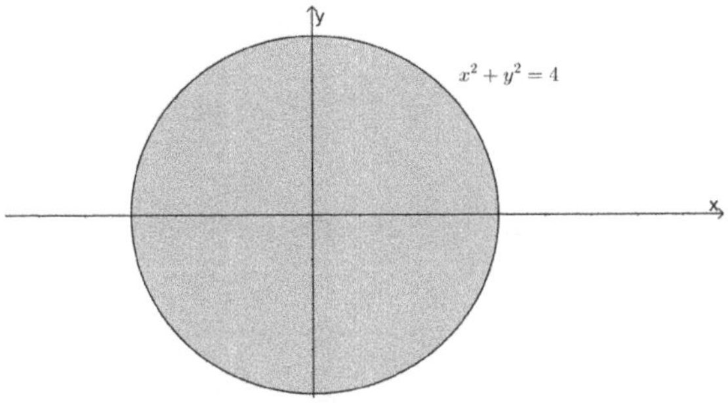

Example 4.

(1)求抛物体 $\mathrm{z} = 2x^2 + 2y^2$ 在 $0 \leq z \leq 8$ 的区域内体积

(2)假设 V 为 $\mathrm{z} = 2x^2 + 2y^2, x > 0, y > 0, \mathrm{z} = 8$ 所围区域, 求 $\iiint_V xdxdydz = ?$

【解】

(1)

令$R = \{(x,y): x^2 + y^2 \leq 4\}$ 则 $\mathrm{V} = \iint_R \int_{2x^2+2y^2}^{8} dzdA = 2\iint_{x^2+y^2\leq 4} 4 - (x^2+y^2)dxdy$

令$x = r\cos\theta$, $y = r\sin\theta$ 则 $\{(x,y): x^2+y^2 \leq 4\} = \{(r,\theta): 0 \leq r \leq 2, 0 \leq \theta \leq 2\pi\}$

且 $dxdy = \left\|\begin{vmatrix} \frac{\partial x}{\partial r} & \frac{\partial x}{\partial \theta} \\ \frac{\partial y}{\partial r} & \frac{\partial y}{\partial \theta} \end{vmatrix}\right\| drd\theta = \left\|\begin{vmatrix} \cos\theta & -r\sin\theta \\ \sin\theta & r\cos\theta \end{vmatrix}\right\| drd\theta = rdrd\theta$

$\therefore 2\iint_{x^2+y^2\leq 4} 4 - (x^2+y^2)dxdy = 2\int_0^{2\pi}\int_0^2 4r - r^3 drd\theta = 2\int_0^{2\pi} d\theta \int_0^2 4r - r^3 dr$

$= 4\pi\left(2r^2 - \frac{r^4}{4}\right)\Big|_0^2 = 16\pi$

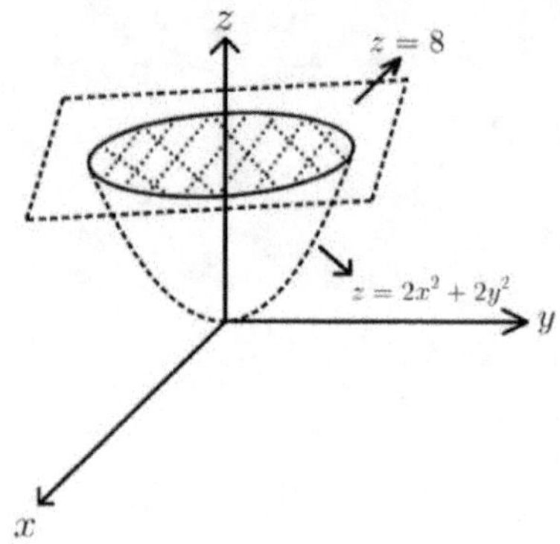

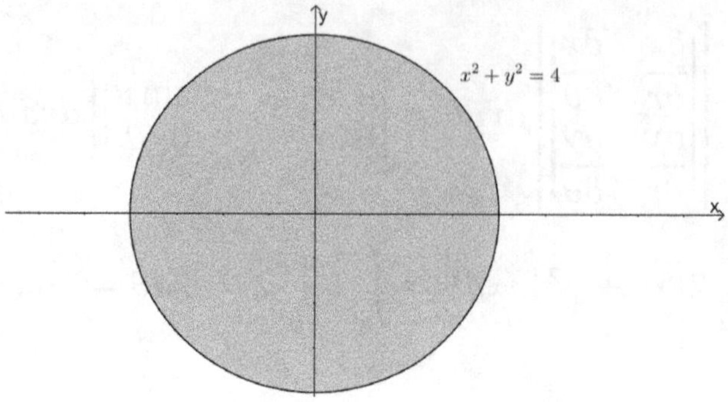

(2)

令$R = \{(x, y): x^2 + y^2 \leq 4, x > 0, y > 0\}$

则 $\iiint_V xdxdydz = \iint_R \int_{2x^2+2y^2}^{8} xdzdA = 2\iint_{x^2+y^2\leq 4} x(4-(x^2+y^2))dxdy$

令$x = r\cos\theta$, $y = r\sin\theta$

则 $\{(x, y): x^2 + y^2 \leq 4, x > 0, y > 0\} = \{(r, \theta): 0 \leq r \leq 2, 0 \leq \theta \leq \frac{\pi}{2}\}$

且 $dxdy = \left\|\begin{matrix} \frac{\partial x}{\partial r} & \frac{\partial x}{\partial 0} \\ \frac{\partial y}{\partial r} & \frac{\partial y}{\partial \theta} \end{matrix}\right\| drd\theta = \left\|\begin{matrix} \cos\theta & -r\sin\theta \\ \sin\theta & r\cos\theta \end{matrix}\right\| drd\theta = rdrd\theta$

$\therefore 2\iint_{x^2+y^2\leq 4} x(4-(x^2+y^2))dxdy = 2\int_0^{\frac{\pi}{2}} \cos\theta\, d\theta \int_0^2 4r^2 - r^4 dr = 2\left(\frac{4r^3}{3} - \frac{r^5}{5}\right)\Big|_0^2 = \frac{128}{15}$

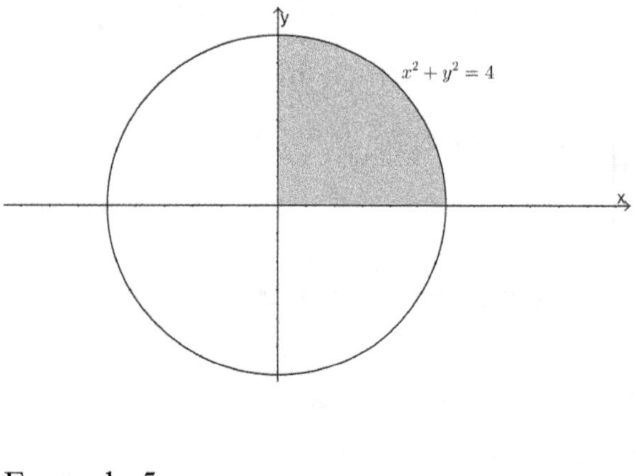

Example 5.

求由曲面 $z = 1 - x^2 - y^2$ 下方与 $z = 1 - y$上方所围区域的体积

【解】

令$R = \{(x,y): x^2 + \left(y - \frac{1}{2}\right)^2 \le \frac{1}{4}\}$

则 $V = \iint_R \int_{1-y}^{1-x^2-y^2} dzdA = \iint_{x^2+\left(y-\frac{1}{2}\right)^2 \le \frac{1}{4}} \frac{1}{4} - x^2 - \left(y - \frac{1}{2}\right)^2 dxdy$

令$x = \frac{1}{2}r\cos\theta$，$y = \frac{1}{2} + \frac{1}{2}r\sin\theta$

则 $\{(x,y): x^2 + \left(y - \frac{1}{2}\right)^2 \le \frac{1}{4}\} = \{(r,\theta): 0 \le r \le 1, 0 \le \theta \le 2\pi\}$

且 $dxdy = \left|\begin{vmatrix} \frac{\partial x}{\partial r} & \frac{\partial x}{\partial \theta} \\ \frac{\partial y}{\partial r} & \frac{\partial y}{\partial \theta} \end{vmatrix}\right| drd\theta = \left|\begin{vmatrix} \frac{1}{2}\cos\theta & \frac{1}{2}r\sin\theta \\ \frac{1}{2}\sin\theta & \frac{1}{2}r\cos\theta \end{vmatrix}\right| drd\theta = \frac{1}{4}rdrd\theta$

$\therefore \iint_{x^2+(y-\frac{1}{2})^2 \le \frac{1}{4}} \frac{1}{4} - x^2 - \left(y - \frac{1}{2}\right)^2 dxdy = \int_0^{2\pi}\int_0^1 \left(\frac{1}{4} - \frac{1}{4}r^2\right)\frac{1}{4}rdrd\theta$

$= \frac{1}{16}\int_0^{2\pi} d\theta \int_0^1 r - r^3 dr = \frac{\pi}{32}$

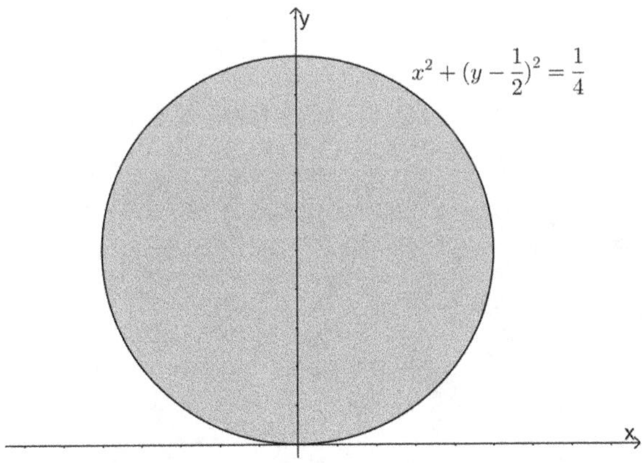

Example 6.

假设 V 为曲面 $z \le 1 - x^2 - y^2$，$z \ge 1 - y$，$x > 0, y > 0, z > 0$ 所围区域

8.4.2 转成双重积分后出现 x^2+y^2,再使用极坐标转换 238

求 $\iiint_V xdxdydz = ?$

【解】

令$R = \{(x,y): x^2 + \left(y - \frac{1}{2}\right)^2 \leq \frac{1}{4}, x > 0, y > 0\}$

则 $\iiint_V xdxdydz = \iint_R \int_{1-y}^{1-x^2-y^2} dzdA = \iint_R x\left(\frac{1}{4} - x^2 - \left(y - \frac{1}{2}\right)^2\right)dxdy$

令 $x = \frac{1}{2}r\cos\theta$，$y = \frac{1}{2} + \frac{1}{2}r\sin\theta$

则 $\{(x,y): x^2 + \left(y - \frac{1}{2}\right)^2 \leq \frac{1}{4}, x > 0, y > 0\} = \{(r,\theta): 0 \leq r \leq 1, 0 \leq \theta \leq \frac{\pi}{2}\}$

且 $dxdy = \left\| \begin{matrix} \frac{\partial x}{\partial r} & \frac{\partial x}{\partial \theta} \\ \frac{\partial y}{\partial r} & \frac{\partial y}{\partial \theta} \end{matrix} \right\| drd\theta = \left\| \begin{matrix} \frac{1}{2}\cos\theta & \frac{1}{2}r\sin\theta \\ \frac{1}{2}\sin\theta & \frac{1}{2}r\cos\theta \end{matrix} \right\| drd\theta = \frac{1}{4}rdrd\theta$

$\therefore \iint_R x\left(\frac{1}{4} - x^2 - \left(y - \frac{1}{2}\right)^2\right)dxdy = \int_0^{\frac{\pi}{2}} \frac{1}{2}r\cos\theta \int_0^1 \left(\frac{1}{4} - \frac{1}{4}r^2\right)\frac{1}{4}rdrd\theta$

$= \frac{1}{32}\int_0^{\frac{\pi}{2}} \cos\theta\, d\theta \int_0^1 r^2 - r^4 dr = \frac{1}{240}$

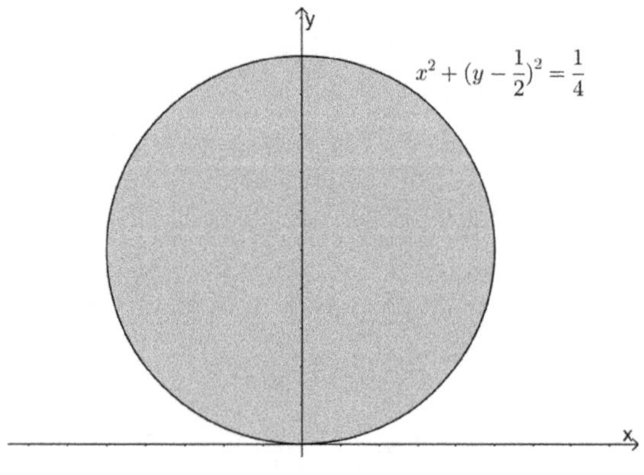

Example 7.

(1)求抛物体 $6x^2 + 6y^2 + z = 20$ 与$z = 8$ 所围区域的体积

(2)假设 V 为 $6x^2 + 6y^2 + z = 20$，$x > 0$，$y > 0$，$z > 0$，$z = 8$ 所围区域

求 $\iiint_V xdxdydz = ?$

【解】

(1)

令$R=\{(x,y): x^2+y^2\le 2\}$则 $V=\iint_R \int_8^{20-6x^2-6y^2} dzdA = 2\iint_{x^2+y^2\le 2} 6-3x^2-3y^2 dxdy$

令$x=r\cos\theta$, $y=r\sin\theta$ 则 $\{(x,y): x^2+y^2\le 2\}=\{(r,\theta): 0\le r\le\sqrt{2}, 0\le\theta\le 2\pi\}$

且 $dxdy=\left\|\begin{vmatrix}\frac{\partial x}{\partial r} & \frac{\partial x}{\partial \theta}\\ \frac{\partial y}{\partial r} & \frac{\partial y}{\partial \theta}\end{vmatrix}\right\| drd\theta=\left\|\begin{vmatrix}\cos\theta & -r\sin\theta\\ \sin\theta & r\cos\theta\end{vmatrix}\right\| drd\theta = rdrd\theta$

$\therefore 2\iint_{x^2+y^2\le 2} 6-3x^2-3y^2 dxdy = 2\int_0^{2\pi}\int_0^{\sqrt{2}} 6r-3r^3 drd\theta = 2\int_0^{2\pi} d\theta \int_0^{\sqrt{2}} 6r-3r^3 dr$

$= 4\pi\left(3r^2-\frac{3r^4}{4}\right)\Big|_0^{\sqrt{2}} = 12\pi$

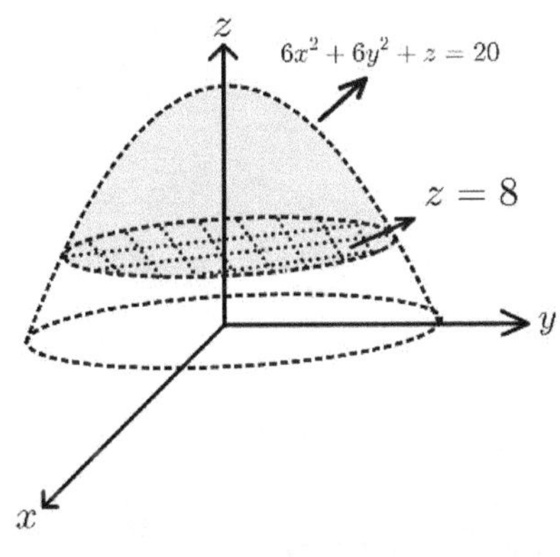

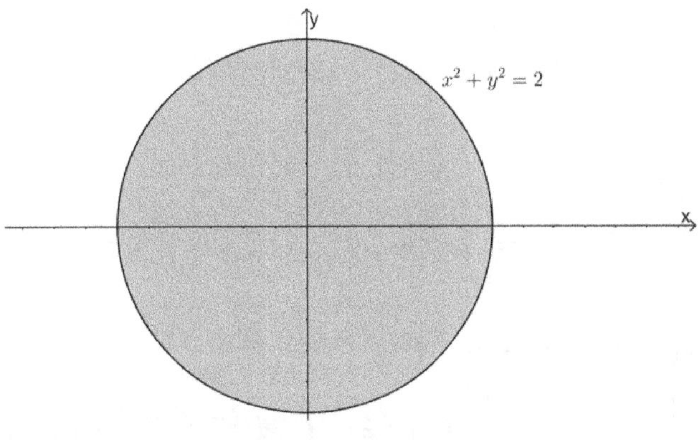

(2)

令$R=\{(x,y): x^2+y^2\le 2, x>0, y>0\}$

则 $V=\iint_R \int_8^{20-6x^2-6y^2} xdzdA = 2\iint_{x^2+y^2\le 2, x>0, y>0} x(6-3x^2-3y^2)dxdy$

令$x=r\cos\theta$, $y=r\sin\theta$

则 $\{(x,y): x^2+y^2\le 2, x>0, y>0\}=\{(r,\theta): 0\le r\le\sqrt{2}, 0\le\theta\le\frac{\pi}{2}\}$

$$且\ dxdy = \left\|\begin{vmatrix} \frac{\partial x}{\partial r} & \frac{\partial x}{\partial \theta} \\ \frac{\partial y}{\partial r} & \frac{\partial y}{\partial \theta} \end{vmatrix}\right\| drd\theta = \left\|\begin{vmatrix} \cos\theta & -r\sin\theta \\ \sin\theta & r\cos\theta \end{vmatrix}\right\| drd\theta = rdrd\theta$$

$$\therefore \iiint_V xdxdydz = 2\iint_{x^2+y^2\le 2, x>0, y>0} x(6-3x^2-3y^2)dxdy$$

$$= 2\int_0^{\frac{\pi}{2}}\cos\theta\int_0^{\sqrt{2}} 6r^2-3r^4 drd\theta = 2\int_0^{\frac{\pi}{2}}\cos\theta\, d\theta\int_0^{\sqrt{2}} 6r^2-3r^4 dr = 2\left(2r^3-\frac{3r^5}{5}\right)\Big|_0^{\sqrt{2}}$$

$$= \frac{16\sqrt{2}}{5}$$

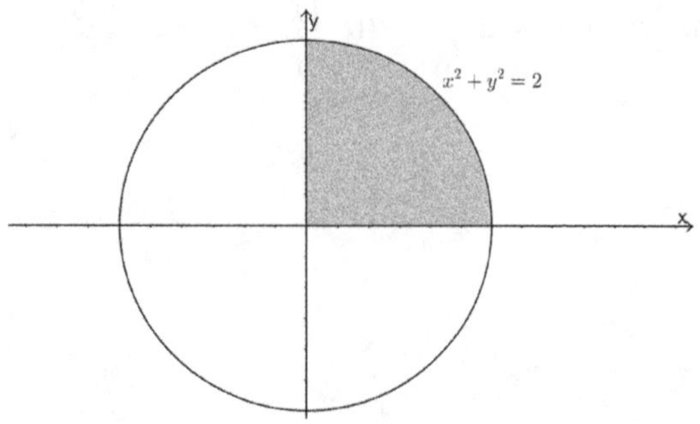

Example 8.

求两抛物面 $z = 5x^2 + 5y^2$ 与 $z = 6 - 7x^2 - y^2$ 所围体积

【解】

令 $R = \{(x,y): 2x^2 + y^2 \le 1\}$

$$则\ V = \iint_R \int_{5x^2+5y^2}^{6-7x^2-y^2} dzdA = \iint_R z\Big|_{5x^2+5y^2}^{6-7x^2-y^2} dA = \iint_R 6-12x^2-6y^2 dA$$

$$令\ x = \frac{u}{\sqrt{2}},\ y = v\ 则\ dxdy = \left\|\begin{vmatrix} \frac{\partial x}{\partial u} & \frac{\partial x}{\partial v} \\ \frac{\partial y}{\partial u} & \frac{\partial y}{\partial v} \end{vmatrix}\right\| dudv = \left\|\begin{vmatrix} \frac{1}{\sqrt{2}} & -0 \\ 0 & 1 \end{vmatrix}\right\| dudv = \frac{1}{\sqrt{2}}dudv$$

且 $R = \{(u,v): u^2 + v^2 \le 1\}$

$$\therefore \iint_R 6-12x^2-6y^2 dA = \frac{6}{\sqrt{2}}\iint_{u^2+v^2\le 1} 1-u^2-v^2 dudv$$

令$u = r\cos\theta$, $v = r\sin\theta$ 则 $\{(u,v): u^2+v^2 \le 1\} = \{(r,\theta): 0 \le r \le 1, 0 \le \theta \le 2\pi\}$

且 $dudv = \left\| \begin{vmatrix} \frac{\partial u}{\partial r} & \frac{\partial u}{\partial \theta} \\ \frac{\partial v}{\partial r} & \frac{\partial v}{\partial \theta} \end{vmatrix} \right\| drd\theta = \left\| \begin{vmatrix} \cos\theta & -r\sin\theta \\ \sin\theta & r\cos\theta \end{vmatrix} \right\| drd\theta = rdrd\theta$

$\therefore V = \frac{6}{\sqrt{2}} \iint_{u^2+v^2 \le 1} 1 - u^2 - v^2 dudv = \frac{6}{\sqrt{2}} \int_0^1 \int_0^{2\pi} (1-r^2) rd\theta dr = \frac{3\sqrt{2}}{2}$

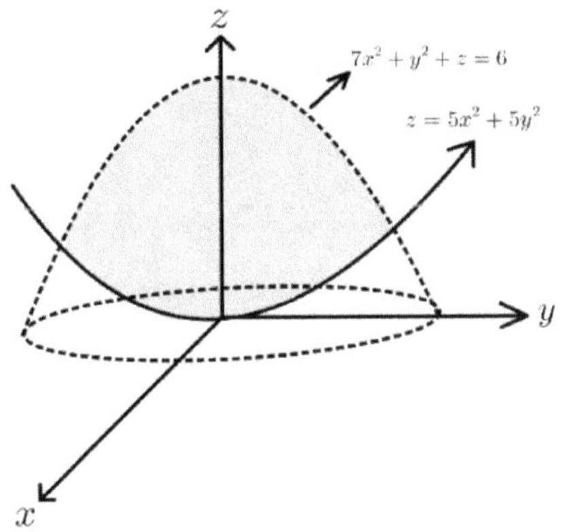

Example 9.

计算球体$x^2+y^2+z^2 \le 6$ 与 $z \ge x^2+y^2$交集区域体积

【解】

令$R = \{(x,y): x^2+y^2 \le 2\}$

则 $V = \iint_R \int_{x^2+y^2}^{\sqrt{6-x^2-y^2}} dzdA = \iint_{x^2+y^2 \le 2} \sqrt{6-x^2-y^2} - x^2 - y^2 dxdy$

令$x = r\cos\theta, y = r\sin\theta$ 则 $\{(x,y): x^2+y^2 \le 2\} = \{(r,\theta): 0 \le r \le \sqrt{2}, 0 \le \theta \le 2\pi\}$

且 $dxdy = \left\| \begin{vmatrix} \frac{\partial x}{\partial r} & \frac{\partial x}{\partial \theta} \\ \frac{\partial y}{\partial r} & \frac{\partial y}{\partial \theta} \end{vmatrix} \right\| drd\theta = \left\| \begin{vmatrix} \cos\theta & -r\sin\theta \\ \sin\theta & r\cos\theta \end{vmatrix} \right\| drd\theta = rdrd\theta$

$\therefore \iint_{x^2+y^2 \le 2} \sqrt{6-x^2-y^2} - x^2 - y^2 dxdy = \int_0^{2\pi} \int_0^{\sqrt{2}} (\sqrt{6-r^2} - r^2) rdrd\theta$

$$= (2\pi)\cdot\left(\frac{(-1)(6-r^2)^{\frac{3}{2}}}{3}-\frac{r^4}{4}\right)\Bigg|_{r=0}^{r=\sqrt{2}} = (2\pi)\cdot\left(\frac{-8+6\sqrt{6}}{3}-1\right)=\frac{2\pi}{3}(6\sqrt{6}-11)$$

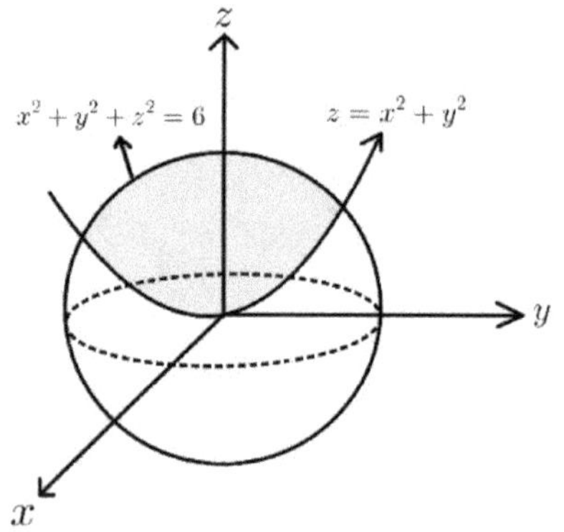

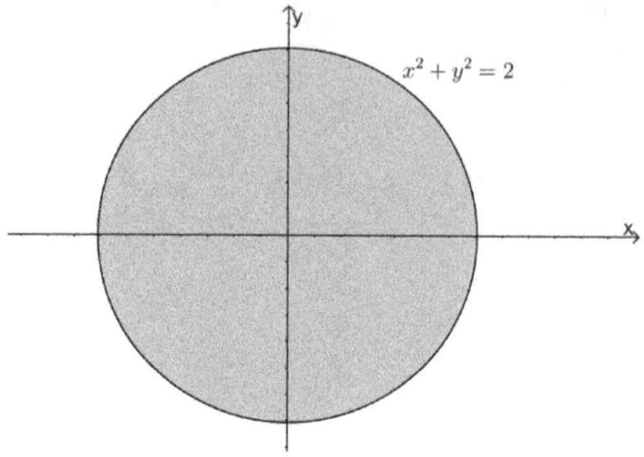

Example 10.

计算球体$x^2+y^2+z^2=4a^2$ 与圆柱:$x^2+(y-a)^2=a^2$所围区域的体积

【解】

令$R=\{(x,y):x^2+(y-a)^2\le a^2\}$

则 $\mathrm{V}=\iint_R\int_{-\sqrt{4a^2-x^2-y^2}}^{\sqrt{4a^2-x^2-y^2}}dzdA=\iint_{x^2+(y-a)^2\le a^2}2\sqrt{4a^2-x^2-y^2}dxdy$

令$x=ar\cos\theta\,,y=ar\sin\theta$

则 $\{(x,y):x^2+(y-a)^2\le a^2\}=\{(r,\theta):0\le r\le 2\sin\theta\,,0\le\theta\le\pi\}$

且 $dxdy=\left|\begin{vmatrix}\frac{\partial x}{\partial r} & \frac{\partial x}{\partial\theta}\\ \frac{\partial y}{\partial r} & \frac{\partial y}{\partial\theta}\end{vmatrix}\right|drd\theta=\left|\begin{vmatrix}a\cos\theta & ar\sin\theta\\ a\sin\theta & ar\cos\theta\end{vmatrix}\right|drd\theta=a^2rdrd\theta$

$$\therefore\iint_{x^2+(y-a)^2\le a^2}2\sqrt{4a^2-x^2-y^2}dxdy=2\int_0^{\pi}\int_0^{2\sin\theta}(\sqrt{4a^2-a^2r^2})a^2rdrd\theta$$

$$=4a^3\int_0^{\frac{\pi}{2}}\int_0^{2\sin\theta}(\sqrt{4-r^2})rdrd\theta=4a^3\int_0^{\frac{\pi}{2}}\left(\frac{(-1)(4-r^2)^{\frac{3}{2}}}{3}\right)\Bigg|_0^{2\sin\theta}d\theta$$

$$=32a^3\int_0^{\frac{\pi}{2}}\frac{1-\cos^3\theta}{3}d\theta=32a^3\left(\frac{\pi}{6}-\frac{2}{9}\right)$$

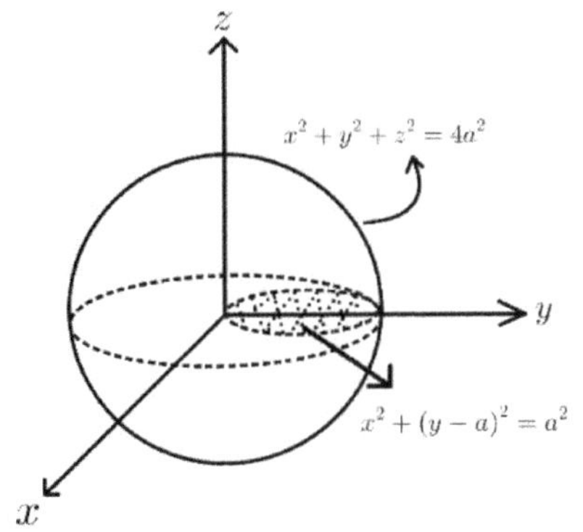

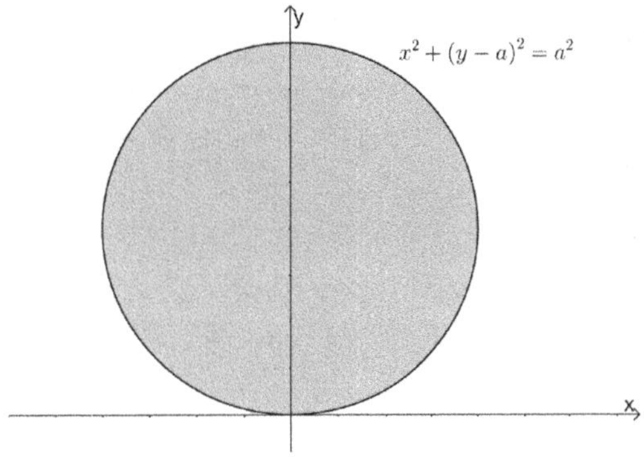

Example 11.

求由 $z^2=x^2+y^2$ 与 $nz=x^2+y^2$所围区域的体积，$n\in N$

【解】

令$R=\{(x,y):x^2+y^2\le n^2\}$

则 $V=\iint_R \int_{\frac{x^2+y^2}{n}}^{\sqrt{x^2+y^2}} dzdA=\iint_{x^2+y^2\le n^2}\sqrt{x^2+y^2}-\left(\frac{x^2+y^2}{n}\right)dxdy$

令$x=r\cos\theta,y=r\sin\theta$ 则 $\{(x,y):x^2+y^2\le n^2\}=\{(r,\theta):0\le r\le n,0\le\theta\le 2\pi\}$

且 $dxdy=\left|\begin{vmatrix}\frac{\partial x}{\partial r} & \frac{\partial x}{\partial\theta}\\ \frac{\partial y}{\partial r} & \frac{\partial y}{\partial\theta}\end{vmatrix}\right|drd\theta=\left|\begin{vmatrix}\cos\theta & -r\sin\theta\\ \sin\theta & r\cos\theta\end{vmatrix}\right|drd\theta=rdrd\theta$

$\therefore \iint_{x^2+y^2\le n^2}\sqrt{x^2+y^2}-\left(\frac{x^2+y^2}{n}\right)dxdy=\int_0^{2\pi}\int_0^n r^2-\frac{r^3}{n}drd\theta=2\pi\left(\frac{n^3}{3}-\frac{n^3}{4}\right)=\frac{\pi n^3}{6}$

Example 12.

求$\int_0^3\int_0^{\sqrt{9-x^2}}\int_0^2\sqrt{x^2+y^2}\,dzdydx=?$

【解】

令$x=r\cos\theta,y=r\sin\theta$

则 $\{(x,y):0\le x\le 3,0\le y\le\sqrt{9-x^2}\}=\{(r,\theta):0\le r\le 3,0\le\theta\le\frac{\pi}{2}\}$

且 $dxdy = \left|\begin{vmatrix} \frac{\partial x}{\partial r} & \frac{\partial x}{\partial \theta} \\ \frac{\partial y}{\partial r} & \frac{\partial y}{\partial \theta} \end{vmatrix}\right| drd\theta = \left|\begin{vmatrix} \cos\theta & -r\sin\theta \\ \sin\theta & r\cos\theta \end{vmatrix}\right| drd\theta = rdrd\theta$

$\therefore \int_0^3 \int_0^{\sqrt{9-x^2}} \int_0^2 \sqrt{x^2+y^2}\, dzdydx = \int_0^3 \int_0^{\frac{\pi}{2}} 2r^2 d\theta dr = \frac{2r^3}{3}\Big|_0^3 \frac{\pi}{2} = 9\pi$

Example 13.

(1)求由 $z = x^2 + 3y^2 + 1$ 与 $z - 9 + x^2 + y^2 = 0$ 所围区域的体积

(2)假设 V 为 $z = x^2 + 3y^2 + 1, z - 9 + x^2 + y^2 = 0,\ x > 0,\ y > 0, z > 0,$

所围区域求 $\iiint_V xdxdydz =?$

【解】

(1)

令$R = \{(x,y): x^2 + 2y^2 \le 4\}$则 $V = \iint_R \int_{x^2+3y^2+1}^{9-x^2-y^2} dzdA = \iint_{x^2+2y^2\le 4} 8 - 2x^2 - 4y^2 dxdy$

令$x = 2r\cos\theta,\ y = \sqrt{2}r\sin\theta$ 则 $\{(x,y): x^2 + 2y^2 \le 4\} = \{(r,\theta): 0 \le r \le 1, 0 \le \theta \le 2\pi\}$

且 $dxdy = \left|\begin{vmatrix} \frac{\partial x}{\partial r} & \frac{\partial x}{\partial \theta} \\ \frac{\partial y}{\partial r} & \frac{\partial y}{\partial \theta} \end{vmatrix}\right| drd\theta = \left|\begin{vmatrix} 2\cos\theta & -2r\sin\theta \\ \sqrt{2}\sin\theta & \sqrt{2}r\cos\theta \end{vmatrix}\right| drd\theta = 2\sqrt{2}rdrd\theta$

$\therefore \iint_{x^2+2y^2\le 4} 8 - 2x^2 - 4y^2 dxdy = 2\sqrt{2}\int_0^{2\pi}\int_0^1 8r - 8r^3 drd\theta = 16\sqrt{2}\int_0^{2\pi} d\theta \int_0^1 r - r^3 dr$
$= 8\sqrt{2}\pi$

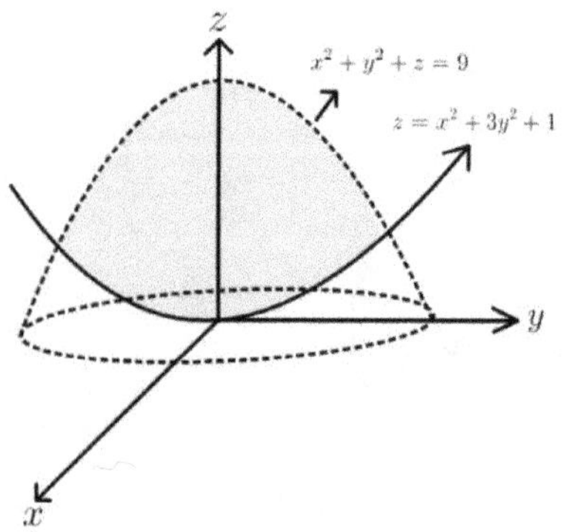

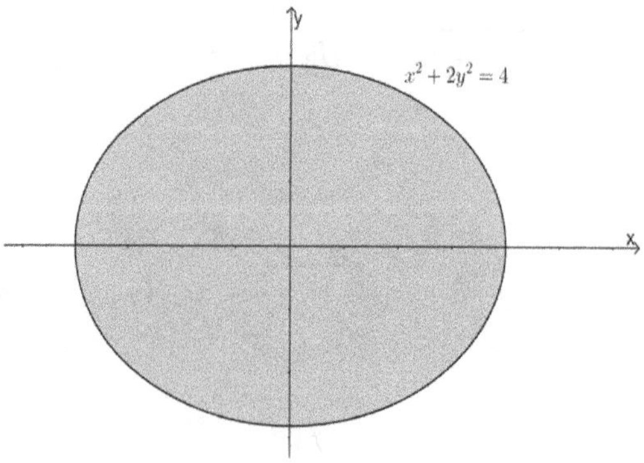

(2)

令$R = \{(x,y): x^2 + 2y^2 \le 4, x > 0, y > 0\}$

则 $\iiint_V xdxdydz = \iint_R \int_{x^2+3y^2+1}^{9-x^2-y^2} xdzdA = \iint_{x^2+2y^2\le 4, x>0, y>0} x(8-2x^2-4y^2)dxdy$

令$x = 2r\cos\theta$， $y = \sqrt{2}r\sin\theta$

则 $\{(x,y): x^2 + 2y^2 \le 4\} = \{(r,\theta): 0 \le r \le 1, 0 \le \theta \le \frac{\pi}{2}\}$

且 $dxdy = \left\| \begin{vmatrix} \frac{\partial x}{\partial r} & \frac{\partial x}{\partial \theta} \\ \frac{\partial y}{\partial r} & \frac{\partial y}{\partial \theta} \end{vmatrix} \right\| drd\theta = \left\| \begin{vmatrix} 2\cos\theta & -2r\sin\theta \\ \sqrt{2}\sin\theta & \sqrt{2}r\cos\theta \end{vmatrix} \right\| drd\theta = 2\sqrt{2}rdrd\theta$

$\therefore \iint_{x^2+2y^2\le 4, x>0, y>0} x(8-2x^2-4y^2)dxdy = 2\sqrt{2}\int_0^{\frac{\pi}{2}} 2r\cos\theta \int_0^1 8r^2 - 8r^4 drd\theta$

$= 32\sqrt{2}\int_0^{\frac{\pi}{2}} \cos\theta\, d\theta \int_0^1 r^2 - r^4 dr = \frac{64\sqrt{2}}{15}$

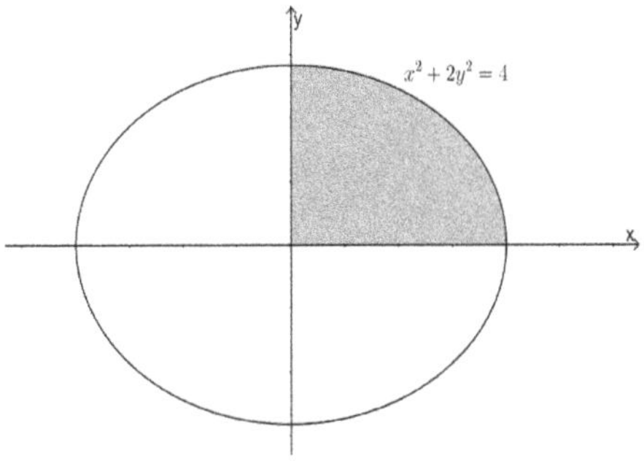

Example 14.

假设 V 为 $z = x^2 + y^2$, $x = 0$, $y = 0$ 与 $z = 4$ 所围的区域，求 $\iiint_V 3xdxdydz =?$

【解】

令$R = \{(x,y): x \ge 0, y \ge 0, x^2 + y^2 \le 4\}$

则 V $= \iint_R \int_{x^2+y^2}^{4} 3xdzdA = \iint_{x^2+y^2\le 4} 3x(4-x^2-y^2)dxdy$

令$x = r\cos\theta, y = r\sin\theta$ 则 $\{(x,y): x^2 + y^2 \le 4\} = \{(r,\theta): 0 \le r \le 2, 0 \le \theta \le \frac{\pi}{2}\}$

且 $dxdy = \left\|\begin{vmatrix} \frac{\partial x}{\partial r} & \frac{\partial x}{\partial \theta} \\ \frac{\partial y}{\partial r} & \frac{\partial y}{\partial \theta} \end{vmatrix}\right\| drd\theta = \left\|\begin{vmatrix} \cos\theta & -r\sin\theta \\ \sin\theta & r\cos\theta \end{vmatrix}\right\| drd\theta = rdrd\theta$

$\therefore \iint_{x^2+y^2\leq 4} 3x(4-x^2-y^2)dxdy = \int_0^{\frac{\pi}{2}}\int_0^2 3r\cos\theta\,(4-r^2)rdrd\theta$

$= \int_0^{\frac{\pi}{2}}\cos\theta d\theta \int_0^2 (12r^2-3r^4)dr = \frac{64}{5}$

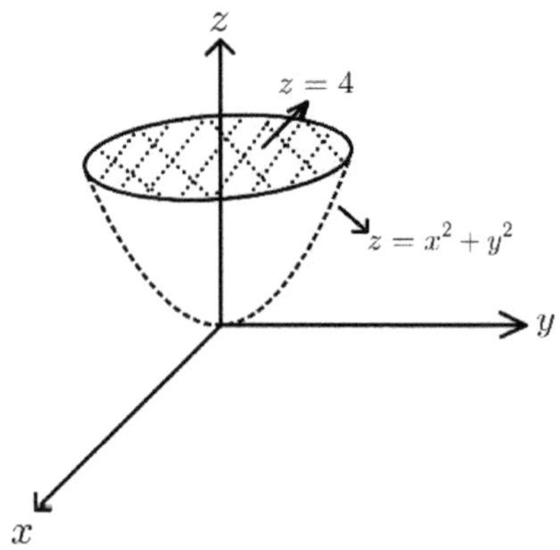

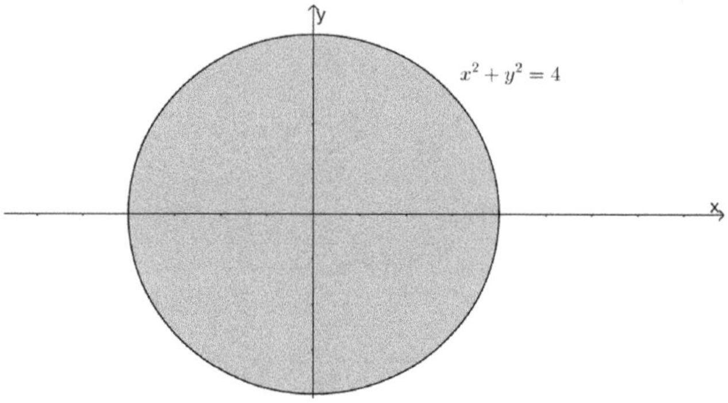

Example 15.

求 $\int_0^4\int_0^{\sqrt{16-x^2}}\int_0^1 \ln\sqrt{x^2+y^2}\,dzdydx = ?$

【解】

令 $x = r\cos\theta\,, y = r\sin\theta$

则 $\{(x,y): 0\leq x\leq 4, 0\leq y\leq \sqrt{16-x^2}\} = \{(r,\theta): 0\leq r\leq 4, 0\leq\theta\leq\frac{\pi}{2}\}$

且 $dxdy = \left\|\begin{vmatrix} \frac{\partial x}{\partial r} & \frac{\partial x}{\partial \theta} \\ \frac{\partial y}{\partial r} & \frac{\partial y}{\partial \theta} \end{vmatrix}\right\| drd\theta = \left\|\begin{vmatrix} \cos\theta & -r\sin\theta \\ \sin\theta & r\cos\theta \end{vmatrix}\right\| drd\theta = rdrd\theta$

$\therefore \int_0^4\int_0^{\sqrt{16-x^2}}\int_0^1 \ln\sqrt{x^2+y^2}\,dzdydx = \int_0^4\int_0^{\frac{\pi}{2}} r\ln r\,d\theta dr = \int_0^{\frac{\pi}{2}} d\theta\int_0^4 r\ln r\,dr$

$$=\frac{\pi}{2}\cdot\left(\frac{r^2\ln r}{2}-\frac{r^2}{4}\right)\Bigg|_0^4=\pi(8\ln 2-2)$$

Example 16.

(1)求由xy平面,$z=x^2-2$ 与 $x^2+y^2=1$ 所围区域的体积

(2)求由 $z=1-2x^2-2y^2$ 与 $z=(x^2+y^2)^2-2$ 所围区域的体积

【解】

(1)

令$R=\{(x,y):x^2+y^2\le 1\}$则 $V=\iint_R\int_{x^2-2}^{0}dzdA=\iint_{x^2+y^2\le 1}2-x^2dxdy$

令$x=r\cos\theta,y=r\sin\theta$ 则 $\{(x,y):x^2+y^2\le 1\}=\{(r,\theta):0\le r\le 1,0\le\theta\le 2\pi\}$

且 $dxdy=\left|\begin{vmatrix}\frac{\partial x}{\partial r} & \frac{\partial x}{\partial\theta}\\ \frac{\partial y}{\partial r} & \frac{\partial y}{\partial\theta}\end{vmatrix}\right|drd\theta=\left|\begin{vmatrix}\cos\theta & -r\sin\theta\\ \sin\theta & r\cos\theta\end{vmatrix}\right|drd\theta=rdrd\theta$

$$\therefore\iint_{x^2+y^2\le 1}2-x^2dxdy=\int_0^{2\pi}\int_0^1(2-r^2\cos^2\theta)rdrd\theta=\int_0^{2\pi}1-\frac{\cos^2\theta}{4}d\theta$$

$$=\int_0^{2\pi}1-\frac{1}{4}\left(\frac{1+\cos 2\theta}{2}\right)d\theta=\frac{7\pi}{4}$$

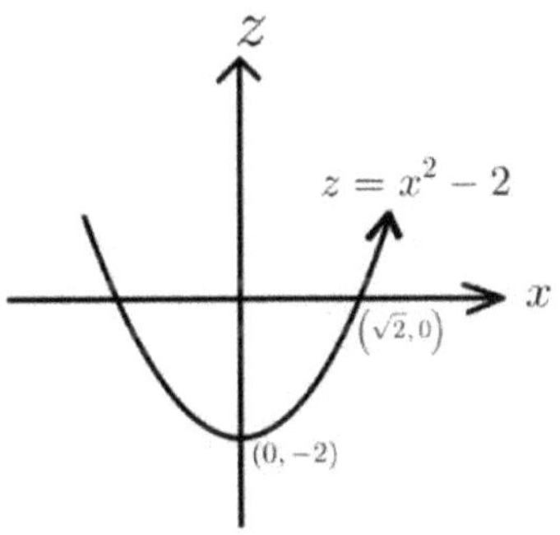

(2)

令$R=\{(x,y):x^2+y^2\le 1\}$

则 $V=\iint_R\int_{(x^2+y^2)^2-2}^{1-2x^2-2y^2}dzdA=\iint_{x^2+y^2\le 1}1-2x^2-2y^2-((x^2+y^2)^2-2)dxdy$

令$x=r\cos\theta,y=r\sin\theta$ 则 $\{(x,y):x^2+y^2\le 1\}=\{(r,\theta):0\le r\le 1,0\le\theta\le 2\pi\}$

$$且\ dxdy = \left\| \begin{vmatrix} \frac{\partial x}{\partial r} & \frac{\partial x}{\partial \theta} \\ \frac{\partial y}{\partial r} & \frac{\partial y}{\partial \theta} \end{vmatrix} \right\| drd\theta = \left\| \begin{vmatrix} \cos\theta & -r\sin\theta \\ \sin\theta & r\cos\theta \end{vmatrix} \right\| drd\theta = rdrd\theta$$

$$\therefore \iint_{x^2+y^2\le 1} 1 - 2x^2 - 2y^2 - ((x^2+y^2)^2 - 2)dxdy = \int_0^{2\pi}\int_0^1 (-r^4 - 2r^2 + 3)rdrd\theta$$

$$= \int_0^{2\pi} d\theta \int_0^1 (-r^5 - 2r^3 + 3r)dr = 2\pi\left(-\frac{1}{6} - \frac{2}{4} + \frac{3}{2}\right) = \frac{5\pi}{3}$$

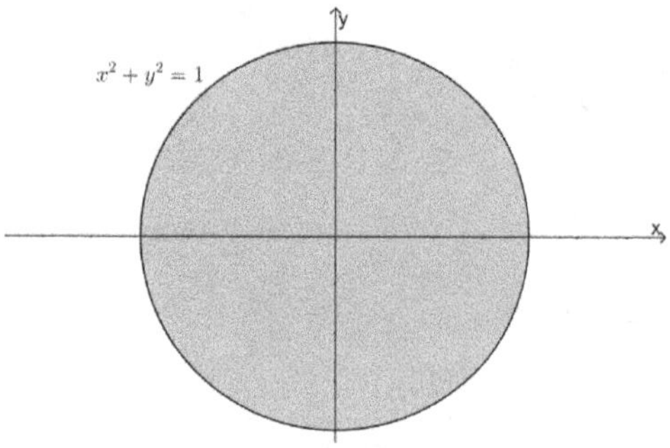

Example 17.

$$求 \int_0^1 \int_0^{\sqrt{1-x^2}} \int_0^1 e^{\sqrt{x^2+y^2}}\, dzdydx = ?$$

【解】

令$x = r\cos\theta$, $y = r\sin\theta$

则 $\{(x,y): 0 \le x \le 1, 0 \le y \le \sqrt{1-x^2}\} = \{(r,\theta): 0 \le r \le 1, 0 \le \theta \le \frac{\pi}{2}\}$

$$且\ dxdy = \left\| \begin{vmatrix} \frac{\partial x}{\partial r} & \frac{\partial x}{\partial \theta} \\ \frac{\partial y}{\partial r} & \frac{\partial y}{\partial \theta} \end{vmatrix} \right\| drd\theta = \left\| \begin{vmatrix} \cos\theta & -r\sin\theta \\ \sin\theta & r\cos\theta \end{vmatrix} \right\| drd\theta = rdrd\theta$$

$$\therefore \int_0^1 \int_0^{\sqrt{1-x^2}} \int_0^1 e^{\sqrt{x^2+y^2}}\, dzdydx = \int_0^1 \int_0^{\frac{\pi}{2}} re^r d\theta dr = \int_0^{\frac{\pi}{2}} d\theta \int_0^1 e^r r dr = \frac{\pi}{2} \cdot (re^r - e^r)|_0^1 = \frac{\pi}{2}$$

Example 18.

(1)计算球体$x^2 + y^2 + z^2 = 25$被圆柱$x^2 + y^2 = 16$所切除体积

(2)计算球体$x^2+y^2+z^2=25$被圆柱$x^2+y^2=16$切除后剩余体积

【解】

(1)

令$R=\{(x,y): x^2+y^2\le 16\}$

则 $\mathrm{V}=\iint_R \int_{-\sqrt{25-x^2-y^2}}^{\sqrt{25-x^2-y^2}} dzdA=\iint_{x^2+y^2\le 16} 2\sqrt{25-x^2-y^2}dxdy$

令$x=r\cos\theta, y=r\sin\theta$ 则 $\{(x,y): x^2+y^2\le 16\}=\{(r,\theta): 0\le r\le 4, 0\le\theta\le 2\pi\}$

且 $dxdy=\left|\begin{vmatrix}\frac{\partial x}{\partial r} & \frac{\partial x}{\partial\theta}\\ \frac{\partial y}{\partial r} & \frac{\partial y}{\partial\theta}\end{vmatrix}\right|drd\theta=\left|\begin{vmatrix}\cos\theta & -r\sin\theta\\ \sin\theta & r\cos\theta\end{vmatrix}\right|drd\theta=rdrd\theta$

$\therefore \iint_{x^2+y^2\le 16} 2\sqrt{25-x^2-y^2}dxdy=2\int_0^{2\pi}d\theta\int_0^4\sqrt{25-r^2}rdr$

$=2(2\pi)\cdot\frac{(-1)(25-r^2)^{\frac{3}{2}}}{3}\Bigg|_0^4=\frac{392\pi}{3}$

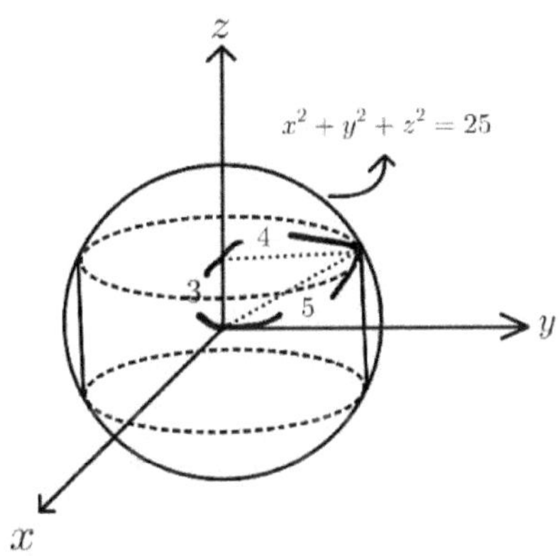

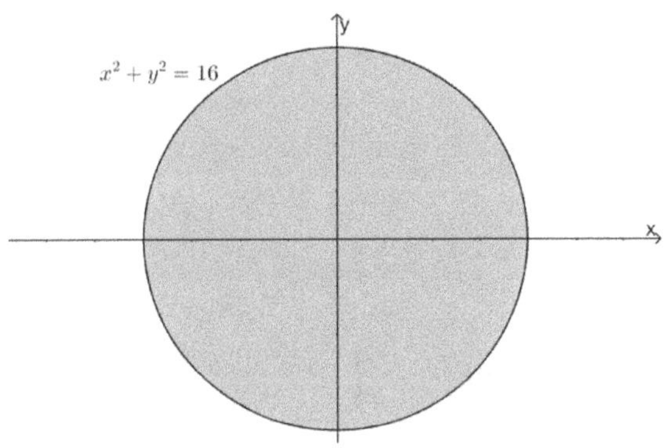

(2)

令$R=\{(x,y): 16\le x^2+y^2\le 25\}$

则 $\mathrm{V}=\iint_R \int_{-\sqrt{25-x^2-y^2}}^{\sqrt{25-x^2-y^2}} dzdA=\iint_{16\le x^2+y^2\le 25} 2\sqrt{25-x^2-y^2}dxdy$

令$x=r\cos\theta, y=r\sin\theta$ 则 $\{(x,y): x^2+y^2\le 1\}=\{(r,\theta): 4\le r\le 5, 0\le\theta\le 2\pi\}$

$$且\ dxdy=\left|\begin{vmatrix}\frac{\partial x}{\partial r} & \frac{\partial x}{\partial \theta}\\ \frac{\partial y}{\partial r} & \frac{\partial y}{\partial \theta}\end{vmatrix}\right|drd\theta=\left|\begin{vmatrix}\cos\theta & -r\sin\theta\\ \sin\theta & r\cos\theta\end{vmatrix}\right|drd\theta=rdrd\theta$$

$$\therefore \iint_{16\le x^2+y^2\le 25} 2\sqrt{25-x^2-y^2}dxdy=2\int_0^{2\pi}d\theta\int_4^5\sqrt{25-r^2}rdr$$

$$=2(2\pi)\cdot\frac{(-1)(25-r^2)^{\frac{3}{2}}}{3}\Bigg|_4^5=36\pi$$

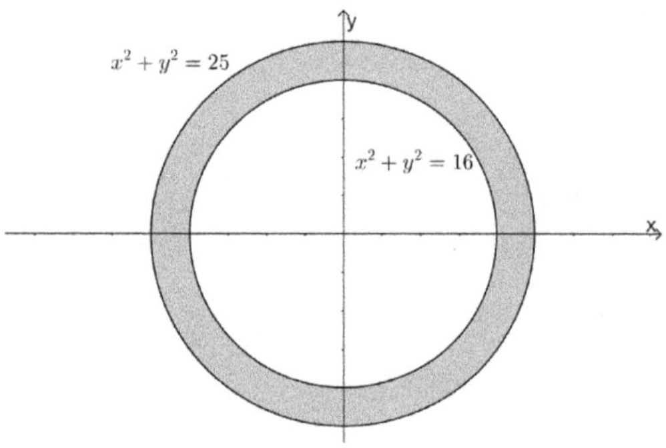

Example 19.

计算球体$x^2+y^2+z^2=4$ 被圆柱$x^2+y^2=2x$ 所切除体积

【解】

令$R=\{(x,y):(x-1)^2+y^2\le 1\}$

$$则\ V=\iint_R\int_{-\sqrt{4-x^2-y^2}}^{\sqrt{4-x^2-y^2}}dzdA=\iint_{(x-1)^2+y^2\le 1}2\sqrt{4-x^2-y^2}dxdy$$

令$x=r\cos\theta$， $y=r\sin\theta$

则 $\{(x,y):(x-1)^2+y^2\le 1\}=\{(r,\theta):0\le r\le 2\cos\theta\,,0\le\theta\le\pi\}$

$$且\ dxdy=\left|\begin{vmatrix}\frac{\partial x}{\partial r} & \frac{\partial x}{\partial \theta}\\ \frac{\partial y}{\partial r} & \frac{\partial y}{\partial \theta}\end{vmatrix}\right|drd\theta=\left|\begin{vmatrix}a\cos\theta & ar\sin\theta\\ a\sin\theta & ar\cos\theta\end{vmatrix}\right|drd\theta=rdrd\theta$$

$$\therefore \iint_{(x-1)^2+y^2\le 1}2\sqrt{4-x^2-y^2}dxdy=2\int_0^{\pi}\int_0^{2\cos\theta}(\sqrt{4-r^2})rdrd\theta$$

$$= 4\int_0^{\frac{\pi}{2}}\int_0^{2\cos\theta}(\sqrt{4-r^2})rdrd\theta = 4\int_0^{\frac{\pi}{2}}\left(\frac{(-1)(4-r^2)^{\frac{3}{2}}}{3}\right)\Bigg|_0^{2\cos\theta} d\theta = 32\int_0^{\frac{\pi}{2}}\frac{1-\sin^3\theta}{3}d\theta$$

$$= 32\left(\frac{\pi}{6}-\frac{2}{9}\right)$$

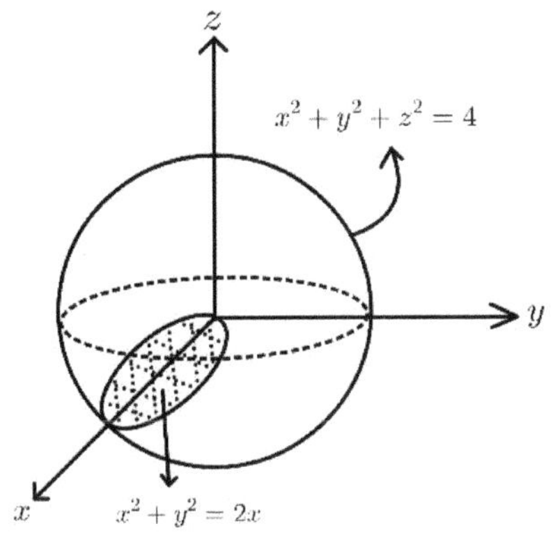

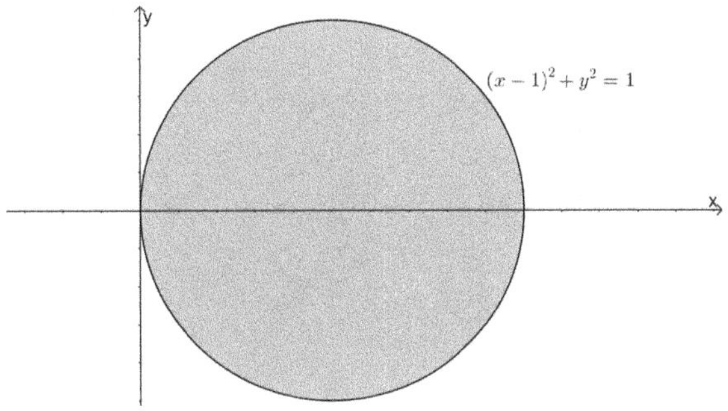

Example 20.

(1)计算球体$x^2+y^2+z^2=16$被圆柱$r=4\cos\theta$所切除的体积

(2)计算球体$x^2+y^2+z^2=4$被圆柱$r=2\sin\theta$所切除的体积

【解】

(1)

令$R=\{(x,y):(x-2)^2+y^2\le 4, x\ge 0\}$

则 $V=\iint_R \int_{-\sqrt{16-x^2-y^2}}^{\sqrt{16-x^2-y^2}} dzdA = \iint_{(x-2)^2+y^2\le 4} 2\sqrt{16-x^2-y^2}dxdy$

令$x=r\cos\theta, y=r\sin\theta$

则 $\{(x,y):(x-2)^2+y^2\le 4, x\ge 0\}=\{(r,\theta):0\le r\le 4\cos\theta, \frac{-\pi}{2}\le\theta\le\frac{\pi}{2}\}$

$$\text{且 } dxdy = \left\|\begin{matrix}\frac{\partial x}{\partial r} & \frac{\partial x}{\partial \theta}\\ \frac{\partial y}{\partial r} & \frac{\partial y}{\partial \theta}\end{matrix}\right\| drd\theta = \left\|\begin{matrix}\cos\theta & -r\sin\theta\\ \sin\theta & r\cos\theta\end{matrix}\right\| drd\theta = rdrd\theta$$

$$\therefore \iint_{(x-2)^2+y^2\le 4} 2\sqrt{16-x^2-y^2}dxdy = 2\int_{\frac{-\pi}{2}}^{\frac{\pi}{2}}\int_0^{4\cos\theta}\sqrt{16-r^2}rdrd\theta$$

$$= 2\int_{\frac{-\pi}{2}}^{\frac{\pi}{2}} \frac{(-1)(16-r^2)^{\frac{3}{2}}}{3}\Bigg|_{r=0}^{r=4\cos\theta} d\theta = \frac{256}{3}\int_0^{\frac{\pi}{2}} 1-(1-\cos^2\theta)^{\frac{3}{2}}d\theta = \frac{256}{3}\int_0^{\frac{\pi}{2}} 1-\sin^3\theta\, d\theta$$

$$= \left(\frac{\pi}{2}-\frac{2}{3}\right)\frac{256}{3}$$

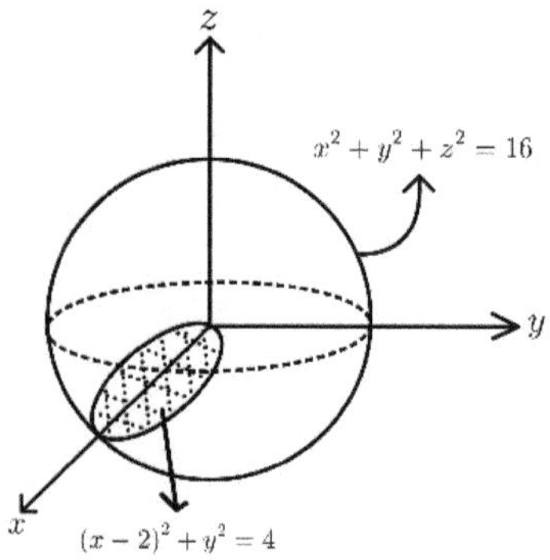

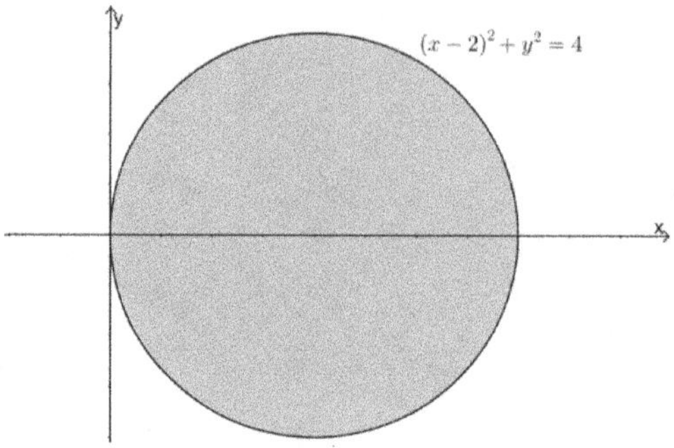

(2)

令$R = \{(x,y): x^2+(y-1)^2 \le 1, y \ge 0\}$

则 $V = \iint_R \int_{-\sqrt{4-x^2-y^2}}^{\sqrt{4-x^2-y^2}} dzdA = \iint_{x^2+(y-1)^2\le 1} 2\sqrt{4-x^2-y^2}dxdy$

令$x = r\cos\theta, y = r\sin\theta$

则 $\{(x,y): x^2+(y-1)^2 \le 1, y \ge 0\} = \{(r,\theta): 0 \le r \le 2\sin\theta, 0 \le \theta \le \pi\}$

且 $dxdy = \left\|\begin{matrix} \frac{\partial x}{\partial r} & \frac{\partial x}{\partial \theta} \\ \frac{\partial y}{\partial r} & \frac{\partial y}{\partial \theta} \end{matrix}\right\| drd\theta = \left\|\begin{matrix} \cos\theta & -r\sin\theta \\ \sin\theta & r\cos\theta \end{matrix}\right\| drd\theta = rdrd\theta$

$$\therefore \iint_{x^2+(y-1)^2\le 1} 2\sqrt{4-x^2-y^2}dxdy = 2\int_0^{\pi}\int_0^{2\sin\theta} \sqrt{4-r^2}rdrd\theta$$

$$= 2\int_0^{\pi} \frac{(-1)(4-r^2)^{\frac{3}{2}}}{3}\Bigg|_{r=0}^{r=2\sin\theta} d\theta = \frac{32}{3}\int_0^{\frac{\pi}{2}} 1-(1-\sin^2\theta)^{\frac{3}{2}}d\theta = \frac{32}{3}\int_0^{\frac{\pi}{2}} 1-\cos^3\theta\, d\theta$$

$$= \left(\frac{\pi}{2}-\frac{2}{3}\right)\frac{32}{3}$$

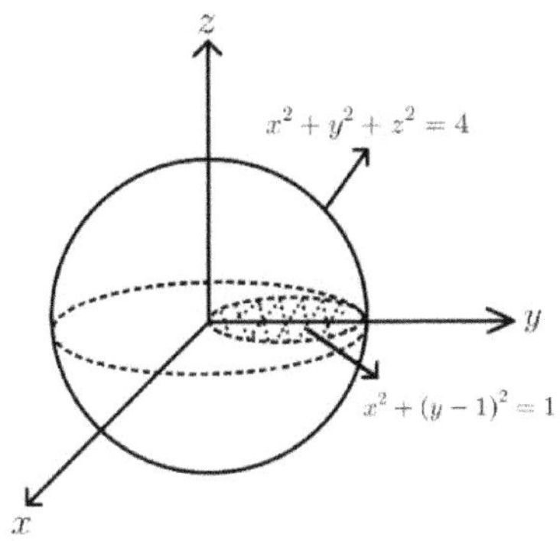

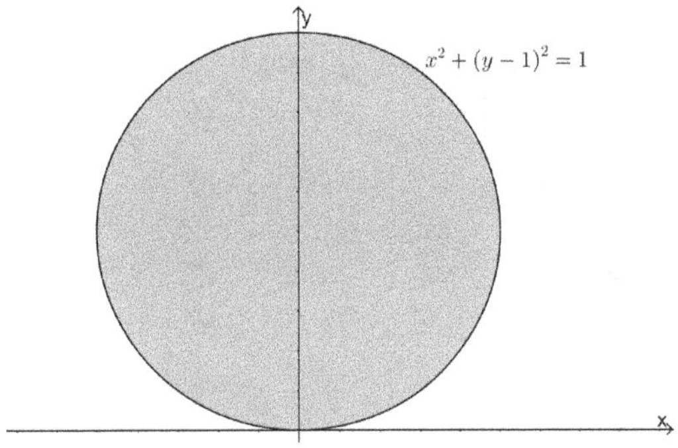

Example 21.

求由曲面 $z=x^2+y^2$ 上方与 $z=y$下方所围区域的体积

【解】

令$R=\{(x,y):x^2+\left(y-\frac{1}{2}\right)^2\leq\frac{1}{4}\}$

则 $V=\iint_R\int_{x^2+y^2}^{y}dzdA=\iint_R\frac{1}{4}-x^2-\left(y-\frac{1}{2}\right)^2dxdy$

令$x=\frac{1}{2}r\cos\theta,y=\frac{1}{2}+\frac{1}{2}r\sin\theta$

则 $\{(x,y):x^2+\left(y-\frac{1}{2}\right)^2\leq\frac{1}{4}\}=\{(r,\theta):0\leq r\leq 1,0\leq\theta\leq 2\pi\}$

且 $dxdy=\left\|\begin{vmatrix}\frac{\partial x}{\partial r}&\frac{\partial x}{\partial\theta}\\\frac{\partial y}{\partial r}&\frac{\partial y}{\partial\theta}\end{vmatrix}\right\|drd\theta=\left\|\begin{vmatrix}\frac{1}{2}\cos\theta&\frac{1}{2}r\sin\theta\\\frac{1}{2}\sin\theta&\frac{1}{2}r\cos\theta\end{vmatrix}\right\|drd\theta=\frac{1}{4}rdrd\theta$

$\therefore\iint_R\frac{1}{4}-x^2-\left(y-\frac{1}{2}\right)^2dxdy=\int_0^{2\pi}\int_0^1(\frac{1}{4}-\frac{1}{4}r^2)\frac{1}{4}rdrd\theta=\frac{1}{16}\int_0^{2\pi}d\theta\int_0^1 r-r^3dr$

$=\frac{\pi}{32}$

8.4.2 转成双重积分后出现 x^2+y^2,再使用极坐标转换 254

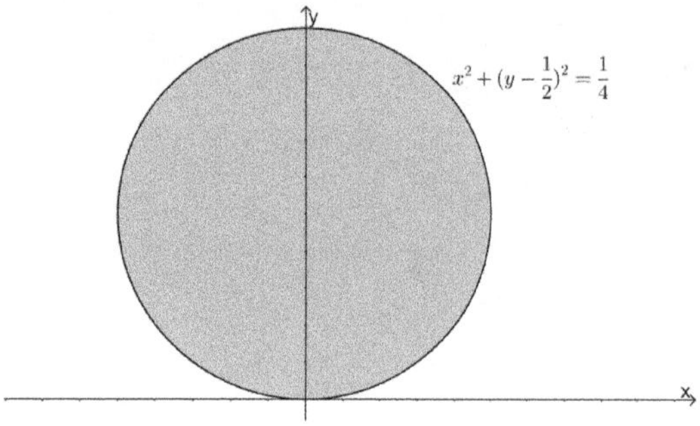

Example 22.

假设 V 为曲面 $z \geq x^2+y^2$, $z \leq y$, $x>0$, $y>0$, $z>0$ 所围区域,

求 $\iiint_V xdxdydz=?$

【解】

令$R=\{(x,y): x^2+(y-\frac{1}{2})^2 \leq \frac{1}{4}, x>0, y>0\}$

则 $\iiint_V xdxdydz=\iint_R \int_{x^2+y^2}^{y} xdzdA=\iint_R x\left(\frac{1}{4}-x^2-\left(y-\frac{1}{2}\right)^2\right)dxdy$

令$x=\frac{1}{2}r\cos\theta$, $y=\frac{1}{2}+\frac{1}{2}r\sin\theta$

则 $\{(x,y): x^2+\left(y-\frac{1}{2}\right)^2 \leq \frac{1}{4}, x>0, y>0\}=\{(r,\theta): 0\leq r\leq 1, 0\leq\theta\leq\frac{\pi}{2}\}$

且 $dxdy=\left|\begin{vmatrix}\frac{\partial x}{\partial r} & \frac{\partial x}{\partial\theta}\\ \frac{\partial y}{\partial r} & \frac{\partial y}{\partial\theta}\end{vmatrix}\right|drd\theta=\left|\begin{vmatrix}\frac{1}{2}\cos\theta & \frac{1}{2}r\sin\theta\\ \frac{1}{2}\sin\theta & \frac{1}{2}r\cos\theta\end{vmatrix}\right|drd\theta=\frac{1}{4}rdrd\theta$

$\therefore \iint_R x\left(\frac{1}{4}-x^2-\left(y-\frac{1}{2}\right)^2\right)dxdy$

$=\int_0^{\frac{\pi}{2}}\frac{1}{2}r\cos\theta\int_0^1\left(\frac{1}{4}-\frac{1}{4}r^2\right)\frac{1}{4}rdrd\theta=\frac{1}{32}\int_0^{\frac{\pi}{2}}\cos\theta\, d\theta\int_0^1 r^2-r^4dr=\frac{1}{240}$

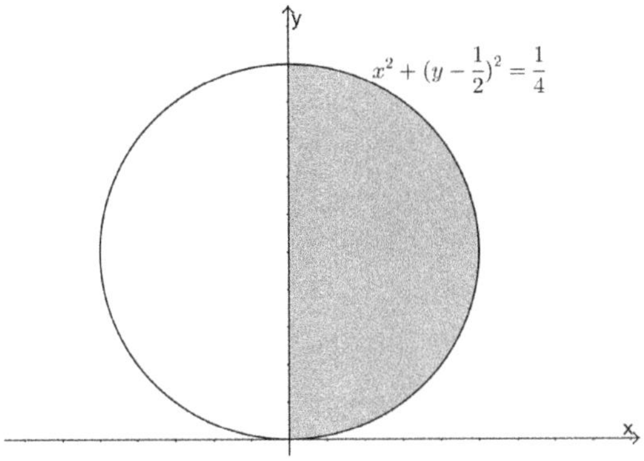

Example 23.

(1)计算$x^2+y^2=1$ 与 $4x^2+4y^2+z^2=64$ 交集区域的体积

(2)求由曲面 $z=\sqrt{4-3x^2-3y^2}$ 下方与 $z=\sqrt{x^2+y^2}$上方所围区域的体积

【解】

(1)

令$R=\{(x,y):x^2+y^2\leq 1\}$

则 $V=\iint_R \int_{-\sqrt{64-4x^2-4y^2}}^{\sqrt{64-4x^2-4y^2}} dzdA=\iint_{x^2+y^2\leq 1} 2\sqrt{64-4x^2-4y^2}dxdy$

令$x=r\cos\theta, y=r\sin\theta$ 则 $\{(x,y):x^2+y^2\leq 1\}=\{(r,\theta):0\leq r\leq 1, 0\leq\theta\leq 2\pi\}$

且 $dxdy=\left|\begin{vmatrix}\frac{\partial x}{\partial r} & \frac{\partial x}{\partial\theta}\\ \frac{\partial y}{\partial r} & \frac{\partial y}{\partial\theta}\end{vmatrix}\right|drd\theta=\left|\begin{vmatrix}\cos\theta & -r\sin\theta\\ \sin\theta & r\cos\theta\end{vmatrix}\right|drd\theta=rdrd\theta$

$\therefore \iint_{x^2+y^2\leq 1} 2\sqrt{64-4x^2-4y^2}dxdy=2\int_0^{2\pi}\int_0^1\sqrt{64-4r^2}rdrd\theta$

$=4\cdot(2\pi)\cdot\frac{(-1)(16-r^2)^{\frac{3}{2}}}{3}\Bigg|_{r=0}^{r=1}=\frac{8\pi}{3}(64-15\sqrt{15})$

8.4.2 转成双重积分后出现 x^2+y^2,再使用极坐标转换 256

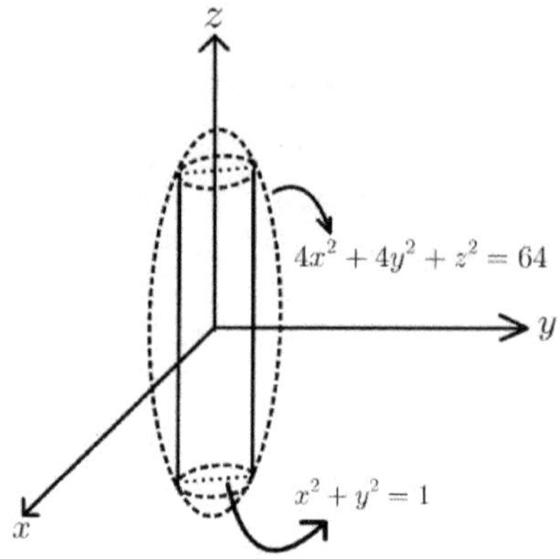

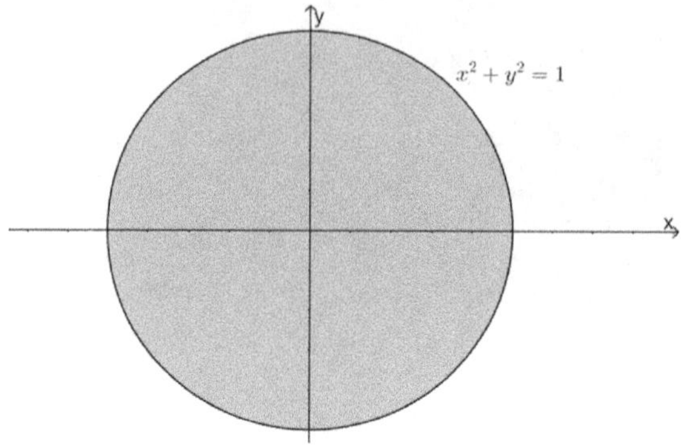

(2)

令$R=\{(x,y): x^2+y^2\le 1\}$

则 $V=\iint_R \int_{\sqrt{x^2+y^2}}^{\sqrt{4-3x^2-3y^2}} dzdA=\iint_{x^2+y^2\le 1}\sqrt{4-3x^2-3y^2}-\sqrt{x^2+y^2}dxdy$

令$x=r\cos\theta, y=r\sin\theta$ 则 $\{(x,y): x^2+y^2\le 1\}=\{(r,\theta): 0\le r\le 1, 0\le\theta\le 2\pi\}$

且 $dxdy=\left|\begin{vmatrix}\frac{\partial x}{\partial r} & \frac{\partial x}{\partial\theta}\\ \frac{\partial y}{\partial r} & \frac{\partial y}{\partial\theta}\end{vmatrix}\right|drd\theta=\left|\begin{vmatrix}\cos\theta & -r\sin\theta\\ \sin\theta & r\cos\theta\end{vmatrix}\right|drd\theta=rdrd\theta$

$\therefore \iint_{x^2+y^2\le 1}\sqrt{4-3x^2-3y^2}-\sqrt{x^2+y^2}dxdy=\int_0^{2\pi}\int_0^1(\sqrt{4-3r^2}-r)rdrd\theta$

$=(2\pi)\cdot\left(\frac{(-1)(4-3r^2)^{\frac{3}{2}}}{9}-\frac{r^3}{3}\right)\Bigg|_{r=0}^{r=1}=\frac{8\pi}{9}$

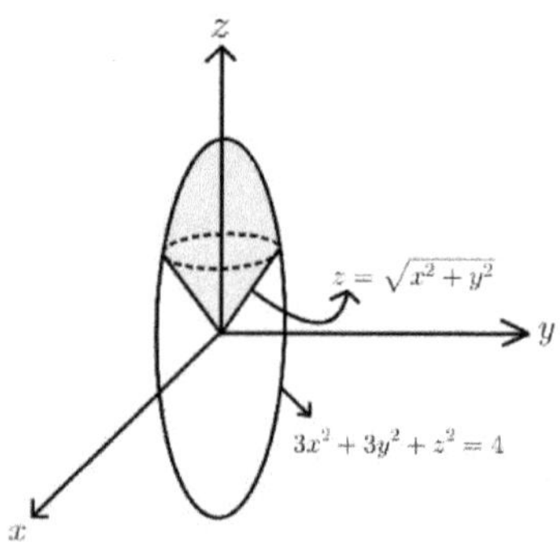

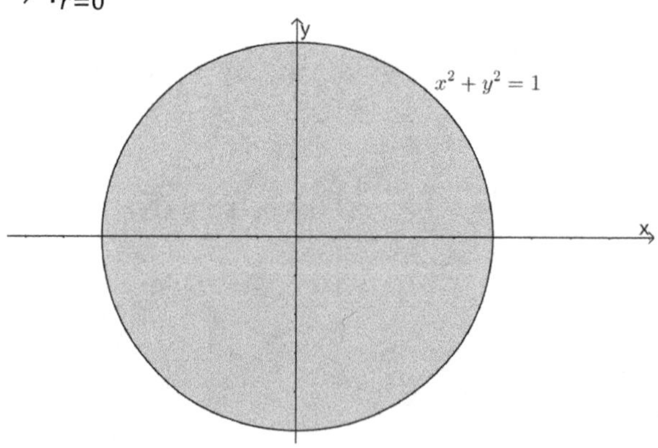

Example 24.

(1)计算球体$x^2+y^2+z^2 \le 100$ 被平面 $z=6$ 切除后剩的较小块体积

(2)计算球体$x^2+y^2+z^2 \le 100$ 被平面 $z=8$ 切除后剩的较小块体积

【解】

(1)

令$R=\{(x,y): x^2+y^2 \le 64\}$

$$则\ \mathrm{V}=\iint_R \int_6^{\sqrt{100-x^2-y^2}} dzdA=\iint_{x^2+y^2 \le 64} \sqrt{100-x^2-y^2}-6dxdy$$

令$x=r\cos\theta, y=r\sin\theta$ 则 $\{(x,y): x^2+y^2 \le 64\}=\{(r,\theta): 0 \le r \le 8, 0 \le \theta \le 2\pi$

$$且\ dxdy=\left|\begin{vmatrix}\frac{\partial x}{\partial r} & \frac{\partial x}{\partial \theta} \\ \frac{\partial y}{\partial r} & \frac{\partial y}{\partial \theta}\end{vmatrix}\right| drd\theta=\left|\begin{vmatrix}\cos\theta & -r\sin\theta \\ \sin\theta & r\cos\theta\end{vmatrix}\right| drd\theta=rdrd\theta$$

$$\therefore \iint_{x^2+y^2 \le 64} \sqrt{100-x^2-y^2}-6dxdy=\int_0^{2\pi}\int_0^8 (\sqrt{100-r^2}-6)rdrd\theta$$

$$=(2\pi)\cdot\left(\frac{(-1)(100-r^2)^{\frac{3}{2}}}{3}-\frac{6r^2}{2}\right)\Bigg|_{r=0}^{r=8}=\frac{356\pi}{3}$$

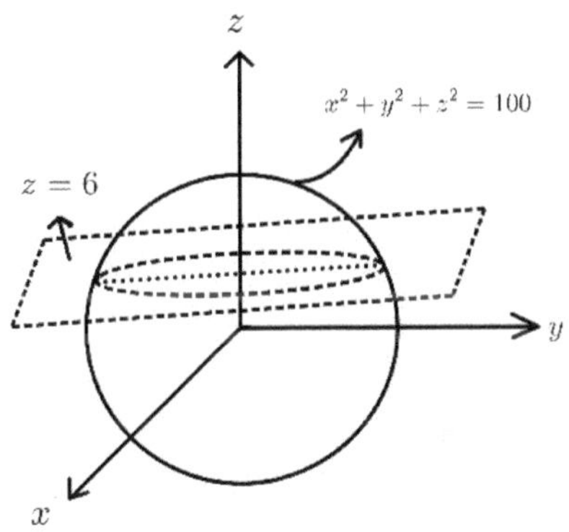

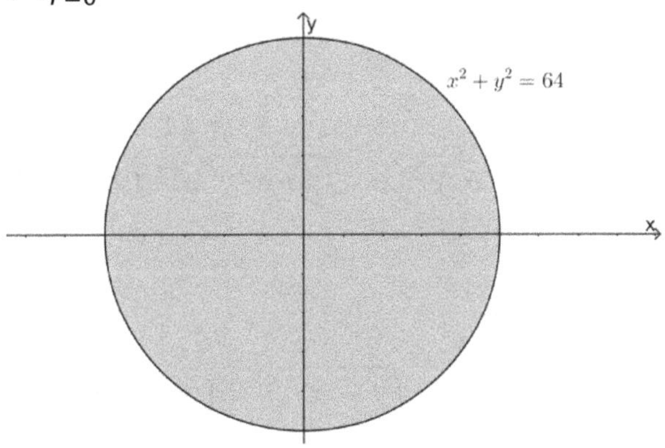

(2)

令$R=\{(x,y): x^2+y^2 \le 36\}$

$$则\ \mathrm{V}=\iint_R \int_8^{\sqrt{100-x^2-y^2}} dzdA=\iint_{x^2+y^2 \le 36} \sqrt{100-x^2-y^2}-8dxdy$$

令$x = r\cos\theta, y = r\sin\theta$ 则 $\{(x,y): x^2+y^2 \le 36\} = \{(r,\theta): 0 \le r \le 6, 0 \le \theta \le 2\pi\}$

且 $dxdy = \left\|\begin{vmatrix} \frac{\partial x}{\partial r} & \frac{\partial x}{\partial \theta} \\ \frac{\partial y}{\partial r} & \frac{\partial y}{\partial \theta} \end{vmatrix}\right\| drd\theta = \left\|\begin{vmatrix} \cos\theta & -r\sin\theta \\ \sin\theta & r\cos\theta \end{vmatrix}\right\| drd\theta = rdrd\theta$

$$\therefore \iint_{x^2+y^2\le 36} \sqrt{100-x^2-y^2} - 8dxdy = \int_0^{2\pi}\int_0^6 (\sqrt{100-r^2}-8)rdrd\theta$$

$$= (2\pi)\cdot\left(\frac{(-1)(100-r^2)^{\frac{3}{2}}}{3} - \frac{8r^2}{2}\right)\Bigg|_{r=0}^{r=6} = \frac{112\pi}{3}$$

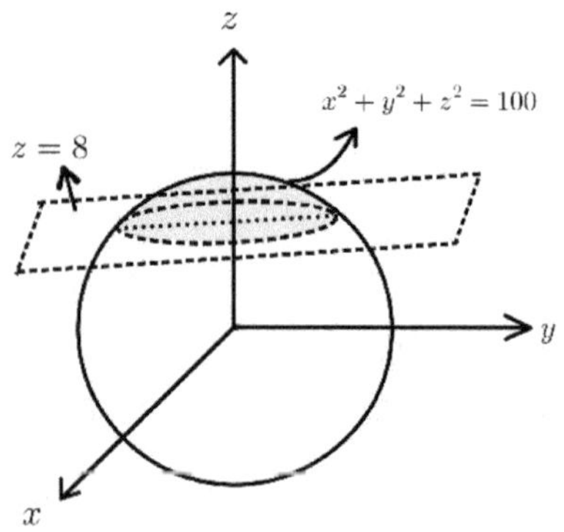

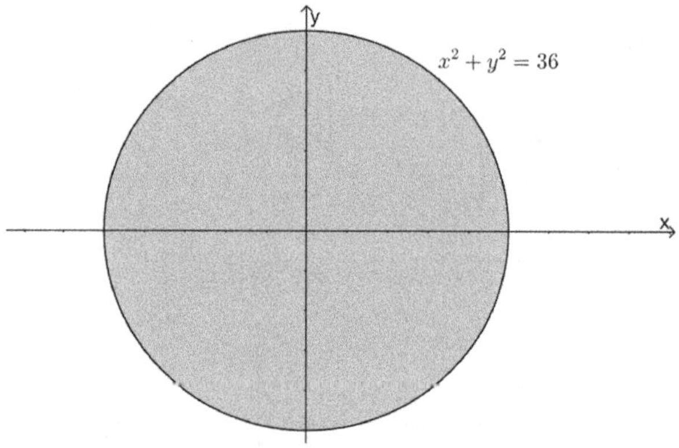

Example 25.

$$求\int_0^3\int_0^{\sqrt{9-x^2}}\int_0^2 \sqrt{x^2+y^2}\cos\sqrt{x^2+y^2}\,dzdydx = ?$$

【解】

令$x = r\cos\theta\,, y = r\sin\theta$

则 $\{(x,y): 0 \le x \le 3, 0 \le y \le \sqrt{9-x^2}\} = \{(r,\theta): 0 \le r \le 3, 0 \le \theta \le \frac{\pi}{2}\}$

且 $dxdy = \left\|\begin{vmatrix} \frac{\partial x}{\partial r} & \frac{\partial x}{\partial \theta} \\ \frac{\partial y}{\partial r} & \frac{\partial y}{\partial \theta} \end{vmatrix}\right\| drd\theta = \left\|\begin{vmatrix} \cos\theta & -r\sin\theta \\ \sin\theta & r\cos\theta \end{vmatrix}\right\| drd\theta = rdrd\theta$

$$\therefore \int_0^3\int_0^{\sqrt{9-x^2}}\int_0^2 \sqrt{x^2+y^2}\cos\sqrt{x^2+y^2}\,dzdydx = 2\int_0^3\int_0^{\frac{\pi}{2}} r^2\cos r\,d\theta dr$$

$= 2\int_0^{\frac{\pi}{2}} d\theta \int_0^3 r^2 \cos r \, dr$

令 $u = r^2$, $dv = \cos r \, dr$ 则 $du = 2rdr$, $v = \sin r$，藉由分部积分法

则 $\int r^2 \cos r \ dr = r^2 \sin r - 2\int r \sin r \, dr + c$

令 $s = r$, $dt = \sin r \, dr$ 则 $ds = dr$, $t = -\cos r$，藉由分部积分法

则 $\int r \sin r \, dr = -r\cos r + \int \cos r dr = -r\cos r + \sin r$

$\therefore \int r^2 \cos r \ dr = r^2 \sin r - 2\int r \sin r \, dr + c = r^2 \sin r + 2r\cos r - 2\sin r + c$

令 $a, b \in R$

则 $\int_a^b r^2 \cos r \ dx = b^2 \sin b + 2b\cos b - 2\sin b - (a^2 \sin a + 2a\cos a - 2\sin a)$

$\therefore \int_0^3 \int_0^{\sqrt{9-x^2}} \int_0^2 \sqrt{x^2+y^2} \cos \sqrt{x^2+y^2} \, dzdydx = 2\int_0^{\frac{\pi}{2}} d\theta \int_0^3 r^2 \cos r \, dr$

$= \pi(7\sin 3 + 6\cos 3)$

Example 26.

(1)计算球体$x^2 + y^2 + z^2 \le 1$ 与 $z \ge \sqrt{3x^2 + 3y^2}$交集区域体积

(2)计算球体$x^2 + y^2 + z^2 \le 1$ 与 $\sqrt{3}z \ge \sqrt{x^2 + y^2}$交集区域体积

【解】

(1)

令$R = \{(x,y): x^2 + y^2 \le \frac{1}{4}\}$

则 $\mathrm{V} = \iint_R \int_{\sqrt{3x^2+3y^2}}^{\sqrt{1-x^2-y^2}} dzdA = \iint_{x^2+y^2 \le \frac{1}{4}} \sqrt{1-x^2-y^2} - \sqrt{3x^2+3y^2} dxdy$

令$x = r\cos\theta, y = r\sin\theta$ 则 $\{(x,y): x^2 + y^2 \le \frac{1}{4}\} = \{(r,\theta): 0 \le r \le \frac{1}{2}, 0 \le \theta \le 2\pi\}$

8.4.2 转成双重积分后出现 x^2+y^2,再使用极坐标转换 260

且 $dxdy = \left|\begin{vmatrix} \frac{\partial x}{\partial r} & \frac{\partial x}{\partial \theta} \\ \frac{\partial y}{\partial r} & \frac{\partial y}{\partial \theta} \end{vmatrix}\right| drd\theta = \left|\begin{vmatrix} \cos\theta & -r\sin\theta \\ \sin\theta & r\cos\theta \end{vmatrix}\right| drd\theta = rdrd\theta$

$\therefore \iint_{x^2+y^2\leq\frac{1}{4}} \sqrt{1-x^2-y^2} - \sqrt{3x^2+3y^2}dxdy = \int_0^{2\pi}\int_0^{\frac{1}{2}}(\sqrt{1-r^2}-\sqrt{3r^2})rdrd\theta$

$= (2\pi)\cdot\left(\frac{(-1)(1-r^2)^{\frac{3}{2}}}{3} - \frac{\sqrt{3}r^3}{3}\right)\Bigg|_{r=0}^{r=\frac{1}{2}} = 2\pi\left(\frac{2-\sqrt{3}}{6}\right) = \pi\left(\frac{2-\sqrt{3}}{3}\right)$

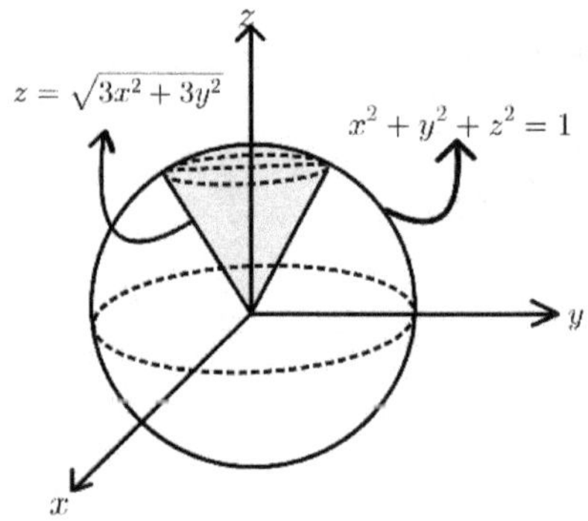

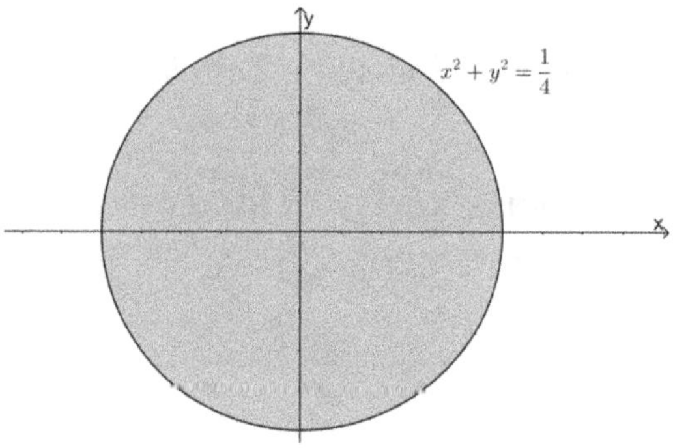

(2)

令$R = \{(x, y): x^2 + y^2 \leq \frac{3}{4}\}$

则 $\mathrm{V} = \iint_R \int_{\sqrt{\frac{x^2+y^2}{3}}}^{\sqrt{1-x^2-y^2}} dzdA = \iint_{x^2+y^2\leq\frac{3}{4}} \sqrt{1-x^2-y^2} - \sqrt{\frac{x^2+y^2}{3}}dxdy$

令$x = r\cos\theta, y = r\sin\theta$ 则 $\{(x, y): x^2 + y^2 \leq \frac{3}{4}\} = \{(r, \theta): 0 \leq r \leq \sqrt{\frac{3}{4}}, 0 \leq \theta \leq 2\pi\}$

且 $dxdy = \left|\begin{vmatrix} \frac{\partial x}{\partial r} & \frac{\partial x}{\partial \theta} \\ \frac{\partial y}{\partial r} & \frac{\partial y}{\partial \theta} \end{vmatrix}\right| drd\theta = \left|\begin{vmatrix} \cos\theta & -r\sin\theta \\ \sin\theta & r\cos\theta \end{vmatrix}\right| drd\theta = rdrd\theta$

$$\therefore \iint_{x^2+y^2\le\frac{3}{4}} \sqrt{1-x^2-y^2}-\sqrt{\frac{x^2+y^2}{3}}dxdy=\int_0^{2\pi}\int_0^{\sqrt{\frac{3}{4}}}\left(\sqrt{1-r^2}-\sqrt{\frac{r^2}{3}}\right)rdrd\theta$$

$$=(2\pi)\cdot\left(\frac{(-1)(1-r^2)^{\frac{3}{2}}}{3}-\frac{r^3}{3\sqrt{3}}\right)\Bigg|_{r=0}^{r=\sqrt{\frac{3}{4}}}=2\pi\left(\frac{1}{6}\right)=\frac{\pi}{3}$$

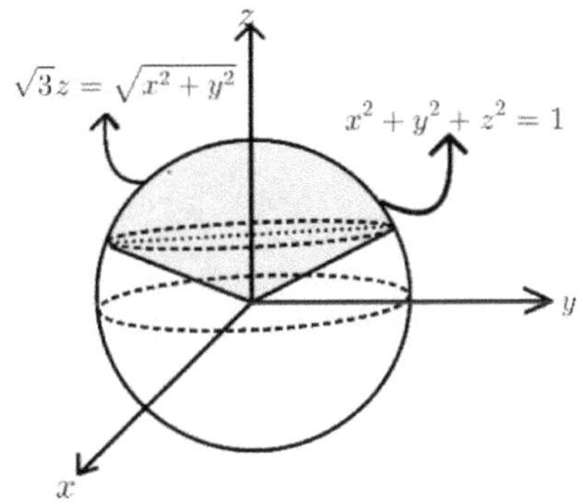

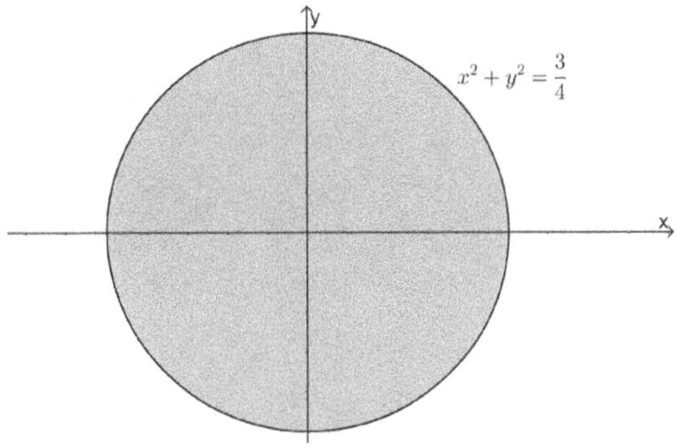

Example 27.

(1)计算球体$x^2+y^2+(z-2)^2\le 4$ 与 $z\ge\sqrt{x^2+y^2}$交集区域体积

(2)计算球体$x^2+y^2+z^2\le z$ 与 $z\ge\sqrt{x^2+y^2}$交集区域体积

【解】

(1)

令$R=\{(x,y):x^2+y^2\le 4\}$

则 $V=\iint_R\int_{\sqrt{x^2+y^2}}^{2+\sqrt{4-x^2-y^2}}dzdA=\iint_{x^2+y^2\le 4}2+\sqrt{4-x^2-y^2}-\sqrt{x^2+y^2}dxdy$

令$x=r\cos\theta,y=r\sin\theta$ 则 $\{(x,y):x^2+y^2\le 4\}=\{(r,\theta):0\le r\le 2,0\le\theta\le 2\pi\}$

且 $dxdy=\left|\begin{vmatrix}\frac{\partial x}{\partial r} & \frac{\partial x}{\partial\theta}\\ \frac{\partial y}{\partial r} & \frac{\partial y}{\partial\theta}\end{vmatrix}\right|drd\theta=\left|\begin{vmatrix}\cos\theta & -r\sin\theta\\ \sin\theta & r\cos\theta\end{vmatrix}\right|drd\theta=rdrd\theta$

$$\therefore \iint_{x^2+y^2\leq 4} 2+\sqrt{4-x^2-y^2}-\sqrt{x^2+y^2}dxdy=\int_0^{2\pi}\int_0^2(2+\sqrt{4-r^2}-\sqrt{r^2})rdrd\theta$$

$$=(2\pi)\cdot\left(r^2+\frac{(-1)(4-r^2)^{\frac{3}{2}}}{3}-\frac{r^3}{3}\right)\Bigg|_{r=0}^{r=2}=8\pi$$

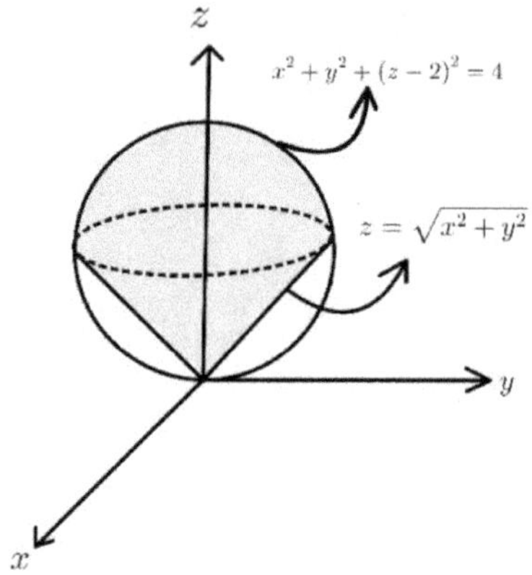

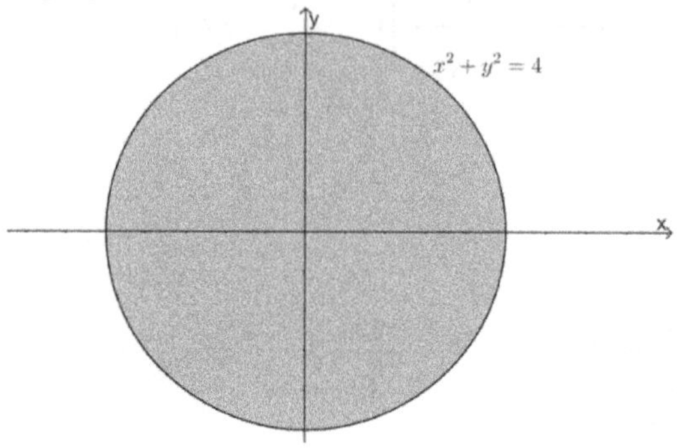

(2)

令$R=\{(x,y):x^2+y^2\leq\frac{1}{4}\}$

则 $V=\iint_R\int_{\sqrt{x^2+y^2}}^{\frac{1}{2}+\sqrt{\frac{1}{4}-x^2-y^2}}dzdA=\iint_{x^2+y^2\leq\frac{1}{4}}\frac{1}{2}+\sqrt{\frac{1}{4}-x^2-y^2}-\sqrt{x^2+y^2}dxdy$

令$x=r\cos\theta, y=r\sin\theta$ 则 $\{(x,y):x^2+y^2\leq\frac{1}{4}\}=\{(r,\theta):0\leq r\leq\frac{1}{2},0\leq\theta\leq 2\pi\}$

且 $dxdy=\left|\begin{vmatrix}\frac{\partial x}{\partial r} & \frac{\partial x}{\partial\theta}\\ \frac{\partial y}{\partial r} & \frac{\partial y}{\partial\theta}\end{vmatrix}\right|drd\theta=\left|\begin{vmatrix}\cos\theta & -r\sin\theta\\ \sin\theta & r\cos\theta\end{vmatrix}\right|drd\theta=rdrd\theta$

$$\therefore \iint_{x^2+y^2\leq\frac{1}{4}}\frac{1}{2}+\sqrt{\frac{1}{4}-x^2-y^2}-\sqrt{x^2+y^2}dxdy=\int_0^{2\pi}\int_0^{\frac{1}{2}}\left(\frac{1}{2}+\sqrt{\frac{1}{4}-r^2}-r\right)rdrd\theta$$

$$=2\pi\left(\frac{r^2}{4}+\frac{(-1)\left(\frac{1}{4}-r^2\right)^{\frac{3}{2}}}{3}-\frac{r^3}{3}\right)\Bigg|_{r=0}^{r=\frac{1}{2}}=\frac{\pi}{8}$$

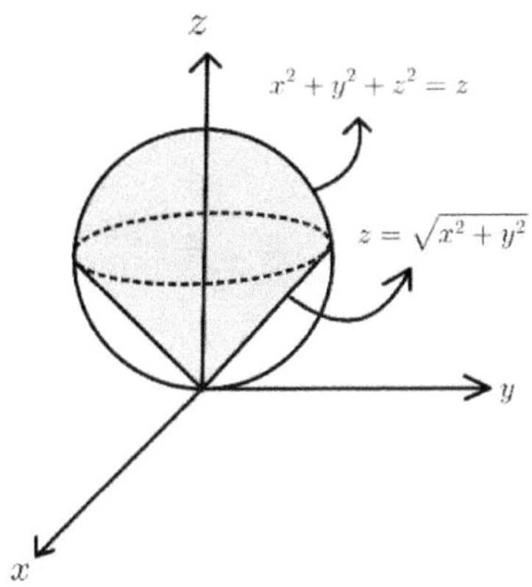

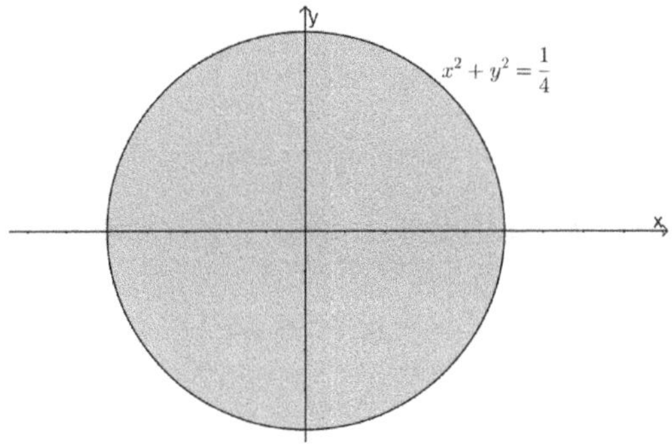

Example 28.

求由曲面 $z=x^2+8y^2$ 上方与 $z=9-y^2$下方所围区域的体积

【解】

令$R=\{(x,y):x^2+9y^2\le 9\}$ 则 $V=\iint_R \int_{x^2+8y^2}^{9-y^2} dzdA=\iint_R 9-x^2-9y^2dxdy$

令$x=3r\cos\theta, y=r\sin\theta$ 则 $\{(x,y):x^2+9y^2\le 9\}=\{(r,\theta):0\le r\le 1, 0\le\theta\le 2\pi\}$

且 $dxdy=\left|\begin{vmatrix}\frac{\partial x}{\partial r} & \frac{\partial x}{\partial\theta}\\ \frac{\partial y}{\partial r} & \frac{\partial y}{\partial\theta}\end{vmatrix}\right|drd\theta=\left|\begin{vmatrix}2\cos\theta & -2r\sin\theta\\ \sin\theta & r\cos\theta\end{vmatrix}\right|drd\theta=2rdrd\theta$

$\therefore \iint_R 9-x^2-9y^2dxdy=\int_0^{2\pi}\int_0^1(9-9r^2)2rdrd\theta=18\int_0^{2\pi}d\theta\int_0^1 r-r^3dr=9\pi$

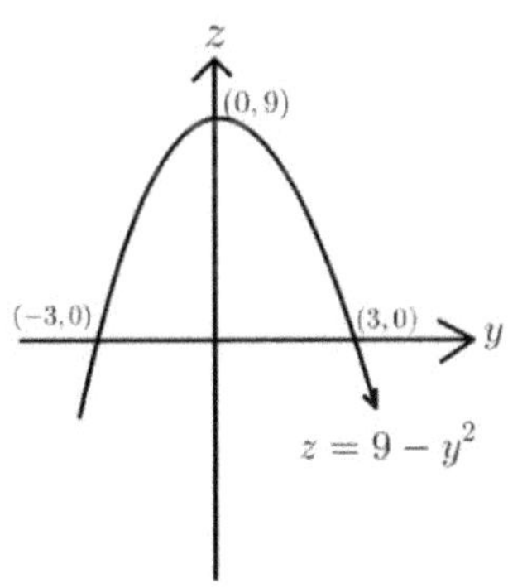

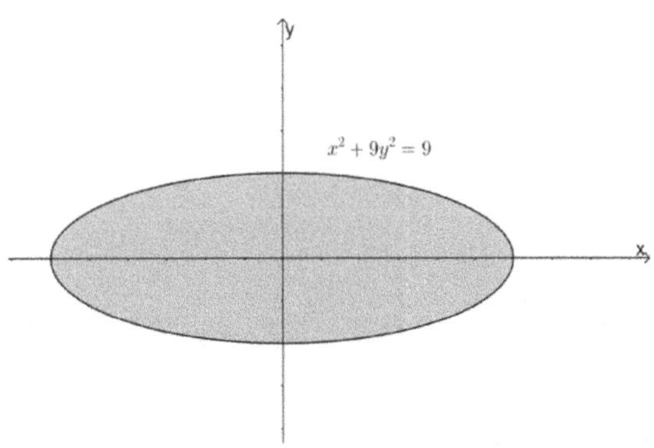

Example 29.

假设 V 为曲面 $z\ge x^2+8y^2, z\le 9-y^2, x>0, y>0, z>0$ 所围区域

则 $\iiint_V xdxdydz = ?$

【解】

令$R = \{(x,y): x^2 + 9y^2 \le 9, x > 0, y > 0\}$

则 $\iiint_V xdxdydz = \iint_R \int_{x^2+8y^2}^{9-y^2} xdzdA = \iint_R x(9 - x^2 - 9y^2)dxdy$

令$x = 3r\cos\theta, y = r\sin\theta$

则 $\{(x,y): x^2 + 9y^2 \le 9, x > 0, y > 0\} = \{(r,\theta): 0 \le r \le 1, 0 \le \theta \le \frac{\pi}{2}\}$

且 $dxdy = \left|\begin{vmatrix} \frac{\partial x}{\partial r} & \frac{\partial x}{\partial \theta} \\ \frac{\partial y}{\partial r} & \frac{\partial y}{\partial \theta} \end{vmatrix}\right| drd\theta = \left|\begin{vmatrix} 2\cos\theta & -2r\sin\theta \\ \sin\theta & r\cos\theta \end{vmatrix}\right| drd\theta = 2rdrd\theta$

$\therefore \iint_R x(9 - x^2 - 9y^2)dxdy = \int_0^{\frac{\pi}{2}} 3r\cos\theta \int_0^1 (9 - 9r^2)2rdrd\theta$

$= 54\int_0^{\frac{\pi}{2}} \cos\theta\, d\theta \int_0^1 r^2 - r^4 dr = \frac{36}{5}$

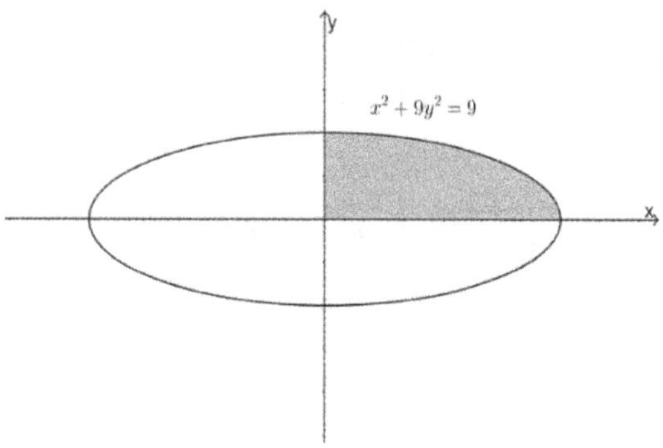

Example 30.

求由曲面 $z = 8 - 2y$ 下方与 $z = x^2 + y^2$上方所围区域的体积

【解】

令$R = \{(x,y): x^2 + (y+1)^2 \le 9\}$

则 $V = \iint_R \int_{x^2+y^2}^{8-2y} dzdA = \iint_{x^2+(y+1)^2\le 9} 9 - x^2 - (y+1)^2 dxdy$

令$x = 3r\cos\theta, y = -1 + 3r\sin\theta$

则 $\{(x,y): x^2+(y+1)^2 \leq 9\} = \{(r,\theta): 0 \leq r \leq 1, 0 \leq \theta \leq 2\pi\}$

且 $dxdy = \left\| \begin{matrix} \frac{\partial x}{\partial r} & \frac{\partial x}{\partial \theta} \\ \frac{\partial y}{\partial r} & \frac{\partial y}{\partial \theta} \end{matrix} \right\| drd\theta = \left\| \begin{matrix} 3\cos\theta & 3r\sin\theta \\ 3\sin\theta & 3r\cos\theta \end{matrix} \right\| drd\theta = 9rdrd\theta$

$\therefore \iint_{x^2+(y+1)^2 \leq 9} 9-x^2-(y+1)^2 dxdy = \int_0^{2\pi}\int_0^1 (9-9r^2)9rdrd\theta = 81\int_0^{2\pi} d\theta \int_0^1 r-r^3 dr$

$= \frac{81\pi}{2}$

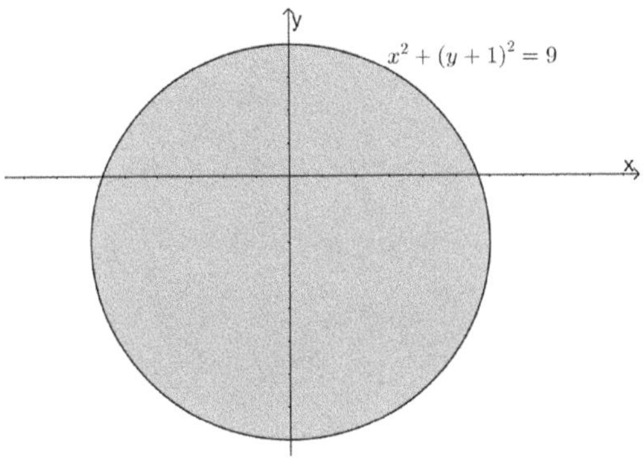

Example 31.

假设 V 为曲面 $z \leq 8-2y$, $z \geq x^2+y^2$, $x>0$, $y>0$, $z>0$ 所围区域

求 $\iiint_V xdxdydz = ?$

【解】

令$R = \{(x,y): x^2+(y+1)^2 \leq 9, x>0, y>0\}$

则 $\iiint_V xdxdydz = \iint_R \int_{x^2+y^2}^{8-2y} dzdA = \iint_R x(9-x^2-(y+1)^2)dxdy$

令$x = 3r\cos\theta, y = -1+3r\sin\theta$

则 $\{(x,y): x^2+(y+1)^2 \leq 9\} = \{(r,\theta): 0 \leq r \leq 1, 0 \leq \theta \leq \frac{\pi}{2}\}$

且 $dxdy = \left\| \begin{matrix} \frac{\partial x}{\partial r} & \frac{\partial x}{\partial \theta} \\ \frac{\partial y}{\partial r} & \frac{\partial y}{\partial \theta} \end{matrix} \right\| drd\theta = \left\| \begin{matrix} 3\cos\theta & 3r\sin\theta \\ 3\sin\theta & 3r\cos\theta \end{matrix} \right\| drd\theta = 9rdrd\theta$

$$\therefore \iint_{x^2+(y+1)^2\leq 9, x>0, y>0} x(9-x^2-(y+1)^2)dxdy = \int_0^{\frac{\pi}{2}} 3r\cos\theta \int_0^1 (9-9r^2)9rdrd\theta$$

$$= 243\int_0^{\frac{\pi}{2}} \cos\theta\, d\theta \int_0^1 r^2 - r^4 dr = \frac{162}{5}$$

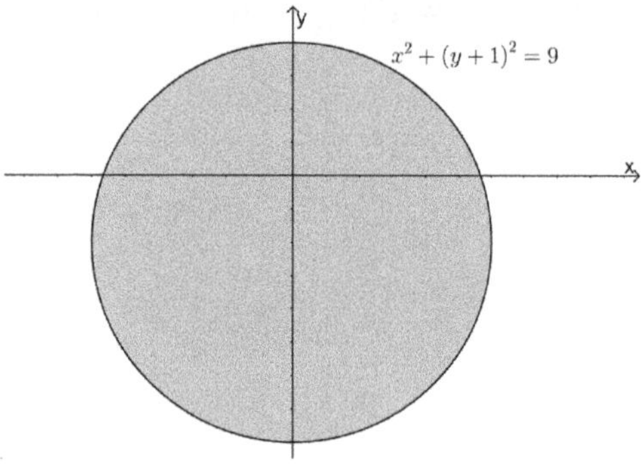

Example 32.

$$求 \int_0^1 \int_0^{\sqrt{1-x^2}} \int_0^1 \tan^{-1}\sqrt{x^2+y^2}\, dzdydx = ?$$

【解】

令$x = r\cos\theta, y = r\sin\theta$

则 $\{(x,y): 0 \leq x \leq 1, 0 \leq y \leq \sqrt{1-x^2}\} = \{(r,\theta): 0 \leq r \leq 1, 0 \leq \theta \leq \frac{\pi}{2}\}$

且 $dxdy = \left|\begin{vmatrix} \frac{\partial x}{\partial r} & \frac{\partial x}{\partial \theta} \\ \frac{\partial y}{\partial r} & \frac{\partial y}{\partial \theta} \end{vmatrix}\right| drd\theta = \left|\begin{vmatrix} \cos\theta & -r\sin\theta \\ \sin\theta & r\cos\theta \end{vmatrix}\right| drd\theta = rdrd\theta$

$$\therefore \int_0^1 \int_0^{\sqrt{1-x^2}} \int_0^1 \tan^{-1}\sqrt{x^2+y^2}\, dzdydx = \int_0^1 \int_0^{\frac{\pi}{2}} r\tan^{-1} r\, d\theta dr = \int_0^{\frac{\pi}{2}} d\theta \int_0^1 r\tan^{-1} r\, dr$$

令 $u = \tan^{-1} r$, $dv = rdr$ 则 $du = \frac{dr}{1+r^2}$, $v = \frac{r^2}{2}$，藉由分部积分法

则 $\int r\tan^{-1} r\ dr = \frac{r^2}{2}\tan^{-1} r - \frac{1}{2}\int \frac{r^2dr}{1+r^2} = \frac{r^2}{2}\tan^{-1} r - \frac{1}{2}\int \frac{1+r^2-1dr}{1+r^2}$

$$= \frac{r^2}{2}\tan^{-1} r - \frac{r}{2} + \frac{1}{2}\tan^{-1} r + c$$

$$\therefore \int_0^1 \int_0^{\sqrt{1-x^2}} \int_0^1 \tan^{-1} \sqrt{x^2+y^2}\, dzdydx = \int_0^{\frac{\pi}{2}} d\theta \int_0^1 r \tan^{-1} r\, dr = \frac{\pi}{2}\left(\frac{\pi}{4}-\frac{1}{2}\right)$$

8.4.3 使用球坐标转换求三重积分

使用球坐标转换的时机为三维空间的积分区域V出现 $x^2+y^2+z^2$

考试类型:

Type 1.

假设 $V=\{(x,y,z): x^2+y^2+z^2 \le a\}$, $a>0$, 求 $\iiint_V f(x,y,z)dV =?$

解题流程:

Step1.

令$x=\rho\sin\varphi\cos\theta$, $y=\rho\sin\varphi\sin\theta$, $z=\rho\cos\varphi$

$$\text{则}\, dxdydz = \left\|\begin{matrix} \frac{\partial x}{\partial\rho} & \frac{\partial x}{\partial\varphi} & \frac{\partial x}{\partial\theta} \\ \frac{\partial y}{\partial\rho} & \frac{\partial y}{\partial\varphi} & \frac{\partial y}{\partial\theta} \\ \frac{\partial z}{\partial\rho} & \frac{\partial z}{\partial\varphi} & \frac{\partial z}{\partial\theta} \end{matrix}\right\| d\rho d\varphi d\theta$$

$$= \left\|\begin{matrix} \sin\varphi\cos\theta & \rho\cos\varphi\cos\theta & -\rho\sin\varphi\sin\theta \\ \sin\varphi\sin\theta & \rho\cos\varphi\sin\theta & -\rho\sin\varphi\cos\theta \\ \cos\varphi & -\rho\sin\varphi & 0 \end{matrix}\right\| d\rho d\varphi d\theta = \rho^2\sin\varphi\, d\rho d\varphi d\theta$$

其中 $\{(\rho,\varphi,\theta): 0\le\rho\le a, 0\le\varphi\le\pi, 0\le\theta\le 2\pi\}$

Step2.

$$\iiint_V f(x,y,z)dV = \int_0^{\pi}\int_0^{2\pi}\int_0^{a} f(\rho\sin\varphi\cos\theta, \rho\sin\varphi\sin\theta, \rho\cos\varphi)\rho^2\sin\varphi\, d\rho d\theta d\varphi$$

Step3.

$$\text{求} \int_0^{\pi}\int_0^{2\pi}\int_0^{a} f(\rho\sin\varphi\cos\theta, \rho\sin\varphi\sin\theta, \rho\cos\varphi)\rho^2\sin\varphi\, d\rho d\theta d\varphi =?$$

<u>范例说明:</u>

求 $\iiint_V f(x,y,z)dV =?$， $V=\{(x,y,z): x^2+y^2+z^2 \le a\}$， $a>0$

令 $x=\rho\sin\varphi\cos\theta$, $y=\rho\sin\varphi\sin\theta$, $z=\rho\cos\varphi$ 则 $dxdydz=\rho^2\sin\varphi\, d\rho d\varphi d\theta$

其中 $0\le\rho\le a$， $0\le\varphi\le\pi$， $0\le\theta\le 2\pi$

$$\iiint_V f(x,y,z)dV = \int_0^{\pi}\int_0^{2\pi}\int_0^{a} f(\rho\sin\varphi\cos\theta, \rho\sin\varphi\sin\theta, \rho\cos\varphi)\rho^2\sin\varphi\, d\rho d\theta d\varphi$$

(I) 当 $f(x,y,z)=\dfrac{1}{\sqrt{x^2+y^2+z^2}}$,

$$\iiint_V \frac{1}{\sqrt{x^2+y^2+z^2}}dV = \int_0^{\pi}\int_0^{2\pi}\int_0^{a}\rho\sin\varphi\, d\rho d\theta d\varphi$$

(II) 当 $f(x,y,z)=\dfrac{z^2}{\sqrt{x^2+y^2+z^2}}$,

$$\iiint_V \frac{z^2}{\sqrt{x^2+y^2+z^2}}dV = \int_0^{\pi}\int_0^{2\pi}\int_0^{a}\frac{\rho^2\cos^2\varphi\,\rho^2\sin\varphi}{\rho}d\rho d\theta d\varphi$$

(III) 当 $f(x,y,z)=\sqrt{1-(x^2+y^2+z^2)}$,

$$\iiint_V \sqrt{1-(x^2+y^2+z^2)}dV = \int_0^{\pi}\int_0^{2\pi}\int_0^{a}\sqrt{1-\rho^2}\rho^2\sin\varphi\, d\rho d\theta d\varphi$$

(IV) 当 $f(x,y,z)=\dfrac{1}{\sqrt{1-(x^2+y^2+z^2)}}$,

$$\iiint_V \frac{1}{\sqrt{1-(x^2+y^2+z^2)}}dV = \int_0^{\pi}\int_0^{2\pi}\int_0^{a}\frac{\rho^2}{\sqrt{1-\rho^2}}\sin\varphi\, d\rho d\theta d\varphi$$

(V) 当 $f(x,y,z)=xyz$,

$$\iiint_V xyz dV = \int_0^{\pi}\sin^3\varphi\cos\varphi\, d\varphi\int_0^{2\pi}\cos\theta\sin\theta\, d\theta\int_0^{a}\rho^5 d\rho$$

(VI) 当 $f(x,y,z)=(x^2+y^2+z^2)^{\frac{3}{2}}$,

$$\iiint_V (x^2+y^2+z^2)^{\frac{3}{2}}dV = \int_0^{\pi}\int_0^{2\pi}\int_0^{a}(\rho^2)^{\frac{3}{2}}\rho^2\sin\varphi\, d\rho d\theta d\varphi$$

(VII) 当 $f(x,y,z)=\dfrac{\cos\sqrt{x^2+y^2+z^2}}{x^2+y^2+z^2}$,

$$\iiint_V \frac{\cos\sqrt{x^2+y^2+z^2}}{x^2+y^2+z^2}dV=\int_0^{\pi}\int_0^{2\pi}\int_0^{a}\frac{\cos\rho}{\rho^2}\rho^2\sin\varphi\, d\rho d\theta d\varphi$$

Example 1.

(1) 求由曲面 $x^{\frac{2}{3}}+y^{\frac{2}{3}}+z^{\frac{2}{3}}=r^2$ 围成区域的体积

(2) 求由曲面 $x^2+2y^2+3z^2=4$ 围成区域的体积

【解】

(1)

令 $x=u^3$, $y=v^3$, $z=s^3$

$$\text{则 } dxdydz=\left\|\begin{matrix}\frac{\partial x}{\partial u} & \frac{\partial x}{\partial v} & \frac{\partial x}{\partial s}\\ \frac{\partial y}{\partial u} & \frac{\partial y}{\partial v} & \frac{\partial y}{\partial s}\\ \frac{\partial z}{\partial u} & \frac{\partial z}{\partial v} & \frac{\partial z}{\partial s}\end{matrix}\right\|dudvds=\left\|\begin{matrix}3u^2 & 0 & 0\\ 0 & 3v^2 & 0\\ 0 & 0 & 3s^2\end{matrix}\right\|=27u^2v^2s^2dudvds$$

$$\therefore\ \mathrm{V}=\iiint_{x^{\frac{2}{3}}+y^{\frac{2}{3}}+z^{\frac{2}{3}}\le r^2}dxdydz=\iiint_{u^2+v^2+s^2\le r^2}27u^2v^2s^2dudvds$$

令 $u=\rho\sin\varphi\cos\theta$, $v=\rho\sin\varphi\sin\theta$, $\mathrm{s}=\rho\cos\varphi$ 则

$$dudvds=\left\|\begin{matrix}\frac{\partial u}{\partial \rho} & \frac{\partial u}{\partial \varphi} & \frac{\partial u}{\partial \theta}\\ \frac{\partial v}{\partial \rho} & \frac{\partial v}{\partial \varphi} & \frac{\partial v}{\partial \theta}\\ \frac{\partial s}{\partial \rho} & \frac{\partial s}{\partial \varphi} & \frac{\partial s}{\partial \theta}\end{matrix}\right\|d\rho d\varphi d\theta$$

$$=\left\|\begin{matrix}\sin\varphi\cos\theta & \rho\cos\varphi\cos\theta & -\rho\sin\varphi\sin\theta\\ \sin\varphi\sin\theta & \rho\cos\varphi\sin\theta & -\rho\sin\varphi\cos\theta\\ \cos\varphi & -\rho\sin\varphi & 0\end{matrix}\right\|d\rho d\varphi d\theta=\rho^2\sin\varphi\, d\rho d\varphi d\theta$$

且 $\{(u,v,s): u^2+v^2+s^2\le r^2\}=\{(\rho,\varphi,\theta): 0\le\rho\le r, 0\le\varphi\le\pi, 0\le\theta\le 2\pi\}$

$\therefore \iiint_{u^2+v^2+s^2 \le r^2} 27u^2v^2s^2 dudvds$

$= \int_0^{\pi}\int_0^{2\pi}\int_0^{r} 27(\rho\sin\varphi\cos\theta)^2(\rho\sin\varphi\sin\theta)^2(\rho\cos\varphi)^2\rho^2\sin\varphi\, d\rho d\theta d\varphi$

$= 27\int_0^{\pi}\sin^5\varphi\cos^2\varphi\, d\varphi\int_0^{2\pi}\cos^2\theta\sin^2\theta d\theta\int_0^{r}\rho^8 d\rho$

$\because \int_0^{\pi}\sin^5\varphi\cos^2\varphi\, d\varphi = \int_0^{\pi}\sin\varphi\,(1-\cos^2\varphi)^2\cos^2\varphi\, d\varphi$

$= \left(\frac{(-1)\cos^3\varphi}{3} + \frac{2\cos^5\varphi}{5} + \frac{(-1)\cos^7\varphi}{7}\right)\Bigg|_0^{\pi} = \frac{16}{105}$

且 $\int_0^{2\pi}\cos^2\theta\sin^2\theta d\theta = \int_0^{2\pi}\left(\frac{\sin 2\theta}{2}\right)^2 d\theta = \frac{1}{4}\int_0^{2\pi}\frac{1-\cos 4\theta}{2}d\theta = \frac{1}{4}\left(\frac{\theta}{2} - \frac{\sin 4\theta}{8}\right)\Bigg|_0^{2\pi} = \frac{\pi}{4}$

$\therefore V = 27\int_0^{\pi}\sin^5\varphi\cos^2\varphi\, d\varphi\int_0^{2\pi}\cos^2\theta\sin^2\theta d\theta\int_0^{r}\rho^8 d\rho = 27\cdot\frac{16}{105}\cdot\frac{\pi}{4}\cdot\frac{r^9}{9} = \frac{4\pi r^9}{35}$

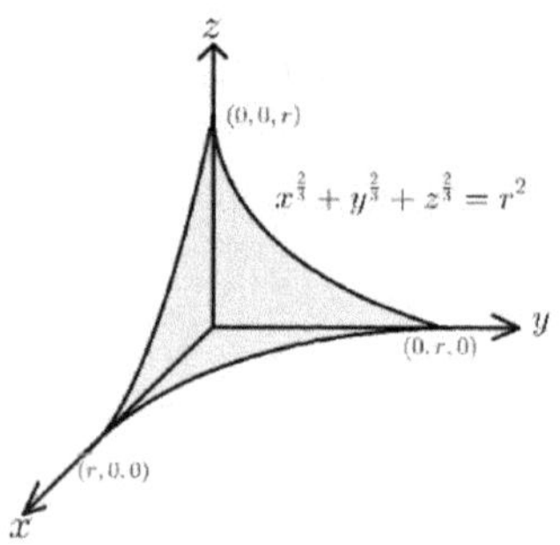

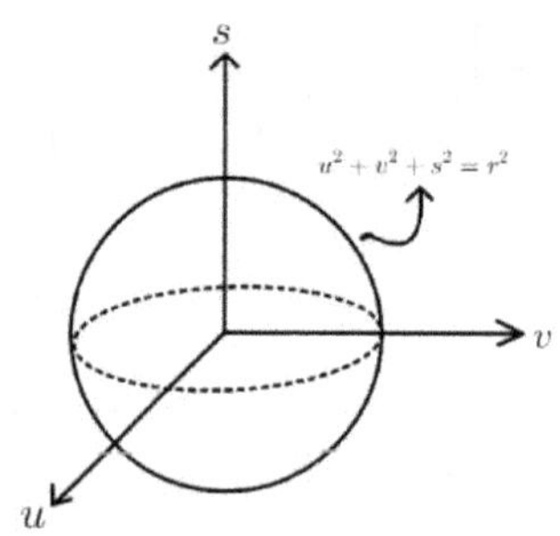

(2)

令$x = u,\ \ y = \frac{v}{\sqrt{2}},\ \ z = \frac{s}{\sqrt{3}}$

则$dxdydz = \left\|\begin{matrix}\frac{\partial x}{\partial u} & \frac{\partial x}{\partial v} & \frac{\partial x}{\partial s}\\ \frac{\partial y}{\partial u} & \frac{\partial y}{\partial v} & \frac{\partial y}{\partial s}\\ \frac{\partial z}{\partial u} & \frac{\partial z}{\partial v} & \frac{\partial z}{\partial s}\end{matrix}\right\| dudvds = \left\|\begin{matrix}1 & 0 & 0\\ 0 & \frac{1}{\sqrt{2}} & 0\\ 0 & 0 & \frac{1}{\sqrt{3}}\end{matrix}\right\| = \frac{1}{\sqrt{6}}dudvds$

$\therefore \iiint_{x^2+2y^2+3z^2 \le 4} dxdydz = \iiint_{u^2+v^2+s^2 \le 4}\frac{1}{\sqrt{6}}dudvds$

令$u=\rho\sin\varphi\cos\theta, v=\rho\sin\varphi\sin\theta, s=\rho\cos\varphi$ 则

$$dudvds=\left\|\begin{matrix}\frac{\partial u}{\partial\rho} & \frac{\partial u}{\partial\varphi} & \frac{\partial u}{\partial\theta}\\ \frac{\partial v}{\partial\rho} & \frac{\partial v}{\partial\varphi} & \frac{\partial v}{\partial\theta}\\ \frac{\partial s}{\partial\rho} & \frac{\partial s}{\partial\varphi} & \frac{\partial s}{\partial\theta}\end{matrix}\right\|d\rho d\varphi d\theta$$

$$=\left\|\begin{matrix}\sin\varphi\cos\theta & \rho\cos\varphi\cos\theta & -\rho\sin\varphi\sin\theta\\ \sin\varphi\sin\theta & \rho\cos\varphi\sin\theta & -\rho\sin\varphi\cos\theta\\ \cos\varphi & -\rho\sin\varphi & 0\end{matrix}\right\|d\rho d\varphi d\theta=\rho^2\sin\varphi\, d\rho d\varphi d\theta$$

且$\{(u,v,s):u^2+v^2+s^2\le 4\}=\{(\rho,\varphi,\theta):0\le\rho\le 2,0\le\varphi\le\pi,0\le\theta\le 2\pi\}$

$$\therefore\iiint_{u^2+v^2+s^2\le 4}\frac{1}{\sqrt{6}}dudvds=\frac{1}{\sqrt{6}}\int_0^{\pi}\sin\varphi\, d\varphi\int_0^{2\pi}d\theta\int_0^2\rho^2 d\rho=\frac{32\pi}{3\sqrt{6}}$$

Example 2.

$$求\int_0^1\int_0^{\sqrt{1-x^2}}\int_0^{\sqrt{1-(x^2+y^2)}}x^2+y^2+z^2dzdydx=?$$

【解】

令$x=\rho\sin\varphi\cos\theta, y=\rho\sin\varphi\sin\theta, z=\rho\cos\varphi$

$$则\ dxdydz=\left\|\begin{matrix}\frac{\partial x}{\partial\rho} & \frac{\partial x}{\partial\varphi} & \frac{\partial x}{\partial\theta}\\ \frac{\partial y}{\partial\rho} & \frac{\partial y}{\partial\varphi} & \frac{\partial y}{\partial\theta}\\ \frac{\partial z}{\partial\rho} & \frac{\partial z}{\partial\varphi} & \frac{\partial z}{\partial\theta}\end{matrix}\right\|d\rho d\varphi d\theta$$

$$=\left\|\begin{matrix}\sin\varphi\cos\theta & \rho\cos\varphi\cos\theta & -\rho\sin\varphi\sin\theta\\ \sin\varphi\sin\theta & \rho\cos\varphi\sin\theta & -\rho\sin\varphi\cos\theta\\ \cos\varphi & -\rho\sin\varphi & 0\end{matrix}\right\|d\rho d\varphi d\theta=\rho^2\sin\varphi\, d\rho d\varphi d\theta$$

令 $R=\{(\rho,\varphi,\theta):0\le\rho\le 1,0\le\varphi\le\frac{\pi}{2},0\le\theta\le\frac{\pi}{2}\}$

则 $\int_0^1\int_0^{\sqrt{1-x^2}}\int_0^{\sqrt{1-(x^2+y^2)}} x^2+y^2+z^2dzdydx = \iiint_R \rho^4\sin\varphi\, dV$

$= \left(\frac{\rho^5}{5}\Big|_0^1\right)\int_0^{\frac{\pi}{2}}\sin\varphi\, d\varphi\int_0^{\frac{\pi}{2}}d\theta = \frac{\pi}{10}$

Example 3.

求 $\int_{-2}^{2}\int_{-\sqrt{4-x^2}}^{\sqrt{4-x^2}}\int_0^{\sqrt{4-(x^2+y^2)}} z^2\sqrt{x^2+y^2+z^2}dzdydx = ?$

【解】

令$x=\rho\sin\varphi\cos\theta\,, y=\rho\sin\varphi\sin\theta\,, \mathrm{z}=\rho\cos\varphi$

则 $dxdydz = \left\|\begin{matrix}\frac{\partial x}{\partial\rho} & \frac{\partial x}{\partial\varphi} & \frac{\partial x}{\partial\theta}\\ \frac{\partial y}{\partial\rho} & \frac{\partial y}{\partial\varphi} & \frac{\partial y}{\partial\theta}\\ \frac{\partial z}{\partial\rho} & \frac{\partial z}{\partial\varphi} & \frac{\partial z}{\partial\theta}\end{matrix}\right\| d\rho d\varphi d\theta$

$= \left\|\begin{matrix}\sin\varphi\cos\theta & \rho\cos\varphi\cos\theta & -\rho\sin\varphi\sin\theta\\ \sin\varphi\sin\theta & \rho\cos\varphi\sin\theta & -\rho\sin\varphi\cos\theta\\ \cos\varphi & -\rho\sin\varphi & 0\end{matrix}\right\| d\rho d\varphi d\theta = \rho^2\sin\varphi\, d\rho d\varphi d\theta$

令 $\mathrm{R} = \{(\rho,\varphi,\theta): 0\le\rho\le 2, 0\le\varphi\le\frac{\pi}{2}, 0\le\theta\le 2\pi\}$

则 $\int_{-2}^{2}\int_{-\sqrt{4-x^2}}^{\sqrt{4-x^2}}\int_0^{\sqrt{4-(x^2+y^2)}} z^2\sqrt{x^2+y^2+z^2}dzdydx = \iiint_R \rho^3\cos^2\varphi\,\rho^2\sin\varphi\, dV$

$= \left(\frac{\rho^6}{6}\Big|_0^2\right)\int_0^{\frac{\pi}{2}}\cos^2\varphi\sin\varphi\, d\varphi\int_0^{2\pi}d\theta = \frac{64}{6}\cdot\frac{1}{3}\cdot 2\pi = \frac{64\pi}{9}$

Example 4.

假设 $V=\left\{(x,y,z):\frac{x^2}{a^2}+\frac{y^2}{b^2}+\frac{z^2}{c^2}\leq 1\right\}$，求 $\iiint_V x^2y^2\,dxdydz=?$

【解】

令$x=a\rho\sin\varphi\cos\theta\,,y=b\rho\sin\varphi\sin\theta\,,\mathrm{z}=\mathrm{c}\rho\cos\varphi$

$$则\ dxdydz=\left\|\begin{matrix}\frac{\partial x}{\partial\rho} & \frac{\partial x}{\partial\varphi} & \frac{\partial x}{\partial\theta}\\ \frac{\partial y}{\partial\rho} & \frac{\partial y}{\partial\varphi} & \frac{\partial y}{\partial\theta}\\ \frac{\partial z}{\partial\rho} & \frac{\partial z}{\partial\varphi} & \frac{\partial z}{\partial\theta}\end{matrix}\right\|d\rho d\varphi d\theta$$

$$=abc\left\|\begin{matrix}\sin\varphi\cos\theta & \rho\cos\varphi\cos\theta & -\rho\sin\varphi\sin\theta\\ \sin\varphi\sin\theta & \rho\cos\varphi\sin\theta & -\rho\sin\varphi\cos\theta\\ \cos\varphi & -\rho\sin\varphi & 0\end{matrix}\right\|d\rho d\varphi d\theta=abc\rho^2\sin\varphi\,d\rho d\varphi d\theta$$

令 $\mathrm{R}=\{(\rho,\varphi,\theta):0\leq\rho\leq 1,0\leq\varphi\leq\pi,0\leq\theta\leq 2\pi\}$

$$则\iiint_V x^2y^2\,dxdydz=a^3b^3c\iiint_R\rho^6\sin^5\varphi\sin^2\theta\cos^2\theta\,dV$$

$$=a^3b^3c\int_0^{\pi}\int_0^{2\pi}\int_0^1\rho^6\sin^5\varphi\sin^2\theta\cos^2\theta\,d\rho d\theta d\varphi$$

$$=a^3b^3c\left(\frac{\rho^7}{7}\bigg|_0^1\right)\int_0^{\pi}\sin^5\varphi\,d\varphi\int_0^{2\pi}\sin^2\theta\cos^2\theta\,d\theta$$

$$\because\int_0^{\pi}\sin^5\varphi\,d\varphi=\frac{4}{5}\cdot\frac{2}{3}\cdot\int_0^{\pi}\sin\varphi\,d\varphi=\frac{16}{15}$$

$$\int_0^{2\pi}\sin^2\theta\cos^2\theta\,d\theta=\int_0^{2\pi}\left(\frac{\sin 2\theta}{2}\right)^2d\theta=\int_0^{2\pi}\frac{1-\cos 4\theta}{8}d\theta=\frac{\pi}{4}$$

$$\therefore\iiint_V x^2y^2\,dxdydz=\frac{4\pi a^3b^3c}{105}$$

Example 5.

假设 R 为曲面 $x^2+2y^2+3z^2=4$ 与 $z>0$ 围成的区域，求 $\iiint_R zdV=?$

【解】

令$x=u,y=\frac{v}{\sqrt{2}},z=\frac{s}{\sqrt{3}}$

$$\text{则} dxdydz = \left\| \begin{vmatrix} \frac{\partial x}{\partial u} & \frac{\partial x}{\partial v} & \frac{\partial x}{\partial s} \\ \frac{\partial y}{\partial u} & \frac{\partial y}{\partial v} & \frac{\partial y}{\partial s} \\ \frac{\partial z}{\partial u} & \frac{\partial z}{\partial v} & \frac{\partial z}{\partial s} \end{vmatrix} \right\| dudvds = \left\| \begin{vmatrix} 1 & 0 & 0 \\ 0 & \frac{1}{\sqrt{2}} & 0 \\ 0 & 0 & \frac{1}{\sqrt{3}} \end{vmatrix} \right\| = \frac{1}{\sqrt{6}} dudvds$$

$$\therefore \iiint_{x^2+2y^2+3z^2\le 4} zdxdydz = \frac{1}{3\sqrt{2}} \iiint_{u^2+v^2+s^2\le 4} sdudvds$$

令$u = \rho\sin\varphi\cos\theta$, $v = \rho\sin\varphi\sin\theta$, $\mathrm{s} = \rho\cos\varphi$ 则

$$dudvds = \left\| \begin{vmatrix} \frac{\partial u}{\partial \rho} & \frac{\partial u}{\partial \varphi} & \frac{\partial u}{\partial \theta} \\ \frac{\partial v}{\partial \rho} & \frac{\partial v}{\partial \varphi} & \frac{\partial v}{\partial \theta} \\ \frac{\partial s}{\partial \rho} & \frac{\partial s}{\partial \varphi} & \frac{\partial s}{\partial \theta} \end{vmatrix} \right\| d\rho d\varphi d\theta$$

$$= \left\| \begin{vmatrix} \sin\varphi\cos\theta & \rho\cos\varphi\cos\theta & -\rho\sin\varphi\sin\theta \\ \sin\varphi\sin\theta & \rho\cos\varphi\sin\theta & -\rho\sin\varphi\cos\theta \\ \cos\varphi & -\rho\sin\varphi & 0 \end{vmatrix} \right\| d\rho d\varphi d\theta = \rho^2\sin\varphi\, d\rho d\varphi d\theta$$

且$\{(u,v,s): u^2+v^2+s^2 \le 4, s>0\} = \{(\rho,\varphi,\theta): 0\le\rho\le 2, 0\le\varphi\le\frac{\pi}{2}, 0\le\theta\le 2\pi\}$

$$\therefore \frac{1}{3\sqrt{2}} \iiint_{u^2+v^2+s^2\le 4} sdudvds = \frac{1}{\sqrt{6}} \int_0^{\frac{\pi}{2}} \sin\varphi\cos\varphi\, d\varphi \int_0^{2\pi} d\theta \int_0^2 \rho^3 d\rho$$

$$= \frac{\pi}{\sqrt{6}} \int_0^{\frac{\pi}{2}} \sin 2\varphi\, d\varphi \cdot \left.\frac{\rho^4}{4}\right|_0^2 = \frac{\pi}{2\sqrt{6}} \cdot (-\cos 2\varphi)\Big|_0^{\frac{\pi}{2}} \cdot 4 = \frac{4\pi}{\sqrt{6}}$$

Example 6.

试求$\int_{-\infty}^{\infty}\int_{-\infty}^{\infty}\int_{-\infty}^{\infty} e^{-(x^2+y^2+z^2)} dxdydz = ?$

【解】

令$x = \rho\sin\varphi\cos\theta$, $y = \rho\sin\varphi\sin\theta$, $\mathrm{z} = \rho\cos\varphi$

则 $dxdydz = \left\| \begin{vmatrix} \frac{\partial x}{\partial \rho} & \frac{\partial x}{\partial \varphi} & \frac{\partial x}{\partial \theta} \\ \frac{\partial y}{\partial \rho} & \frac{\partial y}{\partial \varphi} & \frac{\partial y}{\partial \theta} \\ \frac{\partial z}{\partial \rho} & \frac{\partial z}{\partial \varphi} & \frac{\partial z}{\partial \theta} \end{vmatrix} \right\| d\rho d\varphi d\theta$

$= \left\| \begin{vmatrix} \sin\varphi\cos\theta & \rho\cos\varphi\cos\theta & -\rho\sin\varphi\sin\theta \\ \sin\varphi\sin\theta & \rho\cos\varphi\sin\theta & -\rho\sin\varphi\cos\theta \\ \cos\varphi & -\rho\sin\varphi & 0 \end{vmatrix} \right\| d\rho d\varphi d\theta = \rho^2 \sin\varphi\, d\rho d\varphi d\theta$

令 $\mathrm{R} = \{(\rho, \varphi, \theta): 0 \le \rho \le 1, 0 \le \varphi \le \pi, 0 \le \theta \le 2\pi\}$

则 $\int_{-\infty}^{\infty}\int_{-\infty}^{\infty}\int_{-\infty}^{\infty} e^{-(x^2+y^2+z^2)} dxdydz = \iiint_R e^{-\rho^2}\rho^2 \sin\varphi\, d\rho d\theta d\varphi$

$= \int_0^{\pi}\int_0^{2\pi}\int_0^{\infty} e^{-\rho^2}\rho^2 \sin\varphi\, d\rho d\theta d\varphi = \int_0^{\pi} \sin\varphi \int_0^{2\pi} d\theta \int_0^{\infty} e^{-\rho^2}\rho^2 d\rho$

藉由 integration by parts

$\int_0^{\infty} e^{-\rho^2}\rho^2 d\rho = \frac{-\rho}{2} e^{-\rho^2}\Big|_0^{\infty} + \frac{1}{2}\int_0^{\infty} e^{-\rho^2} d\rho = \frac{\sqrt{\pi}}{4}$

$\therefore \int_{-\infty}^{\infty}\int_{-\infty}^{\infty}\int_{-\infty}^{\infty} e^{-(x^2+y^2+z^2)} dxdydz = \int_0^{\pi} \sin\varphi \int_0^{2\pi} d\theta \int_0^{\infty} e^{-\rho^2}\rho^2 d\rho = 2(2\pi)\frac{\sqrt{\pi}}{4} = \pi\sqrt{\pi}$

Example 7.

试求 $\int_{-\infty}^{\infty}\int_{-\infty}^{\infty}\int_{-\infty}^{\infty} e^{-(x^2+2y^2+3z^2)} dxdydz = ?$

【解】

令 $x = \rho\sin\varphi\cos\theta$, $y = \frac{\rho\sin\varphi\sin\theta}{\sqrt{2}}$, $\mathrm{z} = \frac{\rho\cos\varphi}{\sqrt{3}}$

则 $dxdydz = \left\| \begin{vmatrix} \frac{\partial x}{\partial \rho} & \frac{\partial x}{\partial \varphi} & \frac{\partial x}{\partial \theta} \\ \frac{\partial y}{\partial \rho} & \frac{\partial y}{\partial \varphi} & \frac{\partial y}{\partial \theta} \\ \frac{\partial z}{\partial \rho} & \frac{\partial z}{\partial \varphi} & \frac{\partial z}{\partial \theta} \end{vmatrix} \right\| d\rho d\varphi d\theta$

$$=\frac{1}{\sqrt{6}}\left\|\begin{matrix}\sin\varphi\cos\theta & \rho\cos\varphi\cos\theta & -\rho\sin\varphi\sin\theta\\ \sin\varphi\sin\theta & \rho\cos\varphi\sin\theta & -\rho\sin\varphi\cos\theta\\ \cos\varphi & -\rho\sin\varphi & 0\end{matrix}\right\|d\rho d\varphi d\theta=\frac{\rho^2\sin\varphi\, d\rho d\varphi d\theta}{\sqrt{6}}$$

令 $\mathrm{R}=\{(\rho,\varphi,\theta):0\le\rho\le 1,0\le\varphi\le\pi,0\le\theta\le 2\pi\}$

则 $\int_{-\infty}^{\infty}\int_{-\infty}^{\infty}\int_{-\infty}^{\infty}e^{-(x^2+2y^2+3z^2)}dxdydz=\frac{1}{\sqrt{6}}\iiint_R e^{-\rho^2}\rho^2\sin\varphi\, d\rho d\theta d\varphi$

$$=\frac{1}{\sqrt{6}}\int_0^{\pi}\int_0^{2\pi}\int_0^{\infty}e^{-\rho^2}\rho^2\sin\varphi\, d\rho d\theta d\varphi=\frac{1}{\sqrt{6}}\int_0^{\pi}\sin\varphi\int_0^{2\pi}d\theta\int_0^{\infty}e^{-\rho^2}\rho^2 d\rho$$

藉由 integration by parts

$$\int_0^{\infty}e^{-\rho^2}\rho^2 d\rho=\frac{-\rho}{2}e^{-\rho^2}\Big|_0^{\infty}+\frac{1}{2}\int_0^{\infty}e^{-\rho^2}d\rho=\frac{\sqrt{\pi}}{4}$$

$$\therefore\frac{1}{\sqrt{6}}\int_0^{\pi}\sin\varphi\int_0^{2\pi}d\theta\int_0^{\infty}e^{-\rho^2}\rho^2 d\rho=\frac{1}{\sqrt{6}}\cdot 2(2\pi)\frac{\sqrt{\pi}}{4}=\pi\sqrt{\frac{\pi}{6}}$$

Example 8.

(1)假设 $\mathrm{V}=\{(x,y,z):x^2+y^2+z^2\le 1\}$，求 $\iiint_V\frac{dV}{9-(x^2+y^2+z^2)}=?$

(2)假设 $\mathrm{V}=\{(x,y,z):1\le x^2+y^2+z^2\le 4,x\ge 0,y\ge 0\}$，求 $\iiint_V(3x+2z)dV=?$

【解】

(1)

令 $x=\rho\sin\varphi\cos\theta$, $y=\rho\sin\varphi\sin\theta$, $\mathrm{z}=\rho\cos\varphi$

$$\text{则 } dxdydz=\left\|\begin{matrix}\frac{\partial x}{\partial\rho} & \frac{\partial x}{\partial\varphi} & \frac{\partial x}{\partial\theta}\\ \frac{\partial y}{\partial\rho} & \frac{\partial y}{\partial\varphi} & \frac{\partial y}{\partial\theta}\\ \frac{\partial z}{\partial\rho} & \frac{\partial z}{\partial\varphi} & \frac{\partial z}{\partial\theta}\end{matrix}\right\|d\rho d\varphi d\theta$$

$$=\left\|\begin{matrix}\sin\varphi\cos\theta & \rho\cos\varphi\cos\theta & -\rho\sin\varphi\sin\theta\\ \sin\varphi\sin\theta & \rho\cos\varphi\sin\theta & -\rho\sin\varphi\cos\theta\\ \cos\varphi & -\rho\sin\varphi & 0\end{matrix}\right\|d\rho d\varphi d\theta=\rho^2\sin\varphi\, d\rho d\varphi d\theta$$

令 $\mathrm{R}=\{(\rho,\varphi,\theta):0\le\rho\le 1,0\le\varphi\le\pi,0\le\theta\le 2\pi\}$

则 $\iiint_V \dfrac{dV}{9-(x^2+y^2+z^2)} = \iiint_R \dfrac{\rho^2 \sin\varphi}{9-\rho^2} d\rho d\theta d\varphi = \int_0^{\pi}\int_0^{2\pi}\int_0^{1} \dfrac{\rho^2 \sin\varphi}{9-\rho^2} d\rho d\theta d\varphi$

$= \int_0^{\pi} \sin\varphi d\varphi \int_0^{2\pi} d\theta \int_0^1 \dfrac{\rho^2}{9-\rho^2} d\rho = 2(2\pi)\left(\dfrac{3}{2}\ln\left|\dfrac{3+\rho}{3-\rho}\right| - \rho\right)\Big|_0^1 = 4\pi\left(\dfrac{3\ln 2}{2} - 1\right)$

(2)

令$x = \rho\sin\varphi\cos\theta$, $y = \rho\sin\varphi\sin\theta$, $\mathrm{z} = \rho\cos\varphi$

$$\text{则 } dxdydz = \left\|\begin{matrix} \dfrac{\partial x}{\partial\rho} & \dfrac{\partial x}{\partial\varphi} & \dfrac{\partial x}{\partial\theta} \\ \dfrac{\partial y}{\partial\rho} & \dfrac{\partial y}{\partial\varphi} & \dfrac{\partial y}{\partial\theta} \\ \dfrac{\partial z}{\partial\rho} & \dfrac{\partial z}{\partial\varphi} & \dfrac{\partial z}{\partial\theta} \end{matrix}\right\| d\rho d\varphi d\theta$$

$$= \left\|\begin{matrix} \sin\varphi\cos\theta & \rho\cos\varphi\cos\theta & -\rho\sin\varphi\sin\theta \\ \sin\varphi\sin\theta & \rho\cos\varphi\sin\theta & -\rho\sin\varphi\cos\theta \\ \cos\varphi & -\rho\sin\varphi & 0 \end{matrix}\right\| d\rho d\varphi d\theta = \rho^2\sin\varphi\, d\rho d\varphi d\theta$$

令 $\mathrm{R} = \{(\rho,\varphi,\theta): 1 \le \rho \le 2, 0 \le \varphi \le \pi, 0 \le \theta \le \dfrac{\pi}{2}\}$

则 $\iiint_V (3x+2z)dV = \iiint_R (3\rho\sin\varphi\cos\theta + 2\rho\cos\varphi)\rho^2\sin\varphi\, d\rho d\theta d\varphi$

$= \int_0^{\pi}\int_0^{\frac{\pi}{2}}\int_1^2 (3\rho\sin\varphi\cos\theta + 2\rho\cos\varphi)\rho^2\sin\varphi\, d\rho d\theta d\varphi$

$= \int_0^{\pi}\int_0^{\frac{\pi}{2}}\int_1^2 (3\rho^3\sin^2\varphi\cos\theta + 2\rho^3\cos\varphi\sin\varphi) d\rho d\theta d\varphi$

$= \int_0^{\pi}\int_0^{\frac{\pi}{2}} \sin^2\varphi\cos\theta \dfrac{3\rho^4}{4}\Big|_1^2 + \cos\varphi\sin\varphi\dfrac{\rho^4}{2}\Big|_1^2 d\rho d\theta d\varphi$

$= \int_0^{\pi}\int_0^{\frac{\pi}{2}} \sin^2\varphi\cos\theta\,(\dfrac{45}{4}) + \cos\varphi\sin\varphi\,(\dfrac{15}{2})\, d\theta d\varphi$

$= \int_0^{\pi} \sin^2\varphi\sin\theta\Big|_{\theta=0}^{\theta=\frac{\pi}{2}}\left(\dfrac{45}{4}\right) + \left(\dfrac{\pi}{2}\right)\cos\varphi\sin\varphi\left(\dfrac{15}{2}\right) d\varphi$

$= \int_0^{\pi} \sin^2\varphi\,(\dfrac{45}{4}) + (\dfrac{\pi}{2})\cos\varphi\sin\varphi\,(\dfrac{15}{2}) d\varphi = \dfrac{45}{4}\int_0^{\pi} \dfrac{1-\cos 2\varphi}{2} d\varphi + \dfrac{15\pi}{4}\int_0^{\pi}\cos\varphi\sin\varphi\, d\varphi$

$= \dfrac{45\pi}{8}$

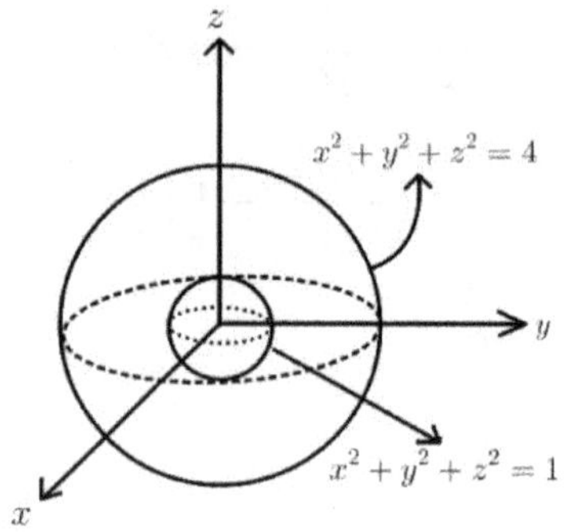

Example 9.

(1)假设 $V=\{(x,y,z):1\le x^2+y^2+z^2\le 9, x\ge 0, y\ge 0, z\ge 0\}$, 求 $\iiint_V zdV=?$

(2)假设 $V=\{(x,y,z):1\le x^2+y^2+z^2\le 3\}$, 求 $\iiint_V \frac{\cos\sqrt{x^2+y^2+z^2}\,dxdydz}{x^2+y^2+z^2}=?$

【解】

(1)

令$x=\rho\sin\varphi\cos\theta, y=\rho\sin\varphi\sin\theta, z=\rho\cos\varphi$

则$dxdydz=\left\|\begin{matrix}\frac{\partial x}{\partial\rho} & \frac{\partial x}{\partial\varphi} & \frac{\partial x}{\partial\theta}\\ \frac{\partial y}{\partial\rho} & \frac{\partial y}{\partial\varphi} & \frac{\partial y}{\partial\theta}\\ \frac{\partial z}{\partial\rho} & \frac{\partial z}{\partial\varphi} & \frac{\partial z}{\partial\theta}\end{matrix}\right\|d\rho d\varphi d\theta$

$=\left\|\begin{matrix}\sin\varphi\cos\theta & \rho\cos\varphi\cos\theta & -\rho\sin\varphi\sin\theta\\ \sin\varphi\sin\theta & \rho\cos\varphi\sin\theta & -\rho\sin\varphi\cos\theta\\ \cos\varphi & -\rho\sin\varphi & 0\end{matrix}\right\|d\rho d\varphi d\theta=\rho^2\sin\varphi\, d\rho d\varphi d\theta$

令 $R=\{(\rho,\varphi,\theta):1\le\rho\le 3, 0\le\varphi\le\frac{\pi}{2}, 0\le\theta\le\frac{\pi}{2}\}$

则 $\iiint_V zdV=\iiint_R \rho\cos\varphi\,\rho^2\sin\varphi\, d\rho d\theta d\varphi=\int_0^{\frac{\pi}{2}}\int_0^{\frac{\pi}{2}}\int_1^3\rho\cos\varphi\,\rho^2\sin\varphi\, d\rho d\theta d\varphi$

$=\int_0^{\frac{\pi}{2}}\int_0^{\frac{\pi}{2}}\int_1^3\rho^3\cos\varphi\sin\varphi\, d\rho d\theta d\varphi=\int_0^{\frac{\pi}{2}}\cos\varphi\sin\varphi\, d\varphi\int_0^{\frac{\pi}{2}}d\theta\int_1^3\rho^3 d\rho$

$$= \left(-\frac{\cos 2\varphi}{4}\Big|_0^{\frac{\pi}{2}}\right)\left(\frac{\pi}{2}\right)20 = 5\pi$$

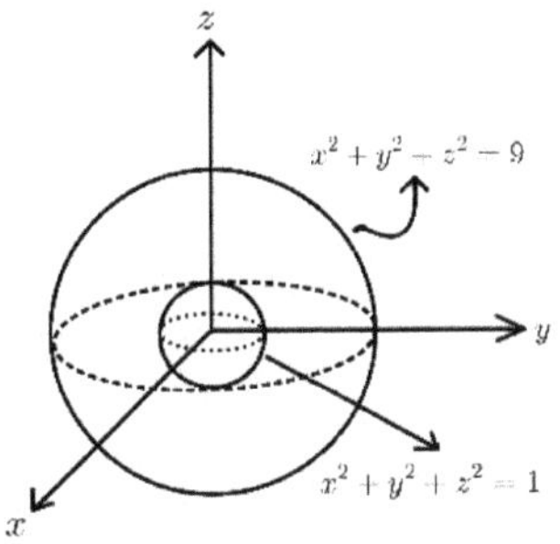

(2)

令$x = \rho\sin\varphi\cos\theta\,, y = \rho\sin\varphi\sin\theta\,, \mathrm{z} = \rho\cos\varphi$

$$则dxdydz = \left\|\begin{matrix} \frac{\partial x}{\partial\rho} & \frac{\partial x}{\partial\varphi} & \frac{\partial x}{\partial\theta} \\ \frac{\partial y}{\partial\rho} & \frac{\partial y}{\partial\varphi} & \frac{\partial y}{\partial\theta} \\ \frac{\partial z}{\partial\rho} & \frac{\partial z}{\partial\varphi} & \frac{\partial z}{\partial\theta} \end{matrix}\right\| d\rho d\varphi d\theta$$

$$= \left\|\begin{matrix} \sin\varphi\cos\theta & \rho\cos\varphi\cos\theta & -\rho\sin\varphi\sin\theta \\ \sin\varphi\sin\theta & \rho\cos\varphi\sin\theta & -\rho\sin\varphi\cos\theta \\ \cos\varphi & -\rho\sin\varphi & 0 \end{matrix}\right\| d\rho d\varphi d\theta = \rho^2\sin\varphi\, d\rho d\varphi d\theta$$

令 $\mathrm{R} = \{(\rho,\varphi,\theta): 1 \le \rho \le \sqrt{3}, 0 \le \varphi \le \pi, 0 \le \theta \le 2\pi\}$

$$则\iiint_{1\le x^2+y^2+z^2\le 3} \frac{\cos\sqrt{x^2+y^2+z^2}\,dxdydz}{x^2+y^2+z^2}dV = \iiint_R \frac{\cos\rho}{\rho^2}\rho^2\sin\varphi\, d\rho d\theta d\varphi$$

$$= \int_0^\pi\int_0^{2\pi}\int_1^{\sqrt{3}}\frac{\cos\rho}{\rho^2}\rho^2\sin\varphi\, d\rho d\theta d\varphi = \int_0^\pi \sin\varphi\, d\varphi \int_0^{2\pi} d\theta \int_1^{\sqrt{3}}\cos\rho\, d\rho$$

$$= (-\cos\varphi|_0^\pi)(2\pi)\left(\sin\rho|_1^{\sqrt{3}}\right) = 4\pi(\sin\sqrt{3} - \sin 1)$$

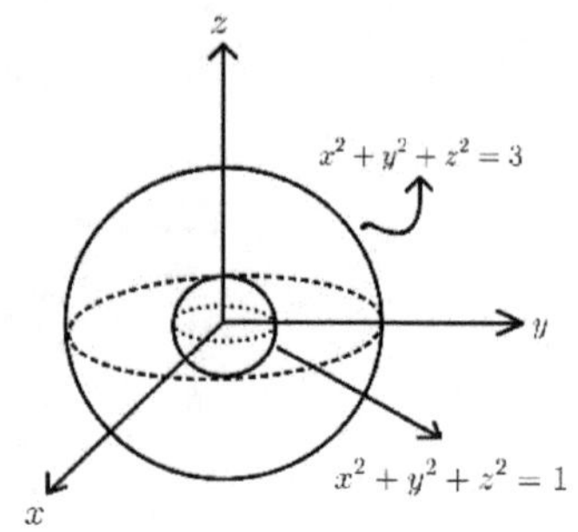

Example 10.

$$\text{假设 } V=\{(x,y,z): x^2+y^2+z^2\le 1\},\ \text{求} \iiint_V \frac{z^2dxdydz}{\sqrt{1-x^2-y^2-z^2}}=?$$

【解】

令$x=\rho\sin\varphi\cos\theta,\ y=\rho\sin\varphi\sin\theta,\ z=\rho\cos\varphi$

$$\text{则} dxdydz=\left\|\begin{matrix}\frac{\partial x}{\partial\rho} & \frac{\partial x}{\partial\varphi} & \frac{\partial x}{\partial\theta}\\ \frac{\partial y}{\partial\rho} & \frac{\partial y}{\partial\varphi} & \frac{\partial y}{\partial\theta}\\ \frac{\partial z}{\partial\rho} & \frac{\partial z}{\partial\varphi} & \frac{\partial z}{\partial\theta}\end{matrix}\right\| d\rho d\varphi d\theta$$

$$=\left\|\begin{matrix}\sin\varphi\cos\theta & \rho\cos\varphi\cos\theta & -\rho\sin\varphi\sin\theta\\ \sin\varphi\sin\theta & \rho\cos\varphi\sin\theta & -\rho\sin\varphi\cos\theta\\ \cos\varphi & -\rho\sin\varphi & 0\end{matrix}\right\| d\rho d\varphi d\theta=\rho^2\sin\varphi\, d\rho d\varphi d\theta$$

令 $R=\{(\rho,\varphi,\theta): 0\le\rho\le 1, 0\le\varphi\le\pi, 0\le\theta\le 2\pi\}$

$$\text{则} \iiint_V \frac{z^2dxdydz}{\sqrt{1-x^2-y^2-z^2}}=\iiint_R \frac{\rho^4\sin\varphi\cos^2\varphi}{\sqrt{1-\rho^2}}d\rho d\theta d\varphi$$

$$=\int_0^{\pi}\int_0^{2\pi}\int_0^{1}\frac{\rho^4\sin\varphi\cos^2\varphi}{\sqrt{1-\rho^2}}d\rho d\theta d\varphi=\int_0^{\pi}\cos^2\varphi\sin\varphi d\varphi\int_0^{2\pi}d\theta\int_0^{1}\frac{\rho^4}{\sqrt{1-\rho^2}}d\rho$$

$$=-\frac{\cos^3\varphi}{3}\Big|_0^{\pi}(2\pi)\left(\int_0^1\frac{\rho^4}{\sqrt{1-\rho^2}}d\rho\right)=\frac{4\pi}{3}\left(\int_0^1\frac{\rho^4}{\sqrt{1-\rho^2}}d\rho\right)$$

令$\rho=\sin\theta$ 则 $d\rho=\cos\theta\, d\theta$

$$\therefore \int_0^1 \frac{\rho^4}{\sqrt{1-\rho^2}} d\rho = \int_0^{\frac{\pi}{2}} \frac{\sin^4\theta\cos\theta}{\sqrt{1-\sin^2\theta}} d\theta = \int_0^{\frac{\pi}{2}} \sin^4\theta \, d\theta = \frac{1}{4}\left(\frac{3\theta}{2} - \sin 2\theta + \frac{\sin 4\theta}{8}\Big|_0^{\frac{\pi}{2}}\right) = \frac{3\pi}{16}$$

$$\therefore \iiint_V \frac{z^2 dxdydz}{\sqrt{1-x^2-y^2-z^2}} = \frac{4\pi}{3}\left(\int_0^1 \frac{\rho^4}{\sqrt{1-\rho^2}} d\rho\right) = \frac{\pi^2}{4}$$

Example 11.

假设 $V = \{(x,y,z): x^2+y^2+z^2 \le 1, z > 0\}$，求 $\iiint_V \frac{zdxdydz}{\sqrt{1-x^2-y^2-z^2}}$ =?

【解】

令$x = \rho\sin\varphi\cos\theta\,, y = \rho\sin\varphi\sin\theta\,, \mathrm{z} = \rho\cos\varphi$

$$则 dxdydz = \left\|\begin{matrix} \frac{\partial x}{\partial \rho} & \frac{\partial x}{\partial \varphi} & \frac{\partial x}{\partial \theta} \\ \frac{\partial y}{\partial \rho} & \frac{\partial y}{\partial \varphi} & \frac{\partial y}{\partial \theta} \\ \frac{\partial z}{\partial \rho} & \frac{\partial z}{\partial \varphi} & \frac{\partial z}{\partial \theta} \end{matrix}\right\| d\rho d\varphi d\theta$$

$$= \left\|\begin{matrix} \sin\varphi\cos\theta & \rho\cos\varphi\cos\theta & -\rho\sin\varphi\sin\theta \\ \sin\varphi\sin\theta & \rho\cos\varphi\sin\theta & -\rho\sin\varphi\cos\theta \\ \cos\varphi & -\rho\sin\varphi & 0 \end{matrix}\right\| d\rho d\varphi d\theta = \rho^2\sin\varphi \, d\rho d\varphi d\theta$$

令 $\mathrm{R} = \{(\rho,\varphi,\theta): 0 \le \rho \le 1, 0 \le \varphi \le \frac{\pi}{2}, 0 \le \theta \le 2\pi\}$

$$则 \iiint_V \frac{zdxdydz}{\sqrt{1-x^2-y^2-z^2}} = \iiint_R \frac{\rho^3\sin\varphi\cos\varphi}{\sqrt{1-\rho^2}} d\rho d\theta d\varphi$$

$$= \int_0^{\frac{\pi}{2}}\int_0^{2\pi}\int_0^1 \frac{\rho^3\sin\varphi\cos\varphi}{\sqrt{1-\rho^2}} d\rho d\theta d\varphi = \int_0^{\frac{\pi}{2}} \cos\varphi\sin\varphi d\varphi \int_0^{2\pi} d\theta \int_0^1 \frac{\rho^3}{\sqrt{1-\rho^2}} d\rho$$

$$= -\frac{\cos 2\varphi}{4}\Big|_0^{\frac{\pi}{2}} (2\pi)\left(\int_0^1 \frac{\rho^3}{\sqrt{1-\rho^2}} d\rho\right) = \pi\left(\int_0^1 \frac{\rho^3}{\sqrt{1-\rho^2}} d\rho\right)$$

令$\rho = \sin\theta$ 则 $d\rho = \cos\theta\, d\theta$

$$\therefore \int_0^1 \frac{\rho^3}{\sqrt{1-\rho^2}} d\rho = \int_0^{\frac{\pi}{2}} \frac{\sin^3\theta\cos\theta}{\sqrt{1-\sin^2\theta}} d\theta = \int_0^{\frac{\pi}{2}} \sin^3\theta\, d\theta = -\cos\theta + \frac{\cos^3\theta}{3}\Big|_0^{\frac{\pi}{2}} = \frac{2}{3}$$

$$\therefore \iiint_V \frac{zdxdydz}{\sqrt{1-x^2-y^2-z^2}} = \frac{2\pi}{3}$$

Example 12.

假设 $V = \{(x,y,z): x^2+y^2+z^2 \le r^2\}$，求 $\iiint_V (x^2+y^2+z^2)^{\frac{3}{2}} dxdydz = ?$

【解】

令$x = \rho\sin\varphi\cos\theta\,, y = \rho\sin\varphi\sin\theta\,, \mathrm{z} = \rho\cos\varphi$

$$\text{则 } dxdydz = \left\| \begin{matrix} \frac{\partial x}{\partial \rho} & \frac{\partial x}{\partial \varphi} & \frac{\partial x}{\partial \theta} \\ \frac{\partial y}{\partial \rho} & \frac{\partial y}{\partial \varphi} & \frac{\partial y}{\partial \theta} \\ \frac{\partial z}{\partial \rho} & \frac{\partial z}{\partial \varphi} & \frac{\partial z}{\partial \theta} \end{matrix} \right\| d\rho d\varphi d\theta$$

$$= \left\| \begin{matrix} \sin\varphi\cos\theta & \rho\cos\varphi\cos\theta & -\rho\sin\varphi\sin\theta \\ \sin\varphi\sin\theta & \rho\cos\varphi\sin\theta & -\rho\sin\varphi\cos\theta \\ \cos\varphi & -\rho\sin\varphi & 0 \end{matrix} \right\| d\rho d\varphi d\theta = \rho^2 \sin\varphi\, d\rho d\varphi d\theta$$

令 $\mathrm{R} = \{(\rho,\varphi,\theta): 0 \le \rho \le r, 0 \le \varphi \le \pi, 0 \le \theta \le 2\pi\}$

$$\text{则 } \iiint_V (x^2+y^2+z^2)^{\frac{3}{2}} dxdydz = \iiint_R (\rho^2)^{\frac{3}{2}} \rho^2 \sin\varphi\, d\rho d\theta d\varphi$$

$$= \int_0^{\pi}\int_0^{2\pi}\int_0^{r} (\rho^2)^{\frac{3}{2}} \rho^2 \sin\varphi\, d\rho d\theta d\varphi = \int_0^{\pi} \sin\varphi d\varphi \int_0^{2\pi} d\theta \int_0^{r} \rho^5 d\rho = 2(2\pi)\left(\frac{r^6}{6}\right) = \frac{2\pi r^6}{3}$$

Example 13.

$$\text{试求} \int_{-3}^{3}\int_0^{\sqrt{9-y^2}}\int_{-\sqrt{9-x^2-y^2}}^{\sqrt{9-x^2-y^2}} y^2\sqrt{x^2+y^2+z^2} dzdxdy = ?$$

【解】

令$x=\rho\sin\varphi\cos\theta$, $y=\rho\sin\varphi\sin\theta$, $z=\rho\cos\varphi$

$$\text{则} dxdydz=\left\|\begin{vmatrix}\frac{\partial x}{\partial\rho} & \frac{\partial x}{\partial\varphi} & \frac{\partial x}{\partial\theta}\\ \frac{\partial y}{\partial\rho} & \frac{\partial y}{\partial\varphi} & \frac{\partial y}{\partial\theta}\\ \frac{\partial z}{\partial\rho} & \frac{\partial z}{\partial\varphi} & \frac{\partial z}{\partial\theta}\end{vmatrix}\right\| d\rho d\varphi d\theta$$

$$=\left\|\begin{vmatrix}\sin\varphi\cos\theta & \rho\cos\varphi\cos\theta & -\rho\sin\varphi\sin\theta\\ \sin\varphi\sin\theta & \rho\cos\varphi\sin\theta & -\rho\sin\varphi\cos\theta\\ \cos\varphi & -\rho\sin\varphi & 0\end{vmatrix}\right\| d\rho d\varphi d\theta=\rho^2\sin\varphi\, d\rho d\varphi d\theta$$

令 $R=\{(\rho,\varphi,\theta):0\le\rho\le 3,0\le\varphi\le\pi,-\frac{\pi}{2}\le\theta\le\frac{\pi}{2}\}$

$$\text{则}\int_{-3}^{3}\int_{0}^{\sqrt{9-y^2}}\int_{-\sqrt{9-x^2-y^2}}^{\sqrt{9-x^2-y^2}} y^2\sqrt{x^2+y^2+z^2}dzdxdy=\iiint_R (\rho\sin\varphi\sin\theta)^2\rho^3\sin\varphi\, d\rho d\theta d\varphi$$

$$=\int_0^{\pi}\int_{-\frac{\pi}{2}}^{\frac{\pi}{2}}\int_0^3(\rho\sin\varphi\sin\theta)^2\rho^3\sin\varphi\, d\rho d\theta d\varphi=\int_0^{\pi}\sin^3\varphi\, d\varphi\int_{-\frac{\pi}{2}}^{\frac{\pi}{2}}\sin^2\theta\, d\theta\int_0^3\rho^5 d\rho$$

$$=\frac{4}{3}\cdot\frac{\pi}{2}\cdot\frac{243}{2}=81\pi$$

Example 14.

$$\text{试求}\int_0^r\int_0^{\sqrt{r^2-x^2}}\int_0^{\sqrt{r^2-x^2-y^2}}\frac{1}{x^2+y^2+z^2}dzdydx=?,\quad r>0$$

【解】

令$x=\rho\sin\varphi\cos\theta$, $y=\rho\sin\varphi\sin\theta$, $z=\rho\cos\varphi$

$$\text{则} dxdydz=\left\|\begin{vmatrix}\frac{\partial x}{\partial\rho} & \frac{\partial x}{\partial\varphi} & \frac{\partial x}{\partial\theta}\\ \frac{\partial y}{\partial\rho} & \frac{\partial y}{\partial\varphi} & \frac{\partial y}{\partial\theta}\\ \frac{\partial z}{\partial\rho} & \frac{\partial z}{\partial\varphi} & \frac{\partial z}{\partial\theta}\end{vmatrix}\right\| d\rho d\varphi d\theta$$

$$= \left\| \begin{matrix} \sin\varphi\cos\theta & \rho\cos\varphi\cos\theta & -\rho\sin\varphi\sin\theta \\ \sin\varphi\sin\theta & \rho\cos\varphi\sin\theta & -\rho\sin\varphi\cos\theta \\ \cos\varphi & -\rho\sin\varphi & 0 \end{matrix} \right\| d\rho d\varphi d\theta = \rho^2\sin\varphi\, d\rho d\varphi d\theta$$

令 $R = \{(\rho,\varphi,\theta): 0 \le \rho \le r, 0 \le \varphi \le \frac{\pi}{2}, 0 \le \theta \le \frac{\pi}{2}\}$

则 $\int_0^r \int_0^{\sqrt{r^2-x^2}} \int_0^{\sqrt{r^2-x^2-y^2}} \frac{1}{x^2+y^2+z^2} dzdydx = \iiint_R \frac{1}{\rho^2}\rho^2\sin\varphi\, d\rho d\theta d\varphi$

$$= \int_0^{\frac{\pi}{2}} \int_0^{\frac{\pi}{2}} \int_0^r \frac{1}{\rho^2}\rho^2\sin\varphi\, d\rho d\theta d\varphi = \int_0^{\frac{\pi}{2}} \sin\varphi\, d\varphi \int_0^{\frac{\pi}{2}} d\theta \int_0^r 1 d\rho = \frac{\pi r}{2}$$

Example 15.

假设 $V = \{(x,y,z): x^2+y^2+z^2 \le 1, x \ge 0, y \ge 0, z \ge 0\}$，求 $\iiint_V xyz\, dxdydz = ?$

【解】

令$x = \rho\sin\varphi\cos\theta$, $y = \rho\sin\varphi\sin\theta$, $z = \rho\cos\varphi$

则 $dxdydz = \left\| \begin{matrix} \frac{\partial x}{\partial\rho} & \frac{\partial x}{\partial\varphi} & \frac{\partial x}{\partial\theta} \\ \frac{\partial y}{\partial\rho} & \frac{\partial y}{\partial\varphi} & \frac{\partial y}{\partial\theta} \\ \frac{\partial z}{\partial\rho} & \frac{\partial z}{\partial\varphi} & \frac{\partial z}{\partial\theta} \end{matrix} \right\| d\rho d\varphi d\theta$

$$= \left\| \begin{matrix} \sin\varphi\cos\theta & \rho\cos\varphi\cos\theta & -\rho\sin\varphi\sin\theta \\ \sin\varphi\sin\theta & \rho\cos\varphi\sin\theta & -\rho\sin\varphi\cos\theta \\ \cos\varphi & -\rho\sin\varphi & 0 \end{matrix} \right\| d\rho d\varphi d\theta = \rho^2\sin\varphi\, d\rho d\varphi d\theta$$

令 $R = \{(\rho,\varphi,\theta): 0 \le \rho \le 1, 0 \le \varphi \le \frac{\pi}{2}, 0 \le \theta \le \frac{\pi}{2}\}$

则 $\iiint_V xyz\, dxdydz = \iiint_R (\rho\sin\varphi\cos\theta \cdot \rho\sin\varphi\sin\theta \cdot \rho\cos\varphi)\rho^2\sin\varphi\, d\rho d\theta d\varphi$

$$= \int_0^{\frac{\pi}{2}} \int_0^{\frac{\pi}{2}} \int_0^1 (\rho\sin\varphi\cos\theta \cdot \rho\sin\varphi\sin\theta \cdot \rho\cos\varphi)\rho^2\sin\varphi\, d\rho d\theta d\varphi$$

$$= \left(\left.\frac{\rho^6}{6}\right|_0^1\right) \int_0^{\frac{\pi}{2}} \sin^3\varphi\cos\varphi\, d\varphi \int_0^{\frac{\pi}{2}} \cos\theta\sin\theta\, d\theta$$

$$\because \int_0^{\frac{\pi}{2}} \cos\theta \sin\theta \, d\theta = \frac{1}{2}\int_0^{\frac{\pi}{2}} \sin 2\theta \, d\theta = \frac{-1}{4}(\cos 2\theta)\Big|_0^{\frac{\pi}{2}} = \frac{1}{2}$$

$$\int_0^{\frac{\pi}{2}} \sin^3\varphi \cos\varphi \, d\varphi = \frac{\sin^4\varphi}{4}\Big|_0^{\frac{\pi}{2}} = \frac{1}{4}$$

$$\therefore \iiint_V xyz \, dxdydz = \frac{1}{6}\cdot\frac{1}{4}\cdot\frac{1}{2} = \frac{1}{48}$$

Example 16.

假设 $V = \{(x,y,z): x^2+y^2+z^2 \le 1\}$，求 $\iiint_V y^2 \, dV = ?$

【解】

令$x = \rho\sin\varphi\cos\theta\,, y = \rho\sin\varphi\sin\theta\,, z = \rho\cos\varphi$

$$\text{则 } dxdydz = \left\| \begin{matrix} \frac{\partial x}{\partial\rho} & \frac{\partial x}{\partial\varphi} & \frac{\partial x}{\partial\theta} \\ \frac{\partial y}{\partial\rho} & \frac{\partial y}{\partial\varphi} & \frac{\partial y}{\partial\theta} \\ \frac{\partial z}{\partial\rho} & \frac{\partial z}{\partial\varphi} & \frac{\partial z}{\partial\theta} \end{matrix} \right\| d\rho d\varphi d\theta$$

$$= \left\| \begin{matrix} \sin\varphi\cos\theta & \rho\cos\varphi\cos\theta & -\rho\sin\varphi\sin\theta \\ \sin\varphi\sin\theta & \rho\cos\varphi\sin\theta & -\rho\sin\varphi\cos\theta \\ \cos\varphi & -\rho\sin\varphi & 0 \end{matrix} \right\| d\rho d\varphi d\theta = \rho^2 \sin\varphi \, d\rho d\varphi d\theta$$

令 $R = \{(\rho,\varphi,\theta): 0 \le \rho \le 1, 0 \le \varphi \le \pi, 0 \le \theta \le 2\pi\}$

$$\text{则 } \iiint_V y^2 \, dV = \iiint_R \rho^4 \sin^3\varphi \sin^2\theta \, d\rho d\theta d\varphi = \int_0^{\pi}\int_0^{2\pi}\int_0^1 \rho^4 \sin^3\varphi \sin^2\theta \, d\rho d\theta d\varphi$$

$$= \left(\frac{\rho^5}{5}\Big|_0^1\right)\int_0^{\pi} \sin^3\varphi \, d\varphi \int_0^{2\pi} \sin^2\theta \, d\theta = \frac{1}{5}\cdot\frac{4}{3}\cdot\pi = \frac{4\pi}{15}$$

Example 17.

求封闭曲面$(x^2+y^2+z^2)^2=2z(x^2+y^2)$所围区域体积

【解】

令$x=\rho\sin\varphi\cos\theta, y=\rho\sin\varphi\sin\theta, \mathrm{z}=\rho\cos\varphi$

则 $dxdydz=\left\|\begin{matrix}\frac{\partial x}{\partial\rho} & \frac{\partial x}{\partial\varphi} & \frac{\partial x}{\partial\theta}\\ \frac{\partial y}{\partial\rho} & \frac{\partial y}{\partial\varphi} & \frac{\partial y}{\partial\theta}\\ \frac{\partial z}{\partial\rho} & \frac{\partial z}{\partial\varphi} & \frac{\partial z}{\partial\theta}\end{matrix}\right\| d\rho d\varphi d\theta$

$=\left\|\begin{matrix}\sin\varphi\cos\theta & \rho\cos\varphi\cos\theta & -\rho\sin\varphi\sin\theta\\ \sin\varphi\sin\theta & \rho\cos\varphi\sin\theta & -\rho\sin\varphi\cos\theta\\ \cos\varphi & -\rho\sin\varphi & 0\end{matrix}\right\| d\rho d\varphi d\theta=\rho^2\sin\varphi\, d\rho d\varphi d\theta$

令 $\mathrm{R}=\{(\rho,\varphi,\theta): 0\le\rho\le 2\cos\varphi\sin^2\varphi, 0\le\varphi\le\frac{\pi}{2}, 0\le\theta\le 2\pi\}$

则 $\mathrm{V}=\iiint_R d\rho d\theta d\varphi=\int_0^{2\pi}\int_0^{\frac{\pi}{2}}\int_0^{2\cos\varphi\sin^2\varphi}\rho^2\sin\varphi\, d\rho d\varphi d\theta$

$=2\pi\int_0^{\frac{\pi}{2}}\frac{\rho^3}{3}\bigg|_0^{2\cos\varphi\sin^2\varphi}\sin\varphi\, d\varphi=\frac{16\pi}{3}\int_0^{\frac{\pi}{2}}\cos^3\varphi\sin^7\varphi\, d\varphi$

$=\frac{16\pi}{3}\int_0^{\frac{\pi}{2}}\cos\varphi\,(1-\sin^2\varphi)\sin^7\varphi\, d\varphi=\frac{16\pi}{3}\left(\frac{\sin^8\varphi}{8}-\frac{\sin^{10}\varphi}{10}\right)\bigg|_0^{\frac{\pi}{2}}=\frac{2\pi}{15}$

Example 18.

(1)计算球体$x^2+y^2+z^2\le 100$ 被平面 $z=4$ 切除后剩的较小块体积

(2)计算球体$x^2+y^2+z^2\le 100$ 被平面 $z=2$ 切除后剩的较小块体积

【解】

(1)

令$x=\rho\sin\varphi\cos\theta, y=\rho\sin\varphi\sin\theta, \mathrm{z}=\rho\cos\varphi$

则 $dxdydz=\left\|\begin{vmatrix}\frac{\partial x}{\partial \rho} & \frac{\partial x}{\partial \varphi} & \frac{\partial x}{\partial \theta}\\ \frac{\partial y}{\partial \rho} & \frac{\partial y}{\partial \varphi} & \frac{\partial y}{\partial \theta}\\ \frac{\partial z}{\partial \rho} & \frac{\partial z}{\partial \varphi} & \frac{\partial z}{\partial \theta}\end{vmatrix}\right\| d\rho d\varphi d\theta$

$=\left\|\begin{vmatrix}\sin\varphi\cos\theta & \rho\cos\varphi\cos\theta & -\rho\sin\varphi\sin\theta\\ \sin\varphi\sin\theta & \rho\cos\varphi\sin\theta & -\rho\sin\varphi\cos\theta\\ \cos\varphi & -\rho\sin\varphi & 0\end{vmatrix}\right\| d\rho d\varphi d\theta=\rho^2\sin\varphi\, d\rho d\varphi d\theta$

令 $\mathrm{R}=\{(\rho,\varphi,\theta): \frac{4}{\cos\varphi}\le\rho\le 10, 0\le\varphi\le\cos^{-1}\frac{2}{5}, 0\le\theta\le 2\pi\}$

则 $V=\iiint_R \rho^2\sin\varphi\, d\rho d\theta d\varphi=\int_0^{\cos^{-1}\frac{2}{5}}\int_0^{2\pi}\int_{\frac{4}{\cos\varphi}}^{10}\rho^2\sin\varphi\, d\rho d\theta d\varphi$

$=\int_0^{\cos^{-1}\frac{2}{5}}\int_0^{2\pi}\frac{\rho^3}{3}\Big|_{\frac{4}{\cos\varphi}}^{10}\sin\varphi\, d\theta d\varphi=\int_0^{\cos^{-1}\frac{2}{5}}\frac{1}{3}\left(1000-\left(\frac{4}{\cos\varphi}\right)^3\right)\sin\varphi\, d\varphi\int_0^{2\pi}d\theta$

$=\frac{2\pi}{3}\left(-1000\cdot\cos\varphi\Big|_0^{\cos^{-1}\frac{2}{5}}-\frac{4^3}{2}\cdot\cos^{-2}\varphi\Big|_0^{\cos^{-1}\frac{2}{5}}\right)$

$=\frac{2\pi}{3}\left(-1000\cdot\left(\frac{2}{5}-1\right)-\frac{4^3}{2}\cdot\left(\frac{25}{4}-1\right)\right)=\frac{2\pi}{3}\left(1000\cdot\left(\frac{3}{5}\right)-\frac{16}{2}\cdot 21\right)=288\pi$

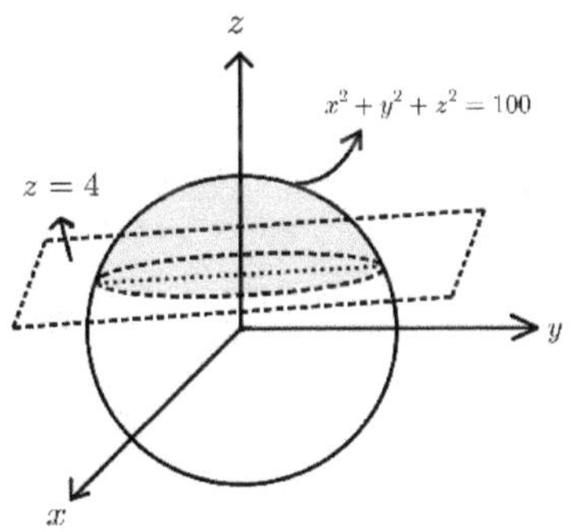

(2)

令$x=\rho\sin\varphi\cos\theta$, $y=\rho\sin\varphi\sin\theta$, $\mathrm{z}=\rho\cos\varphi$

则 $dxdydz = \left\| \begin{matrix} \frac{\partial x}{\partial \rho} & \frac{\partial x}{\partial \varphi} & \frac{\partial x}{\partial \theta} \\ \frac{\partial y}{\partial \rho} & \frac{\partial y}{\partial \varphi} & \frac{\partial y}{\partial \theta} \\ \frac{\partial z}{\partial \rho} & \frac{\partial z}{\partial \varphi} & \frac{\partial z}{\partial \theta} \end{matrix} \right\| d\rho d\varphi d\theta$

$= \left\| \begin{matrix} \sin\varphi\cos\theta & \rho\cos\varphi\cos\theta & -\rho\sin\varphi\sin\theta \\ \sin\varphi\sin\theta & \rho\cos\varphi\sin\theta & -\rho\sin\varphi\cos\theta \\ \cos\varphi & -\rho\sin\varphi & 0 \end{matrix} \right\| d\rho d\varphi d\theta = \rho^2\sin\varphi\, d\rho d\varphi d\theta$

令 $\mathrm{R} = \{(\rho,\varphi,\theta): \frac{2}{\cos\varphi} \le \rho \le 10, 0 \le \varphi \le \cos^{-1}\frac{1}{5}, 0 \le \theta \le 2\pi\}$

则$V = \iiint_R \rho^2\sin\varphi\, d\rho d\theta d\varphi = \int_0^{\cos^{-1}\frac{1}{5}} \int_0^{2\pi} \int_{\frac{2}{\cos\varphi}}^{10} \rho^2 \sin\varphi\, d\rho d\theta d\varphi$

$= \int_0^{\cos^{-1}\frac{1}{5}} \int_0^{2\pi} \frac{\rho^3}{3}\Big|_{\frac{2}{\cos\varphi}}^{10} \sin\varphi\, d\theta d\varphi = \int_0^{\cos^{-1}\frac{1}{5}} \frac{1}{3}\left(1000 - \left(\frac{2}{\cos\varphi}\right)^3\right)\sin\varphi\, d\varphi \int_0^{2\pi} d\theta$

$= \frac{2\pi}{3}\left(-1000\cdot\cos\varphi\Big|_0^{\cos^{-1}\frac{1}{5}} - \frac{2^3}{2}\cdot\cos^{-2}\varphi\Big|_0^{\cos^{-1}\frac{1}{5}}\right)$

$= \frac{2\pi}{3}\left(-1000\cdot\left(\frac{1}{5}-1\right) - \frac{2^3}{2}\cdot(25-1)\right) = \frac{2\pi}{3}\left(1000\cdot\left(\frac{4}{5}\right) - 96\right) = \frac{1408\pi}{3}$

Example 19.

(1)计算球体$x^2+y^2+z^2 \le r^2$ 与 $z \ge \sqrt{3x^2+3y^2}$交集区域体积

(2)计算球体$x^2+y^2+z^2 \le 1$ 与 $\sqrt{3}z \ge \sqrt{x^2+y^2}$交集区域体积

【解】

(1)

令$x = \rho\sin\varphi\cos\theta$, $y = \rho\sin\varphi\sin\theta$, $\mathrm{z} = \rho\cos\varphi$

$$则\ dxdydz = \left\| \begin{vmatrix} \frac{\partial x}{\partial \rho} & \frac{\partial x}{\partial \varphi} & \frac{\partial x}{\partial \theta} \\ \frac{\partial y}{\partial \rho} & \frac{\partial y}{\partial \varphi} & \frac{\partial y}{\partial \theta} \\ \frac{\partial z}{\partial \rho} & \frac{\partial z}{\partial \varphi} & \frac{\partial z}{\partial \theta} \end{vmatrix} \right\| d\rho d\varphi d\theta$$

$$= \left\| \begin{vmatrix} \sin\varphi\cos\theta & \rho\cos\varphi\cos\theta & -\rho\sin\varphi\sin\theta \\ \sin\varphi\sin\theta & \rho\cos\varphi\sin\theta & -\rho\sin\varphi\cos\theta \\ \cos\varphi & -\rho\sin\varphi & 0 \end{vmatrix} \right\| d\rho d\varphi d\theta = \rho^2\sin\varphi\, d\rho d\varphi d\theta$$

令 $\mathrm{R} = \{(\rho,\varphi,\theta): 0 \le \rho \le r, 0 \le \varphi \le \frac{\pi}{6}, 0 \le \theta \le 2\pi\}$

$$则\ V = \iiint_R \rho^2\sin\varphi\, d\rho d\theta d\varphi = \int_0^{\frac{\pi}{6}}\int_0^{2\pi}\int_0^r \rho^2\sin\varphi\, d\rho d\theta d\varphi = \int_0^{\frac{\pi}{6}}\sin\varphi\, d\varphi \int_0^{2\pi} d\theta \int_0^r \rho^2 d\rho$$

$$= \left(\frac{1}{3} - \frac{\sqrt{3}}{6}\right) 2\pi r^3$$

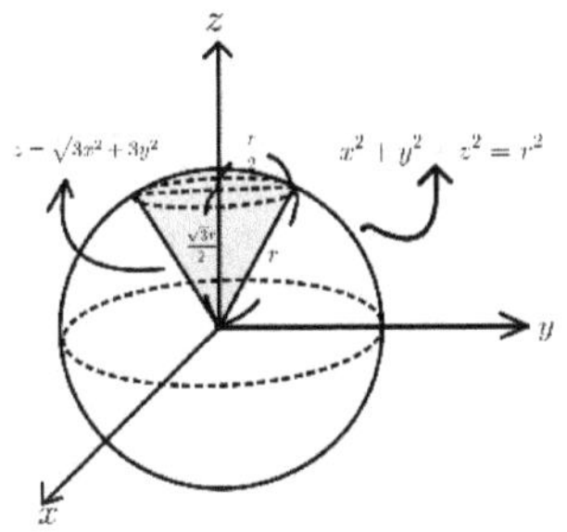

(2)

令 $x = \rho\sin\varphi\cos\theta$, $y = \rho\sin\varphi\sin\theta$, $\mathrm{z} = \rho\cos\varphi$

$$则\ dxdydz = \left\| \begin{vmatrix} \frac{\partial x}{\partial \rho} & \frac{\partial x}{\partial \varphi} & \frac{\partial x}{\partial \theta} \\ \frac{\partial y}{\partial \rho} & \frac{\partial y}{\partial \varphi} & \frac{\partial y}{\partial \theta} \\ \frac{\partial z}{\partial \rho} & \frac{\partial z}{\partial \varphi} & \frac{\partial z}{\partial \theta} \end{vmatrix} \right\| d\rho d\varphi d\theta$$

$$= \left\| \begin{vmatrix} \sin\varphi\cos\theta & \rho\cos\varphi\cos\theta & -\rho\sin\varphi\sin\theta \\ \sin\varphi\sin\theta & \rho\cos\varphi\sin\theta & -\rho\sin\varphi\cos\theta \\ \cos\varphi & -\rho\sin\varphi & 0 \end{vmatrix} \right\| d\rho d\varphi d\theta = \rho^2\sin\varphi\, d\rho d\varphi d\theta$$

令 $R=\{(\rho,\varphi,\theta): 0\le\rho\le 1, 0\le\varphi\le\frac{\pi}{3}, 0\le\theta\le 2\pi\}$

则$V=\iiint_R \rho^2\sin\varphi\,d\rho d\theta d\varphi=\int_0^{\frac{\pi}{3}}\int_0^{2\pi}\int_0^{1}\rho^2\sin\varphi\,d\rho d\theta d\varphi=\int_0^{\frac{\pi}{3}}\sin\varphi\,d\varphi\int_0^{2\pi}d\theta\int_0^{1}\rho^2 d\rho$

$=\frac{\pi}{3}$

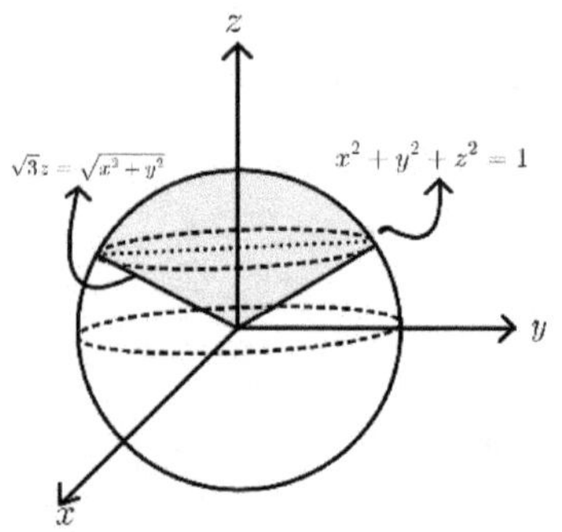

Example 20.

(1)计算球体$x^2+y^2+(z-1)^2\le 1$与$\sqrt{3}\,z\ge\sqrt{x^2+y^2}$交集区域体积

(2)计算球体$x^2+y^2+z^2\le z$与$\sqrt{3}\,z\ge\sqrt{x^2+y^2}$交集区域体积

【解】

(1)

令$x=\rho\sin\varphi\cos\theta, y=\rho\sin\varphi\sin\theta, z=\rho\cos\varphi$

$$\text{则}dxdydz=\left\|\begin{matrix}\frac{\partial x}{\partial\rho} & \frac{\partial x}{\partial\varphi} & \frac{\partial x}{\partial\theta}\\ \frac{\partial y}{\partial\rho} & \frac{\partial y}{\partial\varphi} & \frac{\partial y}{\partial\theta}\\ \frac{\partial z}{\partial\rho} & \frac{\partial z}{\partial\varphi} & \frac{\partial z}{\partial\theta}\end{matrix}\right\|d\rho d\varphi d\theta$$

$$=\left\|\begin{matrix}\sin\varphi\cos\theta & \rho\cos\varphi\cos\theta & -\rho\sin\varphi\sin\theta\\ \sin\varphi\sin\theta & \rho\cos\varphi\sin\theta & -\rho\sin\varphi\cos\theta\\ \cos\varphi & -\rho\sin\varphi & 0\end{matrix}\right\|d\rho d\varphi d\theta=\rho^2\sin\varphi\,d\rho d\varphi d\theta$$

令 $R=\{(\rho,\varphi,\theta): 0\le\rho\le 2\cos\varphi, 0\le\varphi\le\frac{\pi}{3}, 0\le\theta\le 2\pi\}$

则 $V=\iiint_R \rho^2\sin\varphi\, d\rho d\theta d\varphi=\int_0^{\frac{\pi}{3}}\int_0^{2\pi}\int_0^{2\cos\varphi}\rho^2\sin\varphi\, d\rho d\theta d\varphi$

$=2\pi\int_0^{\frac{\pi}{3}}\int_0^{2\cos\varphi}\rho^2\sin\varphi\, d\rho d\varphi=2\pi\int_0^{\frac{\pi}{3}}\sin\varphi\int_0^{2\cos\varphi}\rho^2\, d\rho d\varphi$

$\because \int_0^{2\cos\varphi}\rho^2\, d\rho=\left.\frac{\rho^3}{3}\right|_0^{2\cos\varphi}=\frac{8\cos^3\varphi}{3}$

$\therefore 2\pi\int_0^{\frac{\pi}{3}}\sin\varphi\int_0^{2\cos\varphi}\rho^2\, d\rho d\varphi=\frac{16\pi}{3}\int_0^{\frac{\pi}{3}}\sin\varphi\cos^3\varphi\, d\varphi=\frac{-16\pi}{3}\cdot\left.\frac{\cos^4\varphi}{4}\right|_0^{\frac{\pi}{3}}$

$=\frac{-4\pi}{3}\left(\frac{1}{16}-1\right)=\frac{5\pi}{4}$

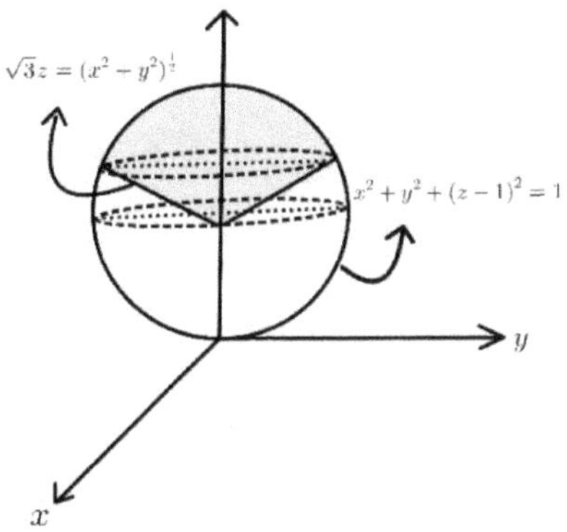

(2)

令 $x=\rho\sin\varphi\cos\theta\, ,y=\rho\sin\varphi\sin\theta\, ,\mathrm{z}=\rho\cos\varphi$

则 $dxdydz=\left\|\begin{matrix}\frac{\partial x}{\partial\rho} & \frac{\partial x}{\partial\varphi} & \frac{\partial x}{\partial\theta}\\ \frac{\partial y}{\partial\rho} & \frac{\partial y}{\partial\varphi} & \frac{\partial y}{\partial\theta}\\ \frac{\partial z}{\partial\rho} & \frac{\partial z}{\partial\varphi} & \frac{\partial z}{\partial\theta}\end{matrix}\right\| d\rho d\varphi d\theta$

$=\left\|\begin{matrix}\sin\varphi\cos\theta & \rho\cos\varphi\cos\theta & -\rho\sin\varphi\sin\theta\\ \sin\varphi\sin\theta & \rho\cos\varphi\sin\theta & -\rho\sin\varphi\cos\theta\\ \cos\varphi & -\rho\sin\varphi & 0\end{matrix}\right\| d\rho d\varphi d\theta=\rho^2\sin\varphi\, d\rho d\varphi d\theta$

令 $\mathrm{R}=\{(\rho,\varphi,\theta):0\le\rho\le\cos\varphi\, ,0\le\varphi\le\frac{\pi}{3},0\le\theta\le 2\pi\}$

则 $V = \iiint_R \rho^2 \sin\varphi \, d\rho d\theta d\varphi = \int_0^{\frac{\pi}{3}} \int_0^{2\pi} \int_0^{\cos\varphi} \rho^2 \sin\varphi \, d\rho d\theta d\varphi$

$= 2\pi \int_0^{\frac{\pi}{3}} \int_0^{\cos\varphi} \rho^2 \sin\varphi \, d\rho d\varphi = 2\pi \int_0^{\frac{\pi}{3}} \sin\varphi \int_0^{\cos\varphi} \rho^2 \, d\rho d\varphi$

$\because \int_0^{\cos\varphi} \rho^2 \, d\rho = \left.\frac{\rho^3}{3}\right|_0^{\cos\varphi} = \frac{\cos^3\varphi}{3}$

$\therefore 2\pi \int_0^{\frac{\pi}{3}} \sin\varphi \int_0^{\cos\varphi} \rho^2 \, d\rho d\varphi = \frac{2\pi}{3} \int_0^{\frac{\pi}{3}} \sin\varphi \cos^3\varphi \, d\varphi = -\frac{2\pi}{3} \cdot \left.\frac{\cos^4\varphi}{4}\right|_0^{\frac{\pi}{3}} = -\frac{\pi}{6}\left(\frac{1}{16} - 1\right)$

$= \frac{5\pi}{32}$

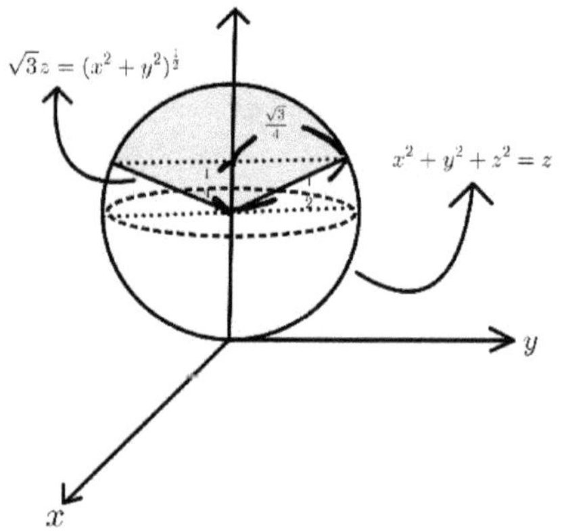

Example 21.

(1)试利用变数变换求$\left(\frac{x^2}{a^2} + \frac{y^2}{b^2} + \frac{z^2}{c^2}\right)^{\frac{3}{2}} = \frac{x^2}{a^2} + \frac{y^2}{b^2}$ 所围成区域的体积

(2)假设 V 为 $\left(\frac{x^2}{a^2} + \frac{y^2}{b^2} + \frac{z^2}{c^2}\right)^{\frac{3}{2}} = \frac{x^2}{a^2} + \frac{y^2}{b^2}$ 与 $z > 0$ 所围区域，试求 $\iiint_V z dxdydz = ?$

【解】

(1)

令$x = a\rho \sin\varphi \cos\theta$, $y = b\rho \sin\varphi \sin\theta$, $z = c\rho \cos\varphi$

则$dxdydz=\left|\begin{vmatrix}\frac{\partial x}{\partial \rho} & \frac{\partial x}{\partial \varphi} & \frac{\partial x}{\partial \theta}\\ \frac{\partial y}{\partial \rho} & \frac{\partial y}{\partial \varphi} & \frac{\partial y}{\partial \theta}\\ \frac{\partial z}{\partial \rho} & \frac{\partial z}{\partial \varphi} & \frac{\partial z}{\partial \theta}\end{vmatrix}\right|d\rho d\varphi d\theta$

$=abc\left|\begin{vmatrix}\sin\varphi\cos\theta & \rho\cos\varphi\cos\theta & -\rho\sin\varphi\sin\theta\\ \sin\varphi\sin\theta & \rho\cos\varphi\sin\theta & -\rho\sin\varphi\cos\theta\\ \cos\varphi & -\rho\sin\varphi & 0\end{vmatrix}\right|d\rho d\varphi d\theta=abc\rho^2\sin\varphi\, d\rho d\varphi d\theta$

令 $\mathrm{R}=\{(\rho,\varphi,\theta):0\le\rho\le\sin^2\varphi,0\le\varphi\le\pi,0\le\theta\le2\pi\}$

则 $V=abc\iiint_R\rho^2\sin\varphi\, d\rho d\theta d\varphi=abc\int_0^{\pi}\int_0^{2\pi}\int_0^{\sin^2\varphi}\rho^2\sin\varphi\, d\rho d\theta d\varphi$

$=abc\int_0^{\pi}\int_0^{2\pi}\left.\frac{\rho^3}{3}\right|_0^{\sin^2\varphi}\sin\varphi\, d\theta d\varphi=\frac{abc}{3}\cdot2\pi\cdot\int_0^{\pi}\sin^7\varphi\, d\varphi=\frac{64abc\pi}{105}$

(2)

令$x=a\rho\sin\varphi\cos\theta,y=b\rho\sin\varphi\sin\theta,\mathrm{z}=\mathrm{c}\rho\cos\varphi$

则$dxdydz=\left|\begin{vmatrix}\frac{\partial x}{\partial \rho} & \frac{\partial x}{\partial \varphi} & \frac{\partial x}{\partial \theta}\\ \frac{\partial y}{\partial \rho} & \frac{\partial y}{\partial \varphi} & \frac{\partial y}{\partial \theta}\\ \frac{\partial z}{\partial \rho} & \frac{\partial z}{\partial \varphi} & \frac{\partial z}{\partial \theta}\end{vmatrix}\right|d\rho d\varphi d\theta$

$=abc\left|\begin{vmatrix}\sin\varphi\cos\theta & \rho\cos\varphi\cos\theta & -\rho\sin\varphi\sin\theta\\ \sin\varphi\sin\theta & \rho\cos\varphi\sin\theta & -\rho\sin\varphi\cos\theta\\ \cos\varphi & -\rho\sin\varphi & 0\end{vmatrix}\right|d\rho d\varphi d\theta$

$=abc\rho^2\sin\varphi\, d\rho d\varphi d\theta$

令 $\mathrm{R}=\{(\rho,\varphi,\theta):0\le\rho\le\sin^2\varphi,0\le\varphi\le\frac{\pi}{2},0\le\theta\le2\pi\}$

则 $\iiint_{\mathrm{V}}zdxdydz=abc^2\iiint_R\rho^3\sin\varphi\cos\varphi\, d\rho d\theta d\varphi$

$=abc^2\int_0^{\frac{\pi}{2}}\int_0^{2\pi}\int_0^{\sin^2\varphi}\rho^3\sin\varphi\cos\varphi\, d\rho d\theta d\varphi=abc^2\int_0^{\frac{\pi}{2}}\int_0^{2\pi}\left.\frac{\rho^4}{4}\right|_0^{\sin^2\varphi}\sin\varphi\cos\varphi\, d\theta d\varphi$

$$= \frac{abc^2}{4} \cdot 2\pi \cdot \int_0^{\frac{\pi}{2}} \sin^9 \varphi \cos \varphi \, d\varphi = \frac{abc^2\pi}{20}$$

Example 22.

假设 $\mathrm{V} = \{(x, y, z): x^2 + y^2 + z^2 \leq 1\}$，求 $\iiint_{\mathrm{V}} \frac{dxdydz}{\sqrt{1 - x^2 - y^2 - z^2}} = ?$

【解】

令$x = \rho \sin \varphi \cos \theta$, $y = \rho \sin \varphi \sin \theta$, $\mathrm{z} = \rho \cos \varphi$

$$\text{则}\, dxdydz = \left\| \begin{matrix} \frac{\partial x}{\partial \rho} & \frac{\partial x}{\partial \varphi} & \frac{\partial x}{\partial \theta} \\ \frac{\partial y}{\partial \rho} & \frac{\partial y}{\partial \varphi} & \frac{\partial y}{\partial \theta} \\ \frac{\partial z}{\partial \rho} & \frac{\partial z}{\partial \varphi} & \frac{\partial z}{\partial \theta} \end{matrix} \right\| d\rho d\varphi d\theta$$

$$= \left\| \begin{matrix} \sin \varphi \cos \theta & \rho \cos \varphi \cos \theta & -\rho \sin \varphi \sin \theta \\ \sin \varphi \sin \theta & \rho \cos \varphi \sin \theta & -\rho \sin \varphi \cos \theta \\ \cos \varphi & -\rho \sin \varphi & 0 \end{matrix} \right\| d\rho d\varphi d\theta = \rho^2 \sin \varphi \, d\rho d\varphi d\theta$$

令 $\mathrm{R} = \{(\rho, \varphi, \theta): 0 \leq \rho \leq 1, 0 \leq \varphi \leq \pi, 0 \leq \theta \leq 2\pi\}$

$$\text{则} \iiint_{\mathrm{V}} \frac{dxdydz}{\sqrt{1 - x^2 - y^2 - z^2}} = \iiint_R \frac{\rho^2 \sin \varphi}{\sqrt{1 - \rho^2}} d\rho d\theta d\varphi = \int_0^{\pi} \int_0^{2\pi} \int_0^1 \frac{\rho^2 \sin \varphi}{\sqrt{1 - \rho^2}} d\rho d\theta d\varphi$$

$$= \int_0^{\pi} \sin \varphi d\varphi \int_0^{2\pi} d\theta \int_0^1 \frac{\rho^2}{\sqrt{1 - \rho^2}} d\rho = 2(2\pi) \left(\int_0^1 \frac{\rho^2}{\sqrt{1 - \rho^2}} d\rho \right)$$

令$\rho = \sin \theta$ 则$d\rho = \cos \theta \, d\theta$

$$\therefore \int_0^1 \frac{\rho^2}{\sqrt{1 - \rho^2}} d\rho = \int_0^{\frac{\pi}{2}} \frac{\sin^2 \theta \cos \theta}{\sqrt{1 - \sin^2 \theta}} d\theta = \int_0^{\frac{\pi}{2}} \sin^2 \theta \, d\theta = \int_0^{\frac{\pi}{2}} \frac{1 - \cos 2\theta}{2} d\theta$$

$$= \frac{1}{2} \left(\frac{\pi}{2} - \frac{\sin 2\theta}{2} \Big|_0^{\frac{\pi}{2}} \right) = \frac{\pi}{4}$$

$$\therefore \iiint_{\mathrm{V}} \frac{dxdydz}{\sqrt{1 - x^2 - y^2 - z^2}} = 2(2\pi) \left(\int_0^1 \frac{\rho^2}{\sqrt{1 - \rho^2}} d\rho \right) = \pi^2$$

Example 23.

$$假设\ \mathrm{V}=\{(x,y,z): x^2+y^2+z^2 \le r^2\},求 \iiint_{\mathrm{V}} z^2(x^2+y^2+z^2)^{\frac{3}{2}}\,dxdydz=?$$

【解】

令$x=\rho\sin\varphi\cos\theta\,, y=\rho\sin\varphi\sin\theta\,, \mathrm{z}=\rho\cos\varphi$

$$则\ dxdydz=\left\|\begin{matrix}\frac{\partial x}{\partial\rho} & \frac{\partial x}{\partial\varphi} & \frac{\partial x}{\partial\theta}\\ \frac{\partial y}{\partial\rho} & \frac{\partial y}{\partial\varphi} & \frac{\partial y}{\partial\theta}\\ \frac{\partial z}{\partial\rho} & \frac{\partial z}{\partial\varphi} & \frac{\partial z}{\partial\theta}\end{matrix}\right\| d\rho d\varphi d\theta$$

$$=\left\|\begin{matrix}\sin\varphi\cos\theta & \rho\cos\varphi\cos\theta & -\rho\sin\varphi\sin\theta\\ \sin\varphi\sin\theta & \rho\cos\varphi\sin\theta & -\rho\sin\varphi\cos\theta\\ \cos\varphi & -\rho\sin\varphi & 0\end{matrix}\right\| d\rho d\varphi d\theta=\rho^2\sin\varphi\,d\rho d\varphi d\theta$$

令 $\mathrm{R}=\{(\rho,\varphi,\theta): 0\le\rho\le r, 0\le\varphi\le\pi, 0\le\theta\le 2\pi\}$

$$则 \iiint_{\mathrm{V}} z^2(x^2+y^2+z^2)^{\frac{3}{2}}\,dxdydz=\iiint_{R} \rho^2\cos^2\varphi\,(\rho^2)^{\frac{3}{2}}\rho^2\sin\varphi\,d\rho d\theta d\varphi$$

$$=\int_0^{\pi}\int_0^{2\pi}\int_0^{r}\rho^2\cos^2\varphi\,(\rho^2)^{\frac{3}{2}}\rho^2\sin\varphi\,d\rho d\theta d\varphi=\int_0^{\pi}\cos^2\varphi\sin\varphi d\varphi\int_0^{2\pi}d\theta\int_0^{r}\rho^7 d\rho$$

$$=-\frac{\cos^3\varphi}{3}\bigg|_0^{\pi}(2\pi)\left(\frac{r^8}{8}\right)=\frac{\pi r^8}{6}$$

Example 24.

$$假设\ \mathrm{V}=\{(x,y,z): x^2+y^2+z^2 \le r^2, z>0\},求 \iiint_{\mathrm{V}} z(x^2+y^2+z^2)^{\frac{3}{2}}\,dxdydz=?$$

【解】

令$x=\rho\sin\varphi\cos\theta\,, y=\rho\sin\varphi\sin\theta\,, \mathrm{z}=\rho\cos\varphi$

$$则\ dxdydz=\left\|\begin{matrix}\frac{\partial x}{\partial\rho} & \frac{\partial x}{\partial\varphi} & \frac{\partial x}{\partial\theta}\\ \frac{\partial y}{\partial\rho} & \frac{\partial y}{\partial\varphi} & \frac{\partial y}{\partial\theta}\\ \frac{\partial z}{\partial\rho} & \frac{\partial z}{\partial\varphi} & \frac{\partial z}{\partial\theta}\end{matrix}\right\| d\rho d\varphi d\theta$$

$$= \left\| \begin{matrix} \sin\varphi\cos\theta & \rho\cos\varphi\cos\theta & -\rho\sin\varphi\sin\theta \\ \sin\varphi\sin\theta & \rho\cos\varphi\sin\theta & -\rho\sin\varphi\cos\theta \\ \cos\varphi & -\rho\sin\varphi & 0 \end{matrix} \right\| d\rho d\varphi d\theta = \rho^2\sin\varphi\, d\rho d\varphi d\theta$$

令 $R = \{(\rho,\varphi,\theta): 0 \le \rho \le r, 0 \le \varphi \le \frac{\pi}{2}, 0 \le \theta \le 2\pi\}$

则 $\iiint_V z(x^2+y^2+z^2)^{\frac{3}{2}}\, dxdydz = \iiint_R \rho\cos\varphi\,(\rho^2)^{\frac{3}{2}}\rho^2\sin\varphi\, d\rho d\theta d\varphi$

$$= \int_0^{\frac{\pi}{2}}\int_0^{2\pi}\int_0^r \rho\cos\varphi\,(\rho^2)^{\frac{3}{2}}\rho^2\sin\varphi\, d\rho d\theta d\varphi = \int_0^{\frac{\pi}{2}}\cos\varphi\sin\varphi d\varphi\int_0^{2\pi}d\theta\int_0^r \rho^6 d\rho$$

$$= -\frac{\cos 2\varphi}{4}\Big|_0^{\frac{\pi}{2}}(2\pi)\left(\frac{r^7}{7}\right) = \frac{\pi r^7}{7}$$

Example 25.

假设 $V = \left\{(x,y,z): \frac{x^2}{a^2}+\frac{y^2}{b^2}+\frac{z^2}{c^2} \le r^2\right\}$，求 $\iiint_V xyz\, dV = ?$

【解】

令 $x = a\rho\sin\varphi\cos\theta, y = b\rho\sin\varphi\sin\theta, z = c\rho\cos\varphi$

$$\text{则 } dxdydz = \left\| \begin{matrix} \frac{\partial x}{\partial\rho} & \frac{\partial x}{\partial\varphi} & \frac{\partial x}{\partial\theta} \\ \frac{\partial y}{\partial\rho} & \frac{\partial y}{\partial\varphi} & \frac{\partial y}{\partial\theta} \\ \frac{\partial z}{\partial\rho} & \frac{\partial z}{\partial\varphi} & \frac{\partial z}{\partial\theta} \end{matrix} \right\| d\rho d\varphi d\theta$$

$$= abc \left\| \begin{matrix} \sin\varphi\cos\theta & \rho\cos\varphi\cos\theta & -\rho\sin\varphi\sin\theta \\ \sin\varphi\sin\theta & \rho\cos\varphi\sin\theta & -\rho\sin\varphi\cos\theta \\ \cos\varphi & -\rho\sin\varphi & 0 \end{matrix} \right\| d\rho d\varphi d\theta = abc\rho^2\sin\varphi\, d\rho d\varphi d\theta$$

令 $R = \{(\rho,\varphi,\theta): 0 \le \rho \le r, 0 \le \varphi \le \pi, 0 \le \theta \le 2\pi\}$

则 $\iiint_V xyz\, dV = a^2b^2c^2\iiint_R (\rho\sin\varphi\cos\theta\cdot\rho\sin\varphi\sin\theta\cdot\rho\cos\varphi)\rho^2\sin\varphi\, d\rho d\theta d\varphi$

$$= a^2b^2c^2\int_0^{\pi}\int_0^{2\pi}\int_0^r(\rho\sin\varphi\cos\theta\cdot\rho\sin\varphi\sin\theta\cdot\rho\cos\varphi)\rho^2\sin\varphi\, d\rho d\theta d\varphi$$

$$= a^2b^2c^2\left(\frac{\rho^6}{6}\Big|_0^r\right)\int_0^{\pi}\sin^3\varphi\cos\varphi\,d\varphi\int_0^{2\pi}\cos\theta\sin\theta\,d\theta$$

$$\because \int_0^{2\pi}\cos\theta\sin\theta\,d\theta = \frac{1}{2}\int_0^{2\pi}\sin 2\theta\,d\theta = \frac{-1}{2}(\cos 2\theta)|_0^{2\pi} = 0 \quad \therefore \iiint_V xyz\,dV = 0$$

Example 26.

$$\text{假设 } V = \left\{(x,y,z): \frac{x^2}{a^2}+\frac{y^2}{b^2}+\frac{z^2}{c^2} \le r^2\right\}\text{，求} \iiint_V \sqrt{r^2-\left(\frac{x^2}{a^2}+\frac{y^2}{b^2}+\frac{z^2}{c^2}\right)}\,dxdydz = ?$$

【解】

令$x = a\rho\sin\varphi\cos\theta\,, y = b\rho\sin\varphi\sin\theta\,, z = c\rho\cos\varphi$

$$\text{则} dxdydz = \left|\begin{vmatrix} \frac{\partial x}{\partial\rho} & \frac{\partial x}{\partial\varphi} & \frac{\partial x}{\partial\theta} \\ \frac{\partial y}{\partial\rho} & \frac{\partial y}{\partial\varphi} & \frac{\partial y}{\partial\theta} \\ \frac{\partial z}{\partial\rho} & \frac{\partial z}{\partial\varphi} & \frac{\partial z}{\partial\theta} \end{vmatrix}\right| d\rho d\varphi d\theta$$

$$= abc\left|\begin{vmatrix} \sin\varphi\cos\theta & \rho\cos\varphi\cos\theta & -\rho\sin\varphi\sin\theta \\ \sin\varphi\sin\theta & \rho\cos\varphi\sin\theta & -\rho\sin\varphi\cos\theta \\ \cos\varphi & -\rho\sin\varphi & 0 \end{vmatrix}\right| d\rho d\varphi d\theta = abc\rho^2\sin\varphi\,d\rho d\varphi d\theta$$

令 $R = \{(\rho,\varphi,\theta): 0 \le \rho \le r, 0 \le \varphi \le \pi, 0 \le \theta \le 2\pi\}$

$$\text{则} \iiint_V \sqrt{r^2-\left(\frac{x^2}{a^2}+\frac{y^2}{b^2}+\frac{z^2}{c^2}\right)}\,dxdydz = abc\iiint_R \sqrt{r^2-\rho^2}\rho^2\sin\varphi\,d\rho d\theta d\varphi$$

$$= abc\int_0^{\pi}\int_0^{2\pi}\int_0^{r}\sqrt{r^2-\rho^2}\rho^2\sin\varphi\,d\rho d\theta d\varphi = abc\int_0^{\pi}\sin\varphi d\varphi\int_0^{2\pi}d\theta\int_0^{r}\sqrt{r^2-\rho^2}\rho^2 d\rho$$

$$= abc(2)(2\pi)\int_0^{r}\sqrt{r^2-\rho^2}\rho^2 d\rho$$

令$\rho = r\sin\theta$ 则$d\rho = r\cos\theta\,d\theta$

$$\therefore \int_0^{r}\sqrt{r^2-\rho^2}\rho^2 d\rho = r^4\int_0^{\frac{\pi}{2}}\sin^2\theta\cos^2\theta\,d\theta = r^4\int_0^{\frac{\pi}{2}}\left(\frac{\sin 2\theta}{2}\right)^2 d\theta = \frac{r^4}{4}\int_0^{\frac{\pi}{2}}\frac{1-\cos 4\theta}{2}d\theta$$

$$= \frac{r^4}{8}\left(\frac{\pi}{2} - \frac{\sin 4\theta}{4}\Big|_0^{\frac{\pi}{2}}\right) = \frac{\pi r^4}{16}$$

$$\therefore \iiint_V \sqrt{r^2-\left(\frac{x^2}{a^2}+\frac{y^2}{b^2}+\frac{z^2}{c^2}\right)}dxdydz=\frac{abc\pi^2r^4}{4}$$

Example 27.

求封闭曲面$(x^2+y^2+z^2)^3=27a^3xyz(a>0)$于第一象限内所围区域体积

【解】

令$x=\rho\sin\varphi\cos\theta\,,y=\rho\sin\varphi\sin\theta\,,\mathrm{z}=\rho\cos\varphi$

则 $dxdydz=\left\|\begin{matrix}\frac{\partial x}{\partial\rho} & \frac{\partial x}{\partial\varphi} & \frac{\partial x}{\partial\theta}\\ \frac{\partial y}{\partial\rho} & \frac{\partial y}{\partial\varphi} & \frac{\partial y}{\partial\theta}\\ \frac{\partial z}{\partial\rho} & \frac{\partial z}{\partial\varphi} & \frac{\partial z}{\partial\theta}\end{matrix}\right\|d\rho d\varphi d\theta$

$$=\left\|\begin{matrix}\sin\varphi\cos\theta & \rho\cos\varphi\cos\theta & -\rho\sin\varphi\sin\theta\\ \sin\varphi\sin\theta & \rho\cos\varphi\sin\theta & -\rho\sin\varphi\cos\theta\\ \cos\varphi & -\rho\sin\varphi & 0\end{matrix}\right\|d\rho d\varphi d\theta=\rho^2\sin\varphi\,d\rho d\varphi d\theta$$

令 $\mathrm{R}=\{(\rho,\varphi,\theta):0\le\rho\le 3a\sqrt[3]{\sin^2\varphi\cos\varphi\cos\theta\sin\theta}\,,0\le\varphi\le\frac{\pi}{2},0\le\theta\le\frac{\pi}{2}\}$

则$V=\iiint_R \rho^2\sin\varphi\,d\rho d\theta d\varphi=\int_0^{\frac{\pi}{2}}\int_0^{\frac{\pi}{2}}\int_0^{3a\sqrt[3]{\sin^2\varphi\cos\varphi\cos\theta\sin\theta}}\rho^2\sin\varphi\,d\rho d\theta d\varphi$

$$=\int_0^{\frac{\pi}{2}}\int_0^{\frac{\pi}{2}}9a^3\sin^3\varphi\cos\varphi\cos\theta\sin\theta\,d\theta d\varphi=9a^3\left(\frac{\sin^4\varphi}{4}\right)\Bigg|_0^{\frac{\pi}{2}}\left(\frac{-\cos 2\theta}{4}\right)\Bigg|_0^{\frac{\pi}{2}}$$

$$=9a^3\cdot\frac{1}{4}\cdot\frac{1}{2}=\frac{9a^3}{8}$$

Example 28.

假设 $\mathrm{V}=\{(x,y,z):1\le x^2+y^2+z^2\le 9,z>0\}$，求 $\iiint_V \frac{z^2dV}{\sqrt{x^2+y^2+z^2}}=?$

【解】

令$x=\rho\sin\varphi\cos\theta\,,y=\rho\sin\varphi\sin\theta\,,\mathrm{z}=\rho\cos\varphi$

则 $dxdydz = \left|\begin{vmatrix} \frac{\partial x}{\partial \rho} & \frac{\partial x}{\partial \varphi} & \frac{\partial x}{\partial \theta} \\ \frac{\partial y}{\partial \rho} & \frac{\partial y}{\partial \varphi} & \frac{\partial y}{\partial \theta} \\ \frac{\partial z}{\partial \rho} & \frac{\partial z}{\partial \varphi} & \frac{\partial z}{\partial \theta} \end{vmatrix}\right| d\rho d\varphi d\theta$

$= \left|\begin{vmatrix} \sin\varphi\cos\theta & \rho\cos\varphi\cos\theta & -\rho\sin\varphi\sin\theta \\ \sin\varphi\sin\theta & \rho\cos\varphi\sin\theta & -\rho\sin\varphi\cos\theta \\ \cos\varphi & -\rho\sin\varphi & 0 \end{vmatrix}\right| d\rho d\varphi d\theta = \rho^2\sin\varphi\, d\rho d\varphi d\theta$

令 $\mathrm{R} = \{(\rho,\varphi,\theta): 1 \le \rho \le 3, 0 \le \varphi \le \frac{\pi}{2}, 0 \le \theta \le 2\pi\}$

则 $\iiint_{\mathrm{V}} \frac{z^2 dV}{\sqrt{x^2+y^2+z^2}} = \iiint_R \frac{\rho^2\cos^2\varphi\,\rho^2\sin\varphi}{\rho} d\rho d\theta d\varphi$

$= \int_0^{\frac{\pi}{2}}\int_0^{2\pi}\int_1^3 \frac{\rho^2\cos^2\varphi\,\rho^2\sin\varphi}{\rho} d\rho d\theta d\varphi = \int_0^{\frac{\pi}{2}} \sin\varphi\cos^2\varphi\, d\varphi \int_0^{2\pi} d\theta \int_1^3 \rho^3 d\rho$

$= \left.\frac{-\cos^3\varphi}{3}\right|_0^{\frac{\pi}{2}} (2\pi)(20) = \frac{40\pi}{3}$

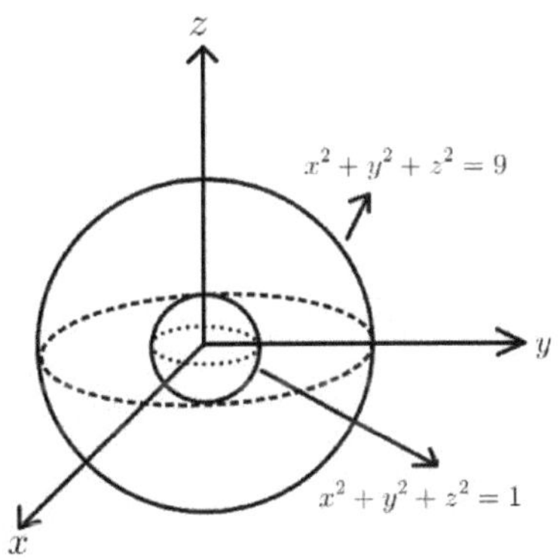

Example 29.

假设$V = \{(x,y,z): 1 \le x^2+y^2+z^2 \le 9, z > 0\}$，求 $\iiint_{\mathrm{V}} \frac{zdV}{\sqrt{x^2+y^2+z^2}} =?$

【解】

令$x = \rho\sin\varphi\cos\theta\,, y = \rho\sin\varphi\sin\theta\,, \mathrm{z} = \rho\cos\varphi$

则 $dxdydz = \left\|\begin{matrix} \frac{\partial x}{\partial\rho} & \frac{\partial x}{\partial\varphi} & \frac{\partial x}{\partial\theta} \\ \frac{\partial y}{\partial\rho} & \frac{\partial y}{\partial\varphi} & \frac{\partial y}{\partial\theta} \\ \frac{\partial z}{\partial\rho} & \frac{\partial z}{\partial\varphi} & \frac{\partial z}{\partial\theta} \end{matrix}\right\| d\rho d\varphi d\theta$

$= \left\|\begin{matrix} \sin\varphi\cos\theta & \rho\cos\varphi\cos\theta & -\rho\sin\varphi\sin\theta \\ \sin\varphi\sin\theta & \rho\cos\varphi\sin\theta & -\rho\sin\varphi\cos\theta \\ \cos\varphi & -\rho\sin\varphi & 0 \end{matrix}\right\| d\rho d\varphi d\theta = \rho^2\sin\varphi\, d\rho d\varphi d\theta$

令 $\mathrm{R} = \{(\rho,\varphi,\theta): 1 \le \rho \le 3, 0 \le \varphi \le \frac{\pi}{2}, 0 \le \theta \le 2\pi\}$

则 $\iiint_{\mathrm{V}} \frac{zdV}{\sqrt{x^2+y^2+z^2}} = \iiint_R \frac{\rho\cos\varphi\,\rho^2\sin\varphi}{\rho} d\rho d\theta d\varphi$

$= \int_0^{\frac{\pi}{2}}\int_0^{2\pi}\int_1^3 \frac{\rho\cos\varphi\,\rho^2\sin\varphi}{\rho} d\rho d\theta d\varphi = \int_0^{\frac{\pi}{2}} \sin\varphi\cos\varphi\, d\varphi \int_0^{2\pi} d\theta \int_1^3 \rho^2 d\rho$

$= \frac{1}{2}\int_0^{\frac{\pi}{2}} \sin 2\varphi d\varphi \int_0^{2\pi} d\theta \int_1^3 \rho^2 d\rho = \frac{-\cos 2\varphi}{4}\Big|_0^{\frac{\pi}{2}} (2\pi)\frac{26}{3} = \frac{26\pi}{3}$

Example 30.

假设 $\mathrm{V} = \{(x,y,z): x^2+y^2+z^2 \le 1\}$，求 $\iiint_V \frac{z^2 dV}{9-(x^2+y^2+z^2)} = ?$

【解】

令$x = \rho\sin\varphi\cos\theta\,, y = \rho\sin\varphi\sin\theta\,, \mathrm{z} = \rho\cos\varphi$

则 $dxdydz = \left\|\begin{matrix} \frac{\partial x}{\partial\rho} & \frac{\partial x}{\partial\varphi} & \frac{\partial x}{\partial\theta} \\ \frac{\partial y}{\partial\rho} & \frac{\partial y}{\partial\varphi} & \frac{\partial y}{\partial\theta} \\ \frac{\partial z}{\partial\rho} & \frac{\partial z}{\partial\varphi} & \frac{\partial z}{\partial\theta} \end{matrix}\right\| d\rho d\varphi d\theta$

令 $\mathrm{R} = \{(\rho,\varphi,\theta): 0 \le \rho \le 1, 0 \le \varphi \le \pi, 0 \le \theta \le 2\pi\}$

则 $\iiint_V \frac{z^2dV}{9-(x^2+y^2+z^2)} = \iiint_R \frac{\rho^4 \sin\varphi \cos^2\varphi}{9-\rho^2} d\rho d\theta d\varphi$

$= \int_0^{\pi}\int_0^{2\pi}\int_0^1 \frac{\rho^4 \sin\varphi \cos^2\varphi}{9-\rho^2} d\rho d\theta d\varphi$

$= \int_0^{\pi} \cos^2\varphi \sin\varphi d\varphi \int_0^{2\pi} d\theta \int_0^1 \frac{\rho^2(\rho^2-9)+9(\rho^2-9)+81}{9-\rho^2} d\rho$

$= \frac{-\cos^3\varphi}{3}\Big|_0^{\pi} \cdot \int_0^{2\pi} d\theta \int_0^1 -\rho^2-9+\frac{81}{9-\rho^2} d\rho = \frac{4\pi}{3}\cdot\left(-\frac{\rho^3}{3}-9\rho+\frac{81}{6}\ln\frac{3+\rho}{3-\rho}\right)\Big|_0^1$

$= \frac{4\pi}{3}\cdot\left(\frac{28}{3}+\frac{81}{6}\ln 2\right)$

Example 31.

假设 $V=\{(x,y,z): x^2+y^2+z^2 \le 1, z>0\}$，求 $\iiint_V \frac{zdV}{9-(x^2+y^2+z^2)}$

【解】

令$x=\rho\sin\varphi\cos\theta\,, y=\rho\sin\varphi\sin\theta\,, \mathrm{z}=\rho\cos\varphi$

则 $dxdydz = \left\|\begin{matrix} \frac{\partial x}{\partial \rho} & \frac{\partial x}{\partial \varphi} & \frac{\partial x}{\partial \theta} \\ \frac{\partial y}{\partial \rho} & \frac{\partial y}{\partial \varphi} & \frac{\partial y}{\partial \theta} \\ \frac{\partial z}{\partial \rho} & \frac{\partial z}{\partial \varphi} & \frac{\partial z}{\partial \theta} \end{matrix}\right\| d\rho d\varphi d\theta$

令 $\mathrm{R}=\{(\rho,\varphi,\theta): 0\le\rho\le 1, 0\le\varphi\le\frac{\pi}{2}, 0\le\theta\le 2\pi\}$

则 $\iiint_V \frac{zdV}{9-(x^2+y^2+z^2)} = \iiint_R \frac{\rho^3\sin\varphi\cos\varphi}{9-\rho^2} d\rho d\theta d\varphi$

$= \int_0^{\frac{\pi}{2}}\int_0^{2\pi}\int_0^1 \frac{\rho^3\sin\varphi\cos\varphi}{9-\rho^2} d\rho d\theta d\varphi = \int_0^{\frac{\pi}{2}} \cos\varphi\sin\varphi d\varphi \int_0^{2\pi} d\theta \int_0^1 \frac{\rho(\rho^2-9)+9\rho}{9-\rho^2} d\rho$

$= \frac{1}{2}\int_0^{\frac{\pi}{2}} \sin 2\varphi d\varphi \int_0^{2\pi} d\theta \int_0^1 -\rho+\frac{9\rho}{9-\rho^2} d\rho = -\frac{\cos 2\varphi}{4}\Big|_0^{\frac{\pi}{2}} \cdot 2\pi\cdot\left(-\frac{\rho^2}{2}-\frac{9}{2}\ln(9-\rho^2)\right)\Big|_0^1$

$= \left(\frac{1}{2}\right)(2\pi)\left(-\frac{1}{2}-\frac{9}{2}\ln\frac{8}{9}\right) = \pi\left(-\frac{1}{2}+\frac{9}{2}(2\ln 3-3\ln 2)\right)$

Example 32.

假设 $V=\{(x,y,z):1\le x^2+y^2+z^2\le 3\}$

求 $\iiint_V \dfrac{z^2\cos\sqrt{x^2+y^2+z^2}\,dxdydz}{(x^2+y^2+z^2)^2}=?$

【解】

令$x=\rho\sin\varphi\cos\theta\,,y=\rho\sin\varphi\sin\theta\,,z=\rho\cos\varphi$

$$\text{则}dxdydz=\left\|\begin{vmatrix}\frac{\partial x}{\partial\rho} & \frac{\partial x}{\partial\varphi} & \frac{\partial x}{\partial\theta}\\ \frac{\partial y}{\partial\rho} & \frac{\partial y}{\partial\varphi} & \frac{\partial y}{\partial\theta}\\ \frac{\partial z}{\partial\rho} & \frac{\partial z}{\partial\varphi} & \frac{\partial z}{\partial\theta}\end{vmatrix}\right\|d\rho d\varphi d\theta$$

$$=\left\|\begin{vmatrix}\sin\varphi\cos\theta & \rho\cos\varphi\cos\theta & -\rho\sin\varphi\sin\theta\\ \sin\varphi\sin\theta & \rho\cos\varphi\sin\theta & -\rho\sin\varphi\cos\theta\\ \cos\varphi & -\rho\sin\varphi & 0\end{vmatrix}\right\|d\rho d\varphi d\theta=\rho^2\sin\varphi\,d\rho d\varphi d\theta$$

令 $R=\{(\rho,\varphi,\theta):1\le\rho\le\sqrt{3},0\le\varphi\le\pi,0\le\theta\le 2\pi\}$

$$\text{则}\iiint_V \frac{z^2\cos\sqrt{x^2+y^2+z^2}\,dxdydz}{(x^2+y^2+z^2)^2}dV=\iiint_R \frac{\cos\rho}{\rho^4}\rho^4\sin\varphi\cos^2\varphi\,d\rho d\theta d\varphi$$

$$=\int_0^{\pi}\int_0^{2\pi}\int_1^{\sqrt{3}}\frac{\cos\rho}{\rho^4}\rho^4\sin\varphi\cos^2\varphi\,d\rho d\theta d\varphi=\left.\frac{-\cos^3\varphi}{3}\right|_0^{\pi}\cdot 2\pi\cdot\int_1^{\sqrt{3}}\cos\rho\,d\rho$$

$$=\frac{4\pi}{3}\left(\sin\rho|_1^{\sqrt{3}}\right)=\frac{4\pi}{3}(\sin\sqrt{3}-\sin 1)$$

Example 33.

假设 $V=\{(x,y,z):1\le x^2+y^2+z^2\le 3,z>0\}$

求 $\iiint_V \dfrac{z\cos\sqrt{x^2+y^2+z^2}\,dxdydz}{(x^2+y^2+z^2)^{\frac{3}{2}}}=?$

【解】

令$x=\rho\sin\varphi\cos\theta\,, y=\rho\sin\varphi\sin\theta\,, \mathrm{z}=\rho\cos\varphi$

$$\text{则}dxdydz=\left\|\begin{matrix}\frac{\partial x}{\partial\rho} & \frac{\partial x}{\partial\varphi} & \frac{\partial x}{\partial\theta}\\ \frac{\partial y}{\partial\rho} & \frac{\partial y}{\partial\varphi} & \frac{\partial y}{\partial\theta}\\ \frac{\partial z}{\partial\rho} & \frac{\partial z}{\partial\varphi} & \frac{\partial z}{\partial\theta}\end{matrix}\right\|d\rho d\varphi d\theta$$

$$=\left\|\begin{matrix}\sin\varphi\cos\theta & \rho\cos\varphi\cos\theta & -\rho\sin\varphi\sin\theta\\ \sin\varphi\sin\theta & \rho\cos\varphi\sin\theta & -\rho\sin\varphi\cos\theta\\ \cos\varphi & -\rho\sin\varphi & 0\end{matrix}\right\|d\rho d\varphi d\theta=\rho^2\sin\varphi\,d\rho d\varphi d\theta$$

令 $\mathrm{R}=\{(\rho,\varphi,\theta):1\le\rho\le\sqrt{3},0\le\varphi\le\frac{\pi}{2},0\le\theta\le2\pi\}$

$$\text{则}\iiint_V\frac{z\cos\sqrt{x^2+y^2+z^2}\,dxdydz}{(x^2+y^2+z^2)^{\frac{3}{2}}}=\iiint_R\frac{\cos\rho}{\rho^3}\rho^3\sin\varphi\cos\varphi\,d\rho d\theta d\varphi$$

$$=\int_0^{\frac{\pi}{2}}\int_0^{2\pi}\int_1^{\sqrt{3}}\frac{\cos\rho}{\rho^3}\rho^3\sin\varphi\cos\varphi\,d\rho d\theta d\varphi=\frac{-\cos2\varphi}{4}\Big|_0^{\frac{\pi}{2}}\cdot2\pi\cdot\int_1^{\sqrt{3}}\cos\rho\,d\rho=\pi\left(\sin\rho|_1^{\sqrt{3}}\right)$$

$$=\pi(\sin\sqrt{3}-\sin1)$$

Example 34.

$$\text{试求}\int_0^1\int_0^{\sqrt{1-x^2}}\int_{\sqrt{x^2+y^2}}^{\sqrt{2-x^2-y^2}}dzdydx=?$$

【解】

令$x=\rho\sin\varphi\cos\theta\,, y=\rho\sin\varphi\sin\theta\,, \mathrm{z}=\rho\cos\varphi$

$$\text{则}dxdydz=\left\|\begin{matrix}\frac{\partial x}{\partial\rho} & \frac{\partial x}{\partial\varphi} & \frac{\partial x}{\partial\theta}\\ \frac{\partial y}{\partial\rho} & \frac{\partial y}{\partial\varphi} & \frac{\partial y}{\partial\theta}\\ \frac{\partial z}{\partial\rho} & \frac{\partial z}{\partial\varphi} & \frac{\partial z}{\partial\theta}\end{matrix}\right\|d\rho d\varphi d\theta$$

$$= \left\| \begin{matrix} \sin\varphi\cos\theta & \rho\cos\varphi\cos\theta & -\rho\sin\varphi\sin\theta \\ \sin\varphi\sin\theta & \rho\cos\varphi\sin\theta & -\rho\sin\varphi\cos\theta \\ \cos\varphi & -\rho\sin\varphi & 0 \end{matrix} \right\| d\rho d\varphi d\theta = \rho^2 \sin\varphi \, d\rho d\varphi d\theta$$

令 $\mathrm{R} = \{(\rho,\varphi,\theta): 0 \le \rho \le \sqrt{2}, 0 \le \varphi \le \frac{\pi}{4}, 0 \le \theta \le \frac{\pi}{2}\}$

则 $\int_0^1 \int_0^{\sqrt{1-x^2}} \int_{\sqrt{x^2+y^2}}^{\sqrt{2-x^2-y^2}} dzdydx = \iiint_R \rho^2 \sin\varphi \, d\rho d\theta d\varphi = \int_0^{\frac{\pi}{4}} \int_0^{\frac{\pi}{2}} \int_0^{\sqrt{2}} \rho^2 \sin\varphi \, d\rho d\theta d\varphi$

$$= \frac{(\sqrt{2}-1)\pi}{3}$$

Example 35.

假设 $\mathrm{V} = \left\{(x,y,z): \frac{x^2}{a^2} + \frac{y^2}{b^2} + \frac{z^2}{c^2} \le 1\right\}$，求 $\iiint_V \quad dxdydz = ?$

【解】

令 $x = a\rho\sin\varphi\cos\theta$, $y = b\rho\sin\varphi\sin\theta$, $\mathrm{z} = \mathrm{c}\rho\cos\varphi$

则 $dxdydz = \left\| \begin{matrix} \frac{\partial x}{\partial \rho} & \frac{\partial x}{\partial \varphi} & \frac{\partial x}{\partial \theta} \\ \frac{\partial y}{\partial \rho} & \frac{\partial y}{\partial \varphi} & \frac{\partial y}{\partial \theta} \\ \frac{\partial z}{\partial \rho} & \frac{\partial z}{\partial \varphi} & \frac{\partial z}{\partial \theta} \end{matrix} \right\| d\rho d\varphi d\theta$

$$= abc \left\| \begin{matrix} \sin\varphi\cos\theta & \rho\cos\varphi\cos\theta & -\rho\sin\varphi\sin\theta \\ \sin\varphi\sin\theta & \rho\cos\varphi\sin\theta & -\rho\sin\varphi\cos\theta \\ \cos\varphi & -\rho\sin\varphi & 0 \end{matrix} \right\| d\rho d\varphi d\theta = abc\rho^2 \sin\varphi \, d\rho d\varphi d\theta$$

令 $\mathrm{R} = \{(\rho,\varphi,\theta): 0 \le \rho \le 1, 0 \le \varphi \le \pi, 0 \le \theta \le 2\pi\}$

则 $\iiint_V \quad dxdydz = abc \iiint_R \rho^2 \sin\varphi \, d\rho d\theta d\varphi = abc \int_0^{\pi} \int_0^{2\pi} \int_0^{1} \rho^2 \sin\varphi \, d\rho d\theta d\varphi$

$$= \frac{4\pi abc}{3}$$

Example 36.

求 $\iiint_V \left(3x + \frac{1}{1+x^2+y^2+z^2}\right) dV = ?$，其中 $V = \{(x,y,z): x^2+y^2+z^2 \le 4\}$

【解】

令 $x = \rho\sin\varphi\cos\theta$, $y = \rho\sin\varphi\sin\theta$, $z = \rho\cos\varphi$

$$\text{则 } dxdydz = \left\|\begin{matrix} \frac{\partial x}{\partial \rho} & \frac{\partial x}{\partial \varphi} & \frac{\partial x}{\partial \theta} \\ \frac{\partial y}{\partial \rho} & \frac{\partial y}{\partial \varphi} & \frac{\partial y}{\partial \theta} \\ \frac{\partial z}{\partial \rho} & \frac{\partial z}{\partial \varphi} & \frac{\partial z}{\partial \theta} \end{matrix}\right\| d\rho d\varphi d\theta = \rho^2\sin\varphi\, d\rho d\varphi d\theta$$

令 $R = \{(\rho,\varphi,\theta): 0 \le \rho \le 2, 0 \le \varphi \le \pi, 0 \le \theta \le 2\pi\}$

$$\text{则 } \iiint_V \left(3x + \frac{1}{1+x^2+y^2+z^2}\right) dV = \iiint_R \left(3\rho\sin\varphi\cos\theta + \frac{1}{1+\rho^2}\right)\rho^2\sin\varphi\, d\rho d\theta d\varphi$$

$$= \int_0^\pi \int_0^{2\pi} \int_0^2 \left(3\rho\sin\varphi\cos\theta + \frac{1}{1+\rho^2}\right)\rho^2\sin\varphi\, d\rho d\theta d\varphi$$

$$= \int_0^\pi \int_0^{2\pi} \int_0^2 3\rho^3\sin^2\varphi\cos\theta\, d\rho d\theta d\varphi + \int_0^\pi \int_0^{2\pi} \int_0^2 \frac{\rho^2\sin\varphi}{1+\rho^2} d\rho d\theta d\varphi$$

$$= \int_0^\pi \sin^2\varphi\, d\varphi \int_0^{2\pi} \cos\theta\, d\theta \int_0^2 3\rho^3 d\rho + 2\pi \int_0^\pi \sin\varphi\, d\varphi \int_0^2 \frac{\rho^2}{1+\rho^2} d\rho$$

$$= 2\pi \int_0^\pi \sin\varphi\, d\varphi \int_0^2 \frac{\rho^2}{1+\rho^2} d\rho = 4\pi \int_0^2 1 - \frac{1}{1+\rho^2} d\rho = 4\pi(2 - \tan^{-1} 2)$$

Example 37.

Find the mass of the solid bounded below by the half-cone $z = \sqrt{x^2+y^2}$ and above by the spherical surface $x^2+y^2+z^2 = 1$ given that the density function

$$f(x,y,z) = e^{(x^2+y^2+z^2)^{\frac{3}{2}}}$$

【解】

$\because \text{mass} = \iiint_V f(x,y,z)\, dxdydz$

令 $x = \rho\sin\varphi\cos\theta$, $y = \rho\sin\varphi\sin\theta$, $z = \rho\cos\varphi$

则 $dxdydz = \left\| \begin{matrix} \frac{\partial x}{\partial \rho} & \frac{\partial x}{\partial \varphi} & \frac{\partial x}{\partial \theta} \\ \frac{\partial y}{\partial \rho} & \frac{\partial y}{\partial \varphi} & \frac{\partial y}{\partial \theta} \\ \frac{\partial z}{\partial \rho} & \frac{\partial z}{\partial \varphi} & \frac{\partial z}{\partial \theta} \end{matrix} \right\| d\rho d\varphi d\theta = \rho^2 \sin\varphi \, d\rho d\varphi d\theta$

令 $\mathrm{R} = \{(\rho, \varphi, \theta): 0 \le \rho \le 1, \frac{\pi}{4} \le \varphi \le \pi, 0 \le \theta \le 2\pi\}$

则 $\iiint_V f(x, y, z)\, dxdydz = \iiint_V e^{(x^2+y^2+z^2)^{\frac{3}{2}}} dxdydz = \iiint_R e^{\rho^3} \rho^2 \sin\varphi \, d\rho d\theta d\varphi$

$= \int_{\frac{\pi}{4}}^{\pi} \int_0^{2\pi} \int_0^1 e^{\rho^3} \rho^2 \sin\varphi \, d\rho d\theta d\varphi = 2\pi \int_0^1 e^{\rho^3} \rho^2 d\rho \int_{\frac{\pi}{4}}^{\pi} \sin\varphi \, d\varphi = 2\pi \cdot \left. \frac{e^{\rho^3}}{3} \right|_0^1 \cdot (-\cos\varphi\ )|_{\frac{\pi}{4}}^{\pi}$

$= \dfrac{2\pi(e-1)(1+\frac{1}{\sqrt{2}})}{3}$

第九章　向量微积分

接下来依序介绍线积分、Green's Theorem、曲面积分、Stokes' Theorem、Gauss's Theorem (The Divergence Theorem)；线积分的被积分函数分为纯量函数与向量函数，曲线可能为二维平面曲线或三维空间曲线，无论是哪种情形皆是转成求单变量函数的定积分

当被积分函数的一阶偏导数存在且连续时，Green's Theorem 为计算二维平面封闭曲线积分与双重积分的重要工具；此外，Green's Theorem 是将微积分基本定理扩展到二维平面的一种形式，此定理将一个沿着简单封闭平面曲线的线积分与其所包围平面区域的双重积分链接起来，可以帮助将线积分与双重积分做双向的转换，如果线积分的计算是困难时，可藉由此定理转成双重积分，反之，当计算此双重积分是困难时，藉由此定理转成线积分做计算；Green's Theorem 要求双重积分中的区域 D 是简单连通，重要的是数个 disjoint 的简单连通集的联集为非简单连通集，因此，Green's Theorem 有时可以扩展应用在非简单连通集；读者应熟悉各种 Green's Theorem 的应用情境，当线积分的路径复杂或有复杂的被积分函数时，尝试使用 Green's Theorem 将问题转为求双重积分，转换后通常会搭配 Fubini's Theorem 求值；此外，也可能搭配极坐标转换或广义坐标转换求值，无论是哪种情形，精确找出积分边界是重要的，当被积分函数于所围区域并不满足一阶偏导数存在且连续的条件时，需另外绕出一个能逼近原先区域的封闭区域且在这新的封闭区域当中，原被积分函数满足一阶偏导数存在且连续的条件，在此情况下才能使用 Green's Theorem 求值，最后再逼近原先的封闭区域求解；反之，给封闭区域求面积时也可藉由 Green's Theorem 将问题转为求线积分，因此，求线积分的能力是重要的

曲面积分分为给空间曲面求封闭区域的表面积，给纯量函数求曲面S的积分以及给向量函数求通过曲面的通量，这三者最终皆是转换为双重积分的类型作计算，假设曲面S的参数式为$\vec{r}(s,t)$, 上述这三者的计算皆与两偏导数的外积 $\vec{r}_s \times \vec{r}_t$ 及其长度 $|\vec{r}_s \times \vec{r}_t|$有关, 因此, 有效率且精确地求出这两者是重要的，曲面通常为圆柱、椭圆柱、圆锥体、抛物面..等，无论是哪种组合均透过投影的方法将求曲面积分的问题转成求双重积分的问题，并且也必须能精确且迅速求得投影后的积分边界；此外，投影后可能也须搭配极坐标转换或广义坐标转换

Stokes' Theorem 不仅是微积分基本定理在更高维度的推广，同时也是 Green's Theorem 的高维推广；Green's Theorem 是将平面区域的双重积分与平面上二维封闭曲线

之线积分做转换，Stokes' Theorem 则是将三维空间封闭曲线的线积分与非封闭曲面S的曲面积分做转换；Stokes' Theorem 说明可以将$\vec{\mathrm{F}}$沿着非封闭曲面S其边界曲线 C 的线积分转换为$\vec{\mathrm{F}}$旋度在非封闭曲面S上的通量，相反地，也可藉由求$\vec{\mathrm{F}}$沿着非封闭曲面S其边界曲线 C 的线积分得到$\vec{\mathrm{F}}$旋度在非封闭曲面S上的通量；Stokes' Theorem 有数种考试类型，其中重要成立条件是曲面是非封闭曲面且其边界是空间封闭曲线；再者，曲面S的定向与边界曲线 C 是否为逆时针绕行有重要的关联；此外，当线积分的被积分函数是复杂的，可藉由 Stokes' Theorem 将问题转为求曲面积分，接着再透过投影方式转为求双重积分的问题，因此培养求双重积分的能力是重要的

整体而言，Gauss's Theorem (The Divergence Theorem)、Stokes' Theorem 与 Green's Theorem 都是微积分基本定理的扩展，此外，Gauss's Theorem 可以将向量场$\vec{\mathrm{F}}$穿越封闭曲面S的通量(曲面积分)转换为$\vec{\mathrm{F}}$的散度在封闭体积 V 的三重积分，例如，假设一个封闭曲面由S_1, S_2 组成，原本求通过两曲面的方法是求各自的通量再相加，而藉由 Gauss's Theorem 则将问题转成纯量函数的体积分，相反地，也可藉由$\vec{\mathrm{F}}$在封闭曲面S的通量(曲面积分)求得$\vec{\mathrm{F}}$的散度在封闭体积 V 的三重积分；当向量函数于某封闭光滑曲面所围区域内的一阶偏导数存在且连续时，如果被积分的向量函数是复杂的，可藉由 Gauss's Theorem 将向量函数在曲面积分的问题转为求三重积分，因此，求三重积分的能力是重要的，此时有可能仍须搭配极坐标转换或广义坐标转换求值

9.1 参数化方程式(Parametric Equations)

【定义】

假设 x 和 y 是 t 的连续函数，$t \in I$，则方程式$x = x(t)$ 且 $y = y(t)$ 称为参数方程式;随着 t 在区间I变化，得到的点集合(x, y)称为参数曲线，用符号C表示

为了熟悉并理解以参数表示的曲线的图形，需练习如何将这两个方程式重新写成一个涉及变量x 和 y的单一方程式；另一方面，当给定变数 x 和 y 的单一方程式时，则对应的参数方程式并不唯一。

Example 1.

试将下列参数方程式用单一方程式表示

(1) $x(t) = t^2 - 5,\ y(t) = 2t + 1,\ -2 \le \mathrm{t} \le 3.$

(2) $x(t) = \sqrt{2t+3},\ y(t) = 2t + 1, -2 \le t \le 6.$

(3) $x(t) = 2\cos t$， $y(t) = \sqrt{3}\sin t, -2 \le \mathrm{t} \le 7.$

【解】

(1)

$$\because t = \frac{y-1}{2} \quad \therefore x = \left(\frac{y-1}{2}\right)^2 - 5 = \frac{y^2 - 2y + 1}{4} - 5 = \frac{y^2 - 2y - 19}{4}$$

$$\therefore x = \frac{y^2 - 2y - 19}{4}, \quad \forall -1 \le x \le 4$$

(2)

$$\because x = \sqrt{2t+3} \quad \therefore x^2 = 2t + 3 \Rightarrow t = \frac{x^2 - 3}{2}$$

$$\because y = 2t + 5 \quad \therefore y = 2\left(\frac{x^2 - 3}{2}\right) + 5 = x^2 + 2, \quad \forall\, 0 \le x \le \sqrt{15}$$

(3)

$$\because x(t) = 2\cos t \quad \therefore \cos t = \frac{x}{2}, \quad \because y(t) = \sqrt{3}\sin t \quad \therefore \sin t = \frac{y}{\sqrt{3}}$$

$$\because \cos^2 t + \sin^2 t = 1 \quad \therefore \left(\frac{x}{2}\right)^2 + \left(\frac{y}{\sqrt{3}}\right)^2 = 1 \Rightarrow \frac{x^2}{4} + \frac{y^2}{3} = 1$$

Example 2.

试将下列单一方程式找出所对应的两组不同参数方程式

(1)$y = 3x^2 - 1$ (2)$y = \ln x$ (3) $x = y^2 - 6y + 8$

【解】

(1)

Let $x(t) = t$ then $y(t) = 3t^2 - 1$

Let $x(t) = 2t - 1$ then $y(t) = 3x^2 - 1 = 3(2t - 1)^2 - 1 = 12t^2 - 12t + 2$

(2)

Let $x(t) = t$ then $y(t) = \ln t$

Let $x(t) = t^2$ then $y(t) = \ln t^2 = 2\ln t$

(3)

Let $y(t) = t$ then $x(t) = t^2 - 6t + 8$

Let $y(t) = t + 2$ then $x(t) = y^2 - 6y + 8 = (t+2)^2 - 6(t+2) + 8 = t^2 - 2t$

Example 3.

试将下列参数方程式用单一方程式表示

(1)$x(t) = t^5$, $y(t) = 5\ln t$

(2)$x = e^{3t}, y = t + 3$

(3)$x(t) = 2t - 5$, $y(t) = 4t - 7$

(4)$x = \sqrt{t}$, $y = 2 - t$

(5)$x(t) = t^2 - 2$, $y(t) = \frac{t}{3}, -2 \le t \le 6.$

(6)$x = t^2 - 2t$, $y = t + 2, 0 \le t \le 5$

(7)$x(t) = 2\cos t$, $y(t) = 3\sin t, 0 \le \mathrm{t} \le 2\pi$

(8)$x(t) = 2 + \cos t$, $y(t) = 4 - \sin t$

(9)$x = a\cos t, y = a\sin t$, $0 \le t \le 2\pi$

(10)$x(t) = \sin t$, $y(t) = \cos 2t$

(11)$x(t) = \csc t$, $y(t) = \cot t$, $0 < \mathrm{t} < \frac{\pi}{2}$

(12)$x = \cos t$, $y = \sec t$, $0 < t < \frac{\pi}{2}$

(13)$x = \sinh \mathrm{t}, y = \cosh \mathrm{t}$

(14)$x(t) = 3\cos 7t$, $y(t) = 3\sin 7t$

(15)$x(t) = 3\cosh 4t$, $y(t) = 4\sinh 4t$

(16)$x = \cos t$, $y = \cos^2 t$

【解】

(1)

$\because x(t) = t^5 \quad \therefore 5\ln t = \ln x \Rightarrow y = \ln x, \quad \forall\, x \in [0, \infty)$

(2)

$$\because x = e^{3t} \text{ and } y = t + 3 \quad \therefore t = \frac{\ln x}{3} = y - 3 \Rightarrow y = \frac{\ln x}{3} + 3$$

$\therefore$ the curve given parametric equations is $y = \frac{\ln x}{3} + 3$

(3)

$$\because t = \frac{x + 5}{2} \quad \therefore y = 4t - 7 = 4\left(\frac{x + 5}{2}\right) - 7 = 2x + 3 \Rightarrow y = 2x + 3, \quad \forall\, x \in R$$

(4)

$\because x^2 = t$ and $t = 2 - y$

$\therefore$ the curve given parametric equations is the parabola $y = 2 - x^2$, $\forall x \ge 0$

(5)

$\because t = 3y \quad \therefore x = t^2 - 2 = (3y)^2 - 2 = 9y^2 - 2 \Rightarrow x = 9y^2 - 2$ where $-2 \le x < \infty$

(6)

$\because t = y - 2, \quad \therefore x = t^2 - 2t = (y-2)^2 - 2(y-2) = y^2 - 6y + 8$

$\therefore$ the curve given parametric equations is the parabola $x = y^2 - 6y + 8, \quad -2 \le y \le 3$

(7)

$\because x(t) = 2\cos t \quad \therefore \cos t = \frac{x}{2}, \quad \because y(t) = 3\sin t \ \therefore \sin t = \frac{y}{3}$

$\because \cos^2 t + \sin^2 t = 1 \quad \therefore \left(\frac{x}{2}\right)^2 + \left(\frac{y}{3}\right)^2 = 1 \Rightarrow \frac{x^2}{4} + \frac{y^2}{9} = 1$ where $-2 \le x \le 2$

(8)

$\because x(t) = 2 + \cos t \quad \therefore \cos t = x - 2, \quad \because \ y(t) = 4 - \sin t \quad \therefore \sin t = 4 - y$

$\because \cos^2 t + \sin^2 t = 1 \quad \therefore (x-2)^2 + (y-4)^2 = 1,$ where $1 \le x \le 3$

(9)

$\because x^2 + y^2 = a^2\cos^2 t + a^2\sin^2 t = a^2$

$\therefore$ the curve given parametric equations is the circle with radius $a, \ x^2 + y^2 = a^2$

(10)

$\because x(t) = \sin t, \ y(t) = \cos 2t$

$\because \sin^2 t = \dfrac{1 - \cos 2t}{2} \quad \therefore x^2 = \dfrac{1-y}{2} \quad \Rightarrow y = 1 - x^2,$ where $-1 \le x \le 1$

(11)

$\because x(t) = \csc t, \ y(t) = \cot t$

$\because \csc^2 t = \cot^2 t + 1 \quad \therefore x^2 = y^2 + 1 \Rightarrow y = \sqrt{x^2 - 1},$ where $x > 1$

(12)

$\because x = \cos t, \ y = \sec t \quad \therefore y = \frac{1}{x}, \ \forall y > 1$

$\therefore$ the curve given parametric equations is $y = \frac{1}{x}, \ \forall y > 1$

(13)

$\because \cosh^2 \mathrm{t} - \sinh^2 \mathrm{t} = 1, \ x = \sinh \mathrm{t}$ and $y = \cosh \mathrm{t}$

$\therefore$ the curve given parametric equations is $y^2 - x^2 = 1$

(14)

$\because x(t) = 3\cos 7t, \ y(t) = 3\sin 7t,$

$\because \cos^2 7t + \sin^2 7t = 1 \ \therefore \left(\frac{x}{3}\right)^2 + \left(\frac{y}{3}\right)^2 = 1 \quad \therefore x^2 + y^2 = 9$, where $-3 \le x \le 3$

(15)

$\because x(t) = 3\cosh 4t$, $y(t) = 4\sinh 4t$,

$\because \cosh^2 4t - \sinh^2 4t = 1 \ \therefore \left(\frac{x}{3}\right)^2 - \left(\frac{y}{4}\right)^2 = 1$, where $-3 \le x \le 3$

$\therefore$ the curve is hyperbola

(16)

$\because x = \cos t$, $y = \cos^2 t$, $\therefore y = \cos^2 t = x^2$, $\forall -1 \le x \le 1$

$\therefore$ the curve given parametric equations is the parabola $y = x^2$, $\forall -1 \le x \le 1$

9.2 给定曲线的向量值表示式，求微分

【定义】

向量值函数为以下形式的函数

$$\vec{r}(t) = \big(f(t), g(t)\big) \text{ 或 } \vec{r}(t) = (f(t), g(t), h(t))$$

其中,分量函数f，g 以及 h 是参数t的实数值函数

上述定义当中,前者是二维向量值函数，后者是三维向量值函数

【定义】

给定向量值函数$\vec{r}(t)$,如果

$$\lim_{\Delta t \to 0} \frac{\vec{r}(t+\Delta t) - \vec{r}(t)}{\Delta t} \text{ 存在}$$

则称 $\vec{r}(t)$ 于t可微分,用 $\vec{r}'(t)$ 表示 $\lim_{\Delta t \to 0} \frac{\vec{r}(t+\Delta t) - \vec{r}(t)}{\Delta t}$,即

$$\vec{r}'(t) = \lim_{\Delta t \to 0} \frac{\vec{r}(t+\Delta t) - \vec{r}(t)}{\Delta t}$$

再者,如果$\vec{r}'(t)$ 存在 $\forall t \in (a,b)$则称 $\vec{r}(t)$于区间(a,b)可微分

【定理】

假设 $\vec{r}(t) = (f(t), g(t), h(t))$ 其中 $f(t), g(t), h(t)$为可微分函数,则

$$\vec{r}'(t) = (f'(t), g'(t), h'(t))$$

Proof:

$\because f(t), g(t), h(t)$为可微分函数

$$\therefore \vec{r}'(t) = \lim_{\Delta t \to 0} \frac{\vec{r}(t+\Delta t) - \vec{r}(t)}{\Delta t} = \lim_{\Delta t \to 0} \frac{\big(f(t+\Delta t), g(t+\Delta t), h(t+\Delta t)\big) - \big(f(t), g(t), h(t)\big)}{\Delta t}$$

$$= \lim_{\Delta t \to 0} \left(\frac{f(t+\Delta t) - f(t)}{\Delta t}, \frac{g(t+\Delta t) - g(t)}{\Delta t}, \frac{h(t+\Delta t) - h(t)}{\Delta t} \right)$$

$$= \left(\lim_{\Delta t \to 0} \frac{f(t+\Delta t) - f(t)}{\Delta t}, \lim_{\Delta t \to 0} \frac{g(t+\Delta t) - g(t)}{\Delta t}, \lim_{\Delta t \to 0} \frac{h(t+\Delta t) - h(t)}{\Delta t} \right)$$

$$= (f'(t), g'(t), h'(t))$$

【定义】

给定向量值函数$\vec{r}(t)$,如果$\vec{r}'(t)$ 连续且$\vec{r}'(t) \neq 0, \forall t \in I$ 则称$\vec{r}(t)$于I为平滑向量值函数,如果曲线用平滑向量值函数所描述，则称該曲线为平滑曲线

底下先列出关于纯量函数线积分以及向量函数线积分的重要公式,细部推导请详见各节说明，第一个计算重点是给定曲线C，求纯量函数f的曲线积分，计算公式为

$$\int_C f(x,y,z)ds = \int_a^b f\big(\vec{r}(t)\big)|\vec{r}'(t)|dt$$

第二个计算重点是给定曲线C，求向量函数$\vec{F}$的曲线积分，计算公式为

$$\int_C \vec{\mathrm{F}} \cdot d\vec{r} = \int_a^b \vec{\mathrm{F}}(\vec{r}(t)) \cdot \vec{r}'(t)dt$$

其中 C: $\vec{r}(t) = \big(x(t), y(t), z(t)\big)$，$\forall a \leq t \leq b$.

從上述观察得知,给定曲线C: $\vec{r}(t) = \big(x(t), y(t), z(t)\big)$,如何有效率且快速地求得$\vec{r}'(t)$及$|\vec{r}'(t)|$是重要的

Example 1.

Assume $\vec{r}(t) = \big(\sqrt{t}, 2-t\big)$. Find $\vec{r}'(t)$ and $\vec{r}'(1)$.

【解】

$$\vec{r}'(t) = \left(\frac{1}{2\sqrt{t}}, -1\right) \text{ and } \vec{r}'(1) = \left(\frac{1}{2\sqrt{2}}, -1\right)$$

Example 2.

试求下列各向量值函数的微分，$\vec{r}'(t) =$?

(1) $\vec{r}(t) = (7t + 10, 5t^2 + 2t - 3)$　　(2)$\vec{r}(t) = (5\cos t, 7\sin t)$

(3) $\vec{r}(t)=(e^t\sin t\,,e^{-t}\cos t\,,-e^{3t})$ (4)$\vec{r}(t)=(t\ln t\,,7e^t\sin t\,,\cos t+\sin t)$
(5) $\vec{r}(t)=(5+t^4,te^{-t},\cos 2t)$
【解】
(1)
$\vec{r}'(t)=(7,10t+2)$
(2)
$\vec{r}'(t)=(-5\sin t\,,7\cos t)$
(3)
$\vec{r}'(t)=(e^t(\sin t+\cos t),-e^{-t}(\cos t+\sin t),-3e^{3t})$
(4)
$\vec{r}'(t)=(1+\ln t\,,7e^t(\sin t+\cos t),-\sin t+\cos t)$
(5)
$\vec{r}'(t)=(4t^3,(1-t)e^{-t},-2\sin 2t)$

Example 3.
试求下列各向量值函数的$\vec{r}'(t)$以及 $|\vec{r}'(t)|=$?
(1)$\vec{r}(t)=(t,at)$, $a>0$ (2)$\vec{r}(t)=(t,4t,3t)$ (3)$\vec{r}(t)=(\cos t\,,\sin t\,,t)$
(4)$\vec{r}(t)=(e^t,e^{at},e^{-t})$ (5)$\vec{r}(t)=(0,3\sin t\,,\sin^2 t)$ (6)$\vec{r}(t)=(e^t\sin t\,,e^t\cos t)$
(7)$\vec{r}(t)=(r\cos t\,,r\sin t)$, $r>0$
【解】
(1)
$\vec{r}'(t)=(1,a)$, $|\vec{r}'(t)|=\sqrt{1+a^2}$
(2)
$\vec{r}'(t)=(1,4,3)$, $|\vec{r}'(t)|=\sqrt{26}$
(3)
$\vec{r}'(t)=(-\sin t\,,\cos t\,,1)$, $|\vec{r}'(t)|=\sqrt{\cos^2 t+\sin^2 t+1}=\sqrt{2}$
(4)
$\vec{r}'(t)=(e^t,ae^t,-e^{-t})$, $|\vec{r}'(t)|=\sqrt{e^{2t}(1+a^2)+e^{-2t}}$
(5)
$\vec{r}'(t)=(0,3\cos t\,,2\sin t\cos t)$, $|\vec{r}'(t)|=\sqrt{9\cos^2 t+4\sin^2 t\cos^2 t}$
(6)

$\vec{r}'(t)=\left(e^t(\sin t+\cos t),e^t(\cos t-\sin t)\right)$, $|\vec{r}'(t)|=\sqrt{2e^{2t}}$

(7)

$\vec{r}'(t) = (-r\sin t, r\cos t)$, $|\vec{r}'(t)| = r\sqrt{\cos^2 t + \sin^2 t} = r$

Example 4.

The curve C is given by the vector-valued function $\vec{r}(t) = (t, t^2), \forall t \in R$. Is C smooth ?

【解】

$\because \vec{r}'(t) = (1,2t)$ $\therefore \vec{r}'(t) \neq \vec{0}, \forall t \in R$ 且 $\vec{r}'(t)$ 连续，$\forall t$ $\therefore C$ is a smooth curve

Example 5.

The curve C is given by the vector-valued function $\vec{r}(t) = (t^4, t^5), \forall t \in R$. Is C smooth ?

【解】

$\because \vec{r}'(t) = (4t^3, 5t^4)$, $\therefore \vec{r}'(0) = (0,0)$ $\therefore C$ is not a smooth curve

Example 6.

The curve C is given by parametric equations $\vec{r}(t) = (t, |t|), \forall t \in R$. Is C smooth ?

【解】

$\because \vec{r}'(0)$ doesn't exist $\therefore C$ is not a smooth curve

Example 7.

试判断下列曲线是否为平滑曲线

(1) $\vec{r}(t) = (1 + t^3, te^{-t}, \sin 2t), \forall t \in R$

(2) $\vec{r}(t) = (3\cos t, 4\sin t), \forall t \in R$

(3) $\vec{r}(t) = (e^t \sin t, e^t \cos t, -e^{2t}), \forall t \in R$

(4) $\vec{r}(t) = (t\ln t, 5e^t \cos t, \cos t - \sin t), \forall t \in R$

(5) $\vec{r}(t) = (0, 3\sin t, \sin^2 t), \forall t \in R$

(6) $\vec{r}(t) = (e^t \sin t, e^{-t} \cos t)$

(7) $\vec{r}(t) = (t^3 - 12t + 17,\ t^2 - 4t + 8), \forall t \in R$

(8) $\vec{r}(t) = \left(t,\ t^2 \sin\frac{1}{t}\right)$, $\forall t \neq 0$ and $\vec{r}(0) = \vec{0}$.

【解】

(1)

$\because \vec{r}'(t) = (3t^2, (1-t)e^{-t}, 2\cos 2t) \neq \vec{0}$ 且 $\vec{r}'(t)$ 连续，$\forall t \in R$ $\therefore C$ is smooth

(2)

$\because \vec{r}'(t) = (-3\sin t, 4\cos t) \neq \vec{0}$ 且 $\vec{r}'(t)$ 连续，$\forall t \in R$ $\therefore C$ is smooth

(3)

$\because \vec{r}'(t) = (e^t(\sin t + \cos t), e^t(\cos t - \sin t), -2e^{2t}) \neq \vec{0}$ 且 $\vec{r}'(t)$ 连续， $\forall t \in R$

$\therefore C$ is smooth

(4)

$\because \vec{r}'(t) = (1 + \ln t, 5e^t(\cos t - \sin t), -\sin t - \cos t) \neq \vec{0}$ 且 $\vec{r}'(t)$ 连续， $\forall t \in R$

$\therefore C$ is smooth

(5)

$\because \vec{r}'(t) = (0, 3\cos t, 2\sin t\cos t) \quad \therefore \vec{r}'\left(\frac{\pi}{2}\right) = \vec{0} \quad \therefore C$ is not smooth

(6)

$\because \vec{r}'(t) = \left(e^t(\sin t + \cos t), -e^t(\sin t + \cos t)\right) = \left(e^t \sin\left(t + \frac{\pi}{4}\right), -e^t \sin\left(t + \frac{\pi}{4}\right)\right)$

$\therefore \vec{r}'\left(-\frac{\pi}{4}\right) = \vec{0} \quad \therefore C$ is not smooth

(7)

$\because x(t) = t^3 - 12t + 17,\ y(t) = t^2 - 4t + 8$

$\therefore x'(t) = 3t^2 - 12,\ y'(t) = 2t - 4 \Rightarrow x'(2) = y'(2) = 0$

$\therefore C$ is not a smooth curve

(8)

$\because y(t) = t^2 \sin\frac{1}{t} \quad \therefore y'(t) = -\cos\frac{1}{t} + 2t\sin\frac{1}{t},\ \forall t \neq 0$

$\because y'(0) = 0$ and $\lim\limits_{t\to 0} y'(t) = \lim\limits_{t\to 0} -\cos\frac{1}{t} + 2t\sin\frac{1}{t} \neq 0$

$\therefore y'(t)$ isn't continuous at $t = 0 \quad \therefore \vec{r}'(t)$ isn't continuous at $t = 0$

$\therefore C$ is not smooth

9.3 线积分

线积分的被积分函数可能为纯量函数或向量函数，曲线C可能为二维平面或三维空间的曲线，类型通常包含：参数式、圆、圆弧、椭圆..等；无论是哪种情形，关键步骤皆是将其转换为单变量的积分，因此，要清楚转换后被积分函数的样貌；曲线C从样貌上做区分又可分为封闭或非封闭，当曲线为二维平面的封闭曲线时，有时可藉由 Green's Theorem 将线积分转为双重积分，当曲线是三维空间的封闭曲线时，有时可藉由 Stokes' Theorem 将

线积分转为曲面积分

9.3.1 f为纯量函数,給曲线C求线积分

考虑一条空间曲线C，由参数方程式描述：

$$x = x(t),\ y = y(t),\ z = z(t),\ \forall a \le t \le b$$

或者，藉由向量值函数表示：

$$\vec{r}(t) = \big(x(t), y(t), z(t)\big),\ \forall a \le t \le b$$

假设C是一条光滑的空间曲线$\big(\vec{r}'(t)$连续且$\vec{r}'(t) \neq 0\big)$，将定义域$[a,b]$切成 n 个等宽的子区间，其中$x_i = x(t_i)$，$y_i = y(t_i)$，$z_i = z(t_i)$，$\forall 0 \le i \le n$；这些对应点(x_i, y_i, z_i)将C分成 n 个子弧C_i且长度分别为$\Delta s_1, \Delta s_1 \dots \Delta s_n$$\big(\Delta s_1, \Delta s_2, \dots, \Delta s_n$不必然相等$\big)$；在每个子弧中选任意点$(x_i^*, y_i^*, z_i^*)$,如果函数$f$的定义域包含空间曲线 C，则函数f在点(x_i^*, y_i^*, z_i^*)取值并乘以子弧的长度Δs_i,加总后则得到黎曼和的形式

$$\sum_{i=1}^{n} f(x_i^*, y_i^*, z_i^*)\Delta s_i,$$

藉由此黎曼和的极限可以定义纯量函数的线积分

【定义】

假设函数f定义在平滑空间曲线C上，其中C: $x = x(t)$，$y = y(t)$，$z = z(t)$，$\forall a \le t \le b$，如果极限

$$\lim_{n\to\infty} \sum_{i=1}^{n} f(x_i^*, y_i^*, z_i^*)\Delta s_i \text{ 存在,}$$

则用 $\int_C f(x,y,z)ds$ 表示并称其为函数f沿着空间曲线C的线积分

平滑平面曲线的线积分也是类似，考虑一条二维平面曲线C，由参数方程式描述：

$$x = x(t),\ y = y(t),\ \forall a \le t \le b$$

或者，藉由向量值函数表示：

$$\vec{r}(t) = \big(x(t), y(t)\big),\ \forall a \le t \le b$$

切割平面曲线C的方式与三维空间类似(如下图),函数f在点(x_i^*, y_i^*)取值并乘以子弧的长度Δs_i,加总后则得到黎曼和的形式

$$\sum_{i=1}^{n} f(x_i^*, y_i^*)\Delta s_i,$$

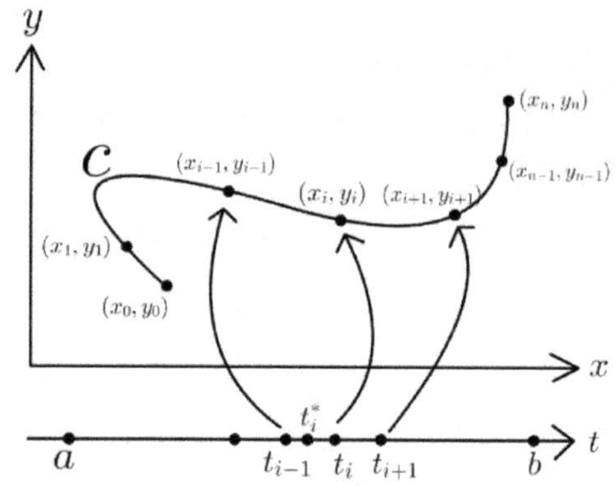

藉由此黎曼和的极限可定义纯量函数的线积分

【定义】

假设函数f定义在平滑平面曲线C上，其中$C: x = x(t)$，$y = y(t)$，$\forall a \le t \le b$，如果极限

$$\lim_{n\to\infty}\sum_{i=1}^{n} f(x_i^*, y_i^*)\Delta s_i \text{ 存在,}$$

则用 $\int_C f(x,y)ds$ 表示并称其为函数f沿着平面曲线C的线积分

值得注意的是，因为任意定义域为闭区间的连续函数必为黎曼可积分函数，因此，如果上述定义的函数f是一个连续函数，则其上述黎曼和的极限值必定存在；此外，若曲线$C(t)$为平滑曲线，$\forall\, t \in [a,b]$，则 $\vec{r}'(t)$ 连续，$\forall\, a \le t \le b$，藉由弧长公式，

$$\Delta s_i = \int_{t_{i-1}}^{t_i} |\vec{r}'(t)|dt.$$

令 $\Delta t_i = t_i - t_{i-1}$ 逼近零，则

$$\Delta s_i = \int_{t_{i-1}}^{t_i} |\vec{r}'(t)|dt \approx |\vec{r}'(t_i^*)|\Delta t_i,\ \text{其中}\, t_i^* \in [t_i, t_{i-1}]$$

因此

$$\sum_{i=1}^{n} f(x_i^*, y_i^*)\Delta s_i = \sum_{i=1}^{n} f\big(\vec{r}(t_i^*)\big)\Delta s_i \approx \sum_{i=1}^{n} f\big(\vec{r}(t_i^*)\big)|\vec{r}'(t_i^*)|\Delta t_i$$

所以

$$\int_C f(x,y)ds=\lim_{n\to\infty}\sum_{i=1}^{n}f(x_i^*,y_i^*)\Delta s_i=\lim_{n\to\infty}\sum_{i=1}^{n}f\big(\vec{r}(t_i^*)\big)|\vec{r}'(t_i^*)|\Delta t_i=\int_a^b f\big(\vec{r}(t)\big)|\vec{r}'(t)|dt$$

上述的公式在说明计算函数f沿着曲线C的线积分相当于求单变量函数的黎曼积分，特别的是单变量黎曼积分的被积分函数为

$$f\big(\vec{r}(t)\big)|\vec{r}'(t)|$$

因此，求曲线的线积分相当于先求得被积分函数之后，再计算单变量黎曼积分；底下针对曲线的线积分转换成单变数黎曼积分后，有哪些不同类型作初步的说明；掌握题型的重要关键需要熟悉曲线的样貌，大方向可以区分为两类，一者为二维平面的曲线，另一者为三维空间的曲线；再者又可细分为圆与非圆，以及曲线是否用参数方程式表示，在这些不同情境之下对于 $\int_a^b f\big(\vec{r}(t)\big)|\vec{r}'(t)|dt$ 都会有一个明确对应的计算公式

假设 $\vec{r}(t)=\big(x(t),y(t)\big)$ 则 $\vec{r}'(t)=\big(x'(t),y'(t)\big)\Rightarrow|\vec{r}'(t)|=\sqrt{\big(x'(t)\big)^2+\big(y'(t)\big)^2}$

因此，函数f沿着曲线C的线积分能改写为底下的公式并且用此公式求线积分

$$\int_C f(x,y)ds=\int_a^b f\big(\vec{r}(t)\big)|\vec{r}'(t)|dt=\int_a^b f\big(x(t),y(t)\big)\sqrt{\big(x'(t)\big)^2+\big(y'(t)\big)^2}dt$$

再者，当给定二维曲线 $C: y=g(x),\forall x\in[a,b]$，即 $\vec{r}(x)=\big(x,g(x)\big)\Rightarrow\vec{r}'(x)=(1,g'(x))$

且 $|\vec{r}'(x)|=\sqrt{1+\big(g'(x)\big)^2}$

因此，纯量函数f于曲线C的线积分能改写为底下的公式，并且用此公式求线积分

$$\int_C f(x,y)ds=\int_a^b f\big(\vec{r}(x)\big)|\vec{r}'(x)|dx=\int_a^b f\big(x,g(x)\big)\sqrt{1+\big(g'(x)\big)^2}dx$$

当给定圆 $C: x^2+y^2=r^2, r>0$，藉由极坐标参数化

$x=r\cos\theta, y=r\sin\theta$ 则 $\vec{r}(\theta)=(r\cos\theta, r\sin\theta)$，其中 $0\le\theta\le 2\pi$，

因为

$$\vec{r}'(\theta)=(-r\sin\theta, r\cos\theta) \text{ 且 } |\vec{r}'(\theta)|=r\sqrt{\cos^2\theta+\sin^2\theta}=r$$

因此，线积分则能改写为底下的公式，并且用此公式求线积分

$$\int_C f(x,y)ds = \int_0^{2\pi} f(\vec{r}(\theta))|\vec{r}'(\theta)|d\theta = \int_0^{2\pi} f(r\cos\theta, r\sin\theta) r d\theta$$

上述为二维曲线在不同情况下，计算线积分的方式，接下来说明三维曲线的情形，考虑一条参数化的平滑空间曲线C: $\vec{r}(t) = (x(t), y(t), z(t))$，$\forall a \le t \le b$，如果 f 是一个定义于曲线 C 的三变数连续函数，使用与平面曲线相似的方法定义沿着空间曲线 C 的 f 的线积分

$$\int_C f(x,y,z)ds = \lim_{n\to\infty}\sum_{i=1}^{n} f(x_i^*, y_i^*, z_i^*)\Delta s_i$$

使用一个类似于对平面曲线应用的公式计算空间曲线C的线积分，

$$\int_C f(x,y,z)ds = \int_a^b f(\vec{r}(t))|\vec{r}'(t)|dt$$

因为

$$\vec{r}'(t) = (x'(t), y'(t), z'(t)) \text{ 且 } |\vec{r}'(t)| = \sqrt{(x'(t))^2 + (y'(t))^2 + (z'(t))^2}$$

因此，线积分能改写为底下的公式并且用此公式求线积分

$$\int_C f(x,y,z)ds = \int_a^b f(\vec{r}(t))|\vec{r}'(t)|dt$$
$$= \int_a^b f(x(t), y(t), z(t))\sqrt{(x'(t))^2 + (y'(t))^2 + (z'(t))^2}dt.$$

上述是针对单一光滑曲线推导明确的计算方式，以考试类型而言，曲线C可能是一条分段光滑曲线(如下图)，接下来说明当线积分的曲线C为分段光滑曲线时，如何进行定义；假设C是一条分段光滑曲线，即它由有限个光滑曲线$C_1, \dots, C_n$组成，其中C_i的终点与 C_{i+1} 的起点重合，则f沿着 C 的线积分 = f沿着每个光滑片段 C_j 线积分之和，$\forall 1 \le j \le n$:

$$\int_C f(x,y,z)ds = \int_{C_1} f(x,y,z)ds + \cdots + \int_{C_n} f(x,y,z)ds$$

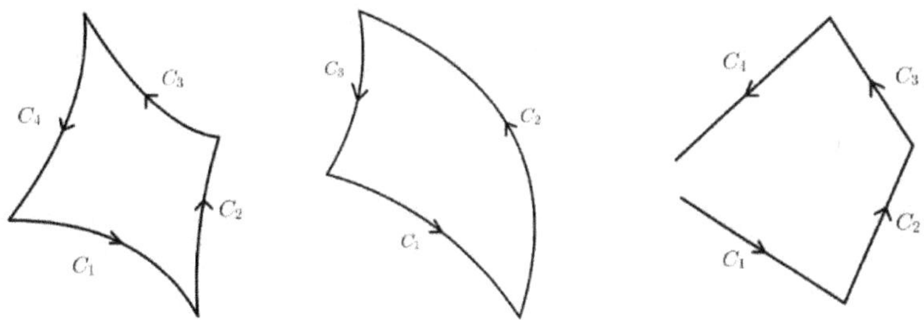

考试类型:

Type 1.

求$\int_C f(x,y)ds =?$，其中曲线 $C: y = g(x)$，$\forall x \in [a,b]$

解题流程:

Step1.

令$\vec{r}(x) = \big(x, g(x)\big)$ 则 $\vec{r}'(x) = (1, g'(x))$ 且 $|\vec{r}'(x)| = \sqrt{1 + \big(g'(x)\big)^2}$

Step2.

$$\int_C f(x,y)ds = \int_a^b f\big(\vec{r}(x)\big)|\vec{r}'(x)|dx = \int_a^b f\big(x, g(x)\big)\sqrt{1 + \big(g'(x)\big)^2}dx$$

Type 2.

求$\int_C f(x,y)ds =?$，其中曲线$C: \big(x(t), y(t)\big)$，$\forall a \le t \le b$ 为二维空间中的线段

求$\int_C f(x,y,z)ds =?$，其中曲线$C: (x(t), y(t), z(t))$，$\forall a \le t \le b$ 为三维空间中的线段

解题流程:

Step1.

若曲线C为二维空间中的线段,

令$C: \vec{r}(t) = \big(x(t), y(t)\big)$，$\forall a \le t \le b$ 则

$\vec{r}'(t) = \big(x'(t), y'(t)\big)$ 且 $|\vec{r}'(t)| = \sqrt{\big(x'(t)\big)^2 + \big(y'(t)\big)^2}$

$$\therefore \int_C f(x,y)ds = \int_a^b f\big(\vec{r}(t)\big)|\vec{r}'(t)|dt = \int_a^b f(x(t), y(t))\sqrt{\big(x'(t)\big)^2 + \big(y'(t)\big)^2}dt$$

若曲线C为三维空间中的线段,

令$C: \vec{r}(t) = \big(x(t), y(t), z(t)\big)$，$\forall a \le t \le b$ 则

$\vec{r}'(t)=\left(x'(t),y'(t),z'(t)\right)$ 且 $|\vec{r}'(t)|=\sqrt{\left(x'(t)\right)^2+\left(y'(t)\right)^2+\left(z'(t)\right)^2}$

$\therefore \int_C f(x,y,z)ds=\int_a^b f\left(\vec{r}(t)\right)|\vec{r}'(t)|dt$

$=\int_a^b f(x(t),y(t),z(t))\sqrt{\left(x'(t)\right)^2+\left(y'(t)\right)^2+\left(z'(t)\right)^2}dt$

Step2.

若曲线C为二维空间中的线段, 求 $\int_a^b f(x(t),y(t))\sqrt{\left(x'(t)\right)^2+\left(y'(t)\right)^2}dt$

若曲线C为三维空间中的线段, 求 $\int_a^b f(x(t),y(t),z(t))\sqrt{\left(x'(t)\right)^2+\left(y'(t)\right)^2+\left(z'(t)\right)^2}dt$

<u>范例说明:</u>

(I)求 $\int_C f(x,y)ds=?$, 其中 $f(x,y)=xy^3$, $C:\vec{r}(t)=(t,at)$, $-1\le t\le 1$

$\because \vec{r}(t)=(t,at)\quad \therefore\ \vec{r}'(t)=(1,a)$ 且 $|\vec{r}'(t)|=\sqrt{1+a^2}$

$\int_C f(x,y)ds=\int_{-1}^{1} f\left(\vec{r}(t)\right)|\vec{r}'(t)|dt=\int_{-1}^{1} t\,(at)^3\cdot\sqrt{1+a^2}dt=\dfrac{2a^3\sqrt{1+a^2}}{5}$

Type 3.

求 $\int_C f(x,y)ds=?$, 其中曲线C为圆 $C:x^2+y^2=r^2$, $r>0$

解题流程:

Step1.

令$x=r\cos\theta$, $y=r\sin\theta$, $0\le\theta\le 2\pi$ 则 $\vec{r}'(\theta)=(-r\sin\theta, r\cos\theta)$

$\therefore\ |\vec{r}'(\theta)|=r\sqrt{\cos^2\theta+\sin^2\theta}=r$

$\therefore \int_C f(x,y)ds=\int_0^{2\pi} f\left(\vec{r}(\theta)\right)|\vec{r}'(\theta)|d\theta=\int_0^{2\pi} f(r\cos\theta, r\sin\theta)rd\theta$

Step2.

求 $\int_0^{2\pi} f(r\cos\theta, r\sin\theta)rd\theta=?$

<u>范例说明:</u>

求$\int_C f(x,y)ds=?$，其中曲线C为圆 $C: x^2+y^2=r^2$，$r>0$

(I)若$f(x,y)=e^{x^2+y^2}$ 则$\int_C e^{x^2+y^2}ds=\int_0^{2\pi}e^{r^2}rd\theta$

(II)若$f(x,y)=\ln(x^2+y^2)$ 则$\int_C \ln(x^2+y^2)\,ds=\int_0^{2\pi}\ln(r^2)\,rd\theta$

(III)若$f(x,y)=\sin(x^2+y^2)$ 则$\int_C \sin(x^2+y^2)\,ds=\int_0^{2\pi}\sin(r^2)\,rd\theta$

(IV)若$f(x,y)=\sin^{-1}(x^2+y^2)$ 则$\int_C \sin^{-1}(x^2+y^2)\,ds=\int_0^{2\pi}\sin^{-1}(r^2)\,rd\theta$

(V)若$f(x,y)=\tan^{-1}(x^2+y^2)$ 则$\int_C \tan^{-1}(x^2+y^2)\,ds=\int_0^{2\pi}\tan^{-1}(r^2)\,rd\theta$

(VI)若$f(x,y)=\dfrac{1}{\sqrt{x^2+y^2}}$ 则$\int_C \dfrac{1}{\sqrt{x^2+y^2}}ds=\int_0^{2\pi}\int_0^{a}drd\theta$

(VII)若$f(x,y)=\dfrac{1}{\sqrt{1+x^2+y^2}}$ 则$\int_C \dfrac{1}{\sqrt{1+x^2+y^2}}ds=\int_0^{2\pi}\dfrac{r}{\sqrt{1+r^2}}d\theta$

Example 1.

求$\int_C xy^2dt=?$，$C: x=4t$，$y=e^t$，$0\le t\le 2$

【解】

$$\int_C xy^2dt=\int_0^2 4t\cdot e^{2t}\,dt=4\left(\frac{e^{2t}t}{2}\bigg|_0^2-\frac{1}{2}\int_0^2 e^{2t}\,dt\right)=4\left(e^4-\frac{e^4-1}{4}\right)=3e^4+1$$

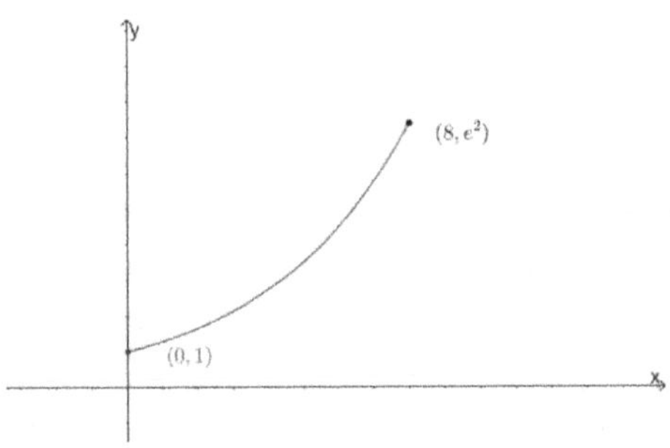

Example 2.

假设$C: y = ax$ 且 $f(x, y) = xy^3$，求f沿着C由点$(-1, -a)$至点$(1, a)$，$(a > 0)$的线积分 $\int_C f(x, y)ds = ?$

【解】

令$\vec{r}(t) = (t, at), -1 \le t \le 1$ 则 $\vec{r}'(t) = (1, a)$ 且 $|\vec{r}'(t)| = \sqrt{1 + a^2}$

$$\therefore \int_C f(x, y)ds = \int_{-1}^{1} f(\vec{r}(t))|\vec{r}'(t)|dt = \int_{-1}^{1} t\,(at)^3 \cdot \sqrt{1 + a^2}dt = \frac{2a^3\sqrt{1 + a^2}}{5}$$

Example 3.

求$\int_C 2 + x^2 yds = ?$，$C: x^2 + y^2 = r^2$，$y \ge 0$

【解】

令 $\vec{r}(\theta) = (r\cos\theta, r\sin\theta)$，$0 \le \theta \le \pi$ 则 $\vec{r}'(\theta) = (-r\sin\theta, r\cos\theta)$ 且 $|\vec{r}'(\theta)| = r$

$$\int_C 2 + x^2 yds = \int_0^{\pi} (2 + r^3\cos^2\theta\sin\theta)r\,d\theta = 2\pi r - r^4 \cdot \left.\frac{\cos^3\theta}{3}\right|_0^{\pi} = 2\pi r + \frac{2r^4}{3}$$

Example 4.

求$\int_C x - 3y^2 + zds = ?$，$C$为$(0,0,0)$至$(1,4,3)$的直线线段

【解】

令$\vec{r}(t) = (t, 4t, 3t)$，$0 \le t \le 1$ 则 $\vec{r}'(t) = (1,4,3)$ 且 $|\vec{r}'(t)| = \sqrt{26}$

$$\therefore \int_C x - 3y^2 + zds = \int_0^1 (t - 3(4t)^2 + 3t) \cdot \sqrt{26}dt = -14\sqrt{26}$$

Example 5.

求$\int_C 2x + yds = ?$，C为圓: $x^2 + y^2 = 25$ 從$(4,3)$至$(3,4)$的圓弧

【解】

令 $\vec{r}(\theta) = (5\cos\theta, 5\sin\theta)$ 则 $\cos^{-1}\frac{4}{5} \le \theta \le \cos^{-1}\frac{3}{5}$ 且 $\sin^{-1}\frac{3}{5} \le \theta \le \sin^{-1}\frac{4}{5}$

則 $\vec{r}'(\theta) = (-5\sin\theta, 5\cos\theta)$ 且 $|\vec{r}'(\theta)| = 5\sqrt{\cos^2\theta + \sin^2\theta}\,d\theta = 5$

$$\int_C 2x + yds = \int_{\sin^{-1}\frac{3}{5}}^{\sin^{-1}\frac{4}{5}} 2\cdot 5\cos\theta \cdot |\vec{r}'(\theta)|d\theta + \int_{\cos^{-1}\frac{4}{5}}^{\cos^{-1}\frac{3}{5}} 5\sin\theta \cdot |\vec{r}'(\theta)|d\theta$$

$$= 5\int_{\sin^{-1}\frac{3}{5}}^{\sin^{-1}\frac{4}{5}} 10\cos\theta\, d\theta + 5\int_{\cos^{-1}\frac{4}{5}}^{\cos^{-1}\frac{3}{5}} 5\sin\theta\, d\theta = -25\cos\theta\Big|_{\cos^{-1}\frac{4}{5}}^{\cos^{-1}\frac{3}{5}} + 50\sin\theta\Big|_{\sin^{-1}\frac{3}{5}}^{\sin^{-1}\frac{4}{5}} = 15$$

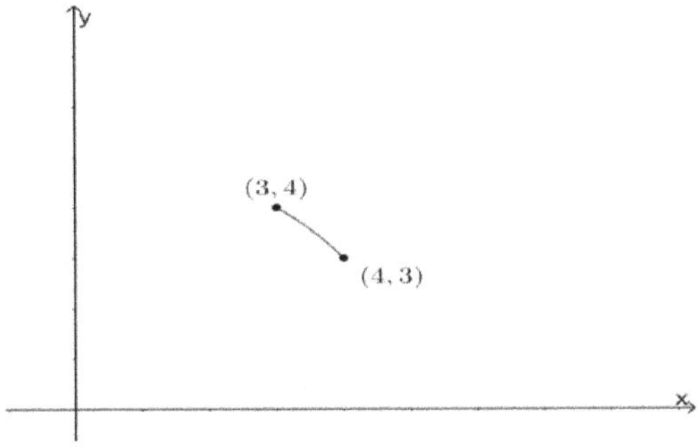

Example 6.

求 $\int_C 3 + x^2yds =?$，其中曲线 C是单位圆$x^2 + y^2 = 1$ 于第一象限的圆弧

【解】

令 $\vec{r}(t) = (\cos t, \sin t)$则 $\vec{r}'(t) = (-\sin t, \cos t)$且 $|\vec{r}'(t)| = \sqrt{\sin^2 t + \cos^2 t} = 1$, $0 \le t \le \frac{\pi}{2}$

$$\therefore \int_C 3 + x^2yds = \int_0^{\frac{\pi}{2}} (3 + \cos^2 t\sin t)|\vec{r}'(t)|dt = \int_0^{\frac{\pi}{2}} (3 + \cos^2 t\sin t)dt = \left(3t - \frac{\cos^3 t}{3}\right)\Big|_0^{\frac{\pi}{2}}$$

$$= \frac{3\pi}{2} + \frac{1}{3}$$

Example 7.

求 $\int_C 2xds =?$，其中 C包含抛物线C_1沿着$y = x^2$從(0,0)至(2,4)以及垂直线C_2從(2,4)至(2,5)

【解】

$\because C_1$: $y = x^2$，$0 \le x \le 2$

$$\therefore \int_{C_1} 2x ds = \int_0^2 2x\sqrt{\left(\frac{dx}{dx}\right)^2+\left(\frac{dy}{dx}\right)^2}\,dx = \int_0^2 2x\sqrt{1+4x^2}dx = \frac{17\sqrt{17}-1}{6}$$

$$\because C_2:\ x=2,\ 4\le y\le 5 \quad \therefore \int_{C_2} 2x ds = \int_4^5 2\sqrt{\left(\frac{dx}{dy}\right)^2+\left(\frac{dy}{dy}\right)^2}\,dy = 2$$

$$\therefore \int_C 2x ds = \int_{C_1} 2x ds + \int_{C_2} 2x ds = \frac{17\sqrt{17}-1}{6}+2$$

Example 8.

求 $\int_C y^2dx + xdy$，$(a)\ C=C_1$: 從 $(-5,-3)$ 至 $(0,2)$ 的直线线段 $(b)\ C=C_2$: 沿着抛物线 $x=4-y^2$ 從 $(-5,-3)$ 至 $(0,2)$

【解】

(a)

$\because C_1: x(t)=5t-5,\ y(t)=5t-3,\ \forall 0\le t\le 1$

$$\therefore \int_{C_1} y^2dx + xdy = \int_0^1 (5t-3)^2 5dt + (5t-5)5dt = -\frac{5}{6}$$

(b)

$\because C_2: x=4-y^2,\ \forall -3\le y\le 2$

$$\therefore \int_{C_2} y^2dx + xdy = \int_{-3}^2 y^2(-2y)dy + (4-y^2)dy = \frac{245}{6}$$

Example 9.

求 $\int_C xydx + ydy$，其中 C: $x=2t, y=10t$，$0\le t\le 2$

【解】

令 $C: \vec{r}(t)=(2t,10t)$，$\forall\, 0\le t\le 2$

$$\text{则} \int_C xydx + ydy = \int_0^2 20t^2\cdot 2dt + 10t\cdot 10dt = \left(\frac{40t^3}{3}+50t^2\right)\Bigg|_0^2 = \frac{320}{3}+200 = \frac{920}{3}$$

Example 10.

求 $\int_C \frac{y}{2x^2-y^2}ds$, 其中 $C(t)=(t,t)$, $1\le t\le 3$

【解】

令 $C:\vec{r}(t)=(t,t)$, $\forall\, 0\le t\le 3$ 則 $\vec{r}'(t)=(1,1)$ 且 $|\vec{r}'(t)|=\sqrt{2}$

$$\therefore \int_C \frac{y}{2x^2-y^2}ds=\int_1^3 \frac{y(t)|\vec{r}'(t)|}{2x^2(t)-y^2(t)}dt=\sqrt{2}\int_1^3 \frac{t}{t^2}dt=\sqrt{2}\int_1^3 \frac{1}{t}dt=\sqrt{2}\ln t|_1^3=\sqrt{2}\ln 3$$

Example 11.

求 $\int_C xyzds=?$, 其中 $C: x=2\sin t, y=t, z=-2\cos t$, $\forall 0\le t\le \pi$

【解】

令 $C:\vec{r}(t)=(2\sin t, t, -2\cos t)$, $\forall 0\le t\le\pi$

則 $\vec{r}'(t)=(2\cos t, 1, 2\sin t)$ 且 $|\,\vec{r}'(t)|=\sqrt{(2\cos t)^2+(1)^2+(2\sin t)^2}=\sqrt{5}$

$$\therefore \int_C xyzds=-4\int_0^\pi t\sin t\cos t\cdot|\vec{r}'(t)|dt=-4\sqrt{5}\int_0^\pi t\sin t\cos t\,dt=-2\sqrt{5}\int_0^\pi t\sin 2t\,dt$$

$$=2\sqrt{5}\cdot\frac{t\cos 2t}{2}\Big|_0^\pi=\sqrt{5}\pi$$

Example 12.

Evaluate $\int_C x\cos z\ ds=?$, where

(1) C is the circular helix given by the equation $x=\cos t, y=\sin t, z=t, 0\le t\le 2\pi$

(2) C is the circular helix given by the equation $x=\cos t, y=\sin t, z=0, 0\le t\le 2\pi$

【解】

(1)

$$\int_C x\cos z\ ds=\int_0^{2\pi}\cos t\cos t\sqrt{\left(x'(t)\right)^2+\left(y'(t)\right)^2+\left(z'(t)\right)^2}dt$$

$$=\int_0^{2\pi}\cos^2 t\sqrt{\sin^2 t+\cos^2 t+1}dt=\sqrt{2}\int_0^{2\pi}\frac{1+\cos 2t}{2}dt=\sqrt{2}\pi$$

(2)

$$\int_C x\cos z\ ds=\int_0^{2\pi}\cos t\sqrt{\left(x'(t)\right)^2+\left(y'(t)\right)^2+\left(z'(t)\right)^2}dt=\int_0^{2\pi}\cos t\sqrt{\sin^2 t+\cos^2 t}\,dt$$
$$=0$$

Example 13.

求 $\int_C ydx+zdy+xdz$, 其中 C 包含 C_1 從(3,0,0) 至 (4,4,5)的直线线段, 以及從(4,4,5) 至 (4,4,0)的垂直线段.

【解】

$\because C_1: \vec{r}(t)=(1-t)(3,0,0)+t(4,4,5)=(3+t,4t,5t), 0\le t\le 1$

$\therefore \int_{C_1} ydx+zdy+xdz=\int_0^1 4tdt+5t(4)dt+(3+t)5dt=\frac{59}{2}$

$\because C_2: \vec{r}(t)=(1-t)(4,4,5)+t(4,4,0)=(4,4,5-5t), 0\le t\le 1$

$\therefore \int_{C_2} ydx+zdy+xdz=\int_0^1 -20dt=-20$

$\therefore \int_C ydx+zdy+xdz=\frac{59}{2}-20=\frac{19}{2}$

Example 14.

求 $\int_C x-yds=?$, 其中 $\vec{r}(t)=(4t,3t)$, $\forall\, 0\le t\le 4$

【解】

$\because C:\vec{r}(t)=(4t,3t)$, $\forall\, 0\le t\le 4$ $\quad\therefore \vec{r}'(t)=(4,3)$ 且 $|\vec{r}'(t)|=5$, $\forall\, 0\le t\le 4$

$\therefore \int_C x-yds=\int_0^4 (x(t)-y(t))|\vec{r}'(t)|dt=\int_0^4 t\cdot 5dt=\left.\frac{5t^2}{2}\right|_0^4=40$

Example 15.

求 $\int_C xy^4ds=?$, 其中 C 为沿着 $x^2+y^2=16$ 逆时针绕行的右半圆

【解】

令 $\vec{r}(t)=(4\cos t,4\sin t)$ 则 $\vec{r}'(t)=(-4\sin t,4\cos t)$ 且 $|\vec{r}'(t)|=4$, $-\frac{\pi}{2}\le t\le\frac{\pi}{2}$

$$\therefore \int_C xy^4 ds = \int_{-\frac{\pi}{2}}^{\frac{\pi}{2}} x(t)y^4(t)|\vec{r}'(t)|dt = 4^5 \int_{-\frac{\pi}{2}}^{\frac{\pi}{2}} (\cos t \sin^4 t)\cdot 4dt = 4^6 \int_{-\frac{\pi}{2}}^{\frac{\pi}{2}} \cos t \sin^4 t\, dt$$

$$= 4^6 \left(\frac{\sin^5 t}{5}\right)\Bigg|_{-\frac{\pi}{2}}^{\frac{\pi}{2}} = \frac{8192}{5}$$

Example 16.

求 $\int_C yzdx + xzdy + xydz = ?$，$C$为從 (1,1,1) 至 (3,2,0)的直线线段

【解】

令$C: \vec{r}(t) = (1-t)(1,1,1) + t(3,2,0) = (1+2t, t+1, 1-t)$，$0 \le t \le 1$

$$\therefore \int_C yzdx + xzdy + xydz = \int_0^1 (t+1)(1-t)2 + (1+2t)(1-t) - (1+2t)(t+1)dt$$

$$= \int_0^1 2 - 2t - 6t^2 dt = 2t - t^2 - 2t^3|_0^1 = -1$$

Example 17.

Evaluate $\int_C x + y + z\, ds = ?$，where C is parameterized by $(\cos t, \sin t, t), t \in [0,2\pi]$

【解】

令$\vec{r}(t) = \big(x(t), y(t), z(t)\big) = (\cos t, \sin t, t)$，$\forall 0 \le t \le 2\pi$

则 $\vec{r}'(t) = (-\sin t, \cos t, 1)$ 且 $|\vec{r}'(t)| = \sqrt{2}$，$\forall 0 \le t \le 2\pi$

$$\therefore \int_C x + y + z\, ds = \int_0^{2\pi} \big(x(t) + y(t) + z(t)\big)|\vec{r}'(t)|\, dt = \int_0^{2\pi} (\cos t + \sin t + t)\sqrt{2}\, dt$$

$$= 2\sqrt{2}\pi^2$$

Example 18.

求 $\int_C (x^2 + y^2 + z^2)^2 ds = ?$, 其中曲线 C 为沿着空间螺旋线 $=$ $(\cos t, \sin t, 3t)$從 $(1,0,0)$至$(1,0,6\pi)$的线段

【解】

令$\vec{r}(t) = \big(x(t), y(t), z(t)\big) = (\cos t, \sin t, 3t)$，$\forall 0 \le t \le 2\pi$

则$\vec{r}'(t) = (-\sin t, \cos t, 3)$ 且 $|\vec{r}'(t)| = \sqrt{10}$, $\forall 0 \le t \le 2\pi$

$$\therefore \int_C (x^2+y^2+z^2)^2 ds = \int_0^{2\pi} \left(x^2(t)+y^2(t)+z^2(t)\right)^2 |\vec{r}'(t)|\, dt$$

$$= \int_0^{2\pi} ((\cos t)^2 + (\sin t)^2 + (3t)^2)^2 \sqrt{10}\, dt = \sqrt{10}\int_0^{2\pi} (1+9t^2)^2\, dt$$

$$= \sqrt{10}\left(2\pi + 48\pi^3 + \frac{2592\pi^5}{5}\right)$$

Example 19.

求 $\int_C xe^{yz} ds = ?$, 其中C 是從 (0,0,0) 至 (1,2,3)的直线线段

【解】

令$C: \vec{r}(t) = (1-t)(0,0,0) + t(1,2,3) = (t, 2t, 3t)$, $0 \le t \le 1$

则 $\vec{r}'(t) = (1,2,3)$ 且 $|\vec{r}'(t)| = \sqrt{14}$

$$\therefore \int_C xe^{yz} ds = \int_0^1 x(t)e^{y(t)z(t)}\, |\vec{r}'(t)| dt = \int_0^1 te^{6t^2}\sqrt{14} dt = \left.\frac{\sqrt{14}e^{6t^2}}{12}\right|_0^1 = \frac{\sqrt{14}(e^6-1)}{12}$$

Example 20.

求 $\int_C z^2dx + x^2dy + y^2dz = ?$, 其中$C$ 是從(1,0,0)至 (4,1,2)的直线线段

【解】

令$C: \vec{r}(t) = (1-t)(1,0,0) + t(4,1,2) = (1+3t, t, 2t)$, $0 \le t \le 1$

则 $\int_C z^2dx + x^2dy + y^2dz = \int_0^1 4t^2\cdot 3 + (1+3t)^2 + t^2\cdot 2dt$

$$= 4t^3 + (t + 3t^2 + 3t^3) + \left.\frac{2t^3}{3}\right|_0^1 = \frac{35}{3}$$

9.3.2 $\vec{\mathbf{F}}$为向量函数,給曲线C求线积分

假设$\vec{\mathrm{F}}(x,y,z) = \left(f_1(x,y,z), f_2(x,y,z), f_3(x,y,z)\right)$是一个三维空间的连续向量场，其定义域包含一条平滑的空间曲线$C: \vec{r}(t) = \left(x(t), y(t), z(t)\right)$, $\forall t \in [a,b]$, 将参数区间$[a,b]$切成 n

个等宽的子区间，其中$x_i = x(t_i)$，$y_i = y(t_i)$，$z_i = z(t_i), \forall 0 \le i \le n$；这些对应点$(x_i, y_i, z_i)$将$C$分成 n 个子弧C_i且长度分别为$\Delta s_1, \Delta s_1 \dots \Delta s_n$($\Delta s_1, \Delta s_2, \dots, \Delta s_n$不必然相等)；在第$i$个子弧段上取一点$(x_i^*, y_i^*, z_i^*)$, 对应参数值为$t_i^*$, 以物理的角度来看，当粒子沿着曲线$C_i$经过时，如果$\Delta s_i$很小, 将非常接近单位切向量$\vec{u}(t_i^*)$的方向(如下图), 因此, 力 $\vec{\mathrm{F}}$ 在沿着曲线C_i 将粒子从起点移动到终点的过程中所做的功，近似为：

$$\vec{\mathrm{F}}(x_i^*, y_i^*, z_i^*) \cdot \Delta s_i \vec{u}(t_i^*) = \vec{\mathrm{F}}\big(\vec{r}(t_i^*)\big) \cdot \Delta s_i \vec{u}(t_i^*)$$

因为曲线的切线向量为 $\vec{r}'(t) = \dfrac{d\vec{r}(t)}{dt}$，所以单位切向量 $\vec{u}(t) = \dfrac{\vec{r}'(t)}{|\vec{r}'(t)|}$，因此

$$\vec{\mathrm{F}}\big(\vec{r}(t_i^*)\big) \cdot \Delta s_i \vec{u}(t_i^*) = \vec{\mathrm{F}}\big(\vec{r}(t_i^*)\big) \cdot \Delta s_i \left(\frac{\vec{r}'(t_i^*)}{\left|\vec{r}'(t_i^*)\right|}\right)$$

所以沿着曲线移动粒子所做的总功近似等于

$$\sum_{i=1}^{n} \vec{\mathrm{F}}\big(\vec{r}(t_i^*)\big) \cdot \Delta s_i \left(\frac{\vec{r}'(t_i^*)}{\left|\vec{r}'(t_i^*)\right|}\right).$$

因为 $\Delta s_i = \int_{t_{i-1}}^{t_i} |\vec{r}'(t)| dt$，当 $\Delta t_i = t_i - t_{i-1}$ 逼近零，则$\Delta s_i = \int_{t_{i-1}}^{t_i} |\vec{r}'(t)| dt \approx |\vec{r}'(t_i^*)| \Delta t_i$

沿着曲线移动粒子所做的总功近似等于

$$\sum_{i=1}^{n} \vec{\mathrm{F}}\big(\vec{r}(t_i^*)\big) \cdot |\vec{r}'(t_i^*)| \Delta t_i \left(\frac{\vec{r}'(t_i^*)}{\left|\vec{r}'(t_i^*)\right|}\right) = \sum_{i=1}^{n} \left(\vec{\mathrm{F}}\big(\vec{r}(t_i^*)\big) \cdot \vec{r}'(t_i^*)\right) \Delta t_i.$$

所以，藉由力场$\vec{\mathrm{F}}$所作的功W定义为上述黎曼和的极限：

$$W = \lim_{n \to \infty} \sum_{i=1}^{n} \left(\vec{\mathrm{F}}\big(\vec{r}(t_i^*)\big) \cdot \vec{r}'(t_i^*)\right) \Delta t_i = \int_a^b \vec{\mathrm{F}}(\vec{r}(t)) \cdot \vec{r}'(t) dt$$

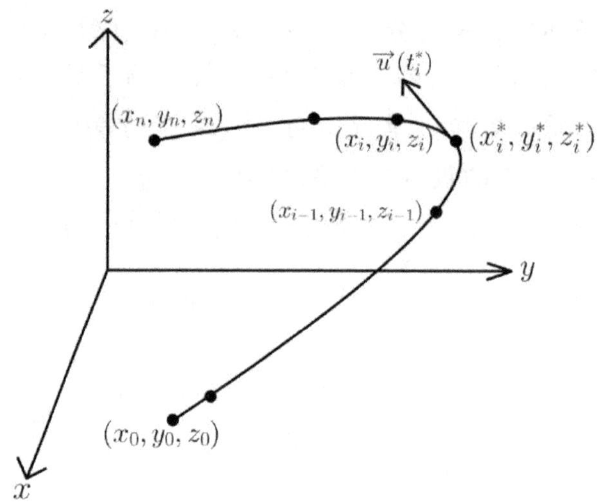

藉由上述的观察，底下说明向量函数线积分的定义

【定义】

假设 $\vec{\mathrm{F}}$ 是一个连续向量场且定义于光滑曲线 $C: \vec{r}(t), \forall t \in [a, b]$则$\vec{\mathrm{F}}$沿着曲线$C$的线积分表示为

$$\int_C \vec{\mathrm{F}} \cdot d\vec{r} = \int_a^b \vec{\mathrm{F}}(\vec{r}(t)) \cdot \vec{r}'(t) dt$$

上述的公式说明计算向量函数的线积分相当于求单变量函数的黎曼积分，特别的是单变量黎曼积分的被积分函数为

$$\vec{\mathrm{F}}\big(\vec{r}(t)\big) \cdot \vec{r}'(t)$$

因此，求向量函数的线积分相当于要先求得被积分函数之后，再计算单变量黎曼积分；底下针对曲线的向量函数线积分转换成单变量黎曼积分后，有哪些不同类型作初步说明；值得注意的是向量函数的线积分以及纯量函数线积分的关联性，假设 $\vec{F} = (f_1, f_2, f_3)$且曲线 $C: \vec{r}(t) = (x, y, z)$则 $d\vec{r} = (dx, dy, dz)$，因此，

$$\int_C \vec{\mathrm{F}} \cdot d\vec{r} = \int_C (f_1, f_2, f_3) \cdot (dx, dy, dz) = \int_C f_1 dx + f_2 dy + f_3 dz.$$

掌握题型的重要关键与上一节相同，需要熟悉曲线的样貌，大方向可以区分为两类，一者为二维平面的曲线，另一者为三维空间的曲线；再者又可细分为圆与非圆，以及是否用参数方程式表示，在这些不同情境下对于 $\int_a^b \vec{\mathrm{F}}\big(\vec{r}(t)\big) \cdot \vec{r}'(t) dt$ 需要一个明确对应的计算公式

给定向量函数 $\vec{\mathrm{F}}=\big(f_1(x,y),f_2(x,y)\big)$, 且曲线$C$ 为二维曲线: $y=g(x)$, $\forall a\le x\le b$, 目标求线积分$\displaystyle\int_C \vec{\mathrm{F}}\cdot d\vec{r}$, 首先对曲线做参数化,

$$令\ \vec{r}(x)=\big(x,g(x)\big),\ 则\ \vec{r}'(x)=\big(1,g'(x)\big),$$

因此线积分可表示为

$$\int_C \vec{\mathrm{F}}\cdot d\vec{r}=\int_a^b \vec{\mathrm{F}}\big(\vec{r}(x)\big)\cdot\vec{r}'(x)dx=\int_a^b \vec{\mathrm{F}}\big(\vec{r}(x)\big)\cdot\big(1,g'(x)\big)dx$$

$$=\int_a^b f_1\big(x,g(x)\big)dx+\int_a^b f_2\big(x,g(x)\big)g'(x)dx$$

特别的是如果曲线C为一个圆: $x^2+y^2=r^2$, 藉由极坐标转换

$$令\ x=r\cos\theta,\ y=r\sin\theta\ 则\ \vec{r}(\theta)=(r\cos\theta,r\sin\theta),\ \forall\, 0\le\theta\le 2\pi$$

因为

$$\vec{r}'(\theta)=(-r\sin\theta,r\cos\theta)$$

所以, 线积分$\displaystyle\int_C \vec{\mathrm{F}}\cdot d\vec{r}$ 可以表示为两个积分的和,

$$\int_C \vec{\mathrm{F}}\cdot d\vec{r}=\int_0^{2\pi}\vec{\mathrm{F}}\big(\vec{r}(\theta)\big)\cdot\vec{r}'(\theta)d\theta=\int_0^{2\pi}\Big(f_1\big(\vec{r}(\theta)\big),f_2\big(\vec{r}(\theta)\big)\Big)\cdot(-r\sin\theta,r\cos\theta)d\theta$$

$$=\int_0^{2\pi} f_1(r\cos\theta,r\sin\theta)(-r\sin\theta)d\theta+\int_0^{2\pi} f_2(r\cos\theta,r\sin\theta)(r\cos\theta)d\theta$$

给定三维空间的向量函数 $\vec{\mathrm{F}}=\big(f_1(x,y,z),f_2(x,y,z),f_3(x,y,z)\big)$, 目标求$\displaystyle\int_C \vec{\mathrm{F}}\cdot d\vec{r}$ 其中曲线C的向量函数为 $\vec{r}(t)=\big(x(t),y(t),z(t)\big)$, $\forall a\le t\le b$, 因为

$$\vec{r}'(t)=\big(x'(t),y'(t),z'(t)\big),$$

所以

$$\int_C \vec{\mathrm{F}}\cdot d\vec{r}=\int_a^b \vec{\mathrm{F}}\big(\vec{r}(t)\big)\cdot\vec{r}'(t)dt$$

$$=\int_a^b f_1\big(\vec{r}(t)\big)x'(t)dt+\int_a^b f_2\big(\vec{r}(t)\big)y'(t)dt+\int_a^b f_3\big(\vec{r}(t)\big)z'(t)dt$$

给定向量值函数 $\vec{\mathrm{F}}=\big(f_1(x,y,z),f_2(x,y,z),f_3(x,y,z)\big)$以及三维空间中的封闭椭圆曲线$C$: $\dfrac{x^2}{a^2}+\dfrac{y^2}{b^2}=1$ 且 $z=c$, 因为曲线 $C=\left\{(x,y,z):\dfrac{x^2}{a^2}+\dfrac{y^2}{b^2}=1,z=c\right\}$, 藉由极坐标转换

$x = a\cos\theta$， $y = b\sin\theta$ 则 $\vec{r}(\theta) = (a\cos\theta, b\sin\theta, c)$ 且 $\vec{r}'(\theta) = (-a\sin\theta, b\cos\theta, 0)$，
因此线积分可表示为

$$\oint_C \vec{\mathrm{F}} \cdot d\vec{r} = \int_0^{2\pi} \vec{\mathrm{F}}(\vec{r}(\theta)) \cdot \vec{r}'(\theta) d\theta$$

$$= \int_0^{2\pi} f_1(a\cos\theta, b\sin\theta)(-a\sin\theta) d\theta + \int_0^{2\pi} f_2(a\cos\theta, b\sin\theta)\, b\cos\theta\, d\theta$$

上述给出了当$\vec{\mathrm{F}}$为向量值函数时，曲线C在不同的情境之下的计算公式， 然而， 针对不同考试类型而言，必须给出详细的解题流程

考试类型:

Type 1.

給定向量值函数 $\vec{\mathrm{F}} = \big(f_1(x,y), f_2(x,y)\big)$，假设曲线$C$为沿着 $y = g(x)$的二维平面线段，其中 $a \le x \le b$，求$\int_C \vec{\mathrm{F}} \cdot d\vec{r} = ?$

解题流程:

Step1.

令 $\vec{r}(x) = \big(x, g(x)\big)$ 则 $\vec{r}'(x) = (1, g'(x))$

$$\therefore \int_C \vec{\mathrm{F}} \cdot d\vec{r} = \int_a^b \vec{\mathrm{F}}(\vec{r}(x)) \cdot \vec{r}'(x) dx = \int_a^b f_1\big(x, g(x)\big) dx + \int_a^b f_2\big(x, g(x)\big) g'(x) dx$$

Step2.

求$\int_a^b f_1\big(x, g(x)\big) dx + \int_a^b f_2\big(x, g(x)\big) g'(x) dx = ?$

<u>范例说明:</u>

(I) 求$\int_C \vec{\mathrm{F}} \cdot d\vec{r} = ?$， 其中 $\vec{\mathrm{F}} = (y\cos x, x\sin y)$且曲线 $C = \{(x,y): 0 \le x \le a, y = x\}$

$$\int_C \vec{\mathrm{F}} \cdot d\vec{r} = \int_C y\cos x\, dx + x\sin y\, dy = \int_a^0 x\cos x\, dx + x\sin x\, dx$$
$$= -(a+1)\sin a + (a-1)\cos a + 1$$

Type 2.

給定向量函数 $\vec{\mathrm{F}} = \big(f_1(x,y,z), f_2(x,y,z), f_3(x,y,z)\big)$，求$\int_C \vec{\mathrm{F}} \cdot d\vec{r} = ?$，其中曲线$C$为:

$\vec{r}(t)=\big(x(t),y(t),z(t)\big),\ \forall\, a\le t\le b$

解题流程:

Step1.

$$\int_C \vec{\mathrm{F}}\cdot d\vec{r}=\int_a^b f_1\big(\vec{r}(t)\big)x'(t)dt+\int_a^b f_2\big(\vec{r}(t)\big)y'(t)dt+\int_a^b f_3\big(\vec{r}(t)\big)z'(t)dt$$

Step2.

求 $\int_a^b f_1\big(\vec{r}(t)\big)x'(t)dt+\int_a^b f_2\big(\vec{r}(t)\big)y'(t)dt+\int_a^b f_3\big(\vec{r}(t)\big)z'(t)dt=?$

<u>范例说明:</u>

求 $\int_C \vec{\mathrm{F}}\cdot d\vec{r}=?$

(I)若 $\vec{\mathrm{F}}=(x^2y,x-z,xyz)$ 且 $\vec{r}(t)=(t,t^2,2),\ 0\le t\le 2$

则 $\int_C \vec{\mathrm{F}}\cdot d\vec{r}=\int_0^2 \vec{\mathrm{F}}(\vec{r}(t))\cdot\vec{r}'(t)dt=\int_0^2 (t^2\cdot t^2+(t-2)\cdot 2t+2t^3\cdot 0)\ dt=\frac{56}{15}$

(II)若 $\vec{\mathrm{F}}=(x^3,3zy^2,x^2y)$且 $\vec{r}(t)=(3t,2t,t),\ -1\le t\le 0$

则 $\int_C \vec{\mathrm{F}}\cdot d\vec{r}=\int_{-1}^0 \vec{\mathrm{F}}(\vec{r}(t))\cdot\vec{r}'(t)dt=\int_{-1}^0 (27t^3\cdot 3+3t(2t)^2\cdot 2+9t^2\cdot 2t)\,dt=\frac{-123}{4}$

(III)若 $\vec{\mathrm{F}}=(xy,yz,xz)$且 $\vec{r}(t)=(t,t^2,t^3),\ 0\le t\le 1$

则 $\int_C \vec{\mathrm{F}}\cdot d\vec{r}=\int_0^1 \vec{\mathrm{F}}(\vec{r}(t))\cdot\vec{r}'(t)dt=\int_{-1}^0 t^3+5t^6\,dt=\frac{27}{28}$

(IV)若 $\vec{\mathrm{F}}=(x^2,-xy)$ 且 $\vec{r}(t)=(\cos t,\sin t),0\le t\le\frac{\pi}{2}$

$$\int_C \vec{\mathrm{F}}\cdot d\vec{r}=\int_0^{\frac{\pi}{2}} \vec{\mathrm{F}}(\vec{r}(t))\cdot\vec{r}'(t)dt=\int_0^{\frac{\pi}{2}}(\cos^2 t\,,-\cos t\sin t)\cdot(-\sin t\,,\cos t)dt$$

$$=-2\int_0^{\frac{\pi}{2}}\sin t\cos^2 t\,dt=-\frac{2}{3}$$

Type 3.

求 $\oint_C \vec{\mathrm{F}}\cdot d\vec{r}=?$, 其中 $\vec{\mathrm{F}}=\big(f_1(x,y),f_2(x,y)\big)$, 曲线$C$为半径$r$的圆: $x^2+y^2=r^2$

解题流程:

Step1.

令$x = r\cos\theta$，$y = r\sin\theta, 0 \le \theta \le 2\pi$ 则$\oint_C \vec{\mathrm{F}} \cdot d\vec{r} = \int_C f_1(x,y)dx + f_2(x,y)dy$

Step2.

$$\int_C f_1(x,y)dx = \int_0^{2\pi} f_1(r\cos\theta, r\sin\theta)(-r\sin\theta)d\theta$$

$$\int_C f_2(x,y)dy = \int_0^{2\pi} f_2(r\cos\theta, r\sin\theta)(r\cos\theta)d\theta$$

Step3.

求$\int_0^{2\pi} f_1(r\cos\theta, r\sin\theta)(-r\sin\theta)d\theta + \int_0^{2\pi} f_2(r\cos\theta, r\sin\theta)(r\cos\theta)d\theta = ?$

<u>范例说明:</u>

求$\oint_C \vec{\mathrm{F}} \cdot d\vec{r} = ?$，其中$\vec{\mathrm{F}} = \big(f_1(x,y), f_2(x,y)\big)$且曲线$C: x^2 + y^2 = r^2$

(I)若 $f_1(x,y) = \dfrac{-y}{x^2+y^2}$，$f_2(x,y) = \dfrac{x}{x^2+y^2}$

则$\oint_C \vec{\mathrm{F}} \cdot d\vec{r} = \int_0^{2\pi} \cos^2\theta + \sin^2\theta \, d\theta = 2\pi$

(II)若 $f_1(x,y) = \dfrac{x^2}{x^2+y^2}$，$f_2(x,y) = \dfrac{y^2}{x^2+y^2}$

则$\oint_C \vec{\mathrm{F}} \cdot d\vec{r} = r\int_0^{2\pi} -\cos^2\theta\sin\theta + \sin^2\theta\cos\theta \, d\theta = 0$

(III)若 $f_1(x,y) = y^3$，$f_2(x,y) = -x^3$

则$\oint_C \vec{\mathrm{F}} \cdot d\vec{r} = \int_0^{2\pi} r^3\sin^3\theta \cdot (-r\sin\theta) - r^3\cos^3\theta \cdot (r\cos\theta)d\theta = -\dfrac{3r^4\pi}{2}$

Type 4.

求$\oint_C \vec{\mathrm{F}} \cdot d\vec{r} = ?$，其中$\vec{\mathrm{F}} = \big(f_1(x,y,z), f_2(x,y,z), f_3(x,y,z)\big)$且曲线$C$为三维空间中的封闭圆：$x^2 + y^2 = r^2$，$z = c$

解题流程:

Step1.

令$C = \{(x,y,z): x^2 + y^2 = r^2, z = c\}$

令$x = r\cos\theta\,, y = r\sin\theta$ 则 $\vec{r}(\theta) = (r\cos\theta\,, r\sin\theta\,, c)$ $\therefore \vec{r}'(\theta) = (-a\sin\theta\,, b\cos\theta\,, 0)$

Step2.

$$\oint_C \vec{\mathrm{F}} \cdot d\vec{r} = \int_0^{2\pi} \vec{\mathrm{F}}(\vec{r}(\theta)) \cdot \vec{r}'(\theta) d\theta = \int_C (f_1, f_2, f_3) \cdot (-a\sin\theta\,, b\cos\theta\,, 0) d\theta$$

$$= \int_0^{2\pi} f_1(r\cos\theta\,, r\sin\theta)(-r\sin\theta) d\theta + \int_0^{2\pi} f_2(r\cos\theta\,, r\sin\theta)\, r\cos\theta\, d\theta$$

Step3.

求$\displaystyle\int_0^{2\pi} f_1(r\cos\theta\,, r\sin\theta)(-r\sin\theta) d\theta + \int_0^{2\pi} f_2(r\cos\theta\,, r\sin\theta)\, r\cos\theta\, d\theta$ =?

<u>范例说明:</u>

求$\displaystyle\oint_C \vec{\mathrm{F}} \cdot d\vec{r}$ =?，其中$\vec{\mathrm{F}} = \big(f_1(x,y,z), f_2(x,y,z), f_3(x,y,z)\big)$且曲线$C$为三维空间中的封闭圆，$x^2 + y^2 = r^2$，$z = c$

(I)若$\vec{\mathrm{F}} = (-y^3\cos z\,, x^3 e^z, -e^z)$

则$\displaystyle\oint_C \vec{\mathrm{F}} \cdot d\vec{r} = \int_0^{2\pi} \vec{\mathrm{F}}(\vec{r}(\theta)) \cdot \vec{r}'(\theta) d\theta$

$$= \int_0^{2\pi} (-(a\sin\theta)^3, (a\cos\theta)^3, 1) \cdot (-a\sin\theta\,, a\cos\theta\,, 0) d\theta = \frac{3a^4\pi}{2}$$

Type 5.

求$\displaystyle\oint_C \vec{\mathrm{F}} \cdot d\vec{r}$ =?，其中$\vec{\mathrm{F}} = \big(f_1(x,y,z), f_2(x,y,z), f_3(x,y,z)\big)$且曲线$C$为三维空间中的封闭椭圆，$\dfrac{x^2}{a^2} + \dfrac{y^2}{b^2} = 1$，$z = c$

解题流程:

Step1.

令 $C = \{(x,y,z) \colon \dfrac{x^2}{a^2} + \dfrac{y^2}{b^2} = 1, z = c\}$

令$x = a\cos\theta$，$y = b\sin\theta$ 则 $\vec{r}(\theta) = (a\cos\theta\,, b\sin\theta\,, c)$ $\therefore \vec{r}'(\theta) = (-a\sin\theta\,, b\cos\theta\,, 0)$

Step2.

$$\oint_C \vec{\mathrm{F}} \cdot d\vec{r} = \int_0^{2\pi} \vec{\mathrm{F}}(\vec{r}(\theta)) \cdot \vec{r}'(\theta) d\theta = \int_C (f_1, f_2, f_3) \cdot (-a\sin\theta\,, b\cos\theta\,, 0)\, d\theta$$

$$= \int_0^{2\pi} f_1(a\cos\theta, b\sin\theta)(-a\sin\theta)d\theta + \int_0^{2\pi} f_2(a\cos\theta, b\sin\theta)\, b\cos\theta\, d\theta$$

Step3.

求 $\int_0^{2\pi} f_1(a\cos\theta, b\sin\theta)(-a\sin\theta)d\theta + \int_0^{2\pi} f_2(a\cos\theta, b\sin\theta)\, b\cos\theta\, d\theta = ?$

范例说明:

求 $\oint_C \vec{\mathrm{F}} \cdot d\vec{r} = ?$，其中 $\vec{\mathrm{F}} = \big(f_1(x,y,z), f_2(x,y,z), f_3(x,y,z)\big)$ 且曲线C为三维空间中的封闭椭圆，$\frac{x^2}{a^2} + \frac{y^2}{b^2} = 1$，$z = c$

(I)若 $\vec{\mathrm{F}} = (2x - y, 2y + z, xyz)$

则 $\oint_C \vec{\mathrm{F}} \cdot d\vec{r} = \int_0^{2\pi} \vec{\mathrm{F}}(\vec{r}(\theta)) \cdot \vec{r}'(\theta)d\theta$

$$= \int_0^{2\pi} (2a\cos\theta - b\sin\theta, 2b\sin\theta, abc\cos\theta\sin\theta) \cdot (-a\sin\theta, b\cos\theta, 0)d\theta = ab\pi$$

Type 6.

空间中二次曲面与平面$z = \mathrm{c}$ 的交集常为椭圆或圆，底下整理数种交集为圆或椭圆的情形

(i)C为椭球面 $\frac{x^2}{a^2} + \frac{y^2}{b^2} + \frac{z^2}{c^2} = 1$ 与 $z = 0$ 交线 $\Rightarrow C: \frac{x^2}{a^2} + \frac{y^2}{b^2} = 1, z = 0$

(ii)C为椭球面 $\frac{x^2}{a^2} + \frac{y^2}{b^2} + \frac{z^2}{c^2} = c_1$ 与 $\frac{x^2}{a^2} + \frac{y^2}{b^2} = c_2$ 交线$(c_1 > c_2 > 0)$

$\Rightarrow C: \frac{x^2}{a^2} + \frac{y^2}{b^2} = c_2$，$z = c\sqrt{c_1 - c_2}$

(iii)C为椭圆抛物面 $\frac{x^2}{a^2} + \frac{y^2}{b^2} = \frac{z}{c}$ 与 $z = c$交线 $\Rightarrow C: \frac{x^2}{a^2} + \frac{y^2}{b^2} = 1$，$z = c$

(iv)C为椭圆椎$\frac{x^2}{a^2} + \frac{y^2}{b^2} = \frac{z^2}{c^2}$ 与 $z = c$交线 $\Rightarrow C: \frac{x^2}{a^2} + \frac{y^2}{b^2} = 1$，$z = c$

(v)C为双曲面$\frac{x^2}{a^2} + \frac{y^2}{b^2} - \frac{z^2}{c^2} = 1$ 与 $z = 0$ 交线 $\Rightarrow C: \frac{x^2}{a^2} + \frac{y^2}{b^2} = 1$，$z = 0$

求 $\oint_C \vec{\mathrm{F}} \cdot d\vec{r} = ?$，其中 $\vec{\mathrm{F}} = \big(f_1(x,y,z), f_2(x,y,z), f_3(x,y,z)\big)$ 且曲线C为上述三维空间

当中的封闭椭圆

Example 1.

$$求\oint(6y+x)dx+(y+2x)dy=?,\ C:(x-2)^2+(y-3)^2=r^2$$

【解】

令$x=2+r\cos\theta$, $y=3+r\sin\theta$，$0\le\theta\le 2\pi$

则$\oint(6y+x)dx+(y+2x)dy$

$$=\int_0^{2\pi}(6(3+r\sin\theta)+2+r\cos\theta)(-r\sin\theta)+\big(3+r\sin\theta+2(2+r\cos\theta)\big)r\cos\theta\,d\theta$$

$$=\int_0^{2\pi}-6r^2\sin^2\theta+2r^2\cos^2\theta\,d\theta=\int_0^{2\pi}-6r^2\sin^2\theta+2r^2(1-\sin^2\theta)d\theta$$

$$=\int_0^{2\pi}-8r^2\sin^2\theta+2r^2d\theta=4\pi r^2-8r^2\int_0^{2\pi}\frac{1-\cos 2\theta}{2}d\theta=-4\pi r^2$$

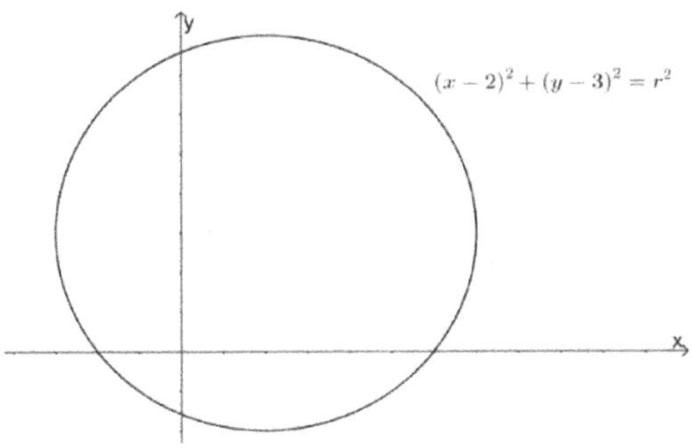

Example 2.

$$求\int_C x^2ydx+(x-z)dy+xyzdz=?,\ C为沿y=x^2,\ z=2,從点(0,0,2)至点(2,4,2)$$

的线段

【解】

令$\vec{r}(t)=(t,t^2,2), 0\le t\le 2$ 则 $\vec{r}'(t)=(1,2t,0)$

$$\therefore\int_C x^2ydx+(x-z)dy+xyzdz=\int_0^2(t^2\cdot t^2,t-2,2t^3)\cdot(1,2t,0)dt=\int_0^2 t^4+2t^2-4tdt$$

$$=\frac{t^5}{5}+\frac{2t^3}{3}-2t^2\bigg|_0^2=\frac{56}{15}$$

Example 3.

$$求\int_C x^3dx+3zy^2dy+x^2ydz=?，C为(-3,-2,-1)至(0,0,0)的线段$$

【解】

令$\vec{r}(t)=(3t,2t,t)$，$-1\le t\le 0$ 则 $\vec{r}'(t)=(3,2,1)$

$$\therefore\int_C x^3dx+3zy^2dy+x^2ydz=\int_{-1}^{0}27t^3\cdot 3dt+3t(2t)^2\cdot 2dt+9t^2\cdot 2tdt=\frac{-123}{4}$$

Example 4.

$$求\oint y^3dx-x^3\,dy=?，C:x^2+y^2=r^2$$

【解】

令$x=r\cos\theta\,,y=r\sin\theta\,,0\le\theta\le 2\pi$

$$则\oint y^3dx-x^3\,dy=\int_0^{2\pi}r^3\sin^3\theta\cdot(-r\sin\theta)-r^3\cos^3\theta\cdot(r\cos\theta)d\theta$$

$$=-r^4\int_0^{2\pi}\sin^4\theta+\cos^4\theta\,d\theta=-r^4\int_0^{2\pi}(\sin^2\theta+\cos^2\theta)^2-2\sin^2\theta\cos^2\theta\,d\theta$$

$$=-r^4\int_0^{2\pi}1-2\left(\frac{\sin 2\theta}{2}\right)^2d\theta=-r^4\int_0^{2\pi}1-\frac{\sin^2 2\theta}{2}d\theta=-r^4\int_0^{2\pi}1-\frac{1-\cos 4\theta}{4}d\theta$$

$$=-r^4\cdot\frac{3}{4}\cdot 2\pi=-\frac{3r^4\pi}{2}$$

Example 5.

假设曲线$C:\vec{r}(t)=(\cos t\,,\sin t)$，$0\le t\le\frac{\pi}{2}$，求力场$\vec{F}(x,y)=(x,-y^2)$沿$C$所作的功

【解】

$\because\vec{r}(t)=(\cos t\,,\sin t)\quad\therefore\vec{r}'(t)=(-\sin t\,,\cos t)$，$0\le t\le\frac{\pi}{2}$

$$\therefore\int_C\vec{F}\cdot d\vec{r}=\int_0^{\frac{\pi}{2}}(\cos t\,,-\sin^2 t)\cdot\vec{r}'(t)\,dt=\int_0^{\frac{\pi}{2}}\cos t\,(-\sin t)-\sin^2 t\cdot\cos t\,dt=-\frac{1}{2}-\frac{1}{3}$$

$$=-\frac{5}{6}$$

Example 6.

$$求\int_C \frac{-y}{x^2+y^2}dx+\frac{x}{x^2+y^2}dy=?,\ C: 圆x^2+y^2=r^2$$

【解】

令$x=r\cos\theta$，$y=r\sin\theta$，$0\le\theta\le 2\pi$

则$\int_C \frac{-y}{x^2+y^2}dx+\frac{x}{x^2+y^2}dy=\int_0^{2\pi}(-\sin\theta)(-\sin\theta)+\cos\theta\cdot\cos\theta\,d\theta$

$=\int_0^{2\pi}\sin^2\theta+\cos^2\theta\,d\theta=\int_0^{2\pi}d\theta=2\pi$

Example 7.

$$求\oint 2ydx+(x^2+y^2)\,dy=?,\ C: x^2+(y-3)^2=r^2$$

【解】

令$x=r\cos\theta$，$y=3+r\sin\theta$，$0\le\theta\le 2\pi$

则$\oint 2ydx+(x^2+y^2)\,dy=\int_0^{2\pi}2\,(3+r\sin\theta)(-r\sin\theta)+\big((9+r^2)+6r\sin\theta\big)r\cos\theta\,d\theta$

$=\int_0^{2\pi}-6r\sin\theta-2r^2\sin^2\theta+(9+r^2)\,r\cos\theta+6r^2\sin\theta\cos\theta\,d\theta$

$=\int_0^{2\pi}-2r^2\sin^2\theta+6r^2\sin\theta\cos\theta\,d\theta=\int_0^{2\pi}-2r^2\left(\frac{1-\cos 2\theta}{2}\right)+3r^2\sin 2\theta\,d\theta=-2r^2\pi$

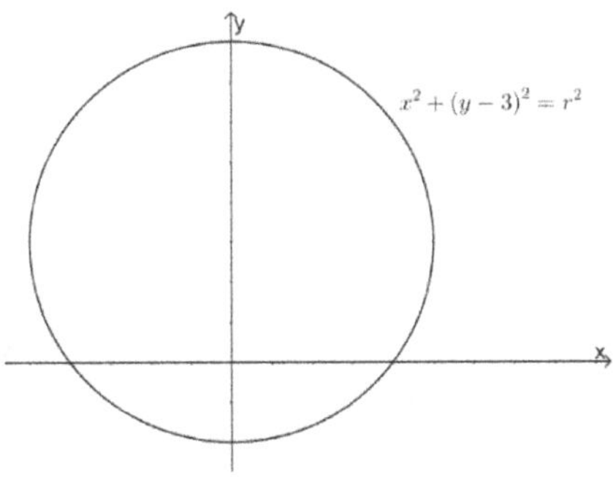

Example 8.

$$\vec{\mathrm{F}}=\left(-z,x,\frac{y^2z}{2}\right),\ 曲线C: \mathrm{z}=a, x^2+y^2=a^2,\ 求\oint_C \vec{\mathrm{F}}\cdot d\vec{r}=?$$

【解】

令$\vec{r}(t)=(a\cos t\,,a\sin t\,,a)$，$0\le t\le 2\pi$ 则 $\vec{r}'(t)=(-a\sin t\,,a\cos t\,,0)$

$$\oint_C \vec{\mathrm{F}}\cdot d\vec{r}=\int_0^{2\pi}\vec{\mathrm{F}}\big(\vec{r}(t)\big)\cdot\vec{r}'(t)\,dt=\int_0^{2\pi}\left(-a,a\cos t\,,\frac{a^3\sin^2 t}{2}\right)\cdot(-a\sin t\,,a\cos t\,,0)\,dt$$

$$=\int_0^{2\pi}a^2\sin t+a^2\cos^2 t\,dt=2\pi\cdot\frac{a^2}{2}=\pi a^2$$

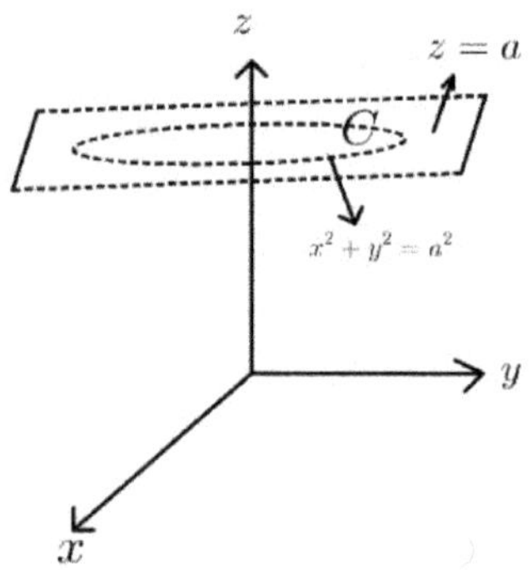

Example 9.

$$\vec{\mathrm{F}}=(0,-xz,-xy)\text{，曲线}C:x^2+z^2\le 1,\ y=1,\ \text{求}\oint_C \vec{\mathrm{F}}\cdot d\vec{r}=?$$

【解】

令$\vec{r}(t)=(\cos t\,,1,\sin t)$，$0\le t\le 2\pi$ 则 $\vec{r}'(t)=(-\sin t\,,0,\cos t)$

$$\therefore\oint_C \vec{\mathrm{F}}\cdot d\vec{r}=\int_0^{2\pi}\vec{\mathrm{F}}\big(\vec{r}(t)\big)\cdot\vec{r}'(t)\,dt=\int_0^{2\pi}(0,-\cos t\sin t\,,-\cos t)\cdot(-\sin t\,,0,\cos t)\,dt$$

$$=-\int_0^{2\pi}\cos^2 t\,dt=-\pi$$

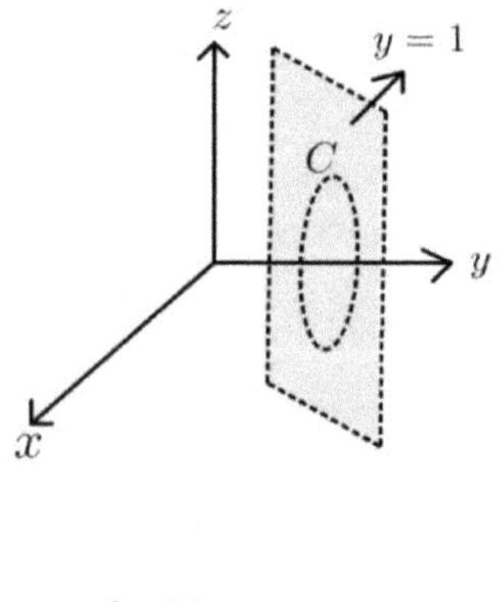

Example 10.

求$\int_C \frac{-y}{x^2+y^2}dx+\frac{x}{x^2+y^2}dy=?$，$C$为沿着圆$x^2+y^2=4$從$(0,2)$至$\left(-\sqrt{2},-\sqrt{2}\right)$的圆弧

【解】

令$x=2\cos\theta$，$y=2\sin\theta$，$\frac{\pi}{2}\le\theta\le\frac{5\pi}{4}$

则$\int_C \frac{-y}{x^2+y^2}dx+\frac{x}{x^2+y^2}dy=\int_{\frac{\pi}{2}}^{\frac{5\pi}{4}}\frac{-2\sin\theta}{4}\cdot(-2\sin\theta)+\frac{2\cos\theta}{4}\cdot 2\cos\theta\,d\theta$

$=\int_{\frac{\pi}{2}}^{\frac{5\pi}{4}}\cos^2\theta+\sin^2\theta\,d\theta=\frac{3\pi}{4}$

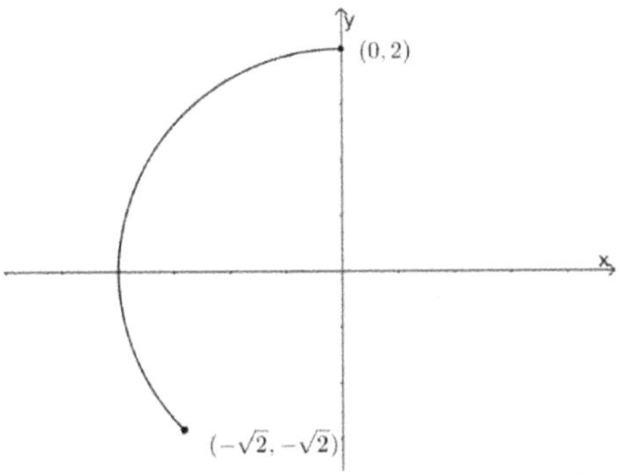

Example 11.

求$\int_C \frac{x^2}{x^2+y^2}dx+\frac{y^2}{x^2+y^2}dy=?$，$C$为沿着圆$x^2+y^2=r^2$從$(r,0)$至$\left(-\frac{r}{\sqrt{2}},\frac{r}{\sqrt{2}}\right)$的圆弧,$r>0$

【解】

令$x=r\cos\theta$，$y=r\sin\theta$，$0\le\theta\le\frac{3\pi}{4}$

则$\int_C \frac{x^2}{x^2+y^2}dx+\frac{y^2}{x^2+y^2}dy=\int_0^{\frac{3\pi}{4}}\frac{r^2\cos^2\theta}{r^2}\cdot(-r\sin\theta)+\frac{r^2\sin^2\theta}{r^2}\cdot r\cos\theta\,d\theta$

$=r\int_0^{\frac{3\pi}{4}}-\cos^2\theta\sin\theta+\sin^2\theta\cos\theta\,d\theta=\frac{r}{3}(\cos^3\theta+\sin^3\theta)\Big|_0^{\frac{3\pi}{4}}=-\frac{r}{3}$

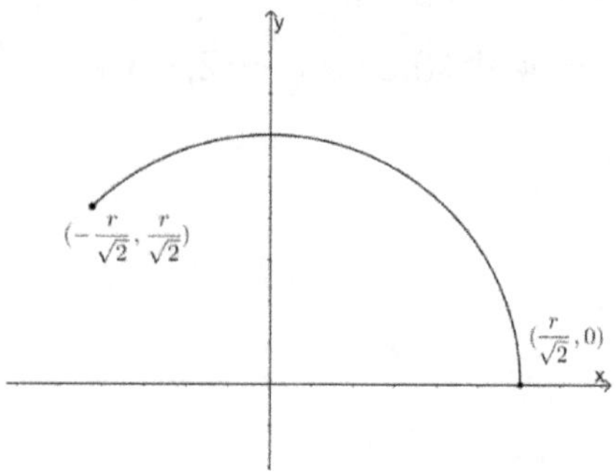

Example 12.

$$求\int_C yzdx - xzdy + xydz = ?,\quad C: \vec{r}(t) = (e^t, e^{at}, e^{-t}),\ \ 0 \le t \le 1$$

【解】

$\because \vec{r}(t) = (e^t, e^{at}, e^{-t}) \quad \therefore \vec{r}'(t) = (e^t, ae^{at}, -e^{-t})$

$\therefore \int_C yzdx - xzdy + xydz = \int_0^1 e^{(a-1)t} \cdot e^t - ae^{at} - e^{at} dt = 1 - e^a$

Example 13.

$$求\int_C \vec{F} \cdot d\vec{r} = ?,\quad \vec{F} = (z, x, y),\quad C: \vec{r}(t) = (0, 3\sin t, \sin^2 t),\ \ 0 \le t < \frac{\pi}{2}$$

【解】

$\because \vec{r}(t) = (0, 3\sin t, \sin^2 t) \quad \therefore \vec{r}'(t) = (0, 3\cos t, 2\sin t\cos t)$

$\therefore \int_C \vec{F} \cdot d\vec{r} = \int_0^{\frac{\pi}{2}} (\sin^2 t, 0, 3\sin t) \cdot (0, 3\cos t, 2\sin t\cos t) dt = \int_0^{\frac{\pi}{2}} 6\sin^2 t\cos t\, dt$

$= 2\sin^3 t|_0^{\frac{\pi}{2}} = 2$

Example 14.

$$\vec{F} = (3x - 4y + 2z, 4x + 2y - 3z^2, 2xz - 4y^2 + z^3),椭圆曲线C: \frac{x^2}{16} + \frac{y^2}{9} = 1,\ \ z = 0,$$

$$求沿着椭圆C上半部绕一圈所作的功\int_C \vec{F} \cdot d\vec{r} = ?$$

【解】

令 $\vec{r}(t) = (4\cos t, 3\sin t, 0)$，$0 \le t \le \pi$ 则 $\vec{r}'(t) = (-4\sin t, 3\cos t, 0)$

$$\therefore \int_C \vec{F}\cdot d\vec{r} = \int_0^{\pi} \vec{F}(t)\cdot\vec{r}'(t)dt$$

$$= \int_0^{\pi} (12\cos t - 12\sin t\,, 16\cos t + 6\sin t)(-4\sin t\,, 3\cos t)dt$$

$$= \int_0^{\pi} (12\cos t - 12\sin t)(-4\sin t) + (16\cos t + 6\sin t)(3\cos t)dt$$

$$= 48\int_0^{\pi} \sin^2 t + \cos^2 t\, dt = 48\pi$$

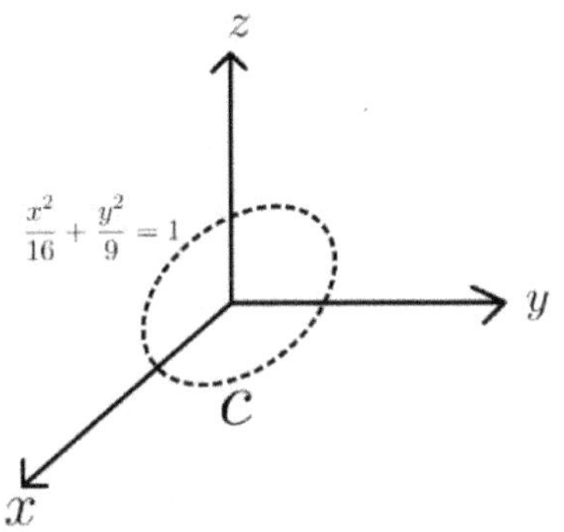

Example 15.

$\vec{\mathrm{F}} = \left(0, \dfrac{2x^3}{3}, 2y^3\right)$, S是$x+y+z=1$ 在第一卦限所围成的平面, C为S的逆时针边界, 求 $\oint_C \vec{\mathrm{F}}\cdot d\vec{r} =?$

【解】

令C_1: $\vec{r}_1(t) = (1-t, t, 0)$, C_2: $\vec{r}_2(t) = (0, 1-t, t)$, C_3: $\vec{r}_3(t) = (t, 0, 1-t)$, $0 \le t \le 1$

则 $\vec{r}_1'(t) = (-1,1,0)$, $\vec{r}_2'(t) = (0,-1,1)$, $\vec{r}_3'(t) = (1,0,-1)$

$$\therefore \oint_C \vec{\mathrm{F}}\cdot d\vec{r} = \int_{C_1} \vec{\mathrm{F}}\left(\vec{r}_1(t)\right)\cdot\vec{r}_1'(t)dt + \int_{C_2} \vec{\mathrm{F}}\left(\vec{r}_2(t)\right)\cdot\vec{r}_2'(t)dt + \int_{C_3} \vec{\mathrm{F}}\left(\vec{r}_3(t)\right)\cdot\vec{r}_3'(t)dt$$

$$= \frac{2}{3}\int_0^1 (1-t)^3\, dt + 2\int_0^1 (1-t)^3\, dt = \frac{2}{3}$$

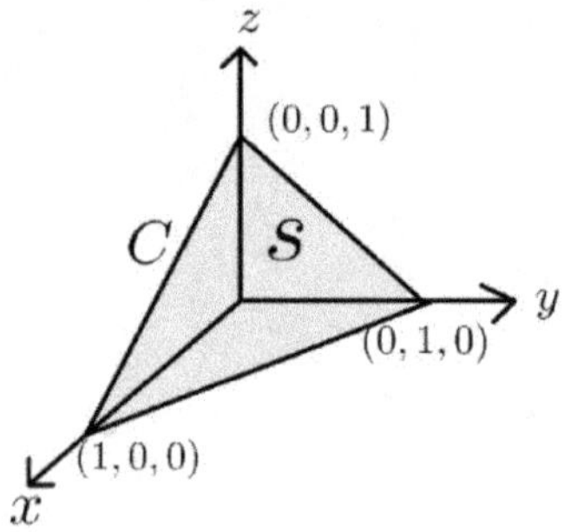

Example 16.

$\vec{\mathrm{F}}=\left(\frac{z^2}{2},\frac{x^2}{2},\frac{y^2}{2}\right)$，$S$为$(a,0,0),(0,a,0),(0,0,a)$于第一象限所围的平面,$C$为$S$的逆时针边界，求$\oint_C \vec{\mathrm{F}}\cdot d\vec{r}=?$

【解】

令$C_1\colon \vec{r}_1(t)=(a-at,at,0),C_2\colon \vec{r}_2(t)=(0,a-at,at),C_3\colon \vec{r}_3(t)=(at,0,a-at),0\le t\le 1$

则 $\vec{r}_1'(t)=(-a,a,0)$，$\vec{r}_2'(t)=(0,-a,a)$，$\vec{r}_3'(t)=(a,0,-a)$

$$\therefore \oint_C \vec{\mathrm{F}}\cdot d\vec{r}=\int_{C_1}\vec{\mathrm{F}}\left(\vec{r}_1(t)\right)\cdot\vec{r}_1'(t)dt+\int_{C_2}\vec{\mathrm{F}}\left(\vec{r}_2(t)\right)\cdot\vec{r}_2'(t)dt+\int_{C_3}\vec{\mathrm{F}}\left(\vec{r}_3(t)\right)\cdot\vec{r}_3'(t)dt$$

$$=\frac{a}{2}\int_0^1(a-at)^3\,dt\cdot 3=\frac{a^3}{2}$$

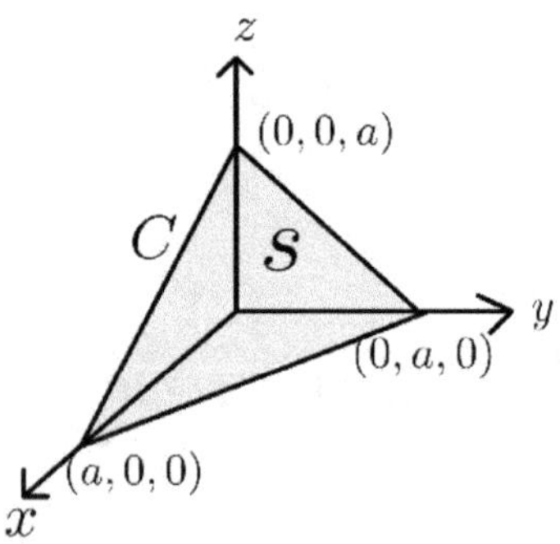

Example 17.

假设$\vec{\mathrm{F}}=(0,e^x+16xy,e^y+6y^2)$，$S$是$x+y+z=6$ 在第一卦限的部分,C为S的

逆时针边界，求 $\oint_C \vec{\mathrm{F}} \cdot d\vec{r} = ?$

【解】

令 $C_1: \vec{r}_1(t) = (6-6t, 6t, 0)$，$C_2: \vec{r}_2(t) = (0, 6-6t, 6t)$，$C_3: \vec{r}_3(t) = (6t, 0, 6-6t)$

则 $\vec{r}_1'(t) = (-6,6,0)$，$\vec{r}_2'(t) = (0,-6,6)$，$\vec{r}_3'(t) = (6,0,-6), 0 \le t \le 1$

$\because \oint_C \vec{\mathrm{F}} \cdot d\vec{r} = \int_{C_1} \vec{\mathrm{F}}\left(\vec{r}_1(t)\right) \cdot \vec{r}_1'(t)dt + \int_{C_2} \vec{\mathrm{F}}\left(\vec{r}_2(t)\right) \cdot \vec{r}_2'(t)dt + \int_{C_3} \vec{\mathrm{F}}\left(\vec{r}_3(t)\right) \cdot \vec{r}_3'(t)dt$

$\because \int_{C_1} \vec{\mathrm{F}}\left(\vec{r}_1(t)\right) \cdot \vec{r}_1'(t)dt = 6\int_0^1 e^{6-6t} + 96t(6-6t)\,dt = e^6 - 1 + 576$

$\int_{C_2} \vec{\mathrm{F}}\left(\vec{r}_2(t)\right) \cdot \vec{r}_2'(t)dt = -6\int_0^1 dt + 6\int_0^1 e^{6-6t} + 6(6-6t)^2\,dt = -6 + e^6 - 1 + 72$

$= e^6 + 65$

且 $\int_{C_3} \vec{\mathrm{F}}\left(\vec{r}_3(t)\right) \cdot \vec{r}_3'(t)dt = -6\int_0^1 dt = -6$

$\therefore \oint_C \vec{\mathrm{F}} \cdot d\vec{r} = 634 + 2e^6$

Example 18.

求 $\int_C y\cos x\,dx + x\sin y\,dy = ?$，$C$为$(0,0), (a,0), (a,a)$所围成逆时针方向的三角形路径$(a > 0)$

【解】

令 $C_1 = \{(x,y): 0 \le x \le a, y = 0\}$，$C_2 = \{(x,y): 0 \le y \le a, x = a\}$

且 $C_3 = \{(x,y): 0 \le x \le a, y = x\}$

则 $\int_C y\cos x\,dx + x\sin y\,dy$

$= \int_{C_1} y\cos x\,dx + x\sin y\,dy + \int_{C_2} y\cos x\,dx + x\sin y\,dy + \int_{C_3} y\cos x\,dx + x\sin y\,dy$

$$\because \int_{C_1} y\cos x\,dx + x\sin y\,dy = 0,$$

$$\int_{C_2} y\cos x\,dx + x\sin y\,dy = a\int_0^a \sin y\,dy = a(-\cos a + 1),$$

$$\int_{C_3} y\cos x\,dx + x\sin y\,dy = \int_a^0 x\cos x\,dx + x\sin x\,dx = -(a+1)\sin a + (a-1)\cos a + 1$$

$$\therefore \oint y\cos x\,dx + x\sin y\,dy = -(a+1)\sin a - \cos a + a + 1$$

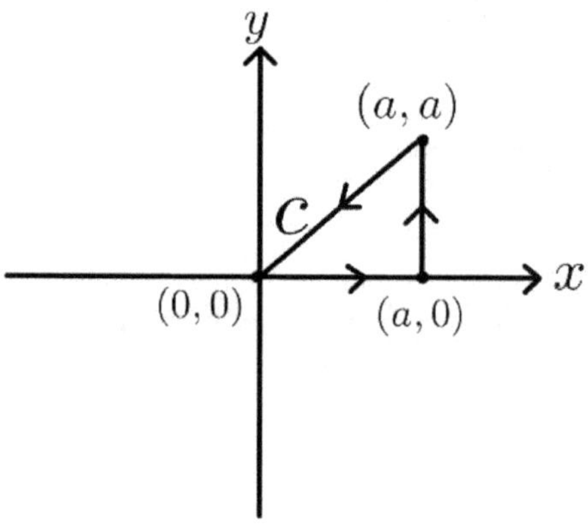

Example 19.

求 $\int_C -y^4dx + xy^2dy = ?$，$C$为(0,0), (1,0), (1,1)所围成逆时针方向的三角形路径

【解】

令 $C_1 = \{(x,y): 0 \le x \le 1, y = 0\}$，$C_2 = \{(x,y): 0 \le y \le 1, x = 1\}$

且 $C_3 = \{(x,y): 0 \le x \le 1, y = x\}$

则 $\int_C -y^4dx + xy^2dy = \int_{C_1} -y^4dx + xy^2dy + \int_{C_2} -y^4dx + xy^2dy + \int_{C_3} -y^4dx + xy^2dy$

$\because \int_{C_1} -y^4dx + xy^2dy = 0$, $\int_{C_2} -y^4dx + xy^2dy = \int_0^1 y^2dy = \frac{1}{3}$

且 $\int_{C_3} -y^4dx + xy^2dy = \int_1^0 -x^4dx + x^3dy = \frac{-1}{20}$

$\therefore \int_C -y^4dx + xy^2dy = \frac{1}{3} - \frac{1}{20} = \frac{17}{60}$

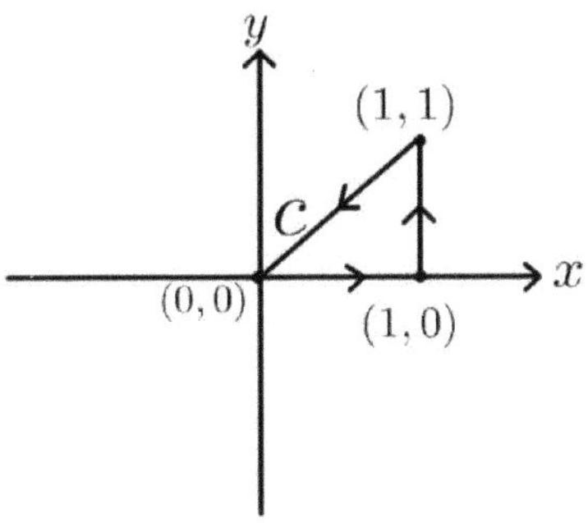

Example 20.

假设 $\vec{F}=\left(x(x^2+y^2)^{-\frac{3}{2}},y(x^2+y^2)^{-\frac{3}{2}}\right)$，$C:\vec{r}(t)=(e^t\sin t,e^t\cos t)$，$0\le t\le 2$，

求 $\int_C \vec{F}\cdot d\vec{r}=?$

【解】

$\because \vec{r}(t)=(e^t\sin t,e^t\cos t)\quad \therefore \vec{r}'(t)=(e^t(\sin t+\cos t),e^t(\cos t-\sin t))$

$\because \vec{F}=\left(x(x^2+y^2)^{-\frac{3}{2}},y(x^2+y^2)^{-\frac{3}{2}}\right)$ 且 $\int_C \vec{F}\cdot d\vec{r}=\int_0^2\vec{F}(\vec{r}(t))\cdot\vec{r}'(t)dt$

$\because \vec{F}(\vec{r}(t))\cdot\vec{r}'(t)=e^t\sin t\cdot e^{-3t}\cdot e^t(\sin t+\cos t)+e^t\cos t\cdot e^{-3t}\cdot e^t(\cos t-\sin t)=e^{-t}$

$\therefore \int_0^2\vec{F}(\vec{r}(t))\cdot\vec{r}'(t)dt=\int_0^2 e^{-t}dt=1-e^{-2}$

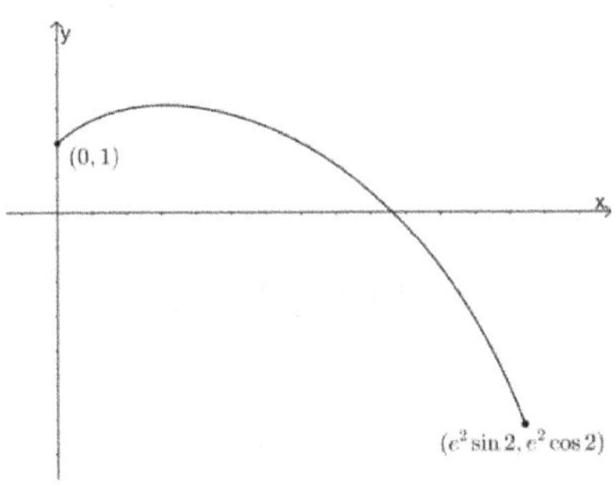

Example 21.

假设曲线$C:\vec{r}(t)=(t,t^2)$，$0\le t\le 1$，求力场$\vec{F}(x,y)=(x^2,-y)$沿着C所作的功

【解】

$\because \vec{r}(t)=(t,t^2)\quad \therefore \vec{r}'(t)=(1,2t)$

$$\therefore \int_C \vec{F}\cdot d\vec{r}=\int_0^2 \vec{F}(\vec{r}(t))\cdot\vec{r}'(t)dt=\int_0^2 (t^2,-t^2)\cdot(1,2t)dt=\int_0^1 t^2-2t^3\,dt=\left(\frac{t^3}{3}-\frac{t^4}{2}\right)\Big|_0^1$$

$$=-\frac{1}{6}$$

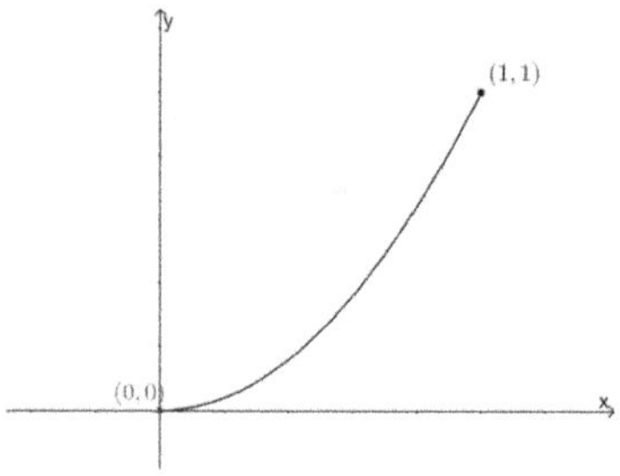

Example 22.

假设 $\vec{F}(x,y,z)=(3x^2+6y,-14yz,20xz^2)$，求從$(0,0,0)$至$(1,1,1)$沿下列路径的线积分(1)$C: x=t, y=t^2, z=t^3$ (2)C: 由$(0,0,0)$至$(1,1,1)$的直线

【解】

(1)

令 $\vec{r}(t)=(t,t^2,t^3)$ 则 $\vec{r}'(t)=(1,2t,3t^2)$

$$\therefore \int_C \vec{F}\cdot d\vec{r}=\int_0^1 \vec{\mathrm{F}}(\vec{r}(t))\cdot\vec{r}'(t)dt=\int_C \vec{\mathrm{F}}(t,t^2,t^3)\cdot(1,2t,3t^2)dt$$

$$=\int_0^1 (3t^2+6t^2)-14t^5\cdot 2t+20t^7\cdot 3t^2dt=\int_0^1 9t^2-28t^6+60t^9dt=5$$

(2)

令 $\vec{r}(t)=(t,t,t)$ 则 $\vec{r}'(t)=(1,1,1)$

$$\int_C \vec{F}\cdot d\vec{r}=\int_0^1 \vec{\mathrm{F}}(\vec{r}(t))\cdot\vec{r}'(t)dt=\int_C \vec{\mathrm{F}}(t,t,t)\cdot(1,1,1)dt=\int_0^1 (3t^2+6t)-14t^2+20t^3dt$$

$$=\int_0^1 20t^3-11t^2+6tdt=\frac{13}{3}$$

Example 23.

求$\int_C (x^2+y^2)dx-xdy=?$，其中 C为圆$x^2+y^2=r^2$ 從$(r,0)$至$(0,r)$的圆弧

【解】

令$x = r\cos\theta$， $y = r\sin\theta, 0 \le \theta \le \frac{\pi}{2}$ 则 $x'(\theta) = -r\sin\theta$， $y'(\theta) = r\cos\theta$

$$\therefore \int_C (x^2+y^2)dx - xdy = \int_0^{\frac{\pi}{2}} r^2(\cos^2\theta + \sin^2\theta)(-r\sin\theta) - r^2\cos^2\theta\, d\theta$$

$$= \int_0^{\frac{\pi}{2}} -r^3\sin\theta - r^2\cos^2\theta\, d\theta = -r^3 - \frac{\pi r^2}{4}$$

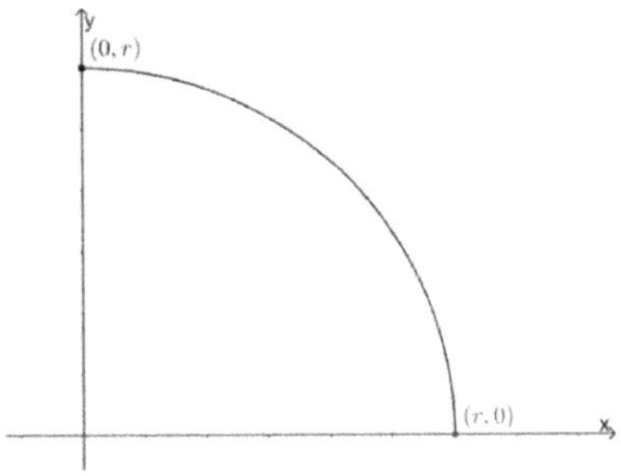

Example 24.

求$\int_C xdx - zdy + ydz =?$, 其中$C$: $\vec{r}(t) = (t^2, -t, t^2)$, $\forall 1 \le t \le 3$

【解】

令 $\vec{r}(t) = (t^2, -t, t^2)$ 则 $\vec{r}'(t) = (2t, -1, 2t)$

$$\therefore \int_C xdx - zdy + ydz = \int_1^3 t^2 \cdot 2tdt - t^2 \cdot (-1)dt - t \cdot 2t\, dt = \left(\frac{t^4}{2} - \frac{t^3}{3}\right)\Bigg|_1^3 = \frac{81}{2} - 9 - \frac{1}{6}$$

$$= \frac{94}{3}$$

Example 25.

求$\int_C yz^2dx + (xz^2 + ze^{yz})dy + \left(2xyz + ye^{yz} + \frac{1}{1+z}\right)dz =?$，其中曲线$C$:
$\vec{r}(t) = (t, t^2, t^3), 0 \le t \le 2$

【解】

令 $\vec{r}(t) = (t, t^2, t^3)$ 则 $\vec{r}'(t) = (1, 2t, 3t^2)$

$$\therefore \int_C yz^2dx + (xz^2 + ze^{yz})dy + \left(2xyz + ye^{yz} + \frac{1}{1+z}\right)dz$$
$$= \int_0^2 t^8 + (t^7 + t^3e^{t^5})\,2t + \left(2t^6 + t^2e^{t^5} + \frac{1}{1+t^3}\right)3t^2dt$$
$$= \int_0^2 9t^8\,dt + 5\int_0^2 t^4e^{t^5}\,dt + \int_0^2 \frac{3t^2}{1+t^3}dt = \left(t^9 + e^{t^5} + \ln(1+t^3)\right)\Big|_0^2 = 511 + e^{32} + 2\ln 3$$

Example 26.

求 $\int_C x^2ydx + xydy =?$，其中曲线C为沿着 $x = \sqrt{1-y^2}$ 從$(1,0)$至$(0,1)$ 的线段

【解】

$$\because x = \sqrt{1-y^2} \quad \therefore dx = \frac{1}{2}(1-y^2)^{-\frac{1}{2}}(-2y)dy$$
$$\therefore \int_C x^2ydx + xydy = \int_0^1 (1-y^2)y\cdot\frac{1}{2}(1-y^2)^{-\frac{1}{2}}(-2y) + y\sqrt{1-y^2}dy$$
$$= \int_0^1 -y^2\cdot(1-y^2)^{\frac{1}{2}} + y\sqrt{1-y^2}dy$$
$$\because \int_0^1 y\sqrt{1-y^2}dy = \frac{-(1-y^2)^{\frac{3}{2}}}{3}\Bigg|_0^1 = \frac{1}{3}$$

令 $y = \sin\theta$ 则 $dy = \cos\theta\,d\theta$

$$\therefore \int_0^1 -y^2\cdot(1-y^2)^{\frac{1}{2}}dy = -\int_0^{\frac{\pi}{2}} \sin^2\theta\cdot\cos^2\theta\,d\theta = -\int_0^{\frac{\pi}{2}}\left(\frac{\sin 2\theta}{2}\right)^2 d\theta = -\frac{1}{4}\int_0^{\frac{\pi}{2}} \sin^2 2\theta\,d\theta$$
$$= -\frac{1}{4}\int_0^{\frac{\pi}{2}} \frac{1-\cos 4\theta}{2}d\theta = -\frac{\pi}{16}$$
$$\therefore \int_C x^2ydx + xydy = -\frac{\pi}{16} + \frac{1}{3}$$

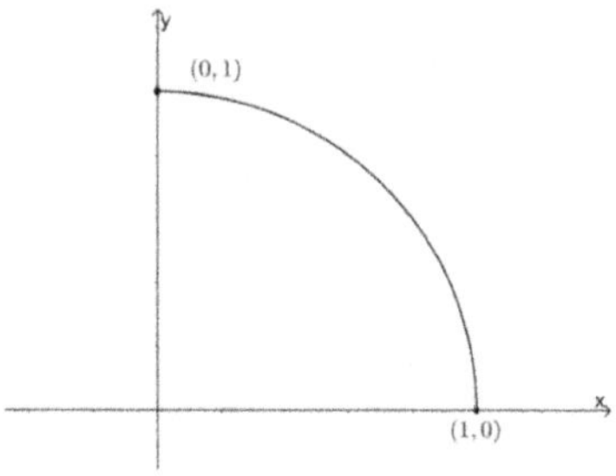

Example 27.

$\vec{F} = (-y^3 \cos z, x^3 e^z, -e^z)$，$C$为曲面 $S: x^2 + y^2 + (z-a)^2 = 2a^2$ 与 $z = 0$ 交集的逆时针封闭曲线，求 $\oint_C \vec{F} \cdot d\vec{r} = ?$

【解】

令C为曲面 S 与 $z = 0$ 交集的逆时针封闭曲线则 $C = \{(x, y, z): x^2 + y^2 = a^2, z = 0\}$

令 $\vec{r}(\theta) = (a\cos\theta, a\sin\theta, 0)$ 则 $\vec{r}'(\theta) = (-a\sin\theta, a\cos\theta, 0)$

$$\therefore \oint_C \vec{F} \cdot d\vec{r} = \int_0^{2\pi} \vec{F}(\vec{r}(\theta)) \cdot \vec{r}'(\theta)\, d\theta$$

$$= \int_0^{2\pi} (-(a\sin\theta)^3, (a\cos\theta)^3, -1) \cdot (-a\sin\theta, a\cos\theta, 0)\, d\theta = a^4 \int_0^{2\pi} \sin^4\theta + \cos^4\theta\, d\theta$$

$$\because \sin^4\theta + \cos^4\theta = (\sin^2\theta + \cos^2\theta)^2 - 2\sin^2\theta\cos^2\theta = 1 - 2(\sin\theta\cos\theta)^2$$

$$= 1 - 2\left(\frac{\sin 2\theta}{2}\right)^2 = 1 - \frac{\sin^2 2\theta}{2} = 1 - \frac{1 - \cos 4\theta}{4} = \frac{3 + \cos 4\theta}{4}$$

$$\therefore \int_0^{2\pi} \sin^4\theta + \cos^4\theta\, d\theta = \int_0^{2\pi} \frac{3 + \cos 4\theta}{4} d\theta = \frac{3\pi}{2}$$

$$\therefore \oint_C \vec{F} \cdot d\vec{r} = \frac{3a^4\pi}{2}$$

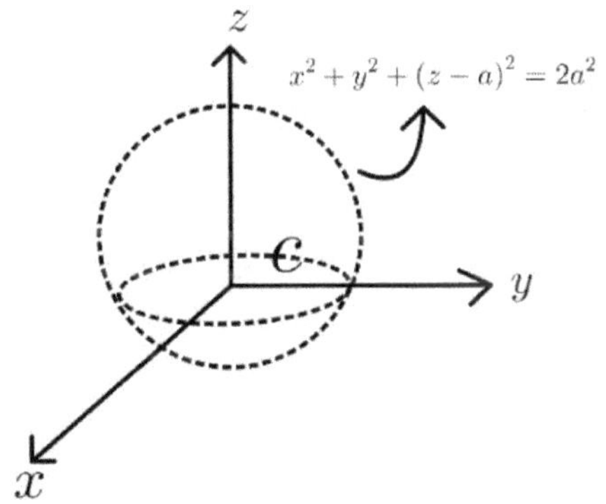

Example 28.

$\vec{F} = (2x - y, 2y + z, xyz)$，$C$为曲面 S: $\frac{x^2}{a^2} + \frac{y^2}{b^2} + \frac{z^2}{c^2} = 1$ 与 $z = 0$ 交集的逆时针封闭

曲线，求$\oint_C \vec{\mathrm{F}}\cdot d\vec{r}=?$

【解】

令C为曲面 S 与 $z=0$ 交集的逆时针封闭曲线则 $C=\{(x,y,z)\colon \frac{x^2}{a^2}+\frac{y^2}{b^2}=1, z=0\}$

令 $\vec{r}(\theta)=(a\cos\theta, b\sin\theta, 0)$ 则 $\vec{r}'(\theta)=(-a\sin\theta, b\cos\theta, 0)$

$$\oint_C \vec{\mathrm{F}}\cdot d\vec{r}=\int_0^{2\pi}\vec{\mathrm{F}}(\vec{r}(\theta))\cdot\vec{r}'(\theta)\,d\theta$$

$$=\int_0^{2\pi}(2a\cos\theta-b\sin\theta, 2b\sin\theta, 0)\cdot(-a\sin\theta, b\cos\theta, 0)\,d\theta$$

$$=\int_0^{2\pi}-2a^2\sin\theta\cos\theta+ab\sin^2\theta+2b^2\sin\theta\cos\theta\,d\theta$$

$$=\int_0^{2\pi}2(b^2-a^2)\sin\theta\cos\theta+ab\sin^2\theta\,d\theta=\int_0^{2\pi}(b^2-a^2)\sin 2\theta+ab\left(\frac{1-\cos 2\theta}{2}\right)d\theta$$

$$=ab\pi$$

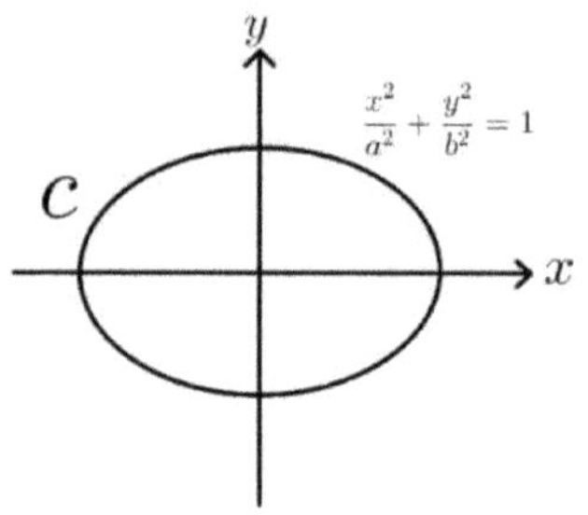

Example 29.

$\vec{\mathrm{F}}=(xz, yz, xy)$，$C$为曲面$S\colon x^2+y^2+z^2=4$ $(z>0)$与 $x^2+y^2=1$ 交集的逆时针封闭曲线，求$\oint_C \vec{\mathrm{F}}\cdot d\vec{r}=?$

【解】

令C为 S 与 $x^2+y^2=1$ 交集的封闭曲线则$C=\{(x,y,z)\colon x^2+y^2=1, z=\sqrt{3}\}$

令 $\vec{r}(\theta)=(\cos\theta, \sin\theta, \sqrt{3})$则 $\vec{r}'(\theta)=(-\sin\theta, \cos\theta, 0)$

$$\therefore \oint_C \vec{\mathrm{F}}\cdot d\vec{r}=\int_0^{2\pi}\vec{\mathrm{F}}(\vec{r}(\theta))\cdot\vec{r}'(\theta)\,d\theta$$

$$=\int_0^{2\pi}\left(\sqrt{3}\cos\theta, \sqrt{3}\sin\theta, \sin\theta\cos\theta\right)\cdot(-\sin\theta, \cos\theta, 0)\,d\theta=\sqrt{3}\int_0^{2\pi}0d\theta=0$$

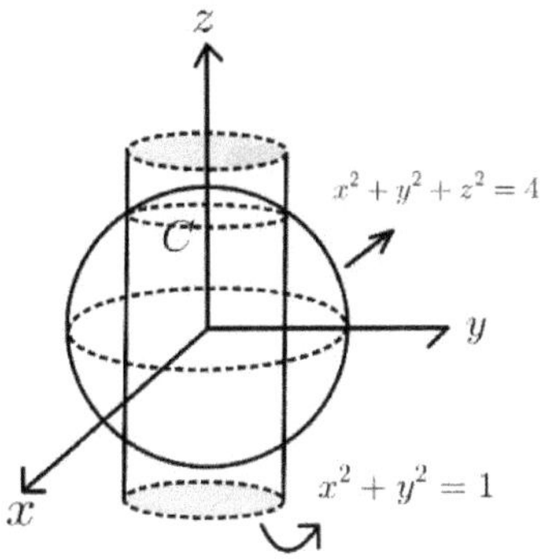

Example 30.

$\vec{\mathrm{F}}=(2x-y,-yz^2,-zy^2)$，$C$为球面$x^2+y^2+z^2=1$ 与 $z=0$ 交集的逆时针封闭曲线，求$\oint_C \vec{\mathrm{F}}\cdot d\vec{r}=?$

【解】

令C为球面与 $z=0$ 交集的封闭曲线则$C=\{(x,y,z):x^2+y^2=1,z=0\}$

令 $\vec{r}(\theta)=(\cos\theta,\sin\theta,0)$则 $\vec{r}'(\theta)=(-\sin\theta,\cos\theta,0)$

$$\therefore \oint_C \vec{\mathrm{F}}\cdot d\vec{r}=\int_0^{2\pi}\vec{\mathrm{F}}(\vec{r}(\theta))\cdot\vec{r}'(\theta)\,d\theta=\int_0^{2\pi}(2\cos\theta-\sin\theta,0,0)\cdot(-\sin\theta,\cos\theta,0)\,d\theta$$

$$=\int_0^{2\pi}-2\sin\theta\cos\theta+\sin^2\theta\,d\theta=\int_0^{2\pi}-2\sin\theta\cos\theta+\frac{1-\cos2\theta}{2}d\theta=\pi$$

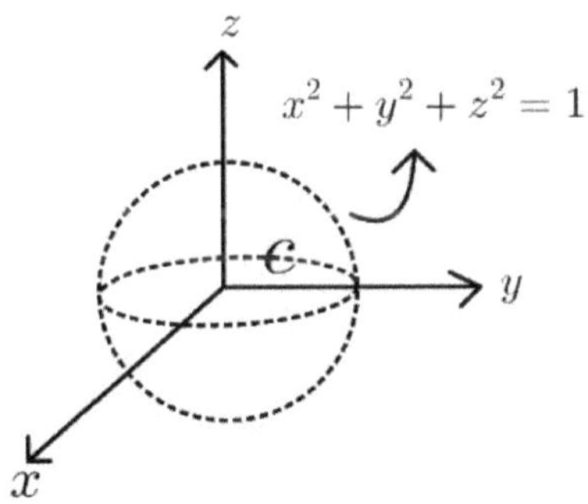

Example 31.

$\vec{\mathrm{F}}=(y^2,x^2,0)$，$C$为曲面$S$: $x^2+y^2\le1$ 与 $z=0$ 交集的逆时针封闭曲线，求

$\oint_C \vec{\mathrm{F}}\cdot d\vec{r}=?$

【解】

令C为曲面S与$z=0$交集的逆时封闭曲线则$C=\{(x,y,z): x^2+y^2=1, z=0\}$

令$\vec{r}(\theta)=(\cos\theta,\sin\theta,0)$则 $\vec{r}'(\theta)=(-\sin\theta,\cos\theta,0)$

$$\oint_C \vec{\mathrm{F}}\cdot d\vec{r}=\int_0^{2\pi}\vec{\mathrm{F}}(\vec{r}(\theta))\cdot\vec{r}'(\theta)\,d\theta=\int_0^{2\pi}(\sin^2,\cos^2,0)\cdot(-\sin\theta,\cos\theta,0)$$

$$=\int_0^{2\pi}-\sin^3\theta+\cos^3\theta\,d\theta$$

$\because -\sin^3\theta+\cos^3\theta=(\cos\theta-\sin\theta)(\cos^2\theta+\sin\theta\cos\theta+\sin^2\theta)$

$=(\cos\theta-\sin\theta)(1+\sin\theta\cos\theta)=(\cos\theta-\sin\theta)-\sin^2\theta\cos\theta+\sin\theta\cos^2\theta$

$$\therefore\int_0^{2\pi}-\sin^3\theta+\cos^3\theta\,d\theta=\int_0^{2\pi}(\cos\theta-\sin\theta)-\sin^2\theta\cos\theta+\sin\theta\cos^2\theta\,d\theta$$

$$=-\frac{\sin^3\theta}{3}+\frac{\cos^3\theta}{3}\bigg|_0^{2\pi}=0$$

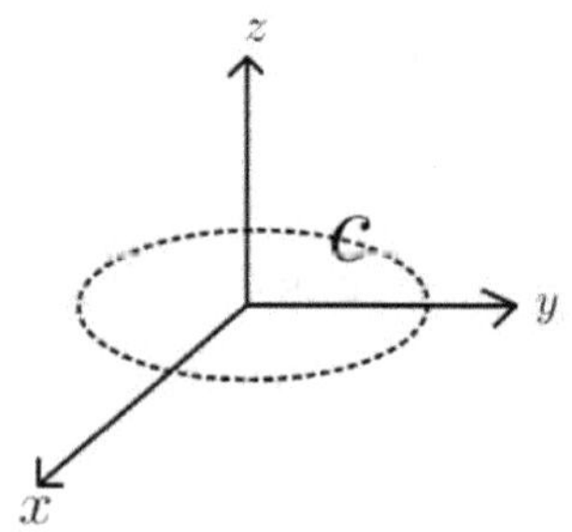

9.4 Green's Theorem $\Delta:=\partial g/\partial x(x,y)-\partial f/\partial y(x,y)$

Green's Theorem 的条件成立与简单连通集有关，底下先介绍简单连通集的定义

【定义】

(i)若曲线$\vec{r}(t)$，$\forall a\le t\le b$满足$\vec{r}(t_1)\ne\vec{r}(t_2)$, $\forall a<t_1<t_2<b$ 则称作 simple curve

(ii)再者,若 simple curve 满足$\vec{r}(a)=\vec{r}(b)$, 则称作 simple closed curve

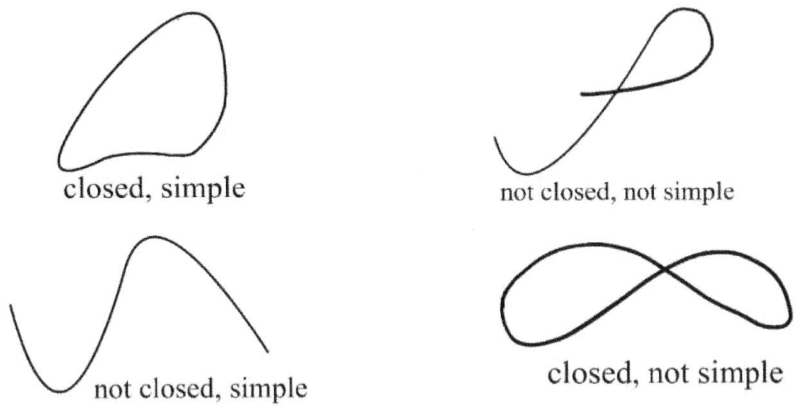

【定义】

如果一个连通集 D 内的任意简单封闭曲线所围成的区域都包含在 D 之内则 D 是简单连通

藉由上述定义可以推论两个 disjoint 的开集合的联集为非简单连通，或者当一个集合 D 里存在一个开集合不属于集合 D 则为非简单连通，如下图

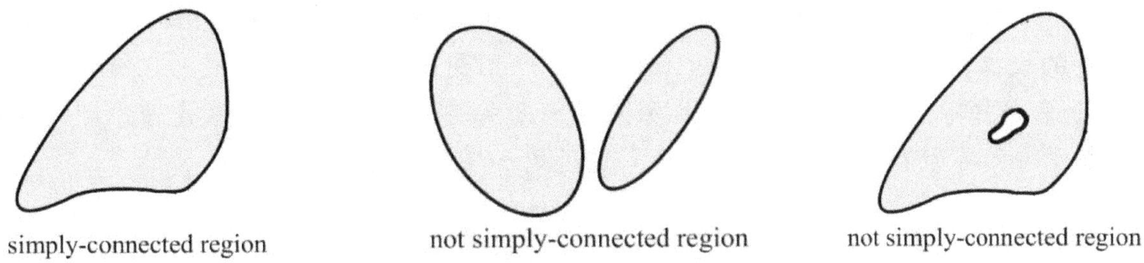

接下来介绍 Green's Theorem，当被积分函数的一阶偏导数存在且连续时，Green's Theorem 是计算二维封闭曲线积分与双重积分的重要工具，此外，Green's Theorem 是将微积分基本定理扩展到二维平面的一种形式，此定理将一个沿着简单封闭平面曲线 C 的线积分与其所包围平面区域 R(如下图)的双重积分连结起来，可以帮助将线积分与双重积分做双向的转换，如果线积分的计算是困难时，可藉由此定理转成双重积分，反之，当计算双重积分是困难时，藉由此定理可转成线积分做计算；Green's Theorem 要求双重积分中的区域 D 是简单连通，重要的是数个 disjoint 的简单连通集的联集为非简单连通集，因此，Green's Theorem 可以扩展应用在非简单连通集，实作上可以先拆成数个在简单连通集的积分，个别使用 Green's Theorem 之后再相加即可。Green's Theorem 有两种形式：旋度形式和通量形式，两者改写后的表示式对于 Stokes' Theorem 以及 The Divergence Theorem 提供了直观的说明，此外，Green's Theorem 当中封闭曲线的正方向是指逆时针方

向

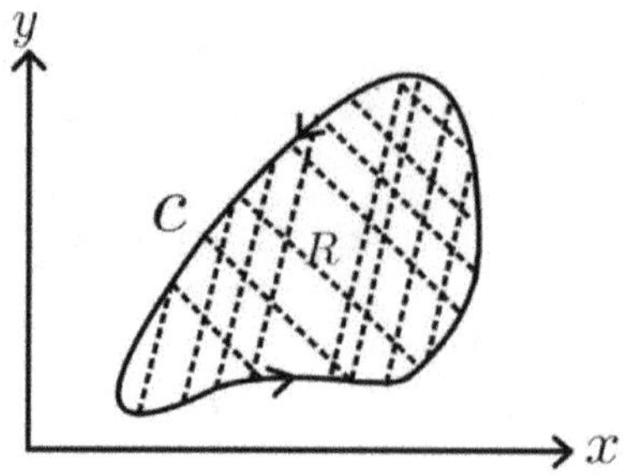

Green's Theorem 的考试类型包含：说明线积分与积分路径无关、给定封闭区域 R 求面积、将封闭线积转成面积分、将封闭线积分转成面积分再搭配坐标转换、将面积分转成封闭线积分、造出不含奇异点的封闭区域再用 Green's Theorem，值得注意的是除了第一种情况，其余的类型皆为

$$\frac{\partial g}{\partial x}(x,y) - \frac{\partial f}{\partial y}(x,y) \neq 0,$$

整体而言，若题目出现二维封闭曲线时，可能就是 Green's Theorem 的应用时机，Green's Theorem 的成立条件之一是当中的两函数f,g在所围封闭区域R上需要是一阶偏导数存在且连续，如果条件不满足时，例如：f,g在原点的一阶偏导数不存在，则通常先造出R'使得f,g在R'上是一阶偏导数存在且连续，接着讓R'逼近R，如下图所示

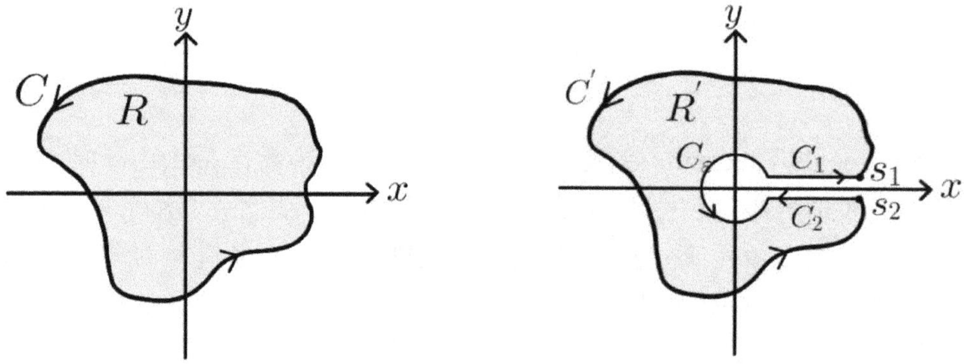

【定理】Green's Theorem

假设

1. C为二维空间中逆时针的封闭曲线且所围区域为R，R 简单连通

2. $f(x,y)$，$g(x,y)$定义于 open set B，$R \subseteq B$且f,g于B的一阶偏导数存在且连续

则 $\iint_R \frac{\partial g}{\partial x}(x,y) - \frac{\partial f}{\partial y}(x,y)dxdy = \oint_C f(x,y)\,dx + g(x,y)dy$

<u>Proof:</u>

Let C be made up of C_1 and C_2, $C_1: y = f_1(x), a \le x \le b$ and $C_2: y = f_2(x)$, $a \le x \le b$

then $\oint_C f(x,y)\,dx = \oint_{C_1} f(x,y)\,dx - \oint_{C_2} f(x,y)\,dx$

Claim: $\iint_R \frac{\partial f}{\partial y}(x,y)dxdy = -\oint_C f(x,y)\,dx$

$\because \iint_R \frac{\partial f}{\partial y}(x,y)dxdy = \int_a^b \int_{f_1(x)}^{f_2(x)} \frac{\partial f}{\partial y}(x,y)dydx$

藉由微积分基本定理, $\int_{f_1(x)}^{f_2(x)} \frac{\partial f}{\partial y}(x,y)dy = f\big(x, f_2(x)\big) - f(x, f_1(x))$

$\therefore \iint_R \frac{\partial f}{\partial y}(x,y)dxdy = \int_a^b \int_{f_1(x)}^{f_2(x)} \frac{\partial f}{\partial y}(x,y)dydx = \int_a^b f\big(x, f_2(x)\big) - f(x, f_1(x))\,dx$

$= \int_a^b f\big(x, f_2(x)\big)\,dx - \int_a^b f\big(x, f_1(x)\big)\,dx = -\left(\oint_{C_1} f(x,y)\,dx - \oint_{C_2} f(x,y)\,dx\right)$

$= -\oint_C f(x,y)\,dx$

Let C be made up of C_3 and C_4, $C_3: y = g_1(y)$, $c \le y \le d$ and $C_4: y = g_2(y)$, $c \le y \le d$

then $\oint_C g(x,y)\,dx = \oint_{C_3} g(x,y)\,dx - \oint_{C_4} g(x,y)\,dx$

Claim: $\iint_R \frac{\partial g}{\partial x}(x,y)dxdy = \oint_C g(x,y)\,dy$

$\because \iint_R \frac{\partial g}{\partial x}(x,y)dxdy = \int_c^d \int_{g_2(y)}^{g_1(y)} \frac{\partial g}{\partial x}(x,y)dxdy$

藉由微积分基本定理, $\int_{g_2(y)}^{g_1(y)} \frac{\partial g}{\partial x}(x,y)dx = g(g_1(y), y) - g(g_2(y), y)$

$\therefore \iint_R \frac{\partial g}{\partial x}(x,y)dxdy = \int_c^d \int_{g_2(y)}^{g_1(y)} \frac{\partial g}{\partial x}(x,y)dxdy = \int_c^d g(g_1(y), y) - g(g_2(y), y)\,dy$

$= \int_c^d g(g_1(y), y)\,dy - \int_c^d g(g_2(y), y)\,dy = \oint_{C_3} g(x,y)\,dy - \oint_{C_4} g(x,y)\,dy = \oint_C g(x,y)\,dy$

因此

$$\iint_R \frac{\partial g}{\partial x}(x,y) - \frac{\partial f}{\partial y}(x,y)dxdy = \oint_C f(x,y)\,dx + g(x,y)dy$$

Green's Theorem 可以藉由旋度($\nabla \times \vec{\mathrm{F}}$)以及散度($\mathrm{div}\,\vec{\mathrm{F}}$)重新改写，改写后的表示式对于 Stokes' Theorem 以及 The Divergence Theorem 提供了直观的说明， 假设平面封闭曲线为 C，所围区域为 R，函数f及g两者的偏导数存在且连续，考虑向量场$\vec{\mathrm{F}} = (f, g)$

$$\because\ \mathrm{curl}\,\vec{\mathrm{F}} = \nabla \times \vec{\mathrm{F}} = \left\| \begin{matrix} \boldsymbol{i} & \boldsymbol{j} & \boldsymbol{k} \\ \frac{\partial}{\partial x} & \frac{\partial}{\partial y} & \frac{\partial}{\partial z} \\ f & g & 0 \end{matrix} \right\| = \left(\frac{\partial g}{\partial x} - \frac{\partial f}{\partial y}\right)\boldsymbol{k} \qquad \therefore \frac{\partial g}{\partial x} - \frac{\partial f}{\partial y} = \left(\mathrm{curl}\,\vec{\mathrm{F}}\right)\cdot\boldsymbol{k}$$

另一方面，线积分表示为

$$\oint_C f dx + g dy = \oint_C \vec{\mathrm{F}}\cdot d\vec{r},\ \text{其中}\ \vec{\mathrm{F}} = (f(x,y), g(x,y), 0).$$

By Green's Theorem

$$\oint_C \vec{\mathrm{F}}\cdot d\vec{r} = \oint_C f dx + g dy = \iint_R \frac{\partial g}{\partial x}(x,y) - \frac{\partial f}{\partial y}(x,y)dxdy = \iint_R \left(\nabla \times \vec{\mathrm{F}}\right)\cdot\boldsymbol{k}\,dA$$

因此，Green's Theorem 的向量形式的表示为

$$\oint_C \vec{\mathrm{F}}\cdot d\vec{r} = \iint_R \left(\nabla \times \vec{\mathrm{F}}\right)\cdot\boldsymbol{k}\,dA$$

如果是三维空间时，直观的推论为

$$\oint_C \vec{\mathrm{F}}\cdot d\vec{r} = \iint_S \left(\nabla \times \vec{\mathrm{F}}\right)\cdot\vec{n}dA$$

其中S为空间中非封闭的曲面且C为S的边界(空间中的封闭曲线)

接下来说明 Green's Theorem 的散度形式，假设曲线 C 由向量方程式表示

$$\vec{r}(t) = \big(x(t), y(t)\big),\ \ a \le t \le b$$

$$\because\ \text{单位切向量} = \left(\frac{x'(t)}{|\vec{r}'(t)|}, \frac{y'(t)}{|\vec{r}'(t)|}\right) \quad \therefore\ \text{向外的单位法向量}\ \vec{n} = \left(\frac{y'(t)}{|\vec{r}'(t)|}, -\frac{x'(t)}{|\vec{r}'(t)|}\right)$$

因此

$$\oint_C \vec{\mathrm{F}}\cdot\vec{n}ds = \int_a^b (\vec{\mathrm{F}}\cdot\vec{n})(t)|\vec{r}'(t)|dt = \int_a^b \left(\frac{f\big(x(t),y(t)\big)y'(t)}{|\vec{r}'(t)|} - \frac{g\big(x(t),y(t)\big)x'(t)}{|\vec{r}'(t)|}\right)|\vec{r}'(t)|dt$$

$$= \int_a^b f\big(x(t),y(t)\big)y'(t) - g\big(x(t),y(t)\big)x'(t)dt = \int_C f dy - g dx$$

根据 Green's Theorem

$$\int_C f dy - g dx = \iint_R \frac{\partial f}{\partial x} + \frac{\partial g}{\partial y} dA = \iint_R \operatorname{div} \vec{\mathrm{F}}\, dA$$

因此

$$\oint_C \vec{\mathrm{F}} \cdot \vec{n} ds = \iint_R \operatorname{div} \vec{\mathrm{F}}\, dA$$

如果是三维空间时，直观的推论为

$$\oiint_S \vec{\mathrm{F}} \cdot \vec{n} dA = \iiint_V \nabla \cdot \vec{\mathrm{F}}\, dV$$

其中S为空间中封闭的曲面且 V 为S所围体积

后续 Stokes' Theorem 以及 The Divergence Theorem 的说明，皆是以上述 Green's Theorem 改写后的形式做说明

9.4.1 $\boldsymbol{\Delta = 0}$, 线积分与积分路径无关

Green's Theorem 当中的两函数f, g满足一阶偏导数存在且连续的条件,藉由

$$\frac{\partial g}{\partial x}(x,y) - \frac{\partial f}{\partial y}(x,y) = 0,$$

试证线积分与积分路径无关

考试类型:

Type 1.

给定函数$f(x,y), g(x,y)$与两点$(x_0,y_0),(x_1,y_1)$，试证$\int_{(x_0,y_0)}^{(x_1,y_1)} f(x,y)dx + g(x,y)dy$与路径无关并求此积分

解题流程:

Step1.

令C_1、C_2为從(x_0,y_0)至(x_1,y_1)的任意两条曲线

令C为C_1、C_2所围成的逆时针封闭曲线且 R 为所围封闭区域

Step2.

Claim: $\frac{\partial g}{\partial x}(x,y) - \frac{\partial f}{\partial y}(x,y) = 0$

Step3.

藉由 Green's Theorem, $\oint_C fdx + gdy = \iint_R \frac{\partial g}{\partial x}(x,y) - \frac{\partial f}{\partial y}(x,y)dxdy = 0$

$\therefore \int_{C_1} fdx + gdy - \int_{C_2} fdx + gdy = 0 \Rightarrow \int_{C_1} fdx + gdy = \int_{C_2} fdx + gdy$

$\therefore \int_{(x_0,y_0)}^{(x_1,y_1)} f(x,y)dx + g(x,y)dy$ 与路径无关

Step4.

$\because \int_{(x_0,y_0)}^{(x_1,y_1)} f(x,y)dx + g(x,y)dy$ 与路径无关

$\therefore \exists \mathrm{G}(\mathrm{x},\mathrm{y})$使得 $\nabla \mathrm{G}(\mathrm{x},\mathrm{y},\mathrm{z}) = (f(x,y), g(x,y))$

且$\int_{(x_0,y_0)}^{(x_1,y_1)} fdx + gdy = \int_{(x_0,y_0)}^{(x_1,y_1)} \nabla \mathrm{G} \cdot (dx,dy) = \int_{(x_0,y_0)}^{(x_1,y_1)} dG = G(x_1,y_1) - G(x_0,y_0)$

Step5.

找$G(x,y) = ?$ 且求$G(x_1,y_1) - G(x_0,y_0) = ?$

范例说明:

給定平面上两点$(x_0,y_0),(x_1,y_1)$，试证$\int_{(x_0,y_0)}^{(x_1,y_1)} f(x,y)dx + g(x,y)dy$与路径无关

令C_1、C_2为從(x_0,y_0)至(x_1,y_1)的任意两条曲线

令C为C_1、C_2所围成的逆时针封闭曲线且 R 为所围封闭区域

(I)若$f(x,y) = 6xy^2 - y^3$，$g(x,y) = 6x^2y - 3xy^2$

则 $\frac{\partial g}{\partial x}(x,y) - \frac{\partial f}{\partial y}(x,y) = 12xy - 3y^2 - (12xy - 3y^2) = 0$

(II)若$f(x,y) = 2xy - y^4 + 3$，$g(x,y) = x^2 - 4xy^3$

则 $\frac{\partial g}{\partial x}(x,y) - \frac{\partial f}{\partial y}(x,y) = 2x - 4y^3 - (2x - 4y^3) = 0$

(III)若$f(x,y) = 4x^3y$，$g(x,y) = x^4$ 则 $\frac{\partial g}{\partial x}(x,y) - \frac{\partial f}{\partial y}(x,y) = 4x^3 - (4x^3) = 0$

藉由 Green's Theorem, $\oint_C fdx + gdy = \iint_R \frac{\partial g}{\partial x}(x,y) - \frac{\partial f}{\partial y}(x,y)dxdy = 0$

$\therefore \int_{C_1} fdx + gdy - \int_{C_2} fdx + gdy = 0 \Rightarrow \int_{C_1} fdx + gdy = \int_{C_2} fdx + gdy$

$\therefore \int_{(x_0,y_0)}^{(x_1,y_1)} f(x,y)dx + g(x,y)dy$与路径无关

Example 1.

试证$\int_{(1,1)}^{(2,2)} (6xy^2 - y^3)dx + (6x^2y - 3xy^2)dy$ 与路径无关并求此积分

【解】

令C_1、C_2为從(1,1)至(2,2)的任意两条曲线

令C为C_1、C_2所围成的逆时针封闭曲线且 R 为所围封闭区域

令$f(x,y) = 6xy^2 - y^3$，$g(x,y) = 6x^2y - 3xy^2$

则 $\dfrac{\partial g}{\partial x}(x,y) - \dfrac{\partial f}{\partial y}(x,y) = 12xy - 3y^2 - (12xy - 3y^2) = 0$

$\because f(x,y), g(x,y)$的一阶偏导数存在且连续

藉由Green's Theorem, $\oint_C fdx + gdy = \iint_R \dfrac{\partial g}{\partial x}(x,y) - \dfrac{\partial f}{\partial y}(x,y)dxdy = 0$

$\therefore \int_{C_1} fdx + gdy - \int_{C_2} fdx + gdy = 0 \Rightarrow \int_{C_1} fdx + gdy = \int_{C_2} fdx + gdy$

$\therefore \int_{(1,1)}^{(2,2)} (6xy^2 - y^3)dx + (6x^2y - 3xy^2)dy$ 与积分路径无关

$\therefore \exists \mathrm{G}(x,y)$使得 $\nabla \mathrm{G}(x,y) = (f(x,y), g(x,y))$

且$\int_{(1,1)}^{(2,2)} fdx + gdy = \int_{(1,1)}^{(2,2)} \nabla \mathrm{G} \cdot (dx,dy) = \int_{(1,1)}^{(2,2)} dG = G(3,4) - G(1,2)$

$\because \begin{cases} \dfrac{\partial G}{\partial x} = 6xy^2 - y^3 \\ \dfrac{\partial G}{\partial y} = 6x^2y - 3xy^2 \end{cases} \quad \therefore \begin{cases} G(x,y,z) = 3x^2y^2 - xy^3 + c \\ G(x,y,z) = 3x^2y^2 - xy^3 + c \end{cases}$

$\therefore G(x,y,z) = 3x^2y^2 - xy^3 + c$

$\therefore \int_{(1,1)}^{(2,2)} (6xy^2 - y^3)dx + (6x^2y - 3xy^2)dy = 3x^2y^2 - xy^3|_{(1,1)}^{(2,2)} = 30$

Example 2.

求$\oint_C (x^2 y\cos x+2xy\sin x-y^2e^x)dx+(x^2\sin x-2ye^x)dy=?$,

$C: x^{\frac{2}{3}}+y^{\frac{2}{3}}=a^{\frac{2}{3}}$为逆时针封闭曲线

【解】

令$f(x,y)=x^2y\cos x+2xy\sin x-y^2e^x, g(x,y)=x^2\sin x-2ye^x$

则$\dfrac{\partial g}{\partial x}(x,y)-\dfrac{\partial f}{\partial y}(x,y)=2x\sin x+x^2\cos x-2ye^x-(x^2\cos x+2x\sin x-2ye^x)=0$

$\because f(x,y), g(x,y)$的一阶偏导数存在且连续

藉由Green's Theorem, $\oint_C fdx+gdy=\iint_R \dfrac{\partial g}{\partial x}(x,y)-\dfrac{\partial f}{\partial y}(x,y)dxdy=0$

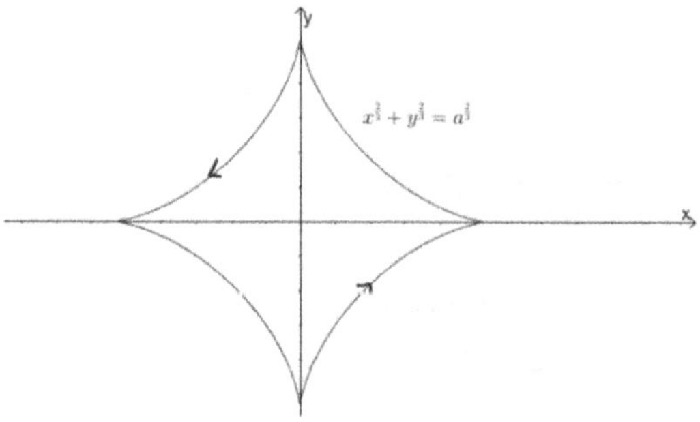

Example 3.

试证$\int_{(0,0)}^{(3,1)}(2xy-y^4+3)dx+(x^2-4xy^3)dy$ 与(0,0),(3,1) 的路径无关并求此积分

【解】

令C_1、C_2为從(0,0)至(3,1)的任意两条曲线

令C为C_1、C_2所围成的逆时针封闭曲线且 R 为所围封闭区域

令$f(x,y)=2xy-y^4+3,\ g(x,y)=x^2-4xy^3$

则$\dfrac{\partial g}{\partial x}(x,y)-\dfrac{\partial f}{\partial y}(x,y)=2x-4y^3-(2x-4y^3)=0$

$\because f(x,y), g(x,y)$的一阶偏导数存在且连续

藉由Green's Theorem, $\oint_C fdx+gdy=\iint_R \dfrac{\partial g}{\partial x}(x,y)-\dfrac{\partial f}{\partial y}(x,y)dxdy=0$

$\therefore \int_{C_1} fdx + gdy - \int_{C_2} fdx + gdy = 0 \Rightarrow \int_{C_1} fdx + gdy = \int_{C_2} fdx + gdy$

$\therefore \int_{(0,0)}^{(3,1)} (2xy - y^4 + 3)dx + (x^2 - 4xy^3)dy$与积分路径无关

$\therefore \exists \mathrm{G(x,y)}$使得 $\nabla \mathrm{G}(x,y) = (f(x,y), g(x,y))$

且$\int_{(0,0)}^{(3,1)} fdx + gdy = \int_{(0,0)}^{(3,1)} \nabla \mathrm{G} \cdot (dx, dy) = \int_{(0,0)}^{(3,1)} dG = G(3,1) - G(0,0)$

$\because \begin{cases} \dfrac{\partial G}{\partial x} = 2xy - y^4 + 3 \\ \dfrac{\partial G}{\partial y} = x^2 - 4xy^3 \end{cases} \qquad \therefore \begin{cases} G(x,y,z) = x^2y - xy^4 + 3x + c \\ G(x,y,z) = x^2y - xy^4 + c \end{cases}$

$\therefore G(x,y,z) = x^2y - xy^4 + 3x + c$

$\therefore \int_{(0,0)}^{(3,1)} (2xy - y^4 + 3)dx + (x^2 - 4xy^3)dy = x^2y - xy^4 + 3x|_{(0,0)}^{(3,1)} = 15$

Example 4.

试证$\int_{(0,0)}^{(a,b)} 4x^3ydx + x^4dy$与$(0,0),(a,b)$ 的路径无关并求此积分

【解】

令C_1、C_2为從$(0,0)$至(a,b)的任意两条曲线

令C为C_1、C_2所围成的逆时针封闭曲线且 R 为所围封闭区域

令 $f(x,y) = 4x^3y,\ \ g(x,y) = x^4$ 则 $\dfrac{\partial g}{\partial x}(x,y) - \dfrac{\partial f}{\partial y}(x,y) = 4x^3 - (4x^3) = 0$

$\because f(x,y), g(x,y)$的一阶偏导数存在且连续

藉由Green's Theorem, $\oint_C fdx + gdy = \iint_R \dfrac{\partial g}{\partial x}(x,y) - \dfrac{\partial f}{\partial y}(x,y)dxdy = 0$

$\therefore \int_{C_1} fdx + gdy - \int_{C_2} fdx + gdy = 0 \Rightarrow \int_{C_1} fdx + gdy = \int_{C_2} fdx + gdy$

$\therefore \int_{(0,0)}^{(a,b)} 4x^3ydx + x^4dy$与积分路径无关

$\therefore \exists \mathrm{G(x,y)}$使得 $\nabla \mathrm{G}(x,y) = (f(x,y), g(x,y))$

且$\int_{(0,0)}^{(a,b)} fdx + gdy = \int_{(0,0)}^{(a,b)} \nabla \mathrm{G} \cdot (dx, dy) = \int_{(0,0)}^{(a,b)} dG = G(a,b) - G(0,0)$

$$\because \begin{cases} \dfrac{\partial G}{\partial x} = 4x^3y \\ \dfrac{\partial G}{\partial y} = x^4 \end{cases} \quad \therefore \begin{cases} G(x,y,z) = x^4y + c \\ G(x,y,z) = x^4y + c \end{cases}$$

$$\therefore G(x,y,z) = x^4y + c \quad \therefore \int_{(0,0)}^{(a,b)} 4x^3ydx + x^4dy = x^4y|_{(0,0)}^{(a,b)} = a^4b$$

Example 5.

$$求\int_{(0,0)}^{(-2,-1)} (10x^4 - 2xy^3)dx - 3x^2y^2dy =?，其中积分路径为x^4 - 6xy^3 = 4y^2$$

【解】

令C_1、C_2为從$(0,0)$至$(-2,-1)$的任意两条曲线

令C为C_1、C_2所围成的逆时针封闭曲线且 R 为所围封闭区域

令$f(x,y) = 10x^4 - 2xy^3, g(x,y) = -3x^2y^2$

则 $\dfrac{\partial g}{\partial x}(x,y) - \dfrac{\partial f}{\partial y}(x,y) = -6xy^2 - (-6xy^2) = 0$

$\because f(x,y)$，$g(x,y)$的一阶偏导数存在且连续

藉由Green's Theorem, $\displaystyle\oint_C fdx + gdy = \iint_R \frac{\partial g}{\partial x}(x,y) - \frac{\partial f}{\partial y}(x,y)dxdy = 0$

$$\therefore \int_{C_1} fdx + gdy - \int_{C_2} fdx + gdy = 0 \Rightarrow \int_{C_1} fdx + gdy = \int_{C_2} fdx + gdy$$

$\therefore \displaystyle\int_{(0,0)}^{(-2,-1)} (10x^4 - 2xy^3)dx - 3x^2y^2dy$ 与积分路径无关

$\therefore \exists G(x,y)$使得 $\nabla G(x,y) = (f(x,y), g(x,y))$且

$$\int_{(0,0)}^{(-2,-1)} fdx + gdy = \int_{(0,0)}^{(-2,-1)} \nabla G \cdot (dx,dy) = \int_{(0,0)}^{(-2,-1)} dG = G(-2,-1) - G(0,0)$$

$$\because \begin{cases} \dfrac{\partial G}{\partial x} = 10x^4 - 2xy^3 \\ \dfrac{\partial G}{\partial y} = -3x^2y^2 \end{cases} \quad \therefore \begin{cases} G(x,y,z) = 2x^5 - x^2y^3 + c \\ G(x,y,z) = -x^2y^3 + c \end{cases} \quad \therefore G(x,y,z) = 2x^5 - x^2y^3 + c$$

$$\therefore \int_{(0,0)}^{(-2,-1)} (10x^4 - 2xy^3)dx - (3x^2y^2)dy = 2x^5 - x^2y^3|_{(0,0)}^{(-2,-1)} = -60$$

Example 6.

$$求\int_{(0,0)}^{\left(\frac{\pi}{2},1\right)}(x^2+6xy-2y^2)dx+(3x^2-4xy+2y)dy=?，其中路径为y=\sin x$$

【解】

令C_1、C_2为從(0,0)至$\left(\frac{\pi}{2},1\right)$的任意两条曲线

令C为C_1、C_2所围成的逆时针封闭曲线且 R 为所围封闭区域

令$f(x,y)=x^2+6xy-2y^2$，$g(x,y)=3x^2-4xy+2y$

则 $\frac{\partial g}{\partial x}(x,y)-\frac{\partial f}{\partial y}(x,y)=6x-4y-(6x-4y)=0$

$\because f(x,y),g(x,y)$的一阶偏导数存在且连续

藉由Green's Theorem, $\oint_C fdx+gdy=\iint_R \frac{\partial g}{\partial x}(x,y)-\frac{\partial f}{\partial y}(x,y)dxdy=0$

$\therefore \int_{C_1} fdx+gdy-\int_{C_2} fdx+gdy=0\Rightarrow\int_{C_1} fdx+gdy=\int_{C_2} fdx+gdy$

$\therefore \int_{(0,0)}^{\left(\frac{\pi}{2},1\right)}(x^2+6xy-2y^2)dx+(3x^2-4xy+2y)dy$ 与积分路径无关

$\therefore \exists \mathrm{G(x,y)}$使得 $\nabla \mathrm{G}(x,y)=(f(x,y),g(x,y))$

且$\int_{(0,0)}^{\left(\frac{\pi}{2},1\right)}fdx+gdy=\int_{(0,0)}^{\left(\frac{\pi}{2},1\right)}\nabla \mathrm{G}\cdot(dx,dy)=\int_{(0,0)}^{\left(\frac{\pi}{2},1\right)}dG=G\left(\frac{\pi}{2},1\right)-G(0,0)$

$$\because\begin{cases}\frac{\partial G}{\partial x}=x^2+6xy-2y^2\\ \frac{\partial G}{\partial y}=3x^2-4xy+2y\end{cases}\quad\therefore\begin{cases}G(x,y,z)=\frac{x^3}{3}+3x^2y-2xy^2+c\\ G(x,y,z)=3x^2y-2xy^2+y^2+c\end{cases}$$

$\therefore G(x,y,z)=3x^2y-2xy^2+y^2+\frac{x^3}{3}+c$

$$\therefore \int_{(0,0)}^{\left(\frac{\pi}{2},1\right)}(x^2+6xy-2y^2)dx+(3x^2-4xy+2y)dy=3x^2y-2xy^2+y^2+\frac{x^3}{3}\Bigg|_{(0,0)}^{\left(\frac{\pi}{2},1\right)}$$

$$= 3\left(\frac{\pi}{2}\right)^2 - 2\left(\frac{\pi}{2}\right) + 1 + \frac{\left(\frac{\pi}{2}\right)^3}{3}$$

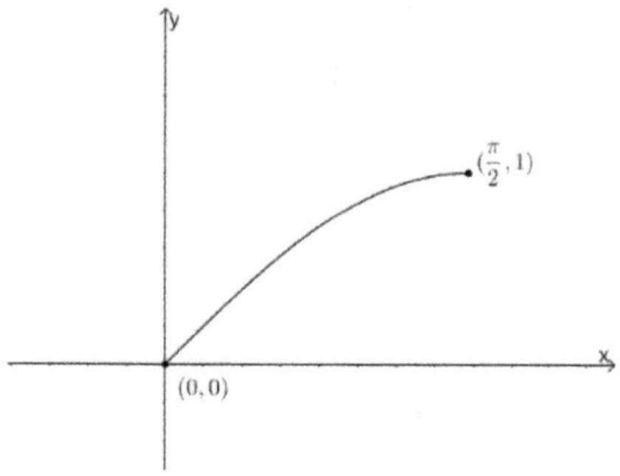

9.4.2 $\Delta \neq 0$, 給封闭区域R求面积

考试类型:
Type 1.
假设C为封闭区域R的边界, 求R所围面积
解题流程:
令 $f(x,y) = -y$, $g(x,y) = x$, 藉由 Green's Theorem 则

R 所围面积 $= \iint_R dxdy = \frac{1}{2}\iint_R \frac{\partial x}{\partial x} - \frac{\partial(-y)}{\partial y} dxdy = \frac{1}{2}\oint_C -y\,dx + xdy$

求 $\frac{1}{2}\oint_C -y\,dx + xdy = ?$

<u>補充说明:</u>

将求封闭区域R面积的问题转成求 $\frac{1}{2}\oint_C -y\,dx + xdy = ?$, 其中$C$为$R$的边界

<u>范例说明:</u>

假设R为封闭区域且C为R的边界, 求R所围面积 $\iint_R dxdy = ?$

令 $f(x,y) = -y$, $g(x,y) = x$, 藉由 Green's Theorem,

$$\iint_R dxdy = \frac{1}{2}\iint_R \frac{\partial x}{\partial x} - \frac{\partial(-y)}{\partial y} dxdy = \frac{1}{2}\oint_C -y\,dx + xdy$$

(I)若C: $\dfrac{x^2}{a^2}+\dfrac{y^2}{b^2}=1$

则 $\dfrac{1}{2}\oint_C -y\,dx+xdy=\dfrac{1}{2}\int_0^{2\pi}(-b\sin\theta)\,(-a\sin\theta)+(a\cos\theta)(b\cos\theta)d\theta=ab\pi$

(II)若C: $r(\theta)=a(1\pm\cos\theta)$

则 $\dfrac{1}{2}\oint_C -y\,dx+xdy=\dfrac{1}{2}\oint_C r^2(\theta)\,d\theta=\dfrac{1}{2}\left(\int_0^{2\pi}a^2(1+\cos\theta)^2d\theta\right)=\dfrac{3a^2\pi}{2}$

(III)若C: $r(\theta)=a(1\pm\sin\theta)$

则 $\dfrac{1}{2}\oint_C -y\,dx+xdy=\dfrac{1}{2}\oint_C r^2(\theta)\,d\theta=\dfrac{1}{2}\left(\int_0^{2\pi}a^2(1\pm\sin\theta)^2d\theta\right)=\dfrac{3a^2\pi}{2}$

Example 1.

假设R为封闭区域且C为R逆时针方向的边界, 使用 Green's Theorem 求R所围面积

【解】

令 $f(x,y)=-y$, $g(x,y)=x$, $\because f(x,y),g(x,y)$的一阶偏导数存在且连续

藉由 Green's Theorem

则 R 所围面积 $=\iint_R dxdy=\dfrac{1}{2}\iint_R \dfrac{\partial x}{\partial x}-\dfrac{\partial(-y)}{\partial y}dxdy=\dfrac{1}{2}\oint_C -y\,dx+xdy$

Example 2.

使用 Green's Theorem, 求$\dfrac{x^2}{a^2}+\dfrac{y^2}{b^2}=1$所围面积

【解】

令 R: $\dfrac{x^2}{a^2}+\dfrac{y^2}{b^2}\le 1$ 且 C为 R 的逆时针边界则 R 所围面积 $=\dfrac{1}{2}\oint_C -y\,dx+xdy$

令$x=a\cos\theta$, $y=b\sin\theta$ 且 $0\le\theta\le 2\pi$

则$\dfrac{1}{2}\oint_C -y\,dx+xdy=\dfrac{1}{2}\int_0^{2\pi}(-b\sin\theta)\,(-a\sin\theta)+a\cos\theta\,b\cos\theta\,d\theta=ab\pi$

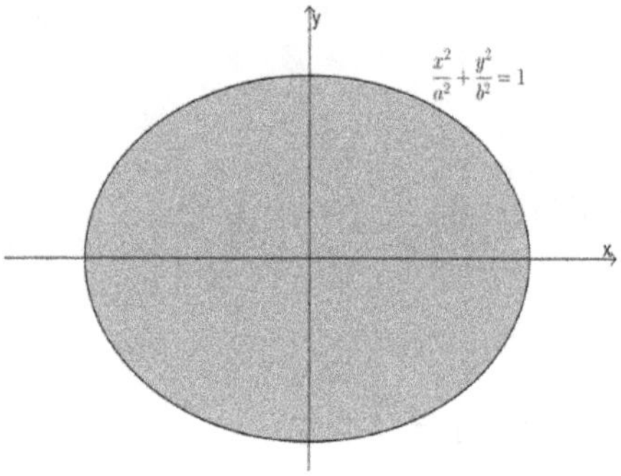

Example 3.

使用 Green's Theorem, 求$y=x^r$ 、$x=y^r(r>1)$ 所围面积

【解】

令$C_1: y=x^r$ 、$C_2: x=y^r$ 且 $0\leq x,y\leq 1$

令C为C_1 、C_2所围逆时针封闭曲线且 R 为C所围面积,藉由 Green's Theorem

则 R 所围面积 $=\frac{1}{2}\oint_C -y\,dx+xdy=\frac{1}{2}\int_{C_1}-ydx+xdy+\frac{1}{2}\int_{C_2}-ydx+xdy$

$=\frac{1}{2}\int_0^1 -x^r dx+x(rx^{r-1})dx+\frac{1}{2}\int_1^0 -y(ry^{r-1})dy+y^r dy$

$=\frac{1}{2}\int_0^1 (r-1)x^r dx+\frac{1}{2}\int_1^0 (1-r)y^r dy=\frac{1}{2}\left(\frac{r-1}{r+1}\cdot x^{r+1}|_0^1+\frac{1-r}{r+1}\cdot y^{r+1}|_1^0\right)$

$=\frac{1}{2}\cdot\frac{r-1-(1-r)}{r+1}=\frac{r-1}{r+1}$

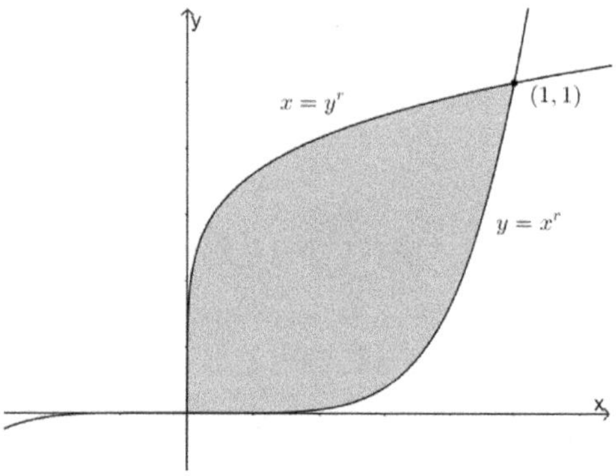

Example 4.

使用 Green's Theorem, 求$r(\theta)=a(1+\cos\theta)$的封闭面积

【解】

$$所围面积 = \frac{1}{2}\oint_C -y\,dx + xdy = \frac{1}{2}\oint_C r^2(\theta)\,d\theta = \frac{1}{2}\int_0^{2\pi} a^2(1+\cos\theta)^2\,d\theta$$

$$= \frac{a^2}{2}\int_0^{2\pi} 1 + \frac{1+\cos 2\theta}{2} + 2\cos\theta\,d\theta = \frac{a^2}{2}\left(\theta + 2\sin\theta + \frac{\theta}{2} + \frac{\sin 2\theta}{4}\right)\Big|_0^{2\pi} = \frac{3a^2\pi}{2}$$

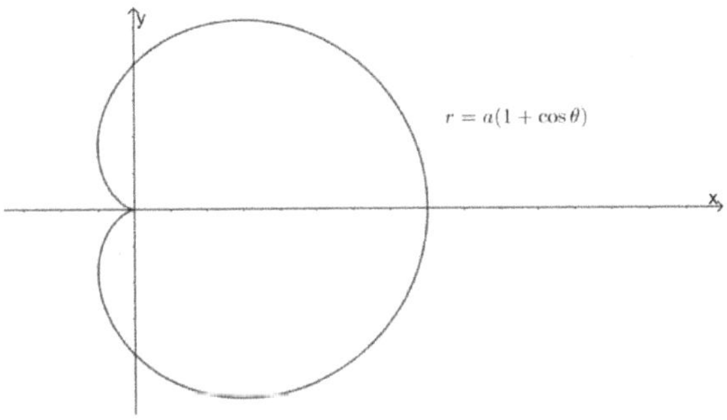

Example 5.

使用 Green's Theorem， 求$\vec{r}(t) = (\cos^3 t\,, \sin^3 t)$ 所围面积， $0 \le t \le 2\pi$

【解】

藉由 Green's Theorem

令C为 $x = \cos^3 t\,, y = \sin^3 t$ 逆时针封闭边界且 $0 \le \theta \le 2\pi$,所围区域为 R

则 $dx = 3\cos^2 t\,(-\sin t)dt$ 且 $dy = 3\sin^2 t\cos t\,dt$ 且 $\iint_R dxdy = \frac{1}{2}\oint_C -y\,dx + xdy$

$$\frac{1}{2}\oint_C -y\,dx + xdy = \frac{1}{2}\int_0^{2\pi}(-\sin^3 t)\,3\cos^2 t\,(-\sin t) + (\cos^3 t)(3\sin^2 t\cos t)dt$$

$$= \frac{3}{2}\int_0^{2\pi}(\sin^2 t + \cos^2 t)\cos^2 t\sin^2 t\,dt = \frac{3}{2}\int_0^{2\pi}\cos^2 t\sin^2 t\,dt = \frac{3}{2}\int_0^{2\pi}\left(\frac{\sin 2t}{2}\right)^2 dt$$

$$= \frac{3}{2}\int_0^{2\pi}\frac{1-\cos 4t}{8}dt = \frac{3\pi}{8}$$

9.4.3 $\Delta \neq 0$, 将封闭线积转成面积分

应用时机为线积分的被积分函数较为复杂，使用 Green's Theorem 将封闭线积分转成面积分后，被积分函数变得较为干净；藉由 Green's Theorem,

$$\oint_C f(x,y)\,dx + g(x,y)dy = \iint_R \frac{\partial g}{\partial x}(x,y) - \frac{\partial f}{\partial y}(x,y)dxdy$$

考试类型:

Type 1.

求$\oint_C f(x,y)\,dx + g(x,y)dy =?$，其中$\frac{\partial g}{\partial x}(x,y) - \frac{\partial f}{\partial y}(x,y) = c\big(c$为常数$\big)$, 曲线$C$为逆时针的封闭圆: $x^2+y^2=r^2$且f,g的一阶偏导数存在且连续

解题流程:

令 $R = \{(x,y): x^2+y^2 \le r^2\}$ 藉由 Green's Theorem 则

$$\oint_C f(x,y)\,dx + g(x,y)dy = \iint_R \frac{\partial g}{\partial x}(x,y) - \frac{\partial f}{\partial y}(x,y)dxdy = \iint_{x^2+y^2\le r^2} c\,dxdy = c\pi r^2$$

<u>范例说明:</u>

求$\oint_C f(x,y)\,dx + g(x,y)dy =?$，$C$为圆: $x^2+y^2=r^2, r>0$

(I)若$f(x,y) = 3x^2y + \cos x + e^y$，$g(x,y) = x^3 + xe^y + x$ 则 $\frac{\partial g}{\partial x}(x,y) - \frac{\partial f}{\partial y}(x,y) = 1$

$$\therefore \oint_C f(x,y)\,dx + g(x,y)dy = \iint_R \frac{\partial g}{\partial x}(x,y) - \frac{\partial f}{\partial y}(x,y)dxdy = \iint_{x^2+y^2\le r^2} dxdy = \pi r^2$$

(II)若$f(x,y) = x + 6y$，$g(x,y) = 2x + y$ 则 $\frac{\partial g}{\partial x}(x,y) - \frac{\partial f}{\partial y}(x,y) = 2 - 6 = -4$

$$\therefore \oint_C f(x,y)\,dx + g(x,y)dy = \iint_R \frac{\partial g}{\partial x}(x,y) - \frac{\partial f}{\partial y}(x,y)dxdy = \iint_{x^2+y^2\le r^2} -4dxdy$$

$= -4\pi r^2$

<u>补充说明</u>

有时候积分区域不一定刚好是个圆可能是椭圆，方法也是类似

Type 2.

藉由 Green's Theorem 和 Fubini's Theorem，求$\oint_C f(x,y)\,dx + g(x,y)dy =?$,

其中C 为 $R = [a,b]\times[c,d]$的逆时针封闭边界 且f,g的一阶偏导数存在且连续

解题流程:

Step1.

藉由 Green's Theorem

$$\oint_C f(x,y)\,dx + g(x,y)dy = \iint_R \frac{\partial g}{\partial x}(x,y) - \frac{\partial f}{\partial y}(x,y)dxdy = \iint_R h(x,y)dxdy$$

其中 $\frac{\partial g}{\partial x}(x,y) - \frac{\partial f}{\partial y}(x,y) = h(x,y)$

Step2.

藉由 Fubini'sTheorem，$\iint_R h(x,y)dxdy = \int_a^b \int_c^d h(x,y)dydx$

Step3.

求 $\int_a^b \int_c^d h(x,y)dydx = ?$

<u>范例说明:</u>

求 $\oint_C f(x,y)\,dx + g(x,y)dy = ?$

(I)若 $f(x,y) = x^2$，$g(x,y) = 2xy$，C 为 (0,0)、(0,5)、(12,5)、(12,0) 所围的顺时针长方形边界

藉由 Green's Theorem

$$-\oint_C x^2\,dx + 2xydy = -\int_0^5 \int_0^{12} 2y\,dxdy = -\int_0^5 24ydy = -12y^2|_0^5 = -300$$

<u>补充说明</u>

有时候积分区域不一定是个长方形，但方法也是类似

Example 1.

藉由Green's Theorem 求 $\oint_C (3x^2y + \cos x + e^y)\,dx + (x^3 + xe^y + x)dy = ?$，其中 C 为 $x^2 + y^2 = 1$ 的逆时针封闭圆

【解】

藉由Green's Theorem

则 $\oint_C (3x^2y + \cos x + e^y)\,dx + (x^3 + xe^y + x)dy = \iint_{x^2+y^2\le 1} dxdy = \pi$

Example 2.

藉由Green's Theorem 求$\oint_C (6y+x)dx+(y+2x)dy=?$，$C$为逆时针封闭圆：$(x-2)^2+(y-3)^2=r^2$

【解】

令 $R=\{(x,y):(x-2)^2+(y-3)^2\le r^2\}$

藉由Green's Theorem 则 $\oint_C (6y+x)dx+(y+2x)dy=\iint_R 2-6dxdy=-4\pi r^2$

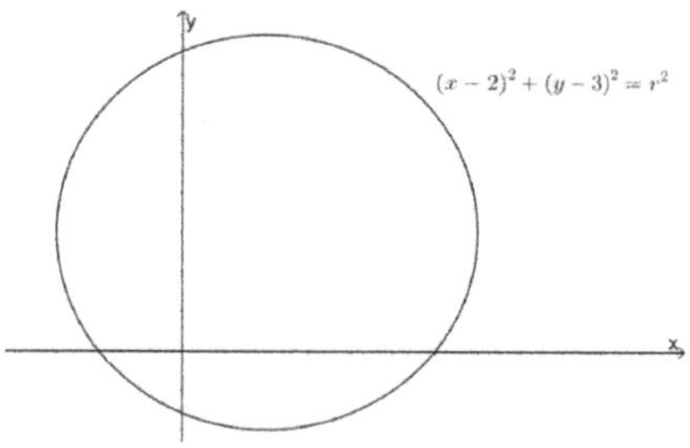

Example 3.

藉由Green's Theorem 求$\oint_C 3x-4ydx+(4x+2y)dy=?$，$C$为上半椭圆的逆时针封闭边界：$\dfrac{x^2}{16}+\dfrac{y^2}{9}=1, y\ge 0$

【解】

令 $R=\{(x,y):\dfrac{x^2}{16}+\dfrac{x^2}{9}\le 1, y\ge 0\}$

藉由Green's Theorem 则 $\oint_C 3x-4ydx+(4x+2y)dy=\iint_R 8dxdy=\dfrac{8\cdot 4\cdot 3\cdot \pi}{2}=48\pi$

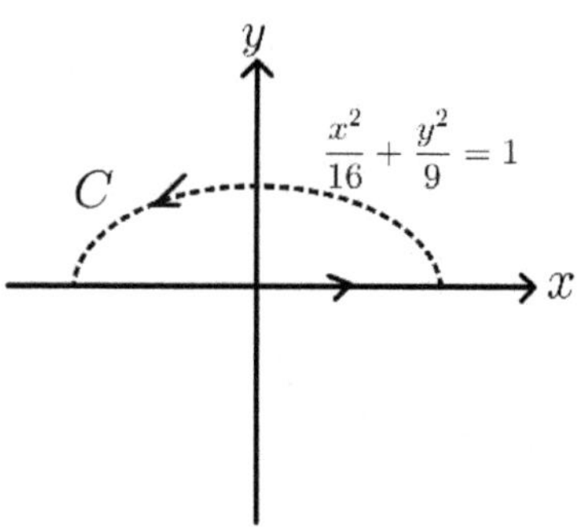

Example 4.

藉由Green's Theorem 求 $\oint_C x^4\,dx + xydy = ?$，$C$为(0,0)、(2,0)、(0,2) 所围的逆时针三角形边界

【解】

令 $R = \{(x,y): 0 \le x \le 2, 0 \le y \le x\}$

藉由Green's Theorem 则 $\oint_C x^4\,dx + xydy = \iint_R ydxdy$

藉由 Fubini's Theorem 则 $\iint_R ydxdy = \int_0^2 \int_0^x y\,dydx = \int_0^2 \left.\frac{y^2}{2}\right|_0^x dx = \int_0^2 \frac{x^2}{2} dx = \left.\frac{x^3}{6}\right|_0^2 = \frac{4}{3}$

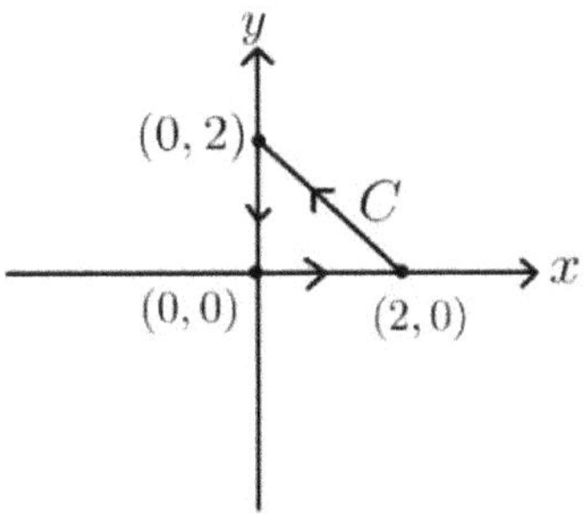

Example 5.

藉由Green's Theorem 求 $\oint_C (x+6y)\,dx + (2x+y)dy = ?$，其中 C为逆时针封闭圆：$(x-2)^2 + (y-3)^2 = 9$

【解】

藉由Green's Theorem

则 $\oint_C (x+6y)\,dx + (2x+y)dy = \iint_{(x-2)^2+(y-3)^2\le 9} 2 - 6dxdy = -36\pi$

Example 6.

藉由Green's Theorem 求 $\oint_C x^2\,dx + 2xydy = ?$，$C$为(0,0)、(0,5)、(12,5)、(12,0) 所围的顺时针长方形边界

【解】

藉由Green's Theorem 则

$$-\oint_C x^2\,dx + 2xydy = -\int_0^5\int_0^{12} 2y\,dxdy = -\int_0^5 24ydy = -12y^2|_0^5 = -300$$

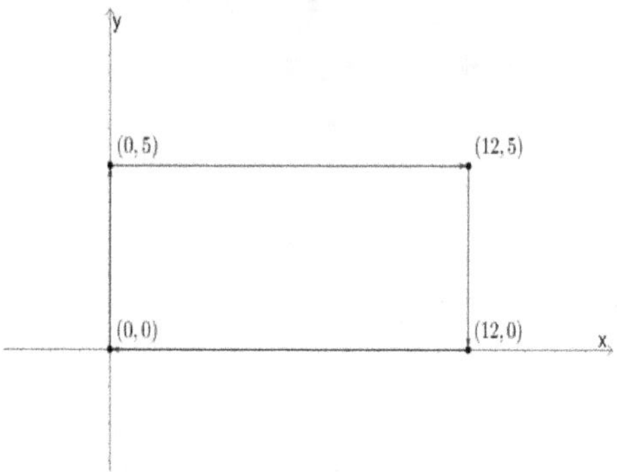

Example 7.

藉由Green's Theorem 求 $\oint_C (x^2 - xy^3)\,dx + (y^2 - 2xy)dy =?$, C为绕$(0,0), (r,0)$, $(r,r), (0,r)$ 的逆时针封闭曲线，$r > 0$

【解】

令 $\mathrm{R} = \{(x,y): 0 \le x \le r, 0 \le y \le r\}$

藉由Green's Theorem 则$\oint_C (x^2 - xy^3)\,dx + (y^2 - 2xy)dy = \iint_R -2y + 3xy^2dxdy$

藉由 Fubini's Theorem

则$\iint_R -2y + 3xy^2dxdy = \int_0^r\int_0^r -2y + 3xy^2\,dydx = \int_0^r -y^2 + xy^3|_0^r dx$

$$= \int_0^r -r^2 + xr^3dx = -r^3 + \frac{r^5}{2}$$

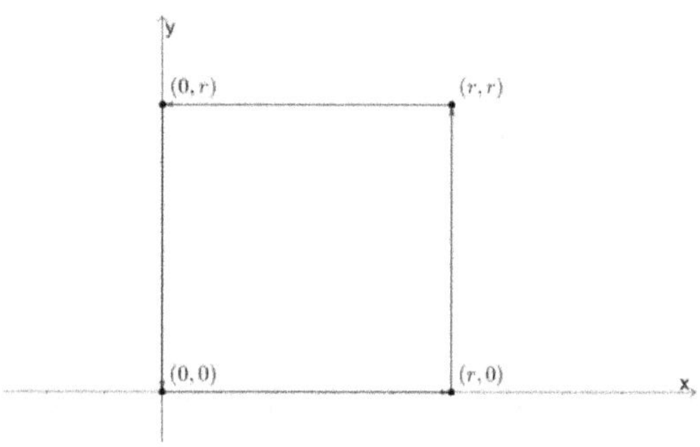

Example 8.

藉由Green's Theorem 求 $\oint_C \left(\frac{y^2}{2}-4y\right)dx+\left(-\frac{x^2}{2}\right)dy=?$，其中$C$为

$R=\{(x,y):0\le x\le 2,0\le y\le 2\}$的逆时针封闭边界

【解】

藉由Green's Theorem, $\oint_C \left(\frac{y^2}{2}-4y\right)dx+\left(-\frac{x^2}{2}\right)dy=\iint_R 4-x-ydA$

$\because f(x,y)=4-x-y$ 在 R 区域为连续函数，藉由 Fubinis Theorem

$$\iint_R 4-x-ydA=\int_0^2\int_0^2 4-x-ydydx=\int_0^2 4y-xy-\frac{y^2}{2}\bigg|_{y=0}^{y=2}dx=\int_0^2 8-2x-2dx$$

$$=(6x-x^2)|_{x=0}^{x=2}=12-4=8$$

Example 9.

藉由Green's Theorem 求 $\oint_C xy^2\,dx+(5x^2y+x)dy=?$，其中$C$为

$R=\{(x,y):1\le x\le 2,0\le y\le 2\}$的逆时针封闭边界

【解】

藉由Green's Theorem, $\oint_C xy^2\,dx+(5x^2y+x)dy=\iint_R 1+8xydA$

$\because f(x,y)=1+8xy$ 在 R 区域为连续函数，藉由 Fubinis Theorem

$$\iint_R 1+8xydA=\int_0^2\int_1^2 1+8xydxdy=\int_0^2(x+4x^2y)|_{x=1}^{x=2}\,dy=\int_0^2 1+12y\,dy$$

$$=(y+6y^2)|_{y=0}^{y=2}=2+6\cdot 4=26$$

Example 10.

求 $\oint_C (y-\sin x)\,dx+(\cos x+\sqrt{2})dy=?$，$C$为$(0,0)$、$\left(\frac{\pi}{2},0\right)$、$\left(\frac{\pi}{2},1\right)$ 所围的逆时针三角形边界 (1)直接计算 (2)使用 Green' s Theorem

【解】

(1)

令 $C_1=\left\{(x,y):0\le x\le\frac{\pi}{2},y=0\right\}$，$C_2=\{(x,y):0\le y\le 1,x=\frac{\pi}{2}\}$

$C_3=\left\{(x,y):y=\frac{2x}{\pi},0\le x\le\frac{\pi}{2}\right\}$ 则 $C=C_1\cup C_2\cup C_3$

$$\because\int_{C_1}(y-\sin x)\,dx+\left(\cos x+\sqrt{2}\right)dy=\int_0^{\frac{\pi}{2}}-\sin x\,dx=-1$$

$$\int_{C_2}(y-\sin x)\,dx+\left(\cos x+\sqrt{2}\right)dy=\int_0^1\cos\frac{\pi}{2}+\sqrt{2}dy=\sqrt{2}$$

$$\int_{C_3}(y-\sin x)\,dx+\left(\cos x+\sqrt{2}\right)dy=\int_{\frac{\pi}{2}}^0\left(\frac{2x}{\pi}-\sin x\right)+\frac{2}{\pi}\left(\cos x+\sqrt{2}\right)dx$$

$$=\left(\frac{x^2}{\pi}+\cos x+\frac{2}{\pi}\sin x+\frac{2\sqrt{2}}{\pi}x\right)\Bigg|_{\frac{\pi}{2}}^0=1-\frac{\pi}{4}-\frac{2}{\pi}-\sqrt{2}$$

$$\therefore\oint_C(y-\sin x)\,dx+\cos x\,dy=-\frac{\pi}{4}-\frac{2}{\pi}$$

(2)

令 $R=\{(x,y):0\le x\le\frac{\pi}{2},0\le y\le\frac{2x}{\pi}\}$

藉由Green's Theorem 则 $\oint_C(y-\sin x)\,dx+\left(\cos x+\sqrt{2}\right)dy=\iint_R-\sin x-1dxdy$

藉由 Fubini's Theorem

则 $\iint_R-\sin x-1dxdy=\int_0^{\frac{\pi}{2}}\int_0^{\frac{2x}{\pi}}-\sin x-1\,dydx=\int_0^{\frac{\pi}{2}}(-y\sin x-y)\Big|_{y=0}^{y=\frac{2x}{\pi}}dx$

$$=-\frac{2}{\pi}\left(\int_0^{\frac{\pi}{2}}x\sin x+xdx\right)$$

藉由 integration by parts 则 $\int_0^{\frac{\pi}{2}}x\sin x+xdx=\left(-x\cos x+\sin x+\frac{x^2}{2}\right)\Bigg|_0^{\frac{\pi}{2}}=1+\frac{\pi^2}{8}$

$$\therefore\oint_C(y-\sin x)\,dx+\left(\cos x+\sqrt{2}\right)dy=-\frac{2}{\pi}\left(1+\frac{\pi^2}{8}\right)=-\frac{2}{\pi}-\frac{\pi}{4}$$

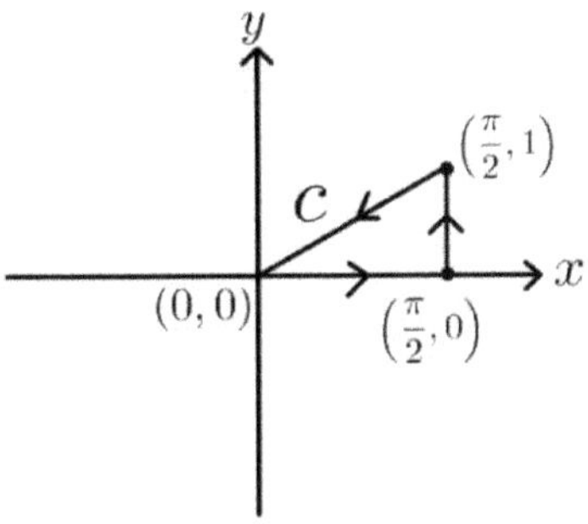

Example 11.

藉由Green's Theorem 求$\oint_C y\cos x\,dx + x\sin y\,dy$ =?，C为$(0,0),(a,0),(a,a)$为顶点的三角形逆时针封闭路径$(a > 0)$

【解】

令 $\mathrm{R} = \{(x,y): 0 \le x \le a, 0 \le y \le x\}$

藉由Green's Theorem 则$\oint_C y\cos x\,dx + x\sin y\,dy = \iint_R \sin y - \cos x\,dxdy$

藉由Fubini's Theorem 则

$$\iint_R \sin y - \cos x\,dxdy = \int_0^a \int_0^x \sin y - \cos x\,dydx = \int_0^a (-\cos y)|_0^x - x\cos x\,dx$$

$$= \int_0^a 1 - \cos x - x\cos x\,dx = a - \sin a - a\sin a - \cos a + 1$$

$$= -(a+1)\sin a - \cos a + a + 1$$

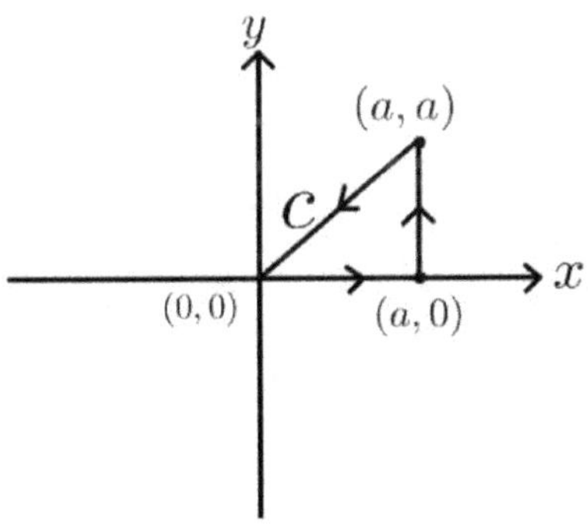

Example 12.

藉由Green's Theorem 求$\oint_C -y^4dx + xy^2dy = ?$，$C$为(0,0), (1,0), (1,1)为顶点的三角形逆时针封闭路径

【解】

令 $R = \{(x,y): 0 \le x \le 1, 0 \le y \le x\}$

藉由Green's Theorem 则 $\oint_C -y^4dx + xy^2dy = \iint_R y^2 + 4y^3dxdy$

藉由Fubini's Theorem 则

$$\iint_R y^2 + 4y^3dxdy = \int_0^1 \int_0^x y^2 + 4y^3\, dydx = \int_0^1 \frac{x^3}{3} + x^4dx = \frac{x^4}{12} + \frac{x^5}{5} = \frac{17}{60}$$

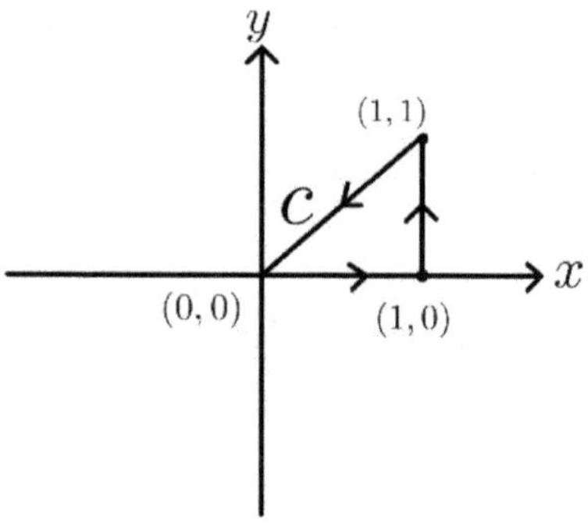

Example 13.

藉由Green's Theorem 求$\oint_C (2xy - x^2)\, dx + (x + y^2)dy = ?$, C为從(0,0)沿着$y = x^2$至(1,1)再沿着$x = y^2$绕回(0,0)的封闭曲线

【解】

令 $R = \{(x,y): 0 \le x \le 1, x^2 \le y \le \sqrt{x}\}$

藉由Green's Theorem 则 $\oint_C (2xy - x^2)\, dx + (x + y^2)dy = \iint_R 1 - 2xdxdy$

藉由 Fubini's Theorem

则 $\iint_R 1 - 2xdxdy = \int_0^1 \int_{x^2}^{\sqrt{x}} 1 - 2x\, dydx = \int_0^1 x^{\frac{1}{2}} - 2x^{\frac{3}{2}} - x^2 + 2x^3dx = \frac{1}{30}$

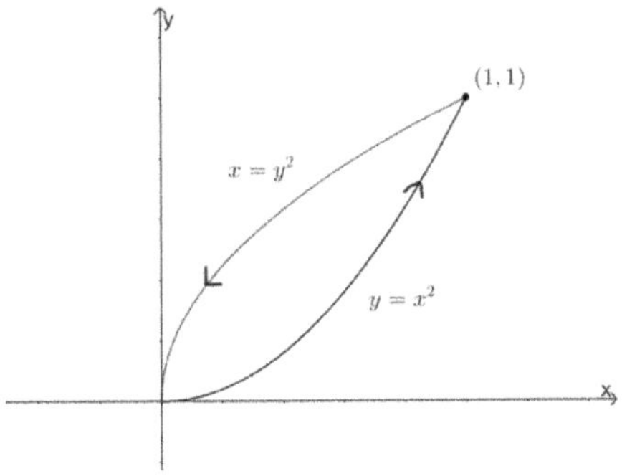

Example 14.

C为從(0,0)沿着$y^2=2x$至(2,2)，再沿着$y^3=4x$绕回(0,0)的逆时针封闭路径，求

$\oint_C y\,dx+x^2ydy=?$ (1)直接计算 (2) 使用 Green's Theorem

【解】

(1)

令 $C_1=\{(x,y):0\le x\le 2,y^2=2x\},C_2=\{(x,y):0\le x\le 2,y^3=4x\}$ 则 $C=C_1\cup C_2$

$$\because \int_{C_1} ydx+x^2ydy=\int_0^2\sqrt{2x}dx+x^2dx=\frac{16}{3}$$

$$\int_{C_2} ydx+x^2ydy=\int_2^0(4x)^{\frac{1}{3}}dx+\frac{4}{3}(4x)^{\frac{-1}{3}}dx=-3-2=-5$$

$$\therefore \oint_C y\,dx+x^2ydy=\frac{16}{3}-5=\frac{1}{3}$$

(2)

令 $R=\{(x,y):\frac{y^3}{4}\le x\le\frac{y^2}{2},0\le y\le 2\}$

藉由Green's Theorem 则 $\oint_C y\,dx+x^2ydy=\iint_R 2xy-1dxdy$

藉由Fubini's Theorem 则

$$\iint_R 2xy-1dxdy=\int_0^2\int_{\frac{y^3}{4}}^{\frac{y^2}{2}}2xy-1\,dxdy=\int_0^2(x^2y-x)|_{\frac{y^3}{4}}^{\frac{y^2}{2}}dy$$

$$=\int_0^2\frac{y^5}{4}-\frac{y^2}{2}-\left(\frac{y^7}{16}-\frac{y^3}{4}\right)dy=\frac{1}{3}$$

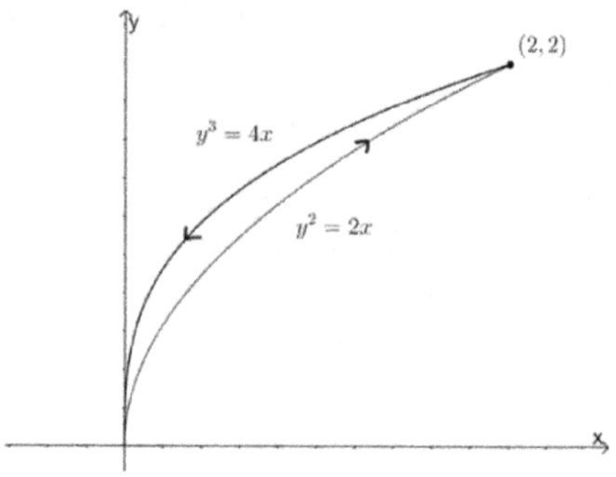

Example 15.

藉由Green's Theorem 求 $\oint_C \frac{xy^2}{2}dx + (x^2y)dy = ?$，其中$C$为 $R = \{(x,y): 0 \le x \le 2, 2x-4 \le y \le 0\}$的逆时针封闭边界

【解】

藉由Green's Theorem, $\oint_C \frac{xy^2}{2}dx + (x^2y)dy = \iint_R xydA$

$\because f(x,y) = xy$ 在 R 区域为连续函数，藉由 Fubinis Theorem

$$\iint_R xydA = \int_0^2 \int_{2x-4}^0 xy\,dydx = \int_0^2 \frac{xy^2}{2}\bigg|_{y=2x-4}^{y=0} dx = -\int_0^2 \frac{x(2x-4)^2}{2}dx$$

$$= -2\int_0^2 x(x-2)^2 dx = -2\int_0^2 x^3 - 4x^2 + 4xdx = -2\left(\frac{x^4}{4} - \frac{4x^3}{3} + 2x^2\right)\bigg|_{x=0}^{x=2}$$

$$= -2\left(4 - \frac{32}{3} + 8\right) = \frac{-8}{3}$$

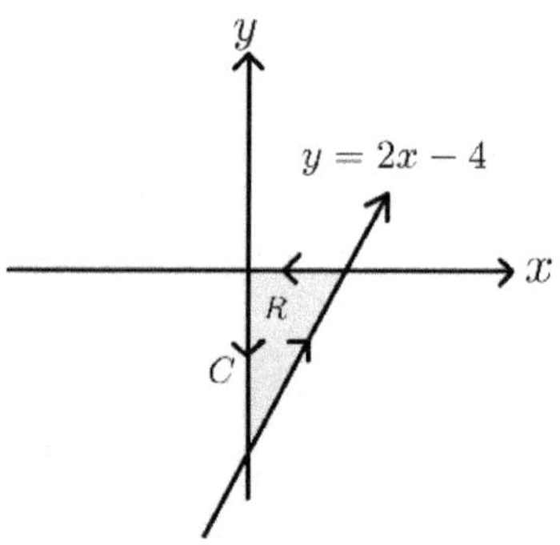

Example 16.

藉由Green's Theorem 求$\oint_C \frac{y^3}{3}dx + x^2dy =?$，其中$C$ 为

$R = \{(x,y): x - y + 1 \leq 0, y \leq 2, x + y - 1 \geq 0\}$ 的逆时针封闭边界

【解】

藉由Green's Theorem, $\oint_C \frac{y^3}{3}dx + x^2dy = \iint_R 2x - y^2dA$

$\because f(x,y) = 2x - y^2$ 在 R 区域为连续函数，藉由 Fubinis Theorem

则 $\iint_R 2x - y^2dA = \int_1^2 \int_{1-y}^{y-1} 2x - y^2dxdy = \int_1^2 x^2 - y^2x|_{x=1-y}^{x=y-1} dy$

$= \int_1^2 (y-1)^2 - y^2(y-1) - ((1-y)^2 - y^2(1-y))\, dy = \int_1^2 -2y^3 + 2y^2\, dy$

$= \frac{-y^4}{2}\Big|_{y=1}^{y=2} + \frac{2y^3}{3}\Big|_{y=1}^{y=2} = \frac{-17}{6}$

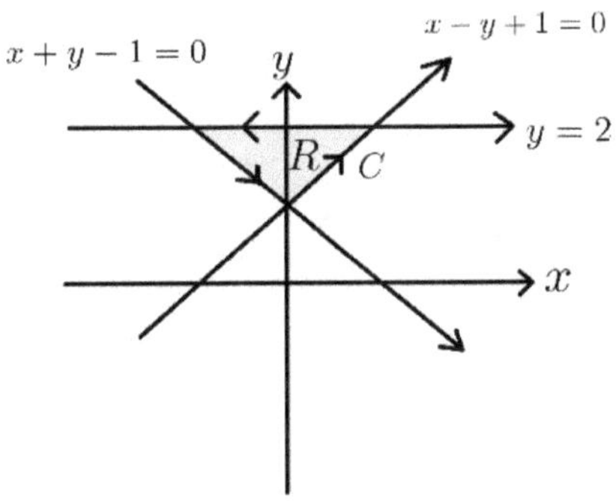

Example 17.

藉由Green's Theorem 求$\oint_C y\,dx + 2xdy =?$，其中C 为

$R = \{(x,y): -3x - y + 6 \leq 0, 4x - x^2 - y \geq 0, y \geq 0\}$ 的逆时针封闭边界

【解】

藉由Green's Theorem,

$\oint_C y\,dx + 2xdy = \iint_R 1dA = \int_1^2 4x - x^2 - (6 - 3x)\,dx + \int_2^4 4x - x^2\,dx$

$$=\left(\frac{7x^2}{2}-\frac{x^3}{3}-6x\right)\Bigg|_1^2+\left(2x^2-\frac{x^3}{3}\right)\Bigg|_2^4=\frac{21}{2}-\frac{7}{3}-6+2\cdot 12-\frac{56}{3}=\frac{15}{2}$$

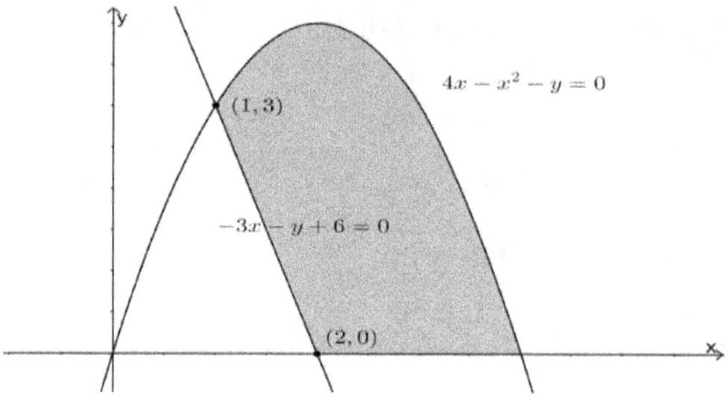

Example 18.

藉由Green's Theorem 求$\oint_C \frac{y^3}{3}dx+\frac{2x^{\frac{3}{2}}}{3}dy=?$，$C$为 $R=\left\{(x,y): y\geq x^2, y\leq x^{\frac{1}{4}}\right\}$

的逆时针封闭边界

【解】

藉由Green's Theorem, $\oint_C \frac{y^3}{3}dx+\frac{2x^{\frac{3}{2}}}{3}dy=\iint_R \sqrt{x}-y^2\,dxdy$

令$x^2=x^{\frac{1}{4}}$则 $x=0$ 或 $1 \Rightarrow 0\leq x\leq 1 \Rightarrow R=\{(x,y): 0\leq x\leq 1, y\geq x^2, y\leq x^{\frac{1}{4}}\}$

$\because f(x,y)=\sqrt{x}-y^2$ 在 R 区域为连续函数，藉由 Fubinis Theorem

则$\iint_R \sqrt{x}-y^2\,dxdy=\int_0^1\int_{x^2}^{x^{\frac{1}{4}}}\sqrt{x}-y^2\,dydx=\int_0^1 \sqrt{x}y-\frac{y^3}{3}\Bigg|_{y=x^2}^{y=x^{\frac{1}{4}}}dx$

$$=\int_0^1 \sqrt{x}(x^{\frac{1}{4}})-\frac{x^{\frac{3}{4}}}{3}-\left(\sqrt{x}(x^2)-\frac{x^6}{3}\right)dx=\int_0^1 x^{\frac{3}{4}}-\frac{x^{\frac{3}{4}}}{3}-x^{\frac{5}{2}}+\frac{x^6}{3}dx$$

$$=\left(\frac{4x^{\frac{7}{4}}}{7}-\frac{4x^{\frac{7}{4}}}{21}-\frac{2x^{\frac{7}{2}}}{7}+\frac{x^7}{21}\right)\Bigg|_{x=0}^{x=1}=\frac{2}{7}-\frac{3}{21}=\frac{1}{7}$$

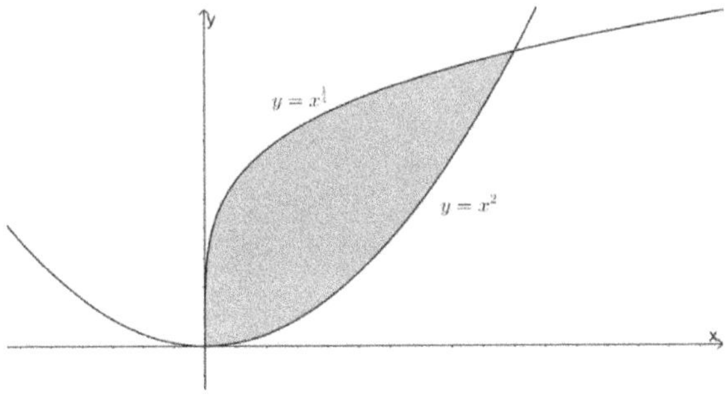

9.4.4 $\Delta \neq 0$, 将封闭线积分转成面积分再搭配坐标转换

如果封闭线积分的被积分函数较为复杂且使用 Green's Theorem 将封闭线积分转成面积分之后无法直接求值，得再搭配极坐标转换或广义坐标转换

考试类型:
Type 1.

求 $\oint_C f(x,y)\,dx + g(x,y)dy = ?$，其中$C$为逆时针封闭圆:$x^2+y^2=a^2$且$f,g$的一阶偏导数存在且连续

解题流程:

Step1.

令 $\mathrm{R} = \{(x,y): x^2+y^2 \le a^2\}$，藉由 Green's Theoremm

$$\oint_C f(x,y)\,dx + g(x,y)dy = \iint_R \frac{\partial g}{\partial x}(x,y) - \frac{\partial f}{\partial y}(x,y)dxdy = \iint_R h(x,y)dxdy$$

其中 $\frac{\partial g}{\partial x}(x,y) - \frac{\partial f}{\partial y}(x,y) = h(x,y)$

Step2.

令$x = r\cos\theta$, $y = r\sin\theta$ 则 $\{(x,y): x^2+y^2 \le a^2\} = \{(r,\theta): 0 \le r \le a, 0 \le \theta \le 2\pi\}$

且 $dxdy = \left|\begin{vmatrix} \frac{\partial x}{\partial r} & \frac{\partial x}{\partial \theta} \\ \frac{\partial y}{\partial r} & \frac{\partial y}{\partial \theta} \end{vmatrix}\right| drd\theta = \left|\begin{vmatrix} \cos\theta & -r\sin\theta \\ \sin\theta & r\cos\theta \end{vmatrix}\right| drd\theta = rdrd\theta$

Step3.

$$\iint_R h(x,y)dxdy = \int_0^{2\pi}\int_0^a h(r\cos\theta, r\sin\theta)\, rdrd\theta$$

Step4.

求$\int_0^{2\pi}\int_0^a h(r\cos\theta, r\sin\theta)\, rdrd\theta = ?$

<u>范例说明:</u>

(I)假设 $f(x,y) = -\frac{y^3}{3}$ 且 $g(x,y) = \frac{x^3}{3}$，C为逆时针封闭圆: $x^2+y^2=a^2$

求 $\oint_C f(x,y)\,dx + g(x,y)dy = ?$

令$R = \{(x,y): x^2+y^2 \le a^2\}$，藉由 Green's Theorem

$$\oint_C f(x,y)\,dx + g(x,y)dy = \iint_R \frac{\partial g}{\partial x}(x,y) - \frac{\partial f}{\partial y}(x,y)dxdy = \iint_R x^2+y^2dxdy$$

令$x = r\cos\theta, y = r\sin\theta$ 则 $\{(x,y): x^2+y^2 \le a^2\} = \{(r,\theta): 0 \le r \le a, 0 \le \theta \le 2\pi\}$

且 $dxdy = \left\|\begin{matrix}\frac{\partial x}{\partial r} & \frac{\partial x}{\partial \theta}\\ \frac{\partial y}{\partial r} & \frac{\partial y}{\partial \theta}\end{matrix}\right\| drd\theta = \left\|\begin{matrix}\cos\theta & -r\sin\theta\\ \sin\theta & r\cos\theta\end{matrix}\right\| drd\theta = rdrd\theta$

$$\iint_R x^2+y^2dxdy = \int_0^{2\pi}\int_0^a r^3\, drd\theta = \frac{a^4\pi}{2}$$

<u>补充说明</u>:

有时候积分区域是个椭圆，方法也是类似

Example 1.

藉由Green's Theorem 求 $\oint_C y^3\,dx - x^3dy = ?$，$C$为逆时针封闭圆: $x^2+y^2=25$

【解】

令 $R = \{(x,y): x^2+y^2 \le 25\}$

藉由Green's Theorem 则 $\oint_C y^3\,dx - x^3dy = -\iint_R 3x^2+3y^2dxdy$

令$x = r\cos\theta, y = r\sin\theta$ 则 $\{(x,y): x^2+y^2 \le 25\} = \{(r,\theta): 0 \le r \le 5, 0 \le \theta \le 2\pi\}$

且 $dxdy = \left|\begin{vmatrix} \frac{\partial x}{\partial r} & \frac{\partial x}{\partial \theta} \\ \frac{\partial y}{\partial r} & \frac{\partial y}{\partial \theta} \end{vmatrix}\right| drd\theta = \left|\begin{vmatrix} \cos\theta & -r\sin\theta \\ \sin\theta & r\cos\theta \end{vmatrix}\right| drd\theta = rdrd\theta$

$\therefore -3\iint_R x^2 + y^2 dxdy = -3\int_0^{2\pi}\int_0^5 r^3\,drd\theta = -6\pi \cdot \left.\frac{r^4}{4}\right|_0^5 = -\frac{3\pi}{2} \cdot 625 = -\frac{1875\pi}{2}$

Example 2.

藉由Green's Theorem 求 $\oint_C (6y + x)\,dx + (y + 2x)dy$，$C$为逆时针封闭圆:
$(x-2)^2 + (y-3)^2 = 9$

【解】

令$R = \{(x,y): (x-2)^2 + (y-3)^2 \le 9\}$

藉由Green's Theorem 则 $\oint_C (6y + x)\,dx + (y + 2x)dy = \iint_R 2 - 6dxdy$

令$x = 2 + r\cos\theta, y = 3 + r\sin\theta$

则$\{(x,y): (x-2)^2 + (y-3)^2 \le 9\} = \{(r,\theta): 0 \le r \le 3, 0 \le \theta \le 2\pi\}$

且 $dxdy = \left|\begin{vmatrix} \frac{\partial x}{\partial r} & \frac{\partial x}{\partial \theta} \\ \frac{\partial y}{\partial r} & \frac{\partial y}{\partial \theta} \end{vmatrix}\right| drd\theta = \left|\begin{vmatrix} \cos\theta & -r\sin\theta \\ \sin\theta & r\cos\theta \end{vmatrix}\right| drd\theta = rdrd\theta$

$\therefore -4\iint_R dxdy = -4\int_0^{2\pi}\int_0^3 r\,drd\theta = -8\pi \cdot \left.\frac{r^2}{2}\right|_0^3 = -36\pi$

Example 3.

藉由Green's Theorem 求 $\oint_C 2y\,dx + (x^2 + y^2)dy = ?$，$C$为逆时针封闭圆:
$x^2 + (y-3)^2 = 16$

【解】

令$R = \{(x,y): x^2 + (y-3)^2 \le 16\}$

藉由Green's Theorem 则 $\oint_C 2y\,dx + (x^2+y^2)dy = \iint_R 2x - 2dxdy$

令$x = r\cos\theta\,, y = 3 + r\sin\theta$

则$\{(x,y): x^2 + (y-3)^2 \le 16\} = \{(r,\theta): 0 \le r \le 4, 0 \le \theta \le 2\pi\}$

且 $dxdy = \left| \begin{vmatrix} \frac{\partial x}{\partial r} & \frac{\partial x}{\partial \theta} \\ \frac{\partial y}{\partial r} & \frac{\partial y}{\partial \theta} \end{vmatrix} \right| drd\theta = \left| \begin{vmatrix} \cos\theta & -r\sin\theta \\ \sin\theta & r\cos\theta \end{vmatrix} \right| drd\theta = rdrd\theta$

$\therefore \iint_R 2x - 2dxdy = 2\int_0^{2\pi}\int_0^4 r(r\cos\theta - 1)\,drd\theta = 2\int_0^{2\pi}\left(\frac{r^3}{3}\cos\theta - \frac{r^2}{2}\right)\Big|_0^4 d\theta = -32\pi$

Example 4.

藉由Green's Theorem 求 $\oint_C 2ydx + (x^2+y^2)dy = ?$，$C$为逆时针封闭圆:
$x^2 + (y-3)^2 = a^2, (a > 3)$

【解】

令$R = \{(x,y): x^2 + (y-3)^2 \le a^2\}$

藉由Green's Theorem 则 $\oint_C 2ydx + (x^2+y^2)dy = \iint_R 2x - 2dxdy$

令$x = r\cos\theta\,, y = r\sin\theta\,, 0 \le \theta \le 2\pi$

则 $\iint_R 2x - 2dxdy = \int_0^{2\pi}\int_0^a 2\,r^2\cos\theta - 2r\,drd\theta = \int_0^{2\pi}\int_0^a -2r\,drd\theta = -2a^2\pi$

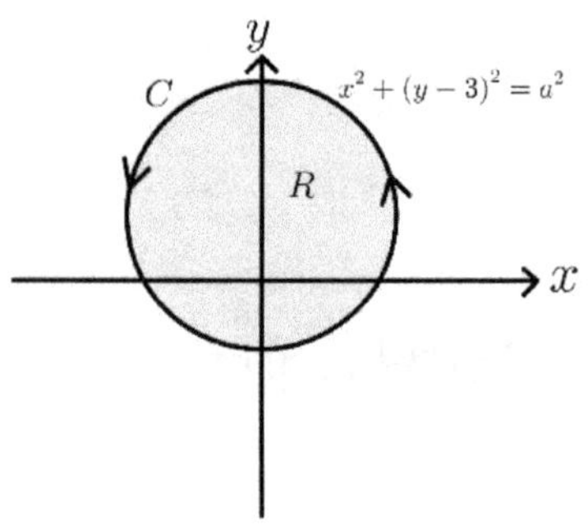

Example 5.

C为 $R=\{(x,y): y\geq 0,\ x^2+y^2\leq 4\}$的逆时针封闭边界,藉由Green's Theorem

求 $\oint_C x^2y^2\,dx+x^3y dy=?$

【解】

藉由Green's Theorem, $\oint_C x^2y^2\,dx+x^3y dy=\iint_R x^2y\,dxdy$

令$x=r\cos\theta$, $y=r\sin\theta$ 则 $\{(x,y): y\geq 0, x^2+y^2\leq 4\}=\{(r,\theta): 0\leq r\leq 2, 0\leq\theta\leq\pi\}$

$$\text{且 } dxdy=\left\|\begin{matrix}\frac{\partial x}{\partial r} & \frac{\partial x}{\partial\theta}\\ \frac{\partial y}{\partial r} & \frac{\partial y}{\partial\theta}\end{matrix}\right\|drd\theta=\left\|\begin{matrix}\cos\theta & -r\sin\theta\\ \sin\theta & r\cos\theta\end{matrix}\right\|drd\theta=rdrd\theta$$

$$\therefore \iint_R x^2y\,dxdy=\int_0^{\pi}\int_0^2(r\cos\theta)^2(r\sin\theta)rdrd\theta=\int_0^{\pi}\sin\theta\cos^2\theta\,d\theta\int_0^2 r^4dr$$

$$=\frac{(-1)\cos^3\theta}{3}\bigg|_0^{\pi}\cdot\frac{r^5}{5}\bigg|_0^2=\frac{2}{3}\cdot\frac{32}{5}=\frac{64}{15}$$

Example 6.

藉由Green's Theorem 求 $\oint_C -\frac{y^3}{3}dx+\frac{x^3}{3}dy=?$, C为 $R=\left\{(x,y): \frac{x^2}{a^2}+\frac{y^2}{b^2}\leq 4\right\}$

的逆时针封闭边界

【解】

藉由Green's Theorem, $\oint_C -\frac{y^3}{3}dx+\frac{x^3}{3}dy=\iint_R x^2+y^2dA$

令$x=ar\cos\theta$, $y=br\sin\theta$ 则 $\left\{(x,y): \frac{x^2}{a^2}+\frac{y^2}{b^2}\leq 4\right\}=\{(r,\theta): 0\leq r\leq 2, 0\leq\theta\leq 2\pi\}$

$$\text{且 } dxdy=\left\|\begin{matrix}\frac{\partial x}{\partial r} & \frac{\partial x}{\partial\theta}\\ \frac{\partial y}{\partial r} & \frac{\partial y}{\partial\theta}\end{matrix}\right\|drd\theta=\left\|\begin{matrix}a\cos\theta & -ra\sin\theta\\ b\sin\theta & rb\cos\theta\end{matrix}\right\|drd\theta=abrdrd\theta$$

$$\therefore \iint_R x^2+y^2dA=\int_0^{2\pi}\int_0^2((ar)^2\cos^2\theta+(br)^2\sin^2\theta)abr\,drd\theta$$

$$=a^3b\int_0^{2\pi}\cos^2\theta\,d\theta\int_0^2 r^3dr+ab^3\int_0^{2\pi}\sin^2\theta\,d\theta\int_0^2 r^3dr$$

$$\because \int_0^{2\pi} \cos^2\theta\, d\theta = \int_0^{2\pi} \frac{1+\cos 2\theta}{2} d\theta = \pi$$

$$\because \int_0^{2\pi} \sin^2\theta\, d\theta = \int_0^{2\pi} \frac{1-\cos 2\theta}{2} d\theta = \pi \text{ 且 } \int_0^{2} r^3 dr = \frac{16}{4} = 4$$

$$\therefore \iint_R x^2 + y^2 dA = a^3b(4\pi) + ab^3(4\pi) = 4ab\pi(a^2+b^2)$$

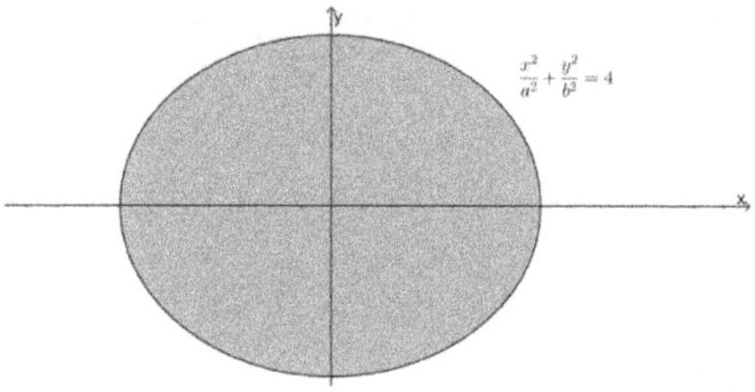

Example 7.

藉由Green's Theorem 求 $\oint_C (y^3-2y)\,dx - (2x^3+x)dy = ?$，$C$为逆时针封闭圆: $6x^2+3y^2=1$

【解】

令 $R = \{(x,y): 6x^2+3y^2 \le 1\}$

藉由Green's Theorem 则 $\oint_C (y^3-2y)\,dx - (2x^3+x)dy = \iint_R 1-6x^2-3y^2 dxdy$

令 $x = \frac{r\cos\theta}{\sqrt{6}}, y = \frac{r\sin\theta}{\sqrt{3}}$ 则 $\{(x,y): 6x^2+3x^2 \le 1\} = \{(r,\theta): 0 \le r \le 1, 0 \le \theta \le 2\pi\}$

$$\text{且 } dxdy = \left\| \begin{vmatrix} \frac{\partial x}{\partial r} & \frac{\partial x}{\partial \theta} \\ \frac{\partial y}{\partial r} & \frac{\partial y}{\partial \theta} \end{vmatrix} \right\| drd\theta = \left\| \begin{vmatrix} \frac{\cos\theta}{\sqrt{6}} & \frac{-r\sin\theta}{\sqrt{6}} \\ \frac{\sin\theta}{\sqrt{3}} & \frac{r\cos\theta}{\sqrt{3}} \end{vmatrix} \right\| drd\theta = \frac{1}{3\sqrt{2}} rdrd\theta$$

$$\therefore \iint_R 1-6x^2-3y^2 dxdy = \int_0^{2\pi}\int_0^1 (1-r^2)\frac{1}{3\sqrt{2}} r\, drd\theta = \frac{\pi}{6\sqrt{2}}$$

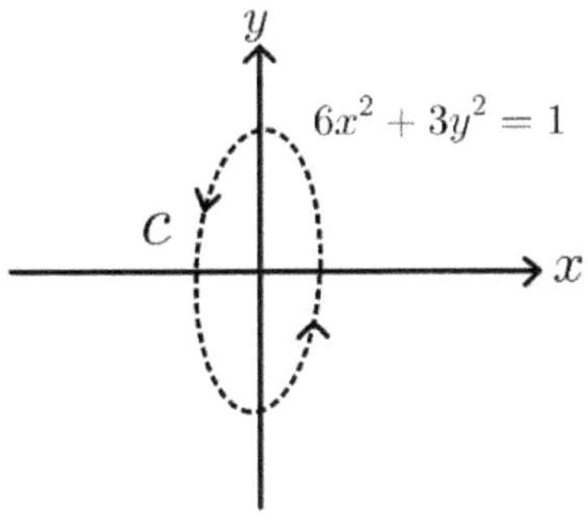

Example 8.

藉由Green's Theorem 求 $\oint_C \left(y^3+e^{-x^2}+e^x\right)dx+\left(e^{-y^2}-x^3+y^2+6xy\right)dy=?$,

C为逆时针封闭圆:$x^2+(y-1)^2=1$

【解】

令 $\mathrm{R}=\{(x,y):x^2+(y-1)^2\leq 1\}$, 藉由Green's Theorem

则 $\oint_C \left(y^3+e^{-x^2}+e^x\right)dx+\left(e^{-y^2}-x^3+y^2+6xy\right)dy=\iint_R -3x^2+6y-3y^2dxdy$

$=3\iint_R 1-x^2-(y-1)^2dxdy$

令$x=r\cos\theta, y=r\sin\theta+1$

则$\{(x,y):x^2+(y-1)^2\leq 1\}=\{(r,\theta):0\leq r\leq 1, 0\leq\theta\leq 2\pi\}$

且 $dxdy=\left|\begin{vmatrix}\frac{\partial x}{\partial r} & \frac{\partial x}{\partial\theta}\\ \frac{\partial y}{\partial r} & \frac{\partial y}{\partial\theta}\end{vmatrix}\right|drd\theta=\left|\begin{vmatrix}\cos\theta & -r\sin\theta\\ \sin\theta & r\cos\theta\end{vmatrix}\right|drd\theta=rdrd\theta$

$\therefore 3\iint_R 1-x^2-(y-1)^2dxdy=3\int_0^{2\pi}\int_0^1(1-r^2)r\,drd\theta=\frac{3\pi}{2}$

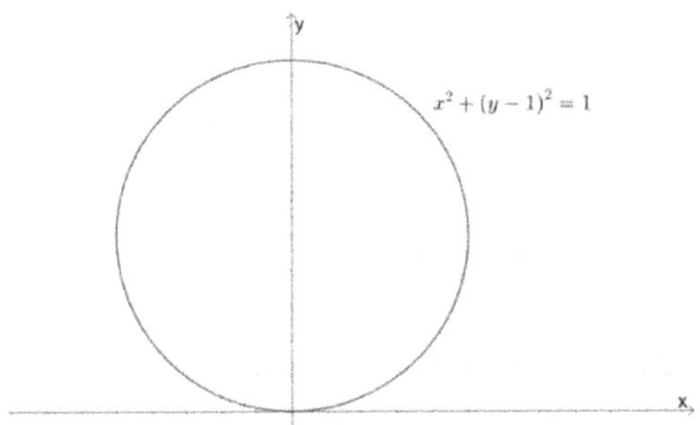

Example 9.

藉由Green's Theorem 求 $\oint_C x^2y^2\,dx + x^3y\,dy =?$，其中$C$为

$R = \{(x,y): y \geq 0,\ (x-1)^2 + y^2 \leq 1\}$的逆时针封闭边界

【解】

藉由Green's Theorem, $\oint_C x^2y^2\,dx + x^3y\,dy = \iint_R x^2y\,dA$

令$x = r\cos\theta + 1,\ \ y = r\sin\theta$

则$\{(x,y): (x-1)^2 + y^2 \leq 1, y \geq 0\} = \{(r,\theta): 0 \leq r \leq 1, 0 \leq \theta \leq \pi\}$

$$且\ dxdy = \left|\begin{vmatrix} \frac{\partial x}{\partial r} & \frac{\partial x}{\partial \theta} \\ \frac{\partial y}{\partial r} & \frac{\partial y}{\partial \theta} \end{vmatrix}\right| drd\theta = \left|\begin{vmatrix} \cos\theta & -r\sin\theta \\ \sin\theta & r\cos\theta \end{vmatrix}\right| drd\theta = rdrd\theta$$

$$\therefore \iint_R x^2y\,dA = \int_0^\pi \int_0^1 (r\cos\theta + 1)^2 r\sin\theta\, rdrd\theta$$

$$= \int_0^\pi \int_0^1 (r^2\cos^2\theta + 2r\cos\theta + 1) r\sin\theta\, rdrd0$$

$$= \int_0^\pi \cos^2\theta\sin\theta\,d\theta \int_0^1 r^4 dr + \int_0^\pi 2\cos\theta\sin\theta\,d\theta \int_0^1 r^3 dr + \int_0^\pi \sin\theta\,d\theta \int_0^1 r^2 dr$$

$$= (-1)\frac{\cos^3\theta}{3}\Big|_0^\pi \cdot \frac{r^5}{5}\Big|_0^1 - \frac{\cos 2\theta}{2}\Big|_0^\pi \cdot \frac{r^4}{4}\Big|_0^1 - \cos\theta|_0^\pi \cdot \frac{r^3}{3}\Big|_0^1 = \frac{4}{5}$$

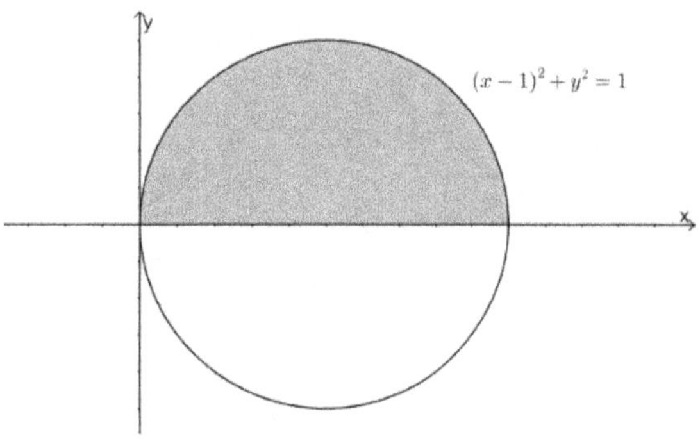

Example 10.

假设$C = \{(x,y): x = 2\cos t, y = 2\sin t\},\ \ 0 \leq t \leq 2\pi$, 藉由Green's Theorem

求 $\oint_C e^x y - y^3 dx + (e^x + x^3)dy = ?$

【解】

令 $\mathrm{R} = \{(x, y): x^2 + y^2 \leq 4\}$

藉由Green's Theorem 则 $\oint_C e^x y - y^3 dx + (e^x + x^3)dy = \iint_R 3x^2 + 3y^2 dxdy$

令 $x = r\cos\theta, y = r\sin\theta$ 则 $\{(x, y): x^2 + y^2 \leq 4\} = \{(r, \theta): 0 \leq r \leq 2, 0 \leq \theta \leq 2\pi\}$

且 $dxdy = \left\| \begin{matrix} \frac{\partial x}{\partial r} & \frac{\partial x}{\partial \theta} \\ \frac{\partial y}{\partial r} & \frac{\partial y}{\partial \theta} \end{matrix} \right\| drd\theta = \left\| \begin{matrix} \cos\theta & -r\sin\theta \\ \sin\theta & r\cos\theta \end{matrix} \right\| drd\theta = rdrd\theta$

$\therefore 3\iint_R x^2 + y^2 dxdy = 3\int_0^{2\pi}\int_0^2 r^3\, drd\theta = 24\pi$

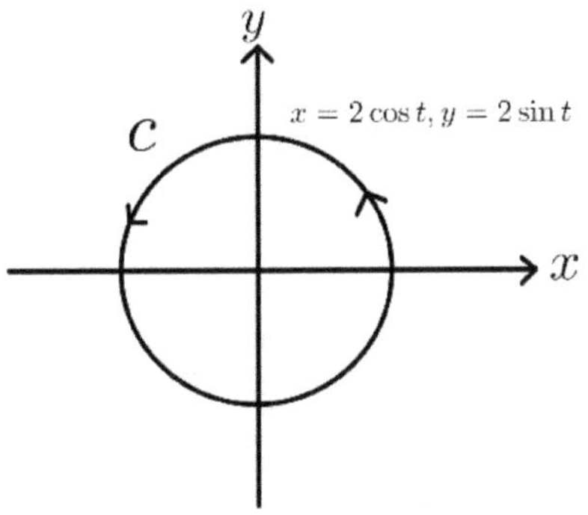

Example 11.

藉由Green's Theorem 求 $\oint_C -\frac{2y^{\frac{3}{2}}}{3}dx + \frac{2x^{\frac{3}{2}}}{3}dy = ?$，其中$R$为 $\sqrt{x} + \sqrt{y} = 1$,

$x = 0$, $y = 0$ 所围封闭区域,C为 R 的逆时针边界

【解】

藉由Green's Theorem, $\oint_C -\frac{2y^{\frac{3}{2}}}{3}dx + \frac{2x^{\frac{3}{2}}}{3}dy = \iint_R \sqrt{x} + \sqrt{y}\, dxdy$

令$x = r\cos^4\theta$，$y = r\sin^4\theta$

则 $dxdy = \left|\begin{vmatrix} \frac{\partial x}{\partial r} & \frac{\partial x}{\partial \theta} \\ \frac{\partial y}{\partial r} & \frac{\partial y}{\partial \theta} \end{vmatrix}\right| drd\theta = \left|\begin{vmatrix} \cos^4\theta & -4r\cos^3\theta\sin\theta \\ \sin^4\theta & 4r\sin^3\theta\cos\theta \end{vmatrix}\right| drd\theta = 4r\sin^3\theta\cos^3\theta\, drd\theta$

$\because\ R = \{(x,y): x \geq 0,\ \ y \geq 0, \sqrt{x} + \sqrt{y} \leq 1\} = \{(r,\theta): 0 \leq r \leq 1, 0 \leq \theta \leq \frac{\pi}{2}\}$

$\therefore \iint_R \sqrt{x} + \sqrt{y}\, dxdy = \int_0^{\frac{\pi}{2}}\int_0^1 \sqrt{r}(4r\sin^3\theta\cos^3\theta)\, drd\theta = \int_0^1 4r^{\frac{3}{2}}\, dr \int_0^{\frac{\pi}{2}} \sin^3\theta\cos^3\theta\, d\theta$

$= \int_0^1 4r^{\frac{3}{2}}\, dr \int_0^{\frac{\pi}{2}} \left(\frac{\sin 2\theta}{2}\right)^3 d\theta = \frac{2}{15}$

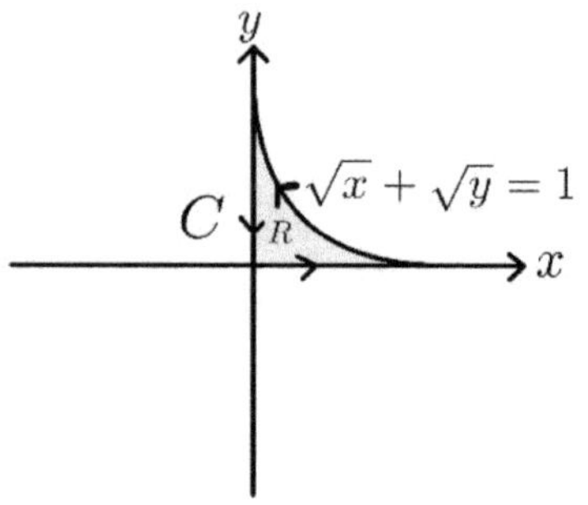

Example 12.

藉由Green's Theorem 求 $\oint_C (6y + x)\, dx + (y + 2x)dy$，$C$为逆时针封闭圆：$(x - x_0)^2 + (y - y_0)^2 = a^2$

【解】

令 $R = \{(x,y): (x - x_0)^2 + (y - y_0)^2 \leq a^2\}$

藉由Green's Theorem 则 $\oint_C (6y + x)\, dx + (y + 2x)dy = \iint_R 2 - 6dxdy$

令$x = x_0 + r\cos\theta$，$y = y_0 + r\sin\theta$

则$\{(x,y): (x - x_0)^2 + (y - y_0)^2 \leq a^2\} = \{(r,\theta): 0 \leq r \leq a, 0 \leq \theta \leq 2\pi\}$

且 $dxdy = \left|\begin{vmatrix} \frac{\partial x}{\partial r} & \frac{\partial x}{\partial \theta} \\ \frac{\partial y}{\partial r} & \frac{\partial y}{\partial \theta} \end{vmatrix}\right| drd\theta = \left|\begin{vmatrix} \cos\theta & -r\sin\theta \\ \sin\theta & r\cos\theta \end{vmatrix}\right| drd\theta = rdrd\theta$

$\therefore -4\iint_R dxdy = -4\int_0^{2\pi}\int_0^a r\,drd\theta = -4a^2\pi$

Example 13.

C为逆时针封闭椭圆:$\dfrac{x^2}{a^2}+\dfrac{y^2}{b^2}=1$ 且 f,g 满足 $\dfrac{\partial g}{\partial x}(x,y)-\dfrac{\partial f}{\partial y}(x,y)=1-\left(\dfrac{x^2}{a^2}+\dfrac{y^2}{b^2}\right)$,

藉由Green's Theorem 求 $\oint_C f(x,y)\,dx+g(x,y)dy=?$

【解】

令 $R=\left\{(x,y):\dfrac{x^2}{a^2}+\dfrac{y^2}{b^2}\le 1\right\}$, 藉由Green's Theorem 则

$$\oint_C f(x,y)\,dx+g(x,y)dy=\iint_R \frac{\partial g}{\partial x}(x,y)-\frac{\partial f}{\partial y}(x,y)dxdy=\iint_R 1-\left(\frac{x^2}{a^2}+\frac{y^2}{b^2}\right)dxdy$$

令$x=ra\cos\theta\,,y=rb\sin\theta$ 则$\{(x,y):\dfrac{x^2}{a^2}+\dfrac{y^2}{b^2}\le 1\}=\{(r,\theta):0\le r\le 1,0\le\theta\le 2\pi\}$

$$\text{且 } dxdy=\left\|\begin{vmatrix}\frac{\partial x}{\partial r} & \frac{\partial x}{\partial \theta}\\ \frac{\partial y}{\partial r} & \frac{\partial y}{\partial \theta}\end{vmatrix}\right\|drd\theta=\left\|\begin{vmatrix}a\cos\theta & -ra\sin\theta\\ b\sin\theta & rb\cos\theta\end{vmatrix}\right\|drd\theta=abrdrd\theta$$

$$\therefore \iint_R 1-\left(\frac{x^2}{a^2}+\frac{y^2}{b^2}\right)dxdy=\int_0^{2\pi}\int_0^1(1-r^2)abr\,drd\theta=\frac{ab\pi}{2}$$

Example 14.

藉由Green's Theorem 求 $\oint_C \dfrac{e^{x+y}}{3}dx+\dfrac{4e^{x+y}}{3}dy=?$, C为$R=\{(x,y):|x|+|y|\le 2\}$

的逆时针封闭边界

【解】

藉由Green's Theorem, $\oint_C \dfrac{e^{x+y}}{3}dx+\dfrac{4e^{x+y}}{3}dy=\iint_R e^{x+y}dA$

令$x+y=u,\ x-y=v$ 则 $\{(x,y):|x|+|y|\le 2\}=\{(u,v):-2\le u\le 2,-2\le v\le 2\}$

$$\text{且 } x=\frac{u+v}{2},\ y=\frac{u-v}{2},\ dxdy=\left\|\begin{vmatrix}\frac{\partial x}{\partial u} & \frac{\partial x}{\partial v}\\ \frac{\partial y}{\partial u} & \frac{\partial y}{\partial v}\end{vmatrix}\right\|dudv=\left\|\begin{vmatrix}\frac{1}{2} & \frac{1}{2}\\ \frac{1}{2} & \frac{-1}{2}\end{vmatrix}\right\|dudv=|\frac{-1}{2}|dudv$$

$$\therefore \iint_R e^{x+y} dA = \int_{-2}^{2}\int_{-2}^{2} \frac{e^u}{2} dudv = \frac{1}{2}\int_{-2}^{2} dv \int_{-2}^{2} e^u\, du = 2(e^2 - e^{-2})$$

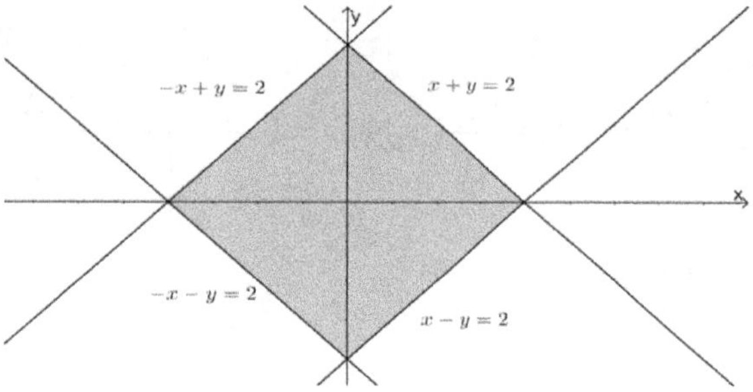

Example 15.

藉由Green's Theorem 求 $\oint_C \frac{y}{2}dx + \frac{3x}{2}dy = ?$, C为$R = \{(x,y): ax^2 + bxy + cy^2 \leq \alpha^2\}$的逆时针封闭边界

【解】

藉由Green's Theorem $\oint_C \frac{y}{2}dx + \frac{3x}{2}dy = \iint_R dA$

$$\because ax^2 + bxy + cy^2 = a\left(x + \frac{by}{2a}\right)^2 + \frac{4ac - b^2}{4a}y^2$$

令 $\sqrt{a}\left(x + \frac{by}{2a}\right) = u,\ \sqrt{\frac{4ac-b^2}{4a}}y = v$

$$则 dxdy = \left\|\begin{matrix} \frac{\partial x}{\partial u} & \frac{\partial x}{\partial v} \\ \frac{\partial y}{\partial u} & \frac{\partial y}{\partial v} \end{matrix}\right\| dudv = \left\|\begin{matrix} \frac{1}{\sqrt{a}} & 0 \\ \frac{2\sqrt{a}}{b} & \sqrt{\frac{4a}{4ac-b^2}} \end{matrix}\right\| dudv = \frac{2}{\sqrt{4ac-b^2}}dudv$$

$$\therefore \iint_R dA = \iint_{u^2+v^2 \leq \alpha^2} \frac{2}{\sqrt{4ac-b^2}}dudv$$

令$u = r\cos\theta, v = r\sin\theta$ 则$\{(u,v): u^2 + v^2 \leq \alpha^2\} = \{(r,\theta): 0 \leq r \leq \alpha, 0 \leq \theta \leq 2\pi\}$

$$且\ dudv = \left\|\begin{matrix} \frac{\partial u}{\partial r} & \frac{\partial u}{\partial \theta} \\ \frac{\partial v}{\partial r} & \frac{\partial v}{\partial \theta} \end{matrix}\right\| drd\theta = \left\|\begin{matrix} \cos\theta & -r\sin\theta \\ \sin\theta & r\cos\theta \end{matrix}\right\| drd\theta = rdrd\theta$$

$$\therefore \iint_{u^2+v^2\le\alpha^2}\frac{2}{\sqrt{4ac-b^2}}dudv=\int_0^{2\pi}\int_0^{\alpha}\frac{2}{\sqrt{4ac-b^2}}rdrd\theta=\frac{2}{\sqrt{4ac-b^2}}\int_0^{2\pi}d\theta\int_0^{\alpha}rdr$$

$$=\frac{2\pi\alpha^2}{\sqrt{4ac-b^2}}$$

Example 16.

藉由Green's Theorem 求 $\oint_C\left(\frac{xy^2}{4}-\frac{y^3}{6}\right)dx+\left(\frac{x^3}{6}\right)dy=?$,其中

C为 $R=\{(x,y):x^2-xy+y^2\le 2\}$的逆时针封闭边界

【解】

藉由Green's Theorem 则 $\oint_C\left(\frac{xy^2}{4}-\frac{y^3}{6}\right)dx+\left(\frac{x^3}{6}\right)dy=\iint_R\frac{x^2-xy+y^2}{2}dA$

$\because \frac{x^2-xy+y^2}{2}=\frac{1}{2}\left(x-\frac{y}{2}\right)^2+\frac{3}{8}y^2$, 令 $\sqrt{\frac{1}{2}}\left(x-\frac{y}{2}\right)=u$, $\sqrt{\frac{3}{8}}y=v$

则 $dxdy=\left\|\begin{vmatrix}\frac{\partial x}{\partial u} & \frac{\partial x}{\partial v}\\ \frac{\partial y}{\partial u} & \frac{\partial y}{\partial v}\end{vmatrix}\right\|dudv=\left\|\begin{vmatrix}\sqrt{2} & 0\\ -2\sqrt{2} & \sqrt{\frac{8}{3}}\end{vmatrix}\right\|dudv=\frac{4}{\sqrt{3}}dudv$

$$\therefore \iint_R\frac{x^2-xy+y^2}{2}dA=\iint_{u^2+v^2\le 1}(u^2+v^2)\frac{4}{\sqrt{3}}dudv$$

令$u=r\cos\theta$, $v=r\sin\theta$ 则$\{(u,v):u^2+v^2\le 1\}=\{(r,\theta):0\le r\le 1, 0\le\theta\le 2\pi\}$

且 $dudv=\left\|\begin{vmatrix}\frac{\partial u}{\partial r} & \frac{\partial u}{\partial \theta}\\ \frac{\partial v}{\partial r} & \frac{\partial v}{\partial \theta}\end{vmatrix}\right\|drd\theta=\left\|\begin{vmatrix}\cos\theta & -r\sin\theta\\ \sin\theta & r\cos\theta\end{vmatrix}\right\|drd\theta=rdrd\theta$

$$\therefore \iint_{u^2+v^2\le 1}(u^2+v^2)\frac{4}{\sqrt{3}}dudv=\frac{4}{\sqrt{3}}\int_0^{2\pi}\int_0^1 r^2\cdot rdrd\theta=\frac{4}{\sqrt{3}}\int_0^{2\pi}d\theta\int_0^1 r^3dr$$

$$=\frac{4}{\sqrt{3}}\cdot 2\pi\cdot\left.\frac{r^4}{4}\right|_{r=0}^{r=1}=\frac{2\pi}{\sqrt{3}}$$

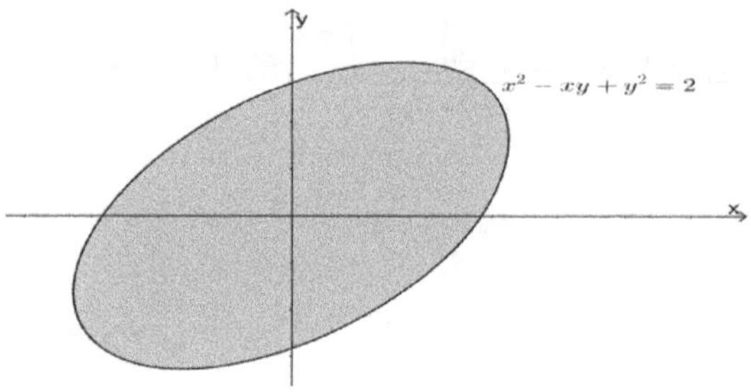

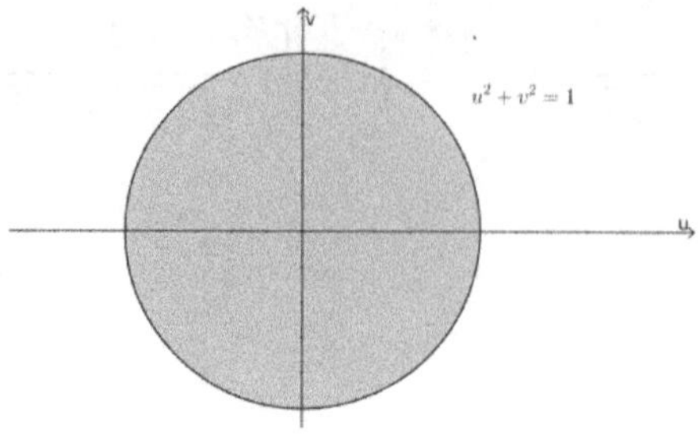

Example 17.

藉由Green's Theorem 求 $\oint_C \frac{y}{2}dx + \frac{3x}{2}dy = ?$, R为$y = x^2, y = 3x^2, x = y^2, x = 4y^2$所围封闭区域, C为 R 的逆时针边界

【解】

藉由Green's Theorem, $\oint_C \frac{y}{2}dx + \frac{3x}{2}dy = \iint_R \quad dA$

令$u = \frac{y}{x^2}$, $v = \frac{x}{y^2}$ 则 $x = u^{-\frac{2}{3}}v^{-\frac{1}{3}}$, $y = u^{-\frac{1}{3}}v^{-\frac{2}{3}}$

$$\text{且 } dxdy = \left\| \begin{vmatrix} \frac{\partial x}{\partial u} & \frac{\partial x}{\partial v} \\ \frac{\partial y}{\partial u} & \frac{\partial y}{\partial v} \end{vmatrix} \right\| dudv = \left\| \begin{vmatrix} \frac{-2u^{-\frac{5}{3}}v^{-\frac{1}{3}}}{3} & \frac{-u^{-\frac{2}{3}}v^{-\frac{4}{3}}}{3} \\ \frac{-u^{-\frac{4}{3}}v^{-\frac{2}{3}}}{3} & \frac{-2u^{-\frac{1}{3}}v^{-\frac{5}{3}}}{3} \end{vmatrix} \right\| dudv = \frac{u^{-2}v^{-2}}{3}dudv$$

令 $R = \left\{(x,y): 1 \le \frac{y}{x^2} \le 3, 1 \le \frac{x}{y^2} \le 4\right\}$ 则 $R = \{(u,v): 1 \le u \le 3, 1 \le v \le 4\}$

$$\therefore \text{面积} = \iint_R 1dA = \int_1^3 \int_1^4 \frac{u^{-2}v^{-2}}{3} dvdu = \frac{1}{6}$$

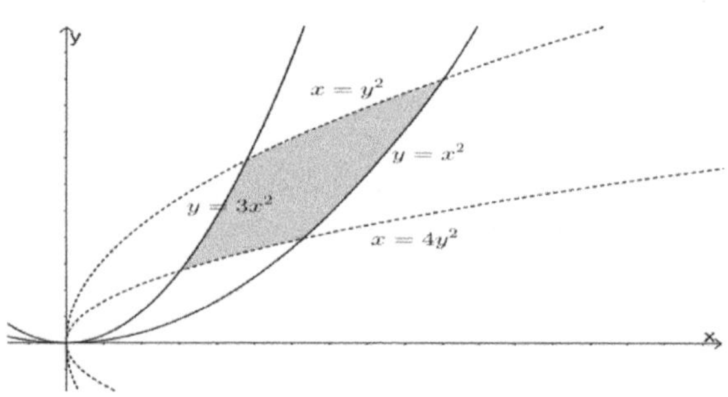

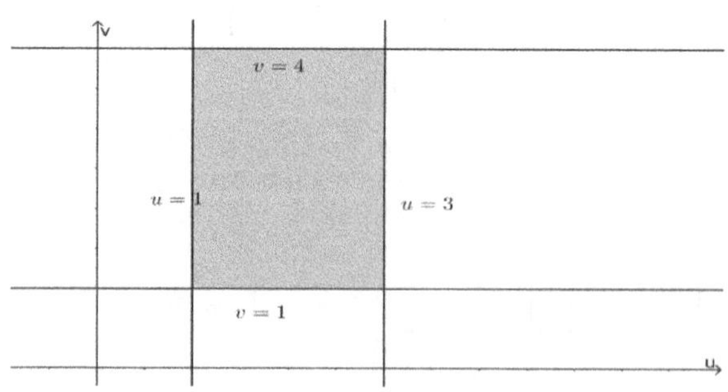

Example 18.

藉由Green's Theorem 求 $\oint_C -\frac{y^3}{3}dx+\frac{x^3}{3}dy=?$，其中$R$为$x^2-y^2=1$,

$x^2-y^2=9$，$xy=2$，$xy=4$ 所围封闭区域,C为 R 的逆时针边界

【解】

藉由Green's Theorem, $\oint_C -\frac{y^3}{3}dx+\frac{x^3}{3}dy=\iint_R x^2+y^2\,dxdy$

令$x^2-y^2=u$，$2xy=v$

则 $dudv=\left|\begin{vmatrix}\frac{\partial u}{\partial x} & \frac{\partial u}{\partial y}\\ \frac{\partial v}{\partial x} & \frac{\partial v}{\partial y}\end{vmatrix}\right|dxdy=\left|\begin{vmatrix}2x & -2y\\ 2y & 2x\end{vmatrix}\right|dxdy=4(x^2+y^2)dxdy$

$\because (x^2+y^2)^2=(x^2-y^2)^2+(2xy)^2=u^2+v^2 \quad \therefore x^2+y^2=(u^2+v^2)^{\frac{1}{2}}$

$\therefore dxdy=\frac{dudv}{4(u^2+v^2)^{\frac{1}{2}}}$

$\because R=\{(x,y):1\le x^2-y^2\le 9,4\le 2xy\le 8\} \quad \therefore R=\{(u,v):1\le u\le 9,4\le v\le 8\}$

$\therefore \iint_R x^2+y^2\,dxdy=\int_4^8\int_1^9\frac{(u^2+v^2)^{\frac{1}{2}}}{4(u^2+v^2)^{\frac{1}{2}}}dudv=8$

Example 19.

(1)藉由Green's Theorem 求 $\oint_C -\frac{y^3}{3}dx+\frac{x^3}{3}dy=?$，其中$R$为 $-x=y,y=-x+3$,

$x-3=y$，$y=x$ 包围区域,C为 R 的逆时针边界

(2)藉由Green's Theorem 求 $\oint_C \frac{xy^2}{2}dx+x^2ydy=?$，其中$R$为 $x^2+y^2=a$,

$x^2+y^2=b$，$x^2-y^2=c$，$x^2-y^2=d,(b>a>0,d>c>0)$包围于第一象限区域,

C为R的逆时针边界

【解】

(1)

藉由Green's Theorem, $\oint_C -\frac{y^3}{3}dx+\frac{x^3}{3}dy=\iint_R x^2+y^2\,dxdy$

令 $x+y=u,\ x-y=v$ 則 $x=\dfrac{u+v}{2},\ y=\dfrac{u-v}{2}$

$$\text{且 } dxdy=\left\|\begin{vmatrix}\dfrac{\partial x}{\partial u} & \dfrac{\partial x}{\partial v}\\ \dfrac{\partial y}{\partial u} & \dfrac{\partial y}{\partial v}\end{vmatrix}\right\|dudv=\left\|\begin{vmatrix}\dfrac{1}{2} & \dfrac{1}{2}\\ \dfrac{1}{2} & \dfrac{-1}{2}\end{vmatrix}\right\|dudv=\frac{1}{2}dudv$$

$\because\ R=\{(x,y):0\le x+y\le 3, 0\le x-y\le 3\}\quad \therefore R\ =\{(u,v):0\le u\le 3, 0\le v\le 3\}$

$$\therefore \iint_R\ x^2+y^2dA=\int_0^3\int_0^3\left(\left(\frac{u+v}{2}\right)^2+\left(\frac{u-v}{2}\right)^2\right)\frac{1}{2}dudv\ =\frac{1}{4}\int_0^3\int_0^3 u^2+v^2dudv=\frac{27}{2}$$

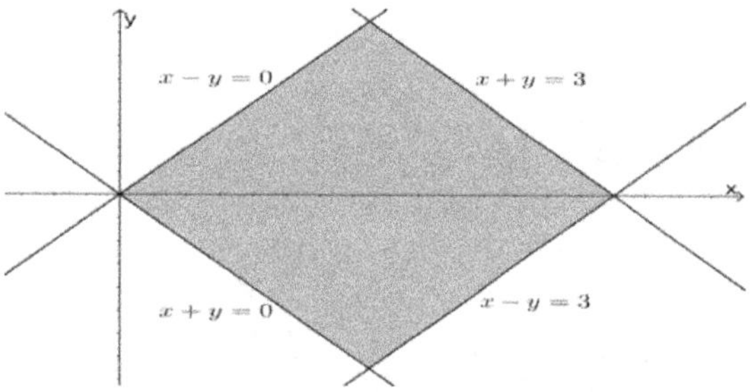

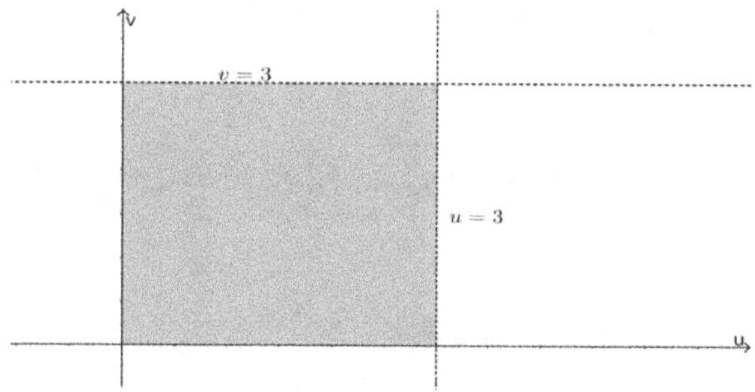

(2)

藉由Green's Theorem, $\displaystyle\oint_C\ \frac{xy^2}{2}dx+x^2ydy=\iint_R\ xy\,dxdy$

令 $x^2+y^2=u,\ x^2-y^2=v$ 則 $x=\dfrac{(u+v)^{\frac{1}{2}}}{\sqrt{2}},\ y=\dfrac{(u-v)^{\frac{1}{2}}}{\sqrt{2}}$

$$\text{且 } dxdy=\left\|\begin{vmatrix}\dfrac{\partial x}{\partial u} & \dfrac{\partial x}{\partial v}\\ \dfrac{\partial y}{\partial u} & \dfrac{\partial y}{\partial v}\end{vmatrix}\right\|dudv=\left\|\begin{vmatrix}\dfrac{(u+v)^{-\frac{1}{2}}}{2\sqrt{2}} & \dfrac{(u+v)^{-\frac{1}{2}}}{2\sqrt{2}}\\ \dfrac{(u-v)^{-\frac{1}{2}}}{2\sqrt{2}} & \dfrac{(u-v)^{-\frac{1}{2}}}{2\sqrt{2}}\end{vmatrix}\right\|dudv=\frac{(u^2-v^2)^{-\frac{1}{2}}}{4}dudv$$

$\because\ R=\{(x,y):a\le x^2+y^2\le b, c\le x^2-y^2\le d\}\quad \therefore R=\{(u,v):a\le u\le b, c\le v\le d\}$

$$\therefore \iint_R\ xydA=\int_c^d\int_a^b\frac{(u^2-v^2)^{\frac{1}{2}}}{2}\cdot\frac{(u^2-v^2)^{-\frac{1}{2}}}{4}dudv=\frac{(b-a)(c-d)}{8}$$

Example 20.

藉由Green's Theorem 求 $\oint_C -\frac{y^2}{2}dx + x^2dy =?$，$R$为$x^2 - 2xy + y^2 + x + y = 0$ 与 $x + y + 4 = 0$ 包围区域，C为 R 的逆时针边界

【解】

藉由Green's Theorem, $\oint_C -\frac{y^2}{2}dx + x^2dy = \iint_R 2x + ydxdy$

$\because x^2 - 2xy + y^2 + x + y = 0 \Leftrightarrow (x-y)^2 = -(x+y)$

令 $x + y = u$，$x - y = v$ 则 $x = \frac{u+v}{2}$，$y = \frac{u-v}{2}$

且 $dxdy = \left|\begin{vmatrix} \frac{\partial x}{\partial u} & \frac{\partial x}{\partial v} \\ \frac{\partial y}{\partial u} & \frac{\partial y}{\partial v} \end{vmatrix}\right| dudv = \left|\begin{vmatrix} \frac{1}{2} & \frac{1}{2} \\ \frac{1}{2} & \frac{1}{2} \end{vmatrix}\right| dudv = \frac{1}{2}dudv$

$\because R = \{(u,v): -v^2 \le u \le 0, -2 \le v \le 2\}$

$\therefore \iint_R 2x + y\,dxdy = \int_{-2}^{2}\int_{-v^2}^{0} 3u + v\,dudv = -\frac{96}{5}$

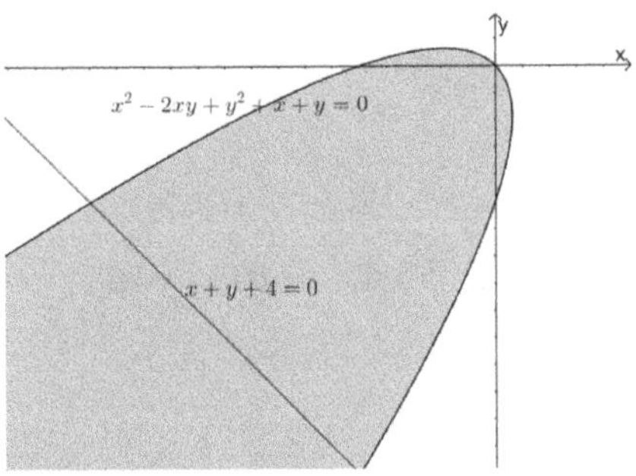

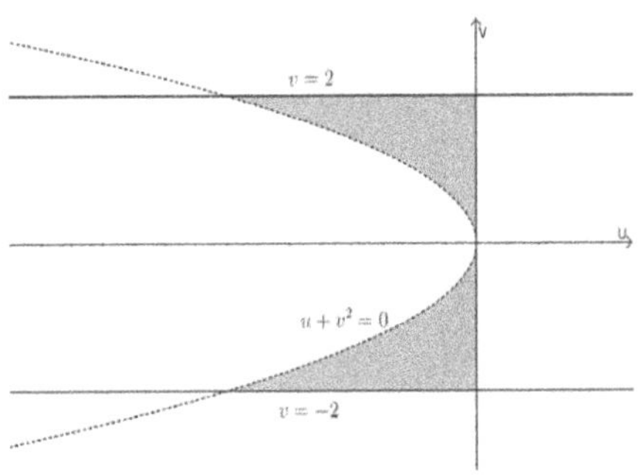

9.4.5 Δ ≠ 0, 将面积分转成封闭线积分

如果面积分的被积分函数较为复杂，则使用 Green's Theorem 将面积分转成封闭线积分

Type 1.

藉由 Green's Theorem 求 $\iint_R \frac{\partial g}{\partial x}(x,y) - \frac{\partial f}{\partial y}(x,y)\,dxdy =?$，$R = \left\{(x,y): \frac{x^2}{a^2} + \frac{y^2}{b^2} \le r^2\right\}$,

C为R的逆时针封闭边界且f,g的一阶偏导数存在且连续

解题流程:

Step1.

藉由 Green's Theorem, $\iint_R \frac{\partial g}{\partial x}(x,y)-\frac{\partial f}{\partial y}(x,y)dxdy=\oint_C f(x,y)\,dx+g(x,y)dy$

Step2.

令$x=ra\cos\theta$，$y=rb\sin\theta$ 则

$$\oint_C f(x,y)\,dx+g(x,y)dy$$

$$=\int_0^{2\pi} f(ra\cos\theta,rb\sin\theta)(-ra\sin\theta)\,d\theta+\int_0^{2\pi} g(ra\cos\theta,rb\sin\theta)(rb\cos\theta)\,d\theta$$

Type 2.

藉由 Green's Theorem 求 $\iint_R \frac{\partial g}{\partial x}(x,y)-\frac{\partial f}{\partial y}(x,y)\,dxdy=?$，$C$为$R$的逆时针封闭边界且

$C=\bigcup_{i=1}^{k} C_i, k\in N$，$C_i$为平滑线段且$f,g$的一阶偏导数存在且连续

解题流程:

Step1.

藉由 Green's Theorem, $\iint_R \frac{\partial g}{\partial x}(x,y)-\frac{\partial f}{\partial y}(x,y)dxdy=\oint_C f(x,y)\,dx+g(x,y)dy$

Step2.

$$\oint_C f(x,y)\,dx+g(x,y)dy=\sum_{i=1}^{k}\int_{C_i} f(x,y)\,dx+g(x,y)dy$$

Example 1.

藉由 Green's Theorem 求 $\iint_R \frac{\partial g}{\partial x}(x,y)-\frac{\partial f}{\partial y}(x,y)\,dxdy=?$, 其中

$f(x,y)=\frac{x^2y^2}{2}$，$g(x,y)=\frac{2x^3y}{3}$ 且 $R=\{(x,y): y\geq 0,\ x^2+y^2\leq 4\}$

【解】

令C_1: $\{(x,y): x^2+y^2=4, y>0\}$, C_2: $\{(x,y): -2 \le x \le 2, y=0\}$ 且 $C=C_1 \cup C_2$

藉由Green's Theorem, $\iint_R \frac{\partial g}{\partial x}(x,y)-\frac{\partial f}{\partial y}(x,y)\,dxdy = \oint_C \frac{x^2y^2}{2}dx+\frac{2x^3y}{3}dy$

令 $x=2\cos\theta$, $y=2\sin\theta$, $0\le\theta\le\pi$

则 $\int_{C_1} f(x,y)dx+g(x,y)dy=\int_{C_1}\frac{x^2y^2}{2}dx+\frac{2x^3y}{3}dy$

$$=\int_0^\pi \frac{16\cdot\cos^2\theta\cdot\sin^2\theta}{2}(-2\sin\theta)d\theta+\frac{2}{3}\int_0^\pi 16\cdot\cos^3\theta\cdot\sin\theta\,(2\cos\theta)\,d\theta$$

$$=-16\int_0^\pi(1-\sin^2\theta)\cdot\sin^3\theta\,d\theta+\frac{64}{3}\int_0^\pi\cos^4\theta\cdot\sin\theta\,d\theta$$

$$=-16\left(-\cos\theta+\frac{\cos^3\theta}{3}+\frac{\cos^5\theta}{5}-\frac{2\cos^3\theta}{3}+\cos\theta\right)\Big|_0^\pi-\frac{64}{3}\cdot\frac{\cos^5\theta}{5}\Big|_0^\pi$$

$$=-16\left(2-\frac{2}{3}-\frac{2}{5}+\frac{4}{3}-2\right)-\frac{64}{3}\cdot\left(\frac{-2}{5}\right)=\frac{64}{15}$$

$\because \int_{C_2}\frac{x^2y^2}{2}dx+\frac{2x^3y}{3}dy=0 \quad \therefore \oint_C \frac{x^2y^2}{2}dx+\frac{2x^3y}{3}dy=\frac{64}{15}$

Example 2.

藉由 Green's Theorem 求 $\iint_R \frac{\partial g}{\partial x}(x,y)-\frac{\partial f}{\partial y}(x,y)\,dxdy=?$, 其中

$f(x,y)=-\frac{y^3}{3}$, $g(x,y)=\frac{x^3}{3}$, $R=\left\{(x,y):\ \frac{x^2}{a^2}+\frac{y^2}{b^2}\le 4\right\}$

【解】

令C为R的逆时针封闭边界

藉由Green's Theorem, $\iint_R \frac{\partial g}{\partial x}(x,y)-\frac{\partial f}{\partial y}(x,y)\,dxdy=\oint_C -\frac{y^3}{3}dx+\frac{x^3}{3}dy$

令$x=2a\cos\theta$, $y=2b\sin\theta$ 则

$$\oint_C -\frac{y^3}{3}dx+\frac{x^3}{3}dy=\frac{-1}{3}\int_0^{2\pi}8b^3\cdot\sin^3\theta\cdot(-2a\sin\theta)\,d\theta+\frac{1}{3}\int_0^{2\pi}8a^3\cdot\cos^3\theta\cdot 2b\cos\theta\,d\theta$$

$$=\frac{16b^3a}{3}\int_0^{2\pi}\sin^4\theta\,d\theta+\frac{16a^3b}{3}\int_0^{2\pi}\cos^4\theta\,d\theta=\frac{16b^3a}{3}\cdot\frac{3\pi}{4}+\frac{16a^3b}{3}\cdot\frac{3\pi}{4}=4ab\pi(a^2+b^2)$$

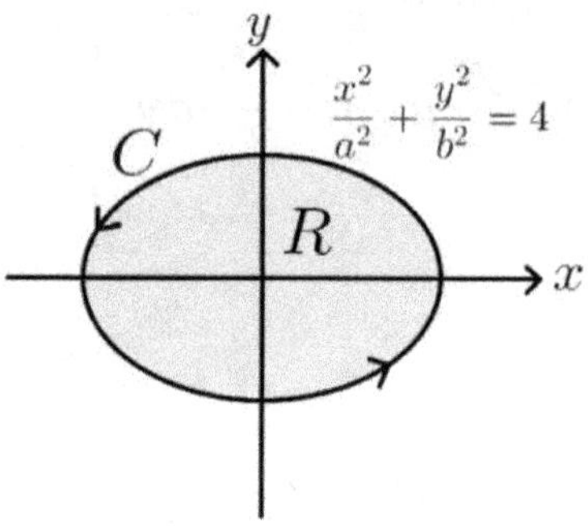

Example 3.

藉由 Green's Theorem 求 $\iint_R \frac{\partial g}{\partial x}(x,y)-\frac{\partial f}{\partial y}(x,y)\,dxdy=?$ 其中$f(x,y)=e^{x+y}$, $g(x,y)=2e^{x+y}$, $R=\{(x,y):|x|+|y|\le 2\}$

【解】

令$C_1:\{(x,y):x-y=2\}, C_2:\{(x,y):x+y=2\}, C_3:\{(x,y):-x+y=2\}$, $C_4:\{(x,y):-x-y=2\}$ 且 $C=C_1\cup C_2\cup C_3\cup C_4$

藉由Green's Theorem, $\iint_R \frac{\partial g}{\partial x}(x,y)-\frac{\partial f}{\partial y}(x,y)\,dxdy=\oint_C e^{x+y}\,dx+2e^{x+y}dy$

$\because \int_{C_1} f(x,y)dx+g(x,y)dy=\int_{C_1} e^{x+y}dx+2e^{x+y}dy=\int_0^2 e^{x+y}\,dx+2e^{x+y}dx$

$=3\int_0^2 e^{2x-2}\,dx=\frac{3}{2}(e^2-e^{-2})$

$\int_{C_2} f(x,y)dx+g(x,y)dy=\int_2^0 e^2-2e^2\,dx=2e^2$

$\int_{C_4} f(x,y)dx+g(x,y)dy=\int_{-2}^0 e^{x+y}-2e^{x+y}\,dx=-\int_{-2}^0 e^{-2}\,dx=-2e^2$

$\int_{C_3} f(x,y)dx+g(x,y)dy=\int_{C_3} e^{x+y}dx+2e^{x+y}dy=\int_0^{-2} e^{x+y}\,dx+2e^{x+y}dx$

$=3\int_0^{-2} e^{2x+2}\,dx=\frac{3}{2}(e^{-2}-e^2)$

$\therefore \oint_C f\,dx+gdy=\frac{3}{2}(e^2-e^{-2})+2e^2+\frac{3}{2}(e^{-2}-e^2)-2e^2=2(e^2-e^{-2})$

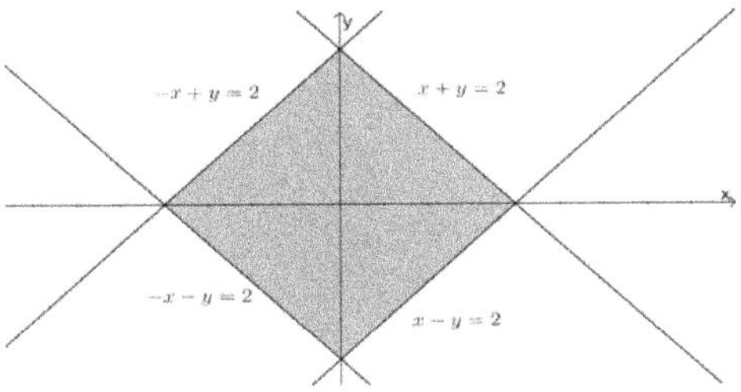

Example 4.

藉由 Green's Theorem 求 $\iint_R \frac{\partial g}{\partial x}(x,y)-\frac{\partial f}{\partial y}(x,y)\,dxdy=?$ 其中

$f(x,y)=-\frac{2y^{\frac{3}{2}}}{3}$, $g(x,y)=\frac{2x^{\frac{3}{2}}}{3}$, R 为 $\sqrt{x}+\sqrt{y}=1$, $x=0$, $y=0$ 所围区域

【解】

令 $C_1:\{(x,y):\sqrt{x}+\sqrt{y}=1, 0\le x\le 1\}, C_2:\{(x,y):x=0, 0\le y\le 2\}$,
$C_3:\{(x,y):y=0, 0\le x\le 1\}$ 且 $C=C_1\cup C_2\cup C_3$

藉由Green's Theorem

$$\iint_R \frac{\partial g}{\partial x}(x,y)-\frac{\partial f}{\partial y}(x,y)\,dxdy=\iint_R (\sqrt{x}+\sqrt{y})\,dxdy=\oint_C -\frac{2y^{\frac{3}{2}}}{3}dx+\frac{2x^{\frac{3}{2}}}{3}dy$$

$$\because \int_{C_1} -\frac{2y^{\frac{3}{2}}}{3}dx+\frac{2x^{\frac{3}{2}}}{3}dy=\int_1^0 -\frac{2}{3}\left(1-t^{\frac{1}{2}}\right)^3 dt+\frac{2}{3}\int_1^0 t^{\frac{3}{2}}\left(1-t^{-\frac{1}{2}}\right)dt$$

令 $u=1-t^{\frac{1}{2}}$ 则

$$\int_1^0 -\frac{2}{3}\left(1-t^{\frac{1}{2}}\right)^3 dt=\frac{4}{3}\int_0^1 u^3(1-u)\,du=\frac{1}{15} \quad \text{且} \quad \frac{2}{3}\int_1^0 t^{\frac{3}{2}}\left(1-t^{-\frac{1}{2}}\right)dt=\frac{1}{15}$$

$$\because \int_{C_2} -\frac{2y^{\frac{3}{2}}}{3}dx+\frac{2x^{\frac{3}{2}}}{3}dy=0 \text{ 且 } \int_{C_3} -\frac{2y^{\frac{3}{2}}}{3}dx+\frac{2x^{\frac{3}{2}}}{3}dy=0$$

$$\therefore \oint_C -\frac{2y^{\frac{3}{2}}}{3}dx+\frac{2x^{\frac{3}{2}}}{3}dy=\frac{2}{15}$$

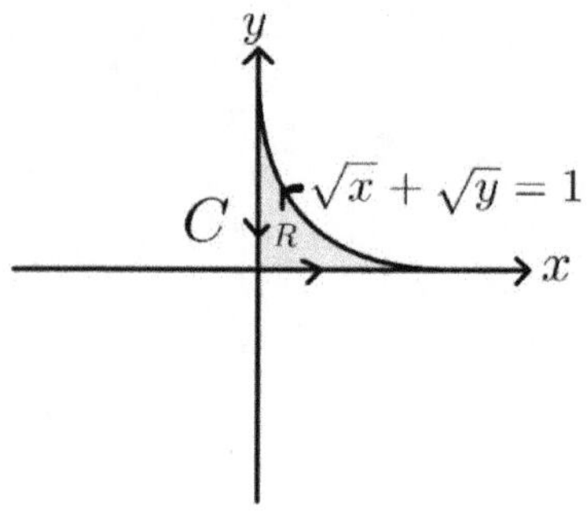

Example 5.

$$f(x,y)=\left(\frac{y^2}{2}-4y\right),\ g(x,y)=-\frac{x^2}{2},\ R=\{(x,y):0\le x\le 2,0\le y\le 2\},$$

藉由 Green's Theorem 求 $\iint_R \frac{\partial g}{\partial x}(x,y)-\frac{\partial f}{\partial y}(x,y)\,dxdy=?$

【解】

令$C_1:\{(x,y):0\le x\le 2,y=0\}, C_2:\{(x,y):x=2,0\le y\le 2\},$
$C_3:\{(x,y):0\le x\le 2,y=2\}, C_4:\{(x,y):x=0,0\le y\le 2\}$ 且 $C=C_1\cup C_2\cup C_3\cup C_4$
藉由Green's Theorem

$$\iint_R \frac{\partial g}{\partial x}(x,y)-\frac{\partial f}{\partial y}(x,y)\,dxdy=\iint_R 4-x-y dA=\oint_C \left(\frac{y^2}{2}-4y\right)dx+\left(-\frac{x^2}{2}\right)dy$$

$$\because \int_{C_1}\left(\frac{y^2}{2}-4y\right)dx+\left(-\frac{x^2}{2}\right)dy=0,\quad \int_{C_2}\left(\frac{y^2}{2}-4y\right)dx+\left(-\frac{x^2}{2}\right)dy=\int_0^2-2\,dx=-4$$

$$\int_{C_3}\left(\frac{y^2}{2}-4y\right)dx+\left(-\frac{x^2}{2}\right)dy=\int_2^0 2-8\,dx=12 \text{ 且 } \int_{C_4}\left(\frac{y^2}{2}-4y\right)dx+\left(-\frac{x^2}{2}\right)dy=0$$

$$\therefore \oint_C \left(\frac{y^2}{2}-4y\right)dx+\left(-\frac{x^2}{2}\right)dy=8$$

Example 6.

藉由 Green's Theorem 求 $\iint_R \frac{\partial g}{\partial x}(x,y)-\frac{\partial f}{\partial y}(x,y)\,dxdy=?$ 其中

$$f(x,y)=\frac{xy^2}{2},\ g(x,y)=x^2y,\ R=\{(x,y):0\le x\le 2,2x-4\le y\le 0\},$$

【解】

令 C_1: $\{(x,y): 0 \le x \le 2, y = 2x-4\}$, C_2: $\{(x,y): 0 \le x \le 2, y = 0\}$,
C_3: $\{(x,y): x = 0, -4 \le y \le 0\}$ 且 $C = C_1 \cup C_2 \cup C_3$
藉由Green's Theorem

$$\iint_R \frac{\partial g}{\partial x}(x,y) - \frac{\partial f}{\partial y}(x,y)\,dxdy = \iint_R xy dA = \oint_C \frac{xy^2}{2}dx + (x^2y)dy$$

$$\because \int_{C_1} \frac{xy^2}{2}dx + (x^2y)dy = \int_0^2 \frac{x(2x-4)^2}{2}dx + 2x^2(2x-4)dx = \int_0^2 (2x^2-4x)(3x-2)dx$$

$$= \int_0^2 6x^3 - 16x^2 + 8xdx = \frac{-8}{3},$$

$$\int_{C_2} \frac{xy^2}{2}dx + (x^2y)dy = 0 \;\; 且 \;\; \int_{C_3} \frac{xy^2}{2}dx + (x^2y)dy = 0$$

$$\therefore \oint_C \frac{xy^2}{2}dx + (x^2y)dy = \frac{-8}{3}$$

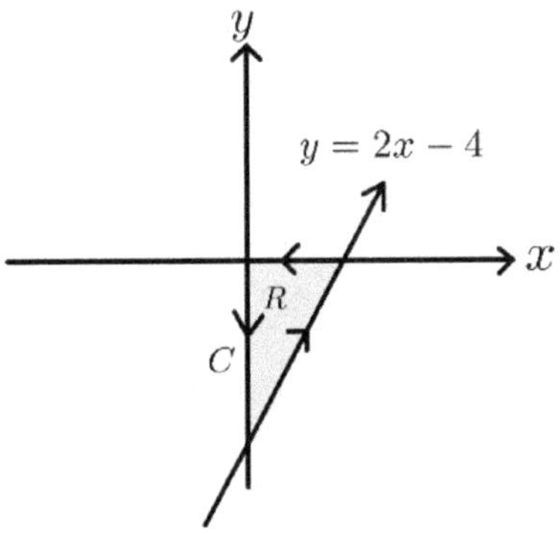

Example 7.

$$f(x,y) = \frac{y^3}{3}, \;\; g(x,y) = x^2, \;\; R = \{(x,y): x - y + 1 \le 0, y \le 2, x + y - 1 \ge 0\},$$

藉由 Green's Theorem 求 $\iint_R \frac{\partial g}{\partial x}(x,y) - \frac{\partial f}{\partial y}(x,y)\,dxdy = ?$

【解】

令 C_1: $\{(x,y): 0 \le x \le 1, x - y + 1 = 0\}$, C_2: $\{(x,y): -1 \le x \le 1, y = 2\}$,
C_3: $\{(x,y): x + y - 1 = 0, -1 \le x \le 0\}$ 且 $C = C_1 \cup C_2 \cup C_3$
藉由Green's Theorem

$$\iint_R \frac{\partial g}{\partial x}(x,y) - \frac{\partial f}{\partial y}(x,y)\,dxdy = \iint_R 2x - y^2 dA = \oint_C \frac{y^3}{3}dx + x^2dy$$

$$\because \int_{C_1} \frac{y^3}{3}dx + x^2dy = \int_0^1 \frac{(x+1)^3}{3}dx + x^2dx = \int_0^1 \frac{x^3+6x^2+3x+1}{3}dx = \frac{19}{12},$$

$$\int_{C_2} \frac{y^3}{3}dx + x^2dy = \int_1^{-1} \frac{8}{3}dx = -\frac{16}{3},$$

$$\int_{C_3} \frac{y^3}{3}dx + x^2dy = \int_{-1}^0 \frac{(1-x)^3}{3}dx - x^2dx = \int_{-1}^0 \frac{1-3x-x^3}{3}dx = \frac{11}{12}$$

$$\therefore \oint_C \frac{y^3}{3}dx + x^2dy = \frac{19}{12} - \frac{16}{3} + \frac{11}{12} = \frac{-17}{6}$$

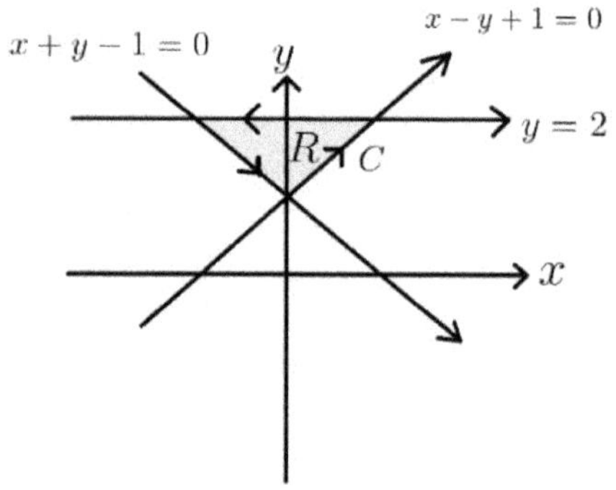

Example 8.

$f(x,y) = y, g(x,y) = 2x,\ \ R = \{(x,y): -3x - y + 6 \le 0, 4x - x^2 - y \ge 0, y \ge 0\},$

藉由 Green's Theorem 求 $\iint_R \frac{\partial g}{\partial x}(x,y) - \frac{\partial f}{\partial y}(x,y)\, dxdy = ?$

【解】

令 $C_1: \{(x,y): 1 \le x \le 4, 4x - x^2 - y = 0\}, C_2: \{(x,y): 1 \le x \le 2, -3x - y + 6 = 0\},$
$C_3: \{(x,y): 2 \le x \le 4, y = 0\}$ 且 $C = C_1 \cup C_2 \cup C_3$

藉由Green's Theorem, $\iint_R \frac{\partial g}{\partial x}(x,y) - \frac{\partial f}{\partial y}(x,y)\, dxdy = \iint_R dA = \oint_C y\,dx + 2xdy$

$$\because \int_{C_1} ydx + 2xdy = \int_4^1 4x - x^2dx + 2x(4-2x)dx = \int_4^1 -5x^2 + 12xdx = \frac{-5x^3}{3} + 6x^2\Big|_4^1$$
$$= 15,$$

$$\int_{C_2} ydx + 2xdy = \int_1^2 6 - 3xdx + 2x(-3)dx = \int_1^2 -9x + 6dx = \frac{-9x^2}{2} + 6x\Big|_1^2 = -\frac{15}{2}$$

且 $\int_{C_3} ydx + 2xdy = 0$

$\therefore \oint_C y\,dx + 2xdy = \frac{15}{2}$

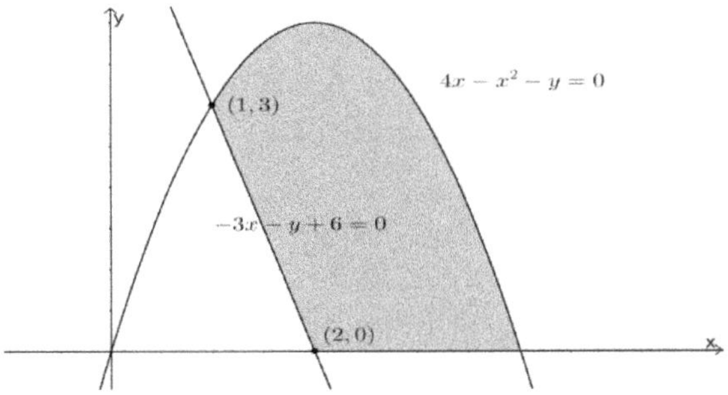

Example 9.

藉由 Green's Theorem 求 $\iint_R \frac{\partial g}{\partial x}(x,y) - \frac{\partial f}{\partial y}(x,y)\,dxdy =?$ 其中 $f(x,y) = \frac{y^3}{3}$,

$g(x,y) = \frac{2x^{\frac{3}{2}}}{3}$, $R = \left\{(x,y): y \geq x^2, y \leq x^{\frac{1}{4}}\right\}$,

【解】

令$C_1: \{(x,y): 0 \leq x \leq 1, y = x^2\}$, $C_2: \left\{(x,y): 0 \leq x \leq 1, y = x^{\frac{1}{4}}\right\}$ 且 $C = C_1 \cup C_2$

藉由Green's Theorem

$$\iint_R \frac{\partial g}{\partial x}(x,y) - \frac{\partial f}{\partial y}(x,y)\,dxdy = \iint_R \sqrt{x} - y^2\,dxdy = \oint_C \frac{y^3}{3}dx + \frac{2x^{\frac{3}{2}}}{3}dy$$

$$\because \int_{C_1} \frac{y^3}{3}dx + \frac{2x^{\frac{3}{2}}}{3}dy = \int_0^1 \frac{x^6}{3}dx + \frac{2x^{\frac{3}{2}}}{3} \cdot 2xdx = \frac{3}{7},$$

$$\int_{C_2} \frac{y^3}{3}dx + \frac{2x^{\frac{3}{2}}}{3}dy = \int_1^0 \frac{x^{\frac{3}{4}}}{3}dx + \frac{x^{\frac{3}{4}}}{6}dx = -\frac{2}{7}$$

$$\therefore \oint_C \frac{y^3}{3}dx + \frac{2x^{\frac{3}{2}}}{3}dy = \frac{1}{7}$$

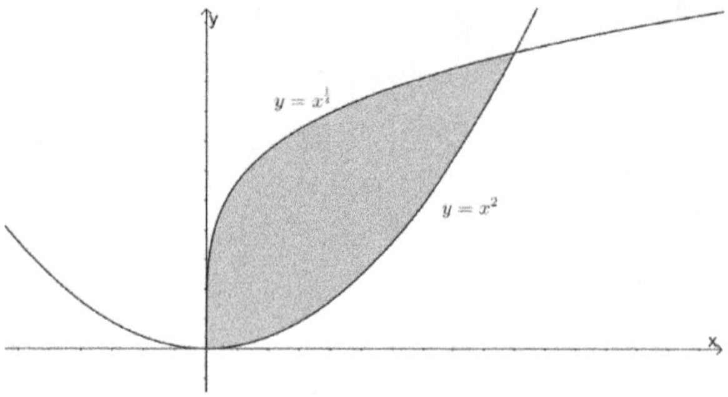

Example 10.

$f(x, y) = 6y + x$, $g(x, y) = y + 2x$, $R = \{(x, y): (x-2)^2 + (y-3)^2 \leq 9\}$,

藉由 Green's Theorem 求 $\iint_R \frac{\partial g}{\partial x}(x, y) - \frac{\partial f}{\partial y}(x, y)\, dxdy =?$

【解】

令C为逆时针封闭圆:$\{(x, y): (x-2)^2 + (y-3)^2 = 9\}$, 藉由Green's Theorem

$$\iint_R \frac{\partial g}{\partial x}(x, y) - \frac{\partial f}{\partial y}(x, y)\, dxdy = \iint_R 2 - 6 dxdy = \oint_C (6y + x)\, dx + (y + 2x) dy$$

令$x = 2 + 3\cos\theta$, $y = 3 + 3\sin\theta$ 则

$$\oint_C (6y + x)\, dx + (y + 2x) dy$$

$$= \int_0^{2\pi} \big(6(3 + 3\sin\theta) + (2 + 3\cos\theta)\big)(-3\sin\theta) d\theta$$

$$+ \int_0^{2\pi} \big(3 + 3\sin\theta + (4 + 6\cos\theta)\big) 3\cos\theta\, d\theta$$

$$= \int_0^{2\pi} -\frac{54}{2} + 18 \cdot \frac{1}{2} d\theta = 2\pi \cdot (-18) = -36\pi$$

Example 11.

$f(x, y) = y^3 - 2y$, $g(x, y) = -(2x^3 + x)$, $R = \{(x, y): 6x^2 + 3y^2 \leq 1\}$,

藉由 Green's Theorem 求 $\iint_R \frac{\partial g}{\partial x}(x, y) - \frac{\partial f}{\partial y}(x, y)\, dxdy =?$

【解】

令C为逆时针封闭圆:$\{(x, y): 6x^2 + 3y^2 = 1\}$, 藉由Green's Theorem

$$\iint_R \frac{\partial g}{\partial x}(x,y) - \frac{\partial f}{\partial y}(x,y)\,dxdy = \iint_R 1 - 6x^2 - 3y^2 dxdy = \oint_C y^3 - 2y\,dx - (2x^3 + x)dy$$

令$x = \dfrac{\cos\theta}{\sqrt{6}}$，$y = \dfrac{\sin\theta}{\sqrt{3}}$ 则

$$\oint_C (y^3 - 2y)\,dx - (2x^3 + x)dy$$

$$= \int_0^{2\pi} \left(\frac{\sin^3\theta}{3\sqrt{3}} - \frac{2\sin\theta}{\sqrt{3}}\right)\left(-\frac{\sin\theta}{\sqrt{6}}\right) d\theta - \int_0^{2\pi} \left(\frac{\cos^3\theta}{3\sqrt{6}} + \frac{\cos\theta}{\sqrt{6}}\right)\left(\frac{\cos\theta}{\sqrt{3}}\right) d\theta$$

$$= -\frac{1}{9\sqrt{2}}\int_0^{2\pi} \sin^4\theta\,d\theta + \frac{\sqrt{2}}{3}\int_0^{2\pi} \sin^2\theta\,d\theta - \frac{1}{9\sqrt{2}}\int_0^{2\pi} \cos^4\theta\,d\theta - \frac{1}{3\sqrt{2}}\int_0^{2\pi} \cos^2\theta\,d\theta$$

$$= -\frac{1}{9\sqrt{2}}\cdot\frac{3}{8}\cdot 2\pi + \frac{\sqrt{2}}{3}\cdot\frac{1}{\sqrt{2}}\cdot 2\pi - \frac{1}{9\sqrt{2}}\cdot\frac{3}{8}\cdot 2\pi - \frac{1}{3\sqrt{2}}\cdot\frac{1}{2}\cdot 2\pi = \frac{\pi}{6\sqrt{2}}$$

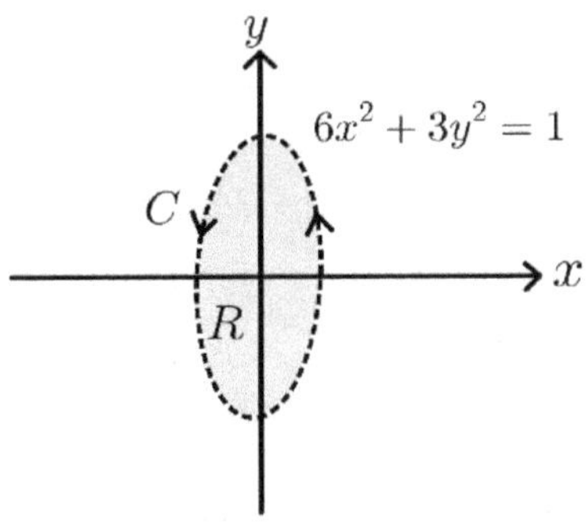

Example 12.

$f(x,y) = y^3$，$g(x,y) = -x^3$，$R: \{(x,y): x^2 + y^2 \le r^2\}$，藉由 Green's Theorem

求$\displaystyle\iint_R \frac{\partial g}{\partial x}(x,y) - \frac{\partial f}{\partial y}(x,y)\,dxdy =?$

【解】

令C为逆时针封闭圆: $\{(x,y): x^2 + y^2 = r^2\}$，藉由Green's Theorem

$$\iint_R \frac{\partial g}{\partial x}(x,y) - \frac{\partial f}{\partial y}(x,y)\,dxdy = \iint_R -3x^2 - 3y^2 dxdy = \oint_C y^3 dx - x^3\,dy$$

令$x = r\cos\theta$，$y = r\sin\theta$，$0 \le \theta \le 2\pi$

则$\displaystyle\oint_C y^3 dx - x^3\,dy = \int_0^{2\pi} r^3\sin^3\theta\cdot(-r\sin\theta) - r^3\cos^3\theta\cdot(r\cos\theta)d\theta$

$$= -r^4\int_0^{2\pi} \sin^4\theta + \cos^4\theta\,d\theta = -r^4\int_0^{2\pi} (\sin^2\theta + \cos^2\theta)^2 - 2\sin^2\theta\cos^2\theta\,d\theta$$

$$= -r^4 \int_0^{2\pi} 1 - 2\left(\frac{\sin 2\theta}{2}\right)^2 d\theta = -r^4 \int_0^{2\pi} 1 - \frac{\sin^2 2\theta}{2} d\theta = -r^4 \int_0^{2\pi} 1 - \frac{1-\cos 4\theta}{4} d\theta$$

$$= -r^4 \cdot \frac{3}{4} \cdot 2\pi = -\frac{3r^4\pi}{2}$$

Example 13.

$f(x,y) = 2y$, $g(x,y) = x^2 + y^2$, $R: \{(x,y): x^2 + (y-3)^2 \le r^2\}$, $r > 3$, 藉由 Green's Theorem 求 $\iint_R \frac{\partial g}{\partial x}(x,y) - \frac{\partial f}{\partial y}(x,y)\, dxdy = ?$

【解】

令C为逆时针封闭圆:$\{(x,y): x^2 + (y-3)^2 = r^2\}$, 藉由Green's Theorem

$$\iint_R \frac{\partial g}{\partial x}(x,y) - \frac{\partial f}{\partial y}(x,y)\, dxdy = \iint_R 2x - 2dxdy = \int_C 2ydx + (x^2+y^2)\, dy$$

令$x = r\cos\theta$, $y = 3 + r\sin\theta$, $0 \le \theta \le 2\pi$ 则

$$\int_C 2ydx + (x^2+y^2)\, dy = \int_0^{2\pi} 2(3 + r\sin\theta)(-r\sin\theta) + \big((9+r^2) + 6r\sin\theta\big) r\cos\theta\, d\theta$$

$$= \int_0^{2\pi} -6r\sin\theta - 2r^2\sin^2\theta + (9+r^2)\, r\cos\theta + 6r^2\sin\theta\cos\theta\, d\theta$$

$$= \int_0^{2\pi} -2r^2\sin^2\theta + 6r^2\sin\theta\cos\theta\, d\theta = \int_0^{2\pi} -2r^2\left(\frac{1-\cos 2\theta}{2}\right) + 3r^2\sin 2\theta\, d\theta = -2r^2\pi$$

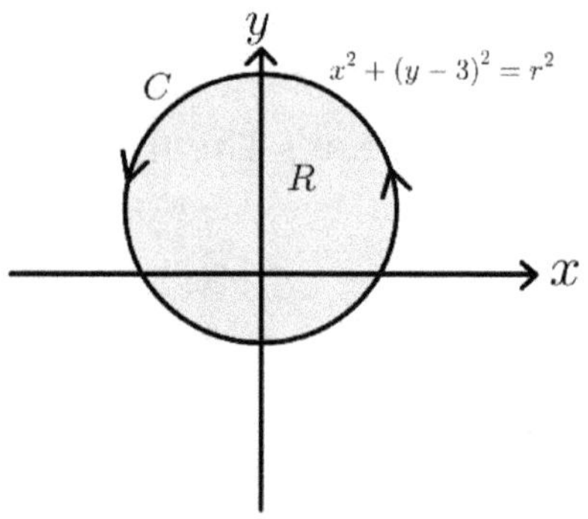

Example 14.

$f(x,y) = y\cos x$, $g(x,y) = x\sin y$, R为$(0,0), (a,0), (a,a)$所围逆时针封闭三角形区域$(a > 0)$, 藉由 Green's Theorem 求 $\iint_R \frac{\partial g}{\partial x}(x,y) - \frac{\partial f}{\partial y}(x,y)\, dxdy = ?$

【解】

令 $C_1 = \{(x,y): 0 \le x \le a, y = 0\}$, $C_2 = \{(x,y): 0 \le y \le a, x = a\}$,

$C_3 = \{(x,y): 0 \le x \le a, y = x\}$ 且 $C = C_1 \cup C_2 \cup C_3$

藉由Green's Theorem

$$\iint_R \frac{\partial g}{\partial x}(x,y) - \frac{\partial f}{\partial y}(x,y)\, dxdy = \iint_R \sin y - \cos x\, dxdy = \oint_C y\cos x\, dx + x\sin y\, dy$$

则 $\oint_C y\cos x\, dx + x\sin y\, dy$

$$= \int_{C_1} y\cos x\, dx + x\sin y\, dy + \int_{C_2} y\cos x\, dx + x\sin y\, dy + \int_{C_3} y\cos x\, dx + x\sin y\, dy$$

$\because \int_{C_1} y\cos x\, dx + x\sin y\, dy = 0$

$$\int_{C_2} y\cos x\, dx + x\sin y\, dy = a\int_0^a \sin y\, dy = a(-\cos a + 1)$$

$$\int_{C_3} y\cos x\, dx + x\sin y\, dy = \int_a^0 x\cos x\, dx + x\sin x\, dx = -(a+1)\sin a + (a-1)\cos a + 1$$

$$\therefore \oint_C y\cos x\, dx + x\sin y\, dy = -(a+1)\sin a - \cos a + a + 1$$

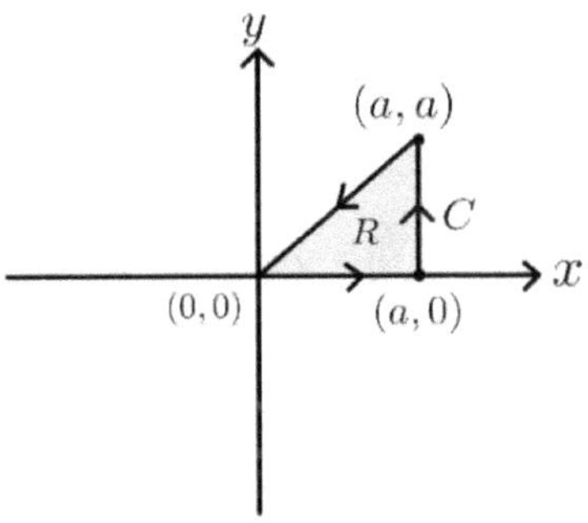

Example 15.

$f(x,y) = -y^4$, $g(x,y) = xy^2$, R为(0,0), (1,0), (1,1)所围逆时针封闭三角形区域,

藉由 Green's Theorem 求 $\iint_R \frac{\partial g}{\partial x}(x,y) - \frac{\partial f}{\partial y}(x,y)\, dxdy = ?$

【解】

令 $C_1 = \{(x,y): 0 \le x \le 1, y = 0\}$, $C_2 = \{(x,y): 0 \le y \le 1, x = 1\}$

$C_3 = \{(x,y): 0 \le x \le 1, y = x\}$ 且 $C = C_1 \cup C_2 \cup C_3$
藉由Green's Theorem

$$\iint_R \frac{\partial g}{\partial x}(x,y) - \frac{\partial f}{\partial y}(x,y)\,dxdy = \iint_R 2xy + 4y^3 dxdy = \oint_C -y^4 dx + xy^2 dy$$

则 $\oint_C -y^4 dx + xy^2 dy = \sum_{j=1}^{3} \int_{C_j} -y^4 dx + xy^2 dy$

$\because \int_{C_1} -y^4 dx + xy^2 dy = 0,\ \int_{C_2} -y^4 dx + xy^2 dy = \int_0^1 y^2 dy = \frac{1}{3}$

$\int_{C_3} -y^4 dx + xy^2 dy = \int_1^0 -x^4 dx + x^3 dy = \frac{-1}{20}$

$\therefore \oint_C -y^4 dx + xy^2 dy = \frac{1}{3} - \frac{1}{20} = \frac{17}{60}$

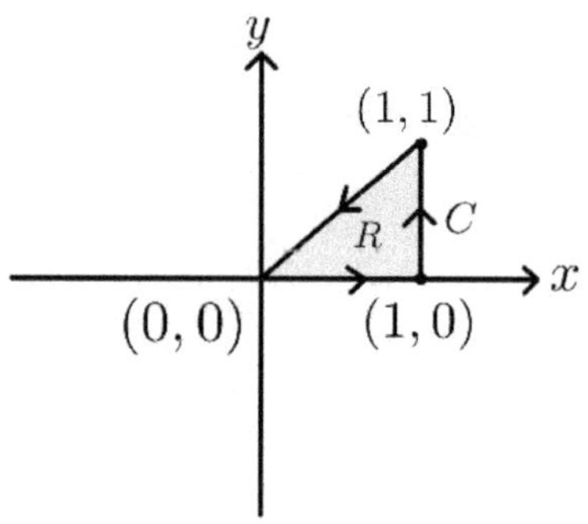

9.4.6 $\Delta \neq 0$, 造出不含奇异点的封闭区域再用 Green's Theorem

如果 Green's Theorem 当中两函数f, g 无法满足在封闭区域内一阶偏导数存在且连续的条件, 则无法直接使用 Green's Theorem, 得先造出不包含奇异点(奇异点为使得函数f, g不连续的点或不可微分的点)的封闭区域再使用Green's Theorem

考试类型:
Type 1.

求 $\oint_C f(x,y)\,dx + g(x,y)dy =?$, 其中 C为任意包含原点的封闭曲线(如下图), f, g在原点

一阶偏导数不存在或者不连续

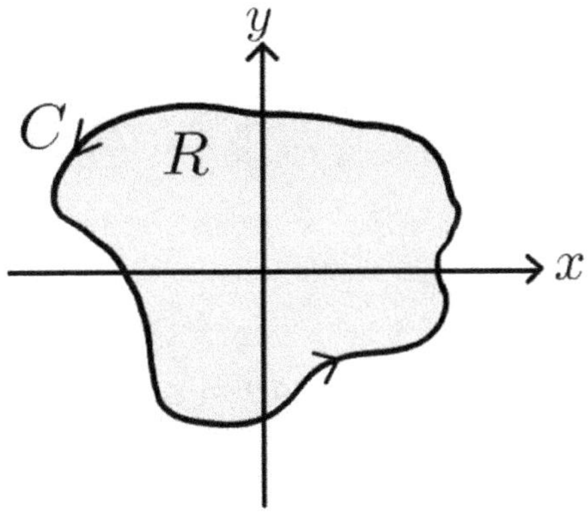

补充说明:
常考封闭曲线为长方形、正方形、椭圆、圆、不规则形，无论是哪种曲线证明叙述皆类似
解题流程:
Step1.
令O_ε为包含原点半径为 ε 的圆
且取圆上两点$(\varepsilon\cos\theta, \varepsilon\sin\theta)(\varepsilon\cos(-\theta), \varepsilon\sin(-\theta)), \theta > 0$
假设过$(\varepsilon\cos\theta, \varepsilon\sin\theta)$的水平直线与$C$交于$s_1$
过$(\varepsilon\cos(-\theta), \varepsilon\sin(-\theta))$的水平直线与$C$交于$s_2$
令C_ε为O_ε圆上從$(\varepsilon\cos\theta, \varepsilon\sin\theta)$至$(\varepsilon\cos(-\theta), \varepsilon\sin(-\theta))$的逆时针弧线
令C_1为$(\varepsilon\cos\theta, \varepsilon\sin\theta)$至$s_1$的直线
令C_2为s_2至$(\varepsilon\cos(-\theta), \varepsilon\sin(-\theta))$的直线
令C'为曲线C上從 s_1至s_2的逆时针弧线
令R'为C_ε、C_1、C_2、C'所围不包含原点的封闭区域
Step2.
藉由 Green's Theorem

$$\int_{C'} fdx + gdy + \int_{C_1} fdx + gdy - \int_{C_\varepsilon} fdx + gdy + \int_{C_2} fdx + gdy$$

$$= \iint_{R'} \frac{\partial g}{\partial x}(x,y) - \frac{\partial f}{\partial y}(x,y)dxdy$$

Step3.

Claim: $\lim\limits_{\theta\to 0}\int_{C'} fdx + gdy = \lim\limits_{\theta\to 0}\int_{C_\varepsilon} fdx + gdy$

$$\because \frac{\partial g}{\partial x}(x,y) - \frac{\partial f}{\partial y}(x,y) = 0 \quad \therefore \iint_{R'} \frac{\partial g}{\partial x}(x,y) - \frac{\partial f}{\partial y}(x,y)dxdy = 0$$

$$\Rightarrow \int_{C'} fdx + gdy + \int_{C_1} fdx + gdy - \int_{C_\varepsilon} fdx + gdy + \int_{C_2} fdx + gdy = 0$$

$\because \lim_{\theta\to 0}\int_{C_1} fdx + gdy + \int_{C_2} fdx + gdy = 0$ $\therefore \lim_{\theta\to 0}\int_{C'} fdx + gdy - \int_{C_\varepsilon} fdx + gdy = 0$

$$\therefore \lim_{\theta\to 0}\int_{C'} fdx + gdy = \lim_{\theta\to 0}\int_{C_\varepsilon} fdx + gdy$$

Step4.

令$x = \varepsilon\cos t$，$y = \varepsilon\sin t$ 则$dx = -\varepsilon\sin t$，$dy = \varepsilon\cos t$

$$\because \lim_{\theta\to 0}\int_{C_\varepsilon} fdx + gdy = \int_0^{2\pi} f(\varepsilon\cos t, \varepsilon\sin t)(-\varepsilon\sin t) + g(\varepsilon\cos t, \varepsilon\sin t)\varepsilon\cos t\,dt$$

$$\because \lim_{\theta\to 0}\int_{C'} fdx + gdy = \oint_C fdx + gdy$$

$$\therefore \oint_C fdx + gdy = \int_0^{2\pi} f(\varepsilon\cos t, \varepsilon\sin t)(-\varepsilon\sin t) + g(\varepsilon\cos t, \varepsilon\sin t)\varepsilon\cos t\,dt$$

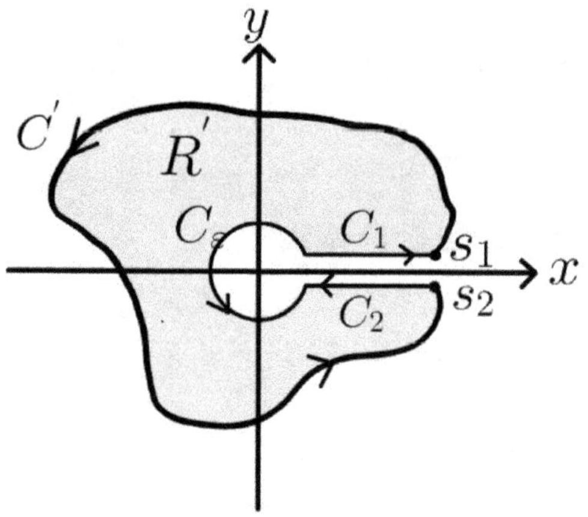

<u>范例说明:</u>

求 $\oint_C f(x,y)\,dx + g(x,y)dy = ?$,

(I)若$f(x,y) = \dfrac{-y}{x^2+y^2}$，$g(x,y) = \dfrac{x}{x^2+y^2}$ 且C为任意包含原点的封闭曲线

则 f, g 在原点并非一阶偏导数存在且连续

令 $(x,y) \neq (0,0)$

则$\dfrac{\partial g}{\partial x}(x,y) = \dfrac{x^2+y^2-2x^2}{(x^2+y^2)^2} = \dfrac{-x^2+y^2}{(x^2+y^2)^2}$，$\dfrac{\partial f}{\partial y}(x,y) = \dfrac{-(x^2+y^2)+2y^2}{(x^2+y^2)^2} = \dfrac{-x^2+y^2}{(x^2+y^2)^2}$

$$\therefore \frac{\partial g}{\partial x}(x,y)-\frac{\partial f}{\partial y}(x,y)=0,\ \forall (x,y)\neq(0,0)$$

(II)若$f(x,y)=\dfrac{x-y}{x^2+y^2}$，$g(x,y)=\dfrac{x+y}{x^2+y^2}$ 且C为任意包含原点的封闭曲线

则 f,g 在原点并非一阶偏导数存在且连续

令 $(x,y)\neq(0,0)$

$$\text{则}\ \frac{\partial g}{\partial x}(x,y)=\frac{x^2+y^2-2x^2-2xy}{(x^2+y^2)^2}=\frac{-x^2+y^2-2xy}{(x^2+y^2)^2}$$

$$\text{且}\ \frac{\partial f}{\partial y}(x,y)=\frac{-(x^2+y^2)+2y^2-2xy}{(x^2+y^2)^2}=\frac{-x^2+y^2-2xy}{(x^2+y^2)^2}$$

$$\therefore \frac{\partial g}{\partial x}(x,y)-\frac{\partial f}{\partial y}(x,y)=0,\ \forall (x,y)\neq(0,0)$$

(III)若$f(x,y)=\dfrac{-y^3}{(x^2+y^2)^2}$，$g(x,y)=\dfrac{xy^2}{(x^2+y^2)^2}$，$C$: 任意包含原点的封闭曲线

则 f,g 在原点并非一阶偏导数存在且连续

令 $(x,y)\neq(0,0)$

$$\text{则}\ \frac{\partial g}{\partial x}(x,y)=\frac{y^2(x^2+y^2)^2-xy^2\cdot 2(x^2+y^2)2x}{(x^2+y^2)^4}=\frac{y^2(x^2+y^2)-4x^2y^2}{(x^2+y^2)^3}$$

$$\text{且}\ \frac{\partial f}{\partial y}(x,y)=\frac{-3y^2(x^2+y^2)^2+y^3\cdot 2(x^2+y^2)2y}{(x^2+y^2)^4}=\frac{-3y^2(x^2+y^2)+4y^4}{(x^2+y^2)^3}$$

$$\therefore \frac{\partial g}{\partial x}(x,y)-\frac{\partial f}{\partial y}(x,y)=0,\ \forall (x,y)\neq(0,0)$$

令O_ε为包含原点半径为 ε 的圆

且取圆上两点$(\varepsilon\cos\theta,\varepsilon\sin\theta)(\varepsilon\cos(-\theta),\varepsilon\sin(-\theta)),\theta>0$

假设过$(\varepsilon\cos\theta,\varepsilon\sin\theta)$的水平直线与$C$交于$s_1$

过$(\varepsilon\cos(-\theta),\varepsilon\sin(-\theta))$的水平直线与$C$交于$s_2$

令C_ε为O_ε圆上從$(\varepsilon\cos\theta,\varepsilon\sin\theta)$至$(\varepsilon\cos(-\theta),\varepsilon\sin(-\theta))$的逆时针弧线

令C_1为$(\varepsilon\cos\theta,\varepsilon\sin\theta)$至$s_1$的直线

令C_2为s_2至$(\varepsilon\cos(-\theta),\varepsilon\sin(-\theta))$的直线

令C'为曲线C上從s_1至s_2的逆时针弧线

藉由 Green's Theorem

$$\int_{C'} fdx+gdy+\int_{C_1} fdx+gdy-\int_{C_\varepsilon} fdx+gdy+\int_{C_2} fdx+gdy$$

$$= \iint_{R'} \frac{\partial g}{\partial x}(x,y) - \frac{\partial f}{\partial y}(x,y)dxdy$$

Claim: $\lim_{\theta\to 0}\int_{C'} fdx + gdy = \lim_{\theta\to 0}\int_{C_\varepsilon} fdx + gdy$

$\because \frac{\partial g}{\partial x}(x,y) - \frac{\partial f}{\partial y}(x,y) = 0 \quad \therefore \iint_{R'} \frac{\partial g}{\partial x}(x,y) - \frac{\partial f}{\partial y}(x,y)dxdy = 0$

$\Rightarrow \int_{C'} fdx + gdy + \int_{C_1} fdx + gdy - \int_{C_\varepsilon} fdx + gdy + \int_{C_2} fdx + gdy = 0$

$\because \lim_{\theta\to 0}\int_{C_1} fdx + gdy + \int_{C_2} fdx + gdy = 0 \quad \therefore \lim_{\theta\to 0}\int_{C'} fdx + gdy - \int_{C_\varepsilon} fdx + gdy = 0$

$\therefore \lim_{\theta\to 0}\int_{C'} fdx + gdy = \lim_{\theta\to 0}\int_{C_\varepsilon} fdx + gdy$

(I)

Claim: $\oint_C fdx + gdy = 2\pi$

令$x = \varepsilon\cos t$，$y = \varepsilon\sin t$ 则$dx = -\varepsilon\sin t$，$dy = \varepsilon\cos t$

$\because \lim_{\theta\to 0}\int_{C_\varepsilon} fdx + gdy = \int_0^{2\pi} \frac{-\varepsilon\sin t(-\varepsilon\sin t) + \varepsilon^2\cos^2 t}{\varepsilon^2}dt = 2\pi$

$\therefore \lim_{\theta\to 0}\int_{C'} fdx + gdy = \lim_{\theta\to 0}\int_{C_\varepsilon} fdx + gdy = 2\pi$

$\because \lim_{\theta\to 0}\int_{C'} fdx + gdy = \oint_C fdx + gdy \quad \therefore \oint_C fdx + gdy = 2\pi$

(II)

Claim: $\oint_C fdx + gdy = 2\pi$

令$x = \varepsilon\cos t$，$y = \varepsilon\sin t$ 则$dx = -\varepsilon\sin t$，$dy = \varepsilon\cos t$

$\because \lim_{\theta\to 0}\int_{C_\varepsilon} fdx + gdy = \int_0^{2\pi} \frac{(\varepsilon\cos t - \varepsilon\sin t)(-\varepsilon\sin t) + (\varepsilon\cos t + \varepsilon\sin t)\varepsilon\cos t}{\varepsilon^2}dt = 2\pi$

$\therefore \lim_{\theta\to 0}\int_{C'} fdx + gdy = \lim_{\theta\to 0}\int_{C_\varepsilon} fdx + gdy = 2\pi$

$\because \lim_{\theta\to 0}\int_{C'} fdx + gdy = \oint_C fdx + gdy \quad \therefore \oint_C fdx + gdy = 2\pi$

(III)

Claim: $\oint_C fdx + gdy = \pi$

令$x = \varepsilon\cos t$，$y = \varepsilon\sin t$ 则$dx = -\varepsilon\sin t$，$dy = \varepsilon\cos t$

$\because \lim_{\theta\to 0}\int_{C_\varepsilon} fdx + gdy = \int_0^{2\pi}\frac{-(\varepsilon\sin t)^3(-\varepsilon\sin t) + (\varepsilon\cos t\cdot\varepsilon^2\sin^2 t)\varepsilon\cos t}{\varepsilon^4}dt$

$= \int_0^{2\pi}\sin^2 t\,dt = \pi$

$\therefore \lim_{\theta\to 0}\int_{C'} fdx + gdy = \lim_{\theta\to 0}\int_{C_\varepsilon} fdx + gdy = \pi$

$\because \lim_{\theta\to 0}\int_{C'} fdx + gdy = \oint_C fdx + gdy \quad \therefore \oint_C fdx + gdy = \pi$

Example 1.

假设$f(x,y) = \dfrac{-y}{x^2+y^2}$ 、$g(x,y) = \dfrac{x}{x^2+y^2}$，$C$为任意包含原点的封闭曲线,

求 $\oint_C f(x,y)\,dx + g(x,y)dy = ?$

【解】

令O_ε为包含原点半径为 ε 的圆且取圆上两点$(\varepsilon\cos\theta, \varepsilon\sin\theta)(\varepsilon\cos(-\theta), \varepsilon\sin(-\theta)), \theta > 0$

假设过$(\varepsilon\cos\theta, \varepsilon\sin\theta)$的水平直线与$C$交于$s_1$

过$(\varepsilon\cos(-\theta), \varepsilon\sin(-\theta))$的水平直线与$C$交于$s_2$

令C_ε为O_ε圆上從$(\varepsilon\cos\theta, \varepsilon\sin\theta)$至$(\varepsilon\cos(-\theta), \varepsilon\sin(-\theta))$的逆时针弧线

令C_1为$(\varepsilon\cos\theta, \varepsilon\sin\theta)$至$s_1$的直线

令C_2为s_2至$(\varepsilon\cos(-\theta), \varepsilon\sin(-\theta))$的直线

令C'为曲线C上從s_1至s_2的逆时针弧线

令R'为C_ε、C_1、C_2、C'所围的不包含原点的封闭区域

藉由Green's Theorem

$\int_{C'} fdx + gdy + \int_{C_1} fdx + gdy - \int_{C_\varepsilon} fdx + gdy + \int_{C_2} fdx + gdy$

$= \iint_{R'}\frac{\partial g}{\partial x}(x,y) - \frac{\partial f}{\partial y}(x,y)dxdy$

令 $(x,y) \neq (0,0)$

则 $\frac{\partial g}{\partial x}(x,y)=\frac{x^2+y^2-2x^2}{(x^2+y^2)^2}=\frac{-x^2+y^2}{(x^2+y^2)^2}$，$\frac{\partial f}{\partial y}(x,y)=\frac{-(x^2+y^2)+2y^2}{(x^2+y^2)^2}=\frac{-x^2+y^2}{(x^2+y^2)^2}$

$$\therefore \frac{\partial g}{\partial x}(x,y)-\frac{\partial f}{\partial y}(x,y)=0 \Rightarrow \iint_{R'}\frac{\partial g}{\partial x}(x,y)-\frac{\partial f}{\partial y}(x,y)dxdy=0$$

$$\Rightarrow \int_{C'} fdx+gdy+\int_{C_1} fdx+gdy-\int_{C_\varepsilon} fdx+gdy+\int_{C_2} fdx+gdy=0$$

$$\because \lim_{\theta\to 0}\int_{C_1} fdx+gdy+\int_{C_2} fdx+gdy=0 \quad \therefore \lim_{\theta\to 0}\int_{C'} fdx+gdy-\int_{C_\varepsilon} fdx+gdy=0$$

$$\therefore \lim_{\theta\to 0}\int_{C'} fdx+gdy=\lim_{\theta\to 0}\int_{C_\varepsilon} fdx+gdy$$

令$x=\varepsilon\cos t, y=\varepsilon\sin t$ 则$dx=-\varepsilon\sin t, dy=\varepsilon\cos t$

$$\therefore \lim_{\theta\to 0}\int_{C_\varepsilon} fdx+gdy=\int_0^{2\pi}\frac{-\varepsilon\sin t(-\varepsilon\sin t)+\varepsilon^2\cos^2 t}{\varepsilon^2}dt=2\pi$$

$$\therefore \lim_{\theta\to 0}\int_{C'} fdx+gdy=\lim_{\theta\to 0}\int_{C_\varepsilon} fdx+gdy=2\pi$$

$$\because \lim_{\theta\to 0}\int_{C'} fdx+gdy=\oint_C fdx+gdy \quad \therefore \oint_C fdx+gdy=2\pi$$

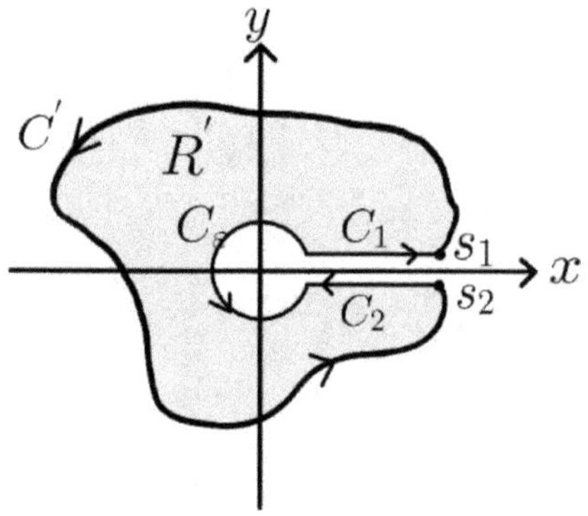

Example 2.

假设$f(x,y)=\frac{x-y}{x^2+y^2}$、$g(x,y)=\frac{x+y}{x^2+y^2}$，$C$为(1,0)、(1,1)、(−1,1)、(−1,0)

所围的逆时针长方形边界，求$\oint_C f(x,y)\,dx+g(x,y)dy=?$

【解】

令 $s_1 = (-\varepsilon, 0)$，$s_2 = (\varepsilon, 0) \in C$ 且 $\varepsilon > 0$

令O_ε为包含原点半径为 ε 的圆

令C_ε为O_ε圆上從$(\varepsilon,0)$至$(-\varepsilon,0)$的逆时针上半圆弧线

令C'为曲线C上s_2至s_1的逆时针路径

令R'为C_ε、C'所围的封闭区域

藉由Green's Theorem $\int_{C'} f dx + g dy - \int_{C_\varepsilon} f dx + g dy = \iint_{R'} \frac{\partial g}{\partial x}(x,y) - \frac{\partial f}{\partial y}(x,y) dx dy$

令 $(x,y) \neq (0,0)$

则 $\frac{\partial g}{\partial x}(x,y) = \frac{x^2+y^2-2x^2-2xy}{(x^2+y^2)^2} = \frac{-x^2+y^2-2xy}{(x^2+y^2)^2}$

$\frac{\partial f}{\partial y}(x,y) = \frac{-(x^2+y^2)+2y^2-2xy}{(x^2+y^2)^2} = \frac{-x^2+y^2-2xy}{(x^2+y^2)^2}$

$\therefore \frac{\partial g}{\partial x}(x,y) - \frac{\partial f}{\partial y}(x,y) = 0 \Rightarrow \iint_{R'} \frac{\partial g}{\partial x}(x,y) - \frac{\partial f}{\partial y}(x,y) dx dy = 0$

$\Rightarrow \int_{C'} f dx + g dy - \int_{C_\varepsilon} f dx + g dy = 0 \Rightarrow \int_{C'} f dx + g dy = \int_{C_\varepsilon} f dx + g dy$

令$x = \varepsilon\cos\theta, y = \varepsilon\sin\theta$ 则$dx = -\varepsilon\sin\theta, dy = \varepsilon\cos\theta$

$$\lim_{\varepsilon\to 0}\int_{C_\varepsilon} f dx + g dy = \lim_{\varepsilon\to 0}\int_0^\pi \frac{\varepsilon(\cos\theta - \sin\theta)(-\varepsilon\sin\theta) + \varepsilon(\cos\theta+\sin\theta)(\varepsilon\cos\theta)}{\varepsilon^2} d\theta = \pi$$

$$\therefore \lim_{\varepsilon\to 0}\int_{C'} f dx + g dy = \lim_{\varepsilon\to 0}\int_{C_\varepsilon} f dx + g dy = \pi$$

$$\because \lim_{\varepsilon\to 0}\int_{C'} f dx + g dy = \oint_C f dx + g dy \quad \therefore \oint_C f dx + g dy = \pi$$

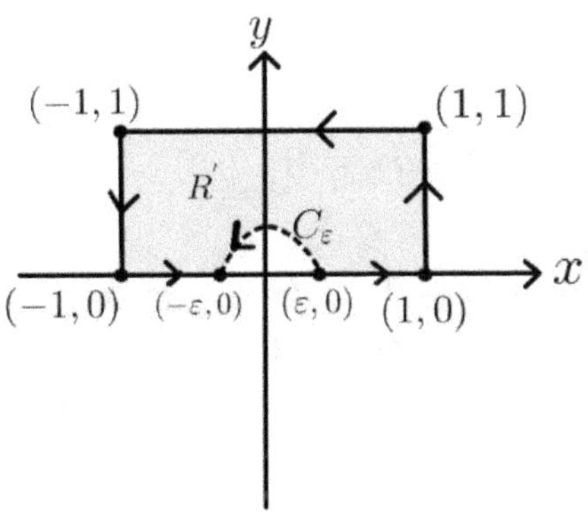

Example 3.

假设$f(x,y)=\dfrac{x-y}{x^2+y^2}$、$g(x,y)=\dfrac{x+y}{x^2+y^2}$，$C$为$(1,1)$、$(-1,1)$、$(-1,-1)$、$(1,-1)$

所围逆时针正方形，求$\oint_C f(x,y)\,dx+g(x,y)dy=?$

【解】

令O_ε为包含原点半径为 ε 的圆且取圆上两点$(\varepsilon\cos\theta,\varepsilon\sin\theta)(\varepsilon\cos(-\theta),\varepsilon\sin(-\theta)),\theta>0$

假设过$(\varepsilon\cos\theta,\varepsilon\sin\theta)$的水平直线与$C$交于$s_1$

过$(\varepsilon\cos(-\theta),\varepsilon\sin(-\theta))$的水平直线与$C$交于$s_2$

令C_ε为O_ε圆上從$(\varepsilon\cos\theta,\varepsilon\sin\theta)$至$(\varepsilon\cos(-\theta),\varepsilon\sin(-\theta))$的逆时针弧线

令C_1为$(\varepsilon\cos\theta,\varepsilon\sin\theta)$至$s_1$的直线

令C_2为s_2至$(\varepsilon\cos(-\theta),\varepsilon\sin(-\theta))$的直线

令C'为曲线C上從s_1至s_2的逆时针线

令R'为C_ε、C_1、C_2、C'所围的不包含原点的封闭区域

藉由Green's Theorem

$$\int_{C'} fdx+gdy+\int_{C_1} fdx+gdy-\int_{C_\varepsilon} fdx+gdy+\int_{C_2} fdx+gdy$$

$$=\iint_{R'}\frac{\partial g}{\partial x}(x,y)-\frac{\partial f}{\partial y}(x,y)dxdy$$

令 $(x,y)\neq(0,0)$

则 $\dfrac{\partial g}{\partial x}(x,y)=\dfrac{x^2+y^2-2x^2-2xy}{(x^2+y^2)^2}=\dfrac{-x^2+y^2-2xy}{(x^2+y^2)^2}$

$$\frac{\partial f}{\partial y}(x,y)=\frac{-(x^2+y^2)+2y^2-2xy}{(x^2+y^2)^2}=\frac{-x^2+y^2-2xy}{(x^2+y^2)^2}$$

$$\therefore\frac{\partial g}{\partial x}(x,y)-\frac{\partial f}{\partial y}(x,y)=0\Rightarrow\iint_{R'}\frac{\partial g}{\partial x}(x,y)-\frac{\partial f}{\partial y}(x,y)dxdy=0$$

$$\Rightarrow\int_{C'} fdx+gdy+\int_{C_1} fdx+gdy-\int_{C_\varepsilon} fdx+gdy+\int_{C_2} fdx+gdy=0$$

$$\because\lim_{\theta\to0}\int_{C_1} fdx+gdy+\int_{C_2} fdx+gdy=0\quad\therefore\lim_{\theta\to0}\int_{C'} fdx+gdy-\int_{C_\varepsilon} fdx+gdy=0$$

$$\therefore\lim_{\theta\to0}\int_{C'} fdx+gdy=\lim_{\theta\to0}\int_{C_\varepsilon} fdx+gdy$$

令$x=\varepsilon\cos t,y=\varepsilon\sin t$ 则$dx=-\varepsilon\sin t,dy=\varepsilon\cos t$

$$\therefore \lim_{\theta\to 0}\int_{C_\varepsilon} fdx+gdy=\int_0^{2\pi}\frac{\varepsilon(\cos t-\sin t)(-\varepsilon\sin t)+\varepsilon(\cos t+\sin t)(\varepsilon\cos t)}{\varepsilon^2}dt=2\pi$$

$$\therefore \lim_{\theta\to 0}\int_{C'} fdx+gdy=\lim_{\theta\to 0}\int_{C_\varepsilon} fdx+gdy=2\pi$$

$$\because \lim_{\theta\to 0}\int_{C'} fdx+gdy=\oint_C fdx+gdy \quad \therefore \oint_C fdx+gdy=2\pi$$

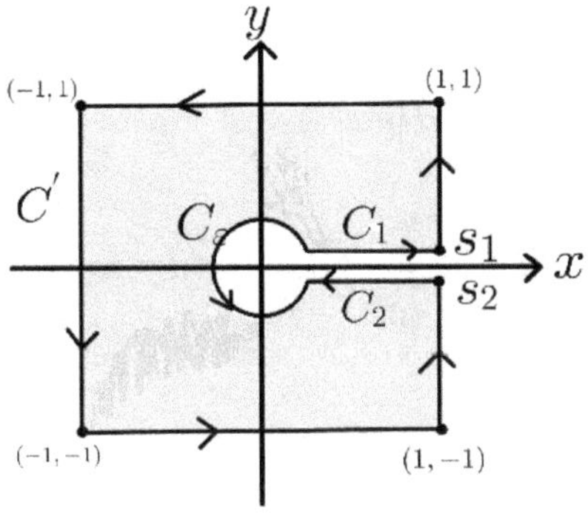

Example 4.

假设$f(x,y)=\dfrac{x-y}{x^2+y^2}$ 、$g(x,y)=\dfrac{x+y}{x^2+y^2}$，$C$为椭圆$\dfrac{x^2}{a^2}+\dfrac{y^2}{b^2}=$的逆时针边界，

求$\oint_C f(x,y)\,dx+g(x,y)dy=?$

【解】

令O_ε为包含原点半径为 ε 的圆且取圆上两点$(\varepsilon\cos\theta,\varepsilon\sin\theta)(\varepsilon\cos(-\theta),\varepsilon\sin(-\theta)),\theta>0$

假设过$(\varepsilon\cos\theta,\varepsilon\sin\theta)$的水平直线与$C$交于$s_1$

过$(\varepsilon\cos(-\theta),\varepsilon\sin(-\theta))$的水平直线与$C$交于$s_2$

令C_ε为O_ε圆上從$(\varepsilon\cos\theta,\varepsilon\sin\theta)$至$(\varepsilon\cos(-\theta),\varepsilon\sin(-\theta))$的逆时针弧线

令C_1为$(\varepsilon\cos\theta,\varepsilon\sin\theta)$至$s_1$的直线

令C_2为s_2至$(\varepsilon\cos(-\theta),\varepsilon\sin(-\theta))$的直线

令C'为曲线C上從s_1至s_2的逆时针弧线

令R'为C_ε、C_1、C_2、C'所围的不包含原点的封闭区域

藉由Green's Theorem

$$\int_{C'} fdx+gdy+\int_{C_1} fdx+gdy-\int_{C_\varepsilon} fdx+gdy+\int_{C_2} fdx+gdy$$

$$=\iint_{R'}\frac{\partial g}{\partial x}(x,y)-\frac{\partial f}{\partial y}(x,y)dxdy$$

令 $(x,y) \neq (0,0)$

则 $\dfrac{\partial g}{\partial x}(x,y) = \dfrac{x^2+y^2-2x^2-2xy}{(x^2+y^2)^2} = \dfrac{-x^2+y^2-2xy}{(x^2+y^2)^2}$

$\dfrac{\partial f}{\partial y}(x,y) = \dfrac{-(x^2+y^2)+2y^2-2xy}{(x^2+y^2)^2} = \dfrac{-x^2+y^2-2xy}{(x^2+y^2)^2}$

$\therefore \dfrac{\partial g}{\partial x}(x,y) - \dfrac{\partial f}{\partial y}(x,y) = 0 \Rightarrow \iint_{R'} \dfrac{\partial g}{\partial x}(x,y) - \dfrac{\partial f}{\partial y}(x,y)dxdy = 0$

$\Rightarrow \int_{C'} fdx + gdy + \int_{C_1} fdx + gdy - \int_{C_\varepsilon} fdx + gdy + \int_{C_2} fdx + gdy = 0$

$\because \lim_{\theta\to 0} \int_{C_1} fdx + gdy + \int_{C_2} fdx + gdy = 0 \quad \therefore \lim_{\theta\to 0} \int_{C'} fdx + gdy - \int_{C_\varepsilon} fdx + gdy = 0$

$\therefore \lim_{\theta\to 0} \int_{C'} fdx + gdy = \lim_{\theta\to 0} \int_{C_\varepsilon} fdx + gdy$

令 $x = \varepsilon\cos t, y = \varepsilon\sin t$ 则 $dx = -\varepsilon\sin t, dy = \varepsilon\cos t$

$\therefore \lim_{\theta\to 0} \int_{C_\varepsilon} fdx + gdy = \int_0^{2\pi} \dfrac{\varepsilon(\cos t - \sin t)(-\varepsilon\sin t) + \varepsilon(\cos t + \sin t)(\varepsilon\cos t)}{\varepsilon^2} dt = 2\pi$

$\therefore \lim_{\theta\to 0} \int_{C'} fdx + gdy = \lim_{\theta\to 0} \int_{C_\varepsilon} fdx + gdy = 2\pi$

$\because \lim_{\theta\to 0} \int_{C'} fdx + gdy = \oint_C fdx + gdy \quad \therefore \oint_C fdx + gdy = 2\pi$

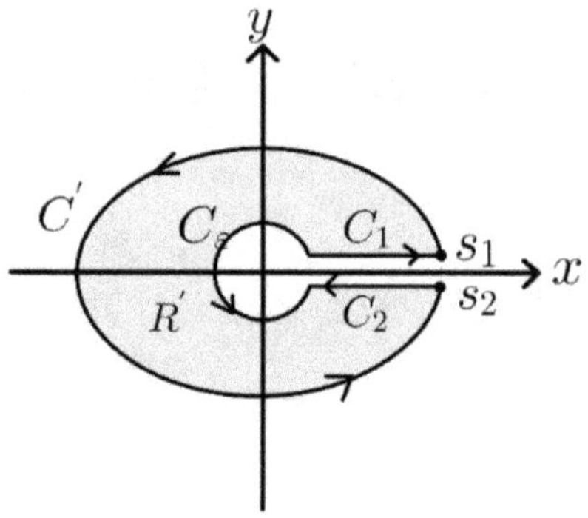

Example 5.

假设 $f(x,y) = \dfrac{-y}{x^2+y^2}$ 、$g(x,y) = \dfrac{x}{x^2+y^2}$，$C$ 为圆 $x^2+y^2=4$ 的逆时针边界，

求 $\oint_C f(x,y)\,dx + g(x,y)dy = ?$

【解】

令O_ε为包含原点半径为 ε 的圆且取圆上两点$(\varepsilon\cos\theta, \varepsilon\sin\theta)(\varepsilon\cos(-\theta), \varepsilon\sin(-\theta)), \theta > 0$

假设过$(\varepsilon\cos\theta, \varepsilon\sin\theta)$的水平直线与$C$交于$s_1$

过$(\varepsilon\cos(-\theta), \varepsilon\sin(-\theta))$的水平直线与$C$交于$s_2$

令C_ε为O_ε圆上從$(\varepsilon\cos\theta, \varepsilon\sin\theta)$至$(\varepsilon\cos(-\theta), \varepsilon\sin(-\theta))$的逆时针弧线

令C_1为$(\varepsilon\cos\theta, \varepsilon\sin\theta)$至$s_1$的直线

令C_2为s_2至$(\varepsilon\cos(-\theta), \varepsilon\sin(-\theta))$的直线

令C'为曲线C上從s_1至s_2的逆时针弧线

令R'为C_ε、C_1、C_2、C'所围的不包含原点的封闭区域

藉由Green's Theorem

$$\int_{C'} fdx + gdy + \int_{C_1} fdx + gdy - \int_{C_\varepsilon} fdx + gdy + \int_{C_2} fdx + gdy$$

$$= \iint_{R'} \frac{\partial g}{\partial x}(x,y) - \frac{\partial f}{\partial y}(x,y)dxdy$$

令 $(x,y) \neq (0,0)$

则 $\dfrac{\partial g}{\partial x}(x,y) = \dfrac{x^2+y^2-2x^2}{(x^2+y^2)^2} = \dfrac{-x^2+y^2}{(x^2+y^2)^2}$, $\dfrac{\partial f}{\partial y}(x,y) = \dfrac{-(x^2+y^2)+2y^2}{(x^2+y^2)^2} = \dfrac{-x^2+y^2}{(x^2+y^2)^2}$

$$\therefore \frac{\partial g}{\partial x}(x,y) - \frac{\partial f}{\partial y}(x,y) = 0 \Rightarrow \iint_{R'} \frac{\partial g}{\partial x}(x,y) - \frac{\partial f}{\partial y}(x,y)dxdy = 0$$

$$\Rightarrow \int_{C'} fdx + gdy + \int_{C_1} fdx + gdy - \int_{C_\varepsilon} fdx + gdy + \int_{C_2} fdx + gdy = 0$$

$$\because \lim_{\theta\to 0}\int_{C_1} fdx + gdy + \int_{C_2} fdx + gdy = 0 \quad \therefore \lim_{\theta\to 0}\int_{C'} fdx + gdy - \int_{C_\varepsilon} fdx + gdy = 0$$

$$\therefore \lim_{\theta\to 0}\int_{C'} fdx + gdy = \lim_{\theta\to 0}\int_{C_\varepsilon} fdx + gdy$$

令$x = \varepsilon\cos t, y = \varepsilon\sin t$ 则$dx = -\varepsilon\sin t, dy = \varepsilon\cos t$

$$\therefore \lim_{\theta\to 0}\int_{C_\varepsilon} fdx + gdy = \int_0^{2\pi} \frac{-\varepsilon\sin t(-\varepsilon\sin t) + \varepsilon^2\cos^2 t}{\varepsilon^2}dt = 2\pi$$

$$\therefore \lim_{\theta\to 0}\int_{C'} fdx + gdy = \lim_{\theta\to 0}\int_{C_\varepsilon} fdx + gdy = 2\pi$$

$\because \lim_{\theta\to 0}\int_{C'} fdx+gdy=\oint_C fdx+gdy \quad \therefore \oint_C fdx+gdy=2\pi$

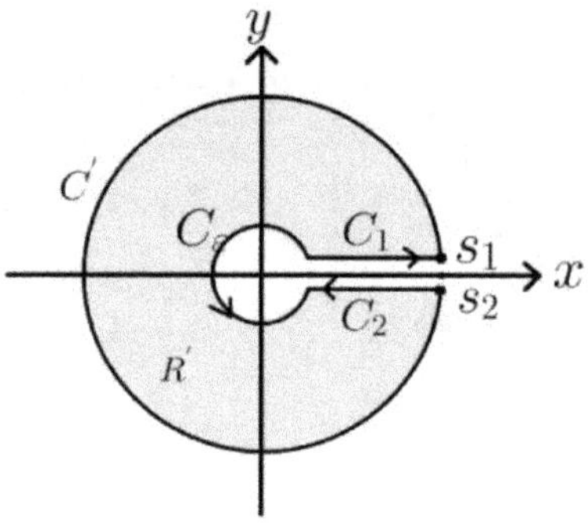

Example 6.

求 $\oint_C \frac{-y}{x^2+y^2}dx+\frac{x}{x^2+y^2}dy=?$ 沿下列路径的值

(1) C为沿 $x^2+y^2=1$ 的逆时针封闭路径

(2) C为沿 $x^2+y^2=r\ (r>1)$的逆时针封闭路径

(3) C为沿 $\left(\frac{x}{4}\right)^2+\left(\frac{y}{3}\right)^2=1$ 的逆时针封闭路径

(4) C为沿 $(1,1),(-1,1),(-1,-1),(1,-1),(1,1)$的逆时针封闭路径

(5) C为沿 $(x-5)^2+(y-5)^2=16$ 的逆时针封闭路径

(6) C为沿 $(x-1)^2+y^2=1$ 的逆时针封闭路径

(7) C为沿 $(x-1)^2+y^2=a^2, a\in \mathrm{R}$ 的逆时针封闭路径

【解】

(1)(2)(3)(4)

令O_ε为包含原点半径为 ε 的圆且取圆上两点$(\varepsilon\cos\theta,\varepsilon\sin\theta)(\varepsilon\cos(-\theta),\varepsilon\sin(-\theta)),\theta>0$

假设过$(\varepsilon\cos\theta,\varepsilon\sin\theta)$的水平直线与$C$交于$\mathrm{s}_1$

过$(\varepsilon\cos(-\theta),\varepsilon\sin(-\theta))$的水平直线与$C$交于$\mathrm{s}_2$

令C_ε为O_ε圆上從$(\varepsilon\cos\theta,\varepsilon\sin\theta)$至$(\varepsilon\cos(-\theta),\varepsilon\sin(-\theta))$的逆时针弧线

令C_1为$(\varepsilon\cos\theta,\varepsilon\sin\theta)$至$\mathrm{s}_1$的直线

令C_2为s_2至$(\varepsilon\cos(-\theta),\varepsilon\sin(-\theta))$的直线

令C'为曲线C上從s_1至s_2的逆时针弧线

令R'为C_ε、C_1、C_2、C'所围的不包含原点的封闭区域

藉由Green's Theorem

$$\int_{C'} fdx+gdy+\int_{C_1} fdx+gdy-\int_{C_\varepsilon} fdx+gdy+\int_{C_2} fdx+gdy$$
$$=\iint_{R'} \frac{\partial g}{\partial x}(x,y)-\frac{\partial f}{\partial y}(x,y)dxdy$$

令 $(x,y)\neq(0,0)$

则 $\frac{\partial g}{\partial x}(x,y)=\frac{x^2+y^2-2x^2}{(x^2+y^2)^2}=\frac{-x^2+y^2}{(x^2+y^2)^2}$, $\frac{\partial f}{\partial y}(x,y)=\frac{-(x^2+y^2)+2y^2}{(x^2+y^2)^2}=\frac{-x^2+y^2}{(x^2+y^2)^2}$

$$\therefore \frac{\partial g}{\partial x}(x,y)-\frac{\partial f}{\partial y}(x,y)=0\Rightarrow \iint_{R'} \frac{\partial g}{\partial x}(x,y)-\frac{\partial f}{\partial y}(x,y)dxdy=0$$

$$\Rightarrow \int_{C'} fdx+gdy+\int_{C_1} fdx+gdy-\int_{C_\varepsilon} fdx+gdy+\int_{C_2} fdx+gdy=0$$

$$\because \lim_{\theta\to 0}\int_{C_1} fdx+gdy+\int_{C_2} fdx+gdy=0 \quad \therefore \lim_{\theta\to 0}\int_{C'} fdx+gdy-\int_{C_\varepsilon} fdx+gdy=0$$

$$\therefore \lim_{\theta\to 0}\int_{C'} fdx+gdy=\lim_{\theta\to 0}\int_{C_\varepsilon} fdx+gdy$$

令$x=\varepsilon\cos t$, $y=\varepsilon\sin t$ 则$dx=-\varepsilon\sin t$, $dy=\varepsilon\cos t$

$$\therefore \lim_{\theta\to 0}\int_{C_\varepsilon} fdx+gdy=\int_0^{2\pi}\frac{-\varepsilon\sin t(-\varepsilon\sin t)+\varepsilon^2\cos^2 t}{\varepsilon^2}dt=2\pi$$

$$\therefore \lim_{\theta\to 0}\int_{C'} fdx+gdy=\lim_{\theta\to 0}\int_{C_\varepsilon} fdx+gdy=2\pi$$

$$\because \lim_{\theta\to 0}\int_{C'} fdx+gdy=\oint_C fdx+gdy \quad \therefore \oint_C fdx+gdy=2\pi$$

(5)

令R'为C所围封闭区域则 f,g于R'的一阶偏导数存在且连续

藉由Green's Theorem, $\oint_C fdx+gdy=\iint_{R'} \frac{\partial g}{\partial x}(x,y)-\frac{\partial f}{\partial y}(x,y)dxdy$

$\because \frac{\partial g}{\partial x}(x,y)=\frac{x^2+y^2-2x^2}{(x^2+y^2)^2}=\frac{-x^2+y^2}{(x^2+y^2)^2}$, $\frac{\partial f}{\partial y}(x,y)=\frac{-(x^2+y^2)+2y^2}{(x^2+y^2)^2}=\frac{-x^2+y^2}{(x^2+y^2)^2}$

$$\therefore \frac{\partial g}{\partial x}(x,y)-\frac{\partial f}{\partial y}(x,y)=0\Rightarrow \iint_{R'} \frac{\partial g}{\partial x}(x,y)-\frac{\partial f}{\partial y}(x,y)dxdy=0 \quad \therefore \oint_C fdx+gdy=0$$

(6)

令O_ε为包含原点半径为 ε 的圆

且与C交于$s_1=(\varepsilon\cos\theta_1,\varepsilon\sin\theta_1)$、$s_2=(\varepsilon\cos\theta_2,\varepsilon\sin\theta_2)$, $\theta_2>\theta_1$

令C_ε为O_ε圆上從$(\varepsilon\cos\theta_1, \varepsilon\sin\theta_1)$至$(\varepsilon\cos\theta_2, \varepsilon\sin\theta_2)$的顺时针弧线
令C'为曲线C上從s_2至s_1的逆时针弧线
令R'为C_ε、C'所围的封闭区域

藉由Green's Theorem, $\int_{C'} fdx + gdy + \int_{C_\varepsilon} fdx + gdy = \iint_{R'} \frac{\partial g}{\partial x}(x,y) - \frac{\partial f}{\partial y}(x,y)dxdy$

令 $(x,y) \neq (0,0)$

则 $\frac{\partial g}{\partial x}(x,y) = \frac{x^2+y^2-2x^2}{(x^2+y^2)^2} = \frac{-x^2+y^2}{(x^2+y^2)^2}$, $\frac{\partial f}{\partial y}(x,y) = \frac{-(x^2+y^2)+2y^2}{(x^2+y^2)^2} = \frac{-x^2+y^2}{(x^2+y^2)^2}$

$\therefore \frac{\partial g}{\partial x}(x,y) - \frac{\partial f}{\partial y}(x,y) = 0 \Rightarrow \iint_{R'} \frac{\partial g}{\partial x}(x,y) - \frac{\partial f}{\partial y}(x,y)dxdy = 0$

$\Rightarrow \int_{C'} fdx + gdy + \int_{C_\varepsilon} fdx + gdy = 0 \Rightarrow \int_{C'} fdx + gdy = -\int_{C_\varepsilon} fdx + gdy$

令$x = \varepsilon\cos\theta, y = \varepsilon\sin\theta$ 则$dx = -\varepsilon\sin\theta, dy = \varepsilon\cos\theta$

$$\lim_{\varepsilon\to 0}\int_{C_\varepsilon} fdx + gdy = \lim_{\varepsilon\to 0}\int_{\frac{\pi}{2}}^{-\frac{\pi}{2}} \frac{\varepsilon\sin\theta(\varepsilon\sin\theta) + \varepsilon^2\cos^2\theta}{\varepsilon^2} d\theta = -\pi$$

$$\lim_{\varepsilon\to 0}\int_{C'} fdx + gdy = -\lim_{\varepsilon\to 0}\int_{C_\varepsilon} fdx + gdy = \pi$$

$\because \lim_{\varepsilon\to 0}\int_{C'} fdx + gdy = \oint_C fdx + gdy \quad \therefore \oint_C fdx + gdy = \pi$

(7)

$a < 1 \Rightarrow \oint_C fdx + gdy = 0$

$a = 1 \Rightarrow \oint_C fdx + gdy = \pi$

$a > 1 \Rightarrow \oint_C fdx + gdy = 2\pi$

9.5 曲面积分

9.5.1 空间曲面S的表示式与光滑曲面

曲面积分的考试类型包含给曲面S求封闭区域的表面积、给定纯量函数f与曲面S求质量、给定向量函数$\vec{F}$与曲面S求通量。三维空间的曲面可用两个参数来表示(如下图)：

$$\vec{r}(s,t)=\big(x(s,t),y(s,t),z(s,t)\big)$$

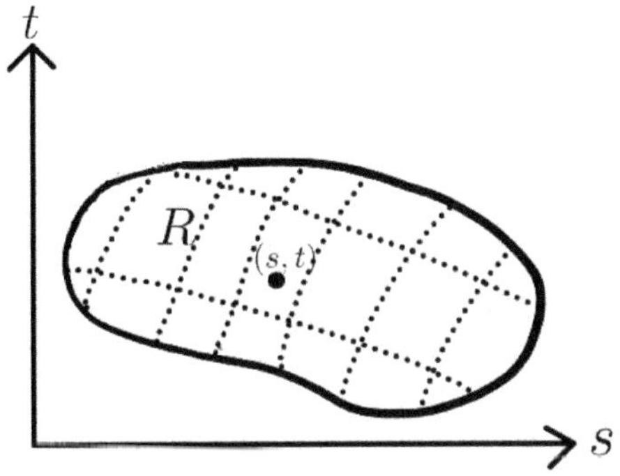

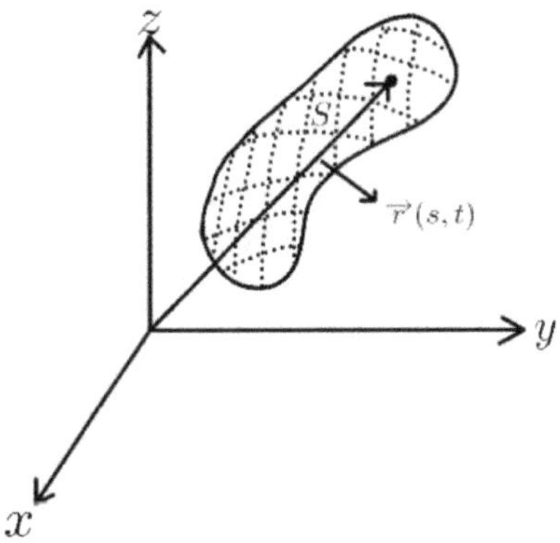

假设函数f为一个双变数函数，曲面S的方程式为 $z=f(x,y)$，则曲面参数化的表示式为 $\vec{r}(x,y)=\big(x,y,f(x,y)\big)$, 其中 $\forall\,(x,y)\in D_f$，D_f为f的定义域；同理,如果曲面S的方程式为

$$x=g(y,z),\ \ \forall\,(y,z)\in D_g \quad 或 \quad y=h(x,z),\ \ \forall(x,z)\in D_h$$

则参数化表示式分别为

$$\vec{r}(y,z)=(g(y,z),y,z),\ \ \forall\,(y,z)\in D_g \ \ 或\ \ \vec{r}(x,z)=(x,h(x,z),z),\ \ \forall(x,z)\in D_h$$

【定义】

假设曲面的参数式为 $\vec{r}(s,t)=\big(x(s,t),y(s,t),z(s,t)\big)$，则

$$\vec{r}_s=\frac{\partial\vec{r}}{\partial s}:=\left(\frac{\partial x}{\partial s},\frac{\partial y}{\partial s},\frac{\partial z}{\partial s}\right)\ \ 且\ \ \vec{r}_t=\frac{\partial\vec{r}}{\partial t}:=\left(\frac{\partial x}{\partial t},\frac{\partial y}{\partial t},\frac{\partial z}{\partial t}\right)$$

【定义】

假设曲面的参数式为$\vec{r}(s,t)=\big(x(s,t),y(s,t),z(s,t)\big)$，如果存在定义域的某点$(s,t)$使得 $\vec{r}_s\times\vec{r}_t\neq 0$ 则称 $\vec{r}(s,t)$为正则参数化(regular parameterization)

接下来皆只考虑正则参数化的曲面，参数化曲面是否平滑与曲线是否平滑的定义类似，如果曲线没有尖锐的转角，则参数化曲线是平滑的。如果曲面没有尖锐的转角，则称参数化曲面是平滑的。

【定义】

假设曲面的参数化为 $\vec{r}(s,t)=\big(x(s,t),y(s,t),z(s,t)\big)$，如果 $\vec{r}_s\times\vec{r}_t\neq 0,\ \forall\,(s,t)\in D$

则称曲面为平滑曲面

底下列出计算曲面面积、纯量函数曲面积分以及向量函数曲面积分的重要公式，细部推导请见各节说明，假设曲面S的参数式为$\vec{r}(s,t)$，第一个计算重点是给定曲面S求封闭区域的表面积，公式为

$$\iint_S dA = \iint_D |\vec{r}_s \times \vec{r}_t| dA$$

第二个计算重点是给定曲面S，求纯量函数f的曲面积分，公式为

$$\iint_S f(x,y,z)dS = \iint_D f(\vec{r}(s,t))|\vec{r}_s \times \vec{r}_t| dA$$

第三个计算重点是给定曲面S，求向量函数$\vec{F}$的曲面积分，公式为

$$\iint_S \vec{F} \cdot d\vec{S} \iint_D \vec{F}(\vec{r}(s,t)) \cdot (\vec{r}_s \times \vec{r}_t) dsdt$$

其中 $\vec{r}_s = \left(\frac{\partial x}{\partial s}, \frac{\partial y}{\partial s}, \frac{\partial z}{\partial s}\right)$ 且 $\vec{r}_t = \left(\frac{\partial x}{\partial t}, \frac{\partial y}{\partial t}, \frac{\partial z}{\partial t}\right)$

從上述观察得知，給定参数化曲面$\vec{r}(s,t) = \big(x(s,t), y(s,t), z(s,t)\big)$，如何有效率且精确地求得两偏导数的外积 $\vec{r}_s \times \vec{r}_t$及其长度 $|\vec{r}_s \times \vec{r}_t|$ 是重要的

Example 1.

假设曲面的参数表示式为 $\vec{r}(s,t) = (3\cos s, t, 3\sin s)$，求曲面的单一方程式表示式

【解】

$\because$ 曲面的参数式为 $x = 3\cos s, y = t, z = 3\sin s$

$\therefore x^2 + z^2 = 9\cos^2 s + 9\sin^2 s = 9.$

Example 2.

找出一个向量函数，通过具有位置向量 $\vec{r}_0$的点P_0，并包含两个非平行向量$\vec{u}$和$\vec{v}$的平面

【解】

令 P 点为平面上的任意点则存在纯量s , t 使得$\overrightarrow{P_0P} = s\vec{u} + t\vec{v}$

令 $\vec{r}$ 为 P点的位置向量 则 $\vec{r} = \overrightarrow{OP_0} + \overrightarrow{P_0P} = \vec{r}_0 + s\vec{u} + t\vec{v}$

$\therefore \vec{r}(s,t) = r_0 + s\vec{u} + t\vec{v}$

Example 3.

求下列各个曲面方程式的参数表示式

(1)球体方程式表示 $x^2+y^2+z^2=r^2$，$r>0$

(2)圆柱体方程式表示$x^2+y^2=a^2$，其中 $0\le z\le 1, a>0$

(3)锥体方程式表示 $\mathrm{z}=5\sqrt{x^2+y^2}$

(4)椭圆抛物面方程式 $\mathrm{z}=\ x^2+2y^2$

(5)锥体$x^2+y^2=z^2$在平面 $\mathrm{z}=-3$ 的上方曲面

(6)椭球面方程式 $\dfrac{x^2}{a^2}+\dfrac{y^2}{b^2}+\dfrac{z^2}{c^2}=1$

【解】

(1)

$\vec{r}(\theta,\varphi)=r\cos\theta\sin\varphi\,, y=r\sin\theta\sin\varphi\,, z=r\cos\varphi$

(2)

$\vec{r}(\theta,z)=(a\cos\theta\,, a\sin\theta\,, z)$，$0\le\theta\le 2\pi$ 且 $0\le z\le 1$

(3)

参数表示方式为 $\vec{r}(x,y)=(x,y,5\sqrt{x^2+y^2})$

另一个参数表示方式可用极坐标表示

令 $x=r\cos\theta\,, y=r\sin\theta$ 则 $z=5\sqrt{x^2+y^2}=5r$

$\therefore$ 极坐标参数表示方式为 $\vec{r}(r,\theta)=(r\cos\theta\,, r\sin\theta\,, 5r)$

(4)

参数表示方式为 $\vec{r}(x,y)=(x,y,x^2+2y^2)$

(5)

参数表示方式为 $\vec{r}(s,t)=(s\cos t\,, s\sin t\,, s)$ 其中 $-3\le s<\infty, 0\le t<2\pi$

(6)

$\vec{r}(\theta,\varphi)=(a\cos\theta\sin\varphi\,, b\sin\theta\sin\varphi\,, c\cos\varphi)$ 其中 $0\le\theta\le 2\pi$，$0\le\varphi\le\pi$

Example 4.

假设曲面的参数表示为 $\vec{r}(s,t)=(s\cos t\,, s\sin t\,, s^2), 0\le s<\infty, 0\le t<2\pi$, 求其单一方程式表示式

【解】

$\because x^2+y^2=(s\cos t)^2+(s\sin t)^2=s^2=z$

∴ 单一方程式表示式为椭圆抛物面 $x^2+y^2=z$

Example 5.

假设曲面S的参数式为 $\vec{r}(s,t)=\big((3+\cos t)\cos s,(3+\cos t)\sin s,\sin t\big)$，其中 $0\le s<2\pi$，$0\le t<2\pi$，判断曲面是否为平滑曲面

【解】

$\vec{r}_s=(-(3+\cos t)\sin s,(3+\cos t)\cos s,0)$，and $\vec{r}_t=(-\sin t\cos s,-\sin t\sin s,\cos t)$

$\because \vec{r}_s\times\vec{r}_t=\big((3+\cos t)\cos s\cos t,(3+\cos t)\sin s\cos t,(3+\cos t)\sin t\big)$

Let $\vec{r}_s\times\vec{r}_t=\vec{0}$ then $(3+\cos t)\sin t=0\Rightarrow t=0$ or π

$\because t=0$ 或 π 且 $(3+\cos t)\sin s\cos t=0$ $\therefore s=0$ or π

$\because (3+\cos t)\cos s\cos t\neq 0$, for $s=0$ or π and $t=0$ or π

∴ 曲面为平滑曲面

Example 6.

求 $\dfrac{\partial\vec{r}}{\partial s}\times\dfrac{\partial\vec{r}}{\partial t}=?$ 以及 $\left|\dfrac{\partial\vec{r}}{\partial s}\times\dfrac{\partial\vec{r}}{\partial t}\right|=?$，并判断是否为平滑曲面

(1)假设曲面的参数化方程式为$\vec{r}(s,t)=(kt\cos s,kt\sin s,t)$,

(2)假设曲面的参数化方程式为$\vec{r}(s,t)=(a\cos s\cos t,a\sin s\cos t,a\sin t)$

【解】

(1)

$\because \dfrac{\partial\vec{r}}{\partial s}=(-kt\sin s,kt\cos s,0)$，$\dfrac{\partial\vec{r}}{\partial t}=(k\cos s,k\sin s,1)$

$\therefore \dfrac{\partial\vec{r}}{\partial s}\times\dfrac{\partial\vec{r}}{\partial t}=(kt\cos s,kt\sin s,-k^2t)$ 且 $\left|\dfrac{\partial\vec{r}}{\partial s}\times\dfrac{\partial\vec{r}}{\partial t}\right|=kt\sqrt{1+k^2}$

$\because \dfrac{\partial\vec{r}}{\partial s}\times\dfrac{\partial\vec{r}}{\partial t}=(0,0,0)$，as $t=0$ ∴ 曲面不是平滑曲面

(2)

$\because \dfrac{\partial\vec{r}}{\partial s}\times\dfrac{\partial\vec{r}}{\partial t}=a\cos t\,(a\cos s\cos t,a\sin s\cos t,a\sin t)=a\cos t\,\vec{r}(s,t)$ and

$\left|\dfrac{\partial\vec{r}}{\partial s}\times\dfrac{\partial\vec{r}}{\partial t}\right|=a\cos^2 t$

$\because \dfrac{\partial\vec{r}}{\partial s}\times\dfrac{\partial\vec{r}}{\partial t}=(0,0,0)$，as $t=\dfrac{\pi}{2}$ ∴ 曲面不是平滑曲面

Example 7.

曲面的参数化方程式为$\vec{r}(x,\theta)=(x,x^2\cos\theta,x^2\sin\theta)$, 求(1)$\dfrac{\partial\vec{r}}{\partial x}\times\dfrac{\partial\vec{r}}{\partial\theta}=?$ 以及 $\left|\dfrac{\partial\vec{r}}{\partial x}\times\dfrac{\partial\vec{r}}{\partial\theta}\right|=?$

(2)判断是否为平滑曲面

【解】

(1)

$$\because\frac{\partial\vec{r}}{\partial x}=(1,2x\cos\theta,2x\sin\theta),\quad\frac{\partial\vec{r}}{\partial\theta}=(0,-x^2\sin\theta,x^2\cos\theta)$$

$$\therefore\frac{\partial\vec{r}}{\partial x}\times\frac{\partial\vec{r}}{\partial\theta}=(2x^3,-x^2\sin\theta,-x^2\sin\theta)\text{ 且 }\left|\frac{\partial\vec{r}}{\partial x}\times\frac{\partial\vec{r}}{\partial\theta}\right|=x^2\sqrt{4x^2+1}$$

(2)

$$\because\frac{\partial\vec{r}}{\partial x}\times\frac{\partial\vec{r}}{\partial\theta}=(0,0,0),\text{ as }x=0\quad\therefore\text{曲面不是平滑曲面}$$

Example 8.

求$\dfrac{\partial\vec{r}}{\partial x}\times\dfrac{\partial\vec{r}}{\partial y}=?$ 以及 $\left|\dfrac{\partial\vec{r}}{\partial x}\times\dfrac{\partial\vec{r}}{\partial y}\right|=?$并判断是否为平滑曲面

(1)假设曲面为空间平面$Ax+By+Cz=D$

(2)假设空间曲面为 $z=\dfrac{2}{3}y^{\frac{3}{2}}$,

(3)空间曲面为 $z=x+ay+b$

(4)假设空间曲面为 $z=xy$

(5)假设空间曲面为 $z=y^2+bx+c$

(6)假设空间曲面为 $z=x^2+y^2$

(7)假设曲面为 $z=3-y^2$

(8)假设曲面为$z=x^3$

【解】

(1)

$$\text{令 }\vec{r}(x,y)=\left(x,y,\frac{D-(Ax+By)}{C}\right)$$

$\because \dfrac{\partial \vec{r}}{\partial x}=\left(1,0,-\dfrac{A}{C}\right)$，$\dfrac{\partial \vec{r}}{\partial y}=\left(0,1,-\dfrac{B}{C}\right)$

$\therefore \dfrac{\partial \vec{r}}{\partial x}\times\dfrac{\partial \vec{r}}{\partial y}=\left(\dfrac{A}{C},\dfrac{B}{C},1\right)\Rightarrow\left|\dfrac{\partial \vec{r}}{\partial x}\times\dfrac{\partial \vec{r}}{\partial y}\right|=\sqrt{1+\dfrac{A^2+B^2}{C^2}}=\sqrt{\dfrac{A^2+B^2+C^2}{C^2}}$

$\because \dfrac{\partial \vec{r}}{\partial x}\times\dfrac{\partial \vec{r}}{\partial y}\neq(0,0,0)$，$\forall x,y\in R$ $\quad\therefore$ 曲面是平滑曲面

(2)

令 $\vec{r}(x,y)=\left(x,y,\dfrac{2}{3}y^{\frac{3}{2}}\right)$

$\because \dfrac{\partial \vec{r}}{\partial x}=(1,0,0)$，$\dfrac{\partial \vec{r}}{\partial y}=\left(0,1,y^{\frac{1}{2}}\right)$ $\quad\therefore \dfrac{\partial \vec{r}}{\partial x}\times\dfrac{\partial \vec{r}}{\partial y}=\left(0,-y^{\frac{1}{2}},1\right)\Rightarrow\left|\dfrac{\partial \vec{r}}{\partial x}\times\dfrac{\partial \vec{r}}{\partial y}\right|=(y+1)^{\frac{1}{2}}$

$\because \dfrac{\partial \vec{r}}{\partial x}\times\dfrac{\partial \vec{r}}{\partial y}\neq(0,0,0)$，$\forall x,y\in R$ $\quad\therefore$ 曲面是平滑曲面

(3)

令 $\vec{r}(x,y)=(x,y,x+ay+b)$

$\because \dfrac{\partial \vec{r}}{\partial x}=(1,0,1)$，$\dfrac{\partial \vec{r}}{\partial y}=(0,1,a)$ $\quad\therefore \dfrac{\partial \vec{r}}{\partial x}\times\dfrac{\partial \vec{r}}{\partial y}=(-1,-a,1)\Rightarrow\left|\dfrac{\partial \vec{r}}{\partial x}\times\dfrac{\partial \vec{r}}{\partial y}\right|=\sqrt{a^2+2}$

$\because \dfrac{\partial \vec{r}}{\partial x}\times\dfrac{\partial \vec{r}}{\partial y}\neq(0,0,0)$，$\forall x,y\in R$ $\quad\therefore$ 曲面是平滑曲面

(4)

令 $\vec{r}(x,y)=(x,y,xy)$

$\because \dfrac{\partial \vec{r}}{\partial x}=(1,0,y)$，$\dfrac{\partial \vec{r}}{\partial y}=(0,1,x)$ $\therefore \dfrac{\partial \vec{r}}{\partial x}\times\dfrac{\partial \vec{r}}{\partial y}=(-y,-x,1)\Rightarrow\left|\dfrac{\partial \vec{r}}{\partial x}\times\dfrac{\partial \vec{r}}{\partial y}\right|=(x^2+y^2+1)^{\frac{1}{2}}$

$\because \dfrac{\partial \vec{r}}{\partial x}\times\dfrac{\partial \vec{r}}{\partial y}\neq(0,0,0)$，$\forall x,y\in R$ $\quad\therefore$ 曲面是平滑曲面

(5)

令 $\vec{r}(x,y)=(x,y,y^2+bx+c)$

$\because \dfrac{\partial\vec{r}}{\partial x}=(1,0,b)$，$\dfrac{\partial\vec{r}}{\partial y}=(0,1,2y)$ $\therefore \dfrac{\partial\vec{r}}{\partial x}\times\dfrac{\partial\vec{r}}{\partial y}=(-b,-2y,1)\Rightarrow\left|\dfrac{\partial\vec{r}}{\partial x}\times\dfrac{\partial\vec{r}}{\partial y}\right|=(b^2+1+4y^2)^{\frac{1}{2}}$

$\because \dfrac{\partial\vec{r}}{\partial x}\times\dfrac{\partial\vec{r}}{\partial y}\neq(0,0,0)$，$\forall x,y\in R$ $\therefore$ 曲面是平滑曲面

(6)

令$\vec{r}(x,y)=(x,y,x^2+y^2)$ $\because \dfrac{\partial\vec{r}}{\partial x}=(1,0,2x)$，$\dfrac{\partial\vec{r}}{\partial y}=(0,1,2y)$

$\therefore \dfrac{\partial\vec{r}}{\partial x}\times\dfrac{\partial\vec{r}}{\partial y}=(-2x,-2y,1)\Rightarrow\left|\dfrac{\partial\vec{r}}{\partial x}\times\dfrac{\partial\vec{r}}{\partial y}\right|=(4x^2+4y^2+1)^{\frac{1}{2}}$

$\because \dfrac{\partial\vec{r}}{\partial x}\times\dfrac{\partial\vec{r}}{\partial y}\neq(0,0,0)$，$\forall x,y\in R$ $\therefore$ 曲面是平滑曲面

(7)

令 $\vec{r}(x,y)=(x,y,3-y^2)$

$\because \dfrac{\partial\vec{r}}{\partial x}=(1,0,0)$，$\dfrac{\partial\vec{r}}{\partial y}=(0,1,-2y)$ $\therefore \dfrac{\partial\vec{r}}{\partial x}\times\dfrac{\partial\vec{r}}{\partial y}=(0,2y,1)\Rightarrow\left|\dfrac{\partial\vec{r}}{\partial x}\times\dfrac{\partial\vec{r}}{\partial y}\right|=\sqrt{1+4y^2}$

$\because \dfrac{\partial\vec{r}}{\partial x}\times\dfrac{\partial\vec{r}}{\partial y}\neq(0,0,0)$，$\forall x,y\in R$ $\therefore$ 曲面是平滑曲面

(8)

令 $\vec{r}(x,y)=(x,y,x^3)$

$\because \dfrac{\partial\vec{r}}{\partial x}=(1,0,3x^2)$，$\dfrac{\partial\vec{r}}{\partial y}=(0,1,0)$ $\therefore \dfrac{\partial\vec{r}}{\partial x}\times\dfrac{\partial\vec{r}}{\partial y}=(-3x^2,0,-1)$

$\left|\dfrac{\partial\vec{r}}{\partial x}\times\dfrac{\partial\vec{r}}{\partial y}\right|=\sqrt{1+9x^4}$

$\because \dfrac{\partial\vec{r}}{\partial x}\times\dfrac{\partial\vec{r}}{\partial y}\neq(0,0,0)$，$\forall x,z\in R$ $\therefore$ 曲面是平滑曲面

Example 9.

假设球面$S=\{(x,y,z): x^2+y^2+z^2=r^2, z\geq 0\}$，$\vec{r}(\theta,\varphi)$为曲面参数化方程式，

求(1) $\dfrac{\partial \vec{r}}{\partial \varphi}\times\dfrac{\partial \vec{r}}{\partial \theta}=?$ 以及 $\left|\dfrac{\partial \vec{r}}{\partial \varphi}\times\dfrac{\partial \vec{r}}{\partial \theta}\right|=?$

【解】

令$\vec{r}(\theta,\varphi)=(r\cos\theta\sin\varphi, r\sin\theta\sin\varphi, r\cos\varphi)$

$\because \dfrac{\partial \vec{r}}{\partial \theta}=(-r\sin\theta\sin\varphi, r\cos\theta\sin\varphi, 0)$ 且 $\dfrac{\partial \vec{r}}{\partial \varphi}=(r\cos\theta\cos\varphi, r\sin\theta\cos\varphi, -r\sin\varphi)$

$\therefore \dfrac{\partial \vec{r}}{\partial \varphi}\times\dfrac{\partial \vec{r}}{\partial \theta}=(r^2\cos\theta\sin^2\varphi, r^2\sin\theta\sin^2\varphi, r^2\sin\varphi\cos\varphi) \Rightarrow \left|\dfrac{\partial \vec{r}}{\partial \varphi}\times\dfrac{\partial \vec{r}}{\partial \theta}\right|=r^2\sin\varphi$

Example 10.

求$\dfrac{\partial \vec{r}}{\partial y}\times\dfrac{\partial \vec{r}}{\partial z}=?$ 以及 $\left|\dfrac{\partial \vec{r}}{\partial y}\times\dfrac{\partial \vec{r}}{\partial z}\right|=?$并判断是否为平滑曲面

(1)曲面为 $x=\sqrt{z^2-y^2}$ (2)曲面为$x-y^2-z=2$

【解】

(1)

令$\vec{r}(x,y)=\left(\sqrt{z^2-y^2}, y, z\right)$

$\because \dfrac{\partial \vec{r}}{\partial y}=\left(-y(z^2-y^2)^{-\frac{1}{2}}, 1, 0\right)$，$\dfrac{\partial \vec{r}}{\partial z}=\left(z(z^2-y^2)^{-\frac{1}{2}}, 0, 1\right)$，

$\therefore \dfrac{\partial \vec{r}}{\partial y}\times\dfrac{\partial \vec{r}}{\partial z}=\left(1, y(z^2-y^2)^{-\frac{1}{2}}, -z(z^2-y^2)^{-\frac{1}{2}}\right)$ 且

$\left|\dfrac{\partial \vec{r}}{\partial y}\times\dfrac{\partial \vec{r}}{\partial z}\right|=\sqrt{1+(z^2+y^2)(z^2-y^2)^{-1}}$

$\because \dfrac{\partial \vec{r}}{\partial y}\times\dfrac{\partial \vec{r}}{\partial z}\neq(0,0,0)$，$\forall x,y\in R$ $\therefore$ 曲面是平滑曲面

(2)

令 $\vec{r}(y,z)=(y^2+z+2,y,z)$

$\because \dfrac{\partial \vec{r}}{\partial y}=(2y,1,0)$，$\dfrac{\partial \vec{r}}{\partial z}=(1,0,1)$ $\therefore \dfrac{\partial \vec{r}}{\partial y}\times\dfrac{\partial \vec{r}}{\partial z}=(1,-2y,-1)\Rightarrow\left|\dfrac{\partial \vec{r}}{\partial y}\times\dfrac{\partial \vec{r}}{\partial z}\right|=\sqrt{2+4y^2}$

$\because \dfrac{\partial \vec{r}}{\partial y}\times\dfrac{\partial \vec{r}}{\partial z}\neq(0,0,0)$，$\forall x,y\in R$ $\quad\therefore$ 曲面是平滑曲面

Example 11.

假设曲面为$y=x^2$, 求 (1) $\dfrac{\partial \vec{r}}{\partial x}\times\dfrac{\partial \vec{r}}{\partial z}=$? 以及 $\left|\dfrac{\partial \vec{r}}{\partial x}\times\dfrac{\partial \vec{r}}{\partial z}\right|=$? (2) 判断是否为平滑曲面

【解】

令 $\vec{r}(x,z)=(x,x^2,z)$

$\because \dfrac{\partial \vec{r}}{\partial x}=(1,2x,0)$，$\dfrac{\partial \vec{r}}{\partial z}=(0,0,1)$ $\quad\therefore \dfrac{\partial \vec{r}}{\partial x}\times\dfrac{\partial \vec{r}}{\partial z}=(2x,-1,0)$ 且 $\left|\dfrac{\partial \vec{r}}{\partial x}\times\dfrac{\partial \vec{r}}{\partial z}\right|=\sqrt{4x^2+1}$

(2)

$\because \dfrac{\partial \vec{r}}{\partial x}\times\dfrac{\partial \vec{r}}{\partial z}\neq(0,0,0)$，$\forall x,z\in R$ $\quad\therefore$ 曲面是平滑曲面

9.5.2 給曲面S求封闭区域的表面积

給定一个参数曲面 S: $\vec{r}(s,t)=\big(x(s,t),y(s,t),z(s,t)\big)$, 定义域为一个矩形参数区域$D$, 将定义域$D$分割为数个小矩形 D_{ij}，D_{ij}的中心点表示为$\left(s_i^*,t_j^*\right)$, 假设D_{ij}对应曲面 S上的区域为S_{ij}且$\left(s_i^*,t_j^*\right)$对应曲面S_{ij} 上的点为 E_{ij}(如下图), 其位置向量为$\vec{r}\left(s_i^*,t_j^*\right)$; 由于向量

$$\vec{r}_s\left(s_i^*,t_j^*\right)\times\vec{r}_t\left(s_i^*,t_j^*\right)$$

是垂直于曲面在点$\vec{r}\left(s_i^*,t_j^*\right)$的向量，可以藉由线性函数对此$S_{ij}$的切平面進行参数化

$$\text{令 } f(s,t)=s\,\vec{r}_s\left(s_i^*,t_j^*\right)+t\vec{r}_t\left(s_i^*,t_j^*\right)+\left(\vec{r}\left(s_i^*,t_j^*\right)-s_i^*\vec{r}_s\left(s_i^*,t_j^*\right)-\ t_j^*\vec{r}_t\left(s_i^*,t_j^*\right)\right)$$

因为 S_{ij}可以藉由两向量 $f(s_1+\Delta s,t_1)-f(s_1,t_1)$ 且 $f(s_1,t_1+\Delta t)-f(s_1,t_1)$所围的平行

四边形作逼近并且

$$f(s_1+\Delta s,t_1)-f(s_1,t_1)=\Delta s\vec{r}_s(s_i^*,t_j^*) \text{ 且 } f(s_1,t_1+\Delta t)-f(s_1,t_1)=\Delta t\vec{r}_t(s_i^*,t_j^*)$$

因此，这个平行四边形的面积为

$$|\Delta s\,\vec{r}_s(s_i^*,t_j^*)\times\Delta t\vec{r}_t(s_i^*,t_j^*)|=|\,\vec{r}_s(s_i^*,t_j^*)\times\vec{r}_t(s_i^*,t_j^*)|\Delta s\Delta t$$

所以

$$\Delta S_{ij}\approx|\,\vec{r}_s(s_i^*,t_j^*)\times\vec{r}_t(s_i^*,t_j^*)|\Delta s\Delta t$$

令 $\vec{r}_s^*=\vec{r}_s(s_i^*,t_j^*)$ 且 $\vec{r}_t^*=\vec{r}_t(s_i^*,t_j^*)$ 则

$$\text{曲面}S\text{ 的近似面积}\approx\sum_{i=1}^{m}\sum_{j=1}^{n}|\vec{r}_s^*\times\vec{r}_t^*|\Delta s\Delta t$$

将此双重和当作黎曼积分 $\iint_D|\vec{r}_s\times\vec{r}_t|dsdt$ 的黎曼和，视为定义曲面面积的背后動机

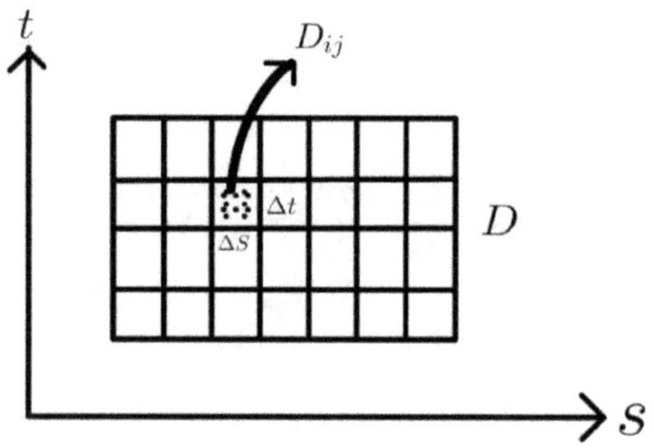

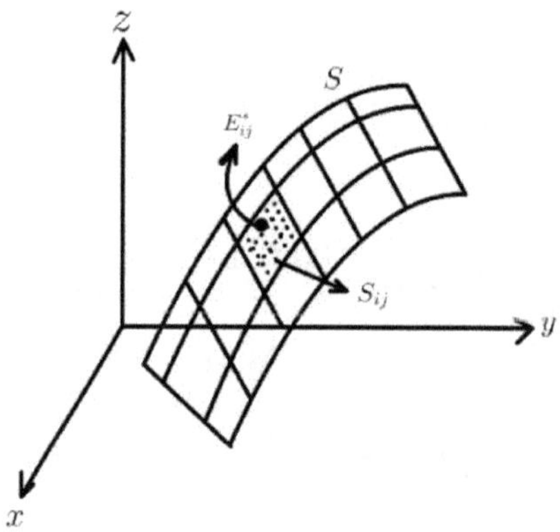

【**定义**】

考虑一个光滑参数曲面S：$\vec{r}(s,t)=(x(s,t),y(s,t),z(s,t)),(s,t)\in D$并且 S 在整个参数域 D当中被正好覆盖一次，则

$$S\text{的曲面积}=\iint_S dA=\iint_D|\vec{r}_s\times\vec{r}_t|dsdt \text{ 其中 } \vec{r}_s=\left(\frac{\partial x}{\partial s},\frac{\partial y}{\partial s},\frac{\partial z}{\partial s}\right) \text{ 且 } \vec{r}_t=\left(\frac{\partial x}{\partial t},\frac{\partial y}{\partial t},\frac{\partial z}{\partial t}\right)$$

由上述观察可知，计算曲面的面积相当于求双重积分，特别的是双重积分的被积分函数为

$$|\vec{r}_s(s,\mathrm{t})\times\vec{r}_t(s,t)|$$

因此，求曲面的面积相当于先求得被积分函数之后，再求双重积分;底下针对曲面面积转换成双重积分后，有哪些不同类型作初步的说明;

假定曲面$S: z = f(x,y)$,其中$a \le x \le b$, $c \le y \le d$,目标是计算表面积$\iint_S dA$,将曲面S参数化,$S: \vec{r}(x,y) = \big(x, y, f(x,y)\big)$,令$R = \{(x,y): a \le x \le b, c \le y \le d\}$则曲面表面积为

$$\iint_S dA = \iint_R \left|\frac{\partial \vec{r}}{\partial x} \times \frac{\partial \vec{r}}{\partial y}\right| dxdy$$

因为 $\dfrac{\partial \vec{r}}{\partial x} = \big(1,0, f_x(x,y)\big)$ 且 $\dfrac{\partial \vec{r}}{\partial y} = \big(0,1, f_y(x,y)\big)$,两者向量外积为

$$\frac{\partial \vec{r}}{\partial x} \times \frac{\partial \vec{r}}{\partial y} = \big(-f_x(x,y), -f_y(x,y), 1\big)$$

且

$$\left|\frac{\partial \vec{r}}{\partial x} \times \frac{\partial \vec{r}}{\partial y}\right| = \sqrt{1 + \big(f_x(x,y)\big)^2 + \big(f_y(x,y)\big)^2}$$

表面积公式可改写为

$$\iint_S dA = \iint_R \left|\frac{\partial \vec{r}}{\partial x} \times \frac{\partial \vec{r}}{\partial y}\right| dxdy = \int_a^b \int_c^d \sqrt{1 + \big(f_x(x,y)\big)^2 + \big(f_y(x,y)\big)^2}\, dydx$$

如果曲面为 $z = f(x,y)$且投影至xy平面$= \{(x,y): x^2 + y^2 \le a\}$,藉由极坐标转换

$x = r\cos\theta$, $y = r\sin\theta$ 则

$$\iint_S dA = \iint_R \left|\frac{\partial \vec{r}}{\partial x} \times \frac{\partial \vec{r}}{\partial y}\right| dxdy$$

$$= \int_0^{2\pi} \int_0^a \sqrt{1 + \big(f_x(r\cos\theta, r\sin\theta)\big)^2 + \big(f_y(r\cos\theta, r\sin\theta)\big)^2}\, rdrd\theta$$

假设曲面S为一球体,$S = \{(x,y,z): x^2 + y^2 + z^2 = r^2, r > 0\}$,目标是计算 S 的表面积 $\iint_S dA$;曲面S的参数方程式为

$$\vec{r}(\theta,\varphi) = (r\cos\theta\sin\varphi, r\sin\theta\sin\varphi, r\cos\varphi)$$

令 $R = \{(\theta,\varphi): 0 \le \theta \le 2\pi, 0 \le \varphi \le \pi\}$ 则 $\iint_S dA = \iint_R \left|\dfrac{\partial \vec{r}}{\partial \varphi} \times \dfrac{\partial \vec{r}}{\partial \theta}\right| d\theta d\varphi.$

因为 $\dfrac{\partial \vec{r}}{\partial \theta} = (-r\sin\theta\sin\varphi, r\cos\theta\sin\varphi, 0)$ 且 $\dfrac{\partial \vec{r}}{\partial \varphi} = (r\cos\theta\cos\varphi, r\sin\theta\cos\varphi, -r\sin\varphi)$,两向量外积为

$$\frac{\partial \vec{r}}{\partial \varphi} \times \frac{\partial \vec{r}}{\partial \theta} = (r^2 \cos\theta \sin^2\varphi \,, r^2 \sin\theta \sin^2\varphi \,, r^2 \sin\varphi \cos\varphi)$$

且

$$\left|\frac{\partial \vec{r}}{\partial \varphi} \times \frac{\partial \vec{r}}{\partial \theta}\right| = r^2 \sin\varphi$$

因此,

$$\iint_S dA = \iint_R \left|\frac{\partial \vec{r}}{\partial \varphi} \times \frac{\partial \vec{r}}{\partial \theta}\right| d\theta d\varphi = r^2 \int_0^{2\pi} \int_0^{\pi} \sin\varphi \, d\varphi d\theta = -r^2 \int_0^{2\pi} \cos\varphi|_0^{\pi} \, d\theta = 4r^2\pi$$

考试类型:

Type 1.

給定一参数化曲面 S: $\vec{r}(s,t)$, $\forall a \le s \le b$, $c \le t \le d$, 求表面积 $\iint_S dA =?$

解題流程:

Step1.

$\because \iint_S dA = \iint_D \left|\frac{\partial \vec{r}}{\partial s} \times \frac{\partial \vec{r}}{\partial t}\right| dsdt$

Step2.

求 $\frac{\partial \vec{r}}{\partial s}$, $\frac{\partial \vec{r}}{\partial t}$, $\frac{\partial \vec{r}}{\partial s} \times \frac{\partial \vec{r}}{\partial t}$ 以及 $\left|\frac{\partial \vec{r}}{\partial s} \times \frac{\partial \vec{r}}{\partial t}\right|$

Step3.

$\because \iint_S dA = \iint_R \left|\frac{\partial \vec{r}}{\partial s} \times \frac{\partial \vec{r}}{\partial t}\right| dsdt = \int_a^b \int_c^d \left|\frac{\partial \vec{r}}{\partial s} \times \frac{\partial \vec{r}}{\partial t}\right| dtds$, 求 $\int_a^b \int_c^d \left|\frac{\partial \vec{r}}{\partial s} \times \frac{\partial \vec{r}}{\partial t}\right| dtds =?$

Type 2.

給定一参数化曲面 S: $z = f(x,y)$, $\forall a \le x \le b$, $c \le y \le d$, 求表面积 $\iint_S dA =?$

解題流程:

Step1.

令 $\vec{r}(x,y) = (x, y, f(x,y))$ 且 $R = \{(x,y): a \le x \le b, c \le y \le d\}$

则 $\iint_S dA = \iint_R \left|\frac{\partial \vec{r}}{\partial x} \times \frac{\partial \vec{r}}{\partial y}\right| dxdy$

Step2.

$\because \dfrac{\partial \vec{r}}{\partial x}=\left(1,0,f_x(x,y)\right)$，$\dfrac{\partial \vec{r}}{\partial y}=\left(0,1,f_y(x,y)\right)$ $\therefore \dfrac{\partial \vec{r}}{\partial x}\times\dfrac{\partial \vec{r}}{\partial y}=\left(-f_x(x,y),-f_y(x,y),1\right)$

$\Rightarrow \left|\dfrac{\partial \vec{r}}{\partial x}\times\dfrac{\partial \vec{r}}{\partial y}\right|=\sqrt{1+\left(f_x(x,y)\right)^2+\left(f_y(x,y)\right)^2}$

Step3.

$$\iint_S dA=\iint_R \left|\frac{\partial \vec{r}}{\partial x}\times\frac{\partial \vec{r}}{\partial y}\right|dxdy=\int_a^b\int_c^d\sqrt{1+\left(f_x(x,y)\right)^2+\left(f_y(x,y)\right)^2}\,dydx$$

Type 3.

给定一参数化曲面 $S: z=f(x,y)$，假设曲面S于xy 平面投影 $=\{(x,y):\ x^2+y^2\le a^2\}$，

求 $\displaystyle\iint_S dA=?$

解题流程:

Step1.

令$\vec{r}(x,y)=\left(x,y,f(x,y)\right)$ 且 R为曲面S投影至xy平面的封闭区域

则 $R=\{(x,y):x^2+y^2\le a^2\}$ 且 $\displaystyle\iint_S dA=\iint_R \left|\frac{\partial \vec{r}}{\partial x}\times\frac{\partial \vec{r}}{\partial y}\right|dxdy$

Step2.

$\because \dfrac{\partial \vec{r}}{\partial x}=\left(1,0,f_x(x,y)\right)$，$\dfrac{\partial \vec{r}}{\partial y}=\left(0,1,f_y(x,y)\right)$ $\therefore \dfrac{\partial \vec{r}}{\partial x}\times\dfrac{\partial \vec{r}}{\partial y}=\left(-f_x(x,y),-f_y(x,y),1\right)$

$\Rightarrow \left|\dfrac{\partial \vec{r}}{\partial x}\times\dfrac{\partial \vec{r}}{\partial y}\right|=\sqrt{1+\left(f_x(x,y)\right)^2+\left(f_y(x,y)\right)^2}$

Step3.

$$\therefore \iint_S dA=\iint_R \left|\frac{\partial \vec{r}}{\partial x}\times\frac{\partial \vec{r}}{\partial y}\right|dxdy=\iint_R \sqrt{1+\left(f_x(x,y)\right)^2+\left(f_y(x,y)\right)^2}\,dxdy$$

Step4.

令$x=r\cos\theta$, $y=r\sin\theta$ 则 $R=\ \{(x,y):x^2+y^2\le a^2\}=\{(r,\theta):0\le r\le a,0\le\theta\le 2\pi\}$

$$\iint_R \sqrt{1+\left(f_x(x,y)\right)^2+\left(f_y(x,y)\right)^2}\,dxdy$$

$$=\int_0^{2\pi}\int_0^a\sqrt{1+\left(f_x(r\cos\theta,r\sin\theta)\right)^2+\left(f_y(r\cos\theta,r\sin\theta)\right)^2}\,rdrd\theta$$

Type 4.

假设曲面 $S:\{(x,y,z):x^2+y^2+z^2=r^2,r>0\}$，求$S$的表面积 $\iint_S dA=?$

解题流程:

Step1.

令 $\vec{r}(\theta,\varphi)=(r\cos\theta\sin\varphi,r\sin\theta\sin\varphi,r\cos\varphi)$且 $R=\{(\theta,\varphi):0\le\theta\le 2\pi,0\le\varphi\le\pi\}$

则 $\iint_S dA=\iint_R\left|\frac{\partial\vec{r}}{\partial\varphi}\times\frac{\partial\vec{r}}{\partial\theta}\right|d\theta d\varphi$

Step2.

$\because\ \frac{\partial\vec{r}}{\partial\theta}=(-r\sin\theta\sin\varphi,r\cos\theta\sin\varphi,0)$ 且 $\frac{\partial\vec{r}}{\partial\varphi}=(r\cos\theta\cos\varphi,r\sin\theta\cos\varphi,-r\sin\varphi)$

$\therefore\ \frac{\partial\vec{r}}{\partial\varphi}\times\frac{\partial\vec{r}}{\partial\theta}=(r^2\cos\theta\sin^2\varphi,r^2\sin\theta\sin^2\varphi,r^2\sin\varphi\cos\varphi)\Rightarrow\left|\frac{\partial\vec{r}}{\partial\varphi}\times\frac{\partial\vec{r}}{\partial\theta}\right|=r^2\sin\varphi$

则 $\iint_S dA=\iint_R\left|\frac{\partial\vec{r}}{\partial\varphi}\times\frac{\partial\vec{r}}{\partial\theta}\right|d\theta d\varphi=r^2\int_0^{2\pi}\int_0^{\pi}\sin\varphi\,d\varphi d\theta=-r^2\int_0^{2\pi}\cos\varphi|_0^{\pi}\,d\theta=4r^2\pi$

Type 5.

給定空间中的平面$S:Ax+By+Cz=D$

(1)求在 $0\le ax+by\le s$，$0\le cx+dy\le t$，$\forall t,s>0$ 所围区域的表面积

(2)求在$y=x^{\alpha}$，$y=\beta x^{\alpha}$，$x=y^{\alpha}$，$x=\gamma y^{\alpha}$，所围区域的表面积，其中 $\alpha\ne 1,\beta,\gamma>1$

(3)求在 $ax^2+bxy+cy^2=\alpha^2$，所围区域的表面积($\alpha>0$, $b^2-4ac<0$)

(4)求在 $y=ax,y=bx,xy=c,xy=d$，所围区域的表面积，其中 $a<b,c<d$

解题流程:

令 $\vec{r}(x,y)=\left(x,y,\frac{D-(Ax+By)}{C}\right)$ 且R为投影至xy平面区域

则 $\iint_S dA=\iint_R\left|\frac{\partial\vec{r}}{\partial x}\times\frac{\partial\vec{r}}{\partial y}\right|dxdy$

$\because\ \frac{\partial\vec{r}}{\partial x}=\left(1,0,-\frac{A}{C}\right)$ 且 $\frac{\partial\vec{r}}{\partial y}=\left(0,1,-\frac{B}{C}\right)$ $\therefore\ \frac{\partial\vec{r}}{\partial x}\times\frac{\partial\vec{r}}{\partial y}=\left(\frac{A}{C},\frac{B}{C},1\right)$

$$\Rightarrow \left|\frac{\partial \vec{r}}{\partial x} \times \frac{\partial \vec{r}}{\partial y}\right| = \sqrt{1 + \frac{A^2 + B^2}{C^2}} = \sqrt{\frac{A^2 + B^2 + C^2}{C^2}}$$

$$\therefore \iint_S dA = \iint_R \left|\frac{\partial \vec{r}}{\partial x} \times \frac{\partial \vec{r}}{\partial y}\right| dxdy = \sqrt{\frac{A^2 + B^2 + C^2}{C^2}} \iint_R dxdy$$

(1)

Step1.

令 $u = ax + by,\ v = cx + dy$ 则 $x = \dfrac{du - bv}{ad - bc}$ 且 $y = \dfrac{av - cu}{ad - bc}$

$$\because dxdy = \left\| \begin{matrix} \frac{\partial x}{\partial u} & \frac{\partial x}{\partial v} \\ \frac{\partial y}{\partial u} & \frac{\partial y}{\partial v} \end{matrix} \right\| dudv = \frac{\left\| \begin{matrix} d & -b \\ -c & a \end{matrix} \right\|}{|ad - bc|^2} dudv = \frac{1}{|ad - bc|} dudv$$

$$\therefore \iint_R dxdy = \int_0^t \int_0^s \frac{1}{|ad - bc|} dudv$$

Step2.

计算此积分 $\displaystyle\int_0^t \int_0^s \frac{1}{|ad - bc|} dudv = ?$

$$\therefore \iint_R dxdy = \int_0^t \int_0^s \frac{1}{|ad - bc|} dudv = \frac{ts}{|ad - bc|}$$

$$\therefore \iint_S dA = \sqrt{\frac{A^2 + B^2 + C^2}{C^2}} \iint_R dxdy = \frac{ts}{|ad - bc|} \sqrt{\frac{A^2 + B^2 + C^2}{C^2}}$$

(2)

Step1.

令 $u = \dfrac{y}{x^{\alpha}},\ v = \dfrac{x}{y^{\alpha}}$ 则 $x = u^{\frac{\alpha}{1-\alpha^2}} v^{\frac{1}{1-\alpha^2}},\ y = u^{\frac{1}{1-\alpha^2}} v^{\frac{\alpha}{1-\alpha^2}}$

$$\because dxdy = \left\| \begin{matrix} \frac{\partial x}{\partial u} & \frac{\partial x}{\partial v} \\ \frac{\partial y}{\partial u} & \frac{\partial y}{\partial v} \end{matrix} \right\| dudv = \left\| \begin{matrix} \dfrac{\alpha u^{\left(\frac{\alpha}{1-\alpha^2} - 1\right)} v^{\frac{1}{1-\alpha^2}}}{1 - \alpha^2} & \dfrac{u^{\frac{\alpha}{1-\alpha^2}} v^{\left(\frac{1}{1-\alpha^2} - 1\right)}}{1 - \alpha^2} \\ \dfrac{u^{\left(\frac{1}{1-\alpha^2} - 1\right)} v^{\frac{\alpha}{1-\alpha^2}}}{1 - \alpha^2} & \dfrac{\alpha u^{\frac{1}{1-\alpha^2}} v^{\left(\frac{\alpha}{1-\alpha^2} - 1\right)}}{1 - \alpha^2} \end{matrix} \right\| dudv$$

$$=\frac{\alpha^2u^{\frac{\alpha-1+\alpha^2+1}{1-\alpha^2}}v^{\frac{1+\alpha-1+\alpha^2}{1-\alpha^2}}-u^{\frac{\alpha-1+\alpha^2+1}{1-\alpha^2}}v^{\frac{1+\alpha-1+\alpha^2}{1-\alpha^2}}}{(1-\alpha^2)^2}dudv$$

$$=\frac{\alpha^2u^{\frac{\alpha}{1-\alpha}}v^{\frac{\alpha}{1-\alpha}}-u^{\frac{\alpha}{1-\alpha}}v^{\frac{\alpha}{1-\alpha}}}{(1-\alpha^2)^2}dudv=\frac{u^{\frac{\alpha}{1-\alpha}}v^{\frac{\alpha}{1-\alpha}}}{\alpha^2-1}dudv$$

Step2.

令 $R=\left\{(x,y):1\le\frac{y}{x^\alpha}\le\beta,1\le\frac{x}{y^\alpha}\le\gamma\right\}$则 $R=\{(u,v):1\le u\le\beta,1\le v\le\gamma\}$

Step3.

$$面积=\iint_R dxdy=\int_1^\beta\int_1^\gamma\frac{u^{\frac{\alpha}{1-\alpha}}v^{\frac{\alpha}{1-\alpha}}}{\alpha^2-1}dvdu$$

$$\therefore\iint_S dA=\sqrt{\frac{A^2+B^2+C^2}{C^2}}\iint_R dxdy=\sqrt{\frac{A^2+B^2+C^2}{C^2}}\int_1^\beta\int_1^\gamma\frac{u^{\frac{\alpha}{1-\alpha}}v^{\frac{\alpha}{1-\alpha}}}{\alpha^2-1}dvdu$$

求 $\int_1^\beta\int_1^\gamma\frac{u^{\frac{\alpha}{1-\alpha}}v^{\frac{\alpha}{1-\alpha}}}{\alpha^2-1}dvdu$

(3)

Step1.

$$\because ax^2+bxy+cy^2=a(x+\frac{by}{2a})^2+\frac{4ac-b^2}{4a}y^2$$

令 $\sqrt{a}\left(x+\frac{by}{2a}\right)=u,\ \sqrt{\frac{4ac-b^2}{4a}}y=v$

$$则\ dxdy=\left\|\begin{vmatrix}\frac{\partial x}{\partial u}&\frac{\partial x}{\partial v}\\\frac{\partial y}{\partial u}&\frac{\partial y}{\partial v}\end{vmatrix}\right\|dudv=\left\|\begin{vmatrix}\frac{1}{\sqrt{a}}&0\\\frac{2\sqrt{a}}{b}&\sqrt{\frac{4a}{4ac-b^2}}\end{vmatrix}\right\|dudv=\frac{2}{\sqrt{4ac-b^2}}dudv$$

$$\therefore\iint_R dxdy=\iint_{u^2+v^2\le\alpha^2}\frac{2}{\sqrt{4ac-b^2}}dudv$$

Step2.

令$u = r\cos\theta, v = r\sin\theta$ 则 $\{(u,v): u^2+v^2 \le \alpha^2\} = \{(r,\theta): 0 \le r \le \alpha, 0 \le \theta \le 2\pi\}$

且 $dudv = \left\| \begin{vmatrix} \dfrac{\partial u}{\partial r} & \dfrac{\partial u}{\partial \theta} \\ \dfrac{\partial v}{\partial r} & \dfrac{\partial v}{\partial \theta} \end{vmatrix} \right\| drd\theta = \left\| \begin{vmatrix} \cos\theta & -r\sin\theta \\ \sin\theta & r\cos\theta \end{vmatrix} \right\| drd\theta = rdrd\theta$

Step3.

$$\therefore \iint_{u^2+v^2\le\alpha^2} \frac{2}{\sqrt{4ac-b^2}} dudv = \int_0^{2\pi}\int_0^{\alpha} \frac{2}{\sqrt{4ac-b^2}} rdrd\theta = \frac{2}{\sqrt{4ac-b^2}} \int_0^{2\pi} d\theta \int_0^{\alpha} rdr$$

$$= \frac{2\pi\alpha^2}{\sqrt{4ac-b^2}}$$

$$\therefore \iint_S dA = \frac{2\pi\alpha^2}{\sqrt{4ac-b^2}} \sqrt{\frac{A^2+B^2+C^2}{C^2}}$$

(4)

Step1.

令 $\dfrac{y}{x} = u$，$xy = v$，则 $x = \sqrt{\dfrac{v}{u}}$，$y = \sqrt{uv}$

$$\because\ dxdy = \left\| \begin{vmatrix} \dfrac{\partial x}{\partial u} & \dfrac{\partial x}{\partial v} \\ \dfrac{\partial y}{\partial u} & \dfrac{\partial y}{\partial v} \end{vmatrix} \right\| dudv = \left\| \begin{vmatrix} \dfrac{1}{2}\left(\dfrac{v}{u}\right)^{-\frac{1}{2}}\left(-\dfrac{v}{u^2}\right) & \dfrac{1}{2}\left(\dfrac{v}{u}\right)^{-\frac{1}{2}}\left(\dfrac{1}{u}\right) \\ \dfrac{1}{2}(uv)^{-\frac{1}{2}}v & \dfrac{1}{2}(uv)^{-\frac{1}{2}}u \end{vmatrix} \right\| dudv = \frac{1}{2u} dudv$$

Step2.

令 $R = \left\{(x,y): a \le \dfrac{y}{x} \le b, c \le xy \le d\right\}$ 则 $R = \{(u,v): a \le u \le b, c \le v \le d\}$

Step3.

$$\because \iint_R dxdy = \int_a^b \int_c^d \frac{1}{2u} dvdu = \frac{(d-c)\ln\frac{b}{a}}{2}$$

$$\therefore \iint_S dA = \sqrt{\frac{A^2+B^2+C^2}{C^2}} \iint_R dxdy = \sqrt{\frac{A^2+B^2+C^2}{C^2}} \int_a^b \int_c^d \frac{1}{2u} dvdu$$

$$= \frac{(d-c)\ln\frac{b}{a}\sqrt{\frac{A^2+B^2+C^2}{C^2}}}{2}$$

Example 1.

假设曲面S的参数式为$\vec{r}(s,t)=(kt\cos s, kt\sin s, t), 0\le s\le 2\pi,\ 0\le t\le h$, 求曲面$S$的表面积

【解】

$$\because \frac{\partial \vec{r}}{\partial s}=(-kt\sin s, kt\cos s, 0) \text{ 且 } \frac{\partial \vec{r}}{\partial t}=(k\cos s, k\sin s, 1)$$

$$\therefore \frac{\partial \vec{r}}{\partial s}\times\frac{\partial \vec{r}}{\partial t}=(kt\cos s, kt\sin s, -k^2t) \text{ 且 } \left|\frac{\partial \vec{r}}{\partial s}\times\frac{\partial \vec{r}}{\partial t}\right|=kt\sqrt{1+k^2}$$

$$\therefore \text{表面积}=\iint_S dA=\int_0^h\int_0^{2\pi}kt\sqrt{1+k^2}dsdt=\pi kh^2\sqrt{1+k^2}$$

Example 2.

假设曲面S的参数式为 $\vec{r}(s,t)=(s^2,s^3,2t),\forall 0\le s\le 1, 0\le t\le 2$, 求曲面表面积

【解】

$$\because \frac{\partial \vec{r}}{\partial s}=(2s,3s^2,0) \text{ 且 } \frac{\partial \vec{r}}{\partial t}=(0,0,2)$$

$$\therefore \frac{\partial \vec{r}}{\partial s}\times\frac{\partial \vec{r}}{\partial t}=(6s^2,-4s,0) \text{ 且 } \left|\frac{\partial \vec{r}}{\partial s}\times\frac{\partial \vec{r}}{\partial t}\right|=\sqrt{16s^2+36s^4}=4s\sqrt{1+\frac{9s^2}{4}}$$

$$\therefore \text{表面积}=\iint_S dA=\int_0^2\int_0^1 4s\sqrt{1+\frac{9s^2}{4}}\,dsdt=8\int_0^1 s\sqrt{1+\frac{9s^2}{4}}\,ds=\frac{32}{27}\left(1+\frac{9s^2}{4}\right)^{\frac{3}{2}}\Bigg|_0^1$$

$$=\frac{32}{27}\left(\frac{13\sqrt{13}}{8}-1\right)$$

Example 3.

求平面 $acx+bcy+abz=abc$ 于第一卦限所围面积

【解】

令 $\vec{r}(x,y)=\left(x,y,\dfrac{abc-(acx+bcy)}{ab}\right)$ 且 R 为平面投影至xy平面的封闭区域

则 $R=\{(x,y): acx+bcy\le abc, x\ge 0, y\ge 0\}$ 且表面积 $=\iint_S dA=\iint_R \left|\frac{\partial\vec r}{\partial x}\times\frac{\partial\vec r}{\partial y}\right|dxdy$

$\because \frac{\partial\vec r}{\partial x}=\left(1,0,-\frac{c}{b}\right)$ 且 $\frac{\partial\vec r}{\partial y}=\left(0,1,-\frac{b}{a}\right)$ $\therefore \frac{\partial\vec r}{\partial x}\times\frac{\partial\vec r}{\partial y}=\left(\frac{c}{b},\frac{c}{a},1\right)$

$$\Rightarrow \left|\frac{\partial\vec r}{\partial x}\times\frac{\partial\vec r}{\partial y}\right|=\sqrt{1+\frac{a^2c^2+b^2c^2}{a^2b^2}}=\sqrt{\frac{a^2c^2+b^2c^2+a^2b^2}{a^2b^2}}$$

$$\therefore \text{表面积}=\iint_S dA=\iint_R \left|\frac{\partial\vec r}{\partial x}\times\frac{\partial\vec r}{\partial y}\right|dxdy=\sqrt{\frac{a^2c^2+b^2c^2+a^2b^2}{a^2b^2}}\iint_R dxdy$$

$$=\sqrt{\frac{a^2c^2+b^2c^2+a^2b^2}{a^2b^2}}\times\frac{ab}{2}=\frac{\sqrt{a^2c^2+b^2c^2+a^2b^2}}{2}$$

Example 4.

假设曲面的参数式为 $\vec r(s,t)=(a\cos s\cos t, a\sin s\cos t, a\sin t), 0\le s\le 2\pi$,

$-\frac{\pi}{2}\le t\le\frac{\pi}{2}$, 求曲面表面积

【解】

$\because \frac{\partial\vec r}{\partial s}=(-a\sin s\cos t, a\cos s\cos t, 0)$ 且 $\frac{\partial\vec r}{\partial t}=(-a\cos s\sin t, -a\sin s\sin t, a\cos t)$

$\because \frac{\partial\vec r}{\partial s}\times\frac{\partial\vec r}{\partial t}=a\cos t\,(a\cos s\cos t, a\sin s\cos t, a\sin t)=a\cos t\,\vec r(s,t)$ 且

$\left|\frac{\partial\vec r}{\partial s}\times\frac{\partial\vec r}{\partial t}\right|=a\cos^2 t$

$$\therefore \iint_S dA=\int_0^{2\pi}\int_{-\frac{\pi}{2}}^{\frac{\pi}{2}}\left|\frac{\partial\vec r}{\partial s}\times\frac{\partial\vec r}{\partial t}\right|dtds=\int_0^{2\pi}\int_{-\frac{\pi}{2}}^{\frac{\pi}{2}}a\cos^2 t\,dtds=2\pi a^2\int_{-\frac{\pi}{2}}^{\frac{\pi}{2}}a\cos^2 t\,dt=4\pi a^2$$

Example 5.

Find the area of the surface, $z=a^2-(x^2+y^2)$ with $\frac{a^2}{4}\le x^2+y^2\le a^2$

【解】

令 S: $z = a^2 - (x^2 + y^2)$, $\dfrac{a^2}{4} \leq x^2 + y^2 \leq a^2$

令 $\vec{r}(x,y) = \big(x, y, a^2 - (x^2 + y^2)\big)$且 R 为曲面S投影至xy平面的封闭区域

则 $R = \left\{(x,y): \dfrac{a^2}{4} \leq x^2 + y^2 \leq a^2\right\}$ 且表面积 $= \iint_S dA = \iint_R \left|\dfrac{\partial \vec{r}}{\partial x} \times \dfrac{\partial \vec{r}}{\partial y}\right| dxdy$

$\because \dfrac{\partial \vec{r}}{\partial x} = (1,0,-2x)$ 且 $\dfrac{\partial \vec{r}}{\partial y} = (0,1,-2y)$ $\quad \therefore \dfrac{\partial \vec{r}}{\partial x} \times \dfrac{\partial \vec{r}}{\partial y} = (2x, 2y, 1)$

$\Rightarrow \left|\dfrac{\partial \vec{r}}{\partial x} \times \dfrac{\partial \vec{r}}{\partial y}\right| = (4x^2 + 4y^2 + 1)^{\frac{1}{2}}$

$\therefore \iint_S dA = \iint_R \left|\dfrac{\partial \vec{r}}{\partial x} \times \dfrac{\partial \vec{r}}{\partial y}\right| dxdy = \iint_{\frac{a^2}{4} \leq x^2 + y^2 \leq a^2} (4x^2 + 4y^2 + 1)^{\frac{1}{2}} dxdy$

令$x = r\cos\theta$, $y = r\sin\theta$ 则 $\left\{(x,y): \dfrac{a^2}{4} \leq x^2 + y^2 \leq a^2\right\} = \{(r,\theta): \dfrac{a}{2} \leq r \leq a, 0 \leq \theta \leq 2\pi\}$

$\therefore \iint_S dA = \iint_{\frac{a^2}{4} \leq x^2 + y^2 \leq a^2} (4x^2 + 4y^2 + 1)^{\frac{1}{2}} dxdy = \int_0^{2\pi} \int_{\frac{a}{2}}^{a} (4r^2 + 1)^{\frac{1}{2}} r dr d\theta$

$= \dfrac{\pi}{6}(4r^2 + 1)^{\frac{3}{2}}\Big|_{\frac{a}{2}}^{a} = \dfrac{\pi}{6}\left((4a^2 + 1)^{\frac{3}{2}} - (a^2 + 1)^{\frac{3}{2}}\right)$

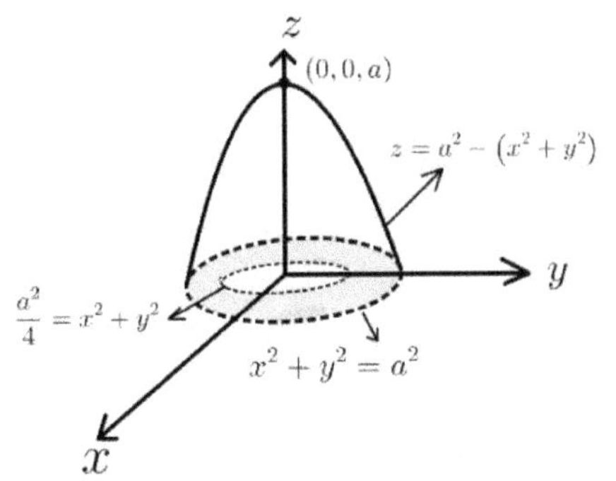

Example 6.

Find the area of the surface $z=\frac{2}{3}\left(x^{\frac{3}{2}}+y^{\frac{3}{2}}\right)$ with $0\le x\le 1, 0\le y\le 1$

【解】

令 S: $z=\frac{2}{3}\left(x^{\frac{3}{2}}+y^{\frac{3}{2}}\right)$， $0\le x\le 1, 0\le y\le 1$

令 $\vec{r}(x,y)=\left(x,y,\frac{2}{3}\left(x^{\frac{3}{2}}+y^{\frac{3}{2}}\right)\right)$ 且 R 为曲面S投影至xy平面的封闭区域

则 $R=\{(x,y): 0\le x\le 1, 0\le y\le 1\}$ 且 $\iint_S dA=\iint_R \left|\frac{\partial\vec{r}}{\partial x}\times\frac{\partial\vec{r}}{\partial y}\right| dxdy$

$\because \frac{\partial\vec{r}}{\partial x}=\left(1,0,x^{\frac{1}{2}}\right)$ 且 $\frac{\partial\vec{r}}{\partial y}=\left(0,1,y^{\frac{1}{2}}\right)$ $\therefore \frac{\partial\vec{r}}{\partial x}\times\frac{\partial\vec{r}}{\partial y}=\left(x^{\frac{1}{2}},y^{\frac{1}{2}},1\right)\Rightarrow\left|\frac{\partial\vec{r}}{\partial x}\times\frac{\partial\vec{r}}{\partial y}\right|=(x+y+1)^{\frac{1}{2}}$

$$\iint_S dA=\iint_R \left|\frac{\partial\vec{r}}{\partial x}\times\frac{\partial\vec{r}}{\partial y}\right| dxdy=\int_0^1\int_0^1(x+y+1)^{\frac{1}{2}}dydx=\frac{2}{3}\int_0^1(2+y)^{\frac{3}{2}}-(1+y)^{\frac{3}{2}}dx$$

$$=\frac{2}{3}\left(\frac{2}{5}\left((2+y)^{\frac{5}{2}}-(1+y)^{\frac{5}{2}}\right)\right)\Bigg|_{y=0}^{y=1}=\frac{4}{15}\left(3^{\frac{5}{2}}-2^{\frac{7}{2}}+1\right)$$

Example 7.

Find the area of the surface $x^2+y^2+z^2-4z=0$ with $0\le 3(x^2+y^2)\le z^2, z\ge 2$

【解】

令 $S: x^2+y^2+z^2=4z,\ 0\le 3(x^2+y^2)\le z^2,\ z\ge 2$ 则表面积 $=\iint_S\ dA$

令 $\vec{r}(x,y)=\left(x,y,2+\sqrt{4-(x^2+y^2)}\right)$ 且 R 为球面S投影至xy平面的封闭区域

则 $R=\{(x,y):0\le x^2+y^2\le 3\}$ 且 $\iint_S\ dA=\iint_R\ \left|\frac{\partial\vec{r}}{\partial x}\times\frac{\partial\vec{r}}{\partial y}\right|dxdy$

$\because \frac{\partial\vec{r}}{\partial x}=\left(1,0,-x(4-(x^2+y^2))^{-\frac{1}{2}}\right)$ 且 $\frac{\partial\vec{r}}{\partial y}=\left(0,1,-y(4-(x^2+y^2))^{-\frac{1}{2}}\right)$,

$\therefore \frac{\partial\vec{r}}{\partial x}\times\frac{\partial\vec{r}}{\partial y}=\left(x(4-(x^2+y^2))^{-\frac{1}{2}},y(4-(x^2+y^2))^{-\frac{1}{2}},1\right)$

$\Rightarrow\left|\frac{\partial\vec{r}}{\partial x}\times\frac{\partial\vec{r}}{\partial y}\right|=(x^2(4-(x^2+y^2))^{-1}+y^2(4-(x^2+y^2))^{-1}+1)^{\frac{1}{2}}=2(4-(x^2+y^2))^{-\frac{1}{2}}$

$\therefore \iint_S\ dA=\iint_R\ \left|\frac{\partial\vec{r}}{\partial x}\times\frac{\partial\vec{r}}{\partial y}\right|dxdy=\iint_{x^2+y^2\le 3}2(4-(x^2+y^2))^{-\frac{1}{2}}dxdy$

令$x=r\cos\theta$，$y=r\sin\theta$ 则 $\{(x,y):x^2+y^2\le 3\}=\{(r,\theta):0\le r\le\sqrt{3},0\le\theta\le 2\pi\}$

$\iint_{x^2+y^2\le 3}2(4-(x^2+y^2))^{-\frac{1}{2}}dxdy=\int_0^{2\pi}\int_0^{\sqrt{3}}2(4-r^2)^{-\frac{1}{2}}rdrd\theta=4\pi(4-r^2)^{\frac{1}{2}}\Big|_{\sqrt{3}}^{0}=4\pi$

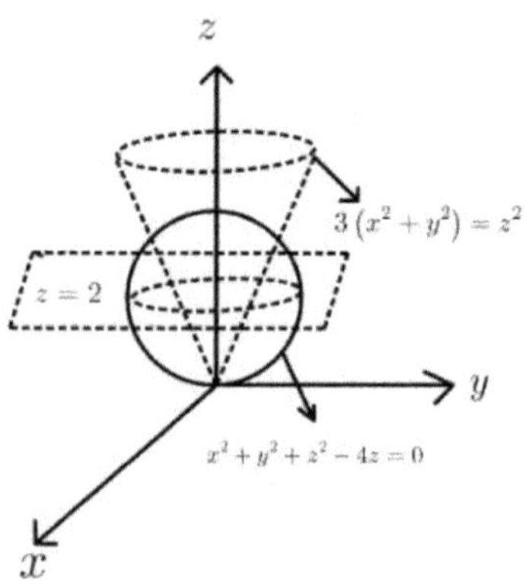

Example 8.

Find the area of the part of the plane $x + 2y + 3z = 1$ that lies within the cylinder $x^2 + y^2 = 3$.

【解】

令 $\vec{r}(x,y) = \left(x, y, \dfrac{1-(x+2y)}{3}\right)$ 且R为平面投影至xy平面的封闭区域

则 $R = \{(x,y): x^2 + y^2 \le 3\}$ 且 表面积 $= \iint_S dA = \iint_R \left|\dfrac{\partial \vec{r}}{\partial x} \times \dfrac{\partial \vec{r}}{\partial y}\right| dxdy$

$\because \dfrac{\partial \vec{r}}{\partial x} = \left(1,0,-\dfrac{1}{3}\right)$ 且 $\dfrac{\partial \vec{r}}{\partial y} = \left(0,1,-\dfrac{2}{3}\right)$ $\therefore \dfrac{\partial \vec{r}}{\partial x} \times \dfrac{\partial \vec{r}}{\partial y} = \left(\dfrac{1}{3}, \dfrac{2}{3}, 1\right) \Rightarrow \left|\dfrac{\partial \vec{r}}{\partial x} \times \dfrac{\partial \vec{r}}{\partial y}\right| = \sqrt{1+\dfrac{5}{9}} = \sqrt{\dfrac{14}{9}}$

$\therefore \iint_S dA = \iint_R \left|\dfrac{\partial \vec{r}}{\partial x} \times \dfrac{\partial \vec{r}}{\partial y}\right| dxdy = \sqrt{\dfrac{14}{9}} \iint_{x^2+y^2 \le 3} dxdy = \sqrt{\dfrac{14}{9}} \times 3\pi = \sqrt{14}\pi$

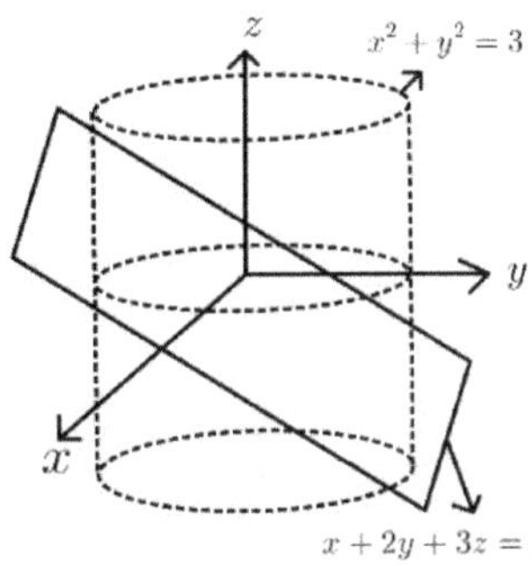

Example 9.

Find the surface area of that part of the parabolic cylinder $z = y^2$ that lies over the triangle with vertices $(0,0), (0,1), (1,1)$ in the xy– plane.

【解】

令 S: $z = y^2$, $0 \le x \le 1, 0 \le y \le 1$ 则表面积 $= \iint_S dA$

令 $\vec{r}(x,y) = (x, y, y^2)$ 且R为曲面S投影至xy平面的封闭区域

则 $R=\{(x,y):0\le x\le y,0\le y\le 1\}$ 且表面积 $=\iint_S dA=\iint_R \left|\frac{\partial\vec{r}}{\partial x}\times\frac{\partial\vec{r}}{\partial y}\right|dxdy$

$\because\ \frac{\partial\vec{r}}{\partial x}=(1,0,0)$ 且 $\frac{\partial\vec{r}}{\partial y}=(0,1,2y)$ $\therefore \frac{\partial\vec{r}}{\partial x}\times\frac{\partial\vec{r}}{\partial y}=(0,2y,1)\Rightarrow\left|\frac{\partial\vec{r}}{\partial x}\times\frac{\partial\vec{r}}{\partial y}\right|=(1+4y^2)^{\frac{1}{2}}$

$$\iint_R \left|\frac{\partial\vec{r}}{\partial x}\times\frac{\partial\vec{r}}{\partial y}\right|dxdy=\int_0^1\int_0^y(1+4y^2)^{\frac{1}{2}}dxdy=\int_0^1 y(1+4y^2)^{\frac{1}{2}}\,dy=\left.\frac{(1+4y^2)^{\frac{3}{2}}}{12}\right|_0^1$$

$$=\frac{5\sqrt{5}-1}{12}$$

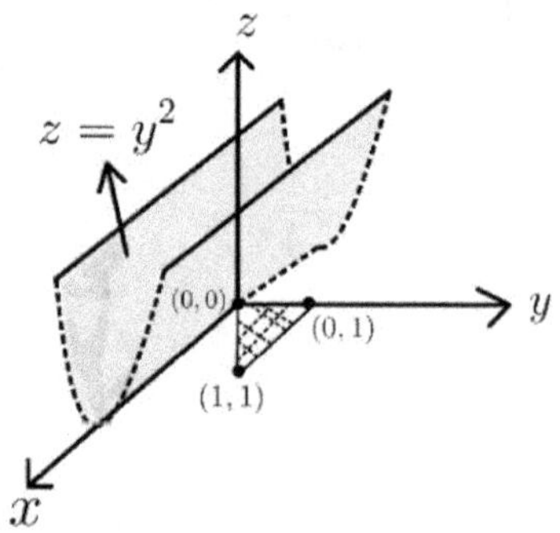

Example 10.

Find the area of the surface with parametric equation $x=s^2,\ y=st,\ z=\frac{t^2}{2}$, $0\le s\le 1,0\le t\le 2$.

【解】

令 $\vec{r}(s,t)=\left(s^2,st,\frac{t^2}{2}\right)$, $\forall\,0\le s\le 1,0\le t\le 2$ 则 $\frac{\partial\vec{r}}{\partial s}=(2s,t,0)$ 且 $\frac{\partial\vec{r}}{\partial t}=(0,s,t)$

$\therefore \frac{\partial\vec{r}}{\partial s}\times\frac{\partial\vec{r}}{\partial t}=(t^2,2st,2s^2)$ 且 $\left|\frac{\partial\vec{r}}{\partial s}\times\frac{\partial\vec{r}}{\partial t}\right|=\sqrt{t^4+4s^2t^2+4s^4}=t^2+2s^2$

$\therefore \iint_S dA=\iint_{[0,1]\times[0,2]}\left|\frac{\partial\vec{r}}{\partial s}\times\frac{\partial\vec{r}}{\partial t}\right|dsdt=\int_0^2\int_0^1 t^2+2s^2dsdt=\int_0^2 t^2+\frac{1}{3}dt=4$

Example 11.

Find the area of the surface $y=4x+z^2$ that lies between the planes $x=0,x=1,$

$z=0,$ and $z=1.$

【解】

令 $S: y=4x+z^2,\ 0\leq x\leq 1,\ 0\leq z\leq 1$ 则表面积 $=\iint_S dA$

令$\vec{r}(x,y)=(x,4x+z^2,z)$则 R 为曲面S投影至xz平面的封闭区域

则$R=\{(x,z):0\leq x\leq 1,0\leq z\leq 1\}$ 且 $\iint_S dA=\iint_R \left|\frac{\partial\vec{r}}{\partial x}\times\frac{\partial\vec{r}}{\partial z}\right|dxdz$

$\because\ \frac{\partial\vec{r}}{\partial x}=(1,4,0)$ 且 $\frac{\partial\vec{r}}{\partial z}=(0,2z,1)$ $\therefore\frac{\partial\vec{r}}{\partial x}\times\frac{\partial\vec{r}}{\partial z}=(4,-1,2z)\Rightarrow\left|\frac{\partial\vec{r}}{\partial x}\times\frac{\partial\vec{r}}{\partial z}\right|=(17+4z^2)^{\frac{1}{2}}$

$\therefore\iint_S dA=\iint_R \left|\frac{\partial\vec{r}}{\partial x}\times\frac{\partial\vec{r}}{\partial z}\right|dxdz=\int_0^1\int_0^1(17+4z^2)^{\frac{1}{2}}\,dxdz=\int_0^1(17+4z^2)^{\frac{1}{2}}\,dz$

令 $t=2z$ 则 $\int_0^1(17+4z^2)^{\frac{1}{2}}\,dz\ =\frac{1}{2}\int_0^2(17+t^2)^{\frac{1}{2}}\,dt$

令$t=\sqrt{17}\tan\theta$ 则 $dt=\sqrt{17}\sec^2\theta\,d\theta$

$\therefore\frac{1}{2}\int_0^2(17+t^2)^{\frac{1}{2}}\,dt=\frac{17}{2}\int_0^{\tan^{-1}2}\sec^3\theta\,d\theta=\frac{1}{2}\left(\frac{t\sqrt{17+t^2}}{2}+\frac{17}{2}\ln\left(\frac{t}{\sqrt{17}}+\frac{\sqrt{17+t^2}}{\sqrt{17}}\right)\right)\Bigg|_{t=0}^{t=2}$

$=\frac{\sqrt{21}}{2}+\frac{17}{4}\left(\ln\left(2+\sqrt{21}\right)-\ln\sqrt{17}\right)$

Example 12.

求平面$Ax+By+Cz=D$在橢圓柱 $\frac{x^2}{a^2}+\frac{y^2}{b^2}=1$ 內的表面积

【解】

令 $\vec{r}(x,y)=\left(x,y,\frac{D-(Ax+By)}{C}\right)$ 且 R 为所围平面投影至xy平面的封闭区域

则 $R=\left\{(x,y):\frac{x^2}{a^2}+\frac{y^2}{b^2}\le 1\right\}$ 且表面积 $=\iint_S dA=\iint_R \left|\frac{\partial\vec{r}}{\partial x}\times\frac{\partial\vec{r}}{\partial y}\right|dxdy$

$\because \frac{\partial\vec{r}}{\partial x}=\left(1,0,-\frac{A}{C}\right)$ 且 $\frac{\partial\vec{r}}{\partial y}=\left(0,1,-\frac{B}{C}\right)$ $\therefore \frac{\partial\vec{r}}{\partial x}\times\frac{\partial\vec{r}}{\partial y}=\left(\frac{A}{C},\frac{B}{C},1\right)$

$\Rightarrow \left|\frac{\partial\vec{r}}{\partial x}\times\frac{\partial\vec{r}}{\partial y}\right|=\sqrt{1+\frac{A^2+B^2}{C^2}}=\sqrt{\frac{A^2+B^2+C^2}{C^2}}$

$\therefore$ 表面积 $=\iint_S dA=\iint_R \left|\frac{\partial\vec{r}}{\partial x}\times\frac{\partial\vec{r}}{\partial y}\right|dxdy=\sqrt{\frac{A^2+B^2+C^2}{C^2}}\iint_{\frac{x^2}{a^2}+\frac{y^2}{b^2}\le 1}dxdy$

令$x=r\,a\cos\theta$，$y=rb\sin\theta$ 则 $\left\{(x,y):\frac{x^2}{a^2}+\frac{y^2}{b^2}\le 1\right\}=\{(r,\theta):0\le r\le 1,0\le\theta\le 2\pi\}$

$\therefore \iint_{\frac{x^2}{a^2}+\frac{y^2}{b^2}\le 1}dxdy=\int_0^{2\pi}\int_0^1 abrdrd\theta=ab\pi$ $\therefore$ 表面积 $=ab\pi\sqrt{\frac{A^2+B^2+C^2}{C^2}}$

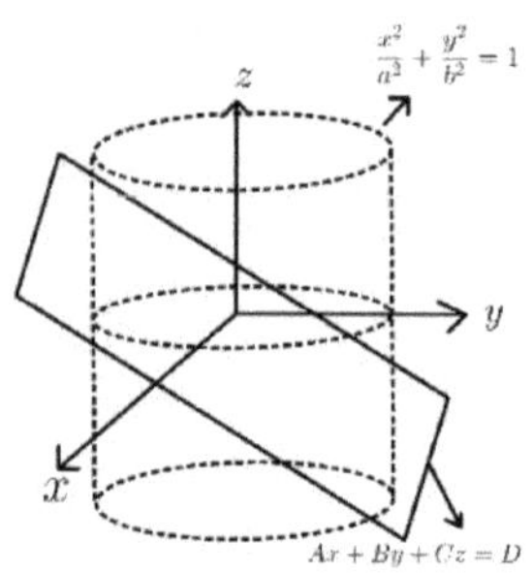

Example 13.

求平面$Ax+By+Cz=D$ 在 $y=x^2$，$y=3x^2$，$x=y^2$，$x=4y^2$ 所围区域的表面积

【解】

令 $\vec{r}(x,y)=\left(x,y,\frac{D-(Ax+By)}{C}\right)$ 且 $R=\{(x,y):x^2\le y\le 3x^2,4y^2\le x\le y^2\}$

$$\text{表面积}=\iint_S dA=\iint_R \left|\frac{\partial\vec{r}}{\partial x}\times\frac{\partial\vec{r}}{\partial y}\right|dxdy$$

$$\because \frac{\partial\vec{r}}{\partial x}=\left(1,0,-\frac{A}{C}\right)\text{ 且 }\frac{\partial\vec{r}}{\partial y}=\left(0,1,-\frac{B}{C}\right)\quad\therefore \frac{\partial\vec{r}}{\partial x}\times\frac{\partial\vec{r}}{\partial y}=\left(\frac{A}{C},\frac{B}{C},1\right)$$

$$\Rightarrow\left|\frac{\partial\vec{r}}{\partial x}\times\frac{\partial\vec{r}}{\partial y}\right|=\sqrt{1+\frac{A^2+B^2}{C^2}}=\sqrt{\frac{A^2+B^2+C^2}{C^2}}$$

$$\therefore\text{表面积}=\iint_S dA=\iint_R\left|\frac{\partial\vec{r}}{\partial x}\times\frac{\partial\vec{r}}{\partial y}\right|dxdy=\sqrt{\frac{A^2+B^2+C^2}{C^2}}\iint_R dxdy$$

令 $u=\dfrac{y}{x^2}$，$v=\dfrac{x}{y^2}$ 则 $x=u^{-\frac{2}{3}}v^{-\frac{1}{3}}$，$y=u^{-\frac{1}{3}}v^{-\frac{2}{3}}$

$$\text{且 } dxdy=\left\|\begin{matrix}\frac{\partial x}{\partial u} & \frac{\partial x}{\partial v}\\ \frac{\partial y}{\partial u} & \frac{\partial y}{\partial v}\end{matrix}\right\|dudv=\left\|\begin{matrix}\frac{-2u^{-\frac{5}{3}}v^{-\frac{1}{3}}}{3} & \frac{-u^{-\frac{2}{3}}v^{-\frac{4}{3}}}{3}\\ \frac{-u^{-\frac{4}{3}}v^{-\frac{2}{3}}}{3} & \frac{-2u^{-\frac{1}{3}}v^{-\frac{5}{3}}}{3}\end{matrix}\right\|dudv=\frac{u^{-2}v^{-2}}{3}dudv$$

$$\because\ R=\left\{(x,y):1\le\frac{y}{x^2}\le 3,1\le\frac{x}{y^2}\le 4\right\}\quad\therefore R=\{(u,v):1\le u\le 3,1\le v\le 4\}$$

$$\therefore\iint_R 1dA=\int_1^3\int_1^4\frac{u^{-2}v^{-2}}{3}dvdu=\frac{1}{6}\qquad\therefore\iint_S dA=\frac{1}{6}\sqrt{\frac{A^2+B^2+C^2}{C^2}}$$

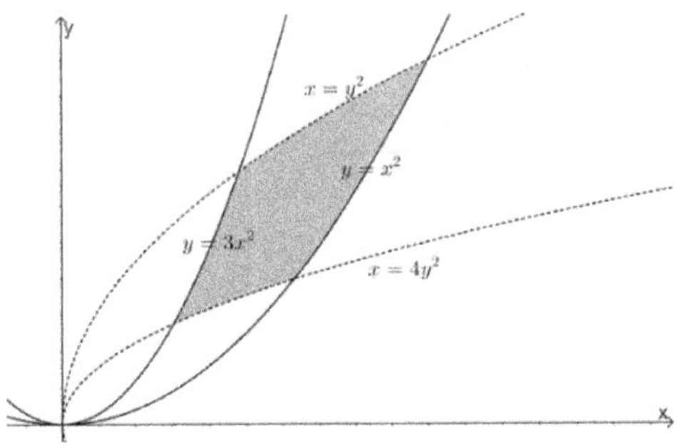

Example 14.

求平面$Ax+By+Cz=D$ 在 $x-2y=-4$, $x-2y=1$, $2x-y=0$, $2x-y=3$ 所围区域内的表面积

【解】

令 $\vec{r}(x,y)=\left(x,y,\frac{D-(Ax+By)}{C}\right)$ 且 $R=\{(x,y):-4\le x-2y\le 1,0\le 2x-y\le 3\}$

则表面积 $=\iint_S dA=\iint_R \left|\frac{\partial\vec{r}}{\partial x}\times\frac{\partial\vec{r}}{\partial y}\right|dxdy$

$\because \frac{\partial\vec{r}}{\partial x}=\left(1,0,-\frac{A}{C}\right)$ 且 $\frac{\partial\vec{r}}{\partial y}=\left(0,1,-\frac{B}{C}\right)$ $\therefore \frac{\partial\vec{r}}{\partial x}\times\frac{\partial\vec{r}}{\partial y}=\left(\frac{A}{C},\frac{B}{C},1\right)$

$\Rightarrow \left|\frac{\partial\vec{r}}{\partial x}\times\frac{\partial\vec{r}}{\partial y}\right|=\sqrt{1+\frac{A^2+B^2}{C^2}}=\sqrt{\frac{A^2+B^2+C^2}{C^2}}$

$\therefore \iint_R \left|\frac{\partial\vec{r}}{\partial x}\times\frac{\partial\vec{r}}{\partial y}\right|dxdy=\sqrt{\frac{A^2+B^2+C^2}{C^2}}\iint_R dxdy$

令$x-2y=u$, $2x-y=v$ 则 $x=-\frac{u}{3}+\frac{2v}{3}$, $y=-\frac{2u}{3}+\frac{v}{3}$

且 $dxdy=\left\|\begin{vmatrix}\frac{\partial x}{\partial u}&\frac{\partial x}{\partial v}\\ \frac{\partial y}{\partial u}&\frac{\partial y}{\partial v}\end{vmatrix}\right\|dudv=\left\|\begin{vmatrix}\frac{-1}{3}&\frac{2}{3}\\ \frac{-2}{3}&\frac{1}{3}\end{vmatrix}\right\|dudv=\frac{1}{3}dudv$

$\because R=\{(x,y):-4\le x-2y\le 1,0\le 2x-y\le 3\}$ $\therefore R=\{(u,v):-4\le u\le 1,0\le v\le 3\}$

$\therefore \iint_R 1dA=\int_{-4}^{1}\int_0^3\frac{1}{3}dudv=5$ $\therefore$ 表面积 $=\iint_S dA=5\sqrt{\frac{A^2+B^2+C^2}{C^2}}$

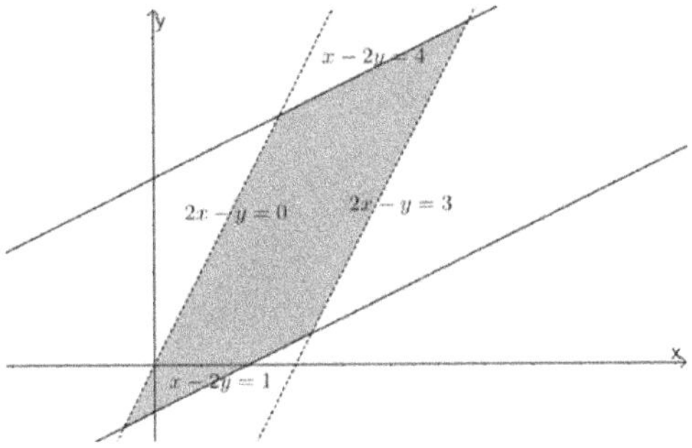

Example 15.

求平面$Ax+By+Cz=D$ 在 $y=x$, $y=2x$, $xy=1$, $xy=4$ 所围区域内的表面积

【解】

令 $\vec{r}(x,y)=\left(x,y,\dfrac{D-(Ax+By)}{C}\right)$ 且 R为 $y=x$, $y=2x$, $xy=1$, $xy=4$ 所围区域

则表面积 $=\iint_S dA=\iint_R \left|\dfrac{\partial\vec{r}}{\partial x}\times\dfrac{\partial\vec{r}}{\partial y}\right|dxdy$

$\because \dfrac{\partial\vec{r}}{\partial x}=\left(1,0,-\dfrac{A}{C}\right)$ 且 $\dfrac{\partial\vec{r}}{\partial y}=\left(0,1,-\dfrac{B}{C}\right)$ $\quad\therefore \dfrac{\partial\vec{r}}{\partial x}\times\dfrac{\partial\vec{r}}{\partial y}=\left(\dfrac{A}{C},\dfrac{B}{C},1\right)$

$$\Rightarrow \left|\frac{\partial\vec{r}}{\partial x}\times\frac{\partial\vec{r}}{\partial y}\right|=\sqrt{1+\frac{A^2+B^2}{C^2}}=\sqrt{\frac{A^2+B^2+C^2}{C^2}}$$

$$\therefore \iint_R \left|\frac{\partial\vec{r}}{\partial x}\times\frac{\partial\vec{r}}{\partial y}\right|dxdy=\sqrt{\frac{A^2+B^2+C^2}{C^2}}\iint_R dxdy$$

令 $\dfrac{y}{x}=u$, $xy=v$ 则 $x=\sqrt{\dfrac{v}{u}}$, $y=\sqrt{uv}$

$$\text{且 } dxdy=\left|\begin{vmatrix}\frac{\partial x}{\partial u} & \frac{\partial x}{\partial v}\\ \frac{\partial y}{\partial u} & \frac{\partial y}{\partial v}\end{vmatrix}\right|dudv=\left|\begin{vmatrix}\frac{1}{2}\left(\frac{v}{u}\right)^{-\frac{1}{2}}\left(-\frac{v}{u^2}\right) & \frac{1}{2}\left(\frac{v}{u}\right)^{-\frac{1}{2}}\left(\frac{1}{u}\right)\\ \frac{1}{2}(uv)^{-\frac{1}{2}}v & \frac{1}{2}(uv)^{-\frac{1}{2}}u\end{vmatrix}\right|dudv=\frac{1}{2u}dudv$$

$\because R=\left\{(x,y):1\le\dfrac{y}{x}\le 2,1\le\ xy\le 4\right\}$ $\quad\therefore R=\{(u,v):1\le u\le 2,1\le v\le 4\}$

$$\therefore \iint_R dxdy = 2\int_1^4\int_1^2 \frac{1}{2u}dudv = 3\ln 2 \quad \therefore \text{表面积} = \iint_S dA = 3\ln 2\sqrt{\frac{A^2+B^2+C^2}{C^2}}$$

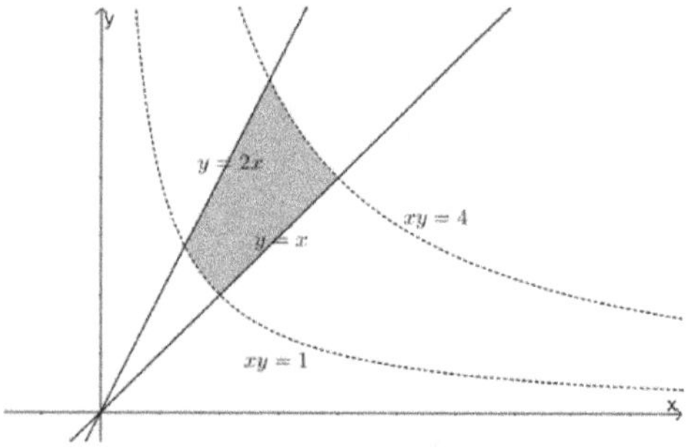

Example 16.

求平面$Ax+By+Cz=D$ 在 $ax^2+bxy+cy^2=\alpha^2$所围区域内的表面积

【解】

令 $\vec{r}(x,y)=\left(x,y,\dfrac{D-(Ax+By)}{C}\right)$ 且 $R-\{(x,y): ax^2+bxy+cy^2\leq\alpha^2\}$

则 $\displaystyle\iint_S dA=\iint_R \left|\frac{\partial\vec{r}}{\partial x}\times\frac{\partial\vec{r}}{\partial y}\right|dxdy$

$\because \dfrac{\partial\vec{r}}{\partial x}=\left(1,0,-\dfrac{A}{C}\right)$ 且 $\dfrac{\partial\vec{r}}{\partial y}=\left(0,1,-\dfrac{B}{C}\right)$ $\quad\therefore \dfrac{\partial\vec{r}}{\partial x}\times\dfrac{\partial\vec{r}}{\partial y}=\left(\dfrac{A}{C},\dfrac{B}{C},1\right)$

$$\Rightarrow \left|\frac{\partial\vec{r}}{\partial x}\times\frac{\partial\vec{r}}{\partial y}\right|=\sqrt{1+\frac{A^2+B^2}{C^2}}=\sqrt{\frac{A^2+B^2+C^2}{C^2}}$$

$$\therefore \iint_R \left|\frac{\partial\vec{r}}{\partial x}\times\frac{\partial\vec{r}}{\partial y}\right|dxdy=\sqrt{\frac{A^2+B^2+C^2}{C^2}}\iint_R dxdy$$

$$\because ax^2+bxy+cy^2=a(x+\frac{by}{2a})^2+\left(\frac{4ac-b^2}{4a}\right)y^2$$

令 $\sqrt{a}(x+\frac{by}{2a})=u,\ \sqrt{\frac{4ac-b^2}{4a}}y=v$

则$dxdy=\left\|\begin{vmatrix}\frac{\partial x}{\partial u} & \frac{\partial x}{\partial v}\\ \frac{\partial y}{\partial u} & \frac{\partial y}{\partial v}\end{vmatrix}\right\|dudv=\left\|\begin{vmatrix}\frac{1}{\sqrt{a}} & 0\\ 0 & \sqrt{\frac{4a}{4ac-b^2}}\end{vmatrix}\right\|dudv=\frac{2}{\sqrt{4ac-b^2}}dudv$

$\therefore \iint_R dA=\iint_{u^2+v^2\le\alpha^2}\frac{2}{\sqrt{4ac-b^2}}dudv$

令$u=r\cos\theta, v=r\sin\theta$ 则 $\{(u,v):u^2+v^2\le\alpha^2\}=\{(r,\theta):0\le r\le\alpha, 0\le\theta\le 2\pi\}$

且 $dudv=\left\|\begin{vmatrix}\frac{\partial u}{\partial r} & \frac{\partial u}{\partial \theta}\\ \frac{\partial v}{\partial r} & \frac{\partial v}{\partial \theta}\end{vmatrix}\right\|drd\theta=\left\|\begin{vmatrix}\cos\theta & -r\sin\theta\\ \sin\theta & r\cos\theta\end{vmatrix}\right\|drd\theta=rdrd\theta$

$\therefore \iint_{u^2+v^2\le\alpha^2}\frac{2}{\sqrt{4ac-b^2}}dudv=\int_0^{2\pi}\int_0^{\alpha}\frac{2}{\sqrt{4ac-b^2}}rdrd\theta=\frac{2}{\sqrt{4ac-b^2}}\int_0^{2\pi}d\theta\int_0^{\alpha}rdr$

$=\frac{2\pi\alpha^2}{\sqrt{4ac-b^2}}$

$\therefore$ 表面积 $=\iint_S dA=\iint_R\left|\frac{\partial\vec{r}}{\partial x}\times\frac{\partial\vec{r}}{\partial y}\right|dxdy=\frac{2\pi\alpha^2}{\sqrt{4ac-b^2}}\sqrt{\frac{A^2+B^2+C^2}{C^2}}$

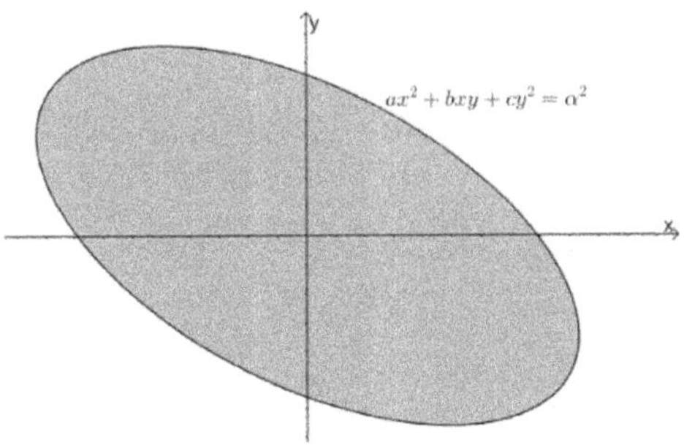

Example 17.

求曲面$z=\frac{2}{3}y^{\frac{3}{2}}$在 $0<x<2, 0<y<2$ 内的表面积

【解】

令 $S: z=\frac{2}{3}y^{\frac{3}{2}},\ 0<x<2,\ 0<y<2$ 则表面积 $=\iint_S\ dA$

令 $\vec{r}(x,y)=\left(x,y,\frac{2}{3}y^{\frac{3}{2}}\right)$ 且 R 为曲面S 投影至xy平面的封闭区域

则$R=\{(x,y):0<x<2,0<y<2\}$ 且 $\iint_S\ dA=\iint_R\ \left|\frac{\partial\vec{r}}{\partial x}\times\frac{\partial\vec{r}}{\partial y}\right|dxdy$

$\because\ \frac{\partial\vec{r}}{\partial x}=(1,0,0)$ 且 $\frac{\partial\vec{r}}{\partial y}=\left(0,1,y^{\frac{1}{2}}\right)$ $\quad\therefore\frac{\partial\vec{r}}{\partial x}\times\frac{\partial\vec{r}}{\partial y}=\left(0,-y^{\frac{1}{2}},1\right)\Rightarrow\left|\frac{\partial\vec{r}}{\partial x}\times\frac{\partial\vec{r}}{\partial y}\right|=(y+1)^{\frac{1}{2}}$

$$\therefore\iint_S\ dA=\iint_R\ \left|\frac{\partial\vec{r}}{\partial x}\times\frac{\partial\vec{r}}{\partial y}\right|dxdy=\int_0^2\int_0^2(y+1)^{\frac{1}{2}}\,dxdy=2\cdot\frac{2(y+1)^{\frac{3}{2}}}{3}\Bigg|_0^2=\frac{4}{3}\left(3\sqrt{3}-1\right)$$

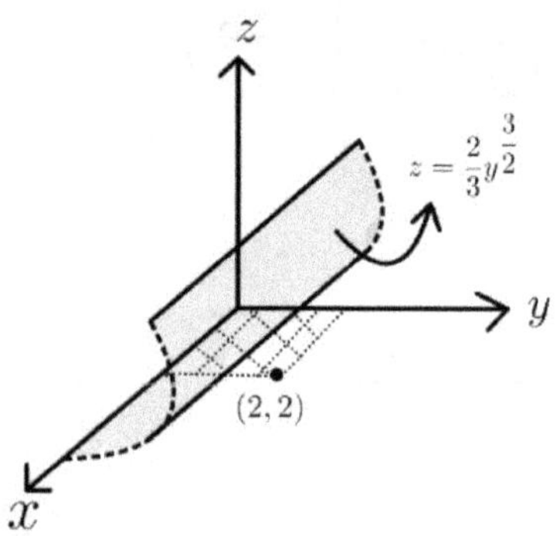

Example 18.

求曲面$z=x+ay+b$ 在 $y>x^2,\ y<1,x>0$ 內的表面积

【解】

令 $S: z=x+ay+b,\ y>x^2,\ y<1,\ x>0$ 则表面积 $=\iint_S\ dA$

令 $\vec{r}(x,y)=(x,y,x+ay+b)$ 且 R 为曲面S投影至xy平面的封闭区域

则 $R=\{(x,y): y>x^2, y<1, x>0\}$ 且 $\iint_S \, dA=\iint_R \left|\frac{\partial\vec{r}}{\partial x}\times\frac{\partial\vec{r}}{\partial y}\right| dxdy$

$\because \frac{\partial\vec{r}}{\partial x}=(1,0,1)$ 且 $\frac{\partial\vec{r}}{\partial y}=(0,1,a)$ $\therefore \frac{\partial\vec{r}}{\partial x}\times\frac{\partial\vec{r}}{\partial y}=(-1,-a,1)\Rightarrow\left|\frac{\partial\vec{r}}{\partial x}\times\frac{\partial\vec{r}}{\partial y}\right|=\sqrt{a^2+2}$

$\therefore \iint_S \, dA=\iint_R \left|\frac{\partial\vec{r}}{\partial x}\times\frac{\partial\vec{r}}{\partial y}\right| dxdy=\int_0^1\int_{x^2}^1\sqrt{a^2+2}\,dydx=\frac{2\sqrt{a^2+2}}{3}$

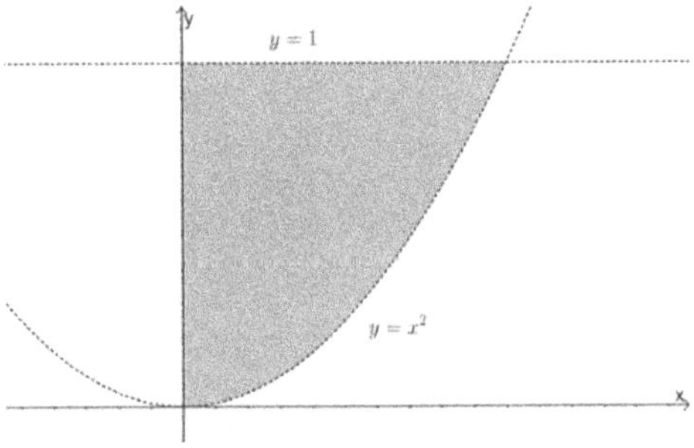

Example 19.

求曲面 $z=xy$ 在柱面 $x^2+y^2=a^2$，$x\geq 0$，$y\geq 0$ 之內的曲面面积

【解】

令 S: $z=xy$，$x^2+y^2\leq a^2$ 则 表面积 $=\iint_S \, dA$

令 $\vec{r}(x,y)=(x,y,xy)$ 且 R 为曲面S投影至xy平面的封闭区域

则 $R=\{(x,y): x^2+y^2\leq a^2\}$ 且 $\iint_S \, dA=\iint_R \left|\frac{\partial\vec{r}}{\partial x}\times\frac{\partial\vec{r}}{\partial y}\right| dxdy$

$\because \frac{\partial\vec{r}}{\partial x}=(1,0,y)$ 且 $\frac{\partial\vec{r}}{\partial y}=(0,1,x)$ $\therefore \frac{\partial\vec{r}}{\partial x}\times\frac{\partial\vec{r}}{\partial y}=(-y,-x,1)\Rightarrow\left|\frac{\partial\vec{r}}{\partial x}\times\frac{\partial\vec{r}}{\partial y}\right|=(x^2+y^2+1)^{\frac{1}{2}}$

$\therefore \iint_S \, dA=\iint_R \left|\frac{\partial\vec{r}}{\partial x}\times\frac{\partial\vec{r}}{\partial y}\right| dxdy=\iint_{x^2+y^2\leq a^2}(x^2+y^2+1)^{\frac{1}{2}}dxdy$

令$x=r\cos\theta$，$y=r\sin\theta$

则 $\{(x,y): x^2+y^2 \le a^2, x \ge 0, y \ge 0\} = \{(r,\theta): 0 \le r \le a, 0 \le \theta \le \frac{\pi}{2}\}$

$$\therefore \iint_{x^2+y^2\le a^2} (x^2+y^2+1)^{\frac{1}{2}} dxdy = \int_0^{\frac{\pi}{2}} \int_0^a (r^2+1)^{\frac{1}{2}} r dr d\theta = \frac{\pi}{6}(r^2+1)^{\frac{3}{2}}\Big|_0^a$$

$$= \frac{\pi}{6}((a^2+1)^{\frac{3}{2}} - 1)$$

Example 20.

求曲面 $z = y^2 + bx + c$ 在 xy平面$(0,0)$、$(0,a)$、(a,a)所围三角形內的区域面积

【解】

令 $S: z = y^2 + bx + c,\ 0 \le x \le y,\ 0 \le y \le a$ 则表面积 $= \iint_S dA$

令 $\vec{r}(x,y) = (x, y, y^2 + bx + c)$且 R 为曲面S投影至xy平面的封闭区域

则 $R = \{(x,y): 0 \le x \le y, 0 \le y \le a\}$ 且 $\iint_S dA = \iint_R \left|\frac{\partial \vec{r}}{\partial x} \times \frac{\partial \vec{r}}{\partial y}\right| dxdy$

$$\because \frac{\partial \vec{r}}{\partial x} = (1,0,b),\ \frac{\partial \vec{r}}{\partial y} = (0,1,2y)\ \therefore \frac{\partial \vec{r}}{\partial x} \times \frac{\partial \vec{r}}{\partial y} = (-b,-2y,1) \Rightarrow \left|\frac{\partial \vec{r}}{\partial x} \times \frac{\partial \vec{r}}{\partial y}\right| = (b^2+1+4y^2)^{\frac{1}{2}}$$

$$\therefore \iint_S dA = \iint_R \left|\frac{\partial \vec{r}}{\partial x} \times \frac{\partial \vec{r}}{\partial y}\right| dxdy = \int_0^a \int_0^y (b^2+1+4y^2)^{\frac{1}{2}} dxdy = \int_0^a (b^2+1+4y^2)^{\frac{1}{2}} y dy$$

$$= \frac{(b^2+1+4y^2)^{\frac{3}{2}}}{12}\Bigg|_0^a = \frac{1}{12}\left((1+4a^2+b^2)\sqrt{1+4a^2+b^2} - (b^2+1)\sqrt{b^2+1}\right)$$

Example 21.

求抛物体 $z = x^2 + y^2$在 $0 \le z \le 3$ 內的表面积

【解】

令 $S: z = x^2 + y^2$, $0 \le z \le 3$ 则表面积 $= \iint_S dA$

令$\vec{r}(x,y) = (x, y, x^2 + y^2)$ 且R 为曲面投影至xy平面的封闭区域

则 $R = \{(x,y): x^2 + y^2 \le 3\}$ 且 $\iint_S dA = \iint_R \left|\frac{\partial \vec{r}}{\partial x} \times \frac{\partial \vec{r}}{\partial y}\right| dxdy$

$\because \frac{\partial \vec{r}}{\partial x} = (1,0,2x)$ 且 $\frac{\partial \vec{r}}{\partial y} = (0,1,2y)$ $\therefore \frac{\partial \vec{r}}{\partial x} \times \frac{\partial \vec{r}}{\partial y} = (-2x, -2y, 1)$

$\Rightarrow \left|\frac{\partial \vec{r}}{\partial x} \times \frac{\partial \vec{r}}{\partial y}\right| = (4x^2 + 4y^2 + 1)^{\frac{1}{2}}$

$\therefore \iint_R \left|\frac{\partial \vec{r}}{\partial x} \times \frac{\partial \vec{r}}{\partial y}\right| dxdy = \iint_{x^2+y^2 \le 3} (4x^2 + 4y^2 + 1)^{\frac{1}{2}} dxdy$

令$x = r\cos\theta$, $y = r\sin\theta$ 则 $\{(x,y): x^2 + y^2 \le 3\} = \{(r,\theta): 0 \le r \le \sqrt{3}, 0 \le \theta \le 2\pi\}$

$\therefore \iint_{x^2+y^2 \le 3} (4x^2 + 4y^2 + 1)^{\frac{1}{2}} dxdy = \int_0^{2\pi} \int_0^{\sqrt{3}} (4r^2 + 1)^{\frac{1}{2}} r dr d\theta = 2\pi \cdot \frac{1}{12} \cdot (4r^2 + 1)^{\frac{3}{2}}\Big|_0^{\sqrt{3}}$

$= \frac{\pi}{6}\left(13\sqrt{13} - 1\right)$

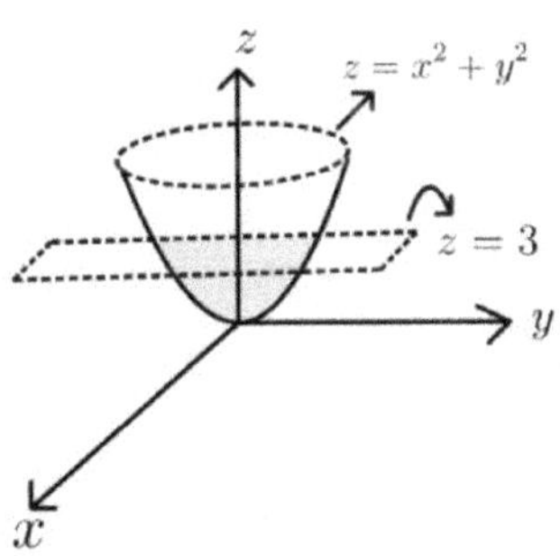

Example 22.

求平面 $ax + by + cz = 1$ 在第一卦限被 $x = 0$、$y = 0$、$x^2 + y^2 = r^2$所截的表面积

【解】

令 S: $ax+by+cz=1,\ x\ge 0,\ y\ge 0,\ x^2+y^2\le r^2$ 则表面积 $=\dfrac{1}{4}\iint_S dA$

令$\vec{r}(x,y)=\left(x,y,\dfrac{1}{c}-\dfrac{ax}{c}-\dfrac{by}{c}\right)$ 且 R为平面S投影至xy平面的封闭区域

则$R=\{(x,y): x\ge 0、y\ge 0、x^2+y^2\le r^2\}$ 且 $\iint_S dA=\iint_R \left|\dfrac{\partial\vec{r}}{\partial x}\times\dfrac{\partial\vec{r}}{\partial y}\right|dxdy$

$\because\ \dfrac{\partial\vec{r}}{\partial x}=\left(1,0,-\dfrac{a}{c}\right)$ 且 $\dfrac{\partial\vec{r}}{\partial y}=\left(0,1,-\dfrac{b}{c}\right)$ $\therefore \dfrac{\partial\vec{r}}{\partial x}\times\dfrac{\partial\vec{r}}{\partial y}=\left(\dfrac{a}{c},\dfrac{b}{c},1\right)\Rightarrow\left|\dfrac{\partial\vec{r}}{\partial x}\times\dfrac{\partial\vec{r}}{\partial y}\right|=\dfrac{\sqrt{a^2+b^2+c^2}}{c}$

$$\therefore \frac{1}{4}\iint_S dA=\frac{1}{4}\iint_R \left|\frac{\partial\vec{r}}{\partial x}\times\frac{\partial\vec{r}}{\partial y}\right|dxdy=\frac{1}{4}\iint_{x^2+y^2\le r^2}\frac{\sqrt{a^2+b^2+c^2}}{c}dxdy$$

$$=\frac{r^2\pi\sqrt{a^2+b^2+c^2}}{4c}$$

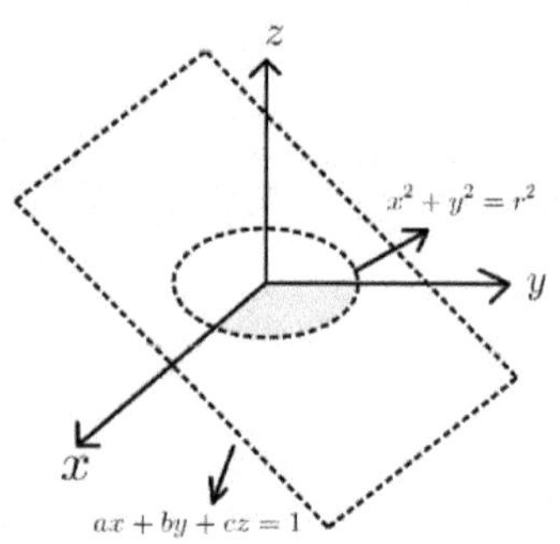

Example 23.

(1) 求球面$x^2+y^2+z^2=8$ 位于圆锥面 $z=\sqrt{x^2+y^2}$内的表面积

(2) 求球面$x^2+y^2+z^2=2a(a>0)$位于圆锥面 $z=\sqrt{x^2+y^2}$內的表面积

【解】

(1)

令 $S: x^2+y^2+z^2=8,\ z \le \sqrt{x^2+y^2}$ 则表面积 $=\iint_S dA$

令 $\vec{r}(x,y)=\left(x,y,\sqrt{8-(x^2+y^2)}\right)$ 且 R为球面S投影至xy平面的封闭区域

则$R=\{(x,y): x^2+y^2\le 4\}$ 且 $\iint_S dA=\iint_R \left|\frac{\partial \vec{r}}{\partial x}\times\frac{\partial \vec{r}}{\partial y}\right| dxdy$

$\because\ \frac{\partial \vec{r}}{\partial x}=\left(1,0,-x(8-(x^2+y^2))^{-\frac{1}{2}}\right)$ 且 $\frac{\partial \vec{r}}{\partial y}=\left(0,1,-y(8-(x^2+y^2))^{-\frac{1}{2}}\right)$

$\therefore \frac{\partial \vec{r}}{\partial x}\times\frac{\partial \vec{r}}{\partial y}=\left(x(8-(x^2+y^2))^{-\frac{1}{2}}, y(8-(x^2+y^2))^{-\frac{1}{2}}, 1\right)$

$\Rightarrow \left|\frac{\partial \vec{r}}{\partial x}\times\frac{\partial \vec{r}}{\partial y}\right|=(x^2(8-(x^2+y^2))^{-1}+y^2(8-(x^2+y^2))^{-1}+1)^{\frac{1}{2}}=\sqrt{8}(8-(x^2+y^2))^{-\frac{1}{2}}$

$\therefore \iint_S dA=\iint_R \left|\frac{\partial \vec{r}}{\partial x}\times\frac{\partial \vec{r}}{\partial y}\right| dxdy=\iint_{x^2+y^2\le 4}\sqrt{8}(8-(x^2+y^2))^{-\frac{1}{2}}dxdy$

令$x=r\cos\theta$，$y=r\sin\theta$ 则 $\{(x,y): x^2+y^2\le 4\}=\{(r,\theta): 0\le r\le 2, 0\le\theta\le 2\pi\}$

$\therefore \iint_{x^2+y^2\le 4}\sqrt{8}(8-(x^2+y^2))^{-\frac{1}{2}}dxdy=\int_0^{2\pi}\int_0^2\sqrt{8}(8-r^2)^{-\frac{1}{2}}rdrd\theta=4\sqrt{2}\pi(8-r^2)^{\frac{1}{2}}\Big|_2^0$

$=\pi(16-8\sqrt{2})$

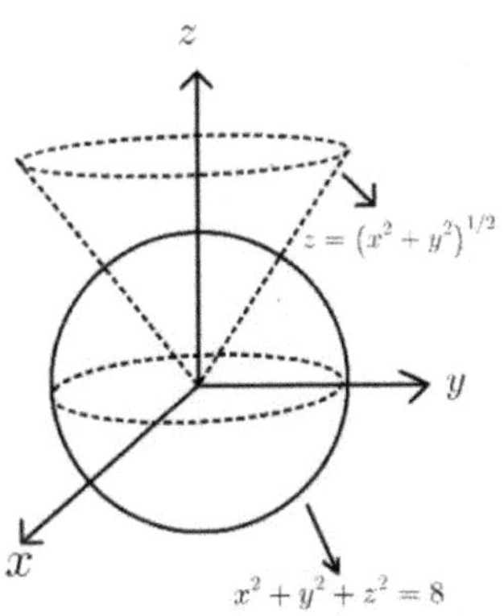

(2)

令 $S: x^2+y^2+z^2=2a,\ \ \mathrm{z} \leq \sqrt{x^2+y^2}$ 则表面积 $= \iint_S \ dA$

令 $\vec{r}(x,y) = \left(x,y,\sqrt{2a-(x^2+y^2)}\right)$ 且 R为球面S投影至xy平面的封闭区域

则 $R = \{(x,y): x^2+y^2 \leq a\}$ 且 $\iint_S \ dA = \iint_R \ \left|\frac{\partial \vec{r}}{\partial x} \times \frac{\partial \vec{r}}{\partial y}\right| dxdy$

$\because \ \frac{\partial \vec{r}}{\partial x} = \left(1,0,-x(2a-(x^2+y^2))^{-\frac{1}{2}}\right)$ 且 $\frac{\partial \vec{r}}{\partial y} = \left(0,1,-y(2a-(x^2+y^2))^{-\frac{1}{2}}\right)$

$\therefore \frac{\partial \vec{r}}{\partial x} \times \frac{\partial \vec{r}}{\partial y} = \left(x(2a-(x^2+y^2))^{-\frac{1}{2}}, y(2a-(x^2+y^2))^{-\frac{1}{2}}, 1\right)$

$\Rightarrow \left|\frac{\partial \vec{r}}{\partial x} \times \frac{\partial \vec{r}}{\partial y}\right| = (x^2(2a-(x^2+y^2))^{-1} + y^2(2a-(x^2+y^2))^{-1} + 1)^{\frac{1}{2}}$

$= \sqrt{2a}(2a-(x^2+y^2))^{-\frac{1}{2}}$

$\therefore \iint_R \ \left|\frac{\partial \vec{r}}{\partial x} \times \frac{\partial \vec{r}}{\partial y}\right| dxdy = \iint_{x^2+y^2 \leq a} \sqrt{2a}(2a-(x^2+y^2))^{-\frac{1}{2}} dxdy$

令$x = r\cos\theta\,, y = r\sin\theta$ 则 $\{(x,y): x^2+y^2 \leq a\} = \{(r,\theta): 0 \leq r \leq \sqrt{a}, 0 \leq \theta \leq 2\pi\}$

$\therefore \iint_{x^2+y^2 \leq a} \sqrt{2a}(2a-(x^2+y^2))^{-\frac{1}{2}} dxdy = \int_0^{2\pi} \int_0^{\sqrt{a}} \sqrt{2a}(2a-r^2)^{-\frac{1}{2}} r dr d\theta$

$= 2\sqrt{2a}\pi(2a-r^2)^{\frac{1}{2}}\Big|_{\sqrt{a}}^{0} = 4a\pi - 2a\sqrt{2}\pi$

Example 24.

(1)求球面$x^2+y^2+z^2=6z$ 在抛物面 $z=x^2+y^2$內的表面积

(2)求球面$x^2+y^2+z^2=2az,(a>\frac{1}{2})$在抛物面$z=x^2+y^2$內的表面积

【解】

(1)

令 $S: x^2+y^2+z^2=6z,\ \ z\le x^2+y^2$ 则表面积 $=\iint_S\ dA$

令 $\vec{r}(x,y)=\left(x,y,3+\sqrt{9-(x^2+y^2)}\right)$ 且 R 为球面S投影至xy平面的封闭区域

则$R=\{(x,y):x^2+y^2\le 5\}$ 且 $\iint_S\ dA=\iint_R\ \left|\frac{\partial\vec{r}}{\partial x}\times\frac{\partial\vec{r}}{\partial y}\right|dxdy$

$\because \frac{\partial\vec{r}}{\partial x}=\left(1,0,-x(9-(x^2+y^2))^{-\frac{1}{2}}\right)$ 且 $\frac{\partial\vec{r}}{\partial y}=\left(0,1,-y(9-(x^2+y^2))^{-\frac{1}{2}}\right)$

$\therefore \frac{\partial\vec{r}}{\partial x}\times\frac{\partial\vec{r}}{\partial y}=\left(x(9-(x^2+y^2))^{-\frac{1}{2}},y(9-(x^2+y^2))^{-\frac{1}{2}},1\right)$

$\Rightarrow \left|\frac{\partial\vec{r}}{\partial x}\times\frac{\partial\vec{r}}{\partial y}\right|=(x^2(9-(x^2+y^2))^{-1}+y^2(9-(x^2+y^2))^{-1}+1)^{\frac{1}{2}}=3(9-(x^2+y^2))^{-\frac{1}{2}}$

$\therefore \iint_R\ \left|\frac{\partial\vec{r}}{\partial x}\times\frac{\partial\vec{r}}{\partial y}\right|dxdy=\iint_{x^2+y^2\le 5}3(9-(x^2+y^2))^{-\frac{1}{2}}dxdy$

令$x=r\cos\theta$，$y=r\sin\theta$ 则 $\{(x,y):x^2+y^2\le 5\}=\{(r,\theta):0\le r\le\sqrt{5},0\le\theta\le 2\pi\}$

$\therefore \iint_{x^2+y^2\le 5}3(9-(x^2+y^2))^{-\frac{1}{2}}dxdy=\int_0^{2\pi}\int_0^{\sqrt{5}}3(9-r^2)^{-\frac{1}{2}}rdrd\theta=6\pi(9-r^2)^{\frac{1}{2}}\Big|_{\sqrt{5}}^{0}=6\pi$

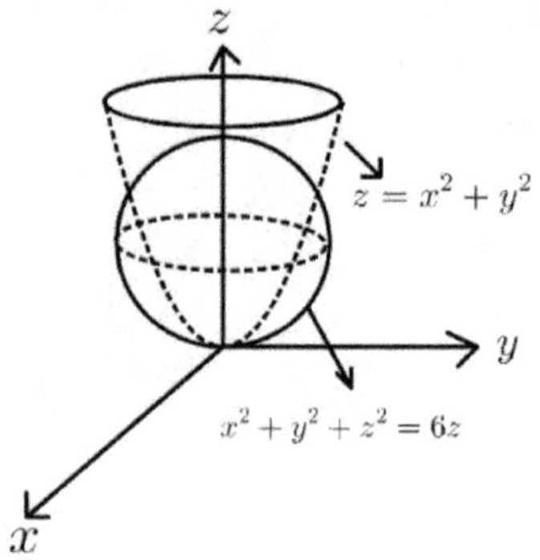

(2)

令 $S: x^2+y^2+z^2 = 2az,\ z \le x^2+y^2$ 则 表面积 $= \iint_S dA$

令 $\vec{r}(x,y) = \left(x, y, a+\sqrt{a^2-(x^2+y^2)}\right)$ 且 R为球面S投影至xy平面的封闭区域

则$R = \{(x,y): x^2+y^2 \le 2a-1\}$ 且 $\iint_S dA = \iint_R \left|\frac{\partial \vec{r}}{\partial x} \times \frac{\partial \vec{r}}{\partial y}\right| dxdy$

$\because \frac{\partial \vec{r}}{\partial x} = \left(1,0,-x(a^2-(x^2+y^2))^{-\frac{1}{2}}\right)$ 且 $\frac{\partial \vec{r}}{\partial y} = \left(0,1,-y(a^2-(x^2+y^2))^{-\frac{1}{2}}\right)$

$\therefore \frac{\partial \vec{r}}{\partial x} \times \frac{\partial \vec{r}}{\partial y} = \left(x(a^2-(x^2+y^2))^{-\frac{1}{2}}, y(a^2-(x^2+y^2))^{-\frac{1}{2}}, 1\right)$

$\Rightarrow \left|\frac{\partial \vec{r}}{\partial x} \times \frac{\partial \vec{r}}{\partial y}\right| = (x^2(a^2-(x^2+y^2))^{-1} + y^2(a^2-(x^2+y^2))^{-1} + 1)^{\frac{1}{2}}$

$= a(a^2-(x^2+y^2))^{-\frac{1}{2}}$

$\therefore \iint_R \left|\frac{\partial \vec{r}}{\partial x} \times \frac{\partial \vec{r}}{\partial y}\right| dxdy = \iint_{x^2+y^2 \le 2a-1} a(a^2-(x^2+y^2))^{-\frac{1}{2}} dxdy$

令$x = r\cos\theta, y = r\sin\theta$

则 $\{(x,y): x^2+y^2 \le 2a-1\} = \{(r,\theta): 0 \le r \le \sqrt{2a-1}, 0 \le \theta \le 2\pi\}$

$$\therefore \iint_{x^2+y^2\leq 2a-1} a(a^2-(x^2+y^2))^{-\frac{1}{2}}dxdy = \int_0^{2\pi}\int_0^{\sqrt{2a-1}} a(a^2-r^2)^{-\frac{1}{2}} r dr d\theta$$

$$= 2a\pi(a^2-r^2)^{\frac{1}{2}}\Big|_{\sqrt{2a-1}}^{0} = 2a\pi(a-(a-1)) = 2a\pi$$

Example 25.

(1)半径为r的球面被两个相距为 h 的平行平面所截，试证:所截球的表面积仅与h有关，与所截位置无关

(2)假设 $-r<a<b<r$，求单位球面$x^2+y^2+z^2=r^2$ 在 $z=a$ 与 $z=b$之间的表面积$(r>0)$

【解】

(1)

设球心离较近的平面距离 $=b$

令 $S:\vec{r}(\theta,\varphi)=(r\cos\theta\sin\varphi, r\sin\theta\sin\varphi, r\cos\varphi), \cos^{-1}\dfrac{b+h}{r}\leq\varphi\leq\cos^{-1}\dfrac{b}{r}, 0\leq\theta\leq 2\pi$

则 表面积 $=\iint_S dA$

$$\because \frac{\partial\vec{r}}{\partial\theta}=(-r\sin\theta\sin\varphi, r\cos\theta\sin\varphi, 0) \text{ 且 } \frac{\partial\vec{r}}{\partial\varphi}=(r\cos\theta\cos\varphi, r\sin\theta\cos\varphi, -r\sin\varphi)$$

$$\therefore \frac{\partial\vec{r}}{\partial\varphi}\times\frac{\partial\vec{r}}{\partial\theta}=(r^2\cos\theta\sin^2\varphi, r^2\sin\theta\sin^2\varphi, r^2\sin\varphi\cos\varphi) \Rightarrow \left|\frac{\partial\vec{r}}{\partial\varphi}\times\frac{\partial\vec{r}}{\partial\theta}\right| = r^2\sin\varphi$$

$$\therefore \iint_S dA = \iint_R \left|\frac{\partial\vec{r}}{\partial\varphi}\times\frac{\partial\vec{r}}{\partial\theta}\right| d\theta d\varphi = \int_0^{2\pi}\int_{\cos^{-1}\frac{b+h}{r}}^{\cos^{-1}\frac{b}{r}} r^2\sin\varphi\, d\varphi d\theta$$

$$= -r^2\int_0^{2\pi}\cos\varphi\Big|_{\cos^{-1}\frac{b+h}{r}}^{\cos^{-1}\frac{b}{r}} d\theta = 2\pi r h$$

∴ 所截球的表面积僅与 h 有关

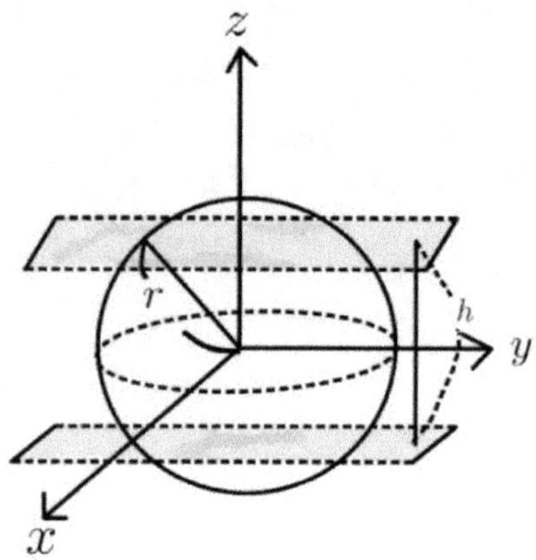

(2)

令 $S: x^2+y^2+z^2=r^2$，$a \le z \le b$ 则表面积 $=\iint_S dA$

令 $\vec{r}(\theta,\varphi)=(r\cos\theta\sin\varphi, r\sin\theta\sin\varphi, r\cos\varphi)$

令$R=\left\{(\theta,\varphi): 0\le\theta\le 2\pi, \cos^{-1}\frac{b}{r}\le\varphi\le\cos^{-1}\frac{a}{r}\right\}$ 则 $\iint_S dA=\iint_R \left|\frac{\partial\vec{r}}{\partial\varphi}\times\frac{\partial\vec{r}}{\partial\theta}\right| d\theta d\varphi$

$\because \frac{\partial\vec{r}}{\partial\theta}=(-r\sin\theta\sin\varphi, r\cos\theta\sin\varphi, 0)$ 且 $\frac{\partial\vec{r}}{\partial\varphi}=(r\cos\theta\cos\varphi, r\sin\theta\cos\varphi, -r\sin\varphi)$

$\therefore \frac{\partial\vec{r}}{\partial\varphi}\times\frac{\partial\vec{r}}{\partial\theta}=(r^2\cos\theta\sin^2\varphi, r^2\sin\theta\sin^2\varphi, r^2\sin\varphi\cos\varphi) \Rightarrow \left|\frac{\partial\vec{r}}{\partial\varphi}\times\frac{\partial\vec{r}}{\partial\theta}\right|=r^2\sin\varphi$

$\therefore \iint_S dA=\iint_R \left|\frac{\partial\vec{r}}{\partial\varphi}\times\frac{\partial\vec{r}}{\partial\theta}\right| d\theta d\varphi=r^2\int_0^{2\pi}\int_{\cos^{-1}\frac{b}{r}}^{\cos^{-1}\frac{a}{r}}\sin\varphi\, d\varphi d\theta=-r^2\int_0^{2\pi}\cos\varphi\Big|_{\cos^{-1}\frac{b}{r}}^{\cos^{-1}\frac{a}{r}} d\theta$

$=2\pi r(b-a)$

Example 26.

假设 $S_1=\left\{(x,y,z): x^2+y^2+z^2=1, z\ge\frac{\sqrt{2}}{2}\right\}, S_2=\left\{(x,y,z): x^2+y^2\le 1, z=\frac{\sqrt{2}}{2}\right\}$

求$S_1\cup S_2$的表面积

【解】

令 $S_1=\left\{(x,y,z):x^2+y^2+z^2=1,z\geq\frac{\sqrt{2}}{2}\right\}$ 且 $S_2=\left\{(x,y,z):x^2+y^2\leq 1,z=\frac{\sqrt{2}}{2}\right\}$

则表面积 $=\iint_{S_1}dA+\iint_{S_2}dA$

令 $\vec{r}(\theta,\varphi)=(\cos\theta\sin\varphi,\sin\theta\sin\varphi,\cos\varphi)$ 且 $R=\left\{(\theta,\varphi):0\leq\theta\leq 2\pi,0\leq\varphi\leq\frac{\pi}{4}\right\}$

则 $\iint_{S_1}dA=\iint_R\left|\frac{\partial\vec{r}}{\partial\varphi}\times\frac{\partial\vec{r}}{\partial\theta}\right|d\theta d\varphi$

$\because\frac{\partial\vec{r}}{\partial\theta}=(-\sin\theta\sin\varphi,\cos\theta\sin\varphi,0)$ 且 $\frac{\partial\vec{r}}{\partial\varphi}=(\cos\theta\cos\varphi,\sin\theta\cos\varphi,-\sin\varphi)$

$\therefore\frac{\partial\vec{r}}{\partial\varphi}\times\frac{\partial\vec{r}}{\partial\theta}=(\cos\theta\sin^2\varphi,\sin\theta\sin^2\varphi,\sin\varphi\cos\varphi)\Rightarrow\left|\frac{\partial\vec{r}}{\partial\varphi}\times\frac{\partial\vec{r}}{\partial\theta}\right|=\sin\varphi$

$\therefore\iint_{S_1}dA=\iint_R\left|\frac{\partial\vec{r}}{\partial\varphi}\times\frac{\partial\vec{r}}{\partial\theta}\right|d\theta d\varphi=\int_0^{2\pi}\int_0^{\frac{\pi}{4}}\sin\varphi\,d\varphi d\theta=2\pi\left(1-\frac{1}{\sqrt{2}}\right)$

$\because S_2=\left\{(x,y,z):x^2+y^2\leq\frac{1}{2},z=\frac{\sqrt{2}}{2}\right\}$ $\therefore\iint_{S_2}dA=\frac{\pi}{2}\Rightarrow$ 表面积 $=\frac{\pi}{2}+2\pi\left(1-\frac{1}{\sqrt{2}}\right)$

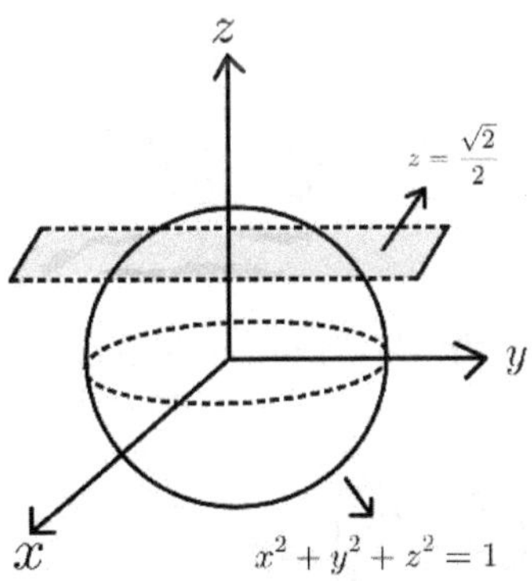

Example 27.

$S=\{(x,y,z): x^2+y^2+z^2=r^2, z\geq 0\}$ 求S的表面积

【解】

令$\vec{r}(\theta,\varphi)=(r\cos\theta\sin\varphi, r\sin\theta\sin\varphi, r\cos\varphi)$ 且 $R=\left\{(\theta,\varphi): 0\leq\theta\leq 2\pi, 0\leq\varphi\leq\frac{\pi}{2}\right\}$

则 $\iint_S dA=\iint_R \left|\frac{\partial\vec{r}}{\partial\varphi}\times\frac{\partial\vec{r}}{\partial\theta}\right| d\theta d\varphi$

$\because \frac{\partial\vec{r}}{\partial\theta}=(-r\sin\theta\sin\varphi, r\cos\theta\sin\varphi, 0)$ 且 $\frac{\partial\vec{r}}{\partial\varphi}=(r\cos\theta\cos\varphi, r\sin\theta\cos\varphi, -r\sin\varphi)$

$\therefore \frac{\partial\vec{r}}{\partial\varphi}\times\frac{\partial\vec{r}}{\partial\theta}=(r^2\cos\theta\sin^2\varphi, r^2\sin\theta\sin^2\varphi, r^2\sin\varphi\cos\varphi) \Rightarrow \left|\frac{\partial\vec{r}}{\partial\varphi}\times\frac{\partial\vec{r}}{\partial\theta}\right|=r^2\sin\varphi$

$\therefore$ 表面积 $=\iint_S dA=\iint_R \left|\frac{\partial\vec{r}}{\partial\varphi}\times\frac{\partial\vec{r}}{\partial\theta}\right| d\theta d\varphi=\int_0^{2\pi}\int_0^{\frac{\pi}{2}} r^2\sin\varphi\, d\varphi d\theta=2\pi r^2$

Example 28.

$S=\left\{(x,y,z): x^2+y^2+z^2=r^2, \frac{r^2}{4}\leq x^2+y^2\leq\frac{3r^2}{4}, z>0\right\}$, 求$S$的表面积

【解】

令 $\vec{r}(\theta,\varphi)=(r\cos\theta\sin\varphi, r\sin\theta\sin\varphi, r\cos\varphi)$

令 $R=\left\{(\theta,\varphi): 0\leq\theta\leq 2\pi, \cos^{-1}\frac{\sqrt{3}}{2}\leq\varphi\leq\cos^{-1}\frac{1}{2}\right\}$ 则 $\iint_S dA=\iint_R \left|\frac{\partial\vec{r}}{\partial\varphi}\times\frac{\partial\vec{r}}{\partial\theta}\right| d\theta d\varphi$

$\because \frac{\partial\vec{r}}{\partial\theta}=(-r\sin\theta\sin\varphi, r\cos\theta\sin\varphi, 0)$ 且 $\frac{\partial\vec{r}}{\partial\varphi}=(r\cos\theta\cos\varphi, r\sin\theta\cos\varphi, -r\sin\varphi)$

$\therefore \frac{\partial\vec{r}}{\partial\varphi}\times\frac{\partial\vec{r}}{\partial\theta}=(r^2\cos\theta\sin^2\varphi, r^2\sin\theta\sin^2\varphi, r^2\sin\varphi\cos\varphi) \Rightarrow \left|\frac{\partial\vec{r}}{\partial\varphi}\times\frac{\partial\vec{r}}{\partial\theta}\right|=r^2\sin\varphi$

则 $\iint_S dA = \iint_R \left|\frac{\partial\vec{r}}{\partial\varphi}\times\frac{\partial\vec{r}}{\partial\theta}\right| d\theta d\varphi = r^2\int_0^{2\pi}\int_{\cos^{-1}\frac{\sqrt{3}}{2}}^{\cos^{-1}\frac{1}{2}}\sin\varphi\, d\varphi d\theta = -r^2\int_0^{2\pi}\cos\varphi\Big|_{\cos^{-1}\frac{\sqrt{3}}{2}}^{\cos^{-1}\frac{1}{2}} d\theta$

$= r^2\pi(\sqrt{3}-1)$

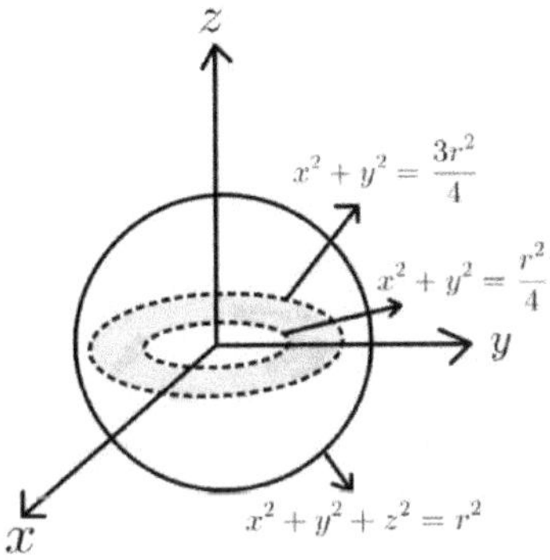

Example 29.

(1) 求球面$x^2+y^2+z^2=a^2$在圆柱$x^2+y^2=b^2$内且位于xy平面上方的表面积，$a>b>0$

(2) 求球面$x^2+y^2+z^2=16$ 在圆柱 $(x-2)^2+y^2=4$ 内的表面积

(3) 求球面$x^2+y^2+z^2=4a^2$在圆柱 $x^2+y^2=2ay$内的表面积

【解】

(1)

令 $S: x^2+y^2+z^2=a^2$，$x^2+y^2\le b^2$，$z\ge 0$ 则表面积 $=\iint_S dA$

令$\vec{r}(x,y)=\left(x,y,\sqrt{a^2-(x^2+y^2)}\right)$ 且 R 为球面投影至xy平面的封闭区域

则 $R=\{(x,y): x^2+y^2\le b^2\}$ 且 $\iint_S dA=\iint_R\left|\frac{\partial\vec{r}}{\partial x}\times\frac{\partial\vec{r}}{\partial y}\right| dxdy$

$\because \frac{\partial\vec{r}}{\partial x}=\left(1,0,-x(a^2-(x^2+y^2))^{-\frac{1}{2}}\right)$ 且 $\frac{\partial\vec{r}}{\partial y}=\left(0,1,-y(a^2-(x^2+y^2))^{-\frac{1}{2}}\right)$

$\therefore \frac{\partial\vec{r}}{\partial x}\times\frac{\partial\vec{r}}{\partial y}=\left(x(a^2-(x^2+y^2))^{-\frac{1}{2}}, y(a^2-(x^2+y^2))^{-\frac{1}{2}}, 1\right)$

$$\Rightarrow \left|\frac{\partial \vec{r}}{\partial x}\times\frac{\partial \vec{r}}{\partial y}\right| = (x^2(a^2-(x^2+y^2))^{-1}+y^2(a^2-(x^2+y^2))^{-1}+1)^{\frac{1}{2}}$$

$$= a(a^2-(x^2+y^2))^{-\frac{1}{2}}$$

$$\therefore \iint_S \, dA = \iint_R \left|\frac{\partial \vec{r}}{\partial x}\times\frac{\partial \vec{r}}{\partial y}\right| dxdy = \iint_{x^2+y^2\le b^2} a(a^2-(x^2+y^2))^{-\frac{1}{2}}dxdy$$

令$x = r\cos\theta\,, y = r\sin\theta$ 则 $\{(x,y): x^2+y^2 \le b^2\} = \{(r,\theta): 0\le r\le b, 0\le\theta\le 2\pi\}$

$$\therefore \iint_{x^2+y^2\le b^2} a(a^2-(x^2+y^2))^{-\frac{1}{2}}dxdy = \int_0^{2\pi}\int_0^b a(a^2-r^2)^{-\frac{1}{2}} r\,drd\theta = 2\pi a(a-\sqrt{a^2-b^2})$$

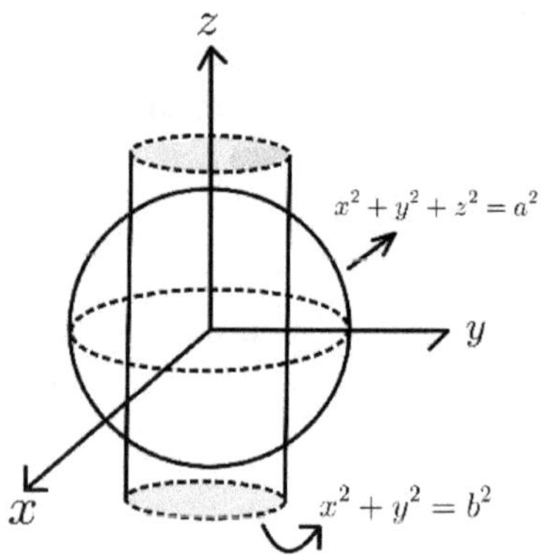

(2)

令$S: x^2+y^2+z^2=16,\ (x-2)^2+y^2\le 4,\ z\ge 0$ 则表面积 $= 2\iint_S \, dA$

令 $\vec{r}(x,y) = \left(x,y,\sqrt{16-(x^2+y^2)}\right)$ 且 R为球面投影至xy平面的封闭区域

则 $R = \{(x,y): (x-2)^2+y^2\le 4\}$ 且 $\iint_S \, dA = \iint_R \left|\frac{\partial \vec{r}}{\partial x}\times\frac{\partial \vec{r}}{\partial y}\right| dxdy$

$$\because \frac{\partial \vec{r}}{\partial x} = \left(1,0,-x(16-(x^2+y^2))^{-\frac{1}{2}}\right) \text{ 且 } \frac{\partial \vec{r}}{\partial y} = \left(0,1,-y(16-(x^2+y^2))^{-\frac{1}{2}}\right)$$

$$\therefore \frac{\partial \vec{r}}{\partial x} \times \frac{\partial \vec{r}}{\partial y} = \left(x(16-(x^2+y^2))^{-\frac{1}{2}}, y(16-(x^2+y^2))^{-\frac{1}{2}}, 1\right)$$

$$\Rightarrow \left|\frac{\partial \vec{r}}{\partial x} \times \frac{\partial \vec{r}}{\partial y}\right| = (x^2(16-(x^2+y^2))^{-1} + y^2(16-(x^2+y^2))^{-1} + 1)^{\frac{1}{2}}$$

$$= \left(\frac{x^2+y^2}{16-(x^2+y^2)} + 1\right)^{\frac{1}{2}} = \left(\frac{x^2+y^2+16-(x^2+y^2)}{16-(x^2+y^2)}\right)^{\frac{1}{2}} = 4(16-(x^2+y^2))^{-\frac{1}{2}}$$

$$\therefore 2\iint_S \ dA = 2\iint_R \ \left|\frac{\partial \vec{r}}{\partial x} \times \frac{\partial \vec{r}}{\partial y}\right| dxdy = 2\iint_R \ 4(16-(x^2+y^2))^{-\frac{1}{2}} dxdy$$

令$x = r\cos\theta, y = r\sin\theta$

则 $\{(x,y): (x-2)^2 + y^2 \le 4\} = \{(r,\theta): 0 \le r \le 4\cos\theta, -\frac{\pi}{2} \le \theta \le \frac{\pi}{2}\}$

$$\therefore 2\iint_R \ 4(16-(x^2+y^2))^{-\frac{1}{2}} dxdy = 8\int_{\frac{-\pi}{2}}^{\frac{\pi}{2}} \int_0^{4\cos\theta} (16-r^2)^{-\frac{1}{2}} r dr d\theta$$

$$= 16\int_0^{\frac{\pi}{2}} (-1)(16-r^2)^{\frac{1}{2}}\Big|_0^{4\cos\theta} \ d\theta = 16\int_0^{\frac{\pi}{2}} 4 - 4\sin\theta \, d\theta = 32(\pi - 2)$$

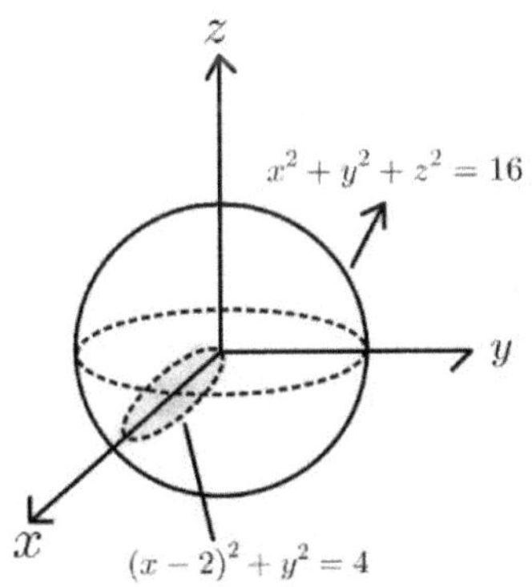

(3)

令$S: x^2+y^2+z^2=4a^2$，$x^2+y^2\le 2ay$，$z\ge 0$ 则表面积 $=2\iint_S dA$

令 $\vec{r}(x,y)=\left(x,y,\sqrt{4a^2-(x^2+y^2)}\right)$ 且R 为球面投影至xy平面的封闭区域

则 $R=\{(x,y): x^2+y^2\le 2ay\}$ 且 $\iint_S dA=\iint_R \left|\frac{\partial\vec{r}}{\partial x}\times\frac{\partial\vec{r}}{\partial y}\right| dxdy$

$\because \frac{\partial\vec{r}}{\partial x}=\left(1,0,-x(4a^2-(x^2+y^2))^{-\frac{1}{2}}\right)$ 且 $\frac{\partial\vec{r}}{\partial y}=\left(0,1,-y(4a^2-(x^2+y^2))^{-\frac{1}{2}}\right)$

$\therefore \frac{\partial\vec{r}}{\partial x}\times\frac{\partial\vec{r}}{\partial y}=\left(x(4a^2-(x^2+y^2))^{-\frac{1}{2}},y(4a^2-(x^2+y^2))^{-\frac{1}{2}},1\right)$

$\Rightarrow \left|\frac{\partial\vec{r}}{\partial x}\times\frac{\partial\vec{r}}{\partial y}\right|=(x^2(4a^2-(x^2+y^2))^{-1}+y^2(4a^2-(x^2+y^2))^{-1}+1)^{\frac{1}{2}}$

$=2a(4a^2-(x^2+y^2))^{-\frac{1}{2}}$

$\therefore 2\iint_S dA=2\iint_R \left|\frac{\partial\vec{r}}{\partial x}\times\frac{\partial\vec{r}}{\partial y}\right| dxdy=2\iint_R 2a(4a^2-(x^2+y^2))^{-\frac{1}{2}}dxdy$

令$x=r\cos\theta\,, y=r\sin\theta$ 则 $\{(x,y): x^2+y^2\le 2ay\}=\{(r,\theta): 0\le r\le 2a\sin\theta\,, 0\le\theta\le\pi\}$

$\therefore 2\iint_R 2a(4a^2-(x^2+y^2))^{-\frac{1}{2}}dxdy=2\int_0^{\pi}\int_0^{2a\sin\theta} 2a(4a^2-r^2)^{-\frac{1}{2}}\,rdrd\theta$

$=8a\int_0^{\frac{\pi}{2}}\int_0^{2a\sin\theta}(4a^2-r^2)^{-\frac{1}{2}}\,rdrd\theta=-8a\int_0^{\frac{\pi}{2}}(4a^2-r^2)^{\frac{1}{2}}\Big|_0^{2a\sin\theta} d\theta$

$=16a^2\int_0^{\frac{\pi}{2}}1-\cos\theta\, d\theta=8a^2(\pi-2)$

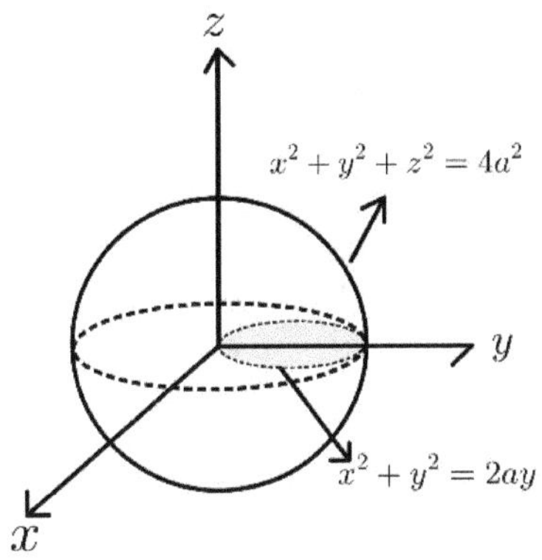

Example 30.

求曲面 $z^2 = x^2 + y^2$，$z \geq 0$ 在 $y^2 + z^2 \leq 2$ 內的表面积

【解】

令 $S: z^2 = x^2 + y^2$，$z \geq 0$，$y^2 + z^2 \leq 2$ 则表面积 $= \iint_S dA$

令 $\vec{r}(x,y) = \left(\sqrt{z^2 - y^2}, y, z\right)$ 且 R 为曲面投影至yz平面的封闭区域

则$R = \left\{(y,z): 0 \leq y \leq 1, y \leq z \leq \sqrt{2 - y^2}\right\}$ 且 $\iint_S dA = \iint_R \left|\frac{\partial \vec{r}}{\partial y} \times \frac{\partial \vec{r}}{\partial z}\right| dydz$

$\because \frac{\partial \vec{r}}{\partial y} = \left(-y(z^2 - y^2)^{-\frac{1}{2}}, 1, 0\right)$ 且 $\frac{\partial \vec{r}}{\partial z} = \left(z(z^2 - y^2)^{-\frac{1}{2}}, 0, 1\right)$

$\therefore \frac{\partial \vec{r}}{\partial y} \times \frac{\partial \vec{r}}{\partial z} = \left(1, y(z^2 - y^2)^{-\frac{1}{2}}, -z(z^2 - y^2)^{-\frac{1}{2}}\right)$

$\Rightarrow \left|\frac{\partial \vec{r}}{\partial y} \times \frac{\partial \vec{r}}{\partial z}\right| = \left(1 + y^2(z^2 - y^2)^{-1} + z^2(z^2 - y^2)^{-1}\right)^{\frac{1}{2}} = \sqrt{2}z(z^2 - y^2)^{-\frac{1}{2}}$

$\therefore \iint_S dA = \iint_R \left|\frac{\partial \vec{r}}{\partial y} \times \frac{\partial \vec{r}}{\partial z}\right| dydz = 4\int_0^1 \int_y^{\sqrt{2-y^2}} \sqrt{2}z(z^2 - y^2)^{-\frac{1}{2}} dzdy$

$$= 4\sqrt{2}\int_0^1 (z^2-y^2)^{\frac{1}{2}}\Big|_y^{\sqrt{2-y^2}} dy = 4\sqrt{2}\int_0^1 (2-2y^2)^{\frac{1}{2}} dy = 8\int_0^1 (1-y^2)^{\frac{1}{2}} dy$$

令 $y=\sin\theta$ 则 $8\int_0^1 (1-y^2)^{\frac{1}{2}} dy = 8\int_0^{\frac{\pi}{2}} \cos^2\theta\, d\theta = 8\int_0^{\frac{\pi}{2}} \frac{1+\cos 2\theta}{2} d\theta = 2\pi$

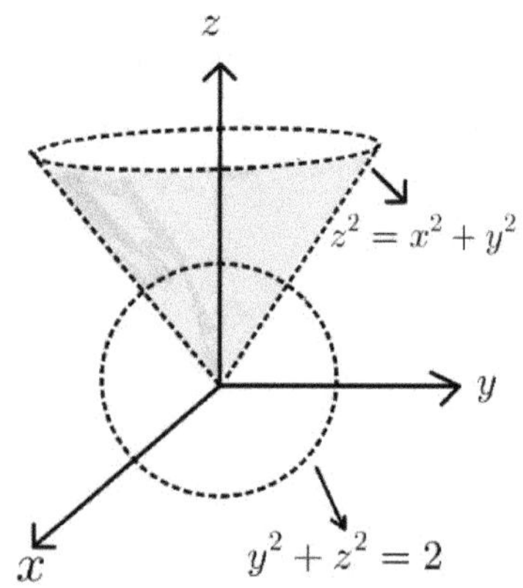

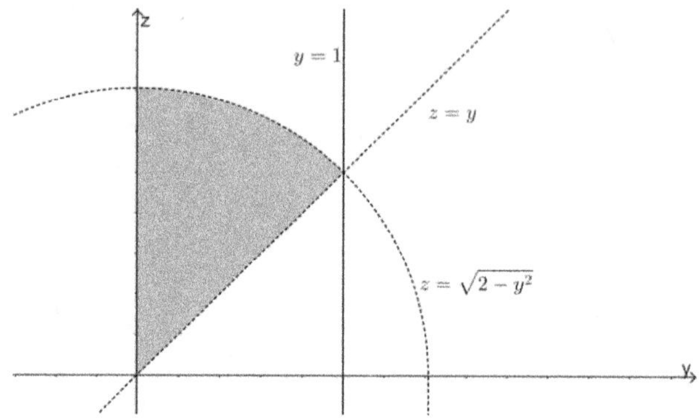

Example 31.

求曲面 $z^2 = x^2 + y^2$在圆柱 $x^2 + y^2 = 2ay$ 内的表面积

【解】

令S: $z^2 = x^2 + y^2$, $x^2 + y^2 \le 2ay$, $z \ge 0$ 则表面积 $= 2\iint_S dA$

令 $\vec{r}(x,y) = \left(x, y, \sqrt{x^2+y^2}\right)$ 且 R为曲面S投影至xy平面的封闭区域

则 $R = \{(x,y): x^2 + (y-a)^2 \le a^2\}$ 且 $\iint_S dA = \iint_R \left|\frac{\partial \vec{r}}{\partial x} \times \frac{\partial \vec{r}}{\partial y}\right| dxdy$

$\because \frac{\partial \vec{r}}{\partial x} = \left(1, 0, x(x^2+y^2)^{-\frac{1}{2}}\right)$ 且 $\frac{\partial \vec{r}}{\partial y} = \left(0, 1, y(x^2+y^2)^{-\frac{1}{2}}\right)$

$\therefore \frac{\partial \vec{r}}{\partial x} \times \frac{\partial \vec{r}}{\partial y} = \left(x(x^2+y^2)^{-\frac{1}{2}}, y(x^2+y^2)^{-\frac{1}{2}}, 1\right)$

$$\Rightarrow \left|\frac{\partial \vec{r}}{\partial x} \times \frac{\partial \vec{r}}{\partial y}\right| = \left((x^2+y^2)(x^2+y^2)^{-1}+1\right)^{\frac{1}{2}} = \sqrt{2}$$

$$\therefore 2\iint_S dA = 2\iint_R \left|\frac{\partial \vec{r}}{\partial x} \times \frac{\partial \vec{r}}{\partial y}\right| dxdy = 2\sqrt{2}\iint_{x^2+(y-a)^2\le a^2} dxdy = 2\sqrt{2}\pi a^2$$

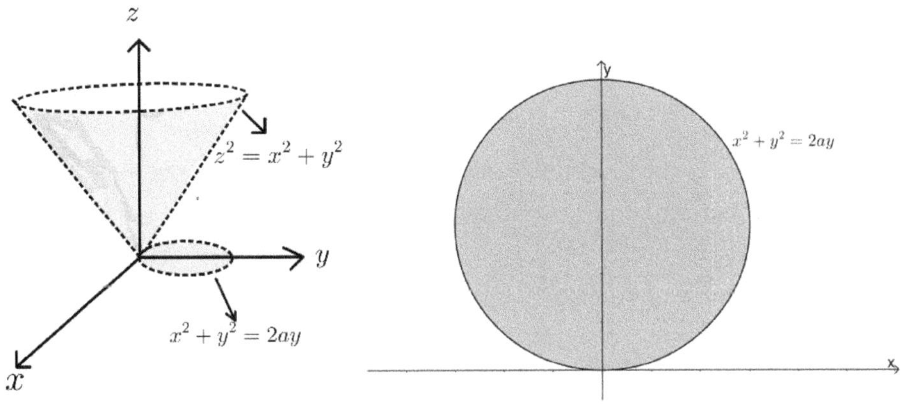

Example 32.

求曲面$z^2 = x^2 + y^2$在橢圓柱$\dfrac{x^2}{a^2} + \dfrac{y^2}{b^2} = 1$ 內的表面积

【解】

令$S: z^2 = x^2 + y^2$，$\dfrac{x^2}{a^2} + \dfrac{y^2}{b^2} \le 1$，$z \ge 0$ 则 表面积 $= 2\iint_S dA$

令 $\vec{r}(x,y) = \left(x, y, \sqrt{x^2+y^2}\right)$ 且 R 为曲面S投影至xy平面的封闭区域

则$R = \left\{(x,y): \dfrac{x^2}{a^2} + \dfrac{y^2}{b^2} \le 1\right\}$ 且 $\iint_S dA = \iint_R \left|\dfrac{\partial \vec{r}}{\partial x} \times \dfrac{\partial \vec{r}}{\partial y}\right| dxdy$

$$\because \frac{\partial \vec{r}}{\partial x} = \left(1, 0, x(x^2+y^2)^{-\frac{1}{2}}\right) \text{ 且 } \frac{\partial \vec{r}}{\partial y} = \left(0, 1, y(x^2+y^2)^{-\frac{1}{2}}\right)$$

$$\therefore \frac{\partial \vec{r}}{\partial x} \times \frac{\partial \vec{r}}{\partial y} = \left(x(x^2+y^2)^{-\frac{1}{2}}, y(x^2+y^2)^{-\frac{1}{2}}, 1\right)$$

$$\Rightarrow \left|\frac{\partial\vec{r}}{\partial x}\times\frac{\partial\vec{r}}{\partial y}\right| = \left((x^2+y^2)(x^2+y^2)^{-1}+1\right)^{\frac{1}{2}} = \sqrt{2}$$

$$\therefore 2\iint_S dA = 2\iint_R \left|\frac{\partial\vec{r}}{\partial x}\times\frac{\partial\vec{r}}{\partial y}\right| dxdy = 2\sqrt{2}\iint_{\frac{x^2}{a^2}+\frac{y^2}{b^2}\le 1} dxdy = 2\sqrt{2}ab\pi$$

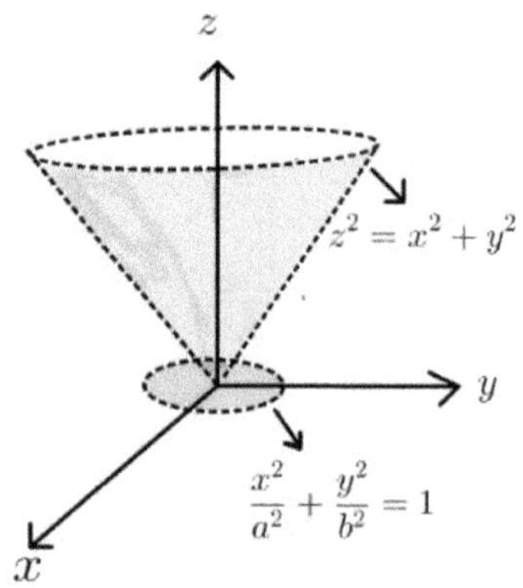

Example 33.

求曲面 $z^2 = x^2 + y^2$在 $y = x^2$，$y = 3x^2$，$x = y^2$，$x = 4y^2$ 所围区域内的表面积

【解】

令$S: z^2 = x^2 + y^2, y \ge x^2$，$y \le 3x^2$，$x \ge y^2$，$x \le 4y^2$则表面积 $= 2\iint_S dA$

令 $\vec{r}(x,y) = \left(x, y, \sqrt{x^2+y^2}\right)$ 且 $R = \left\{(x,y): 1 \le \frac{y}{x^2} \le 3, 1 \le \frac{x}{y^2} \le 4\right\}$

则 $\iint_S dA = \iint_R \left|\frac{\partial\vec{r}}{\partial x}\times\frac{\partial\vec{r}}{\partial y}\right| dxdy$

$\because \frac{\partial\vec{r}}{\partial x} = \left(1, 0, x(x^2+y^2)^{-\frac{1}{2}}\right)$ 且 $\frac{\partial\vec{r}}{\partial y} = \left(0, 1, y(x^2+y^2)^{-\frac{1}{2}}\right)$

$\therefore \frac{\partial\vec{r}}{\partial x}\times\frac{\partial\vec{r}}{\partial y} = \left(x(x^2+y^2)^{-\frac{1}{2}}, y(x^2+y^2)^{-\frac{1}{2}}, 1\right)$

$$\Rightarrow \left|\frac{\partial \vec{r}}{\partial x}\times\frac{\partial \vec{r}}{\partial y}\right| = \left((x^2+y^2)(x^2+y^2)^{-1}+1\right)^{\frac{1}{2}} = \sqrt{2}$$

$$\therefore 2\iint_S dA = 2\iint_R \left|\frac{\partial \vec{r}}{\partial x}\times\frac{\partial \vec{r}}{\partial y}\right| dxdy = 2\sqrt{2}\iint_R dxdy$$

令$u=\dfrac{y}{x^2}$，$v=\dfrac{x}{y^2}$ 则 $x=u^{-\frac{2}{3}}v^{-\frac{1}{3}}$，$y=u^{-\frac{1}{3}}v^{-\frac{2}{3}}$

$$\text{且 } dxdy = \left\|\begin{matrix}\dfrac{\partial x}{\partial u} & \dfrac{\partial x}{\partial v}\\ \dfrac{\partial y}{\partial u} & \dfrac{\partial y}{\partial v}\end{matrix}\right\| dudv = \left\|\begin{matrix}\dfrac{-2u^{-\frac{5}{3}}v^{-\frac{1}{3}}}{3} & \dfrac{-u^{-\frac{2}{3}}v^{-\frac{4}{3}}}{3}\\ \dfrac{-u^{-\frac{4}{3}}v^{-\frac{2}{3}}}{3} & \dfrac{-2u^{-\frac{1}{3}}v^{-\frac{5}{3}}}{3}\end{matrix}\right\| dudv = \frac{u^{-2}v^{-2}}{3}dudv$$

$$\because\ R=\left\{(x,y): 1\le\frac{y}{x^2}\le 3, 1\le\frac{x}{y^2}\le 4\right\} \quad \therefore R=\{(u,v): 1\le u\le 3, 1\le v\le 4\}$$

$$\therefore \iint_R 1dA = \int_1^3\int_1^4 \frac{u^{-2}v^{-2}}{3}dvdu = \frac{1}{6} \quad \therefore \text{表面积} = 2\iint_S dA = 2\sqrt{2}\iint_R dxdy = \frac{\sqrt{2}}{3}$$

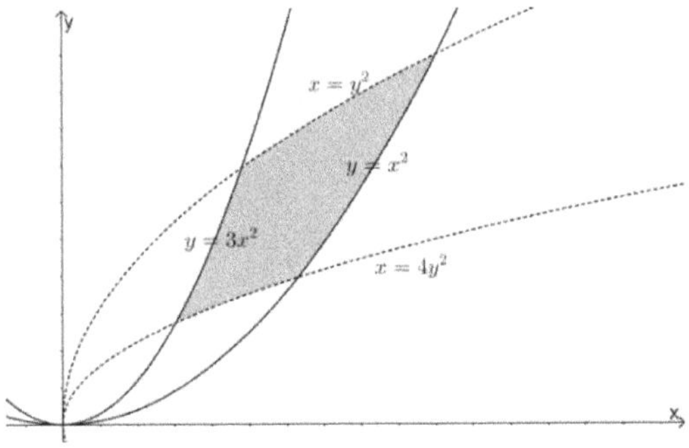

Example 34.

求曲面$z^2=x^2+y^2$ 在 $y=x$，$y=2x$，$xy=1, xy=4$ 所围区域內的表面积

【解】

令$S: z^2=x^2+y^2$，$y\ge x, y\le 2x$，$xy\ge 1$，$xy\le 4$ 则表面积 $=2\iint_S dA$

令 $\vec{r}(x,y)=\left(x,y,\sqrt{x^2+y^2}\right)$ 且 $R=\left\{(x,y): 1\le\dfrac{y}{x}\le 2, 1\le xy\le 4\right\}$

则 $\iint_S dA = \iint_R \left|\frac{\partial\vec{r}}{\partial x}\times\frac{\partial\vec{r}}{\partial y}\right| dxdy$

$\because\ \frac{\partial\vec{r}}{\partial x} = \left(1,0,x(x^2+y^2)^{-\frac{1}{2}}\right)$ 且 $\frac{\partial\vec{r}}{\partial y} = \left(0,1,y(x^2+y^2)^{-\frac{1}{2}}\right)$

$\therefore \frac{\partial\vec{r}}{\partial x}\times\frac{\partial\vec{r}}{\partial y} = \left(x(x^2+y^2)^{-\frac{1}{2}}, y(x^2+y^2)^{-\frac{1}{2}}, 1\right)$

$\Rightarrow \left|\frac{\partial\vec{r}}{\partial x}\times\frac{\partial\vec{r}}{\partial y}\right| = \left((x^2+y^2)(x^2+y^2)^{-1}+1\right)^{\frac{1}{2}} = \sqrt{2}$

$\therefore 2\iint_S dA = 2\iint_R \left|\frac{\partial\vec{r}}{\partial x}\times\frac{\partial\vec{r}}{\partial y}\right| dxdy = 2\sqrt{2}\iint_R dxdy$

令 $\frac{y}{x} = u,\ xy = v$ 则 $x = \sqrt{\frac{v}{u}},\ y = \sqrt{uv}$

且 $dxdy = \left|\begin{vmatrix}\frac{\partial x}{\partial u} & \frac{\partial x}{\partial v}\\ \frac{\partial y}{\partial u} & \frac{\partial y}{\partial v}\end{vmatrix}\right| dudv = \left|\begin{vmatrix}\frac{1}{2}\left(\frac{v}{u}\right)^{-\frac{1}{2}}\left(-\frac{v}{u^2}\right) & \frac{1}{2}\left(\frac{v}{u}\right)^{-\frac{1}{2}}\left(\frac{1}{u}\right)\\ \frac{1}{2}(uv)^{-\frac{1}{2}}v & \frac{1}{2}(uv)^{-\frac{1}{2}}u\end{vmatrix}\right| dudv = \frac{1}{2u}dudv$

$\because\ R = \left\{(x,y): 1 \le \frac{y}{x} \le 2, 1 \le xy \le 4\right\}$ $\therefore R = \{(u,v): 1 \le u \le 2, 1 \le v \le 4\}$

$\therefore \iint_R dxdy = 2\int_1^4\int_1^2 \frac{1}{2u}dudv = 3\ln 2$ $\therefore$ 表面积 $= 2\iint_S dA = 2\sqrt{2}\iint_R dxdy = 6\sqrt{2}\ln 2$

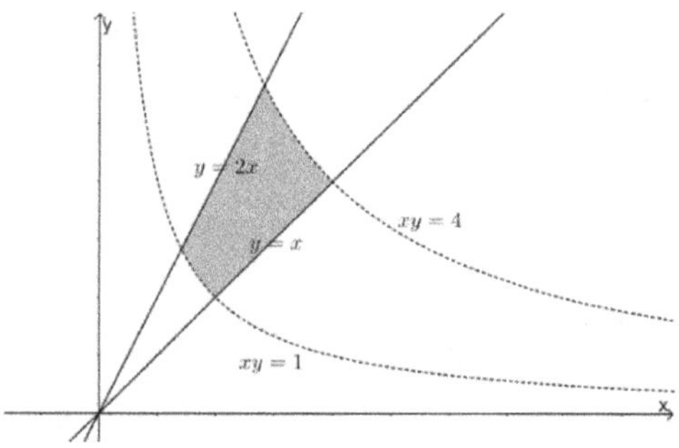

9.5.3 *f*为纯量函数,给曲面S求质量

表面积分和表面积的关联如同线积分和弧长的关联，考虑一个参数化曲面S:

$$\vec{r}(s,t)=\big(x(s,t),y(s,t),z(s,t)\big),\ \forall(s,t)\in D$$

假设参数定义域D为矩形，将其分割为数个小矩形 D_{ij}, 长为Δs, 宽为 Δt, D_{ij}的中心点为$\left(s_i^*,t_j^*\right)$,D_{ij}对应曲面 S 上的区域为 S_{ij}并且$\left(s_i^*,t_j^*\right)$对应曲面S_{ij} 上的点为E_{ij}^*,其位置向量为$\vec{r}\left(s_i^*,t_j^*\right)$; 因此，曲面$S$被分割成数个片段$S_{ij}$，对于每个片段，$f$在点$E_{ij}^*$取值，乘以片段的面积$\Delta S_{ij}$产生了黎曼和

$$\sum_{i=1}^{m}\sum_{j=1}^{n}f\left(E_{ij}^*\right)\Delta S_{ij}$$

随着分割数量的增加则可以藉由上述黎曼和的极限定义纯量函数f在曲面S上的表面积

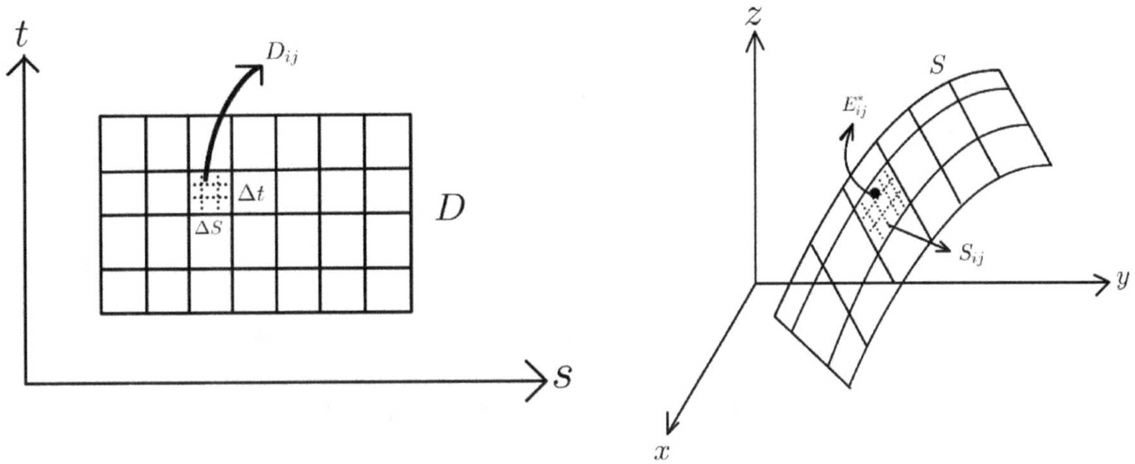

【定义】

纯量函数f于片段光滑曲面S的曲面积分定义如下

$$\iint_S f(x,y,z)dS=\lim_{m\to\infty,n\to\infty}\sum_{i=1}^{m}\sum_{j=1}^{n}f\left(E_{ij}^*\right)\Delta S_{ij},$$

其中E_{ij}^*，ΔS_{ij}如上述

值得注意的是,因为任意定义域为闭区间的连续函数皆为黎曼可积分函数,因此，如果上述定义的函数f是一个连续函数,则上述黎曼和的极限值必定存在；为了计算上述定义

中的表面积分，考虑位于切平面内的一个近似平行四边形的面积来逼近区域ΔS_{ij}，之前在表面积的讨论中，ΔS_{ij}有一个近似估计

$$\Delta S_{ij} \approx \left|\vec{r}_s(s_i^*, t_j^*) \times \vec{r}_t(s_i^*, t_j^*)\right| \Delta s \Delta t$$

所以

$$\iint_S f(x,y,z)dS = \lim_{m\to\infty, n\to\infty} \sum_{i=1}^{m}\sum_{j=1}^{n} f(E_{ij}^*)\Delta S_{ij}$$

$$= \lim_{m\to\infty, n\to\infty} \sum_{i=1}^{m}\sum_{j=1}^{n} f(E_{ij}^*)\left|\vec{r}_s(s_i^*, t_j^*) \times \vec{r}_t(s_i^*, t_j^*)\right|\Delta s \Delta t = \iint_D f(\vec{r}(s,t))|\vec{r}_s \times \vec{r}_t| dsdt$$

藉由上述观察可知，计算曲面积分相当于求双重积分，特别的是双重积分的被积分函数为

$$f(\vec{r}(s,t))|\vec{r}_s(s,\mathrm{t}) \times \vec{r}_t(s,t)|$$

因此求曲面的积分相当于先求得被积分函数之后，再计算双重积分；底下针对曲面的积分转换成双重积分后，有哪些不同类型作初步的说明

给定曲面S: $\mathrm{z} = g(x,y)$, $\forall\, a \le x \le b, c \le y \le d$, 目标是求表面积分 $\iint_S f(x,y,z)dA$，令 $\vec{r}(x,y) = \big(x,y,g(x,y)\big)$ 且 $R = \{(x,y): a \le x \le b, c \le y \le d\}$ 则表面积分为

$$\iint_S f(x,y,z)dS = \iint_R f(x,y,g(x,y))\left|\frac{\partial\vec{r}}{\partial x} \times \frac{\partial\vec{r}}{\partial y}\right| dxdy$$

因为 $\dfrac{\partial\vec{r}}{\partial x} = \big(1,0,g_x(x,y)\big)$ 且 $\dfrac{\partial\vec{r}}{\partial y} = \big(0,1,g_y(x,y)\big)$ 则两者的外积

$$\frac{\partial\vec{r}}{\partial x} \times \frac{\partial\vec{r}}{\partial y} = \big(-g_x(x,y), -g_y(x,y), 1\big)$$

且

$$\left|\frac{\partial\vec{r}}{\partial x} \times \frac{\partial\vec{r}}{\partial y}\right| = \sqrt{1 + \big(g_x(x,y)\big)^2 + \big(g_y(x,y)\big)^2}$$

因此，表面积分可改写为

$$\iint_S f(x,y,z)dA = \int_a^b \int_c^d f(x,y,g(x,y))\sqrt{1 + \big(g_x(x,y)\big)^2 + \big(g_y(x,y)\big)^2}\, dydx$$

特别的是如果曲面为 $z=g(x,y)$, 投影至xy平面 $=\{(x,y): x^2+y^2\le a\}$, 藉由极坐标转换, 令$x=r\cos\theta$, $y=r\sin\theta$ 则

$$\iint_S f(x,y,z)dA$$

$$=\int_0^{2\pi}\int_0^a f(x,y,g(x,y))\sqrt{1+\left(g_x(x,y)\right)^2+\left(g_y(x,y)\right)^2}\Big|_{x=r\cos\theta, y=r\sin\theta}\, r\,drd\theta$$

假设曲面S为球面$x^2+y^2+z^2=r^2$, 其中 $r>0$, 将曲面S作参数化:

$$\vec{r}(\theta,\varphi)=(r\cos\theta\sin\varphi, r\sin\theta\sin\varphi, r\cos\varphi),$$

其中定义域为$R=\{(\theta,\varphi): 0\le\theta\le 2\pi, 0\le\varphi\le\pi\}$, 则表面积分转换为

$$\iint_S f(x,y,z)dA=\iint_D f\left(\vec{r}(\theta,\varphi)\right)\left|\vec{r}_\theta\times\vec{r}_\varphi\right|d\theta d\varphi=\iint_R f\left(\vec{r}(\theta,\varphi)\right)\left|\frac{\partial\vec{r}}{\partial\varphi}\times\frac{\partial\vec{r}}{\partial\theta}\right|d\theta d\varphi$$

因为

$$\frac{\partial\vec{r}}{\partial\theta}=(-r\sin\theta\sin\varphi, r\cos\theta\sin\varphi, 0) \text{ 且 } \frac{\partial\vec{r}}{\partial\varphi}=(r\cos\theta\cos\varphi, r\sin\theta\cos\varphi, -r\sin\varphi)$$

所以

$$\frac{\partial\vec{r}}{\partial\varphi}\times\frac{\partial\vec{r}}{\partial\theta}=(r^2\cos\theta\sin^2\varphi, r^2\sin\theta\sin^2\varphi, r^2\sin\varphi\cos\varphi) \text{ 且 } \left|\frac{\partial\vec{r}}{\partial\varphi}\times\frac{\partial\vec{r}}{\partial\theta}\right|=r^2\sin\varphi$$

因此, 球体曲面积分的公式可改写为

$$\iint_S f(x,y,z)dS=\iint_R f(r\cos\theta\sin\varphi, r\sin\theta\sin\varphi, r\cos\varphi)\, r^2\sin\varphi\, d\theta d\varphi$$

考试类型:

Type 1.

给定曲面S: $\vec{r}(s,t)$, $\forall a\le s\le b, c\le t\le d$, 求 $\iint_S f(x,y,z)dA=?$

解题流程:

Step1.

令 $R=\{(x,y): a\le s\le b, c\le t\le d\}$则

$$\iint_S f(x,y,z)dA=\iint_R f(\vec{r}(s,t))|\vec{r}_s\times\vec{r}_t|dsdt=\int_a^b\int_c^d f(\vec{r}(s,t))|\vec{r}_s\times\vec{r}_t|\,dtds$$

Step2.

求 $\vec{r}_s$, $\vec{r}_s$, $\vec{r}_s \times \vec{r}_t$, 以及 $|\vec{r}_s \times \vec{r}_t|$

求 $\int_a^b \int_c^d f(\vec{r}(s,t)))|\vec{r}_s \times \vec{r}_t|\, dtds =?$

Type 2.

给定曲面S: $z = g(x,y)$, $\forall a \le x \le b, c \le y \le d$, 求 $\iint_S f(x,y,z)dA =?$

解题流程:

Step1.

令$\vec{r}(x,y) = \big(x,y,g(x,y)\big)$且 $R = \{(x,y): a \le x \le b, c \le y \le d\}$

则 $\iint_S f(x,y,z)dA = \iint_R f(x,y,g(x,y)) \left|\frac{\partial \vec{r}}{\partial x} \times \frac{\partial \vec{r}}{\partial y}\right| dxdy$

Step2.

$\because \frac{\partial \vec{r}}{\partial x} = \big(1,0,g_x(x,y)\big)$, $\frac{\partial \vec{r}}{\partial y} = \left(0,1,g_y(x,y)\right)$ $\therefore \frac{\partial \vec{r}}{\partial x} \times \frac{\partial \vec{r}}{\partial y} = (-g_x(x,y), -g_y(x,y), 1)$

$\Rightarrow \left|\frac{\partial \vec{r}}{\partial x} \times \frac{\partial \vec{r}}{\partial y}\right| = \sqrt{1 + \big(g_x(x,y)\big)^2 + \left(g_y(x,y)\right)^2}$

Step3.

$$\iint_S f(x,y,z)dA = \int_a^b \int_c^d f(x,y,g(x,y))\sqrt{1 + \big(g_x(x,y)\big)^2 + \left(g_y(x,y)\right)^2}\, dydx$$

同理, 如果给定曲面S: $y = g(x,z)$, $\forall a \le x \le b, c \le z \le d$ 则

$$\iint_S f(x,y,z)dA = \int_a^b \int_c^d f(x,g(x,z),z)\sqrt{1 + \big(g_x(x,z)\big)^2 + \big(g_z(x,z)\big)^2}\, dzdx$$

如果给定曲面S: $x = g(y,z)$, $\forall a \le y \le b, c \le z \le d$

$$\iint_S f(x,y,z)dA = \int_a^b \int_c^d f(g(y,z),y,z)\sqrt{1 + \left(g_y(y,z)\right)^2 + \big(g_z(y,z)\big)^2}\, dzdy$$

<u>范例说明:</u>

求 $\iint_S f(x,y,z)dA =?$

(I)若 $f(x,y,z) = x + y + z - 1$, S: $\{(x,y,z): z = x + y + 1,\ 0 \le y \le x,\ 0 \le x \le 2\}$

令$\vec{r}(x,y) = (x, y, x + y + z - 1)$

$\because \dfrac{\partial \vec{r}}{\partial x}=(1,0,1)$ 且 $\dfrac{\partial \vec{r}}{\partial y}=(0,1,1)$ $\quad \therefore \dfrac{\partial \vec{r}}{\partial x}\times\dfrac{\partial \vec{r}}{\partial y}=(-1,-1,1)\Rightarrow\left|\dfrac{\partial \vec{r}}{\partial x}\times\dfrac{\partial \vec{r}}{\partial y}\right|=\sqrt{3}$

$\therefore \iint_S f(x,y,z)\,dA=\int_0^2\int_0^x(2x+2y)\sqrt{3}dydx=8\sqrt{3}$

(II)若 $f(x,y,z)=(1-x^2)y$, $S:\{(x,y,z): z=3-y^2,\ 0\le x\le 1,\ 0\le y\le 1\}$

令$\vec{r}(x,y)=(x,y,(1-x^2)y)$

$\because \dfrac{\partial \vec{r}}{\partial x}=(1,0,0)$ 且 $\dfrac{\partial \vec{r}}{\partial y}=(0,1,-2y)$ $\quad \therefore \dfrac{\partial \vec{r}}{\partial x}\times\dfrac{\partial \vec{r}}{\partial y}=(0,2y,1)\Rightarrow\left|\dfrac{\partial \vec{r}}{\partial x}\times\dfrac{\partial \vec{r}}{\partial y}\right|=\sqrt{1+4y^2}$

则 $\iint_S f(x,y,z)\,dA=\int_0^1\int_0^1 y(1-x^2)\sqrt{1+4y^2}dydx=\dfrac{5\sqrt{5}-1}{18}$

Type 3.

给定曲面$S: z=g(x,y)$, 若S投影至xy平面 $=\{(x,y):\ x^2+y^2\le a^2\}$, 求 $\iint_S f(x,y,z)dA=?$

<u>補充说明:</u>

如: 圆柱、椭圆柱、圆锥体、抛物面

解题流程:

Step1.

令$\vec{r}(x,y)=\big(x,y,g(x,y)\big)$且 $R=\{(x,y): x^2+y^2\le a^2\}$ 则 $\iint_S dA=\iint_R\left|\dfrac{\partial \vec{r}}{\partial x}\times\dfrac{\partial \vec{r}}{\partial y}\right|dxdy$

Step2.

$\because \dfrac{\partial \vec{r}}{\partial x}=\big(1,0,g_x(x,y)\big)$ 且 $\dfrac{\partial \vec{r}}{\partial y}=\big(0,1,g_y(x,y)\big)$ $\quad \therefore \dfrac{\partial \vec{r}}{\partial x}\times\dfrac{\partial \vec{r}}{\partial y}=\big(-g_x(x,y),-g_y(x,y),1\big)$

$\Rightarrow\left|\dfrac{\partial \vec{r}}{\partial x}\times\dfrac{\partial \vec{r}}{\partial y}\right|=\sqrt{1+\big(g_x(x,y)\big)^2+\big(g_y(x,y)\big)^2}$

Step3.

$\therefore \iint_S f(x,y,z)dA=\iint_R f\big(x,y,g(x,y)\big)\left|\dfrac{\partial \vec{r}}{\partial x}\times\dfrac{\partial \vec{r}}{\partial y}\right|dxdy$

$=\iint_R f\big(x,y,g(x,y)\big)\sqrt{1+\big(g_x(x,y)\big)^2+\big(g_y(x,y)\big)^2}\,dxdy$

Step4.

令$x=r\cos\theta$, $y=r\sin\theta$ 则 $\{(x,y): x^2+y^2\le a^2\}=\{(r,\theta): 0\le r\le a, 0\le\theta\le 2\pi\}$

$$\iint_R f(x,y,g(x,y))\sqrt{1+\left(g_x(x,y)\right)^2+\left(g_y(x,y)\right)^2}\,dxdy$$

$$=\int_0^{2\pi}\int_0^a f(x,y,g(x,y))\sqrt{1+\left(g_x(x,y)\right)^2+\left(g_y(x,y)\right)^2}\bigg|_{x=r\cos\theta,y=r\sin\theta} rdrd\theta$$

Type 4.

給定球面 $S: x^2+y^2+z^2=r^2$，$r>0$，求 $\iint_S f(x,y,z)dA=?$

解题流程:

Step1.

令 $\vec{r}(\theta,\varphi)=(r\cos\theta\sin\varphi, r\sin\theta\sin\varphi, r\cos\varphi)$ 且 $R=\{(\theta,\varphi): 0\le\theta\le 2\pi, 0\le\varphi\le\pi\}$

则 $\iint_S f(x,y,z)dA=\iint_R f(r\cos\theta\sin\varphi, r\sin\theta\sin\varphi, r\cos\varphi)\left|\frac{\partial\vec{r}}{\partial\varphi}\times\frac{\partial\vec{r}}{\partial\theta}\right|d\theta d\varphi$

Step2.

$\because \frac{\partial\vec{r}}{\partial\theta}=(-r\sin\theta\sin\varphi, r\cos\theta\sin\varphi, 0)$ 且 $\frac{\partial\vec{r}}{\partial\varphi}=(r\cos\theta\cos\varphi, r\sin\theta\cos\varphi, -r\sin\varphi)$

$\therefore \frac{\partial\vec{r}}{\partial\varphi}\times\frac{\partial\vec{r}}{\partial\theta}=(r^2\cos\theta\sin^2\varphi, r^2\sin\theta\sin^2\varphi, r^2\sin\varphi\cos\varphi) \Rightarrow \left|\frac{\partial\vec{r}}{\partial\varphi}\times\frac{\partial\vec{r}}{\partial\theta}\right|=r^2\sin\varphi$

Step3.

$$\iint_S f(x,y,z)dA=\iint_R f(r\cos\theta\sin\varphi, r\sin\theta\sin\varphi, r\cos\varphi)\, r^2\sin\varphi\, d\theta d\varphi$$

求 $\iint_R f(r\cos\theta\sin\varphi, r\sin\theta\sin\varphi, r\cos\varphi)\, r^2\sin\varphi\, d\theta d\varphi=?$

<u>范例说明:</u>

求 $\iint_S f(x,y,z)dA=?$，其中 $S: x^2+y^2+z^2=r^2$，$r>0$

(I)若 $f(x,y,z)=x^2$ 则 $\iint_S f(x,y,z)dA=\iint_R r^2\cos^2\theta\sin^2\varphi\, r^2\sin\varphi\, d\theta d\varphi=\frac{4\pi r^4}{3}$

(II)若 $f(x,y,z)=z^2$ 则 $\iint_S f(x,y,z)dA=\iint_R r^2\cos^2\varphi\, r^2\sin\varphi\, d\theta d\varphi=\frac{4\pi r^4}{3}$

Example 1.

求$\iint_S 3xy\,dA=?$，$S: z=xy+\sqrt{7}$，$0\le x\le 1$，$0\le y\le 1$

【解】

令$\vec{r}(x,y)=\left(x,y,xy+\sqrt{7}\right)$ 且 R为曲面S投影至xy平面的封闭区域

则$R=\{(x,y):\ 0\le x\le 1,0\le y\le 1\}$ 且 $\iint_S 3xy\,dA=\iint_R 3xy\left|\frac{\partial\vec{r}}{\partial x}\times\frac{\partial\vec{r}}{\partial y}\right|dxdy$

$\because\ \frac{\partial\vec{r}}{\partial x}=(1,0,y)$ 且 $\frac{\partial\vec{r}}{\partial y}=(0,1,x)$ $\therefore \frac{\partial\vec{r}}{\partial x}\times\frac{\partial\vec{r}}{\partial y}=(-y,-x,1)\Rightarrow\left|\frac{\partial\vec{r}}{\partial x}\times\frac{\partial\vec{r}}{\partial y}\right|=(x^2+y^2+1)^{\frac{1}{2}}$

$\therefore 3\iint_S xy\,dA=\iint_R 3xy\left|\frac{\partial\vec{r}}{\partial x}\times\frac{\partial\vec{r}}{\partial y}\right|dxdy=3\iint_R xy(x^2+y^2+1)^{\frac{1}{2}}dxdy$

令$u=x^2$，$v=y^2$ 则 $R=\{(x,y):0\le x\le 1,0\le y\le 1\}=\{(u,v):0\le u\le 1,0\le v\le 1\}$

$\therefore 3\iint_R xy(x^2+y^2+1)^{\frac{1}{2}}dxdy=\frac{3}{4}\int_0^1\int_0^1(u+v+1)^{\frac{1}{2}}\,dudv=\frac{9\sqrt{3}-8\sqrt{2}+1}{5}$

Example 2.

假设$f(x,y,z)=x+y+z-1$，$S: z=x+y+1$，$0\le y\le x$，$0\le x\le 2$，

求$\iint_S f(x,y,z)\,dA=?$

【解】

令$\vec{r}(x,y)=(x,y,x+y+1)$ 且 R 为曲面S投影至xy平面的封闭区域

则 $R=\{(x,y):0\le y\le x,0\le x\le 2\}$

且 $\iint_S f(x,y,z)\,dA=\iint_S f(x,y,x+y+1)\,dA=\iint_R f(x,y,x+y+1)\left|\frac{\partial\vec{r}}{\partial x}\times\frac{\partial\vec{r}}{\partial y}\right|dxdy$

$\because\frac{\partial\vec{r}}{\partial x}=(1,0,1)$ 且 $\frac{\partial\vec{r}}{\partial y}=(0,1,1)$ $\therefore\frac{\partial\vec{r}}{\partial x}\times\frac{\partial\vec{r}}{\partial y}=(-1,-1,1)\Rightarrow\left|\frac{\partial\vec{r}}{\partial x}\times\frac{\partial\vec{r}}{\partial y}\right|=\sqrt{3}$

$$\therefore \iint_S f(x,y,z)\,dA = \iint_R f(x,y,x+y+1)\left|\frac{\partial \vec{r}}{\partial x}\times\frac{\partial \vec{r}}{\partial y}\right| dxdy = \int_0^2\int_0^x (2x+2y)\sqrt{3}dydx$$

$$= \sqrt{3}\int_0^2 2xy+y^2|_0^x\,dx = \sqrt{3}\int_0^2 3x^2\,dx = 8\sqrt{3}$$

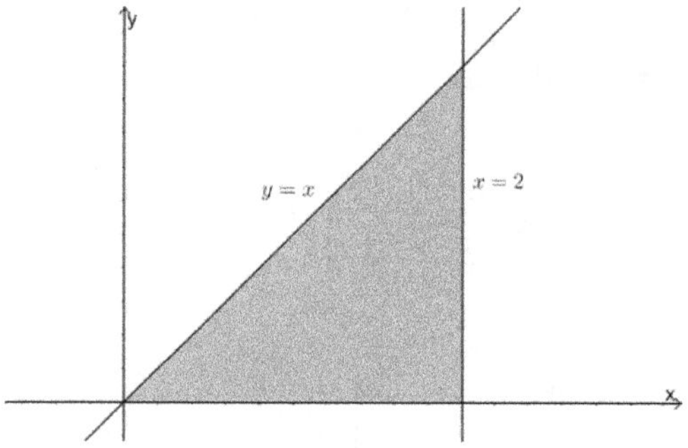

Example 3.

Evaluate $\iint_S \sqrt{x^2+y^2}\,dA =?$，over the surface S: $z = xy$, $0 \le x^2+y^2 \le 1$.

【解】

令 $\vec{r}(x,y) = (x,y,xy)$ 且 R 为曲面S投影至xy平面的封闭区域

则 $R = \{(x,y): 0 \le x^2+y^2 \le 1\}$ 且 $\iint_S \sqrt{x^2+y^2}\,dA = \iint_R \sqrt{x^2+y^2}\left|\frac{\partial \vec{r}}{\partial x}\times\frac{\partial \vec{r}}{\partial y}\right| dxdy$

$\because \frac{\partial \vec{r}}{\partial x} = (1,0,y)$ 且 $\frac{\partial \vec{r}}{\partial y} = (0,1,x)$ $\quad\therefore \frac{\partial \vec{r}}{\partial x}\times\frac{\partial \vec{r}}{\partial y} = (-y,-x,1) \Rightarrow \left|\frac{\partial \vec{r}}{\partial x}\times\frac{\partial \vec{r}}{\partial y}\right| = \sqrt{1+x^2+y^2}$

$$\therefore \iint_R \sqrt{x^2+y^2}\left|\frac{\partial \vec{r}}{\partial x}\times\frac{\partial \vec{r}}{\partial y}\right| dxdy = \iint_{0\le\sqrt{x^2+y^2}\le 1} \sqrt{x^2+y^2}\sqrt{1+x^2+y^2}dxdy$$

令 $x = r\cos\theta, y = r\sin\theta$ 且 $R = \{(r,\theta): 0 \le r \le 1, 0 \le \theta \le 2\pi\}$

$$\iint_{0\le\sqrt{x^2+y^2}\le 1} \sqrt{x^2+y^2}\sqrt{1+x^2+y^2}dxdy = \int_0^{2\pi}\int_0^1 r^2\sqrt{1+r^2}drd\theta = 2\pi\int_0^1 r^2\sqrt{1+r^2}dr$$

令 $r = \tan\alpha$ 则 $2\pi\int_0^1 r^2\sqrt{1+r^2}dr = 2\pi\int_0^{\frac{\pi}{4}} \tan^2\alpha\sec^3\alpha\,d\alpha = 2\pi\int_0^{\frac{\pi}{4}} \sec^5\alpha - \sec^3\alpha\,d\alpha$

$$=\frac{\pi}{4}\left(3\sqrt{2}-\ln(1+\sqrt{2})\right)$$

Example 4.

Evaluate $\iint_S xy\,dA=?$, over the surface $\vec{r}(s,t)=s\vec{a}+t\vec{b}$, where $0\le s\le 1$, $0\le t\le 1$, $\vec{a}=(a_1,a_2,a_3)$, $\vec{b}=(b_1,b_2,b_3)$

【解】

令 $\vec{r}(s,t)=s\vec{a}+t\vec{b}=(sa_1+tb_1,sa_2+tb_2,sa_3+tb_3)$且 $R=\{(s,t):0\le s\le 1,0\le t\le 1\}$

$$\because \frac{\partial\vec{r}}{\partial s}=(a_1,a_2,a_3)\ 且\ \frac{\partial\vec{r}}{\partial t}=(b_1,b_2,b_3)\quad \therefore \frac{\partial\vec{r}}{\partial s}\times\frac{\partial\vec{r}}{\partial t}=\vec{a}\times\vec{b}\ 且\ \left|\frac{\partial\vec{r}}{\partial s}\times\frac{\partial\vec{r}}{\partial t}\right|=|\vec{a}\times\vec{b}|$$

$$\iint_S xy\,dA=\iint_R (sa_1+tb_1)(sa_2+tb_2)\left|\frac{\partial\vec{r}}{\partial s}\times\frac{\partial\vec{r}}{\partial t}\right|dsdt$$

$$=|\vec{a}\times\vec{b}|\int_0^1\int_0^1(sa_1+tb_1)(sa_2+tb_2)dsdt$$

$$=|\vec{a}\times\vec{b}|\int_0^1\int_0^1 s^2a_1a_2+st(a_1b_2+a_2b_1)+t^2b_1b_2\,dsdt$$

$$=|\vec{a}\times\vec{b}|\left(\frac{a_1a_2}{3}+\frac{a_1b_2+a_2b_1}{4}+\frac{b_1b_2}{3}\right)$$

Example 5.

求 $\iint_S x^2\,dA=?$，$S: x^2+y^2+z^2=r^2$

【解】

令 $\vec{r}(\theta,\varphi)=(r\cos\theta\sin\varphi,r\sin\theta\sin\varphi,r\cos\varphi)$ 且 $R=\{(\theta,\varphi):0\le\theta\le 2\pi,0\le\varphi\le\pi\}$

则 $\iint_S x^2\,dA=\iint_R r^2\cos^2\theta\sin^2\varphi\left|\frac{\partial\vec{r}}{\partial\varphi}\times\frac{\partial\vec{r}}{\partial\theta}\right|d\theta d\varphi$

$\because \dfrac{\partial \vec{r}}{\partial \theta} = (-r\sin\theta\sin\varphi, r\cos\theta\sin\varphi, 0)$ 且 $\dfrac{\partial \vec{r}}{\partial \varphi} = (r\cos\theta\cos\varphi, r\sin\theta\cos\varphi, -r\sin\varphi)$

$\therefore \dfrac{\partial \vec{r}}{\partial \varphi} \times \dfrac{\partial \vec{r}}{\partial \theta} = (r^2\cos\theta\sin^2\varphi, r^2\sin\theta\sin^2\varphi, r^2\sin\varphi\cos\varphi) \Rightarrow \left|\dfrac{\partial \vec{r}}{\partial \varphi} \times \dfrac{\partial \vec{r}}{\partial \theta}\right| = r^2\sin\varphi$

$\therefore \iint_S x^2\,dA = \iint_R r^2\cos^2\theta\sin^2\varphi \left|\dfrac{\partial \vec{r}}{\partial \varphi} \times \dfrac{\partial \vec{r}}{\partial \theta}\right| d\theta d\varphi = r^4\int_0^{2\pi}\int_0^{\pi}\cos^2\theta\sin^2\varphi\sin\varphi\,d\varphi d\theta$

$= r^4\int_0^{2\pi}\cos^2\theta\,d\theta\int_0^{\pi}\sin^3\varphi\,d\varphi = r^4\cdot\pi\cdot\dfrac{4}{3} = \dfrac{4\pi r^4}{3}$

Example 6.

求 $\iint_S y\,dA = ?$，$S: x - y^2 - z = 2,\ 0 \le y \le 1,\ 0 \le z \le 1$

【解】

令 $\vec{r}(x,y) = (y^2 + z + 2, y, z)$ 且 R为曲面S投影至yz平面的封闭区域

则 $R = \{(y,z): 0 \le y \le 1, 0 \le z \le 1\}$ 且 $\iint_S y\,dA = \iint_R y\left|\dfrac{\partial \vec{r}}{\partial y} \times \dfrac{\partial \vec{r}}{\partial z}\right| dydz$

$\because \dfrac{\partial \vec{r}}{\partial y} = (2y, 1, 0)$ 且 $\dfrac{\partial \vec{r}}{\partial z} = (1, 0, 1)$ $\quad \therefore \dfrac{\partial \vec{r}}{\partial y} \times \dfrac{\partial \vec{r}}{\partial z} = (1, -2y, -1) \Rightarrow \left|\dfrac{\partial \vec{r}}{\partial y} \times \dfrac{\partial \vec{r}}{\partial z}\right| = \sqrt{2 + 4y^2}$

$\therefore \iint_S y\,dA = \iint_R y\left|\dfrac{\partial \vec{r}}{\partial y} \times \dfrac{\partial \vec{r}}{\partial z}\right| dxdy = \int_0^1\int_0^1 y\sqrt{2 + 4y^2}\,dydz = \dfrac{3\sqrt{6} - \sqrt{2}}{6}$

Example 7.

Evaluate $\iint_S \sqrt{x^2 + y^2}\,dA = ?$, over the surface $\vec{r}(s,t) = (s\cos wt, s\sin wt, bt)$,

where $0 \le s \le k, 0 \le t \le \dfrac{2\pi}{w}$

【解】

$\because \dfrac{\partial \vec{r}}{\partial s}=(\cos wt\,,\sin wt\,,0)$ 且 $\dfrac{\partial \vec{r}}{\partial t}=(-ws\sin wt\,,ws\cos wt\,,b)$

$\therefore \dfrac{\partial \vec{r}}{\partial s}\times\dfrac{\partial \vec{r}}{\partial t}=(b\sin wt\,,-b\cos wt\,,ws)$ 且 $\left|\dfrac{\partial \vec{r}}{\partial s}\times\dfrac{\partial \vec{r}}{\partial t}\right|=\sqrt{b^2+w^2s^2}$

令 $R=\left\{(s,t):0\le s\le k,0\le t\le\dfrac{2\pi}{w}\right\}$ 则

$$\therefore \iint_S \sqrt{x^2+y^2}\,dA=\iint_R \sqrt{(s\cos wt)^2+(s\sin wt)^2}\left|\frac{\partial \vec{r}}{\partial s}\times\frac{\partial \vec{r}}{\partial t}\right|dsdt$$

$$=\iint_R \sqrt{(s\cos wt)^2+(s\sin wt)^2}\sqrt{b^2+w^2s^2}dA=\iint_R s\sqrt{b^2+w^2s^2}\,dA$$

$$=\int_0^{\frac{2\pi}{w}}\int_0^k s\sqrt{b^2+w^2s^2}\,dsdt=\frac{2\pi}{w}\int_0^k s\sqrt{b^2+w^2s^2}\,ds=\frac{2\pi}{3w^3}\left((b^2+w^2k^2)^{\frac{3}{2}}-b^3\right)$$

Example 8.

Evaluate $\iint_S 3y\,dA=?$, over the surface S: $z=\dfrac{y^2}{2}$, $0\le x\le 1$, $0\le y\le 1$

【解】

令 $\vec{r}(x,y)=\left(x,y,\dfrac{y^2}{2}\right)$ 且 R为S曲面投影至xy平面的封闭区域

则 $R=\{(x,y):\ 0\le x\le 1,0\le y\le 1\}$ 且 $\iint_S 3y\,dA=\iint_R 3y\left|\dfrac{\partial \vec{r}}{\partial x}\times\dfrac{\partial \vec{r}}{\partial y}\right|dxdy$

$\because \dfrac{\partial \vec{r}}{\partial x}=(1,0,0)$ 且 $\dfrac{\partial \vec{r}}{\partial y}=(0,1,y)$ $\therefore \dfrac{\partial \vec{r}}{\partial x}\times\dfrac{\partial \vec{r}}{\partial y}=(0,-y,1)\Rightarrow\left|\dfrac{\partial \vec{r}}{\partial x}\times\dfrac{\partial \vec{r}}{\partial y}\right|=(y^2+1)^{\frac{1}{2}}$

$$\iint_R 3y\left|\frac{\partial \vec{r}}{\partial x}\times\frac{\partial \vec{r}}{\partial y}\right|dxdy=3\iint_R y(y^2+1)^{\frac{1}{2}}dxdy=(y^2+1)^{\frac{3}{2}}\Big|_0^1=2\sqrt{2}-1$$

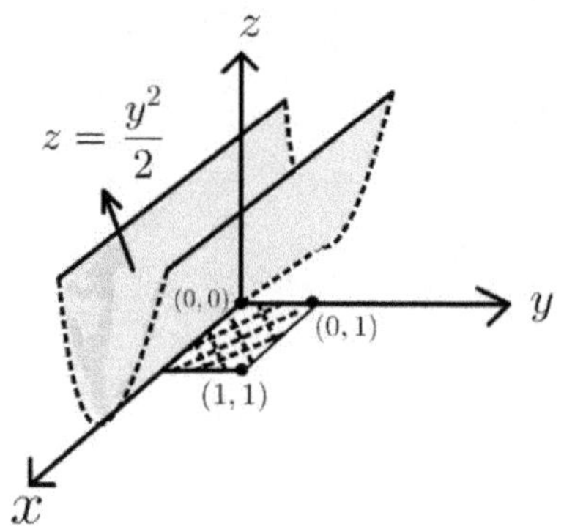

Example 9.

假设 $f(x,y,z)=(1-x^2)y$, $S: z=3-y^2$, $0\le x\le 1$, $0\le y\le 1$

求 $\iint_S f(x,y,z)\,dA=?$

【解】

令 $\vec{r}(x,y)=(x,y,3-y^2)$ 且 R为曲面S投影至xy平面的封闭区域

则 $R=\{(x,y)\colon 0\le x\le 1, 0\le y\le 1\}$ 且 $\iint_S f(x,y,z)\,dA=\iint_R f(x,y,z)\left|\frac{\partial\vec{r}}{\partial x}\times\frac{\partial\vec{r}}{\partial y}\right|dxdy$

$\because \frac{\partial\vec{r}}{\partial x}=(1,0,0)$ 且 $\frac{\partial\vec{r}}{\partial y}=(0,1,-2y)$ $\therefore \frac{\partial\vec{r}}{\partial x}\times\frac{\partial\vec{r}}{\partial y}=(0,2y,1)\Rightarrow\left|\frac{\partial\vec{r}}{\partial x}\times\frac{\partial\vec{r}}{\partial y}\right|=\sqrt{1+4y^2}$

$\therefore \iint_S f(x,y,z)\,dA=\iint_R f(x,y,z)\left|\frac{\partial\vec{r}}{\partial x}\times\frac{\partial\vec{r}}{\partial y}\right|dxdy=\int_0^1\int_0^1 y(1-x^2)\sqrt{1+4y^2}\,dydx$

$=\int_0^1 y\sqrt{1+4y^2}\,dy\int_0^1(1-x^2)dx$

$\because \int_0^1 y\sqrt{1+4y^2}\,dy=\frac{1}{12}(1+4y^2)^{\frac{3}{2}}\Big|_0^1=\frac{5\sqrt{5}-1}{12}$

令 $x=\sin\theta$ 则 $dx=\cos\theta\,d\theta$

$\therefore \int_0^1(1-x^2)dx=\int_0^{\frac{\pi}{2}}\cos^3\theta\,dx=\int_0^{\frac{\pi}{2}}(1-\sin^2\theta)\cos\theta\,dx=\left(\sin\theta-\frac{\sin^3\theta}{3}\right)\Big|_0^{\frac{\pi}{2}}=\frac{2}{3}$

$\therefore \iint_S f(x,y,z)\,dA=\int_0^1 y\sqrt{1+4y^2}\,dy\int_0^1(1-x^2)dx=\frac{5\sqrt{5}-1}{12}\cdot\frac{2}{3}=\frac{5\sqrt{5}-1}{18}$

Example 10.

求 $\iint_S y^2+2yz\,dA=?$，S为平面 $2x+y+2z=4$ 在第一卦限的所围平面

【解】

令 $\vec{r}(x,y)=\left(x,y,2-x-\frac{y}{2}\right)$ 且 R 为所围平面投影至xy平面的封闭区域

则 $R=\{(x,y):2x+y\le 4,x\ge 0,y\ge 0\}$

且 $\iint_S y^2+2yz\,dA=\iint_R \left(y^2+2y(2-x-\frac{y}{2})\right)\left|\frac{\partial\vec{r}}{\partial x}\times\frac{\partial\vec{r}}{\partial y}\right|dxdy$

$\because \frac{\partial\vec{r}}{\partial x}=(1,0,-1)$ 且 $\frac{\partial\vec{r}}{\partial y}=\left(0,1,-\frac{1}{2}\right)$ $\therefore \frac{\partial\vec{r}}{\partial x}\times\frac{\partial\vec{r}}{\partial y}=\left(1,\frac{1}{2},1\right)\Rightarrow\left|\frac{\partial\vec{r}}{\partial x}\times\frac{\partial\vec{r}}{\partial y}\right|=\frac{3}{2}$

$\therefore \iint_S y^2+2yz\,dA=\iint_R \left(y^2+2y(2-x-\frac{y}{2})\right)\left|\frac{\partial\vec{r}}{\partial x}\times\frac{\partial\vec{r}}{\partial y}\right|dxdy$

$=\frac{3}{2}\int_0^2\int_0^{4-2x} y^2+2y\cdot\left(2-x-\frac{y}{2}\right)dydx$

$\because \int_0^{4-2x} y^2+2y\cdot\left(2-x-\frac{y}{2}\right)dy=\int_0^{4-2x}4y-2xy\,dy=2y^2-xy^2|_0^{4-2x}=4(2-x)^3$

$\therefore \int_0^2\int_0^{4-2x} y^2+2y\cdot\frac{1}{2}\cdot(4-2x-y)\,dydx=\int_0^2 4(2-x)^3\,dx=-(2-x)^4|_0^2=16$

$\therefore \iint_S y^2+2yz\,dA=24$

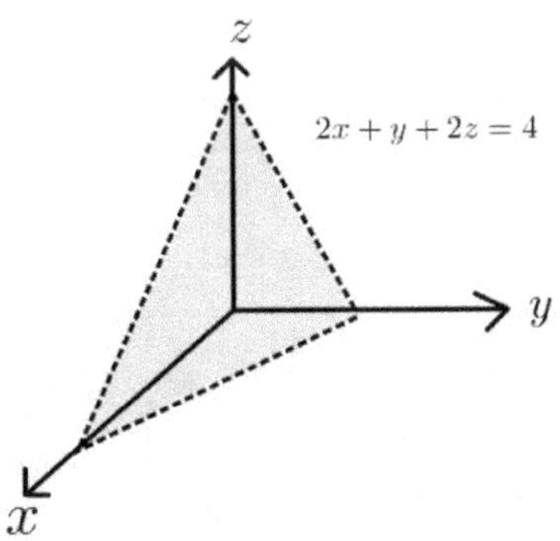

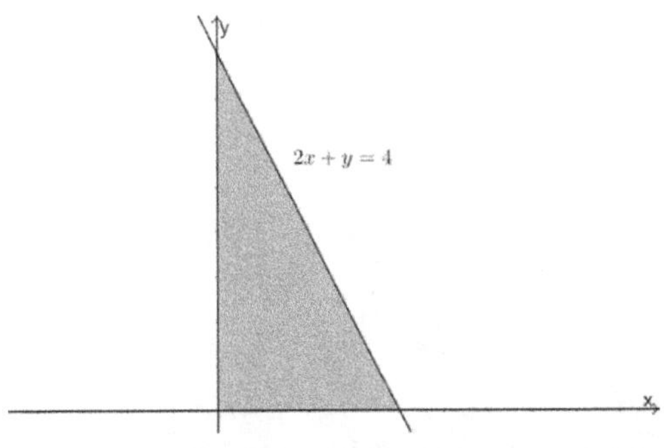

Example 11.

求 $\iint_S z^2\,dA = ?$， $S: z = \sqrt{r^2 - x^2 - y^2}$

【解】

令 $\vec{r}(\theta,\varphi) = (r\cos\theta\sin\varphi, r\sin\theta\sin\varphi, r\cos\varphi)$且 $R = \left\{(\theta,\varphi): 0 \le \theta \le 2\pi, 0 \le \varphi \le \frac{\pi}{2}\right\}$

則 $\iint_S z^2\,dA = \iint_R r^2\cos^2\varphi \left|\frac{\partial \vec{r}}{\partial \varphi} \times \frac{\partial \vec{r}}{\partial \theta}\right| d\theta d\varphi$

$\because \frac{\partial \vec{r}}{\partial \theta} = (-r\sin\theta\sin\varphi, r\cos\theta\sin\varphi, 0)$ 且 $\frac{\partial \vec{r}}{\partial \varphi} = (r\cos\theta\cos\varphi, r\sin\theta\cos\varphi, -r\sin\varphi)$

$\therefore \frac{\partial \vec{r}}{\partial \varphi} \times \frac{\partial \vec{r}}{\partial \theta} = (r^2\cos\theta\sin^2\varphi, r^2\sin\theta\sin^2\varphi, r^2\sin\varphi\cos\varphi) \Rightarrow \left|\frac{\partial \vec{r}}{\partial \varphi} \times \frac{\partial \vec{r}}{\partial \theta}\right| = r^2\sin\varphi$

$\therefore \iint_S z^2\,dA = \iint_R r^2\cos^2\varphi \left|\frac{\partial \vec{r}}{\partial \varphi} \times \frac{\partial \vec{r}}{\partial \theta}\right| d\theta d\varphi = r^4 \int_0^{2\pi}\int_0^{\frac{\pi}{2}} \cos^2\varphi\sin\varphi\,d\varphi d\theta = \frac{2\pi r^4}{3}$

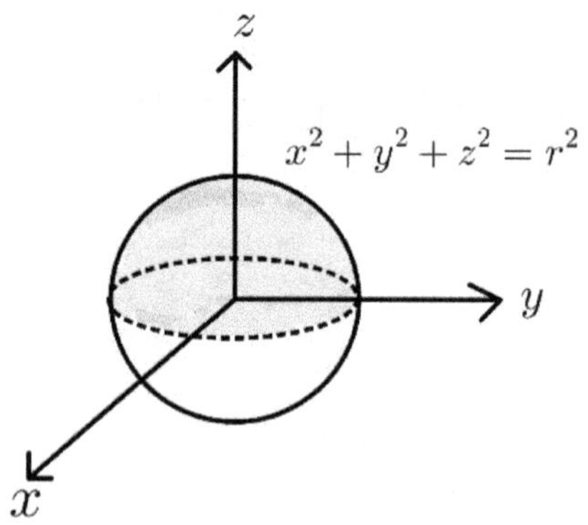

Example 12.

Evaluate $\iint_S \sqrt{2z}\,dA = ?$， over the surface S: $z = \frac{y^2}{2}$， $0 \le x \le 1$， $0 \le y \le 1$

【解】

令 $\vec{r}(x,y)=\left(x,y,\frac{y^2}{2}\right)$ 且 R為S曲面投影至xy平面的封闭区域

则$R=\{(x,y):\ 0\le x\le 1,0\le y\le 1\}$ 且 $\iint_S \sqrt{2z}\,dA=\iint_R y\left|\frac{\partial\vec{r}}{\partial x}\times\frac{\partial\vec{r}}{\partial y}\right|dxdy$

$\because\ \frac{\partial\vec{r}}{\partial x}=(1,0,0)$ 且 $\frac{\partial\vec{r}}{\partial y}=(0,1,y)$ $\quad\therefore\frac{\partial\vec{r}}{\partial x}\times\frac{\partial\vec{r}}{\partial y}=(0,-y,1)\Rightarrow\left|\frac{\partial\vec{r}}{\partial x}\times\frac{\partial\vec{r}}{\partial y}\right|=(y^2+1)^{\frac{1}{2}}$

$$\iint_R y\left|\frac{\partial\vec{r}}{\partial x}\times\frac{\partial\vec{r}}{\partial y}\right|dxdy=\iint_R y(y^2+1)^{\frac{1}{2}}dxdy=\left.\frac{(y^2+1)^{\frac{3}{2}}}{3}\right|_0^1=\frac{2\sqrt{2}-1}{3}$$

Example 13.

求 $\iint_S xy\,dA=?$，S为平面$x+2y+3z=6$ 在第一卦限的所围区域

【解】

令 $\vec{r}(x,y)=\left(x,y,2-\frac{x+2y}{3}\right)$ 且 R 为所围平面投影至xy平面的封闭区域

则 $R=\{(x,y):x+2y\le 6,x\ge 0,y\ge 0\}$ 且 $\iint_S xy\,dA=\iint_R xy\left|\frac{\partial\vec{r}}{\partial x}\times\frac{\partial\vec{r}}{\partial y}\right|dxdy$

$\because\frac{\partial\vec{r}}{\partial x}=\left(1,0,-\frac{1}{3}\right)$ 且 $\frac{\partial\vec{r}}{\partial y}=\left(0,1,-\frac{2}{3}\right)$ $\quad\therefore\frac{\partial\vec{r}}{\partial x}\times\frac{\partial\vec{r}}{\partial y}=\left(\frac{1}{3},\frac{2}{3},1\right)\Rightarrow\left|\frac{\partial\vec{r}}{\partial x}\times\frac{\partial\vec{r}}{\partial y}\right|=\frac{\sqrt{14}}{3}$

$$\therefore\iint_S xy\,dA=\iint_R xy\left|\frac{\partial\vec{r}}{\partial x}\times\frac{\partial\vec{r}}{\partial y}\right|dxdy=\frac{\sqrt{14}}{3}\int_0^3\int_0^{6-2y}xydx\,dy=\frac{\sqrt{14}}{3}\int_0^3 y\cdot\left.\frac{x^2}{2}\right|_0^{6-2y}dxdy$$

$$=\frac{\sqrt{14}}{3}\int_0^3 18y-12y^2+2y^3\,dy=\frac{\sqrt{14}}{3}\left.\left(9y^2-4y^3+\frac{y^4}{2}\right)\right|_0^3=\frac{\sqrt{14}}{3}\cdot\frac{27}{2}=\frac{9\sqrt{14}}{2}$$

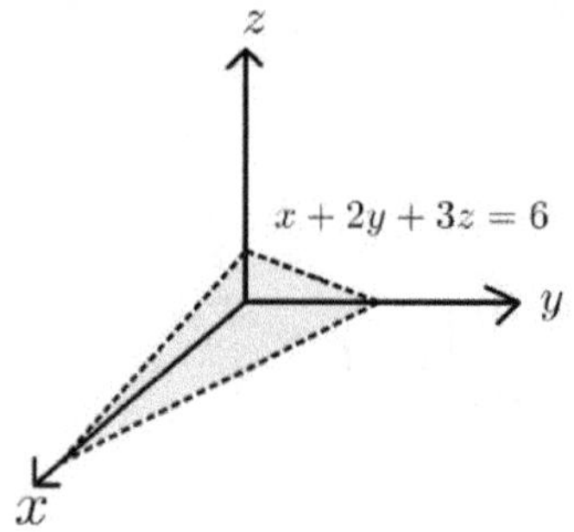

Example 14.

求 $\iint_S x^2 + y^2\, dA = ?$，$S: z = \sqrt{r^2 - x^2 - y^2}$

【解】

令 $\vec{r}(\theta, \varphi) = (r\cos\theta\sin\varphi, r\sin\theta\sin\varphi, r\cos\varphi)$且 $R = \left\{(\theta, \varphi): 0 \le \theta \le 2\pi, 0 \le \varphi \le \frac{\pi}{2}\right\}$

则 $\iint_S x^2 + y^2\, dA = \iint_R r^2\sin^2\varphi \left|\frac{\partial\vec{r}}{\partial\varphi} \times \frac{\partial\vec{r}}{\partial\theta}\right| d\theta d\varphi$

$\because \frac{\partial\vec{r}}{\partial\theta} = (-r\sin\theta\sin\varphi, r\cos\theta\sin\varphi, 0)$ 且 $\frac{\partial\vec{r}}{\partial\varphi} = (r\cos\theta\cos\varphi, r\sin\theta\cos\varphi, -r\sin\varphi)$

$\therefore \frac{\partial\vec{r}}{\partial\varphi} \times \frac{\partial\vec{r}}{\partial\theta} = (r^2\cos\theta\sin^2\varphi, r^2\sin\theta\sin^2\varphi, r^2\sin\varphi\cos\varphi) \Rightarrow \left|\frac{\partial\vec{r}}{\partial\varphi} \times \frac{\partial\vec{r}}{\partial\theta}\right| = r^2\sin\varphi$

$\therefore \iint_S x^2 + y^2\, dA = \iint_R r^2\sin^2\varphi \left|\frac{\partial\vec{r}}{\partial\varphi} \times \frac{\partial\vec{r}}{\partial\theta}\right| d\theta d\varphi = r^4 \int_0^{2\pi}\int_0^{\frac{\pi}{2}} \sin^3\varphi\, d\varphi d\theta$

$= r^4\, 2\pi\left(-\cos\varphi + \frac{\cos\varphi}{3}\right)\Big|_0^{\frac{\pi}{2}} = \frac{4\pi r^4}{3}$

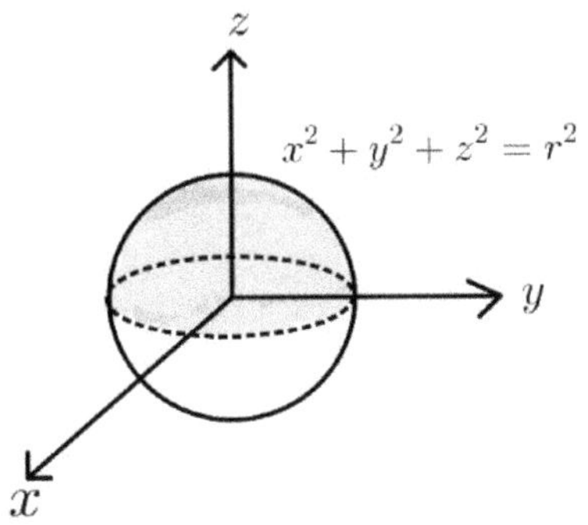

Example 15.

Evaluate $\iint_S z\,dA=?$, over the conical surface $z=\sqrt{x^2+y^2}$ between $z=0$ and $z=1$

【解】

令 $\vec{r}(x,y)=\left(x,y,\sqrt{x^2+y^2}\right)$ 且 R为曲面S投影至xy平面的封闭区域

则 $R=\{(x,y):\ 0\le x^2+y^2\le 1\}$ 且 $\iint_S z\,dA=\iint_R \sqrt{x^2+y^2}\left|\frac{\partial\vec{r}}{\partial x}\times\frac{\partial\vec{r}}{\partial y}\right|dxdy$

$\because\ \frac{\partial\vec{r}}{\partial x}=\left(1,0,\frac{x}{\sqrt{x^2+y^2}}\right)$ 且 $\frac{\partial\vec{r}}{\partial y}=\left(0,1,\frac{y}{\sqrt{x^2+y^2}}\right)$

$\therefore\ \frac{\partial\vec{r}}{\partial x}\times\frac{\partial\vec{r}}{\partial y}=\left(\frac{x}{\sqrt{x^2+y^2}},-\frac{y}{\sqrt{x^2+y^2}},1\right)\Rightarrow\left|\frac{\partial\vec{r}}{\partial x}\times\frac{\partial\vec{r}}{\partial y}\right|=\sqrt{1+\frac{x^2}{x^2+y^2}+\frac{y^2}{x^2+y^2}}=\sqrt{2}$

$\therefore\ \iint_S z\,dA=\iint_{\sqrt{x^2+y^2}\le 1}\sqrt{x^2+y^2}\left|\frac{\partial\vec{r}}{\partial x}\times\frac{\partial\vec{r}}{\partial y}\right|dxdy=\iint_{\sqrt{x^2+y^2}\le 1}\sqrt{x^2+y^2}\sqrt{2}dxdy$

令 $x=r\cos\theta$, $y=r\sin\theta$ 且 $R=\{(r,\theta):0\le r\le 1,0\le\theta\le 2\pi\}$

$\therefore\ \iint_{\sqrt{x^2+y^2}\le 1}\sqrt{x^2+y^2}\sqrt{2}dxdy=\sqrt{2}\int_0^{2\pi}\int_0^1 r\sqrt{2}rdrd\theta=\frac{2\sqrt{2}\pi}{3}$

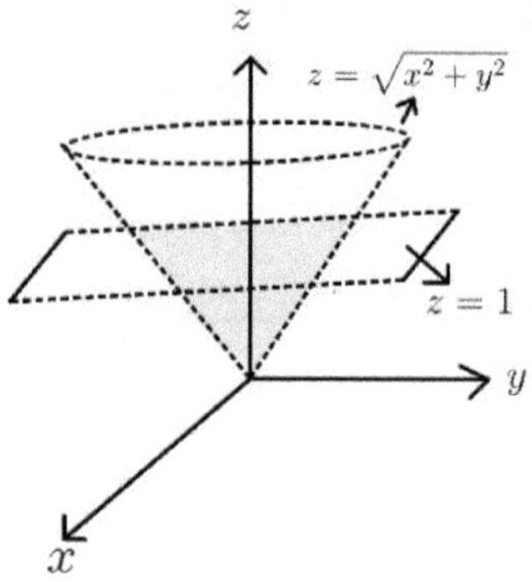

Example 16.

Evaluate $\iint_S z\,dA=?$, where S is the hyperbolic $z^2=1+x^2+y^2$ between $z=0$ and $z=\sqrt{5}$.

【解】

令 $\vec{r}(x,y)=\left(x,y,\sqrt{1+x^2+y^2}\right)$ 且 R为曲面S投影至xy平面的封闭区域

则 $R=\{(x,y):\ 0\le x^2+y^2\le 4\}$ 且 $\iint_S z\,dA=\iint_R \sqrt{x^2+y^2}\left|\frac{\partial\vec{r}}{\partial x}\times\frac{\partial\vec{r}}{\partial y}\right|dxdy$

$$\because\ \frac{\partial\vec{r}}{\partial x}=\left(1,0,\frac{x}{\sqrt{1+x^2+y^2}}\right)\ 且\ \frac{\partial\vec{r}}{\partial y}=\left(0,1,\frac{y}{\sqrt{1+x^2+y^2}}\right)$$

$$\therefore\ \frac{\partial\vec{r}}{\partial x}\times\frac{\partial\vec{r}}{\partial y}=\left(\frac{x}{\sqrt{1+x^2+y^2}},\frac{y}{\sqrt{1+x^2+y^2}},1\right)\Rightarrow\left|\frac{\partial\vec{r}}{\partial x}\times\frac{\partial\vec{r}}{\partial y}\right|=\sqrt{1+\frac{x^2+y^2}{1+x^2+y^2}}$$

$$\therefore\ \iint_S z\,dA=\iint_{\sqrt{x^2+y^2}\le 2}\sqrt{1+x^2+y^2}\left|\frac{\partial\vec{r}}{\partial x}\times\frac{\partial\vec{r}}{\partial y}\right|dxdy$$

$$=\iint_{\sqrt{x^2+y^2}\le 2}\sqrt{1+x^2+y^2}\sqrt{1+\frac{x^2+y^2}{1+x^2+y^2}}\,dxdy$$

令 $x = r\cos\theta\,, y = r\sin\theta$ 且 $R = \{(r,\theta): 0 \le r \le 2, 0 \le \theta \le 2\pi\}$

$$\iint_{\sqrt{x^2+y^2}\le 2} \sqrt{1+x^2+y^2}\sqrt{1+\frac{x^2+y^2}{1+x^2+y^2}}dxdy = \int_0^{2\pi}\int_0^{2} r\sqrt{1+2r^2}\,drd\theta$$

$$= 2\pi \times \frac{(1+2r^2)^{\frac{3}{2}}}{6}\Bigg|_0^2 = \frac{26\pi}{3}$$

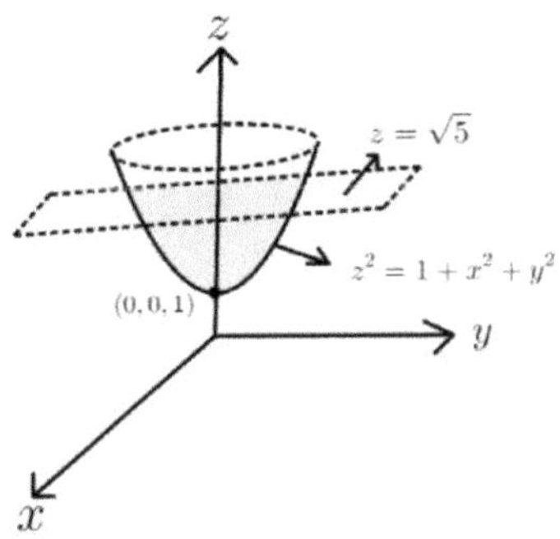

Example 17.

求 $\iint_S x^2 + y^2\, dA = ?$，$S: z = 1-(x^2+y^2)$，$z > 0$

【解】

令 $\vec{r}(x,y) = \big(x, y, 1-(x^2+y^2)\big)$ 且 R 为曲面S投影至xy平面的封闭区域

则 $R = \{(x,y):\ 0 \le x^2+y^2 \le 1\}$ 且 $\iint_S x^2+y^2\, dA = \iint_R (x^2+y^2)\left|\frac{\partial\vec{r}}{\partial x}\times\frac{\partial\vec{r}}{\partial y}\right| dxdy$

$\because \dfrac{\partial\vec{r}}{\partial x} = (1,0,-2x)$ 且 $\dfrac{\partial\vec{r}}{\partial y} = (0,1,-2y)$ $\therefore \dfrac{\partial\vec{r}}{\partial x}\times\dfrac{\partial\vec{r}}{\partial y} = (2x,2y,1)$

$\Rightarrow \left|\dfrac{\partial\vec{r}}{\partial x}\times\dfrac{\partial\vec{r}}{\partial y}\right| = \sqrt{1+4x^2+4y^2}$

令 $x = r\cos\theta\,, y = r\sin\theta$ 且 $R = \{(r,\theta): 0 \le r \le 1, 0 \le \theta \le 2\pi\}$

$$\therefore \iint_S x^2 + y^2\, dA = \iint_R (x^2 + y^2)\left|\frac{\partial \vec{r}}{\partial x} \times \frac{\partial \vec{r}}{\partial y}\right| dxdy$$

$$= \iint_{0 \le x^2+y^2 \le 1} (x^2 + y^2)\sqrt{1 + 4x^2 + 4y^2}\, dxdy = \int_0^{2\pi}\int_0^1 r^2\sqrt{1 + 4r^2}\, rdrd\theta$$

$$= 2\pi \int_0^1 r^3\sqrt{1 + 4r^2}\, dr$$

令$t = \sqrt{1 + 4r^2}$ 則 $\int_0^1 r^3\sqrt{1 + 4r^2}\, dr = \int_0^{\sqrt{5}} \frac{t^2 - 1}{4} \cdot t \cdot \frac{t}{4} dt = \frac{1}{16}\left(\frac{10\sqrt{5}}{3} + \frac{2}{15}\right)$

$$\therefore \iint_S x^2 + y^2\, dA = \frac{\pi}{8}\left(\frac{10\sqrt{5}}{3} + \frac{2}{15}\right)$$

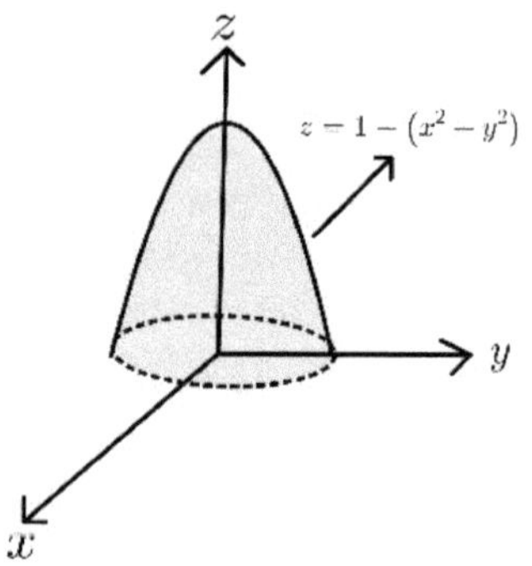

Example 18.

求 $\iint_S x^3 \sin y\, dA = ?$，$S: z = x^3, 0 \le x \le 1, 0 \le y \le \frac{\pi}{2}$

【解】

令 $\vec{r}(x, y) = (x, y, x^3)$ 且 R 为曲面S投影至xy平面的封闭区域

则 $R = \left\{(x, y):\ 0 \le x \le 1, 0 \le y \le \frac{\pi}{2}\right\}$ 且 $\iint_S x^3 \sin y\, dA = \iint_R x^3 \sin y \left|\frac{\partial \vec{r}}{\partial x} \times \frac{\partial \vec{r}}{\partial y}\right| dxdy$

$\because \frac{\partial \vec{r}}{\partial x} = (1,0,3x^2)$ 且 $\frac{\partial \vec{r}}{\partial y} = (0,1,0)$ $\therefore \frac{\partial \vec{r}}{\partial x} \times \frac{\partial \vec{r}}{\partial y} = (-3x^2, 0,1) \Rightarrow \left|\frac{\partial \vec{r}}{\partial x} \times \frac{\partial \vec{r}}{\partial y}\right| = \sqrt{1 + 9x^4}$

$$\iint_S x^3 \sin y\, dA = \iint_R x^3 \sin y \left|\frac{\partial \vec{r}}{\partial x} \times \frac{\partial \vec{r}}{\partial y}\right| dxdy = \int_0^{\frac{\pi}{2}}\int_0^1 x^3 \sin y \sqrt{1 + 9x^4}\, dxdy$$

$$= \int_0^{\frac{\pi}{2}} \frac{1}{54}(1+9x^4)^{\frac{3}{2}}\Big|_0^1 \sin y\, dy = \frac{1}{54}\left(10\sqrt{10}-1\right)$$

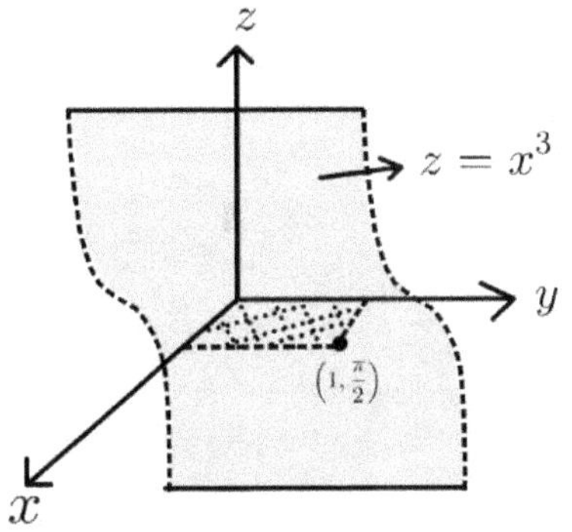

Example 19.

求 $\iint_S \frac{xy}{z} dA = ?$， $S: z = x^2 + y^2$， $4 \le x^2 + y^2 \le 16$， $x, y \ge 0$

【解】

令 $\vec{r}(x,y) = (x, y, x^2+y^2)$ 且 $R = \{(x,y):\ 4 \le x^2+y^2 \le 16, x, y \ge 0\}$

則 $\iint_S \frac{xy}{z} dA = \iint_R \frac{xy}{x^2+y^2}\left|\frac{\partial \vec{r}}{\partial x} \times \frac{\partial \vec{r}}{\partial y}\right| dxdy$

$\because \frac{\partial \vec{r}}{\partial x} = (1,0,2x)$ 且 $\frac{\partial \vec{r}}{\partial y} = (0,1,2y)$ $\therefore \frac{\partial \vec{r}}{\partial x} \times \frac{\partial \vec{r}}{\partial y} = (-2x, -2y, 1)$

$\therefore \left|\frac{\partial \vec{r}}{\partial x} \times \frac{\partial \vec{r}}{\partial y}\right| = \sqrt{1+4x^2+4y^2}$

$\therefore \iint_S \frac{xy}{z} dA = \iint_R \frac{xy}{x^2+y^2}\left|\frac{\partial \vec{r}}{\partial x} \times \frac{\partial \vec{r}}{\partial y}\right| dxdy = \iint_{4 \le x^2+y^2 \le 16} \frac{xy\sqrt{1+4x^2+4y^2}}{x^2+y^2} dxdy$

令 $x = r\cos\theta$， $y = r\sin\theta$ 且 $R = \left\{(r,\theta): 2 \le r \le 4, 0 \le \theta \le \frac{\pi}{2}\right\}$ 則

$$\iint_{4 \le x^2+y^2 \le 16} \frac{xy\sqrt{1+4x^2+4y^2}}{x^2+y^2} dxdy = \int_0^{\frac{\pi}{2}}\int_2^4 \frac{r\cos\theta\, r\sin\theta\ \sqrt{1+4r^2}}{r^2} r dr d\theta$$

$$= \int_0^{\frac{\pi}{2}} \int_2^4 r\cos\theta\sin\theta\ \sqrt{1+4r^2}\,drd\theta = \int_2^4 r\sqrt{1+4r^2}\,dr \int_0^{\frac{\pi}{2}} \cos\theta\sin\theta\ d\theta$$

$$= \frac{(1+4r^2)^{\frac{3}{2}}}{12}\Bigg|_2^4 \cdot \left(\frac{-\cos 2\theta}{4}\right)\Bigg|_0^{\frac{\pi}{2}} = \frac{65\sqrt{65}-17\sqrt{17}}{24}$$

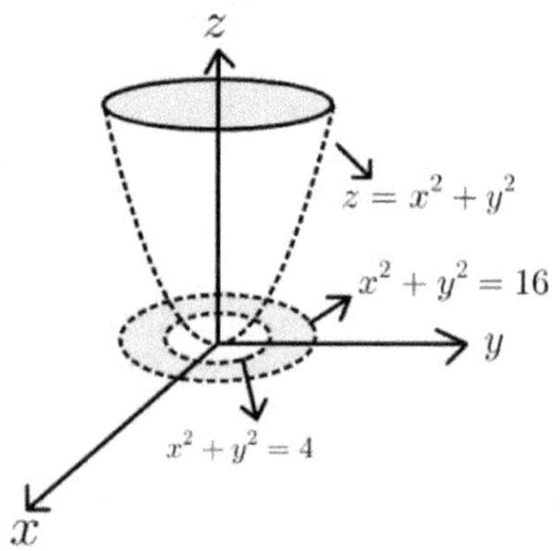

9.5.4 $\vec{F}$为向量函数，給曲面S求通量

求曲面的通量主要都是考虑可定向曲面，底下先介绍可定向曲面的定义

【定义】

如果曲面S上的任意点都存在一个连续的单位法向量$\vec{n}$则称曲面S为可定向曲面

假设S为一可定向的曲面

$$\vec{r}(s,t) = \big(x(s,t), y(s,t), z(s,t)\big),\ \ \forall (s,t) \in D$$

具有单位法向量$\vec{n}$，假设参数定义域D为一个矩形，将其分割为数个小矩形 D_{ij},长为Δs,宽为 Δt，D_{ij}的中心点为$\left(s_i^*, t_j^*\right)$, D_{ij}对应曲面 S 上的区域为 S_{ij}并且$\left(s_i^*, t_j^*\right)$对应曲面$S_{ij}$上的点为$E_{ij}^*$, 其位置向量为$\vec{r}\left(s_i^*, t_j^*\right)$；因此，曲面$S$被分割成数个片段$S_{ij}$，如下图

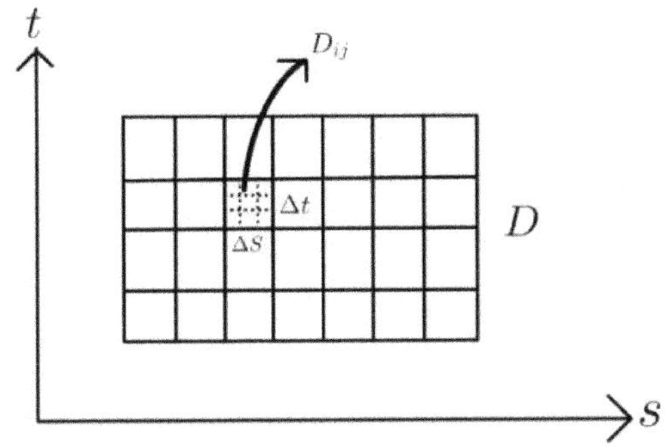

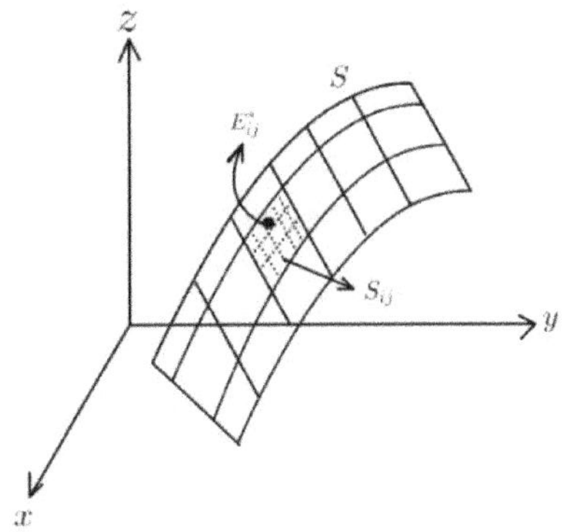

考虑一具有密度$\rho(x,y,z)$且速度场 $\mathrm{v}(x,y,z)$的流体通过曲面S，则每单位面积的流量以 $\rho\mathrm{v}$ 表示；将D分割成无数个小矩形使得曲面S分割成无数个小曲面S_{ij}且S_{ij}几乎是个平面，则在法向量$\vec{n}$的方向上每单位时间通过S_{ij}的流体质量，近似估计相当于

$$\rho\mathrm{v}\cdot\vec{n}\Delta S_{ij}$$

其中 ρ, v 以及 $\vec{n}$ 在 S_{ij}的某点取值；将所有通过S_{ij}的流体质量相加，得到了曲面S的流体质量的近似估计

$$\sum_{i=1}^{m}\sum_{j=1}^{n}\rho\mathrm{v}\cdot\vec{n}\Delta S_{ij}$$

当S_{ij}切割至任意小则$\sum_{i=1}^{m}\sum_{j=1}^{n}\rho\mathrm{v}\cdot\vec{n}\Delta S_{ij}$将逼近曲面$S$的流体质量，取极限之后可得到函数

$\rho\mathrm{v}\cdot\vec{n}$ 在 S 上的表面积分，即

$$\iint_S \rho\mathrm{v}\cdot\vec{n}dS=\iint_S \rho(x,y,z)\mathrm{v}(x,y,z)\cdot\vec{n}(x,y,z)dS=\lim_{m\to\infty,n\to\infty}\sum_{i=1}^{m}\sum_{j=1}^{n}\rho\mathrm{v}\cdot\vec{n}\Delta S_{ij}$$

这在物理上代表流經 S 的流速，定义$\vec{F}=\rho v$，其中$\vec{F}$是R^3中的向量场。因此

$$\iint_S \rho(x,y,z)\mathrm{v}(x,y,z)\cdot\vec{n}(x,y,z)dS=\iint_S \vec{F}\cdot\vec{n}dS$$

藉由上述黎曼和的极限定义向量函数$\vec{F}$在曲面S上的表面积

【定义】

假设连续向量场$\vec{F}$定义在可定向曲面S上，并具有单位法向量$\vec{n}$，则$\vec{F}$在S上的表面积分为

$$\iint_S \vec{F}\cdot d\vec{S}=\iint_S \vec{F}\cdot\vec{n}dS$$

此积分称为$\vec{F}$在S上的通量

接下来的重点是给定可定向参数曲面$\vec{r}(s,t)$，如何找到单位法向量，假设参数化曲面为

$$\vec{r}(s,t)=\big(x(s,t),y(s,t),z(s,t)\big),\ \forall(s,t)\in D$$

则可以找到两个连续且方向相反的单位向量场，分别是

$$\frac{\vec{r}_s(s,t)\times\vec{r}_t(s,t)}{|\vec{r}_s(s,t)\times\vec{r}_t(s,t)|}\quad 且\quad -\frac{\vec{r}_s(s,t)\times\vec{r}_t(s,t)}{|\vec{r}_s(s,t)\times\vec{r}_t(s,t)|}$$

【定义】

假设S为可定向曲面

(i) 若$\dfrac{\vec{r}_s(s,t)\times\vec{r}_t(s,t)}{|\vec{r}_s(s,t)\times\vec{r}_t(s,t)|}$的$z$坐标为正，$\forall(s,t)\in D$则$S$为朝上定向(oriented upward)

(ii)若$\dfrac{\vec{r}_s(s,t)\times\vec{r}_t(s,t)}{|\vec{r}_s(s,t)\times\vec{r}_t(s,t)|}$的$z$坐标为负，$\forall(s,t)\in D$则$S$为朝下定向(oriented downward)

一般而言，题目会告诉我们S为朝上定向或者是朝下定向

同理，如果$\dfrac{\vec{r}_s(s,t)\times\vec{r}_t(s,t)}{|\vec{r}_s(s,t)\times\vec{r}_t(s,t)|}$的$y$坐标为正则是朝着$y$轴正向的方向定向，依此类推

【定义】

假设S为封闭曲面

(i)如果单位法向量朝外指向非封闭的区域则S为朝外定向(oriented outward)或正定向(oriented positive)

(ii)如果单位法向量朝内指向封闭的区域则S为朝内定向(oriented inward)或负定向(oriented negative)

一般而言，如果给定封闭曲面S计算通量，且没有特别指明S为朝外定向或朝内定向，惯例上指的是朝外定向

为了计算上述定义中的表面积分，考虑位于切平面内的一个近似平行四边形的面积用以逼近区域ΔS_{ij}，之前在表面积的讨论中，有一个ΔS_{ij}的近似估计

$$\Delta S_{ij}\approx\left|\vec{r}_s\left(s_i^*,t_j^*\right)\times\vec{r}_t\left(s_i^*,t_j^*\right)\right|\Delta s\Delta t$$

所以

$$\iint_S\vec{F}\cdot\vec{n}dS=\lim_{m\to\infty,n\to\infty}\sum_{i=1}^{m}\sum_{j=1}^{n}\vec{F}\cdot\vec{n}\Delta S_{ij}=\lim_{m\to\infty,n\to\infty}\sum_{i=1}^{m}\sum_{j=1}^{n}\vec{F}\cdot\vec{n}\left|\vec{r}_s\left(s_i^*,t_j^*\right)\times\vec{r}_t\left(s_i^*,t_j^*\right)\right|\Delta s\Delta t$$

$$=\lim_{m\to\infty,n\to\infty}\sum_{i=1}^{m}\sum_{j=1}^{n}\vec{F}\cdot\frac{\vec{r}_s\left(s_i^*,t_j^*\right)\times\vec{r}_t\left(s_i^*,t_j^*\right)}{\left|\vec{r}_s\left(s_i^*,t_j^*\right)\times\vec{r}_t\left(s_i^*,t_j^*\right)\right|}\cdot\left|\vec{r}_s\left(s_i^*,t_j^*\right)\times\vec{r}_t\left(s_i^*,t_j^*\right)\right|\Delta s\Delta t$$

$$= \lim_{m\to\infty,n\to\infty} \sum_{i=1}^{m}\sum_{j=1}^{n} \vec{F}\left(s_i^*,t_j^*\right)\cdot\left(\vec{r}_s\left(s_i^*,t_j^*\right)\times\vec{r}_t\left(s_i^*,t_j^*\right)\right)\Delta s\Delta t = \iint_D \vec{F}(\vec{r}(s,t))\cdot(\vec{r}_s\times\vec{r}_t)dsdt$$

藉由上述观察，求向量函数的曲面积分相当于求双重积分，特别的是双重积分的被积分函数为

$$\vec{F}\big(\vec{r}(s,t)\big)\cdot(\vec{r}_s\times\vec{r}_t)$$

因此求向量函数曲面的积分相当于先求得被积分函数之后，再求双重积分；底下针对曲面的积分转换成双重积分后，有哪些不同类型作初步的说明

考虑曲面S: $z = g(x,y)$，则 $\vec{n} = \dfrac{\vec{r}_x(x,y)\times\vec{r}_y(x,y)}{\left|\vec{r}_x(x,y)\times\vec{r}_y(x,y)\right|}$

因为

$$\frac{\partial\vec{r}}{\partial x} = \big(1,0,g_x(x,y)\big),\ \frac{\partial\vec{r}}{\partial y} = \big(0,1,g_y(x,y)\big) \text{ 且 } \frac{\partial\vec{r}}{\partial x}\times\frac{\partial\vec{r}}{\partial y} = \big(-g_x(x,y),-g_y(x,y),1\big)$$

所以

$$\vec{n} = \frac{\vec{r}_x(x,y)\times\vec{r}_y(x,y)}{\left|\vec{r}_x(x,y)\times\vec{r}_y(x,y)\right|} = \frac{1}{\sqrt{1+\big(g_x(x,y)\big)^2+\big(g_1(x,y)\big)^2}}\big(-g_x(x,y),-g_y(x,y),1\big)$$

$\because\ \dfrac{\vec{r}_x(x,y)\times\vec{r}_y(x,y)}{\left|\vec{r}_x(x,y)\times\vec{r}_y(x,y)\right|}$ 的 z 坐标为正 $\therefore$ S为朝上定向

曲面是 oriented upward 有各式各样的样貌, 底下列举常见 oriented upward的曲面

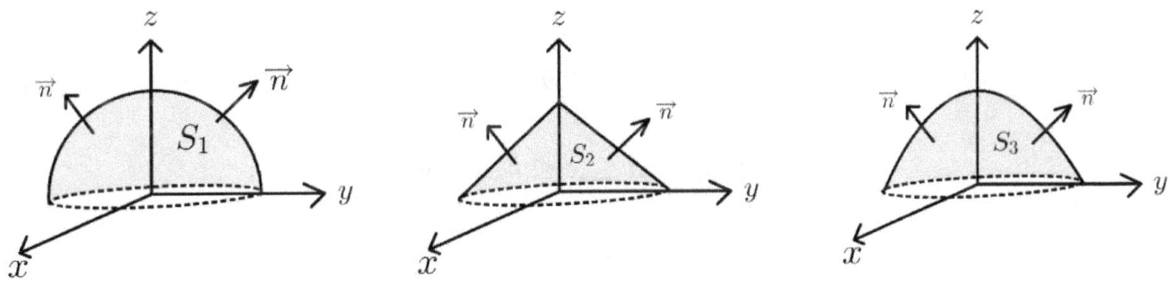

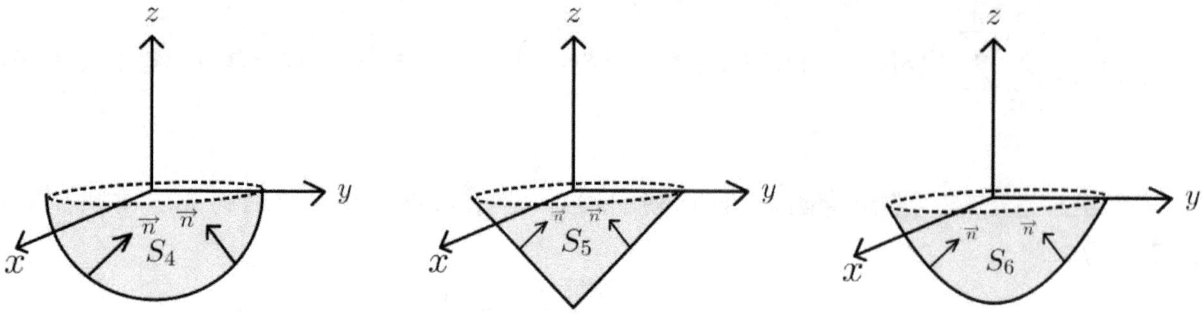

曲面是 oriented downward 有各式各样的样貌，底下列举常见 oriented downward的曲面

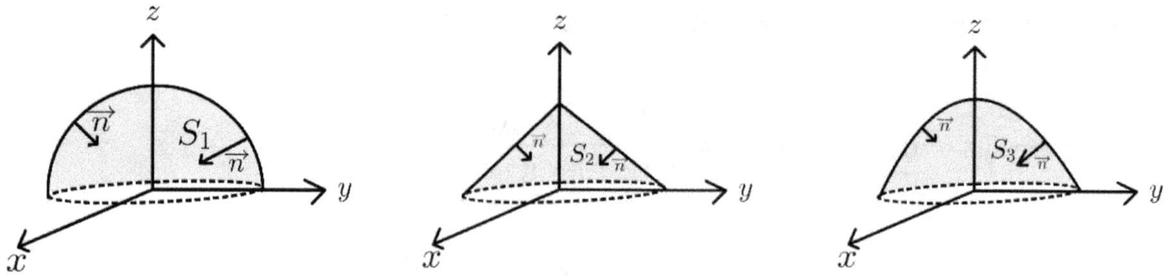

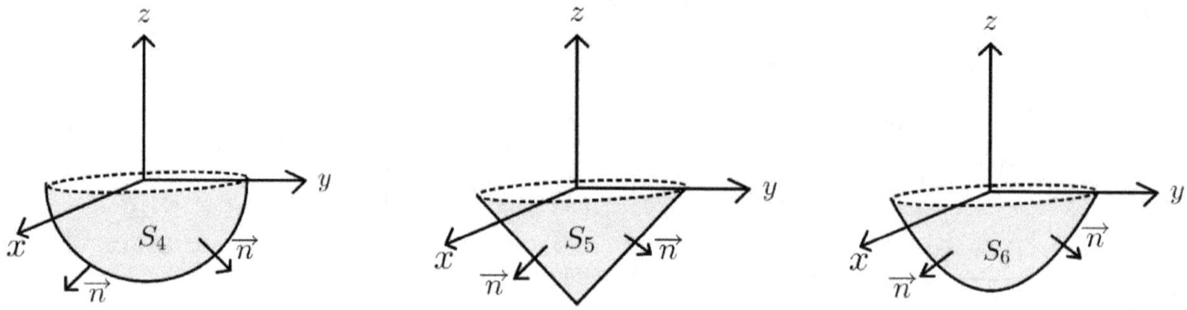

因此，如果曲面S: $z = g(x, y)$为朝上定向，定义域为 $a \leq x \leq b$ 且$c \leq y \leq d$，假设$\vec{F}(x, y, z)$为三维空间中的向量值函数，令 $\vec{r}(x, y) = \big(x, y, g(x, y)\big)$ 且 R为曲面S投影于xy平面上的封闭区域，即

$$R = \{(x, y): a \leq x \leq b, c \leq y \leq d\}$$

则$\vec{F} \cdot \vec{n}$ 在曲面S 上的曲面积分表示为：

$$\iint_S \vec{F} \cdot \vec{n}\, dA = \iint_R \vec{F}(\vec{r}(x, y)) \cdot \frac{\partial \vec{r}}{\partial x} \times \frac{\partial \vec{r}}{\partial y} dxdy = \iint_R \vec{F}(x, y, g(x, y)) \cdot \frac{\partial \vec{r}}{\partial x} \times \frac{\partial \vec{r}}{\partial y} dxdy$$

由于 $\frac{\partial \vec{r}}{\partial x} = \big(1, 0, g_x(x, y)\big)$，$\frac{\partial \vec{r}}{\partial y} = \big(0, 1, g_y(x, y)\big)$ 且 $\frac{\partial \vec{r}}{\partial x} \times \frac{\partial \vec{r}}{\partial y} = \big(-g_x(x, y), -g_y(x, y), 1\big)$

所以公式可改写为：

$$\iint_S \vec{F}\cdot\vec{n}\,dA=\iint_R \vec{F}(x,y,g(x,y))\cdot\big(-g_x(x,y),-g_y(x,y),1\big)dxdy$$

因此，如果S是朝下定向则

$$\iint_S \vec{F}\cdot\vec{n}\,dA=\iint_R \vec{F}(x,y,g(x,y))\cdot\big(g_x(x,y),g_y(x,y),-1\big)dxdy$$

特别的是，如果曲面S为$z=g(x,y)$，投影至xy平面为$\{(x,y):x^2+y^2\le a\}$，藉由极坐标表示

$$x=r\cos\theta\,,y=r\sin\theta$$

如果S是朝上定向则

$$\iint_S \vec{F}\cdot\vec{n}\,dA=\int_0^{2\pi}\int_0^a\vec{F}(x,y,g(x,y))\cdot\big(-g_x(x,y),-g_y(x,y),1\big)\Big|_{x=r\cos\theta,y=r\sin\theta}drd\theta$$

如果S是朝下定向则

$$\iint_S \vec{F}\cdot\vec{n}\,dA=\int_0^{2\pi}\int_0^a\vec{F}(x,y,g(x,y))\cdot\big(g_x(x,y),g_y(x,y),-1\big)\Big|_{x=r\cos\theta,y=r\sin\theta}drd\theta$$

假设曲面为一球面$S:x^2+y^2+z^2=r^2$，给定三维向量函数$\vec{F}(x,y,z)$，目标是计算通量$\iint_S \vec{F}\cdot\vec{n}dA$；假设$\vec{r}(\theta,\varphi)=(r\cos\theta\sin\varphi\,,r\sin\theta\sin\varphi\,,r\cos\varphi)$则

$$\iint_S \vec{F}\cdot\vec{n}\,dA=\iint_R \vec{F}\big(\vec{r}(\theta,\varphi)\big)\cdot\frac{\partial\vec{r}}{\partial\varphi}\times\frac{\partial\vec{r}}{\partial\theta}d\theta d\varphi$$

两者的外积为

$$\frac{\partial\vec{r}}{\partial\varphi}\times\frac{\partial\vec{r}}{\partial\theta}=(r^2\cos\theta\sin^2\varphi\,,r^2\sin\theta\sin^2\varphi\,,r^2\sin\varphi\cos\varphi)$$

将此外积代入积分表达式中得到：

$$\iint_S \vec{F}\cdot\vec{n}\,dA=\iint_R \vec{F}\big(\vec{r}(\theta,\varphi)\big)\cdot\frac{\partial\vec{r}}{\partial\varphi}\times\frac{\partial\vec{r}}{\partial\theta}d\theta d\varphi$$

$$=\iint_R \vec{F}(r\cos\theta\sin\varphi\,,r\sin\theta\sin\varphi\,,r\cos\varphi)\cdot$$

$$(r^2\cos\theta\sin^2\varphi\,,r^2\sin\theta\sin^2\varphi\,,r^2\sin\varphi\cos\varphi)d\theta d\varphi,$$

其中$R=\{(\theta,\varphi):0\le\theta\le2\pi,0\le\varphi\le\pi\}$

上述给出了曲面在不同的情境之下计算向量函数曲面积分的公式，与计算曲面通量相

关有两个重要定理，Stokes' Theorem 以及 Gauss's Theorem；当曲面为非封闭曲面时，Stokes' Theorem 是计算非封闭曲面的通量以及计算封闭空间曲线线积分的重要桥梁；当曲面为封闭曲面时，Gauss's Theorem 是计算封闭曲面的通量以及计算纯量函数三重积分的重要桥梁；因此无论曲面是否封闭，求曲面的通量是个重要的环节，读者务必熟悉各种题型

考试类型:

Type 1.

给定曲面$S:\vec{r}(s,t)$，$\forall\, a \le s \le b, c \le t \le d$,S是朝上定向,$\vec{F}(x,y,z)$为三维空间的向量函数，求通过曲面S的通量 $\iint_S \vec{F}\cdot\vec{n}\,dA = ?$

解题流程:

Step1.

令 $R = \{(s,t): a \le s \le b, c \le t \le d\}$则 $\iint_S \vec{F}\cdot\vec{n}\,dA = \iint_R \vec{F}\cdot\frac{\partial\vec{r}}{\partial s}\times\frac{\partial\vec{r}}{\partial t}dsdt$

Step2.

求 $\frac{\partial\vec{r}}{\partial s}\times\frac{\partial\vec{r}}{\partial t} = ?$, $\iint_R \vec{F}\cdot\frac{\partial\vec{r}}{\partial s}\times\frac{\partial\vec{r}}{\partial t}dsdt = ?$

如果S是朝下定向则求 $-\iint_R \vec{F}\cdot\frac{\partial\vec{r}}{\partial s}\times\frac{\partial\vec{r}}{\partial t}dsdt = ?$

Type 2.

给定曲面S: $z = g(x,y), \forall\, a \le x \le b, c \le y \le d, S$是朝上定向且$\vec{F}(x,y,z)$为三维空间的向量函数,求通过曲面$S$的通量 $\iint_S \vec{F}\cdot\vec{n}\,dA = ?$

解题流程:

Step1.

令 $\vec{r}(x,y) = \big(x, y, g(x,y)\big)$且 $R = \{(x,y): a \le x \le b, c \le y \le d\}$ 则

$$\iint_S \vec{F}\cdot\vec{n}\,dA = \iint_R \vec{F}\cdot\frac{\partial\vec{r}}{\partial x}\times\frac{\partial\vec{r}}{\partial y}dxdy = \iint_R \vec{F}(x,y,g(x,y))\cdot\frac{\partial\vec{r}}{\partial x}\times\frac{\partial\vec{r}}{\partial y}dxdy$$

Step2.

$\because\ \frac{\partial\vec{r}}{\partial x} = \big(1,0,g_x(x,y)\big)$ 且 $\frac{\partial\vec{r}}{\partial y} = \big(0,1,g_y(x,y)\big)$ $\therefore \frac{\partial\vec{r}}{\partial x}\times\frac{\partial\vec{r}}{\partial y} = \big(-g_x(x,y), -g_y(x,y), 1\big)$

Step3.

$$\therefore \iint_S \vec{F}\cdot\vec{n}\,dA = \iint_R \vec{F}(x,y,g(x,y))\cdot\left(-g_x(x,y),-g_y(x,y),1\right)dxdy$$

Step4.

藉由 Fubini's Theorem

$$\iint_R \vec{F}(x,y,g(x,y))\cdot\left(-g_x(x,y),-g_y(x,y),1\right)dxdy$$

$$=\int_a^b\int_c^d \vec{F}(x,y,g(x,y))\cdot\left(-g_x(x,y),-g_y(x,y),1\right)dxdy$$

如果S是朝下定向则

求 $\iint_S \vec{F}\cdot\vec{n}\,dA = -\int_a^b\int_c^d \vec{F}(x,y,g(x,y))\cdot\left(-g_x(x,y),-g_y(x,y),1\right)dxdy$

<u>范例说明:</u>

求 $\iint_S \vec{F}\cdot\vec{n}\,dA =?$

(I)若$\vec{F}(x,y,z)=\left(6y^2,0,2x^2+\sqrt{xy}\right)$, 曲面$S$是$x+y+z=1$ 在第一卦限的朝上定向区域

令 $\vec{r}(x,y,z)=(x,y,1-x-y)$ 且 R为曲面S投影至xy平面的封闭区域

则 $R=\{(x,y): x+y\le 1, x\ge 0, y\ge 0\}$ 且 $\iint_S \vec{F}\cdot\vec{n}\,dA = \iint_R \vec{F}\cdot\frac{\partial\vec{r}}{\partial x}\times\frac{\partial\vec{r}}{\partial y}dxdy$

$\because \frac{\partial\vec{r}}{\partial x}=(1,0,-1)$ 且 $\frac{\partial\vec{r}}{\partial y}=(0,1,-1)$ $\quad\therefore \frac{\partial\vec{r}}{\partial x}\times\frac{\partial\vec{r}}{\partial y}=(1,1,1)$

$\because \vec{F}\cdot\frac{\partial\vec{r}}{\partial x}\times\frac{\partial\vec{r}}{\partial y}=(6y^2,0,2x^2)\cdot\frac{\partial\vec{r}}{\partial x}\times\frac{\partial\vec{r}}{\partial y}=2(x^2+3y^2)$, $\forall(x,y,z)\in S$

$$\therefore \iint_S \vec{F}\cdot\vec{n}\,dA = \iint_R \vec{F}\cdot\frac{\partial\vec{r}}{\partial x}\times\frac{\partial\vec{r}}{\partial y}dxdy = 2\iint_R (x^2+3y^2)\,dxdy$$

$$=2\int_0^1\int_0^{1-y} x^2+3y^2\,dxdy = 2\int_0^1\left(\frac{x^3}{3}+3y^2x\right)\Bigg|_{x=0}^{x=1-y} dy$$

$$=2\int_0^1\left(\frac{(1-y)^3}{3}+3y^2(1-y)\right)dy=\frac{2}{3}$$

(II)若$\vec{F}(x,y,z)=(e^y,e^x+6y,12y)$，曲面$S$是$x+y+z=6$在第一卦限的朝上定向区域

令$\vec{r}(x,y,z)=(x,y,6-x-y)$且$R$为曲面$S$投影至$xy$平面的封闭区域

则$R=\{(x,y):x+y\le 6,x\ge 0,y\ge 0\}$且$\iint_S \vec{F}\cdot\vec{n}\,dA=\iint_R \vec{F}\cdot\frac{\partial\vec{r}}{\partial x}\times\frac{\partial\vec{r}}{\partial y}dxdy$

$\because \frac{\partial\vec{r}}{\partial x}=(1,0,-1)$且$\frac{\partial\vec{r}}{\partial y}=(0,1,-1)$ $\quad\therefore \frac{\partial\vec{r}}{\partial x}\times\frac{\partial\vec{r}}{\partial y}=(1,1,1)$

$\because \vec{F}\cdot\frac{\partial\vec{r}}{\partial x}\times\frac{\partial\vec{r}}{\partial y}=e^y+e^x+18y$，$\forall(x,y,z)\in S$

$\therefore \iint_S \vec{F}\cdot\vec{n}\,dA=\iint_R \vec{F}\cdot\frac{\partial\vec{r}}{\partial x}\times\frac{\partial\vec{r}}{\partial y}dxdy=\iint_R e^y+e^x+18y\,dxdy$

$=\int_0^6\int_0^{6-x} e^y+e^x+18y\,dydx=634+2e^6$

Type 3.

給定曲面$S:z=g(x,y)$，S是朝上定向且投影至xy平面$=\{(x,y):x^2+y^2\le a^2\}$,假设向量场$\vec{\mathrm{F}}=(f_1(x,y,z),f_2(x,y,z),f_3(x,y,z))$，求$\iint_S \vec{\mathrm{F}}\cdot\vec{n}\,dA=?$

补充说明

曲面S通常为椭圆球、圆球、椭圆椎、圆锥、椭圆抛物面

解题流程:

Step1.

令$\vec{r}(x,y)=\big(x,y,g(x,y)\big)$且$R=\{(x,y):x^2+y^2\le a^2\}$

则$\iint_S \vec{\mathrm{F}}\cdot\vec{n}\,dA=\iint_R \vec{\mathrm{F}}\cdot\frac{\partial\vec{r}}{\partial x}\times\frac{\partial\vec{r}}{\partial y}dxdy$

Step2.

$\because \frac{\partial\vec{r}}{\partial x}=\big(1,0,g_x(x,y)\big)$，$\frac{\partial\vec{r}}{\partial y}=\Big(0,1,g_y(x,y)\Big)$ $\quad\therefore \frac{\partial\vec{r}}{\partial x}\times\frac{\partial\vec{r}}{\partial y}=\big(-g_x(x,y),-g_y(x,y),1\big)$

$\therefore \iint_S \vec{\mathrm{F}}\cdot\vec{n}\,dA=\iint_R \vec{\mathrm{F}}\cdot\frac{\partial\vec{r}}{\partial x}\times\frac{\partial\vec{r}}{\partial y}dxdy=\iint_R \vec{\mathrm{F}}\cdot\big(-g_x(x,y),-g_y(x,y),1\big)dxdy$

$$= \iint_R \left(-f_1 \cdot g_x(x,y) - f_2 \cdot g_y(x,y) + f_3\right)\Big|_{z=g(x,y)} dxdy$$

Step3.

令$x = r\cos\theta$, $y = r\sin\theta$ 则$\{(x,y): x^2 + y^2 \le a^2\} = \{(r,\theta): 0 \le r \le a, 0 \le \theta \le 2\pi\}$

$$\text{且 } dxdy = \left\|\begin{matrix} \frac{\partial x}{\partial r} & \frac{\partial x}{\partial \theta} \\ \frac{\partial y}{\partial r} & \frac{\partial y}{\partial \theta} \end{matrix}\right\| drd\theta = \left\|\begin{matrix} \cos\theta & -r\sin\theta \\ \sin\theta & r\cos\theta \end{matrix}\right\| drd\theta = rdrd\theta$$

Step4.

$$\iint_R \left(-f_1 \cdot g_x(x,y) - f_2 \cdot g_y(x,y) + f_3\right)\Big|_{z=g(x,y)} dxdy$$

$$\begin{aligned} = \int_0^{2\pi}\int_0^a & -f_1(r\cos\theta, r\sin\theta, g(r\cos\theta, r\sin\theta)) \cdot g_x(r\cos\theta, r\sin\theta) \cdot r \\ & -f_2(r\cos\theta, r\sin\theta, g(r\cos\theta, r\sin\theta)) \cdot g_y(r\cos\theta, r\sin\theta) \cdot r \\ & +f_3(r\cos\theta, r\sin\theta, g(r\cos\theta, r\sin\theta)) \cdot rdrd\theta \end{aligned}$$

如果S是朝下定向则

$$\iint_S \vec{\mathrm{F}} \cdot \vec{n}\, dA$$

$$\begin{aligned} = -\int_0^{2\pi}\int_0^a & -f_1(r\cos\theta, r\sin\theta, g(r\cos\theta, r\sin\theta)) \cdot g_x(r\cos\theta, r\sin\theta) \cdot r \\ & -f_2(r\cos\theta, r\sin\theta, g(r\cos\theta, r\sin\theta)) \cdot g_y(r\cos\theta, r\sin\theta) \cdot r \\ & +f_3(r\cos\theta, r\sin\theta, g(r\cos\theta, r\sin\theta)) \cdot rdrd\theta \end{aligned}$$

<u>范例说明:</u>

$$\text{求} \iint_S \vec{\mathrm{F}} \cdot \vec{n}\, dA = ?$$

(I)若$\vec{F}(x,y,z) = (yz, -1, 1)$，曲面 $S: z = \sqrt{x^2+y^2}$，$\forall x^2 + y^2 \le a^2$，$S$是朝上定向

令$R = \{(x,y): x^2 + y^2 \le a^2\}$ 且 $x = r\cos\theta$, $y = r\sin\theta$ 则

$$\iint_S \vec{F} \cdot \vec{n}\, dA = \iint_R \vec{F} \cdot \frac{\partial \vec{r}}{\partial x} \times \frac{\partial \vec{r}}{\partial y} dxdy = \iint_{x^2+y^2 \le a^2} -xy + y(x^2+y^2)^{-\frac{1}{2}} + 1\, dxdy$$

$$= \int_0^{2\pi}\int_0^a (-r^2\cos\theta\sin\theta + \sin\theta + 1)\, rdrd\theta = \pi a^2$$

Type 4.

给定球面 $S: x^2+y^2+z^2=r^2$，假设 $\vec{F}(x,y,z)$为三维空间向量函数，求 $\iint_S \vec{F}\cdot\vec{n}dA=?$

解题流程:

Step1.

令$\vec{r}(\theta,\varphi)=(r\cos\theta\sin\varphi, r\sin\theta\sin\varphi, r\cos\varphi)$ 且 $R=\{(\theta,\varphi):0\le\theta\le 2\pi, 0\le\varphi\le\pi\}$

则 $\iint_S \vec{F}\cdot\vec{n}dA=\iint_R \vec{F}(r\cos\theta\sin\varphi, r\sin\theta\sin\varphi, r\cos\varphi)\cdot\frac{\partial\vec{r}}{\partial\varphi}\times\frac{\partial\vec{r}}{\partial\theta}d\theta d\varphi$

Step2.

$\because \frac{\partial\vec{r}}{\partial\theta}=(-r\sin\theta\sin\varphi, r\cos\theta\sin\varphi, 0)$ 且 $\frac{\partial\vec{r}}{\partial\varphi}=(r\cos\theta\cos\varphi, r\sin\theta\cos\varphi, -r\sin\varphi)$

$\therefore \frac{\partial\vec{r}}{\partial\varphi}\times\frac{\partial\vec{r}}{\partial\theta}=(r^2\cos\theta\sin^2\varphi, r^2\sin\theta\sin^2\varphi, r^2\sin\varphi\cos\varphi)$

Step3.

将 $\frac{\partial\vec{r}}{\partial\varphi}\times\frac{\partial\vec{r}}{\partial\theta}=(r^2\cos\theta\sin^2\varphi, r^2\sin\theta\sin^2\varphi, r^2\sin\varphi\cos\varphi)$

代入 $\iint_R \vec{F}(r\cos\theta\sin\varphi, r\sin\theta\sin\varphi, r\cos\varphi)\cdot\frac{\partial\vec{r}}{\partial\varphi}\times\frac{\partial\vec{r}}{\partial\theta}d\theta d\varphi$

$\therefore \iint_S \vec{F}\cdot\vec{n}\,dA=\iint_R \vec{F}(\vec{r}(\theta,\varphi))\cdot\frac{\partial\vec{r}}{\partial\varphi}\times\frac{\partial\vec{r}}{\partial\theta}d\theta d\varphi$

$=\iint_R \vec{F}(r\cos\theta\sin\varphi, r\sin\theta\sin\varphi, r\cos\varphi)$

$\cdot(r^2\cos\theta\sin^2\varphi, r^2\sin\theta\sin^2\varphi, r^2\sin\varphi\cos\varphi)d\theta d\varphi$

<u>范例说明:</u>

求 $\iint_S \vec{F}\cdot\vec{n}dA=?$，其中 $S: x^2+y^2+z^2=r^2$

(I)若$\vec{F}(x,y,z)=(z,y,x)$，令$R=\{(\theta,\varphi):0\le\theta\le 2\pi, 0\le\varphi\le\pi\}$

则 $\iint_S \vec{F}\cdot\vec{n}\,dA=\iint_R (r\cos\varphi, r\sin\theta\sin\varphi, r\cos\theta\sin\varphi)$

$\cdot(r^2\cos\theta\sin^2\varphi, r^2\sin\theta\sin^2\varphi, r^2\sin\varphi\cos\varphi)d\theta d\varphi=\frac{4\pi r^3}{3}$

(II)若$\vec{F}(x,y,z)=(x,y,z)$，令$R=\{(\theta,\varphi):0\le\theta\le 2\pi, 0\le\varphi\le\pi\}$

则 $\iint_S \vec{F}\cdot\vec{n}\,dA = \iint_R (r\cos\theta\sin\varphi\,, r\sin\theta\sin\varphi\,, r\cos\varphi)$
$\cdot(r^2\cos\theta\sin^2\varphi\,, r^2\sin\theta\sin^2\varphi\,, r^2\sin\varphi\cos\varphi)d\theta d\varphi = 4\pi r^3$

Example 1.

假设$\vec{\mathrm{F}} = (y+2,2+4x,xyz)$, 求通过朝上定向曲面$S: y = x^2$, $0\le x\le 2, 0\le z\le 2$ 的通量$\iint_S \vec{F}\cdot\vec{n}\,dA =?$

【解】

$\because S$是朝上定向曲面

令$\vec{r}(x,y,z) = (x,x^2,z)$ 且 R 为曲面S投影至xz平面的封闭区域

则 $R = \{(x,z): 0\le x\le 2, 0\le z\le 2\}$ 且 $\iint_S \vec{F}\cdot\vec{n}\,dA = \iint_R \vec{F}\cdot\frac{\partial\vec{r}}{\partial x}\times\frac{\partial\vec{r}}{\partial z}dxdz$

$\because \frac{\partial\vec{r}}{\partial x} = (1,2x,0)$ 且 $\frac{\partial\vec{r}}{\partial z} = (0,0,1)$ $\therefore \frac{\partial\vec{r}}{\partial x}\times\frac{\partial\vec{r}}{\partial z} = (2x,-1,0)$

$\Rightarrow \vec{F}\cdot\frac{\partial\vec{r}}{\partial x}\times\frac{\partial\vec{r}}{\partial z} = (y+2,2+4x,xyz)\cdot(2x,-1,0) = 2xy+4x-2-4x = 2x^3-2,$

$\forall(x,y,z)\in S$

$\therefore \iint_S \vec{F}\cdot\vec{n}\,dA = \iint_R \vec{F}\cdot\frac{\partial\vec{r}}{\partial x}\times\frac{\partial\vec{r}}{\partial z}dxdz = \int_0^2\int_0^2 2x^3-2\,dxdz = 8$

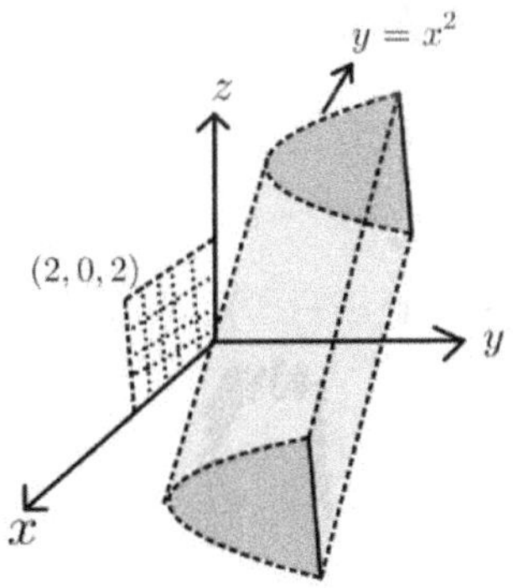

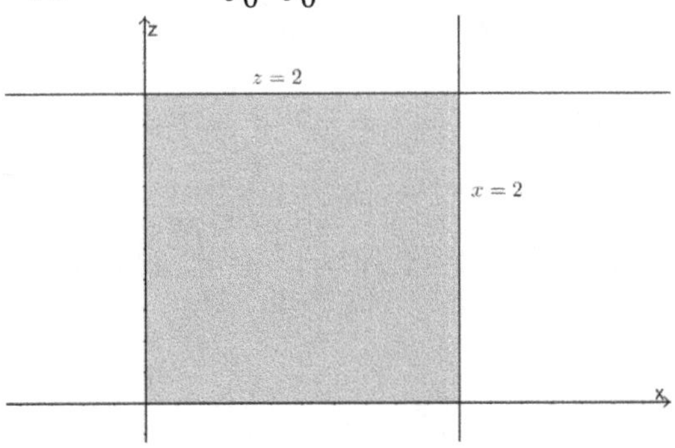

Example 2.

假设$\vec{\mathrm{F}}=(yz,-1,1)$，求通过朝下定向曲面 $S\colon z=\sqrt{x^2+y^2}$，$x^2+y^2\le a^2$的通量

$$\iint_S \vec{F}\cdot\vec{n}\,dA=?$$

【解】

$\because S$是朝下定向

令 $\vec{r}(x,y,z)=\left(x,y,(x^2+y^2)^{\frac{1}{2}}\right)$ 且 R为曲面S投影至xy平面的封闭区域

则 $R=\{(x,y)\colon x^2+y^2\le a^2\}$ 且 $\iint_S \vec{F}\cdot\vec{n}\,dA=-\iint_R \vec{F}\cdot\frac{\partial\vec{r}}{\partial x}\times\frac{\partial\vec{r}}{\partial y}dxdy$

$\because \frac{\partial\vec{r}}{\partial x}=\left(1,0,x(x^2+y^2)^{-\frac{1}{2}}\right)$ 且 $\frac{\partial\vec{r}}{\partial y}=\left(0,1,y(x^2+y^2)^{-\frac{1}{2}}\right)$

$\therefore \frac{\partial\vec{r}}{\partial x}\times\frac{\partial\vec{r}}{\partial y}=\left(-x(x^2+y^2)^{-\frac{1}{2}},-y(x^2+y^2)^{-\frac{1}{2}},1\right)$

$\Rightarrow \vec{F}\cdot\frac{\partial\vec{r}}{\partial x}\times\frac{\partial\vec{r}}{\partial y}=(yz,-1,1)\cdot\left(-x(x^2+y^2)^{-\frac{1}{2}},-y(x^2+y^2)^{-\frac{1}{2}},1\right)$

$=-xy+y(x^2+y^2)^{-\frac{1}{2}}+1,\ \ \forall(x,y,z)\in S$

$\therefore \iint_S \vec{F}\cdot\vec{n}\,dA=-\iint_R \vec{F}\cdot\frac{\partial\vec{r}}{\partial x}\times\frac{\partial\vec{r}}{\partial y}dxdy=\iint_{x^2+y^2\le a^2} xy-y(x^2+y^2)^{-\frac{1}{2}}-1\,dxdy$

令$x=r\cos\theta\,,y=r\sin\theta$ 则 $\{(x,y)\colon x^2+y^2\le a^2\}=\{(r,\theta)\colon 0\le r\le a,0\le\theta\le 2\pi\}$

$\therefore \iint_{x^2+y^2\le a^2} xy-y(x^2+y^2)^{-\frac{1}{2}}-1\,dxdy=\int_0^{2\pi}\int_0^a (r^2\cos\theta\sin\theta-\sin\theta-1)\,rdrd\theta$

$=-\pi a^2$

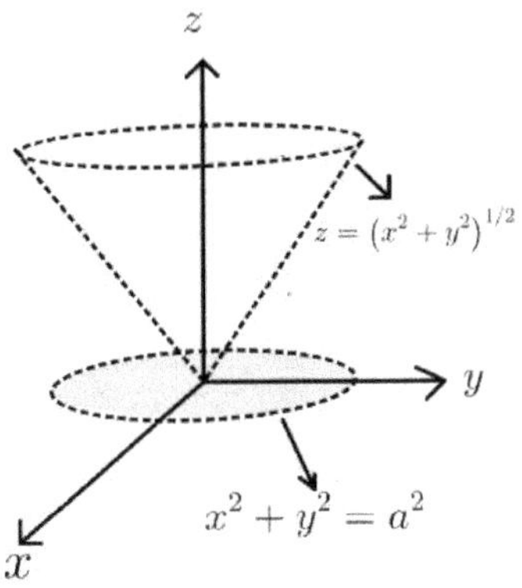

Example 3.

假设 $\vec{\mathrm{F}}=\left(6y^2-\sqrt{xy},0,2x^2+\sqrt{xy}\right)$, S是$x+y+z=1$ 在第一卦限的区域, 求$\vec{\mathrm{F}}$ 通过朝上定向平面S上的通量 $\iint_S \vec{F}\cdot\vec{n}\,dA=?$

【解】

$\because$ S是朝上定向

令 $\vec{r}(x,y,z)=(x,y,1-x-y)$ 且 R 为所围平面投影至xy平面的封闭区域

则 $R=\{(x,y): x+y\le 1, x\ge 0, y\ge 0\}$ 且 $\iint_S \vec{F}\cdot\vec{n}\,dA=\iint_R \vec{F}\cdot\frac{\partial\vec{r}}{\partial x}\times\frac{\partial\vec{r}}{\partial y}dxdy$

$\because \frac{\partial\vec{r}}{\partial x}=(1,0,-1)$ 且 $\frac{\partial\vec{r}}{\partial y}=(0,1,-1)$ $\quad\therefore \frac{\partial\vec{r}}{\partial x}\times\frac{\partial\vec{r}}{\partial y}=(1,1,1)$

$\because \vec{F}\cdot\frac{\partial\vec{r}}{\partial x}\times\frac{\partial\vec{r}}{\partial y}=\left(6y^2-\sqrt{xy},0,2x^2+\sqrt{xy}\right)\cdot\frac{\partial\vec{r}}{\partial x}\times\frac{\partial\vec{r}}{\partial y}=2(x^2+3y^2),\ \forall(x,y,z)\in S$

$\therefore \iint_S \vec{F}\cdot\vec{n}\,dA=\iint_R \vec{F}\cdot\frac{\partial\vec{r}}{\partial x}\times\frac{\partial\vec{r}}{\partial y}dxdy=2\iint_R x^2+3y^2\,dxdy=2\int_0^1\int_0^{1-y}x^2+3y^2\,dxdy$

$=2\int_0^1\left(\frac{x^3}{3}+3y^2x\right)\Big|_{x=0}^{x=1-y}dy=2\int_0^1\frac{(1-y)^3}{3}+3y^2(1-y)\,dy=\frac{2}{3}$

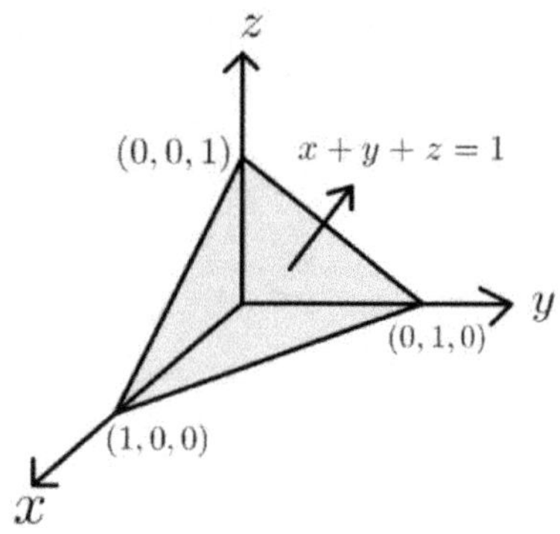

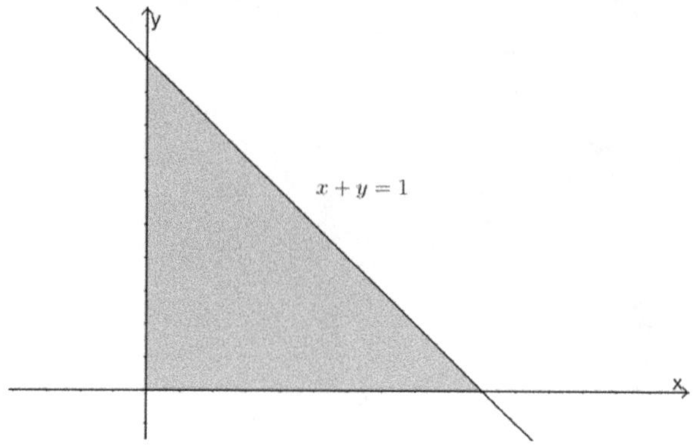

Example 4.

Assume $\vec{\mathrm{F}} = (xy, yz, xz)$ and S is the part of the paraboloid $z = 4 - x^2 - y^2$ that lies above the square $0 \le x \le 1, 0 \le y \le 1$ with upward orientation. Find $\iint_S \vec{F} \cdot \vec{n}\, dA$.

【解】

$\because$ S 是朝上定向

令 $\vec{r}(x,y,z) = (x, y, 4 - x^2 - y^2)$ 且 $R = \{(x,y){:}\ 0 \le x \le 1, 0 \le y \le 1\}$

则 $\iint_S \vec{F} \cdot \vec{n}\, dA = \iint_R \vec{F} \cdot \frac{\partial \vec{r}}{\partial x} \times \frac{\partial \vec{r}}{\partial y} dxdy$

$\because \frac{\partial \vec{r}}{\partial x} = (1,0,-2x)$ 且 $\frac{\partial \vec{r}}{\partial y} = (0,1,-2y)$ $\therefore \frac{\partial \vec{r}}{\partial x} \times \frac{\partial \vec{r}}{\partial y} = (2x, 2y, 1)$

$\because \vec{F} \cdot \frac{\partial \vec{r}}{\partial x} \times \frac{\partial \vec{r}}{\partial y} = (xy, yz, xz) \cdot (2x, 2y, 1) = 2x^2y + 2y^2z + xz = z(2y^2 + x) + 2x^2y$

$= (4 - x^2 - y^2)(2y^2 + x) + +2x^2y = 8y^2 + 4x - 2x^2y^2 - x^3 - 2y^4 - xy^2 + 2x^2y,$

$\forall (x,y,z) \in S$

$\therefore \iint_S \vec{F} \cdot \vec{n}\, dA = \iint_R \vec{F} \cdot \frac{\partial \vec{r}}{\partial x} \times \frac{\partial \vec{r}}{\partial y} dxdy$

$= \int_0^1 \int_0^1 8y^2 + 4x - 2x^2y^2 - x^3 - 2y^4 - xy^2 + 2x^2y\, dydx = \int_0^1 \frac{34}{15} + \frac{11x}{3} + \frac{x^2}{3} - x^3 dx$

$= \frac{34}{15} + \frac{11}{6} + \frac{1}{9} - \frac{1}{4} = \frac{713}{180}$

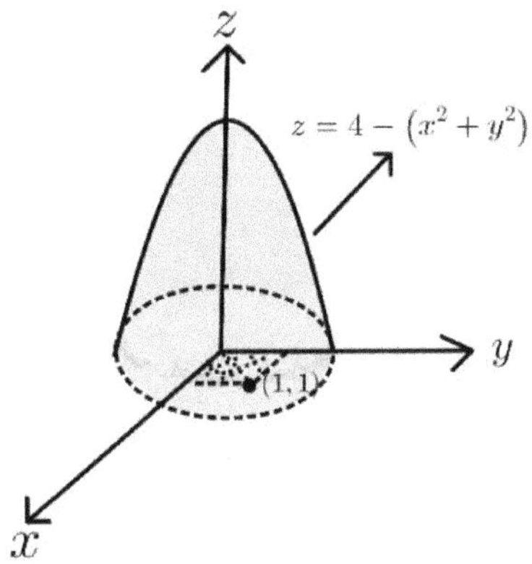

Example 5.

假设$\vec{\mathrm{F}}=(x,-z,y)$，求通过曲面$S: x^2+y^2+z^2=r^2$于第一卦限朝内定向的通量

$$\iint_S \vec{F}\cdot\vec{n}\,dA=?$$

【解】

$\because$ S 是朝内定向

令 $\vec{r}(\theta,\varphi)=(r\cos\theta\sin\varphi, r\sin\theta\sin\varphi, r\cos\varphi)$ 且 $R=\left\{(\theta,\varphi): 0\le\theta\le\frac{\pi}{2}, 0\le\varphi\le\frac{\pi}{2}\right\}$

则 $\oiint_S \vec{\mathrm{F}}\cdot\vec{n}dA=-\iint_R \vec{F}\cdot\frac{\partial\vec{r}}{\partial\varphi}\times\frac{\partial\vec{r}}{\partial\theta}d\theta d\varphi$

$\because$ $\frac{\partial\vec{r}}{\partial\theta}=(-r\sin\theta\sin\varphi, r\cos\theta\sin\varphi, 0)$ 且 $\frac{\partial\vec{r}}{\partial\varphi}=(r\cos\theta\cos\varphi, r\sin\theta\cos\varphi, -r\sin\varphi)$

$\therefore$ $\frac{\partial\vec{r}}{\partial\varphi}\times\frac{\partial\vec{r}}{\partial\theta}=(r^2\cos\theta\sin^2\varphi, r^2\sin\theta\sin^2\varphi, r^2\sin\varphi\cos\varphi)$

$\therefore$ $\vec{F}\cdot\frac{\partial\vec{r}}{\partial\varphi}\times\frac{\partial\vec{r}}{\partial\theta}$

$=(r\cos\theta\sin\varphi, -r\cos\varphi, r\sin\theta\sin\varphi)\cdot(r^2\cos\theta\sin^2\varphi, r^2\sin\theta\sin^2\varphi, r^2\sin\varphi\cos\varphi)$

$=r^3(\cos^2\theta\sin^3\varphi-\sin\theta\sin^2\varphi\cos\varphi+\sin\theta\sin^2\varphi\cos\varphi)=r^3\cos^2\theta\sin^3\varphi$

$\therefore$ $\oiint_S \vec{\mathrm{F}}\cdot\vec{n}dA=-r^3\int_0^{\frac{\pi}{2}}\int_0^{\frac{\pi}{2}}\cos^2\theta\sin^3\varphi\,d\varphi d\theta=-r^3\int_0^{\frac{\pi}{2}}\cos^2\theta\,d\theta\int_0^{\frac{\pi}{2}}\sin^3\varphi\,d\varphi$

$$= -r^3\int_0^{\frac{\pi}{2}}\frac{1+\cos 2\theta}{2}d\theta\int_0^{\frac{\pi}{2}}\sin^3\varphi\, d\varphi = -r^3\cdot\frac{\pi}{4}\cdot\left(-\cos\varphi+\frac{\cos^3\varphi}{3}\right)\Big|_0^{\frac{\pi}{2}} = \frac{\pi r^3}{6}$$

Example 6.

Let $\vec{\mathrm{F}} = (0, y, -z)$. Assume S consists of the paraboloid $S_1: y = x^2+z^2, 0\le y\le 1$ and the disk $S_2: x^2+z^2\le 1, y=1$ with outward orientation. Find $\oiint_S \vec{\mathrm{F}}\cdot\vec{n}dA = ?$

【解】

令$S_1: y = x^2+z^2, 0\le y\le 1,\ \ S_2: x^2+z^2\le 1, y=1$

$\because S_1$是朝y轴负向方向作定向

令$\vec{r}(x,y,z) = (x, x^2+z^2, z)$ 且R为S_1曲面投影至xz平面的封闭区域

则$R = \{(x,y): x^2+z^2\le 1\}$ 且 $\iint_{S_1}\vec{F}\cdot\vec{n}\,dA = -\iint_R \vec{F}\cdot\frac{\partial\vec{r}}{\partial x}\times\frac{\partial\vec{r}}{\partial z}dxdz$

$\because \frac{\partial\vec{r}}{\partial x} = (1,2x,0)$ 且 $\frac{\partial\vec{r}}{\partial z} = (0,2z,1)\quad \therefore \frac{\partial\vec{r}}{\partial x}\times\frac{\partial\vec{r}}{\partial z} = (2x,-1,2z)$

$\therefore \vec{F}\cdot\frac{\partial\vec{r}}{\partial x}\times\frac{\partial\vec{r}}{\partial z} = (0,y,-z)\cdot(2x,-1,2z) = -y-2z^2 = -x^2-3z^2,\ \ \forall(x,y,z)\in S_1$

$\therefore \iint_{S_1}\vec{F}\cdot\vec{n}\,dA = -\iint_R \vec{F}\cdot\frac{\partial\vec{r}}{\partial x}\times\frac{\partial\vec{r}}{\partial z}dxdz = \iint_{x^2+z^2\le 1}x^2+3z^2dxdz$

令$x = r\cos\theta, z = r\sin\theta$ 则 $\{(x,y): x^2+z^2\le 1\} = \{(r,\theta): 0\le r\le 1, 0\le\theta\le 2\pi\}$

$$\text{且 } dxdz = \left|\begin{vmatrix}\frac{\partial x}{\partial r} & \frac{\partial x}{\partial\theta}\\ \frac{\partial z}{\partial r} & \frac{\partial z}{\partial\theta}\end{vmatrix}\right|drd\theta = \left|\begin{vmatrix}\cos\theta & -r\sin\theta\\ \sin\theta & r\cos\theta\end{vmatrix}\right|drd\theta = rdrd\theta$$

$$\therefore \iint_{x^2+z^2\le 1}x^2+3z^2dxdz = \int_0^{2\pi}\int_0^1 r^3\cos^2\theta+3r^3\sin^2\theta\, drd\theta$$

$$= \int_0^{2\pi}\frac{1}{4}\left(\frac{1+\cos\theta}{2}\right)+\frac{3}{4}\left(\frac{1-\cos\theta}{2}\right)d\theta = \pi$$

令 $\vec{s}(x,y,z) = (x,1,z)$

$\because \frac{\partial\vec{s}}{\partial x} = (1,0,0)$ 且 $\frac{\partial\vec{s}}{\partial z} = (0,0,1)\quad \therefore \frac{\partial\vec{r}}{\partial x}\times\frac{\partial\vec{r}}{\partial z} = (0,-1,0)$

$\because \iint_{S_2} \vec{\mathrm{F}} \cdot \vec{n} dA = \iint_{S_2} dA = \iint_{x^2+z^2\le 1} (0,y,-z)\cdot(0,-1,0)dxdz = -\pi$

$\therefore \oiint_{S} \vec{\mathrm{F}} \cdot \vec{n} dA = \iint_{S_1} \vec{\mathrm{F}} \cdot \vec{n} dA + \iint_{S_2} \vec{\mathrm{F}} \cdot \vec{n} dA = 0$

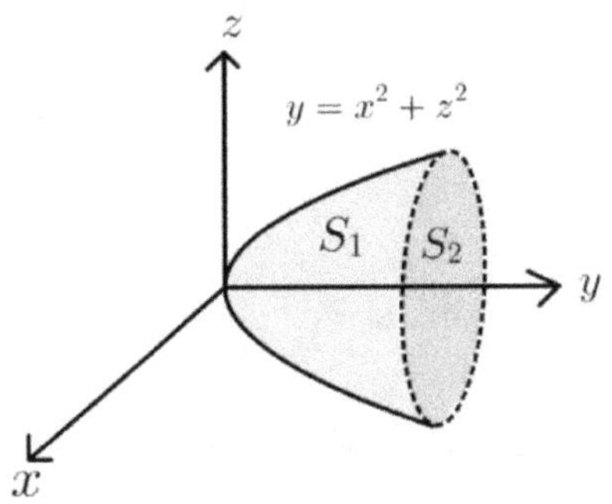

Example 7.

假设$\vec{\mathrm{F}} = (e^y, e^x + 6y, 12y)$, S是$x + y + z = 6$ 在第一卦限的区域, 求$\vec{\mathrm{F}}$通过朝上定向平面S的通量 $\iint_S \vec{F} \cdot \vec{n}\, dA =?$

【解】

$\because S$是朝上定向

令 $\vec{r}(x,y,z) = (x,y,6-x-y)$ 且R 为所围平面投影至xy平面的封闭区域

则 $R = \{(x,y): x + y \le 6, x \ge 0, y \ge 0\}$ 且 $\iint_S \vec{F} \cdot \vec{n}\, dA = \iint_R \vec{F} \cdot \frac{\partial \vec{r}}{\partial x} \times \frac{\partial \vec{r}}{\partial y} dxdy$

$\because \frac{\partial \vec{r}}{\partial x} = (1,0,-1)$ 且 $\frac{\partial \vec{r}}{\partial y} = (0,1,-1)$ $\quad \therefore \frac{\partial \vec{r}}{\partial x} \times \frac{\partial \vec{r}}{\partial y} = (1,1,1)$

$\because \vec{F} \cdot \frac{\partial \vec{r}}{\partial x} \times \frac{\partial \vec{r}}{\partial y} = (e^y, e^x + 6y, 12y)\cdot(1,1,1) = e^y + e^x + 18y,\ \forall (x,y,z) \in S$

$\therefore \iint_S \vec{F} \cdot \vec{n}\, dA = \iint_R \vec{F} \cdot \frac{\partial \vec{r}}{\partial x} \times \frac{\partial \vec{r}}{\partial y} dxdy = \iint_R e^y + e^x + 18y\, dxdy$

$= \int_0^6 \int_0^{6-x} e^y + e^x + 18y\, dydx = 634 + 2e^6$

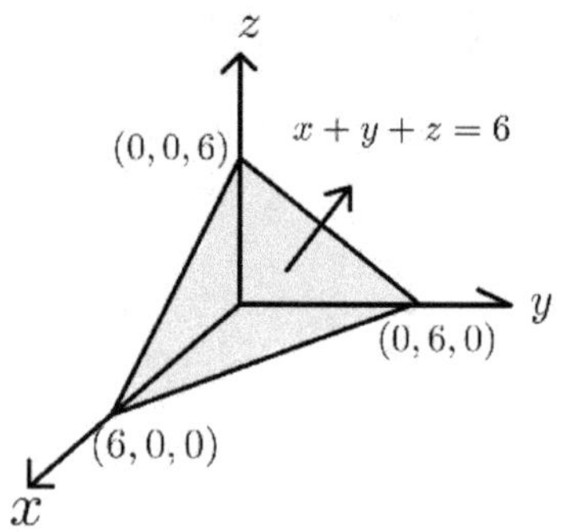

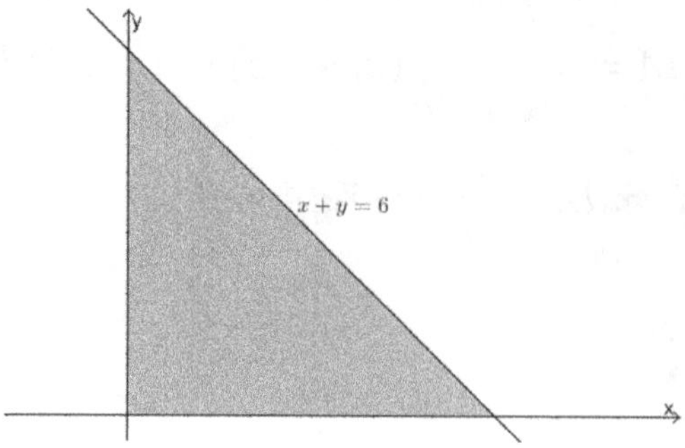

Example 8.

假设$\vec{\mathrm{F}}=(y,x,z)$, 曲面S为$z=4-x^2-y^2$, $z=0$ 所围封闭曲面, 求通过曲面S的通量, $\oiint_S \vec{F}\cdot\vec{n}dA=?$

【解】

令 $S_1: z=4-x^2-y^2, z\geq 0$

$\because S_1$是朝上定向

令 $\vec{r}(x,y,z)=(x,y,4-x^2-y^2)$ 且 R 为曲面S_1投影至xy平面的封闭区域

则 $R=\{(x,y):\ x^2+y^2\leq 4\}$ 且 $\iint_{S_1}\vec{F}\cdot\vec{n}\,dA=\iint_R\ \vec{F}\cdot\frac{\partial\vec{r}}{\partial x}\times\frac{\partial\vec{r}}{\partial y}dxdy$

$\because \frac{\partial\vec{r}}{\partial x}=(1,0,-2x)$ 且 $\frac{\partial\vec{r}}{\partial y}=(0,1,-2y)$ $\quad\therefore \frac{\partial\vec{r}}{\partial x}\times\frac{\partial\vec{r}}{\partial y}=(2x,2y,1)$

$\because \vec{F}\cdot\frac{\partial\vec{r}}{\partial x}\times\frac{\partial\vec{r}}{\partial y}=(y,x,z)\cdot(2x,2y,1)=4xy+z=4xy+4-x^2-y^2,\ \forall(x,y,z)\in S_1$

$\therefore \iint_{S_1}\vec{F}\cdot\vec{n}\,dA=\iint_{x^2+y^2\leq 4}4xy+4-x^2-y^2\,dxdy$

令$x=r\cos\theta, y=r\sin\theta$ 则 $\{(x,y):x^2+y^2\leq 4\}=\{(r,\theta):0\leq r\leq 2, 0\leq\theta\leq 2\pi\}$

$\therefore \iint_{x^2+y^2\leq 4}4xy+4-x^2-y^2\,dxdy=\int_0^{2\pi}\int_0^2(4r^2\cos\theta\sin\theta+4-r^2)\,rdrd\theta$

$$= 2\pi\left(2r^2 - \frac{r^4}{4}\right)\Bigg|_{r=0}^{r=2} = 8\pi$$

令 $S_2: z = 0, x^2 + y^2 \leq 4$, S_2是朝下定向

令 $\vec{s}(x, y, z) = (x, y, 0)$ 則 $\iint_{S_2} \vec{F} \cdot \vec{n}\, dA = -\iint_{S_2} \vec{F} \cdot \frac{\partial \vec{s}}{\partial x} \times \frac{\partial \vec{s}}{\partial y} dxdy$

$\because \frac{\partial \vec{s}}{\partial x} = (1,0,0)$ 且 $\frac{\partial \vec{s}}{\partial y} = (0,1,0)$ $\quad \therefore \frac{\partial \vec{s}}{\partial x} \times \frac{\partial \vec{s}}{\partial y} = (0,0,1)$

$\therefore \iint_{S_2} \vec{F} \cdot \vec{n}\, dA = \iint_{S_2} 0\, dA = 0$ $\quad \therefore \oiint_{S} \vec{F} \cdot \vec{n} dA = \iint_{S_1} \vec{F} \cdot \vec{n}\, dA + \iint_{S_2} \vec{F} \cdot \vec{n}\, dA = 8\pi$

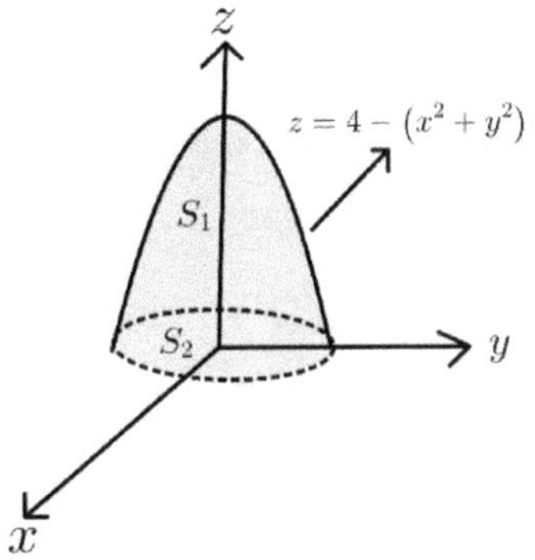

Example 9.

Let $\vec{\mathrm{F}} = (x, y, z)$. Determine the flux across the triangle S: $(a, 0,0), (0, a, 0), (0,0, a)$, $a > 0$, with upward orientation.

【解】

$\because S$ 是朝上定向

令 $\vec{r}(x, y, z) = (x, y, a - x - y)$ 且 $R = \{(x, y)\colon\ 0 \leq x \leq a, 0 \leq y \leq a - x\}$

則 $\iint_{S} \vec{F} \cdot \vec{n}\, dA = \iint_{R} \vec{F} \cdot \frac{\partial \vec{r}}{\partial x} \times \frac{\partial \vec{r}}{\partial y} dxdy$

$\because \frac{\partial \vec{r}}{\partial x} = (1,0,-1)$ 且 $\frac{\partial \vec{r}}{\partial y} = (0,1,-1)$ $\quad \therefore \frac{\partial \vec{r}}{\partial x} \times \frac{\partial \vec{r}}{\partial y} = (1,1,1)$

$$\because \vec{F}\cdot\frac{\partial\vec{r}}{\partial x}\times\frac{\partial\vec{r}}{\partial y}=(x,y,z)\cdot(1,1,1)=x+y+z=x+y+a-x-y=a,\ \ \forall(x,y,z)\in S$$

$$\iint_R \vec{F}\cdot\frac{\partial\vec{r}}{\partial x}\times\frac{\partial\vec{r}}{\partial y}dxdy=\int_0^a\int_0^{a-x}a\,dydx=a\int_0^a a-xdx=a\left(ax-\frac{x^2}{2}\right)\Bigg|_0^a=\frac{a^3}{2}$$

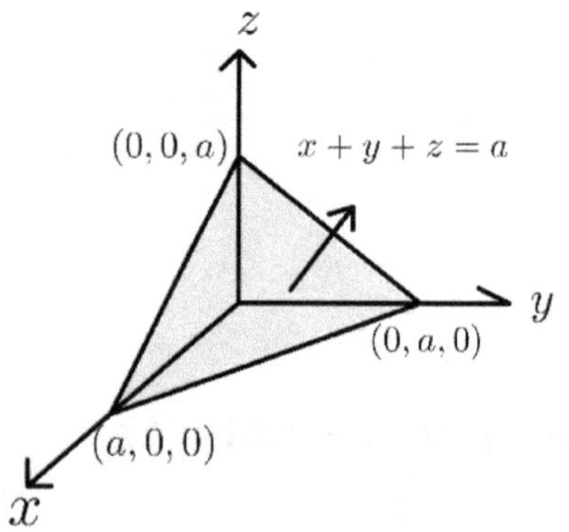

Example 10.

Let $\vec{\mathrm{F}}=(x^2,-y^2,0)$. Determine the flux across the triangle S: $(a,0,0)$, $(0,a,0)$, $(0,0,a)$, $a>0$, with upward orientation.

【解】

$\because S$ 是朝上定向

令 $\vec{r}(x,y,z)=(x,y,a-x-y)$ 且 $R=\{(x,y):\ 0\le x\le a, 0\le y\le a-x\}$

則 $\iint_S \vec{F}\cdot\vec{n}\,dA=\iint_R \vec{F}\cdot\frac{\partial\vec{r}}{\partial x}\times\frac{\partial\vec{r}}{\partial y}dxdy$

$\because \frac{\partial\vec{r}}{\partial x}=(1,0,-1)$ 且 $\frac{\partial\vec{r}}{\partial y}=(0,1,-1)$ $\quad\therefore \frac{\partial\vec{r}}{\partial x}\times\frac{\partial\vec{r}}{\partial y}=(1,1,1)$

$$\because \vec{F}\cdot\frac{\partial\vec{r}}{\partial x}\times\frac{\partial\vec{r}}{\partial y}=(x^2,-y^2,0)\cdot(1,1,1)=x^2-y^2,\ \ \forall(x,y,z)\in S$$

$$\therefore \iint_R \vec{F}\cdot\frac{\partial\vec{r}}{\partial x}\times\frac{\partial\vec{r}}{\partial y}dxdy=\int_0^a\int_0^{a-x}x^2-y^2\,dydx=\int_0^a x^2(a-x)-\frac{(a-x)^3}{3}dx$$

$$=\int_0^a -\frac{a^3}{3}+a^2x-\frac{2x^3}{3}dx=a^4\left(-\frac{1}{3}+\frac{1}{2}-\frac{1}{6}\right)=0$$

Example 11.

假设 $\vec{\mathrm{F}}=(z,y,x)$, 求通过朝外定向曲面 $S: x^2+y^2+z^2=r^2$的通量 $\oiint_S \vec{F}\cdot\vec{n}dA=?$

【解】

$\because S$ 是朝外定向

令 $\vec{r}(\theta,\varphi)=(r\cos\theta\sin\varphi, r\sin\theta\sin\varphi, r\cos\varphi)$且 $R=\{(\theta,\varphi): 0\le\theta\le 2\pi, 0\le\varphi\le\pi\}$

则 $\oiint_S \vec{F}\cdot\vec{n}dA=\iint_R \vec{F}\cdot\dfrac{\partial\vec{r}}{\partial\varphi}\times\dfrac{\partial\vec{r}}{\partial\theta}d\theta d\varphi$

$\because \dfrac{\partial\vec{r}}{\partial\theta}=(-r\sin\theta\sin\varphi, r\cos\theta\sin\varphi, 0)$ 且 $\dfrac{\partial\vec{r}}{\partial\varphi}=(r\cos\theta\cos\varphi, r\sin\theta\cos\varphi, -r\sin\varphi)$

$\therefore \dfrac{\partial\vec{r}}{\partial\varphi}\times\dfrac{\partial\vec{r}}{\partial\theta}=(r^2\cos\theta\sin^2\varphi, r^2\sin\theta\sin^2\varphi, r^2\sin\varphi\cos\varphi)$

$\therefore \vec{F}\cdot\dfrac{\partial\vec{r}}{\partial\varphi}\times\dfrac{\partial\vec{r}}{\partial\theta}$

$=(r\cos\varphi, r\sin\theta\sin\varphi, r\cos\theta\sin\varphi)\cdot(r^2\cos\theta\sin^2\varphi, r^2\sin\theta\sin^2\varphi, r^2\sin\varphi\cos\varphi)$

$=r^3(2\cos\theta\sin^2\varphi\cos\varphi+\sin^3\varphi\sin^2\theta)$

$\therefore \oiint_S \vec{F}\cdot\vec{n}dA=\iint_R \vec{F}\cdot\dfrac{\partial\vec{r}}{\partial\varphi}\times\dfrac{\partial\vec{r}}{\partial\theta}d\theta d\varphi$

$=r^3\int_0^{2\pi}\int_0^{\pi}2\cos\theta\sin^2\varphi\cos\varphi+\sin^3\varphi\sin^2\theta\,d\varphi d\theta$

$\because \int_0^{\pi}\sin^2\varphi\cos\varphi\,d\varphi=\left.\dfrac{\sin^3\varphi}{3}\right|_0^{\pi}=0 \quad \therefore \int_0^{2\pi}\int_0^{\pi}2\cos\theta\sin^2\varphi\cos\varphi\,d\varphi d\theta=0$

$\therefore \int_0^{2\pi}\int_0^{\pi}(2\cos\theta\sin^2\varphi\cos\varphi+\sin^3\varphi\sin^2\theta)d\varphi d\theta=\int_0^{2\pi}\int_0^{\pi}\sin^3\varphi\sin^2\theta\,d\varphi d\theta$

$=\int_0^{2\pi}\sin^2\theta\,d\theta\int_0^{\pi}\sin^3\varphi\,d\varphi=\int_0^{2\pi}\dfrac{1-\cos 2\theta}{2}d\theta\int_0^{\pi}\sin\varphi(1-\cos^2\varphi)d\varphi$

$=\pi\int_0^{\pi}\sin\varphi(1-\cos^2\varphi)d\varphi$

$$\because \int_0^{\pi} \sin\varphi\,(1-\cos^2\varphi)d\varphi = -\cos\varphi|_0^{\pi} + \left.\frac{\cos^3\varphi}{3}\right|_0^{\pi} = \frac{4}{3}$$

$$\therefore \oiint_S \vec{F}\cdot\vec{n}dA = r^3\int_0^{2\pi}\int_0^{\pi}(2\cos\theta\sin^2\varphi\cos\varphi + \sin^3\varphi\sin^2\theta)d\varphi d\theta = \frac{4\pi r^3}{3}$$

Example 12.

假设$\vec{\mathrm{F}} = (-xze^y, xze^y, 2z)$, 求通过朝上定向曲面 $S: x+y+z=1$ 于第一卦限的通量 $\iint_S \vec{F}\cdot\vec{n}\,dA = ?$

【解】

$\because S$是朝上定向

令 $\vec{r}(x,y,z) = (x,y,1-x-y)$ 且 $R = \{(x,y):\ x+y\le 1, x\ge 0, y\ge 0\}$

则 $\iint_S \vec{F}\cdot\vec{n}\,dA = \iint_R \vec{F}\cdot\frac{\partial\vec{r}}{\partial x}\times\frac{\partial\vec{r}}{\partial y}dxdy$

$\because \frac{\partial\vec{r}}{\partial x} = (1,0,-1)$ 且 $\frac{\partial\vec{r}}{\partial y} = (0,1,-1)$ $\quad\therefore \frac{\partial\vec{r}}{\partial x}\times\frac{\partial\vec{r}}{\partial y} = (1,1,1)$

$\because \vec{F}\cdot\frac{\partial\vec{r}}{\partial x}\times\frac{\partial\vec{r}}{\partial y} = (-xze^y, xze^y, 2z)\cdot(1,1,1) = 2z = 2(1-x-y),\ \ \forall(x,y,z)\in S$

$$\therefore \iint_S \vec{F}\cdot\vec{n}\,dA = \iint_R \vec{F}\cdot\frac{\partial\vec{r}}{\partial x}\times\frac{\partial\vec{r}}{\partial y}dxdy = 2\iint_R 1-x-y\,dxdy$$

$$= 2\int_0^1\int_0^{1-x} 1-x-y\,dydx = 2\int_0^1 \left. y - xy - \frac{y^2}{2}\right|_{y=0}^{y=1-x} dx$$

$$= 2\int_0^1 (1-x) - x(1-x) - \frac{(1-x)^2}{2}dx = 2\int_0^1\left(\frac{x^2}{2} - x + \frac{1}{2}\right)dx = \frac{1}{3}$$

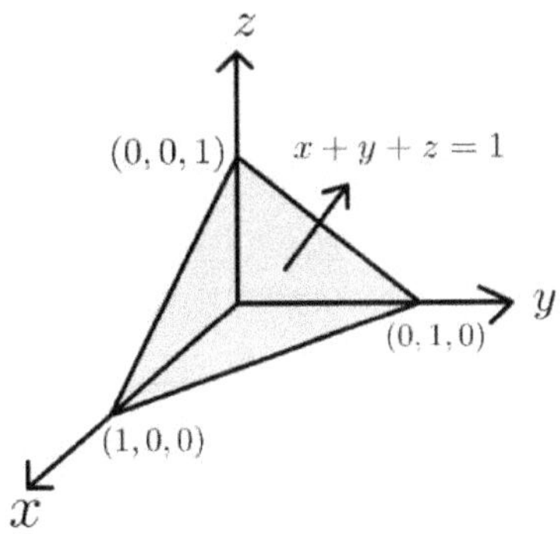

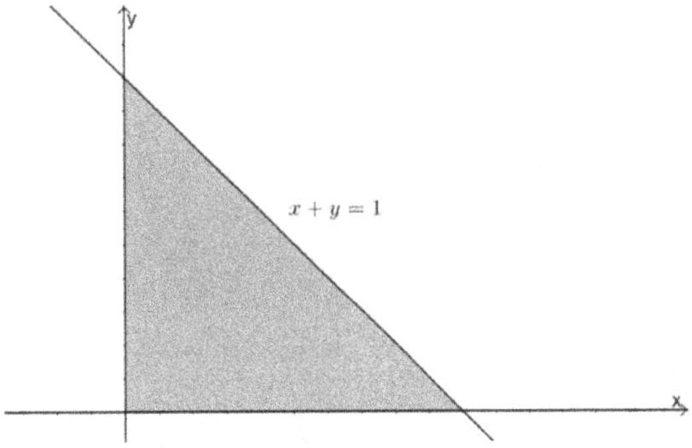

Example 13.

Let $\vec{\mathrm{F}}=\left(x,-y,\frac{3z}{2}\right)$. Determine the flux across $S: z=\frac{2}{3}\left(x^{\frac{3}{2}}+y^{\frac{3}{2}}\right)$ with $0\le x\le 1$, $0\le y\le 1-x$, with upward orientation

【解】

$\because S$ 是朝上定向

令 $\vec{r}(x,y,z)=\left(x,y,\frac{2}{3}\left(x^{\frac{3}{2}}+y^{\frac{3}{2}}\right)\right)$ 且 $R=\{(x,y):\ 0\le x\le 1, 0\le y\le 1-x\}$

則 $\iint_S \vec{F}\cdot\vec{n}\,dA=\iint_R \vec{F}\cdot\frac{\partial\vec{r}}{\partial x}\times\frac{\partial\vec{r}}{\partial y}dxdy$

$\because \frac{\partial\vec{r}}{\partial x}=\left(1,0,x^{\frac{1}{2}}\right)$ 且 $\frac{\partial\vec{r}}{\partial y}=\left(0,1,y^{\frac{1}{2}}\right)$ $\therefore \frac{\partial\vec{r}}{\partial x}\times\frac{\partial\vec{r}}{\partial y}=\left(-x^{\frac{1}{2}},-y^{\frac{1}{2}},1\right)$

$\because \vec{F}\cdot\frac{\partial\vec{r}}{\partial x}\times\frac{\partial\vec{r}}{\partial y}=\left(x,-y,\frac{3z}{2}\right)\cdot\left(-x^{\frac{1}{2}},-y^{\frac{1}{2}},1\right)=\left(x,-y,x^{\frac{3}{2}}+y^{\frac{3}{2}}\right)\cdot\left(-x^{\frac{1}{2}},-y^{\frac{1}{2}},1\right)=2y^{\frac{3}{2}}$,

$\forall(x,y,z)\in S$

$\iint_R \vec{F}\cdot\frac{\partial\vec{r}}{\partial x}\times\frac{\partial\vec{r}}{\partial y}dxdy=\int_0^1\int_0^{1-x}2y^{\frac{3}{2}}\,dydx=\frac{4}{5}\int_0^1(1-x)^{\frac{5}{2}}dx$

令 $1-x=u$ 則 $\iint_S \vec{F}\cdot\vec{n}\,dA=\frac{4}{5}\int_0^1(1-x)^{\frac{5}{2}}dx=-\frac{4}{5}\int_1^0 u^{\frac{5}{2}}\,du=\frac{8}{35}$

Example 14.

Let $\vec{\mathrm{F}}=(0,y^2,0)$. Determine the flux across $S: z=\frac{2}{3}\left(x^{\frac{3}{2}}+y^{\frac{3}{2}}\right)$ with $0\le x\le 1$, $0\le y\le 1-x$, with upward orientation

【解】

$\because S$ 是朝上定向

令 $\vec{r}(x,y,z)=\left(x,y,\frac{2}{3}\left(x^{\frac{3}{2}}+y^{\frac{3}{2}}\right)\right)$ 且 $R=\{(x,y):\ 0\le x\le 1, 0\le y\le 1-x\}$

则 $\iint_S \vec{F}\cdot\vec{n}\,dA=\iint_R \vec{F}\cdot\frac{\partial\vec{r}}{\partial x}\times\frac{\partial\vec{r}}{\partial y}dxdy$

$\because \frac{\partial\vec{r}}{\partial x}=\left(1,0,x^{\frac{1}{2}}\right)$ 且 $\frac{\partial\vec{r}}{\partial y}=\left(0,1,y^{\frac{1}{2}}\right)$ $\therefore \frac{\partial\vec{r}}{\partial x}\times\frac{\partial\vec{r}}{\partial y}=\left(-x^{\frac{1}{2}},-y^{\frac{1}{2}},1\right)$

$\because \vec{F}\cdot\frac{\partial\vec{r}}{\partial x}\times\frac{\partial\vec{r}}{\partial y}=(0,y^2,0)\cdot\left(-x^{\frac{1}{2}},-y^{\frac{1}{2}},1\right)=-y^{\frac{5}{2}},\ \forall(x,y,z)\in S$

$\iint_R \vec{F}\cdot\frac{\partial\vec{r}}{\partial x}\times\frac{\partial\vec{r}}{\partial y}dxdy=\int_0^1\int_0^{1-x}-y^{\frac{5}{2}}\,dydx=-\frac{2}{7}\int_0^1 y^{\frac{7}{2}}\Big|_0^{1-x}dx=-\frac{2}{7}\int_0^1(1-x)^{\frac{7}{2}}dx$

令 $1-x=u$ 则 $\iint_S \vec{F}\cdot\vec{n}\,dA=-\frac{2}{7}\int_0^1(1-x)^{\frac{7}{2}}dx=\frac{2}{7}\int_1^0 u^{\frac{7}{2}}\,du=-\frac{4}{63}$

Example 15.

假设$\vec{\mathrm{F}}=(x,y,z)$, 求通过朝外定向曲面 $S: x^2+y^2+z^2=r^2$ 的通量 $\oiint_S \vec{F}\cdot\vec{n}dA=?$

【解】

$\because S$ 是朝外定向

令 $\vec{r}(r,\theta,\varphi)=(r\cos\theta\sin\varphi, r\sin\theta\sin\varphi, r\cos\varphi)$ 且 R 为球面S投影至$\theta\varphi$平面的封闭区域

则 $R=\{(\theta,\varphi): 0\le\theta\le 2\pi, 0\le\varphi\le\pi\}$ 且 $\oiint_S \vec{F}\cdot\vec{n}dA=\iint_R \vec{F}\cdot\frac{\partial\vec{r}}{\partial\varphi}\times\frac{\partial\vec{r}}{\partial\theta}d\theta d\varphi$

$\because \frac{\partial\vec{r}}{\partial\theta}=(-r\sin\theta\sin\varphi, r\cos\theta\sin\varphi, 0)$ 且 $\frac{\partial\vec{r}}{\partial\varphi}=(r\cos\theta\cos\varphi, r\sin\theta\cos\varphi, -r\sin\varphi)$

$$\therefore \frac{\partial \vec{r}}{\partial \varphi} \times \frac{\partial \vec{r}}{\partial \theta} = (r^2 \cos\theta \sin^2\varphi , r^2 \sin\theta \sin^2\varphi , r^2 \sin\varphi \cos\varphi)$$

$$\therefore \vec{F} \cdot \frac{\partial \vec{r}}{\partial \varphi} \times \frac{\partial \vec{r}}{\partial \theta}$$

$$= (r\cos\theta \sin\varphi , r\sin\theta \sin\varphi , r\cos\varphi) \cdot (r^2 \cos\theta \sin^2\varphi , r^2 \sin\theta \sin^2\varphi , r^2 \sin\varphi \cos\varphi)$$

$$= r^3(\cos^2\theta \sin^3\varphi + \sin^3\varphi \sin^2\theta + \sin\varphi \cos^2\varphi) = r^3(\sin^3\varphi + \sin\varphi \cos^2\varphi) = r^3 \sin\varphi$$

$$\therefore \oiint_S \vec{F} \cdot \vec{n} dA = \iint_R \vec{F} \cdot \frac{\partial \vec{r}}{\partial \varphi} \times \frac{\partial \vec{r}}{\partial \theta} d\theta d\varphi = r^3 \int_0^{2\pi} \int_0^{\pi} \sin\varphi \, d\varphi d\theta = r^3 \cdot 2\pi \cdot 2 = 4\pi r^3$$

Example 16.

求 $\oiint_S \vec{\mathrm{F}} \cdot \vec{n} dA =?$, $\vec{\mathrm{F}} = (0, 4yz, 0)$, $S: x^2 + y^2 + z^2 = r^2$

【解】

$\because S$ 是朝外定向

令 $\vec{r}(\theta, \varphi) = (r\cos\theta \sin\varphi , r\sin\theta \sin\varphi , r\cos\varphi)$ 且 $R = \{(\theta, \varphi): 0 \le \theta \le 2\pi, 0 \le \varphi \le \pi\}$

則 $\oiint_S \vec{\mathrm{F}} \cdot \vec{n} dA = \iint_R \vec{F} \cdot \frac{\partial \vec{r}}{\partial \varphi} \times \frac{\partial \vec{r}}{\partial \theta} d\theta d\varphi$

$\because \frac{\partial \vec{r}}{\partial \theta} = (-r\sin\theta \sin\varphi , r\cos\theta \sin\varphi , 0)$ 且 $\frac{\partial \vec{r}}{\partial \varphi} = (r\cos\theta \cos\varphi , r\sin\theta \cos\varphi , -r\sin\varphi)$

$$\therefore \frac{\partial \vec{r}}{\partial \varphi} \times \frac{\partial \vec{r}}{\partial \theta} = (r^2 \cos\theta \sin^2\varphi , r^2 \sin\theta \sin^2\varphi , r^2 \sin\varphi \cos\varphi)$$

$$\therefore \vec{F} \cdot \frac{\partial \vec{r}}{\partial \varphi} \times \frac{\partial \vec{r}}{\partial \theta} = (0, 4r^2 \sin\theta \sin\varphi \cos\varphi , 0) \cdot (r^2 \cos\theta \sin^2\varphi , r^2 \sin\theta \sin^2\varphi , r^2 \sin\varphi \cos\varphi)$$

$$= 4r^4 \sin^3\varphi \sin^2\theta \cos\varphi$$

$$\therefore \oiint_S \vec{\mathrm{F}} \cdot \vec{n} dA = \int_0^{2\pi} \int_0^{\pi} 4r^4 \sin^3\varphi \sin^2\theta \cos\varphi \, d\varphi dr d\theta$$

$$\because \int_0^{\pi} \sin^3\varphi\cos\varphi\,d\varphi = \left.\frac{\sin^4\varphi}{4}\right|_0^{\pi} = 0 \qquad \therefore \oiint_S \vec{\mathrm{F}}\cdot\vec{n}dA = 0$$

Example 17.

求 $\oiint_S \vec{\mathrm{F}}\cdot\vec{n}dA =?$, $\vec{\mathrm{F}} = (x-y+z, 2x, 1)$, $S = S_1 \cup S_1$ 为朝外定向曲面, 其中

S_1: $\mathrm{z} = x^2+y^2, z \le 1$, S_2: $x^2+y^2 \le 1, \mathrm{z} = 1$

【解】

$\because S_1$是朝下定向

令 $\vec{r}(x,y,z) = (x,y,x^2+y^2)$ 且 R 为S_1曲面投影至xy平面的封闭区域

则$R = \{(x,y): x^2+y^2 \le 1\}$ 且 $\iint_{S_1} \vec{\mathrm{F}}\cdot\vec{n}dA = -\iint_R \vec{F}\cdot\frac{\partial\vec{r}}{\partial x}\times\frac{\partial\vec{r}}{\partial y}dxdy$

$\because \frac{\partial\vec{r}}{\partial x} = (1,0,2x)$ 且 $\frac{\partial\vec{r}}{\partial y} = (0,1,2y)$ $\therefore \frac{\partial\vec{r}}{\partial x}\times\frac{\partial\vec{r}}{\partial y} = (-2x,-2y,1)$

$\therefore \vec{F}\cdot\frac{\partial\vec{r}}{\partial x}\times\frac{\partial\vec{r}}{\partial y} = (x-y+z,2x,1)\cdot(-2x,-2y,1) = -2x(x-y+x^2+y^2)-4xy+1,$

$\forall(x,y,z)\in S_1$

$$\therefore \iint_{S_1}\vec{F}\cdot\vec{n}\,dA = -\iint_R \vec{F}\cdot\frac{\partial\vec{r}}{\partial x}\times\frac{\partial\vec{r}}{\partial y}dxdy = \iint_{x^2+y^2\le1} 2x^2+2xy+2x(x^2+y^2)-1dxdy$$

令$x = r\cos\theta, y = r\sin\theta$ 则 $\{(x,y): x^2+y^2 \le 1\} = \{(r,\theta): 0\le r\le 1, 0\le\theta\le 2\pi\}$

$$\text{且 } dxdy = \left\|\begin{matrix}\frac{\partial x}{\partial r} & \frac{\partial x}{\partial\theta}\\ \frac{\partial y}{\partial r} & \frac{\partial y}{\partial\theta}\end{matrix}\right\|drd\theta = \left\|\begin{matrix}\cos\theta & -r\sin\theta\\ \sin\theta & r\cos\theta\end{matrix}\right\|drd\theta = rdrd\theta$$

$$\therefore \iint_{x^2+y^2\le1} 2x^2+2xy+2x(x^2+y^2)-1dxdy$$

$$= \int_0^{2\pi}\int_0^1 (2r^2\cos^2\theta+2r^2\cos\theta\sin\theta+2r^3\cos\theta-1)rdrd\theta = -\frac{\pi}{2}$$

$$\because \iint_{S_2}\vec{\mathrm{F}}\cdot\vec{n}dA = \iint_{S_2} dA = \pi \qquad \therefore \iint_{S_1}\vec{\mathrm{F}}\cdot\vec{n}dA + \iint_{S_2}\vec{\mathrm{F}}\cdot\vec{n}dA = \frac{\pi}{2}$$

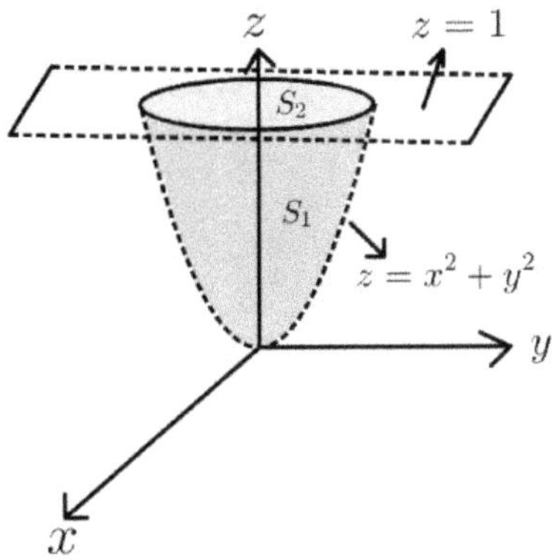

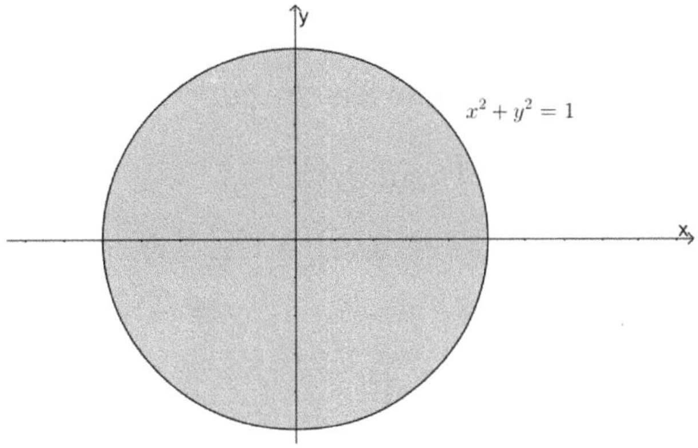

Example 18.

假设曲面 $S: \vec{r}(s,t) = (s+t, s-t, 1+2s+t)$, $0 \le s \le 2, 0 \le t \le 1$ 且

$\vec{\mathrm{F}} = (ze^{xy}, -3ze^{xy}, xy)$, 求通过朝上定向曲面 S 的通量 $\iint_S \vec{F} \cdot \vec{n}\, dA = ?$

【解】

$\because$ S 朝上定向

令 $\vec{r}(s,t) = (s+t, s-t, 1+2s+t)$ 且 $R = \{(s,t): 0 \le s \le 2, 0 \le t \le 1\}$

则 $\iint_S \vec{F} \cdot \vec{n}\, dA = \iint_R \vec{F} \cdot \frac{\partial \vec{r}}{\partial s} \times \frac{\partial \vec{r}}{\partial t} dsdt$

$\because \frac{\partial \vec{r}}{\partial s} = (1,1,2)$ 且 $\frac{\partial \vec{r}}{\partial t} = (1,-1,1)$ $\therefore \frac{\partial \vec{r}}{\partial s} \times \frac{\partial \vec{r}}{\partial t} = (3,1,-2)$

$\because \vec{F} \cdot \frac{\partial \vec{r}}{\partial s} \times \frac{\partial \vec{r}}{\partial t} = (ze^{xy}, -3ze^{xy}, xy) \cdot (3,1,-2) = -2xy = -2(s^2 - t^2)$, $\forall (x,y,z) \in S$

$\therefore \iint_S \vec{F} \cdot \vec{n}\, dA = \iint_R \vec{F} \cdot \frac{\partial \vec{r}}{\partial s} \times \frac{\partial \vec{r}}{\partial t} dsdt = -2 \iint_R s^2 - t^2\, dsdt = -2 \int_0^2 \int_0^1 s^2 - t^2\, dtds$

$= -2 \int_0^2 s^2 - \frac{1}{3} ds = -2 \left(\frac{s^3 - s}{3} \right) \Big|_0^2 = -4$

Example 19.

Let $\vec{\mathrm{F}}=(x,2y,3z)$. Assume S is the cube with the vertices $(\pm1,\pm1,\pm1)$ with outward orientation. Find $\oiint_S \vec{\mathrm{F}}\cdot\vec{n}dA=?$

【解】

令$S_1: x=1,\ S_2: x=-1,\ S_3: y=1,\ S_4: y=-1,\ S_5: z=1,\ S_6: z=-1,$
则$S=S_1\cup S_2\cup S_3\cup S_4\cup S_5\cup S_6$

$As\ x=1, \vec{n}=(1,0,0),\ \iint_{S_1}\vec{F}\cdot\vec{n}\,dA=\int_{-1}^{1}\int_{-1}^{1}x\,dydz=4x=4$

$As\ x=-1, \vec{n}=(-1,0,0),\ \iint_{S_2}\vec{F}\cdot\vec{n}\,dA=\int_{-1}^{1}\int_{-1}^{1}-x\,dydz=-4x=4$

$As\ y=1, \vec{n}=(0,1,0),\ \iint_{S_3}\vec{F}\cdot\vec{n}\,dA=\int_{-1}^{1}\int_{-1}^{1}2y\,dxdz=8y=8$

$As\ y=-1, \vec{n}=(0,-1,0),\ \iint_{S_4}\vec{F}\cdot\vec{n}\,dA=\int_{-1}^{1}\int_{-1}^{1}-2y\,dxdz=-8y=8$

$As\ z=1, \vec{n}=(0,0,1),\ \iint_{S_5}\vec{F}\cdot\vec{n}\,dA=\int_{-1}^{1}\int_{-1}^{1}3z\,dxdy=12z=12$

$As\ z=-1, \vec{n}=(0,0,-1),\ \iint_{S_6}\vec{F}\cdot\vec{n}\,dA=\int_{-1}^{1}\int_{-1}^{1}-3z\,dxdy=-12z=12$

$\therefore \oiint_S \vec{\mathrm{F}}\cdot\vec{n}dA=48$

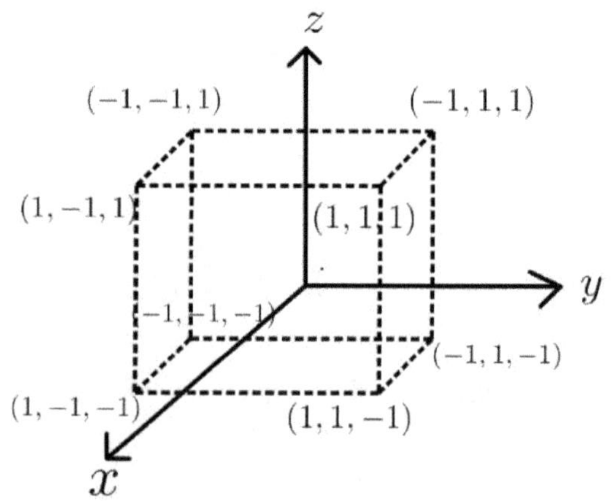

Example 20.

Let $\vec{\mathrm{F}}=(x^2,y^2,z^2)$. Assume S is the boundary of the solid half- cylinder

$0 \le z \le \sqrt{1-y^2}, 0 \le x \le 2$ with outward orientation. Find $\iint_S \vec{F}\cdot\vec{n}\,dA = ?$

【解】

令$S_1: z=\sqrt{1-y^2}, 0 \le x \le 2, 0 \le y \le 1$, $S_2: y^2+z^2 \le 1, x=0$, $S_3: y^2+z^2 \le 1, x=2$

则 $S = S_1 \cup S_2 \cup S_3$

$\because$ S_1 是朝上定向

令 $\vec{r}(x,y,z)=\left(x,y,\sqrt{1-y^2}\right)$ 且 $R=\{(x,y):\ 0\le x\le 2, 0\le y\le 1\}$

则 $\iint_{S_1} \vec{F}\cdot\vec{n}\,dA = \iint_R \vec{F}\cdot\frac{\partial\vec{r}}{\partial x}\times\frac{\partial\vec{r}}{\partial y}dxdy$

$\because \frac{\partial\vec{r}}{\partial x}=(1,0,0)$ 且 $\frac{\partial\vec{r}}{\partial y}=\left(0,1,-y(1-y^2)^{-\frac{1}{2}}\right)$ $\therefore \frac{\partial\vec{r}}{\partial x}\times\frac{\partial\vec{r}}{\partial y}=\left(0,-y(1-y^2)^{-\frac{1}{2}},1\right)$

$\because \vec{F}\cdot\frac{\partial\vec{r}}{\partial x}\times\frac{\partial\vec{r}}{\partial y}=(x^2,y^2,1-y^2)\cdot\left(0,-y(1-y^2)^{-\frac{1}{2}},1\right)=-y^3(1-y^2)^{-\frac{1}{2}}+1-y^2,$

$\forall(x,y,z)\in S_1$

令$y=\sin\theta$ 则 $dy=\cos\theta\,d\theta$

$$\iint_R \vec{F}\cdot\frac{\partial\vec{r}}{\partial x}\times\frac{\partial\vec{r}}{\partial y}dxdy=\int_0^2\int_0^1 -y^3(1-y^2)^{-\frac{1}{2}}+1-y^2\,dydx$$

$$=2\int_0^1 -y^3(1-y^2)^{-\frac{1}{2}}+1-y^2\,dy=2\int_0^{\frac{\pi}{2}}-\sin^3\theta+\cos^3\theta\,d\theta$$

$$=2\cdot\left(\left(-\cos\theta+\frac{\cos^3\theta}{3}\right)\Bigg|_0^{\frac{\pi}{2}}+\left(\sin\theta+\frac{\sin^3\theta}{3}\right)\Bigg|_0^{\frac{\pi}{2}}\right)=\frac{8}{3}$$

$\because \iint_{S_2}\vec{\mathrm{F}}\cdot\vec{n}dA=\iint_{S_2}dA=0$ 且 $\iint_{S_3}\vec{\mathrm{F}}\cdot\vec{n}dA=\iint_{S_3}dA=2\pi$

$\therefore \iint_S \vec{F}\cdot\vec{n}\,dA=\frac{8}{3}+2\pi$

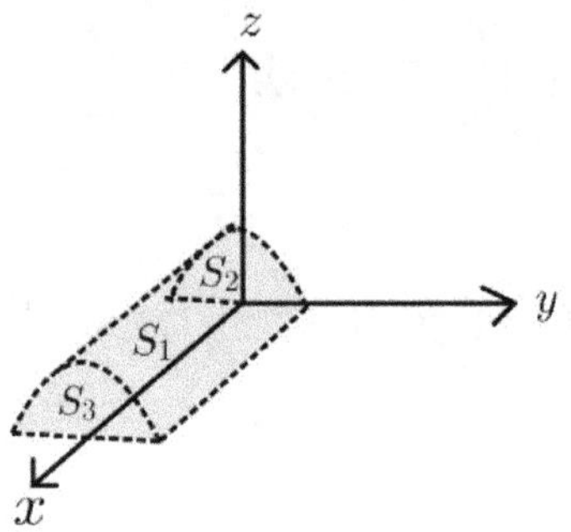

Example 21.

Let $\vec{\mathrm{F}} = (0, xz, -xy)$. Determine the flux across $S: z = xy$ with $0 \le x \le 1, 0 \le y \le 2$, with upward orientation.

【解】

$\because S$ 是朝上定向

令 $\vec{r}(x,y,z) = (x,y,xy)$ 且 $R = \{(x,y):\ 0 \le x \le 1, 0 \le y \le 2\}$

則 $\iint_S \vec{F} \cdot \vec{n}\, dA = \iint_R \vec{F} \cdot \frac{\partial \vec{r}}{\partial x} \times \frac{\partial \vec{r}}{\partial y} dxdy$

$\because \frac{\partial \vec{r}}{\partial x} = (1,0,y)$ 且 $\frac{\partial \vec{r}}{\partial y} = (0,1,x)$ $\therefore \frac{\partial \vec{r}}{\partial x} \times \frac{\partial \vec{r}}{\partial y} = (-y,-x,1)$

$\because \vec{F} \cdot \frac{\partial \vec{r}}{\partial x} \times \frac{\partial \vec{r}}{\partial y} = (0,xz,-xy) \cdot (-y,-x,1) = -x^2 z - xy = -x^3 y - xy,\ \ \forall (x,y,z) \in S$

$$\iint_R \vec{F} \cdot \frac{\partial \vec{r}}{\partial x} \times \frac{\partial \vec{r}}{\partial y} dxdy = \int_0^1 \int_0^2 -x^3 y - xy\, dydx = \int_0^a -2x^3 - 2xdx = \left(-\frac{x^4}{2} - x^2\right)\Big|_0^1 = -\frac{3}{2}$$

Example 22.

Calculate the flux of $\vec{\mathrm{F}} = (x,y,z)$ out of the cylindrical surface with parameterization $S: \vec{r}(s,t) = (a\cos s, a\sin s, t), 0 \le s \le 2\pi, 0 \le t \le k$.

【解】

令 $\vec{r}(s,t) = (a\cos s, a\sin s, t)$ 且 $R = \{(s,t):\ 0 \le s \le 2\pi, 0 \le t \le k\}$

则 $\iint_S \vec{F}\cdot\vec{n}\,dA = \iint_R \vec{F}\cdot\frac{\partial\vec{r}}{\partial s}\times\frac{\partial\vec{r}}{\partial t}dsdt$

$\because \frac{\partial\vec{r}}{\partial s} = (-a\sin s, a\cos s, 0)$ 且 $\frac{\partial\vec{r}}{\partial t} = (0,0,1)$ $\therefore \frac{\partial\vec{r}}{\partial s}\times\frac{\partial\vec{r}}{\partial t} = (a\cos s, a\sin s, 0)$

$\because \vec{F}\cdot\frac{\partial\vec{r}}{\partial s}\times\frac{\partial\vec{r}}{\partial t} = (a\cos s, a\sin s, t)\cdot(a\cos s, a\sin s, 0) = a^2,\ \forall(x,y,z)\in S$

$\iint_R \vec{F}\cdot\frac{\partial\vec{r}}{\partial s}\times\frac{\partial\vec{r}}{\partial t}dsdt = \int_0^{2\pi}\int_0^k a^2\,dtds = 2\pi a^2 k$

Example 23.

$\vec{\mathrm{F}} = (y,z,x)$, S是$(a,0,0),(0,a,0),(0,0,a)$于第一象限所围朝上定向平面,

求 $\iint_S \vec{\mathrm{F}}\cdot\vec{n}dA = ?$

【解】

$\because S$ 是朝上定向

令 $\vec{r}(x,y,z) = (x,y,a-x-y)$ 且 $R = \{(x,y):\ 0\le x\le a, 0\le y\le a-x\}$

则 $\iint_S \vec{\mathrm{F}}\cdot\vec{n}dA = \iint_R \vec{\mathrm{F}}\cdot\frac{\partial\vec{r}}{\partial x}\times\frac{\partial\vec{r}}{\partial y}dxdy$

$\because \frac{\partial\vec{r}}{\partial x} = (1,0,-1)$ 且 $\frac{\partial\vec{r}}{\partial y} = (0,1,-1)$ $\therefore \frac{\partial\vec{r}}{\partial x}\times\frac{\partial\vec{r}}{\partial y} = (1,1,1)$

$\because \vec{\mathrm{F}}\cdot\frac{\partial\vec{r}}{\partial x}\times\frac{\partial\vec{r}}{\partial y} = (y,z,x)\cdot(1,1,1) = x+y+z = x+y+a-x-y = a,\ \forall(x,y,z)\in S$

$\iint_R \vec{\mathrm{F}}\cdot\frac{\partial\vec{r}}{\partial x}\times\frac{\partial\vec{r}}{\partial y}dxdy = \int_0^a\int_0^{a-x} a\,dydx = a\int_0^a a-xdx = a\left(ax-\frac{x^2}{2}\right)\Big|_0^a = \frac{a^3}{2}$

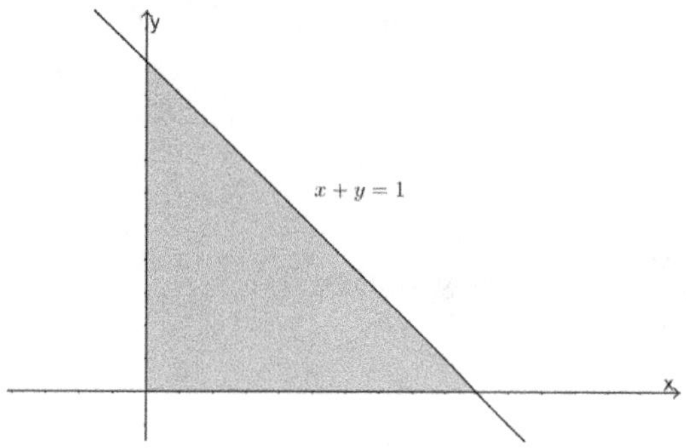

9.6 Stokes' Theorem

如之前所述，Green's Theorem 的旋度形式的表示为

$$\oint_C \vec{F} \cdot d\vec{r} = \iint_R (\nabla \times \vec{F}) \cdot \boldsymbol{k}\, dA$$

如果扩展至三维空间，直观的推论为

$$\oint_C \vec{F} \cdot d\vec{r} = \iint_S (\nabla \times \vec{F}) \cdot \vec{n} dA$$

其中S为空间中非封闭的曲面且C为S的边界(空间中的封闭曲线)

Stokes' Theorem 不仅是微积分基本定理在更高维度的推广，同时也是 Green's Theorem 的高维推广；Green's Theorem 是将平面区域的双重积分与平面上二维封闭曲线之线积分做转换，Stokes' Theorem 则是将三维空间封闭曲线的线积分与曲面S上之曲面积分做转换；假设非封闭曲面S的边界为封闭空间曲线C，Stokes' Theorem 说明可以将$\vec{F}$沿着封闭空间曲线C的线积分转换为$\vec{F}$旋度在非封闭曲面S上的曲面积分，相反地，也可藉由求$\vec{F}$沿着封闭空间曲线C的线积分得到$\vec{F}$旋度在非封闭曲面S的曲面积分(如下图所示)

Stokes' Theorem 重要的成立条件为曲面S是非封闭曲面且其边界是空间封闭曲线；再者，曲面S的定向与边界曲线 C 是否为逆时针绕行的正向曲线有重要的关联；如果曲面S的定向已经给定则法向量的方向确定，藉由右手法则，大拇指先指向法向量的方向，其余四根手指头顺势弯曲的方向则为曲线 C 的绕行方向；另一方面，如果是给定封闭曲线 C 所绕行的方向，也可藉由右手法则找出对应法向量的方向，藉此判断曲面为朝上定向或者是朝下定向(如下图)

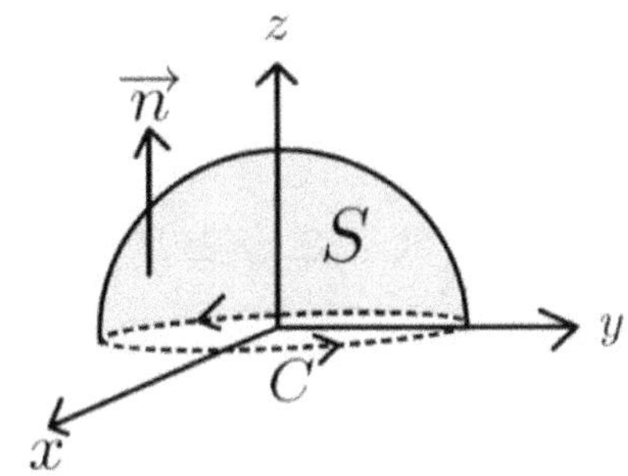

原本求通量的做法是投影到 xy 平面再求双重积分，而 Stokes' Theorem 是将问题转成求三维空间封闭曲线的线积分，反之，求三维空间封闭曲线的线积分也可藉由 Stokes' Theorem 转成求空间中非封闭曲面的通量问题(如下图)

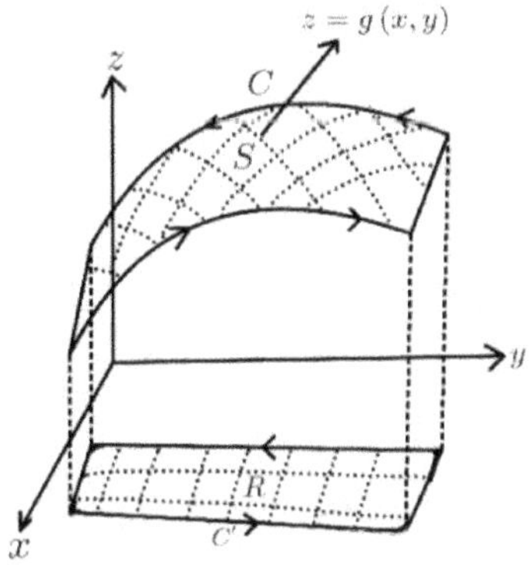

为了说明 Stokes' Theorem, 先回顾曲面积分的公式, 給定朝上定向曲面S: $z = g(x,y)$, $\forall\, a \le x \le b, c \le y \le d$, 假设 $\vec{F}(x,y,z)$为三维空间的向量函数, 则

$$\iint_S \vec{F}\cdot\vec{n}\,dA = \int_a^b\int_c^d \vec{F}(x,y,g(x,y))\left(-g_x(x,y),-g_y(x,y),1\right)dxdy$$

如果 $\vec{F} = (F_1,F_2,F_3)$ 则 $\displaystyle\iint_S \vec{F}\cdot\vec{n}\,dA = \iint_D -F_1\frac{\partial g}{\partial x} - F_2\frac{\partial g}{\partial y} + F_3\,dA$

$$\because \operatorname{curl}\vec{\mathrm{F}} = \nabla\times\vec{\mathrm{F}} = \left\|\begin{matrix} \boldsymbol{i} & \boldsymbol{j} & \boldsymbol{k} \\ \dfrac{\partial}{\partial x} & \dfrac{\partial}{\partial y} & \dfrac{\partial}{\partial z} \\ F_1 & F_2 & F_3 \end{matrix}\right\| = \left(\frac{\partial F_3}{\partial y} - \frac{\partial F_2}{\partial z}\right)\boldsymbol{i} + \left(\frac{\partial F_1}{\partial z} - \frac{\partial F_3}{\partial x}\right)\boldsymbol{j} + \left(\frac{\partial F_2}{\partial x} - \frac{\partial F_1}{\partial y}\right)\boldsymbol{k}$$

若将上式的 $\vec{F}$用 $\operatorname{curl}\vec{\mathrm{F}}$ 取代则

$$\iint_S (\nabla\times\vec{\mathrm{F}})\cdot\vec{n}dA = \iint_D -\left(\frac{\partial F_3}{\partial y} - \frac{\partial F_2}{\partial z}\right)\frac{\partial z}{\partial x} - \left(\frac{\partial F_1}{\partial z} - \frac{\partial F_3}{\partial x}\right)\frac{\partial z}{\partial y} + \left(\frac{\partial F_2}{\partial x} - \frac{\partial F_1}{\partial y}\right)dA$$

【定理】 Stokes' Theorem

假设

1. 空间曲面S是朝上定向的非封闭光滑曲面,边界曲线C是简单封闭且分段光滑的正向曲线
2. $\vec{\mathrm{F}}$为一个向量场,各分量在一个包含S的开集合上具有连续的偏导数则

$$\oint_C \vec{\mathrm{F}}\cdot d\vec{r}=\iint_S (\nabla\times\vec{\mathrm{F}})\cdot\vec{n}dA$$

<u>Proof:</u>

假设曲面S: $z=g(x,y),(x,y)\in D$, R为曲面S投影于xy平面的平面区域,其封闭边界曲线为C',藉由向量函数的曲面公式

$$\iint_S \vec{F}\cdot\vec{n}\,dA=\iint_R \vec{F}(x,y,g(x,y))\cdot\left(-g_x(x,y),-g_y(x,y),1\right)dxdy$$

将上述的$\vec{F}$替换为$\nabla\times\vec{\mathrm{F}}$

$$\because \operatorname{curl}\vec{\mathrm{F}}=\nabla\times\vec{\mathrm{F}}=\left\|\begin{matrix}\boldsymbol{i} & \boldsymbol{j} & \boldsymbol{k}\\ \frac{\partial}{\partial x} & \frac{\partial}{\partial y} & \frac{\partial}{\partial z}\\ F_1 & F_2 & F_3\end{matrix}\right\|=\left(\frac{\partial F_3}{\partial y}-\frac{\partial F_2}{\partial z}\right)\boldsymbol{i}+\left(\frac{\partial F_1}{\partial z}-\frac{\partial F_3}{\partial x}\right)\boldsymbol{j}+\left(\frac{\partial F_2}{\partial x}-\frac{\partial F_1}{\partial y}\right)\boldsymbol{k}$$

$$\therefore \iint_S (\nabla\times\vec{\mathrm{F}})\cdot\vec{n}dA=\iint_R (\nabla\times\vec{\mathrm{F}})\big(x,y,g(x,y)\big)\cdot\left(-g_x(x,y),-g_y(x,y),1\right)dxdy$$

$$=\iint_R \left(\frac{\partial F_3}{\partial y}-\frac{\partial F_2}{\partial z},\frac{\partial F_1}{\partial z}-\frac{\partial F_3}{\partial x},\frac{\partial F_2}{\partial x}-\frac{\partial F_1}{\partial y}\right)\cdot\left(-g_x(x,y),-g_y(x,y),1\right)dxdy$$

$$=\iint_R -\left(\frac{\partial F_3}{\partial y}-\frac{\partial F_2}{\partial z}\right)\frac{\partial z}{\partial x}-\left(\frac{\partial F_1}{\partial z}-\frac{\partial F_3}{\partial x}\right)\frac{\partial z}{\partial y}+\left(\frac{\partial F_2}{\partial x}-\frac{\partial F_1}{\partial y}\right)dA$$

其中 F_1,F_2,F_3 于 $\big(x,y,g(x,y)\big)$ 取值

令曲线 C'的参数式: $x=x(t),y=y(t)$, $a\le t\le b$ 则

曲线C: $x=x(t),y=y(t),z=g\big(x(t),y(t)\big)$, $a\le t\le b$

By Chain Rule,

$$\oint_C \vec{\mathrm{F}}\cdot d\vec{r}=\int_a^b F_1\frac{dx}{dt}+F_2\frac{dy}{dt}+F_3\frac{dz}{dt}\,dt=\int_a^b F_1\frac{dx}{dt}+F_2\frac{dy}{dt}+F_3\left(\frac{\partial z}{\partial x}\frac{dx}{dt}+\frac{\partial z}{\partial y}\frac{dy}{dt}\right)dt$$

$$=\int_a^b \frac{dx}{dt}\left(F_1+F_3\frac{\partial z}{\partial x}\right)+\frac{dy}{dt}\left(F_2+F_3\frac{\partial z}{\partial x}\right)dt=\int_{C'}\left(F_1+F_3\frac{\partial z}{\partial x}\right)dx+\left(F_2+F_3\frac{\partial z}{\partial x}\right)dy$$

By Green's Theorem

$$=\int_{C'}\left(F_1+F_3\frac{\partial z}{\partial x}\right)dx+\left(F_2+F_3\frac{\partial z}{\partial x}\right)dy=\iint_R \frac{\partial}{\partial x}\left(F_2+F_3\frac{\partial z}{\partial x}\right)-\frac{\partial}{\partial y}\left(F_1+F_3\frac{\partial z}{\partial x}\right)dA$$

$\because F_1,F_2,F_3$ are functions of x,y, and z and z is a function of x and y

Applying the Chain Rule to right-hand side integral, we have

$$\iint_R \frac{\partial}{\partial x}\left(F_2 + F_3\frac{\partial z}{\partial x}\right) - \frac{\partial}{\partial y}\left(F_1 + F_3\frac{\partial z}{\partial x}\right) dA$$

$$= \iint_R \left(\frac{\partial F_2}{\partial x} + \frac{\partial F_2}{\partial z}\frac{\partial z}{\partial x} + \frac{\partial F_3}{\partial x}\frac{\partial z}{\partial y} + \frac{\partial F_3}{\partial z}\frac{\partial z}{\partial x}\frac{\partial z}{\partial y} + F_3\frac{\partial^2 z}{\partial x\partial y}\right)$$

$$- \left(\frac{\partial F_1}{\partial y} + \frac{\partial F_1}{\partial z}\frac{\partial z}{\partial y} + \frac{\partial F_3}{\partial y}\frac{\partial z}{\partial x} + \frac{\partial F_3}{\partial z}\frac{\partial z}{\partial y}\frac{\partial z}{\partial x} + F_3\frac{\partial^2 z}{\partial y\partial x}\right) dA$$

$$= \iint_R -\left(\frac{\partial F_3}{\partial y} - \frac{\partial F_2}{\partial z}\right)\frac{\partial z}{\partial x} - \left(\frac{\partial F_1}{\partial z} - \frac{\partial F_3}{\partial x}\right)\frac{\partial z}{\partial y} + \left(\frac{\partial F_2}{\partial x} - \frac{\partial F_1}{\partial y}\right) dA = \iint_S (\nabla \times \vec{\mathrm{F}}) \cdot \vec{n} dA$$

$$\therefore \oint_C \vec{\mathrm{F}} \cdot d\vec{r} = \iint_S (\nabla \times \vec{\mathrm{F}}) \cdot \vec{n} dA$$

Stokes' Theorem 有个值得讨论的对应关系，就是曲面的法向量与封闭曲线绕行方向的关系；如果曲面S是朝上定向则封闭曲线C绕行方向为逆时针方向(正定向)；可以藉由右手法则，大拇指指向曲面朝上的法向量，其余四根手指头顺势弯曲的方向则为曲线的绕行方向，因此，如果曲面为朝上定向则封闭曲线C(四根手指头顺势弯曲的方向)为逆时针方(正定向)且

$$\oint_C \vec{\mathrm{F}} \cdot d\vec{r} = \iint_S (\nabla \times \vec{\mathrm{F}}) \cdot \vec{n} dA$$

如果曲面是朝下定向则封闭曲线 C'(四根手指头顺势弯曲的方向)绕行方向为负定向且

$$\oint_C \vec{\mathrm{F}} \cdot d\vec{r} = -\iint_S (\nabla \times \vec{\mathrm{F}}) \cdot \vec{n} dA = -\oint_{C'} \vec{\mathrm{F}} \cdot d\vec{r}$$

上述的对应关系必须清楚的理解，否则计算出来的答案可能因为差个负号就错了；此外，另一个重要值得讨论的是不同曲面可能有相同的边界，藉由 Stokes' Theorem 可以推论这些不同曲面有相同边界会有相同的通量，为了让读者能更清楚掌握这些细微的规则以及 Stokes' Theorem 的应用情境，底下利用图示来说明；假设 S_1, S_2, S_3 分别为上半球，上半圆锥，上半抛物曲面且这三者有共同边界C，藉由右手法则C所绕行的方向为逆时钟方(正定向)，藉由 Stokes' Theorem

$$\oint_C \vec{\mathrm{F}} \cdot d\vec{r} = \iint_{S_1} (\nabla \times \vec{\mathrm{F}}) \cdot \vec{n} dA = \iint_{S_2} (\nabla \times \vec{\mathrm{F}}) \cdot \vec{n} dA = \iint_{S_3} (\nabla \times \vec{\mathrm{F}}) \cdot \vec{n} dA$$

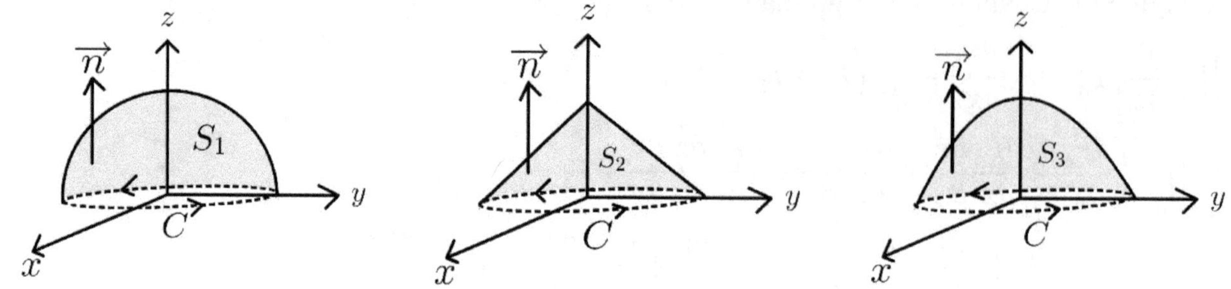

如下图所示,假设S_4,S_5,S_6 分别为下半球,下半圆锥,下半抛物曲面且这三者有共同边界C',藉由右手法则C'所绕行的方向为顺时钟方向(负定向),且C与C'两者为相同曲线只是方向相反,藉由 Stokes' Theorem

$$\oint_{C'} \vec{\mathrm{F}} \cdot d\vec{r} = \iint_{S_4} (\nabla \times \vec{\mathrm{F}}) \cdot \vec{n} dA = \iint_{S_5} (\nabla \times \vec{\mathrm{F}}) \cdot \vec{n} dA = \iint_{S_6} (\nabla \times \vec{\mathrm{F}}) \cdot \vec{n} dA = -\oint_{C} \vec{\mathrm{F}} \cdot d\vec{r}$$

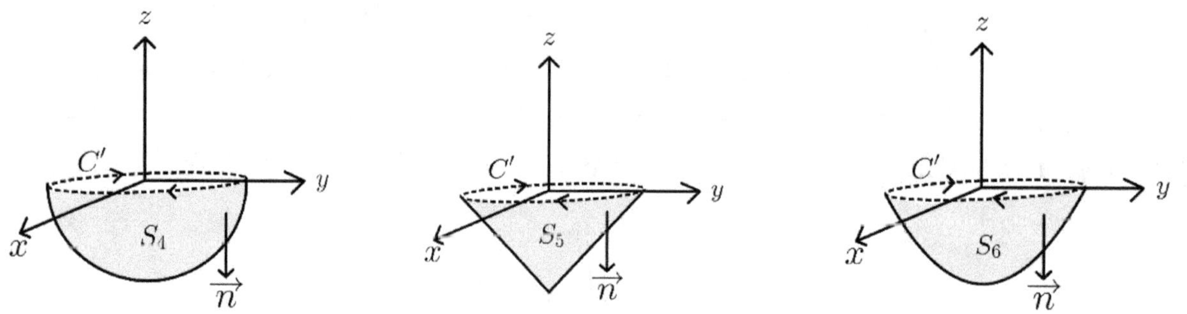

藉由上述观察，可以得到一个 Stokes' Theorem 直观的推论，一条空间封闭曲线可以引导出各式各样的非封闭曲面，然而这些曲面的通量值会一样或者只是差个负号

Stokes' Theorem 的考试类型包含:使用 Stokes' Theorem 说明线积分与积分路径无关、使用 Stokes' Theorem 把封闭线积分转成非封闭曲面的曲面积分、使用 Stokes' Theorem 把非封闭曲面的曲面积分转成封闭线积分

9.6.1 $\nabla \times \vec{\mathbf{F}} = \mathbf{0}$, 线积分与积分路径无关

给定向量值函数 $\vec{F}$，试证线积分$\int_C \vec{F} \cdot d\vec{r}$与路径无关

考试类型:
Type 1.

给定$(x_0,y_0,z_0),(x_1,y_1,z_1)$,试证 $\int_{(x_0,y_0,z_0)}^{(x_1,y_1,z_1)}\vec{F}\cdot d\vec{r}$ 与路径无关并求此积分

解题流程:

Step1.

令C_1、C_2为從(x_0,y_0,z_0)至(x_1,y_1,z_1)的任意两条曲线

令C为C_1、C_2所围成的逆时针封闭曲线且S为所围封闭区域

Step2.

Claim: $\nabla\times\vec{\mathrm{F}}=0$

藉由 Stokes' Theorem, $\oint_C \vec{\mathrm{F}}\cdot d\vec{r}=\iint_S (\nabla\times\vec{\mathrm{F}})\cdot\vec{n}dA=0$

$\therefore \int_{C_1}\vec{\mathrm{F}}\cdot d\vec{r}-\int_{C_2}\vec{\mathrm{F}}\cdot d\vec{r}=0\Rightarrow\int_{C_1}\vec{\mathrm{F}}\cdot d\vec{r}=\int_{C_2}\vec{\mathrm{F}}\cdot d\vec{r}\quad\therefore\int_C\vec{F}\cdot d\vec{r}$ 与积分路径无关

Step3.

$\because \int_C\vec{F}\cdot d\vec{r}$ 与积分路径无关 $\quad\therefore\exists\mathrm{G}(x,y,z)$使得 $\nabla\mathrm{G}(x,y,z)=\vec{\mathrm{F}}(x,y,z)$

且 $\int_{(x_0,y_0,z_0)}^{(x_1,y_1,z_1)}\vec{F}\cdot d\vec{r}=\int_{(x_0,y_0,z_0)}^{(x_1,y_1,z_1)}\nabla\mathrm{G}\cdot d\vec{r}=\int_{(x_0,y_0,z_0)}^{(x_1,y_1,z_1)}dG=G(x_1,y_1,z_1)-G(x_0,y_0,z_0)$

Step4.

$\because\ \nabla\mathrm{G}(x,y,z)=\vec{\mathrm{F}}(x,y,z)=(f_1,f_2,f_3)$

$$\because\begin{cases}\dfrac{\partial G}{\partial x}=f_1(x,y,z)\\ \dfrac{\partial G}{\partial y}=f_2(x,y,z)\\ \dfrac{\partial G}{\partial z}=f_3(x,y,z)\end{cases}\quad\therefore\begin{cases}G(x,y,z)=\int f_1(x,y,z)dx+c\\ G(x,y,z)=\int f_2(x,y,z)dy+c\\ G(x,y,z)=\int f_3(x,y,z)dz+c\end{cases}$$

找出明确$G(x,y,z)$同时满足上述三个等式接着计算$G(x_1,y_1,z_1)-G(x_0,y_0,z_0)$

<u>范例说明:</u>

给定$(x_0,y_0,z_0),(x_1,y_1,z_1)$, 试证 $\int_{(x_0,y_0,z_0)}^{(x_1,y_1,z_1)}\vec{F}\cdot d\vec{r}$ 与路径无关

令C_1、C_2为從(x_0,y_0,z_0)至(x_1,y_1,z_1)的任意两条曲线

令C为C_1、C_2所围成的逆时针封闭曲线且 S 为所围封闭区域

(I)若$\vec{\mathrm{F}}=(2xy-y^4+3,x^2-4xy^3,0)$ 则 $\nabla\times\vec{\mathrm{F}}=(0,0,0)$

(II)若$\vec{\mathrm{F}}=(4x^3y,x^4,0)$ 则 $\nabla\times\vec{\mathrm{F}}=(0,0,0)$

(III)若$\vec{\mathrm{F}}=(10x^4-2xy^3,-3x^2y^2,0)$ 则 $\nabla\times\vec{\mathrm{F}}=(0,0,0)$

(IV)若$\vec{\mathrm{F}}=\left(yz^2,xz^2+ze^{yz},2xyz+ye^{yz}+\dfrac{1}{1+z}\right)$ 则 $\nabla\times\vec{\mathrm{F}}=(0,0,0)$

(V)若$\vec{\mathrm{F}}=(2xyz,x^2z,x^2y)$ 则 $\nabla\times\vec{\mathrm{F}}=(0,0,0)$

藉由 Stokes' Theorem, $\oint_C \vec{\mathrm{F}}\cdot d\vec{r}=\iint_S (\nabla\times\vec{\mathrm{F}})\cdot\vec{n}dA=0$

$\therefore \int_{C_1}\vec{\mathrm{F}}\cdot d\vec{r}-\int_{C_2}\vec{\mathrm{F}}\cdot d\vec{r}=0\Rightarrow\int_{C_1}\vec{\mathrm{F}}\cdot d\vec{r}=\int_{C_2}\vec{\mathrm{F}}\cdot d\vec{r}\quad\therefore\int_C \vec{F}\cdot d\vec{r}$ 与积分路径无关

Example 1.

求$\oint_C (x^2y\cos x+2xy\sin x-y^2e^x)dx+(x^2\sin x-2ye^x)dy=?$，$C: x^{\frac{2}{3}}+y^{\frac{2}{3}}=a^{\frac{2}{3}}$ 为逆时针封闭曲线

【解】

令 $\vec{\mathrm{F}}=(x^2y\cos x+2xy\sin x-y^2e^x,x^2\sin x-2ye^x,0)$

Claim: $\nabla\times\vec{\mathrm{F}}=0$

$$\nabla\times\vec{\mathrm{F}}=\begin{vmatrix}\vec{\imath}&\vec{\jmath}&\vec{k}\\ \dfrac{\partial}{\partial x}&\dfrac{\partial}{\partial y}&\dfrac{\partial}{\partial z}\\ x^2y\cos x+2xy\sin x-y^2e^x & x^2\sin x-2ye^x & 0\end{vmatrix}$$

$=(0,0,2x\sin x+x^2\cos x-2ye^x-(x^2\cos x+2x\sin x-2ye^x))=(0,0,0)$

$\because \vec{F}$的各分量一阶偏导数存在且连续

藉由 Stokes' Theorem 则 $\oint_C \vec{\mathrm{F}}\cdot d\vec{r}=\iint_S (\nabla\times\vec{\mathrm{F}})\cdot\vec{n}dA=0$

Example 2.

试证$\int_{(0,0)}^{(3,1)}(2xy-y^4+3)dx+(x^2-4xy^3)dy$ 与 (0,0),(3,1) 的路径无关并求此积分

【解】

令C_1、C_2为從(0,0)至(3,1)的任意两条曲线

令C为C_1、C_2所围成的逆时针封闭曲线且S为所围封闭区域

令$\vec{\mathrm{F}}=(2xy-y^4+3,x^2-4xy^3,0)$

Claim: $\nabla\times\vec{\mathrm{F}}=0$

$$\nabla\times\vec{\mathrm{F}}=\begin{vmatrix}\vec{i} & \vec{j} & \vec{k}\\ \dfrac{\partial}{\partial x} & \dfrac{\partial}{\partial y} & \dfrac{\partial}{\partial z}\\ 2xy-y^4+3 & x^2-4xy^3 & 0\end{vmatrix}=\vec{\imath}\cdot 0+\vec{\jmath}\cdot 0+\vec{k}\cdot 0=(0,0,0)$$

$\because \vec{F}$的各分量一阶偏导数存在且连续

藉由 Stokes' Theorem 则 $\oint_C \vec{\mathrm{F}}\cdot d\vec{r}=\iint_S (\nabla\times\vec{\mathrm{F}})\cdot\vec{n}dA=0$

$\therefore \int_{C_1}\vec{\mathrm{F}}\cdot d\vec{r}-\int_{C_2}\vec{\mathrm{F}}\cdot d\vec{r}=0\Rightarrow\int_{C_1}\vec{\mathrm{F}}\cdot d\vec{r}=\int_{C_2}\vec{\mathrm{F}}\cdot d\vec{r}$

$\therefore \int_{(0,0)}^{(3,1)}(2xy-y^4+3)dx+(x^2-4xy^3)dy$与积分路径无关

$\therefore \exists\mathrm{G(x,y,z)}$使得 $\nabla\mathrm{G}(x,y,z)=\vec{\mathrm{F}}$

且 $\int_{(0,0)}^{(3,1)}\vec{\mathrm{F}}\cdot d\vec{r}=\int_{(0,0)}^{(3,1)}\nabla\mathrm{G}\cdot d\vec{r}=\int_{(0,0)}^{(3,1)}dG=G(3,1)-G(0,0)$

$$\because\begin{cases}\dfrac{\partial G}{\partial x}=2xy-y^4+3\\ \dfrac{\partial G}{\partial y}=x^2-4xy^3\\ \dfrac{\partial G}{\partial z}=0\end{cases}\quad\therefore G(x,y,z)=x^2y-xy^4+3x+c$$

$$\therefore \int_{(0,0)}^{(3,1)}(2xy-y^4+3)dx+(x^2-4xy^3)dy=x^2y-xy^4+3x\Big|_{(0,0)}^{(3,1)}=15$$

Example 3.

试证 $\int_{(1,2)}^{(3,4)}(6xy^2-y^3)dx+(6x^2y-3xy^2)dy$ 与其路径无关并求此积分

【解】

令C_1、C_2为從(3,4)至(1,2)的任意两条曲线

令C为C_1、C_2所围成的逆时针封闭曲线且S为所围封闭区域

令 $\vec{\mathrm{F}}=(6xy^2-y^3,6x^2y-3xy^2,0)$

Claim: $\nabla\times\vec{\mathrm{F}}=0$

$$\nabla\times\vec{\mathrm{F}}=\begin{vmatrix}\vec{i} & \vec{j} & \vec{k}\\ \dfrac{\partial}{\partial x} & \dfrac{\partial}{\partial y} & \dfrac{\partial}{\partial z}\\ 6xy^2-y^3 & 6x^2y-3xy^2 & 0\end{vmatrix}=\left(0,0,12x-3y^2-(12xy-3y^2)\right)=(0,0,0)$$

$\because \vec{F}$的各分量一阶偏导数存在且连续

藉由 Stokes' Theorem 则 $\oint_C \vec{\mathrm{F}}\cdot d\vec{r} = \iint_S (\nabla\times\vec{\mathrm{F}})\cdot\vec{n}dA = 0$

$\therefore \int_{C_1}\vec{\mathrm{F}}\cdot d\vec{r} - \int_{C_2}\vec{\mathrm{F}}\cdot d\vec{r} = 0 \Rightarrow \int_{C_1}\vec{\mathrm{F}}\cdot d\vec{r} = \int_{C_2}\vec{\mathrm{F}}\cdot d\vec{r}$

$\therefore \int_{(1,2)}^{(3,4)}(6xy^2-y^3)dx+(6x^2y-3xy^2)dy$与积分路径无关

$\therefore \exists\mathrm{G}(\mathrm{x},\mathrm{y},\mathrm{z})$使得 $\nabla\mathrm{G}(\mathrm{x},\mathrm{y},\mathrm{z}) = \vec{\mathrm{F}}$

且$\int_{(1,2)}^{(3,4)}\vec{\mathrm{F}}\cdot d\vec{r} = \int_{(1,2)}^{(3,4)}\nabla\mathrm{G}\cdot d\vec{r} = \int_{(1,2)}^{(3,4)} dG = G(3,4)-G(1,2)$

$$\because \begin{cases} \dfrac{\partial G}{\partial x} = 6xy^2 - y^3 \\ \dfrac{\partial G}{\partial y} = 6x^2y - 3xy^2 \\ \dfrac{\partial G}{\partial z} = 0 \end{cases} \quad \therefore G(x,y,z) = 3x^2y^2 - xy^3 + c$$

$\therefore \int_C \vec{F}\cdot d\vec{r} = 3x^2y^2 - xy^3\big|_{(1,2)}^{(3,4)} = 236$

Example 4.

试证 $\int_{(0,0)}^{(a,b)} 4x^3ydx + x^4dy$ 与 $(0,0),(a,b)$的路径无关并求此积分

【解】

令C_1、C_2为從$(0,0)$至(a,b)的任意两条曲线

令C为C_1、C_2所围成的逆时针封闭曲线且S为所围封闭区域

令$\vec{\mathrm{F}} = (4x^3y, x^4, 0)$

Claim: $\nabla\times\vec{\mathrm{F}} = 0$

$$\nabla\times\vec{\mathrm{F}} = \begin{vmatrix} \vec{i} & \vec{j} & \vec{k} \\ \dfrac{\partial}{\partial x} & \dfrac{\partial}{\partial y} & \dfrac{\partial}{\partial z} \\ 4x^3y & x^4 & 0 \end{vmatrix} = (0,0,4x^3-4x^3) = (0,0,0)$$

$\because \vec{F}$的各分量一阶偏导数存在且连续

藉由 Stokes' Theorem 则 $\oint_C \vec{\mathrm{F}}\cdot d\vec{r} = \iint_S (\nabla\times\vec{\mathrm{F}})\cdot\vec{n}dA = 0$

$\therefore \int_{C_1} \vec{F}\cdot d\vec{r} - \int_{C_2} \vec{F}\cdot d\vec{r} = 0 \Rightarrow \int_{C_1} \vec{F}\cdot d\vec{r} = \int_{C_2} \vec{F}\cdot d\vec{r}$

$\therefore \int_{(0,0)}^{(a,b)} 4x^3y dx + x^4 dy$与积分路径无关

$\therefore \exists G(x,y,z)$ 使得 $\nabla G(x,y,z) = \vec{F}$

且$\int_{(0,0)}^{(a,b)} \vec{F}\cdot d\vec{r} = \int_{(0,0)}^{(a,b)} \nabla G\cdot d\vec{r} = \int_{(0,0)}^{(a,b)} dG = G(a,b) - G(0,0)$

$$\because \begin{cases} \dfrac{\partial G}{\partial x} = 4x^3y \\ \dfrac{\partial G}{\partial y} = x^4 \\ \dfrac{\partial G}{\partial z} = 0 \end{cases} \qquad \therefore G(x,y,z) = x^4y + c$$

$\therefore \int_{(0,0)}^{(a,b)} 4x^3y dx + x^4 dy = x^4y + c\big|_{(0,0)}^{(a,b)} = a^4b$

Example 5.

求$\int_{(0,0)}^{(-2,-1)} (10x^4 - 2xy^3)dx - 3x^2y^2 dy =?$，假设积分路径为 $x^4 - 6xy^3 = 4y^2$

【解】

令C_1、C_2为從$(0,0)$至$(-2,-1)$的任意两条曲线

令C为C_1、C_2所围成的逆时针封闭曲线且S为所围封闭区域

令$\vec{F} = (10x^4 - 2xy^3, -3x^2y^2, 0)$

Claim: $\nabla\times\vec{F} = 0$

$$\nabla\times\vec{F} = \begin{vmatrix} \vec{i} & \vec{j} & \vec{k} \\ \dfrac{\partial}{\partial x} & \dfrac{\partial}{\partial y} & \dfrac{\partial}{\partial z} \\ 10x^4 - 2xy^3 & -3x^2y^2 & 0 \end{vmatrix} = (0,0,-6xy^2 + 6xy^2) = (0,0,0)$$

$\because \vec{F}$的各分量一阶偏导数存在且连续

藉由 Stokes' Theorem 则 $\oint_C \vec{F}\cdot d\vec{r} = \iint_S (\nabla\times\vec{F})\cdot\vec{n} dA = 0$

$\therefore \int_{C_1} \vec{F}\cdot d\vec{r} - \int_{C_2} \vec{F}\cdot d\vec{r} = 0 \Rightarrow \int_{C_1} \vec{F}\cdot d\vec{r} = \int_{C_2} \vec{F}\cdot d\vec{r}$

$\therefore \int_{(0,0)}^{(-2,-1)} (10x^4-2xy^3)dx - 3x^2y^2dy$与积分路径无关

$\therefore \exists \mathrm{G}(\mathrm{x},\mathrm{y},\mathrm{z})$ 使得 $\nabla \mathrm{G}(\mathrm{x},\mathrm{y},\mathrm{z}) = \vec{\mathrm{F}}$

且 $\int_{(0,0)}^{(-2,-1)} \vec{\mathrm{F}}\cdot d\vec{r} = \int_{(0,0)}^{(-2,-1)} \nabla \mathrm{G}\cdot d\vec{r} = \int_{(0,0)}^{(-2,-1)} dG = G(-2,-1)-G(0,0)$

$$\because \begin{cases} \dfrac{\partial G}{\partial x} = 10x^4-2xy^3 \\ \dfrac{\partial G}{\partial y} = -3x^2y^2 \\ \dfrac{\partial G}{\partial z} = 0 \end{cases} \quad \therefore G(x,y,z) = 2x^5 - x^2y^3 + c$$

$$\therefore \int_{(0,0)}^{(-2,-1)} (10x^4-2xy^3)dx - 3x^2y^2dy = 2x^5 - x^2y^3\Big|_{(0,0)}^{(-2,-1)} = -60$$

Example 6.

求$\int_{(0,0)}^{\left(\frac{\pi}{2},1\right)} (x^2+6xy-2y^2)dx + (3x^2-4xy+2y)dy =?$，假设积分路径为 $y=\sin x$

【解】

令C_1、C_2为從$(0,0)$至$\left(\dfrac{\pi}{2},1\right)$的任意两条曲线

令C为C_1、C_2所围成的逆时针封闭曲线且S为所围封闭区域

令$\vec{\mathrm{F}} = (x^2+6xy-2y^2, 3x^2-4xy+2y, 0)$

Claim: $\nabla\times\vec{\mathrm{F}} = 0$

$$\nabla\times\vec{\mathrm{F}} = \begin{vmatrix} \vec{i} & \vec{j} & \vec{k} \\ \dfrac{\partial}{\partial x} & \dfrac{\partial}{\partial y} & \dfrac{\partial}{\partial z} \\ x^2+6xy-2y^2 & 3x^2-4xy+2y & 0 \end{vmatrix} = (0,0,6x-4y-(6x-4y)) = (0,0,0)$$

$\because \vec{F}$的各分量一阶偏导数存在且连续

藉由 Stokes' Theorem 则 $\oint_C \vec{\mathrm{F}}\cdot d\vec{r} = \iint_S \left(\nabla\times\vec{\mathrm{F}}\right)\cdot\vec{n}dA = 0$

$\therefore \int_{C_1} \vec{\mathrm{F}}\cdot d\vec{r} - \int_{C_2} \vec{\mathrm{F}}\cdot d\vec{r} = 0 \Rightarrow \int_{C_1} \vec{\mathrm{F}}\cdot d\vec{r} = \int_{C_2} \vec{\mathrm{F}}\cdot d\vec{r}$

$$\therefore \int_{(0,0)}^{\left(\frac{\pi}{2},1\right)} (x^2+6xy-2y^2)dx+(3x^2-4xy+2y)dy$$与积分路径无关

$\therefore \exists \mathrm{G(x,y,z)}$使得 $\nabla\mathrm{G(x,y,z)}=\vec{\mathrm{F}}$

且$$\int_{(0,0)}^{\left(\frac{\pi}{2},1\right)} \vec{\mathrm{F}}\cdot d\vec{r}=\int_{(0,0)}^{\left(\frac{\pi}{2},1\right)} \nabla\mathrm{G}\cdot d\vec{r}=\int_{(0,0)}^{\left(\frac{\pi}{2},1\right)} dG=G(\frac{\pi}{2},1)-G(0,0)$$

$$\because \begin{cases} \dfrac{\partial G}{\partial x}=x^2+6xy-2y^2 \\ \dfrac{\partial G}{\partial y}=3x^2-4xy+2y \\ \dfrac{\partial G}{\partial z}=0 \end{cases} \quad \therefore G(x,y,z)=3x^2y-2xy^2+y^2+\frac{x^3}{3}+c$$

$$\therefore \int_{(0,0)}^{\left(\frac{\pi}{2},1\right)} (x^2+6xy-2y^2)dx+(3x^2-4xy+2y)dy=3x^2y-2xy^2+y^2+\frac{x^3}{3}\bigg|_{(0,0)}^{\left(\frac{\pi}{2},1\right)}$$

$$=3\left(\frac{\pi}{2}\right)^2-2\left(\frac{\pi}{2}\right)+1+\frac{\left(\frac{\pi}{2}\right)^3}{3}$$

Example 7.

求$\int_C \vec{F}\cdot d\vec{r}=?$，$\vec{F}=(2xy+z^3,x^2,3xz^2)$，$C$为$(1,-2,1)$至$(3,1,4)$的任意曲线

【解】

令C_1、C_2为從$(1,-2,1)$至$(3,1,4)$的任意两条曲线

令C为C_1、C_2所围成的逆时针封闭曲线且S为所围封闭区域

Claim: $\nabla\times\vec{\mathrm{F}}=0$

$$\nabla\times\vec{\mathrm{F}}=\begin{vmatrix} \vec{i} & \vec{j} & \vec{k} \\ \dfrac{\partial}{\partial x} & \dfrac{\partial}{\partial y} & \dfrac{\partial}{\partial z} \\ 2xy+z^3 & x^2 & 3xz^2 \end{vmatrix}=(0,3z^2-3z^2,2x-2x)=(0,0,0)$$

$\because \vec{F}$的各分量一阶偏导数存在且连续

藉由 Stokes' Theorem 则 $\oint_C \vec{\mathrm{F}}\cdot d\vec{r}=\iint_S (\nabla\times\vec{\mathrm{F}})\cdot\vec{n}dA=0$

$\therefore \int_{C_1} \vec{\mathrm{F}} \cdot d\vec{r} - \int_{C_2} \vec{\mathrm{F}} \cdot d\vec{r} = 0 \Rightarrow \int_{C_1} \vec{\mathrm{F}} \cdot d\vec{r} = \int_{C_2} \vec{\mathrm{F}} \cdot d\vec{r} \quad \therefore \int_{C} \vec{F} \cdot d\vec{r}$ 与积分路径无关

$\therefore \exists \mathrm{G}(\mathrm{x},\mathrm{y},\mathrm{z})$使得 $\nabla \mathrm{G}(\mathrm{x},\mathrm{y},\mathrm{z}) = \vec{\mathrm{F}}$

且 $\int_{(1,-2,1)}^{(3,1,4)} \vec{\mathrm{F}} \cdot d\vec{r} = \int_{(1,-2,1)}^{(3,1,4)} \nabla \mathrm{G} \cdot d\vec{r} = \int_{(1,-2,1)}^{(3,1,4)} dG = G(3,1,4) - G(1,-2,1)$

$$\because \begin{cases} \dfrac{\partial G}{\partial x} = 2xy + z^3 \\ \dfrac{\partial G}{\partial y} = x^2 \\ \dfrac{\partial G}{\partial z} = 3xz^2 \end{cases} \qquad \therefore G(x,y,z) = x^2y + xz^3 + c$$

$$\therefore \int_C \vec{F} \cdot d\vec{r} = x^2y + xz^3 \Big|_{(1,-2,1)}^{(3,1,4)} = 202$$

Example 8.

求 $\int_C yz^2dx + (xz^2 + ze^{yz})dy + \left(2xyz + ye^{yz} + \dfrac{1}{1+z}\right)dz$,其中曲线 $C = \{(t,t^2,t^3): 0 \le t \le 1\}$

【解】

令C_1、C_2为從(0,0,0)至(1,1,1)的任意两条曲线

令C为C_1、C_2所围成的逆时针封闭曲线且S为所围封闭区域

令$\vec{\mathrm{F}} = \left(yz^2, xz^2 + ze^{yz}, 2xyz + ye^{yz} + \dfrac{1}{1+z}\right)$

Claim: $\nabla \times \vec{\mathrm{F}} = 0$

$$\nabla \times \vec{\mathrm{F}} = \begin{vmatrix} \vec{i} & \vec{j} & \vec{k} \\ \dfrac{\partial}{\partial x} & \dfrac{\partial}{\partial y} & \dfrac{\partial}{\partial z} \\ yz^2 & xz^2 + ze^{yz} & 2xyz + ye^{yz} + \dfrac{1}{1+z} \end{vmatrix}$$

$= (2xz + e^{yz} + zye^{yz} - (2xz + e^{yz} + yze^{yz}), 2yz - 2yz, z^2 - z^2) = (0,0,0)$

$\because \vec{F}$的各分量一阶偏导数存在且连续

藉由 Stokes' Theorem 则 $\oint_C \vec{\mathrm{F}} \cdot d\vec{r} = \iint_S (\nabla \times \vec{\mathrm{F}}) \cdot \vec{n}dA = 0$

$\therefore \int_{C_1} \vec{F}\cdot d\vec{r} - \int_{C_2} \vec{F}\cdot d\vec{r} = 0 \Rightarrow \int_{C_1} \vec{F}\cdot d\vec{r} = \int_{C_2} \vec{F}\cdot d\vec{r}$

$\therefore \int_{C} yz^2dx + (xz^2 + ze^{yz})dy + \left(2xyz + ye^{yz} + \frac{1}{1+z}\right)dz$ 与积分路径无关

$\therefore \exists \mathrm{G(x,y,z)}$ 使得 $\nabla \mathrm{G(x,y,z)} = \vec{F}$

且 $\int_{(0,0,0)}^{(1,1,1)} \vec{F}\cdot d\vec{r} = \int_{(0,0,0)}^{(1,1,1)} \nabla G\cdot d\vec{r} = \int_{(0,0,0)}^{(1,1,1)} dG = G(1,1,1) - G(0,0,0)$

$$\because \begin{cases} \dfrac{\partial G}{\partial x} = yz^2 \\ \dfrac{\partial G}{\partial y} = xz^2 + ze^{yz} \\ \dfrac{\partial G}{\partial z} = 2xyz + ye^{yz} + \dfrac{1}{1+z} \end{cases} \quad \therefore G(x,y,z) = xyz^2 + e^{yz} + \ln(1+z) + c$$

$\therefore \int_{C} yz^2dx + (xz^2 + ze^{yz})dy + \left(2xyz + ye^{yz} + \frac{1}{1+z}\right)dz$

$= xyz^2 + e^{yz} + \ln(1+z)\Big|_{(0,0,0)}^{(1,1,1)} = e + \ln 2$

Example 9.

求 $\int_C \vec{F}\cdot d\vec{r} = ?$，$\vec{F} = (2xyz, x^2z, x^2y)$，$C$为$(0,0,0)$至$(1,1,1)$的任意曲线

【解】

令C_1、C_2为從$(0,0,0)$至$(1,1,1)$的任意两条曲线

令C为C_1、C_2所围成的逆时针封闭曲线且S为所围封闭区域

令$\vec{F} = (2xyz, x^2z, x^2y)$

Claim: $\nabla \times \vec{F} = 0$

$$\nabla \times \vec{F} = \begin{vmatrix} \vec{i} & \vec{j} & \vec{k} \\ \dfrac{\partial}{\partial x} & \dfrac{\partial}{\partial y} & \dfrac{\partial}{\partial z} \\ 2xyz & x^2z & x^2y \end{vmatrix} = (x^2 - x^2, 2xy - 2xy, 2xz - 2xz) = (0,0,0)$$

$\because \vec{F}$的各分量一阶偏导数存在且连续

藉由 Stokes' Theorem 则 $\oint_C \vec{F}\cdot d\vec{r} = \iint_S (\nabla \times \vec{F})\cdot \vec{n}dA = 0$

$$\therefore \int_{C_1} \vec{\mathrm{F}}\cdot d\vec{r} - \int_{C_2} \vec{\mathrm{F}}\cdot d\vec{r} = 0 \Rightarrow \int_{C_1} \vec{\mathrm{F}}\cdot d\vec{r} = \int_{C_2} \vec{\mathrm{F}}\cdot d\vec{r} \ \therefore \int_{C} \vec{F}\cdot d\vec{r}\text{ 与积分路径无关}$$

$\therefore \exists \mathrm{G(x,y,z)}$使得 $\nabla \mathrm{G(x,y,z)} = \vec{\mathrm{F}}$

且 $\int_{(0,0,0)}^{(1,1,1)} \vec{\mathrm{F}}\cdot d\vec{r} = \int_{(0,0,0)}^{(1,1,1)} \nabla \mathrm{G}\cdot d\vec{r} = \int_{(0,0,0)}^{(1,1,1)} dG = G(1,1,1) - G(0,0,0)$

$$\because \begin{cases} \dfrac{\partial G}{\partial x} = 2xyz \\ \dfrac{\partial G}{\partial y} = x^2 z \\ \dfrac{\partial G}{\partial z} = x^2 y \end{cases} \quad \therefore G(x,y,z) = x^2yz + c \quad \therefore \int_C \vec{F}\cdot d\vec{r} = x^2yz\Big|_{(0,0,0)}^{(1,1,1)} = 1$$

9.6.2 $\nabla \times \vec{\mathbf{F}} \neq \mathbf{0}$,把封闭线积分转成非封闭曲面积分

应用情境为如果线积分的被积分函数较为复杂而使用 Stokes' Theorem 转成面积分之后,曲面积分的被积分函数较为干净

考试类型:

Type 1.

C为空间中逆时针封闭曲线,试证$\oint_C \vec{\mathrm{F}}\cdot d\vec{r}$ 只与C所围面积有关,与C的位置形状无关

解题流程:

Claim: $(\nabla\times\vec{\mathrm{F}})\cdot\vec{n} = \mathrm{constant}$

假设$\vec{\mathrm{F}} = (f_1, f_2, f_3)$,令$C$所围封闭区域为 R

藉由 Stokes' Theorem, $\oint_C \vec{\mathrm{F}}\cdot d\vec{r} = \iint_R (\nabla\times\vec{\mathrm{F}})\cdot\vec{n}dA$

其中$\vec{n}$为单位法向量 且 $\nabla\times\vec{\mathrm{F}} = \begin{vmatrix} \vec{i} & \vec{j} & \vec{k} \\ \dfrac{\partial}{\partial x} & \dfrac{\partial}{\partial y} & \dfrac{\partial}{\partial z} \\ f_1 & f_2 & f_3 \end{vmatrix}$

若 $(\nabla\times\vec{\mathrm{F}})\cdot\vec{n} = c$ (c is constant) 则 $\oint_C \vec{\mathrm{F}}\cdot d\vec{r} = \iint_R (\nabla\times\vec{\mathrm{F}})\cdot\vec{n}dA = \iint_R \mathrm{c}\, dA$

$\therefore \oint_C \vec{\mathrm{F}}\cdot d\vec{r}$只与$C$所围面积有关，与$C$的形状与位置无关

<u>范例说明:</u>

C为空间中逆时针封闭曲线，试证$\oint_C \vec{\mathrm{F}}\cdot d\vec{r}$ 只与C所围面积有关,与C的形状位置无关

令C所围封闭区域为 R

藉由 Stokes' Theorem, $\oint_C \vec{\mathrm{F}}\cdot d\vec{r} = \iint_R \left(\nabla\times\vec{\mathrm{F}}\right)\cdot\vec{n}dA$

其中$\vec{n}$为单位法向量 且 $\nabla\times\vec{\mathrm{F}} = \begin{vmatrix} \vec{i} & \vec{j} & \vec{k} \\ \dfrac{\partial}{\partial x} & \dfrac{\partial}{\partial y} & \dfrac{\partial}{\partial z} \\ f_1 & f_2 & f_3 \end{vmatrix}$

(I)若$\vec{\mathrm{F}} = (3y, -5z, x)$且 C是$x + 2y + 2z = 5$ 平面上任意逆时针封闭曲线

则 $\left(\nabla\times\vec{\mathrm{F}}\right)\cdot\vec{n} = (5, -1, -3)\cdot\left(\frac{1}{3}, \frac{2}{3}, \frac{2}{3}\right) = -1$

藉由 Stokes' Theorem,

$$\oint_C \vec{\mathrm{F}}\cdot d\vec{r} = \iint_R \left(\nabla\times\vec{\mathrm{F}}\right)\cdot\vec{n}dA = \iint_R -1\,dA$$

$\therefore \oint_C \vec{\mathrm{F}}\cdot d\vec{r}$只与$C$所围面积有关，与$C$的形状与位置无关

(II)若$\vec{\mathrm{F}} = (z, -2x, 4y)$且 C是$x + y + z = 2$ 平面上任意逆时针封闭曲线

则 $\left(\nabla\times\vec{\mathrm{F}}\right)\cdot\vec{n} = (4,1,-2)\cdot\left(\frac{1}{\sqrt{3}}, \frac{1}{\sqrt{3}}, \frac{1}{\sqrt{3}}\right) = \sqrt{3}$

藉由 Stokes' Theorem,

$$\oint_C \vec{\mathrm{F}}\cdot d\vec{r} = \iint_R \left(\nabla\times\vec{\mathrm{F}}\right)\cdot\vec{n}dA = \iint_R \sqrt{3}\,dA$$

$\therefore \oint_C \vec{\mathrm{F}}\cdot d\vec{r}$只与$C$所围面积有关，与$C$的形状与位置无关

Type 2.

给定空间中非封闭朝上定向曲面$S: z = g(x, y), \forall\, a \le x \le b, c \le y \le d, C$为$S$的边界

(逆时针封闭曲线),$\vec{\mathrm{F}}$各分量的一阶偏导数存在且连续，求$\oint_C \vec{\mathrm{F}}\cdot d\vec{r}=?$

解题流程:

Step1.

藉由 Stokes' Theorem, $\oint_C \vec{\mathrm{F}}\cdot d\vec{r}=\iint_S (\nabla\times\vec{\mathrm{F}})\cdot\vec{n}dA$

Step2.

$\because S$为朝上定向

令$\vec{r}(x,y)=\big(x,y,g(x,y)\big)$且 R 为曲面S投影至xy平面的封闭区域

则$R=\{(x,y):a\le x\le b, c\le y\le d\}$且$\iint_S (\nabla\times\vec{\mathrm{F}})\cdot\vec{n}\,dA=\iint_R (\nabla\times\vec{\mathrm{F}})\cdot\frac{\partial\vec{r}}{\partial x}\times\frac{\partial\vec{r}}{\partial y}dxdy$

Step3.

$\because \frac{\partial\vec{r}}{\partial x}=\big(1,0,g_x(x,y)\big)$，$\frac{\partial\vec{r}}{\partial y}=\big(0,1,g_y(x,y)\big)$ $\therefore\frac{\partial\vec{r}}{\partial x}\times\frac{\partial\vec{r}}{\partial y}=\big(-g_x(x,y),-g_y(x,y),1\big)$

$\therefore\iint_R (\nabla\times\vec{\mathrm{F}})\cdot\frac{\partial\vec{r}}{\partial x}\times\frac{\partial\vec{r}}{\partial y}dxdy=\iint_R (\nabla\times\vec{\mathrm{F}})\cdot\big(-g_x(x,y),-g_y(x,y),1\big)dxdy$

Step4.

藉由 Fubini's Theorem

$\iint_R (\nabla\times\vec{\mathrm{F}})\cdot\big(-g_x(x,y),-g_y(x,y),1\big)dxdy$

$=\int_c^d\int_a^b(\nabla\times\vec{\mathrm{F}})\cdot\big(-g_x(x,y),-g_y(x,y),1\big)\,dxdy$

$=\int_c^d\int_a^b -f_1\cdot g_x(x,y)-f_2\cdot g_y(x,y)+f_3\,dxdy$

其中$\nabla\times\vec{\mathrm{F}}=\big(f_1(x,y,g(x,y)),f_2(x,y,g(x,y)),f_3(x,y,g(x,y))\big)$

Step5.

求$\int_c^d\int_a^b -f_1\cdot g_x(x,y)-f_2\cdot g_y(x,y)+f_3\,dxdy=?$

如果S是朝下定向

则$\oint_C \vec{\mathrm{F}}\cdot d\vec{r}=\int_c^d\int_a^b f_1\cdot g_x(x,y)+f_2\cdot g_y(x,y)-f_3\,dxdy$

<u>范例说明:</u>

求$\oint_C \vec{\mathrm{F}}\cdot d\vec{r}=?$

(I)若$\vec{\mathrm{F}}=(z^2,y^2,x)$，$C$是$(a,0,0),(0,a,0),(0,0,a)$所围逆时针封闭边界

令$\vec{r}(x,y)=(x,y,a-x-y)$ 则 $\dfrac{\partial\vec{r}}{\partial x}=(1,0,-1)$，$\dfrac{\partial\vec{r}}{\partial y}=(0,1,-1)$ $\therefore \dfrac{\partial\vec{r}}{\partial x}\times\dfrac{\partial\vec{r}}{\partial y}=(1,1,1)$

$$\because \nabla\times\vec{\mathrm{F}}=\begin{vmatrix}\vec{i} & \vec{j} & \vec{k}\\ \dfrac{\partial}{\partial x} & \dfrac{\partial}{\partial y} & \dfrac{\partial}{\partial z}\\ z^2 & y^2 & x\end{vmatrix}=(0,2z-1,0)$$

藉由 Stokes' Theorem,

$$\oint_C \vec{\mathrm{F}}\cdot d\vec{r}=\iint_S (\nabla\times\vec{\mathrm{F}})\cdot\vec{n}dA=\iint_{0\le x+y\le a}(0,2z-1,0)\cdot(1,1,1)dxdy$$

$$=\iint_{0\le x+y\le a}2z-1dxdy=\iint_{0\le x+y\le a}2(a-x-y)-1dxdy=\frac{a^3}{3}-\frac{a^2}{2}$$

Type 3.

給定空间中非封闭朝上定向曲面$S: z=g(x,y)$,S投影至 xy 平面 $=\{(x,y): x^2+y^2\le a^2\}$,

C为S的边界(逆时针封闭曲线)，$\vec{\mathrm{F}}$各分量的一阶偏导数存在且连续，求$\oint_C \vec{\mathrm{F}}\cdot d\vec{r}=?$

解题流程:

Step1.

藉由 Stokes' Theorem, $\oint_C \vec{\mathrm{F}}\cdot d\vec{r}=\iint_S (\nabla\times\vec{\mathrm{F}})\cdot\vec{n}dA$

Step2.

$\because S$为朝上定向

令$\vec{r}(x,y)=\big(x,y,g(x,y)\big)$且 R 为曲面 S 投影至 xy 平面的封闭区域

则 $R=\{(x,y): x^2+y^2\le a^2\}$且$\iint_S (\nabla\times\vec{\mathrm{F}})\cdot\vec{n}\,dA=\iint_R (\nabla\times\vec{\mathrm{F}})\cdot\dfrac{\partial\vec{r}}{\partial x}\times\dfrac{\partial\vec{r}}{\partial y}dxdy$

Step3.

$\because \dfrac{\partial\vec{r}}{\partial x}=\big(1,0,g_x(x,y)\big)$，$\dfrac{\partial\vec{r}}{\partial y}=\big(0,1,g_y(x,y)\big)$ $\therefore \dfrac{\partial\vec{r}}{\partial x}\times\dfrac{\partial\vec{r}}{\partial y}=\big(-g_x(x,y),-g_y(x,y),1\big)$

$$\therefore \iint_R (\nabla\times\vec{\mathrm{F}})\cdot\frac{\partial\vec{r}}{\partial x}\times\frac{\partial\vec{r}}{\partial y}dxdy=\iint_R (\nabla\times\vec{\mathrm{F}})\cdot\big(-g_x(x,y),-g_y(x,y),1\big)dxdy$$

$$= \iint_R -f_1 \cdot g_x(x,y) - f_2 \cdot g_y(x,y) + f_3 dxdy$$

其中 $\nabla \times \vec{F} = (f_1(x,y,g(x,y)), f_2(x,y,g(x,y)), f_3(x,y,g(x,y)))$

Step4.

令$x = r\cos\theta$, $y = r\sin\theta$ 则$\{(x,y): x^2 + y^2 \le a^2\} = \{(r,\theta): 0 \le r \le a, 0 \le \theta \le 2\pi\}$

且 $dxdy = \left\| \begin{vmatrix} \frac{\partial x}{\partial r} & \frac{\partial x}{\partial \theta} \\ \frac{\partial y}{\partial r} & \frac{\partial y}{\partial \theta} \end{vmatrix} \right\| drd\theta = \left\| \begin{vmatrix} \cos\theta & -r\sin\theta \\ \sin\theta & r\cos\theta \end{vmatrix} \right\| drd\theta = rdrd\theta$

Step5.

$$\iint_R -f_1 \cdot g_x(x,y) - f_2 \cdot g_y(x,y) + f_3 dxdy$$

$$= \int_0^{2\pi} \int_0^a \left(-f_1 \cdot g_x(r\cos\theta, r\sin\theta) - f_2 \cdot g_y(r\cos\theta, r\sin\theta) + f_3\right) \cdot r\, drd\theta$$

如果S是朝下定向,

则 $\oint_C \vec{F} \cdot d\vec{r} = \int_0^{2\pi} \int_0^a \left(f_1 \cdot g_x(r\cos\theta, r\sin\theta) + f_2 \cdot g_y(r\cos\theta, r\sin\theta) - f_3\right) \cdot r\, drd\theta$

<u>范例说明:</u>

(I) $\vec{F} = (y^3, -x^3, 0)$ 且 $C: x^2 + y^2 = 4$, $z = 0$ 为逆时针封闭曲线, 求$\oint_C \vec{F} \cdot d\vec{r} =?$

令$S = \{(x,y,z): x^2 + y^2 \le 4, z = 0\}$

∵ $\vec{F}$各分量的一阶偏导数存在且连续

藉由 Stokes' Theorem, $\oint_C \vec{F} \cdot d\vec{r} = \iint_S (\nabla \times \vec{F}) \cdot \vec{n} dA$

$$\iint_S (\nabla \times \vec{F}) \cdot \vec{n} dA = \iint_S (0,0,-3x^2 - 3y^2) \cdot (0,0,1) dxdy = -3 \iint_{x^2+y^2 \le 4} x^2 + y^2 dxdy$$

$$= -24\pi$$

(II)$\vec{F} = (e^x y - y^3, e^x + x^3, 0)$且 $C: x^2 + y^2 = 6, z = 0$ 为逆时针封闭曲线, 求$\oint_C \vec{F} \cdot d\vec{r} =?$

令$S = \{(x,y,z): x^2 + y^2 \le 6, z = 0\}$

∵ $\vec{F}$各分量的一阶偏导数存在且连续

藉由 Stokes' Theorem, $\oint_C \vec{F} \cdot d\vec{r} = \iint_S (\nabla \times \vec{F}) \cdot \vec{n} dA$

$$\iint_S (\nabla\times\vec{\mathrm{F}})\cdot\vec{n}dA=\iint_S (0,0,3x^2+3y^2)\cdot(0,0,1)dxdy=3\iint_{x^2+y^2\le 36} x^2+y^2dxdy$$
$$=1944\pi$$

Example 1.

藉由 Stokes' Theorem 求$\oint_C \vec{\mathrm{F}}\cdot d\vec{r}=?$，$C: x^2+y^2=4$，$z=1$，$\vec{\mathrm{F}}=(x,2z-x,y^2)$，$C$ 为逆时针封闭曲线

【解】

令$S=\{(x,y,z): x^2+y^2\le 4, \mathrm{z}=1\}$为朝上定向，$\because \vec{F}$的各分量一阶偏导数存在且连续

藉由 Stokes' Theorem，$\oint_C \vec{\mathrm{F}}\cdot d\vec{r}=\iint_S (\nabla\times\vec{\mathrm{F}})\cdot\vec{n}dA$

$\because S$为朝上定向

令$\vec{r}(x,y)=(x,y,1)$，$R=\{(x,y): x^2+y^2\le 4\}$则

$$\iint_S (\nabla\times\vec{\mathrm{F}})\cdot\vec{n}dA=\iint_R (\nabla\times\vec{\mathrm{F}})\cdot\frac{\partial\vec{r}}{\partial x}\times\frac{\partial\vec{r}}{\partial y}dxdy$$

$$\because \frac{\partial\vec{r}}{\partial x}=(1,0,0),\ \frac{\partial\vec{r}}{\partial y}=(0,1,0)\ \therefore \frac{\partial\vec{r}}{\partial x}\times\frac{\partial\vec{r}}{\partial y}=(0,0,1)$$

$$\because \nabla\times\vec{\mathrm{F}}=\begin{vmatrix}\vec{i} & \vec{j} & \vec{k}\\ \frac{\partial}{\partial x} & \frac{\partial}{\partial y} & \frac{\partial}{\partial z}\\ x & 2z-x & y^2\end{vmatrix}=(2y+2,0,-1)$$

$$\therefore \iint_R (\nabla\times\vec{\mathrm{F}})\cdot\frac{\partial\vec{r}}{\partial x}\times\frac{\partial\vec{r}}{\partial y}dxdy=\iint_R (2y+2,0,-1)\cdot(0,0,1)dxdy=-\iint_{x^2+y^2\le 4} dxdy$$
$$=-4\pi$$

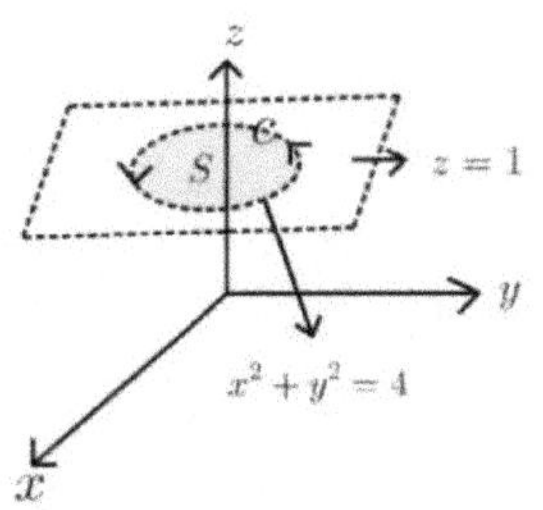

Example 2.

假设C 是$x+2y+2z=5$ 平面上任意正向封闭曲线，试证 $\oint_C 3ydx-5zdy+xdz$ 只与C所围面积有关 与C的形状与位置无关

【解】

令C在平面$x+2y+2z=5$ 所围封闭区域为 R

令$\vec{\mathrm{F}}=(3y,-5z,x)$，$\because \vec{F}$的各分量一阶偏导数存在且连续

藉由 Stokes' Theorem 则 $\oint_C 3ydx-5zdy+xdz=\oint_C \vec{\mathrm{F}}\cdot d\vec{r}=\iint_R (\nabla\times\vec{\mathrm{F}})\cdot\vec{n}dA$

令$\vec{n}$为$x+2y+2z=5$ 单位法向量 则 $\vec{n}=\left(\frac{1}{3},\frac{2}{3},\frac{2}{3}\right)$

$$\because \nabla\times\vec{\mathrm{F}}=\begin{vmatrix}\vec{i} & \vec{j} & \vec{k}\\ \dfrac{\partial}{\partial x} & \dfrac{\partial}{\partial y} & \dfrac{\partial}{\partial z}\\ 3y & -5z & x\end{vmatrix}=(5,-1,-3)$$

$$\therefore \iint_R (\nabla\times\vec{\mathrm{F}})\cdot\vec{n}dA=\iint_R (5,-1,-3)\cdot\left(\frac{1}{3},\frac{2}{3},\frac{2}{3}\right)dA=-\iint_R dA$$

$$\therefore \oint_C 3ydx-5zdy+xdz=-\iint_R dA$$

$\therefore \oint_C 3ydx-5zdy+xdz$ 只与C所围面积有关 与C的形状与位置无关

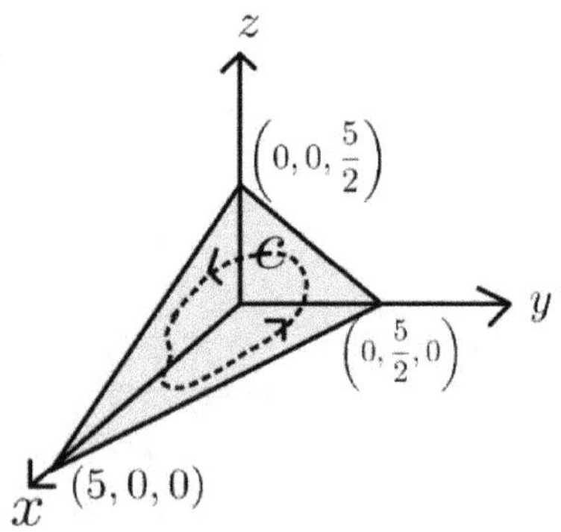

Example 3.

假设$\vec{\mathrm{F}}=(-y^2,x,z^2)$，$C$为$y+z=2,x^2+y^2=1$ 交集的逆时针封闭曲线，

藉由 Stokes' Theorem 求$\oint_C \vec{\mathrm{F}}\cdot d\vec{r}=?$

【解】

令$S=\{(x,y,z): y+z=2, x^2+y^2\leq 1\}$为朝上定向

$\because \vec{F}$的各分量一阶偏导数存在且连续

藉由 Stokes' Theorem $\oint_C \vec{\mathrm{F}}\cdot d\vec{r}=\iint_S (\nabla\times\vec{\mathrm{F}})\cdot\vec{n}dA$

$\because S$为朝上定向

令 $\vec{r}(x,y)=(x,y,2-y)$ 且 $\mathrm{R}=\{(x,y): x^2+y^2\leq 1\}$

则 $\iint_S (\nabla\times\vec{\mathrm{F}})\cdot\vec{n}dA=\iint_R (\nabla\times\vec{\mathrm{F}})\cdot\frac{\partial\vec{r}}{\partial x}\times\frac{\partial\vec{r}}{\partial y}dxdy$

$\because \frac{\partial\vec{r}}{\partial x}=(1,0,0)$，$\frac{\partial\vec{r}}{\partial y}=(0,1,-1)\quad \therefore \frac{\partial\vec{r}}{\partial x}\times\frac{\partial\vec{r}}{\partial y}=(0,1,1)$

$$\because \nabla\times\vec{\mathrm{F}}=\begin{vmatrix}\vec{i} & \vec{j} & \vec{k}\\ \frac{\partial}{\partial x} & \frac{\partial}{\partial y} & \frac{\partial}{\partial z}\\ -y^2 & x & z^2\end{vmatrix}=(0,0,1-2y)$$

$$\therefore \iint_R (\nabla\times\vec{\mathrm{F}})\cdot\frac{\partial\vec{r}}{\partial x}\times\frac{\partial\vec{r}}{\partial y}dxdy=\iint_R (0,0,1-2y)\cdot(0,1,1)dxdy=\iint_{x^2+y^2\leq 1} 1-2ydxdy$$

令$x=r\cos\theta, y=r\sin\theta$ 则$\{(x,y): x^2+y^2\leq 1\}=\{(r,\theta): 0\leq r\leq 1, 0\leq\theta\leq 2\pi\}$

$$\text{且 } dxdy=\left\|\begin{matrix}\frac{\partial x}{\partial r} & \frac{\partial x}{\partial\theta}\\ \frac{\partial y}{\partial r} & \frac{\partial y}{\partial\theta}\end{matrix}\right\|drd\theta=\left\|\begin{matrix}\cos\theta & -r\sin\theta\\ \sin\theta & r\cos\theta\end{matrix}\right\|drd\theta=rdrd\theta$$

$$\therefore \iint_{x^2+y^2\leq 1} 1-2ydxdy=\int_0^{2\pi}\int_0^1(1-2r\sin\theta)r\,drd\theta=\int_0^{2\pi}\frac{1}{2}-\frac{2\sin\theta}{3}d\theta=\pi$$

$$\therefore \oint_C \vec{\mathrm{F}}\cdot d\vec{r}=\pi$$

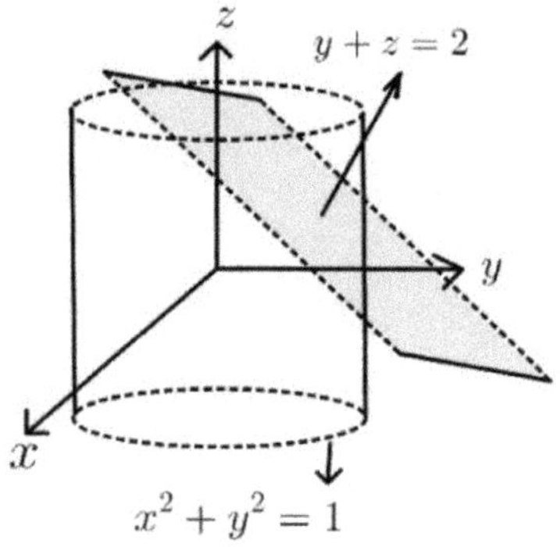

Example 4.

$\vec{\mathrm{F}}=\left(-z,x,\dfrac{y^2z}{2}\right)$，假设曲线$C$为$z=a$ 与 $z=\sqrt{x^2+y^2}$的逆时针封闭交线，求

$\oint_C \vec{\mathrm{F}}\cdot d\vec{r}=?$ (1)直接计算 (2)使用 Stoke's Theorem

【解】

(1)

令曲线 $C=\{(x,y,z):\sqrt{x^2+y^2}=a,z=a\}$

令 $\vec{r}(\theta)=(a\cos\theta,a\sin\theta,a)$，$0\le\theta\le 2\pi$ 则 $\vec{r}'(\theta)=(-a\sin\theta,a\cos\theta,0)$

$$\oint_C \vec{\mathrm{F}}\cdot d\vec{r}=\int_0^{2\pi}\vec{\mathrm{F}}(\vec{r}(\theta))\cdot\vec{r}'(\theta)\,d\theta=\int_0^{2\pi}\left(-a,a\cos\theta,\frac{a^3\sin^2\theta}{2}\right)\cdot(-a\sin\theta,a\cos\theta,0)\,d\theta$$

$$=\int_0^{2\pi}a^2\sin\theta+a^2\cos^2\theta\,d\theta=\int_0^{2\pi}a^2\cos^2\theta\,d\theta=a^2\int_0^{2\pi}\frac{1+\cos\theta}{2}d\theta=\pi a^2$$

(2)

$$\nabla\times\vec{\mathrm{F}}=\left\|\begin{matrix}\boldsymbol{i}&\boldsymbol{j}&\boldsymbol{k}\\\dfrac{\partial}{\partial x}&\dfrac{\partial}{\partial y}&\dfrac{\partial}{\partial z}\\F_1&F_2&F_3\end{matrix}\right\|=\left\|\begin{matrix}\boldsymbol{i}&\boldsymbol{j}&\boldsymbol{k}\\\dfrac{\partial}{\partial x}&\dfrac{\partial}{\partial y}&\dfrac{\partial}{\partial z}\\-z&x&\dfrac{y^2z}{2}\end{matrix}\right\|=(yz,-1,1)$$

令曲面 S为朝上定向:$z=\sqrt{x^2+y^2}$，$z\le a$

藉由 Stokes' Theorem, $\oint_C \vec{\mathrm{F}}\cdot d\vec{r}=\iint_S(\nabla\times\vec{\mathrm{F}})\cdot\vec{n}dA$

$\because S$为朝上定向

令 $\vec{r}(x,y,z)=\left(x,y,(x^2+y^2)^{\frac{1}{2}}\right)$ 且 R为S曲面投影至xy平面的封闭区域

则 $R=\{(x,y):x^2+y^2\le a^2\}$ 且 $\iint_S\ (\nabla\times\vec{\mathrm{F}})\cdot\vec{n}\,dA=\iint_R\ (\nabla\times\vec{\mathrm{F}})\cdot\frac{\partial\vec{r}}{\partial x}\times\frac{\partial\vec{r}}{\partial y}dxdy$

$\because \frac{\partial\vec{r}}{\partial x}=\left(1,0,x(x^2+y^2)^{-\frac{1}{2}}\right)$ 且 $\frac{\partial\vec{r}}{\partial y}=\left(0,1,y(x^2+y^2)^{-\frac{1}{2}}\right)$

$\therefore \frac{\partial\vec{r}}{\partial x}\times\frac{\partial\vec{r}}{\partial y}=\left(-x(x^2+y^2)^{-\frac{1}{2}},-y(x^2+y^2)^{-\frac{1}{2}},1\right)$

$\Rightarrow (\nabla\times\vec{\mathrm{F}})\cdot\frac{\partial\vec{r}}{\partial x}\times\frac{\partial\vec{r}}{\partial y}=(yz,-1,1)\cdot\left(-x(x^2+y^2)^{-\frac{1}{2}},-y(x^2+y^2)^{-\frac{1}{2}},1\right)$

$=-xy+y(x^2+y^2)^{-\frac{1}{2}}+1,\ \forall(x,y,z)\in S$

$\therefore \iint_S\ (\nabla\times\vec{\mathrm{F}})\cdot\vec{n}\,dA=\iint_R\ (\nabla\times\vec{\mathrm{F}})\cdot\frac{\partial\vec{r}}{\partial x}\times\frac{\partial\vec{r}}{\partial y}dxdy$

$=\iint_{x^2+y^2\le a^2}-xy+y(x^2+y^2)^{-\frac{1}{2}}+1\,dxdy$

令$x=r\cos\theta,y=r\sin\theta$ 则 $\{(x,y):x^2+y^2\le a^2\}=\{(r,\theta):0\le r\le a,0\le\theta\le 2\pi\}$

$\therefore \iint_{x^2+y^2\le a^2}-xy+y(x^2+y^2)^{-\frac{1}{2}}+1\,dxdy=\int_0^{2\pi}\int_0^a(-r^2\cos\theta\sin\theta+\sin\theta+1)\,rdrd\theta$

$=\pi a^2$

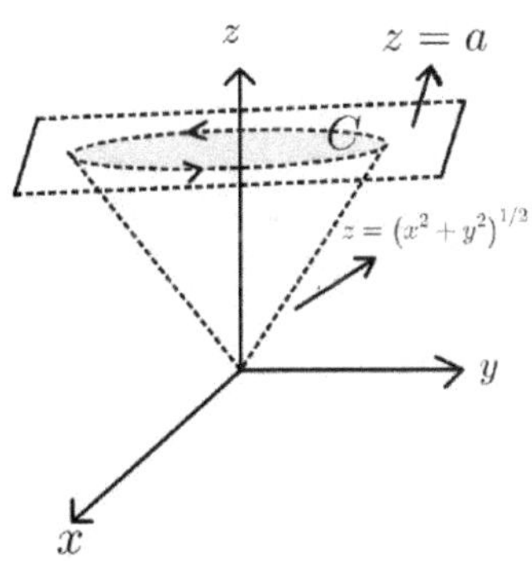

Example 5.

$\vec{\mathrm{F}}=\left(0,\frac{2x^3}{3},2y^3\right)$，曲线$C$为$(1,0,0),(0,1,0),(0,0,1)$所围逆时针封闭曲线，求$\oint_C\ \vec{\mathrm{F}}\cdot d\vec{r}$

(1)直接计算 (2)使用 Stoke's Theorem

【解】

(1)

令 $C_1:(-t+1,t,0)$，$C_2:(0,-t+1,t)$，$C_3:(t,0,-t+1)$则 $C=C_1\cup C_2\cup C_3$

$$\therefore \oint_C \vec{\mathrm{F}}\cdot d\vec{r}=\int_{C_1}\vec{F}\cdot d\vec{r}+\int_{C_2}\vec{F}\cdot d\vec{r}+\int_{C_3}\vec{F}\cdot d\vec{r}$$

$$\because \int_{C_1}\vec{F}\cdot d\vec{r}=\int_0^1\frac{2(1-t)^3}{3}dt=-\int_1^0\frac{2u^3}{3}du=\frac{1}{6}$$

$$\int_{C_2}\vec{F}\cdot d\vec{r}=\int_0^1 2(1-t)^3dt=-\int_1^0 2u^3du=\frac{1}{2}\quad 且\quad \int_{C_3}\vec{F}\cdot d\vec{r}=0$$

$$\therefore \oint_C \vec{\mathrm{F}}\cdot d\vec{r}=\frac{2}{3}$$

(2)

$$\nabla\times\vec{\mathrm{F}}=\left\|\begin{matrix}\boldsymbol{i} & \boldsymbol{j} & \boldsymbol{k}\\ \dfrac{\partial}{\partial x} & \dfrac{\partial}{\partial y} & \dfrac{\partial}{\partial z}\\ F_1 & F_2 & F_3\end{matrix}\right\|=\left\|\begin{matrix}\boldsymbol{i} & \boldsymbol{j} & \boldsymbol{k}\\ \dfrac{\partial}{\partial x} & \dfrac{\partial}{\partial y} & \dfrac{\partial}{\partial z}\\ 0 & \dfrac{2x^3}{3} & 2y^3\end{matrix}\right\|=(6y^2,0,2x^2)$$

令S为$(1,0,0),(0,1,0),(0,0,1)$在第一象限所围朝上定向平面

藉由 Stokes' Theorem, $\oint_C \vec{\mathrm{F}}\cdot d\vec{r}=\iint_S (\nabla\times\vec{\mathrm{F}})\cdot\vec{n}dA$

$\because$ S为朝上定向平面

令 $\vec{r}(x,y,z)=(x,y,1-x-y)$ 且 R 为 S曲面投影至xy平面的封闭区域

则 $R=\{(x,y):x+y\le 1,x\ge 0,y\ge 0\}$ 且 $\iint_S (\nabla\times\vec{\mathrm{F}})\cdot\vec{n}\,dA=\iint_R (\nabla\times\vec{\mathrm{F}})\cdot\frac{\partial\vec{r}}{\partial x}\times\frac{\partial\vec{r}}{\partial y}dxdy$

$$\because \frac{\partial\vec{r}}{\partial x}=(1,0,-1)\quad 且\quad \frac{\partial\vec{r}}{\partial y}=(0,1,-1)\qquad \therefore \frac{\partial\vec{r}}{\partial x}\times\frac{\partial\vec{r}}{\partial y}=(1,1,1)$$

$$\because (\nabla\times\vec{\mathrm{F}})\cdot\frac{\partial\vec{r}}{\partial x}\times\frac{\partial\vec{r}}{\partial y}=(6y^2,0,2x^2)\cdot\frac{\partial\vec{r}}{\partial x}\times\frac{\partial\vec{r}}{\partial y}=2(x^2+3y^2),\ \forall(x,y,z)\in S$$

$$\therefore \iint_S (\nabla\times\vec{\mathrm{F}})\cdot\vec{n}\,dA=\iint_R (\nabla\times\vec{\mathrm{F}})\cdot\frac{\partial\vec{r}}{\partial x}\times\frac{\partial\vec{r}}{\partial y}dxdy=2\iint_R x^2+3y^2\,dxdy$$

$$=2\int_0^1\int_0^{1-y}x^2+3y^2\,dxdy=2\int_0^1\left(\frac{x^3}{3}+3y^2x\right)\Bigg|_{x=0}^{x=1-y}dy=2\int_0^1\frac{(1-y)^3}{3}+3y^2(1-y)\,dy$$

$=\dfrac{2}{3}$

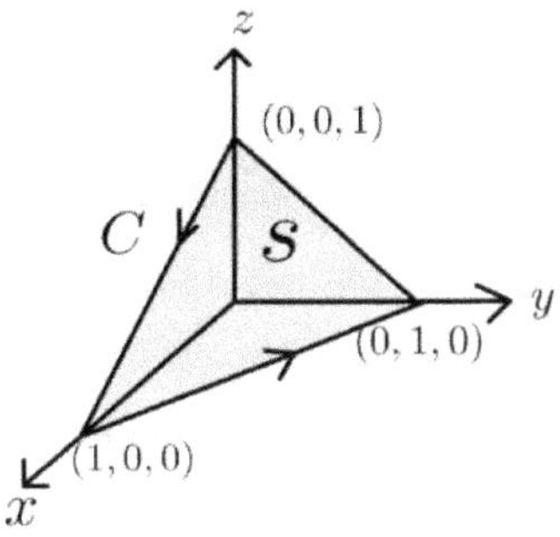

Example 6.

$\vec{\mathrm{F}}=(yz,0,0)$, C为逆时针封闭圆: $x^2+z^2=1, y=1$, 求$\oint_C \vec{\mathrm{F}}\cdot d\vec{r}=?$ (1)直接计算

(2)使用 Stoke's Theorem

【解】

(1)

令$C=\{(x,y,z): x^2+z^2=1, y=1\}$, 令 $\vec{r}(\theta)=(\cos\theta, 1, \sin\theta)$ 则 $\vec{r}'(\theta)=(-\sin\theta, 0, \cos\theta)$

$$\oint_C \vec{\mathrm{F}}\cdot d\vec{r}=\int_0^{2\pi}\vec{\mathrm{F}}\big(\vec{r}(\theta)\big)\cdot\vec{r}'(\theta)\,d\theta=\int_0^{2\pi}(\sin\theta, 0,0)\cdot(-\sin\theta, 0, \cos\theta)\,d\theta$$

$$=-\int_0^{2\pi}\sin^2\theta\,d\theta=\int_0^{2\pi}\frac{1-\cos\theta}{2}d\theta=-\pi$$

(2)

$$\nabla\times\vec{\mathrm{F}}=\left\|\begin{matrix}\boldsymbol{i} & \boldsymbol{j} & \boldsymbol{k}\\ \dfrac{\partial}{\partial x} & \dfrac{\partial}{\partial y} & \dfrac{\partial}{\partial z}\\ F_1 & F_2 & F_3\end{matrix}\right\|=\left\|\begin{matrix}\boldsymbol{i} & \boldsymbol{j} & \boldsymbol{k}\\ \dfrac{\partial}{\partial x} & \dfrac{\partial}{\partial y} & \dfrac{\partial}{\partial z}\\ yz & 0 & 0\end{matrix}\right\|=(0,y,-z)$$

令$S=\{(x,y,z): y=x^2+z^2, 0\le y\le 1\}$为朝$y$轴正向方向作定向

藉由 Stokes' Theorem, $\oint_C \vec{\mathrm{F}}\cdot d\vec{r}=\iint_S (\nabla\times\vec{\mathrm{F}})\cdot\vec{n}dA$

令 $\vec{r}(x,y,z)=(x,x^2+z^2,z)$ 且 R为S曲面投影至xz平面的封闭区域

则$R=\{(x,y): x^2+z^2\le 1\}$ 且 $\iint_S (\nabla\times\vec{\mathrm{F}})\cdot\vec{n}dA=\iint_R (\nabla\times\vec{\mathrm{F}})\cdot\dfrac{\partial\vec{r}}{\partial x}\times\dfrac{\partial\vec{r}}{\partial z}dxdz$

$\because \dfrac{\partial\vec{r}}{\partial x}=(1,2x,0)$ 且 $\dfrac{\partial\vec{r}}{\partial z}=(0,2z,1)$ $\quad\therefore \dfrac{\partial\vec{r}}{\partial x}\times\dfrac{\partial\vec{r}}{\partial z}=(2x,-1,2z)$

$$\therefore \left(\nabla \times \vec{\mathrm{F}}\right) \cdot \frac{\partial \vec{r}}{\partial x} \times \frac{\partial \vec{r}}{\partial z} = (0, y, -z) \cdot (2x, -1, 2z) = -y - 2z^2 = -x^2 - 3z^2, \ \forall (x, y, z) \in S$$

$$\therefore \iint_S \left(\nabla \times \vec{\mathrm{F}}\right) \cdot \vec{n} dA = \iint_R \left(\nabla \times \vec{\mathrm{F}}\right) \cdot \frac{\partial \vec{r}}{\partial x} \times \frac{\partial \vec{r}}{\partial z} dxdz = \iint_{x^2+z^2\leq 1} -x^2 - 3z^2 dxdz$$

令$x = r\cos\theta, z = r\sin\theta$ 则 $\{(x, y): x^2 + z^2 \leq 1\} = \{(r, \theta): 0 \leq r \leq 1, 0 \leq \theta \leq 2\pi\}$

$$\text{且 } dxdz = \left\| \begin{matrix} \dfrac{\partial x}{\partial r} & \dfrac{\partial x}{\partial \theta} \\ \dfrac{\partial z}{\partial r} & \dfrac{\partial z}{\partial \theta} \end{matrix} \right\| drd\theta = \left\| \begin{matrix} \cos\theta & -r\sin\theta \\ \sin\theta & r\cos\theta \end{matrix} \right\| drd\theta = rdrd\theta$$

$$\therefore \iint_{x^2+z^2\leq 1} -x^2 - 3z^2 dxdz = \int_0^{2\pi} \int_0^1 -r^3\cos^2\theta - 3r^3\sin^2\theta \, drd\theta$$

$$= \int_0^{2\pi} -\frac{1}{4}\left(\frac{1+\cos\theta}{2}\right) - \frac{3}{4}\left(\frac{1-\cos\theta}{2}\right) d\theta = -\pi$$

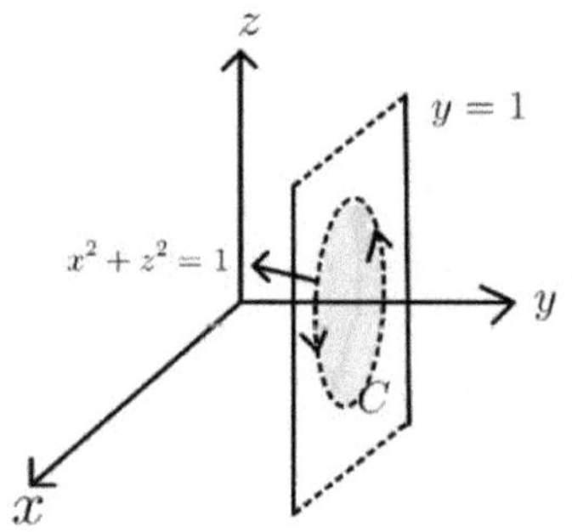

Example 7.

假设C是$x + y + z = 2$ 平面上任意正向封闭曲线，试证$\oint_C zdx - 2xdy + 4ydz$

只与C所围面积有关，与C的形状与位置无关

【解】

令C在平面$x + y + z = 2$ 所围封闭区域为 R

令$\vec{\mathrm{F}} = (z, -2x, 4y)$，$\because \vec{F}$的各分量一阶偏导数存在且连续

藉由 Stokes' Theorem, $\oint_C zdx - 2xdy + 4ydz = \oint_C \vec{\mathrm{F}} \cdot d\vec{r} = \iint_R \left(\nabla \times \vec{\mathrm{F}}\right) \cdot \vec{n} dA$

令$\vec{n}$为$x + y + z = 2$ 单位法向量 则 $\vec{n} = \left(\frac{1}{\sqrt{3}}, \frac{1}{\sqrt{3}}, \frac{1}{\sqrt{3}}\right)$

$$\because \nabla\times\vec{\mathrm{F}}=\begin{vmatrix}\vec{i} & \vec{j} & \vec{k}\\ \dfrac{\partial}{\partial x} & \dfrac{\partial}{\partial y} & \dfrac{\partial}{\partial z}\\ z & -2x & 4y\end{vmatrix}=(4,1,-2)$$

$$\therefore \iint_R (\nabla\times\vec{\mathrm{F}})\cdot\vec{n}dA=\iint_R (4,1,-2)\cdot\left(\frac{1}{\sqrt{3}},\frac{1}{\sqrt{3}},\frac{1}{\sqrt{3}}\right)dA=\frac{3}{\sqrt{3}}\iint_R dA$$

$$\therefore \oint_C zdx-2xdy+4ydz=\sqrt{3}\iint_R dA$$

$\therefore \oint_C zdx-2xdy+4ydz$ 只与C所围面积有关，与C的形状与位置无关

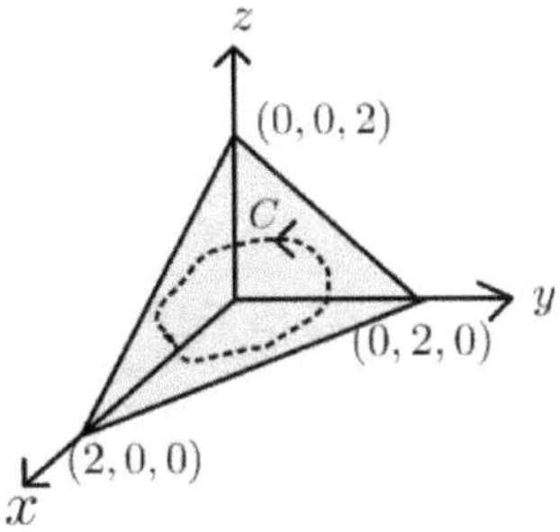

Example 8.

藉由 Stokes' Theorem 求$\oint_C \vec{\mathrm{F}}\cdot d\vec{r}=?$，$\vec{\mathrm{F}}=(z^2,y^2,x)$，$C$是$(a,0,0),(0,a,0),(0,0,a)$所围成的逆时针封闭曲线

【解】

令$S=\{(x,y,z): x,y,z\geq 0, x+y+z=a\}$为朝上定向平面

$\because \vec{F}$的各分量一阶偏导数存在且连续

藉由 Stokes' Theorem, $\oint_C z^2dx+y^2dy+xdz=\oint_C \vec{\mathrm{F}}\cdot d\vec{r}=\iint_S (\nabla\times\vec{\mathrm{F}})\cdot\vec{n}dA$

$\because S$为朝上定向

令 $\vec{r}(x,y)=(x,y,a-x-y)$ 且 $\mathrm{R}=\{(x,y): 0\leq x+y\leq a\}$

则 $\iint_S (\nabla\times\vec{\mathrm{F}})\cdot\vec{n}dA=\iint_R (\nabla\times\vec{\mathrm{F}})\cdot\dfrac{\partial\vec{r}}{\partial x}\times\dfrac{\partial\vec{r}}{\partial y}dxdy$

$\because \dfrac{\partial\vec{r}}{\partial x}=(1,0,-1)$，$\dfrac{\partial\vec{r}}{\partial y}=(0,1,-1)$ $\quad\therefore \dfrac{\partial\vec{r}}{\partial x}\times\dfrac{\partial\vec{r}}{\partial y}=(1,1,1)$

$$\because \nabla\times\vec{F}=\begin{vmatrix}\vec{i} & \vec{j} & \vec{k}\\ \dfrac{\partial}{\partial x} & \dfrac{\partial}{\partial y} & \dfrac{\partial}{\partial z}\\ z^2 & y^2 & x\end{vmatrix}=(0,2z-1,0)=(0,2(a-x-y)-1,0),\ \ \forall(x,y,z)\in S$$

$$\therefore \iint_R (\nabla\times\vec{F})\cdot\frac{\partial\vec{r}}{\partial x}\times\frac{\partial\vec{r}}{\partial y}dxdy=\iint_{0\le x+y\le a}2(a-x-y)-1dxdy$$

藉由 Fubini's Theorem

$$\iint_{0\le x+y\le a}2(a-x-y)-1dxdy=\int_0^a\int_0^{a-y}(2a-1)-2x-2y\,dxdy$$

$$=\int_0^a a(a-1)-y(2a-1)+y^2dy=\frac{a^3}{3}-\frac{a^2}{2}$$

Example 9.

$\vec{F}=\left(x^2z,0,-\dfrac{y^3}{3}\right)$, C为 $(a,0,0),(0,a,0),(0,0,a)$所围逆时针封闭曲线$(a>0)$,

求$\oint_C \vec{F}\cdot d\vec{r}=?$ (1)直接计算 (2)使用 Stoke's Theorem

【解】

(1)

令 $C_1:(-at+a,at,0)$, $C_2:(0,-at+a,at)$, $C_3:(at,0,-at+a)$ 则 $C=C_1\cup C_2\cup C_3$

$$\therefore \oint_C \vec{F}\cdot d\vec{r}=\int_{C_1}\vec{F}\cdot d\vec{r}+\int_{C_2}\vec{F}\cdot d\vec{r}+\int_{C_3}\vec{F}\cdot d\vec{r}$$

$$\because \int_{C_1}\vec{F}\cdot d\vec{r}=-\int_0^1\frac{(at)^3}{3}dt=0$$

$$\int_{C_2}\vec{F}\cdot d\vec{r}=-a^3\int_0^1\frac{(1-t)^3}{3}dt=-\frac{a^3}{12}\quad 且\quad \int_{C_3}\vec{F}\cdot d\vec{r}=a^3\int_0^1 t^2(1-t)dt=\frac{a^3}{12}$$

$$\therefore \oint_C \vec{F}\cdot d\vec{r}=\int_{C_1}\vec{F}\cdot d\vec{r}+\int_{C_2}\vec{F}\cdot d\vec{r}+\int_{C_3}\vec{F}\cdot d\vec{r}=0$$

(2)

$$\nabla\times\vec{F}=\begin{Vmatrix}\boldsymbol{i} & \boldsymbol{j} & \boldsymbol{k}\\ \dfrac{\partial}{\partial x} & \dfrac{\partial}{\partial y} & \dfrac{\partial}{\partial z}\\ F_1 & F_2 & F_3\end{Vmatrix}=\begin{Vmatrix}\boldsymbol{i} & \boldsymbol{j} & \boldsymbol{k}\\ \dfrac{\partial}{\partial x} & \dfrac{\partial}{\partial y} & \dfrac{\partial}{\partial z}\\ x^2z & 0 & -\dfrac{y^3}{3}\end{Vmatrix}=(-y^2,x^2,0)$$

令S为$(a,0,0),(0,a,0),(0,0,a)$在第一象限所围朝上定向平面

藉由 Stokes' Theorem, $\oint_C \vec{\mathrm{F}}\cdot d\vec{r}=\iint_S (\nabla\times\vec{\mathrm{F}})\cdot\vec{n}dA$

$\because$ S为朝上定向平面

令 $\vec{r}(x,y,z)=(x,y,a-x-y)$ 且 $R=\{(x,y)\colon\ 0\le x\le a, 0\le y\le a-x\}$

则 $\iint_S (\nabla\times\vec{\mathrm{F}})\cdot\vec{n}\,dA=\iint_R (\nabla\times\vec{\mathrm{F}})\cdot\frac{\partial\vec{r}}{\partial x}\times\frac{\partial\vec{r}}{\partial y}dxdy$

$\because \frac{\partial\vec{r}}{\partial x}=(1,0,-1)$ 且 $\frac{\partial\vec{r}}{\partial y}=(0,1,-1)$ $\therefore \frac{\partial\vec{r}}{\partial x}\times\frac{\partial\vec{r}}{\partial y}=(1,1,1)$

$\because (\nabla\times\vec{\mathrm{F}})\cdot\frac{\partial\vec{r}}{\partial x}\times\frac{\partial\vec{r}}{\partial y}=(-y^2,x^2,0)\cdot(1,1,1)=x^2-y^2,\ \forall(x,y,z)\in S$

$$\therefore \iint_R (\nabla\times\vec{\mathrm{F}})\cdot\frac{\partial\vec{r}}{\partial x}\times\frac{\partial\vec{r}}{\partial y}dxdy=\int_0^a\int_0^{a-x}x^2-y^2\,dydx=\int_0^a x^2(a-x)-\frac{(a-x)^3}{3}dx$$

$$=\int_0^a -\frac{a^3}{3}+a^2x-\frac{2x^3}{3}dx=a^4\left(-\frac{1}{3}+\frac{1}{2}-\frac{1}{6}\right)=0$$

Example 10.

$\vec{\mathrm{F}}=\left(0,-\frac{x^2y}{2},-\frac{x^2z}{2}\right)$，$S\colon z=xy, 0\le x\le 1, 0\le y\le 2$ 且C为曲面S的正向边界曲线，使用 Stoke's Theorem 求$\oint_C \vec{\mathrm{F}}\cdot d\vec{r}=?$

【解】

$$\nabla\times\vec{\mathrm{F}}=\begin{Vmatrix}\boldsymbol{i} & \boldsymbol{j} & \boldsymbol{k}\\ \frac{\partial}{\partial x} & \frac{\partial}{\partial y} & \frac{\partial}{\partial z}\\ F_1 & F_2 & F_3\end{Vmatrix}=\begin{Vmatrix}\boldsymbol{i} & \boldsymbol{j} & \boldsymbol{k}\\ \frac{\partial}{\partial x} & \frac{\partial}{\partial y} & \frac{\partial}{\partial z}\\ 0 & -\frac{x^2y}{2} & -\frac{x^2z}{2}\end{Vmatrix}=(0,xz,-xy)$$

藉由 Stokes' Theorem, $\oint_C \vec{\mathrm{F}}\cdot d\vec{r}=\iint_S (\nabla\times\vec{\mathrm{F}})\cdot\vec{n}dA$

令 $\vec{r}(x,y,z)=(x,y,xy)$ 且 $R=\{(x,y)\colon\ 0\le x\le 1, 0\le y\le 2\}$

则 $\iint_S (\nabla \times \vec{\mathrm{F}}) \cdot \vec{n}\, dA = \iint_R (\nabla \times \vec{\mathrm{F}}) \cdot \frac{\partial \vec{r}}{\partial x} \times \frac{\partial \vec{r}}{\partial y} dxdy$

$\because \frac{\partial \vec{r}}{\partial x} = (1,0,y)$ 且 $\frac{\partial \vec{r}}{\partial y} = (0,1,x)$ $\therefore \frac{\partial \vec{r}}{\partial x} \times \frac{\partial \vec{r}}{\partial y} = (-y,-x,1)$

$\because (\nabla \times \vec{\mathrm{F}}) \cdot \frac{\partial \vec{r}}{\partial x} \times \frac{\partial \vec{r}}{\partial y} = (0,xz,-xy) \cdot (-y,-x,1) = -x^2z - xy = -x^3y - xy,\ \forall (x,y,z) \in S$

$\iint_R (\nabla \times \vec{\mathrm{F}}) \cdot \frac{\partial \vec{r}}{\partial x} \times \frac{\partial \vec{r}}{\partial y} dxdy = \int_0^1 \int_0^2 -x^3y - xy\, dydx = \int_0^a -2x^3 - 2xdx = \left(-\frac{x^4}{2} - x^2\right)\Big|_0^1$

$= -\frac{3}{2}$

Example 11.

藉由 Stokes' Theorem 求 $\oint_C (e^x y - y^3)dx + (e^x + x^3)\, dy =?$，其中 C 半径为 6 的逆时针封闭圆: $x = 6\cos\theta\,, y = 6\sin\theta\,, 0 \le \theta \le 2\pi$

【解】

令 $S = \{(x,y,z): x^2 + y^2 \le 36, z = 0\}$ 为朝上定向

令 $\vec{\mathrm{F}} = (e^x y - y^3, e^x + x^3, 0)$，$\because \vec{F}$ 的各分量一阶偏导数存在且连续

藉由 Stokes' Theorem, $\oint_C \vec{\mathrm{F}} \cdot d\vec{r} = \iint_S (\nabla \times \vec{\mathrm{F}}) \cdot \vec{n} dA$

$\because S$ 为朝上定向

令 $\vec{r}(x,y) = (x,y,0)$ 且 $\mathrm{R} = \{(x,y): x^2 + y^2 \le 36\}$

则 $\iint_S (\nabla \times \vec{\mathrm{F}}) \cdot \vec{n} dA = \iint_R (\nabla \times \vec{\mathrm{F}}) \cdot \frac{\partial \vec{r}}{\partial x} \times \frac{\partial \vec{r}}{\partial y} dxdy$

$\because \frac{\partial \vec{r}}{\partial x} = (1,0,0)$，$\frac{\partial \vec{r}}{\partial y} = (0,1,0)$ $\therefore \frac{\partial \vec{r}}{\partial x} \times \frac{\partial \vec{r}}{\partial y} = (0,0,1)$

$$\because \nabla\times\vec{\mathrm{F}}=\begin{vmatrix}\vec{i} & \vec{j} & \vec{k}\\ \dfrac{\partial}{\partial x} & \dfrac{\partial}{\partial y} & \dfrac{\partial}{\partial z}\\ e^x y-y^3 & e^x+x^3 & 0\end{vmatrix}=(0,0,3x^2+3y^2)$$

$$\therefore \iint_R (\nabla\times\vec{\mathrm{F}})\cdot\frac{\partial\vec{r}}{\partial x}\times\frac{\partial\vec{r}}{\partial y}dxdy=\iint_R (0,0,3x^2+3y^2)\cdot(0,0,1)dxdy$$

$$=3\iint_{x^2+y^2\leq 36} x^2+y^2dxdy$$

令$x=r\cos\theta\,,y=r\sin\theta$ 则 $\{(x,y):x^2+y^2\leq 36\}=\{(r,\theta):0\leq r\leq 6,0\leq\theta\leq 2\pi\}$

$$且\ dxdy=\left|\begin{vmatrix}\dfrac{\partial x}{\partial r} & \dfrac{\partial x}{\partial\theta}\\ \dfrac{\partial y}{\partial r} & \dfrac{\partial y}{\partial\theta}\end{vmatrix}\right|drd\theta=\left|\begin{vmatrix}\cos\theta & -r\sin\theta\\ \sin\theta & r\cos\theta\end{vmatrix}\right|drd\theta=rdrd\theta$$

$$\therefore 3\iint_{x^2+y^2\leq 36} x^2+y^2dxdy=3\int_0^{2\pi}\int_0^6 r^3\,drd\theta=1944\pi$$

Example 12.

藉由 Stokes' Theorem 求$\oint_C\ y^3dx-x^3\,dy=?$，C半径为 2 的逆时针封闭圆:

$x^2+y^2=4$

【解】

令$S=\{(x,y,z):x^2+y^2\leq 4,\mathrm{z}=0\}$为朝上定向

令$\vec{\mathrm{F}}=(y^3,-x^3,0)$，$\because\vec{F}$的各分量一阶偏导数存在且连续

藉由 Stokes' Theorem, $\oint_C\ \vec{\mathrm{F}}\cdot d\vec{r}=\iint_S\ (\nabla\times\vec{\mathrm{F}})\cdot\vec{n}dA$

$\because S$为朝上定向

令 $\vec{r}(x,y)=(x,y,0)$ 且 $\mathrm{R}=\{(x,y):x^2+y^2\leq 4\}$

$$则\iint_S\ (\nabla\times\vec{\mathrm{F}})\cdot\vec{n}dA=\iint_R\ (\nabla\times\vec{\mathrm{F}})\cdot\frac{\partial\vec{r}}{\partial x}\times\frac{\partial\vec{r}}{\partial y}dxdy$$

$$\because\ \frac{\partial\vec{r}}{\partial x}=(1,0,0),\ \frac{\partial\vec{r}}{\partial y}=(0,1,0)\quad\therefore\ \frac{\partial\vec{r}}{\partial x}\times\frac{\partial\vec{r}}{\partial y}=(0,0,1)$$

$$\because \nabla\times\vec{F}=\begin{vmatrix}\vec{i} & \vec{j} & \vec{k}\\ \dfrac{\partial}{\partial x} & \dfrac{\partial}{\partial y} & \dfrac{\partial}{\partial z}\\ y^3 & -x^3 & 0\end{vmatrix}=(0,0,-3x^2-3y^2)$$

$$\therefore \iint_R (\nabla\times\vec{F})\cdot\frac{\partial\vec{r}}{\partial x}\times\frac{\partial\vec{r}}{\partial y}dxdy=\iint_R (0,0,-3x^2-3y^2)\cdot(0,0,1)dxdy$$

$$=-3\iint_{x^2+y^2\le 4} x^2+y^2dxdy$$

令$x=r\cos\theta\,,y=r\sin\theta$ 则 $\{(x,y):x^2+y^2\le 4\}=\{(r,\theta):0\le r\le 2,0\le\theta\le 2\pi\}$

$$且\ dxdy=\left|\begin{vmatrix}\dfrac{\partial x}{\partial r} & \dfrac{\partial x}{\partial\theta}\\ \dfrac{\partial y}{\partial r} & \dfrac{\partial y}{\partial\theta}\end{vmatrix}\right|drd\theta=\left|\begin{vmatrix}\cos\theta & -r\sin\theta\\ \sin\theta & r\cos\theta\end{vmatrix}\right|drd\theta=rdrd\theta$$

$$\therefore -3\iint_{x^2+y^2\le 4} x^2+y^2dxdy=-3\int_0^{2\pi}\int_0^2 r^3\,drd\theta=-24\pi$$

9.6.3 $\nabla\times\vec{F}\neq 0$,把非封闭曲面积分转成封闭线积分

同理，也可使用 Stokes' Theorem 把非封闭曲面积分的问题转成封闭曲线积分的问题

考试类型:

Type 1.

使用 Stokes' Theorem 求 $\iint_S (\nabla\times\vec{F})\cdot\vec{n}dA=?$，其中 S为朝上定向非封闭的光滑曲面，S的边界 $=\{(x,y,z):x^2+y^2=a^2,z=c\}$，$\vec{F}$各分量的一阶偏导数存在且连续

解题流程:

Step1.

令$C=\{(x,y,z):x^2+y^2=a^2,z=c\}$

Step2.

令$x=a\cos\theta$，$y=a\sin\theta$ 则 $\vec{r}(\theta)=(a\cos\theta\,,a\sin\theta\,,c)$ $\therefore \vec{r}'(\theta)=(-a\sin\theta\,,a\cos\theta\,,0)$

Step3.

藉由 Stokes' Theorem

$$\iint_S (\nabla\times\vec{\mathrm{F}})\cdot\vec{n}dA=\oint_C \vec{\mathrm{F}}\cdot d\vec{r}=\int_0^{2\pi}\vec{\mathrm{F}}(\vec{r}(\theta))\cdot\vec{r}'(\theta)d\theta$$

$$=\int_0^{2\pi}\big(f_1(a\cos\theta,a\sin\theta,c),f_2(a\cos\theta,a\sin\theta,c)\big)\cdot(-a\sin\theta,a\cos\theta)d\theta$$

其中 $\vec{\mathrm{F}}=\big(f_1(x,y,z),f_2(x,y,z),f_3(x,y,z)\big)$

Step4.

求 $\int_0^{2\pi}\big(f_1(a\cos\theta,a\sin\theta,c),f_2(a\cos\theta,a\sin\theta,c)\big)\cdot(-a\sin\theta,a\cos\theta)d\theta=?$

如果S为朝下定向非封闭的光滑曲面则求

$$-\int_0^{2\pi}\big(f_1(a\cos\theta,a\sin\theta,c),f_2(a\cos\theta,a\sin\theta,c)\big)\cdot(-a\sin\theta,a\cos\theta)d\theta$$

<u>范例说明:</u>

(I) $\vec{\mathrm{F}}=(-y^3\cos z,x^3e^z,-e^z)$且$S$为朝上定向上半球球面: $x^2+y^2+(z-a)^2=2a^2,z>0$

求 $\iint_S (\nabla\times\vec{\mathrm{F}})\cdot\vec{n}dA=?$

令 $C=\{(x,y,z):x^2+y^2=a^2,z=0\}$

令$x=a\cos\theta$, $y=a\sin\theta$ 则 $\vec{r}(\theta)=(a\cos\theta,a\sin\theta,0)$ $\therefore\vec{r}'(\theta)=(-a\sin\theta,a\cos\theta,0)$

藉由 Stokes' Theorem

$$\iint_S (\nabla\times\vec{\mathrm{F}})\cdot\vec{n}dA=\oint_C \vec{\mathrm{F}}\cdot d\vec{r}=\int_0^{2\pi}\vec{\mathrm{F}}(\vec{r}(\theta))\cdot\vec{r}'(\theta)d\theta$$

$$=\int_0^{2\pi}(-(a\sin\theta)^3,(a\cos\theta)^3,1)\cdot(-a\sin\theta,a\cos\theta,0)d\theta=\frac{3a^4\pi}{2}$$

(II) $\vec{\mathrm{F}}=(2x-y,2y+z,xyz)$ 且S为朝上定向上半球球面: $\dfrac{x^2}{a^2}+\dfrac{y^2}{b^2}+\dfrac{z^2}{c^2}=1$, $z>0$,

求 $\iint_S (\nabla\times\vec{\mathrm{F}})\cdot\vec{n}dA=?$

令$C=\{(x,y,z):\dfrac{x^2}{a^2}+\dfrac{y^2}{b^2}=1,z=0\}$

令$x=a\cos\theta$, $y=b\sin\theta$ 则 $\vec{r}(\theta)=(a\cos\theta,b\sin\theta,0)$ $\therefore\vec{r}'(\theta)=(-a\sin\theta,b\cos\theta,0)$

藉由 Stokes' Theorem

$$\iint_S (\nabla\times\vec{\mathrm{F}})\cdot\vec{n}dA=\oint_C \vec{\mathrm{F}}\cdot d\vec{r}=\int_0^{2\pi}\vec{\mathrm{F}}(\vec{r}(\theta))\cdot\vec{r}'(\theta)d\theta$$

$$=\int_0^{2\pi}(2a\cos\theta-b\sin\theta,2b\sin\theta,0)\cdot(-a\sin\theta,b\cos\theta,0)d\theta=ab\pi$$

Type 2.

使用 Stokes' Theorem 求 $\iint_S (\nabla\times\vec{\mathrm{F}})\cdot\vec{n}dA=?$，$S$为朝上定向非封闭的光滑曲面，$S$的封闭边界$C$为分段光滑曲线,即$C=\bigcup_{i=1}^{n}C_i$ 且 $C_i\colon\vec{r}_i(t)$，$\vec{\mathrm{F}}$各分量的一阶偏导数存在且连续

解题流程:

Step1.

藉由 Stokes' Theorem，$\iint_S (\nabla\times\vec{\mathrm{F}})\cdot\vec{n}dA=\oint_C \vec{\mathrm{F}}\cdot d\vec{r}=\sum_{i=1}^{n}\int_{C_i}\vec{\mathrm{F}}\left(\vec{r}_i(t)\right)\cdot\vec{r}_i'(t)dt$

Step2.

求 $\sum_{i=1}^{n}\int_{C_i}\vec{\mathrm{F}}\left(\vec{r}_i(t)\right)\cdot\vec{r}_i'(t)dt$

Example 1.

求 $\iint_S (\nabla\times\vec{\mathrm{F}})\cdot\vec{n}dA=?$，$S=\{(x,y,z)\colon x^2+y^2\leq 1, z=0\}$且$S$为朝上定向，
$\vec{\mathrm{F}}=(y^2,x^2,0)$ (1)直接计算 (2)使用 Stoke's Theorem

【解】

(1)

$$\because \nabla\times\vec{\mathrm{F}}=\begin{vmatrix}\vec{i} & \vec{j} & \vec{k}\\ \dfrac{\partial}{\partial x} & \dfrac{\partial}{\partial y} & \dfrac{\partial}{\partial z}\\ y^2 & x^2 & 0\end{vmatrix}=(0,0,2x-2y)$$

$\because S$为朝上定向

令 $\vec{r}(x,y)=(x,y,0)$，令R为曲面S投影至xy平面的封闭区域

则$R=\{(x,y)\colon x^2+y^2\leq 1\}$ 且 $\iint_S (\nabla\times\vec{\mathrm{F}})\cdot\vec{n}dA=\iint_R (\nabla\times\vec{\mathrm{F}})\cdot\dfrac{\partial\vec{r}}{\partial x}\times\dfrac{\partial\vec{r}}{\partial y}dxdy$

$\because \frac{\partial \vec{r}}{\partial x}=(1,0,0)$，$\frac{\partial \vec{r}}{\partial y}=(0,1,0)$ $\therefore \frac{\partial \vec{r}}{\partial x}\times\frac{\partial \vec{r}}{\partial y}=(0,0,1)$

$\therefore \iint_S (\nabla\times\vec{\mathrm{F}})\cdot\vec{n}dA=2\iint_{x^2+y^2\le 1} x-ydxdy$

令$x=r\cos\theta\,,y=r\sin\theta$ 则 $2\iint_{x^2+y^2\le 1} x-ydxdy=2\int_0^{2\pi}\int_0^1(r\cos\theta-r\sin\theta)rdrd\theta$

$\because \int_0^{2\pi}\cos\theta-\sin\theta\,d\theta=0$ $\therefore \iint_S (\nabla\times\vec{\mathrm{F}})\cdot\vec{n}dA=2\int_0^{2\pi}\int_0^1(r\cos\theta-r\sin\theta)rdrd\theta=0$

(2)

令C为曲面 S 与 $z=0$ 交集的逆时针封闭曲线则 $C=\{(x,y,z):x^2+y^2=1,z=0\}$

令 $\vec{r}(\theta)=(\cos\theta\,,\sin\theta\,,0)$，$0\le\theta\le 2\pi$ $\therefore \vec{r}'(\theta)=(-\sin\theta\,,\cos\theta\,,0)$

$\because \vec{F}$的各分量一阶偏导数存在且连续，藉由 Stokes' Theorem

则 $\iint_S (\nabla\times\vec{\mathrm{F}})\cdot\vec{n}dA=\oint_C \vec{\mathrm{F}}\cdot d\vec{r}=\int_0^{2\pi}\vec{\mathrm{F}}(\vec{r}(\theta))\cdot\vec{r}'(\theta)\,d\theta$

$=\int_0^{2\pi}(\sin^2,\cos^2,0)\cdot(-\sin\theta\,,\cos\theta\,,0)\,d\theta=\int_0^{2\pi}-\sin^3\theta+\cos^3\theta\,d\theta$

$\because -\sin^3\theta+\cos^3\theta=(\cos\theta-\sin\theta)(\cos^2\theta+\sin\theta\cos\theta+\sin^2\theta)$

$=(\cos\theta-\sin\theta)(1+\sin\theta\cos\theta)=(\cos\theta-\sin\theta)-\sin^2\theta\cos\theta+\sin\theta\cos^2\theta$

$\therefore \int_0^{2\pi}-\sin^3\theta+\cos^3\theta\,d\theta=\int_0^{2\pi}(\cos\theta-\sin\theta)-\sin^2\theta\cos\theta+\sin\theta\cos^2\theta\,d\theta$

$=-\frac{\sin^3\theta}{3}+\frac{\cos^3\theta}{3}\Big|_0^{2\pi}=0$

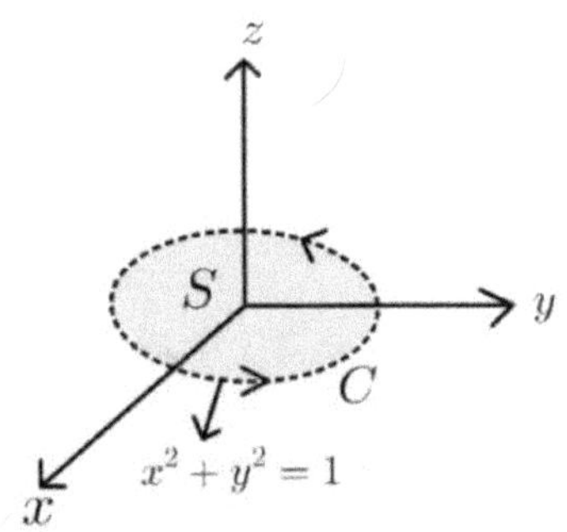

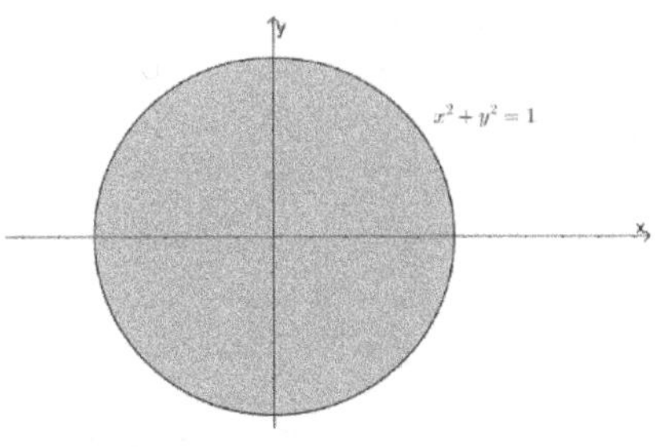

Example 2.

$\vec{\mathrm{F}}=(0,-xz,-xy)$，$S$ 为非封闭朝y轴负向作定向的抛物面 $y=x^2+z^2$，$0\le y\le 1$，

求 $\iint_S (\nabla\times\vec{\mathrm{F}})\cdot\vec{n}dA=?$ (1)直接计算 (2) 使用 Stokes' Theorem

【解】

(1)

$$\because \operatorname{curl}\vec{\mathrm{F}}=\nabla\times\vec{\mathrm{F}}=\left\|\begin{matrix}\boldsymbol{i} & \boldsymbol{j} & \boldsymbol{k}\\ \dfrac{\partial}{\partial x} & \dfrac{\partial}{\partial y} & \dfrac{\partial}{\partial z}\\ 0 & -xz & -xy\end{matrix}\right\|=(0,y,-z)$$

$\because S$ 朝y轴负向作定向

令 $\vec{r}(x,y,z)=(x,x^2+z^2,z)$ 且 R为曲面S投影至xz平面的封闭区域

则$R=\{(x,y):x^2+z^2\le 1\}$ 且 $\iint_S (\nabla\times\vec{\mathrm{F}})\cdot\vec{n}\,dA=-\iint_R (\nabla\times\vec{\mathrm{F}})\cdot\dfrac{\partial\vec{r}}{\partial x}\times\dfrac{\partial\vec{r}}{\partial z}dxdz$

$\because \dfrac{\partial\vec{r}}{\partial x}=(1,2x,0)$ 且 $\dfrac{\partial\vec{r}}{\partial y}=(0,2z,1)$ $\quad\therefore \dfrac{\partial\vec{r}}{\partial x}\times\dfrac{\partial\vec{r}}{\partial y}=(2x,-1,2z)$

$\therefore (\nabla\times\vec{\mathrm{F}})\cdot\dfrac{\partial\vec{r}}{\partial x}\times\dfrac{\partial\vec{r}}{\partial z}=(0,y,-z)\cdot(2x,-1,2z)=-y-2z^2=-x^2-3z^2,\ \forall(x,y,z)\in S$

$\therefore \iint_S (\nabla\times\vec{\mathrm{F}})\cdot\vec{n}\,dA=-\iint_R (\nabla\times\vec{\mathrm{F}})\cdot\dfrac{\partial\vec{r}}{\partial x}\times\dfrac{\partial\vec{r}}{\partial z}dxdz=\iint_{x^2+z^2\le 1} x^2+3z^2dxdz$

令$x=r\cos\theta,z=r\sin\theta$ 则 $\{(x,y):x^2+z^2\le 1\}=\{(r,\theta):0\le r\le 1,0\le\theta\le 2\pi\}$

$$\text{且 } dxdz=\left\|\begin{matrix}\dfrac{\partial x}{\partial r} & \dfrac{\partial x}{\partial\theta}\\ \dfrac{\partial z}{\partial r} & \dfrac{\partial z}{\partial\theta}\end{matrix}\right\|drd\theta=\left\|\begin{matrix}\cos\theta & -r\sin\theta\\ \sin\theta & r\cos\theta\end{matrix}\right\|drd\theta=rdrd\theta$$

$$\therefore \iint_{x^2+z^2\le 1} x^2+3z^2dxdz=\int_0^{2\pi}\int_0^1 r^3\cos^2\theta+3r^3\sin^2\theta\,drd\theta$$

$$=\int_0^{2\pi}\frac{1}{4}\left(\frac{1+\cos\theta}{2}\right)+\frac{3}{4}\left(\frac{1-\cos\theta}{2}\right)d\theta=\pi$$

(2)

令$C:x^2+z^2=1,\ y=1$ 为逆时针封闭曲线

$\because S$ 朝y轴负向作定向且$\vec{F}$的各分量一阶偏导数存在且连续

藉由 Stokes' Theorem, $\iint_S (\nabla\times\vec{\mathrm{F}})\cdot\vec{n}dA=-\oint_C \vec{\mathrm{F}}\cdot d\vec{r}$

令$\vec{r}(t)=(\cos t,1,\sin t)$ 则 $\vec{r}'(t)=(-\sin t,0,\cos t)$

$$\therefore -\oint_C \vec{\mathrm{F}}\cdot d\vec{r} = -\int_0^{2\pi} \vec{\mathrm{F}}\big(\vec{r}(t)\big)\cdot \vec{r}'(t)\,dt$$

$$= -\int_0^{2\pi} (0, -\cos t\sin t\,, -\cos t)\cdot(-\sin t\,, 0, \cos t)\,dt = \int_0^{2\pi} \cos^2 t\,dt = \pi$$

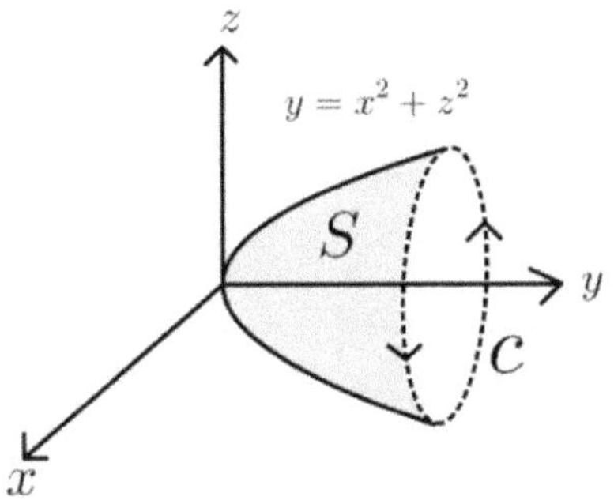

Example 3.

使用 Stokes' Theorem 求 $\iint_S (\nabla\times\vec{\mathrm{F}})\cdot\vec{n}dA = ?$，$\vec{\mathrm{F}} = (-y^3\cos z\,, x^3e^z, -e^z)$,

$S: x^2+y^2+(z-a)^2 = 2a^2$，$z>0$ 为朝上定向的上半球球面

【解】

令C为曲面 S 与 $z=0$ 交集的逆时针封闭曲线则$C = \{(x,y,z): x^2+y^2 = a^2, z=0\}$

令$x = a\cos\theta\,, y = a\sin\theta$ 则 $\vec{r}(\theta) = (a\cos\theta\,, a\sin\theta\,, 0)$ $\quad\therefore \vec{r}'(\theta) = (-a\sin\theta\,, a\cos\theta\,, 0)$

$\because$ S 为朝上定向

$\because$ $\vec{F}$的各分量一阶偏导数存在且连续，藉由 Stokes' Theorem

则 $\iint_S (\nabla\times\vec{\mathrm{F}})\cdot\vec{n}dA = \oint_C \vec{\mathrm{F}}\cdot d\vec{r} = \int_0^{2\pi} \vec{\mathrm{F}}(\vec{r}(\theta))\cdot\vec{r}'(\theta)\,d\theta$

$$= \int_0^{2\pi} (-(a\sin\theta)^3, (a\cos\theta)^3, 1)\cdot(-a\sin\theta\,, a\cos\theta\,, 0)\,d\theta = a^4\int_0^{2\pi} \sin^4\theta + \cos^4\theta\,d\theta$$

$$\because \sin^4\theta + \cos^4\theta = (\sin^2\theta+\cos^2\theta)^2 - 2\sin^2\theta\cos^2\theta = 1 - 2(\sin\theta\cos\theta)^2$$

$$= 1 - 2\left(\frac{\sin 2\theta}{2}\right)^2 = 1 - \frac{\sin^2 2\theta}{2} = 1 - \frac{1-\cos 4\theta}{4} = \frac{3-\cos 4\theta}{4}$$

且 $\int_0^{2\pi} \sin^4\theta + \cos^4\theta\,d\theta = \int_0^{2\pi} \frac{3-\cos 4\theta}{4}d\theta = \frac{3\pi}{2}$

$$\therefore \iint_S (\nabla\times\vec{\mathrm{F}})\cdot\vec{n}dA = \frac{3a^4\pi}{2}$$

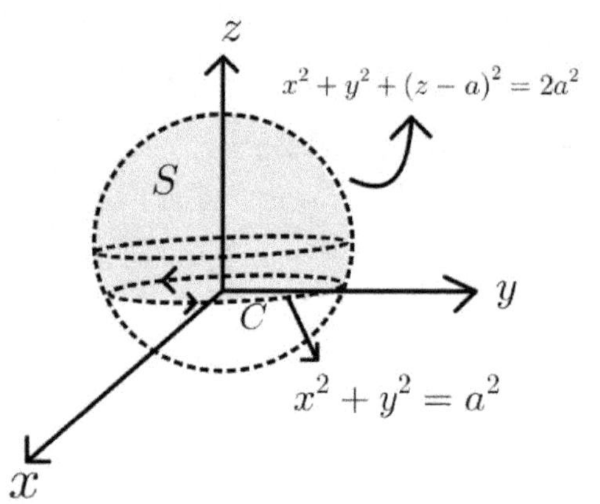

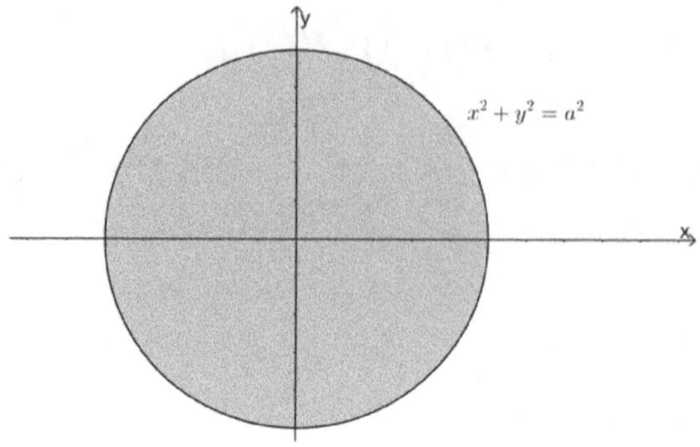

Example 4.

求 $\iint_S (\nabla\times\vec{F})\cdot\vec{n}dA=?$， $S=\{(x,y,z): x^2+y^2\le 4, z=1\}$为朝上定向平面，

$\vec{F}=(x,2z-x,y^2)$ (1)直接计算 (2)使用 Stoke's Theorem

【解】

(1)

$$\because \nabla\times\vec{F}=\begin{vmatrix}\vec{i} & \vec{j} & \vec{k}\\ \dfrac{\partial}{\partial x} & \dfrac{\partial}{\partial y} & \dfrac{\partial}{\partial z}\\ x & 2z-x & y^2\end{vmatrix}=(2y-2,0,-1)$$

$\because S$为朝上定向

令 $\vec{r}(x,y)=(x,y,1)$，令R为曲面S投影至xy平面的封闭区域

则 $R=\{(x,y): x^2+y^2\le 4\}$ 且 $\iint_S (\nabla\times\vec{F})\cdot\vec{n}dA=\iint_R (\nabla\times\vec{F})\cdot\dfrac{\partial\vec{r}}{\partial x}\times\dfrac{\partial\vec{r}}{\partial y}dxdy$

$\because \dfrac{\partial\vec{r}}{\partial x}=(1,0,0)$， $\dfrac{\partial\vec{r}}{\partial y}=(0,1,0)$ $\quad\therefore \dfrac{\partial\vec{r}}{\partial x}\times\dfrac{\partial\vec{r}}{\partial y}=(0,0,1)$

$$\iint_S (\nabla\times\vec{F})\cdot\vec{n}dA=\iint_R (2y-2,0,-1)\cdot(0,0,1)dxdy=\iint_{x^2+y^2\le 4}-1dA=-4\pi$$

(2)

令C为逆时针封闭曲线 $=\{(x,y,z): x^2+y^2=4, z=1\}$

令$x = 2\cos\theta, y = 2\sin\theta$ 则 $\vec{r}(\theta) = (2\cos\theta, 2\sin\theta, 0)$ $\therefore \vec{r}'(\theta) = (-2\sin\theta, 2\cos\theta, 0)$

$\because \vec{F}$的各分量一阶偏导数存在且连续，藉由 Stokes' Theorem

则 $\iint_S (\nabla\times\vec{\mathrm{F}})\cdot\vec{n}dA = \oint_C \vec{\mathrm{F}}\cdot d\vec{r} = \int_0^{2\pi}\vec{\mathrm{F}}(\vec{r}(\theta))\cdot\vec{r}'(\theta)\,d\theta$

$= \int_0^{2\pi}(2\cos\theta, 2-2\cos\theta, 4\sin^2\theta)\cdot(-2\sin\theta, 2\cos\theta, 0)\,d\theta$

$= \int_0^{2\pi} -4\sin\theta\cos\theta + 4\cos\theta - 4\cos^2\theta\,d\theta = \int_0^{2\pi} -4\cos^2\theta\,d\theta = -4\int_0^{2\pi}\frac{1+\cos 2\theta}{2}d\theta$

$= -4\pi$

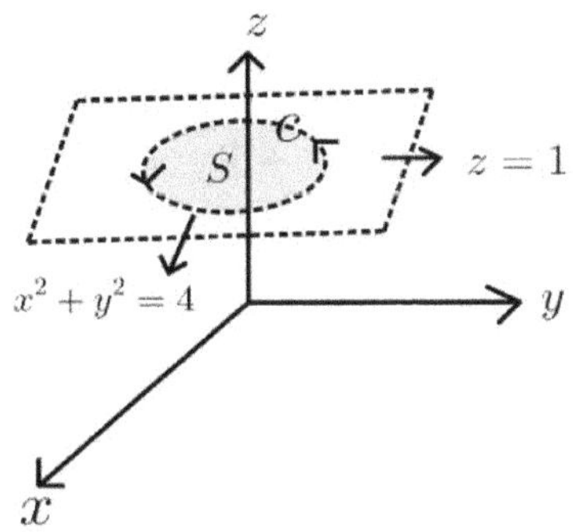

Example 5.

$\vec{\mathrm{F}} = \left(0, \frac{2x^3}{3}, 2y^3\right)$，$S$为$x+y+z=1$ 在第一卦限所围朝上定向平面,

求 $\iint_S (\nabla\times\vec{\mathrm{F}})\cdot\vec{n}dA =?$ (1)直接计算 (2) 使用 Stokes' Theorem

【解】

(1)

$$\because \operatorname{curl}\vec{\mathrm{F}} = \nabla\times\vec{\mathrm{F}} = \left\|\begin{matrix} \boldsymbol{i} & \boldsymbol{j} & \boldsymbol{k} \\ \frac{\partial}{\partial x} & \frac{\partial}{\partial y} & \frac{\partial}{\partial z} \\ 0 & \frac{2x^3}{3} & 2y^3 \end{matrix}\right\| = (6y^2, 0, 2x^2)$$

$\because S$ 为朝上定向

令 $\vec{r}(x,y,z) = (x, y, 1-x-y)$ 且 R 为平面S投影至xy平面的封闭区域

则 $R=\{(x,y): x+y\le 1, x\ge 0, y\ge 0\}$ 且 $\iint_S (\nabla\times\vec{F})\cdot\vec{n}\,dA=\iint_R (\nabla\times\vec{F})\cdot\frac{\partial\vec{r}}{\partial x}\times\frac{\partial\vec{r}}{\partial y}dxdy$

$\because \frac{\partial\vec{r}}{\partial x}=(1,0,-1)$ 且 $\frac{\partial\vec{r}}{\partial y}=(0,1,-1)$ $\quad\therefore \frac{\partial\vec{r}}{\partial x}\times\frac{\partial\vec{r}}{\partial y}=(1,1,1)$

$\because (\nabla\times\vec{F})\cdot\frac{\partial\vec{r}}{\partial x}\times\frac{\partial\vec{r}}{\partial y}=(6y^2,0,2x^2)\cdot\frac{\partial\vec{r}}{\partial x}\times\frac{\partial\vec{r}}{\partial y}=2(x^2+3y^2),\ \forall(x,y,z)\in S$

$\therefore \iint_S (\nabla\times\vec{F})\cdot\vec{n}\,dA=\iint_R (\nabla\times\vec{F})\cdot\frac{\partial\vec{r}}{\partial x}\times\frac{\partial\vec{r}}{\partial y}dxdy=2\iint_R x^2+3y^2\,dxdy$

$=2\int_0^1\int_0^{1-y}x^2+3y^2\,dxdy=2\int_0^1\left(\frac{x^3}{3}+3y^2x\right)\Big|_{x=0}^{x=1-y}dy=2\int_0^1\frac{(1-y)^3}{3}+3y^2(1-y)\,dy$

$=\frac{2}{3}$

(2)

令$C_1: \vec{r}_1(t)=(1-t,t,0)$, $C_2: \vec{r}_2(t)=(0,1-t,t)$, $C_3: \vec{r}_3(t)=(t,0,1-t), 0\le t\le 1$

则 $\vec{r}_1'(t)=(-1,1,0)$, $\vec{r}_2'(t)=(0,-1,1)$, $\vec{r}_3'(t)=(1,0,-1)$ 且 $C=C_1\cup C_2\cup C_3$

藉由 Stokes' Theorem, $\iint_S (\nabla\times\vec{F})\cdot\vec{n}dA=\oint_C \vec{F}\cdot d\vec{r}$

$\therefore \oint_C \vec{F}\cdot d\vec{r}=\int_{C_1}\vec{F}(\vec{r}_1(t))\cdot\vec{r}_1'(t)dt+\int_{C_2}\vec{F}(\vec{r}_2(t))\cdot\vec{r}_2'(t)dt+\int_{C_3}\vec{F}(\vec{r}_3(t))\cdot\vec{r}_3'(t)dt$

$=\frac{2}{3}\int_0^1(1-t)^3\,dt+2\int_0^1(1-t)^3\,dt=\frac{2}{3}$

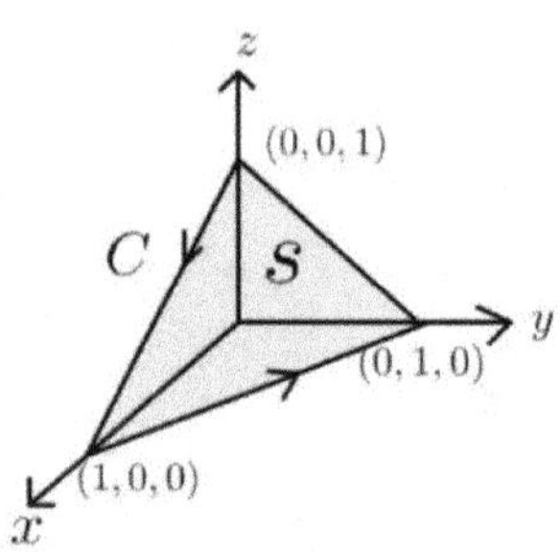

Example 6.

$\vec{\mathrm{F}} = \left(\frac{z^2}{2}, \frac{x^2}{2}, \frac{y^2}{2}\right)$，$S$是$(a,0,0),(0,a,0),(0,0,a)$于第一卦限朝上定向的平面,

求$\iint_S (\nabla \times \vec{\mathrm{F}}) \cdot \vec{n} dA =$? (1)直接计算 (2) 使用 Stokes' Theorem

【解】

(1)

$$\mathrm{curl}\, \vec{\mathrm{F}} = \nabla \times \vec{\mathrm{F}} = \left\|\begin{matrix} \boldsymbol{i} & \boldsymbol{j} & \boldsymbol{k} \\ \frac{\partial}{\partial x} & \frac{\partial}{\partial y} & \frac{\partial}{\partial z} \\ \frac{z^2}{2} & \frac{x^2}{2} & \frac{y^2}{2} \end{matrix}\right\| = (y, z, x)$$

$\because S$ 为朝上定向

令 $\vec{r}(x,y,z) = (x, y, a - x - y)$ 且 $R = \{(x,y):\ 0 \le x \le a, 0 \le y \le a - x\}$

则$\iint_S (\nabla \times \vec{\mathrm{F}}) \cdot \vec{n}\, dA = \iint_R (\nabla \times \vec{\mathrm{F}}) \cdot \frac{\partial \vec{r}}{\partial x} \times \frac{\partial \vec{r}}{\partial y} dxdy$

$\because \frac{\partial \vec{r}}{\partial x} = (1,0,-1)$ 且 $\frac{\partial \vec{r}}{\partial y} = (0,1,-1)$ $\therefore \frac{\partial \vec{r}}{\partial x} \times \frac{\partial \vec{r}}{\partial y} = (1,1,1)$

$\because (\nabla \times \vec{\mathrm{F}}) \cdot \frac{\partial \vec{r}}{\partial x} \times \frac{\partial \vec{r}}{\partial y} = (y,z,x) \cdot (1,1,1) = x + y + z = x + y + a - x - y = a,\ \forall (x,y,z) \in S$

$$\iint_R (\nabla \times \vec{\mathrm{F}}) \cdot \frac{\partial \vec{r}}{\partial x} \times \frac{\partial \vec{r}}{\partial y} dxdy = \int_0^a \int_0^{a-x} a\, dydx = a \int_0^a a - x dx = a\left(ax - \frac{x^2}{2}\right)\Big|_0^a = \frac{a^3}{2}$$

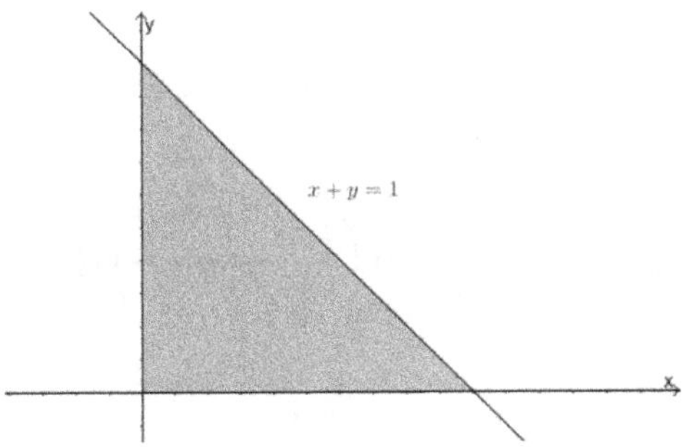

(2)

令C_1: $\vec{r}_1(t)=(a-at,at,0)$, C_2: $\vec{r}_2(t)=(0,a-at,at)$, C_3: $\vec{r}_3(t)=(at,0,a-at)$, $0\le t\le 1$

则 $\vec{r}_1'(t)=(-a,a,0)$, $\vec{r}_2'(t)=(0,-a,a)$, $\vec{r}_3'(t)=(a,0,-a)$ 且 $C=C_1\cup C_2\cup C_3$

藉由 Stokes' Theorem, $\iint_S (\nabla\times\vec{\mathrm{F}})\cdot\vec{n}dA=\oint_C \vec{\mathrm{F}}\cdot d\vec{r}$

$$\therefore \oint_C \vec{\mathrm{F}}\cdot d\vec{r}=\int_{C_1}\vec{\mathrm{F}}\left(\vec{r}_1(t)\right)\cdot\vec{r}_1'(t)dt+\int_{C_2}\vec{\mathrm{F}}\left(\vec{r}_2(t)\right)\cdot\vec{r}_2'(t)dt+\int_{C_3}\vec{\mathrm{F}}\left(\vec{r}_3(t)\right)\cdot\vec{r}_3'(t)dt$$

$$=\frac{a}{2}\int_0^1(a-at)^3\,dt\cdot 3=\frac{a^3}{2}$$

Example 7.

使用 Stokes' Theorem 求 $\iint_S (\nabla\times\vec{\mathrm{F}})\cdot\vec{n}dA=?$，其中 $\vec{\mathrm{F}}=(2x-y,2y+z,xyz)$,

S: $\frac{x^2}{a^2}+\frac{y^2}{b^2}+\frac{z^2}{c^2}=1$, $z>0$ 为朝上定向的上半椭球球面

【解】

令C为曲面 S 与 $z=0$ 交集的逆时针封闭曲线则 $C=\{(x,y,z):\frac{x^2}{a^2}+\frac{y^2}{b^2}=1,z=0\}$

令$x=a\cos\theta$, $y=b\sin\theta$ 则 $\vec{r}(\theta)=(a\cos\theta,b\sin\theta,0)$ $\therefore \vec{r}'(\theta)=(-a\sin\theta,b\cos\theta,0)$

$\because$ S为朝上定向

$\because$ $\vec{F}$的各分量一阶偏导数存在且连续，藉由 Stokes' Theorem

则 $\iint_S (\nabla\times\vec{\mathrm{F}})\cdot\vec{n}dA=\oint_C \vec{\mathrm{F}}\cdot d\vec{r}=\int_0^{2\pi}\vec{\mathrm{F}}(\vec{r}(\theta))\cdot\vec{r}'(\theta)\,d\theta$

$$=\int_0^{2\pi}(2a\cos\theta-b\sin\theta,2b\sin\theta,0)\cdot(-a\sin\theta,b\cos\theta,0)d\theta$$

$$=\int_0^{2\pi}-2a^2\sin\theta\cos\theta+ab\sin^2\theta+2b^2\sin\theta\cos\theta\,d\theta$$

$$=\int_0^{2\pi}2(b^2-a^2)\sin\theta\cos\theta+ab\sin^2\theta\,d\theta=\int_0^{2\pi}(b^2-a^2)\sin 2\theta+ab\left(\frac{1-\cos 2\theta}{2}\right)d\theta$$

$$=ab\pi$$

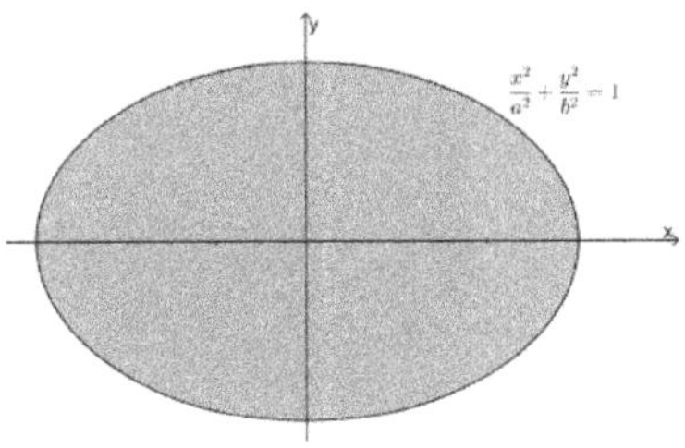

Example 8.

使用 Stokes' Theorem 求 $\iint_S (\nabla\times\vec{\mathrm{F}})\cdot dS=?$，$\vec{\mathrm{F}}=(xz,yz,xy)$，$S$为$x^2+y^2+z^2=4$ 在圆柱$x^2+y^2=1$ 内且 $z>0$ 的朝上定向部分球面

【解】

令C为曲面 S 与 $x^2+y^2=1$ 交集的逆时针封闭曲线则$C=\{(x,y,z):x^2+y^2=1,z=\sqrt{3}\}$

令$x=\cos\theta, y=\sin\theta$ 则 $\vec{r}(\theta)=(\cos\theta,\sin\theta,\sqrt{3})$ $\therefore \vec{r}'(\theta)=(-\sin\theta,\cos\theta,0)$

$\because S$为朝上定向

$\because \vec{F}$的各分量一阶偏导数存在且连续，藉由 Stokes' Theorem

则 $\iint_S (\nabla\times\vec{\mathrm{F}})\cdot\vec{n}dA=\oint_C \vec{\mathrm{F}}\cdot d\vec{r}=\int_0^{2\pi}\vec{\mathrm{F}}(\vec{r}(\theta))\cdot\vec{r}'(\theta)\,d\theta$

$=\int_0^{2\pi}(\sqrt{3}\cos\theta,\sqrt{3}\sin\theta,\sin\theta\cos\theta)\cdot(-\sin\theta,\cos\theta,0)d\theta=\sqrt{3}\int_0^{2\pi}0d\theta=0$

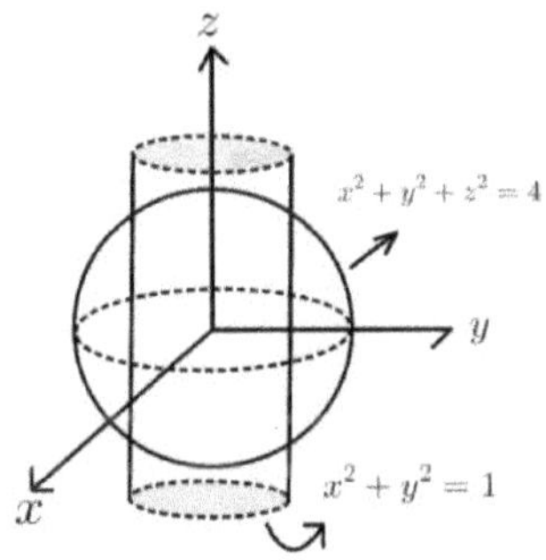

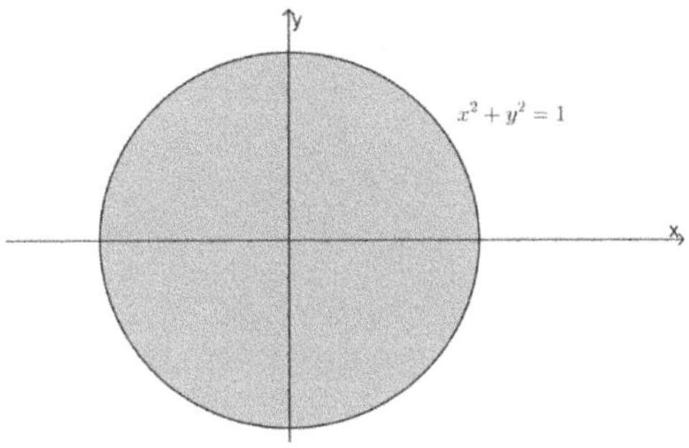

Example 9.

假设 $\vec{\mathrm{F}}=(0,e^x+16xy,e^y+6y^2)$，$S$是$x+y+z=6$ 在第一卦限朝上定向的平面，

求 $\iint_S (\nabla\times\vec{\mathrm{F}})\cdot\vec{n}dA=?$ (1)直接计算 (2) 使用 Stokes' Theorem

【解】

(1)

$$\operatorname{curl}\vec{F}=\nabla\times\vec{F}=\begin{Vmatrix} \boldsymbol{i} & \boldsymbol{j} & \boldsymbol{k} \\ \dfrac{\partial}{\partial x} & \dfrac{\partial}{\partial y} & \dfrac{\partial}{\partial z} \\ 0 & e^x+16xy & e^y+6y^2 \end{Vmatrix}=(e^y+12y,0,e^x+6y)$$

$\because S$ 为朝上定向

令 $\vec{r}(x,y,z)=(x,y,6-x-y)$ 且R 为 S曲面投影至xy平面的封闭区域

则 $R=\{(x,y):x+y\le 6,x\ge 0,y\ge 0\}$ 且 $\iint_S (\nabla\times\vec{F})\cdot\vec{n}\,dA=\iint_R (\nabla\times\vec{F})\cdot\dfrac{\partial\vec{r}}{\partial x}\times\dfrac{\partial\vec{r}}{\partial y}dxdy$

$\because \dfrac{\partial\vec{r}}{\partial x}=(1,0,-1)$ 且 $\dfrac{\partial\vec{r}}{\partial y}=(0,1,-1)$ $\therefore \dfrac{\partial\vec{r}}{\partial x}\times\dfrac{\partial\vec{r}}{\partial y}=(1,1,1)$

$\because (\nabla\times\vec{F})\cdot\dfrac{\partial\vec{r}}{\partial x}\times\dfrac{\partial\vec{r}}{\partial y}=(e^y+12y,0,e^x+6y)\cdot(1,1,1)=e^y+e^x+18y,\ \forall(x,y,z)\in S$

$\therefore \iint_S (\nabla\times\vec{F})\cdot\vec{n}\,dA=\iint_R (\nabla\times\vec{F})\cdot\dfrac{\partial\vec{r}}{\partial x}\times\dfrac{\partial\vec{r}}{\partial y}dxdy=\iint_R e^y+e^x+18y\,dxdy$

$=\int_0^6\int_0^{6-x} e^y+e^x+18y\,dydx=634+2e^6$

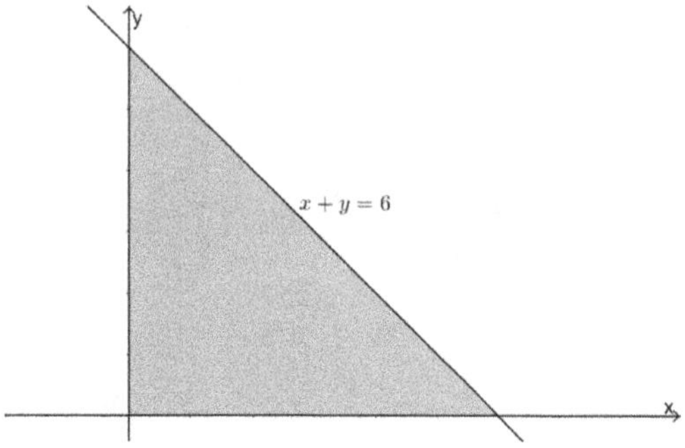

(2)

令$C_1:\vec{r}_1(t)=(6-6t,6t,0),C_2:\vec{r}_2(t)=(0,6-6t,6t),C_3:\vec{r}_3(t)=(6t,0,6-6t)$

则 $\vec{r}_1'(t)=(-6,6,0)$, $\vec{r}_2'(t)=(0,-6,6)$, $\vec{r}_3'(t)=(6,0,-6)$ 且 $C=C_1\cup C_2\cup C_3$

藉由 Stokes' Theorem, $\iint_S (\nabla\times\vec{F})\cdot\vec{n}dA=\oint_C \vec{F}\cdot d\vec{r}$

$$\therefore \oint_C \vec{\mathrm{F}}\cdot d\vec{r} = \int_{C_1} \vec{\mathrm{F}}\left(\vec{r}_1(t)\right)\cdot \vec{r}_1'(t)dt + \int_{C_2} \vec{\mathrm{F}}\left(\vec{r}_2(t)\right)\cdot \vec{r}_2'(t)dt + \int_{C_3} \vec{\mathrm{F}}\left(\vec{r}_3(t)\right)\cdot \vec{r}_3'(t)dt$$

$$\because \int_{C_1} \vec{\mathrm{F}}\left(\vec{r}_1(t)\right)\cdot \vec{r}_1'(t)dt = 6\int_0^1 e^{6-6t} + 96t(6-6t)\,dt = e^6 - 1 + 576$$

$$\int_{C_2} \vec{\mathrm{F}}\left(\vec{r}_2(t)\right)\cdot \vec{r}_2'(t)dt = -6\int_0^1 dt + 6\int_0^1 e^{6-6t} + 6(6-6t)^2\,dt = e^6 + 65$$

$$\int_{C_3} \vec{\mathrm{F}}\left(\vec{r}_3(t)\right)\cdot \vec{r}_3'(t)dt = -6\int_0^1 dt = -6$$

$$\therefore \oint_C \vec{\mathrm{F}}\cdot d\vec{r} = 634 + 2e^6$$

Example 10.

求$\vec{\mathrm{F}} = (2x-y, -yz^2, -zy^2)$的旋度在球面$S: x^2+y^2+z^2=1$的上半表面上法线分量的面积分(1)直接计算 (2)使用 Stoke's Theorem

【解】

(1)

$$\because \nabla\times\vec{\mathrm{F}} = \begin{vmatrix} \vec{i} & \vec{j} & \vec{k} \\ \dfrac{\partial}{\partial x} & \dfrac{\partial}{\partial y} & \dfrac{\partial}{\partial z} \\ 2x-y & -yz^2 & -zy^2 \end{vmatrix} = (-2zy-(-2yz), 0,1) = (0,0,1)$$

$\because S$为朝上定向

令 $\vec{r}(x,y) = \left(x, y, \sqrt{1-(x^2+y^2)}\right)$

令R为球面投影至xy平面的封闭区域 则$R = \{(x,y): x^2+y^2 \le 1\}$

且 $\iint_S (\nabla\times\vec{\mathrm{F}})\cdot\vec{n}dA = \iint_R (\nabla\times\vec{\mathrm{F}})\cdot\dfrac{\partial\vec{r}}{\partial x}\times\dfrac{\partial\vec{r}}{\partial y}dxdy$

$\because \dfrac{\partial\vec{r}}{\partial x} = \left(1,0,-x(1-(x^2+y^2))^{-\frac{1}{2}}\right),\ \dfrac{\partial\vec{r}}{\partial y} = \left(0,1,-y(1-(x^2+y^2))^{-\frac{1}{2}}\right),$

$$\therefore \frac{\partial \vec{r}}{\partial x} \times \frac{\partial \vec{r}}{\partial y} = \left(x(1-(x^2+y^2))^{-\frac{1}{2}}, y(1-(x^2+y^2))^{-\frac{1}{2}}, 1\right)$$

$$\therefore (\nabla \times \vec{\mathrm{F}}) \cdot \frac{\partial \vec{r}}{\partial x} \times \frac{\partial \vec{r}}{\partial y} = (0,0,1) \cdot \left(x\left(1-(x^2+y^2)\right)^{-\frac{1}{2}}, y\left(1-(x^2+y^2)\right)^{-\frac{1}{2}}, 1\right) = 1$$

$$\therefore \iint_S (\nabla \times \vec{\mathrm{F}}) \cdot \vec{n} dA = \iint_R (\nabla \times \vec{\mathrm{F}}) \cdot \frac{\partial \vec{r}}{\partial x} \times \frac{\partial \vec{r}}{\partial y} dxdy = \iint_R dxdy = \pi$$

(2)

令C为球面与 $z = 0$ 交集的逆时针封闭曲线则$C = \{(x,y,z): x^2 + y^2 = 1, z = 0\}$

令$x = \cos\theta, y = \sin\theta$ 则 $\vec{r}(\theta) = (\cos\theta, \sin\theta, 0)$ $\therefore \vec{r}'(\theta) = (-\sin\theta, \cos\theta, 0)$

$\because S$为朝上定向

$\because \vec{F}$的各分量一阶偏导数存在且连续，藉由 Stokes' Theorem

则 $\iint_S (\nabla \times \vec{\mathrm{F}}) \cdot \vec{n} dA = \oint_C \vec{\mathrm{F}} \cdot d\vec{r} = \int_0^{2\pi} \vec{\mathrm{F}}(\vec{r}(\theta)) \cdot \vec{r}'(\theta)\, d\theta$

$$= \int_0^{2\pi} (2\cos\theta - \sin\theta, 0, 0) \cdot (-\sin\theta, \cos\theta, 0) d\theta = \int_0^{2\pi} -2\sin\theta\cos\theta + \sin^2\theta\, d\theta$$

$$= \int_0^{2\pi} -2\sin\theta\cos\theta + \frac{1-\cos 2\theta}{2} d\theta = \pi$$

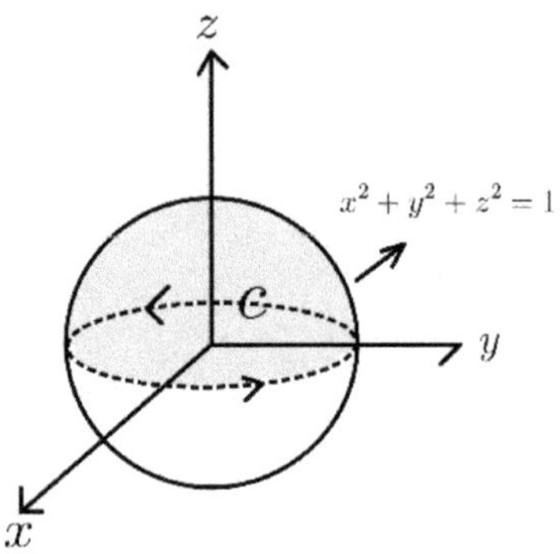

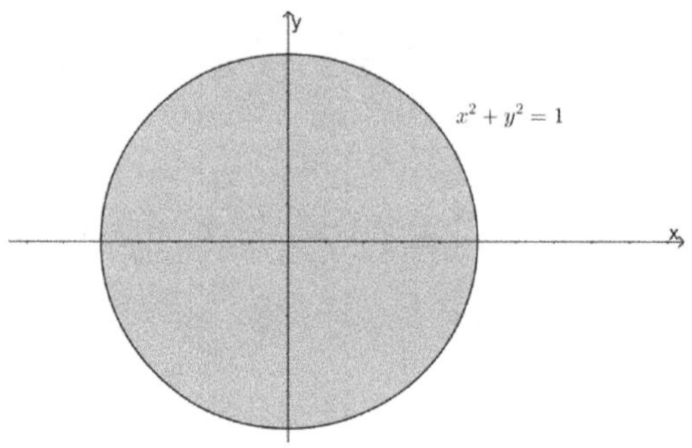

Example 11.

求 $\vec{\mathrm{F}} = (2x - y, -yz^2, -zy^2)$的旋度在球面$S: x^2 + y^2 + z^2 = 1$的下半表面上法线分量的面积分(1)直接计算 (2)使用 Stoke's Theorem

【解】

(1)

$$\because \nabla\times\vec{\mathrm{F}}=\begin{vmatrix}\vec{i} & \vec{j} & \vec{k}\\ \dfrac{\partial}{\partial x} & \dfrac{\partial}{\partial y} & \dfrac{\partial}{\partial z}\\ 2x-y & -yz^2 & -zy^2\end{vmatrix}=(-2zy-(-2yz),0,1)=(0,0,1)$$

$\because S$为朝下定向

令 $\vec{r}(x,y)=\left(x,y,-\sqrt{1-(x^2+y^2)}\right)$，令$R$为球面投影至$xy$平面的封闭区域

则$R=\{(x,y):x^2+y^2\leq 1\}$ 且 $\iint_S (\nabla\times\vec{\mathrm{F}})\cdot\vec{n}dA=-\iint_R (\nabla\times\vec{\mathrm{F}})\cdot\dfrac{\partial\vec{r}}{\partial x}\times\dfrac{\partial\vec{r}}{\partial y}dxdy$

$$\because \frac{\partial\vec{r}}{\partial x}=\left(1,0,x(1-(x^2+y^2))^{-\frac{1}{2}}\right),\ \frac{\partial\vec{r}}{\partial y}=\left(0,1,y(1-(x^2+y^2))^{-\frac{1}{2}}\right)$$

$$\therefore \frac{\partial\vec{r}}{\partial x}\times\frac{\partial\vec{r}}{\partial y}=\left(-x\big(1-(x^2+y^2)\big)^{-\frac{1}{2}},-y(1-(x^2+y^2))^{-\frac{1}{2}},1\right)$$

$$\therefore -(\nabla\times\vec{\mathrm{F}})\cdot\frac{\partial\vec{r}}{\partial x}\times\frac{\partial\vec{r}}{\partial y}=-(0,0,1)\cdot\left(x\big(1-(x^2+y^2)\big)^{-\frac{1}{2}},y\big(1-(x^2+y^2)\big)^{-\frac{1}{2}},1\right)=-1$$

$$\therefore \iint_S (\nabla\times\vec{\mathrm{F}})\cdot\vec{n}dA=-\iint_R (\nabla\times\vec{\mathrm{F}})\cdot\frac{\partial\vec{r}}{\partial x}\times\frac{\partial\vec{r}}{\partial y}dxdy=-\iint_R dxdy=-\pi$$

(2)

令C为球面与 $z=0$ 交集的逆时针封闭曲线则$C=\{(x,y,z):x^2+y^2=1,z=0\}$

令$x=\cos\theta,y=\sin\theta$ 则 $\vec{r}(\theta)=(\cos\theta,\sin\theta,0)$ $\therefore \vec{r}'(\theta)=(-\sin\theta,\cos\theta,0)$

$\because S$ is oriented downward

$\because \vec{F}$的各分量一阶偏导数存在且连续，藉由 Stokes' Theorem

$$\text{则}\iint_S (\nabla\times\vec{\mathrm{F}})\cdot\vec{n}dA=-\oint_C \vec{\mathrm{F}}\cdot d\vec{r}=-\int_0^{2\pi}\vec{\mathrm{F}}(\vec{r}(\theta))\cdot\vec{r}'(\theta)\,d\theta$$

$$=-\int_0^{2\pi}(2\cos\theta-\sin\theta,0,0)\cdot(-\sin\theta,\cos\theta,0)d\theta=-\int_0^{2\pi}-2\sin\theta\cos\theta+\sin^2\theta\,d\theta$$

$$=-\int_0^{2\pi}-2\sin\theta\cos\theta+\frac{1-\cos 2\theta}{2}d\theta=-\pi$$

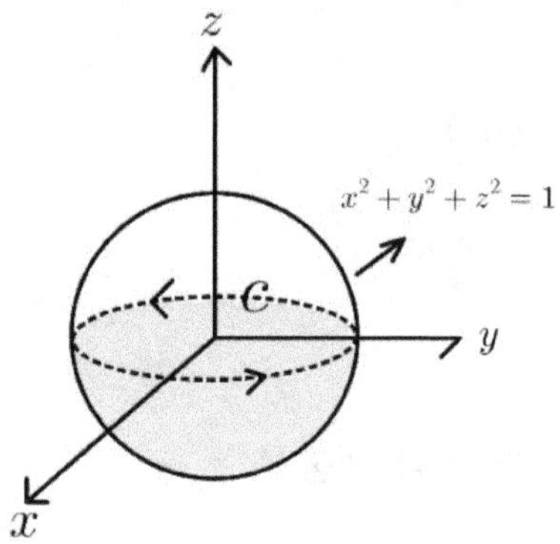

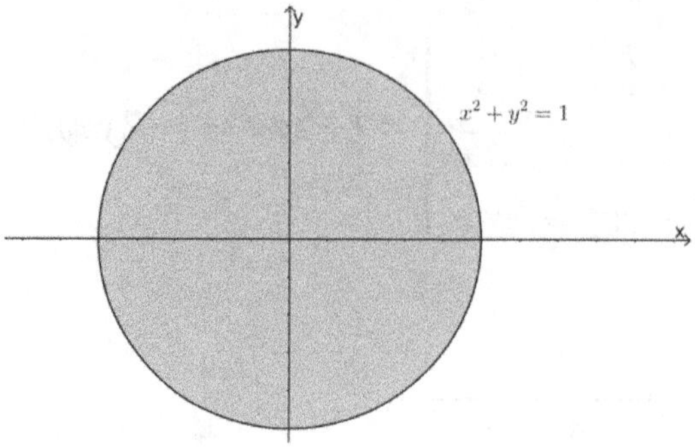

Example 12.

求 $\iint_S (\nabla\times\vec{F})\cdot\vec{n}dA=?$，$S=\{(x,y,z):4z=x^2+y^2,z\le 1\}$为朝下定向曲面,

$\vec{F}=(x,2z-x,y^2)$ (1)直接计算 (2)使用 Stoke's Theorem

【解】

(1)

$$\because \nabla\times\vec{F}=\begin{vmatrix}\vec{i} & \vec{j} & \vec{k}\\ \dfrac{\partial}{\partial x} & \dfrac{\partial}{\partial y} & \dfrac{\partial}{\partial z}\\ x & 2z-x & y^2\end{vmatrix}=(2y-2,0,-1)$$

$\because S$为朝下定向

令$\vec{r}(x,y)=\left(x,y,\dfrac{x^2+y^2}{4}\right)$ 且 R为曲面S投影至xy平面的封闭区域

则$R=\{(x,y):x^2+y^2\le 4\}$ 且 $\iint_S (\nabla\times\vec{F})\cdot\vec{n}dA=-\iint_R (\nabla\times\vec{F})\cdot\dfrac{\partial\vec{r}}{\partial x}\times\dfrac{\partial\vec{r}}{\partial y}dxdy$

$\because \dfrac{\partial\vec{r}}{\partial x}=\left(1,0,\dfrac{x}{2}\right)$ 且 $\dfrac{\partial\vec{r}}{\partial y}=\left(0,1,\dfrac{y}{2}\right)$ $\quad\therefore \dfrac{\partial\vec{r}}{\partial x}\times\dfrac{\partial\vec{r}}{\partial y}=\left(-\dfrac{x}{2},-\dfrac{y}{2},1\right)$

$$\iint_S (\nabla\times\vec{F})\cdot\vec{n}dA=-\iint_R (\nabla\times\vec{F})\cdot\frac{\partial\vec{r}}{\partial x}\times\frac{\partial\vec{r}}{\partial y}dxdy$$

$$=-\iint_R (2y-2,0,-1)\cdot\left(-\frac{x}{2},-\frac{y}{2},1\right)dxdy=\iint_{x^2+y^2\le 4} xy-x+1dxdy$$

令$x=r\cos\theta, y=r\sin\theta$ 则

$$\iint_{x^2+y^2\le 4} xy - x + 1dxdy = \int_0^{2\pi}\int_0^2 (r^2\cos\theta\sin\theta - r\cos\theta + 1)\, rdrd\theta = 4\pi$$

(2)

令$C = \{(x,y,z): x^2 + y^2 = 4, z = 1\}$为逆时针封闭曲线

令$x = 2\cos\theta\,, y = 2\sin\theta$ 则 $\vec{r}(\theta) = (2\cos\theta\,, 2\sin\theta\,, 1)$ $\therefore \vec{r}'(\theta) = (-2\sin\theta\,, 2\cos\theta\,, 0)$

$\because S$ is oriented downward

$\because \vec{F}$的各分量一阶偏导数存在且连续，藉由 Stokes' Theorem

则 $\iint_S (\nabla\times\vec{\mathrm{F}})\cdot\vec{n}dA = -\oint_C \vec{\mathrm{F}}\cdot d\vec{r} = -\int_0^{2\pi}\vec{\mathrm{F}}(\vec{r}(\theta))\cdot\vec{r}'(\theta)\,d\theta$

$= -\int_0^{2\pi}(2\cos\theta\,, 2 - 2\cos\theta\,, 4\sin^2\theta)\cdot(-2\sin\theta\,, 2\cos\theta\,, 0)\,d\theta$

$= \int_0^{2\pi} 4\sin\theta\cos\theta - 4\cos\theta + 4\cos^2\theta\,d\theta = \int_0^{2\pi}4\cos^2\theta\,d\theta = 4\int_0^{2\pi}\frac{1+\cos 2\theta}{2}d\theta$

$= 4\pi$

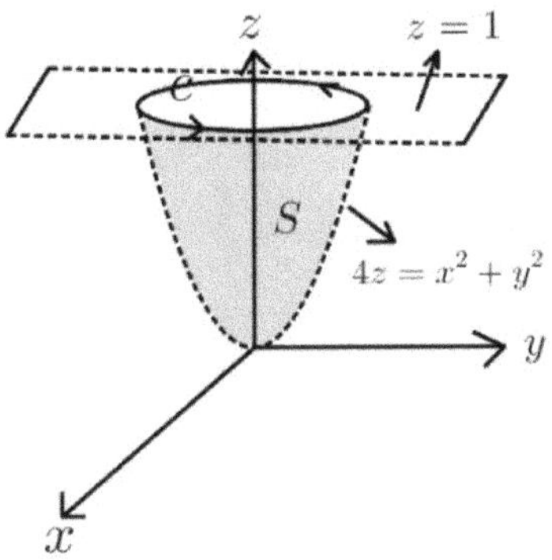

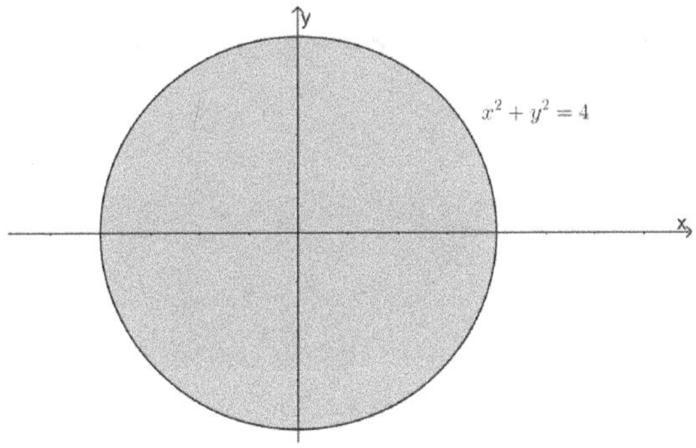

Example 13.

$\vec{\mathrm{F}} = \left(-z, x, \frac{y^2z}{2}\right)$，$S: z = \sqrt{x^2+y^2}$，$z \le a$ 为朝下定向曲面，求 $\iint_S (\nabla\times\vec{\mathrm{F}})\cdot\vec{n}dA = ?$

(1)直接计算 (2) 使用 Stokes' Theorem

【解】

(1)

$$\because \operatorname{curl}\vec{\mathrm{F}}=\nabla\times\vec{\mathrm{F}}=\left\|\begin{matrix} \boldsymbol{i} & \boldsymbol{j} & \boldsymbol{k} \\ \dfrac{\partial}{\partial x} & \dfrac{\partial}{\partial y} & \dfrac{\partial}{\partial z} \\ -z & x & \dfrac{y^2z}{2} \end{matrix}\right\|=(yz,-1,1)$$

$\because S$为朝下定向曲面

令 $\vec{r}(x,y,z)=\left(x,y,(x^2+y^2)^{\frac{1}{2}}\right)$ 且 R为S曲面投影至xy平面的封闭区域

则 $R=\{(x,y):x^2+y^2\leq a^2\}$ 且 $\iint_S (\nabla\times\vec{\mathrm{F}})\cdot\vec{n}\,dA=-\iint_R (\nabla\times\vec{\mathrm{F}})\cdot\dfrac{\partial\vec{r}}{\partial x}\times\dfrac{\partial\vec{r}}{\partial y}dxdy$

$\because \dfrac{\partial\vec{r}}{\partial x}=\left(1,0,x(x^2+y^2)^{-\frac{1}{2}}\right)$ 且 $\dfrac{\partial\vec{r}}{\partial y}=\left(0,1,y(x^2+y^2)^{-\frac{1}{2}}\right)$

$\therefore \dfrac{\partial\vec{r}}{\partial x}\times\dfrac{\partial\vec{r}}{\partial y}=\left(-x(x^2+y^2)^{-\frac{1}{2}},-y(x^2+y^2)^{-\frac{1}{2}},1\right)$

$\Rightarrow (\nabla\times\vec{\mathrm{F}})\cdot\dfrac{\partial\vec{r}}{\partial x}\times\dfrac{\partial\vec{r}}{\partial y}=(yz,-1,1)\cdot\left(-x(x^2+y^2)^{-\frac{1}{2}},-y(x^2+y^2)^{-\frac{1}{2}},1\right)$

$=-xy+y(x^2+y^2)^{-\frac{1}{2}}+1,\ \forall(x,y,z)\in S$

$\therefore \iint_S (\nabla\times\vec{\mathrm{F}})\cdot\vec{n}\,dA=-\iint_R (\nabla\times\vec{\mathrm{F}})\cdot\dfrac{\partial\vec{r}}{\partial x}\times\dfrac{\partial\vec{r}}{\partial y}dxdy=\iint_R xy-y(x^2+y^2)^{-\frac{1}{2}}-1\,dxdy$

令$x=r\cos\theta, y=r\sin\theta$ 则 $\{(x,y):x^2+y^2\leq a^2\}=\{(r,\theta):0\leq r\leq a,0\leq\theta\leq 2\pi\}$

$\therefore \iint_R xy-y(x^2+y^2)^{-\frac{1}{2}}-1\,dxdy=\int_0^{2\pi}\int_0^a(r^2\cos\theta\sin\theta-\sin\theta-1)\,rdrd\theta=-\pi a^2$

(2)

令C: $\mathrm{z}=a, x^2+y^2=a^2$ 为逆时针封闭曲线

$\because S$ 为朝下定向且$\vec{F}$的各分量一阶偏导数存在且连续

藉由 Stokes' Theorem, $\iint_S (\nabla \times \vec{F}) \cdot \vec{n} dA = -\oint_C \vec{F} \cdot d\vec{r}$

令$\vec{r}(t) = (a\cos t, a\sin t, a)$, $0 \le t \le 2\pi$ 则 $\vec{r}'(t) = (-a\sin t, a\cos t, 0)$

$$\therefore \oint_C \vec{F} \cdot d\vec{r} = -\int_0^{2\pi} \vec{F}(\vec{r}(t)) \cdot \vec{r}'(t)\, dt$$

$$= -\int_0^{2\pi} \left(-a, a\cos t, \frac{a^3 \sin^2 t}{2}\right) \cdot (-a\sin t, a\cos t, 0)\, dt = -\int_0^{2\pi} a^2 \sin t + a^2 \cos^2 t\, dt$$

$$= -2\pi \cdot \frac{a^2}{2} = -\pi a^2$$

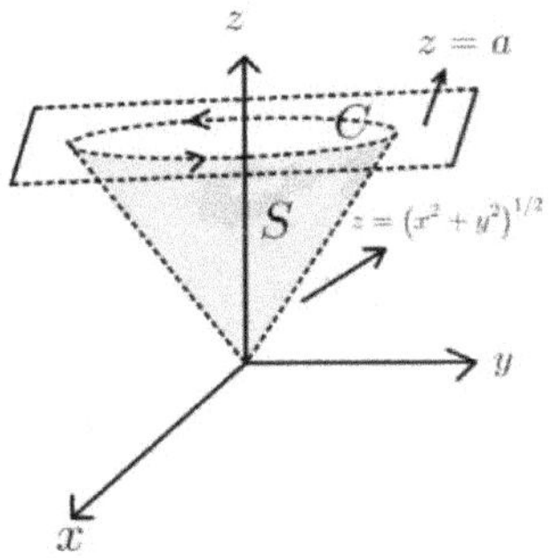

9.7 Gauss's Theorem

之前在说明 Green's Theorem 时有提到, Green's Theorem 的散度形式可改写为

$$\oint_C \vec{F} \cdot \vec{n} ds = \iint_R \nabla \cdot \vec{F}(x, y) dA$$

其中C是平面区域R的正向(逆时针)边界曲线, 将其扩展至三维空间的直观猜测为

$$\oiint_S \vec{F} \cdot \vec{n} dA = \iiint_V \nabla \cdot \vec{F}(x, y, z)\, dV$$

其中S是封闭体积 V 的边界表面

若$\vec{F}$的一阶偏导数存在且连续则上述等式成立且称为 The Divergence Theorem(散度定理, 或 Gauss's Theorem), 值得注意的是 The Divergence Theorem、Stokes' Theorem 与 Green's Theorem 都是微积分基本定理的扩展, 此外, The Divergence Theorem 可以将向量场$\vec{F}$穿越封闭曲面S的通量(曲面积分)转换为$\vec{F}$的散度在封闭体积 V 的三重积分, 例如, 假设一个封闭曲面由S_1, S_2, S_3组成(如下图), 原本求通量的方法是求各自的通量再相加, 而藉由 The Divergence Theorem 则将问题转成纯量函数的体积分, 相反地, 也可藉由计算$\vec{F}$在封闭曲

面S的通量(曲面积分)求得$\vec{F}$的散度在封闭体积 V 的三重积分

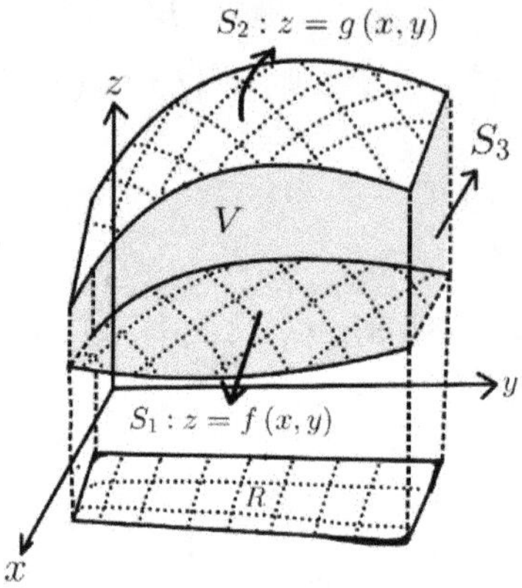

The Divergence Theorem 的应用情境是曲面为封闭曲面，而 Stokes' Theorem 是非封闭曲面， Green's Theorem 是出现二维封闭曲线，底下展示常见的封闭曲面

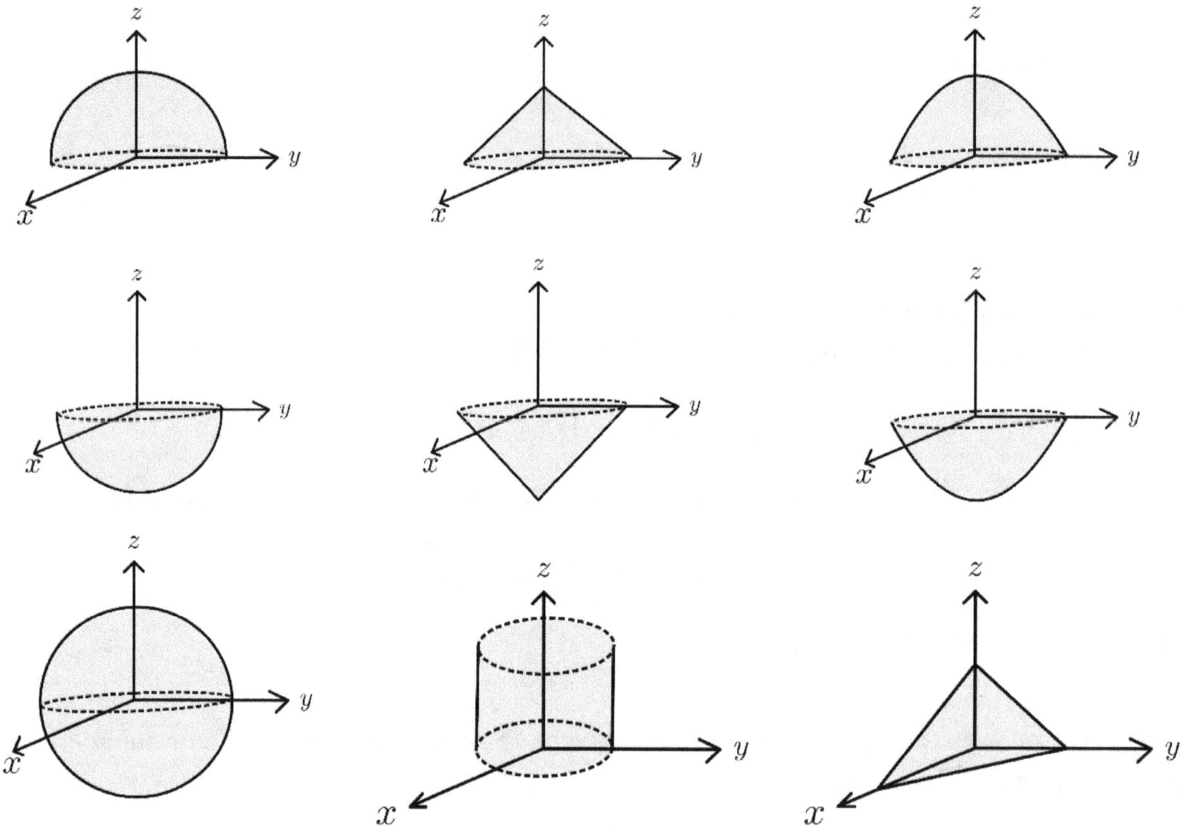

以直观的角度而言，$\vec{F}$于封闭曲面的通量转成三重积分后,被积分函数为何应该是$\vec{F}$散度的形式，假设体积V切成无限多个小长方体，取一个顶点为(x, y, z)且边长为Δx，Δy,

Δz的小长方体为例，通过这个小长方体的通量是通过六个面的通量之和，考虑与yz平面平行的边，穿过底面的通量近似为

$$F_1(x,y,z)\Delta y\Delta z$$

穿过顶面的通量近似为

$$F_1(x+\Delta x,y,z)\Delta y\Delta z$$

顶面与底面通量的差异为

$$\big(F_1(x+\Delta x,y,z)-F_1(x,y,z)\big)\Delta y\Delta z$$

根据线性逼近

$$F_1(x+\Delta x,y,z)\approx F_1(x,y,z)+\frac{\partial F_1}{\partial x}\Delta x$$

顶面与底面通量的差异近似估计为

$$\big(F_1(x+\Delta x,y,z)-F_1(x,y,z)\big)\Delta y\Delta z=\left(F_1(x,y,z)+\frac{\partial F_1}{\partial x}\Delta x-F_1(x,y,z)\right)\Delta y\Delta z$$

$$=\frac{\partial F_1}{\partial x}\Delta x\Delta y\Delta z$$

同理，另外两组的近似差异分别为

$$\frac{\partial F_2}{\partial y}\Delta x\Delta y\Delta z \quad 与 \quad \frac{\partial F_3}{\partial z}\Delta x\Delta y\Delta z$$

将这些加起来，我们得到

$$\left(\frac{\partial F_1}{\partial x}+\frac{\partial F_2}{\partial y}+\frac{\partial F_3}{\partial z}\right)\Delta x\Delta y\Delta z$$

因此，得到了$\vec{\mathrm{F}}$散度的形式

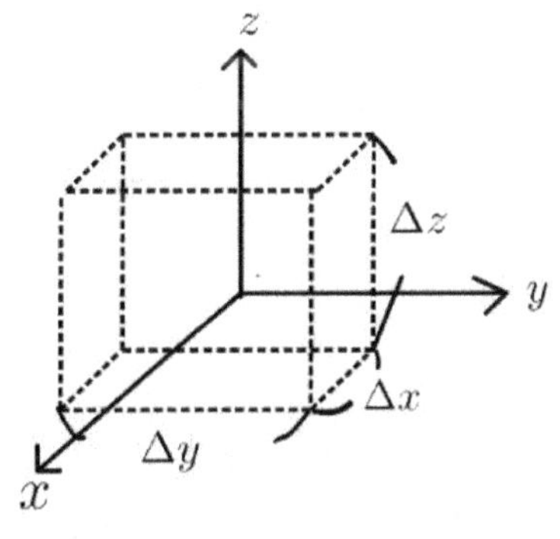

The Divergence Theorem 的考试类型包含把封闭面积分转成能直接计算的体积分、把封闭面积分转成的体积分再搭配坐标转换、把体积分转成封闭的面积分

【定义】Divergence of $\vec{F}$

假设 $\vec{F}(x,y,z) = F_1\mathbf{i} + F_2\mathbf{j} + F_3\mathbf{k}$ 定义于 V 的一个连续向量场，则 $\vec{F}$ 的散度定义为

$$\nabla \cdot \vec{F} = \frac{\partial F_1}{\partial x} + \frac{\partial F_2}{\partial y} + \frac{\partial F_3}{\partial z}$$

【定义】Simple Solid Regions

A solid region V is said to be of

(i) type I if ∃ continuous functions $f(x,y), g(x,y)$ such that

$$V = \{(x,y,z): (x,y) \in R, f(x,y) \le z \le g(x,y)\}$$，R为 V投影至xy平面的区域

(ii) type II if ∃ continuous functions $f(y,z), g(y,z)$ such that

$$V = \{(x,y,z): (y,z) \in R, f(y,z) \le x \le g(y,z)\}$$，R为 V投影至yz平面的区域

(ii) type III if ∃ continuous functions $f(x,z), g(x,z)$ such that

$$V = \{(x,y,z): (x,z) \in R, f(x,z) \le y \le g(x,z)\}$$，R为 V投影至xz平面的区域

(iv) simple solid region if it is concurrently of types I, II, and III.

以 simple solid region 为例, 图形如下图所示， 特别的是垂直于xy平面的平面S_3有时可能不存在

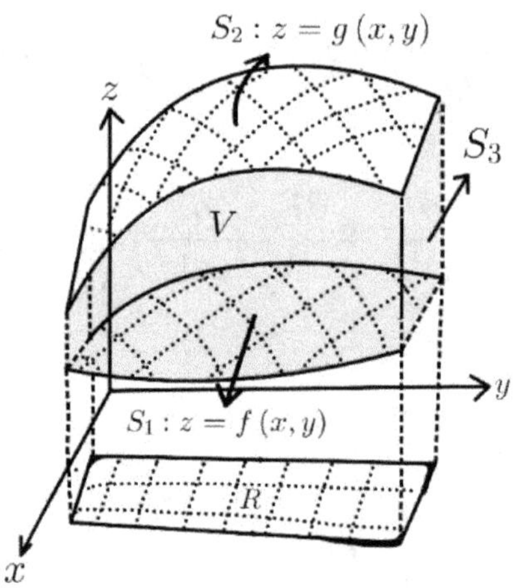

【定理】The Divergence Theorem

假设

1. S 为一具有朝外定向的封闭曲面, 所围区域为 V 且 V 为 simple solid region
2. 向量场$F(x,y,z) = F_1\mathbf{i} + F_2\mathbf{j} + F_3\mathbf{k}$的各分量函数在包含 V 的开集合上有连续的偏导数则

$$\oiint_S \vec{F} \cdot \vec{n} dA = \iiint_V \nabla \cdot \vec{F} \, dV$$

<u>Proof:</u>

$$\because \oiint_S \vec{F}\cdot\vec{n}dA = \iint_S F_1\mathbf{i}\cdot\vec{n}dA + \iint_S F_2\mathbf{j}\cdot\vec{n}dA + \iint_S F_3\mathbf{k}\cdot\vec{n}dA$$

且

$$\iiint_V \nabla\cdot\vec{F}\,dV = \iiint_V \frac{\partial F_1}{\partial x}dV + \iiint_V \frac{\partial F_2}{\partial y}dV + \iiint_V \frac{\partial F_3}{\partial z}dV$$

所以

$$若\begin{cases} \iint_S F_1\mathbf{i}\cdot\vec{n}dA = \iiint_V \frac{\partial F_1}{\partial x}dV \\ \iint_S F_2\mathbf{j}\cdot\vec{n}dA = \iiint_V \frac{\partial F_2}{\partial y}dV \\ \iint_S F_3\mathbf{k}\cdot\vec{n}dA = \iiint_V \frac{\partial F_3}{\partial z}dV \end{cases} 则 \quad \oiint_S \vec{F}\cdot\vec{n}dA = \iiint_V \nabla\cdot\vec{F}\,dV$$

Claim: $\iint_S F_3\mathbf{k}\cdot\vec{n}dA = \iiint_V \frac{\partial F_3}{\partial z}dV$

令 V 为 solid region of type I 且包含垂直于xy平面的平面

令R为封闭曲面S投影至xy平面的封闭区域且曲面S为三块曲面所组成S_1, S_2 与S_3, 其中S_1为下方曲面: $z = f(x,y)$, S_2为上方曲面: $z = g(x,y)$, S_3为垂直于xy平面的平面

且$V = \{(x,y,z): (x,y) \in R, f(x,y) \le z \le g(x,y)\}$,

藉由微积分基本定理

$$\iiint_V \frac{\partial F_3}{\partial z}dV = \iint_R \int_{f(x,y)}^{g(x,y)} \frac{\partial F_3}{\partial z}dzdxdy = \iint_R F_3(x,y,g) - F_3(x,y,f)dxdy$$

另一方面

$$\iint_S F_3\mathbf{k}\cdot\vec{n}dA = \iint_{S_1} F_3\mathbf{k}\cdot\vec{n}dA + \iint_{S_2} F_3\mathbf{k}\cdot\vec{n}dA + \iint_{S_3} F_3\mathbf{k}\cdot\vec{n}dA$$

$\because \iint_{S_2} F_3\mathbf{k}\cdot\vec{n}dA = \iint_R F_3(x,y,g)dxdy$ and $\iint_{S_1} F_3\mathbf{k}\cdot\vec{n}dA = -\iint_R F_3(x,y,f)dxdy$

$\because$ $\mathbf{k}$ 是垂直方向 且 S_3的 $\vec{n}$ 是水平方向 $\therefore \iint_{S_3} F_3\mathbf{k}\cdot\vec{n}dA = 0$

$$\therefore \iint_S F_3\mathbf{k}\cdot\vec{n}dA = \iint_R F_3(x,y,g)dxdy - \iint_R F_3(x,y,f)dxdy$$

$$= \iint_R F_3(x,y,g) - F_3(x,y,f)dxdy = \iiint_V \frac{\partial F_3}{\partial z}dV$$

$$\therefore \iint_S F_3\mathbf{k} \cdot \vec{n} dA = \iiint_V \frac{\partial F_3}{\partial z} dV.$$

∴ V 若为 simple solid region of type I 且没有包含垂直于xy平面的平面,仅由S_1,S_2组成,则上述等式仍成立,

Claim: $\iint_S F_1\mathbf{i} \cdot \vec{n} dA = \iiint_V \frac{\partial F_1}{\partial x} dV$

令 V 为 solid region of type II

同理可证

$$\iint_S F_1\mathbf{i} \cdot \vec{n} dA = \iiint_V \frac{\partial F_1}{\partial x} dV$$

Claim: $\iint_S F_2\mathbf{j} \cdot \vec{n} dA = \iiint_V \frac{\partial F_2}{\partial y} dV$

令 V 为 solid region of type III

同理可证

$$\iint_S F_2\mathbf{j} \cdot \vec{n} dA = \iiint_V \frac{\partial F_2}{\partial y} dV$$

$$\Rightarrow \oiint_S \vec{\mathrm{F}} \cdot \vec{n} dA = \iiint_V \nabla \cdot \vec{\mathrm{F}} dV$$

9.7.1 把封闭曲面积分转成能直接计算的体积分

使用 Gauss's Theorem 把封闭面积分转成能直接计算的体积分

考试类型:

Type 1.

假设向量场$\vec{\mathrm{F}}$各分量的一阶偏导数存在且连续且$\nabla \cdot \vec{\mathrm{F}} = c$(常数), $S: x^2 + y^2 + z^2 = r^2$,则流出S的 flux(通量) $\oiint_S \vec{\mathrm{F}} \cdot \vec{n} dA = \frac{4c\pi r^3}{3}$

解题流程:

Step1.

∵ $\vec{\mathrm{F}}$各分量的一阶偏导数存在且连续,藉由 Gauss's Theorem, $\oiint_S \vec{\mathrm{F}} \cdot \vec{n} dA = \iiint_V \nabla \cdot \vec{\mathrm{F}} dV$

Step2.

$$\because \nabla\cdot\vec{\mathrm{F}} = c \quad \therefore \iiint_V \nabla\cdot\vec{\mathrm{F}}\,dV = \iiint_{x^2+y^2+z^2\le r^2} \mathrm{c}\,dxdydz = c\cdot\frac{4\pi}{3}\cdot r^3$$

<u>范例说明:</u>

(I)若 $\vec{\mathrm{F}} = (x^2y, 2y+z^2, 2z-2xyz)$, $S: x^2+y^2+z^2=r^2$为朝外定向,求$\oiint_S \vec{\mathrm{F}}\cdot\vec{n}dA=?$

$\because \vec{\mathrm{F}}$各分量的一阶偏导数存在且连续

藉由 Gauss's Theorem,

$$\oiint_S \vec{\mathrm{F}}\cdot\vec{n}dA = \iiint_V \nabla\cdot\vec{\mathrm{F}}\,dV = \iiint_{x^2+y^2+z^2\le r^2} 4\,dxdydz = 4\cdot\frac{4\pi}{3}\cdot r^3 = \frac{16\pi r^3}{3}$$

(II)若 $\vec{\mathrm{F}} = \left(x+y+\sin z^2, y+e^{x^2}, z+\ln(x^2+y^2+1)\right)$, $S: x^2+y^2+z^2=r^2$为朝外定向,

求$\oiint_S \vec{\mathrm{F}}\cdot\vec{n}dA=?$

$\because \vec{\mathrm{F}}$各分量的一阶偏导数存在且连续

藉由 Gauss's Theorem,

$$\oiint_S \vec{\mathrm{F}}\cdot\vec{n}dA = \iiint_V \nabla\cdot\vec{\mathrm{F}}\,dV = \iiint_{x^2+y^2+z^2\le r^2} 3\,dxdydz = 3\cdot\frac{4\pi}{3}\cdot r^3 = 4\pi r^3$$

Type 2.

假设$\vec{\mathrm{F}}$各分量的一阶偏导数存在且连续且 $\nabla\cdot\vec{\mathrm{F}} = c$, $c\in\mathrm{R}$, $S: x^2+y^2=a^2, 0\le z\le b$

为朝外定向封闭曲面, $a,b>0$, 则$\oiint_S \vec{\mathrm{F}}\cdot\vec{n}dA = \pi a^2bc$

解题流程:

Step1.

$\because \vec{\mathrm{F}}$各分量的一阶偏导数存在且连续

藉由 Gauss's Theorem, $\oiint_S \vec{\mathrm{F}}\cdot\vec{n}dA = \iiint_V \nabla\cdot\vec{\mathrm{F}}\,dV$

Step2.

$$\because \nabla\cdot\vec{\mathrm{F}} = c \quad \therefore \iiint_V \nabla\cdot\vec{\mathrm{F}}\,dV = \iiint_V \mathrm{c}\,dxdydz = c\cdot\pi a^2b$$

<u>范例说明:</u>

(I)若$\vec{\mathrm{F}} = (x, e^x + y, 2z)$，$S: x^2 + y^2 = a^2$，$0 \le z \le b$，求$\oiint_S \vec{\mathrm{F}} \cdot \vec{n} dA = ?$

藉由 Gauss's Theorem,

则$\oiint_S \vec{\mathrm{F}} \cdot \vec{n} dA = \iiint_V \nabla \cdot \vec{\mathrm{F}}\, dV = \iiint_V 4\, dxdydz = 4\pi a^2 b$

Example 1.

求$\oiint_{S_1} \vec{\mathrm{F}} \cdot \vec{n} dA - \oiint_{S_2} \vec{\mathrm{F}} \cdot \vec{n} dA = ?$，$\vec{\mathrm{F}} = (x, 2y + z, z + x^2)$，$S_1: x^2 + y^2 + z^2 = 4$，$S_2: x^2 + y^2 + z^2 = 1$ 皆为朝外定向

【解】

令 $V = \{(x, y, z): 1 \le x^2 + y^2 + z^2 \le 4\}$

$\because \vec{F}$的各分量一阶偏导数存在且连续

藉由 Gauss's Theorem 则$\oiint_{S_1} \vec{\mathrm{F}} \cdot \vec{n} dA - \oiint_{S_2} \vec{\mathrm{F}} \cdot \vec{n} dA = \iiint_V \nabla \cdot \vec{\mathrm{F}}\, dV$

$\because \nabla \cdot \vec{\mathrm{F}} = 1 + 2 + 1 = 4$

$\therefore \iiint_V \nabla \cdot \vec{\mathrm{F}}\, dV = \iiint_{1 \le x^2+y^2+z^2 \le 4} 4\, dxdydz = 4\left(\frac{4\pi}{3} \cdot 2^3 - \frac{4\pi}{3} \cdot 1^3\right) = \frac{112\pi}{3}$

Example 2.

求向量场$\vec{\mathrm{F}} = (x^2 y, 2y + z^2, 2z - 2xyz)$流出$S$的 flux(通量) $= ?$，$S: x^2 + y^2 + z^2 = r^2$

【解】

$\because \vec{F}$的各分量一阶偏导数存在且连续

藉由 Gauss's Theorem 则 $\oiint_S \vec{\mathrm{F}} \cdot \vec{n} dA = \iiint_V \nabla \cdot \vec{\mathrm{F}}\, dV$，$V: x^2 + y^2 + z^2 \le r^2$

$\because \nabla \cdot \vec{\mathrm{F}} = 2xy + 2 + 2 - 2xy = 4$

$\therefore \iiint_V \nabla \cdot \vec{\mathrm{F}}\, dV = \iiint_{x^2+y^2+z^2 \le r^2} 4\, dxdydz = 4 \cdot \frac{4\pi}{3} \cdot r^3 = \frac{16\pi r^3}{3}$

Example 3.

求$\oiint_S \vec{\mathrm{F}} \cdot \vec{n} dA = ?$，$\vec{\mathrm{F}} = (x, y, z)$，$S: x^2 + y^2 + z^2 = 1$ 为朝外定向

【解】

$\because \vec{F}$的各分量一阶偏导数存在且连续

藉由 Gauss's Theorem 则 $\oiint_S \vec{\mathrm{F}}\cdot\vec{n}dA = \iiint_V \nabla\cdot\vec{\mathrm{F}}\,dV$, $V: x^2+y^2+z^2\le 1$

$\because \nabla\cdot\vec{\mathrm{F}} = 1+1+1 = 3$

$\therefore \iiint_V \nabla\cdot\vec{\mathrm{F}}\,dV = \iiint_{x^2+y^2+z^2\le 1} 3\,dxdydz = 3\left(\frac{4\pi}{3}\cdot 1^3\right) = 4\pi$

Example 4.

求向量场$\vec{\mathrm{F}} = \left(x+y+\sin z^2, y+e^{x^2}, z+\ln(x^2+y^2+1)\right)$流出$S$的 flux(通量) =?,
$S: x^2+y^2+z^2 = r^2$

【解】

$\because \vec{F}$的各分量一阶偏导数存在且连续

藉由 Gauss's Theorem 则 $\oiint_S \vec{\mathrm{F}}\cdot\vec{n}dA = \iiint_V \nabla\cdot\vec{\mathrm{F}}\,dV$, $V: x^2+y^2+z^2\le r^2$

$\because \nabla\cdot\vec{\mathrm{F}} = 1+1+1 = 3$

$\therefore \iiint_V \nabla\cdot\vec{\mathrm{F}}\,dV = \iiint_{x^2+y^2+z^2\le r^2} 3\,dxdydz = 3\cdot\frac{4\pi}{3}\cdot r^3 = 4\pi r^3$

Example 5.

求$\oiint_S \vec{\mathrm{F}}\cdot\vec{n}dA$ =?, $\vec{\mathrm{F}} = (2x+ye^z, e^x-ye^z, e^z+3z-xy)$, $S: x^2+y^2+z^2 = 9$
为朝外定向

【解】

$\because \vec{F}$的各分量一阶偏导数存在且连续

藉由 Gauss's Theorem 则 $\oiint_S \vec{\mathrm{F}}\cdot\vec{n}dA = \iiint_V \nabla\cdot\vec{\mathrm{F}}\,dV$, $V: x^2+y^2+z^2\le 9$

$\because \nabla\cdot\vec{\mathrm{F}} = 2-e^z+e^z+3 = 5$

$\therefore \iiint_V \nabla\cdot\vec{\mathrm{F}}\,dV = \iiint_{x^2+y^2+z^2\le 9} 5\,dxdydz = 5\left(\frac{4\pi}{3}\cdot 3^3\right) = 180\pi$

Example 6.

求$\oiint_S \vec{F}\cdot\vec{n}dA=?$，$\vec{F}=(x,e^x+y,2z)$，$S: x^2+y^2=a^2$，$0\le z\le b$为朝外定向

【解】

令$V=\{(x,y,z): x^2+y^2\le a^2, 0\le z\le b\}$

$\because \vec{F}$的各分量一阶偏导数存在且连续

藉由 Gauss's Theorem 则 $\oiint_S \vec{F}\cdot\vec{n}dA=\iiint_V \nabla\cdot\vec{F}\,dV$

$\because \nabla\cdot\vec{F}=1+1+2=4 \quad \therefore \iiint_V \nabla\cdot\vec{F}\,dV=\iiint_V 4\,dxdydz=4\pi a^2 b$

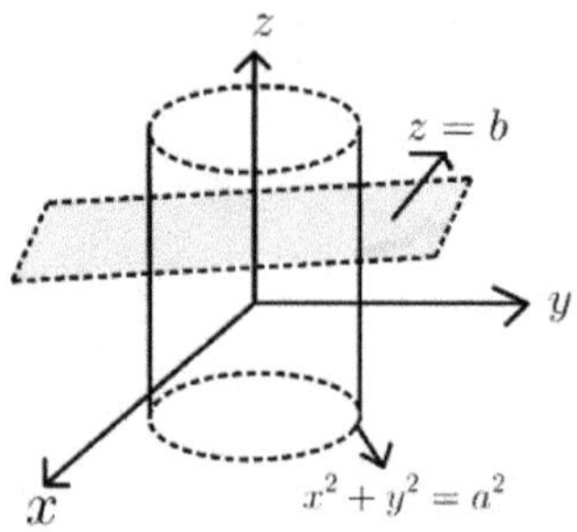

Example 7.

求$\oiint_S (2x+2y+z^2)dA=?$，$S: x^2+y^2+z^2=r^2$ 为朝外定向

【解】

令$\vec{F}=(2,2,z)$，$\because \vec{F}$的各分量一阶偏导数存在且连续

藉由 Gauss's Theorem 则 $\oiint_S \vec{F}\cdot\vec{n}dA=\iiint_V \nabla\cdot\vec{F}\,dV$，$V: x^2+y^2+z^2\le r^2$

$\because \nabla\cdot\vec{F}=0+0+1=1 \quad \therefore \iiint_V \nabla\cdot\vec{F}\,dV=\iiint_V 1\,dxdydz=\frac{4\pi}{3}\cdot r^3=\frac{4\pi r^3}{3}$

Example 8.

Let $\vec{F}=(x,2y,3z)$. Assume S is the cube with the vertices $(\pm1,\pm1,\pm1)$ with outward orientation. Find $\oiint_S \vec{F}\cdot\vec{n}dA$ by using Gauss's Theorem

【解】

令$V=\{(x,y,z): -1\le x\le 1, -1\le y\le 1, -1\le z\le 1\}$

$\because \vec{F}$的各分量一阶偏导数存在且连续,

藉由 Gauss's Theorem 则 $\oiint_S \vec{\mathrm{F}}\cdot\vec{n}dA=\iiint_V \nabla\cdot\vec{\mathrm{F}}\,dV$

$\because \nabla\cdot\vec{\mathrm{F}}=1+2+3=6 \quad \therefore \iiint_V \nabla\cdot\vec{\mathrm{F}}\,dV=\iiint_V 6\,dxdydz=6\cdot 2\cdot 2\cdot 2=48$

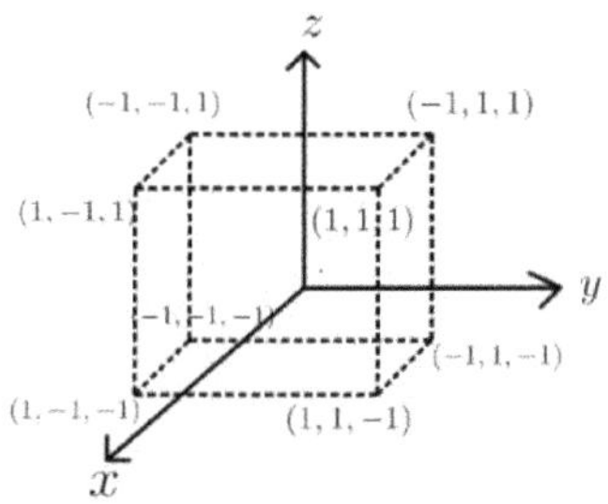

9.7.2 把封闭曲面积分转成体积分

应用情境为封闭曲面积分的被积分向量值函数$\vec{\mathrm{F}}$本身较为复杂，其散度$\nabla\cdot\vec{\mathrm{F}}$较为干净

考试类型:

Type 1.

假设$\vec{F}$的各分量一阶偏导数存在且连续，$S{:}\,x^2+y^2+z^2=r^2$，$r>0$ 且S为朝外定向

求$\oiint_S \vec{\mathrm{F}}\cdot\vec{n}dA=?$

解题流程:

Step1.

$\because \vec{F}$的各分量一阶偏导数存在且连续

藉由 Gauss's Theorem, $\oiint_S \vec{\mathrm{F}}\cdot\vec{n}dA=\iiint_V \nabla\cdot\vec{\mathrm{F}}\,dV$

Step2.

$\iiint_V \nabla\cdot\vec{\mathrm{F}}\,dV=\iiint_{x^2+y^2+z^2\le r^2} f(x,y,z)\,dxdydz$，其中 $\nabla\cdot\vec{\mathrm{F}}=f(x,y,z)$

Step3.

令$x=\rho\sin\varphi\cos\theta\,,y=\rho\sin\varphi\sin\theta\,,\mathrm{z}=\rho\cos\varphi$ 则

$$dxdydz = \left\| \begin{matrix} \frac{\partial x}{\partial \rho} & \frac{\partial x}{\partial \varphi} & \frac{\partial x}{\partial \theta} \\ \frac{\partial y}{\partial \rho} & \frac{\partial y}{\partial \varphi} & \frac{\partial y}{\partial \theta} \\ \frac{\partial z}{\partial \rho} & \frac{\partial z}{\partial \varphi} & \frac{\partial z}{\partial \theta} \end{matrix} \right\| d\rho d\varphi d\theta$$

$$= \left\| \begin{matrix} \sin\varphi\cos\theta & \rho\cos\varphi\cos\theta & -\rho\sin\varphi\sin\theta \\ \sin\varphi\sin\theta & \rho\cos\varphi\sin\theta & -\rho\sin\varphi\cos\theta \\ \cos\varphi & -\rho\sin\varphi & 0 \end{matrix} \right\| d\rho d\varphi d\theta = \rho^2 \sin\varphi \, d\rho d\varphi d\theta$$

Step4.

$$\therefore \iiint_{x^2+y^2+z^2 \le r^2} f(x,y,z)\,dxdydz$$

$$= \int_0^{\pi} \int_0^{2\pi} \int_0^{r} f(\rho\sin\varphi\cos\theta, \rho\sin\varphi\sin\theta, \rho\cos\varphi) \cdot \rho^2 \sin\varphi \, d\rho d\theta d\varphi$$

求 $\int_0^{\pi} \int_0^{2\pi} \int_0^{r} f(\rho\sin\varphi\cos\theta, \rho\sin\varphi\sin\theta, \rho\cos\varphi) \cdot \rho^2 \sin\varphi \, d\rho d\theta d\varphi = ?$

<u>范例说明:</u>

(I) $\vec{F} = (2x + 3xy^2 + z, xy^2 + 3x^2y + e^z, z^3 - 2xyz)$，$S$为朝外定向:$x^2 + y^2 + z^2 = r^2$

求 $\oiint_S \vec{F} \cdot \vec{n} dA$

$\because \vec{F}$的各分量一阶偏导数存在且连续

藉由 Gauss's Theorem

$$\oiint_S \vec{F} \cdot \vec{n} dA = \iiint_V \nabla \cdot \vec{F} \, dV = \iiint_{x^2+y^2+z^2 \le r^2} 2 + 3x^2 + 3y^2 + 3z^2 \, dxdydz$$

令$x = \rho\sin\varphi\cos\theta, y = \rho\sin\varphi\sin\theta, z = \rho\cos\varphi$ 则 $dxdydz = \rho^2 \sin\varphi \, d\rho d\varphi d\theta$

$$\therefore \iiint_{x^2+y^2+z^2 \le r^2} 2 + 3x^2 + 3y^2 + 3z^2 \, dxdydz = \frac{8\pi r^3}{3} + \int_0^{\pi} \int_0^{2\pi} \int_0^{r} 3\rho^2 \cdot \rho^2 \sin\varphi \, d\rho d\theta d\varphi$$

$$= \frac{8\pi r^3}{3} + \frac{12\pi r^5}{5}$$

(II)若 $\vec{F} = (x^3 + z, y^3 + e^{-z}, z^3)$，$S: x^2 + y^2 + z^2 = a^2$且$S$为朝外定向, 求 $\oiint_S \vec{F} \cdot \vec{n} dA$

$\because \vec{F}$的各分量一阶偏导数存在且连续

藉由 Gauss's Theorem

$$\oiint_S \vec{\mathrm{F}}\cdot\vec{n}dA=\iiint_V \nabla\cdot\vec{\mathrm{F}}\,dV=\iiint_{x^2+y^2+z^2\le a^2} 3x^2+3y^2+3z^2\,dxdydz$$

令$x=\rho\sin\varphi\cos\theta$, $y=\rho\sin\varphi\sin\theta$, $\mathrm{z}=\rho\cos\varphi$ 则 $dxdydz=\rho^2\sin\varphi\,d\rho d\varphi d\theta$

$$\therefore\iiint_{x^2+y^2+z^2\le a^2} 3x^2+3y^2+3z^2\,dxdydz=3\int_0^{\pi}\int_0^{2\pi}\int_0^{a}\rho^2\cdot\rho^2\sin\varphi\,d\rho d\theta d\varphi=\frac{12\pi a^5}{5}$$

Type 2.

假设向量场$\vec{\mathrm{F}}$的各分量一阶偏导数存在且连续，S为$x^2+y^2=a^2$，$0\le z\le b$ 所围朝外定向封闭曲面,求 $\oiint_S \vec{\mathrm{F}}\cdot\vec{n}dA=?$

解题流程:

Step1.

$\because\vec{\mathrm{F}}$的各分量一阶偏导数存在且连续

藉由 Gauss's Theorem, $\oiint_S \vec{\mathrm{F}}\cdot\vec{n}dA=\iiint_V \nabla\cdot\vec{\mathrm{F}}\,dV$

Step2.

$$\iiint_V \nabla\cdot\vec{\mathrm{F}}\,dV=\iiint_V f(x,y)\,dxdydz=\iint_R\int_0^b f(x,y)dzdxdy=b\iint_R f(x,y)\,dxdy$$

其中 $\nabla\cdot\vec{\mathrm{F}}=f(x,y)$，$R=\{(x,y):x^2+y^2\le a^2\}$

Step3.

令$x=r\cos\theta$, $y=r\sin\theta$ 则 $\{(x,y):x^2+y^2\le a^2\}=\{(r,\theta):0\le r\le a,0\le\theta\le 2\pi\}$

$$且\ dxdy=\left|\begin{vmatrix}\frac{\partial x}{\partial r} & \frac{\partial x}{\partial\theta}\\ \frac{\partial y}{\partial r} & \frac{\partial y}{\partial\theta}\end{vmatrix}\right|drd\theta=\left|\begin{vmatrix}\cos\theta & -r\sin\theta\\ \sin\theta & r\cos\theta\end{vmatrix}\right|drd\theta=rdrd\theta$$

$$\therefore b\iint_R f(x,y)\,dxdy=b\int_0^{2\pi}\int_0^a f(r\cos\theta,r\sin\theta)rdrd\theta$$

Step4.

求 $\int_0^{2\pi}\int_0^a f(r\cos\theta,r\sin\theta)rdrd\theta=?$

范例说明:

(I)假设 $\vec{\mathrm{F}}=(2x^3,x^2y,x^2z)$, $S: x^2+y^2=a^2$, $0\le z\le b$, 求 $\oiint_S \vec{\mathrm{F}}\cdot\vec{n}dA=?$

令 $R=\{(x,y):x^2+y^2\le a^2\}$ 且 $x=r\cos\theta, y=r\sin\theta$

则 $\{(x,y):x^2+y^2\le a^2\}=\{(r,\theta):0\le r\le a, 0\le\theta\le 2\pi\}$

藉由 Gauss's Theorem

$$\oiint_S \vec{\mathrm{F}}\cdot\vec{n}dA=\iiint_V \nabla\cdot\vec{\mathrm{F}}\,dV=\iint_R\int_0^b 8x^2dzdxdy=b\iint_{x^2+y^2\le a^2}8x^2dxdy$$

$$=b\int_0^{2\pi}\int_0^a 8r^2\cos^2\theta\, rdrd\theta=2\pi a^4 b$$

Type 3.

假设 $\vec{\mathrm{F}}$ 的各分量一阶偏导数存在且连续, S为曲面 $z=g(x,y)$与 $\mathrm{z}=0$ 所围朝外定向封闭曲面, 其中 $z=g(x,y)$投影至xy平面 $=\{(x,y):x^2+y^2\le a^2\}$, 求 $\oiint_S \vec{\mathrm{F}}\cdot\vec{n}dA=?$

解题流程:

Step1.

令 $R=\{(x,y):x^2+y^2\le a^2\}$ 且 $x=r\cos\theta, y=r\sin\theta$

则 $\{(x,y):x^2+y^2\le a^2\}=\{(r,\theta):0\le r\le a, 0\le\theta\le 2\pi\}$

Step2.

$\because \vec{\mathrm{F}}$ 的各分量一阶偏导数存在且连续

藉由 Gauss's Theorem

$$\oiint_S \vec{\mathrm{F}}\cdot\vec{n}dA=\iiint_V \nabla\cdot\vec{\mathrm{F}}\,dV=\iint_R\int_0^{g(x,y)} f(x,y,z)dzdxdy,\ \text{其中 } \nabla\cdot\vec{\mathrm{F}}=f(x,y,z)$$

Step3.

$$\iint_R\int_0^{g(x,y)} f(x,y,z)dzdxdy=\iint_R h(x,y)\,dxdy=\int_0^{2\pi}\int_0^a h(r\cos\theta,r\sin\theta)rdrd\theta$$

其中 $h(x,y)=\int_0^{g(x,y)} f(x,y,z)dz$

求 $\int_0^{2\pi}\int_0^a h(r\cos\theta,r\sin\theta)rdrd\theta$

范例说明:

(I)若 $\vec{F}=(x^2,xy,z)$，S为 $z=4-x^2-y^2$ 与 xy 平面所围封闭曲面，求 $\oiint_S \vec{F}\cdot\vec{n}dA=?$

令 $R=\{(x,y):x^2+y^2\le 4\}$ 且 $x=r\cos\theta, y=r\sin\theta$

则 $\{(x,y):x^2+y^2\le 4\}=\{(r,\theta):0\le r\le 2, 0\le\theta\le 2\pi\}$

藉由 Gauss's Theorem

$$\oiint_S \vec{F}\cdot\vec{n}dA=\iiint_V \nabla\cdot\vec{F}\,dV=\iint_R\int_0^{4-x^2-y^2}3x+1dzdxdy$$

$$=\iint_R (3x+1)(4-x^2-y^2)\,dxdy=\int_0^{2\pi}\int_0^2(3\cos\theta+1)(4-r^2)rdrd\theta=8\pi$$

Type 4.

假设向量场$\vec{F}$的各分量一阶偏导数存在且连续，朝外定向封闭曲面S所围体积为 V，求

$\oiint_S \vec{F}\cdot\vec{n}dA=?$，其中 $V=\{(x,y,z):x_0\le x\le x_1, y_0\le y\le y_1, z_0\le z\le z_1\}$，

解题流程:

藉由 Gauss's Theorem，$\oiint_S \vec{F}\cdot\vec{n}dA=\iiint_V \nabla\cdot\vec{F}\,dV=\int_{x_0}^{x_1}\int_{y_0}^{y_1}\int_{z_0}^{z_1}f(x,y,z)dzdydx$

其中 $\nabla\cdot\vec{F}=f(x,y,z)$

<u>范例说明:</u>

求 $\oiint_S \vec{F}\cdot\vec{n}dA=?$

(I) $\vec{F}=(xy+3, y^2+e^{zx}, \cos xy)$ 且 S为 $z=1-x^2$，$y=0, z=0$，$y+z=2$ 所围封闭曲面

藉由 Gauss's Theorem，$\oiint_S \vec{F}\cdot\vec{n}dA=\iiint_V \nabla\cdot\vec{F}\,dV=3\int_{-1}^{1}\int_0^{1-x}\int_0^{2-z}ydydzdx=\dfrac{184}{35}$

(II) $\vec{F}=(e^x\sin y, e^x\cos y, yz^2+xy)$ 且 S为 $0\le x\le 1, 0\le y\le 1, 0\le z\le 2$ 所围封闭曲面

藉由 Gauss's Theorem，$\oiint_S \vec{F}\cdot\vec{n}dA=\iiint_V \nabla\cdot\vec{F}\,dV=\int_0^1\int_0^1\int_0^2 2yzdzdydx=2$

Example 1.

$\vec{F}=(2x+x^3+ye^z, e^x-ye^z+y^3, e^z+3z-xy+z^3)$，$S: x^2+y^2+z^2=4$，

藉由 Gauss's Theorem 求 $\oiint_S \vec{F}\cdot\vec{n}dA=?$，

【解】

令$V: x^2+y^2+z^2 \le 4$

$\because \vec{F}$的各分量一阶偏导数存在且连续，藉由 Gauss's Theorem 则 $\oiint_S \vec{\mathrm{F}}\cdot\vec{n}dA = \iiint_V \nabla\cdot\vec{\mathrm{F}}\,dV$

$\because \nabla\cdot\vec{\mathrm{F}} = 5+3x^2+3y^2+3z^2 \ \therefore \iiint_V \nabla\cdot\vec{\mathrm{F}}\,dV = \iiint_{x^2+y^2+z^2\le 4} 5+3x^2+3y^2+3z^2\,dxdydz$

令$x=\rho\sin\varphi\cos\theta, y=\rho\sin\varphi\sin\theta, \mathrm{z}=\rho\cos\varphi$ 则

$$dxdydz = \left\|\begin{matrix} \frac{\partial x}{\partial\rho} & \frac{\partial x}{\partial\varphi} & \frac{\partial x}{\partial\theta} \\ \frac{\partial y}{\partial\rho} & \frac{\partial y}{\partial\varphi} & \frac{\partial y}{\partial\theta} \\ \frac{\partial z}{\partial\rho} & \frac{\partial z}{\partial\varphi} & \frac{\partial z}{\partial\theta} \end{matrix}\right\| d\rho d\varphi d\theta$$

$$= \left\|\begin{matrix} \sin\varphi\cos\theta & \rho\cos\varphi\cos\theta & -\rho\sin\varphi\sin\theta \\ \sin\varphi\sin\theta & \rho\cos\varphi\sin\theta & -\rho\sin\varphi\cos\theta \\ \cos\varphi & -\rho\sin\varphi & 0 \end{matrix}\right\| d\rho d\varphi d\theta = \rho^2\sin\varphi\,d\rho d\varphi d\theta$$

其中 $0\le\rho\le 2$，$0\le\varphi\le\pi$，$0\le\theta\le 2\pi$

$\therefore \iiint_{x^2+y^2+z^2\le 4} 5+3x^2+3y^2+3z^2\,dxdydz$

$= 5\cdot\frac{4\pi}{3}\cdot 2^3 + \int_0^\pi\int_0^{2\pi}\int_0^3 3\rho^2\cdot\rho^2\sin\varphi\,d\rho d\theta d\varphi = \frac{160\pi}{3}+\frac{1152\pi}{5} = \frac{1952\pi}{15}$

Example 2.

藉由 Gauss's Theorem 求向量场$\vec{\mathrm{F}} = (2x+3xy^2+z, xy^2+3x^2y+e^z, z^3-2xyz)$

流出S的 flux(通量) =?，其中 $S: x^2+y^2+z^2=r^2$

【解】

令$V: x^2+y^2+z^2 \le r^2$

$\because \vec{F}$的各分量一阶偏导数存在且连续，藉由 Gauss Theorem 则 $\oiint_S \vec{\mathrm{F}}\cdot\vec{n}dA = \iiint_V \nabla\cdot\vec{\mathrm{F}}\,dV$

$\because \nabla\cdot\vec{\mathrm{F}} = 2+3y^2+2xy+3x^2+3z^2-2xy = 2+3x^2+3y^2+3z^2$

$\therefore \iiint_V \nabla\cdot\vec{\mathrm{F}}\,dV = \iiint_{x^2+y^2+z^2\le r^2} 2+3x^2+3y^2+3z^2\,dxdydz$

令$x=\rho\sin\varphi\cos\theta, y=\rho\sin\varphi\sin\theta, \mathrm{z}=\rho\cos\varphi$ 则

$$dxdydz=\left\|\begin{vmatrix}\frac{\partial x}{\partial\rho}&\frac{\partial x}{\partial\varphi}&\frac{\partial x}{\partial\theta}\\\frac{\partial y}{\partial\rho}&\frac{\partial y}{\partial\varphi}&\frac{\partial y}{\partial\theta}\\\frac{\partial z}{\partial\rho}&\frac{\partial z}{\partial\varphi}&\frac{\partial z}{\partial\theta}\end{vmatrix}\right\|d\rho d\varphi d\theta$$

$$=\left\|\begin{vmatrix}\sin\varphi\cos\theta&\rho\cos\varphi\cos\theta&-\rho\sin\varphi\sin\theta\\\sin\varphi\sin\theta&\rho\cos\varphi\sin\theta&-\rho\sin\varphi\cos\theta\\\cos\varphi&-\rho\sin\varphi&0\end{vmatrix}\right\|d\rho d\varphi d\theta=\rho^2\sin\varphi\,d\rho d\varphi d\theta$$

其中 $0\le\rho\le r$，$0\le\varphi\le\pi$，$0\le\theta\le 2\pi$

$$\therefore\iiint_{x^2+y^2+z^2\le r^2}2+3x^2+3y^2+3z^2\,dxdydz$$

$$=2\cdot\frac{4\pi\cdot r^3}{3}+\int_0^{\pi}\int_0^{2\pi}\int_0^{r}3\rho^2\cdot\rho^2\sin\varphi\,d\rho d\theta d\varphi=\frac{8\pi r^3}{3}+\frac{12\pi r^5}{5}$$

Example 3.

求 $\oiint_S \vec{\mathrm{F}}\cdot\vec{n}dA=?$，其中 $\vec{\mathrm{F}}=(x^2y+x^3,2y+z^2+y^3,4z-2xyz+z^3)$，

$S: x^2+y^2+z^2=1$ 为朝外定向

【解】

令 $V: x^2+y^2+z^2\le 1$

$\because\vec{F}$的各分量一阶偏导数存在且连续，藉由 Gauss Theorem 则 $\oiint_S \vec{\mathrm{F}}\cdot\vec{n}dA=\iiint_V \nabla\cdot\vec{\mathrm{F}}\,dV$

$\because\nabla\cdot\vec{\mathrm{F}}=6+3x^2+3y^2+3z^2$ $\therefore\iiint_V \nabla\cdot\vec{\mathrm{F}}\,dV=\iiint_{x^2+y^2+z^2\le 1}6+3x^2+3y^2+3z^2\,dxdydz$

令 $x=\rho\sin\varphi\cos\theta$, $y=\rho\sin\varphi\sin\theta$, $z=\rho\cos\varphi$ 则

$$dxdydz=\left\|\begin{vmatrix}\frac{\partial x}{\partial\rho}&\frac{\partial x}{\partial\varphi}&\frac{\partial x}{\partial\theta}\\\frac{\partial y}{\partial\rho}&\frac{\partial y}{\partial\varphi}&\frac{\partial y}{\partial\theta}\\\frac{\partial z}{\partial\rho}&\frac{\partial z}{\partial\varphi}&\frac{\partial z}{\partial\theta}\end{vmatrix}\right\|d\rho d\varphi d\theta$$

$$= \left\| \begin{matrix} \sin\varphi\cos\theta & \rho\cos\varphi\cos\theta & -\rho\sin\varphi\sin\theta \\ \sin\varphi\sin\theta & \rho\cos\varphi\sin\theta & -\rho\sin\varphi\cos\theta \\ \cos\varphi & -\rho\sin\varphi & 0 \end{matrix} \right\| d\rho d\varphi d\theta = \rho^2 \sin\varphi \, d\rho d\varphi d\theta$$

其中 $0 \le \rho \le 1$，$0 \le \varphi \le \pi$，$0 \le \theta \le 2\pi$

$$\therefore \iiint_{x^2+y^2+z^2\le 1} 6 + 3x^2 + 3y^2 + 3z^2 \, dxdydz = 6 \cdot \frac{4\pi}{3} + \int_0^{\pi} \int_0^{2\pi} \int_0^1 3\rho^2 \cdot \rho^2 \sin\varphi \, d\rho d\theta d\varphi$$

$$= 8\pi + \frac{12\pi}{5} = \frac{52\pi}{15}$$

Example 4.

藉由 Gauss's Theorem 求 $\vec{\mathrm{F}} = (0,4yz,0)$通过曲面 $S: x^2 + y^2 + z^2 = a^2$的通量，

$$\oiint_S \vec{\mathrm{F}} \cdot \vec{n} dA = ?$$

【解】

令$V: x^2 + y^2 + z^2 \le a^2$

$\because \vec{F}$的各分量一阶偏导数存在且连续，藉由 Gauss's Theorem 则 $\oiint_S \vec{\mathrm{F}} \cdot \vec{n} dA = \iiint_V \nabla \cdot \vec{\mathrm{F}} \, dV$

$\because \nabla \cdot \vec{\mathrm{F}} = 4z \quad \therefore \iiint_V \nabla \cdot \vec{\mathrm{F}} \, dV = \iiint_{x^2+y^2+z^2\le a^2} 4z \, dxdydz$

令$x = \rho\sin\varphi\cos\theta$, $y = \rho\sin\varphi\sin\theta$, $z = \rho\cos\varphi$ 则

$$dxdydz = \left\| \begin{matrix} \frac{\partial x}{\partial \rho} & \frac{\partial x}{\partial \varphi} & \frac{\partial x}{\partial \theta} \\ \frac{\partial y}{\partial \rho} & \frac{\partial y}{\partial \varphi} & \frac{\partial y}{\partial \theta} \\ \frac{\partial z}{\partial \rho} & \frac{\partial z}{\partial \varphi} & \frac{\partial z}{\partial \theta} \end{matrix} \right\| d\rho d\varphi d\theta$$

$$= \left\| \begin{matrix} \sin\varphi\cos\theta & \rho\cos\varphi\cos\theta & -\rho\sin\varphi\sin\theta \\ \sin\varphi\sin\theta & \rho\cos\varphi\sin\theta & -\rho\sin\varphi\cos\theta \\ \cos\varphi & -\rho\sin\varphi & 0 \end{matrix} \right\| d\rho d\varphi d\theta = \rho^2 \sin\varphi \, d\rho d\varphi d\theta$$

其中 $0 \le \rho \le a$，$0 \le \varphi \le \pi$，$0 \le \theta \le 2\pi$

$$\therefore \iiint_{x^2+y^2+z^2\le a^2} 4z \, dxdydz = \int_0^{\pi} \int_0^{2\pi} \int_0^a 4\rho\cos\varphi \cdot \rho^2 \sin\varphi \, d\rho d\theta d\varphi = 0$$

Example 5.

藉由 Gauss's Theorem 求 $\oiint_S \vec{\mathrm{F}}\cdot\vec{n}dA=?$，$\vec{\mathrm{F}}=(x-y+z,2x,1)$, S为 $z=x^2+y^2$, $z=1$ 所围朝外定向封闭曲面

【解】

令S_1: $\mathrm{z}=x^2+y^2, \mathrm{z}<1$，且 S_2: $x^2+y^2\le 1, \mathrm{z}=1$ 则 $S=S_1\cup S_2$

令 $\mathrm{V}=\{(x,y,z): x^2+y^2\le z, 0\le z\le 1\}$

$\because$ $\vec{F}$的各分量一阶偏导数存在且连续，藉由 Gauss's Theorem 则 $\oiint_S \vec{\mathrm{F}}\cdot\vec{n}dA=\iiint_V \nabla\cdot\vec{\mathrm{F}}\,dV$

$\because \nabla\cdot\vec{\mathrm{F}}=1 \quad \therefore \iiint_V \nabla\cdot\vec{\mathrm{F}}\,dV=\iiint_V 1\,dxdydz$

令 $R=\{(x,y): x^2+y^2\le 1\}$

则 $\iiint_V 1\,dxdydz=\iint_R \int_0^{1-x^2-y^2} dzdxdy=\iint_R 1-x^2-y^2dxdy$

令$x=r\cos\theta, y=r\sin\theta$ 则 $\{(x,y): x^2+y^2\le 1\}=\{(r,\theta): 0\le r\le 1, 0\le\theta\le 2\pi\}$

且 $dxdy=\left\|\begin{matrix}\frac{\partial x}{\partial r} & \frac{\partial x}{\partial \theta}\\ \frac{\partial y}{\partial r} & \frac{\partial y}{\partial \theta}\end{matrix}\right\|drd\theta=\left\|\begin{matrix}\cos\theta & -r\sin\theta\\ \sin\theta & r\cos\theta\end{matrix}\right\|drd\theta=rdrd\theta$

$$\therefore \iint_R 1-x^2-y^2dxdy=\int_0^{2\pi}\int_0^1(1-r^2)rdrd\theta=2\pi\cdot\left(\frac{r^2}{2}-\frac{r^4}{4}\right)\Bigg|_0^1=\frac{\pi}{2}$$

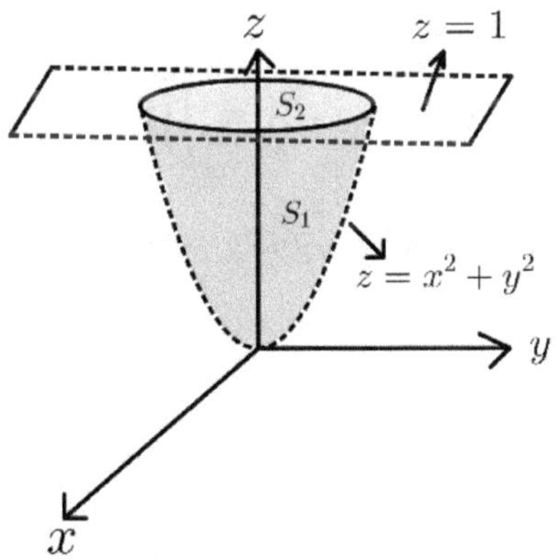

Example 6.

Let $\vec{\mathrm{F}}=(x,2y,3z)$. Assume V is the volume of cube with the vertices $(\pm1,\pm1,\pm1)$ and

S is the boundary of V. Find $\oiint_S \vec{\mathrm{F}}\cdot\vec{n}dA$ by using Gauss's Theorem.

【解】

令 $\mathrm{V}=\{(x,y,z):-1\le x\le 1,-1\le y\le 1,-1\le z\le 1\}$

$\because \vec{F}$的各分量一阶偏导数存在且连续，藉由 Gauss's Theorem 则 $\oiint_S \vec{\mathrm{F}}\cdot\vec{n}dA=\iiint_V \nabla\cdot\vec{\mathrm{F}}\,dV$

$\because \nabla\cdot\vec{\mathrm{F}}=6 \quad \therefore \iiint_V \nabla\cdot\vec{\mathrm{F}}\,dV=\iiint_V 6\,dxdydz=6\cdot 2\cdot 2\cdot 2=48$

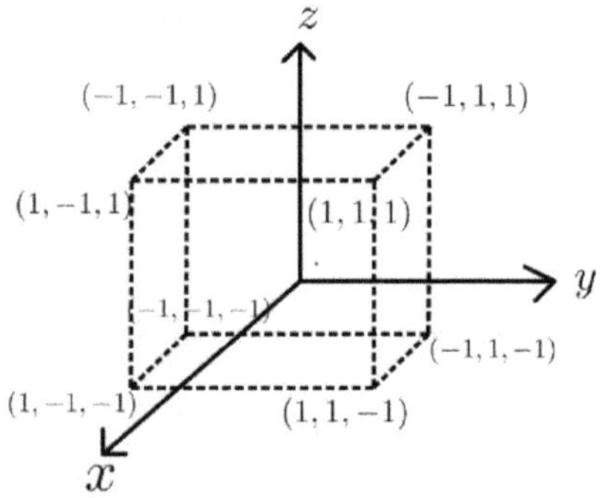

Example 7.

藉由 Gauss's Theorem 求 $\oiint_S \vec{\mathrm{F}}\cdot\vec{n}dA=?$，其中 $\vec{\mathrm{F}}=(x^3+z,y^3+e^{-z},z^3)$,

$S: x^2+y^2+z^2=a^2$

【解】

令 $V: x^2+y^2+z^2\le a^2$

$\because \vec{F}$的各分量一阶偏导数存在且连续，藉由 Gauss's Theorem 则 $\oiint_S \vec{\mathrm{F}}\cdot\vec{n}dA=\iiint_V \nabla\cdot\vec{\mathrm{F}}\,dV$

$\because \nabla\cdot\vec{\mathrm{F}}=3x^2+3y^2+3z^2 \quad \therefore \iiint_V \nabla\cdot\vec{\mathrm{F}}\,dV=\iiint_{x^2+y^2+z^2\le a^2} 3x^2+3y^2+3z^2\,dxdydz$

令$x=\rho\sin\varphi\cos\theta, y=\rho\sin\varphi\sin\theta, \mathrm{z}=\rho\cos\varphi$ 则

$$dxdydz=\left\|\begin{matrix}\frac{\partial x}{\partial\rho} & \frac{\partial x}{\partial\varphi} & \frac{\partial x}{\partial\theta}\\ \frac{\partial y}{\partial\rho} & \frac{\partial y}{\partial\varphi} & \frac{\partial y}{\partial\theta}\\ \frac{\partial z}{\partial\rho} & \frac{\partial z}{\partial\varphi} & \frac{\partial z}{\partial\theta}\end{matrix}\right\|d\rho d\varphi d\theta$$

$$=\left\|\begin{vmatrix}\sin\varphi\cos\theta & \rho\cos\varphi\cos\theta & -\rho\sin\varphi\sin\theta\\ \sin\varphi\sin\theta & \rho\cos\varphi\sin\theta & -\rho\sin\varphi\cos\theta\\ \cos\varphi & -\rho\sin\varphi & 0\end{vmatrix}\right\| d\rho d\varphi d\theta=\rho^2\sin\varphi\, d\rho d\varphi d\theta$$

其中 $0\le\rho\le a$，$0\le\varphi\le\pi$，$0\le\theta\le 2\pi$

$$\therefore \iiint_{x^2+y^2+z^2\le a^2} 3x^2+3y^2+3z^2\,dxdydz=3\int_0^{\pi}\int_0^{2\pi}\int_0^{a}\rho^2\cdot\rho^2\sin\varphi\,d\rho d\theta d\varphi=\frac{12\pi a^5}{5}$$

Example 8.

藉由 Gauss's Theorem 求 $\oiint_S \vec{\mathrm{F}}\cdot\vec{n}dA=?$，$\vec{\mathrm{F}}=(xy+3,y^2+e^{zx},\cos xy)$,

S为 $z=1-x^2$，$y=0$，$z=0$，$y+z=2$ 所围朝外定向封闭曲面

【解】

令 $V=\{(x,y,z):-1\le x\le 1,0\le z\le 1-x,0\le y\le 2-z\}$

$\because \vec{F}$的各分量一阶偏导数存在且连续，藉由 Gauss's Theorem 则 $\oiint_S \vec{\mathrm{F}}\cdot\vec{n}dA=\iiint_V \nabla\cdot\vec{\mathrm{F}}\,dV$

$\because \nabla\cdot\vec{\mathrm{F}}=y+2y+0=3y \quad \therefore \iiint_V \nabla\cdot\vec{\mathrm{F}}\,dV=3\int_{-1}^{1}\int_0^{1-x}\int_0^{2-z}ydydzdx=\dfrac{184}{35}$

Example 9.

藉由 Gauss's Theorem 求 $\oiint_S \vec{\mathrm{F}}\cdot\vec{n}dA=?$，$\vec{\mathrm{F}}=(2x^3,x^2y,x^2z)$，$S$为 $x^2+y^2=a^2$,

$z=0,z=b$ 所围封闭朝外定向曲面

【解】

令 $S_1:x^2+y^2=a^2$，$0\le z\le b,S_2:x^2+y^2\le a^2$，$\mathrm{z}=0$，$S_3:x^2+y^2\le a^2$，$z=\mathrm{b}$

则 $S=S_1\cup S_2\cup S_3$

令 V 为S所围体积则 $\mathrm{V}=\{(x,y,z):x^2+y^2\le a^2,0\le z\le \mathrm{b}\}$

$\because \vec{F}$的各分量一阶偏导数存在且连续，藉由 Gauss's Theorem 则 $\oiint_S \vec{\mathrm{F}}\cdot\vec{n}dA=\iiint_V \nabla\cdot\vec{\mathrm{F}}\,dV$

$\because \nabla\cdot\vec{\mathrm{F}}=6x^2+x^2+x^2=8x^2 \quad \therefore \iiint_V \nabla\cdot\vec{\mathrm{F}}\,dV=\iiint_V 8x^2\,dxdydz$

令$R=\{(x,y):x^2+y^2\le a^2\}$

则 $\iiint_V 8x^2\,dxdydz=8\iint_R\int_0^b x^2dzdxdy=8b\iint_{x^2+y^2\le a^2}x^2dxdy$

令$x = r\cos\theta$, $y = r\sin\theta$ 则 $\{(x,y): x^2 + y^2 \le a^2\} = \{(r,\theta): 0 \le r \le a, 0 \le \theta \le 2\pi\}$

且 $dxdy = \left\| \begin{matrix} \dfrac{\partial x}{\partial r} & \dfrac{\partial x}{\partial \theta} \\ \dfrac{\partial y}{\partial r} & \dfrac{\partial y}{\partial \theta} \end{matrix} \right\| drd\theta = \left\| \begin{matrix} \cos\theta & -r\sin\theta \\ \sin\theta & r\cos\theta \end{matrix} \right\| drd\theta = rdrd\theta$

$\therefore 8b \iint_{x^2+y^2\le a^2} x^2 dxdy = 8b \int_0^{2\pi} \int_0^a r^2\cos^2\theta\, rdrd\theta = 8b \int_0^{2\pi} \cos^2\theta\, d\theta \int_0^a r^3 dr$

$\because \int_0^{2\pi} \cos^2\theta\, d\theta = \int_0^{2\pi} \frac{1+\cos 2\theta}{2} d\theta = \pi$ 且 $\int_0^a r^3 dr = \frac{a^4}{4}$ $\therefore \oiint_S \vec{\mathrm{F}} \cdot \vec{n} dA = 2\pi a^4 b$

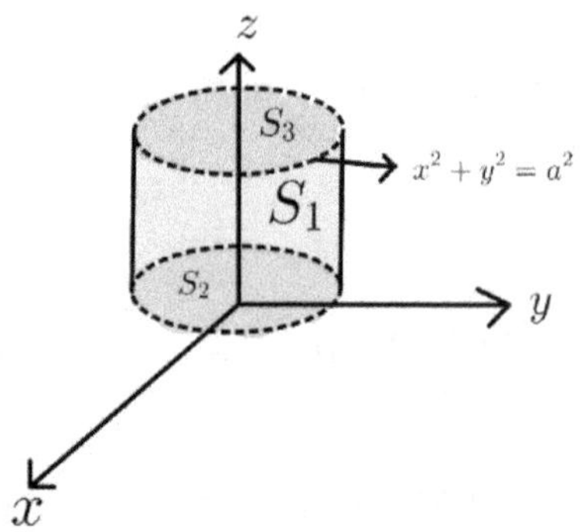

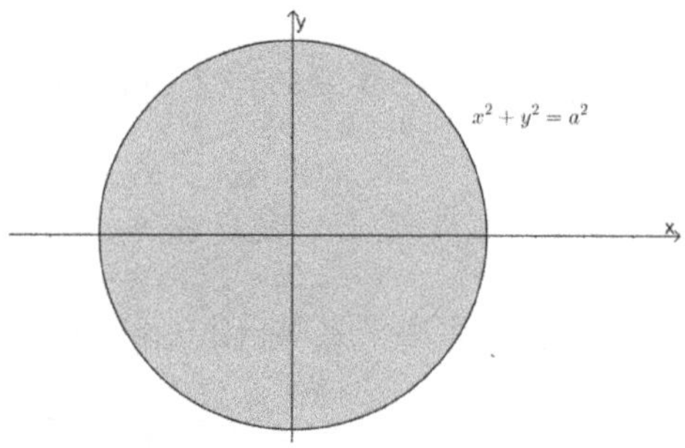

Example 10.

$\vec{\mathrm{F}} = (xye^z, xy^2z^3, -ye^z)$，$S$为坐标平面与 $x = 3, y = 2, z = 1$ 所围朝外定向封闭曲面，藉由 Gauss's Theorem 求$\oiint_S \vec{\mathrm{F}} \cdot \vec{n} dA$

【解】

令V为 S所围体积则 $\mathrm{V} = \{(x,y,z): 0 \le x \le 3, 0 \le y \le 2, 0 \le z \le 1\}$

$\because \vec{F}$的各分量一阶偏导数存在且连续，藉由 Gauss's Theorem 则$\oiint_S \vec{\mathrm{F}} \cdot \vec{n} dA = \iiint_V \nabla \cdot \vec{\mathrm{F}}\, dV$

$\iiint_V \nabla \cdot \vec{\mathrm{F}}\, dV = \iiint_V ye^z + 2xyz^3 - ye^z\, dV = 2\iiint_V xyz^3\, dV = 2\int_0^3 \int_0^2 \int_0^1 xyz^3\, dzdydx$

$= 2 \cdot \frac{9}{2} \cdot \frac{4}{2} \cdot \frac{1}{4} = \frac{9}{2}$

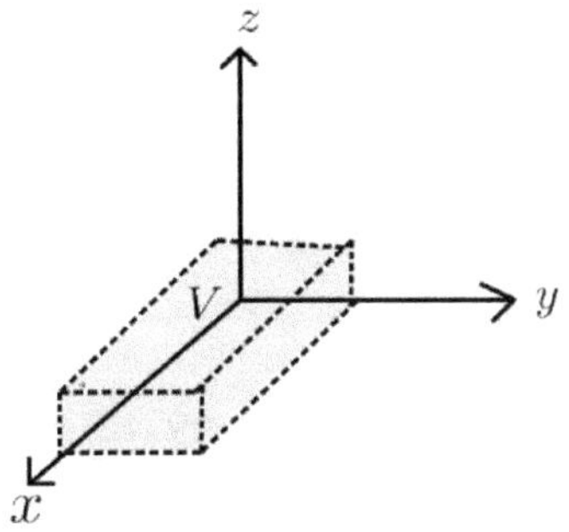

Example 11.

$\vec{F} = (3xy^2, xe^z, z^3)$，$S$为 $y^2 + z^2 = 1$，$x = -1, x = 2$ 所围封闭朝外定向曲面，

藉由 Gauss's Theorem 求 $\oiint_S \vec{F} \cdot \vec{n} dA$

【解】

令V为 S所围体积则 $V = \{(x, y, z): -1 \leq x \leq 2,\ y^2 + z^2 \leq 1\}$

$\because \vec{F}$的各分量一阶偏导数存在且连续，藉由 Gauss's Theorem 则 $\oiint_S \vec{F} \cdot \vec{n} dA = \iiint_V \nabla \cdot \vec{F} dV$

$$\iiint_V \nabla \cdot \vec{F} dV = \iiint_V 3y^2 + 3z^2\, dV = \iint_R \int_{-1}^{2} 3y^2 + 3z^2 dxdydz = 9 \iint_R y^2 + z^2\, dydx$$

令$y = r\cos\theta, z = r\sin\theta$ 则 $R = \{(y, z): y^2 + z^2 \leq 1\} = \{(r, \theta): 0 \leq r \leq 1, 0 \leq \theta \leq 2\pi\}$

$$\therefore 9 \iint_R y^2 + z^2\, dydx = 9 \int_0^{2\pi} \int_0^1 r^3\, drd\theta = 9 \cdot 2\pi \cdot \frac{1}{4} = \frac{9\pi}{2}$$

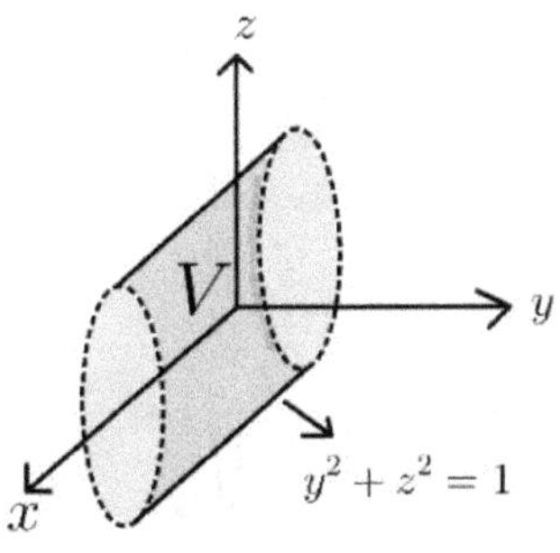

Example 12.

藉由 Gauss's Theorem 求 $\oiint_S x^4+y^4+z^4 dA=?$，$S: x^2+y^2+z^2=a^2$

【解】

$\because$ 球面的单位法向量 $\vec{n}=(x,y,z)$，令 $\vec{\mathrm{F}}=(x^3,y^3,z^3)$ 则 $\vec{\mathrm{F}}\cdot\vec{n}=x^4+y^4+z^4$

令 $V: x^2+y^2+z^2\le a^2$

$\because \vec{F}$的各分量一阶偏导数存在且连续，藉由 Gauss's Theorem 则 $\oiint_S \vec{\mathrm{F}}\cdot\vec{n}dA=\iiint_V \nabla\cdot\vec{\mathrm{F}}\,dV$

$\because \nabla\cdot\vec{\mathrm{F}}=3x^2+3y^2+3z^2 \quad \therefore \iiint_V \nabla\cdot\vec{\mathrm{F}}\,dV=\iiint_{x^2+y^2+z^2\le a^2} 3x^2+3y^2+3z^2\,dxdydz$

令 $x=\rho\sin\varphi\cos\theta, y=\rho\sin\varphi\sin\theta, \mathrm{z}=\rho\cos\varphi$ 则

$$dxdydz=\left\|\begin{matrix}\frac{\partial x}{\partial\rho} & \frac{\partial x}{\partial\varphi} & \frac{\partial x}{\partial\theta}\\ \frac{\partial y}{\partial\rho} & \frac{\partial y}{\partial\varphi} & \frac{\partial y}{\partial\theta}\\ \frac{\partial z}{\partial\rho} & \frac{\partial z}{\partial\varphi} & \frac{\partial z}{\partial\theta}\end{matrix}\right\| d\rho d\varphi d\theta$$

$$=\left\|\begin{matrix}\sin\varphi\cos\theta & \rho\cos\varphi\cos\theta & -\rho\sin\varphi\sin\theta\\ \sin\varphi\sin\theta & \rho\cos\varphi\sin\theta & -\rho\sin\varphi\cos\theta\\ \cos\varphi & -\rho\sin\varphi & 0\end{matrix}\right\| d\rho d\varphi d\theta=\rho^2\sin\varphi\, d\rho d\varphi d\theta$$

其中 $0\le\rho\le a, 0\le\varphi\le\pi, 0\le\theta\le 2\pi$

$$\therefore \iiint_{x^2+y^2+z^2\le a^2} 3x^2+3y^2+3z^2\,dxdydz=3\int_0^{\pi}\int_0^{2\pi}\int_0^{a}\rho^2\cdot\rho^2\sin\varphi\,d\rho d\theta d\varphi=\frac{12\pi a^5}{5}$$

Example 13.

藉由 Gauss's Theorem 求 $\oiint_S \vec{\mathrm{F}}\cdot\vec{n}dA=?$，$\vec{\mathrm{F}}=(xy^2,yz^2,zx^2)$，$S: x^2+y^2+z^2=r^2$

【解】

令 $V: x^2+y^2+z^2\le r^2$

$\because \vec{F}$的各分量一阶偏导数存在且连续，藉由 Gauss's Theorem 则 $\oiint_S \vec{\mathrm{F}}\cdot\vec{n}dA=\iiint_V \nabla\cdot\vec{\mathrm{F}}\,dV$

$\because \nabla\cdot\vec{\mathrm{F}}=x^2+y^2+z^2 \quad \therefore \iiint_V \nabla\cdot\vec{\mathrm{F}}\,dV=\iiint_{x^2+y^2+z^2\le r^2} x^2+y^2+z^2\,dxdydz$

令 $x=\rho\sin\varphi\cos\theta, y=\rho\sin\varphi\sin\theta, \mathrm{z}=\rho\cos\varphi$ 则

$$dxdydz = \left\| \begin{matrix} \frac{\partial x}{\partial \rho} & \frac{\partial x}{\partial \varphi} & \frac{\partial x}{\partial \theta} \\ \frac{\partial y}{\partial \rho} & \frac{\partial y}{\partial \varphi} & \frac{\partial y}{\partial \theta} \\ \frac{\partial z}{\partial \rho} & \frac{\partial z}{\partial \varphi} & \frac{\partial z}{\partial \theta} \end{matrix} \right\| d\rho d\varphi d\theta$$

$$= \left\| \begin{matrix} \sin\varphi\cos\theta & \rho\cos\varphi\cos\theta & -\rho\sin\varphi\sin\theta \\ \sin\varphi\sin\theta & \rho\cos\varphi\sin\theta & -\rho\sin\varphi\cos\theta \\ \cos\varphi & -\rho\sin\varphi & 0 \end{matrix} \right\| d\rho d\varphi d\theta = \rho^2 \sin\varphi\, d\rho d\varphi d\theta$$

其中 $0 \le \rho \le r, 0 \le \varphi \le \pi, 0 \le \theta \le 2\pi$

$$\therefore \iiint_{x^2+y^2+z^2 \le r^2} x^2 + y^2 + z^2\, dxdydz = \int_0^{\pi} \int_0^{2\pi} \int_0^{r} \rho^2 \cdot \rho^2 \sin\varphi\, d\rho d\theta d\varphi = \frac{4\pi r^5}{5}$$

Example 14.

藉由 Gauss's Theorem 求 $\oiint_S \vec{\mathrm{F}} \cdot \vec{n} dA =?$，$\vec{\mathrm{F}} = (e^x \sin y, e^x \cos y, yz^2 + xy)$，

$S: 0 \le x \le 1,\ 0 \le y \le 1,\ 0 \le z \le 2$

【解】

令$V = \{(x, y, z): 0 \le x \le 1,\ 0 \le y \le 1,\ 0 \le z \le 2\}$

$\because \vec{F}$的各分量一阶偏导数存在且连续，藉由 Gauss's Theorem 则 $\oiint_S \vec{\mathrm{F}} \cdot \vec{n} dA = \iiint_V \nabla \cdot \vec{\mathrm{F}}\, dV$

$\because \nabla \cdot \vec{\mathrm{F}} = e^x \sin y - e^x \sin y + 2yz = 2yz \quad \therefore \iiint_V \nabla \cdot \vec{\mathrm{F}}\, dV = \int_0^1 \int_0^1 \int_0^2 2yz dz dy dx = 2$

Example 15.

$\vec{\mathrm{F}} = (x^2 z^3, 2xyz^3, xz^4)$，$S$是以 $(\pm 1, \pm 2, \pm 3)$为顶点所形成长方体的表面，藉由

Gauss's Theorem 求 $\oiint_S \vec{\mathrm{F}} \cdot \vec{n} dA =?$，

【解】

令V为 S所围体积则$V = \{(x, y, z): -1 \le x \le 1,\ -2 \le y \le 3,\ -3 \le z \le 3\}$

$\because \vec{F}$的各分量一阶偏导数存在且连续，藉由 Gauss's Theorem 则 $\oiint_S \vec{\mathrm{F}} \cdot \vec{n} dA = \iiint_V \nabla \cdot \vec{\mathrm{F}}\, dV$

$$\iiint_V \nabla\cdot\vec{\mathrm{F}}\,dV = \iiint_V 2xz^3+2xz^3+4xz^3\,dV = 8\iiint_V xz^3\,dV = 8\int_{-1}^{1}\int_{-1}^{2}\int_{-3}^{3} xz^3\,dzdydx$$
$$= 0$$

Example 16.

$\vec{\mathrm{F}} = (x^4, -x^3z^2, 4xy^2z)$，假设 S 是 $x^2+y^2=1$，$z=x+2$ 以及 $z=0$ 所围封闭朝外定向曲面，藉由 Gauss's Theorem 求 $\oiint_S \vec{\mathrm{F}}\cdot\vec{n}dA =?$

【解】

令 V 为 S 所围体积则 $\mathrm{V} = \{(x,y,z): x^2+y^2\le 1, 0\le z\le x+2\}$

$\because \vec{F}$ 的各分量一阶偏导数存在且连续，藉由 Gauss's Theorem 则 $\oiint_S \vec{\mathrm{F}}\cdot\vec{n}dA = \iiint_V \nabla\cdot\vec{\mathrm{F}}\,dV$

$$\therefore \iiint_V \nabla\cdot\vec{\mathrm{F}}\,dV = \iiint_V 4x^3+4xy^2\,dV = \iint_R \int_0^{x+2} 4x^3+4xy^2 dzdxdy$$
$$= 4\iint_R x(x^2+y^2)(x+2)\,dydx$$

令 $x = r\cos\theta, y = r\sin\theta$ 则 $R = \{(x,y): x^2+y^2\le 1\} = \{(r,\theta): 0\le r\le 1, 0\le\theta\le 2\pi\}$

$$\therefore 4\iint_R x(x^2+y^2)(x+2)\,dydx = 4\int_0^{2\pi}\int_0^1 r^5\cos^2\theta\,drd\theta = 4\cdot 2\pi\cdot\frac{1}{6}\cdot\frac{1}{2} = \frac{2\pi}{3}$$

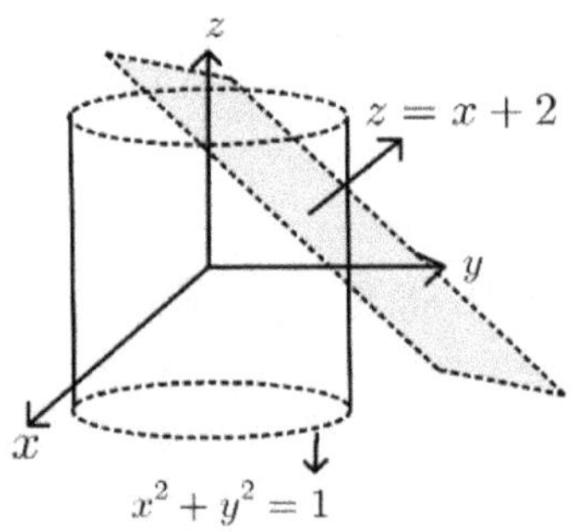

Example 17.

藉由 Gauss's Theorem 求向量场 $\vec{\mathrm{F}} = (2x, xz, z^2)$ 流出 S 的 flux(通量) =?，S 为抛物面 $z = 9-x^2-y^2$ 与 xy 平面所围区域

【解】

令V为 S所围体积则 $V=\{(x,y,z): x^2+y^2\le 9, 0\le z\le 9-x^2-y^2\}$

$\because \vec{F}$的各分量一阶偏导数存在且连续，藉由 Gauss's Theorem 则 $\oiint_S \vec{F}\cdot\vec{n}dA=\iiint_V \nabla\cdot\vec{F}\,dV$

$\because \nabla\cdot\vec{F}=2+0+2z=2+2z \quad \therefore \iiint_V \nabla\cdot\vec{F}\,dV=\iiint_V 2+2z\,dxdydz$

令$R=\{(x,y): x^2+y^2\le 9\}$

则 $\iiint_V 2+2z\,dxdydz=\iint_R \int_0^{9-x^2-y^2} 2+2zdzdxdy=\iint_R 2z+z^2\big|_0^{9-x^2-y^2}dxdy$

$=\iint_R 2(9-x^2-y^2)+(9-x^2-y^2)^2\,dxdy$

令$x=r\cos\theta, y=r\sin\theta$ 则 $\{(x,y): x^2+y^2\le 9\}=\{(r,\theta): 0\le r\le 3, 0\le\theta\le 2\pi\}$

且 $dxdy=\left|\begin{vmatrix}\frac{\partial x}{\partial r} & \frac{\partial x}{\partial\theta}\\ \frac{\partial y}{\partial r} & \frac{\partial y}{\partial\theta}\end{vmatrix}\right|drd\theta=\left|\begin{vmatrix}\cos\theta & -r\sin\theta\\ \sin\theta & r\cos\theta\end{vmatrix}\right|drd\theta=rdrd\theta$

$\therefore \iint_R 2(9-x^2-y^2)+(9-x^2-y^2)^2\,dxdy=\int_0^{2\pi}d\theta\int_0^3 r^5-20r^3+99rdr=2\pi\cdot 162$
$=324\pi$

$\therefore \oiint_S \vec{F}\cdot\vec{n}dA=324\pi$

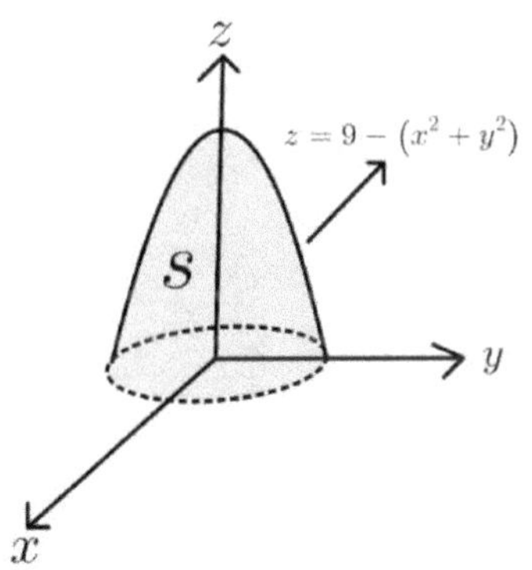

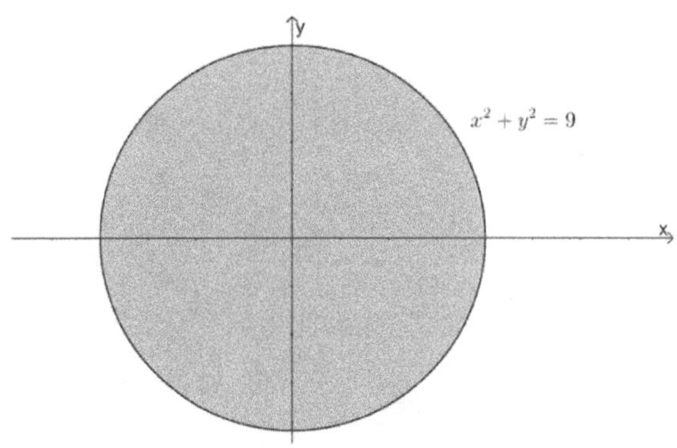

Example 18.

藉由 Gauss's Theorem 求向量场$\vec{F}=(x^2,xy,z)$流出S的 flux(通量) =?，S为抛物面 $z=4-x^2-y^2$与 xy平面所围区域

【解】

令V为 S所围体积则 $V=\{(x,y,z): x^2+y^2\leq 4, 0\leq z\leq 4-x^2-y^2\}$

藉由 Gauss's Theorem 则 $\oiint_S \vec{F}\cdot\vec{n}dA=\iiint_V \nabla\cdot\vec{F}\,dV$

$\because \nabla\cdot\vec{F}=2x+x+1=3x+1 \quad \therefore \iiint_V \nabla\cdot\vec{F}\,dV=\iiint_V 3x+1\,dxdydz$

令 $R=\{(x,y): x^2+y^2\leq 4\}$

则 $\iiint_V 3x+1\,dxdydz=\iint_R \int_0^{4-x^2-y^2} 3x+1dzdxdy=\iint_R (3x+1)(4-x^2-y^2)dxdy$

令$x=r\cos\theta, y=r\sin\theta$

则 $\{(x,y): x^2+y^2\leq 4\}=\{(r,\theta): 0\leq r\leq 2, 0\leq\theta\leq 2\pi\}$

且 $dxdy=\left|\begin{vmatrix}\frac{\partial x}{\partial r} & \frac{\partial x}{\partial\theta}\\ \frac{\partial y}{\partial r} & \frac{\partial y}{\partial\theta}\end{vmatrix}\right|drd\theta=\left|\begin{vmatrix}\cos\theta & -r\sin\theta\\ \sin\theta & r\cos\theta\end{vmatrix}\right|drd\theta=rdrd\theta$

$\therefore \iint_R (3x+1)(4-x^2-y^2)\,dxdy=\int_0^{2\pi}\int_0^2 (3\cos\theta+1)(4-r^2)rdrd\theta$

$\because \int_0^{2\pi}\int_0^2 3\cos\theta\,(4-r^2)rdrd\theta=0$

$\therefore \int_0^{2\pi}\int_0^2 (3\cos\theta+1)(4-r^2)rdrd\theta=\int_0^{2\pi}\int_0^2 (4-r^2)rdrd\theta=8\pi$

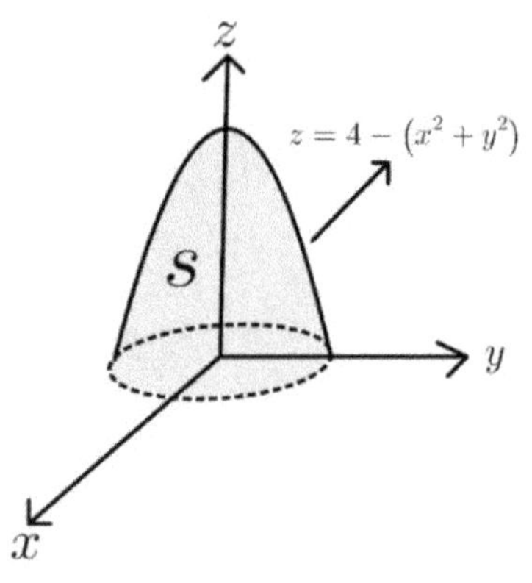

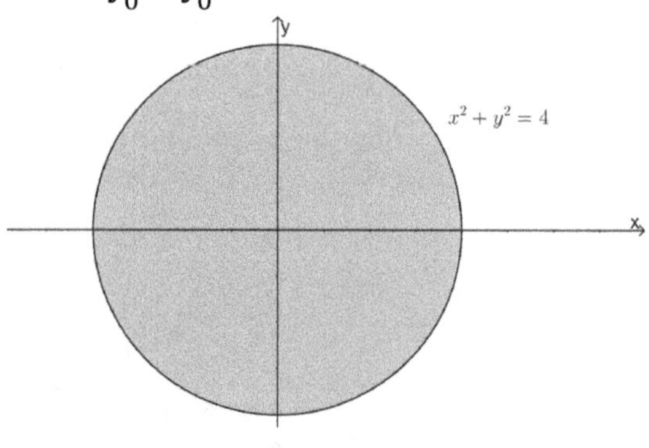

Example 19.

藉由 Gauss's Theorem 求$\vec{F}=(y,x,z)$通过 $z=4-x^2-y^2$，$z=0$ 所围封闭曲面朝外

定向的通量, $\oiint_S \vec{F}\cdot\vec{n}dA=?$

【解】

令V为 S所围体积则 $V=\{(x,y,z): x^2+y^2\le 4, 0\le z\le 4-x^2-y^2\}$

$\because \vec{F}$的各分量一阶偏导数存在且连续,藉由 Gauss's Theorem 则 $\oiint_S \vec{F}\cdot\vec{n}dA=\iiint_V \nabla\cdot\vec{F}\,dV$

$\because \nabla\cdot\vec{F}=1 \quad \therefore \iiint_V \nabla\cdot\vec{F}\,dV=\iiint_V 1\,dxdydz$

令 $R=\{(x,y): x^2+y^2\le 4\}$

则 $\iiint_V 1\,dxdydz=\iint_R \int_0^{4-x^2-y^2} dzdxdy=\iint_R 4-x^2-y^2dxdy$

令$x=r\cos\theta, y=r\sin\theta$ 则 $\{(x,y): x^2+y^2\le 4\}=\{(r,\theta): 0\le r\le 2, 0\le\theta\le 2\pi\}$

且 $dxdy=\left|\begin{vmatrix}\frac{\partial x}{\partial r} & \frac{\partial x}{\partial\theta}\\ \frac{\partial y}{\partial r} & \frac{\partial y}{\partial\theta}\end{vmatrix}\right|drd\theta=\left|\begin{vmatrix}\cos\theta & -r\sin\theta\\ \sin\theta & r\cos\theta\end{vmatrix}\right|drd\theta=rdrd\theta$

$\therefore \iint_R 4-x^2-y^2dxdy=\int_0^{2\pi}\int_0^2(4-r^2)rdrd\theta=2\pi\cdot 4=8\pi$

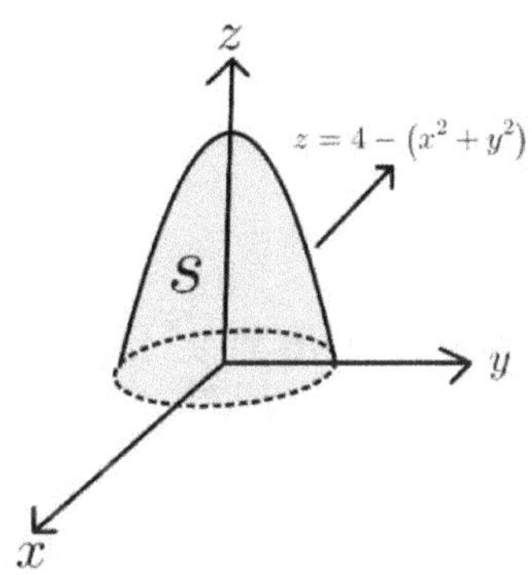

Example 20.

藉由 Gauss's Theorem 求 $\oiint_S \vec{F}\cdot\vec{n}dA=?$, $\vec{F}=(x+x^3, y+y^3, z+z^3)$,

$S: x^2+y^2+z^2=r^2$

【解】

令$V: x^2+y^2+z^2\le r^2$

$\because \vec{F}$的各分量一阶偏导数存在且连续，藉由 Gauss's Theorem 则 $\oiint_S \vec{\mathrm{F}}\cdot\vec{n}dA = \iiint_V \nabla\cdot\vec{\mathrm{F}}\,dV$

$\because \nabla\cdot\vec{\mathrm{F}} = 3 + 3x^2 + 3y^2 + 3z^2$

$\therefore \iiint_V \nabla\cdot\vec{\mathrm{F}}\,dV = \iiint_{x^2+y^2+z^2\le r^2} 3 + 3x^2 + 3y^2 + 3z^2\,dxdydz$

令$x = \rho\sin\varphi\cos\theta\,, y = \rho\sin\varphi\sin\theta\,, \mathrm{z} = \rho\cos\varphi$ 则

$$dxdydz = \left\|\begin{matrix} \dfrac{\partial x}{\partial \rho} & \dfrac{\partial x}{\partial \varphi} & \dfrac{\partial x}{\partial \theta} \\ \dfrac{\partial y}{\partial \rho} & \dfrac{\partial y}{\partial \varphi} & \dfrac{\partial y}{\partial \theta} \\ \dfrac{\partial z}{\partial \rho} & \dfrac{\partial z}{\partial \varphi} & \dfrac{\partial z}{\partial \theta} \end{matrix}\right\| d\rho d\varphi d\theta$$

$$= \left\|\begin{matrix} \sin\varphi\cos\theta & \rho\cos\varphi\cos\theta & -\rho\sin\varphi\sin\theta \\ \sin\varphi\sin\theta & \rho\cos\varphi\sin\theta & -\rho\sin\varphi\cos\theta \\ \cos\varphi & -\rho\sin\varphi & 0 \end{matrix}\right\| d\rho d\varphi d\theta = \rho^2\sin\varphi\, d\rho d\varphi d\theta$$

where $0 \le \rho \le r, 0 \le \varphi \le \pi, 0 \le \theta \le 2\pi$

$\therefore \iiint_{x^2+y^2+z^2\le r^2} 3 + 3x^2 + 3y^2 + 3z^2\,dxdydz$

$$= 3\cdot\frac{4\pi\cdot r^3}{3} + \int_0^{\pi}\int_0^{2\pi}\int_0^{r} 3\rho^2\cdot\rho^2\sin\varphi\,d\rho d\theta d\varphi = 4\pi r^3 + \frac{12\pi r^5}{5}$$

Example 21.

$S: x^2 + y^2 + z^2 = 1,\ \vec{\mathrm{F}} = \left(x + x^3 + y + \sin z^2\,, y + y^3 + e^{x^2}, z + z^3 + \ln x^2y^2\right),$

藉由 Gauss's Theorem 求 $\oiint_S \vec{\mathrm{F}}\cdot\vec{n}dA =?$

【解】

令$V: x^2 + y^2 + z^2 \le 1$

$\because \vec{F}$的各分量一阶偏导数存在且连续，藉由 Gauss's Theorem 则 $\oiint_S \vec{\mathrm{F}}\cdot\vec{n}dA = \iiint_V \nabla\cdot\vec{\mathrm{F}}\,dV$

$\because \nabla\cdot\vec{\mathrm{F}} = 3 + 3x^2 + 3y^2 + 3z^2\ \therefore \iiint_V \nabla\cdot\vec{\mathrm{F}}\,dV = \iiint_{x^2+y^2+z^2\le 1} 3 + 3x^2 + 3y^2 + 3z^2\,dxdydz$

令$x = \rho\sin\varphi\cos\theta\,, y = \rho\sin\varphi\sin\theta\,, \mathrm{z} = \rho\cos\varphi$ 则

$$dxdydz = \left\| \begin{matrix} \frac{\partial x}{\partial \rho} & \frac{\partial x}{\partial \varphi} & \frac{\partial x}{\partial \theta} \\ \frac{\partial y}{\partial \rho} & \frac{\partial y}{\partial \varphi} & \frac{\partial y}{\partial \theta} \\ \frac{\partial z}{\partial \rho} & \frac{\partial z}{\partial \varphi} & \frac{\partial z}{\partial \theta} \end{matrix} \right\| d\rho d\varphi d\theta$$

$$= \left\| \begin{matrix} \sin\varphi\cos\theta & \rho\cos\varphi\cos\theta & -\rho\sin\varphi\sin\theta \\ \sin\varphi\sin\theta & \rho\cos\varphi\sin\theta & -\rho\sin\varphi\cos\theta \\ \cos\varphi & -\rho\sin\varphi & 0 \end{matrix} \right\| d\rho d\varphi d\theta = \rho^2\sin\varphi\, d\rho d\varphi d\theta$$

where $0 \le \rho \le 1, 0 \le \varphi \le \pi, 0 \le \theta \le 2\pi$

$$\iiint_{x^2+y^2+z^2\le 1} 3 + 3x^2 + 3y^2 + 3z^2\, dxdydz = 3\cdot\frac{4\pi}{3} + \int_0^{\pi}\int_0^{2\pi}\int_0^{1} 3\rho^2\cdot\rho^2\sin\varphi\, d\rho d\theta d\varphi$$

$$= 4\pi + \frac{12\pi}{5} = \frac{32\pi}{5}$$

Example 22.

$\vec{\mathrm{F}} = (x^2\sin y, x\cos y, -xz\sin y)$，$S: x^2 + y^2 + z^2 = 8$，藉由 Gauss's Theorem

求 $\oiint_S \vec{\mathrm{F}}\cdot\vec{n}dA$

【解】

令V为 S所围体积则 $V: x^2 + y^2 + z^2 \le 8$

$\because \vec{F}$的各分量一阶偏导数存在且连续，藉由 Gauss's Theorem 则$\oiint_S \vec{\mathrm{F}}\cdot\vec{n}dA = \iiint_V \nabla\cdot\vec{\mathrm{F}}\,dV$

$$\iiint_V \nabla\cdot\vec{\mathrm{F}}\,dV = \iiint_V 2x\sin y - x\sin y - x\sin y\, dV = 0$$

Example 23.

$\vec{\mathrm{F}} = (x^3 - 3y, 2yz + 1, xyz)$，假设$S$为平面 $x = \pm 1, y = \pm 1, z = \pm 1$ 所围朝外定向

封闭曲面，藉由 Gauss's Theorem 求$\oiint_S \vec{\mathrm{F}}\cdot\vec{n}dA = ?$

【解】

令V为 S所围体积则 $V = \{(x, y, z): -1 \le x \le 1, -1 \le y \le 1, -1 \le z \le 1\}$

$\because \vec{F}$的各分量一阶偏导数存在且连续，藉由 Gauss's Theorem 则 $\oiint_S \vec{\mathrm{F}}\cdot\vec{n}dA = \iiint_V \nabla\cdot\vec{\mathrm{F}}\,dV$

$$\iiint_V \nabla\cdot\vec{\mathrm{F}}\,dV = \iiint_V 3x^2+2z+xy\,dV$$

$$= \int_{-1}^{1}\int_{-1}^{1}\int_{-1}^{1} 3x^2\,dxdydz + \int_{-1}^{1}\int_{-1}^{1}\int_{-1}^{1} 2\mathrm{z}\,dzdydx + \int_{-1}^{1}\int_{-1}^{1}\int_{-1}^{1} xy\,dxdydz$$

$$\because \int_{-1}^{1}\int_{-1}^{1}\int_{-1}^{1} 3x^2\,dxdydz = 8,\quad \int_{-1}^{1}\int_{-1}^{1}\int_{-1}^{1} 2\mathrm{z}\,dzdydx = 0,\quad \int_{-1}^{1}\int_{-1}^{1}\int_{-1}^{1} xy\,dxdydz = 0$$

$$\therefore \oiint_S \vec{\mathrm{F}}\cdot\vec{n}dA = \iiint_V \nabla\cdot\vec{\mathrm{F}}\,dV = \iiint_V 3x^2+2z+xy\,dV = 8$$

Example 24.

藉由 Gauss's Theorem 求 $\oiint_S \vec{\mathrm{F}}\cdot\vec{n}dA =?$，$\vec{\mathrm{F}} = (x^4, -x^3z^2, 4xy^2z)$，$S$为$x^2+y^2=1$，$z=x+2$，$z=0$ 所围封闭朝外定向曲面

【解】

令V为 S所围体积则 $V = \{(x,y,z): x^2+y^2 \le 1, 0 \le z \le x+2\}$

$\because \vec{F}$的各分量一阶偏导数存在且连续，藉由 Gauss's Theorem 则 $\oiint_S \vec{\mathrm{F}}\cdot\vec{n}dA = \iiint_V \nabla\cdot\vec{\mathrm{F}}\,dV$

$\because \nabla\cdot\vec{\mathrm{F}} = 4x^3+0+4xy^2 = 4x(x^2+y^2)$ $\therefore \iiint_V \nabla\cdot\vec{\mathrm{F}}\,dV = \iiint_V 4x(x^2+y^2)\,dxdydz$

令 $R = \{(x,y): x^2+y^2 \le 1\}$

则 $\iiint_V 4x(x^2+y^2)\,dxdydz = \iint_R \int_0^{x+2} 4x(x^2+y^2)dzdxdy$

$$= \iint_R 4x(x^2+y^2)(x+2)dxdy$$

令$x = r\cos\theta, y = r\sin\theta$ 则 $\{(x,y): x^2+y^2 \le 1\} = \{(r,\theta): 0 \le r \le 1, 0 \le \theta \le 2\pi\}$

且 $dxdy = \left|\begin{vmatrix} \frac{\partial x}{\partial r} & \frac{\partial x}{\partial \theta} \\ \frac{\partial y}{\partial r} & \frac{\partial y}{\partial \theta} \end{vmatrix}\right| drd\theta = \left|\begin{vmatrix} \cos\theta & -r\sin\theta \\ \sin\theta & r\cos\theta \end{vmatrix}\right| drd\theta = rdrd\theta$

$$\therefore \iint_R 4x(x^2+y^2)(x+2))dxdy = \int_0^{2\pi}\int_0^1 4r^3\cos\theta\,(r\cos\theta+2)rdrd\theta$$

$\because \int_0^{2\pi}\int_0^1 4r^3\cos\theta\cdot 2rdrd\theta = 0$

$\therefore \int_0^{2\pi}\int_0^1 4r^3\cos\theta\,(r\cos\theta+2)rdrd\theta = \int_0^{2\pi}\int_0^1 4r^3\cos\theta\,(r\cos\theta)rdrd\theta$

$= 4\int_0^{2\pi}\int_0^1 r^5\frac{1+\cos 2\theta}{2}drd\theta = 2\int_0^{2\pi}\int_0^1 r^5 drd\theta = \frac{2\pi}{3}$

$\therefore \oiint_S \vec{\mathrm{F}}\cdot\vec{n}dA = \frac{2\pi}{3}$

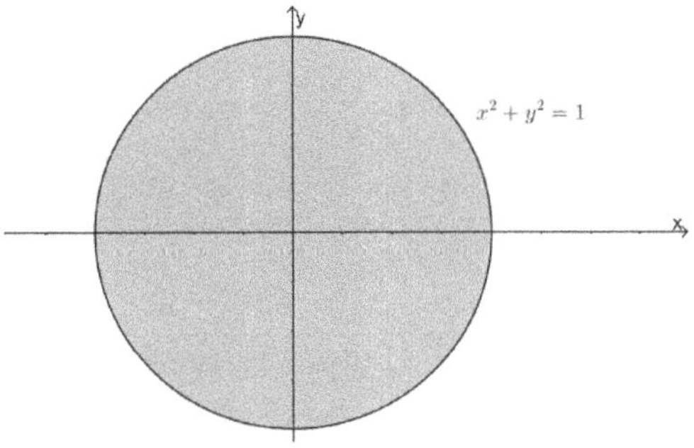

Example 25.

$\vec{\mathrm{F}} = (xz^2+\sin z\,, x^2y - z^3 + \cos x\,, 2xy + y^2z)$，$S: x^2+y^2+z^2 = a^2, z\geq 0,$

藉由 Gauss's Theorem 求 $\oiint_S \vec{\mathrm{F}}\cdot\vec{n}dA =?$

【解】

$\because$ 球面的单位法向量 $\vec{n} = (x,y,z)$，令 $\vec{\mathrm{F}} = (xz^2+\sin z\,, x^2y - z^3 + \cos x\,, 2xy + y^2z)$

令$V: x^2+y^2+z^2 \leq a^2, z\geq 0$

$\because \vec{F}$的各分量一阶偏导数存在且连续，藉由 Gauss's Theorem 则 $\oiint_S \vec{\mathrm{F}}\cdot\vec{n}dA = \iiint_V \nabla\cdot\vec{\mathrm{F}}\,dV$

$\because \nabla\cdot\vec{\mathrm{F}} = x^2+y^2+z^2 \quad \therefore \iiint_V \nabla\cdot\vec{\mathrm{F}}\,dV = \iiint_{x^2+y^2+z^2\leq a^2} x^2+y^2+z^2\,dxdydz$

令$x = \rho\sin\varphi\cos\theta\,, y = \rho\sin\varphi\sin\theta\,, \mathrm{z} = \rho\cos\varphi$ 则

$$dxdydz = \left\|\begin{matrix} \frac{\partial x}{\partial\rho} & \frac{\partial x}{\partial\varphi} & \frac{\partial x}{\partial\theta} \\ \frac{\partial y}{\partial\rho} & \frac{\partial y}{\partial\varphi} & \frac{\partial y}{\partial\theta} \\ \frac{\partial z}{\partial\rho} & \frac{\partial z}{\partial\varphi} & \frac{\partial z}{\partial\theta} \end{matrix}\right\| d\rho d\varphi d\theta$$

$$=\left\|\begin{vmatrix}\sin\varphi\cos\theta & \rho\cos\varphi\cos\theta & -\rho\sin\varphi\sin\theta\\ \sin\varphi\sin\theta & \rho\cos\varphi\sin\theta & -\rho\sin\varphi\cos\theta\\ \cos\varphi & -\rho\sin\varphi & 0\end{vmatrix}\right\| d\rho d\varphi d\theta=\rho^2\sin\varphi\, d\rho d\varphi d\theta$$

其中 $0\le\rho\le a, 0\le\varphi\le\dfrac{\pi}{2}, 0\le\theta\le 2\pi$

$$\therefore \iiint_{x^2+y^2+z^2\le a^2} x^2+y^2+z^2\, dxdydz=\int_0^{\frac{\pi}{2}}\int_0^{2\pi}\int_0^a \rho^2\cdot\rho^2\sin\varphi\, d\rho d\theta d\varphi=\frac{2\pi a^5}{5}$$

9.7.3 把体积分转成封闭的曲面积分

考试类型:

Type 1.

假设向量场$\vec{F}$的各分量一阶偏导数存在且连续，$S: x^2+y^2+z^2=r^2$，V为S所围体积，藉由 Gauss's Theorem 求 $\iiint_V \nabla\cdot\vec{\mathrm{F}}\, dV=?$

解题流程:

Step1.

藉由 Gauss's Theorem, $\iiint_V \nabla\cdot\vec{\mathrm{F}}\, dV=\oiint_S \vec{\mathrm{F}}\cdot\vec{n}dA$

Step2.

令 $\vec{r}(\theta,\varphi)=(r\cos\theta\sin\varphi, r\sin\theta\sin\varphi, r\cos\varphi)$ 且 $R=\{(\theta,\varphi): 0\le\theta\le 2\pi, 0\le\varphi\le\pi\}$

则 $\oiint_S \vec{\mathrm{F}}\cdot\vec{n}dA=\iint_R \vec{F}\cdot\dfrac{\partial\vec{r}}{\partial\varphi}\times\dfrac{\partial\vec{r}}{\partial\theta}d\theta d\varphi$

Step3.

$\because \dfrac{\partial\vec{r}}{\partial\theta}=(-r\sin\theta\sin\varphi, r\cos\theta\sin\varphi, 0)$ 且 $\dfrac{\partial\vec{r}}{\partial\varphi}=(r\cos\theta\cos\varphi, r\sin\theta\cos\varphi, -r\sin\varphi)$

$\therefore \dfrac{\partial\vec{r}}{\partial\varphi}\times\dfrac{\partial\vec{r}}{\partial\theta}=(r^2\cos\theta\sin^2\varphi, r^2\sin\theta\sin^2\varphi, r^2\sin\varphi\cos\varphi)$

Step4.

$$\oiint_S \vec{\mathrm{F}}\cdot\vec{n}dA=\int_0^{2\pi}\int_0^{\pi}(f_1(x,y,z)r^2\cos\theta\sin^2\varphi+f_2(x,y,z)\, r^2\sin\theta\sin^2\varphi$$
$$+f_3(x,y,z)\, r^2\sin\varphi\cos\varphi)|_{x=r\cos\theta\sin\varphi, y=r\sin\theta\sin\varphi, z=r\cos\varphi}\, d\varphi d\theta$$

其中 $\vec{\mathrm{F}}=\left(f_1(x,y,z),f_2(x,y,z),f_3(x,y,z)\right)$

<u>范例说明:</u>

(I)求 $\iiint_V \nabla\cdot\vec{\mathrm{F}}\,dV=?$，其中 $\vec{\mathrm{F}}=(0,4yz,0)$， $S: x^2+y^2+z^2=r^2$，V为S所围体积

$\because \vec{F}$的各分量一阶偏导数存在且连续

藉由 Gauss's Theorem 则 $\iiint_V \nabla\cdot\vec{\mathrm{F}}\,dV=\oiint_S \vec{\mathrm{F}}\cdot\vec{n}dA$

令 $\vec{r}(\theta,\varphi)=(r\cos\theta\sin\varphi\,,r\sin\theta\sin\varphi\,,r\cos\varphi)$且 $R=\{(\theta,\varphi):0\le\theta\le 2\pi,0\le\varphi\le\pi\}$

$$\text{则}\oiint_S \vec{\mathrm{F}}\cdot\vec{n}dA=\iint_R \vec{F}\cdot\frac{\partial\vec{r}}{\partial\varphi}\times\frac{\partial\vec{r}}{\partial\theta}d\theta d\varphi$$

$$\because \frac{\partial\vec{r}}{\partial\theta}=(-r\sin\theta\sin\varphi\,,r\cos\theta\sin\varphi\,,0)\ \text{且}\ \frac{\partial\vec{r}}{\partial\varphi}=(r\cos\theta\cos\varphi\,,r\sin\theta\cos\varphi\,,-r\sin\varphi)$$

$$\therefore \frac{\partial\vec{r}}{\partial\varphi}\times\frac{\partial\vec{r}}{\partial\theta}=(r^2\cos\theta\sin^2\varphi\,,r^2\sin\theta\sin^2\varphi\,,r^2\sin\varphi\cos\varphi)$$

$$\vec{F}\cdot\frac{\partial\vec{r}}{\partial\varphi}\times\frac{\partial\vec{r}}{\partial\theta}=(0,4r^2\sin\theta\sin\varphi\cos\varphi\,,0)\cdot(r^2\cos\theta\sin^2\varphi\,,r^2\sin\theta\sin^2\varphi\,,r^2\sin\varphi\cos\varphi)$$

$$=4r^4\sin^3\varphi\sin^2\theta\cos\varphi$$

$$\therefore \oiint_S \vec{\mathrm{F}}\cdot\vec{n}dA=\int_0^{2\pi}\int_0^{\pi}4r^4\sin^3\varphi\sin^2\theta\cos\varphi\,d\varphi d\theta=0$$

(II)求 $\iiint_V \nabla\cdot\vec{\mathrm{F}}\,dV=?$，其中 $\vec{\mathrm{F}}=(x,y,z)$， $S: x^2+y^2+z^2=r^2$，V为S所围体积

$\because \vec{F}$的各分量一阶偏导数存在且连续

藉由 Gauss's Theorem 则 $\iiint_V \nabla\cdot\vec{\mathrm{F}}\,dV=\oiint_S \vec{\mathrm{F}}\cdot\vec{n}dA$

令 $\vec{r}(\theta,\varphi)=(r\cos\theta\sin\varphi\,,r\sin\theta\sin\varphi\,,r\cos\varphi)$且 $R=\{(\theta,\varphi):0\le\theta\le 2\pi,0\le\varphi\le\pi\}$

$$\text{则}\oiint_S \vec{\mathrm{F}}\cdot\vec{n}dA=\iint_R \vec{F}\cdot\frac{\partial\vec{r}}{\partial\varphi}\times\frac{\partial\vec{r}}{\partial\theta}d\theta d\varphi$$

$\because \dfrac{\partial\vec{r}}{\partial\theta}=(-r\sin\theta\sin\varphi, r\cos\theta\sin\varphi, 0)$ 且 $\dfrac{\partial\vec{r}}{\partial\varphi}=(r\cos\theta\cos\varphi, r\sin\theta\cos\varphi, -r\sin\varphi)$

$\therefore \dfrac{\partial\vec{r}}{\partial\varphi}\times\dfrac{\partial\vec{r}}{\partial\theta}=(r^2\cos\theta\sin^2\varphi, r^2\sin\theta\sin^2\varphi, r^2\sin\varphi\cos\varphi)$

$\vec{F}\cdot\dfrac{\partial\vec{r}}{\partial\varphi}\times\dfrac{\partial\vec{r}}{\partial\theta}$

$=(r\cos\theta\sin\varphi, r\sin\theta\sin\varphi, r\cos\varphi)\cdot(r^2\cos\theta\sin^2\varphi, r^2\sin\theta\sin^2\varphi, r^2\sin\varphi\cos\varphi)$

$=r^3(\cos^2\theta\sin^3\varphi+\sin^3\varphi\sin^2\theta+\sin\varphi\cos^2\varphi)=r^3\sin\varphi$

$\therefore \oint\!\!\oint_S \vec{\mathrm{F}}\cdot\vec{n}dA=r^3\int_0^{2\pi}\int_0^{\pi}\sin\varphi\, d\varphi d\theta=4\pi r^3$

Type 2.

假设向量场$\vec{F}$的各分量一阶偏导数存在且连续，S为 $\mathrm{z}=g(x,y), z=0$ 所围封闭朝外定向空间曲面,所围体积为 V，S投影至xy平面区域$=\{(x,y): x^2+y^2\le a^2\}$，求 $\iiint_V \nabla\cdot\vec{\mathrm{F}}\, dV$

<u>补充说明:</u>

曲面S通常为椭圆球、圆球、椭圆椎、圆锥、椭圆抛物面

解题流程:

Step1.

令$S_1: z=g(x,y)$，$S_2: z=0$ 且$x^2+y^2\le a^2$

藉由 Gauss's Theorem, $\iiint_V \nabla\cdot\vec{\mathrm{F}}\, dV=\oint\!\!\oint_S \vec{\mathrm{F}}\cdot\vec{n}dA=\iint_{S_1}\vec{\mathrm{F}}\cdot\vec{n}\, dA+\iint_{S_2}\vec{\mathrm{F}}\cdot\vec{n}\, dA$

Step2.

假设 S_1为朝上定向

令 $\vec{r}(x,y)=(x,y,g(x,y))$且 R 为S_1投影至xy平面的封闭区域$=\{(x,y): x^2+y^2\le a^2\}$

则 $\iint_{S_1}\vec{\mathrm{F}}\cdot\vec{n}\, dA=\iint_R \vec{\mathrm{F}}\cdot\dfrac{\partial\vec{r}}{\partial x}\times\dfrac{\partial\vec{r}}{\partial y}dxdy$

Step3.

$\because \dfrac{\partial\vec{r}}{\partial x}=(1,0,g_x(x,y))$ 且 $\dfrac{\partial\vec{r}}{\partial y}=(0,1,g_y(x,y))$ $\therefore \dfrac{\partial\vec{r}}{\partial x}\times\dfrac{\partial\vec{r}}{\partial y}=(-g_x(x,y),-g_y(x,y),1)$

$$\iint_{S_1} \vec{\mathrm{F}} \cdot \vec{n}\, dA = \iint_R \vec{\mathrm{F}} \cdot \frac{\partial \vec{r}}{\partial x} \times \frac{\partial \vec{r}}{\partial y} dxdy = \iint_R \vec{\mathrm{F}} \cdot \big(-g_x(x,y), -g_y(x,y), 1\big) dxdy$$

$$= \iint_R \big(-f_1 \cdot g_x(x,y) - f_2 \cdot g_y(x,y) + f_3\big)\big|_{z=g(x,y)} dxdy$$

其中 $\vec{\mathrm{F}} = (f_1, f_2, f_3)$

Step4.

令$x = r\cos\theta\,, y = r\sin\theta$ 则$\{(x,y): x^2 + y^2 \le a^2\} = \{(r,\theta): 0 \le r \le a, 0 \le \theta \le 2\pi\}$

且 $dxdy = \left|\begin{vmatrix} \dfrac{\partial x}{\partial r} & \dfrac{\partial x}{\partial \theta} \\ \dfrac{\partial y}{\partial r} & \dfrac{\partial y}{\partial \theta} \end{vmatrix}\right| drd\theta = \left|\begin{vmatrix} \cos\theta & -r\sin\theta \\ \sin\theta & r\cos\theta \end{vmatrix}\right| drd\theta = rdrd\theta$

Step5.

$$\iint_R \big(-f_1 \cdot g_x(x,y) - f_2 \cdot g_y(x,y) + f_3\big)\big|_{z=g(x,y)} dxdy$$

$$= \int_0^{2\pi}\int_0^a -f_1(r\cos\theta\,, r\sin\theta\,, g(r\cos\theta\,, r\sin\theta)) \cdot g_x(r\cos\theta\,, r\sin\theta) \cdot r$$

$$-f_2(r\cos\theta\,, r\sin\theta\,, g(r\cos\theta\,, r\sin\theta)) \cdot g_y(r\cos\theta\,, r\sin\theta) \cdot r$$

$$+f_3(r\cos\theta\,, r\sin\theta\,, g(r\cos\theta\,, r\sin\theta)) \cdot rdrd\theta$$

Step6.

求 $\iint_{S_2} \vec{\mathrm{F}} \cdot \vec{n}\, dA =?$

<u>范例说明:</u>

(I)若 $\vec{\mathrm{F}} = (y, x, z)$ 且 V 为 $z = 4 - x^2 - y^2$，$z = 0$ 所围封闭体积，藉由 Gauss's Theorem 求 $\iiint_V \nabla \cdot \vec{\mathrm{F}}\, dV =?$

令 $S_1,: z = 4 - x^2 - y^2$，$S_2: z = 0$ 且 $x^2 + y^2 \le 4$

藉由 Gauss's Theorem, $\iiint_V \nabla \cdot \vec{\mathrm{F}}\, dV = \iint_{S_1} \vec{F} \cdot \vec{n}\, dA + \iint_{S_2} \vec{F} \cdot \vec{n}\, dA$

$$\iint_{S_1} \vec{F} \cdot \vec{n}\, dA = \iint_{x^2+y^2\le4} 4xy + z\, dxdy = \iint_{x^2+y^2\le4} 4xy + 4 - x^2 - y^2\, dxdy$$

令$x = r\cos\theta\,, y = r\sin\theta$

$$\iint_{x^2+y^2\leq 4} 4xy+4-x^2-y^2\,dxdy=\int_0^{2\pi}\int_0^2 (4r^2\cos\theta\sin\theta+4-r^2)\,rdrd\theta=8\pi$$

$\because \dfrac{\partial\vec{s}}{\partial x}=(1,0,0)$ 且 $\dfrac{\partial\vec{s}}{\partial y}=(0,1,0)$ $\therefore \dfrac{\partial\vec{s}}{\partial x}\times\dfrac{\partial\vec{s}}{\partial y}=(0,0,1)$ $\therefore \iint_{S_2}\vec{F}\cdot\vec{n}\,dA=\iint_{S_2}0\,dA=0$

$\therefore \iint_{S_1}\vec{F}\cdot\vec{n}\,dA+\iint_{S_2}\vec{F}\cdot\vec{n}\,dA=8\pi$

Type 3.

假设$\vec{F}$的各分量一阶偏导数存在且连续，S由数个曲面组成的封闭曲面,$S=\bigcup_{j=1}^{n}S_j$,

$n\geq 2$，V 为S所围封闭体积，藉由 Gauss's Theorem 求 $\iiint_V \nabla\cdot\vec{\mathrm{F}}\,dV=?$

<u>补充说明:</u>
例如体积 V 为一个长方体
解题流程:
Step1.

藉由 Gauss's Theorem, $\iiint_V \nabla\cdot\vec{\mathrm{F}}\,dV=\oiint_S \vec{\mathrm{F}}\cdot\vec{n}dA=\sum_{j=1}^{n}\iint_{S_j}\vec{\mathrm{F}}\cdot\vec{n}\,dA$

Step2.

如果S_j皆是平行坐标平面的平面,则可直接计算求$\iint_{S_j}\vec{\mathrm{F}}\cdot\vec{n}\,dA$

此外,如果 S_j为朝上定向曲面: $\mathrm{z}=g(x,y)$，定义域为 $a\leq x\leq b$ 且$c\leq y\leq d$ 则令 $\vec{r}(x,y)=\big(x,y,g(x,y)\big)$ 且R 为曲面S投影于xy平面上的封闭区域，即 $R=\{(x,y):a\leq x\leq b,c\leq y\leq d\}$则公式可改写为：

$$\iint_{S_j}\vec{\mathrm{F}}\cdot\vec{n}\,dA=\iint_R \vec{F}(x,y,g(x,y))\cdot\big(-g_x(x,y),-g_y(x,y),1\big)dxdy$$

Example 1.

藉由 Gauss's Theorem 求 $\iiint_V \nabla\cdot\vec{\mathrm{F}}\,dV=?$，$\vec{\mathrm{F}}=(0,4yz,0)$，$V: x^2+y^2+z^2\le r^2$

【解】

令$S: x^2+y^2+z^2=r^2$，$\because \vec{F}$的各分量一阶偏导数存在且连续

藉由 Gauss's Theorem 则 $\iiint_V \nabla\cdot\vec{\mathrm{F}}\,dV=\oiint_S \vec{\mathrm{F}}\cdot\vec{n}dA$

令 $\vec{r}(\theta,\varphi)=(r\cos\theta\sin\varphi, r\sin\theta\sin\varphi, r\cos\varphi)$

令$R=\{(\theta,\varphi): 0\le\theta\le 2\pi, 0\le\varphi\le\pi\}$ 则 $\oiint_S \vec{\mathrm{F}}\cdot\vec{n}dA=\iint_R \vec{F}\cdot\frac{\partial\vec{r}}{\partial\varphi}\times\frac{\partial\vec{r}}{\partial\theta}d\theta d\varphi$

$\because \frac{\partial\vec{r}}{\partial\theta}=(-r\sin\theta\sin\varphi, r\cos\theta\sin\varphi, 0)$ 且 $\frac{\partial\vec{r}}{\partial\varphi}=(r\cos\theta\cos\varphi, r\sin\theta\cos\varphi, -r\sin\varphi)$

$\therefore \frac{\partial\vec{r}}{\partial\varphi}\times\frac{\partial\vec{r}}{\partial\theta}=(r^2\cos\theta\sin^2\varphi, r^2\sin\theta\sin^2\varphi, r^2\sin\varphi\cos\varphi)$

$\therefore \vec{F}\cdot\frac{\partial\vec{r}}{\partial\varphi}\times\frac{\partial\vec{r}}{\partial\theta}=(0,4r^2\sin\theta\sin\varphi\cos\varphi,0)\cdot(r^2\cos\theta\sin^2\varphi, r^2\sin\theta\sin^2\varphi, r^2\sin\varphi\cos\varphi)$

$=4r^4\sin^3\varphi\sin^2\theta\cos\varphi$

$\therefore \oiint_S \vec{\mathrm{F}}\cdot\vec{n}dA=\int_0^{2\pi}\int_0^{\pi}4r^4\sin^3\varphi\sin^2\theta\cos\varphi\,d\varphi d\theta$

$\because \int_0^{\pi}\sin^3\varphi\cos\varphi\,d\varphi=\left.\frac{\sin^4\varphi}{4}\right|_0^{\pi}=0$ $\quad\therefore \oiint_S \vec{\mathrm{F}}\cdot\vec{n}dA=0$

Example 2.

Let $\vec{\mathrm{F}}=(x,2y,3z)$. Assume V is the volume of cube with the vertices $(\pm1,\pm1,\pm1)$.

Find $\iiint_V \nabla\cdot\vec{\mathrm{F}}\,dV$ by using Gauss's Theorem.

【解】

令$S_1: x=1$，$S_2: x=-1$，$S_3: y=1$，$S_4: y=-1$，$S_5: z=1$，$S_6: z=-1$ 且 $S=\bigcup_{j=1}^{6}S_{\mathrm{j}}$

$\because \vec{F}$的各分量一阶偏导数存在且连续

藉由 Gauss's Theorem 则 $\iiint_V \nabla\cdot\vec{\mathrm{F}}\,dV = \oiint_S \vec{\mathrm{F}}\cdot\vec{n}dA$

$As\ x=1, \vec{n}=(1,0,0),\ \iint_{S_1}\vec{F}\cdot\vec{n}\,dA=\int_{-1}^{1}\int_{-1}^{1}x\,dydz=4x=4$

$As\ x=-1, \vec{n}=(-1,0,0),\ \iint_{S_2}\vec{F}\cdot\vec{n}\,dA=\int_{-1}^{1}\int_{-1}^{1}-x\,dydz=-4x=4$

$As\ y=1, \vec{n}=(0,1,0),\ \iint_{S_3}\vec{F}\cdot\vec{n}\,dA=\int_{-1}^{1}\int_{-1}^{1}2y\,dxdz=8y=8$

$As\ y=-1, \vec{n}=(0,-1,0),\ \iint_{S_4}\vec{F}\cdot\vec{n}\,dA=\int_{-1}^{1}\int_{-1}^{1}-2y\,dxdz=-8y=8$

$As\ z=1, \vec{n}=(0,0,1),\ \iint_{S_5}\vec{F}\cdot\vec{n}\,dA=\int_{-1}^{1}\int_{-1}^{1}3z\,dxdy=12z=12$

$As\ z=-1, \vec{n}=(0,0,-1),\ \iint_{S_6}\vec{F}\cdot\vec{n}\,dA=\int_{-1}^{1}\int_{-1}^{1}-3z\,dxdy=-12z=12$

$\therefore \oiint_S \vec{\mathrm{F}}\cdot\vec{n}dA=48$

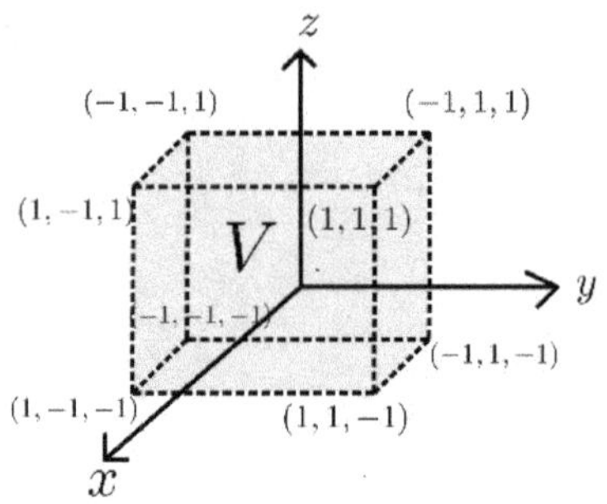

Example 3.

求 $\iiint_V \nabla\cdot\vec{\mathrm{F}}\,dV=?$，$\vec{\mathrm{F}}=(x,y,z)$，$V: x^2+y^2+z^2\le r^2$ (1)使用 Gauss's Theorem (2) 直接计算

【解】

(1)

令$S: x^2+y^2+z^2=r^2$，$\because \vec{F}$的各分量一阶偏导数存在且连续

藉由 Gauss's Theorem 则 $\iiint_V \nabla\cdot\vec{\mathrm{F}}\,dV=\oiint_S \vec{\mathrm{F}}\cdot\vec{n}dA$

令 $\vec{r}(r,\theta,\varphi)=(r\cos\theta\sin\varphi\,,r\sin\theta\sin\varphi\,,r\cos\varphi)$

令$R=\{(\theta,\varphi):0\le\theta\le 2\pi,0\le\varphi\le\pi\}$ 则 $\oiint_S \vec{\mathrm{F}}\cdot\vec{n}dA=\iint_R \vec{F}\cdot\frac{\partial\vec{r}}{\partial\varphi}\times\frac{\partial\vec{r}}{\partial\theta}d\theta d\varphi$

$\because\ \frac{\partial\vec{r}}{\partial\theta}=(-r\sin\theta\sin\varphi\,,r\cos\theta\sin\varphi\,,0)$ 且 $\frac{\partial\vec{r}}{\partial\varphi}=(r\cos\theta\cos\varphi\,,r\sin\theta\cos\varphi\,,-r\sin\varphi)$

$\therefore\frac{\partial\vec{r}}{\partial\varphi}\times\frac{\partial\vec{r}}{\partial\theta}=(r^2\cos\theta\sin^2\varphi\,,r^2\sin\theta\sin^2\varphi\,,r^2\sin\varphi\cos\varphi)$

$\therefore\vec{F}\cdot\frac{\partial\vec{r}}{\partial\varphi}\times\frac{\partial\vec{r}}{\partial\theta}$

$=(r\cos\theta\sin\varphi\,,r\sin\theta\sin\varphi\,,r\cos\varphi)\cdot(r^2\cos\theta\sin^2\varphi\,,r^2\sin\theta\sin^2\varphi\,,r^2\sin\varphi\cos\varphi)$

$=r^3(\cos^2\theta\sin^3\varphi+\sin^3\varphi\sin^2\theta+\sin\varphi\cos^2\varphi)=r^3\sin\varphi$

$\therefore\oiint_S \vec{\mathrm{F}}\cdot\vec{n}dA=\iint_R \vec{F}\cdot\frac{\partial\vec{r}}{\partial\varphi}\times\frac{\partial\vec{r}}{\partial\theta}d\theta d\varphi=r^3\int_0^{2\pi}\int_0^{\pi}\sin\varphi\,d\varphi d\theta=4\pi r^3$

$\therefore\iiint_V \nabla\cdot\vec{\mathrm{F}}\,dV=\oiint_S \vec{\mathrm{F}}\cdot\vec{n}dA=4\pi r^3$

(2)

$\iiint_V \nabla\cdot\vec{\mathrm{F}}\,dV=\iiint_{x^2+y^2+z^2\le r^2}3\,dxdydz=4\pi r^3$

Example 4.

$\vec{\mathrm{F}}=(yz,-1,1)$, V 为 $z=\sqrt{x^2+y^2}$ 与 $z=a$ 所围体积, 藉由 Gauss's Theorem

求 $\iiint_V \nabla\cdot\vec{\mathrm{F}}\,dV=?$

【解】

令 $S_1: z = \sqrt{x^2+y^2},\ z \le a,\ S_2: z = a,\ x^2+y^2 \le a^2$

$\because \vec{F}$的各分量一阶偏导数存在且连续

藉由 Gauss's Theorem 则 $\iiint_V \nabla \cdot \vec{\mathrm{F}}\, dV = \iint_{S_1} \vec{F}\cdot\vec{n}\, dA + \iint_{S_2} \vec{F}\cdot\vec{n}\, dA$

$\because S_1$ 为朝下定向

令 $\vec{r}(x,y,z) = \left(x, y, (x^2+y^2)^{\frac{1}{2}}\right)$ 且 R为曲面S投影至xy平面的封闭区域

则 $R = \{(x,y): x^2+y^2 \le a^2\}$ 且 $\iint_{S_1} \vec{F}\cdot\vec{n}\, dA = -\iint_R \vec{F}\cdot\frac{\partial\vec{r}}{\partial x}\times\frac{\partial\vec{r}}{\partial y}dxdy$

$\because \frac{\partial\vec{r}}{\partial x} = \left(1,0,x(x^2+y^2)^{-\frac{1}{2}}\right)$ 且 $\frac{\partial\vec{r}}{\partial y} = \left(0,1,y(x^2+y^2)^{-\frac{1}{2}}\right)$

$\therefore \frac{\partial\vec{r}}{\partial x}\times\frac{\partial\vec{r}}{\partial y} = \left(-x(x^2+y^2)^{-\frac{1}{2}}, -y(x^2+y^2)^{-\frac{1}{2}}, 1\right)$

$\Rightarrow \vec{F}\cdot\frac{\partial\vec{r}}{\partial x}\times\frac{\partial\vec{r}}{\partial y} = (yz,-1,1)\cdot\left(-x(x^2+y^2)^{-\frac{1}{2}}, -y(x^2+y^2)^{-\frac{1}{2}}, 1\right)$

$= -xy + y(x^2+y^2)^{-\frac{1}{2}} + 1,\ \forall(x,y,z)\in S_1$

$\therefore \iint_{S_1} \vec{F}\cdot\vec{n}\, dA = -\iint_R \vec{F}\cdot\frac{\partial\vec{r}}{\partial x}\times\frac{\partial\vec{r}}{\partial y}dxdy = \iint_{x^2+y^2\le a^2} xy - y(x^2+y^2)^{-\frac{1}{2}} - 1\, dxdy$

令$x = r\cos\theta, y = r\sin\theta$ 则 $\{(x,y): x^2+y^2 \le a^2\} = \{(r,\theta): 0\le r\le a, 0\le\theta\le 2\pi\}$

$\therefore \iint_{x^2+y^2\le a^2} xy - y(x^2+y^2)^{-\frac{1}{2}} - 1\, dxdy = \int_0^{2\pi}\int_0^a (r^2\cos\theta\sin\theta - \sin\theta - 1)\, rdrd\theta$

$= -\pi a^2$

令 $S_2: z = a, x^2+y^2 \le a^2$

令 $\vec{s}(x,y,z) = (x,y,a)$ 则 $\iint_{S_2} \vec{F}\cdot\vec{n}\, dA = \iint_{S_2} \vec{F}\cdot\frac{\partial\vec{s}}{\partial x}\times\frac{\partial\vec{s}}{\partial y}dxdy$

$\because \dfrac{\partial \vec{s}}{\partial x} = (1,0,0)$ 且 $\dfrac{\partial \vec{s}}{\partial y} = (0,1,0)$ $\quad \therefore \dfrac{\partial \vec{s}}{\partial x} \times \dfrac{\partial \vec{s}}{\partial y} = (0,0,1)$

$\therefore \iint_{S_2} \vec{F} \cdot \vec{n}\, dA = \iint_{S_2} 1\, dA = \pi a^2 \quad \therefore \iint_{S} \vec{F} \cdot \vec{n}\, dA = 0$

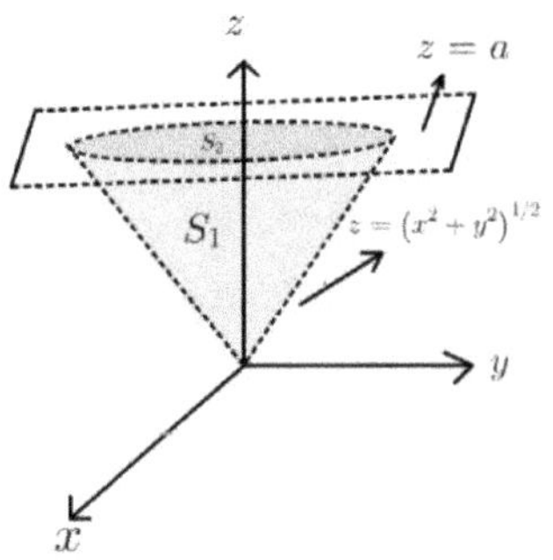

Example 5.

藉由 Gauss's Theorem 求 $\iiint_V \nabla \cdot \vec{\mathrm{F}}\, dV = ?$，$\vec{\mathrm{F}} = (x - y + z, 2x, 1)$，V 为抛物面 $\mathrm{z} = x^2 + y^2$，与 $\mathrm{z} = 1$ 所围体积

【解】

令 $S_1: \mathrm{z} = x^2 + y^2$，$z \leq 1$，$S_2: z = 1$，$x^2 + y^2 \leq 1$

$\because \vec{F}$的各分量一阶偏导数存在且连续

藉由 Gauss's Theorem 则 $\iiint_V \nabla \cdot \vec{\mathrm{F}}\, dV = \iint_{S_1} \vec{F} \cdot \vec{n}\, dA + \iint_{S_2} \vec{F} \cdot \vec{n}\, dA$

$\because S_1$ 为朝下定向

令 $\vec{r}(x, y, z) = (x, y, x^2 + y^2)$且 R为S_1曲面投影至xy平面的封闭区域

则 $R = \{(x, y): x^2 + y^2 \leq 1\}$ 且 $\iint_{S_1} \vec{F} \cdot \vec{n}\, dA = -\iint_R \vec{F} \cdot \dfrac{\partial \vec{r}}{\partial x} \times \dfrac{\partial \vec{r}}{\partial y} dxdy$

$\because \dfrac{\partial \vec{r}}{\partial x} = (1,0,2x)$ 且 $\dfrac{\partial \vec{r}}{\partial y} = (0,1,2y)$ $\quad \therefore \dfrac{\partial \vec{r}}{\partial x} \times \dfrac{\partial \vec{r}}{\partial y} = (-2x, -2y, 1)$

$\therefore -\vec{F}\cdot\frac{\partial\vec{r}}{\partial x}\times\frac{\partial\vec{r}}{\partial y}=(x-y+z,2x,1)\cdot(-2x,-2y,1)=2x^2+2xy+2x(x^2+y^2)-1,$

$\forall(x,y,z)\in S_1$

$\therefore \iint_{S_1}\vec{F}\cdot\vec{n}\,dA=-\iint_R\vec{F}\cdot\frac{\partial\vec{r}}{\partial x}\times\frac{\partial\vec{r}}{\partial y}dxdy=\iint_{x^2+y^2\le1}2x^2+2xy+2x(x^2+y^2)-1dxdy$

令$x=r\cos\theta,y=r\sin\theta$ 则 $\{(x,y):x^2+y^2\le1\}=\{(r,\theta):0\le r\le1,0\le\theta\le2\pi\}$

且 $dxdy=\left\|\begin{matrix}\frac{\partial x}{\partial r}&\frac{\partial x}{\partial\theta}\\\frac{\partial y}{\partial r}&\frac{\partial y}{\partial\theta}\end{matrix}\right\|drd\theta=\left\|\begin{matrix}\cos\theta&-r\sin\theta\\\sin\theta&r\cos\theta\end{matrix}\right\|drd\theta=rdrd\theta$

$\therefore \iint_{x^2+y^2\le1}2x^2+2xy+2x(x^2+y^2)-1dxdy$

$=\int_0^{2\pi}\int_0^1(2r^2\cos^2\theta+2r^2\cos\theta\sin\theta+2r^3\cos\theta-1)rdrd\theta=-\frac{\pi}{2}$

$\because \iint_{S_2}\vec{\mathrm{F}}\cdot\vec{n}dA=\iint_{S_2}dA=\pi\quad\therefore\iiint_V\nabla\cdot\vec{\mathrm{F}}\,dV=\iint_{S_1}\vec{\mathrm{F}}\cdot\vec{n}dA+\iint_{S_2}\vec{\mathrm{F}}\cdot\vec{n}dA=\frac{\pi}{2}$

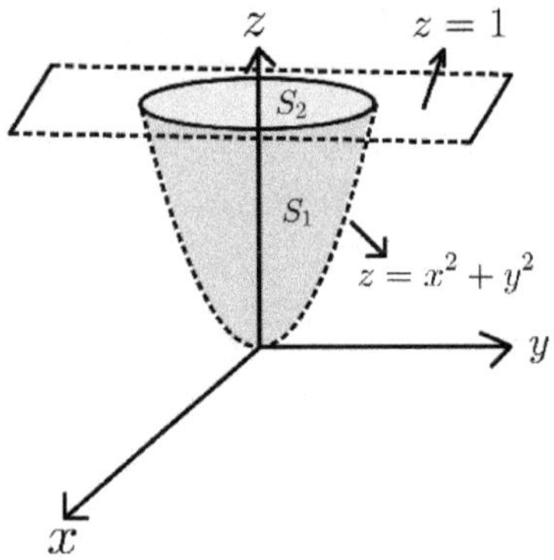

Example 6.

求 $\iiint_V\nabla\cdot\vec{\mathrm{F}}\,dV,\vec{\mathrm{F}}=(y,x,z)$，V 为 $z=4-x^2-y^2,z\ge0$ 所围封闭区域

(1)使用 Gauss's Theorem (2)直接计算

【解】

(1)

令 $S_1:z=4-x^2-y^2,z\ge0$，$S_2:x^2+y^2\le4$，$z=0$

$\because \vec{F}$的各分量一阶偏导数存在且连续

藉由 Gauss's Theorem 则 $\iiint_V \nabla\cdot\vec{\mathrm{F}}\,dV = \iint_{S_1} \vec{F}\cdot\vec{n}\,dA + \iint_{S_2} \vec{F}\cdot\vec{n}\,dA$

令 $S_1: z = 4 - x^2 - y^2$，令 $\vec{r}(x,y,z) = (x, y, 4 - x^2 - y^2)$

$\because S_1$ 为朝上定向

令R 为S_1曲面投影至xy平面的封闭区域

则$R = \{(x,y):\ x^2 + y^2 \le 4\}$ 且 $\iint_{S_1} \vec{F}\cdot\vec{n}\,dA = \iint_R \vec{F}\cdot\frac{\partial\vec{r}}{\partial x}\times\frac{\partial\vec{r}}{\partial y}dxdy$

$\because \frac{\partial\vec{r}}{\partial x} = (1,0,-2x)$ 且 $\frac{\partial\vec{r}}{\partial y} = (0,1,-2y)$ $\quad\therefore \frac{\partial\vec{r}}{\partial x}\times\frac{\partial\vec{r}}{\partial y} = (2x,2y,1)$

$\therefore \iint_{S_1} \vec{F}\cdot\vec{n}\,dA = \iint_{x^2+y^2\le 4} (4xy + z)\,dxdy = \iint_{x^2+y^2\le 4} 4xy + 4 - x^2 - y^2\,dxdy$

令$x = r\cos\theta, y = r\sin\theta$ 则 $\{(x,y): x^2 + y^2 \le 4\} = \{(r,\theta): 0 \le r \le 2, 0 \le \theta \le 2\pi\}$

$\therefore \iint_{x^2+y^2\le 4} 4xy + 4 - x^2 - y^2\,dxdy$

$$= \int_0^{2\pi}\int_0^2 (4r^2\cos\theta\sin\theta + 4 - r^2)\,rdrd\theta = 2\pi\left(2r^2 - \frac{r^4}{4}\right)\Bigg|_{r=0}^{r=2} = 8\pi$$

令 $S_2: z = 0, x^2 + y^2 \le 4$，$\because S_2$ 为朝下定向

令 $\vec{s}(x,y,z) = (x,y,0)$则 $\iint_{S_2} \vec{F}\cdot\vec{n}\,dA = -\iint_{S_2} \vec{F}\cdot\frac{\partial\vec{s}}{\partial x}\times\frac{\partial\vec{s}}{\partial y}dxdy$

$\because \frac{\partial\vec{s}}{\partial x} = (1,0,0)$ 且 $\frac{\partial\vec{s}}{\partial y} = (0,1,0)$ $\quad\therefore \frac{\partial\vec{s}}{\partial x}\times\frac{\partial\vec{s}}{\partial y} = (0,0,1)$

$\therefore -\iint_{S_2} \vec{F}\cdot\frac{\partial\vec{s}}{\partial x}\times\frac{\partial\vec{s}}{\partial y}dxdy = \iint_{S_2} 0\,dA = 0$

$$\therefore \iiint_V \nabla\cdot\vec{\mathrm{F}}\,dV = \iint_{S_1} \vec{F}\cdot\vec{n}\,dA + \iint_{S_2} \vec{F}\cdot\vec{n}\,dA = 8\pi$$

(2)

令 $R = \{(x,y):\ x^2+y^2 \le 4\}$

则 $\iiint_V \nabla\cdot\vec{\mathrm{F}}\,dV = \iint_R \int_0^{4-(x^2+y^2)} dzdxdy = \iint_R 4-(x^2+y^2)\,dxdy$

令$x = r\cos\theta\,, y = r\sin\theta$ 则 $\{(x,y): x^2+y^2\le 4\} = \{(r,\theta): 0\le r\le 2, 0\le\theta\le 2\pi\}$

$$\therefore \iint_R 4-(x^2+y^2)\,dxdy = \int_0^{2\pi}\int_0^2 (4-r^2)\,rdrd\theta = 2\pi\cdot\left.\frac{-(4-r^2)^2}{4}\right|_0^2 = 8\pi$$

$$\therefore \iiint_V \nabla\cdot\vec{\mathrm{F}}\,dV = 8\pi$$

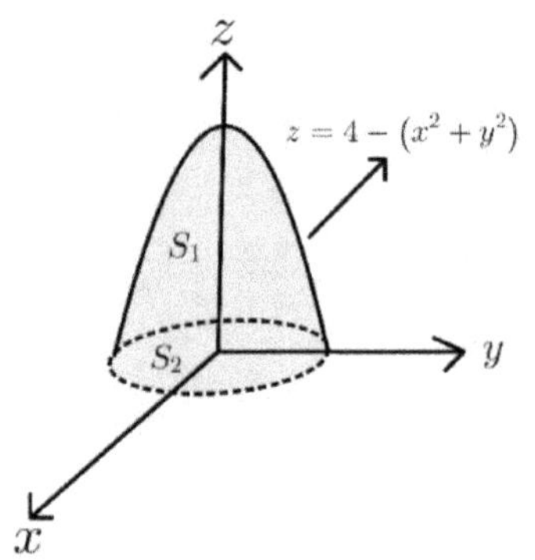

Example 7.

Let $\vec{\mathrm{F}} = (x^3-3y, 2yz+1, xyz)$. Assume V is the cube bounded by planes $x=\pm1$, $y=\pm1, z=\pm1$. Find $\iiint_V \nabla\cdot\vec{\mathrm{F}}\,dV$ by using Gauss's Theorem.

【解】

令$S_1: x = 1$，$S_2: x = -1$，$S_3: y = 1$，$S_4: y = -1$，$S_5: z = 1$，$S_6: z = -1$ 且$S = \bigcup_{i=1}^{6} S_i$

$\because \vec{F}$的各分量一阶偏导数存在且连续

藉由 Gauss's Theorem 则 $\iiint_V \nabla \cdot \vec{\mathrm{F}}\, dV = \oiint_S \vec{\mathrm{F}} \cdot \vec{n} dA$

$As\ x = 1, \vec{n} = (1,0,0)$，$\iint_{S_1} \vec{F} \cdot \vec{n}\, dA = \int_{-1}^{1} \int_{-1}^{1} 1 - 3y\, dydz = 4$

$As\ x = -1, \vec{n} = (-1,0,0)$，$\iint_{S_2} \vec{F} \cdot \vec{n}\, dA = -\int_{-1}^{1} \int_{-1}^{1} (-1 - 3y)\, dydz = 4$

$As\ y = 1, \vec{n} = (0,1,0)$，$\iint_{S_3} \vec{F} \cdot \vec{n}\, dA = \int_{-1}^{1} \int_{-1}^{1} 2z + 1\, dxdz = 2$

$As\ y = -1, \vec{n} = (0,-1,0)$，$\iint_{S_4} \vec{F} \cdot \vec{n}\, dA = -\int_{-1}^{1} \int_{-1}^{1} -2z + 1\, dxdz = -2$

$As\ z = 1, \vec{n} = (0,0,1)$，$\iint_{S_5} \vec{F} \cdot \vec{n}\, dA = \int_{-1}^{1} \int_{-1}^{1} xy\, dxdy = 0$

$As\ z = -1, \vec{n} = (0,0,-1)$，$\iint_{S_6} \vec{F} \cdot \vec{n}\, dA = -\int_{-1}^{1} \int_{-1}^{1} xy\, dxdy = 0$

$\therefore \oiint_S \vec{\mathrm{F}} \cdot \vec{n} dA = 8$

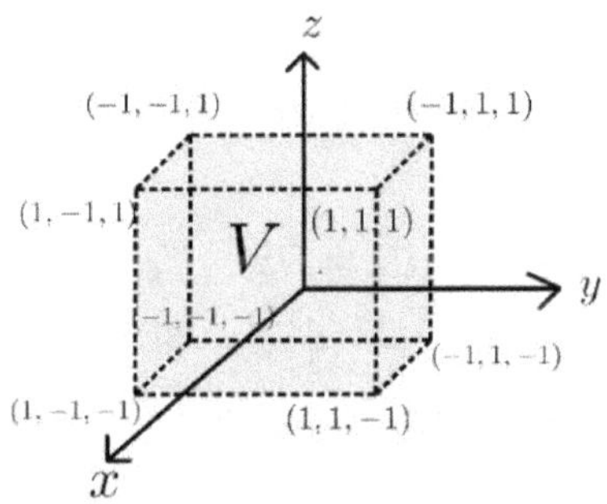

Example 8.

求 $\iiint_V \nabla \cdot \vec{\mathrm{F}}\, dV = ?$，$\vec{\mathrm{F}} = (z, y, x)$，$V: x^2 + y^2 + z^2 \le r^2$ (1)使用 Gauss's Theorem (2) 直接计算

【解】

(1)

令$S: x^2+y^2+z^2=r^2$

$\because \vec{F}$的各分量一阶偏导数存在且连续，藉由 Gauss's Theorem 则 $\iiint_V \nabla\cdot\vec{\mathrm{F}}\,dV = \oiint_S \vec{\mathrm{F}}\cdot\vec{n}dA$

令 $\vec{r}(r,\theta,\varphi)=(r\cos\theta\sin\varphi, r\sin\theta\sin\varphi, r\cos\varphi)$

且 $R=\{(\theta,\varphi): 0\le\theta\le 2\pi, 0\le\varphi\le\pi\}$ 则 $\oiint_S \vec{\mathrm{F}}\cdot\vec{n}dA = \iint_R \vec{F}\cdot\frac{\partial\vec{r}}{\partial\varphi}\times\frac{\partial\vec{r}}{\partial\theta}d\theta d\varphi$

$\because \frac{\partial\vec{r}}{\partial\theta}=(-r\sin\theta\sin\varphi, r\cos\theta\sin\varphi, 0)$ 且 $\frac{\partial\vec{r}}{\partial\varphi}=(r\cos\theta\cos\varphi, r\sin\theta\cos\varphi, -r\sin\varphi)$

$\therefore \frac{\partial\vec{r}}{\partial\varphi}\times\frac{\partial\vec{r}}{\partial\theta}=(r^2\cos\theta\sin^2\varphi, r^2\sin\theta\sin^2\varphi, r^2\sin\varphi\cos\varphi)$

$\therefore \vec{F}\cdot\frac{\partial\vec{r}}{\partial\varphi}\times\frac{\partial\vec{r}}{\partial\theta}$

$=(r\cos\varphi, r\sin\theta\sin\varphi, r\cos\theta\sin\varphi)\cdot(r^2\cos\theta\sin^2\varphi, r^2\sin\theta\sin^2\varphi, r^2\sin\varphi\cos\varphi)$

$=r^3(2\cos\theta\sin^2\varphi\cos\varphi+\sin^3\varphi\sin^2\theta)$

$\therefore \iint_R \vec{F}\cdot\frac{\partial\vec{r}}{\partial\varphi}\times\frac{\partial\vec{r}}{\partial\theta}d\theta d\varphi = r^3\int_0^{2\pi}\int_0^{\pi} 2\cos\theta\sin^2\varphi\cos\varphi+\sin^3\varphi\sin^2\theta\, d\varphi d\theta$

$\because \int_0^{\pi}\sin^2\varphi\cos\varphi\, d\varphi = \frac{\sin^3\varphi}{3}\Big|_0^{\pi}=0 \quad \therefore \int_0^{2\pi}\int_0^{\pi} 2\cos\theta\sin^2\varphi\cos\varphi\, d\varphi d\theta = 0$

$\therefore \int_0^{2\pi}\int_0^{\pi}(2\cos\theta\sin^2\varphi\cos\varphi+\sin^3\varphi\sin^2\theta)d\varphi d\theta = \int_0^{2\pi}\int_0^{\pi}\sin^3\varphi\sin^2\theta\, d\varphi d\theta$

$=\int_0^{2\pi}\sin^2\theta\, d\theta\int_0^{\pi}\sin^3\varphi\, d\varphi = \int_0^{2\pi}\left(\frac{1-\cos 2\theta}{2}\right)d\theta\int_0^{\pi}\sin\varphi(1-\cos^2\varphi)d\varphi$

$=\pi\int_0^{\pi}\sin\varphi(1-\cos^2\varphi)d\varphi$

$\because \int_0^{\pi}\sin\varphi(1-\cos^2\varphi)d\varphi = -\cos\varphi|_0^{\pi}+\frac{\cos^3\varphi}{3}\Big|_0^{\pi}=\frac{4}{3}$

$$\therefore \oiint_S \vec{\mathrm{F}}\cdot\vec{n}dA = r^3\int_0^{2\pi}\int_0^{\pi}(2\cos\theta\sin^2\varphi\cos\varphi+\sin^3\varphi\sin^2\theta)d\varphi d\theta = \frac{4\pi r^3}{3}$$

$$\therefore \iiint_V \nabla\cdot\vec{\mathrm{F}}\,dV = \frac{4\pi r^3}{3}$$

(2)

$$\iiint_V \nabla\cdot\vec{\mathrm{F}}\,dV = \iiint_{x^2+y^2+z^2\le r^2} 1\,dxdydz = \frac{4\pi r^3}{3}$$

Example 9.

$\vec{\mathrm{F}}=(0,y,-z)$，假设 V 为抛物面 $y=x^2+z^2$ 与 $y=1$ 所围体积，求 $\iiint_V \nabla\cdot\vec{\mathrm{F}}\,dV$

(1)使用 Gauss's Theorem (2) 直接计算

【解】

(1)

令 $S_1: y=x^2+z^2, 0\le y\le 1$，$S_2$: $x^2+z^2\le 1, y=1$

$\because \vec{F}$ 的各分量一阶偏导数存在且连续

藉由 Gauss's Theorem 则 $\iiint_V \nabla\cdot\vec{\mathrm{F}}\,dV = \iint_{S_1}\vec{F}\cdot\vec{n}\,dA+\iint_{S_2}\vec{F}\cdot\vec{n}\,dA$

$\because S_1$ 为朝 y 轴负向方向作定向

令 $\vec{r}(x,y,z)=(x,x^2+z^2,z)$ 且 R 为 S_1 曲面投影至 xz 平面的封闭区域

则 $R=\{(x,y): x^2+z^2\le 1\}$ 且 $\iint_{S_1}\vec{F}\cdot\vec{n}\,dA = -\iint_R \vec{F}\cdot\frac{\partial\vec{r}}{\partial x}\times\frac{\partial\vec{r}}{\partial z}dxdz$

$\because \frac{\partial\vec{r}}{\partial x}=(1,2x,0)$ 且 $\frac{\partial\vec{r}}{\partial z}=(0,2z,1)$ $\quad\therefore \frac{\partial\vec{r}}{\partial x}\times\frac{\partial\vec{r}}{\partial z}=(2x,-1,2z)$

$\therefore \vec{F}\cdot\frac{\partial\vec{r}}{\partial x}\times\frac{\partial\vec{r}}{\partial z}=(0,y,-z)\cdot(2x,-1,2z)=-y-2z^2=-x^2-3z^2$，$\forall(x,y,z)\in S_1$

$\therefore \iint_{S_1}\vec{F}\cdot\vec{n}\,dA = -\iint_R \vec{F}\cdot\frac{\partial\vec{r}}{\partial x}\times\frac{\partial\vec{r}}{\partial z}dxdz = \iint_{x^2+z^2\le 1} x^2+3z^2dxdz$

令 $x=r\cos\theta, z=r\sin\theta$ 则 $\{(x,y): x^2+z^2\le 1\}=\{(r,\theta): 0\le r\le 1, 0\le\theta\le 2\pi\}$

$$且\ dxdz = \left|\begin{vmatrix} \frac{\partial x}{\partial r} & \frac{\partial x}{\partial \theta} \\ \frac{\partial z}{\partial r} & \frac{\partial z}{\partial \theta} \end{vmatrix}\right| drd\theta = \left|\begin{vmatrix} \cos\theta & -r\sin\theta \\ \sin\theta & r\cos\theta \end{vmatrix}\right| drd\theta = rdrd\theta$$

$$\therefore \iint_{x^2+z^2\le 1} x^2 + 3z^2 dxdz = \int_0^{2\pi}\int_0^1 r^3\cos^2\theta + 3r^3\sin^2\theta\, drd\theta$$

$$= \int_0^{2\pi} \frac{1}{4}\left(\frac{1+\cos\theta}{2}\right) + \frac{3}{4}\left(\frac{1-\cos\theta}{2}\right) d\theta = \pi$$

令 $\vec{s}(x,y,z) = (x,1,z)$

$$\because \frac{\partial \vec{s}}{\partial x} = (1,0,0)\ 且\ \frac{\partial \vec{s}}{\partial z} = (0,0,1) \quad \therefore \frac{\partial \vec{r}}{\partial x} \times \frac{\partial \vec{r}}{\partial z} = (0,-1,0)$$

$$\because \iint_{S_2} \vec{\mathrm{F}}\cdot\vec{n}dA = \iint_{S_2} dA = \iint_{x^2+z^2\le 1} (0,y,-z)\cdot(0,-1,0)dxdz = -\pi$$

$$\therefore \iint_{S_1} \vec{\mathrm{F}}\cdot\vec{n}dA + \iint_{S_2} \vec{\mathrm{F}}\cdot\vec{n}dA = 0$$

(2)

$$\oiint_S \vec{\mathrm{F}}\cdot\vec{n}dA = \iiint_V \nabla\cdot\vec{\mathrm{F}}\,dV = \iiint_V 0\,dV = 0$$

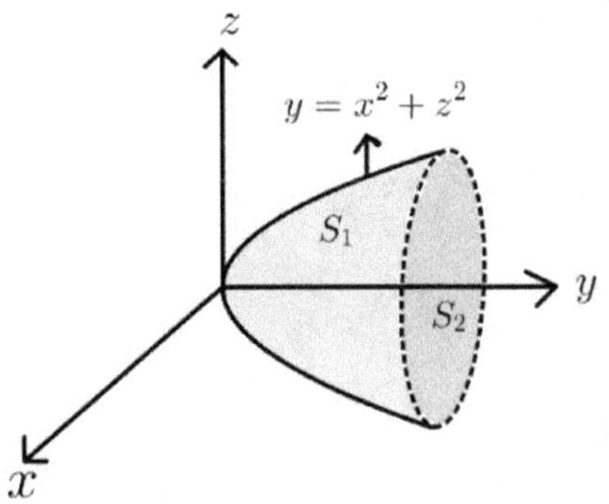

Example 10.

Let $\vec{\mathrm{F}} = (x^2, y^2, z^2)$. Assume V is bounded by the solid half- cylinder $0 \le z \le \sqrt{1-y^2}$, and the two disk planes: $x = 0, x = 2$. Find $\iiint_V \nabla\cdot\vec{\mathrm{F}}\,dV$ by using Gauss's Theorem.

【解】

令S_1: $0 \le z \le \sqrt{1-y^2}, 0 \le x \le 2$, S_2: $y^2 + z^2 \le 1, x = 0$, S_3: $y^2 + z^2 \le 1, x = 2$

且$S = \bigcup_{i=1}^{3} S_i$

$\because \vec{F}$的各分量一阶偏导数存在且连续

藉由 Gauss's Theorem 则 $\iiint_V \nabla \cdot \vec{\mathrm{F}}\, dV = \sum_{j=1}^{3} \iint_{S_j} \vec{F} \cdot \vec{n}\, dA$

$\because S_1$ 为朝上定向

令 $\vec{r}(x, y, z) = \left(x, y, \sqrt{1-y^2}\right)$ 且 $R = \{(x, y)\colon\ 0 \le x \le 2, 0 \le y \le 1\}$

则 $\iint_{S_1} \vec{F} \cdot \vec{n}\, dA = \iint_R \vec{F} \cdot \frac{\partial \vec{r}}{\partial x} \times \frac{\partial \vec{r}}{\partial y} dxdy$

$\because \frac{\partial \vec{r}}{\partial x} = (1,0,0)$ 且 $\frac{\partial \vec{r}}{\partial y} = \left(0,1, -y(1-y^2)^{-\frac{1}{2}}\right)$ $\quad \therefore \frac{\partial \vec{r}}{\partial x} \times \frac{\partial \vec{r}}{\partial y} = \left(0, -y(1-y^2)^{-\frac{1}{2}}, 1\right)$

$\because \vec{F} \cdot \frac{\partial \vec{r}}{\partial x} \times \frac{\partial \vec{r}}{\partial y} = (x^2, y^2, 1-y^2) \cdot \left(0, -y(1-y^2)^{-\frac{1}{2}}, 1\right) = -y^3(1-y^2)^{-\frac{1}{2}} + 1 - y^2,$

$\forall (x, y, z) \in S_1$

令$y = \sin\theta$ 则 $dy = \cos\theta\, d\theta$

$$\iint_R \vec{F} \cdot \frac{\partial \vec{r}}{\partial x} \times \frac{\partial \vec{r}}{\partial y} dxdy = \int_0^2 \int_0^1 -y^3(1-y^2)^{-\frac{1}{2}} + 1 - y^2\, dydx$$

$$= 2\int_0^1 -y^3(1-y^2)^{-\frac{1}{2}} + 1 - y^2\, dy = 2\int_0^{\frac{\pi}{2}} -\sin^3\theta + \cos^3\theta\, d\theta$$

$$= 2 \cdot \left(\left(-\cos\theta + \frac{\cos^3\theta}{3}\right)\Bigg|_0^{\frac{\pi}{2}} + \left(\sin\theta + \frac{\sin^3\theta}{3}\right)\Bigg|_0^{\frac{\pi}{2}} \right) = \frac{8}{3}$$

$\iint_{S_2} \vec{\mathrm{F}} \cdot \vec{n} dA = \iint_{S_2} dA = 0$ 且 $\iint_{S_3} \vec{\mathrm{F}} \cdot \vec{n} dA = \iint_{S_3} dA = 2\pi$

$$\iiint_V \nabla \cdot \vec{\mathrm{F}}\, dV = \frac{8}{3} + 2\pi$$

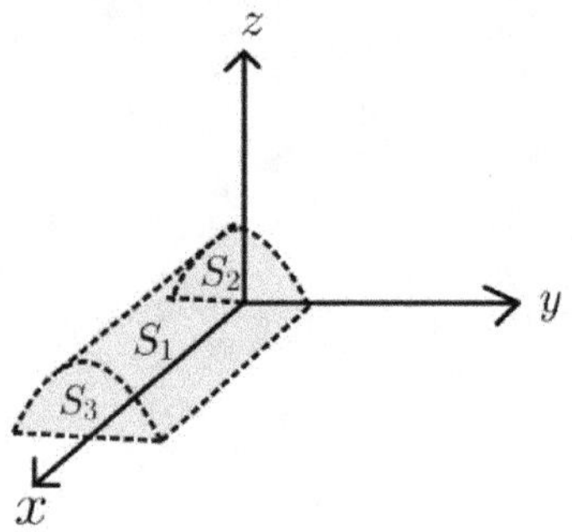

Example 11.

假设 $\vec{\mathrm{F}}=(6y^2,0,2x^2)$，$V$是$x+y+z=1$ 在第一卦限的所围体积，求 $\iiint_V \nabla\cdot\vec{\mathrm{F}}\,dV$

(1)直接计算 (2)使用 Gauss's Theorem

【解】

(1)

$\because \nabla\cdot\vec{\mathrm{F}}=0 \quad \therefore \iiint_V \nabla\cdot\vec{\mathrm{F}}\,dV=0$

(2)

令$S_1: x+y+z=1, S_2: x=0, S_3: \mathrm{y}=0, S_4: z=0$ 且$S=\bigcup_{j=1}^{4} S_j$

$\because \vec{F}$的各分量一阶偏导数存在且连续

藉由 Gauss's Theorem 则

$$\iiint_V \nabla\cdot\vec{\mathrm{F}}\,dV=\sum_{j=1}^{4}\iint_{S_j}\vec{F}\cdot\vec{n}\,dA$$

$\because S_1$ 是朝上定向平面

令 $\vec{r}(x,y,z)=(x,y,1-x-y)$ 且 R 为 S_1曲面投影至xy平面的封闭区域

则 $R=\{(x,y): x+y\le 1, x\ge 0, y\ge 0\}$ 且 $\iint_{S_1}\vec{F}\cdot\vec{n}\,dA=\iint_R \vec{F}\cdot\frac{\partial\vec{r}}{\partial x}\times\frac{\partial\vec{r}}{\partial y}dxdy$

$\because \frac{\partial\vec{r}}{\partial x}=(1,0,-1)$ 且 $\frac{\partial\vec{r}}{\partial y}=(0,1,-1) \quad \therefore \frac{\partial\vec{r}}{\partial x}\times\frac{\partial\vec{r}}{\partial y}=(1,1,1)$

$$\because \vec{F}\cdot\frac{\partial\vec{r}}{\partial x}\times\frac{\partial\vec{r}}{\partial y}=(6y^2,0,2x^2)\cdot\frac{\partial\vec{r}}{\partial x}\times\frac{\partial\vec{r}}{\partial y}=2(x^2+3y^2),\ \forall(x,y,z)\in S_1$$

$$\therefore \iint_{S_1}\vec{F}\cdot\vec{n}\,dA=\iint_R \vec{F}\cdot\frac{\partial\vec{r}}{\partial x}\times\frac{\partial\vec{r}}{\partial y}dxdy=2\iint_R x^2+3y^2\,dxdy=2\int_0^1\int_0^{1-y}x^2+3y^2\,dxdy$$

$$=2\int_0^1\left(\frac{x^3}{3}+3y^2x\right)\Bigg|_{x=0}^{x=1-y}dy=2\int_0^1\frac{(1-y)^3}{3}+3y^2(1-y)\,dy=\frac{2}{3}$$

As $x=0, n=(-1,0,0)$,

$$\iint_{S_2}\vec{F}\cdot\vec{n}\,dA=-\int_0^1\int_0^{1-z}6y^2\,dydz=-2\int_0^1(1-z)^3\,dz=-\frac{1}{2}$$

As $y=0, n=(0,1,0)$, $\iint_{S_3}\vec{F}\cdot\vec{n}\,dA=0$

As $z=0, n=(0,0,-1)$,

$$\iint_{S_4}\vec{F}\cdot\vec{n}\,dA=-\int_0^1\int_0^{1-x}2x^2\,dydx=-\frac{1}{6}$$

$$\therefore \sum_{j=1}^{4}\iint_{S_j}\vec{F}\cdot\vec{n}\,dA=0$$

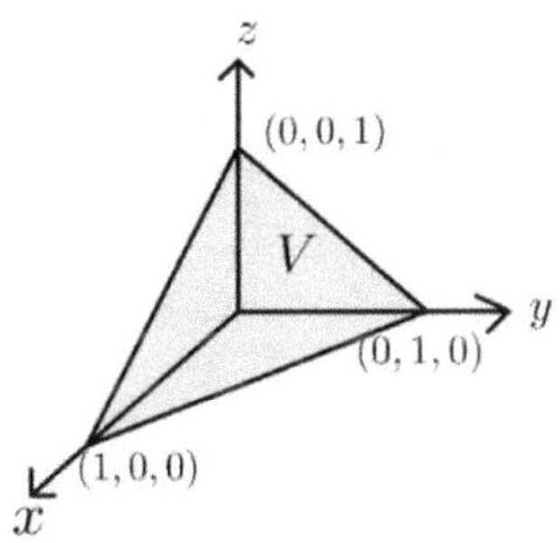

Example 12.

假设 $\vec{\mathrm{F}}=(x,y,z)$, V 是$(a,0,0),(0,a,0),(0,0,a)$与坐标平面所围体积, 求 $\iiint_V \nabla\cdot\vec{\mathrm{F}}\,dV$

(1)直接计算 (2)使用 Gauss's Theorem

【解】

(1)

$$\iiint_V \nabla\cdot\vec{\mathrm{F}}\,dV=\iiint_V 3\,dV=\frac{a^3}{2}$$

(2)

令$S_1: x+y+z=a, S_2: x=0, S_3: y=0, S_4: z=0$ 且 $S=\bigcup_{j=1}^{4} S_j$

$\because \vec{F}$的各分量一阶偏导数存在且连续

藉由 Gauss's Theorem 则 $\iiint_V \nabla\cdot\vec{\mathrm{F}}\,dV=\sum_{j=1}^{4}\iint_{S_j}\vec{F}\cdot\vec{n}\,dA$

$\because S_1$为朝上定向

令 $\vec{r}(x,y,z)=(x,y,a-x-y)$ 且 $R=\{(x,y):\ 0\le x\le a, 0\le y\le a-x\}$

则 $\iint_{S_1}\vec{F}\cdot\vec{n}\,dA=\iint_R \vec{F}\cdot\frac{\partial\vec{r}}{\partial x}\times\frac{\partial\vec{r}}{\partial y}dxdy$

$\because \frac{\partial\vec{r}}{\partial x}=(1,0,-1)$ 且 $\frac{\partial\vec{r}}{\partial y}=(0,1,-1)$ $\therefore \frac{\partial\vec{r}}{\partial x}\times\frac{\partial\vec{r}}{\partial y}=(1,1,1)$

$\because \vec{F}\cdot\frac{\partial\vec{r}}{\partial x}\times\frac{\partial\vec{r}}{\partial y}=(x,y,z)\cdot(1,1,1)=x+y+z=x+y+a-x-y=a,\ \forall(x,y,z)\in S_1$

$$\iint_R \vec{F}\cdot\frac{\partial\vec{r}}{\partial x}\times\frac{\partial\vec{r}}{\partial y}dxdy=\int_0^a\int_0^{a-x}a\,dydx=a\int_0^a a-xdx=a\left(ax-\frac{x^2}{2}\right)\Big|_0^a=\frac{a^3}{2}$$

As $x=0, n=(-1,0,0)$, $\iint_{S_2}\vec{F}\cdot\vec{n}\,dA=-\int_0^1\int_0^{1-z}x\,dydz=0$

As $y=0, n=(0,1,0)$, $\iint_{S_3}\vec{F}\cdot\vec{n}\,dA=-\int_0^1\int_0^{1-z}y\,dxdz=0$

As $z=0, n=(0,0,-1)$, $\iint_{S_4}\vec{F}\cdot\vec{n}\,dA=-\int_0^1\int_0^{1-x}z\,dxdy=0$

$$\therefore \sum_{j=1}^{4}\iint_{S_j}\vec{F}\cdot\vec{n}\,dA=\frac{a^3}{2}$$

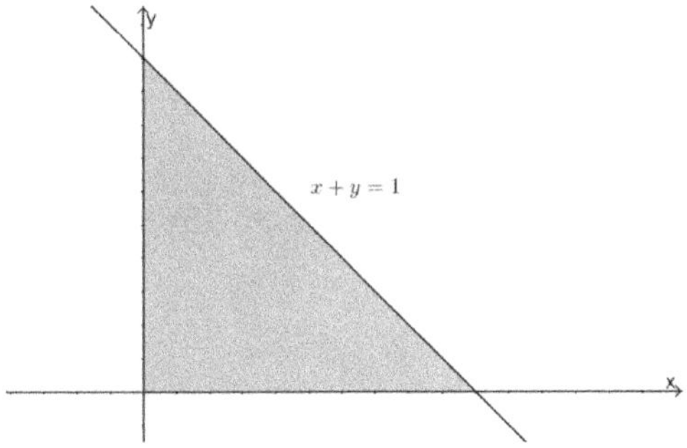

Example 13.

假设$\vec{F} = (e^y, e^x + 6y, 12y)$，V 是$x + y + z = 6$ 在第一卦限所围体积，求 $\iiint_V \nabla \cdot \vec{F}\, dV$

(1)直接计算 (2)使用 Gauss's Theorem

【解】

(1)

$$\iiint_V \nabla \cdot \vec{F}\, dV = \iiint_V 6\, dV = 6 \cdot \frac{1}{3} \cdot \frac{1}{2} \cdot 6 \cdot 6 \cdot 6 = 216$$

(2)

令$S_1: x + y + z = 6, S_2: x = 0, S_3: y = 0, S_4: z = 0$ 且 $S = \bigcup_{j=1}^{4} S_j$

$\because \vec{F}$的各分量一阶偏导数存在且连续

藉由 Gauss's Theorem 则 $\iiint_V \nabla \cdot \vec{F}\, dV = \sum_{j=1}^{4} \iint_{S_j} \vec{F} \cdot \vec{n}\, dA$

$\because S_1$为朝上定向

令 $\vec{r}(x, y, z) = (x, y, 6 - x - y)$ 且R 为 S_1曲面投影至xy平面的封闭区域

则 $R = \{(x, y): x + y \le 6, x \ge 0, y \ge 0\}$ 且 $\iint_{S_1} \vec{F} \cdot \vec{n}\, dA = \iint_R \vec{F} \cdot \frac{\partial \vec{r}}{\partial x} \times \frac{\partial \vec{r}}{\partial y} dxdy$

$\because \frac{\partial \vec{r}}{\partial x} = (1,0,-1)$ 且 $\frac{\partial \vec{r}}{\partial y} = (0,1,-1)$ $\quad \therefore \frac{\partial \vec{r}}{\partial x} \times \frac{\partial \vec{r}}{\partial y} = (1,1,1)$

$$\because \vec{F}\cdot\frac{\partial\vec{r}}{\partial x}\times\frac{\partial\vec{r}}{\partial y}=(e^y,e^x+6y,12y)\cdot(1,1,1)=e^y+e^x+18y,\ \ \forall(x,y,z)\in S_1$$

$$\therefore \iint_{S_1}\vec{F}\cdot\vec{n}\,dA=\iint_R\ \vec{F}\cdot\frac{\partial\vec{r}}{\partial x}\times\frac{\partial\vec{r}}{\partial y}dxdy=\iint_R\ e^y+e^x+18y\,dxdy$$

$$=\int_0^6\int_0^{6-x}e^y+e^x+18y\,dydx=634+2e^6$$

As $x=0, n=(-1,0,0)$,

$$\iint_{S_2}\vec{F}\cdot\vec{n}\,dA=-\int_0^6\int_0^{6-z}e^y\,dydz=-\int_0^6 e^{6-z}-1\,dz=7-e^6$$

As $y=0, n=(0,-1,0)$,

$$\iint_{S_3}\vec{F}\cdot\vec{n}\,dA=-\int_0^6\int_0^{6-z}e^x\,dxdz=-\int_0^6 e^{6-z}-1\,dz=7-e^6$$

As $z=0, n=(0,0,-1)$,

$$\iint_{S_4}\vec{F}\cdot\vec{n}\,dA=-\int_0^6\int_0^{6-x}12y\,dydx=-432$$

$$\therefore \sum_{j=1}^{4}\iint_{S_j}\vec{F}\cdot\vec{n}\,dA=216$$

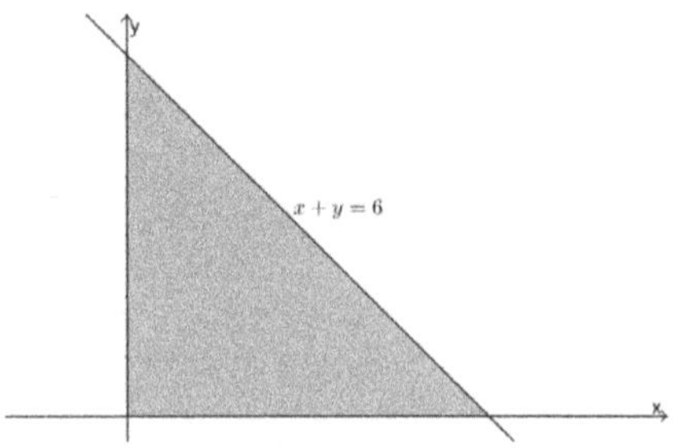

Example 14.

$\vec{\mathrm{F}}=(0,xz,-xy)$. V 为$z=xy, 0\le x\le 1, 0\le y\le 2$ 所围体积，求 $\iiint_V \nabla\cdot\vec{\mathrm{F}}\,dV$

(1)直接计算 (2)使用 Gauss's Theorem

【解】

(1)

$\because \nabla \cdot \vec{\mathrm{F}} = 0 \quad \therefore \iiint_V \nabla \cdot \vec{\mathrm{F}}\, dV = 0$

(2)

令$S_1: z = xy, S_2: x = 1, S_3: y = 2, S_4: z = 0$ 且 $S = \bigcup_{j=1}^{4} S_j$

$\because \vec{F}$的各分量一阶偏导数存在且连续

藉由 Gauss's Theorem 则 $\iiint_V \nabla \cdot \vec{\mathrm{F}}\, dV = \sum_{j=1}^{4} \iint_{S_j} \vec{F} \cdot \vec{n}\, dA$

$\because S_1$为朝上定向

令 $\vec{r}(x, y, z) = (x, y, xy)$ 且 $R = \{(x, y)\colon\ 0 \le x \le 1, 0 \le y \le 2\}$

则 $\iint_{S_1} \vec{F} \cdot \vec{n}\, dA = \iint_R \vec{F} \cdot \frac{\partial \vec{r}}{\partial x} \times \frac{\partial \vec{r}}{\partial y} dxdy$

$\because \frac{\partial \vec{r}}{\partial x} = (1,0, y)$ 且 $\frac{\partial \vec{r}}{\partial y} = (0,1, x) \quad \therefore \frac{\partial \vec{r}}{\partial x} \times \frac{\partial \vec{r}}{\partial y} = (-y, -x, 1)$

$\because \vec{F} \cdot \frac{\partial \vec{r}}{\partial x} \times \frac{\partial \vec{r}}{\partial y} = (0, xz, -xy) \cdot (-y, -x, 1) = -x^2 z - xy = -x^3 y - xy, \ \forall (x, y, z) \in S_1$

$$\iint_R \vec{F} \cdot \frac{\partial \vec{r}}{\partial x} \times \frac{\partial \vec{r}}{\partial y} dxdy = \int_0^1 \int_0^2 -x^3 y - xy\, dydx = \int_0^a -2x^3 - 2xdx = \left(-\frac{x^4}{2} - x^2\right)\Bigg|_0^1 = -\frac{3}{2}$$

As $x = 1, n = (1,0,0)$, $\iint_{S_2} \vec{F} \cdot \vec{n}\, dA = 0$

As $y = 2, n = (0,1,0)$, $\iint_{S_3} \vec{F} \cdot \vec{n}\, dA = \int_0^6 \int_0^{2x} xz\, dzdx = \frac{1}{2}$

As $z = 0, n = (0,0,-1)$, $\iint_{S_4} \vec{F} \cdot \vec{n}\, dA = \int_0^2 \int_0^1 xy\, dxdy = 1$

$\therefore \iiint_V \nabla \cdot \vec{\mathrm{F}}\, dV = \sum_{j=1}^{4} \iint_{S_j} \vec{F} \cdot \vec{n}\, dA = 0$

www.ingramcontent.com/pod-product-compliance
Lightning Source LLC
LaVergne TN
LVHW080626051026
849527LV00003B/629